国家电网公司
生产技能人员职业能力培训专用教材

输电线路检修 上

国家电网公司人力资源部　组编

张红乐　主编

中国电力出版社
CHINA ELECTRIC POWER PRESS

内 容 提 要

《国家电网公司生产技能人员职业能力培训教材》是按照国家电网公司生产技能人员模块化培训课程体系的要求，依据《国家电网公司生产技能人员职业能力培训规范》（简称《培训规范》），结合生产实际编写而成。

本套教材作为《培训规范》的配套教材，共 72 册。本册为专用教材部分的《输电线路检修》，全书共 13 个部分 40 章 144 个模块，主要内容包括电力网的基本知识及简单计算，输电线路导线受力分析与计算，输电线路杆塔的结构型式与受力分析，输电线路的测量，电气设备及电工测量，电气识、审图，新技术的应用，输电线路生产管理系统应用，规程、规范及标准，检查与验收，线路施工，输电线路检修及抢修，架空线路状态巡视及检修。

本书可作为供电企业输电线路工作人员的培训教学用书，也可作为电力职业院校教学参考书。

图书在版编目（CIP）数据

输电线路检修. 上/国家电网公司人力资源部组编. —北京：中国电力出版社，2010.12（2025.3 重印）
国家电网公司生产技能人员职业能力培训专用教材
ISBN 978–7–5123–0977–7

Ⅰ. ①输…　Ⅱ. ①国…　Ⅲ. ①输电线路－检修－技术培训－教材　Ⅳ. ①TM726

中国版本图书馆 CIP 数据核字（2010）第 201701 号

中国电力出版社出版、发行

（北京三里河路 6 号　100044　http://www.cepp.com.cn）
北京天泽润科贸有限公司印刷
各地新华书店经售
*
2010 年 12 月第一版　2025 年 3 月北京第九次印刷
880 毫米×1230 毫米　16 开本　55.125 印张　1750 千字
印数 25001—25500 册　定价 165.00 元（上、下册）

《国家电网公司生产技能人员职业能力培训专用教材》

编 委 会

前　言

为大力实施"人才强企"战略，加快培养高素质技能人才队伍，国家电网公司按照"集团化运作、集约化发展、精益化管理、标准化建设"的工作要求，充分发挥集团化优势，组织公司系统一大批优秀管理、技术、技能和培训教学专家，历时两年多，按照统一标准，开发了覆盖电网企业输电、变电、配电、营销、调度等34个职业种类的生产技能人员系列培训教材，形成了国内首套面向供电企业一线生产人员的模块化培训教材体系。

本套培训教材以《国家电网公司生产技能人员职业能力培训规范》（Q/GDW 232—2008）为依据，在编写原则上，突出以岗位能力为核心；在内容定位上，遵循"知识够用、为技能服务"的原则，突出针对性和实用性，并涵盖了电力行业最新的政策、标准、规程、规定及新设备、新技术、新知识、新工艺；在写作方式上，做到深入浅出，避免烦琐的理论推导和验证；在编写模式上，采用模块化结构，便于灵活施教。

本套培训教材涵盖34个职业的通用教材和专用教材，共72个分册、5018个模块，每个培训模块均配有详细的模块描述，对该模块的培训目标、内容、方式及考核要求进行了说明。其中：通用教材涵盖了供电企业多个职业种类共同使用的基础、专业基础、基本技能及职业素养等知识，包括《电工基础》、《电力安全生产及防护》等38个分册、1705个模块，主要作为供电企业员工全面系统学习基础理论和基本技能的自学教材；专用教材涵盖了单一职业种类专用的所有专业知识和专业技能，按照供电企业生产模式分职业单独成册，每个职业分为Ⅰ、Ⅱ、Ⅲ 3个级别，包括《变电检修》、《继电保护》等34个分册、3313个模块，可以分别作为供电企业生产一线辅助作业人员、熟练作业人员和高级作业人员的岗位技能培训教材，也可作为电力职业院校的教学参考书。

本套培训教材的出版是贯彻落实国家人才队伍建设总体战略，充分发挥企业培养高技能人才主体作用的重要举措，是加快推进国家电网公司发展方式和电网发展方式转变的迫切要求，也是有效开展电网企业教育培训和人才培养工作的重要基础，必将对改进生产技能人员培训模式，推进培训工作由理论灌输向能力培养转型，提高培训的针对性和有效性，全面提升员工队伍素质，保证电网安全稳定运行、支撑和促进国家电网公司可持续发展起到积极的推动作用。

本套教材共72个分册，本册为专用教材部分的《输电线路检修》。

本书中第一部分电力网的基本知识及简单计算、第二部分输电线路导线受力分析与计算、第三部分输电线路杆塔的结构型式与受力分析、第四部分输电线路的测量，由江苏省电力公司陶安余编写；第五部分电气设备及电工测量，由黑龙江省电力有限公司张智编写；第六部分电气识、审图，由陕西省电力公司谌章宝编写；第七部分新技术的应用，第二十章由江苏省电力公司陶安余编写、第二十一章由辽宁省电力有限公司陶文秋编写；第八部分输电线路生产管理及信息系统应用，第二十二章、第二十四章由江西省电力公司张红乐、涂松明编写，第二十三章由福建省电力有限公司叶色亮和黑龙江省电力有限公司金龙哲编写；第九部分规程、规范及标准，由黑龙江省电力有限公司张智、山东电力集团公司朱德祎编写；第十部分检查与验收，由山东电力集团公司许孟全编写；第十一部分线路施工，第二十八章、第三十一章由江西省电力公司后丽群编写，第二十九章由西北电网有限公司尚亚东编写，第三十章由山东电力集团公司朱德祎编写，第三十二章由辽宁省电力有限公司陶文秋编写；第十二部分输电线路检修及抢修，由江西省电力公司张红乐、涂松明编写；第十三部分架空线路状态巡视及检修，由浙江省电力公司应伟国编写。全书由江西省电力公司张红乐担任主编。

浙江省电力公司王晓东担任主审，国家电网公司生产技术部吕军、浙江省电力公司胡国荣、殷伟斌参审。

由于编写时间仓促，本套教材难免存在疏漏之处，恳请各位专家和读者提出宝贵意见，使之不断完善。

国家电网公司

国家电网公司
生产技能人员职业能力培训专用教材

目　录

第三部分　输电线路杆塔的结构型式与受力分析

第四部分　输电线路的测量

第五部分　电气设备及电工测量

第六部分　电气识、审图

第七部分　新技术的应用

第八部分　输电线路生产管理及信息系统应用

第十二部分　输电线路检修及抢修

第十三部分　架空线路状态巡视及检修

第一部分

电力网的基本知识及简单计算

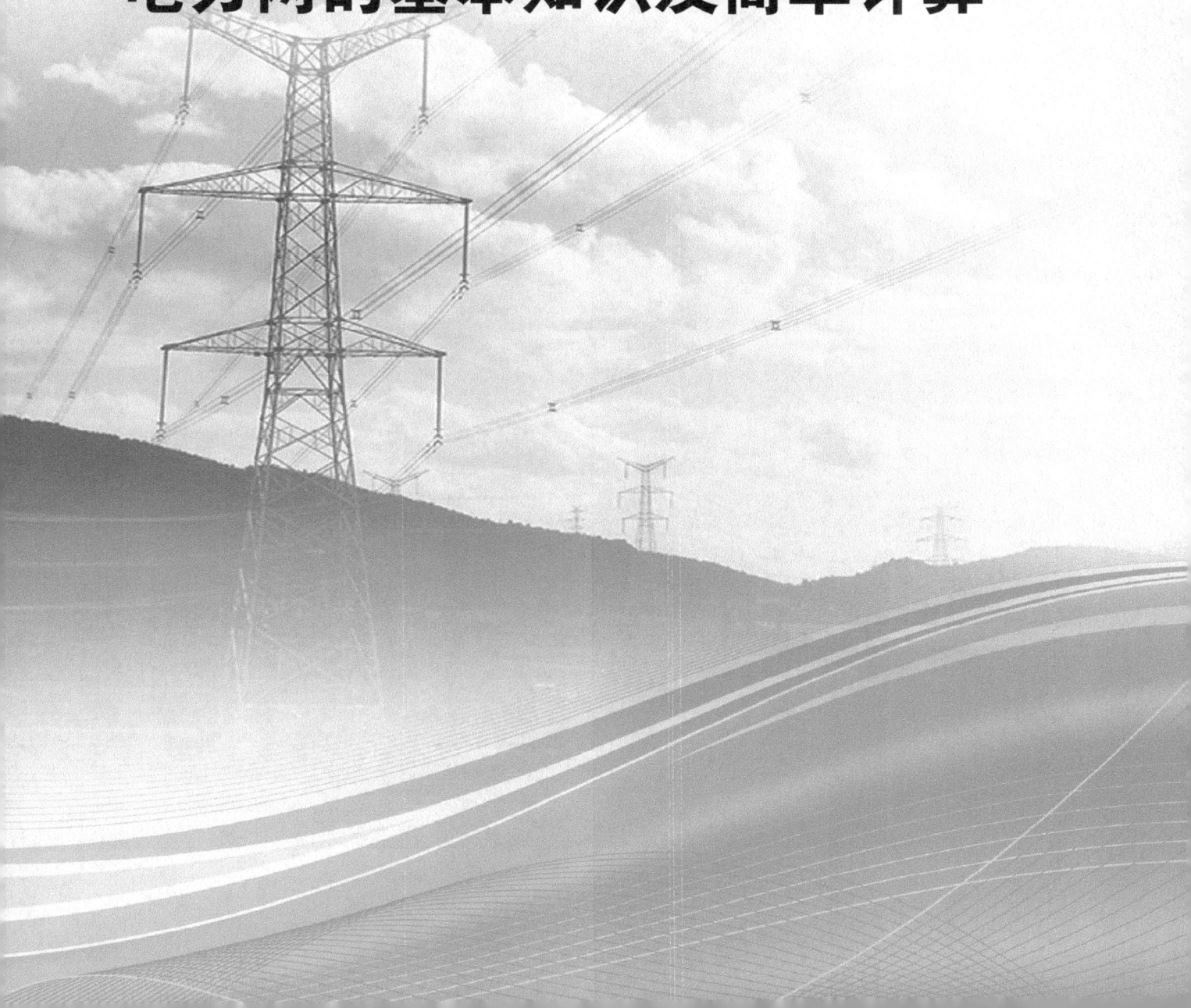

第一章 电力网基本知识、参数及等值电路

模块 1 电力系统和电力网的基本知识（GYSD00101001）

【模块描述】本模块包含电能基本生产过程、电力系统和电力网的组成，介绍了电力网和电力系统等基本概念。通过要点介绍，概念解释，了解电能的基本生产过程，熟悉电力网额定电压，掌握对电力系统的基本要求及电力网电气计算的基本概念。

【正文】

由于电能的生产、输送、分配和使用的全过程实际上是在同一瞬间实现的，因此要保证供电的安全与可靠，除了要了解供电系统的概况外，还需首先了解供电系统电源方向的发电厂和电力系统的一些知识。

一、发电厂及其电能生产过程

发电厂又称发电站，是将自然界蕴藏的各种一次能源转换为电能（二次能源）的工厂。发电厂按其所利用的能源不同，分为水力发电厂、火力发电厂、核能发电厂以及风力发电厂、地热发电厂、太阳能发电厂等类型。

水力发电厂简称水电厂或水电站，它利用水流的位能来生产电能，如图 GYSD00101001-1 所示。

当控制水流的闸门打开时，水流沿进水管进入水轮机蜗壳室，冲动水轮机，带动发电机发电。其能量转换过程是：水流位能→机械能→电能。由于水电厂的发电容量与水电厂所在地点上下游的水位差（即落差，又称水头）及流过水轮机的水量（即流量）的乘积成正比，所以建造水电厂必须用人工的办法来提高水位。最常用的办法是在河流上建筑一个很高的拦河坝，形成水库，提高上游水位，使坝的上下游形成尽可能大的落差，电厂就建在堤坝的后面。这类水电厂称为坝后式水电厂。我国一些大型水电厂包括建设中的三峡水电厂都属于这种类型。另一种提高水位的办法，是在具有相当坡度的弯曲河段上游，修筑低坝拦住河水，然后利用沟渠或隧道，将上游水流直接引至建在河段末端的水电厂。这类水电厂称为引水式水电厂。还有一类水电厂，是上述两种方式的综合，由高坝和引水渠道分别提高一部分水位。这类水电厂称为混合式水电厂。

图 GYSD00101001-1 坝后式水电厂生产过程示意图

火力发电厂简称火电厂或火电站，它利用燃料的化学能来生产电能，如图 GYSD00101001-2 所示。

我国的火电厂以燃煤为主。为了提高燃料的效率，现代火电厂都将煤块粉碎成煤粉燃烧。煤粉在锅炉的炉膛内充分燃烧，将锅炉内的水烧成高温高压的蒸汽，推动汽轮机转动，使与它联轴的发电机旋转发电。其能量转换过程是：燃料的化学能→热能→机械能→电能。现代火电厂一般都考虑了"三废"（废水、废气、废渣）的综合利用，不仅发电，而且供热。这类兼供热能的火电厂，称为热电厂或热电站。

图 GYSD00101001-2　火力发电厂生产过程示意图

核能发电厂通常称为核电站，曾称原子能发电厂，如图 GYSD00101001-3 所示。它主要是利用原子核的裂变能来生产电能。其生产过程与火电厂基本相同，只是以核反应堆（俗称原子锅炉）代替了燃煤锅炉，以少量的核燃料代替了大量的煤炭。其能量转换过程是：核裂变能→热能→机械能→电能。由于核能是巨大的能源，而且核电站的建设具有重要的经济和科研价值，所以世界上很多国家都很重视核电建设，核电在整个发电量的比重逐年增长，我国在 20 世纪 80 年代就确定要适当发展核电，并已兴建了几座大型核电站。

图 GYSD00101001-3　核能发电厂示意图

1—泵；2—堆芯；3—反应堆；4—安全岛壳；5—蒸气发生器；
6—汽轮机；7—冷凝器；8—发电机

风力发电厂利用风力的动能来生产电能。它建在有丰富风力资源的地方。

地热发电厂利用地球内部蕴藏的大量地热能来生产电能。它建在有足够地热资源的地方。

太阳能发电就是利用太阳光能或太阳热能来生产电能。利用太阳光能发电，是通过光电转换元件如光电池等直接将太阳光能转换为电能，这已广泛应用于人造地球卫星和宇航装置上。太阳能发电厂建在常年日照时间长的地方。

二、电力系统和电力网的组成

为了充分利用动力资源，减少燃料运输，降低发电成本，在有水力资源的地方建造水电站，在有燃料资源的地方建造火电厂。但是，这些有动力资源的地方，往往离用电中心地区较远，必须用高压输电线路进行远距离输电。这就需要各种升压、降压变电站和电力线路（见图 GYSD00101001-4）。

电力线路是电力系统的重要组成部分，它担负着电能输送和电能分配的任务。由发电厂向电力负荷中心输送电能的线路以及电力系统之间的联络线路称为输电线路；由电力负荷中心向电力用户分配电能的线路称为配电线路。

图 GYSD00101001-4　电力系统和电力网示意图

1—升压变压器；2—降压变压器；3—负荷；4—电动机；5—电灯

在各个发电厂、变电站和电力用户之间，用不同电压的电力线路按一定规律将它们连接起来，这些不同电压的电力线路和变电站的组合，称为电力网。由发电厂的电气设备、不同电压的电力网和电力用户的用电设备所组成的一个发电、变电、输电、配电和用电的整体，称为电力系统。

在现代电力系统中，电能的输送除采用传统的交流输电外，还有采用直流输电。在直流输电系统中，只有输电环节是直流电，发电系统和用电系统仍然是交流电。在直流输电线路的始端，发电系统的交流电经换流变压器升压后，送到整流器中去。整流器的主要部件是晶闸管变流器和进行交直流变换的整流阀，它的功能是将高压交流电变为高压直流电后，送入输电线路，直流电通过输电线路送到逆变器中。逆变器的结构与整流器相同而作用刚好相反，它把高压直流电变为高压交流电。再经过换流变压器降压，交流系统的电能就输送到了交流系统中。在直流输电系统中，通过改变换流器的控制状态，也可以把交流系统中的电能送到直流系统中去，即整流器和逆变器是可以互相转换的。

三、电力网的额定电压

电力设备的额定电压是能使发电机、变压器及各种电力设备正常工作的电压。各种电气设备在额定电压下运行时，其技术性能和经济效果最好。为了使电力设备生产实现标准化和系列化，规定了电力设备的统一额定电压等级。

按照 GB 156—2007《标准电压》规定，我国三相交流电网和发电机的额定电压，如表 GYSD00101001-1 所示。

表 GYSD00101001-1　　　　我国三相交流电网和电力设备的额定电压

分类	电网和用电设备额定电压（kV）	发电机额定电压（kV）	电力变压器额定电压（kV）	
			一次绕组	二次绕组
低压	0.38	0.40	0.38	0.40
	0.66	0.69	0.66	0.69
高压	3	3.15	3 及 3.15	3.15 及 3.3
	6	6.3	6 及 6.3	6.3 及 6.6
	10	10.5	10 及 10.5	10 及 10.5

续表

分类	电网和用电设备额定电压（kV）	发电机额定电压（kV）	电力变压器额定电压（kV）	
			一次绕组	二次绕组
高压	—	13.8，15.75，18，20，22，24，26	13.8，15.75，18，20，22，24，26	—
	20		20	
	35	—	35	38.5
	66	—	66	72.6
	110	—	110	121
	220	—	220	242
	330	—	330	363
	500	—	500	550
	750	—	750	800
	1000	—	1000	1100

　　表 GYSD00101001-1 中的变压器一、二次绕组额定电压，是依据我国生产的电力变压器标准产品规格确定的。

　　电网的额定电压等级是国家根据国民经济发展的需要和电力工业的水平，经全面的技术经济分析后确定的。它是确定各类电力设备额定电压的基本依据。

　　由于线路运行时（有电流通过时）要产生电压降，所以线路上各点的电压都略有不同，如图 GYSD00101001-5 中虚线所示。但是成批生产的用电设备，其额定电压不可能按使用处线路的实际电压来制造，而只能按线路首端与末端的平均电压即电网的额定电压 U_N 来制造，因此用电设备的额定电压规定与同级电网的额定电压相同。

　　发电机的额定电压。由于电力线路允许的电压偏差一般为±5%，即整个线路允许有10%的电压损耗值，因此为了维持线路的平均电压在额定值，线路首端（电源端）的电压可较线路额定电压高5%，而线路末端则可较线路额定电压低5%，如图 GYSD00101001-5 所示。所以发电机额定电压规定高于同级电网额定电压5%。

　　电力变压器一次绕组的额定电压分两种情况：①当变压器直接与发电机相连时，如图 GYSD00101001-6 中的变压器 T1，其一次绕组额定电压应与发电机额定电压相同，即高于同级电网额定电压5%。②当变压器不与发电机相联而是连接在线路上时，如图 GYSD00101001-6 中的变压器 T2，则可看作是线路的用电设备，因此其一次绕组额定电压应与电网额定电压相同。

图 GYSD00101001-5　用电设备和发电机的额定电压

图 GYSD00101001-6　电力变压器的额定电压

　　电力变压器二次绕组的额定电压分两种情况：①变压器二次侧供电线路较长（如为较大的高压电网）时，如图 GYSD00101001-6 中的变压器 T1，其二次绕组额定电压应比相联电网额定电压高10%，其中有5%是用于补偿变压器满负荷运行时绕组内部约5%的电压降，因为变压器二次绕组的额定电压是指变压器一次绕组加上额定电压时二次绕组开路的电压；此外变压器满负荷时输出的二次电压还要高于所联电网额定电压5%，以补偿线路上的电压降。②变压器二次侧供电线路不长（如为低压电网，或直接供电给高低压用电设备）时，如图 GYSD00101001-6 中的变压器 T2，其二次绕组额定电压只需高于所联电网额定电压 5%，仅考虑补偿变压器满负荷运行时绕组内部 5% 的电压降。

此外，在变压器的高压绕组上具有改变变比的分接头，可根据电力网电压损耗的大小及变电站对实际电压的要求，进行电压调整。

四、电力系统的基本要求

（一）电能在生产技术上的主要特点

（1）电能的生产、输送、分配和使用是在同一瞬间完成的。电能不能储存，也不容许间断，电能的生产量决定于用户的需求量，发电和用电始终是平衡的。因此，电力系统每个环节中，任何一部分或任何一点发生故障或运行方式改变时，都会影响供电，甚至影响整个电力系统电能的生产和供应。

（2）电力系统的运行的过渡过程（例如发生突然短路、稳定运行破坏等过程）非常短暂，因而电能的生产靠人工操作和调整达不到满意的效果，甚至是不可能的。必须采取专用的自动装置才能迅速而准确地完成电能生产的任务，因而对电力系统自动化的程度要求要高。

（3）电力工业和工农业生产各行业以及人民生活密切相关，如果电能供应不足或中断，会直接影响工农业的生产和人民的正常生活，甚至造成生产停顿和生产设备的损坏。

（二）电力系统的基本要求

1. 保证供电的可靠性

为了保证电力系统对用户供电的可靠性，首先必须保证电力系统每个设备和元件运行可靠。因此，要求对电力系统中各个设备均要经常进行监视、维护、定期运行试验和检修，使设备处于完好的运行状态，并应在系统中建立必要的备用容量以备急需。

由于电力工业与各行各业紧密相连，供电的中断将会引起生产的停顿和人民生活秩序的破坏，甚至会造成人身和设备的损伤。因此，电力系统应尽可能保证对用户连续不断的供电。

衡量供电可靠性指标，一般以全部用户平均供电时间占全年时间（8760h）的百分数来表示。例如用户每年平均停电（包括事故和检修停电）时间为 17.52h，则停电时间占全年的 0.2%，即供电可靠率为 99.8%。

电力负荷应根据供电可靠性及中断供电在政治经济上所造成的损失或影响的程度分为一级负荷、二级负荷及三级负荷。

一级负荷：中断供电将造成人身伤亡、重大政治影响、重大经济损失及公共场所秩序严重混乱。

二级负荷：中断供电将造成较大政治影响、较大经济损失、公共场所秩序混乱。

三级负荷：所有不属于一级和二级的电力负荷。

对于一级负荷，应由两个电源供电，当一个电源发生故障时另一个电源应不会同时受到损坏。一级负荷中特别重要负荷除上述两个电源外，还必须增设应急电源。为保证对特别重要负荷的供电，严禁将其他负荷接入应急供电系统。对于二级负荷，应尽量由不同变压器或两段母线供电。三级负荷对供电无特殊要求。

2. 保证电能质量

电压和频率是衡量电能质量的重要指标。电压和频率的过高或过低将影响电力设备的使用和工厂企业正常生产，影响电力系统的稳定。

为此，按照 GB/T 12325—2008《电能质量 供电电压允许偏差》规定，电力系统电压变动的范围为：

（1）35kV 及以上供电电压正、负偏差的绝对值之和不超过标称系统电压的 10%。如电压上下偏差同号（均为正或负）时，按较大的偏差绝对值作为衡量依据。

（2）10kV 及以下三相供电电压允许偏差为标称系统电压的 ±7%。

（3）220V 单相供电电压允许偏差为标称系统电压的 +7%、−10%。

（4）对供电电压允许偏差有特殊要求的用户，由供用电双方协议确定。

根据 GB/T 15945—2008《电能质量 电力系统频率偏差》规定，电力系统正常运行条件下频率偏

差限值为 ±0.2Hz。当系统容量较小时，偏差限值可以放宽到 ±0.5Hz。

电能质量标准、除电压和频率外，还有电压波形。由于现代用电设备，如轧钢机、电弧炉、电焊机、晶闸管控制的电动机、整流装置、电气化铁路、彩电等，都是电网的谐波源，对电网的电能质量影响很大，会造成电网电压的畸变，即谐波对电网的污染。当谐波超过规定的极限值时，将对发供电设备、继电保护及自动装置、用户的用电设备、通信线路产生不同程度的危害，严重影响用户的正常生产，并危及电力系统的安全、经济运行。

3. 保证电力系统运行的经济性

提高电力系统运行的经济性，就是使电力系统在运行中耗费少、效率高、成本低，主要以如下三个经济指标来衡量：

（1）标准耗煤量。指每千瓦时电能所消耗的标准煤量（按规定发热量为 29310kJ/kg 的煤为标准煤）。

（2）厂用电率。指发电厂在电力生产过程中耗用的电量与发电量之百分比。目前我国火电厂的厂用电率为 6%～10%。

（3）线路损耗率。指电能在各级电网环节中的损耗量占供电量之百分比。目前我国各级电网的线损率约为 3%～10%。

在运行中应该力争将全电力系统的各项经济指标降低到最小。

为保证向用户提供可靠、优质、经济的电能，首先要做到安全生产和安全用电。

五、电力网电气计算的基本概念

（一）电压选择的基本原则

在进行电力网电气计算时，首先应确定输送功率及电力网的额定电压。三相交流电的线电流 I、线电压 U 和功率 P 的关系是

$$P = \sqrt{3}UI\cos\varphi$$

所以

$$I = \frac{P}{\sqrt{3}U\cos\varphi}$$

上式表明，当输送容量一定时，线路电压越高，电流就越小，不仅可以使用较小的导线截面，而且可以降低线路的功率损耗和电能损耗。但是，若电压过高，对线路的绝缘要求就高，用于绝缘方面的投资就要增加。

电力网电压的选择是一个涉及面很广的综合性问题，除考虑输送容量、输送距离、运行方式等各种因素外，还应根据一次能源的分布、国家的规划发展情况，进行全面的技术经济比较，合理选择电力网电压。其基本原则是：

（1）选定的电压等级应符合国家电压标准，我国目前现行的电力网额定电压标准为：380/220V，10、35、66、110、220、330、500、750、1000kV。

（2）电压等级的选择应满足近期过渡的可能性，同时也能适应远景规划发展的需要。故在选择电压等级时，应了解一次能源的分布和工业布局，考虑电力负荷的增长和新建的电厂容量。

（3）同一地区、同一电力网内，电压等级应少，以减少重复容量；各级电压间的级差不宜太小，按国内外的经验，电压等级差一般为 2～3 倍。例如，110kV 及其以上的电力网电压等级为110/220/500kV 或 110/330/750kV；110kV 及其以下的电力网电压等级为 10/35/110kV。

（4）在选择电力网电压等级时应考虑到与主系统及地区系统联网的可能性。在选择大容量发电厂向系统送电电压时，应考虑是采用单回线还是采用多回线送电。若采用单回线送电时，应选择高一级电压；采用多回线送电时，可采用低一级电压。

（5）在实际应用中，照明电力网及容量为 50～100kW 的动力设备，其电压采用 380/220V；对于厂矿企业大型动力设备，如 200kW 及其以上的电动机可由 6～10kV 电网供电；大城市及矿区电力网采用的电压为 35～110kV。

（二）输送容量和输送距离的关系

在表 GYSD00101001-2 中，列出由实际经验所得到的各电压等级输电线路的输送容量和距离。

表 GYSD00101001-2 　　　　各电压等级输电线路的输送容量和距离

线路电压（kV）	输送容量（MW）	输送距离（km）	线路电压（kV）	输送容量（MW）	输送距离（km）
0.38	0.1 以下	0.6 以下	110	10～50	50～150
3	0.1～1.0	1～3	220	100～500	100～300
6	0.1～1.2	4～15	330	200～1000	200～600
10	0.2～2.0	6～20	500	1000～1500	150～850
35	2.0～10	20～50	750	2000～3500	500 以上

（三）电力网电气计算项目

在电力网设计和运行中，为了保证电力系统供电可靠、运行经济和电能质量良好的要求，除了合理的选择电力网的额定电压等级外，还需要对电力网进行以下的基本计算：

（1）功率和电能损耗计算，详细内容见模块 GYSD00101003。

（2）电压损耗及电压偏移计算，详细内容见模块 GYSD00101004。

通过电能损耗和电压损耗计算，可以正确选择电力网的设计方案和合理的运行方式。

【思考与练习】

1．什么叫做电力系统、电力网？什么叫输电线路、配电线路？

2．电力网的额定电压是如何确定的?为什么短路电压较大的变压器，其次级绕组的额定电压比电力网额定电压高出 10%？

3．试标出图 GYSD00101001-7 中各元件的额定电压。

图 GYSD00101001-7　题 3 图

4．电能在生产技术上有哪些特点？电力系统有哪些基本要求？

5．什么叫做供电可靠率、厂用电率？

6．选择电力网电压等级的基本原则是什么？

模块 2　电力网参数和等值电路（GYSD00101002）

【模块描述】本模块介绍电力网参数和等值电路知识。通过对电力网参数和等值电路知识的分析介绍，掌握线路参数、变压器参数的计算，并能熟练作出等值电路图。

【正文】

一、线路的参数和等值电路

线路参数是描述线路电磁状态的物理量。电力线路的电气参数有电阻、电抗、电导和电纳四个，是电力网电能损耗计算和电压损耗计算的基础。线路的这些参数均是沿线路长度均匀分布的，故称为分布参数，对于频率为 50Hz、长度不超过 300km 的架空线路和长度不超过 50～100km 的电缆线路，用集中参数代替均布参数，所引起的误差很小，可以满足工程计算中所要求的精度。本模块仅介绍集中参数线路。对于长度超过 300km 的架空线路和长度超过 50～100km 的电缆线路，其等值电路中参数仍用集中参数表示时，则需要乘以修正系数。若线路每千米的电阻、电抗、电导和电纳分别以 r_0、z_0、g_0 和 b_0 表示，则一般线路可用图 GYSD00101002-1 表示。

图 GYSD00101002-1　线路参数的分布

（一）线路的电阻

线路每相导线的电阻

$$R = \frac{\rho L}{A} = \frac{L}{\gamma A} \times 10^3 = r_0 L \qquad \text{（GYSD00101002-1）}$$

式中　R——线路的直流电阻，Ω；

　　　ρ——导线的电阻系数，$\Omega \cdot mm^2/km$；

　　　γ——导线的导电系数，$m/(\Omega \cdot mm^2)$；

　　　A——导线的标称截面积，mm^2；

　　　L——导线的长度，km；

　　　r_0——为每千米长度的每相导线电阻，Ω。

$$r_0 = \frac{\rho}{A} = \frac{1}{\gamma A} \times 10^3 \qquad \text{（GYSD00101002-2）}$$

在电力系统计算时，考虑一些工程因素的影响，导线的电阻率和导电率作适当修正。主要考虑的因素有以下四点：

（1）当导线内通过交流电流时，由于集肤效应的影响，电流在导线中的分布是不均匀的，因而同截面导线的交流电阻比直流电阻略大。

（2）输电线路中所用的导线都是多股绞线，由于扭绞使导线实际长度增加了 2%～3%，因而它们的电阻系数要比同长度的单股线大 2%～3%。

（3）在电力线路参数计算中，都是根据导线额定截面（标称截面）进行的，但导线实际截面常比标称截面小。

（4）导线的电阻系数是随温度增加而增加的，随着季节和导线载流量的变化，导线的电阻系数也在变化，计算时通常取导线的平均温度为 20℃，所以式（GYSD00101002-1）中的电阻系数和导电系数是 20℃时的数值。

根据上述原因，在实际计算中的电阻系数和导电系数，必须加以修正，修正后的电阻系数和导电系数见表 GYSD00101002-1。

表 GYSD00101002-1　计算用电阻系数和导电系数

导 线 材 料	铜	铝
ρ（$\Omega \cdot mm^2/km$）	18.8	31.5
γ[$m/(\Omega \cdot mm^2)$]	53.0	32.0

（二）线路的电抗

由电工基础课得知，交流电流通过导线时，在导线材料中及周围空间产生交变电磁场，磁通量与导线匝数的乘积称为磁链，单位电流产生的磁链称为电感，电感与交流电流角频率的乘积称为感抗。

三相工频交流架空线路，经过循环换位，每千米长度每相导线的电抗为

$$x_0 = 0.1445 \lg \frac{D_{jj}}{r} + 0.0157 \quad \text{（}\Omega/km\text{）} \qquad \text{（GYSD00101002-3）}$$

式中　D_{jj}——导线相间几何均距，m；

　　　r——每根导线的实际半径，cm。

每相导线在线路全长 L 上的总电抗为

$$X = x_0 L \quad (\Omega)$$

各种不同排列方式的三相输电线路，其相间几何均距是不同的，下面分别介绍。

1. 等边三角形排列的三相输电线路

等边三角形排列的三相输电线路如图 GYSD00101002-2 所示，式（GYSD00101002-3）中相间几何均距为

$$D_{jj} = D$$

式中　D——导线 A、B 相间，B、C 相间，C、A 相间的距离。

2. 任意排列的三相输电线路

任意排列的三相输电线路如图 GYSD00101002-3 所示，式（GYSD00101002-3）中相间几何均距为

$$D_{jj} = \sqrt[3]{D_{12}D_{23}D_{31}}$$

式中　D_{12}、D_{23}、D_{31}——导线 A、B 相间，B、C 相间，C、A 相间的距离。

图 GYSD00101002-2　等边三角形排列的三相输电线路　　　图 GYSD00101002-3　任意排列的三相输电线路

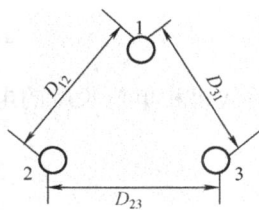

3. 水平排列的三相输电线路

水平等距排列的三相输电线路如图 GYSD00101002-4 所示，式（GYSD00101002-3）中相间几何均距为

$$D_{jj} = \sqrt[3]{D_{12}D_{23}D_{31}} = \sqrt[3]{DD \cdot 2D} = 1.26D$$

4. 同杆架设的双回路输电线路

同杆塔架设的双回路输电线路六角形排列，如图 GYSD00101002-5 所示。考虑双回路间的互感影响，式（GYSD00101002-3）中的几何均距为

$$D_{jj} = \sqrt[12]{D_{12}D_{13}D_{15}D_{16}D_{21}D_{23}D_{24}D_{26}D_{31}D_{32}D_{34}D_{35}}$$

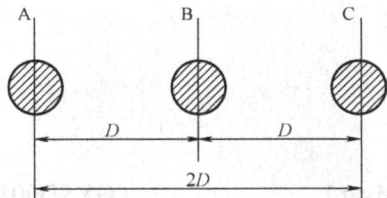

图 GYSD00101002-4　水平排列　　　　　　　　　图 GYSD00101002-5　六角形排列

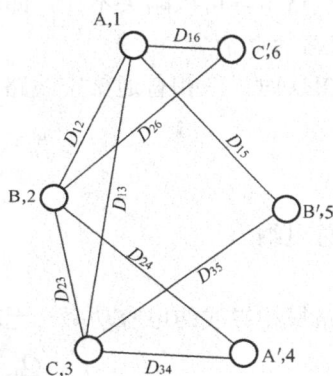

5. 分裂导线

对于电压在 220kV 及其以上的输电线路，为了提高线路的输送能力，减少电晕损耗和线路电抗，多采用分裂导线，如图 GYSD00101002-6 所示。其每相导线都是由一束子导线组合而成，子导线间的距离 d 一般为 20～40cm。因此在应用式（GYSD00101002-3）计算线路电抗时，式中导线半径 r 即为分裂导线的等值半径，式中第二项需要除以分裂导线的子导线数。分裂导线的等值半径 r_{dz} 为

$$r_{dz} = \sqrt[n]{r d_{jj}^{n-1}}$$

式中　r_{dz}——分裂导线等值半径，cm；

　　　　r——每根导线的实际半径，cm；

　　　　d_{jj}——分裂导线的子导线间的几何均距，cm，$d_{jj} = \sqrt[n]{d_{12}d_{23} \ldots d_{n-1}d_n}$，双分裂导线 $d_{jj} = d$，三分

　　　　　　裂导线 $d_{jj} = d$，四分裂导线 $d_{jj} = \sqrt[6]{2}d$；

　　　　d——分裂导线的子导线间距，cm；

　　　　n——分裂导线的子导线数。

图 GYSD00101002-6　分裂导线

（a）双分裂导线；（b）三分裂导线；（c）四分裂导线

所以，分裂导线每相单位长度的电抗为

$$x_0 = 0.1445 \lg \frac{D_{jj}}{r_{dz}} + \frac{0.0157}{n} \quad (\Omega/\text{km}) \quad \text{（GYSD00101002-4）}$$

（三）线路的电导

对于架空输电线路，除了导线电阻的有功损耗外，还有电晕损耗和沿绝缘子漏电所致的有功损耗；对电缆线路，主要是介质损耗。这些损耗可以用电导参数来说明。

一般架空线路绝缘良好，由于绝缘子泄漏电流而产生的有功损耗小，可忽略不计，所以对架空线路主要考虑电晕损耗。

当已知架空输电线路的电晕损耗和电缆线路的介质损耗为 ΔP_r，便可求出输电线路的电导，即

$$g_0 = \frac{\Delta P_r}{U_N^2} \times 10^{-3} \quad (\text{S/km}) \quad \text{（GYSD00101002-5）}$$

在线路设计中，凡选用大于规程规定的线号的线路，均可不必验算电晕。因而，在电力网计算中为了简化，线路电导可以略去不计，即可认为 $g_0 \approx 0$。

（四）线路的电纳

当 $f = 50\text{Hz}$ 时，三相普通架空线路每相每千米的电纳为

$$b_0 = \varpi c_0 = \frac{7.58}{\lg \dfrac{D_{jj}}{r}} \times 10^{-6} \quad (\text{S/km}) \quad \text{（GYSD00101002-6）}$$

每相导线的总电纳为

$$B = b_0 L \quad (\text{S})$$

输电线路每相导线的电容功率（无功功率）为

$$Q_0 = \sqrt{3} U_N I_C = U_N^2 b_0 L \quad (\text{Mvar}) \quad \text{（GYSD00101002-7）}$$

式中　U_N——线路的额定线电压，kV；

　　　　b_0——每千米的电纳，S/km；

　　　　L——线路总长度，km。

当每相采用分裂导线时，仍用式（GYSD00101002-6）计算其容纳，只是这时导线的半径以等值半径替代。

（五）线路等值电路

等值电路的意义是用一个简单的电路系统代替一个复杂的电路系统，不影响系统之外的工作状态，这两个电路系统互为等值。三相线路是对称的电路，一般只需研究其中一相的参数即可。

电力线路的参数 r_0、x_0、b_0、g_0 实际上是沿线路均匀分布的。一般对于长度在 300km 以内的架空线路，通常可以不计线路的这种分布参数的特性，可用集中参数 R、X、G、B 的等值电路代替。在电力网计算中常采用 Ⅱ 型，如图 GYSD00101002-7 所示，即将全线阻抗集中在中央，电纳平均分置在线路两端（有时将线路电纳用电容功率代替）。

图 GYSD00101002-7　Ⅱ 型等值电路

对于 35kV 以下的架空线路和 10kV 以下的电缆线路，由于线路短，线路电容影响极小，电纳也可以忽略不计，这样等值电路可简化为如图 GYSD00101002-8 所示的形式。

图 GYSD00101002-8　简化等值电路

例 GYSD00101002-1　有一条长度为 100km，额定电压为 220kV 架空线路，导线水平排列，线间距离为 7.5m，每相采用 2×LGJ-300/25 分裂导线，分裂间距 d12 为 0.3m，求线路参数并绘出其等值电路。

解　（1）线路每相每千米参数：

每千米的电阻 $r_0 = \dfrac{10^3}{\gamma A} = \dfrac{10^3}{32 \times 2 \times 300} = 0.052$ （Ω/km）

每千米的电抗 $x_0 = 0.1445 \lg \dfrac{D_{ij}}{r} + 0.0157 = 0.1445 \lg \dfrac{1.26D}{\sqrt{r d_{12}}} + 0.0157$

$$= 0.1445 \lg \dfrac{1.26 \times 750}{\sqrt{1.1865 \times 30}} + 0.0157 = 0.334 \text{ （Ω/km）}$$

每千米电纳 $b_0 = \dfrac{7.58}{\lg \dfrac{D_{ij}}{r}} \times 10^{-6} = \dfrac{7.58 \times 10^{-6}}{\lg \dfrac{1.26 \times 750}{\sqrt{1.1865 \times 30}}} = 3.46 \times 10^{-6}$ （S/km）

（2）线路每相参数：

$$R = r_0 L = 0.052 \times 100 = 5.2 \text{ （Ω）}$$
$$X = x_0 L = 0.334 \times 100 = 33.4 \text{ （Ω）}$$
$$B = b_0 L = 3.46 \times 10^{-6} \times 100 = 346 \times 10^{-6} \text{ （S）}$$
$$Q_0 = U_N^2 B = 220^2 \times 346 \times 10^{-6} = 16.74 \text{ （Mvar）}$$

图 GYSD00101002-9 为根据所求线路参数作出的该线路的等值电路。

二、双绕组变压器的参数和等值电路

变压器的参数包括电阻、电抗、电导和电纳四部分。这四种参数可以从表征变压器特性的短路试验、空载试验的四个特性数据计算得到。这四个电气特性数据：短路损耗 ΔP_d、短路电压百分数 $U_d\%$、空载损耗 ΔP_0 和空载电流百分数 $I_0\%$。这四个数据标在产品铭牌上或出厂试验报告中，也可由有关资料中查到。在电力网计算中，变压器多采用 "Γ" 型等值电路，如图

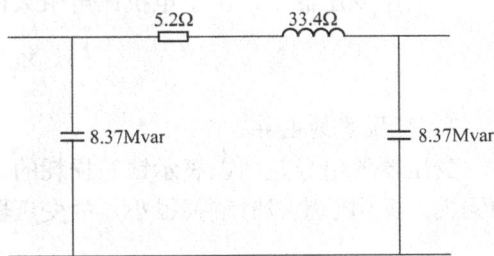

图 GYSD00101002-9　例 GYSD00101002-1 图

GYSD00101002-10（a）所示，"Γ" 型等值电路中的阻抗，是高、低压侧绕组的阻抗向同一侧电压归算后的等值总阻抗；变压器导纳，一般接在变压器的功率输入端。变压器的电导和电纳中的有功功率和无功功率损耗分别是变压器的铁损和励磁损耗。因此，常将等值电路中的电导和电纳用有功功率损耗和无功功率损耗来代替。这样，"Γ" 型等值电路即可简化为图 GYSD00101002-10（b）的形式。对于地方电力网，变压器导纳的影响可以略去不计，这时 "Γ" 型等值电路如图 GYSD00101002-10（c）所示。

图 GYSD00101002-10 双绕组变压器的等值电路

(a)"Γ"型等值电路；(b)简化的"Γ"型等值电路；(c)简化等值电路

1. 变压器的等值电阻

由于变压器的短路损耗 ΔP_d 近似等于变压器在额定负荷时，高低压绕组电阻上的总损耗，即

$$\Delta P_d = 3I_N^2 R_T \times 10^{-3} = \frac{S_N^2}{U_N^2} R_T \times 10^{-3} \quad (\text{kW}) \qquad (\text{GYSD00101002-8})$$

式中　I_N ——变压器的额定电流，A；

　　　U_N ——变压器某一侧额定线电压，kV；

　　　S_N ——变压器的额定容量，kVA；

　　　R_T ——变压器两侧绕组归算至某一侧电压的等值总电阻，Ω。

由式（GYSD00101002-8）得

$$R_T = \frac{\Delta P_d U_N^2}{S_N^2} \times 10^3 \quad (\Omega) \qquad (\text{GYSD00101002-9})$$

2. 变压器的等值电抗

根据电路电压的定义，变压器在额定负荷时，每相绕组的电抗压降，对其额定电压的百分数为

$$U_x\% = \frac{\sqrt{3} I_N X_T \times 10^{-3}}{U_N} \times 100 = \frac{S_N X_T}{U_N^2} \times 10^{-1} \qquad (\text{GYSD00101002-10})$$

变压器每相两侧绕组归算至某一侧电压的总电抗为

$$X_T = \frac{U_x\%}{100} \times \frac{U_N^2 \times 10^3}{S_N} = \frac{U_x\% U_N^2}{S_N} \times 10 \quad (\Omega) \qquad (\text{GYSD00101002-11})$$

电抗压降百分数 $U_x\%$ 为

$$U_x\% = \sqrt{(U_d\%)^2 - (U_R\%)^2}$$

式中　$U_d\%$ ——变压器短路电压百分数；

　　　$U_R\%$ ——变压器电阻压降百分数。

在大型变压器中，由于电抗比电阻大得多，可以认为 $U_x\% = U_d\%$，所以

$$X_T = \frac{U_d\% U_N^2}{S_N} \times 10 \quad (\Omega) \qquad (\text{GYSD00101002-12})$$

3. 变压器的电导

变压器的电导是用以表示铁芯损耗的。而变压器空载损耗包括铁芯损耗和空载电流引起的绕组中的铜损，又由于空载时铜损很小，故变压器的铁损近似等于变压器空载损耗 ΔP_0。

因为　　　　　　　$$\Delta P_0 = U_N^2 G_T \times 10^3 \quad (\text{kW})$$

所以　　　　　　　$$G_T = \frac{\Delta P_0 \times 10^{-3}}{U_N^2} \quad (\text{S}) \qquad (\text{GYSD00101002-13})$$

4. 变压器的电纳

变压器的电纳决定于它的励磁功率 ΔQ_0。变压器的空载电流包括有功电流分量和无功电流分量，其中无功电流分量与励磁功率对应。由于有功电流分量很小，则无功分量和空载电流几乎相等。于是励磁功率 ΔQ_0 可根据特性数据 I_0（%）求得。

因为
$$I_0\% = \frac{I_0}{I_N} \times 100 = \frac{\sqrt{3}I_0 U_N}{\sqrt{3}I_N U_N} \times 100 = \frac{\Delta Q_0}{S_N} \times 100$$

由此可得
$$\Delta Q_0 = \frac{I_0\%}{100} S_N \qquad\qquad\qquad (GYSD00101002\text{-}14)$$

又因为
$$\Delta Q_0 = U_N^2 B_T \times 10^3 \quad (\text{kvar})$$

所以得
$$B_T = \frac{I_0\% S_N \times 10^{-5}}{U_N^2} \quad (\text{S}) \qquad\qquad (GYSD00101002\text{-}15)$$

式中　$I_0\%$——变压器空载电流占额定电流的百分数。

例 GYSD00101002-2　在一降压变电站中，装有两台 S10-10000/110 型双绕组变压器，电压为 110/11kV，求两台变压器并联运行归算到高压侧的参数，并绘出等值电路。

解　从由变压器资料可查出：短路损耗 $\Delta P_d = 59$kW；空载损耗 $\Delta P_0 = 16.5$kW；短路电压 $U_d\% = 10.5$；空载电流 $I_0\% = 1.0$。

按式（GYSD00101002-9），求得两台并联变压器的电阻为
$$R_T = \frac{1}{2} \times \frac{\Delta P_d U_N^2}{S_N^2} \times 10^3 = \frac{1}{2} \times \frac{59 \times 110^2}{10000^2} \times 10^3 = 3.57 \quad (\Omega)$$

按式（GYSD00101002-12），求得两台并联变压器的电抗为
$$X_T = \frac{1}{2} \times \frac{U_d\% U_N^2}{S_N} \times 10 = \frac{1}{2} \times \frac{10.5 \times 110^2}{10000} \times 10 = 63.5 \quad (\Omega)$$

两台变压器并联运行时的铁损为
$$\Delta P_0 = 2 \times 16.5 = 33 \quad (\text{kW})$$

两台变压器并联运行时的励磁功率为
$$\Delta Q_0 = \frac{2 \times I_0\% S_N}{100} = \frac{2 \times 1.0 \times 10000}{100} = 200 \quad (\text{kvar})$$

$$\Delta \dot{S}_0 = \Delta P_0 - j\Delta Q_0 = 33 - j200 \quad (\text{kV} \cdot \text{A})$$

等值电路如图 GYSD00101002-11 所示。

【思考与练习】

1．为什么要用线间几何均距计算 x_0、c_0、b_0？

2．一条 110kV、70km 长的单回路输电线路，导线型号为 LGJ-240/30，线间几何均距为 5.5m，试求出该输电线路参数，并画出等值电路图。若改为双回路线路，其线路参数又为多少？

3．某工厂由一条 10kV 电力线路供电，导线型号为 LGJ-120/25，导线排列为等边三角形，线间距离为 1m，线路长 3km，试求线路的等值参数，并作出等值电路图。

图 GYSD00101002-11　例 GYSD00101002-2 的等值电路

模块 3　电力网功率和电能损耗的计算（GYSD00101003）

【模块描述】 本模块涉及电力网功率和电能损耗的计算。通过定义讲解、定量分析和计算举例，了解降低线损的措施，熟悉电力负荷曲线，掌握线路的功率损耗与电能损耗计算、变压器的功率损耗与电能损耗计算。

【正文】

一、概述

电力网输送电能时，将在线路和变压器中产生功率损耗和电能损耗。在电力网的电阻和电导中，

产生有功损耗；在电力网的电抗和电纳中，用于建立磁场和电场的那部分功率，称无功损耗。

电力网的损耗分可变损耗和固定损耗两种。可变损耗就是指与电力网输送的功率有关，且其损耗与电流平方成正比，与导体本身的电阻值成正比；对一定截面导线来说，其损耗的大小取决于通过的电流大小。固定损耗则与电力网输送的功率大小无关，只与外施电压有关。只要设备接通电源，电力网就有损耗，当电源电压变化不大时，其损耗基本上是固定的。

电力网电能损耗通常是根据电能表所计量的总"供电量"和总"售电量"相减得出，即

$$损耗电量 = 供电量 - 售电量$$

所谓供电量是指发电厂或电力网向用户供给的电量，其计算式为

$$电力网的供电量 = 本地区或本网内发电厂的发电量 - 发电厂厂用电量$$
$$+ 从其他电力网输入的电量（包括购入电量）$$
$$- 向其他电力网输出的电量$$

所谓售电量是指用户的用电量，其表达式为

$$电力网的售电量 = 用户电能表计量的总和$$

同一时间内，电力网损耗电量占供电量的百分比称为电力网的损耗率，简称网损率或线损率，即

$$线损率 = \frac{损耗电量}{供电量} \times 100\%$$

线损率是衡量供电企业管理水平的一项重要的综合性的经济技术指标。

二、负荷曲线

所谓负荷曲线就是把负荷随时间的变化规律以曲线的形式表示。负荷曲线按纵横坐标表示的物理量不同，可以分为有功功率日负荷曲线、无功功率日负荷曲线、有功功率年负荷曲线等。

（一）日负荷曲线

日负荷曲线，它们表示电力负荷在一日 24h 内变化的情况。如图 GYSD00101003-1（a）所示。分有功（P）日负荷曲线和无功（Q）日负荷曲线两种。

图 GYSD00101003-1 日负荷曲线

由于功率与时间的累积就是电能，因此，日负荷曲线除了表现负荷随时间变化外，同时也表示了用户在一日内使用的电能 W_r，即

$$W_r = \sum_{1}^{24} P\Delta t \quad (kW \cdot h) \qquad (GYSD00101003-1)$$

很明显，这就是有功日负荷曲线下面所包围的面积，如图 GYSD00101003-1（a）所示斜线的部分。

（二）年最大负荷曲线

在计算电能损耗时，不仅要知道一日之内负荷变化的规律，还要了解一年之中最大负荷的变化规律，如图 GYSD00101003-2 所示为某地区年最大负荷曲线。从图中可见，该地区夏季的最大负荷比较小些，而年终负荷比年初大。

GYSD00101003

（三）年持续负荷曲线

在电力系统的分析计算中，除要知道一日之内负荷变化的规律外，还要了解负荷在一年之中的变化规律，如图 GYSD00101003-3 所示，年持续负荷曲线是根据负荷在一年（8760h）之中的累计持续变化情况绘制的。根据年持续负荷曲线，可以计算全年负荷的用电量 W_n 为

$$W_n = \sum_1^{8760} P\Delta t \quad (\text{kW} \cdot \text{h}) \qquad (\text{GYSD00101003-2})$$

图 GYSD00101003-2　年最大负荷曲线　　　　图 GYSD00101003-3　年持续负荷曲线

可见，电能 W_n 的数值就是年持续负荷曲线下面 0～8760h 所包围的面积。

（四）最大负荷使用时间 T_{zd} 的确定

由于一年之中负荷是随时间不断变化的，难以按实际变化的负荷来计算电力网的电能损耗，而是按最大负荷和最大负荷利用时间 T_{zd} 进行计算，即

$$T_{zd} = \frac{W_n}{P_{zd}} = \frac{\sum_1^{8760} P\Delta t}{P_{zd}} \quad (\text{h}) \qquad (\text{GYSD00101003-3})$$

在图 GYSD00101003-3 中，负荷所消耗的电能为年持续负荷曲线 0～8760h 所围成的面积，如果将这面积用一与其相等的矩形面积表示，则矩形的高代表最大负荷 P_{zd}，矩形的底 T_{zd} 就是最大负荷利用小时。它的意义是：如果电力网始终以最大负荷 P_{zd} 运行，在 T_{zd} 内所输送的电能，恰好等于全年按实际负荷曲线运行所输送的电能。

根据规范规定，各类负荷年最大负荷利用小时可按表 GYSD00101003-1 取用。

表 GYSD00101003-1　各类负荷的最大负荷利用小时

负 荷 类 型	T_{zd}（h）
户内照明及生活用电	2000～3000
单班制企业用电	1500～2200
两班制企业用电	3000～4500
三班制企业用电	6000～7000

三、线路的功率损耗与电能损耗

（一）线路的功率损耗

当电力线路输送电能时，在线路中就产生功率损耗，此功率损耗与线路参数和通过线路的负荷大小密切相关。

在电力网计算中，负荷可以用电流表示，也可以用功率表示。一般情况下，负荷以功率表示，更接近生产实际，运算也较为简单。由电工理论知，电路的复功率可表示为

$$\dot{S} = P - jQ \quad （感性负荷）$$

或

$$\dot{S} = P + jQ \quad （容性负荷）$$

式中　$\dot{S}$——三相电路复数功率；

　　　　P——三相电路有功功率；

　　　　Q——三相电路无功功率。

$$P = \sqrt{3} UI \cos\varphi$$

$$Q = \sqrt{3} UI \sin\varphi$$

若已知三相线路的视在功率 S，有功功率 P 和无功功率 Q，则 $I = \dfrac{S}{\sqrt{3}U}$，将此式代入上式，得

$$\Delta P = \frac{P^2 + Q^2}{U^2} R \quad (\text{MW}) \tag{GYSD00101003-4}$$

$$\Delta Q = \frac{P^2 + Q^2}{U^2} X \quad (\text{Mvar}) \tag{GYSD00101003-5}$$

式中　U——电力网的线电压，kV；

$\quad\quad P$——三相有功功率，MW；

$\quad\quad Q$——三相无功功率，Mvar；

R、X——每相线路中导线的电阻与电抗，Ω。

应用上式时，功率和电压必须采用同一点的值。若所用功率是线路首端功率，则所用的电压也必须是首端的电压；若所用功率取自线路末端，则电压也应取自末端。若电力网各点电压尚为未知数，此时可用电力网的额定电压 U_N 来计算功率损耗，其结果一般能满足工程上要求的准确度。

（二）线路电能损耗的理论分析及计算方法

当线路的负荷在一段时间 t 不变时，则在 t 时间内线路中的电能损耗为

$$\Delta W_t = \Delta P t = 3I^2 R t \times 10^{-3} \quad (\text{kW} \cdot \text{h}) \tag{GYSD00101003-6}$$

$$= \frac{R}{U^2 \cos^2 \varphi} P^2 t \times 10^{-3} \quad (\text{kW} \cdot \text{h}) \tag{GYSD00101003-7}$$

上两式中　R——线路一相的电阻，Ω；

$\quad\quad \Delta P$——线路电阻中的有功功率损耗，kW；

$\quad\quad I$——线路通过的电流，A；

$\quad\quad P$——线路通过的功率，kW；

$\quad\quad U$——线路实际电压，kV；

$\quad\quad \cos\varphi$——功率因数；

$\quad\quad t$——计算电能损耗的时间，h。

一般情况下，线路中的负荷是随时间变化的。因此，就不能用式（GYSD00101003-6）或式（GYSD00101003-7）来计算电能损耗，其计算方法如下。

若已知电力网的负荷曲线或已知实测负荷记录，可用均方根电流法来计算电力网的电能损耗。计算时，将负荷曲线时间 t 分成若干个时间间隔 Δt，并使 Δt 都相等，在 Δt 时间内的负荷认为不变，这样式（GYSD00101003-6）可改写为

$$\Delta W_t = 3R \left(I_1^2 + I_2^2 + \cdots + I_n^2 \right) \Delta t \times 10^{-3}$$

若 $\Delta t = 1\text{h}$，则 1 日（24h）内的电能损耗为

$$\Delta W_t = 3R \frac{I_1^2 + I_2^2 + \cdots + I_{24}^2}{24} \times 24 \times 10^{-3}$$

$$= 3I_{jf}^2 R \times 24 \times 10^{-3} \quad (\text{kW} \cdot \text{h}) \tag{GYSD00101003-8}$$

式中　I_1，I_2，$\cdots$，I_{24}——日每小时的电流，A；

$\quad\quad I_{jf}$——日均方根电流，A。

$$I_{jf} = \sqrt{\frac{I_1^2 + I_2^2 + \cdots + I_{24}^2}{24}} \tag{GYSD00101003-9}$$

在 t 时间内的电能损耗为

$$\Delta W_t = 3I_{jf}^2 R t \times 10^{-3} \quad (\text{kW} \cdot \text{h}) \tag{GYSD00101003-10}$$

（三）输电线路电能损耗计算

当输电线路导线的型号确定时，每相导线电阻 R 与导线的温度有关，而导线温度是由通过导线的负荷电流及周围空气温度决定的。考虑这个因素的影响，可认为输电线路电能损耗包括基本损耗 ΔW_1、

附加损耗 ΔW_2 和损耗校正值 ΔW_3 三部分。

基本损耗是根据每相导线在 20℃ 时的电阻值按式（GYSD00101003-10）计算的损耗。

附加损耗是当电流通过导线时，由于导线发热、温度升高增加的电阻 ΔR_{fr} 引起的电能损耗，即

$$\Delta W_2 = 3I_{\mathrm{jf}}^2 \Delta R_{\mathrm{fr}} t \times 10^{-3} \quad （\mathrm{kW \cdot h}） \qquad （\mathrm{GYSD00101003\text{-}11}）$$

导线通过电流发热增加的电阻 ΔR_{fr} 为

$$\Delta R_{\mathrm{fr}} = R_{20}\alpha\left(Q_{\mathrm{r2}} - 20\right)\left(\frac{I_{\mathrm{jf}}}{I_{\mathrm{r2}}}\right)^2 \quad （\Omega） \qquad （\mathrm{GYSD00101003\text{-}12}）$$

上两式中　α——导线电阻温度系数，对铜、铝及钢芯铝线，一般取 $\alpha = 0.004$；

$\quad\quad\quad\ R_{20}$——导线在环境温度为 20℃ 时的电阻，Ω；

$\quad\quad\quad\ Q_{\mathrm{r2}}$——导线最高允许温度，对铝线和钢芯铝线，$\Omega$，$Q_{\mathrm{r2}} = 70℃$；

$\quad\quad\quad\ I_{\mathrm{r2}}$——周围空气温度为 20℃ 时，导线达到最高允许温度时所通过的载流量，A。

I_{r2} 可由相关资料查出环境温度为 25℃ 时载流量，再乘以修正系数 K，即换算为空气温度为 20℃ 时的载流量，$K = \sqrt{\dfrac{70-20}{70-25}} = 1.05$。

将 α、Q_{r2} 值代入式（GYSD00101003-12），则

$$\Delta R_{\mathrm{fr}} = R_{20}\alpha\left(Q_{\mathrm{r2}} - 20\right)\left(\frac{I_{\mathrm{jf}}}{I_{\mathrm{r2}}}\right)^2 = R_{20} \times 0.2\left(\frac{I_{\mathrm{jf}}}{I_{\mathrm{r2}}}\right)^2 \qquad （\mathrm{GYSD00101003\text{-}13}）$$

损耗校正值是由于周围空气温度非 20℃ 时，导线电阻变化值 $\Delta R_{\mathrm{f}\alpha}$ 引起的电能损耗，即

$$\Delta W_3 = 3I_{\mathrm{jf}}^2 \Delta R_{\mathrm{f}\alpha} t \times 10^{-3} \quad （\mathrm{kW \cdot h}） \qquad （\mathrm{GYSD00101003\text{-}14}）$$

$\Delta R_{\mathrm{f}\alpha}$ 为环境温度不为 20℃ 时，导线电阻变化值，其值为

$$\Delta R_{\mathrm{f}\alpha} = R_{20}\alpha\left(Q_{\mathrm{q}} - 20\right) \quad （\Omega）$$

则损耗校正值

$$\Delta W_3 = 3I_{\mathrm{jf}}^2 \Delta R_{20}\alpha\left(Q_{\mathrm{q}} - 20\right) t \times 10^{-3} = \Delta W_1 \alpha\left(Q_{\mathrm{q}} - 20\right) \quad （\mathrm{kW \cdot h}） \qquad （\mathrm{GYSD00101003\text{-}15}）$$

式中　Q_{q}——测计期平均环境温度。

所以输电线路电能损耗为

$$\Delta W = \Delta W_1 + \Delta W_2 + \Delta W_3$$

四、变压器的功率损耗与电能损耗

（一）变压器的功率损耗计算

1. 用等值阻抗计算

变压器的有功功率损耗包括两部分：一部分是与变压器负荷平方成正比的铜损；另一部分是与所加电压有关的铁损。对于双绕组变压器，变压器有功功率损耗

$$\Delta P_{\mathrm{T}} = 3I^2 R_{\mathrm{T}} + \Delta P_{\mathrm{ti}} = \frac{P^2 + Q^2}{U_{\mathrm{N}}^2} R_{\mathrm{T}} + \Delta P_{\mathrm{ti}} \quad （\mathrm{MW}） \qquad （\mathrm{GYSD00101003\text{-}16}）$$

式中　ΔP_{ti}——变压器的铁损，可近似地等于变压器的空载损耗；

$\quad\quad\quad\ R_{\mathrm{T}}$——变压器每一相的等值电阻，$\Omega$。

变压器的无功功率损耗也包括两部分：一部分是正比于变压器负荷平方的变压器绕组的漏抗损耗；另一部分是与负荷无关的励磁损耗。对于双绕组变压器无功功率损耗

$$\Delta Q_{\mathrm{T}} = 3I^2 X_{\mathrm{T}} + \Delta Q_{\mathrm{lc}} = \frac{P^2 + Q^2}{U_{\mathrm{N}}^2} X_{\mathrm{T}} + \Delta Q_{\mathrm{lc}} \quad （\mathrm{Mvar}） \qquad （\mathrm{GYSD00101003\text{-}17}）$$

式中　ΔQ_{lc}——变压器的励磁损耗；

$\quad\quad\quad\ X_{\mathrm{T}}$——变压器每一相的等值电抗，$\Omega$。

2. 直接用变压器的特性数据进行计算

变压器在额定电流 I_{N} 时的铜损为 $\Delta P_{\mathrm{CuN}} = 3I_{\mathrm{N}}^2 R_{\mathrm{T}}$；变压器通过负荷电流 I 时的铜损为 $\Delta P_{\mathrm{Cu}} = 3I^2 R_{\mathrm{T}}$。

由此可得

$$\Delta P_{Cu} = \Delta P_{CuN} \frac{I^2}{I_N^2} = \Delta P_{CuN} \left(\frac{S}{S_N} \right)^2 \quad （MW）$$

所以变压器的总有功功率损耗为

$$\Delta P_T = \Delta P_{CuN} \left(\frac{S}{S_N} \right)^2 + \Delta P_{ti} \quad （MW） \qquad （GYSD00101003-18）$$

如果将 $X_T = \dfrac{U_d\% U_N^2}{100 S_N}$ 代入式（GYSD00101003-17）中，则

$$\Delta Q_T = \frac{P^2 + Q^2}{U_N^2} \cdot \frac{U_d\% U_N^2}{100 S_N} + \Delta Q_{lc} = \frac{S^2}{S_N} \cdot \frac{U_d\%}{100} + \Delta Q_{lc} \quad （Mvar） \qquad （GYSD00101003-19）$$

其中

$$\Delta Q_{lc} = \frac{\Delta Q_{lc}\%}{100} S_N = \frac{\Delta Q_0 \%}{100} S_N = \frac{\Delta I_0 \%}{100} S_N$$

式中　P——三相有功功率，MW；

　　　　Q——三相无功功率，Mvar；

　　　　S——三相视在功率，MV·A；

　　　　S_N——变压器额定容量，MV·A；

　　　ΔP_{CuN}——变压器额定负荷时的铜损，可近似地等于变压器的短路损耗。

例 GYSD00101003-1　某降压变电站，有两台并联运行的 S9-20000/110 型变压器，其电压为 110/10.5kV、低压侧负荷为 25MW、$\cos\varphi = 0.8$，试计算变压器的功率损耗。

解　先由变压器资料查出其特性数据：$\Delta P_{CuN} \approx \Delta P_d = 104$（kW）、$\Delta P_{ti} = \Delta P_0 = 27.5$（kW）、$U_d\% = 10.5$、$I_0\% = 0.9$，然后进行如下计算。

低压侧视在功率为

$$S = \frac{P}{\cos\varphi} = \frac{25}{0.8} = 31.3 \quad （MV·A）$$

由式（GYSD00101003-18）可得

$$\Delta P_T = \Delta P_{CuN} \left(\frac{S}{n S_N} \right)^2 n + n \Delta P_{ti} = 104 \times \left(\frac{31.3}{2 \times 20} \right)^2 \times 2 + 2 \times 27.5 = 182.4 \quad （kW）$$

由式（GYSD00101003-19）可得

$$\Delta Q_T = \frac{S^2}{n S_N} \cdot \frac{U_d\%}{100} + n \frac{\Delta I_0 \%}{100} S_N$$

$$= \frac{31.3^2}{2 \times 20} \cdot \frac{10.5}{100} + 2 \times \frac{0.9}{100} \times 20 = 2.93 \quad （Mvar）$$

变压器的总功率损耗为

$$\Delta \dot{S}_T = \Delta P_T - j \Delta Q_T = 0.18 - j2.93 \quad （MV·A）$$

（二）变压器电能损耗计算

变压器的电能损耗由固定损耗和可变损耗两部分组成，固定损耗主要和电压有关，指的是变压器的铁损；可变损耗主要与负荷电流有关，主要是指变压器绕组电阻中的铜损。变压器电能损耗可用均方根电流法、平均电流法、最大电流法进行计算。在此仅介绍用均方根电流法计算，其固定损耗 ΔW_{gd} 可变损耗 ΔW_{kb} 分别为

$$\Delta W_{gd} = \Delta P_{ti} t \approx \Delta P_0 t$$

$$\Delta W_{kb} = \Delta P_{CuN} \left(\frac{I_{jf}}{I_N} \right)^2 t = \Delta P_d \left(\frac{I_{jf}}{I_N} \right)^2 t = 3 I_N^2 R_T \left(\frac{I_{jf}}{I_N} \right)^2 t \times 10^{-3}$$

式中　ΔW_{gd}——变压器固定损耗，kW·h；

ΔW_{kb}——变压器可变损耗，kW·h；

ΔP_{ti}——变压器铁损，kW；

ΔP_0——变压器空载损耗，kW；

ΔP_{CuN}——变压器额定电流时的铜损，kW；

ΔP_d——变压器短路损耗，kW；

I_{jf}——均方根电流，A；

I_N——变压器额定电流，A；

R_T——变压器等值总电阻，Ω。

所以，双绕组变压器的总电能损耗

$$
\begin{aligned}
\Delta W_T &= \Delta W_{gd} + \Delta W_{kb} \\
&= \left[\Delta P_{CuN} \left(\frac{I_{jf}}{I_N} \right)^2 + \Delta P_{ti} \right] t \, (kW \cdot h) \\
\text{或} \quad \Delta W_T &= \left(3I_{jf}^2 R_T \times 10^{-3} + \Delta P_0 \right) t \, (kW \cdot h)
\end{aligned}
$$

（GYSD00101003-20）

例 GYSD00101003-2 某变电站有一台 S9-31500/110 型变压器，其电压为 110/11kV，高压侧额定电流为 184 A，并从铭牌得知 $\Delta P_0 = 34.8kW$、$\Delta P_d = 140kW$、$I_0\% = 0.77$、$U_d\% = 10.5$，日实测负荷电流见表 GYSD00101003-2，试求变压器当月的电能损耗。

表 GYSD00101003-2 变压器日实测电流记录

实测时间（h）	电 流（A）	实测时间（h）	电 流（A）	实测时间（h）	电 流（A）
1	125	9	135	17	125
2	125	10	135	18	140
3	125	11	135	19	140
4	125	12	135	20	140
5	130	13	135	21	130
6	130	14	135	22	130
7	130	15	135	23	125
8	135	16	125	24	125

解 变压器接入电网的时间，$t = 30 \times 24 = 720$（h）

变压器低压侧的均方根电流为

$$
\begin{aligned}
I_{jf} &= \sqrt{\frac{I_1^2 + I_2^2 + \cdots + I_{24}^2}{24}} \\
&= \sqrt{\frac{125^2 \times 8 + 130^2 \times 4 + 135^2 \times 8 + 140^2 \times 4}{24}} = 131.7 \, (A)
\end{aligned}
$$

变压器当月的电能损耗可由式（GYSD00101003-20）求得

$$
\begin{aligned}
\Delta W_T &= \left[\Delta P_{CuN} \left(\frac{I_{jf}}{I_N} \right)^2 + \Delta P_{ti} \right] t = \left[\Delta P_d \left(\frac{I_{jf}}{I_N} \right)^2 + \Delta P_0 \right] t \\
&= \left[140.6 \times \left(\frac{131.7}{184} \right)^2 + 34.8 \right] \times 720 = 77226 \, (kW \cdot h)
\end{aligned}
$$

五、降低线损的措施

电力网的电能损耗，不仅额外消耗了部分能源，而且占用一部分发供电设备容量。因此，降低电力网的功率损耗和电能损耗（线损）是电力网设计和运行中的一项重要任务。

为了降低线损，首先必须做好供电的技术管理、计量管理和用电管理工作，不断提高电力网的运行水平。同时，还必须采取一些技术措施和组织措施来降低线损。

（一）降低线路损耗的技术措施

降低线路损耗的方法主要是：对电力网建设要合理的规划；调整现有电网的运行方式，使其运行经济合理；调整现有电网的运行电压；增加无功补偿装置和采用同步电动机，以提高功率因数等。

1. 合理选择导线截面

一定的导线截面，其电阻 R 值也是一定的。导线截面越大，导线电阻 R 就越小，电力网在输送电能时，线路导线中的电能损耗就越小。但导线截面的增加，线路建设投资将增加。综合考虑技术经济方面的要求，合理选择导线截面可以降低电力网电能损耗。

2. 合理确定供电中心提高线路电压等级

无论是变电站或是配电变压器，均应尽量设置在用电负荷中心。这样，减少了供电半径，使较大电流通过较短的导线送到用户，以使线路损耗最小。

随着城市和工业负荷的不断增长，原有 35kV 或 10kV 电网的负荷越来越重，从而使线损也随着增加。因此，近年来有的城市对原有电网进行了改造，采用了 110kV 或 220kV 的高压线路，向工业负荷中心供电。这样，不但提高了供电能力，减少了线损，而且改善了电压质量。

3. 提高功率因数减少线路中的无功功率

由式（GYSD00101003-7）可知，$\cos\varphi$ 增加，其电能损耗降低。若功率因数由 $\cos\varphi_1$ 提高到 $\cos\varphi_2$ 时，减少的电能损耗百分数为

$$\Delta W_n\% = \left[1 - \left(\frac{\cos\varphi_1}{\cos\varphi_2} \right)^2 \right] \times 100\% \qquad (\text{GYSD00101003-21})$$

如功率因数由 0.7 提高到 0.95，其线路损耗电能可减少

$$\Delta W_n' = \left[1 - \left(\frac{0.7}{0.95} \right)^2 \right] \times 100\% = 46\%$$

从式（GYSD00101003-4）可知，若减少线路中通过的无功功率 Q，其功率损耗 ΔP 也就减少了。

4. 合理调整负荷提高负荷率

电力系统在运行时，合理调整负荷曲线提高负荷率，使负荷曲线平稳，不但可以提高供电设备利用率，而且可以降低电力网的电能损耗。

5. 合理确定电力网运行电压

从 $\Delta P = \dfrac{P^2 + Q^2}{U^2} R$、$\Delta W_n = \dfrac{R}{U^2 \cos^2\varphi_1} P^2 t \times 10^{-3}$ 可知，电力网输送同样的功率，提高电力网运行电压，可减少可变损耗。但是当运行电压升高后，变压器、电动机等电气设备的漏磁感抗增加，系统的功率因数降低，可变损耗反而增加。另外，由于电压升高，固定损耗也要增加。所以如何调整运行电压，具体视可变损耗（铜损）和固定损耗（铁损）的比值而定。

无论哪一类电力网，运行电压的调整都应限制在电压偏移允许的范围内。

6. 增加并列线路或减少线路迂回

在原线路上增加一条或几条线路并列运行可以降低电能损耗，其值为

$$\Delta W_{t2} = \Delta W_{t1} \left(1 - \frac{R_2}{R_1 + R_2} \right) (\text{kW} \cdot \text{h}) \qquad (\text{GYSD00101003-22})$$

（二）降低变压器损耗的技术措施

降低变压器损耗的主要技术措施是改善功率因数，合理控制变压器运行台数，停用轻载变压器等。

1. 改善功率因数

由 $\Delta P_T = \dfrac{P^2 + Q^2}{U_N^2} R_T + \Delta P_{ti}$ 可见，提高功率因数，变压器的输送无功功率 Q 减少，变压器功率损耗 ΔP_T 也就减少了。

2. 并联变压器的经济运行

经济运行就是通过改变并联变压器容量，使变压器总的功率损耗最小的运行方式。根据变压器的效率和负荷关系的分析可知，当变压器的铜损等于铁损时，变压器效率最高。

通过控制并联运行变压器台数，根据不同负荷时投入运行的变压器台数，使其经济运行。

3. 停用空载变压器，采用变容量变压器

有的变压器，特别是农村以排灌为主的配电变压器，有时处于无负荷状态，在这种情况下，及时停止空载变压器的运行，是一项行之有效的降损措施。例如一台 10kV、100kVA 的变压器，其空载损耗为 730W，停运一个月少损耗的电能为

$$\Delta W_t = 730 \times 24 \times 30 \times 10^{-3} = 525.6（kW \cdot h）$$

对于有明显季节性的用电负荷，可以采用变容量变压器，通过改变接线方式以变换变压器容量，从而适应负荷的变化，减少电能损耗。

4. 降低变压器的运行温度

从电工基础可知，变压器绕组中电阻值随着变压器温度的变化而变化，对于铜线，每增减 1℃，电阻值相应增减 0.32%～0.39%。如果改进变压器通风，改善变压器散热条件，提高散热系数，就可以使变压器的温度下降，导线电阻值降低，从而使有功功率损耗降低。

（三）降低电力网电能损耗的组织措施

降低电能损耗，除上述的技术措施外，还必须有相应的组织措施保证，具体有：

（1）开展线损理论计算工作，制定线损管理制度，健全线损管理机构。通过线损的理论计算，可以预测出实际损耗的高低，同时可发现损耗特别高的环节，以便采取相应的措施来降低线损。

（2）拟订合理的检修计划，尽量推广带电作业。当线路停电检修时，一般要影响用户的供电，为了确保用户供电，就需要有双回路供电。当一回线路停电检修，由另一回线路供电时，使有功功率损耗增加。因此，对损耗较大的线路检修时，就应集中力量缩短检修时间，或采用带电作业。

【思考与练习】

1. 什么叫做可变损耗和固定损耗？

2. 试述日负荷曲线、年最大负荷曲线、年持续负荷曲线及最大负荷使用时间的意义。

3. 如图 GYSD00101003-4 所示，有一额定电压为 110kV、长度为 38km 的双回输电线路向变电站供电，导线型号为 LGJ-185/30，水平排列，

图 GYSD00101003-4 题 3 图

几何均距为 4m，变电站装有两台并列运行的 S9-1000/110 型双绕组变压器，电压为 110/11kV，变电站低压母线上最大负荷为 15MW，$\cos\varphi = 0.8$，试计算变压器中的功率损耗和线路全年中的基本电能损耗。

4. 有一条额定电压为 110kV、长度为 80km、导线为 LGJ-150/25 型架空输电线路，水平排列，几何均距为 4m，日负荷最大电流记录见表 GYSD00101003-3，平均气温为 25℃，试求当月（30 天）的线路电能损耗。

表 GYSD00101003-3　　　　　　　日实测电流记录

实测时间（h）	最大电流（A）	实测时间（h）	最大电流（A）	实测时间（h）	最大电流（A）
1	105	9	100	17	105
2	105	10	100	18	105
3	105	11	105	19	105
4	105	12	105	20	105
5	105	13	100	21	105
6	105	14	100	22	95
7	105	15	100	23	95
8	100	16	100	24	95

5. 某变电站装设一台 S9-20000/35 型变压器，电压为 35/10.5kV，二次侧日负荷数据见表 GYSD00101003-4，求变压器当月的电能损耗。

表 GYSD00101003-4 日 负 荷 记 录

时 间（h）	1~7	8~11	12~14	15~18	19~21	22~24
电 流（A）	200	270	220	270	300	200

6. 降低线路电能损耗的主要技术措施有哪些?

模块4 电力网功率分布与电压计算（GYSD00101004）

【模块描述】本模块涉及电力网功率分布与电压计算。通过定义讲解、定量分析和计算举例，能够掌握电力网电压损耗计算、电力网功率分布的计算，熟悉电力网电压调整的方法。

【正文】

一、概述

电力系统在运行时，在电源电势激励之下，电流或功率从电源通过系统各元件流入负荷，分布于电力网各处，称为潮流分布。

潮流分布计算的目的：①选择电力网的电气设备和导线截面；②在电力系统运行时，用于确定运行方式；制订检修计划；确定调整电压的措施；③为继电保护整定提高数据。

电力系统的功率分布主要决定于负荷的分布、电力网的参数以及电源间的关系。根据系统在各种运行方式下的功率分布计算，可正确地选择接线方式，合理地调整负荷，以保证电力网的电能质量，并使整个电力系统获得最大的经济性。

电力网在运行时，电流将在系统元件的阻抗中产生电压降落，因而电力网各点电压是不同的。

电力网电压的变化情况，常应用电压降落、电压损耗及电压偏移的概念来说明。电压降落和电压损耗可用图 GYSD00101004-1 来说明。

电力网中任意两点电压的相量差，称为电压降落，用符号 $\Delta \dot{U}_{12}$ 表示。在图 GYSD00101004-1 中，若线路末端电压为 $\dot{U}_2$，首端电压为 $\dot{U}_1$，则电压降落为

$$\overline{AB} = \Delta \dot{U} = \dot{U}_1 - \dot{U}_2$$

电力网中任意两点电压的代数差，称为电压损耗，用符号 ΔU 表示。

$$\overline{AD} = \Delta U = U_1 - U_2$$

图 GYSD00101004-1 有一个集中负荷的线路

（a）示意图；（b）相量图

电力网中某点的实际电压 U 与电力网额定电压 U_N 之差叫做电压偏移，常用百分数表示，即

$$m\% = \frac{U - U_N}{U_N} \times 100\%$$

二、线路末端有集中负荷电力网电压损耗的计算

图 GYSD00101004-2 为某线路的等值电路，其中 $R+jX$ 为电力网环节，末端有一个集中负荷 $\dot{S}_2 = P_2 - jQ_2$，负荷电流为 I。环节首端和末端的电压分别为 $\dot{U}_1$ 和 $\dot{U}_2$，则首、末端电压平衡关系如下。

1. 已知环节末端电压求首端电压

$$\dot{U}_1 = \dot{U}_2 + \dot{I}_2 Z = \dot{U}_2 + \dot{I}_2 R + j\dot{I}_2 X$$

当选择 $\dot{U}_2$ 为参考相量时，$\dot{U}_2 = U_2$，则

$$\dot{U}_1 = U_2 + \Delta U_2 + j\delta U_2 \quad \text{（GYSD00101004-1）}$$

$$U_1 = \sqrt{(U_2 + \Delta U_2)^2 + \delta U_2^2} \quad \text{（GYSD00101004-2）}$$

其中

图 GYSD00101004-2　集中负荷的线路

$$\Delta U_2 = \frac{P_2 R + Q_2 X}{U_2} \quad \text{（GYSD00101004-3）}$$

$$\delta U_2 = \frac{P_2 X - Q_2 R}{U_2} \quad \text{（GYSD00101004-4）}$$

2. 已知环节首端电压求末端电压

如果已知线路首端的功率 $\dot{S}_1 = P_1 - jQ_1$ 和电压 $\dot{U}_1$，选择 $\dot{U}_1$ 为参考相量，同样可得相应的公式

$$\dot{U}_2 = U_1 - \Delta U_1 - j\delta U_1 \quad \text{（GYSD00101004-5）}$$

$$U_2 = \sqrt{(U_1 - \Delta U_1)^2 + \delta U_1^2} \quad \text{（GYSD00101004-6）}$$

$$\Delta U_1 = \frac{P_1 R + Q_1 X}{U_1} \quad \text{（GYSD00101004-7）}$$

$$\delta U_1 = \frac{P_1 X - Q_1 R}{U_1} \quad \text{（GYSD00101004-8）}$$

实际计算中，一般只有在 220kV 及以上的超高压线路才必须计及 δU 对电压损耗的影响。对于 110kV 及以下的电力线路，可忽略 δU 的影响，则电压损耗就等于电压降的纵分量，即

$$U_1 - U_2 = \Delta U_2 = \frac{P_2 R + Q_2 X}{U_2} \quad \text{（GYSD00101004-9）}$$

或

$$U_1 - U_2 = \Delta U_1 = \frac{P_1 R + Q_1 X}{U_1} \quad \text{（GYSD00101004-10）}$$

上列各式中　　P_1、P_2——线路首、末端有功功率，MW；

　　　　　　　Q_1、Q_2——线路首、末端无功功率，Mvar；

　　　　　　　R、X——线路的电阻和电抗，Ω；

　　　　　　　ΔU_1、ΔU_2——用线路首端数据和用线路末端数据计算电压降的纵分量，kV；

　　　　　　　δU_1、δU_2——用线路首端数据和用线路末端数据计算电压降的横分量，kV。

三、开式电力网的功率分布

（一）电力网环节的功率分布

凡是由一个电源供电，并且只能从一个方向给用户输送电能的电力网，称为开式电力网，如图 GYSD00101004-3（a）所示。该电力网首端 A 经线路 AB 向带有负荷 $\dot{S}_2'$ 的末端进行供电。其等值电路如图 GYSD00101004-3（b）所示。

图 GYSD00101004-3　开式电力网
（a）示意图；（b）等值电路

在等值电路图中，每一个电流不变的分段称为电力网的一个环节。例如，图 GYSD00101004-3（b）中两个电容间的一段就是一个环节。电力网是由若干个环节组成的，电力网功率分布计算是按环节逐段进行的。因此，首先讨论一个环节的功率分布计算。

由图 GYSD00101004-3 可知，线路末端功率（即末端的负荷功率）为 $\dot{S}'_2 = P_2 - jQ'_2$，环节末端功率 $\dot{S}_2$ 为

$$\dot{S}_2 = P_2 - jQ_2 = \dot{S}'_2 + jQ_{C2}$$
$$= P_2 - jQ'_2 + jQ_{C2} = P_2 - j(Q'_2 - Q_{C2})$$

式中　Q_{C2}——线路后半段的电容功率，$Q_{C2} = \dfrac{B}{2}U_2^2$；

　　　U_2——环节末端电压（与线路末端电压相等）。

环节首端功率 $\dot{S}_1$ 为

$$\dot{S}_1 = P_1 - jQ_1$$

或

$$\dot{S}_1 = \dot{S}_2 + \Delta\dot{S}$$

$$= (P_2 - jQ_2) + (\Delta P - j\Delta Q) = (P_2 + \Delta P) - j(Q_2 + \Delta Q)$$

式中　ΔP——环节中的有功功率损耗，$\Delta P = \dfrac{P_2^2 + Q_2^2}{U_N^2}R$；

　　　ΔQ——环节中的无功功率损耗，$\Delta Q = \dfrac{P_2^2 + Q_2^2}{U_N^2}X$；

　　　U_N——电力网额定电压；

　　　$\Delta\dot{S}$——环节中的功率损耗，$\Delta\dot{S} = \Delta P - j\Delta Q$。

线路首端功率 $\dot{S}'_1$ 为

$$\dot{S}'_1 = P_1 - jQ'_1$$

或

$$\dot{S}'_1 = \dot{S}_1 + jQ_{C1} = (P_1 - jQ_1) + jQ_{C1} = P_1 - j(Q_1 - Q_{C1})$$

式中　Q_{C1}——线路前半段的电容功率，$Q_{C1} = \dfrac{B}{2}U_1^2$；

　　　U_1——环节首端电压（与线路首端电压相等）。

当线路空载时，负荷功率 $\dot{S}'_2 = 0$，环节末端功率只有线路后半段的电容功率，即

$$\dot{S}_2 = -jQ_2 = +jQ_{C2}　（Q_2 = -Q_{C2}）$$

根据式（GYSD00101004-1），有

$$\dot{U}_1 = U_2 + \Delta U_2 + j\delta U_2 = U_2 + \frac{Q_2 X}{U_2} + j\frac{-Q_2 R}{U_2} = U_2 - \frac{Q_{C2}X}{U_2} + j\frac{Q_{C2}R}{U_2} \qquad （GYSD00101004-11）$$

其相量图如图 GYSD00101004-4 所示。分析相量图和式（GYSD00101004-11）可知，当线路空载时，线路末端的电压高于首端电压。这是因为线路电容功率在线路上所产生的电压降的纵分量与感性负荷所产生的电压降纵分量是反向的，因而电压损耗是负值。

图 GYSD00101004-4　线路空载时电压相量图

例 GYSD00101004-1　有一 220kV 的输电线路向 100km 外的变电站供电。导线水平排列，线间距离为 7.5m，每相采用 2×LGJ-300/25 分裂导线，分裂间距 d_{12} 为 0.3m。变电站高压母线的负

荷为 150MW，$\cos\varphi = 0.9$，电压为 210kV，试计算该电力网功率分布和线路始端电压。

解　（1）确定线路参数，并作出等值电路图（接线图及等值电路见图 GYSD00101004-5）。

线路末端功率

$$P_2 = 150 \text{（MW）}$$

$$Q_2' = P_2\tan\varphi = 150\tan(\arccos 0.9) = 72.65 \text{（Mvar）}$$

$$\dot{S}_2' = 150 - \mathrm{j}72.65 \text{（MV·A）}$$

由例 GYSD00101002-1 计算结果得 $r_0 = 0.052$ Ω/km，$x_0 = 0.334$ Ω/km，$b_0 = 3.46 \times 10^{-6}$（S/km）。

线路电阻为　　$R = r_0 L = 0.052 \times 100 = 5.2$（Ω）

线路电抗为　　$X = x_0 L = 0.334 \times 100 = 33.4$（Ω）

线路电纳为　　$B = b_0 L = 3.46 \times 10^{-6} \times 100 = 346 \times 10^{-6}$（S）

$$\frac{B}{2} = \frac{346 \times 10^{-6}}{2} = 173 \times 10^{-6} \text{（S）}$$

线路电容功率的一半为

$$Q_{\mathrm{C2}} = \frac{B}{2}U_{\mathrm{N}}^2 = 173 \times 10^{-6} \times 220^2 = 8.37 \text{（Mvar）}$$

图 GYSD00101004-5　接线图及等值电路图

（2）功率分布计算。环节末端功率为

$$\dot{S}_2 = P_2 - \mathrm{j}Q_2' + \mathrm{j}Q_{\mathrm{C2}}$$
$$= 150 - \mathrm{j}72.65 + \mathrm{j}8.37 = 150 - \mathrm{j}64.28 \text{（MV·A）}$$

线路阻抗中的功率损耗

$$\Delta P = \frac{P_2^2 + Q_2^2}{U_{\mathrm{N}}^2}R = \frac{150^2 + 64.28^2}{220^2} \times 5.2 = 2.86 \text{（MW）}$$

$$\Delta Q = \frac{P_2^2 + Q_2^2}{U_{\mathrm{N}}^2}X = \frac{150^2 + 64.28^2}{220^2} \times 33.4 = 18.38 \text{（Mvar）}$$

$$\Delta\dot{S} = \Delta P - \mathrm{j}\Delta Q = 2.86 - \mathrm{j}18.38 \text{（MV·A）}$$

环节首端的功率

$$\dot{S}_1 = \dot{S}_2 + \Delta\dot{S} = 150 - \mathrm{j}64.28 + 2.86 - \mathrm{j}18.38$$
$$= 152.86 - \mathrm{j}45.9 \text{（MV·A）}$$

线路首端的功率为

$$\dot{S}_1' = \dot{S}_1 + \mathrm{j}Q_{\mathrm{C1}} = 152.86 - \mathrm{j}45.9 + \mathrm{j}\,8.37$$
$$= 152.86 - \mathrm{j}37.53 \text{（MV·A）}$$

（3）电压计算。由式（GYSD00101004-3）和式（GYSD00101004-4）可得

$$\Delta U_2 = \frac{P_2 R + Q_2 X}{U_2} = \frac{150 \times 5.2 + 64.28 \times 33.4}{210} = 13.94 \text{（kV）}$$

$$\delta U_2 = \frac{P_2 R - Q_2 X}{U_2} = \frac{150 \times 33.4 - 64.28 \times 5.2}{210} = 25.45 \text{（kV）}$$

由式（GYSD00101004-2）可得

$$U_1 = \sqrt{(U_2 + \Delta U_2)^2 + \delta U_2^2} = \sqrt{(210 + 13.94)^2 + 25.45^2} = 225.4 \text{（kV）}$$

（二）区域电力网的功率分布与电压计算

在进行开式区域电力网的功率分布及电压计算时，已知原始资料一般为：在最大负荷和最小负荷运行情况下，降压变电站低压侧的负荷；输电线路和变压器的参数；发电厂高压母线或低压母线上的电压。计算步骤是从开式电力网的末端到首端，按照电力网环节首端和末端的功率的关系，计算整个电力网的功率分布；然后按照环节首端和末端的电压的关系，并根据电力网中某点的已知电压，计算

电力网各点的电压。

四、闭式电力网的功率分布与电压计算

凡用户能从两个及其以上方向获得电能的电力网，称为闭式电力网。两端供电和环形供电的电力网是闭式电力网中最基本的形式。

闭式电力网的功率分布计算要比开式电力网复杂。它与电网的结构、负荷的大小与分布及电源的电压有关。因此，在作闭式电力网功率分布的近似计算时，可先不考虑各线段中的功率损耗对功率分布的影响，假设电力网各点电压均是相等的，且等于电力网的额定电压 U_N，求出功率分布后，再计算各线段中的功率损耗。

五、电压调整的方法

电力网运行时，一方面由于电力网负荷的变动引起电力网电压损耗的变动；另一方面由于电力系统运行方式的改变所引起的功率分布和电力网阻抗的改变，从而导致电力网电压损耗的变动。使电力网的电压偏移超出了允许范围，对受电设备的运行具有很大的影响。所以，在电力网中，若不采取特殊措施，很难做到使所有用户的电压质量都满足要求，必须采取相应的调压措施。

电压的调整，必须根据电力网具体要求，在不同的接点采用不同的方法，具体如下。

（一）利用变压器分接头进行调压

合理选择变压器的分接头来改变变压器变比进行调压是电力系统调压措施中应用最为广泛的措施之一。当系统无功功率充足时，采用有载调压变压器调压，非常灵活有效。但这种调压措施不增加系统的无功功率，在系统无功功率不足时，不能单靠这种措施来提高系统的电压水平。

我国制造的大型电力变压器的高压绕组上，除有主分接头外，还有 -5%、-2.5%、$+2.5\%$ 和 $+5\%$ 4 个附加分接头。

变压器分接头的用途是调整变电站母线上电压，使电压偏移不超过容许范围。对于不具有带负荷切换装置的变压器，改变分接头时需要停电，还要进行一系列的倒闸操作。所以，这种调压方式一般仅适用于具有停电条件的供给季节性用户的变电站，或有多台变压器并列运行，且容许经常进行切投操作的变电站。

为了保证连续供电和随时调压，现已广泛地采用有载调压变压器。这种变压器的结构，和一般的电力变压器差别不大，仅分接头个数较多。

普通双绕组变压器的高压绕组，一般都具有几个分接头供选择使用，除主分接头两边，还有几个附加分接头。而有载调压变压器的高压侧除主绕组外，还有一个可调节分接头的调压绕组，它可以在带负荷情况下手动或电动操作改变分接头，也能远方电动控制，便于实现自动调压。例如，电压为 110kV 及以下有载调压器，高压绕组在主分接头两边各具有 3 个分接头；电压为 220kV 的有载调压器在主分接头两边各具有 4 个分接头，调压范围分别为 $\pm 7.5\% \sim \pm 10\%$。

图 GYSD00101004-6 为有载调压变压器接线图，它的高压主绕组上连接一个具有若干个分接头的调压绕组，依靠特殊的切换装置可以在负荷电流下切换分接头。切换装置有两个可动触头 S_a 和 S_b。改变分接头时，先将一个可动触头移动到所选定的分接头上，然后再把另一个可动触头也移动到该分接头上。这样，在分接头切换过程中才不致使变压器开路，为了防止可动触头在切换过程中产生电弧，在可动触头 S_a、S_b 前面接入两个接触器 KM_a、KM_b，并将它们放在单独的油箱里。当变压器需要从一个分接头（例如分接头 7）切换到另一个分接头上（例如分接头 6）时，首先断开 KM_a，将 S_a 切换到另一个分接头 6 上，然后再将 KM_a

图 GYSD00101004-6 有载调压变压器接线图

Ⅰ—高压主绕组；Ⅱ—调压绕组；Ⅲ—低压绕组

接通。另一个触头也采用相同的切换程序，即断开 KM_b，再将 S_b 切换到与 S_a 相同的一个分接头 6 上，再接通 KM_b，完成切换过程。

切换装置中的电抗器 L 是用于当切换过程中两个可动触头在不同的分接头上时，限制两个分接头间的短路电流的。在正常运行时，变压器的负荷电流是经由电抗器的绕组 a 点及 b 点流向 0 点，因电流所产生的磁势互相抵消，所以正常运行时，电抗器的电抗是非常小的。在图 GYSD00101004-6 中，如将切换装置分别放在 1~9 中的各个分接头上，就可接入不同的绕组匝数。分接头 1~5 间绕组的作用，与主绕组的作用一致；而分接头 5~9 间的绕组作用，则与主绕组的作用相反（抵消主绕组的一部分作用）。对电压为 110kV 及其以上的变压器，一般将调压绕组放在变压器中性点侧。因为 110kV 及更高电压等级的电力网，变压器的中性点是接地的，中性点侧对地电压很低，所以调节装置的绝缘比较容易解决。

（二）改变电力网参数调压

用户电压过低有两个原因：①系统无功功率不足，系统被迫降低运行电压，以维持系统无功功率的平衡，可以通过投入无功补偿和发电机增发无功来提高系统电压；②电力网的电压损耗过大。电力网的电压损耗近似计算公式为

$$\Delta U = \frac{PR + QX}{U}$$

可见，改变电力网的电阻 R 和电抗 X，均可改变 ΔU 的数值，提高用户的端电压，达到调整电压的目的。

1. 改变电力网参数的方法

（1）改变电力网的导线截面。对于 10kV 及以下的配电线路，由于原导线截面较小，R 占阻抗中比例较大，电压损耗中 PR 起主导作用，增加导线截面，能起到明显的调压效果；但对于 35kV 及以上的线路，由于原导线截面一般较大，R 占总阻抗中的比例较小，电压损耗中 QX 起主导作用。此时，增加导线截面，不但增加了投资，且对降低电压损耗的效果不大。

（2）改变电力网的接线方式，可以减少电力网的阻抗，从而减少电力网的电压损耗。主要有将单回路供电改为双回路线路供电；切除或投入变电站中一部分并列运行的变压器；将开环运行的电网改造为闭环运行的电网。

（3）在线路上串联电容器（或称串联电容补偿）。

2. 串联电容补偿调压原理

对于长距离输电线路，由于线路感抗较大，产生较大的电压损耗和无功功率损耗，同时也限制了线路的输送容量。为了减小线路感抗，缩短线路电气距离，可采用串联电容器，补偿线路感抗、降低电压损耗、提高线路末端电压达到调压的目的。

图 GYSD00101004-7（a）为串联电容补偿接线图。U_1 为线路首端电压，U_2 为线路末端电压，负荷 $P_2 - jQ_2$（线路首端的功率）集中在末端。则线路末端电压为

图 GYSD00101004-7 串联电容补偿接线图
（a）装有串联电容补偿前；（b）装有串联电容补偿后

$$U_2 = \sqrt{(U_1 - \Delta U_1)^2 + \delta U_1^2}$$

$$= \sqrt{\left(U_1 - \frac{P_1 R + Q_1 X}{U_1}\right)^2 + \left(\frac{P_1 X - Q_1 R}{U_1}\right)^2}$$

图 GYSD00101004-7（b）为该线路在末端安装了串联电容补偿后的接线图，此时，线路末端电压应为

$$U_2' = \sqrt{\left[U_1 - \frac{P_1 R + Q_1(X - X_c)}{U_1}\right]^2 + \left[\frac{P_1(X - X_c) - Q_1 R}{U_1}\right]^2}$$

比较上面两式，可以看到串联电容补偿以后，线路末端电压提高了。

（三）改变电力网无功功率进行调压

当系统无功电源不足时，必须用增加无功电源的办法调压。系统所需的无功功率除了发电机供给外，还有静电电容器、同期调相机等。后者不但可减少电网的电压损耗，同时还可以减少电网功率和能量损耗。

利用并联静电电容器（即并联电容补偿）调压，是在负荷侧安装并联电容器以提高负荷功率因数。这样，便可减少通过线路上的无功功率，达到调压目的，如图 GYSD00101004-8 所示。

图 GYSD00101004-8　并联电容补偿接线图
（a）装有并联电容补偿前；（b）装有并联电容补偿后

图中 U_1 为首端电压，U_2 为未并联电容时线路末端电压，P_2-jQ_2 为变压器二次侧负荷，P_1-jQ_1 为首端功率，Q_B 为并联电容器容量，U_2' 为并联电容后线路末端电压。

由于在负荷侧并联电容 Q_B，因此线路首端无功功率由 Q_1 减少到 Q_1-Q_B，线路中的电压损耗减少了，可以看到并联电容补偿以后，线路末端电压提高了。

同期调相机有比并联电容器优越得多的调压特性。调相机不仅能在系统电压低时供给无功功率而将电压调高，并且能在系统电压偏高时吸收系统多余无功功率而将电压调低。

【思考与练习】

1．什么叫潮流分布？潮流分布计算目的是什么？什么叫电压降落？什么叫电压损耗？什么叫电压偏移？

2．什么是开式电力网？什么叫电力网的环节？在何种情况下线路末端的电压高于首端电压，原因是什么？

3．一条额定电压为 110kV 的输电线路采用 LGJ-185/30 型导线，线间几何平均距离为 5.5m，如图 GYSD00101004-9 所示。已知线路末端负荷为（50−j40）MV·A，线路首端电压为115kV，试求线路末端电压。

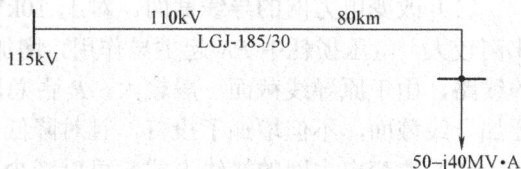

图 GYSD00101004-9　题 3 图

4．试述带负荷调压变压器分接头的切换过程。

5．试述串联电容补偿和并联电容补偿的调压原理。

6．电力网电压调整有哪几种方法？改变电力网参数调压具体有哪几种措施？

模块 5　电力网导线截面的选择（GYSD00101005）

【模块描述】 本模块介绍电力网导线截面的选择方法。通过概念介绍、定性分析、计算举例，掌握导线截面选择的程序、方法。

【正文】

电力网中所用的导线，不仅对电力网所需的有色金属消耗量及投资有很大关系，而且在电力网运行中对供电的安全可靠和电能质量有重大意义。

导线选择截面过大，不仅将增加投资，而且将增加有色金属消耗量；选择截面过小的导线，在运行时将在电力网中造成过大的电压损耗和电能损耗，致使导线接头处温度过高、线路末端电压过低，并导致用电设备不正常运行状态，所以正确选择导线截面，对电力网运行的经济性和技术上的合理性具有重要意义。

一、导线截面选择考虑的主要问题

输电线路导线截面的选择，对线路运行的经济性和技术上的合理性有很大影响。通常要考虑以下问题：

（1）为了安全可靠的供电，要保证导线有足够的机械强度。

（2）要使线路在正常气候条件下不产生电晕。

（3）要尽可能降低线路投资，选取经济的导线截面。

（4）要把线路电压损耗限制在允许范围内（一般指地方电力网）。

（5）导线在运行中的温度不超过允许温度等。

另外选择导线截面对采用的负荷资料，一般要考虑 5~10 年电力系统的远景发展，避免线路架设后由于导线截面选择不当而限制负荷的增加，不得不重新换线或架设第二条线路。

二、按机械强度要求的导线的最小允许截面

为了保证架空线路安全可靠的运行，线路的导线和架空地线承受的最大运行应力应小于其容许使用应力。为此导线和架空地线应具有足够的机械强度，按此要求的最小允许截面如表 GYSD00101005-1 所示。

表 GYSD00101005-1　　　　按机械强度要求的导线和避雷线最小允许截面　　　　mm^2

导　线　种　类		架空线路等级		
导线结构	导线材料	I	II	III
单股线	铜	不使用	10	6
	钢、铁	不使用	$\phi 3.5mm$	$\phi 2.75mm$
	铝及铝合金	不使用	不使用	10
多股线	铜	16	10	6
	钢、铁	16	10	10
	铝及铝合金	25	16	16

注　35kV 以上线路为 I 级线路；1~35kV 线路为 II 级线路；1kV 以下线路为 III 级线路。

三、按电晕损耗条件要求的导线最小允许直径

在高压架空线路中，当靠近导线表面的电场强度超过了空气的耐压强度时，靠近导线表面的空气层就会产生游离而放电。空气中带电离子的移动构成电晕电流，引起有功功率损耗。此时可以听到放电的声音，并产生臭氧，黑夜还可以看到导线周围发生淡蓝色的光晕，称之为电晕现象。

电晕的产生不仅消耗电能，增加线路损耗，而且烧蚀导线及金具表面。特别是对通信、电视、广播的干扰影响严重，必须采取限制措施。

导线发生电晕的情况与气候条件、海拔高度有很大关系；当这些外界条件相同时，导线是否发生电晕，还与导线半径有关，导线半径越大，越不容易发生电晕。因此，为防止在线路正常运行情况下，晴好天气不出现全面电晕，对海拔高度不超过 1000m 地区的架空线路导线的最小直径见表 GYSD00101005-2。

表 GYSD00101005-2　　　　按电晕要求的导线最小允许直径（海拔不超过 1000m）

额定电压（kV）	66 以下	110	154	220	330		500		
导线外径（mm）	不受限制	9.6	13.87	21.6	33.6	2×21.6	2×36.24	3×26.82	4×21.6

对于高海拔地区的超高压线路的导线截面选择，电晕条件则是主要的。

四、按经济电流密度选择导线截面

1. 经济电流密度

维持电力网正常运行时每年所支出的费用称为电力网年运行费。电力网年运行费包括电能损耗费、折旧费、修理费、维护费。其中电能损耗费、折旧费及修理费是随导线截面而改变的，维护费则基本与导线截面积无关。

如果导线截面积越大，导线中的功率损耗和电能损耗就越小，但线路的初建投资增加，同时线路的折旧费、修理费和有色金属的消耗量也就增加。如果导线截面积越小，则线路初建投资和有色金属消耗量就越小，而线路中的功率损耗和电能损耗将必增加。由此可见，线路中的电能损耗和初建投资都影响年运行费，若只强调一个侧面，片面增加或减少导线截面积都是不经济的。综合考虑各方面因素定出的符合总的经济利益的导线截面，称为经济截面。对应于经济截面的电流密度，称为经济电流密度。我国现行的经济电流密度见表 GYSD00101005-3。

表 GYSD00101005-3　　　　　　　　　　　经济电流密度 J 值　　　　　　　　　　　A/mm²

导 线 材 料	最大负荷使用时间 T_{zd}（h）		
	3000 以下	3000～5000	5000 以上
铜裸导线和母线	3.0	2.25	1.75
铝裸导线和母线、钢芯铝绞线	1.65	1.15	0.9
铜芯电缆	2.5	2.25	2.0
铝芯电缆	1.92	1.73	1.54

2. 按经济电流密度选择导线截面积

架空输电线路的导线截面积，一般是按经济电流密度来选择的。

选择步骤：

图 GYSD00101005-1　例 GYSD00101005-1 图

（1）首先必须确定电力网的计算传输容量（电流）。传输容量的确定实质上是确定计算年限，应考虑电网投入运行后 5～10 年的发展远景。

（2）电力网的最大负荷使用时间，一般是根据电力网所输送负荷的性质确定的，可由表 GYSD00101003-1 查出。

（3）导线截面积 $A = \dfrac{I_{zd}}{J}$，根据计算的导线截面积，再选择最适当的标称导线截面。

例 GYSD00101005-1　某变电站负荷为 100MW，$\cos\varphi = 0.8$，$T_{zd} = 6000$h，由 90km 外的发电厂以 220kV 的双回路线路供电，如图 GYSD00101005-1 所示，试按经济电流密度选择钢芯铝线的截面积。

解　线路需输送的电流

$$I_{zd} = \frac{P}{\sqrt{3}U\cos\varphi} = \frac{100000}{\sqrt{3} \times 220 \times 0.8} = 328 \text{（A）}$$

由表 GYSD00101005-3 查得，当 $T_{zd} = 6000$h，$J = 0.9$A/mm²，则

$$A = \frac{I_{zd}}{J} = \frac{328}{0.9} = 364 \text{（mm}^2\text{）}$$

由于采用双回路供电，所以每一回路的导线截面积应为 $\dfrac{364}{2} = 182$（mm²），并应选择 LGJ-185 型的钢芯铝线。

五、按发热条件校验导线截面

（一）导线的发热

当线路运行，有电流通过导线时，导线中就产生电能损耗，结果使导线发热，温度上升，因而使导线与周围介质产生一定温差。温差大小与通过导线的电流有关，电流越大，导线与周围介质的温差越大。当温差达到一定数值时，导线所发生的热量等于向周围介质散发的热量，此时导线的温度不再上升，达到热稳定状态。

（二）发热条件

由于导线的温度过高，使导线连接处加速氧化，从而增加了导线的接触电阻。接触电阻的增大，使导线连接处发热增强引起温度升高的恶性循环。对于架空导线，温度升高，会使弛度过大，结果使导线对地距离不能满足安全距离的要求，可能发生事故。对于电缆和其他绝缘导体，温升过高，会使导线周围介质加速老化，甚至损坏。所以，在选择导线截面时，为了使电力网能安全可靠地运行，导

线在运行中的温度不应超过其最高容许温度。

根据规定，铝及钢芯铝绞线在正常情况下的最高温度不超过 70℃，事故情况下的最高温度不超过 90℃。对各类绝缘导线，其容许工作温度为 65℃。

为了使用方便，工程上都预先根据各类导线容许长期工作的最高允许温度+70℃，制定其长期容许载流量且绘制成表格，以供使用时查取。表中长期容许载流量值，对应于敷设在空气中的裸导线和绝缘导线，其周围环境温度按 25℃ 计算。

当介质的实际温度（最热月平均最高温度）不同于上述值时，各类导线的长期容许载流量应乘以修正系数 $K = \sqrt{\dfrac{70-t}{70-25}}$；当导线的长期工作的最高运行温度不是+70℃时，各类导线的长期容许载流量应乘以修正系数 $K = \sqrt{\dfrac{\theta-25}{70-25}}$，当 $\theta = 90℃$ 时，$K = 1.2$。

验算导线允许载流量时，导线的允许温度：钢芯铝绞线和钢芯铝合金绞线一般采用+70℃，必要时可采用+80℃；大跨越可采用+90℃；钢芯铝包钢绞线（包括铝包钢绞线）可采用+80℃（大跨越可采用+100℃），或经试验决定；镀锌钢绞线可采用+125℃。环境气温宜采用最热月平均最高温度；风速采用 0.5m/s（大跨越采用 0.6m/s）；太阳辐射功率密度采用 0.1W/cm²。

例 GYSD00101005-2　条件同例 GYSD00101005-1，试按发热条件选择导线截面。

解　由例 GYSD00101005-1 知 $I_{zd} = 328A$。

在正常两回路供电情况下，每一回路输送电流为 164A。

为了保证供电可靠性，要求当一回路发生事故而断开时，另一回路能输送全部电流。此时钢芯铝线的最高容许温度为 90℃，因此应将资料中的长期容许载流量乘以修正系数 1.2。

由资料查得，LGJ-185 型导线在周围空气温度为 25℃时，其长期容许载流量应为 515×1.2＝618（A），大于 328A。所以选择两回路为 LGJ-185 型导线，当一回路发生事故而断开时，满足发热条件的要求。

由例 GYSD00101005-1 按经济电流密度选择导线为 LGJ-185 型，这远比本例选择的截面大，故一定能满足发热条件的要求。

六、按电压损耗选择导线截面

在地方电力网中，为了保证负荷端的电压偏移不超过容许范围，就必须按电压损耗来选择导线截面。一般的配电网，特别是农村电网其导线截面均按容许电压损耗选择。

（一）电压损耗的计算

$$\Delta U = \sqrt{3} \sum (Ir\cos\varphi + Ix\sin\varphi)$$

$$= \frac{\sum(Pr+Qx)}{U_N} = \frac{\sum(pR+qX)}{U_N} = \Delta U_r + \Delta U_x \qquad (\text{GYSD00101005-1})$$

由式（GYSD00101005-1）可见，电压损耗是由导线的电阻和电抗决定的。导线的电阻与导线截面成反比，而电抗与导线截面的关系复杂。但当导线截面变化时，其电阻成比例跟着变化，而电抗却变化的很少。对一般架空配电线路，平均电抗约为 $x_0 = 0.35 \sim 0.40\Omega/km$，它的变化范围很小。因此，在计算电压损耗时，通常在导线截面未知情况下，先假定导线的电抗为这类线路的平均电抗（对于低压线路 $x_0 = 0.35\Omega/km$ 左右；对应 10kV 线路 $x_0 = 0.38\Omega/km$ 左右；对应 35kV 线路 $x_0 = 0.42\Omega/km$ 左右）。即

$$\Delta U_x = \sqrt{3} \sum (Ix\sin\varphi)$$

$$= \sqrt{3}l \sum Ix_0\sin\varphi = x_0\frac{\sum Ql}{U_N} = x_0\frac{\sum qL}{U_N} \qquad (\text{GYSD00101005-2})$$

若总的容许电压损耗为 ΔU_{xu}，则电阻上的容许电压损耗为

$$\Delta U_r = \Delta U_{xu} - \Delta U_x \qquad (\text{GYSD00101005-3})$$

（二）导线截面的选择

当线路干线导线截面相等时，其导线截面可根据导线电阻中的电压损失 ΔU_r 直接选择。

因为

$$\Delta U_r = \sqrt{3} \sum Ir\cos\varphi$$

$$= \sqrt{3}r_0 l \sum I \cos\varphi = \frac{10^3\sqrt{3}}{\gamma A}\sum Il\cos\varphi \qquad \text{(GYSD00101005-4)}$$

或

$$\Delta U_r = \frac{10^3\sum Pl}{\gamma A U_N}$$

所以

$$A = \frac{10^3\sqrt{3}}{\gamma\Delta U_r}\sum Il\cos\varphi = \frac{10^3\sum Pl}{\gamma\Delta U_r U_N} = \frac{10^3\sum pL}{\gamma\Delta U_r U_N} \qquad \text{(GYSD00101005-5)}$$

按电压损耗要求选择导线截面的步骤:

(1)采用一定的平均电抗值;

(2)按式 $\Delta U_x = x_0\frac{\sum Ql}{U_N}$ 或 $\Delta U_x = x_0\frac{\sum qL}{U_N}$ 计算电抗中的电压损耗为 ΔU_x;

(3)由线路总的容许电压损耗 ΔU_{xu},按式 $\Delta U_r = \Delta U_{xu} - \Delta U_x$ 求出电阻中的允许电压损耗;

(4)按 $A = \frac{10^3\sum Pl}{\gamma\Delta U_r U_N}$ 或 $A = \frac{10^3\sum pL}{\gamma\Delta U_r U_N}$ 计算导线的截面,并选出最接近的标称截面,一般应使标称截面略大于计算截面;

(5)按求得的导线标称截面的实际 r_0、x_0 值,计算线路中的实际电压损耗;如果实际电压损耗不大于容许电压损耗,所选的截面可用,否则应改变导线截面再进行计算,直至求出合适的导线截面。

例 GYSD00101005-3 有一条额定电压为 10kV 线路,用钢芯铝导线架设,线间几何均距为 1m,容许电压损耗为 5%。线路各段长度(km)和负荷(kW)及功率因数都标在图 GYSD00101005-2 中,全用同一截面的导线,试按容许电压损耗选择导线截面。

图 GYSD00101005-2 例 GYSD00101005-3 图

解 将给定的负荷分为有功和无功功率,即

$$\dot{S}_{aa} = 1000 - j750 \ (\text{kV}\cdot\text{A})$$
$$\dot{S}_{bb} = 500 - j310 \ (\text{kV}\cdot\text{A})$$
$$\dot{S}_{Aa} = 1500 - j1060 \ (\text{kV}\cdot\text{A})$$

容许电压损耗为

$$\Delta U_{xu} = \Delta U_{xu}\% \times U_N = 0.05 \times 10000 = 500 \ (\text{V})$$

取平均电抗 $x_0 = 0.38\Omega/\text{km}$,电抗中的电压损耗为

$$\Delta U_x = x_0\frac{\sum Ql}{U_N} = 0.38 \times \frac{1060\times4 + 310\times5}{10} = 220 \ (\text{V})$$

计算电阻中的电压损耗为

$$\Delta U_r = \Delta U_{xu} - \Delta U_x = 500 - 220 = 280 \ (\text{V})$$

导线截面为

$$A = \frac{10^3\sum Pl}{\gamma\Delta U_r U_N} = \frac{10^3 \times (1500\times4 + 500\times5)}{32\times280\times10} = 94.8 \ (\text{mm}^2)$$

所以选用 LGJ-95 型导线,其单位长度阻抗为 $r_0 = 0.33\Omega/\text{km}$;$x_0 = 0.334\Omega/\text{km}$。由此验算该线路上实际的电压损耗为

$$\Delta U = \frac{\sum l(Pr_0 + Qx_0)}{U_N}$$

$$= \frac{4\times(1500\times0.33 + 1060\times0.334) + 5\times(500\times0.33 + 310\times0.334)}{10} = 474 \ (\text{V})$$

故选用 LGJ-95 型导线即为所求。因为实际上的 $x_0 = 0.334\Omega/\text{km}$,小于所取的平均电抗 $x_0 = 0.38\Omega/\text{km}$,所以实际电压损耗一定小于容许值。

按发热条件进行校验：Aa 段的最大输送电流为

$$I_{Aa} = \frac{S_{Aa}}{\sqrt{3}U_N} = \frac{\sqrt{1500^2 + 1060^2}}{\sqrt{3} \times 10} = 106 \ (A)$$

由相关资料可查得 LGJ-95 型导线容许的载流量为 335A > 106A，故选定的导线满足发热条件。

七、架空线路导线截面选择方法的应用

以上介绍了各种选择导线截面的方法，在具体应用时，需根据不同情况，各种选择方法配合应用。对于 35kV 以上的架空输电线路，一般按经济电流密度选择导线截面。而按电压损耗选择导线截面的方法，主要用于没有特殊调压设备的配电网中。但不论采用哪种方法，所选择的导线截面必须满足机械强度和发热的要求，按经济电流密度选择的导线截面还必须满足容许电压损耗的要求。

对于 110kV 及以上的架空线路，应根据临界电晕电压来校验导线截面。避免电晕损耗则是 330kV 以上的超高压线路决定导线截面的主要控制条件。

例 GYSD00101005-4　有一条额定电压为 220kV 的双回架空线路，线路长度为 60km，线间几何均距为 9.5m，线路末端负荷为 100MW，功率因数 $\cos\varphi = 0.85$，年最大负荷利用时间 $T_{zd} = 5500h$，试选择导线的截面。

解　（1）按经济电流密度选择导线截面。线路需输送的电流为

$$I = \frac{100000}{\sqrt{3} \times 220 \times 0.85} = 309 \ (A)$$

按已知，$T_{zd} = 5500h$，从表 GYSD00101005-3 选择经济电流密度，J = 0.9A/mm²，计算每回导线的截面为

$$A = \frac{I}{2 \times J} = \frac{309}{2 \times 0.9} = 172 \ (mm^2)$$

因此选择 LGJ-185/30 型导线。

（2）按容许的电压损耗（$\Delta U_{xu}\% = 10$）校验。由于 $r_0 = \frac{10^3}{32 \times 185} = 0.169 \ (\Omega/km)$；$x_0 = 0.1445\lg\frac{950}{9.44} + 0.0157 = 0.305 \ (\Omega/km)$。线路实际电压损耗为

$$\Delta U = \frac{PR + QX}{U_N} = \frac{(Pr_0 + Qx_0)L}{U_N}$$

$$= \frac{(100 \times 0.169 + 62 \times 0.305) \times 60}{220} = 9.77 \ (kV)$$

$$\Delta U\% = \frac{\Delta U}{U_N} \times 100 = \frac{9.77}{220} \times 100 = 4.44 < \Delta U_{xu}\%$$

故实际电压损耗小于容许值，因此满足容许电压损耗的要求。

（3）按发热条件校验。当环境温度为 25℃、导线最高容许温度为 90℃时，LGJ-185/30 型导线的长期容许载流量为 1.2 × 515 = 618（A）；而线路实际输送的电流为 309A（当一回路断开时，另一回路输送全部电流），因此满足发热条件的要求。

（4）机械强度和电晕校验。按表 GYSD00101005-1 和表 GYSD00101005-2 的规定，所选用的 LGJ-185/30 型导线，均能满足机械强度和线路在正常运行情况下不出现电晕的要求。

【思考与练习】

1．什么叫经济电流密度？按经济电流密度和电压损耗选择导线截面积的步骤分别是什么？

2．额定电压为 110kV 的架空线路，输送功率为 40MW，$\cos\varphi = 0.85$，周围环境温度为 10℃，试按发热条件选择所用钢芯铝线的截面。

3．某降压变电站负荷为 120MW，$\cos\varphi = 0.8$，$T_{zd} = 5000h$，由 100km 外的区域变电站以 220kV 的双回线路供电，线间几何均距为 7.5m，容许电压损耗为 10%，试按经济电流密度选择钢芯铝线截面，并按发热条件、容许电压损耗及电晕条件校验。

第二章　电力系统过电压及其预防

模块 1　电力系统中性点接地方式 （GYSD00102001）

【模块描述】 本模块介绍电力系统中性点几种接地方式及使用范围。通过对电力系统中性点几种接地方式的原理分析，了解电力系统中性点接地方式的基本概念，掌握系统在不同的接地方式下故障时电位的变化情况及各种接地方式的使用范围。

【正文】

在三相交流电力系统中，作为供电电源的发电机和变压器的中性点有三种运行方式：①电源中性点不接地；②中性点经阻抗接地；③中性点直接接地。前两种合称为小接地电流系统，也称为中性点非直接接地系统或中性点非有效接地系统；后一种中性点直接接地系统，称为大接地短路电流系统，也称为中性点有效接地系统。

我国 3～66kV 系统，特别是 3～10kV 系统，一般采用中性点不接地的运行方式。如单相接地电流大于一定数值时（3～10kV 系统中接地电流大于 30A、20kV 及以上系统中接地电流大于 10A 时），则应采用中性点经消弧线圈接地的运行方式。我国 110kV 及以上的系统、220/380V 低压配电系统都采用中性点直接接地的运行方式。

电力系统电源中性点的不同运行方式，对电力系统的运行特别是在系统发生单相接地故障时有明显的影响，而且将影响系统二次侧的继电保护及监测仪表的选择与运行，因此有必要予以讨论。

一、中性点不接地的电力系统

图 GYSD00102001-1 是电源中性点不接地的电力系统在正常运行时的电路图和相量图。

为了讨论问题简化起见，假设图 GYSD00102001-1（a）所示三相系统的电源电压和线路参数（指其 R、L、C）都是对称的，而且将相与地之间存在的分布电容用一个集中电容 C 来表示；由于相间存在的电容对所讨论的问题无影响而予以略去。

图 GYSD00102001-1　正常运行时的中性点不接地的电力系统

（a）电路图；（b）相量图

系统正常运行时，三个相的相电压 $\dot{U}_A$、$\dot{U}_B$、$\dot{U}_C$ 是对称的，三个相的对地电容电流 $\dot{I}_{CO}$ 也是平衡的，因此三个相的电容电流的相量和为零，没有电流在地中流动。各相对地的电压等于各相的相电压。

系统发生单相接地时，例如 C 相接地，如图 GYSD00102001-2（a）所示。这时 C 相对地电压为零，而 A 相对地电压 $\dot{U}'_A = \dot{U}_A + (-\dot{U}_C) = \dot{U}_{AC}$，B 相对地电压 $\dot{U}'_B = \dot{U}_B + (-\dot{U}_C) = \dot{U}_{BC}$，如图 GYSD00102001-2（b）所示。由相量图可见，C 相接地时，完好的 A、B 两相对地电压都由原来的相

电压升高到线电压，即升高为原对地电压的 $\sqrt{3}$ 倍。

C 相接地时，系统的接地电流（电容电流）$\dot{I}_{\mathrm{C}}$ 应为 A、B 两相对地电容电流之和。由于一般习惯将从电源到负荷的方向及从相线到大地的方向取为电流的正方向，因此

$$\dot{I}_{\mathrm{C}} = -(\dot{I}_{\mathrm{CA}} + \dot{I}_{\mathrm{CB}}) \qquad \text{（GYSD00102001-1）}$$

由图 GYSD00102001-2（b）的相量图可知，$\dot{I}_{\mathrm{C}}$ 在相位上正好超前 $\dot{U}_{\mathrm{C}}$ 90°；而在量值上，由于 $I_{\mathrm{C}} = \sqrt{3} I_{\mathrm{CA}}$，而 $I_{\mathrm{CA}} = \dfrac{U'_{\mathrm{A}}}{X_{\mathrm{C}}} = \dfrac{\sqrt{3} U_{\mathrm{A}}}{X_{\mathrm{C}}} = \sqrt{3} I_{\mathrm{CO}}$，因此

$$I_{\mathrm{C}} = 3 I_{\mathrm{CO}} \qquad \text{（GYSD00102001-2）}$$

图 GYSD00102001-2 单相接地时的中性点不接地的电力系统

（a）电路图；（b）相量图

即一相接地的电容电流为正常运行时每相对地电容电流的 3 倍。

由于线路对地的电容 C 不好准确确定，因此 I_{CO} 和 I_{C} 也不好根据 C 来精确计算。通常采用下列经验公式来确定中性点不接地系统的单相接地电容电流，即

$$I_{\mathrm{C}} = \frac{U_{\mathrm{N}}\left(L_{\mathrm{oh}} + 35 L_{\mathrm{cab}}\right)}{350} \qquad \text{（GYSD00102001-3）}$$

式中 I_{C}——系统的单相接地电容电流，A；

U_{N}——系统的额定电压，V；

L_{oh}——同一电压 U_{N} 的具有电的联系的架空线路总长度，km；

L_{cab}——同一电压 U_{N} 的具有电的联系的电缆线路总长度，km。

当系统发生不完全接地（即经过一些接触电阻接地）时，故障相的对地电压值将大于零而小于相电压，而其他完好相的对地电压值则大于相电压而小于线电压，接地电容电流 I_{C} 值也较式（GYSD00102001-3）计算值略小。

必须指出：当电源中性点不接地的电力系统中发生单相接地时，三相用电设备的正常工作并未受到影响，因为线路的线电压无论其相位和量值均未发生变化，这从图 GYSD00102001-2（b）的相量图可以看出，因此三相用电设备仍能照常运行。但是这种线路不允许在单相接地故障情况下长期运行，因为如果再有一相又发生接地故障时，就形成两相接地短路，短路电流很大，这是不能允许的。因此在中性点不接地的系统中，应该装设专门的单相接地保护或绝缘监视装置，在系统发生单相接地故障时，给予报警信号，提醒供电值班人员注意，及时处理；当危及人身和设备安全时，单相接地保护则应动作于跳闸。

二、中性点经消弧线圈接地的电力系统

在上述中性点不接地的电力系统中，有一种情况是比较危险的，即在发生单相接地时如果接地电流较大，将出现断续电弧，这就可能使线路发生电压谐振现象。由于电力线路既有电阻和电感，又有电容，因此在线路发生单相弧光接地时，可形成一个 RLC 的串联谐振电路，从而使线路上出现危险的过电压（可达相电压的 2.5~3 倍），这可能导致线路上绝缘薄弱地点的绝缘击穿。为了防止单相接地时接地点出现断续电弧，引起过电压，因此在单相接地电容电流大于一定值（如前面所述）的电力系

统中，电源中性点必须采取经消弧线圈接地的运行方式。

图 GYSD00102001-3 是电源中性点经消弧线圈接地的电力系统单相接地时的电路图和相量图。

图 GYSD00102001-3 中性点经消弧线圈接地的电力系统

(a) 电路图；(b) 相量图

消弧线圈实际上就是铁芯线圈，其电阻很小，感抗很大。

当系统发生单相接地时，流过接地点的电流是接地电容电流 $\dot{I}_C$ 与流过消弧线圈的电感电流 $\dot{I}_L$ 之和。由于 $\dot{I}_C$ 超前 $\dot{U}_C$ 90°，而 $\dot{I}_L$ 滞后 $\dot{U}_C$ 90°，所以 $\dot{I}_L$ 与 $\dot{I}_C$ 在接地点互相补偿。当 $\dot{I}_L$ 与 $\dot{I}_C$ 的量值差小于发生电弧的最小电流（称为最小生弧电流）时，电弧就不会发生，也就不会出现谐振过电压现象了。

在电源中性点经消弧线圈接地的三相系统中，与中性点不接地的系统一样，允许在发生单相接地故障时短时（一般规定为 2h）继续运行。在此时间内，应积极查找故障；在暂时无法消除故障时，应设法将负荷转移到备用线路上去。如发生单相接地危及人身和设备安全时，则应动作于跳闸。

中性点经消弧线圈接地的电力系统，在单相接地时，其他两相对地电压也要升高到线电压，即升高为原对地电压的 $\sqrt{3}$ 倍。

三、中性点直接接地的电力系统

图 GYSD00102001-4 为电源中性点直接接地的电力系统发生单相接地的电路图。这种系统的单相接地，即通过接地中性点形成单相短路，用符号 $k^{(1)}$ 表示。单相短路电流 $I_k^{(1)}$ 比线路的正常负荷电流大得多，因此在系统发生单相短路时保护装置应动作于跳闸，切除短路故障，使系统的其他部分恢复正常运行。

中性点直接接地的系统发生单相接地时，其他两完好相的对地电压不会升高，这与上述中性点不直接接地的系统不同。因此，凡中性点直接接地的系统中的供用电设备的绝缘只需按相电压考虑，而无需按线电压考虑。这对 110kV 及以上的超高压系统是很有经济技术价值的。因为高压电气设备特别是超高压电气设备，其绝缘问题是影响电气设备设计和制造的关键问题。电气设备绝

图 GYSD00102001-4 中性点直接接地的电力系统发生单相接地的电路

缘要求的降低，直接降低了电气设备的造价，同时改善了电气设备的性能。因此我国 110kV 及以上的高压、超高压系统的电源中性点通常都采取直接接地的运行方式。

四、中性点各种接地方式的使用范围

对各级电压的电力系统，应采用哪一种中性点接地方式，是一个综合性的技术经济比较问题。根据我国具体情况，结合运行经验，已总结出中性点的各种接地方式的使用范围，现按各种电压的电力系统分述如下。

（一）110kV 及其以上的电力系统

对于 110kV 及其以上的电力系统，在一般情况下应采用中性点直接接地方式。因为从内过电压倍数来看，中性点直接接地系统的内过电压是在相电压作用下产生的，而中性点不接地系统，则是在线电压作用下产生的。因此前者比后者的内过电压数值要低 20%～30%，绝缘水平也可降低 20% 左右。在额定电压越高时，降低绝缘水平和降低设备造价的经济意义就越重大。同时，因为 110kV 及其以上电压的线路，耐雷水平高，很少发生一相瞬时接地故障，加上有线路自动重合闸保护配合，故中性点直接接地系统对运行可靠性的影响不大。但在雷电活动较强的山区及丘陵地区，使用杆塔结构较简单的 110kV 线路，若采用中性点直接接地方式，不能满足供电可靠性的要求时，可改用中性点经消弧线圈接地方式。

采用中性点直接接地方式时，单相接地故障的短路电流较大，这个电流是以输电线路导线及大地为回路的，该电流产生的磁力线对靠近和平行输电线路的通信线路干扰很强，会感应出危险的电压或扰乱铁路信号，需要做好保护工作。

（二）35kV 的电力系统

对于 35kV 电力系统的中性点，应采用何种接地方式，可分下列两种情况考虑。

1．接地电流不超过 10A

对于接地电流不超过 10A 的 35kV 电力系统，可采用中性点不接地方式，原因如下：

（1）35kV 线路每相对地间隙较小，容易发生接地故障。采用中性点不接地方式，绝缘水平是按线电压考虑的，有利于自动消除瞬时接地故障，减少停电次数。

（2）接地电流不超过 10A，不易产生间歇电弧，不需要装设消弧线圈。

（3）若采用中性点直接接地方式，绝缘水平按相电压考虑，从而降低设备费用，效果已不甚显著，但对接地故障引起的停电次数，却会显著增加。

2．接地电流超过 10A

对于接地电流超过 10A 的 35kV 电力系统，应采用中性点经消弧线圈接地方式。因为接地电流超过 10A 时，容易产生间歇电弧，引起内过电压，危及线路和电气设备的绝缘，采用消弧线圈就能将故障点电流大大减少，便于消弧。

（三）10kV 电力系统

对于 10kV 电力系统，通常采用中性点不接地方式。这是因为该系统线路绝缘在成本费中所占比例很小，若采用中性点直接接地方式，其经济价值不大；又由于线路的绝缘较弱，单相瞬时接地的机会较多，若接地电流较小，瞬时接地故障能可靠地自动消除，所以在 10kV 电力系统中，多采用中性点不接地方式。只有当接地电流大于 30A、单相接地时产生的稳定电弧较大且不易熄灭时，才考虑采用中性点经消弧线圈接地的方式或中性点直接接地方式。

在 10kV 的发电机（或调相机）直配线系统，一般采用中性点不接地方式。但当接地电流大于 5A 时，发电机应装设动作于跳闸的继电保护装置。若要求发电机（或调相机）能带内部一相接地故障运行，则应装设消弧线圈。

（四）380/220V 低压系统

对于 380/220V 低压系统一般采用中性点直接接地方式。这是因为在接地故障时，短路电流能及时切断电源，以免未接地相电压升高，影响人身和设备安全。

当安全条件要求较高，且装有能迅速可靠地自动切除接地故障的装置时，也可采用中性点不接地方式。但这时为了防止变压器高、低压绕组间绝缘击穿引起的危险，变压器低压侧的中性线或一个相线上必须装设击穿熔断器。

【思考与练习】

1．三相交流电力系统的电源中性点有哪些运行方式？中性点不直接接地的电力系统与中性点直接接地的电力系统在发生单相接地时各有什么不同特点？

2．中性点不接地的电力系统在发生一相弧光接地时有什么危险？中性点经消弧线圈接地后为何能消除单相接地故障点的电弧？

3．电力系统中性点各种接地方式的使用范围如何？为什么？

模块 2　电力系统过电压的产生（GYSD00102002）

【模块描述】本模块包含气体放电、大气过电压、内部过电压。通过概念描述、原理讲解、定性分析，掌握电力系统各种过电压产生的原因及过程。

【正文】

一、气体放电

在电力工程中，空气是一种广泛应用的绝缘材料，如架空输电线路、变电站的母线、隔离开关的断口处等都是依靠空气作为绝缘的。因此，为了保证电力系统安全可靠运行，了解气体特性和放电规律是十分必要的。

（一）气体放电的基本知识

气体在电压的作用下而发生导通电流的现象称为气体放电。

处于正常状态未受到外部能量作用的气体是不导电的。由于宇宙射线及地层放射性物质的作用，其中少量的带电质点（包括电子、离子），在电场作用下作定向运动，间隙中形成了微弱的电流。当两极电压升高时，带电质点运动速度会加大，放电电流便增加，如图 GYSD00102002-1 所示曲线的 Oa 段。当电压继续提高，但小于 U_b 时，电流维持不变，这时由于宇宙射线及地层放射性物质的作用下，气体间隙中单位体积、单位时间内产生的带电粒子数是不变的，如图 GYSD00102002-1 中曲线 ab 段，此段内的电流也极小，所以气体的电导极小，这说明气体可作绝缘材料使用。当电压升高大于 U_b 时，由于较高的电场作用，使气体中产生了新的带电粒子，电流又继续增大。当电压增达 U_j 时，间隙中流过的电流剧增，并伴有声、光、热、气味等现象，此时空气完全失去了绝缘性能，形成导体，这种现象称为气体击穿或气体放电。此时加在两极间的电压 U_j 称为击穿电压。

图 GYSD00102002-1 气体伏安特性   图 GYSD00102002-2 气体击穿电压与 Pd 乘积的关系

根据巴申定律，在低气压下，当气体成分和电极材料一定时，气体的击穿电压（U_j）是气体压力（P）与两电极之间距离（d）乘积的函数，即

$$U_j = f(Pd)$$

其关系曲线如图 GYSD00102002-2 所示。由曲线可知，击穿电压 U_j 有一最小值，可解释如下。

（1）当电极距离 d 一定而改变压力 P 时，若压力太低，气体密度小，带电质点在运动中碰撞的机会少，此时只有提高电压，增加带电质点的能量才能产生足够的碰撞游离，使气体击穿，因此气体击穿电压提高。当气体压力太大时，气体密度大，虽然碰撞机会增加了，但也正由于碰撞过于频繁，能量不断消耗，不易积聚起足以引起碰撞游离的能量，因而只有提高电压才能使气体发生碰撞游离，因此气体击穿电压也会提高。

（2）当压力 P 一定而改变电极间距离 d 时，若距离太大，只有提高电压，增加电场强度，增加质点碰撞游离的能量，才能使气体击穿，因此气体击穿电压也要提高。若距离太小，小到与质点运动行程相近时，质点运动时与原子碰撞次数减少，不易使气体击穿，因而必须提高电压，增加质点运动的能量，使与原子碰撞次数增加，以致气体击穿，因此气体击穿电压增加。可见，只有在某个 Pd 值时带电质点碰撞游离的机会和能量都较大时，气体才容易击穿，击穿电压才出现最小值。

气体放电主要有以下四种形式：

（1）火花放电。在气体间隙的两极，电压升高到一定值时，气体突然发生明亮的火花，火花向对面电极伸展出细光束。在电源功率不大时，这种火花会瞬时熄灭，接着又突然发生。

（2）辉光放电。当外施电压增加到一定值后，通过气体的电流明显增加，两极间整个空间忽然出现发光现象，这种现象称为辉光放电。霓虹灯管中的放电就属于辉光放电。

（3）电晕放电。当电极的曲率半径很小，电场很不均匀，随外施电压的升高，在电极尖端附近会出现蓝色的放电微光，并发出声音，这种现象叫电晕放电，在电力系统中经常发生。

（4）电弧放电。当气体间隙两极的电源功率足够大时，气体在发生火花放电后，便立即发展到对面电极，出现明亮的连续弧光，形成电弧放电。发生电弧放电时，电弧温度很高，电焊就属于此种。

（二）不均匀电场中的气体放电（电晕放电）

上面讲的气体放电是在均匀电场中，所谓均匀电场，就是气体间隙各处的电场强度大小相等、方向相同，如平板面积比极间距离大得多的平行板电极间的电场属于均匀电场。但在电力系统中，常遇到电极尺寸小而距离为几十厘米甚至数米的不均匀电场。如架空输电线路导线间，导线对杆塔接地部分间都是不均匀电场。实验室中通常用棒对棒、棒对平板之间也属于不均匀电场。

在不均匀电场中，如棒对平板的电极施加电压，随着电压的提高，在棒电极附近电场强度最大，当超过空气的击穿电场强度（空气的击穿电场强度约为 30kV/cm）时，棒电极附近的空气层首先放电，若外加电压不再增加，两极间其他区域电场强度较小，放电只限在棒电极附近的区域里，放电时发出淡蓝色的荧光和"咝咝"的放电声，此现象称电晕放电，简称电晕。发生电晕的起始电压称为电晕的临界电压，其电场强度为临界电场强度。在高压架空输电线路中，电晕时有发生。随着线路电压的升高，电晕首先从电场强度最大处（一般在导线尖角不光滑处）开始，随后扩大到导线全部表面，夜间就可见到导线的周围的蓝色晕光。这时，导线上的线电压称为线路电晕临界电压 U_{Lj}，导线表面的电场强度为临界电场强度 E_{Lj}。线路电晕临界电压可由下式求得

$$U_{Lj} = 84 m_1 m_2 K \delta r \left(1 + \frac{0.301}{\sqrt{\delta r}}\right) \lg \frac{D_{jj}}{r} \quad (kV) \qquad (GYSD00102002-1)$$

式中　m_1——导线表面粗糙系数，对表面完好的多股导线，$m_1 = 0.83 \sim 0.966$，当股数在 20 股以上时，m_1 均大于 0.9；

m_2——天气状况系数，对于干燥晴朗天气，取 $m_2 = 1$，有雾、雨、雪时，取 $m_2 = 0.8$；

K——导线布置系数，导线等边三角形排列时为 1，水平排列时为 0.96；

δ——空气相对密度，$\delta = \frac{3.86P}{273+t}$，$\delta$ 值可见表 GYSD00102002-1，当 $t = 25℃$ 时，$\delta = 1$；

D_{jj}——导线的几何均距，cm；

r——导线的计算半径，cm。

表 GYSD00102002-1　　　　　　　不同海拔高度的 δ 值

海拔高度（m）	δ	海拔高度（m）	δ
100	1.000	1600	0.833
200	0.977	1800	0.814
400	0.955	2000	0.796
600	0.933	2200	0.778
800	0.912	2400	0.760
1000	0.892	2600	0.742
1200	0.872	2800	0.725
1400	0.852	3000	0.709

注　表中 δ 值按海平面处标准气温 25℃，海拔每增加 100m，温度减少 0.5℃计。

电晕放电对在电力生产中有许多危害，首先电晕放电时，在回路中有电晕电流流过，同时有发光、声、热，造成线路的功率损耗；其次，电晕放电还使空气发生化学反应，生成臭氧及氧化氮等化学物，引起绝缘腐蚀；另外，电晕电流是一个断断续续的高频冲击电流，可对无线电和高频通信产生严重的干扰，所以应力求防止或限制电晕的发生。从式（GYSD00102002-1）可知，提高线路电晕的临界电压，使其高于线路的运行电压，为此必须增大导线间的距离（不明显）和导线半径（扩径或采用分裂导线）。

（三）冲击电压下气体放电的特点

冲击电压就是作用时间极为短暂（以 μs 计）的电压，雷电波电压是一种冲击电压。

图 GYSD00102002-3　冲击电压波形

实验证明：当冲击电压作用于气体间隙时，它的击穿电压比工频电压（持续电压）作用时的击穿电压高。图 GYSD00102002-3 为冲击电压波形，假设持续电压作用时的击穿电压为 U_1，那么冲击电压作用时并不在

点 1 击穿，而是在点 2，即冲击电压加到 U_2 时才击穿。由此可知，间隙从加压到击穿需要一定时间，此时间称放电时间 t_1。从点 1 到点 2 所经过的时间称放电时延 t_1，即冲击电压值达到 U_1 值时起至击穿的时间。

在冲击电压作用下的间隙击穿电压为什么比在持续电压作用下的高，原因如下：气体放电的基本条件是在外界因素作用下产生少量的带电质点（电子和离子），这些带电质点在外电场作用下不断发生碰撞游离，产生更多的带电质点，形成电子流，最后导致击穿。但初始带电质点并不是都能引起游离，有的回到电极而复合，有的扩散到间隙以外去，这样能引起气体游离并最终导致击穿的带电质点（有效质点）数不多，为此需要一定时间，才能出现导致气体击穿的有效质点，所以冲击电压作用时的击穿电压比持续电压作用时高。

（四）提高气体间隙击穿电压的措施

提高气体间隙击穿电压的措施，实质是采取措施阻碍气体放电的形成和发展。主要措施如下。

1. 改进电极形状，使电场分布均匀

一般来说，电场分布愈均匀，间隙的平均气体击穿场强越高。因此，改进电极的形状，增大电极曲率半径，保持电极光洁度，尽量避免变形、棱角，以消除电场不均匀的现象，可提高气体击穿电压。

2. 利用屏障提高击穿电压

屏障能阻止带电质点的迅速运动，能阻止碰撞游离及电子流的发展，同时屏障也对电场起均匀作用，从而可提高击穿电压。例如，正棒—负极电场，若屏障靠近正棒，正棒与屏障间的电场强度减弱，屏障上聚集了大量的正空间电荷，如图 GYSD00102002-4 所示，屏障与负极间的电场变得均匀，从而提高了气体击穿电压。屏障与负极间的距离愈大，则击穿电压提高愈多，若屏障距正棒太近，屏障在强电场作用下易产生小孔，击穿电压明显提高。实验证明，当屏障离正棒约 15%～20% 间隙距离时，击穿电压提高得最大，可达到无屏障时的 200%～250%。

3. 提高气体压力

由巴申实验得知，提高气体压力可提高气体间隙的击穿电压。图 GYSD00102002-5 为击穿电压与气体压力的关系曲线。在均匀电场中，气压在 1MPa 以下，其击穿电压按气体压力增加而成线性地增加，若超过 1MPa 以后，气体压力再继续增加而击穿电压呈现饱和状态。不均匀电场中击穿电压与气体压力的关系比较复杂，这里不作介绍。

图 GYSD00102002-4 屏障对电场的影响   图 GYSD00102002-5 击穿电压与气体压力关系

4. 采用高耐电强度气体

近几十年来，发现许多含卤族元素的气体化合物，如六氟化硫（SF_6）、氟利昂（CCl_2）等。其耐电强度比空气要高得多，这些气体称为高耐电强度气体。在电气设备中采用六氟化硫等气体，可以提高击穿电压。这些气体之所以有较高的耐电强度，是因为它们具有很强的负电性，容易与电子结合成为负离子，从而削弱电子的碰撞游离能力，又加强了复合过程。另外，这些气体的分子量和分子直径较大，使电子在其中的自由行程变短，不易积聚能量，减少碰撞游离的能力，不易发展到击穿，故其击穿电压较高。六氟化硫还具有较高的灭弧能力。

5. 高真空的采用

提高空气的真空度可以提高击穿电压，因为空气稀薄，碰撞游离的机会大大减少，不易发展为击穿。在电力工程中采用了真空断路器等设备。

（五）沿面放电

沿固体介质表面的气体放电现象称沿面放电。沿面放电发展到固体介质整个表面空气击穿时称为沿面击穿或沿面闪络，简称闪络。使固体介质表面的气体发生闪络时的电压称为固体介质的沿面闪络电压。实践证明，固体介质的沿面闪络电压要比同一间隙没有固体介质时纯空气的击穿电压降低得多。主要原因是，闪络电压与电场均匀程度、固体介质的表面状况及气象条件有关。例如，固体介质与电极表面接触不良，在它们之间存在空气隙，空气的介电系数比固体介质的小，于是气隙部分的电场强度大，而首先发生局部放电，使闪络电压降低；若固体介质表面吸附水分形成水膜，由于水分具有电导，从而降低了闪络电压；若固体介质表面电阻不均匀或有裂纹，使电场分布变形，也会降低沿面闪络电压；若固体介质表面上有污秽，以及在雨、雪等天气时，闪络电压都大大降低。

二、大气过电压

过电压是指超过正常运行电压并可使电力系统绝缘或保护设备损坏的电压升高。在电力系统各种事故中，很大一部分是由于绝缘损坏造成的。

过电压分为大气过电压和内部过电压两大类。由于雷云放电产生的过电压，称外部过电压，或称大气过电压。由于电力系统内部进行操作，或发生事故而产生的过电压，称为内过电压，或称操作过电压。

（一）雷电的形成

当地面的温度较高，地面的水分化为为水蒸气，向上升起到高空，遇到冷空气，凝成水滴。这一过程继续发展下去，最后形成浓黑的乌云。在乌云的形成过程中，由于水滴破坏效应、吸收电荷效应和水滴结冰效应，使乌云中带有大量的电荷，从而形成带电的雷云。雷云对大地有静电感应作用，所感应出电荷为异性。两者之间形成很强的电场。由于电荷在雷云中分布是不均匀的，电荷积聚较多时，即形成的电场强度就大，当超过 30kV/cm 时，空气开始游离放电，这种现象称为雷云放电，可分为以下三个阶段。

1. 先导放电

当雷云中某处电荷较多，并与大地之间的电场强度达到足以使空气绝缘破坏的程度（25～30kV/cm）时，雷云与大地之间的空气便开始游离。当某一段空气游离以后，这段空气就原来的绝缘状态变为导电性的通道，这个导电性通道称为先导放电通道，它是由雷云中的电荷中心向地面发展的，这个通道的一端和雷云中某一带电中心相连，且又具有导电性，故雷云中的电荷就沿着这个通道向下运动，形成先导放电。先导放电是分级跳跃进行的，每级发展到约 50m 的长度，就有 30～90μs的间歇，当向下移动电荷逐渐增多，电场强度足以使下一级的空气电离时，又向下一级通道继续进行先导放电，先导放电的平均速度为 100～1000km/s，这就是雷云放电第一阶段。

2. 主放电

当先导通道的头部与大地上感应电荷的集中点间的距离很小时，由于其一段约为雷云的对地电位（可高达 10MV），而另一端为地电位，故先导通道的头部与大地之间的电场强度达到极高数值，使这段距离中的空气急剧游离。游离后产生的正、负电荷分别向上下运动，去中和先导通道及被击点的电荷，这时就开始了放电的第二阶段，即主放电阶段。主放电阶段的时间很短，共 50～100μs，其速度可达光速的 0.05～0.5 倍，电流可达到数百千安，这就是雷电流的主要组成部分。由于主放电过程中，电荷高速运动时的强烈摩擦以及复合等原因，使通道发出耀眼的强光，这就是"雷闪"。又由于通道骤然受热和冷却而形成的猛烈膨胀和压缩，以及高压放电火花作用下，使水和空气分解产生瓦斯爆炸，于是就发生了强烈的雷鸣。

3. 余辉放电

主放电结束后，雷云中残余电荷还会沿着主放电通道进入大地，这是通道尚维持着一定的余辉，称为第三阶段，即余辉放电阶段。此阶段的时间较长，约 0.03～0.15s。余辉放电阶段的电流也是雷电流一部分，约数百安。

雷云中可能同时存在着几个密集的电荷中心，当第一个电荷中心的主放电完成后，可能引起第二个或第三个电荷中心向第一个电荷中心形成的主放电通道放电。因此，雷电往往是多重性的，称重复雷击。大约有50%的雷云具有重复放电的性质，每次放电相隔600μs～0.8s。主放电的次数平均约2～3次，最多曾记录到42次，但第二次以后的放电电流较小，一般不超过30kA。雷击总持续时间很少超过0.5～1s。

（二）直击雷过电压和感应过电压

电气设备上的大气过电压包括两种情况：一种是由于雷电直接对设备放电，在设备上造成的直接雷过电压；另一种是雷电对设备附近的物体或大地放电时，在设备上造成的感应雷过电压。

下面以雷云向线路附近地面放电为例，叙述感应过电压产生的物理概念。

当雷击于输电导线附近的地面时，会在线路的三相导线上产生感应雷过电压。这是因为在雷电放电的先导阶段，先导通道中充满了电荷，它对导线产生静电感应，在先导通道附近的导线上积聚大量与雷云极性相反的束缚电荷，如图GYSD00102002-6（a）所示。由于先导放电发展速度较慢，导线上没有明显的电流，可忽略不计。当雷击大地，主放电开始后，先导通道上的负电荷自下而上被中和，失去了对导线正电荷的束缚作用。因此，导线上的正电荷形成了自由电荷，并以光速向导线两侧流动。由于主放电的速度很高，故导线中电流也很大，由此形成过电压，此过电压就是感应过电压，如图GYSD00102002-6（b）所示。

图GYSD00102002-6　感应过电压的产生

（a）放电前；（b）放电后

由感应过电压产生的过程可知，感应过电压的幅值 U_g 将与雷云主放电电流幅值 I 成正比，与雷击地面点至导线距离 s 成反比。导线的高度 h_d 也影响到 U_g 的大小。在同样的感应电荷下，当导线离地面越近时，电压就越小；当导线离地面越高时，电压就越大。实际测量结果证实，当 $s>65m$ 时，感应过电压的幅值 U_g 可以近似地按下式求得

$$U_g = 25 + \frac{Ih_d}{s} \quad (kV) \quad\quad\quad (GYSD00102002-2)$$

式中　I——雷电流幅值，kA；

h_d——导线悬挂点的平均高度，m；

s——直接雷击点至导线的距离，m。

实践证明，感应过电压幅值达300～400kV，足以使60～80cm的空气间隙击穿或3个XP-70型悬式绝缘子串闪络，所以对钢筋混凝土杆的35kV（3个XP-70型绝缘子串）及其以下的线路会引起一定的闪络事故。

（三）雷电参数

1. 雷电波的陡度

主放电时的雷电流的波形如图GYSD00102002-7所示。图中 I 为雷电流最大值或幅值。雷电流由零开始达到幅值所用的时间为波前 τ_1，一般为1～4μs，目前我国取 $\tau_1=2～6μs$。由零开始经过电流幅值后，降到电流幅值的1/2共需用的时间为波长 τ_2，约为40～50μs。

雷电流在波前部分的上升速度 $\dfrac{\mathrm{d}i}{\mathrm{d}t}$ 为雷电流陡度，最大陡度 $\left(\dfrac{\mathrm{d}i}{\mathrm{d}t}\right)_{zd}$ 发生在 $i=\dfrac{I}{2}$ 处。

为了简化计算，一般采用无穷长直角波或斜角波来表示雷电波，此时可利用雷电波平均陡度作为斜角波的斜率，如图 GYSD00102002-8 所示。

图 GYSD00102002-7　主放电时雷电流波形　　　　图 GYSD00102002-8　简化的雷电波

2. 雷电流幅值

雷电流一般是指雷直接击于低接地电阻的物体时流过该物体的电流。但由于雷电流的测量不够精确，故一般是指被击物接地电阻小于 30Ω 时流过被击物的电流。

当雷直接击中地面，由于没有人为的接地体，被击点的电阻很高，约达百余欧，此时的雷电流只有低接地电阻的 70% 或更低一些。但击于低接地电阻的物体时，雷电流的最大值超过 200kA 的很少，故雷击地面时的雷电流一般不超过它的 1/2，即按 100kA 考虑。

3. 波阻抗

主放电时，雷电通道是个充满离子的导体，对电流波呈一定的阻抗，称波阻抗。波阻抗为主放电通道的电压波和电流波的幅值之比，表示为 Z，在进行防雷计算时可近似取 $Z=300\sim400\,\Omega$。

4. 雷暴日、雷暴小时

一个地区雷电活动的频繁程度，常以该地区多年统计得到的年平均雷暴日或雷暴小时来表示。

通常将发电厂、变电站所在地区及输配电线路通过的地区一年中有雷电的日数称为雷暴日，即在一天内只要听到雷声就算作一个雷暴日。雷暴小时是一年中有雷电的小时数，就是在 1h 内只要听到雷声就算作一个雷暴小时。据统计，我国大部分地区每一雷暴日约有 3 个雷暴小时。

各个地区雷电活动的强弱因纬度、气象等情况的不同而有很大的差别。在我国，以海南岛和雷州半岛的雷电活动最为频繁，平均雷暴日可达 100～133 天/年；长江以南至北回归线的大部分地区为 40～80 天/年；长江流域和华北某些地区为 40 天/年；长江以北大部分地区（包括华北大部分地区和东北地区）多在 20～40 天/年；西北地区多数不超过 20 天/年。一般把平均雷暴日少于 15 天/年的地区称为少雷区，超过 40 天/年的为多雷区，超过 90 天/年的为强雷区。

5. 地面落雷密度和输电线路落雷次数

地面落雷密度是指每一雷暴日每平方千米地面遭受雷击的次数，以 γ 表示。它与雷暴日数有关，可用下式表示

$$\gamma=0.023T_{\mathrm{d}}^{0.3}\qquad\qquad\text{（GYSD00102002-3）}$$

式中　　T_{d}——雷暴日数。

为了评价不同地区防雷系统的防雷性能，须将 T_{d} 换算到同样的雷电频度条件下进行比较。DL/T 620 取 40 个雷暴日作为基准。

对于输电线路，由于高出地面，有引雷作用，其吸引范围与最容易受雷击的导线高度有关。根据模拟试验和运行经验，一般高度线路的等值受雷面的宽度为 $4h_{\mathrm{b}}+b$。设 N 为每 100km 线路每年遭受雷击的次数，则 N 可按下式计算

$$N = \gamma \frac{b + 4h_b}{1000} \times 100 \times T_d \quad [\text{次}/（100\text{km} \cdot \text{年}）] \qquad (\text{GYSD00102002-4})$$

式中　h_b——避雷线的平均高度，m，无避雷线时为最上层导线的平均高度；

　　　　b——两避雷线之间的距离，m，若为单根避雷线，则 $b=0$，若无避雷线，则 b 为边相导线间的距离。

对于 $T_d = 40$，得 $\gamma = 0.07$，式（GYSD00102002-4）可简化为

$$N = 0.28（b + 4h_b） \quad [\text{次}/（100\text{km} \cdot \text{年}）]$$

即 100km 线路每年约受到 0.28（$b + 4h_b$）次雷击。

三、内部过电压

内部过电压（简称内过电压），是决定电力系统绝缘水平的重要依据。

电力系统常见的内过电压有：①切空载变压器的过电压；②切、合空载线路的过电压；③电弧接地过电压；④谐振过电压；⑤工频过电压。

内过电压的能量来源于电网本身，所以它的幅值是和电网的工频电压的幅值基本上成正比的，其比值称为内过电压倍数 K。K 值与电网结构、系统容量和参数、中性点接地方式、断路器的性能、母线上的出线数目以及电网运行接线操作方式等因素有关。

根据运行经验统计，常见的过电压 K 值如下：

（1）在中性点直接接地系统中，切断 110～330kV 空载变压器的过电压，一般 K 值不超过 3.0；在中性点非直接接地的 35～154kV 电力网中，一般 K 值不超过 4.0。

（2）在中性点直接接地系统中，操作 110～220kV 空载线路时，使用电弧重燃次数较少的空气断路器，K 值不超过 2.6；使用少油断路器，K 值不超过 2.8；使用有中值或低值并联电阻的空气断路器，K 值不超过 2.2。操作 330kV 空载线路时，K 值不应超过 2.0。在中性点非直接接地的 60kV 及其以下的电力网中，操作空载线路时，K 值一般不超过 3.5。

（3）此外，在中性点非直接接地的电力网中，间歇性电弧接地过电压倍数 K 值一般不超过 3.0，个别可达 3.5。铁谐振过电压 K 值一般不超过 1.5～2.5，个别达 3.5 以上。工频过电压的 K 值应限制在 1.3～1.4。

在决定线路及设备的对地绝缘及相间绝缘时，不能根据上述产生内过电压的各种原因，分别选取不同的过电压倍数，而是采取统一的内过电压的计算倍数。各级电压的内过电压的计算倍数，一般应取下列数值：

（1）对地绝缘，以设备的最高运行相电压 U_{xg} 为基准：

1）15～60kV 及以下（非直接接地），$4.0U_{xg}$。

2）110～154kV（非直接接地），$3.5U_{xg}$。

3）110～220kV（直接接地），$3.0U_{xg}$。

4）330kV（直接接地），$2.75U_{xg}$。

5）500kV（直接接地），$2.5U_{xg}$。

（2）相间绝缘：3～220kV 的电力网，相间内过电压应取对地内过电压的 1.3～1.4 倍；330kV 的电力网，相间内过电压可取对地内过电压的 1.4～1.45 倍。

图 GYSD00102002-9　某 220kV 线路的杆塔（图中单位为 m）

【思考与练习】

1．什么是气体放电？试述气体放电的物理过程。什么叫击穿电压？

2．试述电晕放电的产生及其危害。

3．什么叫内过电压？什么叫外过电压？什么叫直击雷过电压和感应过电压？

4．什么叫雷电波陡度？什么叫雷暴日、雷暴小时？什么叫地面落雷密度？什么叫输电线路落雷次数？

5．某 220kV 线路直线塔如图 GYSD00102002-9 所示，避雷线和导线的弧垂为 7m 和 12m，线路

经过地区的雷暴日数为 40 天，试计算该地区地面落雷密度和输电线路落雷次数。

6. 在决定线路及设备的对地绝缘时，各级电压的内过电压的计算倍数一般如何取值？

模块 3　过电压保护设备（GYSD00102003）

【模块描述】本模块涉及线路几种常用的过电压保护设备。通过原理讲解、定量分析，掌握各种过电压保护设备的保护原理、保护范围确定以及接地装置的构成及要求。

【正文】

一、避雷针、架空地线

对直击雷的防护措施通常是装设避雷针或架空地线。避雷针（线）高于被保护的物体，其作用是吸引雷电击于自身，并将雷电流迅速泄入大地，从而使避雷针（线）附近的物体得到保护。

在先导放电自雷云向下发展的初始阶段，先导头部离地面较高，放电的发展方向不受地面物体的影响。因避雷针（线）较高且有良好的接地，在其顶端因静电感应而积聚了与先导通道中电荷极性相反的电荷，使其附近空间电场显著增强。当先导头部发展到距地面某一高度时，该电场即开始影响先导头部附近的电场，使其向避雷针（线）定向发展。随着先导通道的定向延伸，避雷针（线）顶端的电场将大大增强，有可能产生自避雷针（线）向上发展的迎面先导，更增强了避雷针（线）的引雷作用。

避雷针（线）的保护范围可以通过模拟试验并结合运行经验来确定。由于雷电放电受很多偶然因素的影响，因此要保证被保护物体绝对不遭受直击雷的危害是不现实的。通常，保护范围是指具有 0.1% 左右雷击概率的空间范围。实践证明，此雷击概率是可以接受的。

图 GYSD00102003-1　单支避雷针的保护范围

（一）避雷针的保护范围

1. 单支避雷针

单支避雷针的保护范围如图 GYSD00102003-1 所示。在高度为 h_x 的水平面上，其保护半径 r_x 可按下式计算

当 $h_x \geqslant \dfrac{h}{2}$ 时，有

$$r_x = (h - h_x)p \quad (\text{m}) \tag{GYSD00102003-1}$$

当 $h_x < \dfrac{h}{2}$ 时，有

$$r_x = (1.5h - 2h_x)p \quad (\text{m}) \tag{GYSD00102003-2}$$

上两式中　h——避雷针高度，m；

　　　　　h_x——被保护物体的高度，m；

　　　　　r_x——避雷针在 h_x 水平面上的保护半径，m；

　　　　　p——高度影响系数，$h \leqslant 30\text{m}$ 时，$p = 1$，$30 < h \leqslant 120\text{m}$ 时，$p = \dfrac{5.5}{\sqrt{h}}$。

2. 双支等高避雷针

双支等高避雷针的保护范围见图 GYSD00102003-2（a），确定两针外侧保护范围的方法与单支避雷针的相同，两针间的保护范围可通过两针顶点及保护范围上部边缘的最低点的圆弧来确定，O 点的高度 h_O 按下式计算

$$h_O = h - \dfrac{D}{7p} \quad (\text{m}) \tag{GYSD00102003-3}$$

式中　D——两针间的距离，m；

p——高度影响系数，$h \leqslant 30\text{m}$ 时，$p=1$，$30 < h \leqslant 120\text{m}$ 时，$p=\dfrac{5.5}{\sqrt{h}}$。

图 GYSD00102003-2　两支等高避雷针的保护范围

（a）两支等高避雷针的保护范围；（b）两针间高度为 h_x 的水平面上保护范围的截面；（c）高度为 h_x 的平面保护范围

两针间高度为 h_x 的水平面上保护范围的截面如图 GYSD00102003-2（b）所示，在 $O-O'$ 截面上，高度为 h_x 的平面保护范围一侧宽度 b_x ［见图 GYSD00102003-2（c）］可按下式计算

$$b_\text{x} = 1.5(h_\text{O} - h_\text{x}) \tag{GYSD00102003-4}$$

一般两针间的距离与针高之比 D/h 不宜大于 5。

3. 两支不等高避雷针

两针外侧的保护范围仍按单针的方法确定。两针内侧的保护范围（见图 GYSD00102003-3）按以

图 GYSD00102003-3　两支不等避雷针的保护范围

下方法确定：先按单针作出高针 1 的保护范围，然后经过较低针 2 的顶点作水平线与之交于点 3，再设点 3 为一假想针的顶点，作出 2 和 3 两等高避雷针在 h_x 水平面上的保护距离变为 D'。图中 $f = \dfrac{D'}{7p}$。

4. 多支等高避雷针

3 支等高避雷针的保护范围见图 GYSD00102003-4，3 支针的安装地点 1、2、3 形成的三角形的外侧保护范围分别按两支等高针的方法确定，如果在三角形内被保护物最大高度 h_x 的水平面上各相邻避雷针保护范围的外侧宽度 $b_\text{x} \geqslant 0$，则曲线所围的平面全部得到保护。4 支及以上等高避雷针，可先将其分成两个或几个三角形，然后按确定 3 支等高避雷针在 h_x 水平面上保护范围的方法计算，见图 GYSD00102003-5。

图 GYSD00102003-4　3 支等高避雷针的保护范围

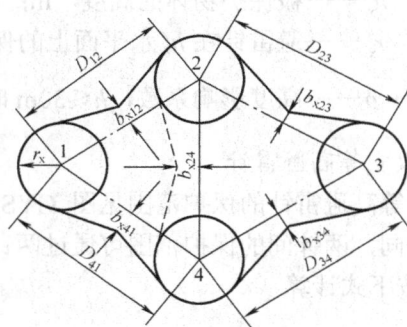

图 GYSD00102003-5　3 支等高避雷针的保护范围

（二）地线（又称架空地线）的保护范围

1. 单根架空地线的保护范围

确定单根架空地线的保护范围的方法见图 GYSD00102003-6。由架空地线两侧向下作与其铅垂面成 25°的斜面，构成上部的保护空间。在 $\frac{h}{2}$ 处转折，与地面上离地线水平距离为 h 的直线端相连的斜面，构成下部的保护空间。

在被保护高度为 h_x 的水平面上，架空地线两侧的保护范围或架空地线端部的保护半径，均可按式（GYSD00102003-5）、式（GYSD00102003-6）计算

当 $h_x \geqslant \frac{h}{2}$ 时，有

$$r_x = 0.47(h - h_x)p \quad (\text{m}) \quad\quad (\text{GYSD00102003-5})$$

当 $h_x < \frac{h}{2}$ 时，有

$$r_x = (h - 1.53h_x)p \quad (\text{m}) \quad\quad (\text{GYSD00102003-6})$$

系数 p 同前。

2. 两根架空地线的保护范围

两根等高平行架空地线的联合保护范围如图 GYSD00102003-7 所示。

图 GYSD00102003-6　单根架空地线的保护范围　　图 GYSD00102003-7　两平行架空地线 1、2 的保护范围

两线外侧的保护范围按单根架空地线计算，两线内侧保护范围横截面则通过两线之 1、2 点及保护范围上部边缘最低点 O 的圆弧确定。O 点的高度按式（GYSD00102003-7）计算

$$h_O = h - \frac{D}{4p} \quad (\text{m}) \quad\quad (\text{GYSD00102003-7})$$

式中　D——两架空地线间的距离，m；

　　　h——架空地线的高度，m；

　　　h_O——O 点的高度，m；

　　　p——高度影响系数，$h \leqslant 30\text{m}$ 时，$p = 1$，$30 < h \leqslant 120\text{m}$ 时，$p = \dfrac{5.5}{\sqrt{h}}$。

架空地线一般用于输电线路的直击雷防护，常用保护角的大小来表示其对导线的保护程度。保护角是指地线和边相导线的连线与经过地线的垂直线之间的夹角。雷击导线的概率随保护角减小而降低，所以按线路重要程度的不同，通常在 10°～25°之间选用不同的保护角，对重覆冰线路的保护角可适当加大。目前，实际的线路工程中，有些塔型也有采用负保护角的。

二、避雷器

避雷器的作用是限制过电压以保护电气设备。避雷器的类型主要有保护间隙、管型避雷器、阀型

避雷器和氧化锌避雷器等几种。保护间隙和管型避雷器主要用于限制大气过电压，一般用于配电系统、线路和发、变电站进线段的保护。阀型避雷器用于变电站和发电厂的保护，在220kV 及以下系统主要用于限制大气过电压，在超高压系统中还用来限制内过电压或作内过电压的后备保护。

1. 保护间隙与管型避雷器

保护间隙由两个间隙（即主间隙和辅助间隙）组成，常用的角型间隙及其与被保护设备相并联的接线如图 GYSD00102003-8 所示。为使被保护设备得到可靠保护，间隙的伏秒特性上限应低于被保护设备绝缘的冲击放电伏秒特性的下限，并有一定的安全裕度。当雷电波入侵时，间隙先击穿，工作母线接地，避免了被保护设备上的电压升高，从而保护了设备。过电压消失后，间隙中仍有由工作电压所产生的工频电弧电流（称为续流），此电流是间隙安装处的短路电流，由于间隙的熄弧能力较差，往往不能自行熄灭，将引起断路器的跳闸。这样，虽然保护间隙限制了过电压，保护了设备，但将造成线路跳闸事故，这是保护间隙的主要缺点。为此可将间隙配合自动重合闸使用。

图 GYSD00102003-8 角型保护间隙及其与被保护设备的连接

（a）结构；（b）与被保护设备的连接

1—主间隙；2—辅助间隙（为防止主间隙被外界物体短路而装设）；

3—绝缘子；4—被保护设备；5—保护间隙

管型避雷器实质上是一种具有较高熄弧能力的保护间隙，其原理结构见图 GYSD00102003-9。它有两个相互串联的间隙，一个在大气中称为外间隙 S_2，其作用是隔离工作电压，避免产气管被流经管子的工频泄漏电流所烧坏；另一个间隙 S_1 装在管内称为内间隙或灭弧间隙，一个电极为棒形电极 2，另一为环形电极 3。管由纤维、塑料或橡胶等产气材料制成。雷击时内外间隙均被击穿，雷电流经间隙流入大地；过电压消失后，内外间隙的击穿状态将由导线上的工作电压所维持，此时流经间隙的工频电弧电流为工频续流，其值为管型避雷器安装处的短路电流，工频续流电弧的高温使管内产气材料分解出大量气体，管内压力升高，气体在高压力作用下由环形电极的开口孔喷出，形成强烈的纵吹，从而使工频续流在第一次经过零值时就被切断。管型

图 GYSD00102003-9 管型避雷器

1—产气管；2—棒形电极；3—环形电极；

4—工作母线；S_1—内间隙；S_2—外间隙

避雷器的熄弧能力与工频续流大小有关，续流太大产气过多，管内气压太高将造成管子炸裂；续流太小产气过少，管内气压太低不足以熄弧，故管型避雷器切断工频续流有上下限的规定，通常在型号中表明，如 $GXS\dfrac{U_N}{I_{min}-I_{max}}$ 中，U_N 为额定电压，I_{max}、I_{min} 为熄弧电流上下限（有效值）。

管型避雷器的熄弧能力还与管子材料、内径和内间隙大小有关。使用时必须核算安装处在系统各种运行情况下短路电流的最大值，管型避雷器的熄弧电流上下限应分别大于和小于短路电流的最大值和最小值。

管型避雷器目前只用于线路保护（如大跨越和交叉档距以及变电站的进线保护）。

2. 阀型避雷器

阀型避雷器在220kV 及以下系统主要用于限制大气过电压，在超高压系统还将用来限制内过电压。阀型避雷器基本原件为火花间隙和非线性电阻（即阀片）。间隙元件由多个统一规格的单个火花间

隙串联而成。同样，非线性电阻也是由多个非线性阀片电阻盘串联而成的。间隙与非线性电阻又互相串联，如图 GYSD00102003-10 所示。阀片的电阻随电流而变化，电流越大，电阻越小；反之，电流越小，电阻越大。

图 GYSD00102003-10 为阀型避雷器的工作原理示意图。当电力系统正常时，间隙 1 将阀片 2 和工作母线 3 隔离，这是由于间隙有足够的绝缘强度，在工作电压作用下，间隙不会击穿。当系统中出现了过电压，且幅值超过火花间隙的击穿电压，间隙先击穿，冲击电流通过阀片后流入大地。由于阀片具有电流大、电阻小的特性。因此，当冲击电流通过时电阻变得很小，在阀片上产生的压降（称为残压）不会很高，并低于被保护设备的绝缘耐压值，从而保护设备。当过电压消失后，阀片在工作电压作用下，有工频续流流过避雷器，但工频续流比冲击电流小得多，阀片电阻值变得很大，并使间隙能在工频续流第一次过零时将电弧切断，电网恢复正常运行。

图 GYSD00102003-10 阀型避雷器的
工作原理示意图
1—间隙；2—阀片；3—母线

3. 磁吹避雷器

磁吹避雷器是利用磁场对电弧的电动力的作用，使电弧运动（拉长或缩短），以提高间隙的灭弧能力。

图 GYSD00102003-11 磁吹避雷器
（a）拉长电弧型的磁吹间隙；（b）等值电路图
1—电极；2—灭弧盒；3—分路电阻；4—灭弧栅；
5—主间隙；6—磁场线圈；7—分流间隙

磁吹避雷器与阀型避雷器的区别在于间隙的结构形状不同。它的间隙由一对装在灭弧盒上的角型电极组成，且在间隙上串联了两个线圈，如图 GYSD00102003-11 所示。这样，当过电压消失、间隙击穿、工频续流流过线圈时，产生磁场。电弧在磁场力作用下被拉入灭弧栅中，电弧被拉长，最终长度可达起始长度的几十倍，从而大大地提高了间隙的灭弧能力。同时，由于电弧被拉得很长，而且处在去游离很强的灭弧栅中，所以电弧电阻很大，可起到限制续流的作用。

4. 氧化锌避雷器

氧化锌避雷器仅由阀片构成，而没有间隙。阀片以氧化锌为主要原料烧结制成的多晶半导体陶瓷非线性元件，具有很理想的伏安特性。在工作电压作用下，流经氧化锌阀片的电流仅有 1mA，实际上相当于绝缘体。当作用在阀片上的电压超过某一值（此值称为动作电压）时，阀片将发生"导通"，冲击电流通过阀片泄入大地，从而保护了设备。"导通"后阀片上的残压与流过它的电流基本无关，而为一定值。当过电压消失后，阀片截止，无工频续流流过。

无间隙、无续流、阀片残压与电流无关是氧化锌避雷器的主要特点。此外，氧化锌避雷器还具有体积小、质量轻、结构简单、通流能力较高的特点。目前，氧化锌避雷器在线路上已有大量应用。

三、接地装置

接地可分为工作接地、保护接地和防雷接地。下面以介绍防雷接地为主，但是接地的基本概念三者都是共同的，而且在工程实施中也常常互相联系，所以也要提及工作接地和保护接地。

接地装置是接地体和接地线的总称。接地体是指埋入地中并直接与土壤接触的金属导体，分为单个接地体及多个接地体。

接地装置敷设方式有水平和垂直两种。水平接地体是用圆钢或扁钢水平敷设在地面以下的

0.5～1m 的坑槽内，由于雷电流等值频率甚高，考虑到接地体电感的影响，一般单根接地体的总长应不超过 100m。两水平接地体间的平行距离不应小于 5m。垂直接地体是用圆钢、角钢或钢管垂直埋入地下，其顶端在地面以下约 0.5～1m，垂直接地体的长度一般为 2.5m，为减少相邻接地体的屏蔽作用，垂直接地体的间距应不小于其长度的两倍。

1. 接地和接地电阻的基本概念

大地是个导电体，当其中没有电流流通时是等电位的，通常人们认为大地具有零电位。如果地面上的金属物体与大地牢固连接，在没有电流流通的情况下，金属物体与大地之间没有电位差，该物体也就具有了大地的电位——零电位，这就是接地的含义。换句话说，接地就是指将地面上的金属物体或电气回路中的某一节点通过导体与大地相连，使该物体或节点与大地保持等电位。

实际上，大地并不是理想导体，它具有一定的电阻率，如果有电流流过，则大地就不再保持等电位。被强制流进大地的电流是经过接地导体注入的，进入大地以后的电流以电流场的形式向四处扩散，如图 GYSD00102003-12 所示。设土壤电阻率为 ρ，大地内的电流密度为 δ，则大地中必然呈现相应的电场分布，其电场强度为 $E=\rho\delta$。离电流注入点愈远，地中电流的密度就愈小，因此可以认为在相当远（或者叫无穷远）处，地中电流密度 δ 已接近零，电场强度 E 也接近零，该处的电位为零电位。由此可见，当接地点有电流流入大地时该点相对于远处的零电位来说，将具有确定的电位升高，图 GYSD00102003-12 中画出了此时地表面的电位分布情况。

把接地点处的电位 U_M 与接地电流 I 的比值定义为接地电阻 R，即 $R=\dfrac{U_M}{I}$。实际上，它是一个接地阻抗。当接地电流，为定值时，接地电阻 R 愈小，则电位 U_M 愈低，反之则愈高。此时地面上的接地物体（如变压器外壳）也具有了电位 U_M，不利电气设备的绝缘以及人身安全，所以要尽可能降低接地电阻。

埋入地中的金属接地极或接地体，最简单的可以是单独的金属管、金属板或金属带。由于金属的电阻率远小于土壤电阻率，所以接地体本身的电阻在接地电阻 R 中可以忽略不计。R 的数值与接地体的形状、尺寸大小以及土壤电阻率等因素有关。

图 GYSD00102003-12　接地装置原理图

U_M—接地点电位；I—接地电流；U_j—接触电压；U_k—跨步电压

大地表面的土壤有多种类型，各种土壤电阻率的数值 ρ 列于表 GYSD00102003-1。

表 GYSD00102003-1　　　　　　　　土　壤　电　阻　率

土　壤　类　别	电阻率 $\rho(\Omega\cdot m)$	土　壤　类　别	电阻率 $\rho(\Omega\cdot m)$
沼泽地	5～40	砂砾土	2000～3000
泥土、黏土、腐殖土	20～200	山地	500～3000
沙土	200～2500		

2. 工作接地、保护接地与防雷接地

电力系统中各种电气设备的接地可分为以下三种。

（1）保护接地。为了人身安全，电力系统中电气设备的金属外壳都需接地，这样就可以保证金属外壳经常固定为地电位，一旦设备绝缘损坏而使外壳带电时不致有危险的电位升高以避免工作人员触电伤亡。在正常情况下接地点没有电流入地，金属外壳保持地电位，但当设备发生故障有接地短路电流流入大地时，接地点和与它紧密相连的金属导体的电位都会升高，有可能威胁到人身的安全。

人所站立的地点与接地设备之间的电位差称为接触电压（取人手摸设备的 1.8m 高处，人脚离设备的水平距离为 0.8m），如图 GYSD00102003-12 中 U_j 所示。人的两脚着地点之间的电位差称为跨步电压（取跨距为 0.8m），如图 GYSD00102003-12 中 U_k 所示。它们都可能有甚高的数值使通过人体的电流超过危险值（一般规定为 10mA），减小接地电阻或改进接地装置的结构形状可以降低接触电压和跨步电压，通常要求此两电压不超过 $\dfrac{250}{\sqrt{t}}$（t 为作用时间，s）。

（2）工作接地。这是根据电力系统正常运行方式的需要而接地的，如将系统的中性点接地。

在电力系统对地短路时，为使流过接地网的短路电流，在接地网上造成的电压 IR 不致太大，在中性点直接接地的系统中，要求

$$IR \leqslant 2000V \qquad\qquad (\text{GYSD00102003-8})$$

如 $I > 4000A$ 时，可取 $R \leqslant 0.5\Omega$。在大地电阻率 ρ 值太高，按 $R \leqslant 0.5\Omega$ 的条件在技术经济上极不合理时，允许将 R 值提高到 $R \leqslant 5\Omega$，但在这种情况下，必须验算威胁人身安全的接触电压和跨步电压。

（3）防雷接地。这是针对防雷保护的需要而设置的，目的是减小雷电流通过接地装置时的地电位升高。

从物理过程看，防雷接地与前两种接地有两点区别：①雷电流的幅值大；②雷电流的等值频率高。雷电流的幅值大，就会使地中电流密度 δ 增大，因而提高了土壤中的电场强度（$E = \delta\rho$），在接地体附近尤为显著。若此电场强度超过土壤击穿场强（约 8.5kV/cm），则在接地体周围的土壤中便会发生局部火花放电，使土壤导电性增强，接地电阻减小。因此，同一接地装置在幅值甚高的冲击电流作用下，其接地电阻要小于工频电流下的数值。这种效应称为火花效应。

另一方面，由于雷电流的等值频率极高，这就使接地体自身电感的影响增大，阻碍电流向接地体远端流通。对于长度长的接地体，这种影响更加明显，结果会使接地体得不到充分利用，使接地装置的冲击接地电阻值大于工频接地电阻值，这种现象简称为电感影响。

单个接地体的冲击接地电阻 R_{ch} 与工频接地电阻 R_g 的关系为

$$R_{ch} = \alpha R_g \qquad\qquad (\text{GYSD00102003-9})$$

式中　R_{ch}——冲击电流下的电阻称为冲击接地电阻，Ω；

　　　R_g——工频电流下的电阻称为工频接地电阻，Ω；

　　　α——接地体的冲击系数，与接地体的几何尺寸、雷电流的幅值和波形以及土壤电阻率等因素有关，一般为 0.2～1.25。

3. 输电线路的防雷接地

输电线路在每一杆塔下一般都设有接地体，并通过引线与地线相连，其目的是使击中地线的雷电流通过较低的接地电阻而进入大地。

在接地装置中，各接地体的连接应牢固可靠。在有强烈腐蚀的情况时，应采用镀铜或镀锌的接地体。接地装置除必须断开处以螺栓连接外，均须焊接。焊接时应搭接的长度：圆钢为直径的 6 倍，并双面焊牢；扁钢为带宽的 2 倍，并三面焊牢。接地装置与杆塔的连接方式如图 GYSD00102003-13 所示。引下线 7，一般采用 ϕ12mm 镀锌圆钢，暴露在大气中的接地引下线，多采用镀锌钢绞线。

为了降低输电线路杆塔和地线的接地电阻，应首先尽可能利用杆塔金属基础，钢筋水泥基础，水泥杆的底盘、卡盘、接线盘等自然接地。当接地电阻不满足要求时，再增加人工接地体。人工接地体应尽量利用杆塔基础坑及施工时已使用的坑来埋设，以便减少土方量，减低成本，还可使接地体深埋，避免地表干湿变化的影响。

接地体应尽可能埋设在土壤电阻率较低的土

图 GYSD00102003-13　接地装置与杆塔的连接方法

（a）方法一；（b）方法二

1—杆塔的角钢腿；2—M16 镀锌螺钉；3—预先焊接在水泥杆主筋上的 M16 螺母；4—垫圈；5—铁塔螺栓；

6—4×45 镀锌扁铁；7—引下线

层内。如杆塔处土壤电阻率很高，而附近有较低土壤电阻率的土层时，可以用接地带引至较低土壤电阻率处再做集中接地，但引线不宜超过 60m。此外，对于土壤电阻率极高处可考虑用换土的方法，即在接地沟内换用土壤电阻率较低的土壤。如果附近没有电阻率较低的土壤，可使用化学处理的方法。即在接地体周围土壤中加入化学物，如食盐、木炭、炉灰、氮肥渣、电石渣、石灰等，提高接地体周围土壤的导电性。这种方法虽然工程造价较低且效果明显，但土壤经人工处理后，会降低接地的热稳定性、加速接地体的腐蚀、减少接地体的使用年限。也有采用接地电阻降阻剂的，即在接地体周围敷设降阻剂，可以起到增大接体极外形尺寸、降低接地体与土壤的接触电阻的作用。

【思考与练习】

1．输电线路两根架空地线的保护范围如何确定？
2．电力系统中的接地有哪几种，具体说明。
3．什么叫接地装置？什么叫接地体？试表述接地的概念。什么叫接地电阻，其数值与哪些因素有关？
4．什么叫接触电压？什么叫跨步电压？
5．什么叫工频接地电阻？什么叫冲击接地电阻？其数值有什么不同，为什么？
6．如何降低接地电阻值？

模块 4 输电线路过电压的保护措施（GYSD00102004）

【模块描述】本模块介绍架空输电线路过电压保护与绝缘配合。通过原理讲解和定性分析，掌握避雷线在线路防雷保护中的作用、输电线路的耐雷水平和雷击跳闸的概念、绝缘配合确定的方法，熟悉架空输电线路过电压保护的措施。

【正文】

输电线路大多地处旷野，易受雷击。在电网事故中，雷击线路造成的跳闸事故占有很大百分比。同时，雷击线路时，由线路入侵变电站的雷电波也是威胁变电站的主要因素，因此，对线路的防雷保护应予充分重视。

一、架空输电线路过电压保护

（一）架空地线在线路防雷保护中的作用

地线（架空地线的简称）是架空线路直击雷保护的最好措施。输电线路装设架空地线目的是防止雷电直击档距中的导线而产生危及线路绝缘的过电压。装设架空地线后，雷电流就可沿架空地线经接地引下线进入大地，由于接地装置接地电阻大小不同，在杆塔顶部会造成不同的电位；同时雷电波在架空地线中传播时，在线路导线中耦合出一个雷电波。但这雷电波及杆塔顶部电位对线路绝缘的作用都比在雷电直击档距中导线时产生的过电压幅值低得多。

1．降低线路绝缘所承受的过电压幅值

架空输电线路的绝缘由瓷（玻璃及硅橡胶）绝缘和空气绝缘构成。

当雷击无地线线路杆塔顶部时，杆塔顶部的电位 U_{td}（即杆塔上绝缘子的电位）根据式（GYSD00102004-1）可得

$$U_{td} = IR_{ch} + hL_0 \frac{di_{gt}}{dt}$$

$$= IR_{ch} + L_{gt} \frac{di_{gt}}{dt} \qquad \text{（GYSD00102004-1）}$$

式中 I——雷电流幅值；

      R_{ch}——杆塔的冲击接地电阻；

      h——杆塔顶部高；

      L_0——杆塔单位长度电感；

L_{gt}——杆塔等值电感，见表 GYSD00102004-1；

$\dfrac{\mathrm{d}i_{gt}}{\mathrm{d}t}$——雷电流上升的速度。

表 GYSD00102004-1 杆 塔 的 电 感 和 波 阻

杆 塔 型 式	杆塔电感（μH/m）	杆塔波阻（Ω）	杆 塔 型 式	杆塔电感（μH/m）	杆塔波阻（Ω）
钢筋混凝土单杆（无拉线）	0.84	250	有四条引下线的 AH 型木杆	0.60	180
钢筋混凝土单杆（有拉线）	0.42	125	塔型铁塔	0.50	150
钢筋混凝土双杆（无拉线）	0.42	125	门型铁塔	0.42	125
有两条引下线的门型木杆	0.84	250			

当雷击有架空地线线路杆塔顶部时，雷电流的大部分 i_{gt} 经过被击杆塔入地，小部分电流则经过地线由相邻杆塔入地，如图 GYSD00102004-1 所示。

流经被击杆塔入地的电流 i_{gt} 与雷电流 i 的关系为

$$I_{gt} = \beta I \qquad (\text{GYSD00102004-2})$$

式中 β——杆塔的分流系数，它小于 1。

对一般档距的架空线路，杆塔的分流系数 β 值见表 GYSD00102004-2。

图 GYSD00102004-1 雷击杆塔顶部或附近地线

表 GYSD00102004-2 一般长度档距的线路杆塔的分流系数 β

线路额定电压（kV）	地线根数	β 值	线路额定电压（kV）	地线根数	β 值
330～500	2	0.88		1	0.90
220	1	0.92	110		
	2	0.88		2	0.86

这样，雷击杆塔顶部时，杆塔顶部电压 U_{td} 为

$$U_{td} = I_{gt}R_{ch} + L_{gt}\dfrac{\mathrm{d}i_{gt}}{\mathrm{d}t}$$

$$= \beta I R_{ch} + \beta L_{gt}\dfrac{\mathrm{d}i}{\mathrm{d}t} \qquad (\text{GYSD00102004-3})$$

比较式（GYSD00102004-3）和式（GYSD00102004-1）可知，由于架空地线的分流作用，降低了雷击杆塔顶部的电位。若分流系数 β 愈小，杆塔顶部电位愈低。

取雷电波波头长度为 2.6μs，于是

$$\dfrac{\mathrm{d}i}{\mathrm{d}t} = \dfrac{I}{2.6}$$

则塔顶电位的幅值 U_{td} 为

$$U_{td} = \beta I\left(R_{ch} + \dfrac{L_{gt}}{2.6}\right) \qquad (\text{GYSD00102004-4})$$

当雷击无架空地线线路档距中部的导线 A 点时，如图 GYSD00102004-2 所示。若导线波阻抗 Z 等于雷电通道的波阻抗 Z_1，雷直击于架空线路时，一侧导线流过的电流约为统计测量雷电流的 1/2，即为 $I/2$。此时加于杆塔上绝缘子的电位为 A 点的最大电位，可用下式计算

$$U_A = \dfrac{Z}{2}\times\dfrac{I}{2} = \dfrac{IZ}{4} \qquad (\text{GYSD00102004-5})$$

取 $R_{ch}=10\Omega$，$Z=400\Omega$，$I=15\mathrm{kA}$，$L_{gt}=0.42\mu\mathrm{H/m}\times16\mathrm{m}=6.72\mu\mathrm{H}$，$\beta=0.90$。根据式（GYSD00102004-4），可计算雷击有架空地线线路杆塔顶部时，杆塔顶部电位 U_{td}（即杆塔上绝缘子电

位）为

$$U_{td} = 0.9 \times 15 \times \left(10 + \frac{6.72}{2.6}\right) = 170 \quad (kV)$$

根据式（GYSD00102004-5），可计算雷击无架空地线线路档距中部导线 A 点时的电位 U_A（即杆塔上绝缘子的电流）为

$$U_A = \frac{15 \times 400}{4} = 1500 \quad (kV)$$

比较上面计算的结果,可见采用架空地线时加于线路绝缘子串的电位比无架空地线时约降低 8 倍。

2. 耦合作用

图 GYSD00102004-3 中，当雷击于输电线路的导线 1、幅值为 U 的电压波在导线 1 中进行时，与导线 1 平行的导线 2，处在导线 1 的电压波的电磁场内，而获得了一定的电位 U_2，这种现象称为耦合作用。U_2 的值可以由电容分压求得，图中 C_{12}、C_{22} 分别为导线线间的电容和导线的对地电容。显然导线 2 各点的电位为

图 GYSD00102004-2　雷击档距中部导线　　　　图 GYSD00102004-3　耦合作用

$$U_2 = U \frac{C_{12}}{C_{12} + C_{22}}$$
$$U_2 = K_0 U \qquad\qquad\qquad (GYSD00102004-6)$$

式中　K_0——几何耦合系数。

工程计算中 K_0 值可取：110kV 以上的线路，$C_{22} \approx 4C_{12}$，$K_0 \approx 0.2$；35kV 及以下的线路，$C_{22} \approx 3C_{12}$，$K_0 \approx 0.25$。

当导线 1 受直接雷击后，由于雷电压幅值 U 较大，导线 1 将产生强烈的电晕，相当于使导线 1 的直径增大，称为电晕效应，此时两导线间的耦合系数由 K_0 增大到 K，且为

$$K = K_1 K_0 \qquad\qquad\qquad (GYSD00102004-7)$$

式中　K_1——电晕效应校正系数，其值和导线 1 本身的电位有关，但永远大于 1，见表 GYSD00102004-3。

表 GYSD00102004-3　　　　　　　　　耦合系数的电晕效应校正系数

线路额定电压（kV）	20～35	60～110	220～330	500
单地线	1.15	1.25	1.3	—
双地线	1.1	1.2	1.25	1.28

注　当雷直击地线档距中央时，由于电位极高，取 $K_1 = 1.5$；35kV 及以下线路无地线时可取 $K_1 = 1.15$。

求得导线 2 由导线 1 耦合而得的电压 U_2 后，即可求出导线 1 和导线 2 之间绝缘所受电压 U_{12} 为

$$U_{12} = U - U_2 = U(1 - K) \qquad\qquad\qquad (GYSD00102004-8)$$

由上可知，由于导线的耦合作用，导线 2 上的电位及导线 1 和导线 2 之间绝缘所受的电压都比雷电压幅值小。显然，雷击架空地线时，由于架空地线耦合作用，将使线路绝缘上所受的电压降低。

3. 屏蔽作用

由 GYSD00102002 内容可知，感应过电压对水泥杆的 35kV 及其以下的线路会引起一定的闪络事故。如果线路上装有架空地线，由于架空地线对导线有屏蔽作用，导线上的感应电压由 U_g 下降到 $U_g (1-K)$。这是因为，先导电荷产生的电力线有一部分被架空地线截住，导线上感应的束缚电荷减

小，感应过电压也减小。

式（GYSD00102002-2）是在 $s>65\text{m}$ 时使用的。如果 $s<65\text{m}$ 雷击，就被架空地线或杆塔所吸引而击于线路本身。当雷击于杆塔或输电线路附近的架空地线（针）时，空中迅速变化的电磁场将在导线上感应出符号相反的过电压。在无架空地线时，对一般高度的线路，这一感应过电压的最大值可用下式计算

$$U_g = \alpha h_d \quad (\text{kV}) \qquad\qquad \text{（GYSD00102004-9）}$$

式中 h_d——导线悬挂的平均高度，m；

α——系数，其值等于以 kA/μs 为单位的雷电流平均陡度，一般取 $\dfrac{I}{2.6}$。

在有架空地线时，由于它的屏蔽效应，式（GYSD00102004-9）的 U_g 值将下降为

$$U_g' = U_g(1-K) = \alpha h_d(1-K) \qquad\qquad \text{（GYSD00102004-10）}$$

（二）输电线路的耐雷水平和雷击跳闸率

输电线路防雷性能的优劣主要由耐雷水平及雷击跳闸率来衡量。雷击线路时线路绝缘不发生闪络的最大雷电流幅值称为"耐雷水平"，以 kA 为单位，低于耐雷水平的雷电流击于线路不会引起闪络，反之，则必然发生闪络。每 100km 线路每年由雷击引起的跳闸次数称为"雷击跳闸率"，这是衡量线路防雷性能的综合指标。

1. 耐雷水平

根据式（GYSD00102004-4），雷击有地线线路杆塔顶部时，杆塔顶部的电位为

$$U_{td} = \beta I\left(R_{ch} + \frac{L_{gt}}{2.6}\right)$$

由于架空地线的耦合作用，根据式（GYSD00102004-8）架空地线与导线间的电压，即导线绝缘子串所承受的电压为

$$U_{td}(1-K) = \beta I\left(R_{ch} + \frac{L_{gt}}{2.6}\right)(1-K)$$

此外，当雷击杆塔顶部（或架空地线）时，在导线上产生感应过电压，根据式（GYSD00102004-10）可知，感应过电压最大值为

$$U_g' = U_g(1-K) = \alpha h_d(1-K) = \frac{I}{2.6}h_d(1-K)$$

所以导线绝缘子串所承受的电压最大值为

$$\begin{aligned}U_j &= U_{td}(1-K) + \alpha h_d(1-K)\\&= \beta I\left(R_{ch} + \frac{L_{gt}}{2.6}\right)(1-K) + \frac{I}{2.6}h_d(1-K)\\&= I\left(\beta R_{ch} + \frac{\beta L_{gt}}{2.6} + \frac{h_d}{2.6}\right)(1-K) \qquad \text{（GYSD00102004-11）}\end{aligned}$$

式（GYSD00102004-11）中，当 U_j 值不小于某一相绝缘子串的 $U_{50\%}$ 时（$U_{50\%}$ 为绝缘子 50% 的冲击放电电压值），将会产生杆顶对该相导线闪络反击。此时，雷击杆塔顶部的耐雷水平为

$$I_1 = \frac{U_{50\%}}{\left(\beta R_{ch} + \dfrac{\beta L_{gt}}{2.6} + \dfrac{h_d}{2.6}\right)(1-K)} \qquad\qquad \text{（GYSD00102004-12）}$$

DL/T 620—1997 规定，不同电压等级输电线路，雷击杆塔时的耐雷水平 I_1 不应低于表 GYSD00102004-4 所列数值。

表 GYSD00102004-4　　　　　　有地线线路的耐雷水平　　　　　　　　　　　　kA

额 定 电 压	35	60	110	220	330	500
耐 雷 水 平	20～30	30～60	40～75	75～110	100～150	125～175

模块
4

GYSD00102004

由式（GYSD00102004-12）可知，雷击杆塔顶部的耐雷水平与架空地线和导线间的耦合系数 K、分流系数 β、冲击接地电阻 R_{ch} 杆塔等值电感 L_{gt} 及绝缘子串的冲击放电电压 $U_{50\%}$ 有关。在电力工程上常采用降低接地电阻 R_{ch} 和提高耦合系数 K 来提高线路的耐雷水平。提高耦合系数的方法是将单架空地线改为双架空地线；或在导线下方增设架空地线，又称耦合地线。其作用增强导、架空地线间耦合作用。

图 GYSD00102004-4　绕击导线

装设架空地线的线路仍然有雷绕过架空地线而击于导线的可能性，虽然绕击的概率很小，但一旦出现此情况，则往往会引起线路绝缘子串的闪络。

如图 GYSD00102004-4 所示，绕击时雷击点阻抗为 $z_d/2$（z_d 为导线波阻抗），则流经雷击点的雷电流 i_z 为

$$i_z = \frac{i}{1 + \dfrac{z_d/2}{z_0}}$$

导线的电压为

$$u_d = i_z \frac{z_d}{2} = i \frac{z_0 z_d}{2z_0 + z_d}$$

其幅值为

$$U_d = I \frac{z_0 z_d}{2z_0 + z_d} \tag{GYSD00102004-13}$$

从式（GYSD00102004-13）可知，绕击时导线上电压幅值 U_d 随雷电流幅值 I 的增加而增加，若超过线路绝缘子串的冲击闪络电压，则绝缘子串将发生闪络，绕击时的耐雷水平 I_2 可令 U_d 等于绝缘子串 50%闪络电压（$U_{50\%}$）来计算，即

$$I_2 = U_{50\%} \frac{2z_0 + z_d}{z_0 z_d} \tag{GYSD00102004-14}$$

DL/T 620—1997 认为 $z_0 \approx \dfrac{z_d}{2}$，故

$$I_2 \approx U_{50\%} \frac{4}{z_d} \approx \frac{U_{50\%}}{100} \tag{GYSD00102004-15}$$

例 GYSD00102004-1　平原地区 220kV 双地线线路如图 GYSD00102004-5 所示，导线的弧垂为 12m，架空地线对外侧导线的几何耦合系数 $K_0 = 0.237$，绝缘子串由 $13 \times$ XP-70 组成，其正极性 $U_{50\%}$ 为 1410kV，杆塔冲击接地电阻 R_{ch} 为 7Ω，求该线路的耐雷水平。

解　导线的平均高度 $h_d = 23.4 - \dfrac{2}{3} \times 12 = 15.4$（m）

由表 GYSD00102004-3 查得电晕效应校正系数 $K_1 = 1.25$，故经电晕修正后耦合系数为

$$K = K_0 K_1 = 1.25 \times 0.237 = 0.296$$

由表 GYSD00102004-1 查得每米杆塔的等值电感为 0.5μH/m，则整基杆塔的等值电感为

$$L_{gt} = 29.1 \times 0.5 = 14.5（\mu H）$$

由表 GYSD00102004-2 查得杆塔的分流系数 $\beta = 0.88$，根据式（GYSD00102004-12）得雷击杆塔的耐雷水平为

图 GYSD00102004-5　某 220kV 线路的杆塔（图中单位为 m）

$$I_1 = \frac{U_{50\%}}{\left(\beta R_{ch} + \dfrac{\beta L_{gt}}{2.6} + \dfrac{h_d}{2.6}\right)(1-K)}$$

$$= \frac{1410}{\left(0.88 \times 7 + \dfrac{0.88 \times 14.5}{2.6} + \dfrac{15.4}{2.6}\right) \times (1 - 0.296)} = 118 \text{ (kA)}$$

根据式（GYSD00102004-15）得绕击得耐雷水平为

$$I_2 \approx \frac{U_{50\%}}{100} = \frac{1410}{100} = 14.1 \text{ (kA)}$$

2. 雷击跳闸率

输电线路雷击后，即发生绝缘闪络，但是否能引起线路跳闸与系统中性点接地方式有关。在中性点直接接地的电力系统中，因为一相对地接地电流很大，故会引起跳闸。对于中性点不直接接地的电力系统，当一相对地闪络时，工频接地电流很小，就不会引起线路跳闸，仍能继续送电；如果再向第二相反击，将形成相间短路的较大电流，引起线路跳闸。

绝缘发生闪络的原因，一是由于雷击有架空地线线路的杆塔顶部或架空地线；二是由于雷电绕过架空地线直击于导线（即绕击）。

雷击杆塔及杆塔附近的架空地线时，雷电流从杆塔顶部入地，杆塔顶部产生较高的电位，此电位对一相导线反击使绝缘子串闪络。另外，雷击架空地线档距中央时，雷击点离杆塔接地点较远，雷电波遇到很大的阻抗，因此雷击点电压升高，将可能使架空地线和导线间空气绝缘击穿，而发生闪络。但运行经验证明，当空气距离 S 满足式（GYSD00102004-16）时，就不会发生架空地线与导线空气绝缘闪络。

$$S \geq 0.012\, l + 1 \qquad\qquad \text{（GYSD00102004-16）}$$

式中　S——空气距离，m；

　　　l——档距，m；

　　　1——常数，m。

当雷击架空地线档距中央时，因为雷电流是经两侧的杆塔入地，这个雷电流流过杆塔时，产生的杆塔顶部电位比雷直击杆塔顶部时小得多，也很难引起绝缘子串的闪络。因此只考虑雷击杆塔及其附近的架空地线时，发生闪络，引起的跳闸的情况。

（1）雷击杆塔时的跳闸率。如 GYSD00102002 内容所述，每 100km 有架空地线的线路每年（40个雷暴日）落雷次数为 $N = 0.28(b + 4h_b)$ 次。则每 100km 线路每年雷击杆塔次数为 $0.28(b + 4h_b)g$ 次，每 100km 线路每年雷击杆塔跳闸次数为

$$n_1 = 0.28(b + 4h_b)g\eta p_1 \qquad\qquad \text{（GYSD00102004-17）}$$

式中　h_b——架空地线的平均高度；

　　　g——击杆率，即雷击杆塔次数与雷击线路总次数的比，规程 DL/T 620—1997 建议击杆率按表 GYSD00102004-5 取值；

　　　η——建弧率，闪络转变为稳定工频电弧的概率；

　　　p_1——雷击杆塔时雷电流大于耐雷水平的概率。

表 GYSD00102004-5　　　　　　　　　　击 杆 率 g

地　形 ＼ 架空地线根数	1	2	3
平　原	1/2	1/4	1/6
山　区	—	1/3	1/4

（2）绕击跳闸率。架空地线对线路的保护并非绝对的，雷电有可能绕过架空地线直击于导线，即

具有一定的绕击率，因此每 100km 线路每年的绕击跳闸次数 n_2 为

$$n_2 = 0.28(b + 4h_b)\eta p_a p_2 \qquad \text{（GYSD00102004-18）}$$

式中　p_a——绕击率；

　　　　p_2——雷绕击导线时雷电流大于耐雷水平的概率。

（3）线路雷击跳闸率。如前述，若架空地线与导线在档距中央处的空气间隙距离 S 满足式（GYSD00102004-16），则雷击地线档距中央一般不会发生击穿事故，故其跳闸率可视为零。

所以，有架空地线的线路每 100km 线路雷击（40 个雷暴日）总跳闸率 n 为

$$
\begin{aligned}
n &= n_1 + n_2 \\
&= 0.28(b + 4h_b)g\eta p_1 + 0.28(b + 4h_b)\eta p_a p_2 \\
&= 0.28(b + 4h_b)\eta(gp_1 + p_a p_2) \quad [\text{次}/(100\text{km}\cdot\text{年})] \qquad \text{（GYSD00102004-19）}
\end{aligned}
$$

（三）输电线路的防雷措施

在确定输电线路的防雷方式时，应全面考虑线路的重要程度、系统运行方式、线路经过地区雷电活动的强弱、地形地貌的特点、土壤电阻率的高低等条件，结合当地原有线路的运行经验，根据技术经济比较的结果，因地制宜，采取合理的保护措施。

1. 架设架空地线

架空地线是高压和超高压输电线路最基本的防雷措施，其主要目的是防止雷直击导线，此外，架空地线对雷电流还有分流作用，可以减小流入杆塔的雷电流，使塔顶电位下降；对导线有耦合作用，可以降低导线上的感应过电压。

我国规程规定：500kV 及以上应全线架设双架空地线；年平均雷暴日数超过 15 的地区 220～330kV 输电线路应全线架设架空地线，山区宜架设双架空地线；110kV 线路宜沿全线架设架空地线，在年平均雷暴日数不超过 15 或运行经验证明雷电活动轻微的地区可不架设架空地线。无架空地线的输电线路，宜在变电站的进出线架设 1～2km 架空地线。

杆塔上地线对边导线的保护角，对于同塔双回或多回路，220kV 及以上线路的保护角均不大于 0°，110kV 线路不大于 10°；对于单回路，500～750kV 线路的保护角不大于 10°，330kV 及以下线路不大于 15°；单地线线路不大于 25°。对重覆冰线路的保护角可适当加大。

为了降低正常工作时架空地线中电流所引起的附加损耗和将架空地线兼作通信用，可将架空地线经小间隙对地绝缘起来，雷击时此小间隙击穿，架空地线接地。

2. 降低杆塔接地电阻

对于一般高度的杆塔，降低杆塔接地电阻是提高线路耐雷水平防止反击的有效措施。规程规定，有架空地线的线路，每基杆塔（不连地线）的工频接地电阻，在雷季干燥时不宜超过表 GYSD00102004-6 所列数值。

表 GYSD00102004-6　　　　装有地线的线路杆塔工频接地电阻值（上限）

土壤电阻率 ρ（$\Omega\cdot m$）	土壤工频接地电阻（Ω）	土壤电阻率 ρ（$\Omega\cdot m$）	土壤工频接地电阻（Ω）
100 及以下	10	1000 以上至 2000	25
100 以上至 500	15	2000 以上	30，或敷设 6～8 根总长不超过 500m 的放射线，或两根连续伸长接地线，阻值不作规定
500 以上至 1000	20		

土壤电阻率低的地区，应充分利用杆塔的自然接地电阻，采用与线路平行的地中伸长地线的办法可以因其与导线间的耦合作用而降低绝缘子串上的电压，从而使线路的耐雷水平提高。

3. 架设耦合地线

在降低杆塔接地电阻有困难时，可以采用在导线下方架设架空地线的措施，其作用是增加架空地线与导线间的耦合作用以降低绝缘子串上的电压。此外，耦合地线还可增加对雷电流的分流作用。运行经验证明，耦合地线对降低雷击跳闸率的作用是很显著的。

4. 采用不平衡绝缘方式

在现代高压及超高压线路中，同杆架设的双回路线路日益增多，对此类线路在采用通常的防雷措施尚不能满足要求时，还可采用不平衡绝缘方式来降低双回路雷击同时跳闸率，以保证不中断供电。不平衡绝缘的原则是使两回路的绝缘子串片数有差异，这样，雷击时绝缘子串片数少的回路先闪络，闪络后的导线相当于地线，增加了对另一回路导线的耦合作用，提高了另一回路的耐雷水平使之不发生闪络以保证继续供电，一般认为，两回路绝缘水平的差异宜为 $\sqrt{3}$ 倍相电压（峰值），差异过大将使线路总故障率增加，差异究竟为多少，应从各方面技术经济比较来决定。

5. 装设自动重合闸

由于雷击造成的闪络大多能在跳闸后自行恢复绝缘性能，所以重合闸成功率较高，据统计，我国 110kV 及以上高压线路重合成功率为 75%～95%，35kV 及以下线路约为 50%～80%，因此各级电压的线路应尽量装设自动重合闸。

6. 采用消弧线圈接地方式

对于雷电活动强烈、接地电阻又难以降低的地区，可考虑采用中性点不接地或经消弧线圈接地的方式，绝大多数的单相着雷闪络接地故障能被消弧线圈所消除。而在两相或三相着雷时，雷击引起第一相导线闪络并不会造成跳闸，闪络后的导线相当于地线，增加了耦合作用，使未闪络相绝缘子串上的电压下降，从而提高了耐雷水平。

7. 装设避雷器

一般在线路交叉处和高杆塔上装设避雷器以限制过电压。

8. 加强绝缘

在冲击电压作用下木材是较良好的绝缘，因此可以采用木横担来提高耐雷水平和降低建弧率，我国受客观条件限制一般不采用木绝缘。

对于高杆塔，可以采取增加绝缘子串片数的办法来提高其防雷性能。高杆塔的等值电感大，感应过电压大，绕击率也随高度而增加，因此规程规定，全高超过 40m 有地线的杆塔，每增高 10m 应增加一片绝缘子；全高超过 100m 的杆塔，绝缘子片数应结合运行经验通过计算确定。

二、绝缘配合

（一）概述

合理地绝缘配合是电力系统安全可靠运行的保证。电力系统绝缘配合是指综合考虑电气设备在电力系统中可能承受的各种作用电压（工作电压、内过电压及外过电压）、保护装置的特性和设备绝缘对作用电压的耐受特性之间的关系。

电力网的绝缘包括电气设备的绝缘、导线的绝缘以及线路的绝缘。

各种过电压可能先受到各种限压措施（例如架空地线、避雷器、断路器的并联电阻等）的限制，然后作用在绝缘上。绝缘配合就是根据线路及设备所在电网中可能出现的各种电压（正常工作电压和过电压）、考虑各种限压措施及投资费、维护费，以确定线路及设备必要的绝缘水平。

对于 220kV 及其以下电压的线路绝缘，一般应能耐受通常可能出现的内过电压，不需采用专门的限制内部过电压的措施，且能避免在正常工作时，由于绝缘污秽引起的闪络事故。还应按规定的耐雷水平进行校验，以保证耐受大气过电压的作用。

330kV 及其以上电压的线路绝缘，由于送电距离很长，可能引起很大的工频电压升高及内部过电压，所以应采取措施限制工频电压升高及内部过电压，如采用并联电抗器或装有并联电阻的断路器等。

对于输电线路绝缘和变电站电气设备绝缘之间不存在绝缘配合问题。通常，线路绝缘水平远高于变电站电气设备的绝缘水平，因为变电站是专靠避雷针、避雷器及进线段等保护的，如降低线路绝缘使之与变电站配合，则会使线路事故大为增多。

（二）线路的绝缘配合

架空导线的绝缘包括绝缘子串和导线对杆塔（或构架）的空气间隙。线路的绝缘配合就是根据大气过电压、内过电压及工作电压的要求，决定线路绝缘子串中绝缘子的个数和正确选择导线对杆塔（或构架）的空气间隙。

1. 线路绝缘子串中绝缘子个数

线路绝缘子串中绝缘子个数的决定，在海拔 1000m 及以下地区，直线杆塔线路绝缘子串中绝缘子个数 n，应先按最高工作电压下污秽条件规定的爬电比距和内过电压倍数初步选定，爬电比距 s 的定义为电力设备外绝缘的爬电距离对最高工作电压有效值之比。根据现行设计规范中所给的高压架空线路污秽分级标准，其中线路爬电比距计算取系统最高工作线电压。即

$$\lambda = \frac{nL_{01}}{U_m} \quad (\text{cm/kV}) \qquad (\text{GYSD00102004-20})$$

式中　U_m——最高工作电压，取额定线电压的 1.15 倍，kV；

$\quad\quad L_{01}$——单片悬式绝缘子的几何爬电距离，cm。

长期运行经验证明，在不同污秽地区的线路，当 λ 值小于一定值 λ_0 时，清晨极易出现雾闪，有时甚至大面积闪络。λ_0 与空气中的污秽情况和水分多少有关，为满足线路运行可靠性的要求，我国按外绝缘污秽程度不同，将污秽划分为 5 个等级，表 GYSD00102004-7 给出了各种污秽情况的 λ_0 值。将表中 λ_0 值代入式（GYSD00102004-20），且考虑绝缘子爬电距离有效系数 K_e 后，即可求得最高工作电压下每串绝缘子的个数 n_g，即

$$n_g \geqslant \frac{\lambda_0 U_m}{K_e L_{01}} \qquad (\text{GYSD00102004-21})$$

表 GYSD00102004-7　　　　　　　高压架空线路污秽等级和爬电比距

污秽等级	污湿特征	线路爬电比距（cm/kV）		
		盐密（mg/cm²）	220kV 及以下	330kV 及以上
0	大气清洁地区及离海岸盐场 50km 以上无明显污染地区	≤0.03	1.39 (1.60)	1.45 (1.60)
I	大气轻度污染地区，工业区和人口低密集区，离海岸盐场 10～50km 地区。在污闪季节中干燥少雾（含毛毛雨）或雨量较多时	>0.03～0.06	1.39～1.74 (1.60～2.00)	1.45～1.82 (1.60～2.00)
II	大气中等污染地区，轻盐碱和炉烟污秽地区，离海岸盐场 3～10km 地区，在污闪季节中潮湿多雾（含毛毛雨）但雨量较少时	>0.06～0.10	1.74～2.17 (2.00～2.50)	1.82～2.27 (2.00～2.50)
III	大气污染较严重地区，重雾和重盐碱地区，近海岸盐场 1～3km 地区，工业与人口密度较大地区，离化学污源和炉烟污秽 300～1500m 的较严重污秽地区	>0.10～0.25	2.17～2.78 (2.50～3.20)	2.27～2.91 (2.50～3.20)
IV	大气特别严重污染地区，离海岸盐场 1km 以内，离化学污源和炉烟污秽 300m 以内的地区	>0.25～0.35	2.78～3.30 (3.20～3.80)	2.91～3.45 (3.20～3.80)

注　爬电比距计算时取系统最高工作电压。上表括号内数值为按标称电压计算的值。

绝缘子爬电距离的有效系数，主要由各种绝缘子几何爬电距离在试验和运行中提高污秽耐压的有效性来确定；并以 XP-70、XP-160 型绝缘子为基础，其 K_e 值取为 1。

几种常见绝缘子爬电距离有效系数 K_e 如表 GYSD00102004-8 所示。

表 GYSD00102004-8　　　　　　常见绝缘子爬电距离有效系数 K_e

绝缘子型号	盐密			
	0.05（mg/cm²）	0.10（mg/cm²）	0.20（mg/cm²）	0.40（mg/cm²）
浅钟罩型绝缘子	0.90	0.90	0.80	0.80
双伞型绝缘子（XWP2-160）	1.0			
长棒型瓷绝缘子	1.0			
三伞型绝缘子	1.0			
玻璃绝缘子（普通型 LXH-160）	1.0			
深钟罩玻璃绝缘子	0.8			
复合绝缘子	≤2.5（cm/kV）		>2.5（cm/kV）	
	1.0		1.3	

例 GYSD00102004-2 某经过为 0 级污秽区的 220kV 线路，采用 XP-70 型悬式绝缘子（爬电距离 $L_{01}=29\text{cm}$），试按工作电压要求确定绝缘子串的绝缘子片数。

解 由式（GYSD00102004-21）得

$$n_{\text{g}} \geqslant \frac{\lambda_0 U_{\text{m}}}{K_{\text{e}} L_{01}} = \frac{1.39 \times (220 \times 1.15)}{1 \times 29} = 12.13，取 13 片$$

由于式（GYSD00102004-21）是线路运行经验得总结，其中已经计及可能存在的零值绝缘子，因此所得 n_{g} 值即为实际应取值，不需再加零值片数。

中性点非直接接地系统可能带单相接地故障运行，此时非故障相的电压可升到线电压，因此中性点非直接接地系统的爬电比距较大。在污秽Ⅲ、Ⅳ级地区，宜采用防污绝缘子或将绝缘子涂刷有机硅等防污涂料。

按工作电压要求初步选定每串绝缘子个数 n_{g}，还应根据内部过电压（操作过电压）的要求进行校验，即绝缘子串的湿闪电压要大于可能出现的内过电压，并留有 10% 的裕度。故有

$$U_{\text{sh}} = 1.1 K_0 U_{\text{xm}} \qquad \text{（GYSD00102004-22）}$$

式中 U_{sh}——绝缘子串工频湿闪电压，kV；

$\quad U_{\text{xm}}$——系统最高运行相电压幅值，kV；

$\quad K_0$——操作过电压计算倍数（以电网最高运行相电压幅值为基数），66kV 及以下，K_0 取 4.0；

$\qquad$ 110kV 及 220kV，K_0 取 3.0；330kV 及 500kV，K_0 分别取 2.2 和 2.0。

此时应考虑到内部过电压是波及整个电网的，每条线路都难免有零值绝缘子存在，所以应保证在每串去除一个零值绝缘子（对 330~500kV 去除 2 个）后，在没有完整的绝缘子串操作波湿闪电压数据时，只能近似用绝缘子串工频湿闪电压代替。对常用的 XP-70 型 m 片绝缘子串的工频湿闪电压幅值为

$$U_{\text{sh}} = 60m + 14 \quad \text{（kV）} \qquad \text{（GYSD00102004-23）}$$

例 GYSD00102004-3 某 220kV 线路，采用 XP-70 型悬式绝缘子，试按操作过电压要求确定绝缘子串的绝缘子片数。

解 （1）绝缘子串的工频湿闪电压应满足

$$U_{\text{sh}} = 1.1 \times 3 \times \frac{1.15 \times 220\sqrt{2}}{\sqrt{3}} = 681.7 \quad \text{（kV）}$$

（2）满足工频湿闪电压所需绝缘子片数为

$$n'_{\text{ne}} = \frac{681.7 - 14}{60} = 11.13，取 12 片$$

（3）考虑零值绝缘子后所需绝缘子片数为

$$n_{\text{ne}} = n'_{\text{ne}} + n_0 = 12 + 1 = 13 片$$

所以，按操作过电压要求所需绝缘子串的绝缘子片数为 13 片。

最后，每串绝缘子片数还要按线路大气过电压进行校验。一般情况下，爬电比距及操作过电压选定的片数能满足耐雷水平的要求。在特殊高杆塔或高海拔地区，按电气过电压要求的绝缘子片数会大于 n_{g} 和 n_{ne}，此时电气过电压成为确定绝缘子片数的决定因素。

对线路耐张杆来说，考虑到耐张绝缘子串所受机械荷载较大，易于损坏，所以预留零值绝缘子个数应比直线杆多 1 个，故耐张杆每串绝缘子个数应比表 GYSD00102004-7 所示直线杆的 n 值多 1 个。

海拔在 1000m 及其以上时，因为空气密度降低，绝缘子串的闪络电压会有所下降，此时每串绝缘子的数量 n_{H} 应按下式选取

$$n_{\text{H}} = n\left[1 + 0.1(H - 1)\right] \qquad \text{（GYSD00102004-24）}$$

式中 H——线路所在地海拔高度，km，此式在 $H = 1 \sim 3.5\text{km}$ 时适用。

从运行经验来看：采用上述方法确定的线路每串绝缘子个数，能避免工作电压下的雾闪和内部过电压下的闪络，而且在接地电阻合格时，能满足对线路跳闸率的要求。

2. 导线对杆塔的空气间隙

为了使绝缘子串和空气间隙的绝缘能力都能充分发挥，应选择空气间隙的放电电压与绝缘子串的闪络放电电压基本相等。导线对杆塔的空气间隙承受的电压，一般以大气过电压幅值最高，内过电压幅值次之，工作电压幅值最低，但就作用的持续时间来说，次序却相反。在确定间隙大小时，还需考虑风吹导线使绝缘子串摆动的不利因素。在海拔 1000m 及其以下地区，对工作电压来说，计算用风速 v_g 显然应取线路的最大计算风速 v_m。对内部过电压来说，考虑其持续时间较短，计算用风速 v_{ne} 采用线路最大计算风 v_m 的 50%。对大气过电压来说，其持续时间极短，因此计算用风速 v_{da} 一般采用 10m/s；只在气象恶劣时，才采用 15m/s。在计算出上述三种情况下的风偏角 θ_g、θ_{ne} 和 θ_{da} 后，画间隙圆图检查空气间隙，如图 GYSD00102004-6 所示。

图 GYSD00102004-6　绝缘子串风偏
角 θ 及导线对杆塔的距离 s
1—杆塔；2—绝缘子串；3—导线

按工作电压确定线路的空气间隙 s_g 时，应满足下式要求

$$U_{gf} = K_1 U_{xg}$$

式中　U_{gf}——考虑风偏角后，间隙 s_g 在工频电压下的放电电压，kV；

　　　U_{xg}——额定相电压，kV；

　　　K_1——综合考虑工频电压升高、气象条件变化以及其他不利因素后，采取的安全系数。

对中性点直接接地的 220kV 及其以下线路，$K_1 = 1.6$；对 330kV 及其以下线路，$K_1 = 1.7$；对中性点非直接接地的电网，$K_1 = 2.5$（计及单相接地运行）。

按内部过电压确定线路空气间隙 s_{ne} 时，应满足

$$U_{ne} = 1.2 K U_{xg}$$

式中　U_{ne}——按内部过电压要求考虑风偏角后，间隙 s_{ne} 的工频放电电压或操作冲击波下的 50%放电电压，kV；

　　　K——内过电压倍数；

　　　U_{xg}——额定相电压。

按大气过电压确定线路空气间隙 s_{da} 时，应使 s_{da} 的冲击绝缘强度与非污秽地区的绝缘子串的冲击放电电压相适应。

一般来说，在 220kV 及其以下线路中，大气过电压对空气间隙选择起决定作用。

按照以上要求所得各级电压输电线路的最小空气间隙应符合表 GYSD00102004-9 的要求。

表 GYSD00102004-9　　　　　输电线路的最小空气间隙　　　　　cm

额定电压 （kV）	20	35	66	110		154		220	330	500	备注
				直接接地	非直接接地	直接接地	非直接接地				
XP-70 型绝缘子个数	2	3	5	7	7	10	10	13	19	28	
按大气过电压（s_{da}）	35	45	65	100	100	140	140	190	260	370	
按内部过电压（s_{ne}）	12	25	50	70	80	100	110	145	220	270	
按最大工作电压（s_g）	5	10	20	25	40	35	55	55	100	125	

3～10kV 输电线路当采用悬式绝缘子时，其空气间隙可参照表 GYSD00102004-8 中 20kV 级的数据。

在确定空气间隙时，应注意留有一定裕度，以考虑杆塔尺寸误差、横担变形和拉线施工误差等不利因素。

当线路所在地区海拔高度超过 1000m 时，应按有关规定进行校正，适当增大间距。

【思考与练习】

1. 什么叫输电线路的耐雷水平、雷击跳闸率？

2．耐雷水平和哪些因素有关？如何提高线路的耐雷水平？

3．输电线路绝缘发生闪络的原因是什么？

4．架空输电线路防雷措施有哪些？

5．线路的绝缘配合是指什么？什么叫泄漏比距？线路绝缘子串中绝缘子个数如何确定？

6．如何确定导线对杆塔的空气间隙？

第二部分

输电线路导线受力分析与计算

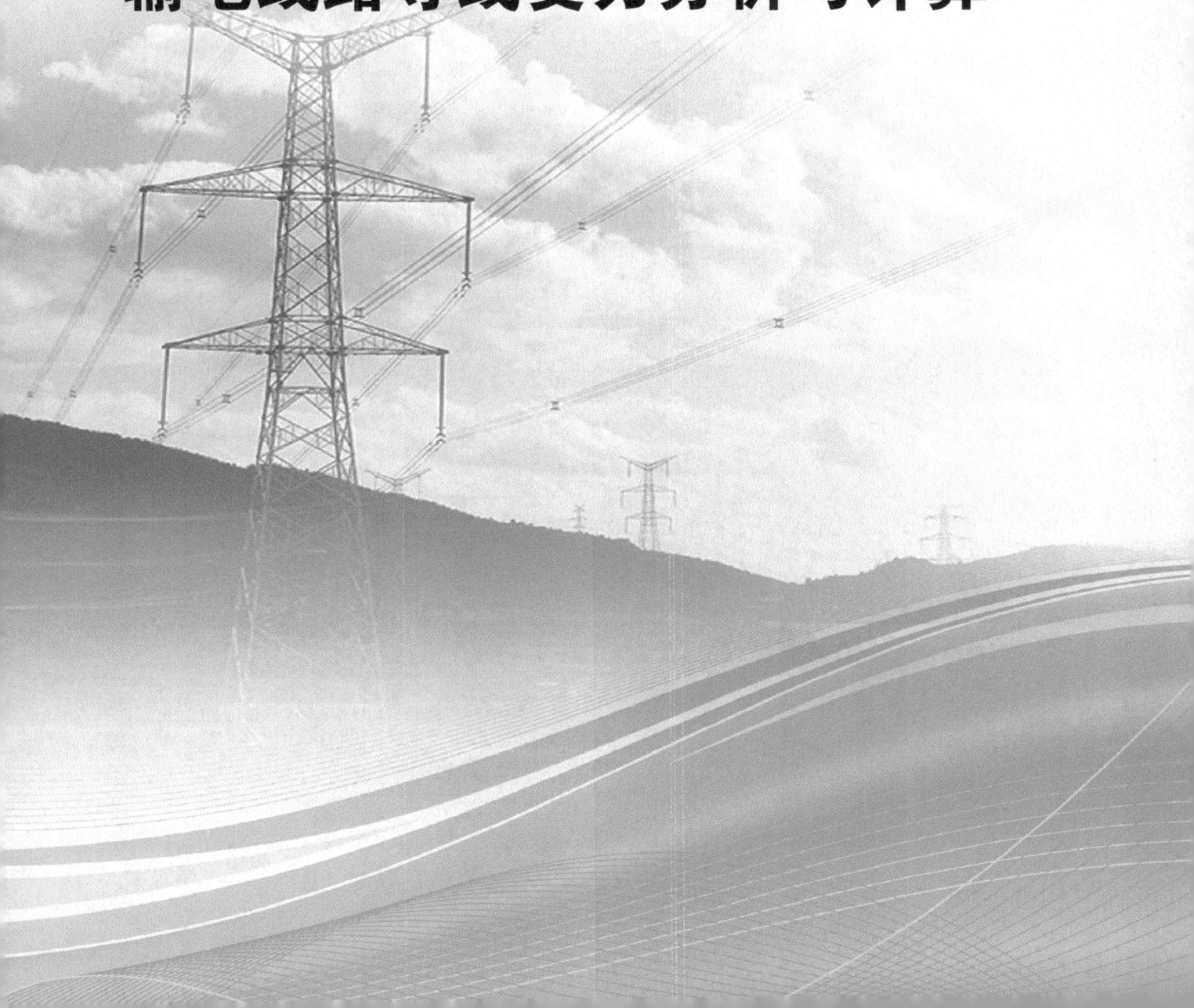

第三章　输电线路的基本知识

模块1　电力线路的分类与构成（GYSD00201001）

【模块描述】本模块涵盖电力线路的分类、架空输电线路的构成。通过要点介绍、概念描述，掌握电力线路的种类和架空输电线路的主要构成元件及其作用。

【正文】

一、电力线路的分类

现代大型发电厂大部分均建在能源基地附近，如水力发电厂建在水力资源点，即集中在江河流域水位落差大的地方；火力发电厂大都集中在煤炭、石油等能源产地，而大电力负荷中心则多集中在工业区和大城市。因而发电厂至电力负荷中心间往往相距很远，从而发生了电能输送与分配的问题，承担这一任务的就是电力线路。

由发电厂向电力负荷中心输送电能的线路以及电力系统之间的联络线路称为输电线路；由电力负荷中心向电力用户分配电能的线路称为配电线路。输配电线路通称为电力线路。为了减少电能在输送过程中的损耗，根据输送距离和输送容量的大小，输配电线路采用各种不同的电压等级。目前，我国采用的电压等级有：交流380/220V，10、35、66、110、220、330、500、750、1000kV；直流±500、±660、±800kV。通常把1kV以下的线路称为低压配电线路，10、20kV称为中压配电线路，35、66、110kV的线路称为高压配电线路，110、220kV线路称为高压输电线路，330、500（交、直流）、直流±660、750kV的线路称为超高压输电线路，直流±800、1000kV及以上称为特高压输电线路。

电力线路按其结构又可分为电缆线路和架空线路。架空线路与电缆线路相比有许多优点，如结构简单、施工周期短、建设费用低、技术要求不高、维护检修方便、散热性能好、输送容量大。本书只介绍架空线路的基本知识。

二、架空电力线路的构成

架空电力线路构成的主要元件有导线、地线（又称架空地线，简称地线）、金具、绝缘子、杆塔、拉线和基础，如图GYSD00201001-1所示。

它们的作用分述如下：

（1）导线用来传导电流，输送电能；

（2）架空地线是当雷击线路时把雷电流引入大地，以保护线路绝缘免遭大气过电压的破坏；

（3）杆塔用来支撑导线和地线，并使导线和导线之间，导线和地线之间，导线和杆塔之间以及导线和大地、公路、铁轨、水面、通信线路等被跨越物之间，保持一定的安全距离；

（4）绝缘子是用来固定导线，并使导线与杆塔之间保持绝缘状态；

（5）金具在架空输电线路中主要用于固定、连接、接续、调节及保护作用；

（6）拉线是用来加强杆塔的强度，承担外部荷载的作用力，以减少杆塔的材料消耗量，降低杆塔的造价；

图 GYSD00201001-1　架空电力线路的构成

1—架空地线；2—防振锤；3—线夹；4—导线；

5—绝缘子；6—杆塔；7—底盘

（7）杆塔基础是将杆塔固定于地下，以保证杆塔不发生倾斜、下沉、上拔及倒塌。

【思考与练习】

1. 什么叫输电线路？什么叫配电线路？电力线路按电压等级可分为哪几类？有哪几种电压等级？

2. 架空输电线路的主要组成元件有哪些？各有何用途？

模块 2　导线和架空地线（GYSD00201002）

【模块描述】 本模块包含导线和架空地线两部分知识。通过概念描述和原理讲解，熟悉导线应具备的特性，掌握导线的常用材料、构成和架空地线的构成、架设的规定。

【正文】

一、导线

架空电力线路的导线应具备以下特性：

（1）导电率高，以减少线路的电能损耗和电压降；

（2）耐热性能高，以提高输送容量；

（3）具有良好的耐振性能；

（4）机械强度高、弹性系数大、有一定柔软性、容易弯曲，以便于加工制造；

（5）耐腐蚀性强，能够适应自然环境条件和一定的污秽环境，使用寿命长；

（6）质量轻、性能稳定、耐磨、价格低廉。

常用的导线材料有铜、铝、铝镁合金和钢。这些材料的物理特性如表 GYSD00201002-1 所示。

表 GYSD00201002-1　　　　　　　　　导线材料的物理性能

材　料	20℃时的电阻率（Ω·mm²/m）	密度（g/cm³）	抗拉强度（MPa）	腐蚀性能及其他
铜	0.0182	8.9	390	表面易形成氧化膜，抗腐蚀能力强
铝	0.029	2.7	160	表面氧化膜可防继续氧化，但易受酸碱盐的腐蚀
钢	0.103	7.85	1200	在空气中易锈蚀，须镀锌防锈
铝镁合金	0.033	2.7	300	抗腐蚀性能好，受振动时易损坏

在这些材料中，铜的导电性能最好，机械强度高、耐腐蚀性强，是一种理想的导线材料。但是，铜的质量大，价格昂贵。就我国的情况来看，铜的储量少、产量低，而且其他工业需要大量铜材，所以架空输电线路的导线，除特殊情况之外，都不采用铜线。

铝的导电率虽然比铜稍低，导电性能差，但也是一种导电性能较好的材料。铝的导热性能好、质地柔韧易于加工、无低温脆性、耐腐蚀性较强、质量轻，而且铝矿资源丰富产量高，价格低廉。其缺点是抗张强度低。由于铝的密度小，采用铝线时杆塔受力较小。但铝的机械强度低，允许应力小，导线施放时弧垂较大，导致杆塔高度增加。所以，铝导线只能用在档距较小的 10kV 及以下的线路。对于档距较大电压较高的线路，则需用铝和其他金属配合，以提高导线的机械强度。此外，铝的抗酸、碱、盐的能力较差，故沿海地区和化工厂附近地区不宜采用。

铝镁合金材料的密度和铝相等，也是一种很轻的金属材料。其抗张强度很大，几乎比铝高一倍。铝镁合金的导电率比铝低 10% 左右，所以从电气和机械两方面来看，铝镁合金也是制造导线的较好材料。但铝镁合金导线受振动而断股的现象较严重，使其使用受到限制。随着断股问题的解决，铝镁合金将成为一种很有前途的导线材料。

铝和铝镁合金材料的导电率虽然比铜低，但是，由于它们的质量很轻，所以在相同的抗张强度和相同的导电性能条件下，采用铝或铝镁合金导线可以节省大量材料。表 GYSD00201002-2 为在相同的抗张强度和相同的导电性能条件下，铜、铝、铝镁合金各量的对比。

表 GYSD00201002-2 铜、铝、铝镁合金的对比

对 比 条 件	铜:铝:铝镁合金		
	导线截面	导线直径	导线质量
相同的抗张强度	1:2.5:1.3	1:1.6:1.14	1:0.71:0.4
相同的导电性能	1:1.65:1.8	1:1.29:1.34	1:0.5:0.55

从表 GYSD00201002-2 可看出，在相同的导电性能和相同的抗张强度下，用铝制造导线，材料用量较省，加之铝的价格便宜故采用铝导线最经济。

钢的导电率是最低的，但它的机械强度很高，且价格较有色金属低廉，在线路跨越山谷、江河等特大档距且电力负荷较小时可采用钢导线。钢线需要镀锌以防锈蚀。

架空电力线路一般都是用裸导线架设的。其结构基本都由多股圆线同心绞合而成，各种架空导线的结构示于图 GYSD00201002-1 中。

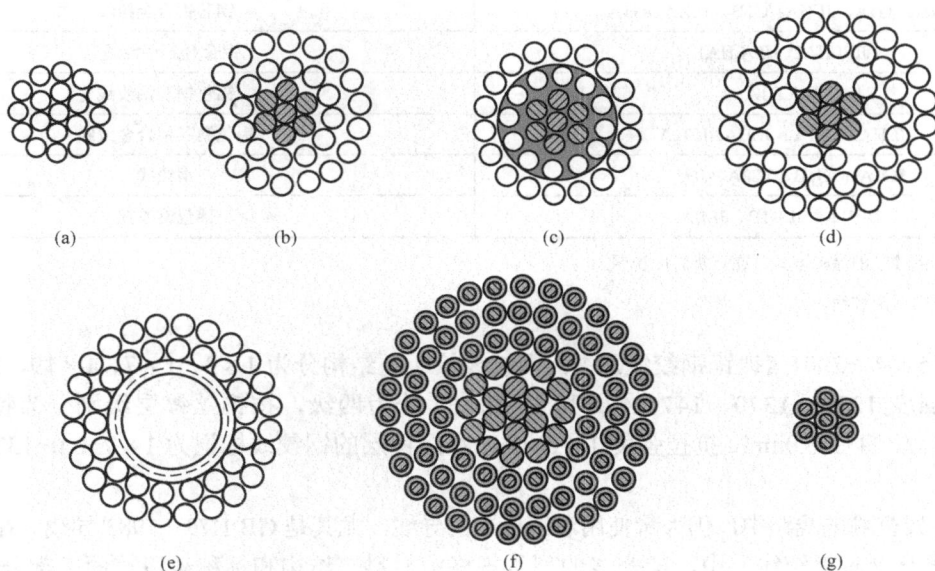

图 GYSD00201002-1 各种架空导线和地线断面的结构

(a) 单一金属绞线；(b) 钢芯铝绞线；(c) 防腐钢芯铝绞线；(d) 扩径钢芯铝绞线；

(e) 空心导线（腔中为蛇形管）；(f) 钢芯铝包钢绞线；(g) 铝包钢绞线

若架空线路的输送功率大，导线截面大，对导线的机械强度要求高，而多股单金属铝绞线的机械强度仍不能满足要求时，则把铝和钢两种材料结合起来制成钢芯铝绞线，不仅有较好的机械强度，且有较高的电导率。由于交流电的趋肤效应，使铝线截面的载流作用得到充分的利用，而其所承受的机械荷载则由钢芯和铝线共同负担。这样，既发挥了两种材料的各自优点，又补偿了它们各自的缺点。因此，钢芯铝线被广泛地应用在 35kV 及以上的线路中。

架空导线现行国家标准为 GB/T 1179—2008《圆线同心绞架空导线》。在该标准中，导线用型号、标称截面、绞合结构及本标准编号表示。型号第一个字母均用 J，表示同心绞合；单一导线在 J 后面为组成导线的单线代号，组合导线在 J 后面为外层线（或外包线）和内层线（或线芯）的代号，二者用"/"分开；在型号尾部加防腐代号 F，表示导线采用涂防腐油结构。标称截面表示构成导线的截面，单位为 mm²。单一导线直接用其截面数，组合导线采用前面为外层铝线的导电截面，后面为内层加强芯线的截面，中间用"/"分开。绞合结构用构成导线的单线根数表示。单一导线直接用单线根数，组合导线采用前面为导电铝线根数，后面为内层加强芯线根数，中间用"/"分开。绞线常用的单线有硬铝线（L）、高强度铝合金线（LHA1、LHA2）、镀锌钢线（G1A、G1B、G2A、G2B、G3A，其中 1、2、3 分别表示普通强度、高强度、特高强度镀锌钢线，A、B 表示镀层厚度普通、加厚）、铝包钢线（LB1A、LB2B、LB2）。如，JL-400-37 表示由 37 根硬铝线制成的铝绞线，硬铝线的标称截面为

72

400mm²；JL/G1A-400/35-48/7 表示由 48 根硬铝线和 7 根 A 级镀层普通强度镀锌钢线绞制成的钢芯铝绞线，硬铝线的标称截面为 400mm²，钢的标称截面为 35mm²；又如，JG1A-250-19 为由 19 根 A 级镀层普通强度镀锌钢线绞制成的镀锌钢绞线，钢线的标称截面为 250mm²。

标准包括的各类圆线同心绞架空导线产品的型号和名称见表 GYSD00201002-3。

表 GYSD00201002-3　　　　　　　　导线的型号和名称

型 号	名 称
JL	铝绞线
JLHA2、JLHA1	铝合金绞线
JL/G1A、JL/G1B、JL/G2A、JL/G2B、JL/G3A	钢芯铝绞线
JL/G1AF、JL/G2AF、JL/G3AF	防腐性钢芯铝绞线①
JLHA2/G1A、JLHA2/G1B、JLHA2/G3A	钢芯铝合金绞线
JLHA1/G1A、JLHA1/G1B、JLHA1/G3A	钢芯铝合金绞线
JL/LHA2、JL/LHA1	铝合金芯铝绞线②
JL/LB1A	铝包钢芯铝绞线
JLHA2/LB1A、JLHA1/LB1A	铝包钢芯铝合金绞线
JG1A、JG1B、JG2A、JG3A	钢绞线
JLB1A、JLB1B、JLB2	铝包钢绞线

①防腐型钢芯铝绞线的涂覆方式，在订货时应说明。

②个别小规格实为混绞线。

在 YB/T 5004—2001《镀锌钢绞线》中，钢绞线按断面结构分为 1×3、1×7、1×19、1×37 四种，按公称抗拉强度 1270、1370、1470MPa 和 1570MPa 分为四级，按钢丝锌层级别分为特 A、A、B 三级。结构 1×7、直径 6.0mm、抗拉强度 1370MPa、A 级锌层的钢绞线标记为 1×7-6.0-1370-A-YB/T 5004—2001。

目前，在架空输电线路中，仍大量使用着旧标准的导线，尤其是 GB 1179—1983 导线。在 GB 1179—1983《铝绞线及钢芯铝绞线》中，架空线的型号规格由材料、结构和标称载流截面三部分组成。材料和结构以汉语拼音的第一个字母大写表示，载流截面以 mm² 为单位表示。如：T—铜线；L—铝线；G—钢线；J—多股绞线；TJ—铜绞线；LJ—铝绞线；GJ—钢绞线；HLJ—铝合金绞线；LGJ—钢芯铝绞线。如，LJ-240 表示标称截面为 120mm² 的铝绞线；LGJ-300/25 表示标称截面铝 300mm²、钢 25mm² 的钢芯铝绞线；LGJF-150/25 则表示标称截面铝 150mm²、钢 25mm² 的防腐型钢芯铝绞线。

在 GB 1179—1974 中，按铝钢截面比的不同，将钢芯铝绞线分为普通型（LGJ，铝钢截面比为 5.3~6.1）、加强型（LGJJ，铝钢截面比约为 4~4.5）和轻型（LGJQ，铝钢截面比约为 7.6~8.3）三种。

为了减小电晕以降低损耗和对无线电、电视等的干扰以及为了减小电抗以提高线路的输送能力，高压和超高压输电线路的导线，应采用扩径导线、空芯导线或分裂导线。因扩径导线和空芯导线制造和安装不便，故输电线路多采用分裂导线。分裂导线每相分裂的根数一般为 2~4 根，近几年投运的 800kV 直流特高压输电线路采用了 6×720 分裂导线，1000kV 的特高压输电线路采用了 8×500 分裂导线，国外有考虑采用多至 12 根的分裂导线。

分裂导线由数根导线组成一相，每一根导线称为次导线，两根次导线间的距离称为次线间距离，一个档距中，一般每隔 30~80m 装一个间隔棒，使次导线间保持次线间距离，两相邻间隔棒间的水平距离称为次档距。

在一些线路的特大跨越档距中，为了降低杆塔高度，要求导线具有很高的抗拉强度和耐振强度。

近年来，耐热铝合金导线、钢芯软铝绞线、碳纤维复合芯铝绞线等新型架空导线，由于有较多优越性能，在输电线路改造和新建中也得到应用。

二、架空地线

架空地线一般多采用钢绞线，但近年来，在超高压输电线路上有采用良导体作架空地线的趋势。架空地线一般都通过杆塔接地，但也有采用所谓的"绝缘地线"的。绝缘地线即采用带有放电间隙的绝缘子把地线和杆塔绝缘起来，雷击时利用放电间隙引雷电流入地。这样做对防雷作用毫无影响，而且还能利用架空地线作载流线；用于架空地线溶冰；作为载波通信的通道；在线路检修时，可作为电动机的电源；此外还可对小功率用户供电等。绝缘地线还可减小地线中由感应电流而引起的附加电能损耗。

对超高压和特高压输电线路，为了减小其对邻近的通信线路的危险影响和干扰影响，以及降低超高压线路的潜供电流，常用铝包钢绞线或其他有色金属线作绝缘地线。

目前，对双地线架空线路，大多采用一根钢绞线，另一根复合光缆。复合光缆的外层铝合金绞线起到防雷保护，芯部的光导纤维起通信作用。

各级电压的输电线路，架设架空地线的要求有如下规定：

（1）500~750kV 输电线路应沿全线架设双地线。

（2）220~330kV 输电线路应沿全线架设地线，年平均雷暴日数不超过 15 的地区或运行经验证明雷电活动轻微的地区，可架设单地线，山区宜架设双地线。

（3）110kV 输电线路宜沿全线架设地线，在年平均雷暴日数不超过 15 或运行经验证明雷电活动轻微的地区，可不架设地线。

（4）66kV 线路，年平均雷暴日数为 30 日以上的地区，宜沿全线架设架空地线。

（5）35kV 线路及不沿全线架设架空地线的线路，宜在变电站或发电厂的进线段架设 1~2km 架空地线，以防护导线及变电站或发电厂的设备免遭直接雷击。

架空地线的型号一般配合导线截面进行选择，其配合表见表 GYSD00201002-4。

表 GYSD00201002-4　　　　　　地线采用镀锌钢绞线时与导线的配合表

导线型号		LGJ-185/30 及以下	LGJ-185/45~LGJ-400/50	LGJ-400/65 及以上
镀锌钢绞线最小标称截面（mm²）	无冰区	35	50	80
	覆冰区	50	80	100

500kV 及以上输电线路无冰区、覆冰区地线采用镀锌钢绞线时最小标称截面应分别不小于 80、100mm²。

各种常用架空导线和架空地线的性能见表 GYSD00201002-5~表 GYSD00201002-12。

表 GYSD00201002-5　　　　LJ 型铝绞线的规格和机械物理特性（GB 1179—1983）

标称截面（mm²）	结构根数/直径（根/mm）	计算截面（mm²）	外径（mm）	直流电阻不大于（Ω/km）	计算拉断力（N）	计算质量（kg/km）	交货长度不小于（m）
16	7/1.70	15.89	5.10	1.802	2840	43.5	4000
25	7/2.15	25.41	6.45	1.127	4355	69.6	3000
35	7/2.50	34.36	7.50	0.8332	5760	94.1	2000
50	7/3.00	49.48	9.00	0.5786	7930	135.5	1500
70	7/3.60	71.25	10.80	0.4018	10950	195.1	1250
95	7/4.16	95.14	12.48	0.3009	14450	260.5	1000
120	19/2.85	121.21	14.25	0.2373	19120	333.5	1500
150	19/3.15	148.07	15.75	0.1943	23310	407.4	1250
185	19/3.50	182.80	17.50	0.1574	28440	503.0	1000
210	19/3.75	209.85	18.75	0.1371	32260	577.4	1000
240	19/4.00	238.76	20.00	0.1205	36260	656.9	1000
300	37/3.20	297.57	22.40	0.09689	46850	820.4	1000
400	37/3.70	397.83	25.90	0.07247	61150	1097.0	1000
500	37/4.16	502.90	29.12	0.05733	76370	1387.0	1000
630	61/3.63	631.80	32.67	0.04577	91940	1744.0	800
800	61/4.10	805.36	36.90	0.03588	115900	2225.0	800

表 GYSD00201002-6　　钢绞线内钢丝的破断拉力总和对应表（GB 1200—1988）

结构	钢丝直径（mm）	钢绞线直径（mm）	钢绞线断面积（mm²）	公称抗拉强度（N/mm²）					参考质量（kg/100m）
				1175	1270	1370	1470	1570	
				钢丝破断拉力总和，不小于（kN）					
1×7	2.00	6.0	21.99	25.84	29.73	30.13	32.32	34.52	17.46
	2.30	6.9	29.08	34.17	36.93	39.84	42.75	45.66	23.09
	2.60	7.8	35.17	43.60	47.20	50.92	54.63	58.35	29.51
	2.90	8.7	46.24	54.33	58.72	63.35	67.97	72.60	36.71
	3.20	9.6	56.30	66.15	71.50	77.13	82.76	88.39	44.70
	3.50	10.5	67.35	79.14	85.85	92.27	99.00	105.74	53.48
	3.80	11.4	79.39	93.28	100.84	108.76	116.70	124.64	63.04
	4.00	12.0	87.96	103.35	111.71	120.50	129.30	138.10	69.84
1×19	1.60	8.0	38.20	44.88	48.51	52.33	56.15	59.97	30.40
	1.80	9.0	48.35	56.81	61.40	66.24	71.07	75.91	38.49
	2.00	10.0	59.69	70.14	75.81	81.78	87.74	93.71	47.51
	2.30	11.5	78.94	92.75	100.25	108.15	116.04	123.94	62.84
	2.60	13.0	100.88	118.53	128.12	138.20	148.29	158.38	80.30
	2.90	14.5	125.50	147.46	159.38	171.93	184.48	197.03	99.90
	3.20	16.0	152.81	179.55	194.06	209.35	224.63	239.91	121.64
	3.50	17.5	182.80	214.79	232.16	250.44	268.72	287.00	145.51
	4.00	20.0	238.76	280.54	303.23	327.10	350.98	374.86	190.05

注　标记示例：结构 1×7、直径 6mm、抗拉强度 1270N/mm、A 级锌层的钢绞线标记为 1×7-6.0-1270-A-GB1200-88。

表 GYSD00201002-7　　LGJ、LGJF 型钢芯铝绞线的规格和机械物理特性（GB 1179—1983）

标称截面 铝/钢（mm²）	结构根数/直径（根/mm）		计算截面（mm²）			外径（mm）	计算拉断力（N）	计算质量（kg/km）	交货长度不小于（m）
	铝	钢	铝	钢	总计				
10/2	6/1.50	1/1.50	10.60	1.77	12.37	4.50	4120	42.9	3000
16/3	6/1.85	1/1.85	16.13	2.69	18.82	5.55	6130	65.2	3000
25/4	6/2.32	1/2.32	25.36	4.23	29.59	6.96	9290	102.6	3000
35/6	6/2.72	1/2.72	34.86	5.81	40.67	8.16	12630	141.0	3000
50/8	6/3.20	1/3.20	48.25	8.04	56.29	9.60	16870	195.1	2000
50/30	12/2.32	7/2.32	50.73	29.59	80.32	11.60	42620	372.0	3000
70/10	6/3.80	1/3.80	68.05	11.34	79.39	11.40	23390	275.2	2000
70/40	12/2.72	7/2.72	69.73	40.67	110.40	13.60	58300	511.3	2000
95/15	26/2.15	7/1.67	94.39	15.33	109.72	13.61	35000	380.8	2000
95/20	7/4.16	7/1.85	95.14	18.82	113.96	13.87	37200	408.9	2000
95/55	12/3.20	7/3.20	96.51	56.30	152.81	16.00	78110	707.7	2000
120/7	18/2.90	1/2.90	118.89	6.61	125.50	14.50	27570	379.0	2000
120/20	26/2.38	7/1.85	115.67	18.82	134.49	15.07	41000	466.8	2000
120/25	7/4.72	7/2.10	122.48	24.25	146.73	15.74	47880	526.6	2000
120/70	12/3.60	7/3.60	122.15	71.25	193.40	18.00	98370	895.6	2000
150/8	18/3.20	1/3.20	144.76	8.04	152.80	16.00	32860	461.4	2000
150/20	24/2.78	7/1.85	145.68	18.82	164.50	16.67	46630	549.4	2000
150/25	26/2.70	7/2.10	148.86	24.25	173.11	17.10	54110	601.0	2000
150/35	30/2.50	7/2.50	147.26	34.36	181.62	17.50	65020	676.2	2000

续表

标称截面 铝/钢 (mm2)	结构根数/直径 （根/mm）		计 算 截 面 （mm²）			外 径 （mm）	计 算 拉 断 力 （N）	计算质量 （kg/km）	交货长度 不 小 于 （m）
	铝	钢	铝	钢	总 计				
185/10	18/3.60	1/3.60	183.22	10.18	193.40	18.00	40880	584.0	2000
185/25	24/3.15	7/2.10	187.04	24.25	211.29	18.90	59420	706.1	2000
185/30	26/2.98	7/2.32	181.34	29.59	210.93	18.88	64320	732.6	2000
185/45	30/2.80	7/2.80	184.73	43.10	227.83	19.60	80190	848.2	2000
210/10	18/3.80	1/3.80	204.14	11.34	215.48	19.00	45140	650.7	2000
210/25	24/3.33	7/2.22	2.9.02	27.10	236.12	19.98	65990	789.1	2000
210/35	26/3.22	7/2.50	211.73	34.36	246.09	20.38	74250	853.9	2000
210/50	30/2.98	7/2.98	209.24	48.82	258.06	20.86	90830	960.8	2000
240/30	24/3.60	7/2.40	244.29	31.67	275.96	21.60	75620	922.2	2000
240/40	26/3.42	7/2.66	238.85	38.90	277.75	21.66	83370	964.3	2000
240/55	30/3.20	7/3.20	241.27	56.30	297.57	22.40	102100	1108	2000
300/15	42/3.00	7/1.67	296.88	15.33	312.21	23.01	68060	939.8	2000
300/20	45/2.93	7/1.95	303.42	20.91	324.33	23.43	75680	1002	2000
300/25	48/2.85	7/2.22	306.21	27.10	333.31	23.76	83410	1058	2000
300/40	24/3.99	7/2.66	300.09	38.90	338.99	23.94	92220	1133	2000
300/50	26/3.83	7/2.98	299.54	48.82	348.36	24.26	103400	1210	2000
300/70	30/3.60	7/3.60	305.36	71.25	376.61	25.20	128000	1402	2000
400/20	42/3.51	7/1.95	406.40	20.91	427.31	26.91	88850	1286	1500
400/25	45/3.33	7/2.22	391.91	27.10	419.01	26.64	95940	1295	1500
400/35	48/3.22	7/2.50	390.88	34.36	425.24	26.82	103900	1349	1500
400/50	54/3.07	7/3.07	399.73	51.82	451.55	27.63	123400	1511	1500
400/65	26/4.42	7/3.44	398.94	65.06	464.00	28.00	135200	1611	1500
400/95	30/4.16	19/2.50	407.75	93.27	501.02	29.14	171300	1860	1500
500/35	45/3.75	7/2.50	497.01	34.36	531.37	30.00	119500	1642	1500
500/45	48/3.60	7/2.80	488.58	43.10	531.68	30.00	128100	1688	1500
500/65	54/3.44	7/3.44	501.88	65.06	566.94	30.96	154000	1897	1500
630/45	45/4.20	7/2.80	623.45	43.10	666.55	33.60	148700	2060	1200
630/55	48/4.12	7/3.20	639.92	56.30	696.22	34.32	164400	2209	1200
630/80	54/3.87	19/2.32	635.19	80.32	715.51	34.82	192900	2388	1200
800/55	45/4.80	7/3.20	814.30	56.30	870.60	38.40	191500	2690	1000
800/70	48/4.63	7/3.60	808.15	71.25	879.40	38.58	207000	2791	1000
800/100	54/4.33	19/2.60	795.17	100.88	896.05	38.98	241100	2991	1000

注 LGJF 型的计算质量，应在表规定数值中增加防腐涂料的质量，其增值为：钢芯涂防腐涂料者增加 2%，内部铝钢各层间涂防腐涂料者增加 5%。

表 GYSD00201002-8   铝绞线的弹性系数和线膨胀系数（GB 1179—1983）

单根导线	最终弹性系数（实际值） （MPa）	线膨胀系数 （1/℃）	单根导线	最终弹性系数（实际值） （MPa）	线膨胀系数 （1/℃）
7	59000	$23.0×10^{-6}$	37	56000	$23.0×10^{-6}$
19	56000	$23.0×10^{-6}$	61	54000	$23.0×10^{-6}$

表 GYSD00201002-9　　钢芯铝绞线的弹性系数和线膨胀系数（GB 1179—1983）

结构		铝钢截面比	最终弹性系数（实际值）（MPa）	线膨胀系数（计算值）（1/℃）	结构		铝钢截面比	最终弹性系数（实际值）（MPa）	线膨胀系数（计算值）（1/℃）
铝	钢				铝	钢			
6	1	6.00	79000	19.1×10^{-6}	30	19	4.37	78000	18.0×10^{-6}
7	7	5.06	76000	18.5×10^{-6}	42	7	19.44	61000	21.4×10^{-6}
12	7	1.71	105000	15.3×10^{-6}	45	7	14.46	63000	20.9×10^{-6}
18	1	18.00	66000	21.2×10^{-6}	48	7	11.34	65000	20.5×10^{-6}
24	7	7.71	73000	19.6×10^{-6}	54	7	7.71	69000	19.3×10^{-6}
26	7	6.13	76000	18.9×10^{-6}	54	19	7.90	67000	19.4×10^{-6}
30	7	4.29	80000	17.8×10^{-6}					

注　1. 弹性系数的精确度为 ±3000MPa。
　　2. 弹性系数适用于受力在 15%～50% 计算拉断力的钢芯铝绞线。

表 GYSD00201002-10　　JL 铝绞线的性能（GB/T 1179—2008）

标称截面铝	面积（mm²）	单线根数 n	直径（mm）		单位长度质量（kg/km）	额定抗拉力（kN）	直流电阻（20℃）/（Ω/km）
			单线	绞线			
35	34.36	7	2.50	7.50	94.0	6.01	0.8333
50	49.48	7	3.00	9.00	135.3	8.41	0.5787
70	71.25	7	3.60	10.8	194.9	11.40	0.4019
95	95.14	7	4.16	12.5	260.2	15.22	0.3010
120	121.21	19	2.85	14.3	333.2	20.61	0.2374
150	148.07	19	3.15	15.8	407.0	24.43	0.1943
185	182.80	19	3.50	17.5	502.4	30.16	0.1574
210	209.85	19	3.75	18.8	576.8	33.58	0.1371
240	238.76	19	4.00	20.0	656.3	38.20	0.1205
300	297.57	37	3.20	22.4	819.8	49.10	0.0969
500	502.90	37	4.16	29.1	1385.5	80.46	0.0573

表 GYSD00201002-11　　JL/G1A 钢芯铝绞线性能（GB/T 1179—2008）

标称截面铝/钢	钢比（%）	面积（mm²）			单线根数		单线直径（mm）		直径（mm）		单位长度质量（kg/km）	额定抗拉力（kN）	直流电阻（20℃）/（Ω/km）
		铝	钢	总和	铝	钢	铝	钢	钢芯	绞线			
10/2	17	10.60	1.77	12.37	6	1	1.50	1.50	1.50	4.50	42.8	4.14	2.7062
16/3	17	16.13	2.69	18.82	6	1	1.85	1.85	1.85	5.55	65.1	6.13	1.7791
35/6	17	34.86	5.81	40.67	6	1	2.72	2.72	2.72	8.16	140.8	12.55	0.8230
50/8	17	48.25	8.04	56.30	6	1	3.20	3.20	3.20	9.60	194.8	16.81	0.5946
50/30	58	50.73	29.59	80.32	12	7	2.32	2.32	6.96	11.6	371.1	42.61	0.5693
70/10	17	68.05	11.34	79.39	6	1	3.80	3.80	3.80	11.4	274.8	23.36	0.4217
70/40	58	69.73	40.67	110.40	12	7	2.72	2.72	8.16	13.6	510.2	58.22	0.4141
95/15	16	94.39	15.33	109.73	26	7	2.15	1.67	5.01	13.6	380.2	34.93	0.3059
95/20	20	95.14	18.82	113.96	7	7	4.16	1.85	5.55	13.9	408.2	37.24	0.3020
95/55	58	96.51	56.30	152.81	12	7	3.20	3.20	9.60	16.0	706.1	77.85	0.2992
120/7	6	118.89	6.61	125.50	18	1	2.90	2.90	2.90	14.5	378.5	27.74	0.2422
120/20	16	115.67	18.82	134.49	26	7	2.38	1.85	5.55	15.1	466.1	42.26	0.2496
120/25	20	122.48	24.25	146.73	7	7	4.72	2.10	6.30	15.7	525.7	47.96	0.2346
120/70	58	122.15	71.25	193.40	12	7	3.60	3.60	10.8	18.0	893.7	97.92	0.2364
150/8	6	144.76	8.04	152.80	18	1	3.20	3.20	3.20	16.0	460.9	32.73	0.1990

续表

标称截面 铝/钢	钢比 (%)	面积（mm²)			单线根数		单线直径 (mm)		直径（mm)		单位长度质量 (kg/km)	额定抗拉力 (kN)	直流电阻 (20℃) / (Ω/km)
		铝	钢	总和	铝	钢	铝	钢	钢芯	绞线			
150/20	13	145.68	18.82	164.50	24	7	2.78	1.85	5.55	16.7	548.5	46.78	0.1981
150/25	16	148.86	24.25	173.11	26	7	2.70	2.10	6.30	17.1	600.1	53.67	0.1940
150/35	23	147.26	34.36	181.62	30	7	2.50	2.50	7.50	17.5	675.0	64.94	0.1962
185/10	6	183.22	10.18	193.40	18	1	3.60	3.60	3.60	18.0	583.3	40.51	0.1572
185/25	13	187.03	24.25	211.28	24	7	3.15	2.10	6.30	18.9	704.9	59.23	0.1543
185/30	16	181.34	29.59	210.93	26	7	2.98	2.32	6.96	18.9	731.4	64.56	0.1592
185/45	23	184.73	43.10	227.83	30	7	2.80	2.80	8.40	19.6	846.7	80.54	0.1564
210/10	6	204.14	11.34	215.48	18	1	3.80	3.80	3.80	19.0	649.9	45.14	0.1411
210/25	13	209.02	27.10	236.12	24	7	3.33	2.22	6.66	20.0	787.8	66.19	0.1380
210/35	16	211.73	34.36	246.09	26	7	3.22	2.50	7.50	20.4	852.5	74.11	0.1364
210/50	23	209.24	48.82	258.06	30	7	2.98	2.98	8.94	20.9	959.0	91.23	0.1381
240/30	13	244.29	31.67	275.96	24	7	3.60	2.40	7.20	21.6	920.7	75.19	0.1181
240/40	16	238.84	38.90	277.74	26	7	3.42	2.66	7.98	21.7	962.8	83.76	0.1209
240/55	23	241.27	56.30	297.57	30	7	3.20	3.20	9.60	22.4	1105.8	101.74	0.1198
300/15	5	296.88	15.33	312.21	42	7	3.00	1.67	5.01	23.0	938.7	68.41	0.0973
300/20	7	303.42	20.91	324.32	45	7	2.93	1.95	5.85	23.4	1000.8	76.04	0.0952
300/25	9	306.21	27.10	333.31	48	7	2.85	2.22	6.66	23.8	1057.0	83.76	0.0944
300/40	13	300.09	38.90	338.99	24	7	3.99	2.66	7.98	23.9	1131.0	92.36	0.0961
300/50	16	299.54	48.82	348.37	26	7	3.83	2.98	8.94	24.3	1207.7	103.58	0.0964
300/70	23	305.36	71.25	376.61	30	7	3.60	3.60	10.8	25.2	1399.6	127.23	0.0946
400/20	5	406.40	20.91	427.31	42	7	3.51	1.95	5.85	26.9	1284.3	89.48	0.0710
400/25	7	391.91	27.10	419.01	45	7	3.33	2.22	6.66	26.6	1293.5	96.37	0.0737
400/35	9	390.88	34.36	425.24	48	7	3.22	2.50	7.50	26.8	1347.5	103.67	0.0739
400/65	16	398.94	65.06	464.00	26	7	4.42	3.44	10.3	28.0	1608.7	135.39	0.0724
400/95	23	407.75	93.27	501.02	30	19	4.16	2.50	12.5	29.1	1856.0	171.56	0.0709
500/45	9	488.58	43.10	531.68	48	7	3.60	2.80	8.40	30.0	1685.5	127.31	0.0591
630/55	9	639.92	56.30	696.22	48	7	4.12	3.20	9.60	34.3	2206.4	164.31	0.0452
800/55	7	814.30	56.30	870.60	45	7	4.80	3.20	9.60	38.4	2687.5	192.22	0.0355
800/70	9	808.15	71.25	879.40	48	7	4.63	3.60	10.8	38.6	2787.6	207.68	0.0358

表 GYSD00201002-12　　镀锌钢绞线（YB/T 5004—2001)

结构	直径（mm)		全部钢丝断面积 (mm²)	参考质量 (kg/km)	公称抗拉强度（MPa)			
	钢绞线	钢丝			1270	1370	1470	1570
					钢绞线最小破断拉力（kN)			
1×7	3.0	1.00	5.50	4.58	6.42	6.92	7.43	7.94
	3.3	1.10	6.65	5.54	7.77	8.38	8.99	9.60
	3.6	1.20	7.92	6.59	9.25	9.97	10.70	11.40
	3.9	1.30	9.29	7.73	10.80	11.70	12.50	13.40
	4.2	1.40	10.78	8.97	12.50	13.50	14.50	15.50
	4.5	1.50	12.37	10.30	14.40	15.50	16.70	17.80
	4.8	1.60	14.07	11.71	16.40	17.70	19.00	20.30
	5.1	1.70	15.89	13.23	18.50	20.00	21.40	22.90
	5.4	1.80	17.81	14.83	20.80	22.40	24.00	25.70
	6.0	2.00	21.99	18.31	25.60	27.70	29.70	31.70
	6.6	2.20	26.61	22.15	31.00	33.50	35.90	38.40

续表

结构	直 径（mm）		全部钢丝断面积（mm²）	参考质量（kg/km）	公称抗拉强度（MPa）			
	钢绞线	钢丝			1270	1370	1470	1570
					钢绞线最小破断拉力（kN）			
1×7	7.2	2.40	31.67	25.36	37.00	39.90	42.80	45.70
	7.8	2.60	37.16	30.93	43.40	46.80	50.20	53.60
	8.4	2.80	43.10	35.88	50.30	54.30	58.20	62.20
	9.0	3.00	49.48	41.19	57.80	62.30	66.90	71.40
	9.6	3.20	56.30	46.87	65.70	70.90	76.10	81.30
	10.5	3.50	67.35	56.07	78.60	84.80	91.00	97.20
	11.4	3.80	79.39	66.09	92.70	100.00	107.00	114.00
	12.0	4.00	87.96	73.22	102.00	110.00	118.00	127.00
1×19	5.0	1.00	14.92	12.42	17.00	18.40	19.70	21.00
	5.5	1.10	18.06	15.03	20.60	22.20	23.80	25.50
	6.0	1.20	21.49	17.89	24.50	26.50	28.40	30.30
	6.5	1.30	25.22	20.99	28.80	31.00	33.30	35.60
	7.0	1.40	29.25	24.35	33.40	36.00	38.60	41.30
	8.0	1.60	38.20	31.80	43.60	47.10	50.50	53.90
	9.0	1.80	48.35	40.25	55.20	59.60	63.90	68.30
	10.0	2.00	59.69	49.69	68.20	73.60	78.90	84.30
	11.0	2.20	72.22	60.12	82.50	89.00	95.00	102.00
	12.0	2.40	85.95	71.55	98.20	105.00	113.00	121.00
	12.5	2.50	93.27	77.64	106.00	114.00	123.00	131.00
	13.0	2.60	100.88	83.98	115.00	124.00	133.00	142.00
	14.0	2.80	116.99	97.36	133.00	144.00	154.00	165.00
	15.0	3.00	134.30	118.80	153.00	165.00	177.00	189.00
	16.0	3.20	152.81	127.21	174.00	188.00	202.00	215.00
	17.5	3.50	182.80	152.17	208.00	225.00	241.00	258.00
	20.0	4.00	238.76	198.76	272.00	294.00	315.00	337.00
1×37	7.0	1.00	29.06	24.19	31.30	33.80	36.30	38.70
	7.7	1.10	35.16	29.27	37.90	40.90	43.90	46.90
	9.1	1.30	49.11	40.88	53.00	57.10	61.30	65.50
	9.8	1.40	56.96	47.42	61.40	66.30	71.10	76.00
	11.2	1.60	74.39	61.92	80.30	86.60	92.90	99.20
	12.6	1.80	94.15	78.38	101.00	109.00	117.00	125.00
	14.0	2.00	116.24	96.76	125.00	135.00	145.00	155.00
	15.5	2.20	140.65	117.08	151.00	163.00	175.00	187.00
	16.8	2.40	167.38	139.34	180.00	194.00	209.00	223.00
	17.5	2.50	181.62	151.19	196.00	211.00	226.00	242.00
	18.2	2.60	196.44	163.53	212.00	228.00	245.00	262.00
	19.6	2.80	227.83	189.66	245.00	265.00	284.00	304.00
	21.0	3.00	261.54	217.72	282.00	304.00	326.00	349.00
	22.4	3.20	297.57	247.72	321.00	346.00	371.00	397.00
	24.5	3.50	355.98	296.34	384.00	414.00	444.00	475.00
	28.0	4.00	464.95	387.06	501.00	541.00	580.00	620.00

注 1. 镀锌层厚度分3级：特A、A、B。

2. 标记示例：结构1×7、直径6.0mm、抗拉强度1370MPa、A级锌层的钢绞线标记为1×7-6.0-1370-A-YB/T 5004—2001。

【思考与练习】

1. 在 GB/T 1179—2008《圆线同心绞架空导线》中，导线用哪几部分表示？为什么要制成钢芯铝绞线？在超高压输电线路上为什么要使用分裂导线？

2．指出下列导线型号的意义：JL-70-7，JL/G1A-185/30，1×19-11.5-1270-A-GB 1200-88。

3．架空地线一般用何种导线、与地之间如何连接？所谓的绝缘架空地线如何构成、有何用途？

模块 3　导线的排列与换位（GYSD00201003）

【模块描述】本模块介绍导线在杆塔上的各种排列、导线排列方式的选择和导线换位。通过概念描述和原理分析，能够了解导线各种排列方式、导线排列方式的选择依据，熟悉导线换位的原因、要求和有关导线换位的规定。

【正文】

一、导线在杆塔上的排列

架空输电线路分为单回路、双回路并架或多回路并架输电线路。由于线路回路数的不同，导线在杆塔上的排列方式也是多种多样的。一般单回路输电线路，导线排列方式有三角形、上字形、水平排列三种方式。双回路并架或多回路并架的输电线路，导线排列方式有伞形、倒伞形、干字形、六角形（又称鼓形）四种方式。图 GYSD00201003-1 为导线在杆塔上的七种排列方式。

图 GYSD00201003-1　导线在杆塔上的各种排列方式

（a）三角形；（b）上字形；（c）水平形；（d）伞形；（e）倒伞形；（f）干字形；（g）六角形

二、导线排列方式的选择

选择导线的排列方式时，主要看其对线路运行的可靠性，对施工安装、维护检修是否方便，能否简化杆塔结构，减小杆塔头部尺寸。运行经验表明，三角形排列的可靠性较水平排列差，特别是在重冰区、多雷区和电晕严重地区，这是因为下层导线在因故向上跃起时，易发生相间闪络和上下层导线碰线故障，且水平排列的杆塔高度较低，可减少雷击的机会。但水平排列的杆塔结构上比三角形排列者复杂，使杆塔投资增大。

因此，一般说来，对于重冰区、多雷区的单回线路，导线应采用水平排列。对于其余地区可结合线路的具体情况采用水平或三角形排列。从经济观点出发，电压在 220kV 以下、导线截面不特别大的单回线路，宜采用三角形排列。对双回线路的杆塔，倒伞形排列［见图 GYSD00201003-1（e）］的优点是便于施工和检修，但它的缺点是防雷差，故目前多采用六角形排列［见图 GYSD00201003-1（g）］。

双回路同杆架设的两个回路，通常采用互逆的相序排列。

三、导线的换位

导线的各种排列方式（包括等边三角形），均不能保证三相导线的线间距离或导线对地距离相等，因此，三相导线的电感、电容及三相阻抗均不相等，这会造成三相电流的不平衡，这种不平衡，对发电机、电动机和电力系统的运行以及对输电线路附近的弱电线路均会带来一系列的不良影响。为了避免这些影响，各相导线应在空间轮流地改换位置，以平衡三相阻抗。三相导线的换位顺序如图 GYSD00201003-2 所示，图中 l 为线路长度。

图 GYSD00201003-2　输电线路换位示意图

（a）单循环换位；（b）双循环换位

经过完全换位的线路，其各相在空间每一位置的各段长度之和相等。进行一次完全换位的线路称为完成了一个换位循环。

GB 50545《110kV～500kV 架空输电线路设计规范》关于线路换位的规定：

在中性点直接接地的电力网，长度超过 100km 的线路，宜换位。换位循环长度不宜大于200km。

中性点非直接接地的电力网，为降低中性点长期运行中的电位，可用换位或变换输电线路相序排列的方法来平衡不对称电容电流。

一个变电站某级电压的每回出线虽小于100km，但其总长度超过 200km，可采用换位或变换各回输电线路的相序排列的措施来平衡不对称电流。

为使三相导线对地的感应电压降至最小，绝缘地线也要进行换位。两地线的换位点和导线的换位点错开，两线在空间每一位置的总长度应相等。

【思考与练习】

1．导线的排列方式有哪几种？在选择导线排列方式时需考虑哪些因素，一般说来导线的排列方式如何选择？

2．输电线路的三相导线为什么要进行换位，什么叫换位循环？

3．三相导线换位有哪些要求与规定？

模块 4　杆　　塔（GYSD00201004）

【模块描述】本模块涉及杆塔类型、特点。通过定义讲解、列表对比，掌握不同杆塔类型的特点、用途。

【正文】

一、按用途分类

架空线路的杆塔，按其在线路上的用途可分为：悬垂型杆塔、耐张直线杆塔、耐张转角杆塔、耐张终端杆塔、跨越杆塔和换位杆塔等。

悬垂型杆塔（又称中间杆塔），一般位于线路的直线段，在架空线路中的数量最多，约占杆塔总数的80%左右，如图 GYSD00201004-1 中 6 号、7 号、8 号杆塔均为悬垂型杆塔。在线路正常运行的情况下，悬垂型杆塔不承受顺线路方向的张力，而仅承受导线、地线、绝缘子和金具等的质量和风压，所以，其绝缘子串是垂直悬挂的，称做悬垂串（见图 GYSD00201004-1 中的悬垂直线杆 6 号、7 号、8 号的绝缘子串），只有在杆塔两侧档距相差悬殊或一侧发生断线时，悬垂型杆塔才承受相邻两档导线的不平衡张力，悬垂型杆塔，一般不承受角度力，因此悬垂型杆塔对机械强度要求较低，造价也较低廉。

图 GYSD00201004-1　输电线路的耐张段和孤立档

耐张直线杆塔（又称承力杆塔），一般也位于线路的直线段，有时兼作 5°以下的小转角。在线路正常运行和断线事故情况下，均承受较大的顺线路方向的张力，因此，这种杆塔称耐张直线杆塔。在耐张直线杆塔上是用耐张绝缘子串和耐张线夹来固定导线的（参见图 GYSD00201004-1 两端的杆塔）。如图 GYSD00201004-1 中 5 号、9 号、10 号杆塔均为耐张直线杆塔。

两相邻耐张杆塔间的一段线路称为一个耐张段;两相邻耐张杆塔间各档距的和称为耐张段的长度。当线路发生断线故障时,不平衡张力很大,这时悬垂型杆塔因顺线路方向的强度较差而可能逐个被拉倒。耐张杆塔强度大,可将倒杆事故限制在一个耐张段内。所以,耐张杆塔也有称做"锚型杆塔"或"断连杆塔"的。

耐张转角杆塔位于线路转角处。线路转向内角的补角称为"线路转角"(见图 GYSD00201004-2)。耐张转角杆塔两侧导线的张力不在一条直线上,因而须承受角度合力,见图 GYSD00201004-2。耐张转角杆塔除应承受垂直荷载和风压荷载以外,还应能承受较大的导线张力角度合力;角度合力决定于转角的大小和导地线水平张力。

跨越杆塔位于线路与河流、山谷、铁路等交叉跨越的地方。跨越杆塔也分悬垂型和耐张型两种。当跨越档距很大时,就得采用特殊设计的耐张型跨越杆塔,其高度也较一般杆塔高得多。

图 GYSD00201004-2　转角杆塔的受力图

耐张终端杆塔位于线路的首、末端,即变电站进线、出线的第一基杆塔。耐张终端杆塔是一种承受单侧张力的耐张杆塔。

换位杆塔是用来进行导线换位的。高压输电线路的换位杆塔分滚式换位用的悬垂型换位杆塔和耐张型换位杆塔两种。

二、按材料分类

杆塔按使用的材料可分为:钢筋混凝土杆、钢管杆、角钢塔和钢管塔。

钢筋混凝土杆的混凝土和钢筋粘结牢固严如一体,且二者具有几乎相等的温度膨胀系数,不会因膨胀不等产生温度应力而破坏,混凝土又是钢筋的防锈保护层。所以,钢筋混凝土是制造电杆的好材料。

钢筋混凝土杆的优点是:

(1)经久耐用,一般可用 50~100 年之久;

(2)维护简单,运行费用低;

(3)较铁塔节约钢材 40%~60%;

(4)比铁塔造价低,施工期短。

其缺点主要是笨重,运输困难,因此对较高的水泥杆,均采用分段制造,现场进行组装,这样可将每段电杆质量限制在 500~1000kg 以下。

混凝土的受拉强度较受压强度低得多,当电杆杆柱受力弯曲时,杆柱截面一侧受压另一侧受拉,虽然拉力主要由钢筋承受,但混凝土与钢筋一起伸长,这时混凝土的外层即受一拉应力而产生裂缝。裂缝较宽时就会使钢筋锈蚀,缩短寿命。防止产生裂缝的最好方法,就是在电杆浇铸时将钢筋施行预拉;使混凝土在承载前就受到一个预压应力。这样,当电杆承载时,受拉区的混凝土所受的拉应力与此预压应力部分地抵消而不致产生裂缝。这种电杆叫做预应力钢筋混凝土电杆。

预应力钢筋混凝土杆能充分发挥高强度钢材的作用,比普通钢筋混凝土杆可节约钢材 40%左右,同时水泥用量也减少,电杆的质量也减轻了。由于它的抗裂性能好,所以延长了电杆的使用寿命。

近年来,城区线路广泛采用钢管杆。

目前生产的钢筋混凝土电杆(或预应力、部分预应力钢筋混凝土电杆),有等径环形截面和拔梢环形截面两种。等径电杆的直径分别为 ϕ300、ϕ400、ϕ500、ϕ550mm,杆段长度有 3.0、4.5、6.0、9.0m 四种。

拔梢电杆的锥度为 $\frac{1}{75}$,杆段规格系列较多,常用的拔梢电杆规格如表 GYSD00201004-1 所示。

根据工程需要,可以用上述杆段连接成所需要的杆高。一般可采用表 GYSD00201004-2 所列的组装杆段长度。

表 GYSD00201004-1　　　　　　　　常用拔梢电杆杆段规格

杆段梢径（mm）	杆 段 长 度	杆段梢径（mm）	杆 段 长 度
$\phi190$	6、7、8、9、10、11、12、15	$\phi390$	6、9
$\phi230$	6、9、12	$\phi430$	6
$\phi270$	6、9	$\phi470$	6
$\phi283$	6	$\phi510$	6、9
$\phi310$	6、9	$\phi550$	6
$\phi350$	6、9		

表 GYSD00201004-2　　　　　　　　常用拔梢电杆组装杆段长度

杆长(m)	杆 段 组 装 种 类			
	1	2	3	4
13	$\phi190mm \times 7 + \phi283mm \times 6$	—	—	—
15	$\phi190mm \times 9 + \phi310mm \times 6$	—	—	—
18	$\phi190mm \times 9 + \phi310mm \times 9$	$\phi190mm \times 12 + \phi350mm \times 6$	$\phi230mm \times 12 + \phi390mm \times 6$	$\phi230mm \times 6 + \phi310mm \times 6 + \phi390mm \times 6$
21	$\phi190mm \times 12 + \phi350mm \times 9$	$\phi230mm \times 12 + \phi390mm \times 9$		
24	$\phi230mm \times 12 + \phi390mm \times 6 + \phi470mm \times 6$	$\phi230mm \times 9 + \phi350mm \times 9 + \phi470mm \times 6$	$\phi270mm \times 9 + \phi390mm \times 9 + \phi510mm \times 6$	

　　角钢塔是用角钢焊接或螺栓连接的（个别有铆接的）钢架，钢管塔是用钢管由螺栓连接的钢架。它们的优点是坚固、可靠，使用期限长，但钢材消耗量大，造价高，施工工艺较复杂，维护工作量大。因此，铁塔多用于交通不便和地形复杂的山区，或一般地区的荷载较大的耐张终端、耐张直线、耐张转角、大跨越等特种杆塔。

【思考与练习】

1. 架空线路的杆塔按其用途可分为哪几类、各自的受力特点如何？
2. 拔梢电杆的锥度是多少？若已知杆顶直径为 D_0，则距杆顶 h 处的直径为多少？

模块 5　线路绝缘子（GYSD00201005）

【模块描述】本模块介绍线路绝缘子的种类、绝缘子的选择。通过概念陈述、图文讲解、计算举例，了解线路对绝缘子的要求，掌握线路绝缘子选择方法。

【正文】

　　架空线路的绝缘子，是用来支持导线并使之与杆塔绝缘的。它应具有足够的绝缘强度和机械强度，同时对化学杂质的侵蚀具有足够的抗御能力，并能适应周围大气条件的变化，如温度和湿度变化对它本身的影响等。

　　架空输电线路上所用的绝缘子有悬式、棒式和硅橡胶合成绝缘子等数种。

　　悬式绝缘子形状多为圆盘形，故又称盘形绝缘子，绝缘子以往都是陶瓷的，所以又叫做瓷瓶。现在我国也有使用钢化玻璃悬式绝缘子，这种绝缘子尺寸小、机械强度高、电气性能好、寿命长不易老化、维护方便（当绝缘子有缺陷时，由于冷热剧变或机械过载，即自行破碎，巡线人员很容易用望远镜检查出来）。盘形悬式绝缘子有普通型［见图 GYSD00201005-1（a）］、耐污型［见图 GYSD00201005-1（b）］两种。悬式绝缘子广泛用于 35kV 及以上的线路上。在沿海地区和化工厂附近的线路，使用防污型悬式绝缘子。

　　棒式绝缘子的形状如图 GYSD00201005-1（f）所示，它是一个瓷质整体，可以代替悬垂绝缘子串。它的优点是质量轻、长度短、省钢材且降低了杆塔的高度。但棒式绝缘子制造工艺较复杂，成本较高，且运行中易于由振动而断裂。

　　复合绝缘子是棒形悬式复合绝缘子的简称，由伞套、芯棒组成，并带有金属附件，如图

GYSD00201005-1（g）所示。伞套由硅橡胶为基体的高分子聚合物制成，具有良好的憎水性，抗污能力强，用来提供必要的爬电距离，并保护芯棒不受气候影响。芯棒通常由玻璃纤维浸渍树脂后制成，具有很高的抗拉强度和良好的减振性、抗蠕变性以及抗疲劳断裂性。根据需要，复合绝缘子的一端或者两端可以制装均压环。复合绝缘子适用于海拔1000m以下地区，尤其用于污秽地区，能有效地防止污闪的发生。

图 GYSD00201005-1　绝缘子

（a）悬式绝缘子；（b）耐污悬式绝缘子；（c）钟罩防污型悬式绝缘子；（d）直流悬式绝缘子；

（e）球面悬式绝缘子；（f）棒形悬式绝缘子；（g）棒形复合绝缘子

　　输电线路大都采用悬式绝缘子。目前线路悬式绝缘子现行标准为 GB T 7253—2005《标称电压高于1000V 的架空线路绝缘子交流系统用瓷或玻璃绝缘子元件盘形悬式绝缘子元件的特性》，但现有线路中，还有大量的 GB/T 7253—1987 和 JB 9681—1999 标准的盘形悬式绝缘子在使用。

　　由于 GB/T 7253—2005 标准与 GB/T 7253—1987 和 JB 9681—1999 标准中绝缘子的型号编制方法差异较大，为了便于标准的实施使用，将 GB T 7253—2005 标准与 GB/T 7253—1987 和 JB 9681—1999 中机械和尺寸特性类同的绝缘子列于表 GYSD00201005-1 中，供型号转换时参考。

表 GYSD00201005-1　GB T 7253—2005 与 GB/T7253—1987 和 JB 9681—1999 典型

盘形悬式绝缘子串元件参数及型号对照

本附录型号	GB/T 7253—1987 或 JB 9681—1999 型号	机电或机械破坏负荷（kN）	绝缘件最大公称或公称直径（mm）	公称结构高度（mm）	最小公称爬电距离（mm）
U70BS	XP-70	70	255	127	295
U70BL	XP1-70	70	255	146	295
	LXP1-70				

续表

本附录型号	GB/T 7253—1987 或 JB 9681—1999 型号	机电或机械破坏负荷（kN）	绝缘件最大公称或公称直径（mm）	公称结构高度（mm）	最小公称爬电距离（mm）
U70BL	XWP2-70	70	255	146	400
U70BEL	XWP1-70	70	255	160	400
	XHP1-70				
U70BELP	XWP3-70	70	280	160	450
U100BL	XP-100	100	255	146	295
	LXP-100				
U100BEL	XWP1-100		255		400
U100BELP	XWP2-100	100	280	160	450
U100BEL	XHP1-100		270		400
U120B	XP-120	120	255	146	295
	LXP-120				
U160BS	XP2-160	160	280	146	330
U160BM	XP-160	160	255	155	305
	LXP-160		280		330
U160BM	XWP1-160	160	280	160	400
	XWP6-160				
	XHP1-160		300		
	XAP1-160				

a GB/T 7253—2005 绝缘子型号说明：

P表示大爬距

S或L表示短或长结构高度，M表示中长，EL超长

B或C表示球窝或槽形连接

数字表示规定的机电或机械破坏负荷千牛

U表示悬式绝缘子

b GB/T 7253—1987或JB 9681—1999 绝缘子型号说明：

数字表示规定的机电或机械破坏负荷千牛

1、2、3…表示设计顺序号

P表示普通型，WP表示双层伞耐污型，HP表示钟罩伞耐污型，AP表示大伞径耐污型

X表示瓷悬式绝缘子，LX表示玻璃悬式绝缘子

主要绝缘子类型的优、缺点比较见表 GYSD00201005-2。

表 GYSD00201005-2　　　　主要绝缘子类型的优、缺点比较

绝缘子类型	优　点	缺　点
盘形悬式瓷质绝缘子	瓷质绝缘子使用历史悠久，介质的机械性能、电气性能良好，产品种类齐全，使用范围广。盘形悬式瓷质绝缘是输电线路最早使用的一种绝缘子	在污秽潮湿条件下，绝缘子在工频电压作用时绝缘性能急剧下降，常产生局部电弧，严重时会发生闪络；绝缘子串或单个绝缘子的分布电压不均匀，在电场集中的部位常发生电晕，产生无线电干扰，并容易导致瓷体老化
盘形悬式玻璃钢绝缘子	成串电压分布均匀，玻璃的介电常数为 7～8，比瓷的介电常数 5～6 大一些，因而玻璃绝缘子具有较大的主电容。自洁能力好，积污容易清扫，耐污性能好。耐电弧性能好。机械强度高，钢化玻璃的机械强度可达到 80～120MPa，是陶瓷的 2～3 倍。长期运行后机械性能稳定。由于玻璃的透明性，外形检查时容易发现细小裂纹和内部损伤等缺陷。玻璃钢绝缘子零值或低值时会发生自爆，无需进行人工检测。耐弧性能好，老化过程缓慢	早期产品运行初期自爆率高，现在的产品已基本克服这缺点。自爆后的残锤必须尽快更换，否则会因残锤内部玻璃受潮而烧熔，发生断串掉线事故

续表

绝缘子类型	优　点	缺　点
棒形悬式复合绝缘子	质量轻、体积小，质量只有瓷质或玻璃钢绝缘子的10%～15%，方便安装、更换和运输。复合绝缘子属于棒形结构，内外极间距离几乎相等，一般不发生内部绝缘击穿，也不需要零值检测。绝缘子表面具有很强的憎水性，防污效果好，延长了清扫周期，大大降低了劳动强度	投运时间短，使用寿命有待确定。抗弯、抗扭性能差，承受较大横向压力时，容易发生脆断。伞盘强度低，不允许踩踏、碰撞。早期产品老化速度快于瓷质或玻璃钢绝缘子。积污不易清扫，长期下去会逐步丧失憎水性。芯棒与护套、护套与伞盘、芯棒与金属端头、金属端头与伞盘多次形成结合面，每一个界面空气未排干净就会留有气泡或水分，在强电场作用下会首先放电炭化，并逐步扩大直至形成贯穿通道而击穿

　　悬式绝缘子在直线型杆塔上组成悬垂串。悬垂串在正常运行时仅支承导线自重、冰重和风力，在断线时，还要承受断线张力。大跨越档距或重冰区导线的荷载很大，超过悬垂串的允许荷载时，可采用双联悬垂串和多联悬垂串（见图 GYSD00201005-2）。为了减小悬垂串的风偏摇摆角，以达到减小杆塔头部尺寸的目的，可采用"V"型、"人"型及"人"字型组合悬垂串。

图 GYSD00201005-2　悬垂串

（a）单线夹单联悬垂串；（b）双线夹单联悬垂串；（c）单线夹双联悬垂串；（d）双线夹双
联悬垂串；（e）"V"型悬垂串；（f）"人"字型悬垂串；（g）"人"型组合悬垂串

　　悬式绝缘子在耐张杆塔上组成耐张串，耐张串除支承导线自重、冰重和风力外，还要承受正常情况和断线情况下顺线路方向导线的张力。当大跨越档距中的导线张力很大时，可采用双联或多联耐张串（其结构见图 GYSD00201005-3）。耐张串两侧的导线通过跳线（又称引流线）连接，见图 GYSD00201005-4。

图 GYSD00201005-3　耐张串

（a）单联耐张串；（b）双联耐张串之一；（c）双联耐张串之二；（d）三联耐张串

　　绝缘子机械强度的安全系数，应符合表 GYSD00201005-3 的规定。双联及多联绝缘子串应验算断一联后的机械强度，其荷载及安全系数按断联情况考虑。

模块 5

GYSD00201005

图 GYSD00201005-4 跳线与耐张串的连接

(a) 用压接型线夹与耐张串连接；(b) 用倒装式线夹与耐张串连接；(c) 跳线中央用悬垂串限制摇摆

表 GYSD00201005-3　　　　　　　　绝缘子机械强度的安全系数

情况	最大使用荷载		常年荷载	验算	断线	断联
	盘型绝缘子	棒型绝缘子				
安全系数	2.7	3.0	4.0	1.5	1.8	1.5

绝缘子机械强度的安全系数 K_I 应按下式计算

$$K_I = \frac{T_R}{T} \qquad\qquad (GYSD00201005-1)$$

式中　　T_R——绝缘子的额定机械破坏负荷，kN；

T——分别取绝缘子承受的最大使用荷载、断线、断联、验算荷载或常年荷载，kN。

绝缘子机械强度的安全系数计算时：常年荷载是指年平均气温条件下绝缘子所承受的荷载。验算荷载是验算条件下绝缘子所承受的荷载。断线的气象条件是无风、有冰、−5℃，断联的气象条件是无风、无冰、−5℃。设计悬垂串时导、地线张力可按设计规范的规定取值。

每一悬垂串上绝缘子的个数，是根据线路的额定电压等级按绝缘配合条件选定的。即应使线路能在工频电压、操作过电压及雷电过电压等条件下安全可靠地运行。在海拔高度 1000m 以下地区，操作过电压及雷电过电压的要求的悬垂绝缘子串的绝缘子片数，应不少于表 GYSD00201005-4 中的规定数。

表 GYSD00201005-4　　　　　　　　直线杆塔上悬垂串绝缘子的最少用量表

标称电压（kV）	35	66	110	220	330	500	750
单片绝缘子的高度（mm）	146	146	146	146	146	155	170
绝缘子片数（片）	3	5	7	13	17	25	32

绝缘子串的片数应以审定的污区分布图为基础，结合线路附近的污秽和发展情况，综合考虑环境污秽变化因素，选择合适的绝缘子型式和片数，并适当留有裕度。

绝缘子串的片数计算可采用爬电比距法，也可采用污耐压法选择合适的绝缘子型式和片数。当采用爬电比距法时，每一悬垂串绝缘子片数应按下式计算

$$n \geqslant \frac{\lambda U_N}{K_e L_{01}} \qquad\qquad (GYSD00201005-2)$$

式中　　n——海拔 1000m 时每串绝缘子所需片数；

λ——爬电比距，cm/kV；

U_N——系统标称电压，kV；

L_{01}——单片悬式绝缘子的几何爬电距离，cm；

K_e——绝缘子爬电距离的有效系数，主要由各种绝缘子几何爬电距离在试验和运行中污秽耐压的有效性来确定；并以 XP-70、XP-160 型绝缘子为基础，其 K_e 值取为 1。

几种常见绝缘子爬电距离有效系数 K_e 如表 GYSD00201005-5 所示。

表 GYSD00201005-5　　　　　　　　　常见绝缘子爬电距离有效系数 K_e

绝缘子型号	盐 密			
	0.05（mg/cm²）	0.10（mg/cm²）	0.20（mg/cm²）	0.40（mg/cm²）
浅钟罩型绝缘子	0.90	0.90	0.80	0.80
双伞型绝缘子（XWP2-160）	1.0			
长棒型瓷绝缘子	1.0			
三伞型绝缘子	1.0			
玻璃绝缘子（普通型 LXH-160）	1.0			
深钟罩玻璃绝缘子	0.8			
复合绝缘子	≤2.5（cm/kV）		>2.5（cm/kV）	
	1.0		1.3	

由于耐张串在正常运行中经常承受较大的导线张力，绝缘子容易劣化以及耐张串可靠性要求高等的缘故。对 110～330kV 输电线路，每串耐张串的绝缘子片数应比每串悬垂串同型号绝缘子的个数多 1 片，500kV 输电线路增加 2 片，对 750kV 输电线路不需增加片数。

为保持高杆塔的耐雷性能，全高超过 40m 有地线的杆塔，高度每增加 10m，应比表 GYSD00201005-4 所列值增加一片同型绝缘子，全高超过 100m 的杆塔，绝缘子的片数应根据运行经验结合计算确定。由于高杆塔而增加绝缘子片数时，雷电过电压最小间隙也应相应增大；750kV 杆塔全高超过 40m 时，可根据实际情况进行验算，确定是否需要增加绝缘子片数和间隙。

对于架设在空气中含有工业污秽地带或接近海岸、盐场、盐湖和盐碱地区的线路，应根据运行经验和可能污染的程度，增加绝缘子的泄漏距离。这时宜采用防污型绝缘子或增加普通绝缘子的片数。

在轻、中污区复合绝缘子的爬电距离不宜小于盘型绝缘子；在重污区其爬电距离不应小于盘型绝缘子最小要求值的 3/4 且不小于 2.8 cm/kV；用于 220kV 及以上输电线路复合绝缘子两端都应加均压环，其有效绝缘长度需满足雷电过电压的要求。

高海拔地区悬垂绝缘子串的片数，宜按下式计算

$$n_H = ne^{0.1215m_1(H-1)}$$　　　　　　　　　　（GYSD00201005-3）

式中　n_H——高海拔地区每串绝缘子所需片数；

　　　H——海拔高度，km；

　　　m_1——特征指数，它反映气压对于污闪电压的影响程度，由试验确定。各种绝缘子 m_1 值可按表 GYSD00201005-6 取值。

表 GYSD00201005-6　　　　　　　　　各种绝缘子的 m_1 参考值

材料	盘径（mm）	结构高度（mm）	爬电距离（cm）	表面积（cm²）	机械强度（kN）	m_1 值		
						盐密 0.05mg/cm²	盐密 0.2mg/cm²	平均值
瓷	280	170	33.2	1730.27	210	0.66	0.64	0.65
	300	170	45.9	2784.86	210	0.42	0.34	0.38
	320	195	45.9	3025.98	300	0.28	0.35	0.32
	340	170	53.0	3627.04	210	0.22	0.40	0.31
玻璃	280	170	40.6	2283.39	210	0.54	0.37	0.45
	320	195	49.2	3087.64	300	0.36	0.36	0.36
	320	195	49.3	3147.4	300	0.45	0.59	0.52
	380	145	36.5	2476.67	120	0.30	0.19	0.25
复合						0.18	0.42	0.30

模块 5

GYSD00201005

【思考与练习】

1. 根据绝缘子的用途对绝缘子应有哪些要求？悬式绝缘子串有哪些组装方式，各用于什么场合？

2. 悬式瓷绝缘子、悬式玻璃绝缘子和硅橡胶合成绝缘子各有什么优缺点？悬式绝缘子串的片数是根据什么条件来确定的？一般来讲耐张串的绝缘子片数比同型号悬垂串的片数多 1~2 片，为什么？

第四章 导线（地线）弧垂应力计算

模块 1 架空输电线路设计气象条件（GYSD00202001）

【模块描述】本模块包含气象条件三要素对线路运行的影响、气象条件的组合和典型气象区。通过概念描述和原理讲解，熟悉气象条件三要素对线路运行的影响，正确进行气象条件组合。

【正文】

架空线路的设计用气象条件，广义的是指那些与架空线路的电气强度和机械强度有关的气象参数，如风速、覆冰情况、气温、湿度、雷电参数等。但机械计算的气象参数主要指风速、覆冰厚度和气温，称为设计用气象条件三要素。

一、气象条件三要素对线路的影响

1. 风速

风对架空线路的影响主要有三方面：首先，风吹在导线、杆塔及其附件上，增加了作用在导线和杆塔上的荷载；其次，导线在由风引起的垂直线路方向的荷载作用下，将偏离无风时的铅垂面，从而改变了带电导线与横担、杆塔等接地部件的距离；最后，导线在稳定的微风（0.5～8m/s）的作用下将引起振动，在稳定的中速风（8～15m/s）的作用下将引起舞动，导线的振动和舞动都将危及线路的安全运行。为此，必须充分考虑风的影响。

输电线路设计中所采用的基本风速，应按当地气象台、站 10min 时距平均的年最大风速为样本，并宜采用极值 I 型分布作为概率模型。统计风速应取以下高度：

（1）110～750kV 输电线路，离地面 10m。

（2）各级电压大跨越，离历年大风季节平均最低水位 10m。

（3）山区输电线路，宜采用统计分析和对比观测等方法，由邻近地区气象台、站的气象资料推算山区的最大基本风速，并结合实际运行经验确定。如无可靠资料，宜将附近平原地区的统计值提高 10% 选用。

（4）110～330kV 输电线路的基本风速，不宜低于 23.5m/s；500～750kV 输电线路，基本风速不宜低于 27m/s。必要时还宜按稀有风速条件进行验算。

基本风速的重现期：110～330kV 输电线路及其大跨越取 30 年；500、750kV 输电线路及其大跨越取 50 年。在线路设计时和运行过程中均需广泛搜集、积累沿线风速资料。但应注意，目前气象台站的风仪高度及测记方法不一定符合输电线路采用的要求，如风仪高为 8m，测记方法为一天四次定时 2min 平均风速，此时就需经过一定方法，将其换算到输电线路的设计风速。另外，在离地不同的高度其风速大小是不同的，当导线高度较高，如跨越江河等地段，其风速还应计及高度影响。

在运行中可根据地面物的现象，按表 GYSD00202001-1 估计风速大小。

2. 覆冰厚度

导线覆冰对线路安全运行的威胁主要有如下几方面：一是由于导线覆冰，荷载增大，引起断线、连接金具破坏，甚至倒杆等事故；二是由于覆冰严重，使导线弧垂显著增大，造成导线与被跨越物或对地距离过小，引起放电闪络事故等；三是由于不同时脱冰使导线跳跃，易引起导线间以及导线与地线间闪络，烧伤导线或地线。发生冰害事故时，往往正值气候恶劣、冰雪封山、通信中断、交通受阻、检修十分困难之时，从而造成电力系统长时间停电。

导线上的冰层是空气中的"过冷却"水滴降落时，碰到低于 0℃ 的导线后形成的。由于输电线路经过地区的气象条件和地理条件不同，覆冰大致分为雾凇冰和雨凇冰两类。雾凇冰密度较小（约 0.1～0.4g/cm³），呈针状或羽毛状结晶，冻结不密集。雨凇冰密度较大（约 0.5～0.9g/cm³），冻成浑然一体的透明状冰壳，附着力很强。输电线路导线覆冰指的是雨凇冰。

表 GYSD00202001-1   风 级 表

风力等级	名 称	地 面 物 的 特 征	相当风速（m/s）
0	无风	静，烟直上	0～0.2
1	软风	烟能表示风向，但风向标不能转动	0.3～1.5
2	轻风	树叶及微枝摇动不息，旌旗展开	1.6～3.3
3	微风	人面感觉有风，树叶微响，风向标能转	3.4～5.4
4	和风	能吹起地面灰尘和纸张，小树枝摇动	5.5～7.9
5	清劲风	有叶的小树摇摆，内湖的水有波	8.0～10.7
6	强风	大树枝动摇，电线呼呼有声，举伞困难	10.8～13.8
7	疾风	全树动摇，迎风步行感觉不便	13.9～17.1
8	大风	微枝折断，人向前感觉阻力甚大	17.2～20.7
9	烈风	烟囱顶部及屋瓦被吹掉	20.8～24.4
10	狂风	内陆很少出现，可掀起树木或摧毁建筑物	24.5～28.4
11	暴风	陆上很少，有大的破坏	28.5～32.6
12	飓风	陆上绝少，很大规模的破坏	大于 32.6

覆冰形成的气候条件一般是周围空气温度为-2～-10℃，空气相对湿度在90%左右，风速在5～15m/s 范围内。覆冰的形成还与地形、地势条件及导线离地高度有关。如平原的突出高地、暴露的丘陵顶峰和高海拔地区迎风山坡，特别是坡向朝河流、湖泊及水库等地区，其覆冰情况均相对较严重。在同一地点，导线悬挂点距地面越高覆冰也越严重。覆冰的形成，空气湿度是必要条件，在我国北方，虽然气温较低，但由于空气相对较干燥，覆冰反而不如南方有些地区严重。南方有些地区导线积雪有时可达直径十多厘米，这种现象在北方是极少的。

输电线路设计时覆冰按等厚中空圆形考虑，其密度取 0.9g/cm³，且取：110～330kV 输电线路及其大跨越取 30 年一遇的最大值；500、750kV 输电线路及其大跨越取 50 年一遇的最大值。

3. 气温

气温的变化，引起导线热胀冷缩，从而影响导线的弧垂和应力。显然，输电线路经过地区的历年来最高气温和最低气温是我们特别关心的。因为，气温越高，导线由于热胀引起的伸长量越大，弧垂增加越多，所以需考虑导线对被交叉跨越物距离和对地距离应满足要求；反之，气温越低，线长缩短越多，应力增加越多，所以需考虑导线机械强度应满足要求。另外，年平均气温、基本风速时的气温也必须适当选择。

二、气象条件的组合和典型气象区

所谓气象条件的组合即把可能同时出现的气象组合在一起。设计气象条件由风速、气温和覆冰组合而成，这种组合除在一定程度上反映自然界的气象规律外，还应考虑输电线路结构和技术经济的合理性。因此，对气象资料，应进行合理的组合，不能把所有严重的情况都组合在一起。例如考虑基本风速的气象条件组合时，由于空气对流，冷热交换，不会出现最低温度，而且基本风速时也不会出现覆冰现象。所以不能把基本风速、最低温度和覆冰作为一种气象条件组合在一起而应把可能同时出现的气象组合在一起。

为了设计、制造上的标准化和统一性，据我国不同地区的气象情况和多年的运行经验，列出了全国典型气象区的气象条件，如表 GYSD00202001-2 所示。当设计的线路实际气象数据与典型气象区的其中一种气象数据接近时，最好采用典型气象区的数值进行设计。

表 GYSD00202001-2　　　　　　　　全国典型气象区的气象参数

气象区		I	II	III	IV	V	VI	VII	VIII	IX
大气温度（℃）	最高	+40								
	最低	−5	−10	−10	−20	−10	−20	−40	−20	−20
	覆冰	−5								
	基本风速	+10	+10	−5	−5	+10	−5	−5	−5	−5
	安装	0	0	−5	−10	−5	−10	−15	−10	−10
	雷电过电压	+15								
	操作过电压、年平均气温	+20	+15	+15	+10	+15	+10	−5	+10	+10
风速（m/s）	基本风速	31.5	27	23.5	23.5	27	23.5	27	27	27
	覆冰	10*							15	
	安装	10								
	雷电过电压	15	10							
	操作过电压	0.5 × 基本风速折算至导线平均高度处的风速（不低于 15m/s）								
覆冰厚度（mm）		0	5	5	5	10	10	10	15	20
冰的密度（g/cm³）		0.9								

* 一般情况下覆冰同时风速 10m/s，当有可靠资料表明需加大风速时可取为 15m/s。

【思考与练习】

1．什么叫架空线路设计用气象条件，其三要素是什么？三要素对输电线路各有什么影响？

2．什么叫气象条件的组合，是哪些内容的组合，在进行组合时需考虑哪些因素？

3．试进行第Ⅲ、第Ⅴ气象区，平均气温、最低温度、基本风速、最高温度以及覆冰时气象条件的组合。

模块 2　导线的机械物理特性及比载（GYSD00202002）

【模块描述】 本模块包含导线的机械物理特性及比载。通过概念讲解、定量分析、计算举例，掌握导线特性参数的计算和导线各种比载的计算。

【正文】

一、导线的机械物理特性

导线的机械物理特性，一般系指瞬时破坏应力、弹性系数、温度热膨胀系数及比重。

（一）导线的瞬时破坏应力

对导线作拉伸试验，将测得的瞬时拉断力，除以导线的截面积，就得到瞬时破坏应力。即

$$\sigma_p = \frac{T_p}{A}$$

（GYSD00202002-1）

式中　T_p——导线的瞬时拉断力 N，取计算拉断力 T_i 的 95%；

　　　A——导线截面积，mm²；

　　　σ_p——导线瞬时破坏应力，MPa。

（二）导线弹性系数

导线的弹性系数，指在弹性限度内，导线受拉力作用时，其应力与相对变形的比例系数，可表示为

$$E = \frac{\sigma}{\varepsilon} = \frac{Tl}{A\Delta l}$$

（GYSD00202002-2）

式中　T——导线拉力，N；

　　　l、Δl——导线的原长和伸长，m；

σ——导线的应力，MPa；

ε——导线的相对变形；

E——导线的弹性系数，MPa。

在导线的力学计算中，常常采用弹性系数的倒数，称为导线的弹性伸长系数，可表示为

$$\beta = \frac{1}{E} = \frac{\varepsilon}{\sigma} \qquad \text{（GYSD00202002-3）}$$

式中　β——导线的弹性伸长系数。

其他符号与式（GYSD00202002-2）相同。

从式（GYSD00202002-3）可见，导线的弹性伸长系数在数值上就是单位应力所引起的相对变形，它表示导线受拉力后易于伸长的程度。

铝绞线、钢芯铝绞线的弹性系数见表 GYSD00201002-8 和表 GYSD00201002-9，镀锌钢绞线的弹性系数 181400MPa。

（三）导线的温度热膨胀系数及比重

导线温度变化 1℃所引起的相对变形，称为导线的温度热膨胀系数，可表示为

$$\alpha = \frac{\varepsilon}{\Delta t} \qquad \text{（GYSD00202002-4）}$$

式中　ε——温度变化引起的导线相对变形；

Δt——温度变化量，℃；

α——导线的温度热膨胀系数，1/℃。

铝绞线、钢芯铝绞线的热膨胀系数见表 GYSD00201002-8 和表 GYSD00201002-9，镀锌钢绞线的热膨胀系数为 11.5×10^{-6}/℃。

导线是由单质材料构成的多股绞线，其比重就是原材料的比重。钢芯铝绞线，由于钢部、铝部截面之比不同，其导线比重不定，故一般不列出比重。

架空输电线路的导线和地线的机械物理特性，应根据国家标准或试验求得。对我国生产的标准导线和镀锌钢绞线的机械物理特性，当无试验数据时，可查找厂家出厂资料。

二、导线的比载

在进行导线受力计算时，为了便于计算，总是用比载来计算导线所受的风、冰及自重荷载。

导线单位长度、单位截面积的荷载称为比载。在线路的设计中，常用的比载共有七种，计算如下。

（一）自重比载

导线自重引起的比载称为自重比载，按下式计算

$$g_1 = \frac{9.807 G_1}{A} \times 10^{-3} \qquad \text{（GYSD00202002-5）}$$

式中　G_1——导线自重，kg/km；

A——导线截面积，mm^2；

g_1——导线的自重比载，N/（m·mm^2）。

（二）冰重比载

导线覆冰时，一般假定沿导线表面的覆冰厚度是均匀的而且呈圆柱形，如图 GYSD00202002-1 所示。

则 1m 长导线上覆冰的体积和重力分别为

$$V = \frac{\pi}{4}\left[(d + 2b)^2 - d^2\right] = \pi b(d + b) \qquad (\text{cm}^3/\text{m})$$

$$G_2 = 9.807 V \gamma \times 10^{-3} = 9.807 \pi b(d + b)\gamma \times 10^{-3} \qquad (\text{N/m})$$

当冰的密度为 $\gamma = 0.9$ g/cm^3 时，冰的重力为

$$G_2 = 27.728 b(d + b) \times 10^{-3} \qquad (\text{N/m})$$

图 GYSD00202002-1　覆冰的圆柱体

一般将 1m 长导线的覆冰重力折算到每平方毫米导线截面上的荷载数值称为冰重比载，可按下式计算

$$g_2 = \frac{G_2}{A} = \frac{27.728b(d+b)}{A} \times 10^{-3} \qquad \text{（GYSD00202002-6）}$$

式中　g_2——冰重比载，N/（m·mm²）；

　　　G_2——1m 长导线上覆冰的重力，N；

　　　b——覆冰厚度，mm；

　　　d——导线直径，mm；

　　　A——导线截面，mm²。

（三）垂直总比载

导线覆冰时的垂直总比载可按下式计算

$$g_3 = g_1 + g_2 \qquad \text{（GYSD00202002-7）}$$

式中　g_3——导线自重和冰重总比载，N/（m·mm²）。

（四）无冰时导线风压比载

无冰时导线每米长、每平方毫米截面上的风压荷载称为无冰时导线风压比载，可按下式计算

$$g_4 = 0.613\alpha Cd\frac{v^2}{A} \times 10^{-3} \qquad \text{（GYSD00202002-8）}$$

式中　g_4——无冰时导线风压比载，N/（m·mm²）；

　　　C——风载体型系数，当导线直径 <17mm 时 $C=1.2$，当导线直径 ≥17mm 时 $C=1.1$；

　　　d——导线、架空地线或覆冰的计算外径，mm；

　　　v——设计风速，m/s；

　　　A——导线截面积，mm²；

　　　α——风速不均匀系数，采用表 GYSD00202002-1 所列数值。

表 GYSD00202002-1　　　　　　　　　　　　风速不均匀系数 α 值

风速 V（m/s）	<20	20≤V<27	27≤V<31.5	≥31.5
计算杆塔荷载	1.00	0.85	0.75	0.70
设计杆塔（风偏计算用）	1.00	0.75	0.61	0.61

注　对跳线等档距较小者的计算，α 宜取 1.0。

（五）覆冰时的风压比载

覆冰导线每米长、每平方毫米截面上的风压荷载，可按下式计算

$$g_5 = 0.613\alpha C(d+2b)\frac{v^2}{A} \times 10^{-3} \qquad \text{（GYSD00202002-9）}$$

式中　g_5——覆冰风压比载，N/（m·mm²）；

　　　C——体型系数，在此取 $C=1.2$。

其他符号同前。

（六）无冰有风时的综合比载

无冰有风时，导线上作用着垂直方向的比载 g_1 和水平方向的比载 g_4，按向量合成可得综合比载 g_6，如图 GYSD00202002-2 所示。g_6 称为无冰有风时的综合比载，可按下式计算。

$$g_6 = \sqrt{g_1^2 + g_4^2} \qquad \text{（GYSD00202002-10）}$$

式中　g_6——无冰有风时的综合比载，N/（m·mm²）。

（七）有冰有风时的综合比载

导线覆冰有风时，覆冰导线上作用着覆冰的风压，故导线上作用有垂直比载 g_3 和水平风压比载 g_5，故有冰有风时的综合比载 g_7（如图 GYSD00202002-3 所示）可按下式计算

图 GYSD00202002-2　无冰有风综合比载　　　图 GYSD00202002-3　覆冰有风综合比载

$$g_7 = \sqrt{g_3^2 + g_5^2} \qquad\qquad\text{（GYSD00202002-11）}$$

式中　g_7——有冰有风时的综合比载，N/（m·mm²）。

例 GYSD00202002-1　设某架空输电线路通过第 Ⅱ 典型气象区，导线为 LGJ-300/25 试计算其比载。

解　由表 GYSD00201002-11 查得 JL/G1A-300/25-48/7 导线的相关资料：计算截面 $A = 333.31\text{mm}^2$，外径 $d = 23.8\text{mm}$，每千米质量 $G = 1057\text{kg}$。根据式（GYSD00202002-5）～式（GYSD00202002-11）计算导线的各种比载。

导线自重比载

$$g_1 = \frac{9.807 G_1}{A} \times 10^{-3} = \frac{9.807 \times 1057}{333.31} \times 10^{-3} = 31.100 \times 10^{-3} \ [\text{N/（m·mm}^2\text{）}]$$

导线冰重比载

$$\begin{aligned} g_{2(5)} &= 27.728 \frac{b(d+b)}{A} \times 10^{-3} \\ &= 27.728 \times \frac{5 \times (23.8 + 5)}{333.31} \times 10^{-3} = 11.979 \times 10^{-3} \\ &= 27.728 \times \frac{5 \times (23.8 + 5)}{333.31} \times 10^{-3} = 11.979 \times 10^{-3} \ [\text{N/（m·mm}^2\text{）}] \end{aligned}$$

导线垂直总比载

$$g_{3(5)} = g_1 + g_2 = 31.100 \times 10^{-3} + 11.979 \times 10^{-3} = 43.079 \times 10^{-3} \ [\text{N/（m·mm}^2\text{）}]$$

风速为 10m/s 时的风压比载

$$\begin{aligned} g_{4(10)} &= 0.613 \alpha C d \frac{v^2}{a} \times 10^{-3} \\ &= 0.613 \times 1.0 \times 1.1 \times 23.8 \times \frac{10^2 \times 10^{-3}}{333.31} = 4.815 \times 10^{-3} \ [\text{N/（m·mm}^2\text{）}] \end{aligned}$$

风速为 15m/s 时的风压比载

$$g_{4(15)} = 0.613 \times 1.0 \times 1.1 \times 23.8 \times \frac{15^2 \times 10^{-3}}{333.31} = 10.833 \times 10^{-3} \ [\text{N/（m·mm}^2\text{）}]$$

风速为 27m/s 时的风压比载

$$g_{4(27)} = 0.613 \times 0.75 \times 1.1 \times 23.8 \times \frac{27^2 \times 10^{-3}}{333.31} = 26.325 \times 10^{-3} \ [\text{N/（m·mm}^2\text{）}]$$

覆冰时的风压比载

$$\begin{aligned} g_{5(5,10)} &= 0.613 \times \alpha C(d + 2b) \frac{v^2}{A} \times 10^{-3} \\ &= 0.613 \times 1.0 \times 1.2 \times (23.8 + 2 \times 5) \times \frac{10^2 \times 10^{-3}}{333.31} = 7.460 \times 10^{-3} \ [\text{N/（m·mm}^2\text{）}] \end{aligned}$$

风速为 10m/s 时的综合比载

$$g_{6(10)} = \sqrt{g_1^2 + g_{4(10)}^2} = \sqrt{31.100^2 + 4.815^2} \times 10^{-3} = 31.471 \times 10^{-3} \ [\text{N/（m·mm}^2\text{）}]$$

风速为 15m/s 时的综合比载

$$g_{6(15)} = \sqrt{g_1^2 + g_{4(15)}^2} = \sqrt{31.100^2 + 10.833^2} \times 10^{-3} = 32.933 \times 10^{-3} \ [\mathrm{N/(m \cdot mm^2)}]$$

风速为 27m/s 时的综合比载

$$g_{6(27)} = \sqrt{g_1^2 + g_{4(27)}^2} = \sqrt{31.100^2 + 26.325^2} \times 10^{-3} = 40.746 \times 10^{-3} \ [\mathrm{N/(m \cdot mm^2)}]$$

覆冰有风时的综合比载

$$g_{7(5,10)} = \sqrt{g_3^2 + g_5^2} = \sqrt{43.079^2 + 7.460^2} \times 10^{-3} = 43.720 \times 10^{-3} \ [\mathrm{N/(m \cdot mm^2)}]$$

【思考与练习】

1．什么叫导线的比载，有哪几种比载？这些比载分别有哪些荷载所引起？

2．计算 JL/G1A-95/20-7/7 型导线分别经过第Ⅲ、第Ⅴ气象区，试分别计算平均气温、最低温度、基本风速、最高温度以及覆冰时的综合比载。

模块 3　导线悬链线解析方程式（GYSD00202003）

【模块描述】本模块包含导线悬链线解析方程式、导线长度和应力计算式。通过概念描述和原理推导，掌握导线长度和应力计算的基本方法。

【正文】

一、悬链线解析方程式

架空线路导线两点悬挂，当悬挂点间距离足够大时，导线的刚度对悬挂曲线形状的影响就可忽略，故可把悬挂在杆塔上的导线看成是一条理想柔韧的而且荷载均匀分布的悬链线。这样，作用在导线上的荷载只引起导线的伸长，且导线上任意一点的拉力方向与该点的曲线方向一致。如图 GYSD00202003-1 所示，假设有一导线悬

图 GYSD00202003-1　导线在档距中的受力状态

挂在 A、B 两点，导线最低点 O 的应力为 σ_0，沿导线的均布比载为 g，当在导线悬挂曲线最低点 O 处建立直角坐标系时，则导线悬链线方程为

$$y = \frac{\sigma_0}{g} \mathrm{ch} \frac{gx}{\sigma_0} - \frac{\sigma_0}{g} \tag{GYSD00202003-1}$$

式中　x——任意点 P 的横坐标，m；

　　　y——任意点 P 的纵坐标，m。

式（GYSD00202003-1）是精确计算导线弧垂和应力的基础公式。

二、导线长度和应力计算式

导线最低点 O 至任意一点 P 的线长（即弧长）L_x，可按下式计算

$$L_x = \frac{\sigma_0}{g} \mathrm{sh} \frac{gx}{\sigma_0} \tag{GYSD00202003-2}$$

导线任意一点 P 的应力 σ，可按下式计算

$$\sigma = \sigma_0 \mathrm{ch} \frac{gx}{\sigma_0} \tag{GYSD00202003-3}$$

式（GYSD00202003-3）可改写为

$$\sigma = \sigma_0 + (\sigma_0 \mathrm{ch} \frac{gx}{\sigma_0} - \sigma_0)$$

$$= \sigma_0 + g \left(\frac{\sigma_0}{g} \mathrm{ch} \frac{gx}{\sigma_0} - \frac{\sigma_0}{g} \right) = \sigma_0 + gy \tag{GYSD00202003-4}$$

从式（GYSD00202003-4）看出，曲线上任意一点的应力 σ，较最低点的应力 σ_0 大 gy 的数值。

上述导线悬链方程式及应力、线长计算式，均可以展开为无穷级数，然后根据工程的精度要求，采用展开式的若干项进行导线的应力、弧垂及线长等的计算，以达到简化计算的目的。

在数学上，有

$$\operatorname{ch}\theta = \frac{e^{\theta} + e^{-\theta}}{2}$$

$$\operatorname{sh}\theta = \frac{e^{\theta} - e^{-\theta}}{2}$$

$$e^{\theta} = 1 + \frac{\theta}{1!} + \frac{\theta^2}{2!} + \frac{\theta^3}{3!} + \cdots$$

$$e^{-\theta} = 1 - \frac{\theta}{1!} + \frac{\theta^2}{2!} - \frac{\theta^3}{3!} + \cdots$$

对我们所讨论的问题，$\theta = \dfrac{gx}{\sigma_0}$，据此可将式（GYSD00202003-1）展开为

$$y = \frac{gx^2}{2\sigma_0} + \frac{g^3 x^4}{24\sigma_0^3} + \frac{g^5 x^6}{720\sigma_0^5} + \cdots \qquad （GYSD00202003-5）$$

将式（GYSD00202003-2）任意一点至最低点的线长公式展开为

$$L_x = x + \frac{g^2 x^3}{6\sigma_0^2} + \frac{g^4 x^5}{120\sigma_0^4} + \cdots \qquad （GYSD00202003-6）$$

将式（GYSD00202003-3）任意一点的应力公式展开为

$$\sigma = \sigma_0 + \frac{g^2 x^2}{2\sigma_0} + \frac{g^4 x^4}{24\sigma_0^3} + \cdots \qquad （GYSD00202003-7）$$

三、平抛物线近似计算

由双曲函数的展开式可知，由于 $\theta = \dfrac{gx}{\sigma_0} < 1$，因此展开式中任意后一项比前一项小的多。因此在工程设计中，一般取式（GYSD00202003-5）的第 1 项精度已足够，即

$$y = \frac{gx^2}{2\sigma_0} \qquad （GYSD00202003-8）$$

式（GYSD00202003-8）即为导线悬挂曲线的平抛物线式或称近似计算式。

导线最低点 O 至任意一点 P 的线长近似计算式，可取式（GYSD00202003-6）的前两项

$$L_x = x + \frac{g^2 x^3}{6\sigma_0^2} \qquad （GYSD00202003-9）$$

导线任意一点的应力平抛物线近似计算式，可取式（GYSD00202003-7）的前两项

$$\sigma = \sigma_0 + \frac{g^2 x^2}{2\sigma_0} \qquad （GYSD00202003-10）$$

上述近似计算式，实质上是把沿导线实长 L_x 分布的均匀比载 g，近似地当作沿 L_x 的水平投影长度 x 均匀分布而推得的，公式简单，能满足一般工程设计的精度要求。

平抛物线近似式的适用条件为两悬点高差 h 和档距 l 的比值 $h/l < 10\%$。否则是没有意义的。

上列各式都是假设在导线最低点处建立直角坐标系而导出的，故使用上述各式中的条件是在导线最低点建立直角坐标系，其中 x、y 是该坐标系中的纵横坐标值。

【思考与练习】

1. 导线上各点应力的方向如何确定？任意一点应力的水平分量与最低点应力之间有什么关系？
2. 使用各式的条件是什么？

模块 4　悬点等高弧垂、应力及线长计算（GYSD00202004）

【模块描述】本模块包含悬点等高弧垂、应力及线长计算。通过概念描述、定量分析、计算举例，熟悉线路的常用名词概念，掌握悬点等高时导线的弧垂、应力及线长计算方法。

【正文】

线路工程中，通常将相邻两杆塔中心线之间的水平距离称为档距。

弧垂（工程上所称），是指档距中央，导线两悬挂点连线至导线之间的铅直距离。任意点的弧垂，是指导线悬挂曲线在任意点处导线两悬挂点连线至导线之间的铅直距离。工程上所说的弧垂，除了特别指明者外，均指中点弧垂。如图 GYSD00202004-1 所示，f_x 为任意点 x 处的弧垂，f 为中点 $l/2$ 处弧垂，简称为弧垂。

图 GYSD00202004-1　导线的弧垂

（a）水平弧垂；（b）斜弧垂

弧垂有水平弧垂和斜弧垂之分，如果两悬挂点的连线是水平的，如图 GYSD00202004-1（a）所示，其相应各点的弧垂称水平弧垂；如果两悬点的连线是倾斜的，如图 GYSD00202004-1（b）所示，则相应的弧垂称斜弧垂。显然水平弧垂只是斜弧垂在悬点等高时的一种特殊情况，计算证明，水平弧垂和斜弧垂是相等的。因此，所谓弧垂均可泛指为斜弧垂。

下面讨论在一定气象条件下，档距为 l，最低点应力为 σ_0，比载为 g，悬点等高时的导线弧垂、应力及线长的计算。

图 GYSD00202004-2　悬点等高的弧垂

一、导线的弧垂计算

（一）中点弧垂计算

如图 GYSD00202004-2 所示的悬点等高情况，将式（GYSD00202003-1）中的 x 以 $l/2$ 代入，则得中点弧垂 f 的精确计算式（悬链线式）如下

$$f = y_A = y_B = \frac{\sigma_0}{g} \text{ch} \frac{gl}{2\sigma_0} - \frac{\sigma_0}{g} \qquad \text{（GYSD00202004-1）}$$

式中　f——档距中央导线的弧垂，m；

σ_0——导线最低点的应力，MPa；

g——导线比载，N/（m·mm²）；

l——档距，m。

近似计算时，可将式（GYSD00202003-8）中的 x 以 $l/2$ 代入，得中点弧垂的近似计算式

$$f = \frac{g}{2\sigma_0} \left(\frac{l}{2}\right)^2 = \frac{gl^2}{8\sigma_0} \qquad \text{（GYSD00202004-2）}$$

（二）任意一点弧垂的计算

如图 GYSD00202004-2 所示，任意一点的弧垂 f_x 可表示为

$$f_x = f - y$$

利用式（GYSD00202004-1）和式（GYSD00202003-1）精确计算，经整理得任意一点的弧垂精确计算式

$$f_x = \frac{2\sigma_0}{g} \text{sh} \frac{gl_a}{2\sigma_0} \text{sh} \frac{gl_b}{2\sigma_0} \qquad \text{（GYSD00202004-3）}$$

同样，可利用式（GYSD00202004-2）和式（GYSD00202003-8）进行运算，就可得任意一点弧垂的近似计算式

$$f_x = \frac{gl^2}{8\sigma_0} - \frac{gx^2}{2\sigma_0}$$

$$= \frac{g}{2\sigma_0}\left(\frac{l}{2} + x\right)\left(\frac{l}{2} - x\right) = \frac{g}{2\sigma_0}l_a l_b \tag{GYSD00202004-4}$$

实际工程中，在进行交叉跨越垂距测量时，一般只能测量档距中点弧垂，但进行交叉跨越限距验算时，需要根据中点弧垂计算出交叉点的弧垂才能进行交叉垂距验算。

设某交叉跨越档档距为 l，且已测量出该档距中点弧垂为 f，该档距中交叉跨越点距某一杆塔为 X。根据式（GYSD00202004-4），设 $l_a = X$，则 $l_b = (l-X)$，交叉点的弧垂为

$$f_x = \frac{g}{2\sigma_0}l_a l_b = \frac{g}{2\sigma_0} \times X \times (l-X) = 4f\left(\frac{X}{l} - \frac{X^2}{l^2}\right) \tag{GYSD00202004-5}$$

二、导线悬点应力及允许档距

（一）悬点应力

图 GYSD00202004-3 悬点等高时的应力

如图 GYSD00202004-3 所示，导线悬挂点等高时，其悬点应力计算如下。

将式（GYSD00202003-3）中的 x 以 $l/2$ 代入，即得导线悬点应力的精确计算式

$$\sigma_A = \sigma_B = \sigma_0 \mathrm{ch}\frac{gx}{\sigma_0} = \sigma_0 \mathrm{ch}\frac{gl}{2\sigma_0} \tag{GYSD00202004-6}$$

当以悬点的 y 坐标近似式

$$y_A = y_B = f = \frac{gl^2}{8\sigma_0}$$

代入式（GYSD00202003-4），即得悬点应力的近似计算式

$$\sigma_A = \sigma_B = \sigma_0 + \frac{g^2 l^2}{8\sigma_0} \tag{GYSD00202004-7}$$

式中　σ_A、σ_B——悬点 A、B 的导线应力，MPa。

其他符号意义同前。

（二）允许档距

1. 导线的许用应力

在工程力学中，导线的强度许用应力按下式计算

$$[\sigma] = \frac{\sigma_p}{K} \tag{GYSD00202004-8}$$

式中　σ_p——导线的瞬时破坏应力，MPa，对于各类钢芯铝线，是指综合瞬时破坏应力，可按式

（GYSD00202002-1）计算；

　　　K——导线的安全系数。

《设计规范》规定，输电线路导线的设计安全系数不应小于 2.5；架线安装时不应小于 2.0。同杆塔架设的地线安全系数宜大于导线的安全系数。

2. 允许档距

一般导线最低点应力不得大于导线的许用应力（即导线最低点安全系数 K 不得小于 2.5），则导线最低点的应力为

$$\sigma_0 = \frac{\sigma_p}{K} \leqslant \frac{\sigma_p}{2.5}$$

所以

$$\sigma_p = K\sigma_0 \tag{GYSD00202004-9}$$

式中　σ_p——导线瞬时破坏应力，MPa；

　　　σ_0——导线最低点的应力，MPa。

由式（GYSD00202004-7）可见，导线悬点应力总是大于最低点的应力 σ_0，而且档距越大，悬点应力越大。

根据有关规程的规定，导线悬点应力可比最低点的应力大10%。根据这一规定，我们可以求出一个档距限值，此档距称为导线的允许档距。其计算如下

$$\sigma_{Am} = 1.1\sigma_0 = 1.1\frac{\sigma_p}{2.5} = 0.44\sigma_p = 0.44K\sigma_0 \qquad （GYSD00202004-10）$$

根据式（GYSD00202004-6）可得

$$\sigma_{Am} = \sigma_0 \,\mathrm{ch}\,\frac{gl_m}{2\sigma_0} \qquad （GYSD00202004-11）$$

所以

$$l_m = \frac{2\sigma_0}{g}\,\mathrm{ch}^{-1}(0.44K) \qquad （GYSD00202004-12）$$

式中　l_m——悬点等高时导线允许的最大档距，m；

　　　K——实际取用的导线安全系数；

　　　σ_0——导线最大使用应力，MPa；

　　　g——出现最大使用应力气象条件下的导线比载，N/（m·mm^2）。

利用式（GYSD00202004-7）和式（GYSD00202004-10），可求得导线最大允许档距的近似计算式

$$l_m = \sqrt{(0.44K-1)\frac{8\sigma_0^2}{g^2}} = 2.83 \times \frac{\sigma_0}{g}\sqrt{0.44K-1} \qquad （GYSD00202004-13）$$

当 $K=2.5$ 时，则有

$$l_m = 0.9\frac{\sigma_0}{g} \qquad （GYSD00202004-14）$$

式（GYSD00202004-14）为施工中常用公式。

三、导线长度计算

根据式（GYSD00202003-2），将其 x 以 $l/2$ 代入，则得悬点等高时两悬点间导线长度 L 的精确计算式为

$$L = 2L_x = 2\frac{\sigma_0}{g}\,\mathrm{sh}\,\frac{gl}{2\sigma_0} \qquad （GYSD00202004-15）$$

根据式（GYSD00202003-6），取其前两项，将 x 以 $l/2$ 代入，则得导线长度近似计算式

$$L = l + \frac{g^2l^3}{24\sigma_0^2} = l + \frac{8f^2}{3l} \qquad （GYSD00202004-16）$$

例 GYSD00202004-1　已知某架空线路的导线为 JL/G1A-300/25-48/7 型，导线安全系数 $K=2.5$，覆冰时导线的应力为最大使用应力 $\sigma_0 = 95.49\mathrm{MPa}$，覆冰比载 $g_7 = 43.720 \times 10^{-3}\,\mathrm{N/}（\mathrm{m·mm}^2）$，试求悬点等高时的导线允许最大档距。

解　由式（GYSD00202004-12）得

$$l_m = \frac{2\sigma_0}{g}\,\mathrm{ch}^{-1}(0.44K)$$

$$= \frac{2 \times 95.49}{43.720 \times 10^{-3}}\,\mathrm{ch}^{-1}(0.44 \times 2.5)$$

$$= 1938 （\mathrm{m}）$$

故允许最大档距为 2040 m。

如按式（GYSD00202004-13）的近似计算公式得

$$l_m = 2.83 \times \frac{\sigma_0}{g}\sqrt{0.44K-1}$$

$$= 2.83 \times \frac{95.49}{43.720 \times 10^{-3}} \times \sqrt{0.44 \times 2.5 - 1}$$

$$= 1955 （\mathrm{m}）$$

如按式（GYSD00202004-14）的近似计算公式得

$$l_{\mathrm{m}} = 0.9 \times \frac{\sigma_0}{g} = 0.9 \times \frac{95.49}{43.720 \times 10^{-3}} = 1966 \quad (\mathrm{m})$$

由此看出，利用近似计算式计算的结果比精确式计算的结果仅大 0.88%及 1.44%，故在一般工程中采用近似计算式求允许最大档距就可满足工程精度的要求。

【思考与练习】

1．什么叫档距？什么叫弧垂？

2．为什么要提出允许最大档距？悬点等高时，允许最大档距的决定原则是什么？导线的许用应力如何确定？

3．某 110kV 线路，导线为 JL/G1A-95/20-7/7 型，其中某耐张段导线的应力在最低温度时最大，试计算在该气象条件下耐张段中一悬点等高、档距为 360m 的导线：①档距中点弧垂；②距某一杆塔 100m 处的弧垂；③档中导线的长度；④悬点应力；⑤该档导线的档距是否超过允许最大档距。

模块 5 悬点不等高弧垂、应力及线长计算（GYSD00202005）

【模块描述】 本模块包含悬点不等高弧垂、应力及线长计算。通过概念描述、定量分析，掌握悬点不等高时导线弧垂、应力及线长计算方法。

【正文】

如图 GYSD00202005-1 所示，导线悬挂点不等高时，设档距为 l、悬点高差为 Δh、在某种气象条件下导线比载为 g、最低点 O 的应力为 σ_0。这时导线最低点不在档距中央，而是偏向悬点 B 侧，偏离的水平距离为 m。

利用悬链曲线关于最低点两侧对称的特性，在曲线上取一点 A′ 与 A 对称，取一点 B′ 与 B 对称，则 AA′ 之间的悬挂曲线称为悬点 A 的等效悬挂曲线，其相应的档距 l_A 称为悬点 A 的等效档距，中点弧垂 f_A 称为悬点 A 的水平弧垂。同理，BB′ 的导线悬挂曲线称为 B 点的等效悬挂曲线，l_B 称为悬点 B 的等效档距，f_B 称为悬点 B 的水平弧垂。这里 l_A、l_B 的中点就是等效档距的导线最低点。

图 GYSD00202005-1 悬点不等高的导线

一、导线的弧垂计算

根据式（GYSD00202003-8）可得

$$y_{\mathrm{A}} = \frac{g}{2\sigma_0} x_{\mathrm{A}}^2$$

$$y_{\mathrm{B}} = \frac{g}{2\sigma_0} x_{\mathrm{B}}^2$$

$$\Delta h = y_{\mathrm{A}} - y_{\mathrm{B}} = \frac{g}{2\sigma_0}(x_{\mathrm{A}}^2 - x_{\mathrm{B}}^2) \qquad \text{（GYSD00202005-1）}$$

其中 x_{A}、x_{B} 为 O 点至 A、B 点铅直线的水平距离。

根据图 GYSD00202005-1 的几何关系，可得

$$\Delta h_{\mathrm{x}} = \frac{x_{\mathrm{A}} - x}{x_{\mathrm{A}} + x_{\mathrm{B}}} \Delta h$$

将式（GYSD00202005-1）代入上式，经整理可得

$$\Delta h_{\mathrm{x}} = \frac{g}{2\sigma_0}(x_{\mathrm{A}} - x_{\mathrm{B}})(x_{\mathrm{A}} - x)$$

由图 GYSD00202005-1 可见

$$f_x = y_A - \Delta h_x - y \qquad \text{（GYSD00202005-2）}$$

将以上各关系式代入式（GYSD00202005-2），经整理可得

$$f_x = \frac{g}{2\sigma_0}(x + x_B)(x_A - x) = \frac{g}{2\sigma_0}l_a l_b \qquad \text{（GYSD00202005-3）}$$

式（GYSD00202005-3）为悬点不等高时，任意一点的斜弧垂近视计算式。

以 $l_a = l_b = \dfrac{l}{2}$ 代入式（GYSD00202005-3），即得悬点不等高时的中点斜弧垂为

$$f = \frac{gl^2}{8\sigma_0} \qquad \text{（GYSD00202005-4）}$$

将式（GYSD00202005-3）、式（GYSD00202005-4）与式（GYSD00202004-2）、式（GYSD00202004-4）相比可知其公式的型式及符号意义完全相同，只是前者指斜弧垂而后者指水平弧垂。因此可以得到一个应用上很重要的结论：当采用近似计算式计算弧垂时，其计算式与高差无关，无论悬点等高与否，均可采用式（GYSD00202005-3）和式（GYSD00202005-4）计算导线任意一点的弧垂和中点弧垂。此外还外可看出，悬点不等高时的斜弧垂与悬点等高时的水平弧垂相等，即 $f_1 = f_1'$、$f_2 = f_2'$、…，如图 GYSD00202005-2 所示。当然用精确计算式计算的结果，两者是不相等的。

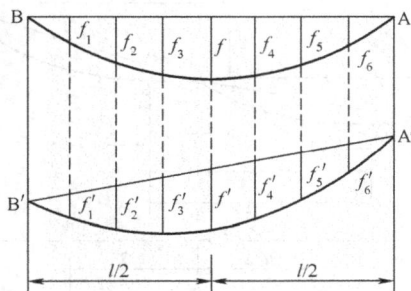

图 GYSD00202005-2　斜弧垂和水平弧垂的关系

二、等效档距的计算

如图 GYSD00202005-1 所示，导线悬点高差为

$$\Delta h = y_A - y_B = \frac{g}{2\sigma_0}(x_A^2 - x_B^2) \qquad \text{（GYSD00202005-5）}$$

因为
$$x_A + x_B = l$$
所以
$$x_B = l - x_A \qquad \text{（GYSD00202005-6）}$$

将式（GYSD00202005-6）代入式（GYSD00202005-5），经整理可得

$$x_A = \frac{l}{2} + \frac{\sigma_0 \Delta h}{gl} \qquad \text{（GYSD00202005-7）}$$

由此得悬点 A 的等效档距为

$$l_A = 2x_A = l + \frac{2\sigma_0 \Delta h}{gl} \qquad \text{（GYSD00202005-8）}$$

$$m = x_A - \frac{l}{2} = \frac{\sigma_0 \Delta h}{gl}$$

对低悬点 B，其 x_B 为

$$x_B = \frac{l}{2} - m = \frac{l}{2} - \frac{\sigma_0 \Delta h}{gl} \qquad \text{（GYSD00202005-9）}$$

所以 B 悬点的等效档距 l_B 为

$$l_B = 2x_B = l - \frac{2\sigma_0 \Delta h}{gl} \qquad \text{（GYSD00202005-10）}$$

等效档距的意义是：档距为 l、悬点不等高的导线对悬点的作用，可以等效地看作档距为等效档距，悬点为等高时的导线对悬点的作用。

三、悬点的水平弧垂计算

悬点的水平弧垂，广义的定义是指导线各点至通过悬点水平线的垂直距离，在没有指明时，系指导线最低点与悬点水平弧垂，在数值上等于两个悬点纵坐标的值。实质上就是两个悬点对应等效悬挂

曲线中点的弧垂，通常高悬点的弧垂称为最大弧垂，低悬点的弧垂称为最小弧垂，用近似计算式表示为

$$f_A = \frac{gl_A^2}{8\sigma_0} \qquad f_B = \frac{gl_B^2}{8\sigma_0}$$

式中的 l_A、l_B 分别以式（GYSD00202005-8）和式（GYSD00202005-10）代入，即得悬点水平弧垂的近似计算式

$$\left.\begin{array}{l} f_A = \dfrac{gl^2}{8\sigma_0} + \dfrac{\sigma_0 \Delta h^2}{2gl^2} + \dfrac{\Delta h}{2} \\[3mm] f_B = \dfrac{gl^2}{8\sigma_0} + \dfrac{\sigma_0 \Delta h^2}{2gl^2} - \dfrac{\Delta h}{2} \end{array}\right\} \qquad\text{（GYSD00202005-11）}$$

图 GYSD00202005-3　水平档距和垂直档距

四、水平档距和垂直档距计算

如图 GYSD00202005-3 所示，悬点 A 的水平档距和垂直档距如下。

相邻两档距中点之间的水平距离称为水平档距，数值上就是相邻两档距之和的算术平均值，以下式表示

$$l_h = \frac{l_1 + l_2}{2}$$

式中　l_1、l_2 ——分别为两相邻档距，m；

　　　l_h ——水平档距，m。

水平档距是用于计算杆塔的水平荷载，即导线的风压荷载在杆塔间的分布。

相邻两档导线最低点 O_1 和 O_2 之间的水平距离称为垂直档距。即

$$l_v = l_{v1} + l_{v2} \qquad\text{（GYSD00202005-12）}$$

从图 GYSD00202005-3 看出，垂直档距就是相邻两档导线最低点之间的水平距离。由式（GYSD00202005-7）和式（GYSD00202005-9）得悬点 A 的垂直档距分量为

$$\left.\begin{array}{l} l_{v1} = \dfrac{l_1}{2} \pm \dfrac{\sigma_0 \Delta h_1}{gl_1} = \dfrac{l_1}{2} \pm m_1 \\[3mm] l_{v2} = \dfrac{l_2}{2} \pm \dfrac{\sigma_0 \Delta h_2}{gl_2} = \dfrac{l_2}{2} \pm m_2 \end{array}\right\} \qquad\text{（GYSD00202005-13）}$$

将式（GYSD00202005-13）代入式（GYSD00202005-12），可得悬点 A 的垂直档距计算式

$$\begin{aligned} l_v &= \left(\frac{l_1}{2} + \frac{l_2}{2}\right) + \left(\pm \frac{\sigma_0 \Delta h_1}{gl_1} \pm \frac{\sigma_0 \Delta h_2}{gl_2}\right) \qquad\text{（GYSD00202005-14）}\\ &= l_h + (\pm m_1 \pm m_2) \end{aligned}$$

式中　l_v ——悬点 A 的垂直档距，m；

　　　l_h ——悬点 A 的水平档距，m；

l_1、l_2 ——相邻两档的档距，m；

Δh_1、Δh_2 ——相邻两档的悬点高差，m。

其他符号意义同前。

垂直档距是用于计算杆塔的垂直荷载，即导线的重力荷载在杆塔间的分布。

式（GYSD00202005-13）中，m_1 和 m_2 的正负号选取原则：对高于悬点 A 的档距侧取 "–" 号，对低于悬点 A 的档距侧取 "+" 号。

由于悬点的垂直档距分量数值可以有正有负，因此垂直档距亦可能出现正、负数值。当垂直档距为正值时，即表示导线对杆塔有下压力；当垂直档距为负值时，即表示导线对杆塔有上拔力。

五、悬点应力及允许档距

如图 GYSD00202005-1 所示，当悬点不等高时，由式（GYSD00202003-4）得悬点应力分别为

$$\left.\begin{aligned} \sigma_A &= \sigma_0 + gy_A \\ \sigma_B &= \sigma_0 + gy_B \end{aligned}\right\} \tag{GYSD00202005-15}$$

从图 GYSD00202005-1 可见，$y_A = f_A$，$y_B = f_B$。将式（GYSD00202005-11）代入式（GYSD00202005-15），经整理得悬点应力的计算

$$\left.\begin{aligned} \sigma_A &= \sigma_0 + \frac{g^2 l^2}{8\sigma_0} + \frac{\sigma_0 \Delta h^2}{2l^2} + \frac{g\Delta h}{2} \\ \sigma_B &= \sigma_0 + \frac{g^2 l^2}{8\sigma_0} + \frac{\sigma_0 \Delta h^2}{2l^2} - \frac{g\Delta h}{2} \end{aligned}\right\} \tag{GYSD00202005-16}$$

式中 σ_A、σ_B——悬点 A 和悬点 B 的应力，MPa。

悬点不等高时的允许最大档距 l 仍以导线高悬点应力不大于最低点应力的 1.1 倍为原则。可按高悬点的等效档距 l_A 等于该悬点等高时的最大允许档距 l_m 求得，即当导线安全系数 $K = 2.5$ 时，则

由于

$$l_m = 0.9\frac{\sigma_0}{g}$$

$$l_A = l + \frac{2\sigma_0\Delta h}{gl}$$

所以

$$0.9\frac{\sigma_0}{g} = l + \frac{2\sigma_0\Delta h}{gl}$$

经整理后得悬点不等高时的允许最大档距

$$l = 0.45\frac{\sigma_0}{g} + \sqrt{0.2\left(\frac{\sigma_0}{g}\right)^2 - 2\Delta h\left(\frac{\sigma_0}{g}\right)} \tag{GYSD00202005-17}$$

悬点不等高时的允许最大高差

$$\Delta h \leqslant 0.45l - \frac{gl^2}{2\sigma_0} \tag{GYSD00202005-18}$$

六、导线长度的计算

设悬点 A 和悬点 B 的等效档距分别为 l_A 和 l_B，则对应于 l_A 和 l_B 的悬点等高时的一档线长，可由近似式（GYSD00202005-15）分别表示为

$$L_{AA'} = l_A + \frac{g^2 l_A^3}{24\sigma_0^2}$$

$$L_{BB'} = l_B + \frac{g^2 l_B^3}{24\sigma_0^2}$$

根据图 GYSD00202005-1 所示几何关系，悬点不等高时的导线长度为

$$L = \frac{1}{2}(L_{AA'} + L_{BB'}) = \frac{1}{2}\left[(l_A + l_B) + \frac{g^2}{24\sigma_0^2}(l_A^3 + l_B^3)\right]$$

式中 l_A 和 l_B 分别以式（GYSD00202005-8）和式（GYSD00202005-10）的结果代入，经整理后可得悬点不等高时的导线长度近似计算式

$$L = l + \frac{g^2 l^3}{24\sigma_0^2} + \frac{\Delta h^2}{2l} \tag{GYSD00202005-19}$$

【思考与练习】

1. 什么叫水平档距、垂直档距？水平档距、垂直档距的计算用途是什么？垂直档距值的正、负表示导线对杆塔有什么作用？

2. 等效档距的意义是什么？

3. 什么叫最大弧垂、什么叫最小弧垂？悬点不等高时决定允许最大档距的原则是什么？

4. 有一悬点不等高的档距，已知：导线的比载为 g，最低点应力为 σ_0，高悬点 A 的等效档距为 l_A，

低悬点 B 的等效档距为 l_B。试求：①离 A 杆 5m 处的弧垂；②悬点 A 的应力；③A、B 间的导线长度。

5. 已知 JL/G1A-120/20-26/7 型导线在第 II 气象区，最大使用应力气象条件为基本风速，强度安全系数 $K = 2.5$。若悬点高差为 Δh，试确定其允许最大档距。

模块 6 导线的状态方程式（GYSD00202006）

【模块描述】 本模块包含导线在孤立档距中的状态方程式、连续档的代表档距及状态方程式。通过知识讲解、概念描述、定量分析、计算举例，熟悉引起导线应力变化的根本原因、导线状态方程式的由来，掌握导线在孤立档距中的状态方程式计算及求解方法。

【正文】

一、导线在孤立档距中的状态方程式

架设在室外空间的导线，当周围空气温度、风荷载及覆冰荷载发生变化时，导线的应力弧垂、线长也随着改变。

设档距为 l 的导线，在 m 气象条件（即温度 t_m，比载 g_m）下，最低点的应力为 σ_m，现欲求变到 n 气象条件（即温度 t_n，比载 g_n）下的应力 σ_n。

当由 m 变为 n 气象条件时，设该档导线线长由 L_m 变为 L_n。这种变化分两步完成，首先由于温度的变化 $\Delta t = t_n - t_m$，使导线热胀冷缩，线长由原来的 L_m 变为 L_t；其次，由于应力的变化 $\Delta\sigma = \sigma_n - \sigma_m$，使导线弹性变形，线长由 L_t 变为 L_n。可分别表示为

$$\left. \begin{array}{l} L_t = [1 + \alpha(t_n - t_m)]L_m \\ L_n = [1 + \beta(\sigma_n - \sigma_m)]L_t \end{array} \right\} \qquad \text{(GYSD00202006-1)}$$

将 L_t 值代入式（GYSD00202006-1）中可得

$$L_n = L_m[1 + \alpha(t_n - t_m)][1 + \beta(\sigma_n - \sigma_m)]$$

将上式展开，将出现 $\alpha\beta(t_n - t_m)(\sigma_n - \sigma_m)$ 项，考虑到 α 和 β 的数值极小，它们的乘积更小，故上式可简化为

$$L_n = L_m[1 + \alpha(t_n - t_m) + \beta(\sigma_n - \sigma_m)] \qquad \text{(GYSD00202006-2)}$$

如前所述，在一定的气象条件下，线长 L 和最低点的应力 σ_0 之间，有如式（GYSD00202004-15）所示的关系，所以对应于两种气象条件 m 和 n 的导线长度分别为

$$\left. \begin{array}{l} L_m = l + \dfrac{g_m^2 l^3}{24\sigma_m^2} \\[3mm] L_n = l + \dfrac{g_n^2 l^3}{24\sigma_n^2} \end{array} \right\} \qquad \text{(GYSD00202006-3)}$$

将式（GYSD00202006-3）代入式（GYSD00202006-2），则得

$$l + \frac{g_n^2 l^3}{24\sigma_n^2} = l + \frac{g_m^2 l^3}{24\sigma_m^2} + \left[\alpha(t_n - t_m) + \beta(\sigma_n - \sigma_m)\right]\left(l + \frac{g_m^2 l^3}{24\sigma_m^2}\right)$$

上式等号右侧最后一项 $\left(l + \dfrac{g_m^2 l^3}{24\sigma_m^2}\right)$ 即为 L_m，在一般情况下 $L_m \approx l$，因此可令 $l = L_m$，并将等式两侧各除以 βl，则得

$$\sigma_n - \frac{g_n^2 l^2}{24\beta\sigma_n^2} = \sigma_m - \frac{g_m^2 l^2}{24\beta\sigma_m^2} - \frac{\alpha}{\beta}(t_n - t_m) \qquad \text{(GYSD00202006-4)}$$

式中 g_m、g_n——初始气象条件和待求气象条件下的比载，N/(m·mm²)；

σ_n——在温度 t_n 和比载 g_n 时的应力，MPa；

σ_m——在温度 t_m 和比载 g_m 时的应力，MPa；

t_m、t_n——初始气象条件和待求气象条件的温度，℃；

α——导线的热膨胀系数，1/℃；

β——导线的弹性伸长系数，1/MPa；

l——档距，m。

式（GYSD00202006-4）即为导线在档距中的状态方程式。

状态方程式的作用，当温度为 t_m，比载为 g_m 时的导线应力 σ_m 为已知，即可按式（GYSD00202006-4）求出温度为 t_n，比载为 g_n 时的导线应力 σ_n。

为便于计算，令

$$A = -\left[\sigma_m - \frac{g_m^2 l^2}{24\beta\sigma_m^2} - \frac{\alpha}{\beta}(t_n - t_m)\right]$$

$$B = \frac{g_n^2 l^2}{24\beta}$$

则式（GYSD00202006-4）所示的状态方程式可写成如下形式

$$\sigma_n^2(\sigma_n + A) = B$$

可见该式为一元三次方程，可利用计算尺试凑法求解，或利用计算机迭代求解，也可采用函数型电算器求解。在此仅介绍利用函数型电算器求解的方法。

利用函数型电算器求解如下：

取新的系数，令 $A' = \dfrac{A}{3}$，$B' = \dfrac{B}{2}$，并取判别式 $D = B' - 2(A')^3$。

当 $D > 0$ 时，有

$$\sigma_n = \sqrt[3]{B' - (A')^3 + \sqrt{B'D}} + \sqrt[3]{B' - (A')^3 - \sqrt{B'D}} - A' \qquad \text{（GYSD00202006-5）}$$

当 $D < 0$ 时，有

$$\sigma_n = A'\left\{2\cos\frac{\arccos\left[\dfrac{B'}{(A')^3} - 1\right]}{3} - 1\right\} \qquad \text{（GYSD00202006-6）}$$

例 GYSD00202006-1 试用电算器解方程 $\sigma_n^2(\sigma + 47.43) = 236212$。

解 已知 $A = 47.43$，$B = 236212$

则

$$A' = \frac{A}{3} = \frac{47.43}{3} = 15.81$$

$$B' = \frac{B}{2} = \frac{236212.5}{2} = 118106$$

$$D = B' - 2(A')^3 = 118106 - 2(15.81)^3 = 110203.4 > 0$$

所以

$$\sigma_n = \sqrt[3]{B' - (A')^3 + \sqrt{B'D}} + \sqrt[3]{B' - (A')^3 - \sqrt{B'D}} - A'$$

$$= \sqrt[3]{118106 - (15.81)^3 + \sqrt{118106 \times 110203.4}}$$

$$+ \sqrt[3]{118106 - (15.81)^3 - \sqrt{118106 \times 110203.4}} - 15.81 = 49.39$$

例 GYSD00202006-2 有一线路导线为 JL/G1A-300/25-48/7 型，档距 $l = 50\text{m}$，导线 $\alpha = 20.5 \times 10^{-6}$/℃，$\beta = \dfrac{1}{65000} = 15.385 \times 10^{-6}\ 1/\text{MPa}$，在 m 气象条件下，$g_m = 31.10 \times 10^{-3}\ \text{N}/(\text{m} \cdot \text{mm}^2)$，$t_m = 15℃$，$\sigma_m = 59.68\text{MPa}$。试求在 n 气象条件下，$g_n = 31.10 \times 10^{-3}\ \text{N}/(\text{m} \cdot \text{mm}^2)$，$t_n = 40℃$ 时的应力 σ_n。

解 根据状态方程式

$$A = -\left[\sigma_m - \frac{g_m^2 l^2}{24\beta\sigma_m^2} - \frac{\alpha}{\beta}(t_n - t_m)\right]$$

$$= -\left[59.68 - \frac{(31.10\times10^{-3})^2\times50^2}{24\times15.385\times10^{-6}\times59.68^2} - \frac{20.5\times10^{-6}}{15.385\times10^{-6}}(40-15)\right] = -24.53$$

$$B = \frac{g_n^2 l^2}{24\beta} = \frac{(31.10\times10^{-3})^2\times50^2}{24\times15.385\times10^{-6}} = 6548.82$$

取系数　　　$A' = \dfrac{A}{3} = \dfrac{-24.53}{3} = -8.177$　　　$B' = \dfrac{B}{2} = \dfrac{6548.82}{2} = 3274.41$

判别式　　　$D = B' - 2(A')^3 = 3274.41 - 2(-8.177)^3 = 4368.05$

因为 $D>0$，

所以　　　$\sigma_n = \sqrt[3]{B' - (A')^3 + \sqrt{B'D}} + \sqrt[3]{B' - (A')^3 - \sqrt{B'D}} - A'$

$$= \sqrt[3]{3274.41 - (-8.177)^3 + \sqrt{3274.41\times4368.05}}$$
$$+ \sqrt[3]{3274.41 - (-8.177)^3 - \sqrt{3274.41\times4368.05}} - (-8.177)$$
$$= 31.24\ (\text{MPa})$$

二、连续档的代表档距及状态方程式

式（GYSD00202006-4）状态方程式，是按悬点等高的一个孤立档距推得的。在实际工程中，一个耐张段往往包含不同的档距 l_1、l_2、l_3、$\cdots$、l_n 等数个档距。在这些档距中导线最低点的应力可以认为是相等的，因此根据式（GYSD00202006-4）可以写出耐张段中各档距的状态方程式分别为

$$\sigma_n - \frac{g_n^2 l_1^2}{24\beta\sigma_n^2} = \sigma_m - \frac{g_m^2 l_1^2}{24\beta\sigma_m^2} - \frac{\alpha}{\beta}(t_n - t_m)$$

$$\sigma_n - \frac{g_n^2 l_2^2}{24\beta\sigma_n^2} = \sigma_m - \frac{g_m^2 l_2^2}{24\beta\sigma_m^2} - \frac{\alpha}{\beta}(t_n - t_m)$$

$$\sigma_n - \frac{g_n^2 l_n^2}{24\beta\sigma_n^2} = \sigma_m - \frac{g_m^2 l_n^2}{24\beta\sigma_m^2} - \frac{\alpha}{\beta}(t_n - t_m)$$

上列各式，每式两侧同乘以各自的档距，然后全部相加可得

$$\sigma_n(l_1+l_2+\cdots+l_n) - \frac{g_n^2}{24\beta\sigma_n^2}(l_1^3+l_2^3+\cdots+l_n^3)$$

$$= \left[\sigma_m - \frac{\alpha}{\beta}(t_n-t_m)\right](l_1+l_2+\cdots+l_n) - \frac{g_m^2}{24\beta\sigma_m^2}(l_1^3+l_2^3+\cdots+l_n^3)$$

上式两侧均除以耐张段长度 $(l_1+l_2+\cdots+l_n)$，则得

$$\sigma_n - \frac{g_n^2}{24\beta\sigma_n^2}\left(\frac{l_1^3+l_2^3+\cdots+l_n^3}{l_1+l_2+\cdots+l_n}\right)$$

$$= \sigma_m - \frac{g_m^2}{24\beta\sigma_m^2}\left(\frac{l_1^3+l_2^3+\cdots+l_n^3}{l_1+l_2+\cdots+l_n}\right) - \frac{\alpha}{\beta}(t_n-t_m) \qquad (\text{GYSD00202006-7})$$

令　　　$l_0 = \sqrt{\dfrac{l_1^3+l_2^3+\cdots+l_n^3}{l_1+l_2+\cdots+l_n}} = \sqrt{\dfrac{\sum l_i^3}{\sum l_i}}$ 　　(GYSD00202006-8)

将式（GYSD00202006-8）代入式（GYSD00202006-7），则简化为

$$\sigma_n - \frac{g_n^2 l_0^2}{24\beta\sigma_n^2} = \sigma_m - \frac{g_m^2 l_0^2}{24\beta\sigma_m^2} - \frac{\alpha}{\beta}(t_n-t_m) \qquad (\text{GYSD00202006-9})$$

式（GYSD00202006-9）即为一个耐张段连续档的状态方程式，其中 l_0 为耐张段的代表档距，按式（GYSD00202006-8）计算。

由上可见，所谓耐张段的代表档距，就是把一个具有长短不等的连续多档的耐张段用一个等效的

孤立档来代替，以达到简化设计的目的。这个能够表达整个耐张段导线力学变化规律的假想档距称为耐张段的代表档距，简称代表档距。

将式（GYSD00202006-4）与式（GYSD00202006-9）相比可以看出，它们的形式完全相同，只是孤立档的状态方程式中的档距，取该档的档距 l，而对于一个耐张段连续档状态方程，则取耐张段的代表档距 l_0。因此，在实用中的状态方程往往只写出式（GYSD00202006-4）的一种形式，只是 l 应理解为耐张段的代表档距。

式（GYSD00202006-4）适用于悬点高差 $\Delta h < 10\% l$ 的情况。当悬点高差 $\Delta h \geq 10\% l$ 时，应考虑悬点高差的影响。这时，导线状态方程式为

$$\sigma_n - \frac{g_n^2 l_0^2}{24 \beta \sigma_n^2} = \sigma_m - \frac{g_m^2 l_0^2}{24 \beta \sigma_m^2} - \frac{\alpha_p}{\beta}(t_n - t_m) \quad （GYSD00202006-10）$$

其中

$$l_0 = \sqrt{\frac{l_1^3 \cos^2 \varphi_1 + l_2^3 \cos^2 \varphi_2 + \cdots + l_n^3 \cos^2 \varphi_n}{\frac{l_1}{\cos \varphi_1} + \frac{l_2}{\cos \varphi_2} + \cdots + \frac{l_n}{\cos \varphi_n}}}$$

$$= \sqrt{\frac{\sum l_i^3 \cos^2 \varphi_i}{\sum \frac{l_i}{\cos \varphi_i}}} \quad （GYSD00202006-11）$$

$$\alpha_p = \alpha \left(\frac{l_1 + l_2 + \cdots + l_n}{\frac{l_1}{\cos \varphi_1} + \frac{l_2}{\cos \varphi_2} + \cdots + \frac{l_n}{\cos \varphi_n}} \right)$$

$$= \alpha \left(\frac{\sum l_i}{\sum \frac{l_i}{\cos \varphi_i}} \right) \quad （GYSD00202006-12）$$

式中　l_0——计及高差影响时，耐张段的代表档距，m；

φ_i——耐张段中各档导线的高差角（见图 GYSD00202006-1）；

α——导线的热膨胀系数，1/℃；

α_p——计及高差影响时的导线热膨胀系数。

应当指出，导线的热膨胀系数，在物理意义上并不存在需要按高差修正。状态方程计及高差影响，分配到热膨胀系数的结果。

图 GYSD00202006-1　悬点不等高时高差角

【思考与练习】

1. 导线长度随气象条件变化而变化的物理过程有哪些？状态方程式有什么作用？连续档的耐张段中各档导线最低点的应力有何关系？

2. 已知某架空线路导线为 JL/G1A-300/25-48/7 型，在 m 气象条件下，$t_m = 15℃$，$g_m = 31.10 \times 10^{-3}$ N/(m·mm²)，$\sigma_m = 59.68MPa$；试求在 n 气象条件下，$t_n = 40℃$，$g_n = 31.10 \times 10^{-3}$ N/(m·mm²)，线路耐张段代表档距 l_0 分别为 100m 和 165.63m 时导线的应力 σ_n。

3. 题 2 的线路导线，在 m 气象条件下，$t_m = -5℃$，$g_m = 60.002 \times 10^{-3}$ N/(m·mm²)，$\sigma_m = 95.49MPa$；试求在 n 气象条件下，$t_n = 40℃$，$g_n = 31.10 \times 10^{-3}$ N/(m·mm²)，线路耐张段代表档距 l_0 分别为 200m 和 250m 时导线的应力 σ_n。

4. 有一 220kV 架空线路，导线为 JL/G1A-300/25-48/7 型，线路经过第 Ⅱ 气象区，且已知该线路某一耐张段代表档距 $l_0 = 400m$，基本风速气象条件时，导线的应力为 $\sigma_m = 95.49MPa$，试求该耐张段最高温度时导线的应力。

模块 7 临界档距（GYSD00202007）

【模块描述】 本模块包含导线的应力与档距及气象条件之间的关系、临界档距的计算、有效临界档距的判别。通过概念描述、原理推导、计算举例，熟悉导线应力随气象条件变化的规律及有效临界档距的判别方法。

【正文】

一、控制条件

架空线路的导线应力是随代表档距的不同和气象条件的改变而变化的，其变化的规律符合导线状态方程式，即当已知某一气象条件下的导线应力，可利用状态方程式求得另一气象条件下的导线应力。由此可知，应用状态方程式求解待求气象条件下导线应力时，必须首先选定某一气象条件及其相应的导线控制应力作为起始计算条件，且把此起始计算条件称为导线应力计算的控制条件。控制条件包括控制应力和出现此控制应力时的气象条件。

由状态方程式（GYSD00202006-9）可见

$$\sigma_n - \frac{g_n^2 l_0^2}{24\beta\sigma_n^2} = \sigma_m - \frac{g_m^2 l_0^2}{24\beta\sigma_m^2} - \frac{\alpha}{\beta}(t_n - t_m)$$

当状态方程式中代表档距 l_0 趋近于零，则两种状态下的应力关系为

$$\sigma_n = \sigma_m - \frac{\alpha}{\beta}(t_n - t_m)$$

上式表明，当代表档距较小时，导线应力仅与气温有关，外荷载的大小对应力的影响甚微，即应力变化主要是气温降低，导线收缩，从而使应力增大。因此，小代表档距耐张段，最低气温可能是出现最大应力的气象条件。

若将状态方程式以 l_0^2 除之，并令代表档距 l_0 趋近于无穷大，则两种状态下应力关系为

$$\sigma_n = \frac{g_n}{g_m}\sigma_m$$

上式表明，当代表档距很大时，导线应力主要取决于外荷载的大小，而气温的变化对应力的影响很小。因此，大代表档距耐张段，最大荷载（基本风速或覆冰）时可能出现最大应力。

为了保证导线长期的安全可靠性，除需考虑其应力在任何气象条件下均不超过许用应力外，还应具有足够的耐振能力。导线的耐振能力决定于年平均运行应力的大小。按有关规定，出现年平均运行应力的气象条件一般采用年平均气温。

综上所述，可得如下四种控制条件：

（1）最大使用应力和最低气温；

（2）最大使用应力和最大覆冰；

（3）最大使用应力和基本风速；

（4）年平均运行应力和年平均气温。

二、临界档距

从以上分析过程可见，当代表档距 l_0 由零逐渐增大，在 l_0 较小时，导线应力主要受气温的影响，最低气温将是应力控制气象条件，当 l_0 不断增大，应力受气温影响的程度逐渐减小，而受比载影响的程度逐渐增大；当 l_0 很大时，应力完全由比载决定，而与气温无关，最大比载所对应的气象条件将是应力控制气象条件。进而可以推想，在这个变化过程中，必然存在这样一个代表档距，即在此代表档距时，最大比载和最低气温两种气象条件的导线应力分别等于各自的控制应力。这个代表档距即为两种控制条件之间的临界档距，用 l_j 表示。因控制条件有四种，对它们进行两两组合，则有六种不同组合。显而易见，每一种组合的两种控制条件之间均有一临界档距，所以，临界档距共有 6 个。

根据临界档距的概念，就是两种控制气象条件下的应力已知（为控制应力），利用状态方程式对档距求解，即可推导得临界档距的计算式为

GYSD00202007

$$l_j = \sqrt{\frac{24\left[\beta(\sigma_m - \sigma_n) + \alpha(t_m - t_n)\right]}{\left(\dfrac{g_m}{\sigma_m}\right)^2 - \left(\dfrac{g_n}{\sigma_n}\right)^2}} \qquad \text{（GYSD00202007-1）}$$

式中　　l_j——临界档距，m；

σ_m、σ_n——分别为两种控制条件的控制应力，MPa；

g_m、g_n——分别为两种控制气象条件时的比载，N/（m·mm^2）；

t_m、t_n——分别为两种控制气象条件时的气温，℃；

α——导线的热膨胀系数，1/℃；

β——导线的弹性伸长系数，1/MPa。

由式（GYSD00202007-1）可见，当两种控制条件的控制应力相等时，式（GYSD00202007-1）可简化为下式

$$l_j = \sigma_m \sqrt{\frac{24\alpha(t_m - t_n)}{g_m^2 - g_n^2}} \qquad \text{（GYSD00202007-2）}$$

式中符号意义同前。

三、有效临界档距的判别

在整个代表档距数轴上，一种控制条件的控制档距区间是连续的。因此，四种控制件即使都起控制作用，也只能是四个档距区间，四个区间最多只有三个交界。所以，真正有意义的临界档距最多不会超过三个。若在代表档距数轴上的不同区间有不同的控制条件，则相邻区间起分界作用的临界档距称为有效临界档距。临界档距的计算值有六个，而有效临界档距最多只有三个，因此必须进行判别，以确定有效临界档距，进而确定控制条件及其控制代表档距范围。其判别方法如下：

（1）对四种控制条件分别计算 $\dfrac{g}{\sigma}$ 的值，并由小到大分别给予 A、B、C、D 的编号。当遇有两种控制条件的 $\dfrac{g}{\sigma}$ 值相等时，则分别计算这两种控制条件的 $\sigma + \alpha E t$ 值，取其数值较小的控制条件编入序号，而数值较大者实际上不起控制作用，予以舍弃，这时控制条件减少为 A、B、C 三个，临界档距数也减少到三个。

（2）假设按最大可能，仍有四种控制条件 A、B、C、D，即有六个临界档距 l_{AB}、l_{AC}、l_{AD}、l_{BC}、l_{BD}、l_{CD}，将计算所得的临界档距按表 GYSD00202007-1 排列。

（3）从 $\dfrac{g}{\sigma}$ 值最小的 A 栏开始判别。首先察看本栏内各临界档距中有无零或虚数值，只要其中有一个临界档距值为零或虚数，则该栏内所有临界档距均被舍弃，即

表 GYSD00202007-1　有效临界档距判别

A	B	C
$l_{AB} =$	$l_{BC} =$	$l_{CD} =$
$l_{AC} =$	$l_{BD} =$	
$l_{AD} =$		

该栏内没有有效临界档距，这时可转到下一栏（如 B 栏）进行判别。若栏内所有临界档距值均不为零或不为虚数，则选取该栏中最小的一个临界档距为第一个有效临界档距（如 l_{AB}）。于是 A 栏内与 A 组合的其他临界档距（如 l_{AC}、l_{AD}）即可舍弃。选得的第一个有效临界档距（如 l_{AB}）系为下标中第一个字母表示的控制条件（如 A）所控制的档距范围的上限值，下标中后一个字母表示的控制条件（如 B）所控制的档距范围的下限值。

（4）因此，紧接着对所选得的第一个有效临界档距下标中后一个字母所代表的栏进行判别，亦即判别后一个字母所代表的控制条件所控制的档距范围的上限值，并确定下一个控制条件。如第一个有效临界档距为 l_{AB}，则对 B 栏进行判别；若第一个有效临界档距为 l_{AC}，则对 C 栏进行判别，这时 B 栏被跨越，即 B 栏没有有效临界档距而全部被舍弃。确定了需判别的栏后，用（3）中的方法选取第二个有效临界档距。

（5）根据上述原则，依次类推，直至判别到最后一栏如 C 栏，或有效临界档距下标中后一个字母为 D，则判别结束。例如在判别 A 栏时，选取的第一个有效临界档距为 l_{AD}，则判别结束，有效临界

档距只有一个为 l_{AD}。

通过上述有效临界档距的判别，最后得一组有效临界档距，这组有效临界档距的下标是依次连接的。将这组有效临界档距标在代表档距数轴上，即将数轴分成若干区间，然后可按有效临界档距下标字母确定每一区间的控制条件。例如，当有效临界档距 $l_{AC}=200\text{m}$、$l_{CD}=400\text{m}$ 时，其控制情况如图 GYSD00202007-1 所示。

图 GYSD00202007-1 有效临界档距判别结果

判别结果的意义为，当代表档距 $l_0 \leqslant 200\text{m}$ 时，导线应力受 A 控制条件控制；当代表档距 l_0 在 $200 \sim 400\text{m}$ 之间时。导线应力受 C 控制条件控制，当代表档距 $l_0 \geqslant 400\text{m}$ 时，导线应力受 D 控制条件控制。从而在利用状态方程求解导线应力时，只需根据代表档距值确定其控制条件，然后将控制条件作为状态方程中的已知条件，即可求取其他气象条件时的应力。

在有效临界档距判别过程中，如在 A、B、C 三栏中均有零或有虚数，则没有有效界档距，此时所有可能的代表档距，其导线应力均受 D 控制条件控制。

例 GYSD00202007-1 试判别表 GYSD00202007-2①～④各条件下的有效临界档距并确定控制条件。

表 GYSD00202007-2   临 界 档 距 表

序　号	A	B	C
①	$l_{AB}=150$	$l_{BC}=300$	$l_{CD}=400$
	$l_{AC}=250$	$l_{BD}=450$	
	$l_{AD}=350$		
②	$l_{AB}=250$	$l_{BC}=300$	$l_{CD}=400$
	$l_{AC}=150$	$l_{BD}=450$	
	$l_{AD}=350$		
③	$l_{AB}=150$	$l_{BC}=450$	$l_{CD}=400$
	$l_{AC}=$虚数	$l_{BD}=300$	
	$l_{AD}=350$		
④	$l_{AB}=$虚数	$l_{BC}=300$	$l_{CD}=$虚数
	$l_{AC}=250$	$l_{BD}=$虚数	
	$l_{AD}=350$		

解 条件①，A 栏没有零和虚数，取最小的 $l_{AB}=150\text{m}$ 为第一个有效临界档距；到 B 栏，同理，$l_{BC}=300\text{m}$ 为第二个有效临界档距；到 C 栏，$l_{CD}=400\text{m}$ 为第三个有效临界档距。判别结果及控制条件如图 GYSD00202007-2（a）所示。

条件②，A 栏 $l_{AC}=150\text{m}$ 为第一个有效临界档距；跳过 B 栏到 C 栏，$l_{CD}=400\text{m}$ 为第二个有效临界档距。判别结果如图 GYSD00202007-2（b）所示。

条件③，A 栏有一个虚数，全部舍去，到 B 栏，$l_{BD}=300\text{m}$ 为有效临界档距，跳过 C 栏，即只有一个有效临界档距。判别结果如图 GYSD00202007-2（c）所示。

条件④，因 A、B、C 三栏中均有虚数，三栏均全部舍去，即没有有效临界档距。判别结果见图 GYSD00202007-2（b）。

例 GYSD00202007-2 某 220kV 架空线路，导线为 JL/G1A-300/25-48/7 型，经过 V 级典型气象区，导线强度安全系数为 2.5，防振锤防振，试确定该线路导线应力控制条件。

解 （1）控制应力计算。从表 GYSD00201002-9、表 GYSD00201002-11 中查取有关数据：导线截面积 $A=333.31\text{mm}^2$；热膨胀系数 $\alpha=20.5 \times 10^{-6}/\text{℃}$；弹性系数 $E=65000\text{MPa}$，$\beta=15.385 \times 10^{-6}\ 1/\text{MPa}$；计算拉断力 $T_j=83760\text{N}$。

图 GYSD00202007-2　例 GYSD00202007-1 的判别结果

（a）结果 1；（b）结果 2；（c）结果 3；（d）结果 4

导线最大使用应力

$$\sigma_{\mathrm{m}} = \frac{T_{\mathrm{p}}}{KA} = \frac{83760 \times 0.95}{2.5 \times 333.31} = 95.49 \ （\mathrm{MPa}）$$

年平均运行应力

$$\sigma_{\mathrm{cp}} = \frac{0.25 T_{\mathrm{p}}}{A} = \frac{0.25 \times 83760 \times 0.95}{333.31} = 59.68 \ （\mathrm{MPa}）$$

（2）导线比载计算且列表编号。见表 GYSD00202007-3。

表 GYSD00202007-3　　　　　　　　计 算 数 据 表

气 象 条 件	风速（m/s）	冰厚（mm）	气温（℃）	控制应力（MPa）	比 载 [N/(m·mm²)]	g/σ（1/m）	编号
最低气温	0	0	−10	95.49	31.100×10^{-3}	3.2569×10^{-4}	A
基本风速	27	0	10	95.49	40.746×10^{-3}	4.2670×10^{-4}	B
最大覆冰	10	10	−5	95.49	60.002×10^{-3}	6.2836×10^{-4}	D
年平均气温	0	0	15	59.68	31.100×10^{-3}	5.2111×10^{-4}	C

（3）临界档距计算。计算式为

$$l_{\mathrm{j}} = \sqrt{\frac{24\left[\beta(\sigma_{\mathrm{m}} - \sigma_{\mathrm{n}}) + \alpha(t_{\mathrm{m}} - t_{\mathrm{n}})\right]}{\left(\dfrac{g_{\mathrm{m}}}{\sigma_{\mathrm{m}}}\right)^2 - \left(\dfrac{g_{\mathrm{n}}}{\sigma_{\mathrm{n}}}\right)^2}}$$

将有关数据代入公式进行计算

$$l_{\mathrm{AB}} = \sqrt{\frac{24 \times 20.5 \times 10^{-6} \times (-10-10)}{(3.2569 \times 10^{-4})^2 - (4.2670 \times 10^{-4})^2}} = 359.8 \ （\mathrm{m}）$$

$$l_{\mathrm{AC}} = \sqrt{\frac{24 \times [15.385 \times 10^{-6} \times (95.49-59.68) + 20.5 \times 10^{-6} \times (-10-15)]}{(3.2569 \times 10^{-4})^2 - (5.2111 \times 10^{-4})^2}} = 虚数$$

$$l_{\mathrm{AD}} = \sqrt{\frac{24 \times 20.5 \times 10^{-6} \times (-10+5)}{(3.2569 \times 10^{-4})^2 - (6.2836 \times 10^{-4})^2}} = 92.30 \ （\mathrm{m}）$$

$$l_{\mathrm{BC}} = \sqrt{\frac{24 \times [15.385 \times 10^{-6} \times (95.49-59.68) + 20.5 \times 10^{-6} \times (10-15)]}{(4.2670 \times 10^{-4})^2 - (5.211 \times 10^{-4})^2}} = 虚数$$

$$l_{\mathrm{BD}} = \sqrt{\frac{24 \times 20.5 \times 10^{-6} \times (10+5)}{(4.2670 \times 10^{-4})^2 - (6.2836 \times 10^{-4})^2}} = 虚数$$

$$l_{\mathrm{CD}} = \sqrt{\frac{24 \times [15.385 \times (59.68-95.49) + 20.5 \times 10^{-6} \times (15+5)]}{(5.2111 \times 10^{-4})^2 - (6.2836 \times 10^{-4})^2}} = 165.63 \ （\mathrm{m}）$$

图 GYSD00202007-3 各控制条件的控制范围确定

为覆冰，控制应力为 $\sigma_m = 95.49$MPa。

【思考与练习】

1. 在导线应力计算时，控制条件一般有哪几种？控制应力有哪几种，一般怎么确定？各种控制条件的控制范围可通过什么方法来确定？导线的耐振能力取决于什么，对应的气象条件如何选用？

2. 试按机械强度条件和耐振条件确定某 35kV 线路的有效临界档距及其控制条件下的控制范围，该线路导线为 JL/G1A-95/20-7/7 型，经过第Ⅵ气象区，全线采用防振锤防振。

（4）有效临界档距判别（见表 GYSD00202007-4）及各控制条件的控制范围确定见图 GYSD00202007-3。

由图 GYSD00202007-3 可见：①当 $l_0 \leqslant l_{CD} = 165.63$ m，控制气象条件为年平均气温，控制应力为 $\sigma_{cp} = 59.68$MPa；②当 $l_0 \geqslant l_{CD} = 165.63$m，控制气象条件

表 GYSD00202007-4　有效临界档距判别　　　m

A	B	C
$l_{AB} = 359.8$	$l_{BC} =$ 虚数	$l_{CD} = 165.63$
$l_{AC} =$ 虚数	$l_{BD} =$ 虚数	
$l_{AD} = 92.30$		

模块 8　导线机械特性曲线（GYSD00202008）

【模块描述】 本模块介绍导线机械特性曲线。通过概念描述、定义讲解、计算举例，掌握导线机械特性曲线计算程序及制作方法。

【正文】

所谓导线机械特性曲线，就是具体表示在各种不同气象条件下导线的应力与档距（代表档距）、弧垂与档距（代表档距）之间的关系曲线。通常以横坐标表示档距（代表档距），纵坐标表示应力（或弧垂）所绘制的各种气象条件时代表档距和应力（或弧垂）的关系曲线，这些曲线就称为导线的应力、弧垂曲线（简称导线机械特性曲线），如图 GYSD00202008-1 所示。

图 GYSD00202008-1　导线机械特性曲线

导线机械特性曲线是根据广泛调查分析沿线有关气象数据等资料的前提下确定的设计条件，包括导线型号、气象区、安全系数和防振措施（以确定年平均运行应力）等，通过一定的计算程序绘制的。设计条件中任意一项改变，就有不同的机械特性曲线，所以应用时必须明确设计条件，特别是输电线路较长时，可能在线路不同区段采用不同的设计条件，此时尤其需要注意。

导线机械特性曲线的计算程序如下：

（1）确定导线型号及设计气象区；

（2）确定导线在各种气象条件时的比载；

（3）确定导线的安全系数及防振措施，计算导线最大使用应力和年平均运行应力；

（4）计算临界档距并进行有效临界档距判别，确定各控制条件的控制范围；

（5）以有效临界档距判别结果为已知条件，利用状态方程式分别求出各有关气象条件下不同代表档距值时的应力和弧垂值；

（6）以代表档距为横坐标，应力（或弧垂）为纵坐标，绘制各种气象条件时的应力、弧垂曲线。

导线的机械特性曲线并不需要按所有气象条件计算和绘制，根据工程需要一般需计算和绘制的曲线项目如表 GYSD00202008-1 所示。

表 GYSD00202008-1　　　　　　　　机械特性曲线计算项目表

气象条件 计算项目		最大风	覆冰	安装	事故	最低气温	最高气温	平均气温	内过电压	外过电压	
										有风	无风
应力曲线	导线	▲	▲	▲	▲	▲	▲	▲	▲		▲
	地线	▲	▲	▲	▲		▲				▲
弧垂曲线	导线	▲	●				▲				▲
	地线										▲

注　▲表示需绘制的曲线。
　　●表示当导线最大弧垂发生在最大垂直比载时，应计算覆冰（无风）和稀有覆冰（无风）时的弧垂曲线；空格栏表示可不计算。

从图 GYSD00202008-1 中可看出，导线机械特性曲线中的应力曲线在以有效临界档距分段的每个区间中，都有一条应力曲线是水平的，该应力曲线即为该区间的控制条件应力曲线，其他各种气象条件的应力曲线在该区间则是单调上升或下降的，而有效临界档距点则是应力曲线的一个折点，但是连续的。在图 GYSD00202008-1 中，在 $l_0 < 165.63m$ 的区段中，年平均气温时应力曲线是水平的，在 $l_0 > 165.63m$ 的区段中，最大覆冰时的应力曲线是水平的，有效临界档距 $l_j = 165.63m$。

有了导线的机械特性曲线，就掌握了导线在运行过程中各种气象条件下的应力状态。当已知耐张段代表档距时，就能方便地在曲线中查得该耐张段在各种气象条件时的应力。

例 GYSD00202008-1　试计算并绘制例 GYSD00202007-2 线路导线的机械特性曲线。

解　（1）根据第V类气象区查表 GYSD00202001-2 确定各种气象条件参数且计算比载。见表 GYSD00202008-2。

表 GYSD00202008-2　　　　　　第V类气象区的各种气象条件参数及比载

编号	气象条件	风速（m/s）	气温（℃）	冰厚（mm）	比载 [N/(m·mm²)]
1	最低温度	0	−10	0	31.100×10^{-3}
2	平均气温	0	15	0	31.100×10^{-3}
3	基本风速	27	10	0	40.746×10^{-3}
4	最大覆冰	10	−5	10	60.002×10^{-3}
5	最高温度	0	40	0	31.100×10^{-3}
6	安装	10	−5	0	31.471×10^{-3}
7	事故	0	0	0	31.100×10^{-3}
8	外过电压	10	15	0	31.471×10^{-3}
9	内过电压	15	15	0	32.933×10^{-3}

（2）导线控制应力的计算：

1）最大使用应力

$$\sigma_{\mathrm{m}} = \frac{T_{\mathrm{p}}}{KA} = \frac{83760 \times 0.95}{2.5 \times 333.31} = 95.49 \text{（MPa）}$$

2）年平均运行应力

$$\sigma_{\mathrm{cp}} = \frac{0.25 T_{\mathrm{p}}}{A} = \frac{0.25 \times 83760 \times 0.95}{333.31} = 59.68 \text{（MPa）}$$

（3）临界档距的计算及控制条件的判别。根据例 GYSD00202007-2 的计算结果其数据为：

当 $l_0 \leqslant 165.63\mathrm{m}$ 时，控制条件为年平均气温，控制应力为 $\sigma_{\mathrm{cp}} = 59.68\,\mathrm{MPa}$。

当 $l_0 \geqslant 165.63\mathrm{m}$ 时，控制条件为覆冰，控制应力为 $\sigma_{\mathrm{m}} = 95.49\,\mathrm{MPa}$。

（4）分别计算各有关气象条件时，不同的代表档距导线应力和弧垂。在此以一种气象条件为例：最高温度 $t_{\mathrm{n}} = 40\text{℃}$，$g_{\mathrm{n}} = 31.100 \times 10^{-3}\,\mathrm{N/(m \cdot mm^2)}$。当 $l_0 = 50 < 165.63\mathrm{m}$ 时，控制条件为年平均气温，控制应力为 $\sigma_{\mathrm{cp}} = 59.68\,\mathrm{MPa}$，即为 $\sigma_{\mathrm{cp}} = 59.68\,\mathrm{MPa}$，$t_{\mathrm{m}} = 15\text{℃}$，$g_{\mathrm{m}} = 31.100 \times 10^{-3}\,\mathrm{N/(m \cdot mm^2)}$，代入导线状态方程式得

$$\sigma_{\mathrm{n}} - \frac{(31.100 \times 10^{-3})^2 \times 50^2}{24 \times 15.385 \times 10^{-6} \times \sigma_{\mathrm{n}}^2} = 62.56 - \frac{(31.100 \times 10^{-3})^2 \times 50^2}{24 \times 15.385 \times 10^{-6} \times 59.68^2} - \frac{20.5 \times 10^{-6}}{15.385 \times 10^{-6}} \times (40 - 15)$$
$$= 31.24 \text{（MPa）}$$

$$f_{\mathrm{n}} = \frac{31.10 \times 10^{-3} \times 50^2}{8 \times 31.24} = 0.31 \text{（m）}$$

同理，当 $l_0 = 100\mathrm{m}$ 时，有

$$\sigma_{\mathrm{n}} - \frac{(31.100 \times 10^{-3})^2 \times 100^2}{24 \times 15.385 \times 10^{-6} \times \sigma_{\mathrm{n}}^2} = 59.68 - \frac{(31.100 \times 10^{-3})^2 \times 100^2}{24 \times 15.385 \times 10^{-6} \times 59.68^2} - \frac{20.5 \times 10^{-6}}{15.385 \times 10^{-6}} \times (40 - 15)$$
$$= 37.57 \text{（MPa）}$$

$$f_{\mathrm{n}} = \frac{31.10 \times 10^{-3} \times 100^2}{8 \times 37.57} = 1.03 \text{（m）}$$

当 $l_0 = 165.63\mathrm{m}$，恰好等于临界档距 165.63m，这时有两种控制条件，年平均运行应力和年平均气温控制或由最大使用应力和覆冰情况控制。在计算 σ_{n} 时用其中任何一个条件均可。若按前一个条件为控制条件时，其 σ_{n} 值计算如下

$$\sigma_{\mathrm{n}} - \frac{(31.100 \times 10^{-3})^2 \times 165.63^2}{24 \times 15.385 \times 10^{-6} \times \sigma_{\mathrm{n}}^2} = 59.68 - \frac{(31.100 \times 10^{-3})^2 \times 165.63^2}{24 \times 15.385 \times 10^{-6} \times 59.68^2} - \frac{20.5 \times 10^{-6}}{15.385 \times 10^{-6}} \times (40 - 15)$$
$$= 43.75 \text{（MPa）}$$

$$f_{\mathrm{n}} = \frac{31.10 \times 10^{-3} \times 165.63^2}{8 \times 43.75} = 2.44 \text{（m）}$$

若按后一个条件作为控制条件时，其 σ_{n} 值计算如下

$$\sigma_{\mathrm{n}} - \frac{(31.10 \times 10^{-3})^2 \times 165.63^2}{24 \times 15.385 \times 10^{-6} \times \sigma_{\mathrm{n}}^2} = 95.49 - \frac{(60.002 \times 10^{-3})^2 \times 165.63^2}{24 \times 15.385 \times 10^{-6} \times 95.49^2} - \frac{20.5 \times 10^{-6}}{15.385 \times 10^{-6}} \times (40 + 5)$$
$$= 43.75 \text{（MPa）}$$

$$f_{\mathrm{n}} = \frac{31.10 \times 10^{-3} \times 165.63^2}{8 \times 43.75} = 2.44 \text{（m）}$$

当 $l_0 = 200\mathrm{m} > 165.63\mathrm{m}$ 时，控制条件为覆冰，控制应力为最大使用应力，即 $\sigma_{\mathrm{m}} = 95.49\,\mathrm{MPa}$，$t_{\mathrm{m}} = -5\text{℃}$，$g_{\mathrm{m}} = 60.002 \times 10^{-3}\,\mathrm{N/(m \cdot mm^2)}$，故 σ_{n} 值为

$$\sigma_{\mathrm{n}} - \frac{(31.10 \times 10^{-3})^2 \times 200^2}{24 \times 15.385 \times 10^{-6} \times \sigma_{\mathrm{n}}^2} = 95.49 - \frac{(60.002 \times 10^{-3})^2 \times 200^2}{24 \times 15.385 \times 10^{-6} \times 95.49^2} - \frac{20.5 \times 10^{-6}}{15.385 \times 10^{-6}} \times (40 + 5)$$
$$= 44.85 \text{（MPa）}$$

$$f_{\mathrm{n}} = \frac{31.10 \times 10^{-3} \times 250^2}{8 \times 44.85} = 3.47 \text{（m）}$$

当 $l_0 = 250\text{m} > 165.63\text{m}$ 时，控制条件为覆冰，控制应力为最大使用应力，即 $\sigma_m = 95.49\ \text{MPa}$，$t_m = -5℃$，$g_m = 60.002 \times 10^{-3}\ \text{N}/(\text{m} \cdot \text{mm}^2)$，故 σ_n 值为

$$\sigma_n - \frac{(31.10 \times 10^{-3})^2 \times 250^2}{24 \times 15.385 \times 10^{-6} \times \sigma_n^2} = 95.49 - \frac{(60.002 \times 10^{-3})^2 \times 250^2}{24 \times 15.385 \times 10^{-6} \times 95.49^2} - \frac{20.5 \times 10^{-6}}{15.385 \times 10^{-6}} \times (40 + 5)$$

$$= 46.02\ （\text{MPa}）$$

$$f_n = \frac{31.10 \times 10^{-3} \times 250^2}{8 \times 46.02} = 5.28\ （\text{m}）$$

同理，当 l_0 为 300、350、400、450、500m 时，σ_n 的计算值分别为

$l_0 = 300\text{m}$ 时，$\sigma_n = 46.82\text{MPa}$。

$l_0 = 350\text{m}$ 时，$\sigma_n = 47.40\text{MPa}$。

$l_0 = 400\text{m}$ 时，$\sigma_n = 47.81\text{MPa}$。

$l_0 = 450\text{m}$ 时，$\sigma_n = 48.12\text{MPa}$。

$l_0 = 500\text{m}$ 时，$\sigma_n = 48.35\text{MPa}$。

（5）将以上计算结果，以代表档距 l_0 为横坐标，以弧垂 f 和应力 σ 为纵坐标，所绘制的曲线即为导线的应力、弧垂特性曲线。如图 GYSD00202008-1 所示。

例 GYSD00202008-2 有一架空线路中某耐张段各档档距分别为 215、263、280、228m，导线为 JL/G1A-300/25-48/7 型，第Ⅴ气象区，安全系数 $K = 2.5$，防振锤防振。求该耐张段 280m 档距最高气温时的应力及中点弧垂。

解 耐张段代表档距为

$$l_0 = \sqrt{\frac{\sum l_i^3}{\sum l_i}} = \sqrt{\frac{215^3 + 263^3 + 280^3 + 228^3}{215 + 263 + 280 + 228}} = 250.6\ （\text{m}）$$

因该线路设计条件与例 GYSD00202008-1 中相同，故可根据 $l_0 = 250.6\text{m}$，在机械特性曲线图 GYSD00202008-1 上查取最高气温时应力 $\sigma_0 = 46.03\text{MPa}$，则 $l = 280\text{m}$ 的中点弧垂为

$$f = \frac{31.10 \times 10^{-3} \times 280^2}{8 \times 46.03} = 5.3\ （\text{m}）$$

【思考与练习】

1. 什么叫导线的机械特性曲线？

2. 试制作模块 GYSD00202007 练习题 2 所示线路导线最大风速时的应力曲线和弧垂曲线。

模块 9　导线的安装曲线（GYSD00202009）

【模块描述】本模块包含导线的安装曲线、初伸长的处理。通过概念描述、知识讲解、计算举例，掌握导线的安装曲线制作及导线初伸长的处理方法。

【正文】

一、安装曲线

导线和架空地线架设安装，是在不同气温下进行的。由于一般架线不在大风之下施工，因此架线的气象条件可以归结为无风、无冰和施工时的实际气温，也就是 g_1 和相应的气温。因此所谓导线安装曲线，就是具体表示在各种不同温度下导线的张力与档距（代表档距）、弧垂与档距（代表档距）之间的关系曲线。如图 GYSD00202009-1 所示。

安装曲线的计算方法与机械特性曲线计算相同，只是计算时假定各种安装气象条件是按无风、无冰，但有各种不同气温的气象条件来进行的。因为安装导线时，导线不会覆冰，并在无风条件下观测弧垂。

安装曲线通常绘制张力和弧垂两种曲线（见图 GYSD00202009-1），绘制方法是以代表档距为横坐标，以张力或弧垂为纵坐标，根据计算出来的各种施工气温下的张力或弧垂数据绘制一套张力、弧垂曲线。所以，所谓安装曲线就是具体表示在不同温度下，导线的张力与代表档距、弧垂与代表档距之

间的关系曲线。

图 GYSD00202009-1　导线安装曲线

安装曲线的绘制，一般从最高施工气温至最低施工气温间每隔 5℃（或 10℃）绘制一条弧垂曲线。

在施工紧线时，当已知耐张段的代表档距和气温时，可由安装曲线查得相应的弧垂 f_0，则观测档的弧垂（用以观测其弧垂的档距称为观测档）可按式 $f = f_0 \left(\dfrac{l}{l_0} \right)^2$ 进行修正。若观测档档距 l 等于代表档距 l_0 时，则观测档的弧垂 f 等于代表档距的弧垂 f_0，故施工中最好选择等于代表档距的某一档作为观测档。

二、初伸长的消除及补偿

在安装曲线的计算过程中，其应力是通过状态方程求取的，而状态方程中考虑了弹性变形和热胀冷缩，但实际上金属绞线并非完全弹性体，在张力作用下除产生弹性伸长外，还将产生塑性伸长和蠕变伸长，这两部分伸长变形是永久性变形，称为塑蠕伸长，工程中通常称为导线的初伸长。

初伸长与作用于导线的张力的大小和作用时间的长短有关。在运行过程中初伸长是在张力作用下逐渐伸展出来的，运行经验表明，初伸长约需 5～10 年后才趋于一稳定值，运行经验同时表明，导线受张力作用后的开始阶段伸长迅速，而后伸长越来越慢。导线的初伸长使档中导线产生了永久性增长，从而使弧垂产生永久性增大，其结果使导线对地和被跨越物的接近距离变小，危及线路的安全运行。如果重新紧线调整弧垂必然影响送电，因此在线路设计或安装紧线时，导线若为未使用过的新线，则必须考虑初伸长的影响，采用一定方法给以消除或补偿。

1. 预拉法——消除初伸长

架线前对新线施加较大的拉力，一般施加的拉应力 $\sigma_y \approx 0.6\sigma_p >$ 导线的许用应力 $[\sigma]$（即导线的最大使用应力），拉力持续时间为 2min，初伸长即被拉出，架线后不再有明显的初伸长产生。

2. 减弧垂法——补偿初伸长

补偿初伸长最常用的方法就是在安装紧线时适当减小弧垂，则待初伸长伸展出来后，弧垂增大而恰达到设计弧垂。具体补偿方法，配电线路一般采用减小弧垂法，弧垂减小的百分数为：铝绞线或绝缘铝绞线，20%；钢芯铝绞线，12%；铜绞线，7%～8%。

3. 降温法

设架线安装时温度为 t_n ℃，为了补偿初伸长，可用 $(t_n - \Delta t)$ 代替 t_n 代入状态方程式计算应力，此时状态方程为

$$\sigma_n - \frac{g_n^2 l^2}{24\beta\sigma_n^2} = \sigma_m - \frac{g_m^2 l^2}{24\beta\sigma_m^2} - \frac{\alpha}{\beta}\left[(t_n - \Delta t) - t_m\right]$$

式中　Δt——导线补偿初伸长的等效降温量。

用上式计算的 σ_n 求出的弧垂 f_n 可却好补偿长期运行后的塑蠕伸长。

送电线路的初伸长对弧垂的影响，一般用降温法补偿，即将紧线时的气温降低一定的温度，如表 GYSD00202009-1 所列，然后按降低后的温度，从安装曲线查得代表档距的弧垂或应力，再按公式

$f = \dfrac{gl^2}{8\sigma_0}$ 和 $f = f_0\left(\dfrac{l}{l_0}\right)^2$ 计算出观测档距的弧垂，该弧垂即为考虑了初伸长影响的紧线时的观测弧垂。

对于不同种类的导线和地线，在考虑初伸长影响时，其降低的温度值是不同的，一般可采用表 GYSD00202009-1 所列的数值。

表 GYSD00202009-1　　　　　钢芯铝绞线、钢绞线的塑性伸长及降温值

类　别	铝钢截面比	塑性伸长	降温值（℃）
钢芯铝绞线	$4.29 \sim 4.38$	3×10^{-4}	15
	$5.05 \sim 6.16$	$3 \times 10^{-4} \sim 4 \times 10^{-4}$	$15 \sim 20$
	$7.71 \sim 7.91$	$4 \times 10^{-4} \sim 5 \times 10^{-4}$	$20 \sim 25$
	$11.34 \sim 14.46$	$5 \times 10^{-4} \sim 6 \times 10^{-4}$	25（或根据试验数据确定）
钢绞线		1×10^{-4}	10

注　对铝包钢绞线、大铝钢截面比的钢芯铝绞线或钢芯铝合金绞线应由制造厂家提供塑性伸长值或降温值。

采用减小弧垂法或恒定降温法进行初伸长补偿，其实质都是减小安装紧线时的弧垂，因而可以在设计绘制安装曲线时考虑，也可在安装紧线确定观测弧垂时考虑，但不能重复。所以，安装曲线上一般均注有"已考虑初伸长补偿"或"未考虑初伸长补偿"字样，使用时需注意。

应用安装曲线确定安装紧线时观测弧垂的步骤如下（设安装曲线未考虑初伸长补偿）。

（1）确定耐张段代表档距 l_0 和弧垂观测档及其档距 l_i。弧垂观测档按以下原则选择。

1）紧线耐张段连续档在 5 档及以下时，靠近中间选择一档。

2）紧线耐张段连续档在 $6 \sim 12$ 档时，靠近两端各选择一档。

3）紧线耐张段连续档在 12 档以上时，靠近两端和中间各选择一档。

4）观测档宜选择档距大和悬点高差小的档距，含有耐张绝缘子串的档距不宜作观测档。

5）观测档数只能酌情增加，不能减少。

（2）带温度计到现场，实测弧垂观测时气温 t_1，并根据导线型号确定降温值 Δt，则考虑降温值后的气温为 $t = t_1 - \Delta t$。

（3）根据紧线耐张段代表档距 l_0 和气温 t 在安装曲线上查得代表档距 l_0 所对应的代表弧垂 f_0，当曲线中没有气温为 t 的安装曲线时，可采用插入法查取。

（4）根据下式计算出观测档的观测弧垂

$$f_i = f_0\left(\frac{l_i}{l_0}\right)^2$$

式中　f_i——观测档观测弧垂，m；

$\quad\quad f_0$——代表档距对应的弧垂，m；

$\quad\quad l_i$——观测档档距，m；

$\quad\quad l_0$——紧线耐张段代表档距，m。

例 GYSD00202009-1　试制作例 GYSD00202007-2 中线路导线的安装曲线。档距的取值范围为 $50 \sim 450$m；温度取值 $+40 \sim -10$℃，计算间隔为 10℃。

解　（1）将例 GYSD00202007-2 中已经判定的结论及各档距范围的控制气象条件及已知数据列入表 GYSD00202009-2 中。

表 GYSD00202009-2　　　　　　　导 线 应 力 控 制 表

档距区段号	1	2
档 距 范 围	0～165.63	165.63 以上
控制气象条件名称	年平均气温	覆 冰
控制应力（MPa）	59.68	95.49
比载［N/(m·mm²)］	31.10×10⁻³	60.002×10⁻³
气　温（℃）	+15	−5

（2）根据各档距范围的控制气象条件及其对应的应力（最大用使应力或年平均运行应力）作为已知条件，代入状态方程式，分别计算出各种安装气温（无风、无冰）下的安装应力（或张力），再按各档距的安装应力代入弧垂计算公式 $\left(f = \dfrac{gl^2}{8\sigma_0} \right)$，即可求得各种安装气温下的安装弧垂。将其计算结果列入表 GYSD00202009-3 中。

（3）按表 GYSD00202009-3 中应力（或张力）和弧垂数据绘制出 40～−10℃各 6 条曲线，如图 GYSD00202009-1 所示。

表 GYSD00202009-3　　　　　　　　安 装 应 力 表

档　距（m）		50	100	165.63	200	250	300	350	400	450
温度（℃） 40	应力（MPa）	31.24	37.57	43.75	44.84	46.01	46.81	47.38	47.80	48.11
	张力（kN）	10.41	12.52	14.58	14.95	15.33	15.60	15.79	15.93	16.03
	弧垂（m）	0.31	1.03	2.44	3.47	5.28	7.47	10.05	13.01	16.36
30	应力（MPa）	41.64	45.18	49.20	49.25	49.31	49.35	49.38	49.40	49.42
	张力（kN）	13.88	15.06	16.40	16.42	16.44	16.45	16.46	16.47	16.47
	弧垂（m）	0.23	0.86	2.17	3.16	4.93	7.09	9.64	12.59	15.93
20	应力（MPa）	53.47	54.49	55.87	54.57	53.19	52.25	51.61	51.16	50.83
	张力（kN）	17.82	18.16	18.62	18.19	17.73	17.42	17.20	17.05	16.94
	弧垂（m）	0.18	0.71	1.91	2.85	4.57	6.70	9.23	12.16	15.49
10	应力（MPa）	66.01	65.16	63.82	60.93	57.74	55.57	54.10	53.08	52.36
	张力（kN）	22.00	21.72	21.27	20.31	19.25	18.52	18.03	17.69	17.45
	弧垂（m）	0.15	0.60	1.67	2.55	4.21	6.30	8.80	11.72	15.04
0	应力（MPa）	78.88	76.76	72.99	68.42	63.09	59.39	56.90	55.20	54.01
	张力（kN）	26.29	25.59	24.33	22.80	21.03	19.79	18.96	18.40	18.00
	弧垂（m）	0.12	0.51	1.46	2.27	3.85	5.89	8.37	11.27	14.57
−10	应力（MPa）	91.93	88.95	83.20	77.02	69.34	63.79	60.06	57.54	55.81
	张力（kN）	30.64	29.65	27.73	25.67	23.11	21.26	20.02	19.18	18.60
	弧垂（m）	0.11	0.44	1.28	2.02	3.50	5.48	7.93	10.81	14.11

图 GYSD00202009-2　紧线耐张段布置图

例 GYSD00202009-2　对例 GYSD00202009-1 送电线路某耐张段（如图 GYSD00202009-2 所示）进行导线安装，导线为 JL/G1A-300/25-48/7 型，安装曲线如图 GYSD00202009-1 所示，试确定弧垂观测档及观测弧垂值。

解　（1）根据弧垂观测档的选择原则，AB 档和 DE 档不宜作弧垂观测档，因这两档有耐张绝缘子串的影响。BC 档和 CD 档中选择 CD 档较好，因该档悬点高差较小。现选 CD 档为弧垂观测档，观测档档距为 $l=280\text{m}$。

该耐张段的代表档距为

$$l_0 = \sqrt{\frac{\sum l_i^3}{\sum l_i}} = \sqrt{\frac{215^3 + 263^3 + 280^3 + 228^3}{215 + 263 + 280 + 228}} = 250.6\ (\text{m})$$

（2）设现场实测弧垂观测时气温为 $t_1 = 17.5℃$，导线铝钢截面比为 11.3，取 $\Delta t = 25℃$，则 $t = t_1 - \Delta t = 17.5 - 25 = -7.5$（℃）。

（3）依据 $l_0 = 250.6$ m，用插值法由安装曲线查得 $t = -7.5℃$ 时的弧垂 $f_0 = 3.59$ m。

（4）观测档档距 $l = 280$ m，所以观测弧垂值为

$$f = f_0 \left(\frac{l}{l_0}\right)^2 = 3.59 \times \left(\frac{280}{250.5}\right)^2 = 4.49\ (\text{m})$$

【思考与练习】

1. 什么叫导线的安装曲线，曲线中弧垂、应力（张力）与什么档距相对应？会计算观测档的弧垂、制作导线安装曲线。

2. 导线的初伸长是由哪些原因产生的，对线路运行有什么影响，常用的处理方法有哪些？什么叫恒定降温法？

3. 试制作模块 GYSD00202007 思考与练习题 2 所示线路导线，温度为 10、20℃时的安装曲线。并计算某一耐张段代表档距 $l_0 = 320$m 中，观测档距为 250m、温度为 27.5℃时的观测弧垂。

模块 10　架空地线最大使用应力的选择（GYSD00202010）

【模块描述】本模块介绍地线最大使用应力的选择及确定方法。通过概念描述、定量分析、计算举例，了解最大使用应力的确定过程，掌握地线最大使用应力的选择原则。

【正文】

架空地线的计算与导线的计算不同点，就在于最大使用应力的选择，除此以外，完全相同。

一、选择原则

在选择架空地线最大使用应力时，应符合以下两方面要求：

1. 强度安全系数

架空地线强度安全系数宜大于同杆塔导线的强度安全系数。

2. 防雷要求

当 $+15℃$ 无风时，在一般档距的档距中央，导线与架空地线间的距离应符合下式要求

$$s_1 \geqslant 0.012l + 1 \tag{GYSD00202010-1}$$

式中　s_1——档距中央导线与架空地线间的距离，m；

　　　l——档距，m。

二、最大使用应力确定方法

为了使导线与架空地线在档距中央的接近距离满足防雷要求，应从确定导线与架空地线悬点间的距离与适当选择架空地线最大使用应力两方面综合考虑，并进行比较，做到既满足过电压保护的要求，又较经济合理。

初设导线与架空地线悬点间距离，按导线与架空地线间距离满足 s_1 的要求选择架空地线最大使用应力，其过程一般为：首先按 s_1 的要求求出在 $+15℃$ 无风气象条件时的地线应力，然后利用状态方程

图 GYSD00202010-1　+15℃时导线和地线的弧垂

式（GYSD00202006-9）求得最大使用应力，再校验其安全系数是否满足要求。

1. +15℃无风气象条件时架空地线应力的选择

图 GYSD00202010-1 所示为+15℃无风气象条件时的一档导线和架空地线。

由图 GYSD00202010-1 中的几何关系可得

$$s = \Delta h + f_D - f_B$$

式中　Δh——导线和架空地线悬点间的垂直距离，m；

　　　　f_D、f_B——+15℃无风气象条件下，导线和架空地线的弧垂，m；

　　　　l——档距，m；

　　　　s——在+15℃无风气象条件下，档距中央导线和架空地线的垂直距离，m。

在+15℃无风气象条件下，导线和架空地线的弧垂为

$$f_D = \frac{g_D l^2}{8\sigma_D}$$

$$f_B = \frac{g_B l^2}{8\sigma_B}$$

所以

$$s = \Delta h + \frac{l^2}{8}\left(\frac{g_D}{\sigma_D} - \frac{g_B}{\sigma_B}\right) \tag{GYSD00202010-2}$$

式中　g_D、g_B——导线和架空地线的自重比载，N/（m·mm²）；

　　　　σ_D、σ_B——导线和架空地线在 +15℃无风气象条件时的应力，MPa。

其他符号意义同前。

令 $\Delta s = s - s_1 = s - (0.012l + 1)$，则根据过电压保护要求，应有 $\Delta s \geq 0$，即

$$\Delta h + \frac{l^2}{8}\left(\frac{g_D}{\sigma_D} - \frac{g_B}{\sigma_B}\right) - 0.012l - 1 \geq 0 \tag{GYSD00202010-3}$$

化简式（GYSD00202010-2）可得

$$\sigma_B \geq \frac{g_B}{\dfrac{g_D}{\sigma_D} - \left[\dfrac{0.096}{l} - \dfrac{8(\Delta h - 1)}{l^2}\right]} \tag{GYSD00202010-4}$$

对我们讨论的问题，式（GYSD00202010-3）中的 l 为自变量，σ_B 为待变量，其他为已知量。令 ΔP 为参变量且等于

$$\Delta P = \frac{0.096}{l} - \frac{8(\Delta h - 1)}{l^2} \tag{GYSD00202010-5}$$

则式（GYSD00202010-3）可写成

$$\sigma_B \geq \frac{g_B}{\dfrac{g_D}{\sigma_D} - \Delta P} \tag{GYSD00202010-6}$$

从式（GYSD00202010-5）我们看出，对每一个档距 l 都对应有一个 ΔP 值。在一个耐张段内各个档距 l 往往是不相等的，因而将有不同的 ΔP 值，这在实际中是不容许的。因为一个耐张段内的架空地线，如果各个档距的 ΔP 值不相等，根据式（GYSD00202010-6）可知，各档架空地线应力 σ_B 就不相等。为了解决这个问题我们可以根据式（GYSD00202010-5）找出一个最大的 ΔP 值，以 ΔP_m 表示。用 ΔP_m 值作为这个耐张段的 ΔP 值，其各个档距都用 ΔP_m，此时就可以满足耐张段中所有档距要求的 ΔP 值，同时各档距的架空地线应力 σ_B 也都相等了。显然 ΔP_m 可由对式（GYSD00202010-5）求极值获得。用数学方法可求得最大值 ΔP_m 时的档距

$$l_k = \frac{16}{0.096}(\Delta h - 1) = 166.67(\Delta h - 1)$$ （GYSD00202010-7）

将式（GYSD00202010-7）代入式（GYSD00202010-5），即得最大值

$$\Delta P_m = \frac{2.88 \times 10^{-4}}{\Delta h - 1}$$ （GYSD00202010-8）

式（GYSD00202010-7）中 l_k 即为 ΔP 为最大值 ΔP_m 时的档距，除 l_k 以外的所有其他档距所要求的 ΔP 值均小于 ΔP_m，所以我们在一个耐张段中，取用 ΔP_m 值，就可以满足所有档距要求的 ΔP 值了。

将式（GYSD00202010-7）代入式（GYSD00202010-5），可得相应于 ΔP_m 时的地线应力 σ_B，即

$$\sigma_B \geqslant \frac{g_B}{\dfrac{g_D}{\sigma_D} - \dfrac{2.88 \times 10^{-4}}{\Delta h - 1}}$$ （GYSD00202010-9）

在实际工程中，若 l_k 介于耐张段中最大档距和最小档距之间，即 $l_{max} > l_k > l_{min}$ 时，用式（GYSD00202010-9）计算的 σ_B 能保证所有档距中导线与地线在档距中央的距离满足规程要求；若耐张段中的最大档距 $l_{max} \leqslant l_k$ 时，为了降低 σ_B 以免地线不必要的过紧及减小杆塔荷载起见，可将 l_{max} 代入式（GYSD00202010-4）计算 σ_B；若耐张段中的最小档距 $l_{min} \geqslant l_k$ 时，则可用最小档距 l_{min} 代入式（GYSD00202010-3）计算 σ_B。

2. 架空地线最大使用应力确定

当由前面求出 +15℃ 无风时地线的应力 σ_B 后，将 σ_B 及其对应的气象条件作为已知条件，利用状态方程式（GYSD00202006-9）求出年平均气温时应力 σ_{B1}，然后将其与年平均运行应力 σ_{Bcp} 相比较，如果 $\sigma_{B1} \leqslant \sigma_{Bcp}$，则仍以 σ_B 及其对应的气象条件为已知条件，利用状态方程求出最大覆冰、基本风速及最低气温时的应力，取其大者即为所选择的地线最大使用应力。如果 $\sigma_{B1} > \sigma_{Bcp}$，则需架空地线支架加高后重新计算。

3. 全线架空地线最大使用应力的确定

一条输电线路在一般情况下，全线总是统一选择同一个最大使用应力，此时首先根据全线各耐张段具体情况，估计几个代表档距并确定最小档距和最大档距，然后按上述方法分别确定各耐张段的最大使用应力，再取各耐张段最大使用应力中的最大者作为全线架空地线最大使用应力。

最大使用应力确定后，需校验架空地线的强度安全系数是否满足要求。如安全系数小于规定值，则必须降低架空地线的最大使用应力，同时增加架空地线支架的高度。

例 GYSD00202010-1 试选择某 110kV 架空线路地线的最大使用应力。已知该线路采用导线为 JL/G1A-185/25-24/7 型，第 II 气象区，杆塔为 $\phi 300$ 等径杆，导线与地线悬点高差 $\Delta h = 3.4m$。估计代表档距范围为 150～300m，各耐张段可能出现的最大、最小档距分别为 $l_{max} = 450m$、$l_{min} = 100m$。在代表档距 $l_0 = 150～382m$ 范围内，+15℃ 无风气象条时导线的应力均为 $\sigma_D = 70.31 MPa$。

解 （1）按表 GYSD00201002-3 选择地线型号为 1×7-8.7-1270-A-GB1200-88，从相关资料查得有关参数为：

地线截面积，$A = 46.24\ mm^2$。

每千米自重，$G_1 = 367.1 kg$。

直径，$d = 8.7mm$。

钢丝破断拉力总和，$T_j = 58720\ N$。

地线弹性系数，$E = 181400\ MPa$。

地线热膨胀系数，$\alpha = 11.5 \times 10^{-6}\ /℃$。

计算可得地线、导线的有关比载为

$$g_1 = 77.858 \times 10^{-3}\ N/(m \cdot mm^2)$$

$$g_{6(27)} = 108.573 \times 10^{-3}\ N/(m \cdot mm^2)$$

$$g_{7(5,10)} = 122.598 \times 10^{-3}\ N/(m \cdot mm^2)$$

导线自重比载 $\qquad\qquad g_D = 32.719 \times 10^{-3}\ N/(m \cdot mm^2)$

计算 l_k，选择 ΔP_m 值

$$l_k = 166.67(\Delta h - 1)$$
$$= 166.67 \times (3.4 - 1) = 400 \ (\text{m})$$

由于 $l_{max} = 450$ m，即 $l_{min} < l_k < l_{max}$，所以取

$$\Delta P_m = \frac{2.88 \times 10^{-4}}{\Delta h - 1}$$
$$= \frac{2.88 \times 10^{-4}}{3.4 - 1} = 1.2 \times 10^{-4}$$

（2）确定各耐张段在 $+15^\circ\text{C}$ 无风气象条件时的应力。设耐张段代表档距 $l_{01} = 150$m，$l_{02} = 300$m，则 $l_{01} = 150$m 时，有

$$\sigma_{B1} = \frac{g_B}{\frac{g_D}{\sigma_D} - \Delta P} = \frac{77.858 \times 10^{-3}}{\frac{32.719 \times 10^{-3}}{70.31} - 1.2 \times 10^{-4}} = 225.4 \ (\text{MPa})$$

$l_{02} = 300$m 时，因 σ_D 相同，所以 $\sigma_{B1} = \sigma_{B2} = 225.4$ MPa。

（3）确定各耐张段最大使用应力。此时，因 $+15^\circ\text{C}$ 无风即年平均气温气象条件，根据防振要求，地线的应力为 $\sigma_{Bcp} = \frac{0.25 T_{Bp}}{A_B} = \frac{0.25 \times 0.92 \times 58720}{46.24} = 292.1$ MPa，因 $\sigma_{B1} = 225.4$ MPa $< \sigma_{Bcp} = 292.1$ MPa，满足防振要求。故可以 $+15^\circ\text{C}$ 无风（即年平均气温气象条件）时，$\sigma_{B1} = 225.4$ MPa 为起始计算条件，利用状态方程式分别计算出最低温度、基本风速和最大覆冰时地线的应力如表 GYSD00202010-1 所示。

表 GYSD00202010-1 计算参数及结果汇总表

类 别		符 号	第1次	第2次	第3次	第4次	第5次	第6次
代表档距		l_0 (m)		150			300	
已知条件	气温	t_m (℃)			15			
	比载	g_m [N/(m·mm²)]			77.858×10^{-3}			
	应力	σ_m (MPa)		225.4			225.4	
待求条件	名称	条件	最低温度	基本风速	最大覆冰	最低温度	基本风速	最大覆冰
	气温	t_n (℃)	−10	10	−5	−10	10	−5
	比载	g_n [N/(m·mm²)]	77.858×10^{-3}	108.573×10^{-3}	122.598×10^{-3}	77.858×10^{-3}	108.573×10^{-3}	122.598×10^{-3}
	应力	σ_n (MPa)	257.07	237.56	258.53	252.8	249.27	272.39

（4）校验强度安全系数。表 GYSD00202010-1 中 $\sigma_{Bm} = 272.39$MPa；又因 $T_{Bp} = 58720 \times 0.92 = 54027$N，则地线瞬时破坏应力 $\sigma_{Bp} = \frac{T_{Bp}}{A_B} = \frac{54027}{46.24} = 1168.3$MPa

$$K_b = \frac{\sigma_{Bp}}{\sigma_{Bm}} = \frac{1168.3}{272.39} = 4.289 > 2.5$$

所以，最终选定的地线最大使用应力为 272.39MPa。

【思考与练习】

1. 确定架空地线最大使用应力的原则是什么？

2. 架空地线最大使用应力选择的主要程序有哪些？若架空地线强度安全系数校验不合格怎么办？

第五章　断线张力及架空地线支持力计算

模块 1　导线断线张力的概念与计算（GYSD00203001）

【**模块描述**】本模块涉及断线张力的基本概念、断线张力的计算及邻档断线交叉跨越距离校验。通过概念描述、定义讲解、计算举例、列表对比，了解断线张力的基本概念，掌握断线张力计算及邻档断线交叉跨越距离校验过程与方法。

【**正文**】

一、断线张力的概念

由于机械损伤、外力破坏、雷击、严重覆冰或大风等原因，可能引起断导线（架空地线）事故。

在线路设计时，假如不考虑导线断线的情况，那么在运行中一旦发生了断线，就将使事故扩大，以致造成整个耐张段甚至全线路倒杆塔，修复工作量是很大的。因此，设计线路杆塔时，应考虑一根至两根导线与架空地线折断时的事故情况。断线的根数按杆塔的型式而定。

计算断线张力的目的，除了为杆塔的强度设计提供荷载外，还为交叉跨越档的限距校验提供应力，以便计算弧垂。此外，在线路运行中也用以分析实际发生的断线事故。

断线后，对于采用固定横担和固定线夹的线路，断线两侧的悬垂杆塔将受到导线不平衡张力的作用。这时悬垂绝缘子串（甚至杆塔顶部）将沿顺线路方向偏斜，其每基杆塔的偏斜距离，随着离开断线点的距离的增加逐渐减小，如图 GYSD00203001-1 所示。图中 T_1、T_2、$\cdots$、T_5 为断线后各档导线的张力，ΔT_1、ΔT_2、$\cdots$、ΔT_5 为相邻档导线的张力差。

对于未断线的剩余各档（简称为剩余档）导线，由于相邻档悬垂绝缘子串的偏斜距离和悬垂杆塔的绕曲程度不等，其结果使各档导线的档距缩小，从而使档距中的导线松弛、张力　减、弧垂增大。

断线后剩余各档的导线张力 T_1、T_2、$\cdots$、T_5，由于随着离开断线点的距离的增加，各档档距的变化量逐档减少，故弧垂的增加量和张力的　减量也逐档减少，因此各档导线的张力逐档增加。

图 GYSD00203001-1　断线后绝缘子串及杆顶偏斜情况

断线张力就是指导线发生断线，剩余各档导线张力　减后的残余张力。断线后，由于各档档距改变量是不相等的，所以各剩余档中的断线张力也是不相等的。从图 GYSD00203001-1 中可见，紧靠断线档第一档的档距改变量最大，张力　减最多，断线张力最小，以后各档档距改变量逐档减小，断线张力逐档增大。由于各档断线张力不相等，各悬垂杆塔上就存在顺线路方向的不平衡张力。因为断线档导线张力为零，所以紧靠断线档第一基悬垂杆塔上的不平衡张力最大，其值等于第一档导线断线后的残余张力。所以，在工程中除特别指明者外，悬垂杆塔的断线张力均指相邻断线档第一档的导线残余张力，也就是离断线档最近的杆塔所受的不平衡张力。

经研究得知，断线张力的大小与断线后的剩余档数多少有关。剩余档数多，支持不平衡张力的杆塔多，各杆塔分配的不平衡张力值就小，各档张力　减得慢，断线张力相对地就较大，反之，剩余档数少，断线张力就小。因此，断线后剩余一档时，悬垂绝缘子串偏斜和悬垂杆塔的绕曲所引起的悬点偏移全部促使导线松弛而弧垂大增，导线张力大大　减，断线张力很小，如图 GYSD00203001-2 所示。

但是，断线后如剩余档数很多，第五档之后的导线张力　减很小，故当遇到剩余档数超过五档时，工程中允许按五档考虑。

图 GYSD00203001-2　断线后剩余一档的情况

另外，断线张力的大小还和断线后剩余各档的档距大小有关，对断线张力大小影响最大的是紧靠断线档的第一、第二档的档距。一般说，档距越大，断线张力越大；档距越小，断线张力越小。

设计杆塔时，断线档应选在耐张段的两端档，因该档断线时，悬垂杆塔所受的断线张力最大；当校验跨越档的限距时，断线档应选在被校跨越档的相邻档，因该档断线后跨越档的弧垂较大。

二、耐张杆塔断线张力的计算

对于耐张型杆塔（如耐张直线杆塔、耐张转角杆塔等），当邻档断线时，杆塔所受的不平衡张力，就是另一侧导线在事故前的正常张力值，因为这些杆塔一般都是刚性的，导线的悬挂点可认为是不偏移的。

故对于 10mm 及以下的冰区耐张杆塔上导、地线的断线张力（或分裂导线的纵向不平衡张力）应不低于表 GYSD00203001-1 的值。

表 GYSD00203001-1　10mm 及以下冰区导、地线断线张力（或分裂导线的纵向不平衡张力）取值表

断线张力（或分裂导线的纵向不平衡张力）（最大使用张力的百分数）						
地　形	地　线	悬垂塔导线			耐张塔导线	
		单导线	双分裂导线	双分裂以上导线	单导线	双分裂及以上导线
平丘	100%	50%	25%	20%	100%	70%
山地	100%	50%	30%	25%	100%	70%

三、悬垂杆塔断线张力的计算

悬垂杆塔的导线断线时，因影响断线张力的因素很多，计算困难，工程计算中都采用一些简化方法。如仅按断线后的稳态情况考虑，不考虑导线的弹性伸长，不考虑悬点高差的影响，不计档距长度的差异等。这些简化假定，可以大大节省计算工作量，而不致使计算结果有很大的误差。

（1）计算杆塔强度时，对于 10mm 及以下的冰区耐张杆塔上导、地线的断线张力（或分裂导线的纵向不平衡张力）应不低于表 GYSD00203001-1 的值。

（2）校验交叉跨越档限距时，其断线张力用　减系数法计算。

在线路设计中，往往需要验算邻档断线后导线对交叉跨越物的距离。交叉跨越距离与导线断线后的张力大小有关，而导线断线后的张力又与邻档断线后剩余档数有关，剩余档数不同，断线张力也不同。为了求出邻档断线后不同剩余档数的导线断线张力，以验算导线对交叉跨越物的距离，可采用经验计算公式（或断线张力通用曲线），计算中不考虑导线的弹性伸长及杆塔的挠曲变形，且假定档距相等、导线悬点高差为零。其计算方法如下。

当已知计算档距 l_D（m）、绝缘子串长度 λ（m）、导线比载 g [N/(m·mm^2)] 及断线前的导线应力为 σ_0（MPa）时，可利用经验计算公式求出　减系数 α_i，则导线断线张力为

$$T_D = \alpha_i \sigma_0 A = \alpha_i T_0 \qquad \text{(GYSD00203001-1)}$$

α_i 为断线后导线应力（或张力）的　减系数，可按以下情况选取

1）断线后剩余 1 档时，有

$$\alpha_1 = \sqrt{\frac{\left(1 - \dfrac{2.9\lambda}{l_D}\right)}{1 + \dfrac{23}{\left(\dfrac{gl_D}{\sigma_0}\right)^2 \left(\dfrac{l_D}{\lambda}\right)}}} \qquad \text{(GYSD00203001-2)}$$

计算档距 l_D 就取被跨档的档距。

2）断线后剩余 5 档及 5 档以上时。当 $\dfrac{gl_D}{\sigma_0}>0.1$ 时，有

$$\alpha_5^2\left(\alpha_s+A\right)=B \qquad\text{（GYSD00203001-3）}$$

其中

$$A=-\left(0.74-\frac{5.7}{\sqrt{\dfrac{l_D}{\lambda}}}-B\right)$$

$$B=\left(0.0196\sqrt{\frac{l_D}{\lambda}}+0.224\right)\sqrt{\frac{l_D}{\lambda}}\left(\frac{gl_D}{\sigma_0}\right)^2$$

当 $\dfrac{gl_D}{\sigma_0}\leqslant0.1$ 时，有

$$\alpha_s=D\sqrt{\frac{gl_D}{\sigma_0}} \qquad\text{（GYSD00203001-4）}$$

其中

$$D^2\left(D+A\right)=B$$

$$A=-\left(2.34-\frac{18}{\sqrt{\dfrac{l_D}{\lambda}}}-0.1B\right)$$

$$B=0.0062\left(\frac{l_D}{\lambda}\right)+0.0708\sqrt{\frac{l_D}{\lambda}}$$

上述各式中计算档距取 $l_D=\dfrac{2}{3}$ 第一档档距 $+\dfrac{1}{3}$ 第二档档距。

3）断线后剩余 2～4 档时，有

$$\left.\begin{aligned}\alpha_2&=0.4\alpha_1+0.6\alpha_5\\\alpha_3&=0.16\alpha_1+0.84\alpha_5\\\alpha_4&=0.06\alpha_1+0.94\alpha_5\end{aligned}\right\}\qquad\text{（GYSD00203001-5）}$$

四、邻档断线交叉跨越距离校验

当求出了断线后的导线应力，即可求出断线后导线的弧垂

$$\left.\begin{aligned}f&=\frac{gl^2}{8\sigma}=\frac{gl^2}{8\alpha_i\sigma_0}=\frac{f_0}{\alpha_i}\\f_x&=\frac{g}{2\sigma}l_al_b=\frac{g}{2\alpha_i\sigma_0}l_al_b=\frac{f_{0x}}{\alpha_i}\end{aligned}\right\}\qquad\text{（GYSD00203001-6）}$$

式中　f、f_x——断线后档距中点和任意点 x 的导线弧垂，m；

　　　f_0、f_{0x}——断线前档距中点和任意点 x 的导线弧垂，m；

　　　　l——交跨档档距，m；

　　l_a、l_b——弧垂计算点至两侧杆塔中心的水平距离，m。

其他符号意义同前。

所谓邻档断线交叉跨越距离校验，顾名思义就是假定交叉跨越档的相邻档断线，交跨档弧垂增大后，导线与被交叉跨越物的接近距离校验。所以，一旦交叉跨越点的弧垂计算出后，即可按正常情况交叉跨越距离校验方法进行校验。但在确定交叉跨越档导线应力时需注意下列三点：

（1）交叉跨越档的邻档有前后两档，假定哪一档断线应以断线后交叉跨越档所在一侧剩余档数少为原则。

（2）计算档距 l_D 的选取，应使紧靠断线档的第一档（在此即交叉跨越档）占主要分量，一般取 $l_D = \frac{2}{3}$ 第一档档距 $+ \frac{1}{3}$ 第二档档距，当断线后剩余一档时，取 $l_D =$ 第一档档距。

（3）邻档断线交叉跨越距离校验的气象条件为 $\pm15℃$、无风，即断线前的导线应力 σ_0 应取 $\pm15℃$、无风时的应力。

例 GYSD00203001-1 设某 110kV 架空线路，导线为 JL/GIA-95/20-7/7 型，其中某耐张段布置如图 GYSD00203001-3 所示，已知 $\pm15℃$、无风气象条件时导线应力 $\sigma_0 = 77.61\text{MPa}$，自重比载 $g_1 = 35.128 \times 10^{-3}\text{N}/(\text{m} \cdot \text{mm}^2)$，绝缘子串长度 $\lambda = 1.73\text{m}$。试校验邻档断线后导线对通信线的垂直距离（要求不小于 3.0m）能否满足要求（$H_A = 55\text{m}$，$H_B = 40\text{m}$，$H_C = 32\text{m}$）？

解 根据断线档选择原则，断线档应为第三档，剩余档数为 3 档。其计算档距为：

（1）计算 α_1 时，取 $l_D = 330\text{m}$。

（2）计算 α_5 时，取 $l_D = \frac{2}{3} \times 330 + \frac{1}{3} \times 270 = 310$（m）。

图 GYSD00203001-3 邻档断线交叉跨越距离校验

$$\alpha_1 = \sqrt{\frac{1 - \frac{2.9\lambda}{l_D}}{23}} = \sqrt{\frac{1 - \frac{2.9 \times 1.73}{330}}{1 + \frac{23}{\left(\frac{gl_D}{\sigma_0}\right)^2 \left(\frac{l_D}{\lambda}\right)}}} = \sqrt{\frac{1 - \frac{2.9 \times 1.73}{330}}{1 + \frac{23}{\left(\frac{35.128 \times 10^{-3} \times 330}{77.61}\right)^2 \times \left(\frac{330}{1.73}\right)}}} = 0.392$$

因为

$$\frac{gl_D}{\sigma_0} = \frac{310 \times 35.128 \times 10^{-3}}{77.61} = 0.14 > 0$$

又因为

$$B = \left(0.0196\sqrt{\frac{l_D}{\lambda}} + 0.224\right)\sqrt{\frac{l_D}{\lambda}}\left(\frac{gl_D}{\sigma_0}\right)^2$$

$$= \left(0.0196\sqrt{\frac{310}{1.73}} + 0.224\right) \times \sqrt{\frac{310}{1.73}} \times \left(\frac{35.128 \times 10^{-3} \times 310}{77.61}\right)^2 = 0.1282$$

$$A = -\left(0.74 - \frac{5.7}{\sqrt{\frac{l_D}{\lambda}}} - B\right) = -\left(0.74 - \frac{5.7}{\sqrt{\frac{310}{1.73}}} - 0.1163\right) = -0.186$$

所以

$$\alpha_5^2(\alpha_5 - 0.186) = 0.1282$$

可解得

$$\alpha_5 = 0.574$$

根据断线后剩余档数为 3 档，可计算得

$$\alpha_3 = 0.16\alpha_1 + 0.84\alpha_5 = 0.16 \times 0.392 + 0.84 \times 0.574 = 0.545$$

交叉跨越点的弧垂

$$f_x = \frac{g}{2\sigma}l_a l_b = \frac{g}{2\alpha_i \sigma_0}l_a l_b = \frac{35.128 \times 10^{-3}}{2 \times 0.545 \times 77.61} \times 110 \times 220 = 10.05\ (\text{m})$$

交叉跨越点导线与通信线的垂直距离 $d = H_A - H_C - h_x - f_x = 55 - 32 - \dfrac{55-40}{330} \times 220 - 10.05$

$$= 2.95（\text{m}）$$

因为 $d = 2.95 < [d] = 3.0\text{m}$，所以交叉跨越距离不满足要求。

【思考与练习】

1. 什么叫断线张力，断线张力计算有什么目的？断线后各档导线的张力是怎么分布的，断线张力的大小与哪些因素有关？

2. 图 GYSD00203001-4 为某 35kV 线路的一个耐张段。导线为 JL/G1A-95/20-7/7 型，杆塔全部采用钢筋混凝土水泥电杆。在考虑杆塔强度时，如何选择断线档，为什么？试计算该耐张段悬垂杆、耐张杆的断线张力。

图 GYSD00203001-4　题 2 耐张段布置图

3. 断线张力的大小与断线后剩余档数及计算档距有何关系？

4. 在校验交叉跨越档的限距时，断线张力一般用何法计算？在使用　减系数法计算断线张力时，剩余档数、计算档距及断线前导线的应力如何确定，为什么？

5. 如图 GYSD00203001-5 所示耐张段中，在 2 号与 3 号杆塔之间跨越铁路，试进行邻档断线交叉跨越距离校验。要求导线至铁轨顶垂直距离 $d \geq 7.5\text{m}$，且已知校验气象条件（+15℃无风）时导线应力 $\sigma_0 = 77.61\text{MPa}$，$g_1 = 35.128 \times 10^{-3}\ \text{N}/(\text{m} \cdot \text{mm}^2)$，悬垂串长度 $\lambda = 0.71\text{m}$。

图 GYSD00203001-5　题 5 耐张段布置图

模块 2　架空地线支持力的概念与计算（GYSD00203002）

【模块描述】 本模块介绍地线支持力的概念与计算。通过概念描述、定量分析，了解地线支持力的基本概念，掌握地线支持力的计算方法。

【正文】

一、架空地线支持力的基本概念

在断导线时，由于耐张段中各档距的导线残余张力不相等，使导线悬点偏移，对于柔性悬垂直线型杆塔（如无拉线的悬垂直线单杆和悬垂门型杆），除悬垂串的偏移外，杆顶梢部也将在导线不平衡张力的作用下产生挠曲。于是使架空地线的悬点产生位移，杆塔两侧的架空地线张力也随之改变，从而又给杆塔一个阻碍其挠曲的不平衡张力，这就是架空地线支持力。该支持力可达到断线张力的

40%~70%，其对电杆及基础设计的作用不可忽视。因此，在柔性悬垂直线型电杆计算时，应考虑此支持力对杆柱的支持作用，使杆塔设计得经济些。此时，不考虑其他未断导线的支持作用。

有架空地线的柔性悬垂直线型杆塔，当只有断线张力作用时，其受力形式为一端嵌固，另一端为弹性支撑的超静定梁；若断线张力 T 及架空地线支持力 ΔT 同时作用，则可看作两个外力作用下的静定悬臂梁，如图 GYSD00203002-1（a）所示。在不同高度的两反向水平力作用下，电杆弯矩图见图 GYSD00203002-1（b）。

架空地线支持力的大小与耐张段中的档数及断线档的位置有关。档数一般取 5~7 档已足够。计算表明，档数再增加，架空地线支持力不再变化。至于断线档的位置同架空地线支持力间的关系，恰同断线档的位置与断线张力的变化规律相反，当断线发生在耐张段中央时，则断线档两侧的电杆向相

图 GYSD00203002-1 悬垂直线型杆塔断导线后受力情况
（a）静定悬臂梁；（b）电杆弯矩图
1—最大支持力产生的弯矩图形；2—最小支持力产生的弯矩图形

反方向变位，此时架空地线支持力因断线档档距的增加而加大，故架空地线承受最大支持力；当断线档紧靠耐张杆塔时，则架空地线承受最小支持力。从图 GYSD00203002-1（b）可知，架空地线最大支持力对断线档两侧的直线杆上部，尤其在导线横担处将引起较大弯矩；而最小支持力时，由于支持力小电杆根部嵌固处产生较大弯矩。故架空地线最大支持力用于计算电杆头部的受弯（导线横担处弯矩）及受扭；架空地线最小支持力用于计算主杆根部受弯（嵌固点处弯矩最大）及基础倾覆。

二、架空地线支持力计算

架空地线支持力，可由式（GYSD00203002-1）求得

$$\Delta T = \frac{D_d T - \lambda_b}{D_b + \frac{37.2F}{A_b}} \tag{GYSD00203002-1}$$

式中　F——计算系数，根据断导线前架空地线的应力 σ_0（MPa）及档距 l（m）由图 GYSD00203002-2 查出；

ΔT——地线的支持力，N；

D_d、D_b——电杆在导线断线张力和地线支持力作用下杆顶的挠度系数，cm/N；

T——导线断线张力，N；

λ_b——架空地线悬垂串长度，cm；

A_b——架空地线的截面积，mm^2。

杆顶的挠度系数可用下式进行计算

$$D_d = \frac{K_d H^3}{B_b} \tag{GYSD00203002-2}$$

$$D_b = \frac{K_b H^3}{B_b} \tag{GYSD00203002-3}$$

式中　H——杆根嵌固点（一般取地下 1/3 埋深处）至杆顶的高度，cm；

K_d——系数，根据断线张力 T 作用点高度 H_x 与杆顶高度 H 的比值，及电杆嵌固截面刚度 B_b 和杆顶截面刚度 B_h 的比值 $\eta = \dfrac{B_b}{B_h}$，从图 GYSD00203002-3 的曲线上查取（图中括号内数据为 $H_x = 0.7~1.0H$ 值）；

K_b——系数，根据架空地线支持力 ΔT 作用点高度与杆顶高度 H 的比值（一般为 1.0）及比值 η，从图 GYSD00203002-3 $K_b = K_d$ 的曲线上查取；

B_b、B_h——分别为电杆嵌固点和杆顶处截面刚度。

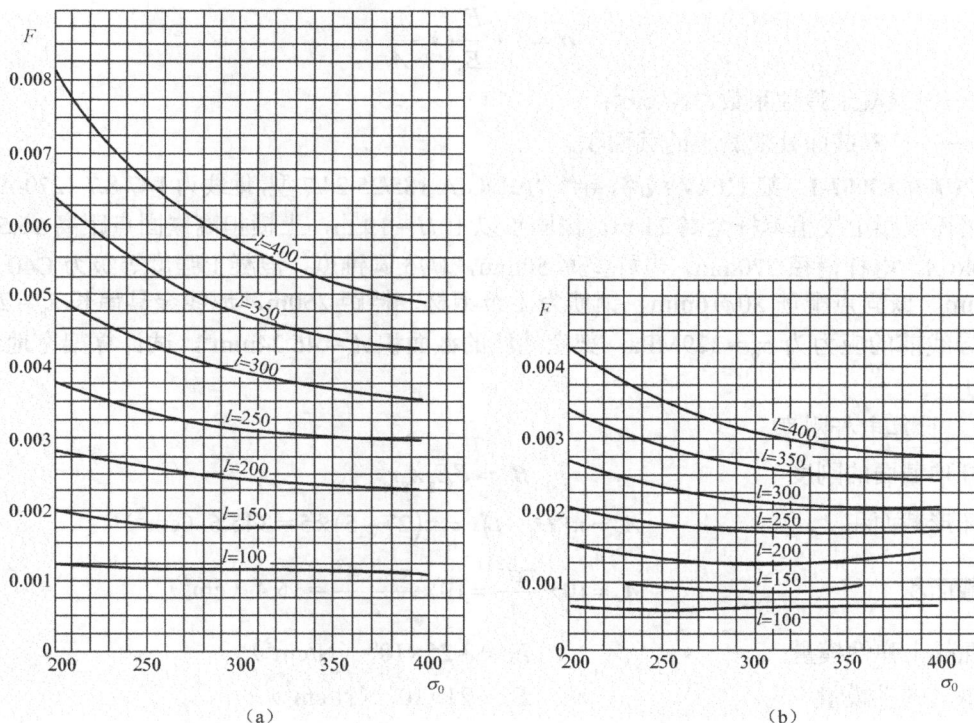

图 GYSD00203002-2　求地线支持力时的 F 值曲线

（a）求架空地线最小支持力时的 F 值曲线；（b）求架空地线最大支持力时的 F 值曲线

对环形截面钢筋混凝土电杆计算截面的刚度可按下式计算

$$B = \beta E_g A_g r_g^2 \tag{GYSD00203002-4}$$

式中　B——环形截面钢筋混凝土电杆计算截面的刚度，$N \cdot cm^2$；

　　　E_g——钢筋的弹性系数，N/cm^2；

　　　A_g——计算截面处纵向钢筋总截面，cm^2；

　　　r_g——计算截面处纵向钢筋布置半径，cm；

　　　β——刚度系数，根据计算截面的 α 系数，由图 GYSD00203002-4 查取，且

图 GYSD00203002-3　系数 K_d、K_b 的曲线

图 GYSD00203002-4　电杆刚度系数 β 曲线

（虚线表示查曲线的顺序）

$$\alpha = 3 \cdot \frac{E_g}{E_h} \cdot \frac{A_g}{A}$$

式中　E_h——混凝土弹性系数，N/cm²；

　　　A——计算截面处混凝土的截面积。

例 GYSD00203002-1　某 110kV 线路，导线为 JL/GIA-185/25-24/7 型，地线为 1×7-8.7-1270-A-GB1200-88 型，已知钢筋混凝土拔梢单杆全高 21m，嵌固点以上 $H=19$m，上横担离嵌固点距离 16.5m，断线张力 $T=11846$N，电杆梢径 270mm，电杆壁厚 50mm，1/75 圆锥度，混凝土强度等级为 C40 级，杆顶配筋 $10\phi14$mm，嵌固点配筋 $20\phi16$mm，钢筋为 I 级钢材，档距 250m，地线金具串长 $\lambda_b=20$cm，架空地线在断导线前的应力为 $\sigma_0=329$MPa，架空地线的截面积 $A_b=46.24$mm²，试计算架空地线的最小、最大支持力。

解　1. 计算电杆刚度

（1）杆顶截面的刚度　　　　　　　　　$B_h = \beta E_g A_g r_g^2$

杆顶环形截面积　　　　$A_h = \pi(D_0 - t)t = \pi(27-5)\times5 = 345.6$（cm²）

钢筋截面积　　　　$A_g = 10 \times \frac{\pi d^2}{4} = 10 \times \frac{\pi \times 1.4^2}{4} = 15.4$（cm²）

C40 混凝土弹性模量　　　　$E_h = 3.25 \times 10^6$（N/cm²）

I 级钢筋弹性模量　　　　$E_g = 21 \times 10^6$（N/cm²）

计算截面的系数　　　$\alpha = 3 \cdot \frac{E_g}{E_h} \cdot \frac{A_g}{A} = \frac{3 \times 21 \times 10^6 \times 15.4}{3.25 \times 10^6 \times 345.6} = 0.864$

根据 $\alpha = 0.864$ 从图 GYSD00203002-4 上查得 $\beta = 0.836$

杆顶截面的布筋半径　　　　$r_g = \frac{1}{2}(D_0 - t) = \frac{1}{2}(27-5) = 11$（cm）

将上列数据代入刚度计算式得

$$B_h = 0.836 \times 21 \times 10^6 \times 15.4 \times 11^2 = 32.71 \times 10^9 \text{（N·cm²）}$$

（2）杆根嵌固点的刚度。嵌固点环形截面外径　$D = D_0 + \frac{H}{75} = 0.27 + \frac{19}{75} = 0.523$（m）

$$A = \pi(D-t)t = \pi(52.3-5)\times5 = 743 \text{（cm²）}$$

$$A_g = 20 \times \frac{\pi}{4} \times d^2 = 20 \times \frac{\pi}{4} \times 1.6^2 = 40.21 \text{（cm²）}$$

$$\alpha = \frac{3 \times 21 \times 10^6 \times 40.21}{3.25 \times 10^6 \times 743} = 1.049$$

由 $\alpha = 1.049$ 查图 GYSD00203002-4 得 $\beta = 0.82$

$$r_g = \frac{1}{2}(52.3-5) = 23.65 \text{（m）}$$

将上列数据代入刚度计算式得

$$B_b = 0.82 \times 21 \times 10^6 \times 40.21 \times 23.65^2 = 38.73 \times 10^{10} \text{（N·cm²）}$$

（3）刚度比　　　　$\eta = \frac{B_b}{B_h} = \frac{38.73 \times 10^{10}}{32.71 \times 10^9} = 11.84$

2. 电杆挠度计算

断线张力作用点在 $\frac{16.5}{19} = 0.868H$ 处，且知 $\eta = 11.84$，查图 GYSD00203002-3 得 $K_d = 0.51$，代入

得

$$D_d = \frac{k_d H^3}{B_b} = \frac{0.51 \times 1900^3}{39.67 \times 10^{10}} = 0.0088 \text{（cm/N）}$$

架空地线支持力作用点在 $1.0H$ 处，$\eta = 11.84$，查图 GYSD00203002-3 得 $K_b = 0.7$，代入得

$$D_b = \frac{K_b H^3}{B_b} = \frac{0.7 \times 1900^3}{39.67 \times 10^{10}} = 0.0121 \ (\text{cm/N})$$

3. 计算架空地线支持力

已知 $\sigma_0 = 329\text{MPa}$，$l = 250\text{m}$，查图 GYSD00203002-2（a）得 $F_{\min} = 0.00305\text{cm/N}$，查图 GYSD00203002-2（b）得 $F_{\max} = 0.0017\text{cm/N}$。

将上述数据代入式（GYSD00203002-1） $\Delta T = \dfrac{D_d T - \lambda_b}{D_b + \dfrac{37.2 F}{A_b}}$，得

最小支持力
$$\Delta T_{\min} = \frac{0.0088 \times 11846 - 20}{0.0121 + \dfrac{37.2}{46.24} \times 0.00305} = 5789 \ (\text{N})$$

最大支持力
$$\Delta T_{\max} = \frac{0.0088 \times 11846 - 20}{0.0121 + \dfrac{37.2}{46.24} \times 0.0017} = 6255 \ (\text{N})$$

【思考与练习】

1. 什么叫架空地线的支持力，其大小与哪些因素有关？一个耐张段中何处断线支持力最大，何处断线支持力最小？悬垂直线杆塔架空地线最大支持力、最小支持力产生的弯矩图怎样，计算有什么用途？

2. 某 35kV 线路，在进入变电站 1~2km 范围架设 1×7-8.7-1270-A-GB1200-88 型架空地线，架空地线金具串长度 $\lambda_b = 0.17\text{m}$，断导线前其应力为 350MPa，采用 18m 深埋拔梢钢筋混凝土悬垂直线单杆，架空地线悬挂点在嵌固点以上的高度 $H = 16.15\text{m}$，电杆梢径 $D_0 = 19\text{cm}$，壁厚 $t = 5\text{cm}$，拔梢锥度 1/75，杆顶配筋 8 根 $\phi 12\text{mm}$，杆根嵌固处配筋 20 根 $\phi 14\text{mm}$，均为 3 号钢。电杆混凝土标号为 C40。假设上导线断线，断线张力为 7448N 且作用于嵌固点以上 $H_x = 13.95\text{m}$（上导线横担处），若各档距均为 200m，试计算架空地线的支持力。

第六章 导线振动与防振

模块 1 振动概述（GYSD00204001）

【模块描述】本模块包含风振动、舞动及次档距振动。通过概念描述、定义讲解，了解有关风振动、舞动及次档距振动。

【正文】

架空导线常年受风、冰、低温等气象条件的作用。风的作用除使架空导线和杆塔产生垂直于线路方向的水平荷载外，还将引起架空导线的振动。架空导线的振动按频率和振幅可分为微风振动（简称振动）和舞动，采用分裂导线的线路，振动的形式为次档距振动。

一、风振动

架空导线风振动的频率较高（约 10~20Hz），而振幅较小（很少超过导线的直径）。一年中风振动的时间常达全年时间的 30%~50%。导线振动沿着导线呈为　波分布，即导线离开平衡位置位移的大小（即振幅），无论在时间上还是沿档距长度都是按正弦规律变化。同时在任意频率下波　点 a（即最大振幅）及波节点 b 在导线上的位置恒定不变，即波　上下交替变化而波节不动。图 GYSD00204001-1 所示为导线振动波形示意图。图中实线为出现最大振幅时，沿档距的波形分布；虚线为其他时刻的波形分布。所以，风振动使导线在悬挂点处反复被　折，引起材料疲劳，最后导致断股、断线事故。

引起风振动的原因是当稳定微风吹过架空导线时，在导线的背风面产生上下交替变化的气流旋（见图 GYSD00204001-2），从而使架空导线受到上下交变的脉冲力，当这个脉冲力的频率与架空导线的固有自振频率相等或者接近时，导线就在垂直平面内产生谐振即为风振动。

图 GYSD00204001-1 导线振动波形

图 GYSD00204001-2 引起导线振动的气流　流

风振动容易在下列地点发生：导线张力大而对地距离较高的地方；平原开阔地带；山谷河流等大跨越地段。在大跨越档距中，不但有横向风力，而且由于上下层空气有温差，还会产生垂直向上的气流，此时架空线的风振动损害比较严重。

二、舞动

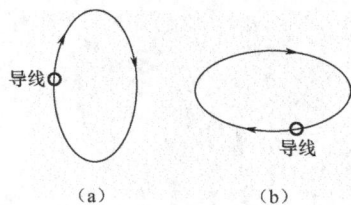

图 GYSD00204001-3 导线舞动时的轨迹投影

（a）竖长　圆状舞动；（b）水平　圆状舞动

舞动为频率很低（周期约为几秒钟一次）而振幅很大（可达几米）的振动。舞动波为进行波。舞动时全档导线作定向的波浪式的运动且兼有摆动，摆动轨迹的投影呈竖长　圆状[如图 GYSD00204001-3（a）所示]。由于舞动的振幅大，有摆动，一次持续几小时，因此容易引起相间闪络，造成线路跳闸停电或引起烧伤导线等严重事故。

舞动很少发生，它主要发生在架空线覆冰且有大风的地区，当导线不均匀覆冰厚度达 3mm 以上，气温在 0℃附近，风速在 10~20m/s 时容易发生舞动。线路较易引起舞动的原因是：导线截面大（直径超过 40mm）、分裂导线的根数较多、导线距地面较高等。此外，电晕严重的线路，导线也容易发生由电晕引起的舞动。

导线舞动的危害是多方面的。由于导线舞动时，振动幅度大、持续时间长，会引起线路相间闪络烧伤导线、导线断股断线或金具严重磨损断裂等事故。近年来我国对舞动研究取得了较好的成果，开发了多种有效的防舞装置，如双摆防舞器、偏心重锤。防止舞动可从避舞、抗舞和 舞三方面采取措施。一般可根据运行经验采取以下措施：

（1）加大线间距离和导线、架空地线间的水平位移。

（2）加大金具绝缘子的机械安全系数，加强抗疲劳强度。

（3）安装相间间隔棒，阻止导线之间闪络。

（4）在经常舞动的地段，增加杆塔缩小档距。这样，不但减小导线、架空地线弧垂而且减轻了杆塔的荷载，提高了安全可靠性。

（5）安装防舞装置，如双摆防舞器、偏心重锤。

三、次档距振动

次档距振动是指相邻间隔棒之间次导线的振动，其频率（1~2Hz）和振幅（5~10cm）均介于前两种振动之间，所以也有称它为次档距舞动的。风偏角（风向与导线中心线的水平夹角）在 45°以内、风速在 3m/s 及以上的大范围内的风，能引起各种排列方式的分裂导线发生次档距振动，除双线垂直排列的分裂导线外（双线垂直排列一般不安装间隔棒），它的发生与覆冰无关。它的运动轨迹多为扁 圆形 [如图 GYSD00204001-3（b）所示]，个别也有竖 圆状的，次档距振动将使同相次导线互相 击，因而损伤导线和间隔棒，甚至损坏金具而使导线落地。次档距振动，在次档距相等（一个档距中）时易发生，故目前国外经验，采用不规则次档距可 制次档距振动。我国现行设计规范规定，四分裂及以上导线采用阻 间隔棒时，档距在 500m 及以下可不再采用其他防振措施。阻 间隔棒宜不等距、不对称布置，导线最大次档距不宜大于 70m，端次档距宜控制在 28~35m。

【思考与练习】

1．导线的风振动是如何产生的？有何特性、对架空线有什么危害？

2．导线舞动有哪些特征？防止导线舞动有哪些措施？

3．导线次档距振动有哪些特征？防止导线次档距振动有何措施？

模块 2　风振动的特性与影响因素（GYSD00204002）

【模块描述】本模块包含风振动的特性与影响因素。通过原理讲解，掌握风振动的特性与影响因素。

【正文】

一、风振动的特性

（一）振动波的波形和振幅

导线振动时的波形如图 GYSD00204001-1 所示。图中距波节点 O 的任意距离 x 处，导线离开平衡位置 Ox 轴的距离 A_x 称为振动波幅，位移中最大者称为最大振幅，如图中的 A_0，因为导线的振动波是按正弦规律变化的，所以任意一点的振幅值可按下式计算

$$A_x = A_0 \sin\frac{2\pi x}{\lambda}\sin\overline{\omega}t \qquad (\text{GYSD00204002-1})$$

式中　A_x——任意一点任意时刻的振幅，mm；

A_0——最大振幅，mm，即 $\omega t = \pm\dfrac{\pi}{2}$，$x = \dfrac{\lambda}{4}$ 时的振幅；

λ——振动波长，m；

$\overline{\omega}$——振动波的角频率，rad/s；

t——计算时间，s。

试验表明，导线的振幅与导线应力有关。当导线的应力为破坏应力的 8%时，振幅接近于零，在这种应力之下我们可以认为导线是不振动的。当导线的应力增加到破坏应力的 20%以后，振幅变化很小趋于饱和。

（二）振动波的频率、波速和波长

导线风振动是经常发生的，而舞动则很少出现。以下重点讨论风振动的问题。当架空导线受到稳定的微风作用时，风的冲击频率（脉冲频率）与风速和导线的直径有关。它可以用下式计算

$$f_F = 200 \frac{v}{d} \qquad\text{（GYSD00204002-2）}$$

式中　f_F——风的冲击频率，Hz/s；

　　　v——风速，m/s；

　　　d——导线直径，mm。

张紧导线的固有自振频率为

$$f_D = \frac{1}{\lambda} v_D \text{（Hz）} \qquad\text{（GYSD00204002-3）}$$

式中　λ——振动波波长，m。

振动波速 v_D 与导线张力和自重的关系为

$$v_D = \sqrt{\frac{9.81T}{w}} \text{（m/s）} \qquad\text{（GYSD00204002-4）}$$

式中　T——档距内导线的张力，N；

　　　w——导线的每米自重，N/m。

将式（GYSD00204002-4）代入式（GYSD00204002-3）得自振频率为

$$f_D = \frac{1}{\lambda} \sqrt{\frac{9.81T}{w}} \text{（Hz）} \qquad\text{（GYSD00204002-5）}$$

当风对架空导线的冲击频率 f_F 与架空线的某一自振频率 f_D 相等时，架空导线在该频率下产生谐振，此时振幅达到最大值。当风速变化致使 f_F 也变化时，振幅将有所下降，同时架空线的自振频率 f_D 也将随导线应力的变化而变化，且可能在另一频率下，产生新的谐振。

当谐振发生时

$$f_F = f_D$$

即

$$200 \frac{v}{d} = \frac{1}{\lambda} \sqrt{\frac{9.81T}{w}}$$

故振动波长 λ 为

$$\lambda = \frac{d}{200v} \sqrt{\frac{9.81T}{w}} \text{（m）} \qquad\text{（GYSD00204002-6）}$$

振动波的半波长为

$$\frac{\lambda}{2} = \frac{d}{400v} \sqrt{\frac{9.81T}{w}} \text{（m）} \qquad\text{（GYSD00204002-7）}$$

（三）导线的振动角

导线振动的严重程度用最大振幅来表示，但从振动对导线的破坏程度来看，用导线悬挂点（固定波节点）处的曲折度（或振动角）来表示更为直观。

导线振动波的波节点处，导线对中心平衡位置的夹角称为振动角，用 α 表示。显然 α 就是振动波在节点处的斜率角，由图 GYSD00204001-1 可以看出，振动角最大时必然也是振幅达到最大时。则有

$$\tan \alpha = \frac{dA}{dx} = \frac{d}{dx} \left(A_0 \sin \frac{2\pi x}{\lambda} \sin \overline{\omega} t \right) = A_0 \frac{2\pi}{\lambda} \cos \frac{2\pi x}{\lambda} \sin \overline{\omega} t$$

在线夹出口处，因为 $x = 0$，所以

$$\tan \alpha = A_0 \frac{2\pi}{\lambda} \sin \overline{\omega} t$$

在线夹出口处振动角达到最大时的条件为 $\sin \overline{\omega} t = 1$，即最大振幅时，故最大振动角为

$$\alpha_{\max} = \arctan \frac{A_0 2\pi}{\lambda} \qquad\qquad \text{（GYSD00204002-8）}$$

导线最大振动角是评价线夹出口处导线振动弯曲程度的重要参数，振动角过大可使线夹出口处的导线受到严重的反复弯曲，容易引起疲劳断股，甚至发展成断线。因此，对最大振动角的数值应有所控制，一般当衡量振动的严重程度或评价防振装置的效果时，若导线最大振动角小于表 GYSD00204002-1 所列数值时，可以认为振动是无危险的。

实际上导线的振动角一般在 $30' \sim 50'$ 之间，当振动特别强烈时接近 $1°$，远远大于表 GYSD00204002-1 的允许值，就这样大的振动角，也不需要很长时间就会使导线断股。故许多国家

表 GYSD00204002-1 导线的允许振动角

平均运行应力（破坏应力的%）	允许振动角
≤25	10′
>25	5′

规定：架空线紧线后立即安装防振器具，绝不能 延过夜间。

线路设计中一般情况下要求 $\alpha_{\max} \leqslant 10'$。对采用扩径导线和铝合金线等易于振动的导线时，或者运行应力较大或者大跨越处，最大振动角不宜大于 $5'$。这就是我们防振设计应达到的标准。

二、影响导线振动的因素

影响导线振动的主要因素有：风速、风向、档距与悬点高度、地形、地物以及导线应力。

（一）风速的影响

均匀的微风是引起风振动的基本因素。风速过小不足以形成气流旋 产生冲击力，因而不足以上下推动导线振动；风速过大，由于气流与地面的摩擦而产生紊流，破坏了上层气流的均匀性，因而也不会引起导线的稳定振动。因此能形成导线稳定振动的风速有一个范围，其下限 $v_{\min} = 0.5 \text{m/s}$，其上限与架空线的悬点高度、档距大小及地形地物情况有关。当悬点高度 $h = 12\text{m}$ 时，风速上限 $v_{\max}$ 取 4m/s；当 $h > 12\text{m}$ 时，$v_{\max}$ 可取自表 GYSD00204002-2 或按经验公式：$v_{\max} = 0.087h + 3.0\text{m/s}$（山区线路例外）进行计算。

表 GYSD00204002-2 平坦开阔地区引起风振动的风速范围

档距（m）	导线悬挂点高度（m）	引起振动风速的范围（m/s）	
		下限 $v_{\min}$	上限 $v_{\max}$
150~250	12	0.5	4.0
300~450	25	0.5	5.0
500~700	40	0.5	6.0
700~1000	70	0.5	8.0

（二）悬点高度及档距的影响

如果档距增大，悬点高度也大，地面对导线处风的均匀性破坏程度就越小，所以风速较大时仍能继续保持足以引起导线振动的均匀性风速。于是可提高稳定振动风速的上限，扩大振动的风速范围，从而增长了振动的相对时间，增大了振幅，加强了振动烈度。

同时档距的增大，又使档距内导线上适合形成整数半波的机会增多了，即导线的谐振频率增多，从而产生谐振的机会也增多了。

因为振动半波数 $n = \dfrac{L}{\lambda/2}$，档距增大，L（线长）增长，所以 n 增多。风速范围与档距大小和悬点高度的关系见表 GYSD00204002-2。

实际观测证实：档距小于 100m 时，很少见到振动；档距在 120m 以上时，导线振动就多了一些；在跨越河流、山谷等高杆塔大档距的地方，可以观测到较强烈的振动。

（三）风向、地形地物的影响

据观察，当风向与线路成 $45° \sim 90°$ 角时，导线产生稳定振动；$30° \sim 45°$ 角时，振动的稳定性较小；

夹角小于 20°时，则很少出现振动。

一般开阔地区易产生平稳、均匀的气流，因而，凡线路通过平原、沼泽地带、漫岗、横跨河流和平坦的风道，认为是易振区。如果线路靠近高山、树林、建筑物等屏蔽物时，靠近地面风的均匀性被破坏，这些地区被认为是不易起振区。这已被运行调查所证实。

（四）年平均运行应力对振动的影响

导线长期受振动的脉动力作用，相当于一个动态应力，叠加在导线的静态应力之上。而导线的许用应力是一定的。因此，静态应力越大，所能容许迭加的动态应力就越小。此外静态应力越大，振动频带越宽，越容易产生振动。而且，随着静态应力的增大，导线本身对振动的阻　作用也要显著降低。

由于静态应力对导线的振动及其危害性都有重大影响，所以考虑防振问题时，就需要结合导线的实际运行应力来分析。这个运行应力选用导线在长期运行过程中最有代表性的静态应力，即"平均运行应力"。图 GYSD00204002-1 所示为未采取防振措施时，地线用的镀锌钢绞线及导线用的钢芯铝绞线振动断股与平均运行应力的关系曲线。

从图 GYSD00204002-1 看出，镀锌钢绞线的平均运行应力在 250MPa、钢芯铝线的平均运行应力在 60MPa 时，振动断股明显上升。因此，在决定地线和导线的平均运行应力时，应给以足够的重视。

图 GYSD00204002-1　导线、地线振动断股特性

（a）镀锌钢绞线振动断股特性；（b）钢芯铝线振动断股特性

根据运行经验，我国的架空线路导线和地线的平均运行应力的上限和相应防振措施如表 GYSD00204002-3 所示。

表 GYSD00204002-3　　导线和地线的平均运行应力的上限和防振措施

情　况	防　振　措　施	平均运行应力上限（拉断力的百分数，%）	
		钢芯铝绞线	镀锌钢绞线
档距不超过 500m 的开阔地区	不需要	16	12
档距不超过 500m 的非开阔地区	不需要	18	18
档距不超过 120m	不需要	18	18
不论档距大小	护线条	22	—
不论档距大小	防振锤（线）或另加护线条	25	25

【思考与练习】

1. 什么叫导线的振动角？振动角有何意义？

2. 实际线路上导线的振动角一般在什么范围，相应有哪些要求与规定？

3. 引起导线风振动的基本因素是什么？引起导线振动的风速为什么有上下限？影响导线振动的因素有哪些？

模块 3　防振措施（GYSD00204003）

【**模块描述**】本模块介绍防振锤、阻 线等防振措施。通过对架空线路防振措施的原理讲解和定量分析，能够了解架空线路目前所采用的防振措施的防振原理，掌握防振锤、阻 线的计算方法。

【**正文**】

架空导线的防振可从两方面着手：其一是在导线上加装防振装置以吸收或减弱振动能量；其二是加强设备的耐振强度，防止由振动而引起导线的损坏。前者，工程上广泛采用的是防振锤和阻 线；后者，则从改善线夹的耐振性能，采用护线条、防振线夹以及降低导线的静态应力等方面解决。各种防振措施的原理及计算方法分述如下。

一、防振锤

（一）防振锤型号选择

1. 防振原理

防振锤的种类很多，我国目前采用最多的 F 型防振锤如图 GYSD00204003-1 所示，多采用水平安装。最常用的 F 型防振锤是由一短段钢绞线两端各装一重锤，中间有专为装于架空线上使用的夹板组成。当导线振动时，夹板随着一同上下振动，由于两端重锤的惯性较大，不能保持与导线同步运动，则防振锤的钢绞线不断上下弯曲，重锤的阻 作用减小了振动的波幅，而钢绞线的变形及股线间产生的摩擦则消耗了振动能量。钢绞线弯曲得越激烈，所消耗的能量也愈多，以致在能量平衡的条件下架空线振动振幅大为减小。但防振锤不能完全消除振动，只能将振动限制到无危险的程度。

图 GYSD00204003-1　防振锤

（a）FD—×型导线防振锤；（b）FG—××型钢绞线防振锤；（c）FF—×型导线
防振锤（500kV 用）；（d）FR—×型多频防振锤；（e）FH—×型防振环

2. 型号选择

为了获得防振锤的最佳防振效果，在选择防振锤时，应以防振锤的钢绞线能产生最大挠度（或弯曲）为原则，以便使其消耗更多的能量。为此，防振锤本身的自振频率范围要同导线可能发生的振动频率范围相适应，且重锤质量要适应。通过试验和运行经验，一般可根据线截面配合选择防振锤的型号，如表 GYSD00204003-1 所示。

表 GYSD00204003-1   防振锤型号与架空线配合表

防振锤型号	架空线截面（mm²）	总 长（mm）	总 重（kg）	钢绞线规格
FD-1	35～50	300	1.5	7/2.6
FD-2	70～95	370	2.4	7/3.0
FD-3	120～150	450	4.5	19/2.2
FD-4	185～240	500	5.6	19/2.2
FD-5	300～400	550	7.2	19/2.6
FD-6	500～630	550	8.6	19/2.6
FG-35	35	300	1.8	7/3.0
FG-50	50	350	2.4	7/3.0
FG-70	70	400	4.2	19/2.2
FG-100	100	500	5.9	19/2.2

（二）防振锤安装个数的确定

若架空线振动强烈时，一个防振锤不足以将此能量消耗至足够低的水平，就需要安装多个防振锤。工程设计中单导线一般根据导线的型号（或直径）和档距的长度按表 GYSD00204003-2 选择防振锤的个数。

表 GYSD00204003-2   防振锤安装数量表

导 线 直 径 d（mm）	档 距（m）		
	1 个	2 个	3 个
$d<12$	≤300	300～600	600～900
$12≤d≤22$	≤350	350～700	700～1000
$22<d<37.1$	≤450	450～800	800～1200

（三）防振锤安装距离的计算

为了使防振锤安装后能达到预期的效果，必须做到如下两点：①防振锤的安装位置必须尽量靠近波 点，因波 点使防振锤甩动最大，消耗的振动能量最多；②对最高和最低振动频率的振动波都应有 制作用，由于导线振动出现的频率和波长并不是一个，而是在一定范围内变化的。为此，对防振锤的安装距离，需要仔细选择，下面将分别予以介绍。

1. 当悬挂点每侧只安装一个防振锤时

为满足上述要求，当安装一个防振锤时，其防振锤的安装位置应在线夹出口处第一个半波内，这是因为线夹出口处是各种波长的节点，也是导线遭受振动最严重的地方。为了使防振锤对各种波长都有良好的防振效果，故防振锤的安装原则是，在最大波长和最小波长情况下使防振锤的位置安装在第一个半波范围内，并对这两种波长的波节点或波 点都有相等的接近程度，即防振锤安装点距这两种波长的波 点的位移角相等，$\Delta\theta_m=\Delta\theta_n$，如图 GYSD00204003-2 所示。

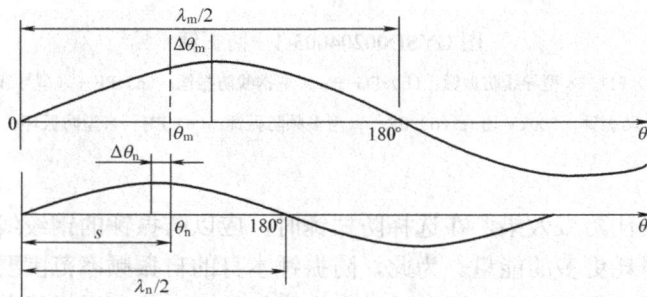

图 GYSD00204003-2 防振锤的安装位置

由图 GYSD00204003-2 可见，因为 $\theta_m = 90° - \Delta\theta_m$，$\theta_n = 90° + \Delta\theta_n$，所以 $\theta_m + \theta_n = 180°$。这时防振锤的安装距离 s 可分别表示为

$$s = \frac{\lambda_m}{2} \cdot \frac{\theta_m}{180°}$$

$$s = \frac{\lambda_n}{2} \cdot \frac{\theta_n}{180°} = \frac{\lambda_n}{2}\left(\frac{180° - \theta_m}{180°}\right)$$

联立上述两式得

$$\theta_m = \frac{\lambda_n}{\lambda_m + \lambda_n} \cdot 180°$$

$$\theta_n = \frac{\lambda_m}{\lambda_m + \lambda_n} \cdot 180°$$

将 θ_m 或 θ_n 的等式代入上式，可得防振锤的安装距离计算公式

$$s = \frac{\dfrac{\lambda_m}{2} \times \dfrac{\lambda_n}{2}}{\dfrac{\lambda_m}{2} + \dfrac{\lambda_n}{2}} \qquad \text{(GYSD00204003-1)}$$

式中　$\dfrac{\lambda_m}{2}$——振动波的最大半波长，m；

$\dfrac{\lambda_n}{2}$——振动波的最小半波长，m；

s——防振锤的安装距离，m。

根据式（GYSD00204002-6），振动波的最大半波长和振动波的最小半波长可按下式计算

$$\frac{\lambda_m}{2} = \frac{d}{400v_n}\sqrt{\frac{9.81T_m}{w}} = \frac{d}{400v_n}\sqrt{\frac{9.81\sigma_m}{g_1}} \qquad \text{(GYSD00204003-2)}$$

$$\frac{\lambda_n}{2} = \frac{d}{400v_m} \cdot \sqrt{\frac{9.81T_n}{w}} = \frac{d}{400v_m} \cdot \sqrt{\frac{9.81\sigma_n}{g_1}} \qquad \text{(GYSD00204003-3)}$$

式中　　σ_m、σ_n——最低温度和最高温度时的导线应力，MPa；

v_m、v_n——振动的上限和下限风速，m/s；

d——导线直径，mm；

g_1——导线自重比载，N/(m·mm²)；

T_m、T_n——最低温度和最高温度时的导线张力，N。

按上述原则求出的防振锤安装距离，不仅满足风速上限和风速下限的防振要求，而且对中间各风速所产生的不同频率和波长的振动更能满足防振要求，因安装点更接近波点，防振效果更好。

防振锤的安装距离 s 通常是指从线夹出口到防振锤固定线夹中心间的距离。但对中心转动式悬垂线夹来说，是指自线夹中心起到防振锤夹板中心间的距离；对耐张线夹来说，当采用一般轻型螺栓式或压接式耐张线夹时，是指自线夹连接螺栓孔中心算起，而对重型螺栓式耐张线夹亦可考虑自线夹出口算起至防振锤夹板中心间的距离（见图 GYSD00204003-3）。当架空线装有护线条时，因悬点处刚度增加使波节点略向外移，此时安装距离可较式（GYSD00204003-1）的计算值增大 10% 左右。

例 GYSD00204003-1　某 110kV 线路，已知导线采

图 GYSD00204003-3　防振锤安装距离

(a) 悬垂线夹；(b) 轻型耐张线夹；

(c) 双螺栓式耐张线夹

用 JL/G1A-120/25-7/7 型钢芯铝线，其直径 $d = 15.7\text{mm}$，自重比载 $g_1 = 35.136 \times 10^{-3}\text{N/(m} \cdot \text{mm}^2)$，悬点高度为 12 m，风速上限 $v_m = 4\text{m/s}$，风速下限 $v_n = 0.5\text{m/s}$，该线路某耐张段的代表档距 $l_0 = 300\text{m}$，其最高温度的应力 $\sigma_n = 44.1\text{MPa}$，最低气温时的应力 $\sigma_m = 60.64\text{MPa}$。求防振锤的安装距离 s。

解　最大半波长

$$\frac{\lambda_m}{2} = \frac{d}{400 v_n}\sqrt{\frac{9.81\sigma_m}{g_1}} = \frac{15.7}{400 \times 0.5} \times \sqrt{\frac{9.81 \times 60.64}{35.136 \times 10^{-3}}}$$
$$= 10.21 \text{（m）}$$

最小半波长

$$\frac{\lambda_n}{2} = \frac{d}{400 v_m}\sqrt{\frac{9.81\sigma_n}{g_1}} = \frac{15.7}{400 \times 4} \times \sqrt{\frac{9.81 \times 44.1}{35.136 \times 10^{-3}}} = 1.09 \text{（m）}$$

安装距离 $s = \dfrac{10.21 \times 1.09}{10.21 + 1.09} = 0.985$（m）

2. 当悬挂点每侧安装多个防振锤时

当风的输入能量很大使导线振动强烈时，一个防振锤不足以将此能量消耗至足够低，就需要装多个防振锤（见表 GYSD00204003-2）。

多个防振锤的安装距离，一般均按等距离安装，即第一个安装距离为 s，第二个为 $2s$，第 n 个为 ns。安装距离 s 的计算方法与安装一个防振锤时的计算完全相同。这里必须指出，第一个防振锤位于从线夹出口算起的第一个最小半波内，但其后第 n 个就不一定在第 n 个最小半波内，甚至某个防振锤可能位于某些波的波节点上，此时，该防振锤虽无上下甩动，但有回转甩动，故仍能起一定的减振作用。

当 $\dfrac{\lambda_m}{2} \gg \dfrac{\lambda_n}{2}$ 时，则 $s \approx \dfrac{\lambda_n}{2}$，而且又必须采用两种不同型号的防振锤，如果按等距离安装时，在出现最小波长时，所有防振锤都在波节上，因此无法起到应有的防振作用，这时应按不等距离安装为好。其方法有两种。

（1）方法一（两个防振锤时）：第一个防振锤安装距离为 $s_1 = 1.05\dfrac{\lambda_n}{2}$；第二个防振锤安装距离为 $s_2 \approx 1.8\dfrac{\lambda_n}{2}$。

当第一个防振锤处于节点位置，而第二个防振锤应当在波　点附近为原则。

（2）方法二（两个以上防振锤时）：安装距离为

$$s_b = \frac{\left(\dfrac{\lambda_m/2}{\lambda_n/2}\right)^{\frac{b}{n}}}{1 + \left(\dfrac{\lambda_m/2}{\lambda_n/2}\right)^{\frac{1}{n}}} \cdot \frac{\lambda_n}{2} \text{（m）}$$
（GYSD00204003-4）

式中　b——防振锤的序号，$b = 1,2,3,\cdots,n$；
　　　n——应安装防振锤的个数。

二、阻尼线

阻　线是用一段挠性好、刚性小、瞬时破坏应力大的钢绞线或同型号的导线在悬垂线夹两侧或耐张线夹出口的一侧，作成连续的多个"花边"形，如图 GYSD00204003-4 所示。其防振的原理是转移线夹出口处波的反射点位置，使振动波的能量顺利地从旁路通过，从而使线夹出口处的反射波和入射波的叠加值减小到最低限度。在振动过程中，一部分振动能量被导线本身和阻　线线股之间产生的摩擦所消耗，其余能量由振动波传至花边各连接点处，经过多次折射（并伴有少量反射和投射），仅部分波传至线夹出口，大部分被消耗掉和通过花边到另一侧。

同防振锤比较，阻尼线的防振效果也很显著，同时阻尼线质量轻，连接处不易形成"死点"；连接点处不像防振锤那样用夹板固定，而用铁丝绑扎 100mm 长或用 U 形卡子固定，不致产生棱边磨损导线；阻尼线对振动能量的消耗较平缓。试验得知，低频振动时，防振锤消振效果较好；高频振动时，阻尼线消振效果较好；从小牌号导

图 GYSD00204003-4　阻　线

线振动频率较高的角度着眼，阻尼线则是消振效果较好的措施。而对大跨越档距，国内外多采用阻尼线加防振锤联合使用方式，以充分发挥它们各自的长处。

阻尼线的安装原则与防振锤相同，即应考虑到导线发生最大和最小振动波长时都能起到消振作用，以此原则来确定花边的长度。花边的数量一般随档距大小而定。对一般档距，悬点每侧采用 2 个花边，500~600m 档距每侧采用 3 个花边，档距超过 600m 以上每侧采用 4 个，最多曾用到 6 个。根据试验，花边弧垂大小对防振效果影响不大，一般取 50~100mm，也有按花边大小确定弧垂的，即 $f_1 \leqslant s_1$；$f_2 = \frac{2}{3} s_2$；$f_3 = \frac{2}{3} s_3$（f 为弧垂，s 为一个花边的水平距离）。

阻尼线线夹安装距离的计算目前有以下几种方法：

（1）若采用悬点每侧一个花边时，第一个死点则设在靠近线夹的第一个最小波长的最大波腹处，即 $s_1 = \frac{1}{4} \lambda_n$，而第二个死点则设在第一个最大波长的最大波腹处，即 $s_2 = \frac{1}{4} \lambda_m$。

（2）若悬点每侧采用两个花边时，对一般档距阻尼线总长可取 7~8m 左右，在导线线夹两侧各设 3 个连结点，连结点的安排为

$$\left. \begin{array}{l} s_1 = \dfrac{\lambda_n}{4} = \dfrac{d}{800 v_m} \sqrt{\dfrac{9.81 \times \sigma_n}{g_1}} \\[3mm] s_1 + s_2 + s_3 = \left(\dfrac{1}{6} \sim \dfrac{1}{4} \right) \cdot \dfrac{d}{200 v_n} \cdot \sqrt{\dfrac{9.81 \times \sigma_m}{g_1}} \\[3mm] s_2 = s_3 \end{array} \right\} \ （\text{m}） \qquad （\text{GYSD00204003-5}）$$

（3）若悬点两侧有两个以上的花边时，可采用防振锤等距法，即

$$s_1 = s_2 = s_3 = \cdots = s_n = \frac{\dfrac{\lambda_m}{2} \cdot \dfrac{\lambda_n}{2}}{\dfrac{\lambda_m}{2} + \dfrac{\lambda_n}{2}} \ （\text{m}） \qquad （\text{GYSD00204003-6}）$$

三、护线条

为了预防导线悬点处因振动而损坏，常加装护线条。护线条可使导线在线夹附近处的刚度加大，从而抑制导线的振动弯曲，减小导线的弯曲应力及挤压应力和磨损，提高导线的耐振能力。

护线条有锥形和预绞丝两种（见图 GYSD00204003-5）。我国目前广泛推广使用预绞丝护线条，护

图 GYSD00204003-5　护线条

线条的材料为铝镁硅合金。在国内外还有一些其他的防振措施，如线路避开易振区，采用柔性横担、偏心线夹、防振线夹、打背线、自阻线等。目前国内采用极少，有的尚在研制阶段。图GYSD00204003-6、图GYSD00204003-7为打背线、护线条的示意图。

图 GYSD00204003-6　锥形护线条组装示意图

图 GYSD00204003-7　打背线

四、组合措施

对特大跨越档的架空导线多采用高强度大截面的特制导线，其自重大、悬点高、振动频率范围大，且因线路跨越点多位于屏蔽物很少的地段，所以很容易振动且振动能量较大，往往需要用不同型号的防振锤或数种防振措施联合防振，才能获得较好的防振效果。图 GYSD00204003-8 是经过试验研究推荐给长江大跨越工程使用的导线防振方案。将不同材料的阻线与防振锤混合使用，在 15~45Hz 的振动频段里的防振效果较好。

图 GYSD00204003-8　推荐给工程使用的跨越档防振方案

1—导线；2—花边；3—防振锤；4—滑轮

【思考与练习】

1．导线的防振措施从哪两方面入手，目前相应有哪些具体防振措施？

2．试述防振锤的消振原理及其型号选择原则。防振锤的安装个数与哪些因素有关？在确定其安装位置时需满足哪些要求？

3．阻线是如何构成的，它与防振锤相比防振效果各有何特点？

4．导线发生舞动的原因有哪些，导线的舞动有什么危害？导线次档距振动是怎么回事、有何危害、目前一般采用什么方法来制次档距振动？

5．试述在特大跨越档的架空导线上为什么要采用数种防振措施联合防振。

6．某架空线路，导线为 JL/G1A-95/20-7/7 型，导线直径 d =13.9 mm，$g_1 = 35.128 \times 10^{-3}$ N/(m·mm^2)，悬点高度为 12m，耐张段各档档距分别为 310、370、380、320m，导线最低温度时的应力 σ_m =96.39MPa，最高温度时的应力 σ_n =70.61MPa。试选防振锤的规格和安装距离，并统计该耐张段所需导线防振锤只数。

第三部分

输电线路杆塔的结构型式与受力分析

第七章 杆塔结构型式及外形尺寸确定

模块 1 输电线路杆塔的结构型式（GYSD00301001）

【模块描述】本模块介绍输电线路杆塔的结构型式。通过概念描述，了解输电线路杆塔的结构型式及类型。

【正文】

杆塔的结构型式主要取决于电压等级、线路回数、地形、地质情况及使用条件等。在满足上述要求下根据综合技术经济比较，择优选用。

杆塔按其受力性质，分为悬垂型、耐张型杆塔。悬垂型杆塔分为悬垂直线和悬垂转角杆塔；耐张型杆塔分为耐张直线、耐张转角和终端杆塔。

杆塔按其回路数，分为单回路、双回路和多回路杆塔。

按杆塔结构所用的材料分类，分为钢筋混凝土电杆、钢管杆和铁塔。

一、钢筋混凝土电杆

1. 35～110kV 单回路悬垂直线杆

此类电杆由于其承受的荷载较小，一般可设计成单杆，导线呈三角形布置；主杆可用梢径 $\phi150～\phi190$mm、全长 15～18m 的锥形杆（见图 GYSD00301001-1），当杆塔荷载较大，也常用 $\phi300$mm 等径双杆或带拉线单杆（见图 GYSD00301001-2）。

图 GYSD00301001-1 35～110kV 钢筋混凝土悬垂直线单杆

（a）35kV 单杆；（b）66kV 单杆；（c）110kV 单杆

2. 220～330kV 单回路悬垂直线杆

由于这一电压等级的杆塔荷载较大，目前大多采用带叉梁的双杆或带拉线的八字杆，少数荷载较小的线路也采用带拉线的单杆。

带叉梁的双杆（见图 GYSD00301001-3），一般可采用梢径 $\phi190\sim\phi230$mm、全长 27m 左右的锥形杆段或 $\phi400$mm 等径杆段，在主杆平面内设一层或两层叉梁，以减小主杆所受的弯矩，有时还可以在电杆平面外设置 V 型拉线，以增加电杆的纵向稳定和承受纵荷载。带双层叉梁的直线双杆，由于根部弯矩较小，对软弱地基的基础设计较为有利。

图 GYSD00301001-2　带拉线的钢筋混凝土直线单杆

（a）

（b）

图 GYSD00301001-3　带叉梁的 220～330kV 钢筋混凝土直线杆
（a）220kV 直线杆；（b）330kV 直线杆

3. 35～110kV 单回路承力杆

承力杆（指耐张杆、转角杆、终端杆）所承受的荷载较大，当采用钢筋混凝土杆时一般均需设置拉线。其外形有 A 字型或门型，拉线布置方式在小转角时可用 V 型或交叉型；大转角时可用八字型，必要时还要设置反向拉线和分角拉线（见图 GYSD00301001-4）。

（a）

（b）

图 GYSD00301001-4　35～110kV 单回路承力杆
（a）门型承力杆；（b）A 字型承力杆

4. 220kV 单回路承力杆

220kV 承力杆一般都采用双杆，主杆常用 $\phi400$mm 等径杆，横担用钢结构，拉线大多布置成交叉拉线或把字型拉线（见图 GYSD00301001-5）。

图 GYSD00301001-5 220kV 单回路承力杆

（a）耐张杆；（b）5°~30°转角杆

二、铁塔

铁塔大多采用热轧等肢角钢制造、螺栓组装的空间桁架结构，也有少数国家采用冷弯型钢或钢管混凝土结构。根据结构型式和受力特点，铁塔可分为拉线塔和自立塔两大类。

1. 拉线塔

拉线塔由塔头、主柱和拉线组成。塔头和主柱一般由角钢组成的空间衍架构成，有较好的整体稳定性，能承受较大的轴向压力。拉线一般用高强度钢绞线做成，能承受很大的拉力因而使拉线塔能充分利用材料的强度特性而减少材料耗用量。

就外形而言，拉线塔可设计成导线呈三角形排列的鸟骨型、猫头型（见图 GYSD00301001-6）等，以及导线呈水平排列的门型、V 型（见图 GYSD00301001-7）等。

图 GYSD00301001-6 导线呈三角形排列的拉线铁塔

（a）220kV 上字型拉线塔；（b）220kV 猫头型拉线塔

图 GYSD00301001-7 导线呈水平排列的拉线铁塔

（a）220kV 门型拉线塔；（b）220kV V 型拉线塔；（c）500kV V 型拉线塔

2. 自立式铁塔

单回路自立式铁塔也可分为导线呈三角形排列的鸟骨型、猫头型、上字型、干字型及导线呈水平排列的酒杯型、门型等两大类（见图 GYSD00301001-8、图 GYSD00301001-9）。双回或多回路自立式铁塔的导线有水平或垂直排列的干字型或鼓型塔（见图 GYSD00301001-10）。

自立式承力塔主要有酒杯型和干字型、桥型等。由于干字型塔的中相导线直接挂在塔身上，下横担的长度也比酒杯型塔短，结构也比较简单，因而比较经济，是目前 220～500kV 输电线路上常用的承力塔（见图 GYSD00301001-11）。

三、钢管杆

最近几年城区线路，由于受到城市环境、线路通道及负荷的增加要求较大导线截面使线路机械荷载加大，无拉线电杆强度不能满足要求而广泛采用钢管杆，常见杆型如图 GYSD00301001-12 所示。

图 GYSD00301001-8 导线三角形排列的自立式铁塔

（a）上字型；（b）鸟骨型；（c）猫头型

图 GYSD00301001-9　导线呈水平排列的自立式铁塔

（a）门型；（b）220kV 酒杯型；（c）500kV 酒杯型

图 GYSD00301001-10　双回路自立式铁塔

（a）鼓型；（b）干字型

图 GYSD00301001-11 自立式承力塔

（a）酒杯型；（b）220kV 干字型；（c）500kV 干字型

图 GYSD00301001-12 常见悬垂钢管杆杆型

（a）66kV 单回路悬垂钢管杆；（b）110kV 双回路悬垂钢管杆；（c）220kV 双回路悬垂钢管杆

【思考与练习】

1. 35~110kV 单回路悬垂直线杆有何特点，常用何种杆型？

2. 220kV 单回路承力杆常用何种杆型？

3．自立式承力塔主要有哪些塔型，各有何特点？

模块 2　输电线路杆塔几何尺寸的确定（GYSD00301002）

【模块描述】本模块涉及确定杆塔外形尺寸的基本要求、杆塔呼称高的确定、杆塔头部尺寸的确定。通过概念描述和知识讲解，能够掌握确定杆塔外形尺寸的基本要求，确定杆塔呼称高及杆塔头部尺寸。

【正文】

一、确定杆塔外形尺寸的因素

杆塔用来支持导线和架空地线，确定它的外形尺寸时，必须满足电气条件的要求，据此，根据其作用，对杆塔结构及其外形尺寸有下列基本要求：

（1）确定杆塔呼称高度时，应满足规程规定的导线对地及对交叉跨越物的安全距离。

（2）确定杆塔头部尺寸时，应满足：

1）在运行电压、操作过电压和雷过电压情况下，各相导线之间和导线与接地构件之间的空气间隙的要求；

2）架空地线对导线的保护角及导地线间在档距中央最小间距的要求；

3）导线覆冰脱落时，考虑导线跳跃对线间距离的要求；

4）各相导线不同步摇摆时，导线在档距中央接近距离的要求；

5）带电作业时，安全距离的要求。

二、杆塔呼称高的确定

杆塔最下层导线绝缘子串挂点到设计地面的垂直距离称为杆塔的呼称高，一般用 H 表示（见图 GYSD00301002-1）。

图 GYSD00301002-1　杆塔的呼称高度

杆塔的呼称高可按下式确定

$$H = \lambda + f_{max} + [h] + \Delta h \qquad \text{（GYSD00301002-1）}$$

式中　λ——绝缘子串的长度，m；

f_{max}——导线的最大弧垂，m；

$[h]$——导线在最大弧垂时，导线到地面、水面及各种被跨越物的安全距离，m，见表 GYSD00301002-1；

Δh——考虑地形断面测量误差及导线安装误差等留的裕度，m，一般对 110kV 及以下的线路、档距 200～350m 时可取 $\Delta h = 0.5～0.7$m。

表 GYSD00301002-1　　　　导线与地面的最小垂直距离[h]　　　　　　　　m

电压等级（kV） 线路经过地区	35～110	154～220	330	500	750
居民区	7.0	7.5	8.5	14	19.5
非居民区	6.0	6.5	7.5	11（10.5*）	15.5**（13.7***）
交通困难地区	5.0	5.5	6.5	8.5	

*　用于导线三角排列的单回路。

**　对于导线水平排列单回路的农业耕作区。

***　对于导线水平排列单回路的农业非耕作区。

杆塔的总高度等于呼称高度加上导线间的垂直距离和地线支架高度，对于电杆还要加上埋入地下的深度 h_0。

式（GYSD00301002-1）中，对于一定电压等级的线路，λ、$[h]$、Δh 都是定值，而 f_{max} 则随施放

档距的增加而增大，所用杆塔的呼称高度也随之增加。但档距增大使每千米的杆塔数量可以减少，相反，施放档距减小，所用杆塔的呼称高随之降低，但档距减小使每千米的杆塔数量增多了。故对应某一个电压等级的线路，必有一个投资和材料消耗量最少的施放档距和相应的呼称高度，这一档距称为经济档距（又称标准档距）。相应于经济档距的呼称高称为经济呼称高度（又称标准呼称高度）。根据工程设计经验，各电压等级输电线路的经济呼称高度如表 GYSD00301002-2 所示。

表 GYSD00301002-2　　　　　　　　　输电线路杆塔的经济呼称高度　　　　　　　　　　　　　　　m

线路电压等级（kV）	钢筋混凝土杆	铁　　塔
110	13	15～18
154	17	18～20
220	21	23
500	—	36
750	—	45

三、杆塔头部尺寸的确定

杆塔头部尺寸，如横担长度、上下层导线的间距、地线支架高度等，主要决定于电气方面的要求，这些要求可从两个方面来满足，即档距中各种线间距离的验算和杆塔头部各种安全间隙的检查。

1. 档距中导线的水平线间距离

按导线在档距中不同步摇摆应保持的接近距离的要求，《规程》指出：水平排列的导线，线间距离应结合运行经验确定。对档距在 1000m 以下的档，其导线的水平线距 D_s，一般可按下式计算

$$D_s = k_i \lambda + \frac{U_N}{110} + 0.65\sqrt{f_{max}} \qquad (GYSD00301002-2)$$

式中　D_s——导线的水平线间距离，m；

　　　k_i——悬垂绝缘子串系数，对 I—I 串或 I—V 串 $k_i = 0.4$，对 V—V 串 $k_i = 0$；

　　　λ——悬垂绝缘子串的长度，m；

　　　U_N——线路的额定电压，kV；

　　　f_{max}——导线的最大弧垂，m。

一般情况下，使用悬垂绝缘子串的杆塔，其水平线间距离与档距的关系，见表 GYSD00301002-3。

表 GYSD00301002-3　　　　使用悬垂绝缘子串的杆塔水平线间距离与档距的关系　　　　　　　　　m

档　距 \ 水平线间距离		3.5	4.0	4.5	5.0	5.5	6.0	6.5	7.0	7.5	8.0	8.5	10	11	13.5	14	14.5
电压（kV）	110	300	375	450													
	220					440	525	615	700								
	330									525	600	700					
	500												525	600			
	750														500	600	700

注　表中数值不适用于覆冰厚度 15mm 及以上地区。

当导线按三角形排列时，除两相下导线需满足式（GYSD00301002-2）的要求外，上下导线间斜线距离可用下式换算为等效水平线间距离 D_x，然后视其是否满足式（GYSD00301002-2）的要求

$$D_x = \sqrt{D_p^2 + \left(\frac{4}{3}D_z\right)^2} \qquad (GYSD00301002-3)$$

式中　D_x——导线三角形排列时的等效水平线间距离，m；

　　　D_p——导线间水平投影距离，即水平偏移，m；

　　　D_z——导线间垂直投影距离，即垂直距离，m。

2. 导线垂直排列的垂直距离和水平偏移

当导线垂直排列时，导线的垂直线间距离一般采用水平线间距离 D_s 的 75%，且应不小于表 GYSD00301002-4 所列数值。

表 GYSD00301002-4　　　　使用悬垂绝缘子串的杆塔的垂直线间距离　　　　　　　m

线路电压（kV）	110	220	330	500	750
垂直线距（m）	3.5	5.5	7.5	10	12.5

对多回路杆塔，不同回路的不同相导线水平或垂直线间距离应比上述的线间距离大 0.5m。

为防止导线在不均匀脱冰时，引起导线跳跃碰线造成事故以及上层导线脱冰时的冰块对下层导线的冲击现象，故上下层相邻导线间或地线与相邻导线间需有水平偏移。此水平偏移不宜小于表 GYSD00301002-5 所列数值。

表 GYSD00301002-5　　　　上下层相邻导线间或地线与相邻导线间的水平偏移　　　　　m

电压等级（kV）	110	220	330	500	750
设计冰厚（10mm）	0.5	1.0	1.5	1.75	2.0

注　无冰区可不考虑水平偏移。设计冰厚 5mm 地区，上下层相邻导线间或导线与地线间的水平偏移，可以根据运行经验适当减小。

3. 空气间隙的校验

所谓空气间隙的校验，即在外过电压、内过电压及正常工作电压三种情况下，绝缘子串风偏后导线对杆塔接地部分的空气间隙不得小于表 GYSD00301002-6 所列的数值。

表 GYSD00301002-6　　　　带电部分与杆塔构件的最小间隙　　　　　　　　　　m

电压等级（kV）	110	220	330	500		750	
						海拔 500m 以下	海拔 1000m 以下
外过电压（e_1）	1.00	1.90	2.30	3.30		4.2（或按绝缘子串放电电压的 0.8 配合）	
内过电压（e_2）	0.70	1.45	1.95	2.5	2.7	3.80（边相 I 串）	4.00（边相 I 串）
						4.60（中相 V 串）	4.80（中相 V 串）
运行电压（e_3）	0.25	0.55	0.90	1.2	1.3	1.80（I 串）	1.90（I 串）

注　1. 按外过电压和内过电压情况校验间隙时的相应气象条件，参见典型气象区参数。

　　2. 按运行电压情况校验间隙时风速采用基本风速修正至相应导线平均高度处的值及相应气温。

　　3. 500kV 空气间隙栏，左侧数据适合于海拔高度不超过 500m 地区；右侧适用于超过 500m 但不超过 1000m 的地区。

空气间隙校验的具体方法是，首先按照外过电压、内过电压和运行电压三种相应的气象条件（见表 GYSD00202001-2）计算出绝缘子串的风偏角 θ。

正常情况的风速采用 0.9 倍的最大风速；内过电压风速采用 15m/s；外过电压风速按过电压保护设计规程规定。

直线杆塔悬垂绝缘子串（见图 GYSD00301002-2）的风偏摇摆角可用下式计算

$$\theta = \tan^{-1}\left(\frac{\dfrac{P_j}{2}+P_D}{\dfrac{G_j}{2}+G_D}\right)　　　　（GYSD00301002-4）$$

$$P_j = 9.8(n+1)A_j\frac{v^2}{16}　　　　（GYSD00301002-5）$$

$$P_D = g_4 A l_h　　　　（GYSD00301002-6）$$

$$G_D = g_1 A l_v　　　　（GYSD00301002-7）$$

式中　A——导线截面积，mm^2；

　　　l_h——水平档距，m；

图 GYSD00301002-2　绝缘子串受力图

l_v ——垂直档距，m；

g_1 ——导线自重比载，N/(m·mm²)；

g_4 ——导线风压比载，N/(m·mm²)；

G_j ——绝缘子串的重力，N；

P_j ——绝缘子串的风压，N；

A_j ——一片绝缘子的受风面积，一般单裙边绝缘子取 0.03m²，双裙边绝缘子取 0.04m²；

n ——每串绝缘子的片数，金具零件按一片绝缘子的受风面积考虑；

v ——计算情况下的风速，m/s。

按式（GYSD00301002-5）计算出相应的绝缘子串风偏角 θ_1、θ_2、θ_3 后，再依据初步确定的塔头布置及规程要求的间隙距离 e_1、e_2、e_3（见表 GYSD00301002-7），作间隙圆。圆心为三种情况下绝缘子串风偏后的导线悬挂点；半径为相应的最小空气间隙。如果杆塔构件（包括脚钉、拉线等）落在圆图包络线以外，表示导线在塔头上的布置既满足导线在档距中接近程度的要求，又符合三种情况下对空气间隙的要求，布置可行。否则应增加横担长度或上下横担的距离直至塔头尺寸满足最小间隙的要求。如图 GYSD00301002-3 所示。

4. 带电作业条件的校验

确定杆塔头部尺寸还应适当考虑带电作业安全距离的要求。《国家电网公司电力安全工作规程》规定等电位作业人员至杆塔构件，或地电位作业人员至带电导线的净空安全距离 s_1 不应小于表 GYSD00301002-7 所列数值。作带电作业安全距离校验时，如图 GYSD00301002-4 所示，取人体的活动范围 s_2 为 0.5m，校验带电作业间隙的气象条件为：风速 $v=10$m/s，气温 $t=15$℃。

图 GYSD00301002-3　间隙圆图

表 GYSD00301002-7　　带电作业，带电部分对杆塔与接地部分的校验间隙

电压等级（kV）	110	220	330	500	750
安全距离（m）	1.0	1.8	2.2	3.2	4.0/4.3*（边相 I 串/中相 V 串）

* 该项为 750kV 单回路带电作业间隙。

5. 架空地线挂点在杆塔头部相对位置的确定

架空地线挂点的高度和相对位置主要考虑对导线保护角的要求，同时还要考虑档距中央架空地线与导线之间在雷过电压情况下最小距离的要求。如图 GYSD00301002-5 所示。

图 GYSD00301002-4　带电作业安全距离校验

图 GYSD00301002-5　地线悬挂点的布置

（1）杆塔上地线对边导线的保护角，对于同塔双回或多回路，220kV 及以上线路的保护角均不大于 0°，110kV 线路不大于 10°；对于单回路，500～750kV 线路的保护角不大于 10°，330kV 及以下线路不大于 15°；单地线线路不大于 25°。对重覆冰线路的保护角可适当加大。此处，防雷保护角可按下式计算

$$\alpha = \tan^{-1}\frac{a}{h} \quad\quad\quad（GYSD00301002-8）$$

式中　h——导线和地线的垂直距离，m；

　　　a——导线和地线的水平偏移，m。

（2）导线为水平排列的杆塔，双地线之间的水平距离决定于地线对中相导线的保护要求。《规程》规定：双地线间的水平距离 d 不能大于地线与中导线的垂直距离 h 的 5 倍。即 $d \leqslant 5h$。

（3）在雷电过电压条件下档距中央导线与地线的接近距离应满足下式

$$s \geqslant 0.012l + 1 \quad\quad\quad（GYSD00301002-9）$$

式中　s——导线与地线在档距中央的接近距离，m；

　　　l——档距，m。

【思考与练习】

1．确定杆塔外形尺寸的基本要求有哪些？

2．什么叫杆塔的呼称高？呼称高有哪几方面参数组成？什么叫经济呼称高？

3．上下层导线间、导线与地线间为什么要有水平偏移？

4．什么叫防雷保护角？在确定地线悬挂点位置时应满足哪些要求？

第八章　杆塔荷载计算条件及其计算

模块 1　杆塔荷载的计算条件（GYSD00302001）

【模块描述】本模块包含荷载的分类、荷载计算条件、地线不平衡张力和导线、地线断线张力、荷载系数及各种档距的确定。通过概念描述和知识讲解，了解杆塔荷载的种类及其计算条件，掌握地线不平衡张力和导线、地线断线张力、荷载系数及各种档距的确定方法。

【正文】

一、荷载的分类

（1）作用在杆塔上的荷载按其性质分类可分为永久荷载、可变荷载。杆塔的作用荷载一般分为：横向荷载、纵向荷载和垂直荷载。

1）永久荷载：导线及地线、绝缘子及其附件、杆塔结构、各种固定设备、基础以及土石方等的重力荷载；拉线或纤绳的初始张力，土压力及预应力等荷载。

2）可变荷载：风和冰（雪）荷载；导线、架空地线及拉线的张力；安装检修的各种附加荷载；结构变形引起的次生荷载以及各种振动动力荷载。

（2）按荷载作用在杆塔上的方向可分为横向荷载、纵向荷载和垂直荷载三种。

1）横向荷载是指沿横担方向的荷载。包括杆塔上导线、架空地线的风压，转角杆塔导线、架空地线张力产生的横向水平分力，杆塔自身的风压等。一般用符号 P 表示横向荷载。

2）纵向荷载是垂直于横担方向的荷载。包括导线、架空地线张力在垂直横担方向的分量，斜向风在导线及架空地线产生风荷载的纵向分量，杆塔本身纵向风压荷载；架空地线的不平衡张力，断线时导线断线张力及架空地线的支持力；安装检修时锚线及牵引荷载等。一般用符号 T 表示纵向荷载。

3）垂直荷载是垂直地面方向的荷载。包括导线及架空地线的自重、冰重、杆塔自重、冰重及绝缘子串、重锤及其他固定设备的重力，拉线杆塔的拉线拉力产生的垂直分力，安装检修时操作人员及工器具、附件的重力等。一般用符号 G 表示垂直荷载。

（3）按荷载的组合分类。各类杆塔均应计算线路正常运行情况、断线情况、不均匀覆冰情况和安装情况下的荷载组合，必要时尚应验算地震等稀有情况。

二、荷载计算条件

（一）各类杆塔的正常运行情况，应计算的荷载组合

（1）基本风速、无冰、未断线（包括最小垂直荷载和最大水平荷载组合）；

（2）设计覆冰、相应风速及气温、未断线；

（3）最低气温、无冰、无风、未断线（适用于终端和转角杆塔）。

（二）各类杆塔的断线情况，应计算的荷载组合

（1）悬垂型杆塔（不含大跨越悬垂型杆塔）的断线情况，应按-5℃、有冰、无风的气象条件，计算下列荷载组合：

1）单回路杆塔：①单导线断任意一相导线（分裂导线任意一相导线有纵向不平衡张力），地线未断；②断任意一根地线，导线未断。

2）双回路杆塔：①同一档内，单导线断任意两相导线（分裂导线任意两相导线有纵向不平衡张力）；②同一档内，断一根地线，单导线断任意一相导线（分裂导线任意一相导线有纵向不平衡张力）。

3）多回路杆塔：①同一档内，单导线断任意三相导线（分裂导线任意三相导线有纵向不平衡张力）；②同一档内，断一根地线，单导线断任意两相导线（分裂导线任意两相导线纵向不平衡张力）。

（2）耐张型杆塔的断线情况应按–5℃、有冰、无风的气象条件，计算下列荷载组合：

1）单回路和双回路杆塔：①同一档内，单导线断任意两相导线（分裂导线任意两相导线有纵向不平衡张力）、地线未断；②同一档内，断任意一根地线，单导线断任意一相导线（分裂导线任意一相导线有纵向不平衡张力）。

2）多回路塔：①同一档内，单导线断任意三相导线（分裂导线任意三相导线有纵向不平衡张力）、地线未断；②同一档内，断任意一根地线，单导线断任意两相导线（分裂导线任意两相导线有纵向不平衡张力）。

（三）各类杆塔的安装情况，应按 10m/s 风速、无冰、相应气温条件计算

导线或地线及其附件的起吊安装荷载，应包括提升重力、紧线张力荷载和安装人员及工具的重力。

三、导线、地线的不平衡张力和断线张力

（一）不均匀覆冰的导、地线不平衡张力

10 mm 冰区不均匀覆冰情况，按–5℃、有不均匀冰、10m/s 风速的气象条件计算。导、地线不平衡张力应不低于表 GYSD00302001-1 的值。垂直荷载按不小于 75%设计覆冰荷载计算。

表 GYSD00302001-1　　　不均匀覆冰的导、地线不平衡张力取值表

不均匀覆冰的导、地线不平衡张力（最大使用张力的百分数，%）			
悬垂型杆塔		耐张型杆塔	
导线	地线	导线	地线
10	20	30	40

（二）导线和地线的断线张力

对于 10mm 及以下的冰区导、地线的断线张力（或分裂导线的纵向不平衡张力）应不低于表 GYSD00302001-2 的值，垂直冰荷载取 100%设计覆冰荷载。

表 GYSD00302001-2　　　10mm 及以下冰区导、地线断线张力（或分裂导线的纵向不平衡张力）取值表

断线张力（或分裂导线的纵向不平衡张力）（一相导线最大使用张力的百分数，%）						
地 形	地 线	悬垂塔导线			耐张塔导线	
		单导线	双分裂导线	双分裂以上导线	单导线	双分裂及以上导线
平丘	100	50	25	20	100	70
山地	100	50	30	25	100	70

各类杆塔均应考虑所有导、地线同时同向有不均匀覆冰的不平衡张力，使杆塔承受最大的弯矩。其值应不低于表 GYSD00302001-3 的值。

表 GYSD00302001-3　　　不均匀覆冰情况的导、地线不平衡张力　　　　　%

悬垂型杆塔		耐张型杆塔	
导线	地线	导线	地线
10	20	30	40

各类杆塔在断线情况下的断线张力（或分裂导线纵向不平衡张力），以及不均匀覆冰情况下的不平衡张力均应按静态荷载计算。

防串倒的加强型悬垂型杆塔，除按常规悬垂型杆塔工况计算外，还应按所有导、地线同侧有断线张力（或不平衡张力）计算。

各类杆塔的验算覆冰荷载情况，按验算冰厚、–5℃、10m/s 风，所有导、地线同时同向有不平衡张力，使杆塔承受最大弯矩。

四、可变荷载组合系数

在杆塔强度计算中，由于各类荷载出现的几率不同，其荷载作用的时间长短不同，为了设计的经济性，其相应的安全可靠性亦要求不同。此外，由于耐张型杆塔发生事故的后果比直线型杆塔要严重得多，所以当它们同样受事故荷载作用时，要求耐张型杆塔有较高的可靠性。为了能采用同一标准进行受力的比较和尺寸选择，我们引入"可变荷载组合系数 K_H"表征各种情况的荷载对杆塔安全可靠性的要求。

将运行、断线及安装情况的荷载（称为计算荷载）分别乘以相应的可变荷载组合系数 K_H，就得到各种情况的设计荷载。按设计荷载进行杆塔强度的计算时，采用同一安全系数，可以简化杆塔强度的计算。

各类杆塔的可变荷载组合系数可按下列取值：正常运行情况取 1.0、220kV 及以上线路的断线情况和各种电压安装情况、不均匀覆冰情况取 0.9，各种电压线路的验算情况和 110kV 线路的断线情况取 0.75。

五、各种档距的确定

在计算杆塔荷载时，需首先确定各种杆塔的标准档距、水平档距、垂直档距和代表档距，以便计算导线的风压、重力和张力。

1. 标准档距

与杆塔的经济呼称高相对应的档距，称为标准档距。在平地标准档距 l_b 为

$$l_b = \sqrt{\frac{8\sigma}{g}\left(H - \lambda - [h] - \Delta h\right)} \qquad \text{（GYSD00302001-1）}$$

2. 水平档距

水平档距是计算杆塔的水平荷载，杆塔的水平档距在平地应等于杆塔经济呼称高所确定的标准档距。但考虑到实际地形变化，水平档距宜较标准档距大 10%左右。

3. 垂直档距

垂直档距决定杆塔的垂直荷载，其大小直接影响横担及吊杆的强度。垂直档距通常取 1.5 倍左右的水平档距，或按比水平档距大 50～100m 来设计。

4. 代表档距

导线、地线的张力与代表档距有关。据统计分析，绝大多数的代表档距小于标准档距。一般在计算直线杆塔的风偏角时，取代表档距 $l_0 = 0.8\,l_b$；计算耐张杆塔导线、地线的张力时，可取 $l_0 = 0.7\,l_b$。当杆塔标准档距接近临界档距时，可取标准档距等于临界档距。

5. 临界档距

即两种控制条件的分界档距，当大于该档距范围时，由一种情况控制，当小于该档距范围时，由另一种情况控制，在临界档距下两种控制情况都起控制作用。

6. 最大允许档距

最大允许档距是指杆塔允许的最大档距，它用来决定线间距离、导线与避雷线间的距离，确定杆塔头的轮廓尺寸等，一般比水平档距大 50～150m。

六、杆塔设计计算的基本规定

根据 GB 50010—2002《混凝土结构设计规范》要求，杆塔强度计算采用以概率理论为基础的极限状态设计法，以可靠指标度量结构构件的可靠度，采用以分项系数的设计表达式进行设计。

所谓极限状态是指整个结构或结构的一部分超过某一特定状态就不能满足设计规定的某一功能要求的特定状态。极限状态分为承载能力极限状态和正常使用极限状态。

1. 承载能力极限状态

这种极限状态对应于结构或结构构件达到最大承载力、疲劳破坏或不适于继续承载的变形。其表达式为

$$\gamma_0(\gamma_G C_G G_k + \psi \sum \gamma_{Qi} C_{Qi} Q_{ik}) \leqslant R \qquad \text{（GYSD00302001-2）}$$

式中　γ_0——结构重要性系数，按安全等级选定。一级：特别重要的杆塔结构应取 $\gamma_0 = 1.1$；二级：各级电压线路的各类杆塔，应取 $\gamma_0 = 1.0$；三级：临时使用的各类杆塔，应取 $\gamma_0 = 0.9$。

γ_G——永久荷载分项系数，对结构受力有利时，宜取 $\gamma_G = 1.0$；不利时，应取 $\gamma_G = 1.2$。

γ_{Qi}——第 i 项可变荷载的分项系数，应取 $\gamma_{Qi} = 1.4$。

G_k——永久荷载标准值。

Q_{ik}——第 i 项可变荷载标准值。

ψ——可变荷载组合系数，各级电压线路的正常运行情况，应取 $\psi = 1.0$；220kV 及以上送电线路的断线情况和各级电压线路的安装情况，应取 $\psi = 0.9$；各级电压线路的验算情况和 110kV 线路的断线情况，应取 $\psi = 0.75$。

C_G、C_{Qi}——分别为永久荷载和可变荷载的荷载效应系数。

R——结构构件的抗力设计值。

2. 正常使用极限状态

这种极限状态对应于结构或结构构件的变形或裂缝等达到正常使用或耐久性能的某项规定限值。其计算表达式为

$$C_G G_k + \psi \cdot \sum C_{Qi} \cdot Q_{ik} \leqslant \delta \qquad (\text{GYSD00302001-3})$$

式中　δ——结构或构件的裂缝宽度或变形的规定限制值，mm。

3. 结构或构件承载力的抗震验算

应采用下列表达式：

$$\gamma_{GE} S_{G\gamma} + \gamma_{Eh} S_{Ek} + \gamma_{EV} S_{EVk} + \gamma_{EQ} S_Q + \psi_W S_{wk} \leqslant R/\gamma_{RE} \qquad (\text{GYSD00302001-4})$$

式中　γ_{GE}——重力荷载分项系数，一般宜取 $\gamma_{GE} = 1.2$；当重力荷载对结构承载力有利时，宜取 $\gamma_{GE} = 1.0$；当验算结构抗倾覆或抗滑移时，宜取 $\gamma_{GE} = 0.9$。

$S_{G\gamma}$——重力荷载代表值效应，应取结构构件、固定设备和导线、地线及绝缘子等重力标准值。

γ_{Eh}、γ_{EV}——分别为水平、竖向地震作用分项系数，当仅计算水平地震作用时：宜取 $\gamma_{Eh} = 1.3$，$\gamma_{EV} = 0$；当仅计算竖向地震作用时：宜取 $\gamma_{Eh} = 0$，$\gamma_{EV} = 1.3$；当两者同时计算时：如以水平作用为主，宜取 $\gamma_{Eh} = 1.3$，$\gamma_{EV} = 0.5$；如以竖向作用为主，宜取 $\gamma_{Eh} = 0.5$，$\gamma_{EV} = 1.3$。

S_{Ek}——水平地震作用标准值效应，按现行国家规范《构筑物抗震设计规范》的有关规定计算，对悬挂的导线、地线及其附件的质量所产生的惯性作用可不予计入。

S_{EVk}——竖向地震作用标准值效应，按现行国家规范《构筑物抗震设计规范》的有关规定计算。

γ_{EQ}——导线及地线张力可变荷载的分项及组合综合系数，取 $\gamma_{EQ} = 0.5$。

S_Q——导线及地线张力可变荷载的代表值效应。

S_{wk}——风荷载标准值效应。

ψ_W——风荷载分项与组合综合系数，宜取 $\psi_W = 0.3$。

γ_{RE}——承载力抗震调整系数，应按照表 GYSD00302001-4 确定。

表 GYSD00302001-4　　　　　　承载力抗震调整系数

材　料	结　构　构　件	承载力抗震调整系数 γ_{RE}
钢	跨越塔	0.85
	除跨越塔外的其他铁塔	0.80
	焊缝和螺栓	1.00
钢筋混凝土	跨越塔	0.90
	钢管混凝土杆塔	0.80
	钢筋混凝土杆	0.80
	各类受剪构件	0.85

结构或构件的强度、稳定和连接强度，应按承载力极限状态的要求，采用荷载的设计值和材料强度的设计值进行计算；结构或构件的变形或裂缝，应按正常使用极限状态的要求，采用荷载的标准值和正常使用规定限值进行计算。

例 GYSD00302001-1 某 110kV 上字型拉线悬垂直线单杆采用$\phi300$mm 等经杆，尺寸布置如图 GYSD00302001-1 所示。在正常基本风速情况下，杆头作用的荷载标准值为 $P_B=1085$N，$G_B=1490$N，$P_D=2269$N，$G_D=3295$N，忽略杆身风荷载，试求正常基本风速情况时下横担处的弯矩设计值。

解 根据已知条件查得 $\gamma_G=1.2$，$\gamma_Q=1.4$，$\Psi=1.0$，则下横担处的弯矩设计值为

$$M = \gamma_G C_G G_k + \psi \sum \gamma_{Qi} C_{Qi} Q_{ik}$$
$$= \gamma_G (G_B \times 0.3 + G_D \times 1.9) + \psi \gamma_{Qi}$$
$$\times \left[P_B \times (2.45 + 3.5) + P_D \times 3.5 \right]$$
$$= 1.2 \times (1490 \times 0.3 + 3295 \times 1.9) + 1 \times 1.4$$
$$\times \left[1085 \times (2.45 + 3.5) + 2269 \times 3.5 \right]$$
$$= 28205 （\text{N} \cdot \text{m}) = 28.205 \text{ kN} \cdot \text{m}$$

图 GYSD00302001-1 110kV 拉线直线单杆荷载图

【思考与练习】

1. 杆塔的荷载按作用在杆塔上的方向可分为哪几类、分别包括哪些荷载？

2. 什么叫可变荷载组合系数？可变荷载组合系数怎么取值？

3. 以概率理论为基础的极限状态设计法，其极限状态是何含义？什么叫承载能力极限状态和正常使用极限状态？

模块 2 杆塔荷载的计算（GYSD00302002）

【模块描述】本模块包含风压荷载的计算、垂直荷载的计算、安装的计算及角度合力计算。通过概念描述、定量分析、计算举例，掌握杆塔各类荷载的计算方法。

【正文】

一、风压荷载计算

悬垂型杆塔应计算与铁塔线路方向轴线成 0°、45°（或 60°）及 90°的三种基本风速的风向；一般耐张型杆塔可只计算 90°一个风向；终端杆塔除计算 90°风向外，还需计算 0°风向；悬垂转角杆塔和小角度耐张转角杆塔还应考虑与导、地线张力的横向分力相反的风向；特殊杆塔应计算最不利风向。

（一）风向与线路方向垂直时的荷载计算

（1）风向与线路方向垂直时，杆塔风压荷载按下式计算

$$P_a = W_0 CF \qquad (\text{GYSD00302002-1})$$

$$W_0 = \frac{v^2}{1.6}$$

式中 P_a——风向与线路垂直时的杆（塔）身的水平风荷载标准值，N；

v——基准高度的风速，m/s；

F——杆（塔）身构件承受风压的投影面积计算值，m²；

C——构件风载体形系数。对环形截面电杆取 0.7，角钢铁塔取 1.3$(1+\eta)$，圆断面杆件：当 $W_0 d^2 \leqslant 2$ 时取 1.2，当 $W_0 d^2 \geqslant 15$ 时取 0.7（上述中间值按插入法计算）；圆断面杆件组成的塔架取 $(0.7\sim1.2)(1+\eta)$；

η——空间桁架背风面的风压荷载降低系数，一般采用表 GYSD00302002-1 所列的数值。

杆（塔）身构件承受风压的投影面积计算：

1）对环形截面电杆、钢管杆杆身取 $F = h\dfrac{D_1 + D_2}{2}$

2）对铁塔塔身取

$$F = \varphi h \frac{b_1 + b_2}{2}$$

式中　h——计算段的杆（塔）高度，m；

D_1、D_2——杆身风压计算段的顶和根的直径，m；

b_1、b_2——铁塔塔身风压计算段内迎风面桁架的上、下的宽，m；

φ——铁塔桁架的填充系数，一般窄基塔塔身和塔头取 0.2～0.3，宽基塔塔身可取 0.15～0.2；考虑节点板挡风面积的影响，应再乘以风压增大系数，窄基塔取 1.2，宽基塔取 1.1。

表 GYSD00302002-1　　　　塔架背风面风载降低系数 η

b/h \ F/F_k	≤0.1	0.2	0.3	0.4	0.5	>0.6
≤1	1.0	0.85	0.66	0.50	0.33	0.15
2	1.0	0.90	0.75	0.60	0.45	0.30

注　F_k 为塔架的轮廓面积；h 为塔架迎风面宽度；b 为塔架迎风面与背风面之间距离。

（2）风向与线路方向垂直时，导线、地线的风压荷载用下式计算

$$P_1 = gAl_h \cos^2 \frac{\theta}{2} + P_j \qquad (GYSD00302002\text{-}2)$$

式中　P_1——导线或地线的风压荷载，N；

A——导线计算截面，mm^2；

θ——线路转角，（°）；

g——导线或地线的风压比载（g_4 或 g_5），N/m·mm^2；

l_h——水平档距，m；

P_j——绝缘子串风压，N，可按式 $P_j = W_0(n+1)A_j$ 计算，工程计算常忽略。

分裂导线的风压荷载应取单导线风压荷载乘以导线根数。

（二）风向与线路方向一致或成 α 角度时的荷载计算

当风向与线路方向成 α 角度时，导线、地线、杆（塔）身风压及横担风压在垂直线路方向 X 和顺线路方向 Y 的分量可按表 GYSD00302002-2 所示取用。

表 GYSD00302002-2　　　　风向与线路方向成 α 角度时的风压荷载计算

风向与线路方向夹角 α	导线、地线风压		塔身风压		横担风压	
	X	Y	X	Y	X	Y
0°	0	$0.25P_1$	0	P_b	0	P_b'
45°	$0.5P_1$	$0.25P_1$	$0.707KP_b$	$0.707KP_b$	$0.15P_b'$	$0.5P_b'$
60°	$0.75P_1$	0	$0.866KP_b$	$0.5KP_b$	$0.15P_b'$	$0.5P_b'$
90°	P_1	0	P_a	0	$0.3P_b'$	0

注　1. X、Y 分别为垂直线路方向、顺线路方向的风压分量。

2. P_1 为垂直线路方向风吹时，导线、地线的风压。

3. P_a、P_b 分别为垂直线路方向、顺线路方向风吹时的塔身风压。

4. P_b' 为顺线路方向风吹时的横担风压。

5. 塔身风压系数 K，对矩形截面塔身取 1.0，对方形塔身取 1.1。

对于高杆塔，杆（塔）身风压应分段计算，导线、地线风压荷载应按其悬挂平均高度进行计算。其平均高度 H_p 按下式计算

$$H_p = H - \frac{2}{3} f_{max} \qquad (GYSD00302002\text{-}3)$$

式中　H——导线或地线悬挂点对地高度，m。

对不同距地高度的风压，以距地面 10m 为基准，可按不同距地高度乘以风压高度变化系数 K_z，如表 GYSD00302002-3 所示。

表 GYSD00302002-3 风压高度变化系数 K_z

离地面或海平面高度 （m）	地面粗糙度类别			
	A	B	C	D
5	1.17	1.00	0.74	0.62
10	1.38	1.00	0.74	0.62
15	1.52	1.14	0.74	0.62
20	1.63	1.25	0.84	0.62
30	1.80	1.42	1.00	0.62
40	1.92	1.56	1.13	0.73
50	2.03	1.67	1.25	0.84
60	2.12	1.77	1.35	0.93
70	2.20	1.86	1.45	1.02
80	2.27	1.95	1.54	1.11
90	2.34	2.02	1.62	1.19
100	2.40	2.09	1.70	1.27
150	2.64	2.38	2.03	1.61
200	2.83	2.61	2.30	1.92
250	2.99	2.80	2.54	2.19
300	3.12	2.97	2.75	2.45
350	3.12	3.12	2.94	2.68
400	3.12	3.12	3.12	2.91
≥450	3.12	3.12	3.12	3.12

注 地面粗糙度类别：A 类指近海面和海岛、海岸、湖岸及沙漠地区；B 类指田野、乡村、丛林、丘陵以及房屋比较稀疏的乡镇和城市郊区；C 类指有密集建筑群的城市市区；D 类指有密集建筑群且房屋较高的城市市区。

杆塔风荷载调整系数 β_z。理论上是把风压作用的平均值看成稳定风压，主际上风是不规则的，风压将随着风速、风向的紊乱变化而不停改变，风压产生的波动分量（波动风压），使结构在平均侧移附近产生振动效应，致使结构受力增大，因此采用风荷载调整系数考虑这种因素的影响。风荷载调整系数 β_z 按表 GYSD00302002-4 取值。

表 GYSD00302002-4 杆塔风荷载调整系数 β_z（用于杆塔本身）

杆塔全高 H （m）		20	30	40	50	60
β_z	单柱拉线杆塔	1.0	1.4	1.6	1.7	1.8
	其他杆塔	1.0	1.25	1.35	1.5	1.6

注 1. 中间值按插入法计算。

2. 对自立式铁塔，表中数值适用于高度与根开之比为 4～6。

另外，在杆塔设计时，当杆塔全高不超过 60m 时，应按照表 GYSD00302002-4 对全高采用一个系数；当杆塔全高超过 60m 时，应按现行国家规范 GB 50009《建筑结构荷载规范》采用由下到上逐段增大的数值，但其加权平均值对自立式铁塔不应小于 1.6，对单柱拉线杆塔不应小于 1.8。设计基础时，当杆塔全高不超过 60m 时，应取 1.0，当杆塔全高不超过 60m 时，宜采用由下到上逐段增大的数值，但其加权平均值对自立式铁塔不应小于 1.3。

二、垂直荷载计算

导线、地线的垂直荷载按下式计算

$$G = gAl_v + G_j \qquad\qquad （GYSD00302002-4）$$

式中　G——导线或地线的垂直荷载，N；

　　　g——导线或地线的垂直比载（g_1 或 g_3），N/（m·mm^2）；

　　　A——导线或地线截面，mm^2；

　　　l_v——垂直档距，m，断线故障时，断线相计算垂直档距取 $l_v/2$；

　　　G_j——绝缘子串总重力，N，覆冰时绝缘子串总重取 $G_j' = k_j G_j$，当设计冰厚 15mm 时，$k_j = 1.225$；

　　　　　　冰厚 10mm 时，$k_j = 1.15$；冰厚 5mm 时，$k_j = 1.075$。

无论是安装情况或断线情况，需有相当的工作人员停留在杆塔上作业。因此在计算安装情况及断线情况荷载时，还应考虑工作人员登杆作业时的附加荷载（工人及工具、附件等重力），其值如表 GYSD00302002-5 所示。另外提升导线时应考虑动力系数 1.1。

表 GYSD00302002-5　　　　　　　　　　附加荷载标准值　　　　　　　　　　　　　　kN

附加荷载 电压（kV）	导　线		地　线	
	悬垂型杆塔	耐张型杆塔	悬垂型杆塔	耐张型杆塔
110	1.5	2.0	1.0	1.5
220～330	3.5	4.5	2.0	2.0
500～750	4.0	6.0	2.0	2.0

三、安装情况荷载计算

各类杆塔的安装情况，应按 10m/s 风速、无冰、相应气温的气象条件下考虑下列荷载组合：

（1）悬垂型杆塔的安装荷载：

1）提升导、地线及其附件时的作用荷载。包括提升导、地线、绝缘子和金具等重力（一般按 2.0 倍计算）、安装工人和工具的附加荷载，提升时应考虑动力系数 1.1，附加荷载标准值宜符合表 GYSD00302002-5 的规定。

2）导线及地线锚线作业时的作用荷载。锚线对地夹角一般应不大于 20°，正在锚线相的张力应考虑动力系数 1.1。挂线点垂直荷载取锚线张力的垂直分量和导、地线重力和附加荷载之和，纵向不平衡张力分别取导、地线张力与锚线张力纵向分量之差。

（2）耐张型杆塔的安装荷载：

1）导线及地线荷载：

a. 锚塔：锚地线时，相邻档内的导线及地线均未架设；锚导线时，在同档内的地线已架设。

b. 紧线塔：紧地线时，相邻档内的地线已架设或未架设，同档内的导线均未架设；紧导线时，同档内的地线已架设，相邻档内的导、地线已架设或未架设。

2）临时拉线所产生的荷载：锚塔和紧线塔均允许计及临时拉线的作用，临时拉线对地夹角不应大于 45°，其方向与导、地线方向一致，临时拉线一般可平衡导、地线张力的 30%。500kV 及以上杆塔，对 4 分裂导线的临时拉线按平衡导线张力标准值 30kN 考虑，6 分裂及以上导线的临时拉线按平衡导线张力标准值 40kN 考虑，地线临时拉线按平衡地线张力标准值 5kN 考虑。

3）紧线牵引绳产生的荷载：紧线牵引绳对地夹角一般按不大于 20°考虑，计算紧线张力时应计及导、地线的初伸长、施工误差和过牵引的影响。

4）安装时的附加荷载：可按表 GYSD00302002-5 选用。

（3）导、地线的架设次序，一般考虑自上而下地逐相（根）架设。对于双回路及多回路杆塔，应按实际需要，考虑分期架设的情况。

（4）与水平面夹角不大于 30°、而且可以上人的铁塔构件，应能承受设计值 1000N 人重荷载，此时，不与其他荷载组合。

终端杆塔应计及变电站（或升压站）一侧导线及地线已架设或未架设的情况。

四、角度合力计算

导线、地线的角度荷载。当线路转角时，杆塔承受顺横担方向的合力 T（如图 GYSD00302002-1 所示）为

$$T = (T_1 + T_2)\sin\frac{\theta}{2} \qquad (\text{GYSD00302002-5})$$

垂直横担方向张力 T_a 和 T_b 分别为

$$T_a = T_1\cos\frac{\theta}{2} \qquad (\text{GYSD00302002-6})$$

$$T_b = T_2\cos\frac{\theta}{2} \qquad (\text{GYSD00302002-7})$$

式中 T_1、T_2——杆塔两侧导线或地线的张力，N，断线故障时，断线侧张力为零；

θ——线路转角。

例 GYSD00302002-1 某 110kV 单回悬垂直线杆，导线为 JL/G1A-185/25-24/7 型，地线为 1×7-8.7-1270-A-GB1200-88 型，采用 ϕ230mm 拔梢钢筋混凝土电杆，导线排列见图 GYSD00302002-2，标准档距为 280m，水平档距为 310m，垂直档距为 400m，无冰时，导线绝缘子串和金具重力 530N，地线金具串重力 50N；地线最大使用应力为 294.2 MPa，线路经过 II 级气象区，其气象参数见表 GYSD00302002-6。试计算该直线杆的荷载，并画出荷载图。

图 GYSD00302002-1 线路转角示意图

图 GYSD00302002-2 悬垂直线单杆

表 GYSD00302002-6 气 象 条 件

气象参数 计算条件	温 度 （℃）	风 速 （m/s）	冰 厚 （mm）
基本风速	10	27	0
正常覆冰	−5	10	5
安装	0	10	0

解 可根据导线、地线的型号查模块 GYSD00201002 的内容得导线、地线的参数，且计算出其相关比载见表 GYSD00302002-7。

表 GYSD00302002-7 参 数 及 比 载

项 目	1×7-8.7-1270-A-GB1200-88 型	JL/G1A-185/25-24/7 型
截面积（mm²）	$A_B = 46.24$	$A = 211.28$
应力（MPa）	$\sigma_{0B} = 294.2$	$\sigma_0 = 112.14$

项　　目	1×7-8.7-1270-A-GB1200-88 型	JL/G1A-185/25-24/7 型
比载 [N/(m·mm²)]	$g_{1B} = 77.858 \times 10^{-3}$ $g_{3B} = 118.934 \times 10^{-3}$ $g_{4B(27)} = 75.671 \times 10^{-3}$ $g_{4B(10)} = 13.840 \times 10^{-3}$ $g_{5B(5,10)} = 29.749 \times 10^{-3}$	$g_1 = 32.719 \times 10^{-3}$ $g_3 = 48.402 \times 10^{-3}$ $g_{4(27)} = 32.980 \times 10^{-3}$ $g_{4(10)} = 6.032 \times 10^{-3}$ $g_{5(5,10)} = 10.062 \times 10^{-3}$

（1）运行情况 I 。其计算条件为：基本风速、无冰、未断线（$v = 27\text{m/s}$，$t = 10℃$，$b = 0$）。

地线重力

$$G_B = g_{1B}A_Bl_v + G_{jB}$$
$$= 77.858 \times 10^{-3} \times 46.24 \times 400 + 50$$
$$= 1490 （N）$$

地线风压

$$P_B = g_{4B(27)}A_Bl_h$$
$$= 75.671 \times 10^{-3} \times 46.24 \times 310$$
$$= 1085 （N）$$

导线重力

$$G_D = g_1Al_v + G_j$$
$$= 32.719 \times 10^{-3} \times 211.28 \times 400 + 530$$
$$= 3295 （N）$$

导线风压

$$P_D = g_{4(27)}Al_h + P_j$$
$$= 32.98 \times 10^{-3} \times 211.28 \times 310 + 109$$
$$= 2269 （N）$$

$$P_j = \frac{(n+1)A_jv^2}{1.6} = \frac{(7+1) \times 0.03 \times 27^2}{1.6} = 109 （N）$$

（2）运行情况 II 。计算条件为：覆冰、相应风速、未断线（$v = 10\text{m/s}$，$t = -5℃$，$b = 5\text{mm}$）。

地线重力

$$G_B = g_{3B}A_Bl_v + G'_{jB}$$
$$= 118.934 \times 10^{-3} \times 46.24 \times 400 + 50 \times 1.075$$
$$= 2254 （N）$$

地线风压

$$P_B = g_{5B}A_Bl_h$$
$$= 29.749 \times 10^{-3} \times 46.24 \times 310$$
$$= 426 （N）$$

导线重力

$$G_D = g_3Al_v + G'_j$$
$$= 48.402 \times 10^{-3} \times 211.28 \times 400 + 530 \times 1.075$$
$$= 4660 （N）$$

导线风压

$$P_D = g_{5(5,10)}Al_h$$
$$= 10.062 \times 10^{-3} \times 211.28 \times 310$$
$$= 659 （N）$$

（3）断线情况 I 。断上或下导线时，其计算条件为：-5℃、有冰、无风，断一相导线，地线未断（$v = 0\text{m/s}$，$t = -5℃$，$b = 5\text{mm}$）。

地线重力　　　　　　　　　　　　　$G_B = 2254$　N

未断线相导线重力　　　　　　　　　$G_D = 4660$　N

断线相导线重力

$$G'_D = g_3A\frac{l_v}{2} + G_j$$
$$= 48.402 \times 10^{-3} \times 211.28 \times \frac{400}{2} + 530 \times 1.075$$
$$= 2612 （N）$$

断线张力 $\qquad T_{\mathrm{D}} = 0.5\sigma_0 A$

$$= 0.5 \times \frac{59\ 230}{2.5 \times 211.28} = 11\ 846\ （N）$$

另外还需分别计算断上、下导线时地线的最大、最小支持力，计算方法见模块 GYSD00203002 地线支持力的概念与计算内容。

（4）断线情况Ⅱ。计算条件为：–5℃、有冰、无风，一根地线有张力差，导线未断，无风无冰（$v=0$m/s，$t=-5$℃，$b=5$mm）。

地线重力 $\qquad G_{\mathrm{B}} = 2254\quad$ N

导线重力 $\qquad G_{\mathrm{D}} = 4660\quad$ N

地线张力差 $\qquad \Delta T_{\mathrm{B}} = 0.2\sigma_{0\mathrm{B}}A_{\mathrm{B}}$

$$= 0.2 \times 294.2 \times 46.24$$

$$= 2721\ （N）$$

（5）安装情况。计算条件一般取无冰、风速为 10m/s。

1）起吊上导线时。起吊上导线一般接地线已安装，下导线未安装考虑。

地线重力 $\qquad G_{\mathrm{B}} = 1490\quad$ N

地线风压 $\qquad P_{\mathrm{B}} = g_{4\mathrm{B}(10)}A_{\mathrm{B}}l_{\mathrm{h}}$

$$= 13.84 \times 10^{-3} \times 46.24 \times 310$$

$$= 198\ （N）$$

导线重力 $\qquad G_{\mathrm{D}} = 3295\quad$ N

导线风压 $\qquad P_{\mathrm{D}} = g_{4(10)}Al_{\mathrm{h}}$

$$= 6.032 \times 10^{-3} \times 211.28 \times 310$$

$$= 395\ （N）$$

上导线的起吊安装示意图见图 GYSD00302002-3，导线越过下横担时需向外拉，其拉力 T_2 与水平线的夹角设为 20°，并假设上、下横担间导线被水平拉出 1.3m。根据静力平衡条件，得方程

图 GYSD00302002-3 起吊安装示意图

（a）起吊上导线；（b）起吊下导线

取 $\sum X = 0 \qquad \dfrac{1.3}{3.74}T_1 = T_2\cos 20°$，则 $T_1 = 2.7T_2$

取 $\sum Y = 0 \qquad \dfrac{3.5}{3.74}T_1 = G_{\mathrm{D}} + T_2\sin 20°$，则 $T_1 = \dfrac{3.74}{3.5}(3295 + 0.342T_2)$

联立解上两式得

$$T_1 = 4072\,\text{N}, \quad T_2 = 1508\,\text{N}$$

上横担端部，总的垂直荷载为

$$\sum G = 1.1 \times G_{T1} + 1500 = 1.1 \times 4072 \times \frac{3.5}{3.74} + 1500 = 5692 \,(\text{N})$$

总的水平荷载为

$$\sum P = 1.1 \times P_{T1} = 1.1 \times 4072 \times \frac{1.3}{3.74} = 1557 \,(\text{N})$$

2）起吊下导线时。起吊下导线一般计算起吊下右导线，且认为地线、上导线、下左导线已安装。则正在安装的下导线横担端部总的垂直荷载为

$$\sum G = 1.1 G_D + 1500 = 1.1 \times 3295 + 1500 = 5125 \,(\text{N})$$

总的水平荷载为

$$\sum P = P_D = 395 \,(\text{N})$$

（6）荷载图。把相应的荷载组合后标在杆头图上，即为杆塔荷载图（见图 GYSD00302002-4），以供杆塔强度计算使用（图中未考虑可变荷载组合系数）。

图 GYSD00302002-4　杆塔荷载图

（a）正常大风；（b）覆冰；（c）断上导线；（d）断下导线；
（e）地线张力差；（f）起吊上导线；（g）起吊下导线

【思考与练习】

某 110kV 输电线路，导线采用 LGJ-120/20 型，地线采用 GJ-35 型，上字型悬垂直线杆（见图 GYSD00302002-2）的设计水平档距为 350m，垂直档距为 450m；并已知导线绝缘子串重为 530N，地线金具串重 50N，地线的最大使用张力为 12 245N，第Ⅱ气象区。试计算该悬垂直线杆的荷载，并画出杆头荷载图。

第九章　环截面普通钢筋混凝土构件的受力分析与计算

模块 1　混凝土和钢筋混凝土（GYSD00303001）

【模块描述】本模块包含混凝土和钢筋混凝土。通过概念描述和要点讲解，熟悉混凝土和钢筋混凝土的构成及其特性。

【正文】

一、混凝土

混凝土是用水泥、水、砂子和石子等原材料按一定比例混合，经搅拌后入模浇注，并经养护硬化后做成的人工石材，具有质地坚硬、抗压性能好、变形小、抗腐蚀和抗冻等优点。线路用水泥一般为普通硅酸盐水泥，混凝土一般用中、粗砂，砂粒直径不小于 0.25mm，石子的粒径大于 5mm，钢筋混凝土用粒径为 20~40mm 的中石，浇制混凝土时一般用饮用水或洁净的天然水。配合比是指混凝土用料的质量比，并以水泥为基数 1，严格按照设计要求进行。混凝土的力学特性可用下列强度指标及弹性模量来说明。

1. 混凝土的抗压强度

混凝土的抗压强度是指按规定的方法搅拌而成的边长 150mm 的混凝土立方试块，在室温 20±2℃、空气相对湿度 95% 以上的情况下，养护 28 天后，以标准试验方法得到的抗压极限强度。该抗压强度的数值即为混凝土的强度等级，例如 C20 级混凝土，其抗压强度 $R=20MPa$。

混凝土在空气中凝结时体积会缩小，而在水中或潮湿空气中养护混凝土，可减少收缩裂缝，保证强度。

混凝土的早期硬化速度与气温有很大关系，当气温在 0~15℃ 时，硬化速度较慢，0℃ 时停止硬化，当环境温度高于 20℃ 时，硬化速度显著加快。因此，冬季浇制混凝土时，应采取保温措施，如蒸汽养护等。

水灰比是水和水泥的质量比。减小水灰比，将会增加混凝土的密实性，从而提高混凝土的抗压强度和对钢筋的保护作用，延长其使用寿命。用离心法浇制的环形截面电杆，在旋转过程中，由于离心力作用，混凝土中的一些水分被甩出，水灰比降低，因而离心法浇制的混凝土强度比振捣法浇制的可提高 30%。

混凝土的强度随时间而增长，初期增长速度快，而后增长速度慢并趋于稳定，若以养护 28 天的混凝土抗压强度为标准，则其相对抗压强度与养护期的关系如表 GYSD00303001-1 所示。

表 GYSD00303001-1　　　混凝土的相对抗压强度与养护期的关系

养护期	28 天	90 天	180 天	360 天	720 天	8 年	12 年
相对抗压强度	1.0	1.25	1.5	1.75	2.0	2.25	2.5~3.0

2. 混凝土的轴心抗压强度

同样边长的混凝土试件，随着高度的增加（即由立方体变为棱柱体），其抗压强度将下降，如图 GYSD00303001-1 所示。但当高宽比超过 3 以后，降低的幅度不再很大。试验表明，用高宽比为 3~4 的混凝土棱柱体试件测得的抗压强度与以受压为主的钢筋混凝土构件中的混凝土抗压强度基本一致。因此可将它作为以受压为主的钢筋混凝土结构构件的抗压强度，称为轴心抗压强度或长直强度，用 R_a 表示。

3. 混凝土的弯曲抗压强度

当混凝土梁受一个与梁的轴线垂直的力作用而弯曲时，梁的横截面上将产生以中性平面为界的受压区和受拉区，如图 GYSD00303001-2 所示。此时受压区混凝土的弯曲抗压强度用 R_w 表示，其值小于混凝土的抗压强度 R，大于轴心抗压强度 R_a。

图 GYSD00303001-1　轴心受压构件

4. 混凝土的抗拉强度

混凝土的最大弱点就是抗拉强度很低，一般只有抗压强度的 $\frac{1}{8} \sim \frac{1}{20}$，且不与抗压强度成比例增长。

5. 混凝土的黏着力和抗剪强度

图 GYSD00303001-2　混凝土梁受力弯曲

混凝土和钢筋能结合成整体联合工作，主要依靠混凝土和钢筋之间存在的黏着力。黏着力的产生主要有三个方面的原因：一是因为混凝土收缩将钢筋紧紧握固而产生的摩擦力；二是因为混凝土颗粒的化学作用而产生的混凝土与钢筋之间的胶合力；三是由于钢筋表面凹凸不平与混凝土之间产生的机械咬合力。单位表面积上的黏着力称为黏着强度。根据试验表明，普通混凝土的黏着强度接近抗剪强度，光面钢筋的黏着强度为 1.5～3.5MPa。

6. 混凝土的弹性模量

混凝土为弹塑性材料，它在外力作用下的变形包括弹性变形和塑性变形。混凝土受压时，压应力与弹性相对变形的比值，称为混凝土的受压弹性模量 E_h。混凝土受拉弹性模量与受压时基本一致，可取相同数值。

以标准试验方法得到的混凝土强度为标准强度。但在实际工程中因受振捣方法、养护条件等限制，混凝土的强度值具有一定的离散性。在混凝土构件的强度计算中，各种混凝土强度标准值、设计值和弹性模量，如表 GYSD00303001-2 所示。

表 GYSD00303001-2　　　　　混凝土强度标准值、设计值和弹性模量　　　　　MPa

强度种类	符号	混凝土强度等级										
		C10	C15	C20	C25	C30	C35	C40	C45	C50	C55	C60
轴心抗压	标准值 f_{ck}	6.7	10	13.5	17	20	23.5	27	29.5	32	34	36
	设计值 f_c	5	7.5	10	12.5	15	17.5	19.5	21.5	23.5	25	26.5
弯曲抗压	标准值 f_{cnk}	7.5	11	15	18.5	22	26	29.5	32.5	35	37.5	39.5
	设计值 f_{cm}	5.5	8.5	11	13.5	16.5	19	21.5	23.5	26	27.5	29
抗拉	标准值 f_{tk}	0.9	1.2	1.5	1.75	2	2.25	2.45	2.6	2.75	2.85	2.95
	设计值 f_t	0.65	0.9	1.1	1.3	1.5	1.65	1.8	1.9	2	2.1	2.2
弹性模量	E_c	1.75×10^4	2.2×10^4	2.55×10^4	2.8×10^4	3×10^4	3.15×10^4	3.25×10^4	0.35×10^4	3.45×10^4	3.55×10^4	3.6×10^4

二、钢筋混凝土

根据混凝土力学特性，其抗压强度高，抗拉强度却非常低。因此，若用混凝土制作输电线路的受拉构件，将使混凝土构件体积相当庞大；如制作成受弯构件，其构件往往在受压区混凝土强度还很少利用时，而受拉区却已达到抗拉极限强度，引起构件破坏，故整个构件的材料就不能充分发挥承载能力。为了弥补混凝土抗拉强度很低的弱点通常在混凝土构件受拉区的拉力方向，配置一定数量的钢筋，来加强混凝土构件的抗拉强度。

钢筋和混凝土浇制在一起，形成联合工作的整体称为钢筋混凝土。钢筋和混凝土之所以能够联合工作，除混凝土凝结时，能在钢筋表面产生很强的黏着力；另外还由于钢筋和混凝土几乎有相等的温

度热膨胀系数 α（钢 $\alpha = 1.2 \times 10^{-5}$ 1/℃，混凝土 $\alpha = 1.0 \times 10^{-5}$ 1/℃），这就保证了钢筋和混凝土之间不会由于温度变化发生相对滑移，从而始终能够保持联合工作状态。

在钢筋混凝土构件的设计中，由于混凝土比钢材便宜，且有较高的抗压强度，故总是用混凝土来承受压力，用钢筋承受拉力，而且使混凝土在受压区的强度耗尽时，受拉区的钢筋也达到其抗拉强度，这样就得到了最经济的结构。

钢筋混凝土构件中的主筋宜采用Ⅰ级、Ⅱ级、Ⅲ级钢筋和 LL 550 级冷轧带肋钢筋；预应力混凝土构件中的主筋宜采用碳素钢丝、刻痕钢丝和热处理钢筋以及冷拉Ⅱ级、Ⅲ级、Ⅳ级钢筋；在 220kV 及以下预应力混凝土构件的主筋宜采用 LL 650 级或 LL 800 级冷轧带肋钢筋。

普通钢筋混凝土离心环形电杆的混凝土强度等级不宜低于 C40；预应力混凝土离心环形电杆的混凝土强度等级不宜低于 C50，钉条件应采用强度等级更高的混凝土，其他预制构件的混凝土强度等级不应低于 C20。

钢筋混凝土构件的强度计算，目前采用以概率理论为基础的极限状态设计法。

钢筋强度标准值、设计值和弹性模量采用表 GYSD00303001-3 所列数值。

表 GYSD00303001-3　　　　钢筋强度标准值、设计值和弹性模量　　　　　　　　　　MPa

种　类		f_y 或 f_{py} 或 f_{pty}	f 或 f_p	f' 或 f'_p	弹性模量 E_s
热轧钢筋	Ⅰ级（Q235）	235	210	210	2.1×10^5
	Ⅱ级［20MnSi、20MnNb（b）］	325	310	310	2.0×10^5
	Ⅲ级（20MnSiV、20MnTi、K20MnSi）	400	360	360	2.0×10^5
	Ⅳ级（40Si₂MnV、45SiMnV、45Si₂MnTi）	540	500	400	2.0×10^5
冷拉钢筋	Ⅰ级（$d \leq 12$）	280	250	210	2.1×10^5
	Ⅱ级 $d \leq 25$ $d = 28 \sim 40$	450 430	380 360	310 310	1.8×10^5
	Ⅲ级	500	420	360	1.8×10^5
	Ⅳ级	700	580	400	1.8×10^5
冷轧带肋钢筋	LL550（$d = 4\sim12$）	550	360	360	1.9×10^5
	LL650（$d = 4$、5、6）	650	430	380	1.9×10^5
	LL800（$d = 5$）	800	530	380	1.9×10^5
热处理钢筋	40Si₂Mn（$d = 6$） 48Si₂Mn（$d = 8.2$） 45Si₂Cr（$d = 10$）	1470	1000	400	2.0×10^5

注　f_y——热轧钢筋和冷拉钢筋的强度标准值，f_{py}——预应力钢筋的强度标准值，f_{pty}——热处理钢筋的强度标准值，f、f'——普通钢筋的抗拉、抗压强度设计值，f_p、f'_p——预应力钢筋的抗拉、抗压强度设计值。

钢丝强度标准值、设计值和弹性模量采用表 GYSD00303001-4 所列数值。

表 GYSD00303001-4　　　　钢丝强度标准值、设计值和弹性模量　　　　　　　　　　MPa

种　类		f_y 或 f_{py} 或 f_{pty}	f 或 f_p	f' 或 f'_p	弹性模量 E_s
碳素钢丝	ϕ4mm，ϕ5mm	1770、1670、1570、1470	1200、1130、1070、1000	400	2.0×10^5
	ϕ6mm	1670、1570	1130、1070		
	ϕ7mm，ϕ8mm，ϕ9mm	1570、1470	1070、1000		
刻痕钢丝	ϕ5mm，ϕ7mm	1570、1470	1070、1000	360	1.8×10^5
冷拔低碳钢丝	甲级	Ⅰ组　Ⅱ组	Ⅰ组　Ⅱ组	400	2.0×10^5
	ϕ4mm	700　650	460　430		
	ϕ5mm	650　600	430　400		

续表

种 类		f_y 或 f_{py} 或 f_{pty}	f 或 f_p	f' 或 f'_p	弹性模量 E_g
冷拔低碳钢丝	乙级 $\phi3\sim\phi5$mm 用于焊接骨架和焊接网时 用于绑扎骨架和绑扎网时	550	320 250	320 250	2.0×10^5

注　f_{py}——乙级冷拔低碳钢丝强度标准值，f_{pty}——用作预应力钢筋的碳素钢丝，刻痕钢丝，甲级冷拔低碳钢丝强度标准值。

三、钢筋混凝土电杆的结构型式

环形截面的构件较其他截面构件，具有各方向承载能力相等、节省材料、便于采用离心机制造以提高质量等优点。因此，在输电线路中广泛采用环形截面的钢筋混凝土构件。其结构如图 GYSD00303001-3 所示。

这种构件又分为普通和预应力两种，它们之间的差别在于：预应力构件浇注前，将钢筋施行张拉，待混凝土凝固后撤去张力，这时钢筋回缩而混凝土必然阻止其回缩，因而混凝土受一个预压应力。当构件承载而受拉时，这种预压应力可部分或全部地抵消受拉时应力而不致产生裂缝。

裂缝的危害在于使钢筋表面与潮湿空气中的氧接触，发生锈蚀，影响电杆寿命。

这种构件的钢筋分为主筋（即纵向受力筋可简称纵筋）和横筋（包括箍和螺旋筋）。主筋用以承受弯曲、纵弯以及受拉时的拉应力；横筋是为保证主筋的位置不变，构件受压时抵抗其横向伸长，同时承受弯扭时的主拉应力。

图 GYSD00303001-3　钢筋混凝土电杆构造
1—钢箍；2—穿心钢管；3—纵向钢筋；
4—螺旋筋；5—水平钢筋

对构件的一般要求：

（1）环形截面钢筋混凝土电杆最少配筋见表 GYSD00303001-5。

表 GYSD00303001-5　　　　　　　　　环形截面钢筋混凝土电杆最少配筋

外径（mm）	$\phi200$	$\phi250$	$\phi300$	$\phi350$	$\phi400$	$\phi450$	$\phi500$	$\phi550$
配筋量	$8\times\phi10$mm	$10\times\phi10$mm	$12\times\phi12$mm	$14\times\phi12$mm	$16\times\phi12$mm	$18\times\phi12$mm	$20\times\phi14$mm	$22\times\phi14$mm

（2）环形截面钢筋混凝土受弯杆件的主筋（Ⅰ级）其直径宜不小于$\phi10$mm 和不大于$\phi20$mm，净距宜不大于 70mm 和不小于 30mm，净保护层宜不小于 15mm。

（3）预应力钢筋和普通钢筋混凝土环形截面杆件，必须设置等间距的螺旋筋和内钢箍，螺旋筋的直径宜不小于 3.5mm，间距按管径的大小采用（50～100）mm，内钢箍的直径宜不小于$\phi6$mm，间距一般为 500～1000mm，大管径内钢箍中加十字钢筋架增加刚度。

（4）预应力环形截面受弯杆件的主筋，其直径宜不大于 12mm，净距应不小于 30mm，锥型杆小头不宜小于 25mm，净保护层宜不小于 15mm。

（5）同时采用预应力钢筋和普通钢筋环形截面受弯杆件，预应力钢筋和普通钢筋主筋间隔布置，预应力主筋直径宜不大于 12mm，普通钢筋主筋直径宜不小于$\phi10$mm 和不大于$\phi20$mm，净距不小于 30mm，净保护层宜不小于 15mm。

（6）预应力钢筋和普通钢筋混凝土环形截面杆件的钢板圈高度及厚度分别宜不小于 140mm 及 8mm，穿（挂）预应力筋的穿（挂）孔直径宜较主筋大 0.5mm。

（7）预应力钢筋和普通钢筋混凝土杆段中的预留孔宜设置穿钉管（钢管）。

（8）为满足接地要求，预应力混凝土杆中所埋设的穿钉管和接地螺母要与每根预应力主筋连接，一般采用将穿钉管、接地螺母焊于内钢箍上，而主筋再与内钢箍绑扎。同时采用预应力钢筋和普通钢筋杆中所埋设的穿钉管和接地螺母，与普通钢筋主筋焊接。

（9）预应力钢筋混凝土杆的上段顶端与下段末端，宜设置高度 70~100mm 的短钢板圈。

（10）在有侵蚀介质的地区，使用混凝土杆时，宜按有关规定作侵蚀分析并采取相应的防侵蚀措施；在多雨、严寒地区要采取排水防冻措施。

本节中（3）、（6）、（7）、（9）的规定，均适用于同时采用预应力钢筋和普通钢筋环形截面杆件。

【思考与练习】

1．混凝土有何力学特性？

2．为什么要制成钢筋混凝土，钢筋和混凝土能结合的理由有哪些？

3．在钢筋混凝土构件的设计中，如何考虑内部受力分配？

模块 2 轴心受压、受拉构件的计算（GYSD00303002）

图 GYSD00303002-1 轴心受压构件

【模块描述】 本模块包含轴心受压、受拉构件的计算。通过概念描述和定量分析，能够掌握轴心受压、受拉构件的受力计算方法。

【正文】

环形截面构件较其他截面构件具有各向承载能力相等、节省材料、便于采用离心机制造以提高质量等优点。因此，在输电线路中，广泛采用环形截面钢筋混凝土构件。这种构件又分普通和预应力两种：预应力构件的性能受制造工艺水平的影响极大，故应视具体制造条件采用，本书限于篇幅，只介绍环形截面普通钢筋混凝土构件（简称构件）的计算。

一、轴心受压构件的计算

配有纵向钢筋和横向钢筋的轴心受压构件，如图 GYSD00303002-1 所示。其轴心受压构件正截面受压承载力为

$$N \leqslant (f_c A_c + f'_s A'_s)\phi_c \times 10^3 \qquad \text{(GYSD00303002-1)}$$

式中 N ——轴心压力设计值，kN；

f' ——纵向普通钢筋的抗压强度设计值，N/mm²；

A_s ——纵向普通钢筋截面面积，m²；

f_c ——混凝土轴心抗压强度设计值，N/mm²；

A_c ——构件混凝土截面面积，m²，当纵向钢筋截面积不超过环截面积的 3% 时，可取 A_c = 环截面积 $= \dfrac{\pi}{4}(D^2 - d^2)$，当超过 3% 时，则取 $A_c = \dfrac{\pi}{4}(D^2 - d^2) - A_g$；

ϕ_c ——环形截面钢筋混凝土电杆稳定系数，按表 GYSD00303002-1 采用。

构件的长细比 λ 用下式计算

$$\lambda = \frac{l_0}{r_0} \qquad \text{(GYSD00303002-2)}$$

环形截面构件最小回转半径

$$r_0 = \frac{1}{4}\sqrt{D^2 + d^2} \qquad \text{(GYSD00303002-3)}$$

构件计算长度（中心受压及小偏心受压）按以下原则确定：

（1）两端支撑在刚性横向结构上时 $l_0 = H$（H 为构件长度）；

（2）具有弹性移动支座时 $l_0 = 1.25 \sim 1.5H$；

（3）对一端嵌固在土中，一端自由的独立电杆，$l_0 = 2H$。

表 GYSD00303002-1　　　　　　　环形截面钢筋混凝土电杆稳定系数 ϕ_c

长细比	0	1	2	3	4	5	6	7	8	9
40	0.960	0.955	0.950	0.945	0.940	0.935	0.930	0.925	0.920	0.913
50	0.905	0.898	0.890	0.884	0.876	0.868	0.860	0.852	0.844	0.837
60	0.830	0.820	0.810	0.802	0.794	0.786	0.778	0.769	0.760	0.752
70	0.745	0.738	0.730	0.722	0.714	0.707	0.700	0.693	0.686	0.678
80	0.670	0.663	0.656	0.648	0.641	0.634	0.627	0.620	0.613	0.606
90	0.600	0.594	0.588	0.581	0.574	0.568	0.563	0.557	0.552	0.546
100	0.540	0.535	0.530	0.525	0.520	0.515	0.510	0.504	0.498	0.492
110	0.486	0.481	0.476	0.469	0.462	0.456	0.450	0.445	0.440	0.434
120	0.428	0.422	0.416	0.409	0.402	0.397	0.392	0.386	0.380	0.375
130	0.370	0.365	0.360	0.354	0.348	0.342	0.336	0.331	0.326	0.321
140	0.316	0.310	0.304	0.300	0.297	0.293	0.290	0.285	0.280	0.275
150	0.271	0.266	0.262	0.257	0.253	0.249	0.246	0.242	0.238	0.234
160	0.230	0.225	0.221	0.218	0.215	0.212	0.209	0.205	0.202	0.201
170	0.200	0.198	0.195	0.192	0.190	0.189	0.188	0.187	0.186	0.185
180	0.184									

二、轴心受拉构件的计算

1. 容许混凝土有裂缝出现的构件

轴心受拉构件的正截面受拉承载力，可按下式计算

$$N \leqslant fA_s \times 10^3 \qquad\qquad (\text{GYSD00303002-4})$$

式中　　N——轴心拉力设计值，kN；

f——纵向钢筋的抗拉设计强度，N/mm²；

A_s——全部纵向钢筋的截面积，m²。

2. 对不容许出现裂缝的轴心受拉构件

此种构件受拉时，其相对变形不得超过混凝土的极限相对伸长，同时钢筋和混凝土应有相同的伸长量。因为混凝土产生裂缝前的极限相对伸长 $\varepsilon_c = 0.000\,1 \sim 0.000\,15$，为安全起见取钢筋的相对伸长 $\varepsilon_s = 0.000\,1$，则钢筋的最大使用应力为

$$\sigma_s = E_s\varepsilon_s = 210\,000 \times 0.000\,1 = 21\ \text{N/mm}^2$$

所以，这时轴心受拉构件的正截面受拉承载力应按下式计算

$$N \leqslant \left(f_t A_c + 21A_s\right) \times 10^3 \qquad\qquad (\text{GYSD00303002-5})$$

式中　　f_t——混凝土抗拉强度设计值，N/mm²；

A_c——混凝土截面，m²；

N——轴心拉力设计值，kN。

在输电线路杆塔结构中，对于普通型钢筋混凝土构件通常是允许有细小裂缝出现的，在运行情况荷载作用下，普通钢筋混凝土构件的裂缝计算宽度不应超过 0.2mm。因此一般受拉构件的强度可用式 $N \leqslant fA_s$ 计算。只有特殊情况（如有侵蚀性介质，不允许出现裂缝时），才考虑混凝土与钢筋共同工作的情况。这时才用 $N \leqslant \left(f_t A_c + 21A_s\right) \times 10^3$ 进行计算。

【思考与练习】

1. 在计算构件的长细比时，确定构件计算长度（中心受压及小偏心受压）的原则是什么？

2. 在输电线路杆塔结构中，对于普通型钢筋混凝土构件的裂缝有何规定？

模块 3 受弯构件的计算 (GYSD00303003)

【模块描述】 本模块包含受弯构件的极限设计弯矩、受弯构件最大剪应力。通过概念描述、定量分析、计算举例，掌握受弯构件的极限设计弯矩、受弯构件最大剪应力的计算方法。

【正文】

图 GYSD00303003-1 受弯构件的内力分布

一、受弯构件的极限设计弯矩

如图 GYSD00303003-1 所示的环形截面构件，在外弯矩 M 作用下，其部分截面上的钢筋和混凝土受压，而另一部分截面上的钢筋和混凝土受拉。受压区的大小与配筋率有关。由受压区混凝土的压应力合力 N_c 和钢筋的压应力合力 N'_s，以及受拉区钢筋的拉应力合力 N_s，建立截面的抵抗弯矩与外弯矩平衡方程式，经推导和整理得到环截面钢筋混凝土受弯构件正截面承载力的计算公式为

$$M \leqslant \frac{10^3}{\pi}\left[f_{cm}A \cdot \frac{r_1 + r_2}{2} \cdot \sin \pi\alpha + fA_s r_s (\sin \pi\alpha + \sin \pi\alpha_t) \right] \quad \text{(GYSD00303003-1)}$$

$$\alpha = \frac{fA_s}{f_{cm}A + 2fA_s} \quad \text{(GYSD00303003-2)}$$

$$\alpha_t = 1 - 1.5\alpha \quad \text{(GYSD00303003-3)}$$

此时，相对含筋率 ω 宜符合

$$\omega = \frac{fA_s}{f_{cm}A} \leqslant 0.9 \quad \text{(GYSD00303003-4)}$$

当纵向钢筋布置于环壁厚度中央时，即 $r_s = \dfrac{r_1 + r_2}{2}$，则式 (GYSD00303003-1) 又可写成

$$M \leqslant \frac{10^3}{\pi}\left[\frac{1}{\omega} \cdot \sin \pi\alpha + (\sin \pi\alpha + \sin \pi\alpha_t) \right] fA_s r_s \quad \text{(GYSD00303003-5)}$$

式中 M——弯矩设计值，kN·m；

r_1、r_2——电杆的内、外半径，m；

r_s——纵向普通钢筋所在圆的半径，m；

f_{cm}——混凝土弯曲抗压强度设计值，N/mm²；

α——受压区混凝土截面面积与全截面面积的比值；

α_t——受拉纵向钢筋截面面积与全部纵向钢筋截面面积的比值，当 $\alpha > 2/3$ 时，取 $\alpha_t = 0$；

ω——相对含筋率。

二、受弯构件最大剪应力计算

当构件受到横向力作用时（如图 GYSD00303003-2 所示），在构件的横截面上除了引起弯矩外，还有剪力。任何截面的剪力都与横向力大小相等，故横截面上还存在着相应的剪应力。由于剪应力双生，故在平行于中性层的纵截面上将同时存在剪应力。

图 GYSD00303003-2 截面受弯同时受剪力作用

受弯构件横截面上剪应力的分布是不均匀的，中性轴处最大，远离中性轴而逐渐减小，边缘处剪应力为零。

对于我们研究的环形截面普通钢筋混凝土构件，由于抗拉强度远远低于抗压强度，故中性轴不在环形截面中央，而在拉压区的交界位置上。可得环形截面混凝土电杆在剪力作用下的斜截面受剪承载力 V_s，可按下式计算

$$Q_s \leqslant Q_u = 1.2tD_0 f_t \times 10^3 \qquad \text{（GYSD00303003-6）}$$

式中　Q_s——剪力设计值，kN；

Q_u——构件的抗剪承载力设计值，kN；

f_t——混凝土抗拉强度设计值，N/mm²；

t——电杆截面的壁厚，m；

D_0——电杆外径，m。

当 Q_s 小于等于 Q_u 时，剪力产生的主拉应力全部由混凝土承担。当 Q_s 大于 Q_u 时，电杆已开裂，斜截面上的主拉应力由螺旋筋承担 80%、纵向钢筋承担 20%，螺旋筋面积 A_{sv} 和纵向钢筋的面积 A_s 可按下式计算

$$A_{sv} = \frac{Q_s S}{2.8\pi r_s f_{sv} \cos(45° + \theta)} \times 10^{-3} \qquad \text{（GYSD00303003-7）}$$

$$A_s = \frac{0.2Q_s}{f} \times 10^{-3} \qquad \text{（GYSD00303003-8）}$$

式中　A_{sv}——螺旋筋截面面积，m²；

f_{sv}——螺旋筋抗拉强度设计值，N/mm²；

r_s——螺旋钢筋布筋半径，m；

S——螺旋钢筋间距，m；

θ——螺旋筋与电杆横截面的夹角，且 $\theta = \tan^{-1}\dfrac{S}{2\pi r_s}$（$\theta$ 不应取 45°）。

例 GYSD00303003-1　图 GYSD00303003-3 为某架空线路用的环形截面普通钢筋混凝土电杆。电杆混凝土强度等级为 C40 级、全高 10m、梢径 ϕ160mm、锥度 $\dfrac{1}{75}$、环壁厚度 5cm，根部配筋为 3 号钢 14 根 ϕ12mm，若线路的导线牌号为 JL/G1A-95/20-7/7，水平档距 $l_h = 120$m，试计算正常运行情况最大风速 $v = 27$m/s 时，电杆地面下嵌固 B—B 处（即 $\dfrac{1}{3}$ 埋深处）截面的抗弯强度，及危险截面的抗剪强度。

图 GYSD00303003-3　某环形截面普通钢筋混凝土电杆

解　1. 风荷载标准值计算

（1）导线风压计算。

$$\begin{aligned}
g_{4(27)} &= 0.613 \times 0.75 \times 1.2 \times 13.9 \times \frac{27^2 \times 10^{-3}}{113.96} \\
&= 49.056 \times 10^{-3} \left[\text{N/(m·mm}^2) \right] \\
P_D &= g_{4(27)} A l_h \\
&= 49.056 \times 10^{-3} \times 113.96 \times 120 = 670.9 \text{（N）}
\end{aligned}$$

（2）杆身风压计算。

$$P_0 = 0.613 CFv^2$$

地面以上电杆平均直径

$$D_p = 0.16 + \frac{4}{75} = 0.213 \text{（m）}$$

挡风面积　　　　　　　$F = D_p \times H = 0.213 \times 8 = 1.707 \text{（m}^2)$

体型系数　　　　　　　$C = 0.7$

所以　　　　　　　$P_0 = 0.613 \times 0.7 \times 1.707 \times 27^2 = 534 \text{（N）}$

横担 A 点以上杆身风压

$$P_{01} = 0.613 \times 0.7 \times (0.16 + \frac{0.25}{75}) \times 0.5 \times 27^2$$

$$= 25.5 \text{（N）}$$

2. 荷载产生的弯矩设计值和剪力设计值

（1）对杆根 B-B 截面的弯矩设计值。

$$M = \gamma_0 \psi \gamma_{Qi} \left(P_D \times 8.866 + 2 \times P_D \times 8.366 + P_0 \times 4.666 \right)$$
$$= 1.0 \times 1.0 \times 1.4 \times \left(670.9 \times 8.866 + 2 \times 670.9 \times 8.366 + 534 \times 4.666 \right)$$
$$= 27\,531 \ (N \cdot m) = 27.531 \text{kN} \cdot m$$

（2）剪力危险截面在下横担 A 截面处，则 A 截面的剪力设计值

$$Q_s = \gamma_0 \psi \gamma_{Qi} \left(3 \times P_D + P_{01} \right)$$
$$= 1.0 \times 1.0 \times 1.4 \times \left(3 \times 670.9 + 25.5 \right) = 2853 \ (N) = 2.853 \text{kN}$$

3. 电杆的抗弯强度验算

根部 B-B 截面的弯矩设计值

$$D_B = 0.16 + \frac{8.666}{75} = 0.2756 \ (m)$$

$$r_s = \frac{0.275\,6 - 0.05}{2} = 0.112\,77 \ (m)$$

$$A = 2\pi r_g t = 2\pi \times 0.112\,77 \times 0.05 = 0.035\,727\,7 \ (m^2)$$

$$A_s = 14 \times 0.000\,1131 = 0.001\,583\,4 \ (m^2)$$

$$\alpha = \frac{fA_s}{f_{cm}A + 2.5fA_s}$$
$$= \frac{210 \times 0.001\,583\,4}{21.5 \times 0.035\,277 + 2.5 \times 210 \times 0.001\,583\,4} = 0.21 < \frac{2}{3}$$

取

$$\alpha_t = 1 - 1.5\alpha = 1 - 1.5 \times 0.21 = 0.685$$

$$\overline{\omega} = \frac{fA_s}{f_{cm}A} = \frac{210 \times 0.001\,583\,4}{21.5 \times 0.035\,277} = 0.438 \leqslant 0.9$$

所以构件受弯承载力设计值

$$M' = \frac{10^3}{\pi} \left[\frac{1}{\overline{\omega}} \cdot \sin\pi\alpha + \left(\sin\pi\alpha + \sin\pi\alpha_t \right) \right] fA_s r_s$$
$$= \frac{10^3}{\pi} \left[\frac{1}{0.438} \times \sin 180° \times 0.21 + \left(\sin 180° \times 0.21 + \sin 180° \times 0.685 \right) \right] \times$$

$$210 \times 0.001\,583\,4 \times 0.112\,77 = 34 \ (kN \cdot m)$$

因为 $M = 27.531$（kN·m）$< M' = 34$kN·m，所以抗弯强度合格。

4. 抗剪强度校验

危险截面在下横担 A 截面处，则 A 截面处的外径

$$D_A = 0.16 + \frac{0.5}{75} = 0.166\,67 \ (m)$$

A 截面处的抗剪承载力设计值为

$$Q_u = 1.2 t D_0 f_t \times 10^3$$
$$= 1.2 \times 0.05 \times 0.166\,67 \times 1.8 \times 10^3 = 18 \ (kN)$$
$$Q_s = 2.853 \ (kN) < Q_u = 18 \text{kN}$$

故剪力产生的主拉应力全部由混凝土承担，电杆的螺旋钢筋可按构造配置。

【思考与练习】

1. 构件在横向力作用下，其横截面上的受力情况怎样？

2. 受弯构件横截面的剪应力是如何分布的，有什么危害？

3. 已知环形截面钢筋混凝土电杆 ϕ400mm，壁厚 $t = 5$cm，混凝土强度等级为 C40 级，在壁厚中央配 $18 \times \phi$14mm A3 钢筋。试计算受弯曲时的承载力设计值。

模块 4　受扭矩和弯扭共同作用的构件 （GYSD00303004）

【模块描述】 本模块包含受扭矩和弯扭共同作用的构件计算。通过
概念描述、定量分析、计算举例，掌握受扭矩、弯扭共同作用的构件计
算方法。

【正文】

输电线路中，根部嵌固的拔梢单杆悬垂直线杆，当一边导线断线时，
主杆就是一个弯扭共同作用的构件。如图 GYSD00303004-1 所示。

一、受扭构件的计算

受扭环形截面混凝土塑性抗扭截面模量为

$$W_k = 0.5(r_1 + r_2)A \quad （GYSD00303004\text{-}1）$$

图 GYSD00303004-1　弯扭共
同作用的构件

式中　W_k——环形截面混凝土塑性抗扭截面模量，m^3；

　　　r_1——环形截面的内半径，m；

　　　r_2——环形截面的外半径，m；

　　　A——构件环截面，$A = \pi(r_2^2 - r_1^2)$，m^2。

当它受扭矩 M_k（kN·m）作用时，则斜截面受扭承载力为

$$M_k \leqslant M_u = W_k f_t \times 10^3 = 0.5(r_1 + r_2)A f_t \times 10^3 \quad （GYSD00303004\text{-}2）$$

式中　M_k——受扭构件的扭矩设计值，kN·m；

　　　M_u——受扭构件的斜截面受扭承载力，kN·m。

当 $M_k \leqslant M_u$ 时，扭矩产生的主拉应力完全由混凝土承担。当 $M_k > M_u$ 时，构件已开裂，斜截面上的
主拉应力由螺旋筋 A_{sv} 和纵向钢筋 A_s 承担，此时螺旋筋的截面为

$$A_{sv} = \frac{M_k S}{2\sqrt{2}\pi r_s^2 f_{sv} \cos(45° \pm \theta)} \times 10^{-3} \quad （GYSD00303004\text{-}3）$$

由于扭矩所需纵向钢筋截面为

$$A_s = \frac{M_k S}{2\pi r_s^2 f} \tan(45° \pm \theta) \times 10^{-3} \quad （GYSD00303004\text{-}4）$$

式中　θ——螺旋筋与电杆横截面的夹角，且 $\theta = \tan^{-1}\dfrac{S}{2\pi r_g}$（$\theta$ 不应取 45°）；当顺螺旋筋方向扭转时

　　　取 $-\theta$，反之取 $+\theta$，当用水平钢箍时，取 $\theta = 0°$。

由于纵向钢筋往往不受断线（受扭）情况控制，故按式（GYSD00303004-4）计算的纵向钢筋截
面 A_s，往往并不对纵向钢筋截面选择起控制作用。

二、弯扭共同作用构件的计算

当电杆构件在弯曲和扭转共同作用下，其总的剪应力由两部分组成。即由弯曲时剪力设计值 Q_s
产生的主拉应力 $\sigma_s = \dfrac{Q_s}{1.2tD_0}$ 和受扭时扭矩设计值 T_k 的主拉应力 $\sigma_k = \dfrac{M_k}{W_k}$ 组成。当满足式
（GYSD00303004-5）条件时，可以认为由弯曲和扭转共同产生的主拉应力完全由混凝土承担，其螺旋
筋按构造要求配置。

$$\sum\sigma = \left[\frac{Q_s}{1.2tD_0} + \frac{M_k}{W_k}\right] \times 10^{-3} \leqslant f_t \quad （GYSD00303004\text{-}5）$$

当不能满足式（GYSD00303004-5）条件时，则主拉应力完全由螺旋筋和纵向钢筋承受。此时螺
旋筋的截面为

$$A_{sv} = \left[\frac{Q_s S}{2.8\pi r_s f_{sv} \cos(45° + \theta)} + \frac{M_k S}{2\sqrt{2}\pi r_s^2 f_{sv} \cos(45° \pm \theta)}\right] \times 10^{-3} \quad （GYSD00303004\text{-}6）$$

所需纵向钢筋截面为

$$A_s = \left[\frac{0.2Q_s}{f} + \frac{M_k S}{2\pi r_s^2 f} \tan(45° \pm \theta) \right] \times 10^{-3} \qquad (\text{GYSD00303004-7})$$

例 GYSD00303004-1 上字型无拉线单柱直线杆转动横担的起动力定为 2.45kN，横担长度为 2.5m，下导线断线横担转动时，主杆同时承受弯曲和扭转力，切力为 $Q_s = 0.9 \times 1.4 \times 2.45 = 3.09$ kN，扭矩为 $M_k = 0.9 \times 1.4 \times 2.45 \times 2.5 = 7.72$ kN·m；电杆外径 $D = 30.3$ cm，内径 $d = 20.3$ cm，混凝土标号 C40 级。试计算电杆的抗切和抗扭强度。

解 因为 $A = \pi(r_2^2 - r_1^2) = \pi(0.1515^2 - 0.1015^2) = 0.03974$ （m²）

由式（GYSD00303004-6）得

$$\sum \sigma = \left[\frac{Q_s}{1.2 t D_0} + \frac{M_k}{W_k} \right] \times 10^{-3}$$

$$= \left[\frac{3.09}{1.2 \times 0.05 \times 0.303} + \frac{7.72}{0.5 \times (0.1015 + 0.1515) \times 0.03974} \right] \times 10^{-3}$$

$$= 0.17 + 1.535 = 1.705 \ (\text{MPa})$$

查表 GYSD00303001-2，C40 级混凝土 $f_t = 1.8$ MPa，则

$$\sum \sigma = 1.705\text{MPa} < f_t = 1.8\text{MPa}$$

故由弯曲和扭转共同产生的主拉应力完全由混凝土承担，其螺旋筋按构造要求配置。

【思考与练习】

1. 受扭构件强度满足的条件是什么？受弯曲和扭转共同作用构件强度满足的条件是什么？

2. 某 110kV 单回直线杆，导线为 JL/G1A-150/20-24/7 型，地线为 1×7-8.7-1270-A-GB1200-88 型，采用 φ230mm 拔梢钢筋混凝土电杆，电杆混凝土强度等级为 C40 级。导线排列见图 GYSD00302002-2，横担为固定横担，试计算断下导线（不考虑地线支持力）时，电杆的抗切和抗扭强度。

模块 5 偏心受压构件的计算（GYSD00303005）

【模块描述】本模块涉及大偏心受压构件、小偏心受压构件的计算、构件长细比对计算的影响。通过概念描述、定量分析、计算举例，了解构件长细比对计算的影响，掌握大偏心受压构件、小偏心受压构件的计算方法。

【正文】

当轴向力 N 不作用于构件中心轴上，而是作用在距中心轴为 e_0 的地方，如图 GYSD00303005-1（a）所示，则构件称为偏心受压构件，e_0 称为偏心距。

偏心受压构件可以看成是轴心压力 N 和弯矩 $M = Ne_0$ 共同作用的构件，如图 GYSD00303005-1（b）所示。

如果偏心距 e_0 和轴向力足够大，使构件截面产生受压区和受拉区。并假设达到极限承载力 N_j 时，受拉区钢筋、受压区钢筋和混凝土三者同时达到设计强度，构件的内力分布如图 GYSD00303005-2 所示。

一、大偏心受压构件

当受压区分布角系数 $\alpha = \dfrac{N \times 10^{-3} + fA_s}{f_{cm}A + (f + f')A_s} \leqslant 0.5$ 时，称为大偏心受压构件，其强度按下式计算

$$Ne_0 \leqslant \frac{10^3}{\pi} \left[f_{cm} A \frac{r_1 + r_2}{2} + (f + f') A_s r_s \right] \sin \pi \alpha \qquad (\text{GYSD00303005-1})$$

式中 N——轴向压力设计值，kN；

       e_0——偏心距，m，如图 GYSD00303005-2 所示。

其他符号意义同前。

图 GYSD00303005-1　偏心受压构件　　　图 GYSD00303005-2　大偏心受压构件内力分布情况

（a）图一；（b）图二

二、构件长细比对计算的影响

当环形截面偏心受压构件的计算长度与外径的比 $8 < \dfrac{L_0}{D} \leqslant 30$ 时，必须考虑构件的长细比的影响。

考虑的方法，将初偏心距乘以偏心距增大系数 m。对于环截面普通钢筋混凝土构件，偏心距增大系数 m 可按下式计算

$$m = \frac{1}{1 - \dfrac{N}{N_{kp}}} = \frac{1}{1 - \dfrac{NL_0^2}{\pi^2 B}} \qquad （\text{GYSD00303005-2}）$$

式中　N_{kp}——构件的临界压力，kN，对环截面 $N_{kp} = \dfrac{\pi^2 B}{L_0^2}$；

　　　　B——构件截面刚度，kN·m²；

　　　　L_0——构件计算长度，m。

当构件的长细比 $\lambda = \dfrac{L_0}{r_0} = 55 \sim 70$ 范围时，增大系数可按下式计算

$$m = \frac{1}{1 - \dfrac{n_p}{4800} \lambda^2} \qquad （\text{GYSD00303005-3}）$$

式中　n_p——轴向压力荷载因数，且 $n_p = \dfrac{N \times 10^{-3}}{f_{cm} A}$。

但实际工程中，电杆的长细比一般都很大，$\lambda > 70$ 的情况很多，此时的增大系数应按式（GYSD00303005-2）进行计算。

考虑增大系数后，大偏心受压构件的偏心力矩为

$$N m e_0 \leqslant \frac{10^3}{\pi} \left[f_{cm} A \frac{r_1 + r_2}{2} + (f + f') A_s r_s \right] \sin \pi \alpha \qquad （\text{GYSD00303005-4}）$$

当环形截面偏心受压构件的计算长度与外径的比 $\dfrac{L_0}{D} > 30$ 时，称为细长柱。细长柱构件长细比过大，

钢筋和混凝土均未达到材料破坏的极限值而破坏，这种破坏称为失稳破坏，在设计中应避免。

三、小偏心受压构件

当 $\alpha > 0.5$ 时，称为小偏心受压构件，其强度按下式计算

$$N(e_0 + r_2) \leqslant r_s[f_c A + \mu_s f_s' A_s] \times 10^3 \qquad （GYSD00303005-5）$$

式中　μ_s——与偏心距有关的系数。当 $e_0 < r_s$ 时，$\mu_s = 1 - \dfrac{e_0}{3r_s}$；当 $e_0 \geqslant r_s$ 时，$\mu_s = \dfrac{2}{3}$。

其他符号意义同前。

线路杆塔的垂直压力一般不是很大，即一般情况下，$\alpha \leqslant 0.5$，很少遇有小偏心受压情况。

例 GYSD00303005-1　某环截面普通钢筋混凝土电杆，外径 $D = 40$cm、内径 $d = 30$cm、计算长度 $L_0 = 8$m，C40 级混凝土，纵筋为 A3，$22 \times \phi14$mm。当受到初偏心距为 $e_0 = 0.85$m、轴向偏心压力 $N = 115.7$ kN 作用时，试计算电杆强度。

解　查表 GYSD00303001-2，C40 级混凝土 $f_{cm} = 21.5$MPa

$$A_h \approx A = \frac{\pi}{4}(D^2 - d^2) = \frac{\pi}{4}(40^2 - 30^2) = 549.78^2 （cm） = 0.054\ 978\ m^2$$

查表 GYSD00303001-3，$f = f' = 210$ MPa

$$A_s = 22 \times 1.539 = 33.86 （cm^2） = 0.003\ 386\ m^2$$

$$\alpha = \frac{N \times 10^{-3} + fA_s}{f_{cm}A + (f + f')A_g} = \frac{115.7 \times 10^{-3} + 210 \times 0.003\ 386}{0.054\ 978 \times 21.5 + 2 \times 210 \times 0.003\ 386}$$

$$= 0.317\ 5 < 0.5 （属大偏心受压）$$

由于 $\dfrac{L_0}{D} = \dfrac{8.0}{0.4} = 20 > 8$，故应考虑长细比影响。

又构件的回转半径为

$$r_0 = \frac{1}{2}\sqrt{\left(\frac{D}{2}\right)^2 + \left(\frac{d}{2}\right)^2} = \frac{1}{2}\sqrt{\left(\frac{0.4}{2}\right)^2 + \left(\frac{0.3}{2}\right)^2} = 0.125 （m）$$

则

$$\lambda = \frac{L_0}{r_0} = \frac{8}{0.125} = 64$$

$$n_p = \frac{N \times 10^{-3}}{f_{cm}A} = \frac{115.7 \times 10^{-3}}{21.5 \times 0.054\ 978} = 0.098$$

$$m = \frac{1}{1 - \dfrac{n_p}{4800}\lambda^2} = \frac{1}{1 - \dfrac{0.098}{4800} \times 64^2} = 1.091$$

据式（GYSD00303005-4）大偏心受压构件偏心力矩为

$$M = \frac{10^3}{\pi}\left[f_{cm}A\frac{r_1 + r_2}{2} + (f + f')A_s r_s\right]\sin \pi\alpha$$

$$= \frac{10^3}{\pi}\left[21.5 \times 0.054\ 978 \times \frac{0.2 + 0.15}{2} + 2 \times 210 \times 0.003\ 386 \times \frac{0.2 + 0.15}{2}\right]$$

$$\times \sin \pi \times 0.317\ 5 = 121.9 （kN \cdot m）$$

允许初偏心距为

$$e_0 = \frac{M}{Nm} = \frac{121.9}{115.7 \times 1.091} = 0.97 （m） > 0.85m，合格。$$

【思考与练习】

1．如何界定大偏心受压构件、小偏心受压构件？

2．对偏心受压构件，当其计算长度 l_0 与外径 D 之比 $\dfrac{l_0}{D} > 8$ 时，如何考虑构件的承载能力？

模块6　压弯构件的计算（GYSD00303006）

【模块描述】本模块涵盖压弯构件的弯矩计算、构件的强度计算、几种常见受力型式的压弯构件极限设计外弯矩的计算。通过概念描述、定量分析、计算举例，掌握压弯构件的弯矩计算、构件的强度计算过程及方法，熟悉几种常见受力型式的压弯构件极限设计外弯矩的计算方法。

【正文】

在结构稳定理论中，对同时承受横向荷载和轴向压力的构件，通称为压弯构件。此处所谓横向荷载系指分布荷载、集中荷载、弯矩及力偶等。压弯构件的计算除了考虑横向荷载引起的弯矩外，还应考虑构件挠度和轴向压力引起的附加弯矩。

工程计算时，对输电线路带拉线的电杆，由于其长细比很大，电杆挠度是不可忽略的因素，故拉线点以下的主杆，均按两端铰接压弯构件计算。实际上偏心受压构件也是压弯的一种个别情况。

一、压弯构件截面的弯矩计算

如果构件的抗弯刚度无限大，则构件受横向荷载作用时将无挠度，故轴向力对截面弯矩计算将无影响。当构件抗弯刚度较小时，在横向荷载作用下将产生较大挠度，从而使构件的任意截面，除了承受横向荷载引起的弯矩 M_{qx} 之外，还要承受该截面处的构件挠度 f 和轴向力 N 引起的附加弯矩 Nf。因此，压弯构件任一截面处总弯矩为

$$M_x = M_{qx} + \Delta M_x = M_{qx} + Nf \qquad (\text{GYSD00303006-1})$$

式中　M_x——构件计算截面处总弯矩，kN·m；

M_{qx}——计算截面横向荷载引起的弯矩，kN·m；

ΔM_x——计算截面由于轴向力 N 和挠度 f 引起的附加弯矩，kN·m，$\Delta M_x = Nf$；

N——轴向压力，kN；

f——计算截面处杆身总增大挠度的代数和，m。

环形截面钢筋混凝土压弯电杆拉线点以下任一截面横向荷载引起的弯矩为

$$M_{qx} = \frac{M_{Lx}x}{L_0} + M_x \qquad (\text{GYSD00303006-2})$$

式中　M_{Lx}——作用于拉线点以上的外力引起的端弯矩（包括拉线偏心产生的弯矩），kN·m；

M_x——拉线点以下作用于杆段上的外力在计算截面的弯矩，kN·m；

L_0——电杆的计算长度，m。

在计算构件任意截面处的总弯矩时，首先应确定构件挠度。拉线电杆压弯构件挠度计算如图 GYSD00303006-1 所示。

图 GYSD00303006-1　拉线电杆压弯构件计算间图

(a) 杆身风压产生的挠度；(b) 端部弯矩产生的挠度；(c) 杆身横向集中荷载产生的挠度；(d) 杆身初挠度

（1）初挠度 f_{01} 引起的挠度 f_0。如图 GYSD00303006-1（d）所示，在电杆加工和线路施工中，电杆不可能绝对地铅直，必存在一定的挠曲或偏斜，即存在一定的初挠度。设在跨度中央引起的初挠度

为 f_{01}，则由此引起的任意截面 x 处的挠度 f_0 为

$$f_0 = f_{01} \sin\frac{\pi x}{L_0} = \frac{2L_0}{1000} \cdot \sin\frac{\pi x}{L_0} \qquad \text{（GYSD00303006-3）}$$

式中　f_{01}——杆身初挠度，m，取 $f_{01} = \frac{2L_0}{1000}$。

（2）杆身风压均布荷载产生的挠度 f_1。如图 GYSD00303006-1（a）所示，均布荷载 q，在任意截面 x 处引起的挠度为

$$f_1 = \frac{qx}{24B}(L_0^3 - 2L_0 x^2 + x^3) \qquad \text{（GYSD00303006-4）}$$

式中　B——构件截面刚度，$\text{kN} \cdot \text{m}^2$。

（3）端部弯矩产生的挠度 f_2。如图 GYSD00303006-1（b）所示，端部弯矩 M_{Lx}，在任意截面 x 处引起的挠度为

$$f_2 = \frac{M_{Lx} L_0 x}{6B} \cdot \left(1 - \frac{x^2}{L_0^2}\right) \qquad \text{（GYSD00303006-5）}$$

（4）杆身集中弯矩荷载产生的挠度 f_3。如图 GYSD00303006-1（c）所示，由于拉线点以下的外力 p，在任意截面 x 处引起的挠度为

$$f_3 = \frac{pbx}{6L_0 B} \cdot \left(L_0^2 - x^2 - b^2\right) \qquad \text{（GYSD00303006-6）}$$

上述挠度均未考虑轴向压力的影响。轴向压力的影响用挠度增大系数 η 来反映，则任意截面处的总挠度可表示为

$$f = \eta(f_0 + f_1 + f_2 + f_3)$$
$$= \frac{1}{1 - \dfrac{N}{N_{kp}}}(f_0 + f_1 + f_2 + f_3) \qquad \text{（GYSD00303006-7）}$$

式中　η——轴向压力引起的挠度增大系数。

$$\eta = \frac{1}{1 - \dfrac{N}{N_{kp}}} \qquad \text{（GYSD00303006-8）}$$

$$N_{kp} = \frac{\pi^2 B}{L_0^2} \qquad \text{（GYSD00303006-9）}$$

式中　L_0——电杆的计算长度，m，当电杆的埋入深度 $h/D_0 \leqslant 5$ 时，$L_0 = h + H$，当电杆的埋入深度 $h/D_0 \geqslant 5$ 时，$L_0 = h + 5D_0$；

　　H——电杆拉线点（或合力点）至地面的距离，m；

　　D_0——电杆外径，m；

　　N_{kp}——临界压力，kN。

二、构件的强度的计算

按压弯构件或偏心受压构件进行拉线点以下杆段的计算时，除按模块 GYSD00303003 计算弯矩作用平面的承载力外，尚应按模块 GYSD00303002 轴心受压构件计算垂直于弯矩作用平面的承载力，此时不考虑弯矩的作用，但应考虑纵向弯曲的影响。

即

$$M \leqslant \frac{10^3}{\pi}\left[f_{cm}A \cdot \frac{r_1 + r_2}{2} \cdot \sin\pi\alpha + fA_s r_s(\sin\pi\alpha + \sin\pi\alpha_t)\right] \qquad \text{（GYSD00303006-10）}$$

$$N \leqslant (f_c A_c + f'_s A_s)\phi_c \times 10^3 \qquad \text{（GYSD00303006-11）}$$

式中　M——压弯构件截面的弯矩设计值，$\text{kN} \cdot \text{m}$；

　　N——轴心压力设计值，kN。

对于两端绞接的压弯构件，一般校验跨度中央截面的抗弯强度。

三、几种常见受力型式的压弯构件荷载弯矩设计值

（一）受均布荷载作用的压弯构件

如图 GYSD00303006-1（a）所示，均布荷载 q 和 N 作用下，在任意截面 x 处产生的总挠度为

$$f = \eta f_1 = \frac{1}{1 - \dfrac{N}{N_{kp}}} \cdot \frac{qx}{24B}(L_0^3 - 2L_0 x^2 + x^3) \qquad （GYSD00303006\text{-}12）$$

均布荷载 q 作用，在任意截面 x 处产生的弯矩为

$$M_{qx} = \frac{qL_0}{2} \times x - qx \times \frac{x}{2} \qquad （GYSD00303006\text{-}13）$$

均布荷载 q 和 N 共同作用，在任意截面 x 处产生的总弯矩为

$$M_x = \frac{qL_0}{2} \times x - qx \times \frac{x}{2} + \frac{N}{1 - \dfrac{N}{N_{kp}}} \cdot \frac{qx}{24B}(L_0^3 - 2L_0 x^2 + x^3) \qquad （GYSD00303006\text{-}14）$$

当 $x = \dfrac{l}{2}$ 时，即跨度中央截面处的总弯矩为

$$M_0 = M_{q0} + \Delta M_0 = \frac{qL_0^2}{8} + \frac{N}{1 - \dfrac{N}{N_{kp}}} \cdot \frac{5qL_0^4}{384B}$$

$$= \frac{qL_0^2}{8} \cdot \left(1 + \frac{1.028N}{N_{kp} - N}\right) \qquad （GYSD00303006\text{-}15）$$

（二）受弯矩 M_{Lx} 作用时的压弯构件

如图 GYSD00303006-1（b）所示构件，在 M_{Lx} 和 N 作用下作用时，则任意截面 x 处的总挠度为

$$f = \eta f_2 = \frac{1}{1 - \dfrac{N}{N_{kp}}} \cdot \frac{M_{Lx} L_0 x}{6B} \cdot \left(1 - \frac{x^2}{L_0^2}\right) \qquad （GYSD00303006\text{-}16）$$

在 M_{Lx} 和 N 共同作用下，任意截面 x 处总的弯矩为

$$M_x = M_{Lx} \frac{x}{L_0} + \frac{N}{1 - \dfrac{N}{N_{kp}}} \cdot \frac{M_{Lx} L_0 x}{6B} \cdot \left(1 - \frac{x^2}{L_0^2}\right) \qquad （GYSD00303006\text{-}17）$$

当 $x = \dfrac{l}{2}$ 时，即跨度中央截面处的总弯矩为

$$M_0 = \frac{M_{Lx}}{2} + \frac{N}{1 - \dfrac{N}{N_{kp}}} \cdot \frac{M_{Lx} L_0^2}{16B}$$

$$= M_{Lx}\left(0.5 + \frac{0.616N}{N_{kp} - N}\right) \qquad （GYSD00303006\text{-}18）$$

（三）受均布荷载 q 和弯矩 M_{Lx} 共同作用时的压弯构件

如图 GYSD00303006-2 所示，为受均布荷载 q 和弯矩 M_{Lx} 共同作用时的压弯构件。输电线路构件中，带拉线的电杆拉线点以下杆段在正常最大风时，就属于这种受力情况。图 GYSD00303006-2 是图 GYSD00303006-1（a）和图 GYSD00303006-1（b）的迭加，故该构件跨度中央截面的弯矩，只将式（GYSD00303006-1）和式（GYSD00303006-18）代数迭加即可。但应注意对直线杆由 q 和 M_{Lx} 产生的挠度方向相反，应取异号相加。即

图 GYSD00303006-2　受均布荷载和弯矩 M_{Lx} 共同作用的压弯构件

184

$$M_0 = M_{Lx}\left(0.5 + \frac{0.616N}{N_{kp} - N}\right) - \frac{qL_0^2}{8} \cdot \left(1 + \frac{1.028N}{N_L - N}\right) \quad \text{（GYSD00303006-19）}$$

理论上在 $x = 0.577L_0$ 处可能产生最大弯矩，则经推导该截面的总弯矩为

$$M_{(0.577)} = M_{Lx}\left(0.577 + \frac{0.63N}{N_{kp} - N}\right) - \frac{qL_0^2}{8.2} \cdot \left(1 + \frac{N}{N_{kp} - N}\right) \quad \text{（GYSD00303006-20）}$$

取两者中较大者进行验算。

此外，对于一端嵌固一端自由的压弯构件，可转化为计算长度 $L_0 = 2L$（L 为构件实长）的两端绞接的压弯构件来计算，方法同上。

上述各式中的荷载均为荷载设计值。

例 GYSD00303006-1 普通钢筋混凝土直线电杆，全高 18m，埋深 1.0m，拉线固定点距底盘 14m，电杆外径 $D = 30$cm，内径 $d = 20$cm，纵向配筋为 12 根 ϕ16mm，A3 钢，混凝土为 C40 级以离心机制造。经计算，对拉线点以下的主杆段，由于杆顶荷载在拉线点处的弯矩 $M_{Lx} = 41.8$kN·m，杆段受均布风压荷载为 $q = 0.165$kN/m，对主杆引起的弯矩和 M_{Lx} 相反，拉线点以下跨度中央垂直轴向压力 $N = 65.75$kN，在 $0.577L_0$ 处的轴向压力 $N = 64.49$kN，电杆的临界压力 $N_L = 318$kN，试验算电杆的强度。

解 计算图形参见图 GYSD00303006-4。

（1）跨度中央截面的总弯矩，可由式（GYSD00303006-19）求得

$$M_0 = 41.8 \times \left(0.5 + \frac{0.616 \times 65.75}{318 - 65.74}\right) - \frac{0.165 \times 14^2}{8} \times \left(1 + \frac{1.028 \times 65.75}{318 - 65.74}\right)$$

$$= 27.61 + 5.13 = 32.74 \text{（kN·m）}$$

（2）离拉线点 $0.577L_0$ 处截面的极限设计外弯矩，根据式（GYSD00303006-20）为

$$M_{(0.577)} = 41.8 \times \left(0.577 + \frac{0.63 \times 64.49}{318 - 64.49}\right) - \frac{0.165 \times 14^2}{8.2} \times \left(1 + \frac{64.49}{318 - 64.49}\right)$$

$$= 31.82 + 4.95 = 35.77 \text{（kN·m）}$$

（3）因为 $M_{(0.423)} > M_0$，故取 $x = 0.577L_0$ 处截面进行验算

$$r_s = \frac{r_1 + r_2}{2} = \frac{0.2 + 0.1}{2} = 0.15 \text{（m）}$$

$$A = 2\pi r_g t = 2\pi \times 0.15 \times 0.05 = 0.047\,12 \text{（m}^2\text{）}$$

$$A_s = 12 \times \frac{\pi}{4} \times d^2 = 12 \times \frac{\pi}{4} \times 0.016^2 = 0.002\,412\,7 \text{（m}^2\text{）}$$

$$\alpha = \frac{fA_s}{f_{cm}A + 2.5fA_s}$$

$$= \frac{210 \times 0.002\,412\,7}{21.5 \times 0.047\,12 + 2.5 \times 210 \times 0.002\,412\,7} = 0.222\,2 < \frac{2}{3}$$

取

$$\alpha_t = 1 - 1.5\alpha = 1 - 1.5 \times 0.21 = 0.667$$

$$\overline{\omega} = \frac{fA_s}{f_{cm}A} = \frac{210 \times 0.002\,412\,7}{21.5 \times 0.047\,12} = 0.5 \leqslant 0.9$$

所以构件受弯承载力设计值为

$$M' = \frac{10^3}{\pi}\left[\frac{1}{\overline{\omega}} \cdot \sin\pi\alpha + (\sin\pi\alpha + \sin\pi\alpha_t)\right]fA_s r_s$$

$$= \frac{10^3}{\pi}\left[\frac{1}{0.5} \times \sin 180° \times 0.222 + (\sin 180° \times 0.222 + \sin 180° \times 0.667)\right] \times$$

$$210 \times 0.002\,412\,7 \times 0.15 = 67.6 \text{（kN·m）}$$

因为 $M_{(0.577)} = 35.77$（kN·m）$< M' = 67.6$（kN·m），所以抗弯强度合格。

环形截面构件最小回转半径

$$r_0 = \frac{1}{4}\sqrt{D^2 + d^2} = \frac{1}{4}\sqrt{0.3^2 + 0.2^2} = 0.09 \text{（m）}$$

构件的长细比 λ 用下式计算

$$\lambda = \frac{L_0}{r_0} = \frac{14}{0.09} = 155.32$$

由表 GYSD00303002-1 查得 $\phi_c = 0.248$，故构件正截面受压承载力为

$$N = (f_c A_c + f'_s A_s)\phi_c \times 10^3$$
$$= (19.5 \times 0.047\,12 + 210 \times 0.002\,412\,7) \times 0.248 \times 10^3$$
$$= 353.5 \text{（kN）} > 64.49$$

故构件正截面受压强度合格。

【思考与练习】

1. 什么叫压弯构件，压弯构件横截面上的弯矩是如何考虑的？
2. 压弯构件的强度用什么方法计算，什么叫许可荷载法？

模块 7　构件的刚度、临界压力及裂缝计算（GYSD00303007）

【模块描述】本模块涉及构件的刚度、临界压力及裂缝计算。通过概念描述、定量分析，了解构件的刚度、临界压力及裂缝的基本概念，掌握构件的刚度、临界压力及裂缝计算方法。

【正文】

一、构件的刚度

钢筋混凝土构件的刚度与是否出现裂缝有关。混凝土出现裂缝之前，构件所具有的刚度称为第一阶段刚度 B_I，出现裂缝之后称为第二阶段刚度 B_{II}。严格地说，每个阶段的刚度又可分为长期荷载作用下的刚度和短期荷载作用下的刚度。

输电线路中的环形截面普通钢筋混凝土构件，当构件为轴心受压或小偏心受压时，由于构件主要承受轴向压力，其横截面的受拉区范围很小，混凝土不会产生裂缝，故计算时可采用第一阶段刚度 B_I，对于受弯构件或长细比较大的压弯构件，使用中不可避免地要产生裂缝，故计算时宜采用第二阶段刚度 B_{II}。

（1）第一阶段刚度 B_s 的计算。由于受拉区很小，故可近似地把受压混凝土当做弹性材料，把所含钢筋折算为混凝土截面，计算出构件截面的折算惯性矩 I_0，乘以混凝土的弹性模量 E_c，再乘以混凝土塑性变形系数，即可求得在荷载的短期效应下不出裂构件的短期刚度 B_s 为

$$B_s = 0.85 E_c I_0 \times 10^3 \qquad \text{（GYSD00303007-1）}$$

式中　B_s——环形截面普通钢筋混凝土构件截面第一阶段刚度，$kN \cdot m^2$；

　　　E_c——混凝土的弹性模量，N/mm^2；

　　0.85——考虑短期荷载施加和开始作用后非弹性变形发展的系数；

　　　I_0——全部截面折算成混凝土截面的换算惯性矩，m^4，可按下式计算

$$I_0 = \frac{\pi}{64}(D^4 - d^4) + \frac{1}{2}\left(\frac{E_s}{E_c} - 1\right)A_s r_s^2 \qquad \text{（GYSD00303007-2）}$$

（2）第二阶段刚度 B_s 的计算。基于构件截面有较大的受拉区，且构件已有裂缝，经推导，环形截面钢筋混凝土在荷载的短期效应下构件出裂后的短期刚度 B_s 可按下式计算

1）偏心受力构件

$$B_s = \frac{A_s E_s r_s^2}{0.9\varsigma \cdot \left(1 \pm 0.6\dfrac{r_s}{e_0}\right) + a_E \rho} \qquad \text{（GYSD00303007-3）}$$

计算受拉构件时取正号，受压构件时取负号。

2）受弯构件（$e_0 \to \infty$），则式（GYSD00303007-3）可简化为

$$B_s = \frac{A_s E_s r_s^2}{0.9\varsigma + a_E \cdot \rho} \qquad (\text{GYSD00303007-4})$$

式中 ρ——构件的配筋率；

　　　ς——受拉钢筋的应变不均匀系数，可按下列公式计算

$$\varsigma = 1 - \frac{0.8 M_{cr}}{M_s} \qquad (\text{GYSD00303007-5})$$

$$\varsigma = 1 - \frac{0.8 N_{cr}}{N_s} \qquad (\text{GYSD00303007-6})$$

式中 N_s、M_s——按荷载的短期效应组合计算的验算截面上的轴向力（kN）和弯矩（kN·m）；

　　　N_{cr}、M_{cr}——构件验算截面的开裂轴力（kN）和弯矩值（kN·m），按式（GYSD00303007-12）和式（GYSD00303007-14）计算。

当偏心受压构件的相对偏心距 $\frac{e_0}{r_s} \leqslant 0.6$ 或计算出的 $B_s \geqslant 0.425 A_0 E_c r_s^2$ 时，则取 $B_s = 0.425 A_0 E_c r_s^2$。

（3）在荷载的短期效应组合下并考虑长期效应组合影响，需考虑混凝土徐变的影响，长期刚度可按下式计算

$$B_L = \frac{N_s}{0.6 N_L + N_s} \cdot B_s \qquad (\text{GYSD00303007-7})$$

$$B_L = \frac{M_s}{0.6 M_L + M_s} \cdot B_s \qquad (\text{GYSD00303007-8})$$

式中 B_L——构件的长期刚度，kN·m²；

　　　N_L——验算截面在长期效应组合下的轴心力值，kN；

　　　M_L——验算截面在长期效应组合下的弯矩值，kN·m。

对直线杆和耐张杆风荷载可考虑短期荷载，刚度用 B_s。对转角杆的导线可考虑为长期荷载，而风荷载可考虑为短期荷载，刚度用 B_L。

二、构件的临界压力

1. 对均截面构件（如环形截面钢筋混凝土等径电杆）

环形截面普通钢筋混凝土构件，当沿纵轴各横截面上的配筋、截面几何尺寸及混凝土强度等级均相同时，称为均截面构件。均截面构件各截面的刚度显然是相等的，构件的临界压力 N_L 可按下式计算

$$N_{kp} = \frac{\pi^2 B}{L_0^2} \qquad (\text{GYSD00303007-9})$$

式中 B——构件刚度，kN·m²，按受力情况取用 B_{I} 或 B_{II}；

　　　L_0——构件的计算长度，m。

2. 对变截面构件（如环形截面钢筋混凝土拔梢电杆）

由于各截面的刚度不等，则构件的临界压力为

$$N_{kp} = \frac{K_{kp} B_G}{L_0^2} \qquad (\text{GYSD00303007-10})$$

式中 B_G——拔梢杆根部刚度，计算时取 B_{II}；

　　　K_{kp}——变截面构件的临界压力系数，可按表 GYSD00303007-1 取用。

表 GYSD00303007-1　　　　　　　变截面构件临界压力系数 K_{kp}

B_H/B_G	0	0.1	0.2	0.4	0.6	0.8	1.0
系数 K_{kp}	0.25	3.59	4.73	6.39	7.70	8.83	π^2

三、环形截面普通钢筋混凝土受弯构件的裂缝计算

构件在弯矩作用下，往往发生裂缝，裂缝的发展一般分为以下三个阶段：

（1）裂缝起始阶段。裂缝很细，很可能看不见；

（2）裂缝可见阶段。裂缝宽度为 0.005mm，肉眼可见；

（3）裂缝开展阶段。出现 0.005mm 裂缝后继续发展阶段。

对于普通钢筋混凝土电杆，运行规程规定构件的裂缝宽度不应超过 0.2mm。在此范围内，大气中的水蒸气及腐蚀气体不易进入内部引起钢筋锈蚀，从而保证了电杆的使用寿命。故除需校核其抗裂弯矩外，重要的问题是限制裂缝开展的宽度。

构件出现 0.005mm 宽裂缝时，截面的抵抗弯矩，称开裂弯矩 M_{cr}。若 M_{cr} 与荷载弯矩设计值 M 之间满足式（GYSD00303007-11）时，则构件裂缝宽度最大不超过 0.005mm，足以满足规定的要求，可不必再作裂缝开展的进一步计算。

$$M_{cr} \geq M \qquad \text{（GYSD00303007-11）}$$

若不满足式（GYSD00303007-11）时，则应进行正常使用极限状态裂缝宽度验算。

对环形截面普通钢筋混凝土受弯构件，其开裂弯矩为

$$M_{cr} = \gamma f_{tk} W_d \times 10^3 \qquad \text{（GYSD00303007-12）}$$

式中　M_{cr}——形截面普通钢筋混凝土受弯构件开裂弯矩，$kN \cdot m$；

　　γ——受拉区混凝土的塑性影响系数，$\gamma = 2 - \dfrac{0.4 r_1}{r_2}$；

　　f_{tk}——混凝土抗拉强度标准值，MPa；

　　W_d——电杆换算截面弹性抵抗矩，m^3。

且

$$W_d = \frac{\left(r_1^2 + r_2^2\right) \cdot A_0}{4 r_2} \qquad \text{（GYSD00303007-13）}$$

式中　r_1——环形截面构件内半径，m；

　　r_2——环形截面构件外半径，m；

　　A_0——电杆换算截面面积，m^2，$A_0 = A + (\alpha_E - 1) A_s$；

　　α_E——钢筋弹性模量与混凝土弹性模量之比，$\alpha_E = \dfrac{E_s}{E_c}$；

　　A——混凝土构件截面积，m^2；

　　A_s——混凝土构件纵向钢筋截面积，m^2。

对环形截面普通钢筋混凝土偏心受压构件，其开裂轴力（抗裂强度）为

$$N_{cr} = \frac{\gamma f_{tk} W_d}{e_0 - \dfrac{W_d}{A_0}} \qquad \text{（GYSD00303007-14）}$$

对环形截面普通钢筋混凝土偏心受拉构件，其开裂轴力（抗裂强度）为

$$N_{cr} = \frac{\gamma f_{tk} W_d}{e_0 + \gamma \dfrac{W_d}{A_0}} \qquad \text{（GYSD00303007-15）}$$

在荷载的短期效应组合下，钢筋混凝土电杆的最大裂缝宽度 δ_{fmax} 可按下列公式计算。

1）受弯构件

$$\delta_{fmax} = (200 + S) \cdot \frac{M_s - M_{cr}}{A_s E_s r_s} \cdot v \times 10^{-3} \qquad \text{（GYSD00303007-16）}$$

2）偏心受拉和偏心受压构件

$$\delta_{fmax} = (200 + S) \cdot \frac{N_s - N_{cr}}{A_s E_s} \left(\frac{e_0}{r_s} \pm 0.6\right) v \times 10^{-3} \qquad \text{（GYSD00303007-17）}$$

模块 7

GYSD00303007

当为受拉构件时，公式中的最右项取正号，受压时取负号。

式中 δ_{fmax}——最大裂缝宽度，mm；

    S——螺旋筋间距，mm，当 $S<100$mm 时，取 $S=100$mm；

    E_{s}——钢筋的弹性模量，N/mm²；

    v——与纵向受力钢筋表面特征有关的系数，变形钢筋：$v=0.7$；光面钢筋：$v=1.0$；冷拔
    低碳钢丝：$v=1.25$。

按式（GYSD00303007-16）和式（GYSD00303007-17）验算长期荷载效应组合下的裂缝宽度时，应乘以 1.5 的扩大系数，此时 N_{s}、M_{s} 应按长期效应组合计算。

【思考与练习】

1.什么叫第一阶段刚度？什么叫第二阶段刚度？在构件强度计算中什么情况采用第一阶段刚度？什么情况采用第二阶段刚度？

2.普通钢筋混凝土构件裂缝的发展一般可分为哪几个阶段？对普通钢筋混凝土构件的裂缝宽度有何限制，为什么？满足什么条件可不必进行裂缝开展的进一步计算，为什么？

第十章　常见杆塔的受力分析与计算

模块 1　无拉线拔梢直线单杆的受力分析（GYSD00304001）

【模块描述】 本模块涵盖正常情况计算、断线情况计算和电杆配筋及强度校验。通过概念描述、要点讲解、定量分析，掌握无拉线拔梢直线单杆的基本受力分析及简单计算方法。

【正文】

无拉线拔梢悬垂单杆一般用作 35～110kV 线路的悬垂直线杆，其典型尺寸如图 GYSD00304001-1 所示。

图 GYSD00304001-1　35～110kV 钢筋混凝土拔梢悬垂直线单杆

(a) 35kV 单杆；(b) 66 kV 单杆；(c) 110 kV 单杆

无拉线拔梢悬垂单杆具有结构简单、施工方便、运行维护简便、占地面积少、对机耕影响小的特点。主要缺点为抗扭性差，荷载大时杆顶容易倾斜，故一般用于 150mm² 及以下的导线及平地或丘陵地带较适宜，荷重大的重冰区不宜采用。

一、正常情况计算

由于不打拉线，所以采用深埋式基础以保证电杆基础稳定可靠。这种杆型的主杆属一端固定，另一端自由的变截面受弯构件，其嵌固点一般假定在地面下 1/3 埋深处。如图 GYSD00304001-2 所示。

在正常运行情况下，水平和不平衡垂直荷载作用在主杆任意截面处的弯矩为

$$M_x = \gamma_0 \gamma_G \sum G_a + \gamma_0 \psi \gamma_{Qi} \left(\sum Ph + P_x z \right) \quad \text{（GYSD00304001-1）}$$

式中　M_x——主杆 $x-x$ 截面处的弯矩设计值，kN·m；

γ_0——结构重要性系数，按安全等级选定，取 $\gamma_0 = 1.0$；

γ_G——永久荷载分项系数，对结构受力有利时，宜取

$\gamma_G = 1.0$，不利时，应取 $\gamma_G = 1.2$；

图 GYSD00304001-2　拔梢悬垂单杆

γ_{Qi} ——第 i 项可变荷载的分项系数，应取 $\gamma_{Qi}=1.4$；

ψ ——可变荷载组合系数，各级电压线路的正常运行情况，应取 $\psi=1.0$；

$\sum G_a$ ——垂直不平衡荷载引起的弯矩标准值，$kN \cdot m$；

$\sum Ph$ ——导线、地线风压对所求截面的弯矩标准值，$kN \cdot m$；

P_x ——计算截面 $x-x$ 以上主杆杆身风压标准值，kN；

z ——计算截面 $x-x$ 以上主杆风压合力作用点的高度。按梯形面积的重心高，$z=\dfrac{2D_0+D_x}{D_0+D_x} \cdot \dfrac{h}{3}$。

对等径杆取 $z=\dfrac{h}{2}$，拔梢杆取 $z \approx 0.45h$，或为安全起见也取 $0.5h$。

$$\sum G_a = G_B a_0 + G_D a_1 \qquad \text{（GYSD00304001-2）}$$

$$\sum Ph = P_B h_1 + P_D h_2 + 2P_D h_3 = P_B h_1 + P_D(h_2+2h_3) \qquad \text{（GYSD00304001-3）}$$

$$P_x = 0.613C\left(\frac{D_0+D_x}{2}\right)hv^2 \times 10^{-3}$$

式中　D_0 ——主杆杆顶外径，m；

$\quad\quad D_x$ ——主杆 $x-x$ 处外径，m。

由于无拉线电杆各截面所受弯矩不同，越接近嵌固点越大，嵌固点将产生最大弯矩，故无拉线悬垂直线电杆一般采用拔梢杆，且根部配筋量也最大。

又由于电杆的柔度（长细比）很大，在计算时，除考虑电杆承受水平和不平衡垂直荷载所产生的弯矩（称主弯矩）外，还必须考虑由于挠度和垂直荷载而产生的附加弯矩。在工程设计中，附加弯矩一般取主弯矩的 15%（或按典型设计要求取值）计算。所以电杆任意截面处的弯矩设计值为

$$M_x = 1.15\left[\gamma_0\gamma_G\sum G_a + \gamma_0\psi\gamma_{Qi}\left(\sum Ph+P_x z\right)\right] \qquad \text{（GYSD00304001-4）}$$

在实际计算主杆身弯矩时，除分别计算主杆的 A 点、B 点、C 点的弯矩外，还应计算主杆分段和杆内抽筋处的弯矩，以便选配钢筋和杆段。

二、断导线情况计算

图 GYSD00304001-3　拔梢悬垂单杆断线情况

1. 主杆任意截面弯矩计算

由于电杆的柔度大，在断线张力作用下，将使杆顶发生位移，致使一侧地线拉紧，另一侧地线放松，从而产生地线的支持力 ΔT，如图 GYSD00304001-3 所示。

这时对电杆截面 $x-x$ 处产生的弯矩，除顺线路方向（ΔT 和 T_D）引起的弯矩设计值 M_{zx} 外，还有不平衡垂直荷载引起的弯矩设计值 M_{qx}，故截面 $x-x$ 处总弯矩设计值为

$$M_x = \sqrt{M_{zx}^2 + M_{qx}^2} \qquad \text{（GYSD00304001-5）}$$

当计算主杆强度时，应按最不利情况考虑。

在校验下横担以下杆段强度时，取断上导线且有最小地线支持力（根部最危险）

$$M_x = \sqrt{M_{zx}^2 + M_{qx}^2}$$

$$M_{zx} = \gamma_0\psi\gamma_{Qi}\left(K_0 T_D h_2 - \Delta T_{min} h_1\right) \qquad \text{（GYSD00304001-6）}$$

$$M_{qx} = \gamma_0\gamma_G\left(G_B a_0 + G_D' a_1\right)$$

式中　M_x ——任意截面 $x-x$ 处的总外弯矩设计值，$kN \cdot m$；

$\quad\quad K_0$ ——断线时对主杆的冲击系数，单导线时 $K_0=1.1$；

$\quad\quad T_D$ ——断线张力，kN；

$\quad\quad \Delta T_{min}$ ——地线最小支持力，kN；

G_B——地线重力，kN；

G'_D——断线相导线重力，kN。

在校验下横担以上主杆各截面强度时，应取断线发生在上导线且取地线最大支持力 ΔT_{max}，这时主杆危险截面在上横担处，上横担 A 点处的最大弯矩设计值为

$$M_A = \sqrt{\left[\gamma_0\psi\gamma_{Qi}\Delta T_{max}\left(h_1-h_2\right)\right]^2 + \left[\gamma_0\gamma_G\left(G_B a_0 + G'_D a_1\right)\right]^2} \qquad \text{（GYSD00304001-7）}$$

2. 主杆扭矩、剪力计算

断线时电杆还受到扭力矩 M_k 和剪力 Q_s 的作用，可分别计算如下

断上导线时　　　　　　$M_k = \gamma_0\psi\gamma_{Qi}\left(K_0 T_D a_1 - \Delta T_{min} a_0\right)$ 　　　　　（GYSD00304001-8）

断下导线时　　　　　　$M_k = \gamma_0\psi\gamma_{Qi}\left(K_0 T_D a_2 - \Delta T_{min} a_0\right)$ 　　　　　（GYSD00304001-9）

断线点以上截面的剪力　　　　$Q_s = \gamma_0\psi\gamma_{Qi}\Delta T_{max}$ 　　　　　（GYSD00304001-10）

断线点以下截面的剪力　　　$Q_s = \gamma_0\psi\gamma_{Qi}\left(K_0 T_D - \Delta T_{min}\right)$ 　　　　　（GYSD00304001-11）

求得电杆截面的扭矩和剪力后，可按模块 GYSD00303004 讲述的方法选配螺旋筋。

三、电杆配筋及强度验算

当已知作用在电杆各截面的弯矩设计值 M 后，可先假设各段配筋，再按前述的式（GYSD00303003-1）求出电杆各相应截面的承载力弯矩 M_u。若各相应截面的承载力弯矩 $M_u \geq$ 截面的弯矩设计值 M，电杆强度合格，否则，改变假设配筋重新计算。

如果选用的是 GB/T 4623—2006《环形混凝土电杆》，标准已列出各杆型不同截面处的开裂检验弯矩值 M_k。强度校验时，只需将作用在电杆各截面的弯矩设计值 M 与所用电杆相应截面处的承载力弯矩 $M_u = 2M_k$ 进行比较，若各相应截面的承载力弯矩 $M_u \geq$ 截面的弯矩设计值 M，强度检验就是合格的。

例 GYSD00304001-1 例 GYSD00302002-1 线路中某无拉线拔梢悬垂单杆采用 ϕ230mm 普通钢筋混凝土拔梢水泥电杆，混凝土强度等级为 C40 级，嵌固截面处配筋为 A3 钢 28 根 ϕ16mm。若断上导线时 $\Delta T_{max} = 6255$N，$\Delta T_{min} = 5789$N；断下导线时 $\Delta T_{max} = 6010$N，$\Delta T_{min} = 5546$N。试校验危险截面的抗剪抗扭强度及嵌固点截面处的抗弯强度。

解 （1）荷载由例 GYSD00302002-1 计算结果知。

（2）危险截面的抗剪抗扭强度计算。电杆的抗剪、抗扭强度一般受断线情况控制，危险截面在上、下横担处。

1）电杆上横担处：

直径　　　　　　　　　$D = 0.23 + \dfrac{1}{75} \times 2.1 = 0.258$ （m）

横截面　　　　　　　$A = \dfrac{\pi}{4}\left[0.258^2 - \left(0.258 - 0.10\right)^2\right] = 0.029\,5$ （m²）

剪力　　　　　　　　$Q_s = \gamma_0\psi\gamma_{Qi}\left(K_0 T_D - \Delta T_{min}\right)$

　　　　　　　　　　$= 1.0 \times 0.9 \times 1.4 \times \left(1.1 \times 11.846 - 5.789\right) = 9.124$ （kN）

扭矩　　　　　　　　$M_k = \gamma_0\psi\gamma_{Qi}\left(K_0 T_D a_1 - \Delta T_{min} a_0\right)$

　　　　　　　　　　$= 1.0 \times 0.9 \times 1.4 \times \left(1.1 \times 11.846 \times 1.9 - 5.789 \times 0.3\right)$

　　　　　　　　　　$= 29.0$ （kN·m）

主拉应力　　　　　$\sum\sigma = \left[\dfrac{Q_s}{1.2 t D_0} + \dfrac{M_k}{0.5\left(r_1 + r_2\right)A}\right] \times 10^{-3}$

　　　　　　　　　$= \left[\dfrac{9.124}{1.2 \times 0.05 \times 0.258} + \dfrac{29.0}{0.5 \times \left(0.079 + 0.129\right) \times 0.029\,5}\right] \times 10^{-3}$

　　　　　　　　　$= 10.042$ （MPa）

查表 GYSD00303001-2，C40 级混凝土 $f_t = 1.8$MPa，$\sum\sigma = 10.042$ MPa $> f_t = 1.8$MPa。故主拉应力应

全部由螺旋筋和纵向钢筋承受。螺旋筋和纵向钢筋的截面计算略。

2）电杆下横担处：

直径
$$D = 0.23 + \frac{1}{75} \times 5.6 = 0.305 \ (\text{m})$$

横截面
$$A = \frac{\pi}{4}\left[(0.305)^2 - (0.305-0.10)^2\right] = 0.040 \ (\text{m}^2)$$

剪力
$$Q_s = \gamma_0 \psi \gamma_{Qi}(K_0 T_D - \Delta T_{\min})$$
$$= 1.0 \times 0.9 \times 1.4 \times (1.1 \times 11.846 - 5.546) = 9.43 \ (\text{kN})$$

扭矩
$$M_k = \gamma_0 \psi \gamma_{Qi}(K_0 T_D a_2 - \Delta T_{\min} a_0)$$
$$= 1.0 \times 0.9 \times 1.4 \times (1.1 \times 11.846 \times 2.6 - 5.546 \times 0.3)$$
$$= 40.6 \ (\text{kN} \cdot \text{m})$$

主拉应力
$$\sum \sigma = \left[\frac{Q_s}{1.2 t D_0} + \frac{M_k}{0.5(r_1+r_2)A}\right] \times 10^{-3}$$
$$= \left[\frac{9.43}{1.2 \times 0.05 \times 0.305} + \frac{40.6}{0.5 \times (0.102\,5 + 0.152\,5) \times 0.04}\right] \times 10^{-3}$$
$$= 8.476 \ (\text{MPa})$$

查表 GYSD00303001-2，C40 级混凝土 $f_t = 1.8\text{MPa}$，$\sum\sigma = 8.476\ \text{MPa} > f_t = 1.8\text{MPa}$。故主拉应力应全部由螺旋筋和纵向钢筋承受。螺旋筋和纵向钢筋的截面计算略。

（3）嵌固点截面处的抗弯强度计算（电杆抗弯强度一般受正常运行基本风速情况控制）。

1）嵌固点截面处的设计弯矩：

地面处电杆直径
$$D_x = 0.23 + \frac{1}{75} \times 18 = 0.47 \ (\text{m})$$

$$P_x = 0.613 C \left(\frac{D_0 + D_x}{2}\right) h v^2 \times 10^{-3}$$
$$= 0.613 \times 0.7 \times \left(\frac{0.23+0.47}{2}\right) \times 18 \times 27^2 \times 10^{-3} = 1.97 \ (\text{kN})$$

主杆风压合力作用点的高度
$$z = \frac{2D_0 + D_x}{D_0 + D_x} \times \frac{h}{3} = \frac{2 \times 0.23 + 0.47}{0.23 + 0.47} \times \frac{18}{3} = 7.97 \ (\text{m})$$

$$M_B = 1.15 \times \left[\gamma_0 \gamma_G \sum G_a + \gamma_0 \psi \gamma_{Qi}(\sum Ph + P_x z)\right]$$
$$= 1.15 \times \{1 \times 1 \times 1.4 \times [1.085 \times 19 + 2.269 \times (3.5 + 3 \times 13.4) + 1.448 \times 7.97] +$$
$$1 \times 1.2 \times (1.49 \times 0.3 + 3.295 \times 1.9)\} = 220.7 \ (\text{kN} \cdot \text{m})$$

2）嵌固点截面处的受弯承载力弯矩：

$$D_B = 0.23 + \frac{1}{75} \times 19 = 0.483 \ (\text{m})$$

$$r_s = \frac{0.483 - 0.05}{2} = 0.216\,5 \ (\text{m})$$

$$A = 2\pi r_s t = 2\pi \times 0.216\,5 \times 0.05 = 0.068 \ (\text{m}^2)$$

$$A_s = 28 \times \frac{\pi}{4} \times 0.016^2 = 0.005\,63 \ (\text{m}^2)$$

$$\alpha = \frac{f A_s}{f_{cm} A + 2 f A_g} = \frac{210 \times 0.005\,63}{21.5 \times 0.068 + 2 \times 210 \times 0.005\,63} = 0.309 < 0.3;$$

$$\alpha_t = 1 - 1.5\alpha = 1 - 1.5 \times 0.309 = 0.537$$

$$\overline{\omega} = \frac{f A_s}{f_{cm} A} = \frac{210 \times 0.005\,63}{21.5 \times 0.068} = 0.809 < 0.9$$

所以　$M' = \dfrac{10^3}{\pi} \left[\dfrac{1}{\omega} \cdot \sin\pi\alpha + (\sin\pi\alpha + \sin\pi\alpha_t) \right] fA_s r_s$

$\qquad = \dfrac{10^3}{\pi} \times \left[\dfrac{1}{0.809} \sin\pi \times 0.309 + (\sin\pi \times 0.309 + \sin\pi \times 0.537) \right]$

$\qquad \times 210 \times 0.005\,63 \times 0.216\,5 = 231.3 \ (\text{kN} \cdot \text{m})$

$M' = 231.3\ \text{kN} \cdot \text{m} > M_B = 220.7\ \text{kN} \cdot \text{m}$，抗弯强度合格。

【思考与练习】

1. 无拉线悬垂直线单杆一般用什么电杆，其基础如何设置？无拉线悬垂直线单杆有何受力特点，其最大弯矩点在什么位置？

2. 某 35kV 线路经过Ⅳ级气象区，导线为 JL/G1A-120/20-26/7 型，地线为 1×7-8.7-1270-A-GB1200-88 型；其水平档距 $l_h = 200\text{m}$，垂直档距 $l_v = 300\text{m}$，并已知导线绝缘子串重为 300N，地线金具串重 30N。该线路无拉线拔梢悬垂单杆外形尺寸如图 GYSD00304001-4 所示，采用 ϕ190mm 普通钢筋混凝土拔梢水泥电杆，混凝土强度等级为 C40 级，嵌固截面处配筋为 A3 钢 16 根 ϕ14mm。若断上导线时 $\Delta T_{max} = 2500\text{N}$，$\Delta T_{min} = 2300\text{N}$；断下导线时 $\Delta T_{max} = 2300\text{N}$，$\Delta T_{min} = 2100\text{N}$。试校验危险截面的抗剪抗扭强度及嵌固点截面处的抗弯强度。

图 GYSD00304001-4　拔梢单杆

模块 2　拉线直线单杆的受力分析（GYSD00304002）

【模块描述】 本模块涉及拉线内力及截面选择、正常运行情况主杆受力计算、断线情况主杆受力计算。通过概念描述、要点讲解、定量分析，掌握拉线直线单杆的基本受力分析及简单计算的方法。

【正文】

拉线悬垂直线单杆通常用等径杆。110kV 及以下线路采用 ϕ300mm 等径杆段。拉线悬垂直线单杆具有材料消耗小、经济指标低、施工方便、基础浅埋，可充分利用杆高等优点。其缺点是由于打拉线影响农田机耕，抗扭性差，抗扭强度不满足时，往往需要转动横担。但对于检修困难的山区、重冰区以及相邻两档档距或标高相差很大，使用转动横担，容易发生误转动的地方，不得采用转动横担。35～110kV 线路拉线悬垂直线单杆的典型尺寸如图 GYSD00304002-1 所示。

图 GYSD00304002-1　35～110kV 钢筋混凝土悬垂直线单杆

（a）35kV 单杆；（b）66kV 单杆；（c）110kV 单杆

电杆加拉线后（如图 GYSD00304002-2 所示），改变了拉线点以下杆段的受力情况，将杆身所受弯矩转化为压力。进行强度计算时，拉线点以上主杆段可忽略轴向力的影响，按纯弯构件计算；拉线点以下的主杆段按压弯构件计算，如图 GYSD00304002-3 所示。

从受力角度，拉线对地面夹角 β 越小越好。但由于电气间隙和占地面积限制，通常 β 角以不超过 60°为宜。拉线水平夹角 α，习惯采用 45°。但从正常和事故情况下等强度原则考虑，α 角宜在 35°左右，故建议采用 40°。

图 GYSD00304002-2 拉线单杆直线杆

图 GYSD00304002-3 拉线单杆受力图
（a）拉线点以上；（b）拉线点以下

一、拉线内力计算及截面选择

拉线在正常情况下的受力为

$$T = \frac{1.05R_x}{2\cos\alpha\cos\beta} \qquad \text{（GYSD00304002-1）}$$

断线情况，忽略不平衡垂直荷载影响，拉线受力为

$$T = \frac{1.05R_y}{2\sin\alpha\cos\beta} \qquad \text{（GYSD00304002-2）}$$

一般地，若 R_x 和 R_y 同时存在，则拉线受力为

$$T = \frac{1.05R_x}{2\cos\alpha\cos\beta} + \frac{1.05R_y}{2\sin\alpha\cos\beta} \qquad \text{（GYSD00304002-3）}$$

式中　α ——拉线与垂直线路方向的水平投影角，（°），以 35°~45°为宜；

　　　β ——拉线与地面的夹角，（°），一般取 60°；

　　1.05 ——考虑拉线自重、风压荷载及温度等因素引起的拉线受力增大系数；

　R_x、R_y ——分别为外力在拉线点引起的垂直线路方向和顺线路方向的反力，kN；

　　　T ——拉线内力，kN。

$$R_x = \frac{\sum M_x}{l}, \quad R_y = \frac{\sum M_y}{l} \qquad \text{（GYSD00304002-4）}$$

式中　M_x、M_y ——分别为对某种设计气象条件，垂直线路方向和顺线路方向的外力对杆根 O 点的力矩设计值，kN·m；

　　　l ——拉线点至 O 点的距离，m。

一般拉线采用镀锌钢绞线，根据 GB 1200—1988《镀锌钢绞线》，若选用抗拉强度标准值为 $f_p = 1270\text{MPa}$ 的热镀锌钢绞线，其整根钢绞线抗拉强度设计值 $f_g = 745\text{MPa}$（7 股），故拉线截面可按下式计算

$$A \geqslant \frac{T_{\max}}{745} \times 10^3 \qquad \text{（GYSD00304002-5）}$$

式中　A——所需拉线截面积，mm^2，按结构设计规定拉线截面积不应小于 $35mm^2$；

　　　$T_{\max}$——拉线最大内力设计值，kN，一般由基本风速情况控制。

拉线角度 α，可按基本风速时横向强度和断线时顺线路方向的强度相等的原则确定，即

$$\frac{1.05R_{\mathrm{x}}}{2\cos\alpha\cos\beta} = \frac{1.05R_{\mathrm{y}}}{2\sin\alpha\cos\beta}$$

所以

$$\alpha = \tan^{-1}\frac{R_{\mathrm{y}}}{R_{\mathrm{x}}} \qquad \text{（GYSD00304002-6）}$$

二、正常运行情况主杆受力计算

主杆抗弯强度一般受基本风速情况控制，在拉线点 A 的主杆弯矩 M_{A} 为

$$M_{\mathrm{A}} = \gamma_0\psi\gamma_{\mathrm{Qi}}\left[P_{\mathrm{B}}(l_1-l) + P_{\mathrm{D}}(l_2-l) + q_0\frac{(l_1-l)^2}{2}\right] + \gamma_0\gamma_{\mathrm{G}}(G_{\mathrm{B}}a_0 + G_{\mathrm{D}}a_1) \quad \text{（GYSD00304002-7）}$$

式中　q_0——主杆每米风压标准值，kN/m。

拉线点以下主杆，按根部为铰接，拉线点为弹性铰接的压弯构件计算。一般只计算跨度中央或 $0.423l$ 处的弯矩，取其中弯矩较大者。跨度中央及 $0.423l$ 处的主杆极限设计外弯矩可分别按前述式（GYSD00303006-21）和式（GYSD00303006-22）计算。

三、断线情况主杆受力计算

断线情况，是指断下导线或断上导线或地线有张力差时。电杆受断线张力或地线有张力差作用时，拉线点以上主杆仍按纯弯构件计算；拉线点以下主杆按压弯构件计算。电杆截面的弯矩计算与正常基本风速情况时计算方法相同。但由于拉线电杆拉线的存在，断导线时的杆顶位移很小，故可不考虑地线的支持力。

断线时，电杆承受的剪力 Q_{s} 和扭矩 M_{k} 为

$$Q_{\mathrm{s}} = \gamma_0\psi\gamma_{\mathrm{Qi}}K_0T_{\mathrm{D}}$$

$$M_{\mathrm{k}} = \gamma_0\psi\gamma_{\mathrm{Qi}}K_0T_{\mathrm{D}}a_1 \quad \text{或} \quad M_{\mathrm{k}} = \gamma_0\psi\gamma_{\mathrm{Qi}}K_0T_{\mathrm{D}}a_2$$

电杆的抗切、抗扭强度，一般受断线情况控制，在求出 M_{k} 和 Q_{s} 后，可按第三章模块 GYSD00303004 的方法确定螺旋筋规格。

对于采用转动横担的电杆，扭矩按转动横担的起动力计算，一般起动力取 $\psi\gamma_{\mathrm{Qi}}$（2~3）kN（对 110kV 线路），扭矩比按固定横担计算时小得多，此时螺旋筋一般按构造配置。

例 GYSD00304002-1　设某 110kV 上字型横担拉线悬垂直线单杆，杆型尺寸及基本风速时的荷载如图 GYSD00304002-4 所示。试计算基本风速情况下（忽略杆身风压）拉线点的力矩设计值及拉线受力计算和拉线截面选择（设拉线的 $\alpha=45°$，$\beta=60°$）。

解　（1）拉线点处的力矩为

$$M_{\mathrm{A}} = \gamma_0\psi\gamma_{\mathrm{Qi}}\left[P_{\mathrm{B}}(l_1-l) + P_{\mathrm{D}}(l_2-l) + q_0\frac{(l_1-l)^2}{2}\right] + \gamma_0\cdot\gamma_{\mathrm{G}}(G_{\mathrm{B}}a_0 + G_{\mathrm{D}}a_1)$$

$$= 1\times1\times1.4\times(1.211\times2.45 + 2.57\times3.5) + 1\times1.2\times(1.486\times0.3 + 3.03\times1.9)$$

$$= 24.2\text{（kN·m）}$$

（2）拉线受力计算有

$$\sum M_{\mathrm{x}} = 1\times1\times1.4\times\left[1.211\times20.85 + 2.57\times(3.5 + 3\times14.8)\right] +$$

$$1\times1.2\times(1.486\times0.3 + 3.03\times1.9)$$

$$= 215.1\text{（kN·m）}$$

$$R_{\mathrm{x}} = \frac{\sum M_{\mathrm{x}}}{l} = \frac{215.1}{14.8} = 14.53\text{（kN）}$$

$$T = \frac{1.05 R_x}{2\cos\alpha\cos\beta} = \frac{1.05 \times 14.53}{2\cos 45°\cos 60°} = 21.58 \text{ （kN）}$$

（3）拉线截面选择，有

$$A \geqslant \frac{T_{max}}{745} \times 10^3 = \frac{21.58}{745} \times 10^3 = 29 \text{（mm}^2\text{）}$$

选用 1×7-6.9-1270-A-GB1200-88 型的镀锌钢绞线作拉线，强度满足要求。

图 GYSD00304002-4 杆型尺寸及荷载图

（a）杆型尺寸；（b）正常情况荷载图（单位：N）

【思考与练习】

1. 模块 GYSD00304001【思考与练习】题 2 线路某拉线单杆的外形尺寸如图 GYSD00304002-5 所示，拉线对地面夹角 $\beta=60°$，与横担方向夹角 $\alpha=45°$，荷载计算同模块 GYSD00304001【思考与练习】题 2。试按正常运行基本风速条件确定拉线截面与规格。

2. 拉线电杆一般用什么电杆，其基础如何设置？拉线悬垂直线单杆在主杆内力计算时，拉线点以上杆段按何种受力构件计算，拉线点以下杆段按何种受力构件计算？拉线水平夹角 α 根据什么原则来考虑？

3. 拉线电杆的抗弯强度一般受什么情况控制，抗切抗扭强度又受什么情况控制？在断导线时，架空地线的支持力是如何考虑的，为什么？

4. 设某 110kV 上字型横担拉线悬垂直线单杆，杆型尺寸如图 GYSD00304002-6 所示。主杆采用 ϕ300mm 环截面等径钢筋混凝土电杆，壁厚 5cm，混凝土强度等级为 C40 级，钢筋为 A3、12×ϕ12mm，电杆每米重力为 1kN；导线为 JL/G1A-150/20-24/7 型，架空地线为 1×7-7.8-1270-A-GB1200-88 型，$l_h=250$m，$l_v=350$m，$v_m=27$m/s；架空地线金具重力 $W_1=0.05$kN，导线绝缘子串重力 $W_2=0.59$kN。试计算基本风速情况下：

1）导线、架空地线及杆身的荷载；

2）拉线点 A 的弯矩 M_A 并校验强度；

3）拉线受力计算及拉线截面选择（设拉线的 $\alpha=45°$，$\beta=60°$）；

4）计算截面 B、C 处的下压力 N_B、N_C；

5）拉线点以下压杆的临界压力 N_L；

6）校验截面 B、C 处的抗弯强度。

图 GYSD00304002-5　拉线单杆

图 GYSD00304002-6　题 4 图

模块 3　耐张电杆的受力分析（GYSD00304003）

【**模块描述**】本模块涉及拉线计算、主杆计算。通过概念描述、要点讲解和定量分析，熟悉耐张电杆的基本受力分析及简单计算的方法。

【**正文**】

耐张直线电杆一般用于线路的直线段，有时也兼有 5°以下的小转角。

它有八根拉线。其中四根在导线横担处安装，组成 X 型交叉布置（又称导线拉线），导线拉线与横担的水平投影角 α_2 约为 65°左右。它的作用是正常情况下，承受导线、架空地线和杆身风压的水平力及角度荷载和导线不平衡张力；在导线断线及安装情况时，承受断线或安装情况的水平荷载和导线引起的顺线方向荷载。

另外四根在架空地线横担处成"八字形"安装（又称地线拉线）。其作用是在正常情况下，不考虑架空地线拉线受力，仅在架空地线断线或安装时才考虑承受架空地线引起的顺线方向张力。

导线拉线和架空地线拉线共用一个拉线基础。

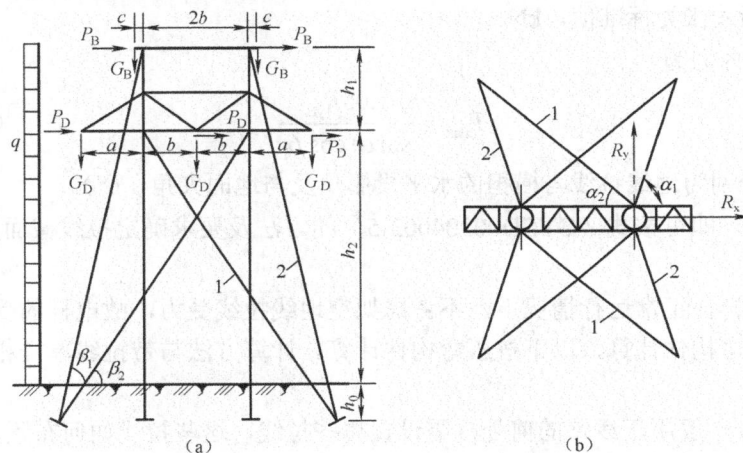

图 GYSD00304003-1　耐张直线电杆的杆型

（a）正视图；（b）俯视图

1—导线拉线；2—地线拉线

耐张直线电杆的基础浅埋，一般为 1.5~2.0m。

一、拉线计算

1. 导线拉线计算

正常情况时，导线拉线承担全部水平荷载和顺线路方向导线的不平衡张力。故拉线的最大内力为

$$
\left.
\begin{aligned}
T_{max} &= \frac{1.05R_x}{2\cos\alpha_2\cos\beta_2} + \frac{1.05R_y}{\sin\alpha_2\cos\beta_2} \\[6pt]
R_x &= \gamma_0\psi\gamma_{Qi}\left\{3P_D + \left[q(h_1+h_2)(h_1+h_2+h_0) + 2P_B(h_1+h_2+h_0)\right]\frac{1}{h_2+h_0}\right\} \\[6pt]
R_y &= 1.5\gamma_0\psi\gamma_{Qi}\Delta T
\end{aligned}
\right\} \quad \text{(GYSD00304003-1)}
$$

式中　α_2、β_2——分别为导线拉线与横担的水平投影角及与地面夹角，(°)；

　　　R_x——杆塔全部水平力在拉线结点的水平反力设计值，kN；

　　　q——杆身每米风压标准值，kN/m；

　　　R_y——导线顺线路方向不平衡张力在拉线结点的反力设计值，kN；

　　P_D、P_B——分别为导线、地线的水平力标准值，kN；

　　　ΔT——每相导线正常运行情况下的不平衡张力标准值，kN；

　　　T_{max}——拉线内力设计值，kN。

事故断导线时，一般考虑断含中相在内的两相导线，此情况对拉线的危害最大。此时拉线的最大内力为

$$
\left.
\begin{aligned}
T_{max} &= \frac{1.05R_x}{2\cos\alpha_2\cos\beta_2} + \frac{1.05R_{yD}}{\sin\alpha_2\cos\beta_2} \\[6pt]
R_{yD} &= \frac{\gamma_0\psi\gamma_{Qi}T(3b+a)}{2b}
\end{aligned}
\right\} \quad \text{(GYSD00304003-2)}
$$

式中　R_x——导线和架空地线的角度合力在拉线点的反力，kN；

　　　T——每相导线的断线张力标准值，kN；

　　　R_{yD}——顺线路方向断线张力在拉线点反力，kN。

2. 地线拉线计算

只有当地线断线时，才考虑地线拉线受力。首先把地线断线张力折算到拉线结点处，即

$$
R_{yB} = \frac{\gamma_0\psi\gamma_{Qi}T_B(2b+c)}{2b} \quad \text{(GYSD00304003-3)}
$$

式中　T_B——地线断线张力标准值，kN。

地线拉线的最大内力为

$$
T_{max} = \frac{1.05R_{yB}}{\sin\alpha_1\cos\beta_1} \quad \text{(GYSD00304003-4)}
$$

式中　α_1、β_1——分别为地线拉线与横担的水平投影角及与地面夹角，(°)。

求出拉线内力后，即可按式（GYSD00304002-5）的方法及要求确定拉线截面及规格。

二、主杆计算

由于耐张直线电杆在正常运行情况下，不考虑架空地线拉线受力，故电杆的受力计算原则为：导线拉线结点以上按纯弯构件计算，以下按压弯构件计算。计算方法与带拉线单杆相同。

【思考与练习】

1. 耐张直线电杆一般用于线路的何处，需设置哪些拉线，这些拉线如何布置，如何受力？
2. 耐张直线电杆正常情况下主杆的受力计算原则是什么？

模块 4 转角电杆的受力分析（GYSD00304004）

【模块描述】 本模块包含拉线计算、主杆计算。通过概念描述、要点讲解和定量分析，掌握转角电杆的基本受力分析及简单计算的方法。

【正文】

线路转角范围为 0°~90°，转角杆转角范围一般分成 5°~30°，30°~60°，60°~90°三种，分别称 30°、60°、90°转角杆。30°和60°转角杆导线拉线的 α 角分别为 65°和60°，90°转角杆 α 角为 45°，β 角均为 45°；架空地线拉线的 α 角为 90°，β 角一般为 60°。转角杆的杆型如图 GYSD00304004-1 所示。

转角杆的基础浅埋，一般为 1.5~1.8m。

导线拉线成八字形布置，朝线路转角的外侧方向打。导线架设前需打一条反向内分角临时拉线，待架线工作结束后拆除。当线路转角很小时（5°~20°），还需设置导线反向分角拉线。

在架空地线横担和主杆的连接点至导线横担和主杆连接点间装设斜拉杆，以便将架空地线的水平力传递给导线拉线。

导线拉线承受导线的顺线张力和全部水平力。

架空地线拉线只承受架空地线的顺线张力。

图 GYSD00304004-1 转角杆的杆型
1—地线拉线；2—导线拉线

一、拉线计算

1. 导线拉线的计算

正常运行情况（当导线不存在不平衡张力时）：导线拉线的最大受力为

$$
\left.\begin{aligned}
T_{max} &= \frac{1.1R_x}{4\cos\alpha\cos\beta} \\
R_x &= \gamma_0\psi\gamma_{Qi}\left[2P_{BJ}+3P_{DJ}+q(2h_1+h_2)\right] \\
P_{BJ} &= P_B+(T_{B1}+T_{B2})\sin\frac{\theta}{2} \\
P_{DJ} &= P_D+(T_{D1}+T_{D2})\sin\frac{\theta}{2}
\end{aligned}\right\}
$$
（GYSD00304004-1）

式中 R_x——全部导线、地线及杆身风压等水平力在拉线点的反力设计值；

1.1——考虑两杆拉线结点受力分配不均匀的系数（1.05→1.1）；

P_{BJ}——地线风压和角度荷载标准值，kN；

P_{DJ}——导线风压和角度荷载标准值，kN；

P_D、P_B——导线、地线风压荷载标准值，kN；

T_{B1}、T_{B2}——耐张杆两侧地线张力标准值，kN；

T_{D1}、T_{D2}——耐张杆两侧导线张力标准值，kN；

θ——线路转角，（°）。

当外角侧和中相断线时，如图 GYSD00304004-2 所示，导线拉线受力为

$$
\left.\begin{aligned}
T_{max} &= \frac{1.1R_x}{4\cos\alpha\cos\beta}+\frac{1.05R_{yA}}{\sin\alpha\cos\beta} \\
R_x &= \gamma_0\psi\gamma_{Qi}(2P_{BJ}+2P'_{DJ}+P_{DJ}) \\
R_{yA} &= \frac{\gamma_0\psi\gamma_{Qi}T_D(3a+b)}{a+b} \\
P'_{DJ} &= T_D\sin\frac{\theta}{2}
\end{aligned}\right\}
$$
（GYSD00304004-2）

式中　R_x、R_{yA}——分别为总水平反力和顺线路方向 A 杆上的反力设计值，kN；

　　　　P'_{DJ}——断线相导线角度荷载标准值，kN。

图 GYSD00304004-2　转角
杆断线情况受力图

2. 导线反向分角拉线的内力计算

当线路转角度数较小时（5°~20°），正常大风时的反向风荷载可能大于导线、地线的角度合力，而此时导线拉线不起作用，为防止杆塔向线路转角外侧倾倒，这时应设置如图 GYSD00304004-1 中虚线所示的反向分角拉线（称内拉线）。

反向分角拉线的最大受力设计值 T_f 按下式计算

$$T_f = \frac{1.05\gamma_0\psi\gamma_{Qi}\left(\sum P - R'_x\right)}{\cos\beta_3}$$

$$\sum P = \left[2P_B(h_1 + h_2 + h_0) + q(h_1 + h_2)(h_1 + h_2 + h_0)\right]\frac{1}{h_2 + h_0} + 3P_D$$

$$R'_x = 2(T_{B1} + T_{B2})\sin\frac{\theta}{2} + 3(T_{D1} + T_{D2})\sin\frac{\theta}{2}$$

（GYSD00304004-3）

式中　β_3——反向分角拉线与地面夹角，(°)，一般 $\beta_3 = 75°$。

反向分角拉线可固定在电杆的底盘上。

3. 地线拉线的计算

地线拉线的计算与耐张杆相同，不再重复讲述。

二、主杆的计算

由于电杆所受轴向压力较大，故需考虑由电杆初挠度产生的附加弯矩。

1. 正常情况（一般覆冰比基本风速严重）

主杆的最大弯矩可假设在导线横担以下 $0.577L_0$ 处，在正常运行情况下，其主杆最大弯矩为

$$M_{(0.577)} = M_{Lx}\left(0.577 + \frac{0.63N}{N_{kp} - N}\right) + \frac{qL_0^2}{8.2}\left(1 + \frac{N}{N_{kp} - N}\right) + \frac{2L_0 \times N}{1000}\left(\frac{1}{1 - \frac{N}{N_{kp}}}\right)$$

（GYSD00304004-4）

式中　M_{Lx}——拉线点以上外力引起端弯矩（对转角杆主要是拉线偏心产生的弯距），kN·m，近似按 $M = 2T_{max}\sin\beta \cdot e_x$ 计算；

　　　T_{max}——拉线的最大拉力设计值，kN；

　　　q——电杆每米风压设计值，kN/m；

　　　e_x——拉线作用点的折算偏心距，m，且 $e_x = e_0\cos\alpha$，见图 GYSD00304004-3；

　　　N——计算截面以上的垂直压力设计值，kN，包括同一电杆上拉线、拉杆的下压力、结构自重及外荷载；

　　　L_0——跨度长度，$L_0 = h_2 + h_0$。

2. 断线情况

图 GYSD00304004-3　拉线偏心力矩

事故断导线情况主杆的最大弯矩计算，这时风速 $v = 0$，故式（GYSD00304004-4）的第一项为零，最大弯矩设计值为

$$M_{(0.423)} = \sqrt{M_x^2 + M_y^2}\left(0.577 + \frac{0.63N}{N_{kp} - N}\right) + \frac{2L_0}{1000} \cdot N \frac{1}{1 - \dfrac{N}{N_{kp}}}$$

$$M_0 = \sqrt{M_x^2 + M_y^2}\left(0.5 + \frac{0.616N}{N_{kp} - N}\right) + \frac{2L_0}{1000} \cdot N \frac{1}{1 - \dfrac{N}{N_{kp}}} \qquad \text{（GYSD00304004-5）}$$

$$M_x = 2T_1 e_x \sin\beta = 2T_1 e_0 \sin\beta\cos\alpha$$

$$M_y = (T_2 - T_1)e_y \sin\beta = (T_2 - T_1)e_0 \sin\beta\sin\alpha$$

式中 T_1、T_2——断线时两侧导线拉线的拉力设计值，kN。

【思考与练习】

1. 转角杆的转角范围是多少，有哪几种转角杆型？

2. 转角杆布置哪些拉线，如何布置？这些拉线如何受力？斜拉杆怎么布置，有何作用？在什么情况下需设置导线反向分角拉线，为什么？

3. 某线路转角杆塔转角为 12°。采用如图 GYSD00304004-4 所示杆型，已知杆塔上导线、架空地线的重力、风压荷载值与模块 GYSD00302002【思考与练习】题 1 同，杆身风压假设为 0.15kN/m，两侧导线张力均为 20.1kN，两侧架空地线张力均为 11.8kN，试按正常运行基本风速情况确定导线拉线的配置和确定是否需装设导线反向分角拉线。

图 GYSD00304004-4　30°转角杆

第十一章　常见杆塔基础受力分析与计算

模块 1　基础概述（GYSD00305001）

【模块描述】本模块包含基础分类及一般要求、基础极限状态表达式、土的分类及其力学特性。通过概念描述和要点讲解，掌握基础分类及一般要求、基础极限状态表达式，了解土的力学特性。

【正文】

一、基础分类及一般要求

输电线路对基础的要求，应使杆塔在各种受力情况下不倾覆、倒塌、下陷和上拔。根据基础的不同形式，目前广泛使用的基础形式有板式基础、台阶式基础、掏挖式基础、岩石基础、装配式基础及桩式基础等。

按基础受力情况的不同，杆塔基础共分两类。

1. 上拔、下压类基础

上拔、下压类基础主要承受的荷载为上拔力或下压力，兼受较小的水平力。输电线路中属于此类基础的杆塔有拉线基础、带拉线的电杆基础和分开式铁塔基础等，如图 GYSD00305001-1 所示。

(a)　　　　　(b)　　　　　(c)

图 GYSD00305001-1　上拔、下压类杆塔基础

2. 倾覆类基础

倾覆类基础系指埋置于经夯实的回填土体内的，主要承受倾覆力矩。线路中属于此类基础的杆塔有无拉线单杆基础、整体式铁塔基础和宽身铁塔的联合基础等，如图 GYSD00305001-2 所示。

(a)　　　　　(b)　　　　　(c)

图 GYSD00305001-2　倾覆类杆塔基础

杆塔基础和拉线基础的类型选择和强度稳定设计与线路所通过地区的地形、水文、工程地质情况有直接关系，因此基础设计时，必须对线路经过地区的地质水文资料充分了解后方可进行，形式选择不仅要考虑地形、水文，还要结合施工条件和杆塔形式综合考虑，同时应考虑环保方式，即按照不破坏或尽量少破坏原状地貌原则，保护自然环境，防止水土流失。

根据设计规程规定，基础采用的混凝土强度等级不应低于 C20 级。

基础设计应考虑地下水位季节性的变化。位于地下水位以下的基础容重和土容重应按其浮容重考虑。一般对混凝土的浮容重取 12kN/m³，钢筋混凝土的浮容重取 14kN/m³，土的浮容重取 8～11kN/m³，但当计算悬垂杆塔基础上拔稳定时，对塑性指数大于 10 的亚黏土和黏土可取天然容重。

基础的埋深应大于 0.5m，在季节性冻土地区，当地基土具有冻胀性时应大于土壤的标准冻结深度，在多年冻土地区应遵照相应规范。若钢筋混凝土电杆埋在易冻裂之处，地面以下杆段应采取措施，如采用预制基础或将杆段灌实。

当基础置于地下水位以下或软弱地基时，应铺设垫层或采取其他措施。

在河滩上或内涝积水地区设置塔位时，除有特殊要求外，基础主柱露出地面高度不应低于 5 年一遇洪水位高程。

设计跨河杆塔的基础，一般宜将基础设计在常年洪水淹没区以外。如洪水淹没时，应考虑基础局部冲刷及漂浮物、流冰等撞击影响，如在来水方向的基础前面增加挡及分流漂浮物、流冰的栅栏。在山坡上的杆塔基础，应考虑边坡稳定以及滚石或山洪冲刷的可能，并采取防护措施，如增加基础护坡或挡土墙等。

二、基础极限状态表达式

基础设计应采用以概率理论为基础的极限状态设计方法。基础稳定、基础承载力采用荷载的设计值进行计算，基础设计必须保证地基的稳定和结构的强度。为了保证杆塔基础的稳固，用可靠指标度量基础与地基的可靠度，具体采用荷载分项系数和地基承载调整系数的设计表达式。

1. 基础上拔和倾覆稳定采用的极限状态表达式为

$$\gamma_f \cdot T_E \leqslant A(\gamma_k、\gamma_s、\gamma_c、\cdots) \qquad \text{（GYSD00305001-1）}$$

式中　　γ_f——基础的附加分项系数，应按照表 GYSD00305001-1 的规定确定；

T_E——基础上拔或倾覆外力设计值；

$A(\gamma_k、\gamma_s、\gamma_c、\cdots)$——基础上拔或倾覆的承载力函数；

γ_k——几何参数的标准值；

γ_s、γ_c——土及混凝土的重度设计值（取土及混凝土的实际重度）。

表 GYSD00305001-1　　　　　　　　　　**基础附加分项系数 γ_f**

设计条件 基础型式 杆塔类型	上 拔 稳 定		倾 覆 稳 定
	重力式基础	其他各种类型基础	各类型基础
悬垂直线杆塔	0.9	1.10	1.10
耐张直线（0°转角）及悬垂转角杆塔	0.95	1.30	1.30
耐张转角、终端及大跨越杆塔	1.10	1.60	1.60

2. 地基承载力与基础底面压应力，应采用下列极限状态表达式

（1）当轴心荷载作用时

$$P \leqslant \frac{f_a}{\gamma_{rf}} \qquad \text{（GYSD00305001-2）}$$

式中　P——基础底面处的平均压应力设计值；

f_a——修正后的地基承载力特征值；

γ_{rf}——地基承载力调整系数，宜取 $\gamma_{rf}=0.75$。

（2）当偏心荷载作用时，除应按式（GYSD00305001-2）计算外，还应按下式计算

$$P_{max} \leqslant \frac{1.2 f_a}{\gamma_{rf}}$$

（GYSD00305001-3）

式中　P_{max}——基础底面边缘的最大压应力设计值。

三、土体的分类及其力学特性

1. 土体的分类

按工程分类法标准，土体分为岩石、碎石土、砂土、粉土、黏性土、冻土和人工填土。

（1）岩石：颗粒间牢固黏结，呈整体或具有节理裂隙的岩体。按坚固性分为硬质和软质；按风化程度分为未风化、微风化、中等风化、强风化和全风化；按完整程度分为完整、较完整、较破碎、破碎和极破碎。

岩石坚硬程度等级的定性分析如表 GYSD00305001-2 所示。

表 GYSD00305001-2　　　　　　　　**岩石坚硬程度等级的定性分析**

岩石坚硬程度等级		饱和单轴抗压强度（kPa）	代 表 性 岩 石
硬质岩石	坚硬岩	$f_r > 60\ 000$	未风化或微风化的花岗岩、闪长岩、辉绿岩、玄武岩、安山岩、片麻岩、石英岩、石英砂岩、硅质砾岩、硅质石灰岩等
	较硬岩	$60\ 000 \geqslant f_r > 30\ 000$	1. 微风化的坚硬岩； 2. 未风化或微风化的大理岩、板岩、石灰岩、白云岩、钙质砂岩等
软质岩石	较软岩	$30\ 000 \geqslant f_r > 15\ 000$	1. 中等风化或强风化的坚硬岩或较硬岩； 2. 未风化或微风化的凝灰岩、千枚岩、泥灰岩、砂质泥岩等
	软岩	$15\ 000 \geqslant f_r > 5000$	1. 强风化的坚硬岩或较硬岩； 2. 中等风化或强风化未风化的较软岩； 3. 未风化或微风化的页岩、泥岩、泥岩砂岩等
极软岩		$f_r < 5000$	全风化的各种岩石、半成岩

（2）碎石土：粒径 $d > 2mm$ 的颗粒含量超过全重 50% 的土可按表 GYSD00305001-3 分类。

表 GYSD00305001-3　　　　　　　　**碎石土的分类**

土 的 名 称	颗 粒 形 状	粒 组 含 量
漂石 块石	圆形及亚圆形为主 棱角形为主	粒径大于 200mm 的颗粒超过全重 50%
卵石 碎石	圆形及亚圆形为主 棱角形为主	粒径大于 20mm 的颗粒超过全重 50%
圆砾 角砾	圆形及亚圆形为主 棱角形为主	粒径大于 2mm 的颗粒超过全重 50%

注　分类时应根据粒组含量由大到小以最先符合者确定。

（3）砂土：粒径 $d > 2mm$ 的颗粒含量不超过全重 50%、粒径 $d > 0.075mm$ 的颗粒超过全重 50% 的土。砂土可按表 GYSD00305001-4 分为砾砂、粗砂、中砂、细砂、粉砂。

表 GYSD00305001-4　　　　　　　　**砂 土 的 分 类**

土的名称	粒 组 含 量	土的名称	粒 组 含 量
砾砂	粒径大于 2mm 的颗粒占全重 25%~50%	细砂	粒径大于 0.075mm 的颗粒超过全重 85%
粗砂	粒径大于 0.5mm 的颗粒超过全重 50%	粉砂	粒径大于 0.075mm 的颗粒超过全重 50%
中砂	粒径大于 0.25mm 的颗粒超过全重 50%		

注　分类时应根据粒组含量由大到小以最先符合者确定。

砂土的密实度，可按表 GYSD00305001-5 分为松散、稍密、中密、密实。

表 GYSD00305001-5　　　　　　　　　　**砂 土 的 密 实 度**

标准贯入试验锤击数 N	密　实　度	标准贯入试验锤击数 N	密　实　度
$N \leqslant 10$	松散	$15 < N \leqslant 30$	中密
$10 < N \leqslant 15$	稍密	$N > 30$	密实

（4）黏性土：应为塑性指数 $I_P > 10$ 的土，可按表 GYSD00305001-6 分为黏土、粉质黏土。黏性土的状态，可按表 GYSD00305001-7 分为坚硬、硬塑、可塑、软塑、流塑。

表 GYSD00305001-6　　　　　　　　　　**黏 性 土 的 分 类**

塑性指数 I_P	土的名称	塑性指数 I_P	土的名称
$I_P > 17$	黏土	$10 < I_P \leqslant 17$	粉质黏土

注　塑性指数由相应于 76G 圆锥体沉入土样中、深度为 10mm 时测定的液限计算而得。

表 GYSD00305001-7　　　　　　　　　　**黏 性 土 的 状 态**

液性指数 I_L	状　态	液性指数 I_L	状　态
$I_L \leqslant 0$	坚硬	$0.75 < I_L \leqslant 1$	软塑
$0 < I_L \leqslant 0.25$	硬塑	$I_L > 1$	流塑
$0.25 < I_L \leqslant 0.75$	可塑		

常用土类的定义见表 GYSD00305001-8。

表 GYSD00305001-8　　　　　　　　　　**常 用 土 类 的 定 义**

土名称	定　义		
淤泥	在静水或缓慢的流水环境中沉积，并经生物化学作用形成，其天然含水量大于液限、天然孔隙比不小于 1.5 的黏性土		
淤泥质土	在静水或缓慢的流水环境中沉积，并经生物化学作用形成，其天然含水量大于液限、天然孔隙比小于 1.5 但不小于 1.0 的黏性土或粉土		
红黏土	碳酸盐岩系的岩石经红土化作用形成的高塑性黏土，其液限一般大于 50；经再搬运后仍保留红黏土基本特征，液限大于 45 的土应为次生红黏土		
粉土	塑性指数不大于 10，且粒径大于 0.075mm 的颗粒含量不超过 50% 的土。其性质介于砂土与黏性土之间		
	当黏粒含量大于 10%，地震时粉土不会液化，性质近似于黏性土		
人工填土	根据其组成和成因，可分为素填土、压实填土、杂填土、冲填土		
	素填土	由碎石土、砂土、粉土、黏性土等组成的填土	
	压实土	经过压实或夯实的素填土	
	杂填土	含有建筑垃圾、工业废料、生活垃圾等杂物的填土	
	冲填土	由水力冲填泥砂形成的填土	
膨胀土	土中黏粒成分主要由亲水矿物组成，同时具有显著的吸水膨胀和失水收缩特性，其自由膨胀率不小于 40% 的黏性土		
湿陷性土	浸水后产生附加沉降，其湿陷系数不小于 0.015 的土		
冻土	一般按持续时间分为季节性冻土与多年冻土		
	季节性冻土	地表层冬季冻结，夏季全部融化的土	
	多年冻土	冻结状态持续两年或两年以上的土	

2. 土的物理力学特性

土是一种多孔性散粒结构，孔隙中含有水和空气，因此土具有渗透性、压缩性、抗剪强度等力学特性。

（1）土的容重 γ：土的容重指土在天然状态下单位体积的重力，其值随土中含有水分的多少而有较大的变化，一般 γ 在 $12 \sim 20$kN/m^3 之间。

（2）土的内摩擦角 φ 和 β：土在剪力作用下，土层间发生相对滑移的趋势，从而引起内部土层间相互摩擦的阻力，称内摩阻力 f_r，内摩阻力与土所受的正压力 N 有关。对于黏性土，土的抗剪力 Q 除了土的内摩阻力外，还有土的凝聚力 C，即 $Q=f_r+C$。黏土的颗粒之间、颗粒与水分之间，存在的一种相互黏结成整体的力，称为凝聚力。凝聚力的大小取决于土的性质，与外施正压力无关。以上四个参数间的关系为

$$\varphi=\arctan\frac{f_r}{N} \qquad (\text{GYSD00305001-4})$$

$$\beta=\arctan\left(\frac{C}{N}+\tan\varphi\right) \qquad (\text{GYSD00305001-5})$$

上两式中　f_r——内摩阻力，kN；

　　　　　N——正压力，kN；

　　　　　φ——土的内摩阻角；

　　　　　β——土的计算内摩阻角。

图 GYSD00305001-3　土壤的上拔角

（3）土的上拔角 α：基础受上拔力 T 作用时，抵抗上拔力的锥形土体的倾斜角为上拔角，如图 GYSD00305001-3 所示。由于坑壁开挖的不规则和回填土的不甚紧密，土的天然结构被破坏，所以使埋没在土壤中的上拔基础抗拔承载力有所减低。在计算基础上拔承载力时，将土的计算内摩阻角 β 乘以一个降低系数后，即为上拔角 α。

一般取 $\alpha=\frac{2}{3}\beta$；对砂土类，一般取 $\alpha=\frac{4}{5}\beta$。

土的计算容重 γ_s、计算上拔角 α、计算内摩擦角 β 和压力系数 m 见表 GYSD00305001-9。

表 GYSD00305001-9　土的计算容重 γ_s、计算上拔角 α、计算内摩擦角 β 和压力系数 m

土的状态	黏土、粉质黏土坚硬、硬塑；密实的粉土	黏土、粉质黏土可塑；中密的粉土	黏土、粉质黏土软塑；稍密的粉土	粗砂、中砂	细砂	粉砂
γ_s (kN/m³)	17	16	15	17	16	15
α	25°	20°	10°	28°	26°	22°
β	35°	30°	15°	35°	30°	30°
m(kN/m³)	63	48	26	63	48	48

注　1. 表中值不适用于松散的砂土。

　　2. 位于地下水位以下的计算容重，一般取浮容重，但对塑性指数大于 10 的黏性土用作直线塔地基可取天然容重。

　　3. 基础埋深穿透几种不同土层时，可取加权平均值。

（4）地基承载力 f：即单位面积土允许承受的压力，单位为 kPa，它与土的种类和状态有关。地基承载力特征值应由工程地质资料提供，也可根据土的物理力学指标或静力触探试验确定，当无资料时可以参照表 GYSD00305001-10～表 GYSD00305001-18 分别确定。

表 GYSD00305001-10　岩石承载力特征值 f_{ak}　　　　　　　　　　　　　kPa

岩石类别 ＼ 风化程度	强 风 化	中 等 风 化	微 风 化
硬质岩石	500～1000	1500～2500	≥4000
软质岩石	200～500	700～1200	1500～2000

注　1. 对于微风化的硬质岩石，其承载力如取用大于 4000kPa 时，应由试验确定。

　　2. 对于强风化的岩石，当与残积土难于区分时按土考虑。

表 GYSD00305001-11　碎石土承载力特征值 f_{ak}　　　　　　　　　　　　　kPa

土的名称 ＼ 密实度	稍 密	中 密	密 实
卵石	300～500	500～800	800～1000
碎石	250～400	400～700	700～900

续表

密实度 土的名称	稍　密	中　密	密　实
圆砾	200～300	300～500	500～700
角砾	200～250	250～400	400～600

注　1. 表中数值适用于骨架颗粒空隙全部由中砂、粗砂或硬塑、坚硬状态的黏性土或稍湿的粉土所充填。

2. 当粗颗粒为中等风化或强风化时，可按其风化程度适当降低承载力，当颗粒间呈半胶结状时，可适当提高承载力。

表 GYSD00305001-12　　　　　　粉土承载力特征值 f_{ak}　　　　　　kPa

第二指标：含水量（%） 第一指标：孔隙比	10	15	20	25	30	35	40
0.5	410	390	(365)				
0.6	310	300	280	(270)			
0.7	250	240	225	215	(205)		
0.8	200	190	180	170	(165)		
0.9	160	150	145	140	130	(125)	
1.0	130	125	120	115	110	105	(100)

注　1. 有括号者仅供内插用。

2. 有湖、塘、沟、谷与河漫滩地段，新近沉积的粉土，其工程性质一般较差，应根据当地实践经验取值。

表 GYSD00305001-13　　　　　　黏性土承载力特征值 f_{ak}　　　　　　kPa

第二指标：液性指数 第一指标：孔隙比	0	0.25	0.50	0.75	1.00	1.20
0.5	475	430	390	(360)		
0.6	400	360	325	295	(265)	
0.7	325	295	265	240	210	
0.8	275	240	220	200	170	170
0.9	230	210	190	170	135	135
1.0	200	180	160	135	115	105
1.1		160	135	115	105	

注　1. 有括号者仅供内插用。

2. 在有湖、塘、沟、谷与河漫滩地段新近沉积的黏性土，其工程性能一般较差。第四纪晚更新世（Q3）及其以前沉积的老黏性土，其工程性能通常较好，这些土均应根据当地实践经验取值。

表 GYSD00305001-14　　　　　沿海地区淤泥和淤泥质土承载力特征值 f_{ak}　　　　　kPa

天然含水量（%）	36	40	45	50	55	65	75
承载力特征值	100	90	80	70	60	50	40

注　对于内陆淤泥和淤泥质土，可参照使用。

表 GYSD00305001-15　　　　　　红黏土承载力特征值 f_{ak}　　　　　　kPa

土 的 名 称	第一指标：含水比 $a=W/W_L$ 第一指标：液塑比	0.5	0.6	0.7	0.8	0.9	1.0
红黏土	$I_r = W_L/W_P \leqslant 1.7$	380	270	210	180	150	140
	$I_r = W_L/W_P \geqslant 1.7$	280	200	160	130	110	100
次生红黏土		250	190	150	130	110	100

注　本表仅适用于定义范围内的红黏土。

表 GYSD00305001-16　　　　　素填土承载力特征值 f_{ak}　　　　　kPa

压缩模量 E_{S1-2}	7	5	4	3	2
承载力特征值	160	135	115	85	65

注　本表只适用于堆填时间超过十年的黏性土，以及超过五年的粉土。

表 GYSD00305001-17　　　　压实填土地基承载力特征值 f_{ak}　　　　kPa

填 土 类 别	压实系数 λ_c	承 载 力 特 征 值
碎石、卵石		$200 \sim 300$
砂夹石（其中碎石、卵石占全重 $30\% \sim 50\%$）	$0.94 \sim 0.97$	$200 \sim 250$
土夹石（其中碎石、卵石占全重 $30\% \sim 50\%$）		$150 \sim 200$
粉质黏土（$8 \leqslant I_P < 14$）、粉土		$130 \sim 180$

表 GYSD00305001-18　　　　　混合土承载力特征值 f_{ak}　　　　　kPa

干密度	1.6	1.7	1.8	1.9	2.0	2.1	2.2	—
承载力特征值	170	200	240	300	380	480	620	—
孔隙比	0.65	0.60	0.55	0.50	0.45	0.40	0.35	0.30
承载力特征值	190	200	210	230	250	270	320	400

当基础宽度大于 3.0m 或埋深大于 0.5m 时，地基承载力特征值应按式（GYSD00305001-6）修正。

$$f_a = f_{ak} + m_b \gamma (b - 3.0) + m_h \gamma_s (h - 0.5) \qquad \text{（GYSD00305001-6）}$$

式中　f_a——修正后的地基承载力特征值，kPa；

　　　f_{ak}——地基承载力特征值，kPa，按表 GYSD00305001-10～表 GYSD00305001-18 分别确定；

　　　γ——基础底面以下土的天然容重（水下取浮容重），kN/m³；

　　　γ_s——基础底面以上土的加权平均容重（水下取浮容重），kN/m³，按表 GYSD00305001-9 查取；

　　　h——基础埋深，m；

　　　b——基础底边宽，m，当基础底边宽度小于 3.0m 时按 3.0m 计；大于 6.0m 时按 6.0m 计。对长方形底板取短边；对圆形底面取 $b = \sqrt{A}$（A 为底面面积）；

　　m_b、m_h——分别为基础宽度和埋深的地基承载力修正系数，按表 GYSD00305001-19 查取。

表 GYSD00305001-19　　　　地基承载力修正系数 m_b、m_h

土 壤 类 别		宽度 m_b	深度 m_h
淤泥和淤泥质土		0	1.0
人工填土 e 或 I_L 不大于 0.85 的黏性土		0	1.0
红黏土	含水率 $\alpha_w > 0.8$	0	1.2
	含水率 $\alpha_w \leqslant 0.8$	0.15	1.4
大面积压实填土	压实系数大于 0.95 黏粒含量 $\rho_c \geqslant 10\%$ 的粉土	0	1.5
	最大干密度大于 2.1t/m³ 的级配砂石	0	2.0
粉土	黏粒含量 $\rho_c \geqslant 10\%$ 的粉土	0.3	1.5
	黏粒含量 $\rho_c < 10\%$ 的粉土	0.5	2.0
e 或 I_L 均小于 0.85 的黏性土		0.3	1.6
粉砂、细砂（不包括很湿与饱和时的稍密状态）		2.0	3.0
中砂、粗砂、砾砂和碎石		3.0	4.4

注　1. 强风化和全风化的岩石，可参照所风化成的相应土类取值，其他状态下的岩石不修正。

　　2. I_L 为液性指数。

当偏心距 $e \le 0.033$ 倍基础底面宽度时（悬垂直线杆塔），也可根据土的抗剪强度指标确定地基承载力特征值，计算式为

$$f_a = M_b \gamma b + M_d \gamma_s h_0 + M_c C_K \qquad (\text{GYSD00305001-7})$$

式中　　f_a——由土的抗剪强度指标确定的地基承载力特征值，kPa；

M_b、M_d、M_c——承载力系数，按表 GYSD00305001-20 查取；

γ、γ_s、h_0——与式（GYSD00305001-6）中符号意义相同；

b——基础底边宽，m，当基础底边宽度大于 6.0m 时按 6.0m 计，对于砂土小于 3.0m 时按 3.0m 计，对圆形底面取 $b = \sqrt{A}$（A 为底面面积）；

C_K——基础底面下一倍短边宽深度内土的黏聚力标准值。

表 GYSD00305001-20　　　　　　　　　　　承载力系数 M_b、M_d、M_c

基底下 1 倍短边宽深度的内摩擦角 φ_K	M_b	M_d	M_c
0°	0	1.00	3.14
2°	0.03	1.12	3.32
4°	0.06	1.25	3.51
6°	0.10	1.39	3.71
8°	0.14	1.55	3.93
10°	0.18	1.73	4.17
12°	0.23	1.94	4.42
14°	0.29	2.17	4.69
16°	0.36	2.43	5.00
18°	0.43	2.72	5.31
20°	0.51	3.06	5.66
22°	0.61	3.44	6.04
24°	0.80	3.87	6.45
26°	1.10	4.37	6.90
28°	1.40	4.93	7.40
30°	1.90	5.59	7.95
32°	2.60	6.35	8.55
34°	3.40	7.21	9.22
36°	4.20	8.25	9.97
38°	5.00	9.44	10.80
40°	5.80	10.84	11.73

例 GYSD00305001-1　某土的孔隙比 $e = 0.71$，含水量 $W = 36.4\%$，液限 $W_L = 48\%$，塑限 $W_P = 25.4\%$。要求计算该土的塑性指标 I_P 并确定该土的名称；计算该土的液性指标 I_L 并按液性指标确定土的状态；根据土的名称和状态确定该土承载力特征值。

解　1）土的塑性指标 I_P 为

$$I_P = W_L - W_P = 48 - 25.4 = 22.6 > 17$$

由表 GYSD00305001-6 得土的名称为黏性土。

2）土的液性指标 I_L 为

$$I_L = \frac{W - W_P}{I_P} = \frac{36.4 - 25.4}{22.6} = 0.487$$

由表 GYSD00305001-7 得土的状态为可塑。

3）土的承载力特征值。根据土的名称、孔隙比 e 和液性指标 I_L 查表 GYSD00305001-13 得 $f_{ak} = 263\text{kPa}$。

（5）被动侧压力：向静止的基础侧壁填土，土对基础侧壁的压力称土的主动侧压力。如果基础受外力作用，基础侧壁转而向土施以外力，此时土体对基础产生反力，此反力称为被动侧压力（或称被动土压力）。显然杆塔基础计算所涉及的均为土的被动侧压力。

在某一深度 y 处，作用于侧壁单位面积上土的被动侧压力，对砂土可表示为

$$\sigma = my$$

$$m = \gamma_s \tan^2\left(45° + \frac{\beta}{2}\right) \tag{GYSD00305001-8}$$

式中　σ——深度为 y 处，土的被动侧压应力，kPa；

y——被动土压应力计算点的地下深度，m；

m——土的压力系数，kN/m³，由表 GYSD00305001-9 查取；

γ_s——土的容重，kN/m³，由表 GYSD00305001-9 查取。

【思考与练习】

1．杆塔基础分哪几类，这些主要承受哪些荷载？线路工程中哪些杆塔基础分属这些类型的基础？

2．土的常用力学特性参数有哪些？什么叫土的容重、土的上拔角、地基承载力？土的主动侧压力与被动侧压力有何区别？

模块 2　电杆倾覆基础的受力分析（GYSD00305002）

【模块描述】本模块涉及不带卡盘时的倾覆校验、带一个上卡盘时的倾覆校验、带一个下卡盘时的倾覆校验、带上下卡盘时的倾覆校验、卡盘强度计算。通过概念描述、要点讲解、定量分析和计算举例，掌握电杆倾覆基础的受力分析及计算方法。

【正文】

如图 GYSD00305002-1 所示，当电杆的基础受到外力矩 $M(M=S_0H_0)$ 作用时，电杆倾覆，从而引起侧面土对基础侧壁的被动压力 x_1 和 x_2（分别为被动土压力的合力），以及底部土对基础底的摩阻力 $f_r = N\tan\varphi$，共同形成对基础的抵抗倾覆力矩。对于钢筋混凝土电杆直接埋入的窄基基础，其底面积很小，$N\tan\varphi$ 值也很小，故基底摩阻力一般可忽略不计。

图 GYSD00305002-1　窄基基础的抵抗倾覆力矩

（a）窄基铁塔基础；（b）电杆基础

一、不带卡盘时的倾覆校验

无拉线直线单杆，其基础所受倾覆力矩为杆塔水平作用力设计值总和对设计地面的力矩之和 M，当杆塔水平作用力设计值总和为 S_0，则其作用点至设计地面的高度 H_0 为

$$H_0 = \frac{M}{S_0} \tag{GYSD00305002-1}$$

式中　M——杆塔水平作用力设计值总和对设计地面的力矩之和，kN·m；

S_0——杆塔水平作用力设计值总和，kN；

H_0——S_0 作用点至设计地面的等效高度，m。

当电杆基础埋深与基础实际宽度之比不小于 3 时，基础的极限抗倾覆力矩 M_j 应满足式

$$M_j = \frac{mbh^3}{\mu} \geqslant \gamma_f S_0 H_0 \qquad \text{（GYSD00305002-2）}$$

若取 $\eta = \dfrac{H_0}{h}$，则基础的极限抗倾覆力 P_j 应满足下式

$$P_j = \frac{M_j}{H_0} = \frac{mbh^2}{\mu\eta} \geqslant \gamma_f S_0 \qquad \text{（GYSD00305002-3）}$$

上两式中　h——基础埋深，m；

γ_f——基础附加分项系数，由表 GYSD00305001-1 查取；

μ——与 η 有关的系数，据 η 值查表 GYSD00305002-1；

m——土的压力系数，可查表 GYSD00305001-9；

b——基础计算宽度，等于实际宽度 b_0 乘以空间增大系数 K_0，$b = K_0 b_0$，空间增大系数 K_0 可查表 GYSD00305002-2。对电杆 b_0 等于电杆直径 D。

表 GYSD00305002-1　　　　　　　　η、θ 及 μ 值表

η	θ	μ	$\eta\mu$	η	θ	μ	$\eta\mu$
0.10	0.784	82.9	8.3	5.00	0.720	11.8	59.1
0.25	0.774	41.3	10.4	6.00	0.718	11.6	69.0
0.50	0.761	25.3	12.7	7.00	0.716	11.3	79.0
1.00	0.746	17.7	17.7	8.00	0.715	11.2	89.2
2.00	0.732	14.1	28.1	9.00	0.714	11.0	99.3
3.00	0.725	12.6	37.8	10.00	0.713	11.0	109.1
4.00	0.722	13.1	48.5				

表 GYSD00305002-2　　　　　　　　　K_0 值表

β		15°	30°		35°		
土　名		黏土、粉质黏土、粉土	粉砂、细砂		黏土	粉质黏土、粉土	粗砂、中砂
h/b_0	11	1.72	2.28	1.81	2.71	2.41	1.90
	10	1.65	2.16	1.73	2.56	2.28	1.82
	9	1.59	2.05	1.66	2.40	2.15	1.74
	8	1.52	1.93	1.58	2.23	2.02	1.66
	7	1.46	1.81	1.51	2.08	1.90	1.57
	6	1.39	1.70	1.44	1.93	1.77	1.49
	5	1.33	1.58	1.37	1.78	1.63	1.41
	4	1.26	1.46	1.29	1.62	1.51	1.33
	3	1.20	1.35	1.22	1.46	1.38	1.25
	2	1.13	1.23	1.15	1.31	1.25	1.16
	1	1.07	1.12	1.08	1.15	1.13	1.08
	0.8	1.05	1.09	1.06	1.12	1.10	1.07
	0.6	1.04	1.07	1.05	1.09	1.08	1.05

二、带一个上卡盘时的倾覆校验

若无卡盘电杆基础不能满足式（GYSD00305002-2）或式（GYSD00305002-3）稳定要求时，可加

装一个上卡盘。

如图 GYSD00305002-2 所示，卡盘承受的被动土压力（即横向压力），按下式计算

$$A = \gamma_f S_0 - mbh^2 \left(\theta^2 - \frac{1}{2} \right) \qquad (\text{GYSD00305002-4})$$

式中　A——上卡盘横向压力设计值，kN；

　　　θ——与基础压力转折点位置有关的系数。

当卡盘埋深 $y = h/3$ 时，θ 值可由 F 值查表 GYSD00305002-3 或按下式计算

$$F = \frac{\gamma_f S_0 (1 + 3\eta)}{mbh^2} = \frac{1}{2} + \theta^2 - 2\theta^3 \qquad (\text{GYSD00305002-5})$$

图 GYSD00305002-2　装一个上卡盘受力图

图 GYSD00305002-3　卡盘几何尺寸及安装示意图

1—电杆；2—卡盘

表 GYSD00305002-3　　　　　由 F 查取 θ 值表

θ	F	θ	F	θ	F	θ	F
0.600	0.428	0.660	0.360	0.714	0.282	0.740	0.237
0.610	0.418	0.670	0.347	0.716	0.279	0.750	0.219
0.620	0.408	0.680	0.334	0.718	0.275	0.760	0.200
0.630	0.397	0.690	0.320	0.720	0.272	0.770	0.180
0.640	0.385	0.707	0.293	0.725	0.263	0.780	0.159
0.650	0.373	0.712	0.285	0.730	0.255		

上卡盘在电杆的安装位置及几何尺寸如图 GYSD00305002-3 所示。当选定卡盘的高度 h_1 和宽度 b_1 后，卡盘的有效长度（挡土长度，不计电杆宽，见图 GYSD00305002-5）按下式计算

$$2l_0 = \frac{A}{y(mh_1 + 2\gamma b_1 \tan\beta)} \qquad (\text{GYSD00305002-6})$$

图 GYSD00305002-4　装一个下卡盘受力图

卡盘实际长度　　　$l = 2l_0 + b_0$　　（GYSD00305002-7）

式中　y——卡盘埋深，m，见图 GYSD00305002-2；

　　　b_0——卡盘处杆宽度，m。

当装设一个上卡盘的长度很长时，可以考虑装设上、下卡盘。

三、装设一个下卡盘时的倾覆校验

计算图形如图 GYSD00305002-4 所示。此时下卡盘承受的横向压力 B 可按式（GYSD00305002-4）计算，但式中的 θ 值应按下式计算

$$\left(\frac{4}{3}\theta - 2\frac{y_3}{h} \right)\theta^2 = \frac{2}{3} - \frac{y_3}{h} - \frac{2\gamma_f S_0 (H_0 + y_3)}{mbh^3} \qquad (\text{GYSD00305002-8})$$

式中　y_3——下卡盘埋深，m。

其他符号意义同前。

下卡盘的有效长度

$$2l_0 = \frac{B}{y_3 \left(mh_1 + 2\gamma b_1 \tan \beta \right)}$$ （GYSD00305002-9）

下卡盘的实际长度

$$l = 2l_0 + b_0$$

式中　b_0——卡盘处电杆宽度。

四、带上下卡盘时的倾覆校验

当装设一个卡盘，由于受力过大，使卡盘长度太长，其受力很不合理时，可装设上下卡盘。此时的设计原则是：设基础的总水平力设计值为 $\gamma_f S_0$，埋入地下电杆承担的极限倾覆力为 P_j，剩余部分 $\gamma_f S_0 - P_j$ 由上下卡盘承担。如图 GYSD00305002-5 所示。

图 GYSD00305002-5　装上下卡盘时的受力图

上卡盘承受的横向力为

$$A = \frac{(\gamma_f S_0 - P_j)(H_0 + y_3)}{y_3 - y}$$ （GYSD00305002-10）

下卡盘承受力为

$$B = \frac{(\gamma_f S_0 - P_j)(H_0 + y)}{y_3 - y}$$ （GYSD00305002-11）

上下卡盘的长度可按式（GYSD00305002-6）和式（GYSD00305002-9）计算。

五、卡盘强度计算

上（下）卡盘所受横向力 A（B）是沿有效长度 $2l_0$ 均布的，故卡盘长度 l_0 上的合力为 $\frac{A}{2}$，设该力集中作用在 $\frac{l_0}{2}$ 处，如图 GYSD00305002-6 所示，则卡盘危险截面 I—I 的力矩为

$$M = \frac{A}{2}\left(\frac{l_0}{2} + \frac{b_0}{2} \right)$$ （GYSD00305002-12）

图 GYSD00305002-6　卡盘强度计算

由于卡盘可能两个方向受力，故卡盘两侧均应配置钢筋。如图 GYSD00305002-6 断面图所示。一侧所需钢筋截面为

$$A_s = \frac{M}{0.875 h_0 f_y}$$ （GYSD00305002-13）

式中　M——计算截面的弯矩设计值，kN·m；

h_0——计算截面的有效宽度，m；

f——钢筋抗拉强度设计值，MPa；

A_s——所需钢筋截面，mm^2；

0.875——根据经验确定的内力臂系数。

为便于选用和估计用料，将卡盘的常用规格列于表 GYSD00305002-4 中。

表 GYSD00305002-4   **卡 盘 常 用 规 格**

规 格 $l \times h_1 \times b_1$ $(m \times m \times m)$	卡盘质量 （kg）	卡盘体积 （m^3）	钢筋（1 级）		容许力 （kN）
			数 量	质量（kg）	
$0.8 \times 0.3 \times 0.2$	115	0.048	$6 \times \phi 12mm$	4.2	52
$1.0 \times 0.3 \times 0.2$	144	0.060	$6 \times \phi 14mm$	7.5	65
$1.2 \times 0.3 \times 0.2$	173	0.072	$6 \times \phi 14mm$	8.8	54
$1.4 \times 0.3 \times 0.2$	202	0.084	$6 \times \phi 18mm$	17.3	67
$1.6 \times 0.3 \times 0.22$	231	0.096	$6 \times \phi 18mm$	18.2	59
$1.8 \times 0.3 \times 0.22$	290	0.108	$6 \times \phi 18mm$	22.3	52

注 1. 表中容许力为卡盘的强度值。

    2. 混凝土强度等级为 C20。

例 GYSD00305002-1 某输电线路无拉线直线单杆，埋深 2.8m，埋入地下杆段的平均直径 $b_0 = 0.41m$，基本风速情况时的水平荷载设计值 $S_0 = 12.0kN$，其作用点距地面的高度 $H_0 = 9.6m$；地下土壤为黏土（硬塑），无地下水。试计算电杆基础稳定。

解 由表 GYSD00305001-9 查黏土（硬塑）$\gamma = 17kN/m^3$，$\beta = 35°$，$m = 63kN/m^3$。

由 $\dfrac{h}{b_0} = \dfrac{2.8}{0.41} = 6.83$ 查表 GYSD00305002-2，得 $K_0 = 1.88$。

所以 $\qquad\qquad\qquad\qquad b = K_0 b_0 = 1.88 \times 0.41 = 0.77$ （m）

又由 $\eta = \dfrac{H_0}{h} = \dfrac{9.6}{2.8} = 3.43$ 查表 GYSD00305002-1，得 $\mu = 12.4$。

得不带卡盘时电杆的极限倾覆力矩为

$$M_j = \frac{mbh^3}{\mu} = \frac{63 \times 0.77 \times 2.8^3}{12.4} = 85.88 \text{（kN · m）}$$

$$P_j = \frac{M_j}{H_0} = \frac{85.88}{9.6} = 8.95 \text{（kN）}$$

$M_j \geqslant \gamma_f S_0 H_0 = 1.1 \times 12.0 \times 9.6 = 126.7$ （kN · m），所以需加装卡盘。

考虑取一个上卡盘，查表 GYSD00305002-4，取卡盘尺寸为 $h_1 = 0.3m$，$b_1 = 0.22m$；埋深 $y = \dfrac{2.8}{3} = 0.933m$，则 F 为

$$F = \frac{\gamma_f S_0 (1 + 3\eta)}{mbh^2} = \frac{1.1 \times 12 \times \left(1 + 3 \times \dfrac{9.6}{2.8}\right)}{63 \times 0.77 \times 2.8^2} = 0.392$$

根据 F 值，查表 GYSD00305002-3，$\theta = 0.634$。上卡盘受力为

$$A = K_3 S_0 - mbh^2 \left(\theta^2 - \frac{1}{2}\right)$$

$$= 1.1 \times 12 - 63 \times 0.634 \times 2.8^2 \times \left(0.634^2 - \frac{1}{2}\right)$$

$$= 43.9 \text{（kN）}$$

故上卡盘有效长度

$$2l_0 = \frac{A}{y(mh_1 + 2\gamma b_1 \tan\beta)}$$

$$= \frac{43.9}{0.933 \times (63 \times 0.3 + 2 \times 17 \times 0.22\tan35°)} = 1.95 （m）$$

由计算结果可见，用一个卡盘长度太长，考虑用上下卡盘。由于卡盘高 $h_1 = 0.3$m，故上卡盘埋深 $y = \frac{2.8}{3} = 0.933$m，下卡盘埋深 $y_3 = 2.8 - 0.15 = 2.65$m。

上卡盘承受的横向力为

$$A = \frac{(\gamma_f S_0 - P_j)(H_0 + y_3)}{y_3 - y}$$

$$= \frac{(1.1 \times 12 - 8.95) \times (9.6 + 2.65)}{2.65 - 0.933} = 30.3 （kN）$$

下卡盘承受力为

$$B = \frac{(\gamma_f S_0 - P_j)(H_0 + y)}{y_3 - y}$$

$$= \frac{(1.1 \times 12 - 8.95) \times (9.6 + 0.933)}{2.65 - 0.933} = 26.1 （kN）$$

取上卡盘尺寸 $h_1 = 0.3$m，$b_1 = 0.22$m，故上卡盘有效长度

$$2l_0 = \frac{A}{y(mh_1 + 2\gamma b_1 \tan\beta)}$$

$$= \frac{30.3}{0.933 \times (63 \times 0.3 + 2 \times 17 \times 0.22\tan35°)} = 1.35 （m）$$

上卡盘实际长度 $l = 1.35 + 0.41 = 1.76$m。查表 GYSD00305002-4，实际取 1.8m 即可。

取下卡盘尺寸 $h_1 = 0.3$m，$b_1 = 0.20$m，故下卡盘有效长度

$$2l_0 = \frac{B}{y_3(mh_1 + 2\gamma b_1 \tan\beta)}$$

$$= \frac{26.1}{2.65 \times (63 \times 0.3 + 2 \times 17 \times 0.2\tan35°)} = 0.42 （m）$$

下卡盘实际长度 $l = 0.42 + 0.41 = 0.83$m。查表 GYSD00305002-4，实际取 1.2m 即可。

上卡盘危险断面的力矩为

$$M = \frac{A}{2}\left(\frac{l_0}{2} + \frac{b_0}{2}\right) = \frac{30.3}{2} \times \left(\frac{1.8 - 0.41}{2} + \frac{0.41}{2}\right) = 13.6 （kN \cdot m）$$

一侧钢筋所需截面

$$A_s = \frac{M \times 10^{-3}}{0.875h_0 f} = \frac{13.6 \times 10^{-3}}{0.875 \times 0.17 \times 210}$$

$$= 4.35 \times 10^{-4} （m^2） = 4.35cm^2$$

因为 $A_s = 4.35cm^2 < 7.63cm^2$（$7.63cm^2$ 为卡盘一侧配筋 $3 \times \phi18$mm 的面积，故上卡盘强度合格）。

下卡盘危险断面的力矩为

$$M = \frac{B}{2}\left(\frac{l_0}{2} + \frac{b_0}{2}\right) = \frac{26.1}{2} \times \left(\frac{1.2 - 0.41}{2} + \frac{0.41}{2}\right) = 7.8 （kN \cdot m）$$

图 GYSD00305002-7 练习题 2 图

一侧钢筋所需截面

$$A_s = \frac{M \times 10^{-3}}{0.875 h_0 f} = \frac{7.8 \times 10^{-3}}{0.875 \times 0.15 \times 210}$$

$$= 2.83 \times 10^{-4} \ (m^2) = 2.83 cm^2$$

因为 $A_s = 2.83 cm^2 < 4.62 cm^2$（$4.62 cm^2$ 为卡盘一侧配筋 $3 \times \phi 14$ mm 的面积，故上卡盘强度合格）。

【思考与练习】

1. 倾覆类基础的抗倾覆力矩是如何形成的？写出无拉线单杆不带卡盘时的抗倾覆稳定条件的两种表达式。

2. 某 110kV 线路，经过Ⅳ级气象区，导线为 JL/G1A-120/25-7/7 型，地线采用 1×7-7.8-1270-A-GB1200-88 型，地线金具重力 $W_1 = 50$N，绝缘子串重力 $W_2 = 450$N。其无拉线直线单杆如图 GYSD00305002-7 所示，电杆梢径为 ϕ 270mm 环截面拔梢钢筋混凝土杆。导线排列如图，设计水平档距为 280m，垂直档距为 350m。假设土壤为中砂土、无地下水，试进行正常大风时倾覆稳定计算。

模块 3 下压基础的受力分析（GYSD00305003）

【模块描述】本模块包含铁塔下压基础的受力分析、电杆底盘的受力分析。通过概念描述、要点讲解、定量分析和计算举例，掌握下压基础的基本受力分析及计算的方法。

【正文】

受下压力的基础有两种。一种是经常受下压的基础，如转角杆塔内角侧基础和带拉线的直线型、耐张型杆塔基础；另一种承受反复荷载，如铁塔的分开式基础，即有时基础受上拔，有时下压，如无拉线直线塔分开式基础，对此类基础需同时进行上拔和下压两种状态的稳定校验。

基础承压时，基础底面土的压应力需同时要满足式（GYSD00305001-1）和式（GYSD00305001-2）的要求。

一、铁塔下压基础的受力计算

1. 轴心荷载

基础受轴心压力 N 时，如图 GYSD00305003-2 所示，基础底面的压应力按图 GYSD00305003-1 均匀分布计算

图 GYSD00305003-1 轴心荷载地基

$$P = \frac{N + \gamma_G (Q + G_0)}{A}$$

（GYSD00305003-1）

式中 P ——基础底面积处平均应力设计值，kPa；

N ——上部结构传至基础顶面的竖向压力设计值，kN；

Q ——基础自重，kN；

G_0 ——基础底面正上方的土重，kN；

A ——基础底面面积，m^2；

γ_G ——永久荷载分项系数，对基础有利时，宜取 $\gamma_G = 1.0$，不利时，应取 $\gamma_G = 1.2$。

2. 单向偏心荷载

基础受轴心压力 N 和单向弯矩 M_x 作用时，如图 GYSD00305003-2 所示，基础底面下的压应力为

$$P_{\mathrm{m}} = \frac{N + \gamma_{\mathrm{G}}(Q + G_0)}{A} + \frac{M_{\mathrm{x}}}{W_{\mathrm{x}}} \left.\vphantom{\frac{M}{W}}\right\}$$
$$P_{\mathrm{n}} = \frac{N + \gamma_{\mathrm{G}}(Q + G_0)}{A} - \frac{M_{\mathrm{x}}}{W_{\mathrm{x}}} \left.\vphantom{\frac{M}{W}}\right\} \qquad （\text{GYSD00305003-2}）$$

但当 $P_{\mathrm{n}} < 0$ 时，P_{m} 按下述方法计算

$$P_{\mathrm{m}} = \frac{2[N + \gamma_{\mathrm{G}}(Q + G_0)]}{A} m_1 \left.\vphantom{\frac{2}{3}}\right\}$$
$$m_1 = \frac{2}{3\left(\dfrac{1}{2} - \dfrac{e_0}{b}\right)} \left.\vphantom{\frac{2}{3}}\right\} \qquad （\text{GYSD00305003-3}）$$
$$e_0 = \frac{M_{\mathrm{x}}}{N + \gamma_{\mathrm{G}}(Q + G_0)} \left.\vphantom{\frac{2}{3}}\right\}$$

对圆形地板 m_{a} 可按表 GYSD00305003-1 取值。

表 GYSD00305003-1 　　　　　　　　　　　m_{a} 系　数

e_0/D	0.125	0.143	0.205	0.295	0.390
m_{a}	2.0	2.1	2.8	4.7	12.4

注　D 为圆形底板直径；e_0 为偏心距。

3. 双向偏心荷载

如图 GYSD00305003-3 所示，受压力 N 和双向弯矩 M_{x}、M_{y} 同时作用时，基础底面下的压应力为

$$P_{\mathrm{m}} = \frac{N + \gamma_{\mathrm{G}}(Q + G_0)}{A} + \frac{M_{\mathrm{x}}}{W_{\mathrm{x}}} + \frac{M_{\mathrm{y}}}{W_{\mathrm{y}}} \left.\vphantom{\frac{M}{W}}\right\}$$
$$P_{\mathrm{n}} = \frac{N + \gamma_{\mathrm{G}}(Q + G_0)}{A} - \frac{M_{\mathrm{x}}}{W_{\mathrm{x}}} - \frac{M_{\mathrm{y}}}{W_{\mathrm{y}}} \left.\vphantom{\frac{M}{W}}\right\}$$
$$W_{\mathrm{x}} = \frac{lb^2}{6}, \ W_{\mathrm{y}} = \frac{bl^2}{6} \left.\vphantom{\frac{M}{W}}\right\} \qquad （\text{GYSD00305003-4}）$$
$$A = lb \left.\vphantom{\frac{M}{W}}\right\}$$

式中　P_{m}、P_{n}——基础底面边缘最大压力和最小压力设计值，kPa；

M_{x}、M_{y}——作用于基础底面的 x 和 y 方向的力矩设计值，kN·m；

W_{x}、W_{y}——基础底面绕 x 和 y 轴的抵抗矩，m³；

b——基础底面 x 轴方向宽，m；

l——基础底面 y 轴方向长，m。

但当 $P_{\mathrm{n}} < 0$ 时，P_{m} 按下述方法计算

$$P_{\mathrm{m}} = 0.35 \frac{N + \gamma_{\mathrm{G}}(Q + G_0)}{C_{\mathrm{x}} C_{\mathrm{y}}} \qquad （\text{GYSD00305003-5}）$$

式中　C_{x}、C_{y}——压应力分布计算宽度，m。

$$C_{\mathrm{x}} = \frac{b}{2} - \frac{M_{\mathrm{x}}}{N + \gamma_{\mathrm{G}}(Q + G_0)}, \ \ C_{\mathrm{y}} = \frac{l}{2} - \frac{M_{\mathrm{y}}}{N + \gamma_{\mathrm{G}}(Q + G_0)}$$

图 GYSD00305003-2 单向偏心受压计算简图　　　图 GYSD00305003-3 双向偏心受压计算简图

二、电杆底盘的受力计算

1. 底盘下压底面积计算

底盘作为钢筋混凝土杆承压基础，如图 GYSD00305003-4 所示，电杆下压力通过底盘传给地基。因此底盘面积的选择应使地基承受的压应力不超过地基承载力的极限值。底盘面积按下式计算

$$A \geqslant \frac{N + \gamma_G(Q + G_0)}{\dfrac{f_a}{\gamma_{rf}}} \qquad (\text{GYSD00305003-6})$$

式中　A——底盘底面面积，m^2。

2. 底盘强度计算

底盘是中心受压构件，其底面处的土抗力可认为是均匀分布。底盘最大弯矩可认为作用在 Ⅰ—Ⅰ 断面，如图 GYSD00305003-4 中阴影部分面积上的均布力 N/4 对 Ⅰ—Ⅰ 断面产生的弯矩为

$$M_1 = \frac{N}{24A}(2l + l_1)(b - b_1)^2 \qquad (\text{GYSD00305003-7})$$

同理对 Ⅱ—Ⅱ 断面上的弯矩 M_Π 为

$$M_\Pi = \frac{N}{24A}(2b + b_1)(l - l_1)^2 \qquad (\text{GYSD00305003-8})$$

图 GYSD00305003-4 底盘

式中　b_1、l_1——带阴影的梯形短边长。

b_1、l_1 取值为

$$b_1 = l_1 = \sqrt{\frac{\pi}{4}D^2}$$

设底盘的钢筋按纵横布置，横向钢筋平衡 $M_Ⅰ$，纵向钢筋平衡 $M_Ⅱ$，则每个方向钢筋的截面积 A_s，按单层布筋时为

$$A_s = \frac{M}{0.875h_0 f_y} \qquad (\text{GYSD00305003-9})$$

为便于选用和估计用料，将底盘的常用规格列于表 GYSD00305003-2。

表 GYSD00305003-2   底盘常用规格

规格 $l \times b_1 \times h_1$ (m×m×m)	卡盘质量 (kg)	卡盘体积 (m³)	钢筋（1级）		容许力 (kN)
			数量	质量（kg）	
0.6×0.6×0.18	156	0.065	12×ϕ10mm	6.0	110
0.8×0.8×0.18	277	0.115	16×ϕ10mm	9.6	120
1.0×1.0×0.21	448	0.187	20×ϕ10mm	14.0	140
1.2×1.2×0.21	597	0.249	24×ϕ10mm	17.4	150
1.4×1.4×0.24	904	0.377	28×ϕ10mm	25.8	180

例 GYSD00305003-1 对某输电线路拉线直线单杆基础进行下压计算。已知：

（1）土壤特性资料：黏土（硬塑）、无地下水。由此可查表 GYSD00305001-9 得 $\gamma_s = 17\text{kN/m}^3$，取地基承载力特征值 $f_{ak} = 263\text{kPa}$；

（2）电杆上各种垂直下压力 $N = 135.8\text{kN}$；

（3）底盘埋深 $h = 1.5\text{m}$，杆腿外径 $D = 0.4\text{m}$；

（4）试选底盘尺寸为 $1 \times 1 \times 0.21\text{m}^3$，查表 GYSD00305003-2，底盘重力 $Q = 448 \times 9.81 = 4390\text{N} \approx 4.4\text{kN}$，容许压力 140kN。

解 底盘上土体体积 $V = l^2(h - h_1) = 1^2 \times (1.5 - 0.21) = 1.29 \ (\text{m}^3)$

底盘上的土体重力 $G_0 = V\gamma_s = 1.29 \times 17 = 21.93 \ (\text{kN})$

基础底面的压应力 $P = \dfrac{135.8 + 1.2 \times (4.4 + 21.93)}{1 \times 1} = 167.4 \ (\text{kPa})$

地基承载力设计值为

$$f_a = f_{ak} + m_b \gamma (b - 3.0) + m_h \gamma_s (h - 0.5)$$
$$= 263 + 0 + 1 \times 17 \times (1.5 - 0.5)$$
$$= 280 \ (\text{kPa})$$

因为 $P = 167.4 \leqslant \dfrac{f_a}{\gamma_{rf}} = \dfrac{280}{0.75} = 373.3 \text{ kPa}$，故地基承载安全。

底盘强度校验底盘容许压力 140kN > $N = 135.8\text{kN}$，底盘强度合格。

铁塔基础承压计算举例见例 GYSD00305004-2。

【思考与练习】

1. 下压基础的稳定应满足什么要求？

2. 铁塔的分开式基础属何类型基础？如何确定作用于基础的垂直力和水平力？

模块 4   上拔基础的受力分析（GYSD00305004）

【模块描述】 本模块包含铁塔上拔稳定计算、拉线盘上拔稳定计算。通过概念描述、要点讲解、定量分析和计算举例，掌握铁塔上拔稳定计算、拉线盘上拔稳定计算的方法。

【正文】

基础上拔稳定计算，应根据抗拔土体的状态，分别采用剪切法和土重法。

剪切法适用于原状土体，土重法适用于回填抗拔土体。

本模块只介绍土重法计算上拔稳定。基础受上拔力 T 作用时，则基础的计算极限上拔力为混凝土基础自重和上拔基础底板上所切的倒截土锥体重力之和。倒截土锥体侧面与垂线的交角为土的计算上拔角，随土的类型等条件而变化。

一、铁塔上拔稳定计算

上拔稳定计算的安全条件为

$$\gamma_f T \leqslant \gamma_E \gamma_s \gamma_{\theta 1}(V_t - \Delta V_t - V_0) + Q_f \qquad （\text{GYSD00305004-1}）$$

式中 γ_E——水平力影响系数，根据水平力 H_E 与上拔力 T 的比值按表 GYSD00305004-1 确定；

$\gamma_{\theta 1}$——基础底板上平面坡角影响系数，当坡角 $\theta_0 < 45°$ 时，取 $\gamma_{\theta 1} = 0.8$，当坡角 $\theta_0 \geqslant 45°$ 时，取 $\gamma_{\theta 1} = 1.0$；

V_t——h 深度内土和基础的体积，m^3；

ΔV_t——相邻基础影响的微体积；

V_0——h 深度内的基础体积，m^3；

Q_f——基础自重力，kN；

T——作用于基础顶面上的设计上拔力，kN。

表 GYSD00305004-1 　　　　　　水平荷载影响系数

水平力 H_E 与上拔力 T 的比值	水平力影响系数 γ_E
0.15~0.40	1.0~0.9
0.40~0.70	0.9~0.8
0.70~1.00	0.8~0.75

当 $h \leqslant h_c$，对矩形底板

$$V_t = \left[bl + (b+l)h\tan\alpha + \frac{4}{3}h^2\tan^2\alpha \right]h \qquad （\text{GYSD00305004-2}）$$

对方形底板

$$V_t = \left[a^2 + 2ah\tan\alpha + \frac{4}{3}h^2\tan^2\alpha \right]h \qquad （\text{GYSD00305004-3}）$$

当 $h > h_c$ 时，如图 GYSD00305004-1 所示，对矩形底板，有

$$V_t = \left[bl + (b+l)h_c\tan\alpha + \frac{4}{3}h_c^2\tan^2\alpha \right]h_c + bl(h-h_c) \qquad （\text{GYSD00305004-4}）$$

对方形底板，有

$$V_t = \left[a^2 + 2ah_c\tan\alpha + \frac{4}{3}h_c^2\tan^2\alpha \right]h_c + a^2(h-h_c) \qquad （\text{GYSD00305004-5}）$$

上四式中 h_c——临界深度，是指土体整体破坏的极限计算深度，见表 GYSD00305004-2；

α——计算上拔角；

a——正方形底板边长，m；

b、l——矩形底板短边和长边长，m。

表 GYSD00305004-2 　　　　　　临界深度 h_c（土重法）

土 的 名 称	土 的 天 然 状 态	基础上拔临界深度 h_c	
		圆 形 底 板	方 形 底 板
砂类土、粉土	密实~稍密	2.5D	3.0a
黏性土	坚硬~硬塑	2.0D	2.5a
	可塑	1.5D	2.0a
	软塑	1.2D	1.5a

注　长方形底板 $l/b < 3$ 时，取 $D = 0.6(b+l)$；土的状态按天然状态确定。

　　当相邻基础同时受上拔力作用，且两基础中心距如图 GYSD00305004-2 所示，则计算上拔土锥体的体积时，应减去如图 GYSD00305004-2 中阴影部分土体积的 1/2，在下列情况应减去的土体积 ΔV_t：

图 GYSD00305004-1　基础计算图　　　　　图 GYSD00305004-2　相邻上拔基础计算简图

　　1）长方形底板，当 $L < b + 2h\tan\alpha$ 或 $L < l + 2h\tan\alpha$ 时，有

$$\Delta V_t = \frac{(b + 2h\tan\alpha - L)^2}{24\tan\alpha}(3l + L - b + 4h\tan\alpha)$$

或

$$\Delta V_t = \frac{(l + 2h\tan\alpha - L)^2}{24\tan\alpha}(3b + L - l + 4h\tan\alpha) \qquad (\text{GYSD00305004-6})$$

　　2）正方形底板，当 $L < a + 2h\tan\alpha$ 时，有

$$\Delta V_t = \frac{(a + 2h\tan\alpha - L)^2}{24\tan\alpha}(2a + L + 4h\tan\alpha) \qquad (\text{GYSD00305004-7})$$

二、拉线盘上拔稳定计算

（一）拉线盘上拔稳定计算

　　拉线盘埋入土中，有平放、斜放两种，如图 GYSD00305004-3 所示。地质条件好，一般采用平放，平放施工方便，但水平方向抵抗能力较小；斜放时，拉线盘受力较好，但施工不太方便。

图 GYSD00305004-3　拉线基础
（a）斜放；（b）平放

　　拉线盘上拔稳定应满足

$$\gamma_f T\sin\omega \leqslant V_t\gamma_s + Q_f \qquad (\text{GYSD00305004-8})$$

式中　　T——拉线拉力设计值，kN；

　　　　ω——拉线对地夹角，一般 $\omega \geqslant 45°$；

　　　　V_t——倒截锥土体积，m³，按式（GYSD00305004-2）或式（GYSD00305004-4）计算，当拉线盘斜放时，两式中的 $b = b_0\sin\omega_1$，ω_1 拉线盘上平面与垂面的夹角；

　　　　Q_f——拉线盘自重，kN。

（二）拉线盘水平方向的稳定验算

在拉线水平分力 $N_x = T\cos\omega$ 的作用下，使拉线沿拉线方向水平移动，这时，拉线盘侧面产生的被动土抗力为

$$x_1 = mhtl = \gamma_s \tan^2\left(45° + \frac{\beta}{2}\right)htl \qquad \text{（GYSD00305004-9）}$$

式中　m——被动土压力系数，kN/m^3，由表 GYSD00305001-9 查取；

　　　　t——拉线盘的计算厚度，m，$t = b\cos\omega_1 + c\sin\omega_1$；

　　b、l——拉线盘的短边和长边，m；

　　　　c——拉线盘的厚度，m；

　　　　β——土的抗剪角，由表 GYSD00305001-9 查取。

由垂直分力 $N_y = T\sin\omega$ 产生的水平抗力为

$$H_1 = N_y f = T\sin\omega\tan\beta \qquad \text{（GYSD00305004-10）}$$

式中　f——地基土与基础面的摩擦系数。

综合水平抗力及水平稳定条件为

$$x = x_1 + T_1 \geqslant \gamma_f N_x \qquad \text{（GYSD00305004-11）}$$

式中　γ_f——抗倾覆稳定附加分项系数。

（三）拉线盘强度计算

如图 GYSD00305004-4 所示，基础在土反力的作用下，两个方向都要发生弯曲，所以两个方向都要配筋。钢筋面积按两个方向的最大弯距分别进行计算。

对Ⅰ—Ⅰ截面处的外矩为

$$M_Ⅰ = \frac{T}{lb}A_1 s_1 \qquad \text{（GYSD00305004-12）}$$

图 GYSD00305004-4　拉线盘计算简图

对Ⅱ—Ⅱ截面处的外矩为

$$M_Ⅱ = \frac{T}{lb}A_2 s_2 \qquad \text{（GYSD00305004-13）}$$

式中　A_1、A_2——图 GYSD00305004-4 中 ABCOD 和 COE 阴影部分的面积，m^2；

　　s_1、s_2——A_1 和 A_2 的形心至拉线盘中心（Ⅰ—Ⅰ截面和Ⅱ—Ⅱ截面）的距离，m。

配筋截面为

$$A_g = \frac{M_Ⅰ}{0.875 h_0 f_y}$$
$$\qquad \text{（GYSD00305004-14）}$$
$$A_g = \frac{M_Ⅱ}{0.875 h_0 f_y}$$

式中　h_0——为弯距截面的有效高度。

为了便于选用和估算材料，将常用拉线盘的规格列于表 GYSD00305004-3 中。

表 GYSD00305004-3　　　　　　　　　　拉 线 盘 常 用 规 格 表

规格 $b_0 \times l \times h_0$ （m×m×m）	构件质量 （kg）	混凝土体积 （m³）	钢筋（1级）		拉环质量 （kg）	容许拉力 （kN）
			数　　量	质量（kg）		
0.3×0.6×0.2	80	0.032	4φ8mm/4φ10mm	10.5	4.5（φ24mm）	94
0.4×0.8×0.2	135	0.054	6φ8mm/6φ10mm	11.6	4.5（φ24mm）	108
0.5×1.0×0.2	210	0.084	7φ8mm/6φ12mm	14.6	7.4（φ28mm）	122

续表

规格 $b_0 \times l \times h_0$ （m×m×m）	构件质量 （kg）	混凝土体积 （m³）	钢筋（1级）		拉环质量 （kg）	容许拉力 （kN）
			数　量	质量（kg）		
0.6×1.2×0.2	300	0.118	$9\phi8mm/8\phi12mm$	19.0	7.4（$\phi28mm$）	136
0.7×1.4×0.2	410	0.165	$11\phi8mm/8\phi14mm$	28.2	10.3（$\phi32mm$）	161
0.8×1.6×0.2	540	0.234	$13\phi8mm/8\phi14mm$	31.3	10.3（$\phi32mm$）	141

（四）重力式基础上拔稳定计算

对于土质较差计算上拔角很小时，可采用重力式基础。重力式基础的计算原则是土壤计算上拔角 $\alpha=0$，基础上拔力由基础自重和基础底板上的土重来平衡，如图 GYSD00305004-5 所示。

即

$$\gamma_f T \sin\omega \leqslant V_t \gamma_s + Q_f \qquad \text{（GYSD00305004-15）}$$

式中基础底板上的土体 V_t 计算时，土的上拔角按 $\alpha=0$ 考虑。

对基础的自重需满足 $Q_f \geqslant T\sin\beta$。

例 GYSD00305004-1 某拉线悬垂直线杆塔，拉线受力设计值 $T=65kN$，埋深 2.5m，选择拉线盘规格为 1.2m×0.6m×0.2m，拉线盘自重 $Q_f=3kN$，拉线与地面夹角 $\omega=50°$，拉线盘上平面与铅垂方向的夹角 $\omega_1=\omega=50°$，土壤为黏土（可塑），地面有 0.3m 的耕土层。试进行拉线盘上拔及水平稳定验算。

解 （1）基本参数：上拔力 $N_y=T\sin\omega=65\sin50°=49.8kN$，水平分力 $N_x=T\cos\omega=65\cos50°=41.8kN$，基础上拔附加分项系数 $\gamma_f=1.1$，土的计算容重 $\gamma_s=16kN/m^3$，上拔角 $\alpha=20°$，土压力系数 $m=48kN/m^3$，计算内摩擦角 $\beta=30°$。

图 GYSD00305004-5　重力式拉线基础

（2）上拔稳定计算。有效上拔深度为

$$h=2.5-0.3=2.2（m）$$

临界深度为

$$\frac{l}{b}=\frac{1.2}{0.6}=2<3，查表 GYSD00305004-2，D=0.6(l+b)，则$$

$$h_c=1.5D=1.5\times0.6\times(1.2+0.6)=1.62（m）<h=2.2m$$

拉线盘斜放，其短边

$$b=b_0\sin\omega_1=0.6\sin50°=0.46（m）$$

抗拔土的体积为

$$V_t=\left[bl+(b+l)h_c\tan\alpha+\frac{4}{3}h_c^2\tan^2\alpha\right]h_c+bl(h-h_c)$$

$$=\left[0.46\times1.2+(0.46+1.2)\times1.62\times\tan20°+\frac{4}{3}\times1.62^2\times\tan^220°\right]\times1.62+$$

$$0.46\times1.2\times(2.2-1.62)=3.55（m^3）$$

$$\gamma_f N_y=1.1\times49.8=54.8（kN）<V_t\gamma_f+Q=3.55\times16+3=59.8（kN）$$

上拔验算合格。

（3）水平稳定计算。被动土抗力

$$x_1=mhlt=48\times2.2\times1.2\times(0.6\times\cos50°+0.2\times\sin50°)=68.29（kN）$$

由垂直分力 N_y 产生水平抗力为

$$H_1=N_yf=49.8\times\tan30°=28.8（kN）$$

综合水平抗力

$$x=68.29+28.8=97（kN）\geqslant1.1\times48=52.8（kN）$$

水平验算合格。

例 GYSD00305004-2 试进行某悬垂直线塔分开式基础的上拔、下压稳定校验，已知土壤资料：黏土（坚硬），无地下水。查表 GYSD00305001-9，上拔角 $\alpha = 27°$，土的计算容重 $\gamma_s = 17\text{kN/m}^3$，混凝土容重 $\gamma_h = 22\text{kN/m}^3$，考虑了埋深等因素修正后土的承载力特征值 $f_a = 263\text{kPa}$，铁塔荷载设计值及基础尺寸如图 GYSD00305004-6 所示。

图 GYSD00305004-6 直线铁塔分开式基础

（a）基础受力；（b）基础尺寸

注：括号内为事故情况荷载。

解 （1）上拔稳定校验。基础自重（混凝土容重 $\gamma_h = 22\text{kN/m}^3$）

$$Q_f = V_h \gamma_h = (0.5^2 \times 1.5 + 1^2 \times 0.35 + 1.5^2 \times 0.35) \times 22 = 33.2 \quad (\text{kN})$$

因

$$L = 4.5\text{m} > 1.5 + 2 \times (2.0 - 0.35)\tan 27° = 3.18\text{m}$$

倒截锥土体重

$$G_0 = V_t \gamma = \left[\left(1.5^2 + 2 \times 1.5 \times 1.65 \times \tan 27° + \frac{4}{3} \times 1.65^2 \times \tan^2 27° \right) \times 1.65 - \right.$$
$$\left. (0.5^2 \times 1.3 + 1^2 \times 0.35) \right] \times 18 = 170 \quad (\text{kN})$$

由 $\dfrac{H}{T} = \dfrac{16}{130} = 0.123$ 查表 GYSD00305004-1 得 $\gamma_E = 1.0$。

基础底板坡角 $\theta = \arctan \dfrac{\dfrac{1.5 - 1.0}{2}}{0.35} = 35.5° < 45°$，取 $\gamma_{\theta 1} = 0.8$。

$$\gamma_f T = 0.9 \times 130 \quad (\text{kN}) \leqslant \gamma_E \gamma_s \gamma_{\theta 1} (V_t - \Delta V_t - V_0) + Q_f = 1.0 \times 0.8 \times 170 + 33.2 = 169 \quad (\text{kN})$$

上拔稳定合格。

（2）下压稳定校验：基础台阶土重 $G_0 = [1.5^2 \times 1.65 - (0.5^2 \times 1.3 + 1^2 \times 0.35)] \times 18 = 55 \quad (\text{kN})$

$$P_n = \frac{N + \gamma_G (Q + G_0)}{A} - \frac{M_x}{W_x}$$

$$= \frac{160 + 1.2 \times (33.2 + 55)}{1.5^2} - \frac{6 \times 16 \times 2.2}{1.5^3} = 55.57 \quad (\text{kPa}) > 0$$

$$P_m = \frac{N + \gamma_G (Q + G_0)}{A} + \frac{M_x}{W_x}$$

$$= \frac{160 + 1.2 \times (33.2 + 55)}{1.5^2} + \frac{6 \times 16 \times 2.2}{1.5^3} = 180.7 \quad (\text{kPa})$$

$$P_m = 180.7 < \frac{1.2 f_a}{\gamma_{rf}} = \frac{1.2 \times 263}{0.75} = 421 \text{kPa}, \text{安全}。$$

事故时，基础受双向弯矩作用

且
$$P_n = \frac{N + \gamma_G(Q + G_0)}{A} - \frac{M_x}{W_x} - \frac{M_y}{W_y}$$

$$= \frac{130 + 1.2 \times (33.2 + 55)}{1.5^2} - \frac{14 \times 2.2 \times 6}{1.5^3} - \frac{20 \times 2.2 \times 6}{1.5^3} = -28.16 < 0$$

故压应力计算宽度为

$$c_x = \frac{a}{2} - \frac{M_x}{N + \gamma_G(Q + G_0)} = \frac{1.5}{2} - \frac{14 \times 2.2}{130 + 1.2 \times (33.2 + 55)} = 0.619 \text{（m）}$$

$$c_y = \frac{a}{2} - \frac{M_y}{N + \gamma_G(Q + G_0)} = \frac{1.5}{2} - \frac{20 \times 2.2}{130 + 1.2 \times (33.2 + 55)} = 0.563 \text{（m）}$$

$$P_m = 0.35 \frac{N + \gamma_G(Q + G_0)}{c_x c_y} = 0.35 \times \frac{130 + 1.2 \times (33.2 + 55)}{0.619 \times 0.563} = 236.7 \text{（kPa）}$$

$$P_m = 236.7 \text{kPa} < \frac{1.2 f_a}{\gamma_{rf}} = \frac{1.2 \times 263}{0.75} = 421 \text{kPa}, \text{安全}。$$

【思考与练习】

1．在基础上拔稳定计算中，临界深度 h_c 的意义是什么？

2．某 110kV 线路 ϕ 300mm 等径拉线直线单杆，杆高 21m，经过 IV 级气象区，导线为 LGJ-120/25，架空地线采用 GJ-35 型，地线金具重力 $W_1 = 50$N，绝缘子串重力 $W_2 = 450$N。其导线排列如图 GYSD00305004-7 所示，设计水平档距为 280m，垂直档距为 350m；且横担重力为 2kN，电杆每米重力 $g_0 = 1.1$kN/m，拉线 $\alpha = 45°$，拉线与地面夹角 $\beta = 60°$，拉线盘埋深为 2.0m，底盘埋深为 1.0m，土为细砂、无地下水。试按正常大风条件选择拉线盘和底盘的尺寸，并进行稳定和强度校验。

3．试画出三盘（卡盘、底盘、拉盘）钢筋布置示意图，且说明原因。

4．何种情况下采用重力式基础？重力式基础的计算原则是什么，设计时对基础自重有何要求？

图 GYSD00305004-7　题2图

第十二章　输电线路杆塔的定位和校验

模块 1　输电线路的路径选择（GYSD00306001）

【模块描述】 本模块涉及路径选择的一般原则、路径选择的一般方法和步骤、路径选择的技术要求。通过要点讲解，熟悉路径选择的一般原则，掌握路径选择的一般方法和步骤、路径选择的技术要求。

【正文】

路径选择的目的，就是要在线路起讫点间选出一条全面符合国家建设的各项方针政策的线路路径，因此，选线人员在选择线路路径时，应遵照各项方针政策，对运行安全、经济合理、施工方便等因素进行全面考虑，综合比较。

一、路径选择的一般原则

（1）首先对 5～10 年电力系统规划进行充分研究，了解在规划中是否出现中间变电站或发电厂，在路径选择时，尽量与电力系统规划结合起来，避免造成重复投资，或给今后的电网改造增加麻烦。

（2）力求路径短、转角少、跨越少、高差小，以降低工程造价并简化杆型。

（3）施工、运行应该方便。主要要求沿线交通运输方便，尽量避免翻大山、跨深谷，以降低施工与维修费用。

（4）符合国家规划、环保、森林及通信、军事禁区等要求。如少占良田，少拆迁民房，不影响附近的通信线路以及不穿越矿区、禁区与机场，避开不良地质、地段（如塌方、滑坡、溶洞、森林与果林等），并避开重冰区与风口等。

二、路径选择的一般方法与步骤

选线工作，一般按设计阶段分两步进行，即初勘选线和终勘选线。

（一）初勘选线

1. 图上选线

图上选线是在地形图上进行大方案的比较，从若干个路径方案中，经比较后选出较好的线路路径方案。图上选线的方法步骤如下：

（1）图上选线前应充分了解工程概况及系统规划，明确线路起讫点及中途必经点的位置、线路输送容量、电压等级、回路数与导线型号等设计条件。

（2）图上选线所用的地形图比例以五万分之一或十万分之一为宜。先在图上标出线路起讫点及中间必经点位置，以及预先了解到的有关城市规划、军事设施、工厂、矿山发展规划，地下埋藏资源开采范围，水利设施规划，林区及经济作物区，已有及拟建的电力线、通信线或其他重要管线等的位置、范围。然后按照线路起讫点间距离最短的原则，尽量避开上述影响范围，考虑地形、交通条件等因素，绘出若干个图上选线方案（一般经反复比较后保留 1～2 个方案），作为搜集资料及初勘方案。

（3）对已选定的路径方案，根据与通信线的相对位置，远景系统规划的短路电流及该地区大地电导率计算对铁路、邮电、军事等主要通信线的干扰及危险影响。根据计算结果，便可对已选定的路径方案进修正或提出具体措施。

2. 搜集资料及初勘

（1）搜集资料。搜集资料的主要目的是要取得线路通过地区对路径有影响的地上、地下障碍物的有关资料及所属单位对路径方案的意见。由所属单位以书面文件或在路径图上签署意见的形式提供资料，作为设计依据。若同一地区涉及单位较多又相互关联时，可邀集有关单位共同协商，并形成会议纪要。如果最终的路径方案满足对方的要求，可不再办理手续。但当路径靠近障碍物的边沿或厂、矿区内通过时，应在线路施工图设计后以"回文"（或兼附图）的形式说明路径通过位置及要求，以防对方将来有可能发展时影响线路的建设与安全运行。

（2）初勘。初勘是按图上选线选定的线路路径到现场进行实地勘察，以验证它是否符合客观实际并决定各方案的取舍。

1）初勘方法可以是沿线了解、重点勘察或仪器初测，按实际需要明确定线、平断面图草测及地质水文勘察；在某些协议区及复杂地段，需要将线路路径或具体塔位，用仪器测量落实或测绘有关平断面图。

2）由搜资、协议人员到沿线的县、乡及有关厂、矿补充搜集沿线有影响的障碍、设施资料与办理初步协议，并搜集沿线交通、污秽等资料。

3）重点踏勘可能影响路径方案的复杂地段及仅凭图纸资料难以落实路径位置的地段。通常包括：重要或特殊跨越，进出线走廊、城镇拥挤地段；穿越个别靠近有影响的障碍物协议区；不良地质、恶劣气象地段及交通困难、地形复杂地段；可能出现多方案地段。

4）初勘时各有关专业组尚应做好拆迁、砍树、修桥补路、所需建筑材料产地、材料站设置及运输距离的调查。

初勘结束后，根据初勘中获得的新资料修正图上选线路径方案，并组织各专业进行方案比较，包括：线路亘长、交通运输条件、施工、运行条件、地形、地质条件、大跨越等技术比较；线路投资、年运行费、拆迁赔偿和材料消耗量等经济比较。按比较结果提出初步设计的推荐路径方案，编写路径部分说明并整理有关协议文件，同时办理最终协议文件。

（二）终勘选线

终勘选线是将批准的初步设计路径在现场具体落实，按实际地形情况修正图上选线，确定线路的最终走向，设立临时标准。终勘选线工作对线路的经济、技术指标和施工、运输条件起着重要作用。因此，要正确地处理各因素的关系，选出一条既在经济技术上合理，又方便施工、运行的线路路径。

终勘选线一般应在定线工作前一段时间进行，也可以与定线工作合并进行，需视线路的复杂程度而定。在选线应做到"以线为主、线中有位"，即在选线中要兼顾杆塔位的技术经济合理性和关键塔位成立的可能性（如转角点、大档距和必须设立杆塔的特殊地点等），个别特殊地点应反复选线比较，必要时草测断面进行定位比较后优选。

终勘选线根据其目的可知，必须将全线通道打通，并埋设转角桩及线路前后通视用的方向桩和标志。因此，根据地形、地物及交叉跨越等情况，常用的选线方法有如下几种，当然在实际工程中往往是交叉使用的。

（1）越角选线法。在选线人员确定了某一转角点位置后，线路前进方向地势较高，下一转角点位置选择余地较大，此时可在已选定的转角点设立标志，然后到线路前进方向选一线路路径上的制高点架设仪器。用经纬仪后视转角点，同时观察该段路径的地形、地物、交叉跨越及线路与建筑物的接近距离等情况。随后倒转望远镜，又可观察线路前进方向的路径情况，如前后无特殊障碍，结合已掌握的地形资料即可确定这段路径。如遇有障碍物，则可移动仪器重新选定路径，直到前后均无障碍达到满意为止。

（2）角度修正法。如图 GYSD00306001-1 所示，从转角点 Y 测到 A 处碰到房屋建筑等障碍物，此时可修正转角点 Y 的转角度数，取新的路径方案。如图所示，在现场取一点 B，使新路径 YB 能避开障碍物。然后垂直原路径 YA 量取 BA 的长度，并从地形图上量取 YA 的长度，则可用下式计算出修正角 α 的数值为

$$\alpha = \frac{BA}{YA} \rho \qquad \text{(GYSD00306001-1)}$$

式中　α——线路转角修正值，（'）；

　　　$\rho = 3438'$。

在具体修正线路转角时，应视具体情况在原转角度数上加上或减去修正值。

（3）交角法。当线路通过山区、房屋建筑或架空线路拥挤地段、大跨越或其他限制条件较多的复杂地段，如选线人员对前面一段路径走向没有把握，或者为避开大批建筑物，选线人员可先到前面踏勘，然后从前面复杂的地段向回测定直线，再与已选定的路径交会出转角点 J，如图 GYSD00306001-2 所示，这种选线方法就称交角法。采用交角法选线时应注意转角点应选在平原开阔地带，这样可使交会点有足够的活动余地，同时便于施工组立杆塔。

图 GYSD00306001-1　转角度数的修正　　　　图 GYSD00306001-2　交角法选线

（4）趋近法。当线路在山区通过，如图 GYSD00306001-3 所示，若 A、B 两控制点相距较远又互不通视。此时可在 AB 之间地势较高处试选一点 C1，尽量使其接近在 AB 直线上，且与 A、B 都能通视。这时，安置经纬仪于 C1 点，对准后视 A，固定水平度盘后倒转望远镜看前视目标 B。如果目标 B 不与望远镜中的中丝重合，说明 C1 不在 AB 直线，需移动经纬仪重新选择一点 C2，再对准后视 A，倒转望远镜看前视目标 B，如图 GYSD00306001-3 所示则表示移得太多，需将经纬仪往回移。如此反复，直至经纬仪移到 AB 直线上，即可在经纬仪旁指挥打桩，以标定路径方向。

图 GYSD00306001-3　趋近法选线

采用这种方法是一逐步趋近的过程，要注意当目标 B 已在望远镜镜筒内后，因望远镜内所见是一倒像，所以经纬仪移动方向恰与镜筒中所见相反。比如从望远镜中所见目标在中丝左侧，则经纬仪应向右移，反之则向左移。当中丝已接近目标后，可松开经纬仪底座螺栓，在仪架上移动经纬仪以精确对准目标。

三、路径选择的技术要求

1. 山区路径选择

（1）线路经过山区时，应避免通过陡坡、悬崖峭壁、滑坡、崩塌区、不稳定岩石堆，泥石流、溶洞等不良地质地带。当线路与山脊交叉时，应尽量从平缓处通过。

（2）在山区选线往往发生交通运输、地势高低与线路长短之间的矛盾。为此，应从技术经济与施工运行条件上做好方案比较。努力做到既合理的缩短路径长度、降低线路投资又保证线路安全可靠、运行方便。

（3）山区河流多为间歇性河流，其特点是流速大，冲刷力强。因此，线路应避免沿山间干河沟通过，如必须通过时，塔位应设在最高水位以上不受冲刷的地方，处理好"线位"关系。

2．跨河段路径选择

（1）线路跨越河流（包括季节性河流）时，尽量选在河道狭窄、河床平直、河岸稳定、两岸尽可能不被洪水淹没的地段。

（2）选线时应调查了解洪水淹没范围及冲刷等情况，预估跨河塔位并草测跨越档距，尽量避免出现特殊塔的设计。

（3）应避免与一条河流多次交叉。

（4）避免在支流入口处及河道弯曲处跨越河流，应尽量避开旧河道或排洪道和在洪水期容易改为主河道的地方。

（5）不要在码头和泊船地区跨越河流。

（6）跨河塔位的地质条件：

1）河岸地层稳定，无严重的河岸冲刷现象（如蛇曲、塌岸等）。

2）两岸地质均匀良好，无软弱地层（如淤泥或淤泥质土）及易产生液化的饱和砂土。

3）地下水埋藏较深。

3．转角点选择

（1）转角点不宜选在山顶、深沟、河岸、悬崖边缘、坡度较大的山坡，以及淹没、冲刷和低洼积水之处；并应尽量与其他设置耐张杆塔的技术要求结合起来考虑。

（2）线路转角点应设置在平地或山麓缓坡上，并应考虑有足够的施工场地和便于施工机械的到达。

（3）选择转角点时应照顾前后两基杆塔位的状况，避免档距过大或过小，避免采用特殊的加高杆塔或不必要的增加杆塔数量。

4．线路接近炸药库附近时的路径选择

应避开炸药库事故爆炸的影响范围。各种爆破及爆破器材仓库意外爆炸时，爆炸源与人员和其他保护对象之间的安全距离，应按各种爆破效应（地震、冲击波、个别飞行物等）分别核定并取最大值。

5．通过特殊地带的路径选择

（1）线路通过矿区应避开爆炸开采的爆炸影响范围，未稳定的塌陷区及可能塌陷的地区。

（2）线路经过大孔性黄土地区时，应避开冲沟特别发育的地段，要特别注意立塔条件，选线时要考虑排塔位情况，做到"线中有位"。

（3）线路应避开采石场，一般情况下应离开采石场 500m 以上。

（4）线路应尽量避开沼泽地、水草地、已大量积水或易积水及严重的盐碱地带。

（5）线路与喷水池、冷却塔及生产过程中能排出腐蚀性气体或液体的工厂接近时，要查明其危害范围，分析其危害程度。并尽量使线路与这些工厂保持必要的距离，最好在上风向通过，以减少或避开其影响。

6．通过严重覆冰地区的路径选择

（1）在严重覆冰地区选线时，应着重调查该地区线路附近的已有电力线路、通信线路、植物等的覆冰情况、覆冰厚度，调查突变范围、覆冰时季节风向、覆冰类型、雪崩地带等。

（2）应特别注意地形对覆冰的影响，避免在覆冰严重地段通过，如必须通过时，应调查了解易覆冰的地形特征，选择较为有利的地形通过（如线路宜在地势低下的背风坡通过）。

（3）在开阔地区尽量避免靠近湖泊，且避免在结冰季节的下风向侧通过，以免由于湿度大，大量过冷却水滴吹向导线，造成严重覆冰。

（4）应尽量避免出现过大档距。

（5）应特别注意交通运输情况，尽量创造维护抢修的方便条件。

7．先进测量技术配合地形图选线

（1）航测照片。由于航测照片的比例较大（1 万 ~2 万分之一），村庄、房屋、河道、冲沟等地物以及山势大小、树林疏密程度等显示清晰。借助立体镜可以看出立体形象。即使是小型障碍物也能辨认清楚。因此，利用航测照片配合地形图选择路径，能更好的保证选线质量。特别是在高山大岭、人烟稀少、工作生活条件困难的地方或路径受地形、地物控制的地方，利用航测照片选线其优越性更加突出，既方便又可提高选线精度，加快选线进度，可选出理想的输电线路路径，避免一些不必要的返工。

（2）海拉瓦技术。海拉瓦全数字化测量系统是目前世界上一种先进的地理测量技术。海拉瓦系统可以对最新的航空摄影、卫星图片进行全数字化信息处理，形成完整的电子地图沙盘。设计人员在电子沙盘上，精确地测出线路路径走向、选定铁塔位置。运用这一技术，能够提高测绘工作效率，优化路径，使电力线路布局更加科学合理。

（3）GPS 测量技术。全球定位系统（GPS），是随着现代科学技术的迅速发展而建立起来的新一代精密卫星导航与定位系统，用 GPS 定位省时省力，在转角桩丢失补桩同定直线塔位一样简单，不用再交角，GPS 的导航功能使测量员通过测量控制器上的指针很方便地找到杆塔位，不再像过去那样盲目寻找，GPS 无论雨天还是雾天、甚至晚上都能进行定位测量，使测量工作不再受外界条件的局限，GPS 有很强的内业处理功能。可以很方便地对野外测量数据进行分析整理，能检测测量的质量，能够及时发现存在的问题，这对传统测量方法来说是绝对办不到的，GPS 在测量中流动站不要求与基准站通视，一些高杆植物再也不需要削割，大大减少了砍伐通道的费用，另外大型建筑物再也不会成为施工测量的障碍，可以及时地复测分坑，保证了施工的顺利进行，因而可以提高经济效益。

【思考与练习】

1. 输电线路路径选择的目的是什么？路径选择应考虑哪些因素？
2. 路径选择的一般原则有哪些？

模块 2 输电线路的平断面图（GYSD00306002）

【模块描述】本模块介绍定线测量、平断面测量。通过概念陈述、要点讲解和操作过程介绍，了解输电线路的平断面图测量的过程，掌握输电线路的平断面图测量的方法。

【正文】

线路的路径选定后，即应进行详细的勘测工作，其测量的内容主要为线路纵断面和平面测量。

纵断面测量主要是沿线路中心线测量各断面点的高程和平距并绘制成线路纵断面图；平面测量是测量沿线路中心线左右各 20～50m 的带状区域的地物地貌并绘制成线路平面图。同一条线路的平面图和纵断面图以相同的横向比例尺画在同一张图纸上，即称为输电线路的平断面图，如图 GYSD00306002-1 所示。图中杆型代号、杆位、档距、耐张段长度、代表档距等是由设计人员在线路平断面图上确定的，其他各种数据均由现场测量工作中完成。平断面图是杆塔定位的主要依据，也是日后施工、运行工作中的重要技术资料。

一、定线测量

定线测量的主要工作是按现场选线所选定的路径，将线路走向以每隔一定距离在地上标定一个方向桩的形式精确地予以确定，同时测出各方向桩间的水平距离和各方向桩的高程，以及转角点的转角度数。线路的路径到这时才真正确定，所以称之为"定线"。

定线测量所得数据将作为平断面测量的控制数据，因此对定线测量要求有较高的精度。测量时常用如下方法和措施以保证精度。

1. 定直线

如果相邻两转角点 A 和点 B 已定且互相通视，可用插入法定出直线桩，如图 GYSD00306002-2 所示，经纬仪置于 A，前视对准 B，然后指挥司尺人员定出直线桩 1 和直桩 2。采用这种方法时，前视目标 B 必须为花杆等能精确对准的标志，且在每确定一个直线桩前都应重新校核望远镜是否偏离目标。

在一般情况下，延伸直线均采用中分法，即如图 GYSD00306002-3 所示，AT 为已定直线，将经纬仪架于 T 点，对中安平后，正镜后视 A 点，倒转望远镜定出 B 点；转动照准部，倒镜后视 A 点，再倒转望远镜定出 C 点。如果两次观测的 AT 直线的延伸线不重合，如图中 TB、TC 所示。此时若两次观测点位误差 BC 满足每百米视距不超过 0.06m 的要求，则取 BC 的中点 D 作为方向点，TD 即为 AT 的延伸线，否则应重新测定。定钉标桩后，必须重观测一次，以防标桩打偏。

图 GYSD00306002-1　输电线路的平断面图

图 GYSD00306002-2　插入法

图 GYSD00306002-3　中分法

当遇有房屋等障碍物不通视时，则用平行四边形法或三角形法间接定出直线方向（图GYSD00306002-4 所示为平行四边形绕障法）。采用这种方法定直线时，为了保持直线不偏，折点的角度应采用"方向法一测回"测角法施测，要求 BC＝DE，并用钢皮尺来回两次丈量其长度，两次丈量相对误差应不大于 1/2000。CD 边长可用视距测量。各转角点的水平角应保持∠ABC＝∠BCD＝∠CDE＝∠DEF＝90°，用方向法施测一测回。半测回之差不得大于 ±1.5′。

图 GYSD00306002-4　平行四边形绕障法

当采用全站仪（光电测距法）施测时，各线段长度可用光电测距，为减少棱镜的偏心误差，应将棱镜直接放置在木桩小钉上。使用全站仪直线延伸的长度平、丘地区不宜大于 800m，山区不宜大于 1200m。当前后视距离小于 40m 时，应相应提高仪器对中、整平和照准的精度。

若用 GPS 施测时，由于 GPS 测量观测点之间不一定要求相互通视，直接根据坐标确定直线桩位，测量就更加简便。

2. 数据测量

输电线路转角点、直线点的水平角测量，一般采用方向法一测回施测其线路前进方向的右角，半测回之差不得大于 ±1′。

平距和高程测量一般采用经纬仪视距法。仪器采用，同向正倒镜两次观测，两次测距较差小于

1/200、两次高差之差小于表 GYSD00306002-1 所列数值时，取其两次测量的平均值以消除经纬仪误差。为保证测量结果的准确性，应采用对向观测进行校验。

表 GYSD00306002-1　　　　　两次高差之差（每百米平距）

垂直角	2°	4°	6°	8°	10°	12°	14°	16°	18°	20°
高差之差（cm）	2	4	6	8	10	12	14	16	18	20

二、平断面测量

线路平断面图，是线路设计排定杆位的主要依据。在线路终勘中，凡对排定杆位有影响的地形地貌均需进行测量，并反映到平断面图中。平断面测量的主要内容如下。

1. 线路纵断面测量

线路纵断面的测量，是沿线路路径中心线，测量地形起伏变化点的高程和平距，并据此绘制线路纵断面图。

一般边线地面如高出中线地面 0.5m 时，就应施测边线断面，施测边线断面应与中线断面同时进行。一般测量方法，是在测定中线断面之后，司尺员从该点向与线路垂直方向线量出一个线间距离，再立尺侧其高差。

纵断面测量采用视距法测定平距和高程。断面点的取舍应因地制宜，以能够控制主要地形变化为原则。对交叉的通信线、电力线、水渠、冲沟以及旱田、水田、果园、树林、沼泽和墓地的边界，都应施测断面点。丘陵地段地形虽有起伏，但一般都能立杆塔，故断面点不宜过少，洼地、岗地的变坡都应施测断面点。

断面点宜就近桩位施测，不得越站观测。测量视距长度一般不应超过300m，如超过时应采用正倒镜两次观测或增加测站施测。正倒镜两次观测时，其平距两次测量相对误差不应大于1/200，垂直角较差不应大于 ±1′，成果取中值。

2. 横断面测量

当线路通过高出中线和边线的陡坎或陡坡附近时，应根据情况测量风偏横断面或风偏点。横断面的测量是将仪器架在横断面与线路中线的交点上，后视线路方向转 90°，测出较中线高的一侧横断面，测量的方法与要求和纵断面测量一样。

在一般情况下，横断面施测长度视线路电压等级和斜坡坡度确定，并用 1:500 纵横相同的比例尺，绘制横断面图，表示在相应的线路纵断面点上。

当线路接近房屋建筑、特殊管道、防护林带、高大树木等障碍物时，应测量平行接近的长度、障碍物的高度及接近距离，以便考虑导线风偏后与障碍物的接近距离。

3. 交叉跨越测量

当输电线路与河流、电力线、电信线、铁路、公路及其他地下、地上建筑物交叉时，必须进行交叉跨越测量。当线路跨越河流时，除测量断面外，还应测量河岸、滩地、航道等位置，以便确定跨河塔所立的范围。

当输电线路与河流交叉时，除测量河流的宽度外，还要调查正常水位、最高通航水位、最高洪水位及船樯高度，以便考虑各种水位时导线与水面及船樯顶的安全距离。

当线路与电力线路交叉时，应测量交叉点的地线或最高导线的高度，并测量交叉角，同时记录测量的气温和草测被交叉左右杆塔的距离。

当线路与通信线交叉时，除测量交叉点的通信线高度外，对1、2级通信线还应测量其交叉角，对附近的通信杆位置草测绘于图上。

当线路与铁路、公路交叉时，应测量其轨顶或路面标高，并注明铁路或公路被交叉点的里程，还应测出与输电线路的交叉角。

4. 塔基断面测量

立杆塔位置的地面有坡度时，应测量塔基断面，以便确定施工基面。施工基面是计算杆塔基础埋深及杆塔定位高度的起始基面。施工基面应按以下原则确定：

（1）在基础上部应保证有足够的土壤体积，以满足基础受上拔力或受倾覆力作用时的稳定要求。

（2）如图 GYSD00306002-5（a）所示，受上拔力作用的基础，基础边缘沿土壤计算上拔角 α 方向与天然地面相交于 b 点，过 b 点的水平面即称该基础的施工基面。

图 GYSD00306002-5　有坡度时基础的施工基面

（a）受上拔力作用的基础；（b）受倾覆力作用的基础

1—杆塔中心；2—天然地面；3—施工基面；h—施工基面降低值

（3）对于受倾覆力作用的基础，则应取土壤的计算抗剪角 β 代替上拔角 α，并用上述受上拔力作用的基础确定施工基面的方法，确定该基础的施工基面，如图 GYSD00306002-5（b）所示。

施工基面与杆塔中线桩之间的高差 h，称为施工基面值。施工基面值应根据不同的杆塔型式实测确定。当施工基面值过大，为了减少施工铲土量，可采用不等长塔腿。

当矩形铁塔所处地面只有横线路方向存在坡度，或门形钢筋混凝土杆的两根杆位地面有坡度时，可以只测横线路方向的塔基断面，按上述原则如图 GYSD00306002-5 所示确定施工基面。当矩形铁塔的四个独立基础所处地形有不同坡度时，应沿对角线施测塔基断面，杆塔施工基面受位于山下侧坡度最大一侧的那个塔脚基础控制。

杆塔的定位高度和基础的埋深均应从施工基面起算。

对于全方位铁塔，为充分利用塔基地形，减小土方量的开挖和环境破坏，可采用不等长接腿时，需要对每一个塔基进行断面测量，在满足边坡距离要求的情况下，根据标准接腿长度，确定每一个塔腿的施工基准面。

5．平面测量

线路中心线两侧各 50m 范围内的地形。地物应绘于平面图上。对于 110、220kV 输电线路，应绘制实测中线线两侧各 25m 以内地物；330、500kV 输电线路，应绘制实测中线线两侧各 30m 以内地物；其余范围可用目测。其测量方法可用测绘法直接绘于平面图上，或用测记法在室内绘于平面图上。

对于线路中心线两侧 50m 内的河流、电力线、通信线、铁路、公路、房屋、围墙及旱田、水田、果园、树林、墓地和不良地质、地段的边界以及其他构筑物、建筑物进行平面测量。

对影响范围内通信线的平面位置，应到有关单位搜集资料并现场目测核对，草绘到线路经过图上。对与线路平行距离在 30m 以内，平行长度较长，影响严重的主要通信线应以视距法测量其平面位置。

【思考与练习】

1．什么叫输电线路的平断面图？图中主要反映了哪些内容？

2．定线测量中常采用哪些措施以保证所定直线和读数的准确性？

3．断面测量中的测量内容有哪些？

4．什么叫杆塔施工基面，如何确定？

5．线路交叉跨越测量的内容和要求有哪些？

模块3　杆塔的定位和校验（GYSD00306003）

【模块描述】本模块涵盖定位模板的制作、杆塔定位高度的确定、杆塔定位方法、导线的风偏校验、定位注意事项。通过概念描述、要点讲解、列表对比、操作过程介绍，了解杆塔定位注意事项，掌握杆塔的定位方法，熟悉导线的风偏校验的过程。

【正文】

在输电线路平断面图上，结合现场实际地形，用定位模板确定杆塔的位置并选定杆塔的型式称杆塔的定位。杆塔位置选择得是否适当，直接影响线路建设的经济合理性和安全可靠性。

一、定位模板的制作

定位模板又叫弧垂模板。它是将实际的弧垂曲线按照和平断面图相同的纵、横比例尺，刻画在透明的有机玻璃板上。为了保证在最大弧垂时的限距满足要求，故弧垂模板均采用最大弧垂时的模板。

（1）判定导线最大弧垂的气象条件。导线出现最大弧垂的气象条件有两种可能，即最大弧垂可能发生在最高气温时或发生在最大垂直比载（无风、覆冰）时。

判别导线出现最大弧垂的气象条件可采用最大弧垂比较法。

即最高气温时的导线弧垂为

$$f_1 = \frac{g_1 l^2}{8\sigma_1}$$

覆冰无风时的导线弧垂为

$$f_3 = \frac{g_3 l^2}{8\sigma_3}$$

式中　　g_1、g_3——导线最高气温时的比载及覆冰时的垂直比载，N/（m·mm²）；

σ_1、σ_3——导线最高气温时的应力及覆冰时的应力，MPa。

对于某一档距为 l 的弧垂计算，$\frac{l^2}{8}$ 是常数，与气象条件无关，则弧垂 f 的大小仅与 $\frac{g}{\sigma}$ 有关。

当 $\frac{g_3}{\sigma_3} > \frac{g_1}{\sigma_1}$ 时，$f_3 > f_1$，即导线最大弧垂发生在覆冰无风时；反之，导线最大弧垂则发生在最高气温时。

（2）根据设计给定的代表档距 l_0，从机械特性曲线中查取最大弧垂气象条件时的应力 σ_0，并计算出对应气象条件时的垂直比载 g。

（3）最大弧垂时的弧垂由式 $f_{max} = y = \frac{g}{8\sigma_0} l^2 = K l^2$ 确定，可求得不同的 x 所对应的 f 值。K 为模板常数。

然后，按与线路平断面图相同的比例尺，在绘图纸上建立直角坐标系，绘出导线悬挂曲线即为定位模板曲线，如图 GYSD00306003-1 所示中的曲线。

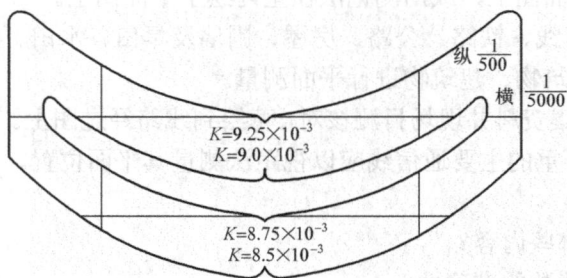

图 GYSD00306003-1　通用定位模板

（4）将定位模板曲线刻制在有机玻璃板上，并刻上纵、横丝、最低点、纵横比例、K 值，即得定位模板。为节省材料和便于携带，一般一块模板的上下刻制两条（或多条）不同 K 值的曲线。模板形式如图 GYSD00306003-1 所示。

实际工程中，一方面在定位之前杆塔的位置和档距尚未确定，因此还不知道每一个耐张段的代表档距，制作定位模板的 K 值也就不能确定；另一方面，杆塔的定位必须应用定位模板。为解决这一矛盾，总是事先制作多个不同 K 值的定位模板带到现场以供不同耐张段不同代表档距选用。对钢芯铝绞线 K 值一般在 $15 \sim 50 \times 10^{-5}$(1/m)之间，可每隔 0.25×10^{-5}(1/m) 作一条曲线，以供选用。

二、杆塔的定位高度

杆塔定位的主要要求是使导线上任意一点在任何正常运行情况下都满足对地和其他被交叉跨越物的安全距离。设某档距及两侧杆塔高度已定，画出最下层导线在最大弧垂时的悬挂曲线如图

GYSD00306003-2 中曲线 1 所示，此时要检查导线对地距离是否满足安全距离要求，就需逐点检查，既麻烦又容易漏检。为此，我们假想将导线两端悬挂点在杆塔上下移一段对地安全距离 d 后，画出下层导线的最大弧垂时的悬挂曲线 2，此时只要曲线 2 不切地面，则实际导线悬挂曲线处满足对地安全距离的要求。于是，我们称曲线 2 为导线的对地安全线，导线悬挂点下移后与杆塔施工基面间的高差值称为杆塔的定位高度（简称定位高），用 h_D 表示。定位高度 h_D 按下述方法确定：

图 GYSD00306003-2 杆塔的定位高度

非直线杆塔
$$h_D = H - d - \Delta h - h_1$$
（GYSD00306003-1）

直线杆塔
$$h_D = H - d - \lambda - \Delta h - h_1$$
（GYSD00306003-2）

式中　h_D——杆塔的定位高度，m；

H——杆塔呼称高，m；

d——对地安全距离，m；

λ——悬垂绝缘子串长，m；

h_1——杆塔施工基面值，m；

Δh——考虑各种误差而采取的裕度，m。

三、杆塔定位方法

杆塔定位就是排定杆塔位置，选定所需杆型。具体步骤如下：

（1）首先，在平断面图上分析耐张段的地形，将必须设立杆塔的地点，如山头地形较高的地点、交叉跨越附近、转角点等初步标在图上，然后在这些杆位点之间，根据使用杆塔可能施放的档距并考虑档距分布，初步选定杆塔位并标在图上。如图 GYSD00306003-3 所示，A 点为已排定的 1 号转角塔，F 点为待定杆型的转角点，A、F 之间为耐张段。根据地形首先确定 D、E 两点必须设立直线杆塔，然后 A 点与 D 点之间则根据所使用杆塔可能施放的档距且考虑档距合理分布，初定 B、C 两点设立两基直线杆塔。再对各杆位点初步确定所需杆型，并将各杆塔的定位高度 h_{D1}、h_{D2}、h_{D3}、…画在断面图上。

图 GYSD00306003-3 排杆定位

（2）根据初步选定的杆塔位，初算代表档距 l_0 和所需模板 K 值，初选定位模板。

（3）自转角杆位 A 开始，将定位模板平放在断面图上，使所选的模板曲线经过相邻两杆塔的定位高度 a 和 b 点，且让模板上的纵横丝分别与断面图上的纵横轴平行，若此时模板曲线与地面最接近点的裕度合适（裕度值见表 GYSD00306003-1），则认为所定之杆位点及杆型基本满足要求，如图 GYSD00306003-4 所示。若导线对地距离裕度不合适（太大或太小）或不满足对地距离要求时（即模板曲线与地面线相割），则需调整杆位、杆高或改换杆型至满足要求为止。以此类推，逐档确定其他杆塔位和杆塔型，直至定完整个耐张段以至全线。

表 GYSD00306003-1　　导线对地距离的裕度　　m

档距	< 200	200 ~ 350	350 ~ 600	600 ~ 800	800 ~ 1000
裕度	0.3 ~ 0.5	0.5 ~ 0.7	0.7 ~ 0.9	0.9 ~ 1.2	1.2 ~ 1.4

图 GYSD00306003-4　模板定位操作

（4）根据确定的杆塔位求出该耐张段的代表档距 l_0 确定 K 值，并与使用模板的 K 值相比较，如果两者相近（ $-0.2 \times 10^{-5} \leqslant \Delta K \leqslant 0.8 \times 10^{-5}$ ），则认为该耐张段所定杆位合适，否则应更换与该耐张段所需 K 值相接近的定位模板，重新校验导线对地距离是否满足要求。这样，反复定位就可基本确定一个耐张段的杆位和杆型。

（5）一个耐张段的杆位、杆型的最终确定，还需通过必要的电气和机械强度方面的校验，比如，一种杆型设计所允许承受的荷载及导线所允许施放的最大档距，所以，当一基杆塔前后两侧档距确定后，应马上进行杆塔使用档距的校验，若其中任一个实际值超过允许值，都需以调整杆塔位或改选杆塔型式使其满足要求。只有通过校验，导线、地线、绝缘子串、杆塔的电气和机械强度均符合要求后，一个耐张段的杆位和杆型才完全确定。

杆塔位或杆塔型式选定后，在断面图杆塔头部标注杆塔号、杆型代号和杆高（铁塔一般标呼称高），在断面图下部说明栏的相应栏目中填写塔位标高、塔位里程、档距、耐张段长度和代表档距。

四、导线的风偏校验

在应用定位模板进行排杆定位的过程中，保证了导线对地垂直距离的要求，当线路通过山坡或接近房屋建筑时，还应检查在导线风偏时是否满足最小接近距离的要求，即需进行风偏限距校验。

1. 导线风偏时对边坡的限距校验

当线路从山坡或陡崖、高坎附近经过，导线风偏后可能引起对地距离不能满足要求。此时首先需在现场结合杆塔位确定危险点，并测量危险点风偏校验横断面，然后以作图方法进行校验，其步骤为：

（1）确定校验档导线两端悬点高程 H_A 和 H_B 。

（2）确定校验点导线假想悬点 P 的高程 H_P 和弧垂 f_P 如图 GYSD00306003-5（a）所示。

$$H_P = H_A - \frac{H_A - H_B}{l} l_c + \lambda \qquad (\text{GYSD00306003-3})$$

$$f_P = \frac{g}{2\sigma} l_c (l - l_c) \qquad (\text{GYSD00306003-4})$$

式中　λ ——悬垂绝缘子串长，m；

　　　σ ——最大风偏时导线应力，MPa；

　　　g ——最大风偏时导线比载，N/（m·mm^2）；

其他符号意义如图 GYSD00306003-5（a）所示。

（3）作图校验方法如图 GYSD00306003-5（b）所示。在风偏校验横断面图的纵轴上作出点 P，PC = $H_P - H_C$；过 P 点画一横担线，标出危险侧边导线位置 P1。以 P1 为圆心，$r = \lambda + f_P + d$ 为半径画弧，只要弧线不与横断面相交，则表示风偏时对地距离满足要求。如弧线与地面相割，则表示对地安全距离不够，应调整杆位、杆高，或把相割部分土方挖掉，如图 GYSD00306003-5（b）中阴影部分。

在 r 计算式中，d 分为步行可达和不可达两种情况，其值见表 GYSD00306003-2。图 GYSD00306003-5（b）中 β_m 按下式计算

$$\beta_m = \tan^{-1} \frac{g_4}{g_1}$$

式中　β_m ——导线最大风偏角；

　　　g_4 ——最大计算风偏时导线风压比载，N/（m·mm^2）；

g_1 ——导线自重比载，N/m·mm^2。

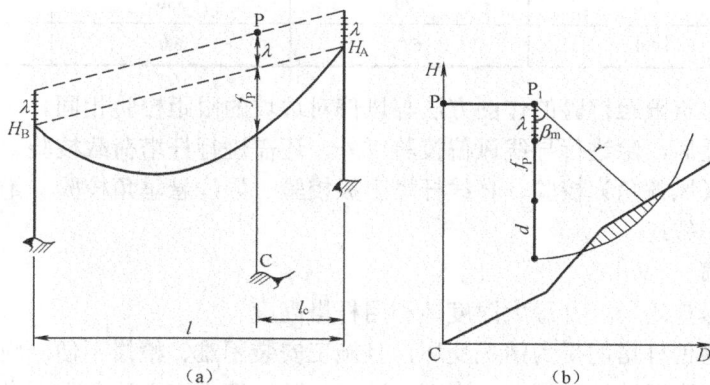

图 GYSD00306003-5　导线风偏后对地距离校验
（a）计算图；（b）校验图

表 GYSD00306003-2　　　　**导线与山坡、峭壁、岩石的最小净空距离 d**

线路经过地区的性质	线路额定电压（kV）				
	110	220	330	500	750
步行可达的山坡（m）	5.0	5.5	6.5	8.5	11.0
步行不可达的山坡，险峻的峭壁（m）	3.0	4.0	5.0	6.5	8.5

2. 导线风偏后对房屋建筑限距校验

导线与房屋建筑间的限距分三种情况，如图 GYSD00306003-6 所示。导线与被跨越建筑物在最大垂直弧垂时的间距 s_1 必须满足最小垂直距离的要求，其值见表 GYSD00306003-3；与接近线路的低层建筑物在最大计算风偏情况下的净空距离 s_2，要满足最小净空距离的要求；与接近线路的高层建筑或规划建筑在最大计算风偏情况下的水平距离 s_3，要满足最小水平距离的要求，最小净空距离和最小水平距离的数值见表 GYSD00306003-4。

图 GYSD00306003-6　导线风偏后对房屋建筑的距离

表 GYSD00306003-3　　　　**导线与被交叉跨越物之间的最小垂直距离**　　　　m

	线路电压（kV）	110	220	330	500	750
铁路	至轨顶 至承力索或接触线	7.5 3.0	8.5 4.0	9.5 5.0	14.0 6.0	19.5 7.0
电车道	至路面 至承力索或接触线	10.0 3.0	11.0 4.0	12.0 5.0	16.0 6.5	21.5 7.0
公路	至路面	7.0	8.0	9.0	14.0	19.5
通航河流	至五年一遇洪水位 至最高航行水位最高船桅顶	6.0 2.0	7.0 3.0	8.0 4.0	9.5 6.0	11.5 8.0
不通航河流	至百年一遇洪水位 冬季至冰面	3.0 6.0	4.0 6.5	5.0 7.5	6.5 11（水平）、5.5（三角）	8.0 15.5
弱电线路	至被跨越线	3.0	4.0	5.0	8.5	12.0
电力线路	至被跨越线	3.0	4.0	5.0	6.0	7.0
特殊管道	至管道任何部分	4.0	5.0	6.0	7.5	9.5
索道	至索道任何部分	3.0	4.0	5.0	6.5	8.5
建筑物	至建筑物任何部分	5.0	6.0	7.0	9.0	11.5

表 GYSD00306003-4　　　　　　　边导线与建筑物之间的最小距离

线路电压（kV）	110	220	330	500	750
距离（m）	4.0	5.0	6.0	8.5	11.0

导线风偏对房屋建筑限距校验的作图方法与风偏对边坡的限距校验相同。

初步排定杆塔位置后，除进行导线风偏校验以外，还需进行杆塔荷载校验、最大允许档距校验、悬垂绝缘子串摇摆角（风偏角）校验、直线杆塔上拔校验、导线悬垂角校验、绝缘子强度和倒挂检查等，限于篇幅这里不作叙述。

五、定位注意事项

（1）档距布置应尽量均匀，并最大限度地利用杆塔高度。

（2）因孤立档，易使杆塔的受力情况变坏，且施工安装困难、检修不便，应尽量避免。

（3）杆位应尽可能避开洼地、泥塘、水库、冲沟、断层等水文地质条件不良的处所；带拉线的杆塔应注意拉线的位置，保证拉线基础的稳固；山地还应避免因顺坡而使拉线过长。

（4）当杆塔立于山坡时，应注意边坡对施工基面的影响。立于山坡上的单柱直线杆塔也有施工基面降低的问题，只是降低值比双杆小一些而已。施工基面在断面图上以一横线表示，并注明降低值，如图 GYSD00306002-1 所示。

（5）当杆塔立于陡坡时，应注意基础受冲刷情况，必要时应采取防护措施。

（6）在平原地区，杆塔位应尽量靠近道路、田埂，以便运行检修人员登杆作业。

（7）非直线杆塔位应结合紧线施工中锚塔和操作塔布置考虑，以便施工机具的运输、场地布置和导线的施放。

（8）杆塔位的确定，须考虑排杆、焊接、立杆、临时拉线施工等有足够的位置。在平原地区，杆塔位要与地下电力电缆、电信电缆、管道等保持一定的安全距离。

【思考与练习】

1. 什么叫杆塔定位？杆塔定位的主要要求是什么？什么叫杆塔的定位高度，如何确定？

2. 什么叫定位模板，是如何制作的？定位模板中的曲线是何曲线？

3. 模板定位后，为什么还要进行定位校验？要进行哪些方面的校验？

4. 某 110kV 输电线路中有一档导线与房屋接近，如图 GYSD00306003-7 所示。已知风偏时导线应力为 $\sigma_0 = 100\text{MPa}$，比载为 $g_1 = 32.752 \times 10^{-3}\text{N/}(\text{m} \cdot \text{mm}^2)$，$g_4 = 63.913 \times 10^{-3}\text{N/}(\text{m} \cdot \text{mm}^2)$，边导线与线路中心线的距离为 2.6m。试校验风偏时导线与房屋的接近距离能否满足要求？

图 GYSD00306003-7　导线风偏校验

第四部分

输电线路的测量

第十三章　测量的基本知识

模块 1　绪论（GYSD00601001）

【模块描述】本模块包含测量的一般概念、测量在输电线路工程建设中的任务及作用、名词概念、测量工作的三个基本观测量。通过概念描述、要点讲解，了解测量的一般概念、测量在输电线路工程建设中的任务及作用、测量的常见名词概念、测量工作的三个基本观测量。

【正文】

一、测量的一般概念

测量是劳动人民在长期的生产实践中发明创造的一种应用科学。它的主要任务是：一方面用各种仪器和工具测定地球表面上的形状和大小，用比例尺和符号把实际地形缩小绘制成各种地图，为经济建设、国防建设以及科学研究提供技术资料；另一方面是把各种工程建设中已设计好的工程图样或建筑物的位置测设在地面上，这就叫做测量。

测量包括的范围很广，在超大地域或整个地球测量它的形状和大小，要考虑地球的曲率和重力等影响，这种测量叫做大地测量。在一个小地区内测绘地面上的形状和大小，而不考虑地球表面的曲率，把地面当作平面，这样的测量叫做普通测量。专为某一个建设项目，如为修建铁路、公路、农田水利、各种类型工矿企业的建设等而测量，叫做工程测量，输电线路施工测量就是工程测量中的一种。

二、测量在输电线路工程建设中的任务及作用

输电线路工程在初步设计阶段要用地形图选择路径，经过实际勘测调查研究，找出经济合理的路径方案，测绘平、断面图作为杆塔定位的依据；在工程施工阶段，要依据平断面图对杆塔位置进行复核，依据杆塔中心桩准确地测定杆塔基础和拉线基础位置，观测架空线的弛度；在竣工验收时，要用测量方法检查导地线架设工程质量，以保证线路安全运行。可以说，在输电线路整个建设过程中，都离不开测量工作。

三、名词概念

（一）铅垂线、水平线、水平面和水准面

铅垂线就是重力方向线，可用悬挂垂球的细线方向来表示。垂球为金属制成的倒圆锥（见图GYSD00601001-1）。将一端打结的细线的另一端穿过一个空心螺旋，并旋于倒圆锥底部用以悬挂垂球。垂球悬挂时细线的延长线应通过垂球尖端。

与铅垂线正交的直线称为水平线；与铅垂线正交的平面称为水平面。

海水面在没有风浪、潮汐影响而处于静止状态时称为水准面。湖泊的水面处于静止状态时也是一个水准面，水准面是一个曲面（见图GYSD00601001-2）。其特性是：曲面上任一点的铅垂线都垂直于这个曲面，所有满足这个特性的曲面都是水准面，因此水准面可以有无限多个，其中与静止状态的平均海水面相吻合并延伸到大陆内部的水准面称为大地水准面。

图 GYSD00601001-1　铅垂线

图 GYSD00601001-2　水准面

（二）地面点的高程

测量工作的根本任务是确定工程在地面点的位置，即确定它的平面位置和高程，因此，首先要确定投影基准面。在测量中一般是以大地水准面作为投影基准面。我国早期采用吴淞高程系，它是旧海关（吴淞海关港务司署）设立吴淞零点水尺，记载定出 1871~1900 年之间出现的最低潮位为零点，当时称为"吴淞零点"。解放后我国根据青岛验潮站 1950~1956 年的黄海验潮资料，求出该站验潮井里横按铜丝的高度为 3.61m，并确定为黄海平均海水面，统一规定以青岛观测站所测量的平均海水面作为大地水准面，并以它作为高程的起标面，称为黄海高程系，即国家水准原点（青岛原点）高程为 72.289m。同时吴淞高程系经过修正，我国部分地区仍然在使用，目前吴淞高程等于国家八五基准加上 1.953m。

根据各地的验潮结果表明，不同地点平均海水面之间还存在着差异，对于一个国家来说，只能根据一个验潮站所求得的平均海水面作为全国高程的统一起算面——高程基准面。由于 1956 年黄海高程系统的平均海水面所采用的验潮资料时间只有6年，未达到潮汐变化的一个周期（一个周期一般为18.61年），同时发现早期验潮资料中含有粗差，必须重新确定一个新的国家高程基准，为此根据青岛验潮站 1952~1979 年 19 年间的验潮资料计算确定，新的黄海高程基准面作为全国高程的统一起算面，称为"1985 国家高程基准"，其水准原点（青岛原点）高程为 72.260m，即 1985 年高程基准面高出原 1956 年黄海平均海水面 0.029m。

1. 绝对高程

绝对高程是指地面点投影到大地水准面的铅垂距离，简称高程，如图 GYSD00601001-3 中 HA、HB 所示。

2. 相对高程

常以假设一个水准面作为高程的起算面，地面点到这个假设水准面的铅垂距离，称为相对高程，如图 GYSD00601001-3 中的 $H'A$、$H'B$ 所示。

3. 高差

地面上两点高程的差值，称为高差，如图 GYSD00601001-3 中的 h 所示。

4. 假设高程

山区输电线路测量，有时为了方便，往往假设某点为零点，前后线路杆塔测量以该点计算成正负，最后与变电站的高程还原，可减轻测量工作量。

四、测量工作的三个基本观测量

测量工作的任务是确定地面点的位置，而点与点之间的相对位置关系可用距离、角度和高差来确定。如图 GYSD00601001-4 所示，地面点 A、B 在投影面上的位置是 a 和 b，实际工作中，并不能直接测出它们的坐标和高程，而是观测水平角 β_1、β_2 和丈量水平距离 D_1、D_2，以及施测各点之间的高差，再根据已知点 N 的坐标及高程，推算各点的点位。由此可见，角度、距离和高差是测量工作的基本观测量，也是确定地面点位的基本要素，称为测量三要素。

图 GYSD00601001-3　绝对高程和相对高程

图 GYSD00601001-4　三个基本观测量

【思考与练习】

1. 什么叫测量？它的主要任务是什么？

2. 什么叫普通测量？什么叫大地测量？什么叫工程测量？

3．水平面、水准面、大地水准面有何差异？

4．什么叫绝对高程、相对高程和高差？

模块 2 水准测量（GYSD00601002）

【模块描述】本模块包含水准测量原理、水准仪及其使用、水准测量的实施。通过结构分析、功能介绍、操作流程及步骤讲解，掌握水准测量原理、水准仪及其使用。

【正文】

一、水准测量原理

如图 GYSD00601002-1 所示，已知 A 点的高程为 H_A，欲测定 B 点对 A 点的高差 h_{AB}，计算出 B 点的高程 H_B。可在 AB 之间安置水准仪，在 A、B 点上竖立水准尺。测量方向由 A 至 B，根据水准仪提供的水平视线截于 A 尺上的读数为 a，B 尺上的读数为 b，则 B 点对 A 点差为

图 GYSD00601002-1 水准测量

$$h_{AB} = a - b \quad (GYSD00601002-1)$$

式中　a——后视读数（简称后视），通常是已知高程点 A 的水平视线截尺读数；

　　　b——前视读数（简称前视），是未知高程点 B 的水平视线截尺读数。

两点的高差等于后视读数减前视读数，高差有正负值，当后视读数 a 大于前视读数 b（即地面 B 点高于 A 点），高差 h_{AB} 为正值，反之为负值。测得 A 点至 B 点的高差后，可求得 B 点的高程

$$H_B = H_A + h_{AB} \quad (GYSD00601002-2)$$

上式是通过高差的计算而求得 B 点的高程。高程的计算也可以用视线高程的方法进行计算，即

$$H_B = (H_A + a) - b = H_i - b \quad (GYSD00601002-3)$$

式中　H_i——视线高程，它等于已知 A 点的高程 H_A 加 A 点尺上的后视读数 a。

用高差法计算点的高程，适用于在一个测站上有一个后视读数和一个前视读数；视线高程法适用于一测站上有一个后视读数和多个前视读数。每一个测站只有一个视线高程 H_i（作为每一站的常数），分别减去各待测点上的前视读数，即可求得各点的高程。

从上述可知，水准测量原理是应用水准仪所提供的水平视线来测定两点间的高差，根据已知点的高程和两点间的高差，计算所求点的高程。

二、水准仪及其使用

水准仪是提供水平视线来测定高差的仪器，按其精度分为 $DS_{0.5}$、DS_1、DS_3、DS_{10} 多种型号，"D"和"S"分别为"大地测量"和"水准仪"汉语拼音第一个字母，数字 0.5、1、3、10 是表示仪器的精度等级，即每千米往返测量高差中数的偶然中误差分别为 $\pm0.5mm$、$\pm1mm$、$\pm3mm$、$\pm10mm$。$DS_{0.5}$ 和 DS_1 为精密水准仪。

水准仪主要由望远镜、水准器和基座组成，各部件名称如图 GYSD00601002-2 所示。

（一）望远镜组成及其成像原理

望远镜由物镜、目镜和十字丝三个主要部分组成。它的主要作用是能使让用者看清远处的目标，并提供一条照准读数用的视线。

图 GYSD00601002-3 是 DS_3 型微倾水准仪望远镜构造图，是内对光式倒像望远镜。图 GYSD00601002-4 是其成像原理图，目标经过物镜和对光凹透镜的作用，在镜筒内造成倒立、缩小的实像，通过调节对光凹透镜，可以清晰地成像在十字丝平面上。目镜的作用是放大，人眼经过目镜，可以看到目标的小实像与十字丝一起放大了的虚像。十字丝的作用是提供照准目标的标准。

为了提高望远镜成像的质量，物镜、对光透镜和目镜都是由多块透镜组合而成。物镜与对光透镜组合后的等效焦距与目镜等效焦距之比，称为望远镜放大率，即人眼通过目镜所看到的目标影像的大

小与不通过目镜直接看到该目标的大小之比。DS₃水准仪望远镜的放大率一般为 28 倍。

图 GYSD00601002-2 水准仪主要构造图

1—准星；2—物镜；3—微动螺旋；4—制动螺旋；5—符合水准器观测镜；6—水准管；7—水准盒；8—校正螺丝；9—照门；10—目镜；
11—目镜对光螺旋；12—物镜对光螺旋；13—微倾螺旋；14—基座；15—脚螺旋；16—连接板；17—架头；18—连接螺旋；19—三脚架

图 GYSD00601002-3 望远镜构造图

图 GYSD00601002-4 望远镜成像原理图

十字丝分划板是一块具有刻线的玻璃片，通过校正螺丝固定在望远镜筒上，十字丝的构造和形式如图 GYSD00601002-5 所示，十字丝中央交点和物镜光心的连线称为视准轴，即视线。十字丝玻璃片上的上、下短丝是测距离用的，称为视距丝。水准测量就是当视线水平时，用中间横丝截取水准尺读数。

为了控制望远镜的左右水平转动，以便视准轴对准目标，水准仪一般装有一套制动螺旋和微动螺旋。有些仪器是靠摩擦制动，只设微动螺旋。

（二）水准器

水准器是标志视线是否水平、竖轴是否铅垂的装置。水准器分为圆水准器和水准管两种。

1. 圆水准器

圆水准器顶面内壁是一个球面，如图 GYSD00601002-6（a）所示，球面中心的外壁刻有一个圆圈，其圆心称为圆水准器零点，零点的法线称为圆水准器轴线。当气泡中心与零点重合时，称为气泡居中。此时圆水准器轴就处于铅垂位置。气泡移动 2mm，圆水准器轴相应倾斜的角度为 τ，如图 GYSD00601002-6（b）所示，称为圆水准器分划值，是用以表示圆水准器灵敏度的标准。仪器上的圆水准器分划值为 8′/2mm。由于圆水准器地精度低，只适用于仪器的粗略整平之用。

图 GYSD00601002-5　十字丝构造图

图 GYSD00601002-6　圆水准器

（a）圆水准器构造；（b）圆水准器轴分划值

2. 水准管

水准管是把玻璃管的纵向内壁磨成圆弧，管内装酒精和乙醚混合液，密封而成，如图 GYSD00601002-7 所示。水准管圆弧中点 O 称为水准管零点，过零点与内壁圆弧相切的直线称为水准管轴。水准管气泡中点与水准管零点重合时称为气泡居中，此时水准管轴处于水平位置。气泡移动 2mm，水准管轴相应倾斜的角度 τ 称为水准管的分划值。DS_3 级水准仪的水准管分划值为 20″/2mm。水准管分划值越小，水准管的灵敏度越高。因此，水准管的精度比圆水准器的精度高，适用于仪器精确整平。

图 GYSD00601002-7　水准管

为了提高判别水准管气泡居中的准确度，在水准管的上方设置一组符合棱镜，如图 GYSD00601002-8 所示，借棱镜组的反射将气泡两端的半像反映在望远镜旁边的观察窗内。图 GYSD00601002-8（b）所示为水准管气泡不居中，水准管两端的影像错开，这时可转动微倾螺旋，以使水准管连同望远镜沿竖向作微小转动达到水准管气泡居中，此时两端的影像吻合，如图 GYSD00601002-8（c）所示。这种设有微倾螺旋的水准仪称为微倾式水准仪。

图 GYSD00601002-8　符合棱镜

（a）微倾式水准仪；（b）水准管气泡不居中；（c）水准管气泡居中

（三）基座及三脚架

基座由轴座、脚螺旋和连接板组成。仪器上部通过竖轴插入轴座内，由基座承托，旋紧中心螺旋，使仪器与三脚架相连接。三脚架一般为木质或金属，脚架可伸缩，便于携带及调整仪器高度。

（四）水准尺及尺垫

水准尺是水准测量的重要工具，用优质木料或塑料制成。如图 GYSD00601002-9 所示。水准尺的

图 GYSD00601002-9 水准尺

零点一般在尺的底部，尺的刻划是黑（红）白相间，每格是 1cm 或 0.5cm，每分米（dm）处均注数字。超过 1m 有的加注红点，如有 2 个红点表示整米数为 2m；有的米数用数字表示，如 15 则表示 1.5m。

水准尺一般分为双面水准尺和塔尺两种。双面尺尺长 3m，一面为黑面分划，黑白相间，尺底为零；另一面为红面分划，红白相间，尺底为一常数（如 4.687m 或 4.787m）。普通水准测量用黑面尺读数，三、四等水准测量用黑、红面尺读数进行校核。塔尺可以伸缩，尺长一般为 5m，适用于普通水准测量。塔尺上的"E"为厘米标记，短头端为 5cm 处，长头端为 10cm 处，即分米处。

尺垫顶面是三角形或圆形状，用生铁铸成或铁板压成，中央有凸起的半圆顶，如图 GYSD00601002-10 所示。使用时将尺垫压入土中，在其顶部放置水准尺。应用尺垫的目的是临时标志点位，避免土壤下沉和立尺点位置变动而影响读数。

（五）水准仪的使用

1. 仪器的安置

水准仪的安置主要是整平圆水准器，使仪器概略水平。做法是：选好安置位置，用连接螺旋将仪器紧固在三脚架上，先踏实两支架腿尖，前后、左右摆动另一支架腿使圆水准器气泡概略居中，然后用脚螺旋使气泡完全居中。转动脚螺旋使气泡移动的操作规律是：气泡需要向哪个方向移动，左手拇指（或右手食指）就向哪个方向转动脚螺旋。如图 GYSD00601002-11 所示，如果气泡偏离在图 GYSD00601002-11（a）的位置，首先按箭头所指方向两手同时相对转动脚螺旋①和②，使气泡移到图 GYSD00601002-11（b）的位置；再按图中箭头所指方向转动脚螺旋③，使气泡居中，一般要反复几次，直至气泡完全居中为止。

图 GYSD00601002-10 尺垫

图 GYSD00601002-11 整平圆水准器
（a）使气泡向两脚中心移动；（b）使气泡完全居中

2. 对光照准

先将望远镜对着明亮背景，转动目镜对光螺旋，使十字丝清晰。然后松开制动螺旋，转动望远镜，利用镜筒上的准星和照门照准目标后，这时尺像应已在望远镜视场内，可旋紧制动螺旋。转动物镜对光螺旋使尺像清晰，再旋转微动螺旋使尺像位于横丝中部。随之应消除望远镜视差，当观测者眼睛在目镜后上、下晃动时，如果十字丝交点总是指在尺像的一个固定位置，即横丝读数没有变化，说明无视差现象，物像已成像在十字丝面上，如图 GYSD00601002-12（a）所示；如果影像与十字丝有相互错动的相对运动现象，说明有视差，原因是物像没有成像在十字丝面上，如图 GYSD00601002-12（b）所示，对读数的准确性有影响。应继续仔细进行物镜对光，直到消除视差。

3. 精密整平

转动微倾螺旋，使符合水准气泡居中，即气泡两端的像吻合，如图 GYSD00601002-8（c）所示。转动微倾螺旋时用力要轻匀，以免符合气泡上下错动不停。

图 GYSD00601002-12　视差现象

（a）没有视差现象；（b）有视差现象

4. 读数

以十字丝横丝为准，读出其指示数值。读数时注意尺上注字，依次读出 m、dm、cm，估读出 mm。使用仪器前应辨认望远镜是正像还是倒像，图 GYSD00601002-13 为倒像望远镜读尺的例子，为方便读数，对于倒像望远镜，应使用倒像的水准尺，往上数字越小，往下数字越大，对于正像望远镜，应使用正像的水准尺，往下数字越小，往上数字越大。每次从望远镜内读数前及读数后都应检查符合气泡是否居中，以保证视线在水平时读数。

读数 1.725　　　　读数 2.388

图 GYSD00601002-13　读数

三、水准测量的实施

（一）水准点

为了已确定的高程能长久保存，作为水准测量的依据而设立的标志称为水准点（一般以 BM 表示）。水准点应按照水准路线等级，根据不同性质的土壤及实际需要情况，每隔一定的距离埋设不同类型的水准点标志或标石。

现将工程中常用的水准点标志简述于下：水准点有永久性和临时性两种。永久性水准点由石料或混凝土制成，顶面设置半球状标志，在城镇区也有在稳固的建筑物墙上设置墙上水准点。图 GYSD00601002-14（a）所示为国家水准点，（b）为墙上水准点。

图 GYSD00601002-14　水准点

（a）国家水准点；（b）墙上水准点

水准点也可以用混凝土制成，中间插入钢筋，或选定在突出的稳固岩石或房屋的勒脚。临时性的水准点可打下木桩，桩顶用水泥沙浆保护。

（二）水准测量的实施

当地面两点间的高差较大或两点间的距离较远，超过允许的视线长度，或两点间地形复杂、通视困难，这样安置一次仪器不能测出两点间的高差，必须在其间安置多次仪器分段进行观测。

图 GYSD00601002-15 水准测量

如图 GYSD00601002-15 所示，A、B 两点的距离较远，地面起伏变化较大。已知 A 点的高程 H_A，现要测定 B 点的高程 H_B。观测步骤如下：后司尺员在 A 点立尺，前司尺员视地形情况在前方选择转点 1 放置尺垫立尺，在距两尺子大致相等的地面设测站 1 安置水准仪。当视线水平时先对 A 尺读数为 a_1，记入表 GYSD00601002-1 中相应的后视读数栏内；然后对转点 1 的尺读数为 b_1，记入表中相应的前视读数栏内。转点的符号为 TP，第 1 个转点为 TP_1。转点的作用是传递高程，是临时立尺点。至此，第 1 测站的工作结束。TP_1 点的尺保持不动，搬仪器到第 2 测站，持 A 点的水准尺前进，选定 TP_2 点立尺。当视线水平时，对 TP_1 点的尺读数为 a_2，记入后视读数栏内；对 TP_2 点的尺读数为 b_2，记入前视读数栏内，第 2 测站工作结束，按以上方法安置第 3、4、5 和第 6 站，测至 B 点。

计算各测站的高差。设各测站的高差顺序为 h_1、h_2、……、h_6，其中

$$h_1 = a_1 - b_1$$
$$h_2 = a_2 - b_2$$
$$\cdots$$
$$h_6 = a_6 - b_6$$

将以上各式相加得

$$\sum h = \sum a - \sum b$$

上式说明，两点的总高差等于各站高差之和，也等于后视读数之和减去前视读数之和。

表 GYSD00601002-1   **水 准 测 量 手 簿**

测 站	点 号	后视读数（m）	前视读数（m）	高差（m）+	高差（m）−	高程（m）	备 注
1	A	1.647		0.417		32.432	
	TP_1		1.230				
2	TP_1	1.931		1.107			
	TP_3		0.824				
3	TP_2	2.345		1.933			$H_B = H_A + \Sigma h$
	TP_3		0.412				$= 35.558$（m）
4	TP_3	2.043		1.893			
	TP_4		0.510				
5	TP_4	0.724			1.291		
	TP_5		2.015				
6	TP_5	0.816			0.933		
	B		1.749			35.558	
总和		9.866	6.740	+3.126			
计算的检核			$\sum h = \sum a - \sum b = 9.866 - 6.740 = +3.126$（m） $H_B - H_A = 35.558 - 32.432 = +3.126$（m）				

如图 GYSD00601002-15 所示，已知 $H_A = 32.432\text{m}$，各测站观测值如图所示，记录在表 GYSD00601002-1 中，A 点至 B 点的高差 $h_{AB} = \Sigma h = +3.126\text{m}$。所求点 B 点的高程为

$$H_B = H_A + h_{AB} = 32.432 + 3.126 = 35.558（\text{m}）$$

计算是否有误，应予校核

$$\Sigma a - \Sigma b = 9.866 - 6.740 = +3.126（\text{m}）$$

$$H_B - H_A = 35.558 - 32.432 = +3.126（\text{m}）$$

原计算 $\Sigma h = +3.126\,\text{m}$，3 个数值结果相同，计算无误。

（三）水准测量作业应注意事项

水准测量作业是集体工作，必须互相配合，各自做好工作，测量人员认真负责，不得粗心大意，这就能避免出错或少出错，否则，就会造成局部或全部返工。下面就水准测量容易出错的地方提出几条注意事项。

（1）每次读数之前，都应先检查一下圆水准气泡是否居中，水准管气泡象是否吻合，然后读数。

（2）读数时要注意，尺的像有正像或倒像，均应从小到大读取读数，不要把尺上的米数、分米数、厘米数读错。例如，没有注意分米注记上的小红点，而把 1.567m 误读成 0.567m；又如把 1.025 误读成 1.25，即没有读出零分米，而把厘米、毫米当做分米、厘米读了。

（3）观测员读数要清楚，记录员要听清楚记正确，最好是记录完再复诵核对一次；记录要清楚、整齐；记录有误不准擦去及涂改，应划去重写。

（4）要把前视、后视读数记入相应的读数栏内，不要记错格。

（5）为了保证水准器测量精度，观测员一定要消除视差，走动时不要碰动三脚架，观测时不要手扶三脚架。

（6）扶尺员要把尺扶正，并应根据地势情况，要用步测尽量使前、后视距相等，以消除误差。

（7）在土质松软地方，转点处尺垫应踩实，避免观测时尺下沉，影响高差。

（8）安置仪器时，脚架一定要踩实，在烈日照射下，要撑伞遮住太阳光，以免影响水准管气泡的稳定；若迎着日光观测时，物镜应加遮光罩。

（9）测量计算必须进行检核。

【思考与练习】

1．什么是前视、后视？水准测量中为什么要求前后视距离相等？

2．什么是视差？产生的原因是什么？如何发现与消除？

3．水准测量中，什么是转点？有何作用？

4．已知 A 点的高程为 22.202m，按表 GYSD00601002-1 格式填入图 GYSD00601002-16 水准测量数据，计算 B 点的高程，并进行计算的检核。

图 GYSD00601002-16　水准测量

模块 3　角度测量（GYSD00601003）

【模块描述】本模块包含角度测量的概念、光学经纬仪的结构与使用、水平角观测、竖直角观测、

电子经纬仪简介。通过概念描述、要点讲解、操作流程及步骤讲解，了解角度测量的概念、电子经纬仪构成，熟悉光学经纬仪的结构。掌握水平角观测、竖直角观测的方法。

【正文】

角度测量是输电线路测量的基本工作之一，它包括水平角测量和竖直角测量，常用的测量仪器为经纬仪。

一、角度测量的概念

（一）水平角的概念及测量原理

地面上一点到两个目标点的方向线，垂直投影到水平面上所形成的角称为水平角，也就是说地面上任意两条方向线的水平角是过该两条方向线的两个铅垂面所夹的二面角，如图 GYSD00601003-1（a）所示，A、O、B 为地面上任意三点，通过 OA 和 OB 分别作两个铅垂面，它们与水平面 P 的交线 oa 和 ob 的夹角 β 就是 OA、OB 所夹的水平角。

图 GYSD00601003-1　角度测量的概念

（a）水平角；（b）竖直角

在过 O 点的铅垂线 Oo 上水平安置一个刻度盘，中心在 Oo 线上，再有一个照准目标的望远镜，既能绕 Oo 水平旋转，又能在一个竖直面内俯仰，当望远镜分别照准 A 和 B 时，过 A 和 B 的两个铅垂面与刻度盘相交，设交线在刻度盘上的读数分别为 a_1 和 b_1，则水平角为

$$\beta = a_1 - b_1 \qquad\qquad (GYSD00601003-1)$$

（二）竖直角的概念及测量原理

在一个竖直面内，方向线和水平线的夹角称为该方向线的竖直角（又称垂直角），如图 GYSD00601003-1（b）所示，方向线在水平线之上称为仰角，符号为正；方向线在水平线之下称为俯角，符号为负。角值变化范围为 $-90° \sim +90°$。如果在安置于竖直面内的刻度盘上能得到某倾斜视线与水平线的对应读数，则两读数之差即为该倾斜视线的竖直角值。

在测量中也可用方向线与指向天顶的铅垂线之间的夹角表示竖直角，称为天顶距 Z，如图 GYSD00601003-1（b）中的 Z_1、Z_2，天顶距变化范围为 $0° \sim 180°$，同一观测目标的天顶距与竖直角的关系是两者之和等于 $90°$，即

$$\alpha_1 + Z_1 = 90° \qquad \alpha_2 + Z_2 = 90° \qquad (GYSD00601003-2)$$

二、光学经纬仪的结构与使用

经纬仪是输电线路工程主要测量仪器之一，可用来测量水平角度、竖直角度、距离和高程。经纬仪的种类很多，它的结构也是多种多样的，一般常用的普通经纬仪有游标和光学两种。目前，输电线路工程测量中大多采用光学经纬仪。

工程上常用的光学经纬仪有 DJ1、DJ2、DJ6 等类型。D、J 分别为大地测量和经纬仪的汉语拼音第一个字母，数字 1、2、6 是表示仪器的精度等级，即该类仪器的一测回水平方向中的误差，以秒为单位来表示。数字越小，仪器精度越高。现以我国苏州第一光学仪器厂生产的 J2（DJ2）光学经纬仪为例介绍光学经纬仪结构和使用。

（一）仪器结构

主要由基座、水平度盘和照准部三大部分组成。如图 GYSD00601003-2 所示。

图 GYSD00601003-2　J2 经纬仪的构造

（a）盘左经纬仪结构；（b）盘右经纬仪结构

1—望远镜反光扳手轮；2—读数显微镜；3—照准部水准管；4—照准部制动螺旋；5—轴座固定螺旋；6—望远镜制动螺旋；

7—光学瞄准器；8—测微手轮；9—望远镜微动螺旋；10—换像手轮；11—照准部微动螺旋；12—水平度盘变换手轮；

13—脚螺旋；14—竖盘反光镜；15—竖盘指标水准管观察镜；16—竖盘指标水准管微动螺旋；

17—光学对中器目镜；18—水平度盘反光镜

1. 基座

由轴座、脚螺旋和连接板等组成。转动脚螺旋可使照准部的水准器居中，从而使竖轴铅直、度盘水平。连接螺旋可使仪器与三脚架固连在一起。在连接螺旋上悬挂垂球，指示水平度盘的中心位置，借助垂球将水平度盘中心安置在所测角顶的铅垂线上。J2 经纬仪还装有光学对中器，它比垂球对中具有精度高和不受风吹而摆动的优点。使用仪器时，切勿放松连接螺旋，否则，易造成经纬仪从基座中脱落，使仪器损坏。

2. 水平度盘

这部分包括水平度盘、度盘变换手轮等。

水平度盘用光学玻璃制成，在度盘上依顺时针方向刻注有 0°～360° 分划线，相邻两分划线所夹的圆心角，称为度盘的分划值，本类仪器度盘的分划值为 20′（或 10′）。

水平度盘的变换手轮，如图 GYSD00601003-2 中的 12，是用来转动水平度盘的。观测时，扳开安装在水平度盘外壳下方的保护盖，转动度盘变换手轮，将水平度盘转至所需的度数，随即将保护盖关闭，以防止水平度盘转动。

水平度盘的特点是换盘手轮（图 GYSD00601003-2 中 12）是嵌在轴座内的。因此，在使用前如果仪器的照准部和三角基座未连接在一起时，应注意根据照准部下面的定位螺钉（图 GYSD00601003-3 中 2）仔细地插入三角基座上的定位孔（图 GYSD00601003-3 中 1）内，才能使变换手轮正确地嵌入轴座内。仪器从基座内取出，应先放松轴座固定螺旋（图 GYSD00601003-2 中 5）。

3. 照准部

由望远镜、读数设备、竖直度盘、水准器、竖轴和支架等部分组成。望远镜的构造和水准仪望远镜一样，都是用来照准远方目标的，它和横轴固连在一起安在支架上。当横轴水平时，望远镜绕横轴旋转将使视准轴扫出一个竖直面。在支架

图 GYSD00601003-3　J2 经纬仪的三角基座和照准部

1—定位孔；2—定位螺钉；3—圆水准器

一侧设有一套望远镜制动和微动螺旋，用以控制望远镜的俯、仰，在照准部外壳上设有一套水平制动和微动螺旋，用以控制照准部水平方向转动。读数设备是把度盘和测微器分划线通过一系列透镜的放大和棱镜的折射，反映在读数显微镜内进行读数。竖直度盘是为了测量竖直角而设，固定在横轴的一端，另设有竖盘指标水准管和微动螺旋。照准部上设有水准管，用以精确定平，指示水平度盘是否水平。圆水准器用作概略定平。照准部下面有一竖轴，可插入筒状的轴座内，使整个照准部绕竖轴水平转动。

（二）经纬仪的使用

1. 经纬仪的安置

（1）对中。对中是把经纬仪水平度盘的中心安置在所测角的顶点铅垂线上。其方法是：先将三脚架安置在测站点上，架头大致水平，用垂球概略对中后，踏牢三脚架；然后用连接螺旋将仪器固定在三脚架上，此时若垂球尖偏离测站点较大，则将三脚架提起移动；若偏离较小，可将连接螺旋略微旋松，移动仪器基座，使仪器垂球尖准确地对准测站点标心，然后再旋紧连接螺旋。用垂球对中时，悬挂垂球的线长度要调节合适，垂球不宜过高，以免不易分辨偏差大小。对中的误差一般应小于 3mm。

如果使用带有光学对中器的仪器，对中方法是：先目估或悬吊垂球大致对中，然后整平仪器，旋转光学对中器的目镜，使分划板清晰；再拉出或推进对中器的目镜管，使测站点的标志成像清晰，然后在架头上平移仪器，直至测站点标心与对中器的刻划圈中心重合，再旋紧连接螺旋。这时应检查照准部水准管气泡是否仍然居中，如有偏离要再次整平，然后再检查对中情况并精确对中。由于整平与对中相互影响，一般要反复进行调整，直到气泡居中，同时测站点标心与对中器刻划圈中心重合为止。

（2）整平。整平是用脚螺旋使照准部水准管气泡居中，使仪器的竖轴铅直和水平度盘水平。

1）使照准部水准管与任意两个脚螺旋连线平行，如图 GYSD00601003-4（a）所示。两手向相反方向相对旋转①、②两个脚螺旋，使水准管气泡居中，气泡移动的方向与左手大拇指转动的方向一致，如图中箭头所示。

2）将照准部平转 90°，如图 GYSD00601003-4（b）所示，调节脚螺旋③使水准管气泡居中。

图 GYSD00601003-4 经纬仪整平

(a) 水准管与任意两个脚螺旋连线平行；

(b) 水准管与任意两个脚螺旋连线垂直

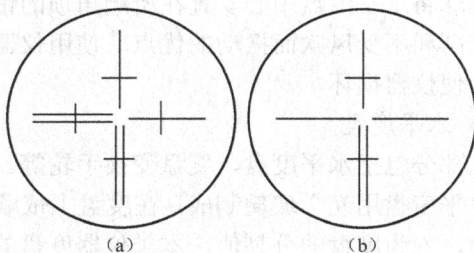

图 GYSD00601003-5 光学经纬仪十字丝

(a) 十字丝竖丝、横丝双丝；(b) 十字丝竖丝双丝

3）将照准部转回到原来位置，重复以上操作，如此反复进行，直到气泡在此互为 90° 的两个位置都居中为止。此时如在其他位置上气泡又有偏离，则属于仪器误差，有待校正。整平后，照准部在任何位置上气泡的最大偏离量不应超过一格。

2. 对光和瞄准

用望远镜瞄准目标，包括目镜对光、物镜对光和瞄准等项基本操作。

（1）目镜对光：先松开水平制动螺旋和望远镜制动螺旋，将望远镜指向天空或白色明亮背景，调节目镜对光螺旋使十字丝清晰。

（2）初步瞄准目标和物镜对光：转动仪器，利用望远镜上的瞄准器对准目标，固定水平制动螺旋和望远镜制动螺旋。此时目标像应已在望远镜视场内，再调节物镜对光螺旋，使目标清晰并消除视差。

（3）精确瞄准目标：转动照准部水平微动螺旋和望远镜的微动螺旋，使十字丝竖丝中央部分精确瞄准目标点。光学经纬仪的十字丝一般如图 GYSD00601003-5 所示。

瞄准目标时要用十字丝的中央部位。如观测水平角，可视目标影像的大小情况，将目标影像夹在双纵丝内且与双丝对称，或用单纵丝与目标重合，如图 GYSD00601003-6 所示。为了减少目标倾斜对水平角的影响，如图 GYSD00601003-6（b）、（c）所示的情况，应尽可能瞄准目标底部。如用垂球线作为瞄准的目标，应注意使垂球尖准确对正测点，并瞄准垂球线的上部，如图 GYSD00601003-6（a）所示。

图 GYSD00601003-6　目标点瞄准方法
（a）垂球瞄准；（b）一般目标瞄准；（c）标杆瞄准

3. 读数方法及读数

（1）度盘读数。两个度盘读数都是用望远镜旁边的读数显微镜去读取。如图 GYSD00601003-2 所示，水平度盘影像用水平度盘照明反光镜 18 照明，竖直度盘影像用竖盘照明反光镜 14 照明。J2 光学经纬仪的读数窗中只能看到水平度盘或竖直度盘两者之一的影像。位于支架外侧的换像手轮 10，用以变换两度盘的影像，欲使显微镜中现出水平度盘影像，顺时针方向转动换像手轮 10，到转不动为止，欲使显微镜中现出竖直度盘影像，则反时针方向转动换像手轮，到转不动为止。无论哪个度盘的影像出现于显微镜中、测微小窗的影像总是出现于度盘影像的左边，转动读数显微镜 2 可使度盘的影像清晰。

（2）水平度盘读数。放松制动螺旋 4 和 6，转动照准部，用望远镜上的光学瞄准器 7 的十字丝粗略找准目标，轻轻锁紧制动螺旋 4 和 6，旋转照准部微动螺旋 11 和望远镜微动螺旋 9，使望远镜分划板十字丝精确照准目标。目标小于双丝之间的宽度宜用双丝瞄准，反之则用单丝瞄准。

顺时计转动换像手轮 10 到转不动为止，使盖面白线成水平，打开与转动水平度盘照明反光镜 18，使水平度盘有均匀、明亮的光线照明。调节读数显微镜 2，使度盘影像清晰、明确。拨开水平度盘变换手轮的护盖，转动变换手轮 12，使在读数窗内看到所需之度盘读数，关好护盖，应注意在转动变换手轮 12 时不宜用力过大，以免影响望远镜竖丝偏离目标。在置换度盘位置后，宜检查一下望远镜内见到的目标是否移动。

读数符合方法：转动测微手轮 8，读数显微镜内见到度盘上下两部分影像相对移动，直到上下格线精确符合为止。这时读数窗内已显出度、分、秒。当符合时，必须尽可能的小心正确，因为这是直接影响着读数的精度。测微手轮的最后转动必须是同一顺时针方向的。当转动测微手轮至测微尺刻划末端时，应注意不宜再继续转动，以免损伤测微尺。

读数方法：J2 经纬仪读数窗口有两种，一种如图 GYSD00601003-7 所示，整度数由上窗中央或偏左的数目字读得，上窗中的小框内的数字为整十位分数；余下的个位分数与秒数从左边的小窗内读得。测微尺上下共刻 600 格，每小格为 1″，共计 10′，左边的数目字为分，右边的数目字乘以 10″，再数到指标线的格数即秒数。度盘上读得的读数加上测微尺上读得的读数之和即为全部的正确的读数。另一种如图 GYSD00601003-8 所示，按正像在左（中心偏左或中心），倒像在右（中心偏右或中心），相距最近的一对注有度数的对径分划（两者相差 180°）进行，正像分划线所注度数即为要读的度数；正像分划线和倒像分划线间的格数乘以度盘分划值的一半，即为度盘的整十位分数，不足 10′ 的个位分数和秒数则在测微尺上读得。

图 GYSD00601003-7　度盘读数（一）

图 GYSD00601003-8　度盘读数（二）

（3）竖直度盘读数。反时针方向转动换像手轮 10 至转不动为止，使盖面白线成竖直位置，打开和转动竖盘照明反光镜 14，使竖直度盘有均匀、明亮光线照明，按上述读数符合方法和读数方法即可读得竖直度盘的读数。但在每次读数前应旋转竖盘指标微动螺旋 16，使在观察棱镜 15 内看到的竖盘水准器水泡精确符合。

三、水平角观测

前面介绍了水平角测量的概念。当使用经纬仪在实地观测水平角时，为了防止错误和消减仪器误差，以保证观测的结果能达到所需的精度，还必须按一定的操作程序进行观测。

在一个测站上，每次只观测一个水平角时，可采用"测回法"。如在一个测站上每次要同时观测相邻两个或两个以上的水平角时，可采用方向观测法，或称为全圆测回法。

为了叙述方便，先将一些术语说明如下。

左方点和右方点：观测者立于测站点 A，面向测点 B、C，量测水平角 β，如图 GYSD00601003-9 所示，则称测点 B 为左方点，测点 C 为右方点；如要量测水平角 β'，则测点 C 为左方点，B 为右方点。

盘左与盘右（或正镜与倒镜）：这是指经纬仪竖盘的位置与望远镜位置而言。当望远镜瞄向目标时，如竖盘在望远镜的左侧，称此时竖盘置位为"盘左"，或称望远镜位置为"正镜"，如图 GYSD00601003-2（a）所示。如竖盘在望远镜的右侧，则称为"盘右"或"倒镜"，如图 GYSD00601003-2（b）所示。

（一）测回法

在测站点（角顶）安置经纬仪，用盘左和盘右各观测水平角一次，盘左观测时为上半测回，盘右观测时为下半测回。如两次观测角值相差不超过容许误差，则取其平均值作为一测回的结果。这一观测法称为测回法。

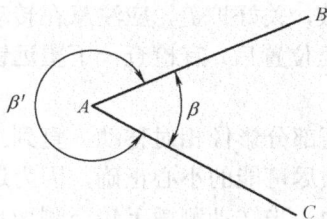

图 GYSD00601003-9　左方点、右方点的概念

观测之前，先在测点标志上垂直竖立供瞄准的目标（如测杆、吊垂球线）。在测站点（如图 GYSD00601003-9 中的 A）上安置经纬仪，对中、整平后，进行目镜对光，然后按下述步骤进行操作。

（1）上半测回，盘左。

1）瞄准左方点（如图 GYSD00601003-9 中的 B）的目标，读水平度盘读数。例如，$b_左 = 55°14'18''$，记入观测手簿内，见表 GYSD00601003-1。

2）顺时针方向转动照准部，瞄准右方点（如图 GYSD00601003-9 中的 C）的目标，读数得 $c_左 = 117°17'52''$，记录。

计算上半测回角值

$$\beta_左 = c_左 - b_左 \qquad \text{（GYSD00601003-3）}$$

例：$117°17'52'' - 55°14'18'' = 62°03'34''$

（2）下半测回，盘右。

1）倒转望远镜，逆时针方向转动照准部，在盘右位置瞄准右方点 C，读数得 $c_右 = 297°17'01''$，记录。

2）逆时针方向转动照准部，瞄准左方点 B，读数得 $b_左 = 235°13'53''$，记录。

计算下半测回角值

$$\beta_右 = c_右 - b_右 \qquad \text{（GYSD00601003-4）}$$

例：$297°17'01'' - 235°13'53'' = 62°03'08''$

（3）计算上、下两半测回间角值之差 $\Delta\beta$，评定其精度，检查有无超限。上、下半测回间角值之差（称为较差）

$$\Delta\beta = \beta_左 - \beta_右 \qquad \text{（GYSD00601003-5）}$$

使用光学经纬仪观测水平角一测回，其允许偏差为：$\quad \Delta\beta_容 = \pm 30''$

在上例中

$$\Delta\beta = 62°03'34'' - 62°03'08'' = +26''$$

因

$$-30'' < +26'' < +30''$$

故符合要求。其平均值见表 GYSD00601003-1，如超限，要查明原因，加以重测。

表 GYSD00601003-1　　　　　　　　水平角观测手簿（测回法）

测 站	测 点	竖盘位置	水平度盘读数			角　值			平均角值			备　　注
			°	′	″	°	′	″	°	′	″	
A	B	左	55	14	18	62	03	34	62	03	21	$\Delta\beta = +26''$ $-30'' < +26'' < +30''$ 符合要求
	C		117	17	52							
	B	右	235	13	53	62	03	08				
	C		297	17	01							

注意：

1）在半测回过程中，不能变动度盘。为了消除水平度盘的分划误差，在完成上半测回的观测后，可变动水平度盘约 90°，然后进行下半测回的观测，操作同前。

2）当水平角要求的精度较高时，可重复观测 2~3 测回。为了消除度盘的分划误差，各测回要改变水平度盘的起始读数，其变动值可参考方向观测法。每测回的操作方法及容许误差同前，各测回平均值间的互差视精度要求而定，一般可取其容许误差为 $\pm 35''$，如符合要求则取各测回平均值作为最后结果。

（二）全圆测回法（方向观测法）

如目标为三个或三个以上时，为了能一次测出各目标间的角值，同时使各个方向的观测结果具有相同的精度，则应采用全圆测回法观测，其操作步骤如下。

（1）如图 GYSD00601003-10 所示，安置仪器于 O 点，盘左位置调整水平度盘读数稍大于 0°处（仅为了计算简便），选一清晰目标 A 作为起始方向，读取读数 a 记入表 GYSD00601003-2 中。

图 GYSD00601003-10　全圆测回法

（2）顺时针依次照准 B、C、D 分别读取读数为 b、c、d，记入表 GYSD00601003-2 中。

（3）继续顺时针再次照准 A 点方向，读取读数 a'，称为归零。读数 a 与 a' 之差称为半测回归零差，对于 J2 经纬仪不应超过 $\pm 12''$，对于 J6 经纬仪不应超过 $\pm 18''$，否则应重新观测。

以上操作称为上半测回。

（4）纵转望远镜成盘右位置，照准目标 A 并逆时针方向旋转照准部依次照准 D、C、B、A 各方向，分别读取读数记入表格，称为下半测回，半测回归零差仍不应超过限差。

表 GYSD00601003-2　　　　水平角观测手簿（全圆测回法）

测回数	目标点	水平度盘读数						2c	$\dfrac{L+(R\pm180°)}{2}$			归零方向			平均方向值			备　注
		L			R													
		°	′	″	°	′	″	″	°	′	″	°	′	″	°	′	″	
									0	02	09							
I	A	0	02	12	180	02	00	+12	0	02	06	0	00	00	0	00	00	
	B	82	47	36	262	47	30	+6	82	47	33	82	45	24	82	45	32	
	C	151	24	24	331	24	12	+12	151	24	18	151	22	09	151	22	17	
	D	230	50	18	50	50	00	+18	230	50	09	230	48	00	230	48	08	
	A	0	02	18	180	02	06	+12	0	02	12							
									90	29	50							
II	A	90	30	00	270	29	48	+12	90	29	54	0	00	00				
	B	173	15	30	353	15	32	−2	173	15	31	82	45	41				
	C	241	52	18	61	52	12	+6	241	52	15	151	22	25				
	D	321	18	12	141	18	00	+12	321	18	06	230	48	16				
	A	90	29	48	270	29	42	+6	90	29	45							

如果要求观测几个测回，则各测回仍按前述规定变换水平度盘起始读数位置。

四、竖直角观测

（一）竖直度盘构造与注记形式

如图 GYSD00601003-11 所示为竖直度盘的主要组成部分。竖直度盘固定在望远镜横轴的一端，并与横轴垂直，当望远镜在竖直面内转动时，竖直度盘在竖直面内也随着转动。竖盘指标与竖直度盘指标水准管连在一起，不随望远镜作竖直面内的运动。但通过竖盘水准管微动螺旋能使竖盘指标与水准管一起作微小转动，当指标水准管气泡居中，则竖盘指标处在正确位置。

光学经纬仪的竖盘由玻璃制作，其刻划注记有顺时针与逆时针两种类型，如图 GYSD00601003-12 所示。当竖盘指标水准管气泡居中，望远镜视线水平时，竖盘读数应为 90°的整倍数（如 0°、90°、180°、270°）。这就是竖直角观测中水平视线所具有的竖直度盘读数的固定值。

图 GYSD00601003-11　光学经纬仪竖直度盘构造

盘左　　　盘右
（a）

$\alpha_L=90°-L$　　　$\alpha_R=R-270°$

$\alpha_L=L-90°$　　　$\alpha_R=270°-R$

（b）

图 GYSD00601003-12　光学竖盘注记形式

（a）顺时针注记；（b）逆时针注记

（二）竖直角观测与计算

1. 竖直角观测

（1）安置仪器于测站上，盘左位置使十字丝中央交点对准目标点。

（2）整平竖盘指标水准管，读取竖盘盘左读数 L，记入观测手簿（表 GYSD00601003-3）。

（3）倒转望远镜成盘右位置，重复上述（1）、（2）步骤得盘右读数 R，并记录。

2. 竖直角计算

竖直角的计算公式应根据竖盘注记形式确定。方法是：先将望远镜大致放平，辨明水平视线的竖盘固定读数，然后将望远镜上仰，如果对应的竖盘读数增大，则用瞄准目标的竖盘读数减去水平视线的竖盘固定读数，即得到该目标的竖直角；如果读数减小，则用水平视线的竖盘固定读数减去瞄准目标的竖盘读数，得到该目标的竖直角。

如图 GYSD00601003-12（a）为顺时针注记，则竖直角计算公式为

盘左时

$$\alpha_L = 90° - L \qquad\qquad (\text{GYSD00601003-6})$$

盘右时

$$\alpha_R = R - 270° \qquad\qquad (\text{GYSD00601003-7})$$

式中 α_L、α_R——盘左竖直角值、盘右竖直角值。

如图 GYSD00601003-12（b）为逆时针注记，则竖直角计算公式为

盘左时

$$\alpha_L = L - 90° \qquad\qquad (\text{GYSD00601003-8})$$

盘右时

$$\alpha_R = 270° - R \qquad\qquad (\text{GYSD00601003-9})$$

竖直角观测记录计算格式见表 GYSD00601003-3。

表 GYSD00601003-3　　　　竖直角观测手簿

测站	目标	竖盘位置	竖盘读数 °	′	″	半测回竖直角 °	′	″	一测回竖直角 °	′	″	备注
A	P	左	101	15	30	11	15	30	11	15	18	盘左
		右	258	44	54	11	15	06				
	Q	左	80	16	12	−9	43	48	−9	43	42	
		右	279	43	36	−9	43	36				

观测竖直角时，竖盘指标水准气泡必须居中，否则指标位置不正确，读数有偏差。但每次读数时必须做到水准气泡严格居中既麻烦又费时间，所以现在采用了竖盘指标自动归零补偿器代替水准管，称之为自动归零装置。值得注意的是，当长时间使用，特别是在使用后未及时锁紧补偿器，使吊丝受振，就会产生指标差甚至导致装置失灵，所以使用前应进行检查，使用后及时将装置锁住。

五、电子经纬仪简介

与传统的光学经纬仪相比，电子经纬仪采用了光电测角手法，在精度上超过了光学经纬仪，在数据自动获取和处理上，光学经纬仪是无法与之相比拟的。可以断言，电子经纬仪将逐渐取代光学经纬仪。

电子经纬仪是电子测角仪器，它与光学经纬仪有着相似的结构特征，仍然是采用度盘，但是，电子测角的度盘不是在度盘上按某一个角度单位刻上刻划线并根据刻划线读取角度值，而是在度盘上取得电信号，根据电信号再转换成角度。因此，电子经纬仪与传统经纬仪最主要的不同是读数系统。光

学经纬仪是采用光学度盘、光路显示系统和目视读数；电子经纬仪则是采用光电扫描度盘自动计数、自动显示系统。它可以与电磁波测距仪组合成全站式电子速测仪，将野外电子手簿记录的数据传入计算机，以进行数据处理和绘图。

各厂所生产的不同型号电子经纬仪，采用的电子测角系统按取得电信号的方式不同而分为编码度盘测角系统、光栅度盘测角系统和光栅动态侧角系统三种。

图 GYSD00601003-13（a）为 Wild T1000 型电子经纬仪外形，水平角和竖直角测角精度为 ±3″，显示分辨率为 1″，水平度盘可在粗略整平的基础上自动整平，为了便于盘左、盘右观测，在仪器的两侧都有可照明的控制板，上面有两个显示窗，可同时显示出水平角和竖直角，还有 6 个多功能键，单测角时只用一个键，其他功能键主要是作为照明和连接测距仪、记录器的操作键；工作温度为 −20℃ ～50℃，电源为 12V，工作电流很小，仅为 0.06A。

图 GYSD00601003-13（b）为 Wild T2000 型电子经纬仪外形，其测角模式有两种，一种是单角测量，另一种是跟踪测量，仪器可跟踪活动目标旋转而改变显示的数据。水平角和竖直角一测回的测角中误差为 0.5″。光学对中器、圆水准器和水准管设在照准部上，当竖轴倾斜时，仪器可自动测出并显示其数据，故可借此精确定平仪器，精度可达 1″。制动螺旋和两个微动螺旋同轴，两个微动螺旋用于快速瞄准和精确照准，竖直度盘指标可自动归零。中心操纵面板由一个键盘和三个显示器组成，键盘上有 18 个键，可发出不同的指令，三个显示器中一个是提示显示，两个是数据显示。

图 GYSD00601003-13 电子经纬仪外形
（a）Wild T1000 型外形；（b）Wild T2000 型外形

图 GYSD00601003-14 电子经纬仪动态测角系统图

图 GYSD00601003-14 所示是 Wild T2000 型电子经纬仪动态测角系统图，是一个具有旋转光栅的动态测角系统，度盘上刻有 1024 条栅线，其栅距的分划值为 φ_0；内含栅线和缝隙，相应为不透光区和透光区，盘上刻有两个指示光栏，L_S 为固定光栏，安置在度盘外缘；L_R 为可动光栅，随照准部转动，安置在度盘内边缘。φ 为照准某方向后 L_R 和 L_S 之间的角度，读 φ 角时，度盘开始旋转，计取通过光栏间的栅线数，即可求得角度值。由图可见，$\varphi = n\varphi_0 + \Delta\varphi$，即夹角为 n 个整周期 φ_0 和不足整周期 $\Delta\varphi$ 之和，它们分别由粗测和精测求得。粗测和精测数据由微处理机进行衔接处理，即得角度值。

粗测是为测量求出 φ_0 的个数 n。在度盘同一径向的外、内缘上设有两个标记 a 和 b，度盘旋转时从标记 a 通过 L_S 时起，计数器开始记录整个间隙 φ_0 的个数。当另一个标记 b 通过 L_R 时，计数器停止计数，此时计数器所得到的数值就是 φ_0 的个数 n。

精测是为测量出 $\Delta\varphi$，通过光栏 L_S 和 L_R 产生 R 和 S 两个信号，$\Delta\varphi$ 可由 S 和 R 的相位差求得。精测开始后，度盘开始旋转，当某一分划通过 L_S 时，开始精测计数，计取通过计数脉冲的个数，一个脉冲代表一定的角值（例如 2″）；而另一个分划继而通过 L_R 时停止计数。由计数器中所计的数值即可求得 $\Delta\varphi$。度盘一周有 1024 个间隙，每一个间隙计一次 $\Delta\varphi$ 的数，当度盘旋转一周可测得 1024 个 $\Delta\varphi$，然后取平均值，可求出最后 $\Delta\varphi$ 值。测角精度取决于精测精度。

粗测、精测数据由微处理器进行处理后，得角度值并自动显示。

【思考与练习】

1．什么叫水平角？水平角观测原理是什么？在同一竖直面内，由一点至两目标的方向线间的水平角时多少？为什么？

2．什么叫竖直角？竖直角观测原理是什么？在同一竖直面内，由一点至两目标的方向线间的夹角，是否为竖直角？为什么？

3．角度观测中，经纬仪对中和整平的目的是什么？

4．简述测回法测水平角的操作程序。方向观测法与测回法有何不同？两种方法各用于何种场合？

5．观测水平角时，如果经纬仪的水平度盘随着照准部转动，能否测出水平角？为什么？用测回法观测水平角时，如果水平度盘是逆时针方向递增注记的，如何计算水平角？

6．简述电子经纬仪的特点，电子经纬仪有哪些光电测角方法？

模块 4 距离测量及直线定向（GYSD00601004）

【模块描述】本模块涵盖钢尺量距、视距测量、视差法测距、三角分析法测距、电磁波测距、直线定向。通过概念描述、原理讲解、流程介绍，掌握钢尺量距、视距测量视差法测距、三角分析法测距、电磁波测距、直线定向。

【正文】

距离丈量是测量基本工作之一，测量上的所谓距离是指两点间的直线长度，水平距离指两点连线在水平面上的投影长度。根据不同的精度要求，不同地形情况，所采用的距离丈量方法也不尽相同。本章主要介绍钢尺量距、经纬仪视距、视差法测距、三角分析法测距及电磁波测距等方法，同时还讨论直线定向方法。

一、钢尺量距

（一）直线定线

如果地面两点之间距离大于尺的长度或地面起伏较大，需要分段丈量时，在待测距离的两点直线上，设立一些标志标明两点间的直线位置，作为分段丈量的根据，这项工作称为直线定线，一般量距用目估定线，精密量距时要用经纬仪定线。

（1）直线两端点 A、B 间能通视的定线方法。先在 A、B 两点上立好标杆，由一测量员在 A 点标杆后约 1m 处，用单眼通过 A 点标杆的一侧瞄准 B 标杆同一侧形成视线，指挥另一测量员持标杆 C 向 AB 方向线上移动，直到与 A、B 标杆形成的视线重合为一线为止。此时即可在标杆 C 处作好标志。

（2）直线两端点 A、B 间不能直接标定出直线时的定线方法。如图 GYSD00601004-1（a）及（b）所示，可采用逐次趋近使相邻三根标杆在同一直线上的方法。如图 GYSD00601004-1（c）所示，先在 A、B 处立标杆，选一个能与 B 点通视的 C 点插标杆，再在 CB 方向上选 D 点插标杆，并要求 D 与 A 通视；将 C 点处的标杆移至 DA 方向上

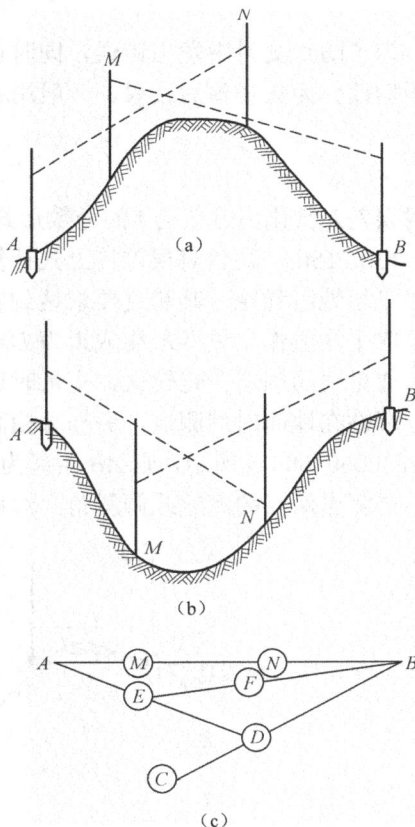

图 GYSD00601004-1　直线定线

(a) A、B 不通视；(b) 中间地势太低；(c) 逐次趋近法

可与 B 通视的 E 点；再将 D 点处的标杆移至 EB 方向上的 F 点；依次类推，直至 M、N、B 三点与 N、M、A 三点分别处在一条直线上，则 A、M、N、B 四点在一直线上。

（3）延长直线的定线方法。为了消除仪器误差，常用重转法。即是采用经纬仪正倒镜取平均的方法。如图 GYSD00601004-2（a）所示，欲将直线 AM 延长至 B 处，做法是：仪器置于 M 点，盘左时以 A 点为后视，纵转望远镜，在视线上定出 B_1，再以盘右后视 A 点，纵转望远镜，在视线上定出 B_2，若 B_1、B_2 两点重合，即是 B 的位置。若不重合，且 B_1B_2 之长在允许范围内，则取 B_1B_2 的中点 B，这时 AM 即正确延长到 B 点。在实际工作中，应尽可能地使后视边大于延长直线的长度，以减少照准误差对延长边的影响。

延长直线定线时，若视线经常遇到障碍物，应根据实际情况组成适当的几何图形，越过障碍，如图 GYSD00601004-2（b）所示为一辅助等边三角形。也可组成矩形、正方形或组成其他可用几何关系解算边、角关系的图形。

图 GYSD00601004-2 延长直线的定线方法

（a）重转法；（b）辅助等边三角形

（二）直线的一般丈量法

在平坦地段，沿地面直接丈量水平距离，可先在地面定出直线方向，也可边定线边丈量，丈量时，后司尺员持钢尺零端，前司尺员持钢尺末端，通常用测钎标志尺端位置，尽量用整尺段 l 丈量。一般仅末尺段用零尺段丈量，设其长度为 q，如共量 n 整尺段，则总长为

$$D = nl + q \qquad (\text{GYSD00601004-1})$$

为了防止丈量中发生错误，同时也为了提高精度，通常采用往返丈量进行比较，若符合要求，取其平均值作为丈量最后结果。一般用相对误差形式表示成果精度，计算方法如下

$$K = \frac{|D_1 - D_2|}{D_{eq}} = \frac{\Delta D}{D_{eq}} = \frac{1}{M} \qquad (\text{GYSD00601004-2})$$

相对误差 K 常化为分子为 1 的分数形式，D_1 为往丈量，D_2 为返丈量。例如：丈量一直线段，$D_1 = 135.235\text{m}$，$D_2 = 135.215\text{m}$，则相对误差按上式计算结果为 $1/6761 \approx 1/6700$。

平坦地区量距，其精度要求达到 1/2000 以上，在困难地区要求在 1/1000 以上，本例符合精度要求，取平均值作丈量得最终成果为 $D = (135.235 + 135.215)/2 = 135.225\text{m}$。

如果地面倾斜变化较大，丈量时可将尺子一端抬高或两端同时抬高使尺子水平。习惯做法是将尺子一端贴在地面对准测点，另一端抬高，目估水平，用垂球将抬高的一端投于地面并标定位置。如图 GYSD00601004-3 所示，则 AB 距离为 $l_1 + l_2 + l_3 + \cdots$，称为平量法。若地面均匀倾斜，可沿地面丈量斜距，再测出两点的高差或倾斜角，然后根据几何关系将倾斜距离化算成水平距离，称为斜量法。

图 GYSD00601004-3 倾斜地面的距离丈量

二、视距测量

（一）视距测量的概念

视距测量是利用视距装置与视距尺，一次照准读数可同时测定地面上两点间的水平距离和高差的方法。水准仪和经纬仪望远镜上的十字丝分划板上除十字丝的竖丝和横丝外，还刻有上、下对称的两条短线，即为视距用的视距丝。视距测量中的视距尺可用水准尺，也可用特制的视距尺。

（二）视线水平时的水平距离和高差公式

1. 视线水平时的距离公式

如图 GYSD00601004-4 所示，在 A 点安置仪器并使视线成水平，在 B 点铅直竖立视距尺，则视线与视距尺垂直。根据光学原理，经过上、下视距丝 m、n 并平行于物镜光轴的光线，经折射必通过物镜前焦点 F，而与视距尺相交于 M、N 点。因 ΔMFN 与 ΔmFn 相似，则有

$$d/l = f/p \qquad d = lf/p$$

式中　d——物镜前焦点 F 到视距尺间的水平距离；

　　　f——物镜焦距；

　　　p——仪器上、下两视距丝的间距；

　　　l——上、下两视距丝在视距尺上读数之差，称为尺间隔。

由图可知，仪器中心到视距尺的水平距离 D 可由下式计算，即

$$D = d + f + s = lf/p + (f+s) \qquad \text{(GYSD00601004-3)}$$

式中　s——仪器中心至物镜光心的长度；

　　　f/p——常数，称为视距乘常数。通常用 K 表示，多数仪器在构造上使 $K=100$；

　　　$f+s$——可按常数看待，称为视距加常数，通常用 C 表示。

则水平距离公式可写成

$$D = Kl + C \qquad \text{(GYSD00601004-4)}$$

目前生产的内对光望远镜，设计可使加常数 C 接近于 0，所以得

$$D = Kl \qquad \text{(GYSD00601004-5)}$$

2. 视距水平时的高差公式

由图 GYSD00601004-4 可以看出，当视线水平时，A、B 两点间的高差为

$$h = i - v \qquad \text{(GYSD00601004-6)}$$

式中　i——仪器高，由横轴中心量至地面桩顶（高程已知点）的铅垂距离；

　　　v——目标高，即中丝读数。

（三）视线倾斜时的水平距离和高差公式

1. 视线倾斜时的水平距离公式

视距测量时，如果地面坡度较大，则必须在视线倾斜的状态下施测，如图 GYSD00601004-5 所示，视线与铅直竖立的视距尺不垂直，这时除应观测尺间隔 l 外尚应测定竖直角 α，用这两个观测数据来

图 GYSD00601004-4　视线水平时距离和高差的测量　　　图 GYSD00601004-5　视线倾斜时距离和高差的测量

计算测站点到测点间的水平距离。推导视线倾斜时视距公式的步骤是，先将尺间隔 MN 换算成相当于视线和视距尺垂直时的尺间隔 $M'N'$，然后计算斜距 D'，再利用斜距 D' 和竖直角 α 计算水平距离 D。

在图 GYSD00601004-5 中，通过视准轴与视距尺的交点 B' 作视准轴的垂线 $M'N'$，则 $\angle NB'N'$、$\angle MB'M'$ 与竖直角 α 相等。由于一般视距仪的上、下丝夹角 $\varphi=34'20''$，则 $\angle NN'B'$ 和 $\angle MM'B'$ 都与 $90°$ 相差 $\varphi/2=17'10''$，若将它们近似视为直角，所引起的误差不超过 $1/40\,000$，可略而不计。由此可得

$$M'B'=MB'\cos\alpha \ ; \ N'B'=NB'\cos\alpha$$

则

$$M'B'+N'B'=(MB'+NB')\cos\alpha$$

式中　　$M'B'+N'B'$——视距尺与视线垂直时的尺间隔，以 l' 表示；

　　　　$MB'+NB'$——视距丝在视距尺上实际读取的尺间隔，以 l 表示。

则上式可写为

$$l'=l\cos\alpha$$

应用式（GYSD00601004-5）可得

$$D'=Kl'=Kl\cos\alpha$$

由直角 $\triangle OO'B'$ 得

$$D=D'\cos\alpha=Kl\cos^2\alpha \qquad\qquad \text{(GYSD00601004-7)}$$

式（GYSD00601004-7）为视线倾斜时的水平距离公式。

2. 视线倾斜时的高差公式

由图 GYSD00601004-5 可以看出，当视线倾斜时，A、B 两点间的高差可由下式算出

$$h=D\tan\alpha+i-v$$

以式（GYSD00601004-7）代入上式

$$h=Kl\cos^2\alpha\tan\alpha+i-v=\frac{1}{2}Kl\sin2\alpha+i-v \qquad\qquad \text{(GYSD00601004-8)}$$

式（GYSD00601004-8）中的第一项 $\frac{1}{2}Kl\sin2\alpha$ 称为初算高差，通常以 h' 表示，当竖直角 α 为仰角时，其值为正，俯角则为负。

（四）视距测量的实施

如图 GYSD00601004-5 所示，欲测 A、B 两点间的水平距离 D 和高差 h，其方法如下：

（1）在测站点 A 安置仪器，量取仪器高 i。

（2）盘左位置照准竖立在测点 B 的视距尺，分别读取中、上、下三丝读数并算出视距间隔 l。同时，整平竖盘指标水准管，如果仪器有竖盘自动归零装置，则应打开补偿器开关，读取竖盘读数，计算竖直角。

以上完成了半测回，如果为了提高精度并进行校核，应在盘右位置按上述方法再观测半测回，最后求得两半测回的尺间隔平均值 l 和竖直角的平均值 α，再计算水平距离 D 和高差 h。

在视距测量观测时，根据测区中地形、通视等情况，可分别使中丝读数位置及观测形式选用以下三种方法之一：

1）在地势平坦，通视良好地区，可尽量使用水平视线（$\alpha=0$）施测，其特点是计算公式简单，精度较好。

2）如果地形起伏较大，不可能用水平视线施测，即可采用倾斜视线测算，但尽量使中丝读数 v 位于仪器高 i 处，即 $i=v$，则式（GYSD00601004-8）中 $i-v$ 项等于零，简化了计算。

3）如测区地形起伏较大，障碍又多，中丝读数不可能读到仪器高 i，为了简化计算可使中丝读数为仪器高加一个整米数，则式（GYSD00601004-8）中 $i-v$ 项将等于一整米数。

（五）视距测量的操作举例

（1）如图 GYSD00601004-6 所示，测 A、B 两点的水平距离和高差。

1）在 A 点安置仪器、整平、对中，量出仪器高 i。

2）在 B 点上立视距尺，尺应垂直。

3）观测人员使望远镜瞄准视距尺，并使十字横线所对尺上读数 v 等于仪器高 i。

4）使竖盘游标水准管气泡居中，测出竖直角 α（用正、倒镜各测一次取其平均值）。

5）读出上下视距线所切尺上的读数，其差即为视距 l。以上所测数据要随时做好记录，以备计算。

设 $i=v=1.7\text{m}$，$\alpha=15°20'$，$l=1.5\text{m}$。

图 GYSD00601004-6　视距测量实例

水平距离

$$D = Kl\cos^2\alpha$$
$$= 100 \times 1.5\cos^2 15°20' = 139.511 \text{（m）}$$

高差

$$h = \frac{1}{2}Kl\sin 2\alpha + i - v$$
$$= \frac{1}{2} \times 100 \times 1.5\sin(2 \times 15°20') + 1.5 - 1.5 = 38.253 \text{（m）}$$

（2）测高低不同两点间的水平距离和高差时，理论上应使中线对准尺上的读数等于仪器高，读上下视距线尺上的读数而算出视距。但是在观测时，有时视距尺与仪器等高处的刻划线被障碍物遮蔽，不能读出十字中线尺上的读数。这时，可以使望远镜升高，视线越过障碍物，使十字中线和视距线对准尺上任一能读到的刻划线数字，测出竖直角，以计算其高度和水平距离，从计算高度中减去仪器高与十字中线读数之差，即得两点间的实际高差。计算水平距离时，也按上述竖直角及视距来计算，对水平距离并无影响。

三、视差法测距

视差法测距是用经纬仪和横基尺测量水平角，并通过计算求得水平距离的一种方法。一般用于控制测量中的距离测量，在量距困难地区，特别是山区可以用来代替钢尺量距。

（一）横基尺视差法测量原理

如图 GYSD00601004-7（a）所示，为求 A、B 两点间水平距离，可在 B 点安置一已知长度为 b 并垂直于 AB 的横基尺，在 A 点用经纬仪观测夹角 γ，称为视差角，则 A、B 两点的水平距离为

$$D = \frac{b}{2}\cot\frac{\gamma}{2} \qquad \text{（GYSD00601004-9）}$$

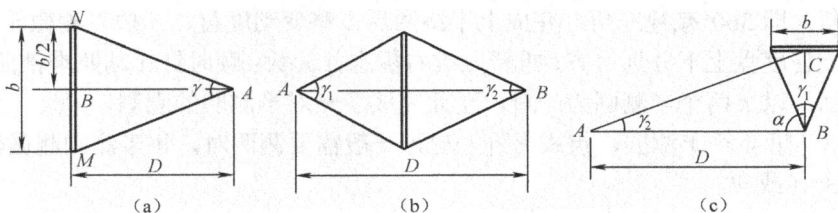

图 GYSD00601004-7　视差法测距

（a）等腰三角形；（b）菱形环节；（c）辅助基线环节

如两点间距离较长，为保证精度可沿测线连续布置菱形环节，逐个观测，分别计算求得距离总和，如图 GYSD00601004-7（b）为一菱形环节，横基尺在 A、B 之间，则其水平距离为

$$D = \frac{b}{2}\left(\cot\frac{\gamma_1}{2} + \cot\frac{\gamma_2}{2}\right) \qquad \text{（GYSD00601004-10）}$$

如果两点间距离很长且两点之间不便安置仪器时，则采用增长基线方法，即在线段一端布置辅助基线环节，如图 GYSD00601004-7（c）所示，分别观测 γ_1、α 和 γ_2，则 AB 之间的水平距离为

$$D = \left(\frac{b}{2}\cot\frac{\gamma_1}{2}\right)\frac{\sin(\alpha+\gamma_2)}{\sin\gamma_2} \qquad \text{（GYSD00601004-11）}$$

（二）横基尺及其使用方法与视差角的观测

视差法测距通常使用 1、2m 或 3m 长的横基尺，图 GYSD00601004-8 所示为 2m 横基尺，二端和中间均有观测标志，中部有水准器（如图 GYSD00601004-9 中的 1）和瞄准设备。瞄准设备包括瞄准器 4 和方向准直管 2。

观测视差角前，先将横基尺安置在测线的端点三脚架上，对中整平，以准直器瞄准经纬仪，使横基尺垂直于测线。准直器内可看到一明亮三角形，当用其尖端照准测站经纬仪时，如图 GYSD00601004-9 中的 4，横基尺就与测线垂直了。方向准直管用于检查横基尺垂直于测线的程度，当经纬仪望远镜中看到准直管内的明亮线条呈双凹截面状，如图 GYSD00601004-9 3 中的 a 时，则表示横基尺严格垂直于测线。

图 GYSD00601004-8　横基尺

图 GYSD00601004-9　横基尺的结构

1—水准器；2—方向准直管；3—镜像；4—瞄准器

（三）视差角观测方法

视差角观测的精度要求很高，通常用 J2 级经纬仪观测，因视差角的两个目标为横基尺的左、右标志，位于相同高度，可消除经纬仪视准轴误差和横轴不水平误差在视差角值上的影响。在观测程序上不必用盘左、盘右，仅用一个盘位即可。其观测方法有多种，下面介绍其中一种，称为全圆半测回法，程序是：

（1）首先测小角，即视差角：照准左标志并读数；顺时针转动照准部照准右标志并读数，即完成上半测回。

（2）再测大角，即 360° 减视差角：完成上半测回后，略变动度盘，一般以测微轮使读数增加 2′，再用度盘变位螺旋使度盘上下分划对齐，重新照准右标志并读数；顺时针转动照准部照准左标志读数，则完成了下半测回。以上两个半测回为一对，至此完成了一对半测回的观测。

同法进行第 3、第 4 个半测回，组成另外一对，一般需要测两对，每半测回测微器读数增加 2′。测回允许较差为 3″（或 4″）。

四、三角分析法测距

在测距时，如果遇到要测的两点间的距离较远，而中间又有河流、高山或其他障碍物，用直接丈量法和视距法测量有困难时，可以采取三角分析法测距。

如图 GYSD00601004-10 所示，若要测 F、G 两点间的水平距离 A，其测法如下。

图 GYSD00601004-10　三角分析法测距

（一）基线测量

首先选出 F、E 间的一条基线 B。这条基线很重要，因为要根据它来推算要测的距离，所以这条基线要选在地势较平坦，适合量距的地方，要用钢卷尺精确地丈量出它的长度。

（二）水平角测量

测出 α、β、γ 这三个水平角，这三个内角之和应等于 180°。但实际上由于测角有误差，必定要

出现角闭合差 φ，$\varphi = \alpha + \beta + \gamma - 180°$，当闭合差在容许范围以内时，则反其符号按 1/3 平均分配到三个角的角度值上。也就是说，如闭合差为正，则从各角度值中减去闭合差的 1/3；如为负时，则从各角度值中加上闭合差的 1/3。

（三）距离计算

根据上面已经测得三个角的角度值和基线长可以算出其余的两个边长。

在平面三角学任意三角形的边角关系中，正弦定理为

$$\frac{A}{\sin \alpha} = \frac{B}{\sin \beta} = \frac{C}{\sin \gamma}$$

那么，已知基线 B 和 $\angle \alpha$、$\angle \beta$，则 $A/\sin \alpha = B/\sin \beta$

$$A = B \frac{\sin \alpha}{\sin \beta} \qquad\qquad （GYSD00601004-12）$$

在输电线路采用本法测距时，有下列要求：

（1）基线尽可能与所求边垂直，基线长度最好不小于所求边的 1/6。如地形复杂测量困难，最小也不应小于 1/9。

（2）基线长度应用钢卷尺拉成水平往返丈量，其相对误差不应大于 1/2000。

（3）对三角形各角应用水平度盘最小读数为 1′的经纬仪。以测回法施测一测回，半测回之差不大于 ±1.5′，三角形闭合差不大于 ±2′。

例：如图 GYSD00601004-10 所示，设已测得基线 $B = 50\text{m}$，3 个水平角测完平差后，$\angle \alpha = 58°26′$，$\angle \beta = 30°43′$，$\angle \gamma = 90°51′$，求 F、G 间之水平距离 A。将上列数据代入式（GYSD00601004-12），则

$$A = B \frac{\sin \alpha}{\sin \beta} = 50 \times \frac{\sin 58°26′}{\sin 30°43′} = 83.403 \text{（m）}$$

五、电磁波测距

电磁波测距按载波不同，可分为光电测距和微波测距。测距信号采用可见光或红外光作为载波的称为光电测距，此类仪器称为光电测距仪；采用微波段的无线电波作为载波的称为微波测距仪，在工程上应用最为广泛的是以激光或红外光为载波的测距仪，常称为激光测距仪或红外测距仪。

目前国内外生产的红外测距仪型号各异，按其组成部分来说主要包括：测距仪主机、反光镜、电源及充电机等。测距仪主机主要由其内装有发射光学系统和接收光学系统的照准头和内有电子线路测相器等的控制器组成；反射镜是用作使照准头发射的光线折返，以及作为水平角和竖直角观测时的照准目标。

测距仪按结构形式可分为组合式、整体式和分离式。组合式即测距仪和经纬仪不是一个整体，当作业时将各部件组合起来安装成一整体使用；整体式即发射、接收和控制显示系统，甚至与测角系统联合制成一个整体；分离式即是照准头和控制显示部分互相分离，作业时照准头安置在经纬仪或基座上，而控制显示部分安置在附近，两者有电缆连接。

测距仪按测程，可分为测程小于 3km 的短程光电测距仪，测程在 3～15km 的中程光电测距仪和测程在 15km 以上的长程光电测距仪。

各种测距仪由于其结构不同，操作方法也各有不同，使用时应严格按照仪器出产厂家提供的使用说明书进行操作，以下介绍 DCH-3 型红外测距仪的构造与使用方法。

1. DCH-3 红外测距仪的主要性能

DCH-3 红外测距仪是组合式，作业时将测距仪主机安装在 J2 经纬仪上。它采用砷化镓（GaAs）发光二极管为光源，仪器内设有两个测尺频率，精测调制频率为 14 985 543 Hz；粗测调制频率为 149 855 Hz，距离读数分辨率为 1mm，测距仪自身质量为 2.5kg。仪器的主要性能如下：

（1）测程。测程是指仪器满足设计所能测量的最远距离，它与大气通视情况和所用棱镜个数有关系，DCH-3 红外测距仪在标准大气能见度条件下，一块棱镜测程为 2000m，三块棱镜测程为

3000m。

（2）精度。测距仪的精度是指一次测量中误差。DCH-3 红外测距仪一次测距中误差为 ±（5mm＋$5 \times 10^{-6}D$），跟踪测距中误差为 ±（$10 \sim 20$mm＋$5 \times 10^{-6}D$），D 为所测的距离。

（3）功能。仪器能进行气象及各种仪器常数改正；距离变化时，仪器可以自动调整光强；光线受行人、车辆等运动物体的阻碍时，仪器会自动停止测量，而当挡光物体离开后仪器又能自动继续测量；当由键盘输入天顶距、方位角后，可显示出水平距离、高差和纵横坐标增量；可进行跟踪测量；能进行距离单位转换（公制 m⇔英制 F）和角度单位转换（360°制 D⇔400°制 G）。

2. DCH-3 红外测距仪的构造

DCH-3 红外测距仪构造主要包括：安装在经纬仪上的测距主机（见图 GYSD00601004-11）、反光镜（见图 GYSD00601004-12）、电源和充电设备，望远镜和测距仪一起转动进行距离、天顶距、水平角测量。

图 GYSD00601004-11　DCH-3 红外线测距仪构造

1—测距仪主机；2—夹紧装置；3—连接器；4—光学经纬仪；5—三脚架；6—电池盒；7—电源电缆线；8—橡皮盖

3. 仪器的操作与使用

（1）仪器的安装。在测站上安置经纬仪，对中、整平后，将经纬仪放置在盘左位置上，再把测距仪通过锁紧机构安在经纬仪的照准部上，如图 GYSD00601004-11 所示。同时打开气压表，并将温度计放在离开地面的通风处，避免阳光直晒，做好读数准备。

按常规方法在待测距离的另一端立起三脚架，并装上三角基座，用光学对点器仔细整平、对中，再根据测程大小和大气透明情况，确定棱镜数目，将其安装在可倾斜靶上，随后将可倾斜靶插入三角基座孔中，利用靶心的瞄准器瞄准测程另一端测站上的经纬仪望远镜，然后固定好，即安装完毕。

若进行跟踪测量、地形测量或精度要求不很高的其他测量作业时，可使用可倾斜反射器，如图 GYSD00601004-13 所示。使用方法是：将测杆水准器套在测杆上，放置位置以使用者目视水准器方便为准，然后将可倾斜反射器也套在测杆上，使棱镜面朝测站方向，旋转带有角度刻度的棱镜盒，使之大致对准测站经纬仪，手扶测量标杆使水准器水准气泡居中，使测量标杆处于铅垂状态。

（2）测距仪照准与检查。检查经纬仪对中、整平情况后，用经纬仪照准可倾斜的黄色靶心，接通电源后，触按操作面板上的 ON 键，仪器进行自检，自检合格后显示 **88888888**，若不合格显示 **LLLLLLLL**。触按 SIG 键，有回光信号时，显示屏上出现横道线，同时听到蜂鸣器音响信号。

图 GYSD00601004-12 测距仪反光镜

图 GYSD00601004-13 可倾斜反射器

检查是否正确照准的方法是：分别微调经纬仪的垂直和水平微调螺旋，同时通过望远镜观察上下、左右偏离中心到蜂鸣音响消失瞬间的偏离范围是否与照准中心对称。从水平度盘和竖直度盘读数左右、上下各自偏离的读数差在 01′ 之内为佳。或观察显示屏上横道线消失的瞬间来代替蜂鸣器的音响判断，以检验偏离范围是否与照准中心对称。准确照准使三光轴平行是减少光束相位不均匀性对测量距离精度影响的重要措施。

（3）距离测量步骤。

1）按状态键 STA 选择测量方式。共有五种状态，如：单次测量、可倾斜反射器单次测量、平均值测量、可倾斜反射器平均值测量、跟踪测量等。

2）按数字键，设置参数。根据已获得的测量参数值如天顶距、水平角、温度、气压值、平均次数等一一置入，若置数不符合范围，如水平角超出 360°或置数不符合逻辑（如 65′、75 ＨＨＨＨＨＨＨ″等），将显示并闪烁，表示错误，然后迅速自动恢复初始状态，此时可重新置入正确参数。

3）按 MEAS 键启动测量显示测量结果。在测量过程中不出现符号▨蜂鸣器也不响。在单次测量和平均值测量的首次测量过程中，显示板上有逐渐增多的横道线，表示测量正在进行；当横道增到 7 个时测量结束，自动清除横道，显示测量结果。

4）选择读数。根据测得的斜距和置入的参数，自动显示结果，继续按功能键 FUC 分别取出并显示有关结果。显示的标志不同，代表的内容不同，如：◪ 显示为斜距；◩ 为高差；◪ 为水平距离；X 为 x 轴方向的坐标增量 Δx；Y 为 y 轴方向的坐标增量 Δy。如果数值为负则在显示结果的同时显示出"−"号。

在新的一次测量前上述结果一直保存，可以随时取出检查。

六、直线定向

（一）直线定向概念

确定地面两点间的平面位置关系，必须知道两点的水平距离及其连线的方向，确定直线与标准方向的角度关系称为直线定向。测量中常用的标准方向有三种。

1. 真子午线方向

通过地球表面某点并指向地球南北极的方向，称为该点的真子午线方向。它可以用天文测量方法测定，或用陀螺经纬仪测定。指向北极星的方向可以近似地作为真子午线方向。一般工程常利用国家已测设的三角点成果推测出本工程各直线段的真子午线。

图 GYSD00601004-14 子午线

2. 磁子午线方向

磁子午线是用罗盘仪测定的，是磁针在地球磁场的作用下，磁针自由静止时其轴线所指的方向。磁子午线方向可用罗盘仪测定。地球磁南北极与地球南北极并不一致，磁北极在加拿大北部布提亚半岛，其位置约为西经 101°，北纬 75°；磁南极在南极大陆，其位置约在东经 114°，南纬 68°。因此，磁子午线与真子午线不一致，其夹角称为磁偏角，如图 GYSD00601004-14 所示。磁偏角大小与测站所在位置有关，偏于真子午线以东为东偏，偏于真子午线以西为西偏。地球上不同地点的磁偏角也不同，中国磁偏角变化大约在 +6°~ −10° 之间，北京地区的磁偏角为西偏约 5°（−5°）。由于两极对不同地点磁针两端吸引力不同，因而磁针静止时不水平，为此要在磁针的一端配以重物来调节。在北半球，重物应配在南端。

3. 坐标纵轴（X 轴）方向

在测量工作中，通常采用平面直角坐标确定地面点的位置，因此，取坐标纵轴（X 轴）作为直线定向的标准方向。

（二）直线方向的表示方法

1. 方位角

测量学中直线定向常采用方位角表示。由标准方向北端起，顺时针方向量测到某直线的水平角，称为此直线的方位角，其角值的变化范围是 0°~360°，如图 GYSD00601004-15 所示。如果标准方向 ON 采用真子午线方向，则称为真方位角，用 A 表示。标准方向 ON 如采用磁子午线方向，则称为磁方位角，用 Am 表示。标准方向 ON 如采用坐标纵轴方向，则称为坐标方位角或称方向角，用 α 表示。

每一条直线都有两个端点，如图 GYSD00601004-15 所示，在起点 O 处所确定的直线 $O \to A$ 的方位角为 $45°32'12''$，写作 α_{OA}。在终点 A 处所确定的直线 $A \to O$ 的方位角为 $225°32'12''$，写作 α_{AO}。若确定直线 $O \to A$ 的方位角为正方位角，则直线 $A \to O$ 的方位角为反方位角，它们之间相差 180°，对于正、反坐标方位角，其关系式为

$$\alpha_{OA} = \alpha_{AO} \pm 180° \qquad\qquad \text{（GYSD00601004-13）}$$

2. 象限角

象限角是从标准方向的北端或南端开始，依顺时针或逆时针方向量至直线的锐角，并注出象限名称，称为象限角。其角值的变化范围为 0°~90°，常用 R 表示，并注明直线所在象限，如图 GYSD00601004-16 所示，$R_{OA} = 北东 60°36'$（或 N60°36'E），$R_{OB} = 南东 43°23'$（或 S43°23'E）。

图 GYSD00601004-15 方位角

图 GYSD00601004-16 象限角

坐标方位角和象限角是表示直线方向的两种不同的方法，两者之间既有区别又有联系，其换算关系见表 GYSD00601004-1。

表 GYSD00601004-1　　　　　　　　　　坐标方位角与象限角换算表

直 线 方 向	由 α 推算 R	由 R 推算 α
北东（NE）第 I 象限	$R = \alpha$	$\alpha = R$
南东（SE）第 II 象限	$R = 180° - \alpha$	$\alpha = 180° - R$
南西（SW）第 III 象限	$R = \alpha - 180°$	$\alpha = 180° + R$
北东（NW）第 IV 象限	$R = 360° - \alpha$	$\alpha = 360° - R$

【思考与练习】

1．在距离测量时，为什么要定线？目估定线和经纬仪定线各适用什么情况？

2．完成表 GYSD00601004-2 中视距测量的各项计算。

表 GYSD00601004-2　　　　　　　　　　视 距 测 量 记 录 计 算

测站 __A__　　仪器高 $i = \underline{1.48m}$　　$\alpha_L = \underline{90° - L}$　　测站高程 $H_0 = \underline{162.385m}$

测点	尺 读 数				竖盘读数 L	竖直角 α	水平距离 D	高差 h	高程 H	备 注
	下丝	上丝	尺间距 l	中丝 v						
1	2.264	0.700		1.480	97°12′40″					
2	2.003	0.960		1.480	85°50′24″					
3	2.343			1.800	105°44′36″					上丝无法读数
4	2.201	0.600		1.400	85°37′12″					

3．解释下列名词：真子午线；磁子午线方向；方位角；象限角；坐标方位角。

4．简述横基尺视差法的测量方法、使用情况和观测方法。如在 B 点安置长度为 2m 的横基尺，在 A 点安置经纬仪，使横基尺垂直 AB，测得视差角 2°15′54″，问 AB 间的水平距离为多少？

5．什么叫直线定向？直线定向有哪几种标准方向？

6．已知 A 点磁偏角为 16′，AB 直线的磁方位角 145°30′，求 AB 直线的真方位角，并绘图表示。

第十四章　输电线路的专业测量

模块 1　架空输电线路设计测量简介（GYSD00602001）

【模块描述】本模块包含线路路径方案的选择、定线量距、交叉跨越测量、视距断面测量、杆塔定位。通过操作过程介绍，案例讲解，了解线路路径方案的选择的程序和要求，掌握线路定线量距、交叉跨越测量、视距断面测量、杆塔定位的方法。

【正文】

架空输电线路（以下简称线路）勘测设计是一种综合性的技术工作，它包括：测量、水文、地质、电气、土建等专业。在线路测量时，各专业人员要配合进行，测量是其中的一个主要部分。

一、线路路径方案的选择

线路路径的选择是线路勘测设计工作的一个重要环节。需要全面考虑线路路径与国家、部门和其他建设项目相互地理位置之间的合理关系，同时还要研究比较线路所经地带的地形、水文、地质条件，在满足上述条件的情况下，选择距离最短和转角最少、施工方便、运行安全，便于维护的路径。其工作程序如下。

（一）室内选线

（1）根据线路规划建设的起始和终端地址，利用国家编绘的地区地形图或航摄像片，选择线路的走向。在选线的过程中，首先要考虑路径经过地带已有地上的和地下的建筑设施及各项工程的建设情况。如军事设施、城市规划、重要工矿区域、农林建设，以及地形、地质、水文、交通运输，原有的输配电线路和重要的通信设施等情况。

（2）选择的路径要求最短、转角和跨越较少、运行安全、线路施工及维护方便的几个初步方案。

（3）经过经济、技术及安全等方面的综合比较，最后确定一两个诸方面都比较优越的路径方案，并在地形图上标定出线路路径的走向和起止点及转角位置。

（二）实地勘察

（1）实地勘察是把地形图上最终选定的初步方案落实到现场，逐条逐项地察看并确定方案的可行性。

（2）在实地勘察中，用罗盘仪或经纬仪定出线路的起点、各个转角和终点的位置，并在线路路径上钉桩作为标记，留作复勘线路时的测量目标。

（3）对于大跨越点或其他重要位置点还要绘制平面图。对施工运输道路，线路所经的跨越物及线路运行后影响的主要通信线路，以及线路所经地带的地质、水文等情况进行详细的调查。

（4）对路径方案沿线受影响单位协商落实解决后，并经现场勘察证实路径方案的技术性可行时，则此路径方案才能正式确定。

（5）最后进行终勘定线量距、断面测量及杆塔定位等工作。

二、定线量距

路径方案确定之后，根据既定方案测定线路中线和转角位置，同时沿线钉桩、测距，最后测定线路中线的位置，作为断面测量的依据。

（一）定线

定线是测量线路起点、转角和终点间各线段的直线，一般采用下列方法：

（1）直接定线。直接定线可用重转法，如两点间不能透视时，可用等腰三角形或矩形法定线（参阅 GYSD00601004 内容）。

（2）坐标定线。线路在出发电厂或进出变电站，以及拥挤的工业区时，转角的位置往往提供坐标数据，可以根据附近控制点（三角点或导线点）的坐标数据反算出其方位角和距离，并用控制点测定线路转角桩的位置。

如图 GYSD00602001-1 所示，P_1、P_2 为已知的控制点，其方位角为 β。J_1、J_2 为要测设的点，从图中可以看出，$P_1 \sim J_1$ 的方位角

$$\varphi = \tan^{-1} \frac{y_1 - y}{x_1 - x} \qquad （GYSD00602001-1）$$

式中　x_1、y_1 ——J_1 的坐标；

　　　x、y ——P_1 的坐标。

图 GYSD00602001-1　坐标定线

根据已知的 $P_1 P_2$ 边的方位角 β 与 P_1 到 J_1 的方位角 φ，即可求出 $P_1 P_2$ 边与 $P_1 J_1$ 边的夹角 α

$$\alpha = 180° - (\beta - \varphi) \qquad （GYSD00602001-2）$$

P_1 到 J_1 的距离 s 可用下式求出

$$s = \frac{y_1 - y}{\sin \varphi} \qquad （GYSD00602001-3）$$

或

$$s = \sqrt{(x_1 - x)^2 + (y_1 - y)^2} \qquad （GYSD00602001-4）$$

定线时，仪器安置在 P_1 点上，后视 P_2 点，测出 α 角，量出 s 距离，即测定了 J_1 点的位置。如果已知 J_2 的坐标，依同法可测出 J_2 点。

例 GYSD00602001-1　如图 GYSD00602001-1 所示，已知 P_1 的坐标 $x = 500$m，$y = 1000$m，$P_1 P_2$ 边的方位角 $\beta = 120°$，J_1 的坐标 $x_1 = 800$m，$y = 1500$m。求 φ、α 和 s。

解　根据式（GYSD00602001-1）、式（GYSD00602001-2）和式（GYSD00602001-3），则

$$\varphi = \tan^{-1} \frac{y_1 - y}{x_1 - x} = \tan^{-1} \frac{1500 - 1000}{800 - 500} = \tan^{-1} 1.666$$

所以　　　　　　　　　　　　$\varphi = 59°02'$

$$\alpha = 180° - (\beta - \varphi) = 180° - (120° - 59°02') = 119°02'$$

$$s = \frac{y_1 - y}{\sin \varphi} = \frac{1500 - 1000}{\sin 59°02'} = \frac{500}{0.85747} = 583.11 \quad （m）$$

（二）钉标桩

定线测量中的观测点及观测目标点都需钉桩，一般都是用木桩。直线桩记以"Z"标志，并从送电侧的第一个直线桩起顺序编号，即为本线路的直线控制桩。有的直线桩位的本身就是杆位桩，则此直线桩仍按直线桩序号编排，而它又按杆位桩顺序排号，如 Z_2 号直线桩位的杆位桩编号为 2 号；转角桩以"J"标记并顺序编号，测站桩以"C"标记等。

直线桩应尽量设在便于安置仪器及作平断面测量的位置。杆位桩尤其是转角桩，应牢固钉立在能较长期保存处。

（三）测角

直线桩和转角桩的水平角以测回法（参阅 GYSD00601003 内容）观测一个测回，取其平均值。

图 GYSD00602001-2　线路转角

线路的转角含义不是指转角点两侧线路方向之间的水平夹角，而是指在转角点的线路前进方向与原线路的延长线方向之间的水平夹角，如图 GYSD00602001-2 所示。转角 α 折向原线路延长线的左边，称为左转 α 角度；α 角在延长线的右边，称为右转 α 角度。

线路转角 α 的测量方法是将仪器安置在转角的顶点，如图 GYSD00602001-2 中 J_2 桩上，以线路后视方向的直线桩（见图 GYSD00602001-2 中 Z_1）

为依据，用测水平角的一测回法按转角的设计数据进行观测，测定出自转角点起的线路前进方向。

（四）距离及高差测量

距离及高差测量亦称控制测量，既要测出各桩位间的水平距离，又要测出它们之间的高差。一般是用视距法测量，视距的长度在平地时，应不超过 400m；在丘陵地带应不超过 600m；在山区应不超过 800m。当透视条件不好时，还应适当减少视距长度或停止观测。如用视距法有困难时，可用三角分析法及视差法（以上各法参阅 GYSD00601004 内容）以及横基线法等法测量。

三、交叉跨越测量

线路与送配电线、弱电线（指电报、电话、有线广播、铁路信号等线路）、铁路、公路、架空管索道、通航河流等交叉跨越时，必须进行交叉跨越测量，作为线路设计参考，以免互相影响。线路跨越任何被跨越物时，都要测量线路与被跨越物的交叉角，以及被跨越物的标高。

图 GYSD00602001-3　与铁路交叉跨越测量

（1）线路跨越铁路时，应测量线路中线与铁路中线的交叉角。测法如图 GYSD00602001-3 所示，把仪器安置在线路与铁路中线的交叉点 M 上，望远镜视线瞄准线路中线，读出水平度盘读数设为 5°20′；然后使望远镜瞄准铁路中线，水平度盘读数设为 74°30′，则两线路中线的交叉角 $\alpha = 74°30′ - 5°20′ = 69°10′$。同时测出铁路轨面的标高。

（2）线路跨越河流时，应有历年最高洪水位标高、常年洪水位标高、航道位置及各种水工建筑物的位置。

（3）线路跨越送配电线或弱电线时，除测线路与被跨越中线的交叉角之外，还要测送电线的避雷线及配电线、弱电线的标高。

如图 GYSD00602001-4 所示，线路跨越送电线时，测避雷线的标高。把仪器安置在新建输电线路中线 N 点上，把视距尺立于两线路的交叉点 M，用视距法测 MN 间的水平距离 D，旋平望远镜对准视距尺，读出中线尺上读数 R，然后使望远镜瞄准避雷线测出竖直角 α，则避雷线的标高

$$H = H' + D\tan\alpha + R \qquad\qquad （GYSD00602001-5）$$

式中　H'——交叉点 M 的标高。

图 GYSD00602001-4　与电力线路交叉跨越测量

例 GYSD00602001-2　如图 GYSD00602001-4 所示，设测得 $D = 40$m，$\alpha = 18°32′$，$R = 1.6$，$H' = 125$m。求避雷线的标高 H。

解　按式（GYSD00602001-5）计算，避雷线的标高为

$$H = H' + D\tan\alpha + R = 125 + 40\tan18°32′ + 1.6 = 140.01 （m）$$

必须指出，当被跨避雷线的左、右边存在高差时，尚需测出线路边线与避雷线较高侧交叉的标高；同理，当线路是穿过原线路时，应测出本线路的避雷线与原架空线最低导线交叉点的标高。

还必须指出，当新建线路完工后且试运行之前，需对跨越输配电线路、重要通信线路及铁路和公路、架空管索道等主要交叉跨越处的实际垂直高度按交叉跨越的施测方法进行实测，并按当时实测的数据，换算出在最高气温时导线的最大弧垂对被跨物的最小垂直距离；还需校核该垂直距离是否符合

规定的电压等级电气距离的要求。

四、视距断面测量

输电线路断面测量是在线路定线及控制测量工作完成之后，还要对沿线路通道进行平断面测量，即沿线路中线及两边线方向或线路垂直方向测出各地形变化点的高度和距离。测量的目的是掌握线路通道内的地物、地貌情况及分布位置，利用这些技术资料确定杆塔的地面位置及架空导线的对地安全电气距离，为线路施工提供切实的技术经济资料，同时也为本线路工程的整体造价提供了比较精确的概算条件。

（一）平面测量

线路的平面测量就是采用仪器或目测，把线路两侧各 50m 内的一切建筑设施、经济作物、自然地物以及与线路平行接近的弱电线路和其他被跨越物，按实际情况测出其范围和相对的平面位置。

（二）断面测量

沿线路方向或与线路垂直方向，测出各地形特征变化点的高度和距离，相应地反映出该线路的地形起伏变化大概形状，这种测量称之为线路的视距断面测量。沿线路中线方向测量出各点地形变化形状的测量，称为纵断面测量；沿线路中线的垂直方向测量各点地形变化形状的测量，称为横断面测量。

断面测量在精度要求较高的测量中，通常都是采用水准仪来测定，架空输电线路的断面测量，主要是为了测定出地物、地貌特征点与送电导线间的电气安全距离，因此对水准的精度要求不高。所以，使用经纬仪按视距法测定线路断面，不但速度快，而且在精度方面也能满足线路测量的技术要求。

1. 纵断面测量

纵断面测量的目的是为了绘制纵断面图，用以确定杆塔的高度及它的地面位置，鉴定导线对地、对被跨物的弧垂是否符合规定的电气安全距离。纵断面测量包括选择断面点和对断面点施测两个步骤。

（1）第一步：选择断面点。断面观测点越多，绘制出来的断面图就越能接近地反映线路地形起伏变化的真实形状。由纵断面测量的目的可知，断面测量是为了排定杆位而施测的，因此，对于地形无明显变化或明显不能确定杆位的地面点以及那些对导线弧垂无关影响的地面点，可完全不考虑施测。只需选择那些对导线弧垂有影响，同时又能反映地形变化特征的地面点，以及被跨物及各种工程设施等在线路中心线上的地面位置及标高进行视距纵断面测量，尤其是与导线对地距离有密切影响的地段，更应适当地加密选择中导线或边导线的断面施测点。

（2）第二步：对断面点的施侧，如图 GYSD00602001-5 所示，用数字标注的点及直线桩位 Z，都是断面施测点。其施测方法及操作步骤如下。

图 GYSD00602001-5　纵断面测量

1）标定测量方向。将经纬仪安置在 J_2 桩位上，量出仪高 i；依线路后视直线桩为依据，测定出线路的前进方向，观测员指挥司尺人员立标志杆于 Z_{11} 处，定出测量方向。

2）测断面点，在上述固定的望远镜视线方向上，观测员指挥司尺员于图中断面点 1 上竖立视距尺；然后用视距测量方法测量 J_2 和点 1 的视距、竖直角读数，并把观测值记录于视距断面记录表（见表 GYSD00602001-1）中。再依同样方法观测图 GYSD00602001-5 中点 2 和点 Z_{11}，并把观测值记录于表 GYSD00602001-1 中。

3）将仪器移至桩 Z_{11} 位上安置，以后视桩 J_2 为依据测定出线路的前进方向，按上述 1）、2）操作方法施测 $Z_{11} \sim Z_{12}$ 桩间的地形变化特征点，并将观测值记录于表 GYSD00602001-1 中。

4）根据在观测站对各断面点的观测记录，计算出观测站与断面点间的水平距离、高差及标高，并填写于表 GYSD00602001-1 中。

5）绘制纵断面图。输电线路测量中，为了使排定杆位的工作顺利进行，往往都采用方格纸绘图。以方格纸的纵线代表断面点的标高，横线代表断面点间的水平距离，为了突出地形变化的特点，纵坐标通常用 1:500、横坐标用 1:5 000 的比例绘制断面图，这样，在同一张图上就更能突出地形的变化情况。

表 GYSD00602001-1 　　　　　　　　　视 距 断 面 记 录

单位：m　　测站高度：$H=100$

测站仪高	测点	上丝读数 下丝读数	视距间隔	竖直角读数 °	′	″	平均竖直角 °	′	″	水平距离	亘长	初算高差	中丝读数	高差	标高	备注
$\dfrac{J_2}{1.5}$	1	1.76 1.24	0.52	96	12	20										
	1	1.76 1.24	0.52	263	48	00	6	12	10	51.39	51.39	−5.58	1.5	−5.58	94.42	
	2	2.07 1.13	0.94	85	30	10										
	2	2.07 1.13	0.94	274	30	10	4	30	00	93.42	93.42	7.35	1.6	7.25	107.25	
	Z_{11}	2.20 0.80	1.40	83	24	40										
	Z_{11}	2.20 0.80	1.40	276	35	10	6	35	15	138.16	138.16	15.95	1.5	15.95	115.95	
$\dfrac{Z_{11}}{1.6}$	(1)	1.635 1.575	0.06							6.0			0.6	1.0	116.95	左边线
	(1)	1.635 1.575	0.06													
	1	4.775 4.225	0.55							55	139.20		4.5	−2.9	113.05	
	1	4.775 4.225	0.55													
	2	2.23 0.90	1.40	85	40	00										
	2	2.23 0.90	1.40	274	20	10	4	20	5	139.20	277.36	10.54	1.6	10.54	126.49	
	Z_{11}	3.20 1.60	1.60	83	28	00										
	Z_{11}	3.20 1.60	1.60	276	32	00	6	32	00	157.94	296.1	18.08	2.4	17.28	133.23	

图 GYSD00602001-6　输电线路纵断面图

根据表 GYSD00602001-1 中填写的计算结果，用规定的比例在纵断面图上定出各断面点的位置，并用连线将它们连接起来，即为输电线路的纵断面图，如图 GYSD00602001-6 所示。

对线路中心断面测量时，当导线的边线断面比中线断面高出 0.5m 时，还应根据设计确定的边线间距进行边线断面的测量，必须对该边线断面进行测绘。

2. 横断面测量

横断面测量是考虑架空线的两边导线的安全对地距离以及杆塔基础的施工基面是否符合架空输电线路技术规范的要求。当线路通过高出中线和边线的陡坎或陡坡附近时，应根据情况测量风偏横断面或风偏点。

横断面测量和纵断面测量的施测方法相同，仍将仪器安置在线路的中心线上，测量线路垂直方向上各断面点间的距离及各点的标高。

横断面图的画法及比例尺的用法均与纵断面图相同。并且，横断面图也画在纵断面图上，其断面点连线在纵断面图连线的上、下方画出，横断面的中线应与施测点纵断面的中线同在一条竖线上。为了分辨两边导线的断面图，左边导线采用的图线为点划线；右边导线采用虚线。

五、杆塔定位

杆塔定位是把杆塔的位置测设到已经选好的线路中线上，并钉立杆塔桩作为标志。

定位的基本方法是，当测绘完几个耐张段或全线路的断面图时，首先在图上定位。而后将图上的杆塔位置测设到线路中线上。

（一）图上定位

图 GYSD00602001-7 是在现场测绘的平断面图。图上已表示了线路直线（Z）、转角（J）、测站（C）和交叉跨越点（JC）等桩间的距离和断面高程以及其平面位置，图中的杆塔位置、档距和每档内导线的对地安全线。

图 GYSD00602001-7　输电线路平断面图

Σl—耐张段长度；l_0—代表档距

定位时，估计代表档距，选用相应的弧垂模板（根据代表档距、弧垂预先做好的透明模板）；在断面图上比拟出杆塔的大概位置，观察模板上导线对地的安全线与地面距离，以及导线弧垂曲线对被跨物的垂直距离是否符合技术规范的要求，还要选用适当的塔型。最大限度地利用杆塔强度配置适当的档距，同时要考虑施工、运行的方便与安全。在满足上列要求时，在图上确定位置。

（二）现场定位

在图上定位以后，再到现场把图上的杆塔位置测设到线路中线上，并要进行实地检查验证，如杆塔所定位置都符合定位原则并满足技术要求时，即钉杆塔中心桩、塔号桩。然后对塔位、档距、高程、施工基面等进行测量，最后将塔位、塔高、弧垂曲线、杆型、杆位序号与档距、代表档距以及线路的里程等都标注在断面图上，这就是输电线路的平断面图，如图 GYSD00602001-7 所示，它是线路设计测量的工作总线，也是线路施工部门必须的技术资料。

现将某线路工程部分平断面图（见图 GYSD00602001-7 及图 GYSD00602001-8）作为例子进行说明。

1. 内容说明

（1）纵断面图。纵断面图绘制比例一般采用纵 1:500，横 1:5000。要求测出定线组所订标桩。各断面点、交叉物等的平距及高程，并将它们反映在图上，作为排定杆位的主要依据。

图中标桩有直线桩、交叉桩及转角桩。直线桩钉于路径中心线上，是找寻路径方向的依据，代号为 Z 加上脚注编号。交叉桩钉于被交叉物（如公路、铁路、电力线、通信线等）地面与本线路中心线交点处，代号为 C 加上脚注编号。转角桩钉于线路转角点处，为转角杆塔或直线兼转角杆塔桩位，代号为 J 加上脚注编号。如图 GYSD00602001-7 中 Z_{12} 代表直线桩，编号为 12，其相对平距为 6050m（表示为 B60+50），相对高程为 79.00m。

（2）横断面图。当垂直线路方向地面坡度大于 1:5 或起伏不规则时，应测绘出横断面图，作为校验最大风偏时导线对地安全距离的依据，绘制比例采用纵断面纵向比例，一般为 1:500。图 GYSD00602001-8 为横断面图。

（3）平面图。与纵断面图上下对应，将线路中心展为直线，测出中心左右各 50m 范围内地形地物，对线路有影响的地物，如房屋、铁路、河流、公路、池塘、树木等，均应画在平面图上，在转角桩处画上一个箭头，表示转角方向，并注明转角度数。如图 GYSD00602001-7 中 J_1 号塔的转角为左转 15°12′。

2. 标桩及其他

（1）标桩。

杆塔里程桩：沿线路用百米里程桩表示，桩上应有编号及里程数，如 B50+50。

图 GYSD00602001-8 线路横断面及平面图

直线桩：沿线路直线上钉的桩，两转角之间所有桩都在一条直线上，测量中经纬仪都支在直线桩上。

杆（塔）位桩：表示杆塔位置的桩，上面应写上杆（塔）号。

交叉桩：在被跨越物与本线路中心线交叉处钉的桩。

辅助桩：上述桩在工作上不能满足要求时需补钉的桩，如转角延长线上钉的桩。

转角桩：线路转角处钉的桩。由于横担有一定宽度，施工前需在内角平分线上钉上位移桩，作为转角杆塔（或直线兼转角杆塔）结构中心，位移尺寸根据杆塔结构及实际转角计算。

各种标桩名称及图形见表 GYSD00602001-2。

表 GYSD00602001-2 平断面图标桩名称及其图形

名 称	图 形	名 称	图 形	名 称	图 形
直线桩		铁 路		河 流	
转角桩		公 路		堤 坝	
加 桩		大车道		浅 滩	
左边线		人行小道		干 沟	
右边线		电力线		稻 田	
风偏断面		通信线		果 园	

（2）其他。

标高是指地面点投影到大地水准面的铅垂距离，简称高程。可以通过地面各点标高来确定它们之间的相对高差。

里程是指由起点开始算，每 100m 标注一个数字，如 100m 处标注为 1，200m 处标注为 2…，以此类推。由此可找出纵断面图或平面图上某一点与起点的水平距离。

塔位标高反映出杆位处地面（如有基面下降应扣除）的水准高度。

塔位里程反映出杆位处与起点的水平距离，相邻杆位里程差值即为相邻杆位间的档距。

档距，相邻杆塔中心线间的水平距离。

耐张段长度 Σl：两基耐张杆塔间各个档距组成的总体叫做耐张段，一个耐张段内各个档距长度之和叫做耐张段长度，用 Σl 表示。

代表档距 l_0：同一耐张段内各个档距并不相等。架线时各个档距架空线（包括导线、避雷线）张力相等，当气温变化时架空线张力发生变化且使各个档距张力变化后不相等，这时直线杆塔悬垂绝缘子串因张力差而顺线路方向发生倾斜。架线时选择一个张力差较小的档距进行施工，这个档距就叫做代表档距或规律档距。

【思考与练习】

1．怎样测量桩间的距离及高差？

2．如何进行交叉跨越测量？

3．如何进行断面测量？

4．什么情况需要测量横断面？为什么？测量范围有何要求？

5．什么叫杆塔定位？如何进行杆塔的定位？

6．线路平断面图中有哪些内容？

模块 2　输电线路复测和分坑（GYSD00602002）

【模块描述】本模块包含线路杆塔桩复测、杆塔基础的分坑、拉线基础分坑和拉线长度的计算、施工基准面的测定。通过概念描述和操作过程讲解，掌握线路杆塔桩复测、杆塔基础的分坑、拉线基础分坑和拉线长度的计算、施工基准面的测定方法。

【正文】

一、线路杆塔桩复测

输电线路杆塔基础的位置是根据设计部门测定的杆塔桩来确定的。杆塔桩位、档距等的误差不许超过允许范围。但线路在勘测设计工作结束，到开始施工这个期间，往往因施工前各项准备工作要间隔一段时间。在这段时间里，时常因受外界影响发生杆塔桩偏移或丢桩等情况。所以在开工伊始，要会同原设计部门对线路上各杆塔桩及杆塔桩间的档距进行一次全面复测。在复测过程中，如发现档距与原设计数据不符，或杆塔桩偏移、丢桩等情况，应与设计部门研究校正档距、桩位、补钉丢失桩，然后开始施工。

（一）直线杆塔桩复测

直线杆塔桩复测，以直线桩为基准，用重转法（见 GYSD00601004 内容）亦即正倒镜分中法来复测。如图 GYSD00602002-1（a）所示，Z_1、Z_2 为直线桩，5# 为直线杆塔桩。把仪器置于 Z_2 桩上，先用正镜后视 Z_1 桩上的标杆，然后竖转望远镜前视 5# 桩侧测得一点 A；望远镜沿水平方向旋转，仍瞄准 Z_1（此时为倒镜），再竖转望远镜前视 5# 桩侧测得一点 B，量出 AB 之中点 C，如 C 点恰与 5# 桩重合，则说明该直线杆塔桩是正确的。如不重合时，量出 C 至 5# 桩间的水平距离 D，D 即为杆塔桩横线偏移值，D 值一般要求应不大于 50mm（应按技术规范之规定），如不超过此限度，则认为合格；如超过时，应将杆塔桩移至 C 点上，以 C 点为改正后的杆塔桩位。

另一种方法是用测水平角的测回法来确定，如图 GYSD00602002-1（b）所示。图中 Z_2、Z_3 为直线桩，5# 为直线杆塔中心桩。将仪器安置在 5# 桩上，依据后视 Z_2 桩为基准，复核盘左、盘右测水平角

∠"$Z_2 5^\# Z_3$"的平均角度值是否为 180°。如实测水平角平均值在 180°±1′以内时，则认为杆塔中心桩 $5^\#$是在线路的中心线上；而实测的水平角平均值超过 180°±1′时，则杆塔中心桩位置发生了偏移，根据角度和桩间距离可计算出偏移值。如横线路方向偏移值超出允许值，需采用正、倒镜分中法予以纠正。

图 GYSD00602002-1　直线杆塔桩复测方法

（a）重转法；（b）测回法

（二）转角杆塔桩复测

转角杆塔桩复测，是复查转角的角度值是否与原设计的角度值相符合。如图 GYSD00602002-2 所示，仪器安置在转角桩 J_2 上，后视转角桩为 Z_5（如相距远不能后视为 Z_5，亦可后视中间直线桩），前视转角桩为 Z_6（或其间直线桩），测其右角 β，用测回法测一个测回。如测得的角度值与原设计的角度值之差不大于 1′30″（应按技术规范之规定），则认为合格；如大于 1′30″，则应慎重复测以求得正确的角度值，而后与设计单位研究改正原设计角度。

图 GYSD00602002-2　转角杆塔桩复测方法

这里有一点要说明，输电线路所说的转角杆塔桩的转角角度，是指转角桩的前一直线的延长线和后一直线（线路进行方向）的夹角（如图 GYSD00602002-2 所示）。这个角在前一直线延长线左面的角叫做左转角，在右面的角叫做右转角。图 GYSD00602002-2 中 α 角就是线路的左转角。要以这个角度值和原设计的角度值相对比，以判定角度是否正确。

（三）档距和标高的复测

线路塔位桩间的档距和标高要用视距法进行复测。特别是对相邻杆塔间有凸起地形和交叉跨越物（如铁路、电力线、通航河流等）时，就必须进行复测，以防止原测量成果有错误或误差较大。若在竣工后发现导线对地、对被跨越物安全距离不符合规定标准，会造成返工浪费。例如，导线对地安全距离不够，就要挖掉大量土方，导线对其他被跨越物安全距离不够，无论是改变本线路设计，还是要改建被跨越物，都会造成很大的损失，所以说这项复测是很有必要的。

下面举例说明复测的方法。

如图 GYSD00602002-3 所示，A、B 杆塔桩之间有一个地形凸起点 C（这个点通常叫做危险点，因为它与导线弧垂接近）。要测 A、B、C 三点之标高和距离。其测法是，将仪器安置在 A 桩（也可安置在 C 点）上，量出仪器高 i，使望远镜瞄准 B 桩上标杆（如不能透视 B 桩时；也可以其间直线桩标定仪器方向），指挥司尺员沿视线方向立尺于 C 点上，望远镜十字横线对准视距尺读数 v（使 v 等于 i）。用正、倒镜先后测出竖直角和尺间隔的平均值。设竖直角为 +5°20′，尺间隔为 1.03m（即上下丝之间距离）。

图 GYSD00602002-3　档距和标高的复测

则 A、C 两点间的水平距离为 $D=Kl\cos^2\alpha=100\times1.03\times\cos^2 5°20'=102.1$（m），$A$、$C$ 两点的高差为 $h=D\tan\alpha=102.1\times\tan 5°20'=9.53$（m）。

如 A 桩标高为 126.5m，则 C 点的标高为 $126.5+9.53=136.03$（m）。

再将仪器移到 C 点上，在 B 桩上立尺，依同法观测，设测得的平均竖直角为 $-8°16'$，尺间隔为 0.83m，则 C、B 两点的水平距离为 $D=100\times0.83\times\cos^2 8°16'=81.28m$，高差为 $h=81.28\times\tan 8°16'=11.81$（m）。已知 C 点复测后的标高为 136.03m，C、B 两点高差为 $-11.81m$，则 B 桩复测后的标高为 $136.03-11.81=124.22$（m）。A、B 桩间复测后的档距为 $102.1+81.28=183.38$（m）。

根据复测后各桩间的档距和标高与原设计数据相比较，档距误差一般要求应不大于设计档距的 1%，高差应不超过 $\pm0.5m$。如超过允许规范，应与设计单位会同处理。

（四）丢桩补测

补桩有两种情况：一是由于设计测量到施工测量要经过一段时间，因外界影响，当杆塔桩丢失或移位时，需要补桩测量，称为丢桩补测；二是设计时某杆塔位桩由某控制桩位移得到，如 5# 的杆塔位置为 Z_5+30，即 5# 的位置由 Z_5 桩前视 30m 定位，这也需要复测时补桩测量，称为位移补桩。补桩测量应根据塔位明细表、平断面图上原设计的桩间距离、档距、转角度数进行补测钉桩，并按现行的 DL/T 5076—2008《220kV 及以下架空送电线路勘测技术规程》进行观测。

1. 丢桩补测

（1）补直线桩。直线桩丢失或被移动，应根据线路断面图上原设计的桩间距离，用正、倒镜分中延长直线法测定补桩。

（2）补直线杆塔位桩。直线杆塔位中心桩丢失或被移动，也应按线路杆塔明细表、平断面图上原设计的档距，采用正、倒镜分中延长直线法测量补桩。

（3）补转角杆塔位桩。当个别转角杆塔位丢桩后，应做补桩测量，施测方法如图 GYSD00602002-4 所示。设图中 J_2 为丢失的转角桩，将仪器安置于 Z_5 桩上，以后视 Z_4 为依据标定线路方向，采用正、倒镜分中延长直线的方法，根据设计图纸提供的桩间距离，在望远镜的前视方向上，J_2 的前后分别钉 A、B 两个临时木桩，并钉上小铁钉。再将仪器移至直线桩 Z_6 上安置，以前视直线桩 Z_7 为依据，依上述同法，分钉立 C、D 临时木桩。

图 GYSD00602002-4 补转角杆塔位桩的测量

四个临时木桩应选在丢失的转角桩 J_2 附近，钉桩高度适中。然后用细线分别扎在 A、B 和 C、D 上小铁钉上，并且拉紧扎牢，AB 与 CD 两线相交点即为转角桩中心位置，补钉上 J_2 转角桩，再用垂球线沿交点放下，垂球尖对准桩面的点，钉上小铁钉标记，则完成补转角桩测量。

若补测的转角桩 J_2 周围地形较平，且仪器安置在 Z_6 直线桩时，通过望远镜能清楚看到 A、B 两钉连接的细线，也可不钉 C、D 临时木桩，用望远镜十字丝与 A、B 细线的交点直接钉木桩和钉小铁钉。

2. 位移补桩

位移杆塔位中心桩绝大部分都是直线杆塔位桩，但是，当线路位于规划区，路径由规划确定情况下，遇到水塘等在设计测量时无法钉立转角杆塔位桩时，设计通过两线段来计算转角交点或规划提供杆塔位坐标，也需通过位移确定转角杆塔位桩。施测时根据线路杆塔明细表、平断面图上的设计位移值，采用正、倒镜分中延长直线法测量补桩。测量方法与上述补直线杆塔位桩和补转角杆塔位桩相同。

（五）钉辅助桩

当线路杆塔中心桩复测确定后，应及时在杆塔中心桩的纵向及横向钉立辅助桩。钉立辅助桩的目的是以备施工时标定仪器的方向；当基础土方开挖施工或其他原因使杆塔中心桩覆盖、丢失或被移动时，可利用辅助桩位恢复杆塔位中心桩原来的位置；再则还可检查基础根开、杆塔组立质量，因此辅助桩被称为施工控制桩。

直线杆塔辅助桩的测钉方法如图 GYSD00602002-5 所示。将仪器安置在杆塔位中心桩上，用望远镜瞄准前后杆塔桩或直线桩，指挥在视线方向上，本杆塔桩位不远处的合适位置，钉立 A 辅助桩，倒镜视线上钉立 C 辅助桩，通常 A、C 称为顺线路或纵向辅助桩；然后将望远镜沿水平方向旋转 90°角，再在线路中心线垂直方向上钉立 B、D 两辅助桩，则称为横向辅助桩。

图 GYSD00602002-5　直线杆塔辅助桩的测钉

辅助桩的位置应根据地形情况和杆塔的高度而定，距杆塔中心桩一般为 20～30m。若地形较为平坦，其距离可选在大于杆塔高度。位置应选择在不易受碰动的地方为宜。当遇有特殊地形不便在杆塔桩两侧钉立桩时，也可以在同一侧钉两个桩（如图 GYSD00602002-5 中的 B′桩）。

（六）线路复测注意事项

线路复测是线路施工的第一道重要的工序，也是发现和纠正设计测量错误的重要环节，所以它关系到整个线路工程的质量。因此，在复测中应注意以下事项：

（1）在线路施工复测中使用的仪器和量具都必须经过检验和校正。

（2）在复测工作中，应先观察杆塔位桩是否稳固，有无松动现象，如有松动应先将杆塔位桩钉稳固后，再进行复测。

（3）复测后的杆塔位桩上，应清楚注记文字或符号，并涂与设计测量不同颜色来标识。以示区别和确认复测成果。

（4）废置无用的桩应拔掉，以免混淆。

（5）在城镇或交通频繁地区，在杆塔桩周围应钉保护桩，以防碰动或丢失。

二、杆塔的定位与基础分坑

（一）杆塔定位的方法和要求

（1）根据设计部门提供的线路平、断面图和杆塔明细表，核对现场导线桩，从始端杆桩位开始安置经纬仪，向前方逐基定位。

（2）经纬仪安置时要以桩顶圆钉中心对中，然后选择距离 500m 左右的方向桩上的圆钉，以后视或前视进行瞄准，再倒转镜筒 180°复核前、后视方向桩有无偏差，无误后即可定位。仪器偏差不应超过 3′。如果偏差过大，应检查原因，是否认错桩位或其他原因。

应注意安置仪器对中或前、后视竖立标杆，都必须以桩顶圆钉中心为准，不允许任意凭一般导线桩的中心为准，不允许瞄准最近的桩位去测远方杆塔，否则必有较大误差。

（3）根据杆塔明细表上注明的每基杆塔的导线桩号，到达现场先进行核对，再用皮尺量出应加减的尺寸（向前方为加，向后为减），即为该杆塔的中心桩位置，若现场导线桩遗失，可参考平、断面图上的距离复测。

（4）直线杆塔定位时，安放一次仪器，可以前、后视连续定位，待前方已看不清或地形有障碍时，再依上法向前移动仪器。

（5）每基杆塔除钉立主中心桩外，还必须同时钉必要的副桩，副桩距主桩的距离一般取 3～5m。在主桩的顶端两边用红漆注明杆号，在副桩顶端两边注上"副"字，表示与主桩区别，以免认错。

（6）直线杆塔定位如图 GYSD00602002-6、图 GYSD00602002-7 所示。图上主、副桩之间距离数字为参考数据，施工图另有规定时，应照施工定位图的规定。

图 GYSD00602002-6　直线单杆定位图

图 GYSD00602002-7　直线双杆及直线塔定位图

（7）转角杆塔定位时，将仪器安放在中心桩位置，瞄准转角前后两方向，依次钉好前后顺线路方向的副柱（通称顺线桩）。再根据转角度数，钉内侧角的二等分线分角桩，转角内侧合力方向的副柱，通称下风桩，外侧（受力反向）的副柱，通称上风桩。图 GYSD00602002-8 为转角杆塔定位图。图中 L_1、L_2、L_3 的距离，可参考表 GYSD00602002-1。

图 GYSD00602002-8　转角杆塔定位图

图 GYSD00602002-9　铁塔基础图

（a）正面图；（b）平面布置图

D—基础底面宽度；x—基础正面根开；y—基础

侧面根开；h—设计坑深

（8）转角杆塔应复测转角度数是否与原设计相同，若不符合时，应再复测前、后视桩位。如确非前、后视桩位所造成的偏差，并已超过 30′时，可根据前后各两个以上直线桩重行交角，重钉中心桩，并将新转角度记录上报。

（9）转角杆塔的中心位置，不允许有任何移动。直线杆塔定位时，如发现地形不利于立杆必须移位时，一般允许在顺线方向前后移动不超过 2m（110kV 线路为 5m）的范围内。若超过，应得到有关部门同意。

（10）每基杆塔定位以后，为了避免农作物等遮没木桩以致无法寻认，有条件时可在主桩（中心桩）旁插一面小旗，小旗上标明杆号与杆塔型代号。

（11）通常使用的杆塔型代号含义见表 GYSD00602002-2。

（12）每日定位的情况，应由定位负责人填写记录表格上报。

表 GYSD00602002-1　　转角杆塔定位桩的距离 m

杆塔种类		L_1	L_2	L_3
10kV	单、双杆	5	3	
	铁塔	8	5	5
35kV	单杆	5	3	
	双杆	10	5	5
	铁塔	15	5	5
110kV	单杆	10	5	
	双杆	15	10	10
	铁塔	20	12	12

表 GYSD00602002-2　　　　杆塔型代号

杆塔名称	代　号	杆塔名称	代　号
直线杆塔	Z	分支杆塔	F
耐张杆塔	N	钢筋混凝土杆	G
转角杆塔	J	铁　塔	T
终端杆塔	D	双回路	S
换位杆塔	H	拉线式铁塔	X

（二）杆塔基础的分坑

杆塔基础分坑测量，就是把杆塔基础坑的位置测设到线路指定的杆塔位上，并钉立木桩作为基坑开挖的依据。分坑测量包括分坑数据计算和坑位测量两个步骤。

1. 分坑数据计算

一条线路上有多种杆塔类型和基础形式，同一类型的杆塔，由于配置基础形式的不同，其分坑数据也不同，所以两者组合的分坑数据繁多。

分坑测量是依据施工图设计的线路杆塔（基础）明细表的杆塔类型，查取基础根开（相邻基础中心距离）与其配置的基础形式，获得基础底面宽和坑深。在坑口放样时，还需考虑基础施工中的操作裕度和基础开挖的安全坡度，从而计算出分坑测量的数据。图 GYSD00602002-9 所示是铁塔基础图的一种，图 GYSD00602002-9（a）为正面图；图 GYSD00602002-9（b）为平面布置图。

坑口尺寸是根据基础底面宽、坑深、坑底施工操作裕度以及安全坡度进行计算，如图 GYSD00602002-10 所示。坑口尺寸可通过下式计算

$$a = D + 2e + 2\eta h \qquad\qquad (\text{GYSD00602002-1})$$

式中　a——坑口放样尺寸；

　　　D——基础底面宽度，设基础底面为正方形；

　　　e——坑底施工操作裕度；

　　　η——安全坡度；

　　　h——设计坑深。

图 GYSD00602002-10 是一个铁塔板式基础的剖视图，图中 D 和 h 是基础施工图中分别给定的基础设计宽度和埋深，e 是为施工安装模板而增加的操作裕度，η 与土壤的安息角有关，也就是坑壁土坡稳定的安全坡度，根据不同的土壤性质和坑深，取值也不同。坑深在 3m 以内不加支撑的安全坡度 η 和操作裕度 e 可参考表 GYSD00602002-3 取值。

图 GYSD00602002-10　铁塔基础坑剖视图

表 GYSD00602002-3　　　　一般基坑开挖的安全坡度和施工操作裕度

土　壤　类　别	砂石、砾土、淤泥	砂质黏土	黏　土	坚　土
坡度系数 η	1:0.67	1:0.50	1:0.30	1:0.22
坑底施工操作裕度 e（m）	0.3	0.20	0.20	0.10～0.20

2. 用经纬仪分坑

使用经纬仪分坑方法，比较准确，并可同时对定线桩位进行校验或补桩。以下介绍用经纬仪对双杆及铁塔分坑的基本方式。

（1）带拉线直线双杆基础分坑如图 GYSD00602002-11 所示。

1）将仪器置于中心桩 O 点，对前后副桩进行瞄准。无前后副桩时，对前后方向桩，然后钉出顺线方向的副桩。

2）将仪器镜筒旋转 90°，从 O 点垂直线路方向量 $(L-a)/2$、$L/2$、$(L+a)/2$，得 A、B、C 三点在 B 点桩上钉圆钉，同时钉副桩及人字拉线坑位桩。

3）取 1.618a 线长，两端分别置于 A、C 两点，在距一端 $a/2$ 处拉紧线得点 M，这时线形 A、C、M 成为直角三角形；在距另一端 $a/2$ 处拉紧线得点 N，再反向另一面同样的方法得 P、Q。沿 $MNPQ$ 连线用石灰粉在地面上画白线，即得基坑的完整四边线，并依立杆方向画出马槽线。

图 GYSD00602002-11　带拉线双杆基础分坑

4）仪器镜筒向另一侧倒转 180°（即倒镜），即可钉另一边同样桩位，画出另一基坑。

5）将仪器移置于 B 点，对垂直线路方向瞄准以后，镜筒旋转 90°，钉出顺线方向前后的拉线坑位桩。拉线坑分坑见后文介绍的用皮尺分拉坑。

6）最后要核对图纸无误后，再用铁锹沿白粉线开挖。这时对施工不需要的木桩 A、B、C 等均可拔除。

（2）正方形铁塔基础分坑如图 GYSD00602002-12 所示。

图 GYSD00602002-12　正方形铁塔基础的分坑示意图

1）将仪器置于中心桩 O 点，与双杆同样钉出顺线方向的前后副桩。

2）镜筒旋转 90°，钉垂直线路的两边副桩。

3）镜筒回转到 45°钉副桩 C，在 OC 上取 $ON=0.707(x-a)$，$OM=0.707(x+a)$，得 M、N 两点。x 为坑心间距离，a 为基坑边长。

4）取 $2a$ 线长，将两端分别置于 M、N 两点，拉紧中心点即得 P 点，反方向即得 Q 点。

5）取石灰粉沿 $NPMQ$ 各点在地面上画白线，即得第三只基坑。

6）镜筒反转 180°，即可用同样方法得第一只塔基。

7）再以镜筒右转 90°，同样可在地面上画出第二只基坑；镜筒反转 180°即可画出第四只基坑。

8）最后复核图纸及整个塔基尺寸完全正确无误之后，用铁锹沿白线挖土。

分开式铁塔基础的顺序，通常以面向前进方向，左边的后方为第一只，依次顺时针方向左前方为第二只，右边前方为第三只，右后方为第四只。

（3）矩形铁塔基础分坑如图 GYSD00602002-13 所示。

1）将仪器置于中心桩 O 点，瞄准前、后视，钉下 A、B 桩，使 $AO=BO=(x+y)/2$。x、y 分别为不同的矩形坑长边与短边坑心间的距离。

2）将仪器镜筒旋转 90°，钉 C、D 桩，同样使 $CO=DO=(x+y)/2$。

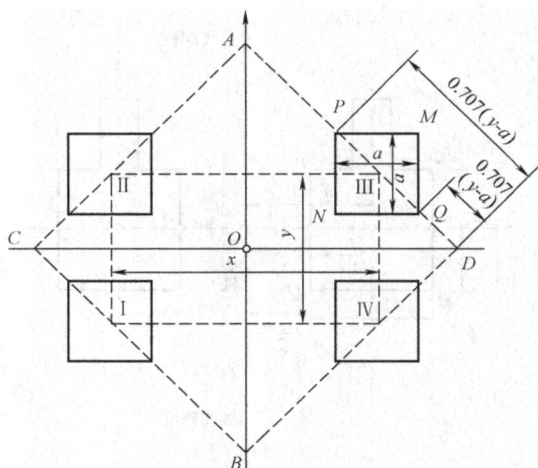

图 GYSD00602002-13 矩形铁塔基础分坑示意图

3）将仪器移置于 A 点，瞄准 D 点即得 AD 线，在此线上量取 $PD = 0.707(y + a)$，$QD = 0.707(y - a)$，得 P、Q 两点。a 为基坑边长。

4）取 $2a$ 线长，将两端分别置于 P、Q 两点，拉紧线的中点即得 M 点，反方向即得 N 点。

5）取石灰粉沿 $NPMQ$ 在地面上画白线，即得第三只基坑。

6）将仪器镜筒从 D 点旋转 $90°$，可观测到 C 点，同样从 AC 线上可以画出第二只基坑白粉线。

7）将仪器置于 B 点，依同样方法划第一只和第四只基坑。

8）复核图纸及整个塔基尺寸，完全正确无误后，用铁锹沿粉线在四周挖土。

9）在 AD 线上，若自 A 点开始量取 P、Q 两点，使 $AP = 0.707(x - a)$，$AQ = 0.707(x + a)$，同样可得基坑的四角 $NPMQ$。从 B 点起量亦相同。

（4）不等高塔腿的基础分坑。当塔基在坡地时，短腿之间的根开为 b_1，长腿之间的根开为 b_3，短腿与长腿之间的根开为 $b_2 = (b_1 + b_3)/2$，基础坑口宽度为 a，b_1 小于 b_3，如图 GYSD00602002-14 所示。

分坑前首先计算以下各值

$$F_1 = 0.707(b_3 + a), \quad F_2 = 0.707(b_3 - a), \quad F_0 = 0.707b_3.$$

$$F_1' = 0.707(b_1 + a), \quad F_2' = 0.707(b_1 - a), \quad F_0' = 0.707b_1.$$

将经纬仪置于 O 点，调好后前视线路方向的前一个中心桩，顺时针方向转 $45°$，在此方向线上定出 C 点。倒镜定出 A 点。再逆时针转 $90°$，在此方向定出 D 点，倒镜定出 B 点。在 OC 方向线上从 O 点起量出水平距离 F_2 得点 1，再量出水平距离 F_1 得点 3。取 $2a$ 线长，使其两端分别与点 1、点 3 重合，在线的中点把线向一侧拉紧得点 2，再向另一侧拉紧得点 4，如图 GYSD00602002-14（b）所示。

同样在 OD 方向线上量出 D 坑口的四个角顶。

在 OB 方向线上从 O 点起量出水平距离 F_2' 得点 4，再量出水平距离 F_1' 得点 2。取 $2a$ 线长，得出点 1 和点 3。

图 GYSD00602002-14 不等高塔腿基础分坑示意图
（a）不等高塔腿；（b）不等高基础分坑示意图

同样在 OA 方向线上量出 A 坑口的四个角顶。

（5）转角杆塔基础的分坑。转角杆塔的杆塔位桩有两种形式：一种是杆塔位中心桩即是转角杆塔的杆塔位桩，称为无位移转角杆塔；另一种是杆塔位中心桩不是转角杆塔的杆塔位桩，转角杆塔位桩与杆塔位中心桩之间有一段距离，称为有位移转角杆塔。这两种杆塔的分坑测量的方法不尽相同，下面简要介绍它们的施测方法。

1）无位移转角杆塔基础的分坑测量。如图 GYSD00602002-15 所示是一基右转角无位移转角塔的示意图，其转角值设为 α。分坑测量方法如下：

①在线路转角 α 的角平分线上通过塔位桩 O 点测定出两条 A、B 和 C、D 相互垂直的线，以这两条相互垂直的线作为分坑的基准线。

②将仪器安置在转角塔位中心桩 O 点上，望远镜瞄准线路前视或后视方向的杆塔桩或直线桩，同时将水平度盘调至整 $0°$ 位置，即置零。然后顺时针或逆时针旋转照准部，测出（$180° - \alpha$）$/2$ 水平角，沿视线方向钉 D 辅助桩，倒转望远镜钉 C 辅助桩；再使望远镜水平旋转 $90°$ 角［此时水平度盘角值为（$180° - \alpha$）$/2 + 90°$］，沿正、倒视线方向钉 A、B 辅助桩。转角塔一般为等根开等坑口宽度，因此，接下来按直线塔基础分坑方法进行测量。

2）有位移转角杆塔基础的分坑测量。杆塔的位移是由于转角、横担宽度、不等长横担以及直线杆塔换位

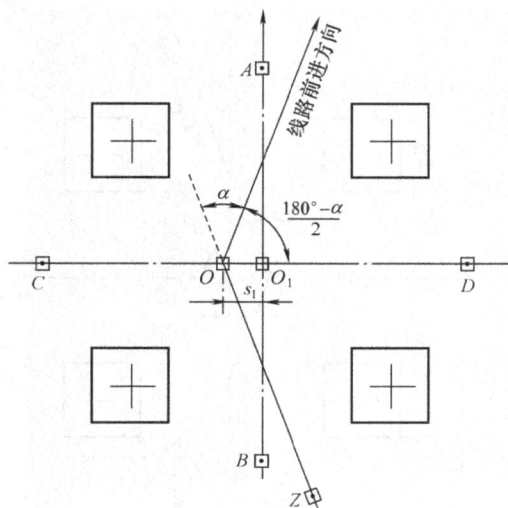

图 GYSD00602002-15　无位移转角塔基础的分坑

等原因引起的。当转角杆塔的转角值较大，导线横担较宽或不等长时，使导线挂线后，会引起线路实际角度的变化；当直线杆塔换位时，由于导线位置的变换（相当于转角）而引起直线杆塔及其绝缘子串上的附加水平分力。为了消除这种影响，必须将塔位中心桩向设计确定的位移方向上平移一段距离。

下面将介绍转角塔的等长宽横担和不等长宽横担的分坑测量方法。

①等长宽横担转角塔基础的分坑。如图 GYSD00602002-16 所示是等长宽横担转角塔位移图，图中 s_1 是转角桩 O 至塔位桩 O_1 之间的位移距离，其值按下式计算

$$s_1 = \left(\frac{b}{2} + c \right) \tan \frac{\alpha}{2} \qquad (\text{GYSD00602002-2})$$

式中　b——横担宽度；
　　　c——绝缘子金具串挂线板长度；
　　　α——线路转角。

图 GYSD00602002-16　等长宽横担转角塔塔位中心桩位移图

图 GYSD00602002-16 是等长宽横担转角塔基础的分坑示意图。将仪器安置于线路转角桩 O 点上，以后视杆塔桩或直线桩为依据，将水平度盘置零，测出（$180° - \alpha$）$/2$ 水平角，在望远镜正、倒镜的视线方向上钉 C、D 辅助桩；在线路转角的内角 OD 连线上，量取 $OO_1 = s_1$，钉立转角塔位中心 O_1 桩，如图 GYSD00602002-17 所示。

将仪器移至 O_1 桩上，望远镜瞄准 D 桩，水平旋转 $90°$，在正、倒镜的视线方向上钉立 A、B 辅助桩。

最后，根据上述钉立的 A、B、C、D 四个辅助桩，按前述的铁塔基础的分坑方法进行施测。

②不等长宽横担转角塔基础的分坑测量。图 GYSD00602002-18 所示是不等长宽横担转角铁塔塔位中心桩位移图，外角横担长，内角横担短，塔位中心桩位移距离 s 按下式计算

$$s = \left(\frac{b}{2} + c \right) \tan \frac{\alpha}{2} + s_2 \qquad (\text{GYSD00602002-3})$$

式中　s_2——悬挂点设计预偏距离，$s_2 = \frac{1}{2}(L_2 - L_1)$；

L_1——转角杆塔短横担长度；

L_2——转角杆塔长横担长度。

b、c、α 的意义与前面相同。

图 GYSD00602002-17 等长宽横担
转角塔基础的分坑

图 GYSD00602002-18 不等长宽横担转角
塔塔位中心桩位移图

对于图 GYSD00602002-18 所示的三相导线水平排列，且横担等宽转角杆塔的位移值按上式计算；当三相导线的横担宽度或悬挂点设计预偏距离各不相等时（如 A 字形转角杆、三角形转角塔），其位移方向和数值，应以两侧直线杆塔上的控制相的转角最小为原则进行位移，或以各相转角最小为原则作平均位移。位移值计算后，其位移桩、辅助桩的测量以及基础的分坑方法，与上述等长宽横担转角塔的施测方法完全相同。

例 GYSD00602002-1 如图 GYSD00602002-18 所示，该线路转角为 60°，已知横担宽为 0.8m，长横担侧为 3.1m，短横担侧为 1.7m，绝缘子金具串挂线板长度为 0.1m。求杆塔中心桩位移值，并说明位移方向。

解 按题意求解，得

$$s_1 = \left(\frac{b}{2} + c\right)\tan\frac{\theta}{2} = \left(\frac{0.8}{2} + 0.1\right)\tan\frac{60°}{2} = 0.289 \text{（m）}$$

$$s_2 = \frac{a-b}{2} = \frac{3.1-1.7}{2} = 0.7 \text{（m）}$$

$$s = s_1 + s_2 = 0.289 + 0.7 = 0.989 \text{（m）}$$

答：向内角侧位移 0.989m。

3. 用皮尺分坑

经纬仪是比较贵重的精密仪器，目前使用尚不普及。故各地在施工实践中，创造出很多简单实用的分坑方法。下面介绍一种用皮尺分坑的办法，可供参考。

（1）直线单杆分坑如图 GYSD00602002-19 所示。

1）用细铅丝将主、副桩的圆钉连成一线。

2）沿铅丝从主桩中心点量出 $a/2$，得前后 A、B 两点。a 为坑口边长。

3）将皮尺上 $0.5a$ 处与 A 点重合，$2.5a$ 处与 B 点重合。

4）拉紧皮尺，在皮尺 O 起点和 a、$2a$、$3a$ 处各插一个铁丝钎，并使 $4a$ 处与 O 点重合，即成一正方形。

5）沿皮尺方框四周撒石灰粉，在马槽处约留 50cm 的缺口。

6）量出马槽，撒石灰粉。

图 GYSD00602002-19　用皮尺分坑示意图

7）最后用铁锹沿灰粉线向内挖 10~15cm 深的一层面土。注意主、副桩均应保留，不应有移动（如图 GYSD00602002-20 所示）。

8）分坑完成后，如图 GYSD00602002-21 所示。

（2）双杆分坑如图 GYSD00602002-22 所示。

图 GYSD00602002-20　分坑挖土示意图

图 GYSD00602002-21　直线单杆分坑俯视图

图 GYSD00602002-22　直线双杆分坑示意图

图 GYSD00602002-23　拉线坑分坑示意图

1）用细铅丝将线路垂直方向的两边副桩，与中心桩的圆钉连接成一线。

2）从中心桩圆钉中心向两边各量出 $L/2$，即为两主坑中心。L 为双杆根开。

3）从中心桩圆钉向两边各量出 $(L-a)/2$ 与 $(L+a)/2$，即得 A、B、C、D 四点。

4）将 A、B、C、D 四点以两只单杆坑看待，用上面单杆分坑方法即得双杆基坑。

5）马槽方向应配合立杆需要而定，可以向前或向后。

（3）拉线坑分坑如图 GYSD00602002-23 所示。

1）拉线坑是根据定位时的拉线方向副桩和坑位桩进行分坑的。无坑位桩时，可根据分坑图规定的尺寸，沿拉线副桩的方向量出拉坑位置。无拉线副桩时，则应根据杆型图或组装图上的拉线角度和安装高度，计算拉坑位置。拉坑的方向必须对准主杆中心。

2）图 GYSD00602002-23 为带四角拉线的单杆拉坑分坑图。分坑时，以主杆中心 O 和拉线副桩 M 或拉坑坑位桩 A 相连的直线为拉坑中心线。B 点为此线延长线上的一点，AB＝坑宽 b。

3）将皮尺 $0.5a$ 处与 A 点重合，将（$1.5a+b$）处与 B 点重合。a 为拉坑坑口的长度，b 为坑口的宽度。

4）以皮尺上的 O、a、（$a+b$）、（$2a+b$）、（$2a+2b$）五点，使（$2a+2b$）与 O 重合，圈成长方形，用铁丝钎插在地上，并使长方形与 $OMAB$ 线成垂直。

5）沿皮尺四周撒石灰粉，用铁锹挖去粉线内面土 $10\sim15cm$。

6）其余各拉坑的分坑分法相同。

7）拉坑一般不先开马槽，等到拉盘放入以后，在内边中心点处开一马槽式深沟，放入拉线棒。拉线棒的对地夹角应符合设计规定。

8）双杆拉坑的分坑方法，基本与单杆相同。但注意拉坑方向要对准相应拉线的主杆中心，参见图 GYSD00602002-11 的顺线拉坑副桩与拉坑。

（4）转角杆分坑。

1）以转角的内侧角二等分线为基线（即通称上风、下风的这一条线），杆坑必须与基线垂直，拉线方向应指向对应拉线的主杆中心。

2）分坑时应注意拉坑的位置，一般顺线拉坑应在线路通过转角中心点的延长线方向。转角合力拉线坑应在内侧角二等分线的反向侧（即上风侧）。设计另有规定时，应照设计图纸分坑。

3）图 GYSD00602002-24 为转角单杆主坑及拉坑分坑示意图。

4）图 GYSD00602002-25 为转角双杆主坑及拉坑分坑示意图。主坑中心至顺线拉坑中心的连线应与顺线延长线平行。设计另有规定时，应按照设计规定。

图 GYSD00602002-24　转角单杆分坑示意图　　图 GYSD00602002-25　转角双杆分坑示意图

5）转角杆若为不等边横担，按照规定应先将原转角中心桩沿内侧角二等分线，向下风侧位移偏心距离 a，然后将新中心桩当做主桩进行分坑，如图 GYSD00602002-26 所示。偏心距离按式 $a=(L-l)/2$ 进行计算。式中 a 为偏心距离（由原转角中心应向下风侧偏移距离）。

（5）窄基础铁塔分坑如图 GYSD00602002-27 所示。窄基础铁塔多为整体式基础（通称大块基础），分坑方法与直线单杆相同，不需要开马槽。

（6）宽基铁塔分开式基础分坑如图 GYSD00602002-28 所示。

图 GYSD00602002-26　不等边横担的转角杆

（a）转角单杆；（b）转角双杆

图 GYSD00602002-27　窄基础铁塔分坑示意图

图 GYSD00602002-28　分开式铁塔基础分坑示意图

1）根据定位的顺线副桩和垂直副桩，在 OA、OB 线上量任一整数 y，得 A、B 两点。

2）以 $2y$ 长的皮尺，两端分别置 A、B 两点，手持皮尺中点，拉紧即得 C 点，连 OC 即为 45°分角线。

3）同上面用经纬仪分方形铁塔基坑的方法，在 OC 线上量 OM 及 ON 距离，定出 M 及 N 两点

$$OM = 0.707(x + a)$$
$$ON = 0.707(x - a)$$

式中　x——塔腿根开或设计基坑中心间距离；

　　　a——基坑边长。

4）取 $2a$ 长皮尺，两端置 M、N 两点，拉紧皮尺的中点，即得 P、Q 两点。

5）取石灰粉沿 $MPNQ$ 画线并分坑。

【思考与练习】

1. 为什么要进行线路复测？其内容及注意事项是什么？

2. 怎样进行转角测量？

3. 杆塔定位的要求和方法是什么？

4. 分坑的要求和方法是什么？

5. 如何利用经纬仪进行正方形、矩形铁塔的分坑？并画出某正方形、矩形铁塔和带位移转角双杆基础分坑具体尺寸布置图，写出分坑步骤。

模块 3　杆塔基础操平找正和杆塔检查（GYSD00602003）

【模块描述】本模块包含杆塔基础操平找正、钢筋混凝土电杆拨正及杆塔检查。通过概念描述和操作过程介绍、图表对比、计算举例，掌握杆塔基础操平找正、钢筋混凝土电杆拨正及杆塔检查的要求及方法。

【正文】

一、杆塔基础操平找正

基础的操平找正工作，按基础的不同型式一般分为混凝土杆基础、铁塔地脚螺栓基础和插入式基础等几种。

下面分别说明各种类型基础的操平找正方法。

（一）混凝土电杆基础

混凝土电杆基础分为单杆和双杆两类，一般都设有底盘，操平找正就是将底盘按设计要求放在坑底的正确位置，具体操作步骤如下。

1. 双杆基础

（1）检查坑深及坑底操平。

1）将仪器安置在杆位中心桩或中心桩前后的线路中心线上适当位置。

2）调整经纬仪（或水准仪）使视线水平，固定垂直度盘，量取仪器高。如图 GYSD00602003-1 所示，将塔尺竖立于坑底，以中心桩处基面为准，塔尺上的读数 H 按下式计算

$$H = s + h \qquad\qquad (GYSD00602003-1)$$

式中　s——视线高（中心桩处基面至水平视线的垂直距离，当仪器安置在中心桩上时，视线高等于仪器高 i，即 $s = i$）；

　　　h——设计坑深加上底盘厚度。

图 GYSD00602003-1　双杆基础检查坑深及坑底操平

3）将塔尺立于两基础坑内的四角及中心进行操平。按计算出的 H 值，若仪器水平视线与塔尺上 H 值处重合，则表示坑深满足设计要求并且坑底平整。

4）操平时，如果塔尺上的 H 值处高于水平视线时，表示坑深不够，应再挖至标准位置；如果塔尺上的 H 值处低于水平视线，则表示坑深超过要求的深度。

基础坑深度的允许误差为 +100mm、−50mm，坑底应平整，同基基础坑在允许误差范围内按最深一坑进行操平。基础坑深度超过规定值在 100～300mm 之间时，超深部分以填土夯实处理；深度超过规定值在 300mm 以上时，其超深部分以铺石灌浆处理。

（2）底盘找正。

1）将底盘画好中心线并确定中心点，然后放入坑内，进行找正。

2）仪器安置在杆位中心桩上，前视或后视相邻杆塔位中心桩，水平度盘对零。然后仪器转 90°角，在此方向线上，两基础坑的外侧各钉一辅助桩。

3）在两辅助桩上拉一细铁线，以中心桩为零点，用钢尺在线上向两侧各量 1/2 根开距离，并画一记号。

4）在记号处悬吊一垂球，垂球尖端应为底盘的中心位置。移动底盘使盘中心与垂球尖端对准即可。

5）底盘找正后，应再进行操平，若有误差，则再进行调整及找正，直至两底盘找正并且处于同一深度为止。

2. 单杆基础

单杆的杆位中心桩就是杆本身的中心位置，在分坑时已将中心桩移出，在线路方向适当距离钉有两个辅助桩，以便控制中心桩的位置。单杆的操平找正方法和双杆基本相同，操平找正时，可参照双杆的操平找正方法进行操平找正。

（二）地脚螺栓基础

地脚螺栓基础有等根开和不等根开基础两种，它们的操平找正方法基本相同。不同的是进行找正时，等根开基础用的是地脚螺栓内对角线找正，而不等根开基础用的是外对角线找正，如图GYSD00602003-2（a）、（b）所示。其他的操平找正方法及步骤基本相同。下面以等根开基础为例，说明地脚螺栓基础的操平找正方法。

图 GYSD00602003-2　地脚螺栓基础找正

（a）内对角线找正；（b）外对角线找正

1. 底盘模板找正

（1）安置仪器于塔位中心桩 O 点，在与线路中心线成 $45°$、$135°$的方向，分别钉出四个水平桩 A、B、C、D。水平桩顶部要求高出地脚螺栓 $5 \sim 10\text{cm}$。

（2）对四个基础坑按混凝土杆基础坑的操平方法进行操平。但基础坑深度误差超过 $+100\text{mm}$ 时，其超深部分以铺石灌浆处理，并将四坑基础中心位置找出。

（3）如图 GYSD00602003-3 所示，将底盘模板放入基坑内、对成正方形并且固定。在模板四边中点各钉一小钉，用线绳拉成十字，十字交点为底盘模板的中心位置。

图 GYSD00602003-3　地脚螺栓基础模板

1—立柱模板；2—底盘模板；3—模板撑木；4—固定立柱模板的横木；5—地脚螺栓

（4）将四个水平桩顶的小钉，用细铁线 A 与 B、C 与 D 分别相连，并拉紧固定。

（5）用钢尺从水平桩上两条铁线的交点（即塔位中心桩 O 点）起，沿铁线量至坑口中心距离

$E_0 = 0.707x$ 画一作找正用的标记。

（6）底盘模板找正时，在标记处悬吊垂球，移动和调整底盘模板，使中心对准垂球尖，并使底盘模板的对角线与铁线的方向一致。多阶梯的模板找正方法相同。

2. 立柱模板找正

（1）调整立柱模板下口的中心位置，使之与底盘模板中心相重合，并用撑木固定。

（2）找正立柱模板上口位置同底盘模板找正基本相同。找正时调整撑木，使上口中心与垂球尖端重合，并使上口对角线与铁线方向一致。

（3）模板安装完后应检查立柱模板的垂直度，并检查四个基础立柱模板上口中心的相互距离，对角线距离及基础顶面高差等项，使它们与规定的数据相符合。

（4）地质较好时，可不用底模，将阶梯或立柱用垫块支承，找正方法相同。

3. 地脚螺栓找正

地脚螺栓找正大多采用小样板法找正。

如图 GYSD00602003-4 所示，小样板是用两条木板，按地脚螺栓的规格，基础主柱对角线以及地脚螺栓相互间的距离 d，对角线距离 D 做成的样板。利用小样板进行地脚螺栓找正的步骤如下：

（1）将地脚螺栓套入小样板内，并放在立柱模板上。检查并校正，使水平桩上两铁线相交点与塔位中心桩上小钉在同一铅垂线上。

（2）以两铁线的相交点为零点，用钢尺在 OA 铁线上量距 $E_0 + 0.5D$、$E_0 - 0.5D$（D 为地脚螺栓对角线距离），得 1、2 两点。

（3）找正时，使对角线上两地脚螺栓中心分别与 1、2 点在一铅垂线上。再调整 3、4 螺栓，使 3 到 2、4 到 1 地脚螺栓距离都等于 d。

图 GYSD00602003-4　小样板找正

按以上办法找正另外三个小样板上地脚螺栓的位置。

（4）地脚螺栓找正完后，对四个主柱的小样板操平，力求在同一平面上。然后用钢尺测量，使各个基础地脚螺栓相互间的距离、四个基础地脚螺栓相互间的距离和各个地脚螺栓的位置都符合设计要求。再把四个小样板固定在立柱模板上。

（5）小样板固定后，按基础立柱标高测出基础面应在的位置，并作记号。然后按此记号适当调整各地脚螺栓，露出基础面的长度不能小于设计要求，并使它们处于同一高度。如果设计的转角塔等有内角基础面抬高的要求时，其坑底标高、基础面及地脚螺栓相应要抬高。

（三）插入式基础

插入式基础种类较多，有浇制和预制装配式、等根开和不等根开、等高腿和不等高腿基础等。它们的操平找正方法基本相同，但各有自己的特点。现以浇制式为主，介绍插入式基础的操平找正方法。

1. 浇制式基础

（1）坑底和垫块操平找正。

1）按混凝土杆的操平方法操平坑底，超深部分处理按地脚螺栓基础。然后将混凝土垫块放入坑内，并在垫块中心作一标记以便找正。

2）如图 GYSD00602003-5 所示，在塔位中心桩安置仪器，测量出对角线方向，在坑外侧钉辅助桩 A、B、C、D。

3）从中心桩 O 点到各辅助桩拉一钢尺，在塔脚半对角线处（坑位中心 E_0 处）悬吊垂球，移动垫块使其中心与垂球尖端对准。

4）四个基础坑的垫块找正好后进行操平，使垫块均在同一水平面上。

（2）塔脚操平找正。

1）如图 GYSD00602003-6 所示，将塔腿上部第一层塔材组装好，然后进行塔腿的操平找正。

2）找正时，先在各塔腿主材位于基础面半根开处作一印记 E、F、G、H。经纬仪安置在中心桩 O

点，将 E、F、G、H 点控制在对角线上，并用钢尺测量，使任一面相邻两塔腿印记间的距离符合图纸尺寸要求。若不满足要求，则应拨动塔脚调整到正确位置。

图 GYSD00602003-5　垫块操平找正

图 GYSD00602003-6　塔脚操平找正

3）各塔脚找正后，在四个塔腿的同一高度处（或印记处）沿塔腿拉一钢尺，将仪器镜头调平，测量各塔腿高差，直至使四个塔腿处于同一平面上或不超过允许误差为止。

4）找正塔腿位置或调整塔腿高差时，各塔腿互相有影响。因此每次找正或调整后必须全部复查一次。

（3）模板找正。插入式基础的底模板和立柱模板位置是根据塔脚主材位置决定的。

如图 GYSD00602003-7 所示，底座模板找正首先应算出 e 值，测量出四个 A 点位置并拉线绳，使线绳与塔脚的两边相切，然后将四个底模板操平。即

$$e = 0.5L + h \times M - d \qquad \text{（GYSD00602003-2）}$$

式中　L——底座模板上口尺寸；

　　　h——垫块顶面至底模上口的高度；

　　　d——角钢准距；

　　　M——塔腿设计坡度比，$M = X_1 / X_2$。

如图 GYSD00602003-8 所示，立柱模板上口的找正与底座模板找正一样。它的 e 值是二分之一的立柱模板上口宽减去角钢准距。

图 GYSD00602003-7　底座模板找正

图 GYSD00602003-8　立柱模板找正

2．预制装配式基础

预制装配式基础的底座一般用角钢或混凝土预制块装配而成。在进行拨正或调整高差时，移动很不方便，所以要求在坑底操平或下底座时要仔细测量。必须使坑底平整且底座位置尽量准确。

3．不等根开基础

不等根开基础的塔腿部正侧两面的根开数不同，找正时很容易弄错。所以，操平找正时要作出明显的标记，并做到随时检查。

4. 不等高塔腿基础

因不等高塔腿基础的长腿坑中心斜距离与短塔腿中心斜距离不相等，所以坑底根开和对角线也不相等，下垫块或底座时应特别注意。找正时因长短腿基础处印记不在同一高度，可以从长短腿上端同一位置的螺丝孔往下量同一距离作印记进行拨正。

以上预制装配式基础、不等根开基础及不等高塔腿基础的操平找正方法，与浇制式基础有关部分的操平找正方法基本相同，可按相应的方法进行操平找正。

关于基础的操平找正，应严格达到准确无误。但是，实际操作时，由于各方面因素的影响，不可能达到十分准确。所以在不影响工程质量的前提下，在规范中定出了允许误差值。

表 GYSD00602003-1 列出了整基铁塔基础尺寸允许误差值，施工时应按要求执行。

表 GYSD00602003-1   整基基础尺寸施工允许偏差

项 目		地脚螺栓式		主角钢插入式		高塔基础
		直线	转角	直线	转角	
整基基础中心与中心桩间的位移（mm）	横线路方向	30	30	30	30	30
	顺线路方向		30		30	
基础根开及对角线尺寸（‰）		±2		±1		±0.7
基础顶面或主角钢操平印记间相对高差（mm）		5		5		5
整基基础扭转（′）		10		10		5

注 1. 转角塔基础的横线路方向是指内角平分线方向，顺线路方向是指转角平分线方向。

     2. 基础根开及对角线是指同组地脚螺栓中心之间或塔腿主角钢准线间的水平距离。

     3. 相对高差是指抹面后的相对高差。转角塔及终端塔有预偏时，基础顶面相对高差不受5mm的限制。

     4. 高低腿基础顶面标高差是指与设计标高之比。

     5. 高塔是指按大跨越设计，塔高在80m以上的铁塔。

二、钢筋混凝土电杆拨正及杆塔检查

（一）钢筋混凝土电杆拨正

钢筋混凝土电杆（以下简称电杆），按照不同材料、种类和使用条件，设计成多种型式，有带拉线的和不带拉线的单杆、A型杆、门型杆。图 GYSD00602003-9 是拉线单杆，图 GYSD00602003-10 是 A 型拉线杆，图 GYSD00602003-11 是门型拉线杆，另外还有主杆带有外斜坡度 A 型拉线杆（见图 GYSD00602003-12）等。这里只介绍一般常用的门型杆拨正方法。

门型杆用作直线杆也用作转角、耐张杆，但设计强度不同。当门型杆用于大转角时，在转角外侧还另设有拉线（见图 GYSD00602003-11）。

图 GYSD00602003-9 拉线单杆   图 GYSD00602003-10 A 型拉线杆   图 GYSD00602003-11 门型拉线杆

1. 门型直线杆拨正

（1）下底盘。下底盘之前，应先检查坑深，使其符合设计数据，而后将底盘下到坑内。

图 GYSD00602003-12　主杆带有外斜坡度 A 型拉线杆

底盘的拨正方法是，在杆位桩左右两侧（垂直线路方向）测钉辅助桩 B、C（图 GYSD00602003-13），并使桩顶在同一水平面上。在桩顶小钉上绑上拉线，根据两底盘中心间距离 x（即设计根开），在线绳上悬挂垂球，当垂球静止时，拨动底盘中心对准垂球尖端，底盘即处于正确位置。而后再操平底盘。

（2）拨正。经纬仪安置在线路中线辅助桩上，望远镜瞄准杆位桩，当杆立起之后，拨动杆身，使横担中点

图 GYSD00602003-13　门型直线杆正面拨正

O 和杆的根开 x 中点与望远镜视线恰巧重合（图 GYSD00602003-11），则杆的正面即拨正。再将仪器移到杆的侧面 C' 辅助桩上（图 GYSD00602003-14），望远镜瞄准 C 辅助桩，拨动杆身，使望远镜十字竖线平分杆身，并使两杆正相重合，则侧面即拨正。拨正侧面有时影响正面，所以拨正侧面之后，还要检查正面是否有偏差，直至正、侧面都拨正为止。

图 GYSD00602003-14　门型直线杆侧面拨正

2. 门型转角杆拨正

门型转角杆（图 GYSD00602003-11）的拨正方法与门型直线杆基本相同，所不同的是，门型杆位置（图 GYSD00602003-15）在线路转角 θ 的二等分线 FF 的垂直线 GG 线上。如转角杆无位移距离时，两个杆对称立在转角桩两侧。在拨正杆的正面时，仪器安置在 FF 线上，拨正杆的侧面时仪器安置在 GG 线上。这样，拨正及观测方法就和门型直线杆相同了。

3. 倾斜门型转角杆拨正

这种门型杆如图 GYSD00602003-16 所示，当杆组立后，杆结构要向转角外侧倾斜一个角度 θ（按设计规定），所以转角外侧坑要比转角内侧坑深一些，而使受拉侧杆稳定。如图 GYSD00602003-16 所示，设转角内侧坑深为 h，转角外侧坑深 h_1，则

$$h_1 = h + x \tan\theta \qquad\qquad\text{（GYSD00602003-3）}$$

式中　x——杆根开；

　　　θ——杆结构倾斜角。

下底盘之前，应先检查坑深 h、h_1，要使其符合设计数据，才能保证杆结构倾斜 θ 角。

杆结构倾斜了 θ，那么，横担中点偏离线路转角二等分线的距离为 Δx，即

$$\Delta x = (H + h) \tan\theta \qquad\qquad\text{（GYSD00602003-4）}$$

图 GYSD00602003-15 门型转角杆拨正

图 GYSD00602003-16 倾斜门型转角杆拨正

为了拨正和检查方便，常在立杆前算出 Δx，并从横担中点量出 Δx 距离处钉一小钉或划记号作为标志。拨正杆的正面时，仪器安置在线路转角二等分线上，望远镜瞄准转角桩。当杆起立时，望远镜仰视横担。此时，拨动杆身使横担上小钉或记号与视线恰相重合，则杆结构即倾斜了 θ，这样杆正面即拨正完毕。侧面拨正方法与门型转角杆相同。

（二）混凝土杆检查

为保证质量，杆组立后，要进行下列各项检查，质量标准参阅表 GYSD00602003-2。

表 GYSD00602003-2 杆塔组立后的安装尺寸允许误差表

误差名称	电压等级（kV）			
	110	220～330	500	高塔
电杆结构根开	±30mm	±5‰	±3‰	
电杆结构面与横线路方向扭转（即迈步）	30mm	1%	5‰	
双立柱杆塔横担在主柱连接处的高差（‰）	5	3.5	2	
直线杆塔结构倾斜（‰）	3	3	3	1.5
直线杆塔结构中心与中心桩之间横线路方向位移（mm）	50	50	50	
转角杆塔结构中心与中心桩之间横、顺线路方向位移（mm）	50	50	50	
等截面拉线塔主柱弯曲	2‰	1.5‰	1‰，最大300mm	

图 GYSD00602003-17 横线路倾斜的检查

1. 门型直线杆检查

（1）结构根开检查。检查实测杆的根开是否与设计根开数据相符合。

（2）结构倾斜检查。杆结构倾斜有两种情况：一种是杆结构横线路倾斜，另一种是杆结构顺线路倾斜。

杆结构横线路倾斜的检查方法如图 GYSD00602003-17 所示，经纬仪安置在线路中线上，使望远镜视线瞄准横担中点 O，然后俯视根开中点 O_1，如视线恰与 O_1 重合，这说明杆正面没有倾斜；如不重合，而视线偏于 O_2，量出 O_1 与 O_2 间的距离 Δx，Δx 即为横线路倾斜值。

杆结构顺线路倾斜的检查方法如图 GYSD00602003-18 所示，经纬仪安置在线路垂直方向 C_1 补助桩上，使望远镜视线平分横担处之杆身，然后俯视杆根，如视线仍平分杆根，则无倾斜，要视线偏于 a 点，量出视线与杆根中线间距离 y_1，则 y_1 即为顺线路一侧杆的倾斜值。经纬仪移置于杆的另一侧，依同法测出倾斜值 y_2，则顺线路倾斜

$$\Delta y = (y_1 - y_2)/2 \qquad \text{（GYSD00602003-5）}$$

图 GYSD00602003-18 顺线路倾斜的检查

如偏值在同侧，则相加除以 2。

$$杆的结构倾 = \sqrt{\Delta x^2 + \Delta y^2}\Big/H \qquad (GYSD00602003-6)$$

式中 H——杆的呼称高。

（3）结构在线路中心线垂直面内的扭转（即迈步）检查。杆组立后，两杆应对称地位在杆位桩的两侧，也就是说，两杆中心的连线通过杆位桩垂直线路中线。如不垂直时，则一杆在前一杆在后。所谓迈步是一种形象的说法，就像人走路一样，一脚在前一脚在后。

经纬仪安置在垂直线路方向 C_1 辅助桩上（如图 GYSD00602003-19），望远镜瞄准 C 辅助桩，然后观测杆根中心线是否与视线相重合，如不重合时，应量出视线与杆根中心线的垂直距离 D_1；再将仪器移到杆的另一侧，仪器安置在 B_1 辅助桩上，望远镜瞄准 B 辅助桩，依同法测出 D_2，则电杆结构在线路中心线垂直面内的扭转。

$$D = D_1 - D_2 \qquad (GYSD00602003-7)$$

图 GYSD00602003-19 结构在线路中心线垂直面内的扭转检查

（4）结构中心与中心桩（杆位桩）位移的检查。如图 GYSD00602003-20 所示，杆的结构中心 O 应与中心桩相重合，如不重合，则出现结构中心向横线路或顺线路方向位移。

横线路位移的检查。如图 GYSD00602003-20 所示，将经纬仪安置在线路中线辅助桩上，望远镜视线瞄准杆位桩，如视线不与杆的实际根开中点 O 相重合，量出线路中线与 O 点间的垂直距离 Δx，Δx 就是横线路位移距离。

顺线路位移的检查。将仪器安置在杆位桩两侧的辅助桩上，按照迈步检查方法测出线路垂线至杆中心的垂直距离 D_1、D_2，则顺线路位移距离

$$\Delta D = (D_1 + D_2)/2 \qquad (GYSD00602003-8)$$

如果 D_1、D_2 在杆位桩的两侧时，则

$$\Delta D = (D_1 - D_2)/2$$

另一种简便检查方法是不用经纬仪，如图 GYSD00602003-20 所示，在杆的根部用线绳绕成 ∞ 字形，绳的交点 O 即是杆结构中心。如 O 点不与杆位桩重合，自 O 点起向线路垂线和线路中线可以直接量出 Δx、ΔD 位移距离。

图 GYSD00602003-20 结构中心与中心桩位移的检查

（5）横担歪扭检查。横担歪扭检查和铁塔横担歪扭检查方法相同，可参阅（三）的内容。

2. 门型转角杆检查

门型转角杆的检查项目和方法，基本上与门型直线杆相同。检查时仪器安放的位置也和拨正时一样，要安置在线路转角二等分线和二等分线的垂直线上。

3. 倾斜门型转角杆检查

倾斜门型转角杆，要检查杆结构正面倾斜角 θ 是否符合设计数值（图 GYSD00602003-16）。

检查时，仪器安置在线路转角二等分线上，望远镜瞄准转角桩（无位移转角），然后上视横担，如视线正与横担上原来钉的小钉或记号重合（也可直接量视线与横担中点间的距离），则说明杆结构倾斜角符合设计距离，并根据此距离计算出倾斜角，然后以计算角度与设计角度比较，求出其误差值。

假设实测横担中点与视线间距离为 $\Delta x'$，计算角度为 θ'，则

$$\theta' = \tan^{-1} \frac{\Delta x}{H+h} \qquad \text{(GYSD00602003-9)}$$

其他检查项目和方法与门型转角杆相同，但不检查横担高差。

（三）铁塔检查

这里只介绍杆塔组装后杆塔结构的检查项目和检查方法。关于质量标准应按有关技术规范的规定，参见表 GYSD00602003-2。

铁塔检查的主要项目有：结构根开及对角线、结构倾斜、横担扭转三项。

1. 结构根开及对角线的检查

检查时，用钢卷尺量度塔脚实际根开及对角线距离，看它是否与设计数据相符合，如果不符合，其误差应不超过技术规范的规定。对于全方位铁塔，由于各接腿不等长，各基础顶面高差较大，用钢卷尺量度塔脚实际根开和对角线距离困难，可采取通过量取塔腿底脚螺栓中心至塔位中心桩之间的斜距，并用水准仪或经纬仪量取两点间的高差，用勾股定理计算对角线距离和根开距离。

2. 结构倾斜检查

经纬仪安置在线路中线和通过塔位中心桩的线路垂线方向上（转角塔仪器安置在线路转角二等分线和二等分线的垂线上），也可以在铁塔的正面及侧面透视前后主材、斜材，如相重合时，在此方向上估略确定安置仪器的位置。仪器距塔的距离为 $60 \sim 70m$。

图 GYSD00602003-21 是铁塔的正面图，图中 a、b、c 分别为正面横担、平口、接腿的中点，图 GYSD00602003-22 中 a'、b'、c' 分别为横担、平口、接腿横断面中心点。如果铁塔结构无倾斜现象时，仪器在塔的四侧观测 a、b、c 和 a'、b'、c' 时，各应在一条竖直线上。如不在一条竖直线上，则说明结构有倾斜现象。下面介绍两种检查方法。

（1）铁塔接腿、平口有水平交叉斜材时（图 GYSD00602003-22），仪器安置在线路中线上，望远镜瞄准横担横断面中心点 a'，固定度盘，然后俯视接腿 c' 点，如视线不与 c' 点重合，而落于 c_1 点上，

图 GYSD00602003-21 铁塔的正面图

图 GYSD00602003-22 铁塔结构倾斜检查

量出 c' 至 c_1 间的距离 Δx，Δx 即是铁塔正面向 AB 侧的倾斜值。再将仪器移到铁塔的侧面（通过塔位中心桩与线路中线的垂线上），望远镜瞄准横担中心点 a'，固定度盘，然后俯视接腿 c' 点，如视线不与 c' 点重合，而偏于 c_2，量出 c' 与 c_2 间的距离 Δy，Δy 就是铁塔向 AD 侧的倾斜值。整基铁塔结构倾斜值按下式计算

$$铁塔结构倾 = \sqrt{\Delta x^2 + \Delta y^2}\Big/h \qquad (\text{GYSD00602003-10})$$

式中　h——自横担中心至接腿中心的垂直距离。

（2）铁塔结构在平口、接腿处没有水平交叉斜材时，其中点是不易找到的，我们分别测出铁塔四侧的倾斜值，以平均值法计算出整基铁塔结构倾斜值。如图 GYSD00602003-23 所示，仪器分别安置在铁塔正面前后位置上，望远镜瞄准横担中点 a，然后俯视接腿水平铁中点 c，如视线都不与 c 点重合而偏于 c_1、c_2，量出其偏差值 d_1、d_2；再将仪器移到铁塔的两侧，依同法测出其侧面偏差值 d_3、d_4，依下列各式计算正、侧面及整基铁塔结构的倾斜值。

正面倾斜值
$$\Delta x = (d_1 - d_2)/2 \qquad (\text{GYSD00602003-11})$$
侧面倾斜值
$$\Delta y = (d_3 - d_4)/2 \qquad (\text{GYSD00602003-12})$$

图 GYSD00602003-23　整基铁塔结构倾斜值

当偏差值在接腿中点同侧时，结构倾斜值应相加除以 2。整基铁塔结构倾斜值按公式（GYSD00602003-10）计算。

例 GYSD00602003-1　如图 GYSD00602003-23 所示，设测得的 d_1 为 30mm，d_2 为 10mm，d_3 为 26mm，d_4 为 10mm，横担至接腿中心间的垂直距离 h 为 12.8m。试求整基铁塔结构的倾斜值。

解　按式（GYSD00602003-11）、式（GYSD00602003-12）及式（GYSD00602003-10）计算，则
$$\Delta x = (d_1 - d_2)/2 = (30 - 10)/2 = 10 \ (\text{mm})$$
$$\Delta y = (d_3 - d_4)/2 = (26 - 10)/2 = 8 \ (\text{mm})$$

整基铁塔结构的倾斜值
$$= \sqrt{\Delta x^2 + \Delta y^2}\Big/h$$
$$= \sqrt{10^2 + 8^2}\Big/12\,800 = 0.001$$

转角塔和非转角塔结构倾斜的允许值为 3/1000，而该塔的倾斜值为 1/1000，是符合质量要求的。

3. 横担歪扭检查

横担歪扭检查是检查横担与铁塔结构面的歪扭情况。在测铁塔结构倾斜的同时，在正面测横担两端的高差，在侧面测量横担两端的扭转距离。

图 GYSD00602003-24（a）是从仪器望远镜里看到的检查横担的形象。在检查时，仪器安置在铁塔正面，使望远镜十字线交点对准横担一端 M 点；仰角不变，转动经纬仪，使望远镜十字线交点对准横担另一端 M'，如 M' 仍与十字线交点相重合，则说明横担是水平的，如不重合时，测出其两端相对高差 Δh。仪器移置在铁塔侧面，如图 GYSD00602003-24（b）所示，使望远镜十字竖线对准横担一端 M，如另一端 M' 与十字竖线重合，则说明横担不歪扭，如不重合，应测出其歪扭矩离 d。横担歪扭值按下式计算

$$横担歪扭值 = \sqrt{\Delta h^2 + d^2}\Big/L \qquad (\text{GYSD00602003-13})$$

式中　L——横担长。

例 GYSD00602003-2　如图 GYSD00602003-24 所示，设测得 Δh 为 20 mm，d 为 18mm，L 为 8m。求横担歪扭值。

解　将上列数据代入式（GYSD00602003-13），则

（a）

（b）

图 GYSD00602003-24 横担歪扭检查

（a）检查横担水平；（b）检查横担歪扭

$$横担歪扭值 = \sqrt{\Delta h^2 + d^2}\big/L = \sqrt{20^2 + 18^2}\big/8000 = 0.003$$

横担歪扭允许值规定为 5/1000，在上例中歪扭值为 3/1000，在允许范围内，认为合格。

【思考与练习】

1. 对双杆基础如何检查坑深及坑底操平？

2. 试述等根开地脚螺栓基础的操平找正方法。

3. 试述浇制式基础的操平找正方法。

4. 门型直线杆的底盘如何拨正？

5. 门型转角杆、倾斜门型转角杆如何进行拨正？

6. 钢筋混凝土杆组立后需进行哪些检查？如何进行检查？

7. 铁塔组立后，需进行哪些检查？如何进行检查？

模块 4 弧垂的观测及交叉跨越垂距测量（GYSD00602004）

【模块描述】本模块介绍弧垂的观测及交叉跨越垂距测量。通过概念描述、操作过程详细介绍、计算举例，熟悉各种弧垂的观测方法、过程、适用范围及注意事项，掌握交叉跨越垂距和导线对地距离测量的方法。

【正文】

一、导线弧垂的观测

导线弧垂观测的方法一般有异长法、等长法（平行四边形法）、角度法和平视法。在实际操作时，为了操作简便，不受档距、悬挂点高差在测量时所引起的影响，减少观测时大量的现场计算量以及掌握弧垂的实际误差范围，应首先选用异长法和等长法。当客观条件受到限制，不能采用异长法和等长法观测时，可选用角度法进行观测。

（一）异长法

1. 观测方法

异长法观测导线的弧垂如图 GYSD00602004-1 所示，A、B 是观测档不连耐张绝缘子串的导线悬挂点，A_1B_1 是导线的一条切线，其与观测档两侧杆塔的交点分别为 A_1 和 B_1。a、b 分别为 A 至 A_1 点，B 至 B_1 点的垂直距离，f 是观测档所要观测的弧垂计算值。

异长法观测导线的弧垂是一种不用经纬仪观测弧垂的方法，在实际观测时，将两块长约 2m，宽 10～15cm 红白相间的弧垂板水平地绑扎在杆塔上，其上缘分别与 A_1、B_1 点重合。当紧线时，观测人员目视（或用望远镜）两弧垂板的上部边缘，待导线稳定并与视线相切时，该切点的垂度即为观测档的待测弧垂 f 值。

图 GYSD00602004-1 观测档内不连有耐张绝缘子串的异长法观测弧垂

（a）低悬挂点观测弧垂；（b）高悬挂点观测弧垂

异常法观测弧垂时，当两端弧垂板上缘 A_1 和 B_1 等高，即 A_1B_1 连线与导线相切的线水平，此时又称为平视法观测弧垂，可见平视法是异常法的特例，其观测和计算方法完全相同。

2. 观测档的弧垂观测数据计算

（1）弧垂值 f 的计算。观测档的弧垂值 f 要根据输电线路施工图中的塔位明细表，按观测档所在耐张段的代表档距和紧线时的气温查取安装弧垂曲线中对应的弧垂值，再根据观测档的档距进行计算。在计算时，还需考虑观测档内有、无耐张绝缘子串，悬挂点高差以及观测点选择的位置等条件。

观测档观测弧垂值的计算公式如下。

1）观测档导线悬挂点高差 $h < 10\%l$ 时

$$f = \frac{gl^2}{8\sigma_o} = f_o\left(\frac{l}{l_o}\right)^2 \qquad (\text{GYSD00602004-1})$$

2）观测档导线悬挂点高差 $h \geqslant 10\%l$ 时

$$f_\varphi = \frac{gl^2}{8\sigma_o \cos\varphi} = \frac{f_o}{\cos\varphi}\left(\frac{l}{l_o}\right)^2 = f\left[1 + \frac{1}{2}\left(\frac{h}{l}\right)^2\right] \qquad (\text{GYSD00602004-2})$$

式中 f ——悬挂点高差 $h < 10\%l$ 时，档距中点弧垂，m；

f_φ ——悬挂点高差 $h \geqslant 10\%l$ 时，档距中点弧垂，m；

l_o ——耐张段导线代表档距，m；

f_o ——对应于代表档距的导线弧垂，m；

φ ——观测档导线悬挂点的高差角；

l ——观测档导线的档距，m；

σ_o ——导线的水平应力，MPa；

g ——导线的比载，N/（m·mm²）。

（2）a、b 值的确定。根据计算的弧垂值，选定一适当的 a 值，然后按下列关系计算 b 值。

1）导线悬挂点高差 $h < 10\%l$ 时

$$b = (2\sqrt{f} - \sqrt{a})^2 \qquad (\text{GYSD00602004-3})$$

2）导线悬挂点高差 $h \geqslant 10\%l$ 时

$$b = (2\sqrt{f_\varphi} - \sqrt{a})^2 \qquad (\text{GYSD00602004-4})$$

3. 适应范围

异长法观测弧垂方法是以目视或借助于低精度望远镜进行观测，由于观测人员视力的差异及观测时视点与切点间水平、垂直距离的误差等因素，因此，本观测法一般适应于观测档导线两端挂点高差较大、档距较短、弧垂较小且导线悬挂曲线不低于两侧杆塔根部连线。

在选取 a 和 b 值时，应注意两数值不要相差过大，通常取 $a = (2\sim3)b$ 为最宜。如视线倾斜角过大或档距太大，b 点的弧垂板看不清楚时，可采用角度法观测。

4. 弧垂调整

在实际施工中，观测档的弧垂值都是在紧线前，按当时气温计算，并按计算的弧垂值绑扎好两侧弧垂板。但是，往往在紧线画印时与实际气温存在差异，这个气温差将引起导线的实际弧垂与原计算

弧垂值之间存在 Δf 的变化值，为了使测定的弧垂及时调整到气温变化后所要求的弧垂值，必须调整观测档一侧的弧垂板的垂直距离 Δa，其正确的调整量按下式计算

$$\Delta a = 2\sqrt{\frac{a}{f}}\Delta f \qquad (\text{GYSD00602004-5})$$

例 GYSD00602004-1　设原绑扎弧垂板时的弧垂值 $f = 7.0\text{m}$，取 $a = 3.5\text{m}$，因气温变化弧垂改变为 7.3m，改变量 $\Delta f = 0.3\text{m}$。试求 Δa 值。

解　用式（GYSD00602004-5）计算

$$\Delta a = 2\sqrt{\frac{a}{f}}\Delta f = 2\sqrt{\frac{3.5}{7}} \times 0.3 = 0.424 \ (\text{m})$$

由以上计算结果可知，本例目测侧的弧垂板由原绑扎点向下移动 0.42m 距离。

（二）等长法

1. 观测方法和计算公式

等长法又称平行四边形法，也是一种用目视观测弧垂的方法，如图 GYSD00602004-2 所示。观测时，自观测档内两侧杆塔的导线悬挂点 A 和 B 分别向下量取垂直距离 a 和 b，并使 a、b 等于所要测定的弧垂 f 值（即 $a = b = f$）。在 a、b 值的下端边缘 A_1 及 B_1 处，各绑一块弧垂板。在紧线时，从一侧弧垂板上部边缘透视另一侧弧垂板上部边缘，调整导线的张力，当导线稳定并与 A_1B_1 视线相切，此时导线弧垂即测定了。

图 GYSD00602004-2　等长法观测弧垂

观测档内弧垂值的计算，按式（GYSD00602004-1）或式（GYSD00602004-2）相应的公式，计算出观测档的观测弧垂 f 值。

2. 弧垂调整

使用等长法观测弧垂时，同样存在紧线前后的气温变化而引起的弧垂有 Δf 值变化的问题。为使测定的弧垂，由原计算弧垂 f 值及时地调整到气温变化后的所要求弧垂值，可只移动任一侧杆塔上的弧垂板进行弧垂调整。弧垂板的调整值按下式计算。

当气温上升时弧垂板的调整量为

$$\Delta a_M = 4\left(1 + \frac{\Delta f}{f} - \sqrt{1 + \frac{\Delta f}{f}}\right)f \qquad (\text{GYSD00602004-6})$$

当气温下降时弧垂板的调整量为

$$\Delta a_N = 4\left(\sqrt{1 - \frac{\Delta f}{f}} - 1 + \frac{\Delta f}{f}\right)f \qquad (\text{GYSD00602004-7})$$

例 GYSD00602004-2　设原绑扎弧垂板的弧垂 $f = 5\text{m}$，$a = 3.6\text{m}$。因气温上升，观测时的弧垂值为 5.2m。试求弧垂板的调整量 Δa 值。

解　$\Delta f = 5.2 - 5 = 0.2\text{m}$

用式（GYSD00602004-6）计算

$$\Delta a_M = 4\left(1 + \frac{\Delta f}{f} - \sqrt{1 + \frac{\Delta f}{f}}\right)f = 4 \times \left(1 + \frac{0.2}{5} - \sqrt{1 + \frac{0.2}{5}}\right) \times 5 = 0.40392 \ (\text{m})$$

如上述可知，实际施工中，一般习惯于调整一侧弧垂板，以 2 倍 Δf 值作为弧垂板调整量的方法，如图 GYSD00602004-3 所示。其适用范围为

当气温上升时　　　　　　　　　　$\dfrac{\Delta f}{f} \leqslant 16.36\%$

当气温下降时　　　　　　　　　　$\dfrac{\Delta f}{f} \leqslant 12.31\%$

当超过以上范围时，按变化后的弧垂值同时调整两侧弧垂板。

3. 等长法观测弧垂的范围

等长法适用于导线悬挂点高差不太大的弧垂观测档。

（三）角度观测法

角度观测法是用仪器（经纬仪、全站仪）测竖直角观测弧垂的一种方法。该方法适用山区或跨河档距，不仅解决了目测误差和视力限制无法使用其他观测方法时的观测问题，而且可根据不同情况将仪器支在不同位置进行观测。紧线时，调整导

图 GYSD00602004-3 等长法弧垂调整

线的张力，使导线稳定时的弧垂与望远镜的横丝相切，观测档的弧垂即为确定。角度观测法有档端观测法、档内观测法和档外观测法。

1. 角度法弧垂观测方法和计算公式

（1）档端观测法。档端观测法如图 GYSD00602004-4 所示，操作步骤如下：

1）将经纬仪支在导线悬点 A 的下方，求出 a 值

$$a = AA' - i \tag{GYSD00602004-8}$$

式中 a——架线悬点与经纬仪横轴的高差，m；

i——经纬仪高度，m。

再求出 b 值及观测角 θ 为

$$b = (2\sqrt{f} - \sqrt{a})^2 \tag{GYSD00602004-9}$$

$$\theta = \tan^{-1}\left(\tan\alpha - \frac{b}{l}\right) \tag{GYSD00602004-10}$$

式中 θ——经纬仪观测角，仰角为正，俯角为负，（°）；

α——导线远方悬点 B 的垂直角，（°）。

图 GYSD00602004-4 档端观测法示意图

(a) 仰角；(b) 俯角

2）调好经纬仪观测角，收紧导线使之与经纬仪中丝相切，这时弧垂达到设计要求值。

3）根据边线弧垂值修正要求（见弧垂观测注意事项），调整经纬仪观测角，对边线进行观测。

这种方法不适用于 b 值较小的情况。

（2）档外、档内观测法。档外、档内观测法如图 GYSD00602004-5 所示，观测角为

$$\theta = \tan^{-1}\frac{h+a-b}{l+l_1} \tag{GYSD00602004-11}$$

$$b = (2\sqrt{f} - \sqrt{a'})^2 \tag{GYSD00602004-12}$$

$$a' = a - l_1\tan\theta \tag{GYSD00602004-13}$$

式中 l_1——经纬仪与近方杆塔水平距离，档外观测法取正，档内观测法取负（以下同），m。

（a）　　　　　　　　　　　（b）

图 GYSD00602004-5　档外、档内观测法示意图

（a）档外观测法；（b）档内观测法

$$b = 4f - 4\sqrt{a'f} + a' = 4f - 4\sqrt{(a - l_1 \tan\theta)f} + a - l_1 \tan\theta \quad \text{（GYSD00602004-14）}$$

将式（GYSD00602004-14）代入式（GYSD00602004-11），并整理，得

$$\tan^2\theta + \frac{2}{l}\left(4f - h + 8\frac{l_1 f}{l}\right)\tan\theta + \frac{1}{l^2}\left[(4f - h)^2 - 16af\right] = 0 \quad \text{（GYSD00602004-15）}$$

取

$$A = \frac{2}{l}\left(4f - h + \frac{8l_1 f}{l}\right) \quad \text{（GYSD00602004-16）}$$

$$B = \frac{1}{l^2}\left[(4f - h)^2 - 16af\right] \quad \text{（GYSD00602004-17）}$$

则式（GYSD00602004-15）成为

$$\tan^2\theta + A\tan\theta + B = 0 \quad \text{（GYSD00602004-18）}$$

$$\theta = \tan^{-1}\left[-\frac{A}{2} + \sqrt{\left(\frac{A}{2}\right)^2 - B}\right] \quad \text{（GYSD00602004-19）}$$

2. 观测的操作步骤

（1）将经纬仪支在合适的观测位置，测出 a 值

$$a = l_1 \tan\alpha \quad \text{（GYSD00602004-20）}$$

式中　a——近方导线悬点与经纬仪横轴的高差，m；

α——近方导线悬点 A 的垂直角，（°）。

图 GYSD00602004-6　中点高度法测量导线弧垂

步骤如下。

（2）测出远方导线悬点 B 的垂直角 β，求出高差 h（h 有正负之别）。计算式为

$$h = (l + l_1)\tan\beta - a \quad \text{（GYSD00602004-21）}$$

式中　h——导线悬点高差，m。

（3）由式（GYSD00602004-16）、式（GYSD00602004-17）求出 A、B 后，再用式（GYSD00602004-19）求出不同气温时的观测角 θ。

档外、档内观测法是在档端无法支架经纬仪或档端观测 b 值太小才使用的方法。为提高准确度，选择观测点应使 $\theta < \tan^{-1}h/l$。

（四）中点高度法

该方法适用平地，如图 GYSD00602004-6 所示，测量

（1）将经纬仪安平在档距中央（即 $l/2$）外侧、约 50m 并垂直线路方向的 E 处，待经纬仪调平后

测量档距中央 c 点的导线垂直角 θ_1，水平距离 l_1。

（2）测导线悬挂点 a 的垂直角 θ_2，水平距离 l_2。

（3）测导线悬挂点 b 的垂直角 θ_3，水平距离 l_3。

则

$$H_a = l_2\tan\theta_2 + i + H_E \qquad\text{（GYSD00602004-22）}$$
$$H_b = l_3\tan\theta_3 + i + H_E \qquad\text{（GYSD00602004-23）}$$
$$H_c = l_1\tan\theta_1 + i + H_E \qquad\text{（GYSD00602004-24）}$$
$$f = (H_a + H_b)/2 - H_c = (l_2\tan\theta_2 + l_3\tan\theta_3)/2 - l_1\tan\theta_1 \qquad\text{（GYSD00602004-25）}$$

式中　　　H_E——E 点的标高，m；

H_a、H_b、H_c——分别为 a、b、c 相对 E 点的标高，m；

f——c 点弧垂，m；

i——仪高，m。

（五）观测弧垂注意事项

（1）为争取工作主动，事先应将所用观测数据测好，并按最近出现气温，用计算器算好有关观测参数。

（2）为使导地线弧垂符合设计要求，弧垂观测档的选择很重要，其选择原则应按照 GB 50233—2005《110～500kV 架空送电线路施工及验收规范》第 7.5.3 条的要求执行。

（3）观测弧垂应顺着阳光由低处向高处观测，并尽量避免弧垂板背面有树木等物。

（4）温度计应放在阳光照射不到的地方，这样测得气温方可代表实际气温。观测时实际气温与计算弧垂气温相差不超过 2.5℃时可不调整弧垂板。

（5）经纬仪置于中线下方观测边线的观测角为

$$\theta' = \tan^{-1}\left[\sqrt{\frac{\left[\frac{1}{2}l\sqrt{\frac{a - l_1\tan\theta}{f}} + l_1\right]^2}{\left[\frac{1}{2}l\sqrt{\frac{a - l_1\tan\theta}{f}} + l_1\right]^2 + D^2}}\,\tan\theta\right] \qquad\text{（GYSD00602004-26）}$$

式中　D——边线与中线的距离，m；余者同前。

档外观测时 l_1 为正，档内观测时 l_1 为负，档端观测时 l_1 为 0。经纬仪观测边线的水平转角为

$$\alpha' = \frac{D}{\frac{1}{2}l\sqrt{\frac{a - l_1\tan\theta}{f}} + l_1} \qquad\text{（GYSD00602004-27）}$$

（六）弧垂调整时导线长度调整量的计算

观测弧垂后，将导线放下画印，安装耐张绝缘子串或避雷线金具串并挂线后，有时因操作失误使实际弧垂与观测值不符。如果弧垂超出允许误差，需对导线长度做调整，确保弧垂达到要求。

任何一个档距内导线长度为

$$L = \frac{l}{\cos\varphi} + \frac{g^2 l^3}{24\sigma_o^2}\cos\varphi \qquad\text{（GYSD00602004-28）}$$

整个耐张段内导线长度为

$$\sum_1^{i=n} L_i = \sum_1^{i=n}\frac{l_i}{\cos\varphi_i} + \frac{g^2}{24\sigma_o^2}\sum_1^{i=n}l_i^3\cos\varphi_i \qquad\text{（GYSD00602004-29）}$$

式中　L_i——耐张段内第 i 档导线长度，m；

l_i——耐张段内第 i 档档距，m；

φ_i——耐张段内第 i 档悬点高差角，（°）。

观测档弧垂为

$$f_g = \frac{gl_g^2}{8\sigma_o \cos\varphi_g}$$ （GYSD00602004-30）

式中 f_g——观测档要求弧垂，m；

　　φ_g——观测档悬点高差角，（°）；

　　l_g——观测档档距，m。

由式（GYSD00602004-29）、式（GYSD00602004-30）可得

$$\sum_1^{i=n} L_i = \sum_1^{i=n} \frac{l_i}{\cos\varphi_i} + \frac{8}{3} \times \frac{f_g^2 \cos^2\varphi_g}{l_g^4} \sum_1^{i=n} l_i^3 \cos\varphi_i$$ （GYSD00602004-31）

挂线后实际弧垂为 $f_g + \Delta f$，耐张段内导线长度为

$$\sum_1^{i=n} L_i + \Delta L = \sum_1^{i=n} \frac{l_i}{\cos\varphi_i} + \frac{8}{3} \times \frac{(f_g + \Delta f)^2 \cos^2\varphi_g}{l_g^4} \sum_1^{i=n} l_i^3 \cos\varphi_i$$ （GYSD00602004-32）

式中 ΔL——耐张段内导线长度增量，m。

由式（GYSD00602004-31）、式（GYSD00602004-32）可得

$$\Delta L = \frac{8}{3} \times \frac{\cos^2\varphi_g}{l_g^4} (2f_g + \Delta f) \Delta f \sum_1^{i=n} l_i^3 \cos\varphi_i$$ （GYSD00602004-33）

又由于耐张段代表档距为 $l_0 = \sqrt{\dfrac{\sum\limits_1^{i=n} l_i^3 \cos^2\varphi_i}{\sum\limits_1^{i=n} \dfrac{l_i}{\cos\varphi_i}}}$，故式（GYSD00602004-33）可近似写成

$$\Delta L = \frac{8}{3} \times \frac{l_0^2 \cos^2\varphi_g}{l_g^4} (f_{g0}^2 - f_g^2) \sum_1^{i=n} \frac{l}{\cos\varphi_i}$$ （GYSD00602004-34）

式中 f_{g0}——弧垂观测档的实测弧垂，m。

ΔL 为正时应将导线收紧，反之应将导线放松。

二、交叉跨越垂距的测量

（一）测量交叉跨越垂距

导线 1 与通信线 2 的交叉跨越距离 Δh 按图 GYSD00602004-7 所示进行测量。

测量时可将经纬仪安平在交叉跨越大角二等分线方向并距交叉点约 50m 处，调平经纬仪后在交叉点的地面上竖立塔尺作为方向，这时经纬仪测量交叉点导线 d 点和通信线 e 点的垂直角分别为 θ_1 和 θ_2，水平距离为 b，根据测量结果，交叉跨越距离

$$\Delta h = b (\tan\theta_1 - \tan\theta_2)$$ （GYSD00602004-35）

因为测量时导线的弧垂并不一定是最大弧垂情况，因此导线在最大弧垂时的交叉跨越距离 h_0 等于

$$h_0 = \Delta h - \Delta f_x$$ （GYSD00602004-36）

$$\Delta f_x = 4\left(\frac{x}{l} - \frac{x^2}{l^2}\right)\left[\sqrt{f^2 + \frac{3l^4}{8l_0^2}(t_m - t)a} - f\right]$$ （GYSD00602004-37）

式中 Δf_x——测量时导线弧垂 f_x 换算为最高温度时导线弧垂的增量，即由测量时的温度 t 升高到最高温度 t_m 时导线弧垂的增量，m；

　　f——测量时导线档距中央的弧垂，m；

　　f_x——测量时导线在交叉点的弧垂，m；

　　l——交叉点所在电力线路的档距，m；

　　l_0——代表档距，m；

　　t_m——最高温度，℃；

　　t——测量时的温度，℃；

　　a——导线热膨胀系数，1/℃；

　　x——交叉点到最近杆塔的距离，m。

图 GYSD00602004-7　交叉跨越距离测量布置

1—导线；2—被跨越的通信线；3—经纬仪

图 GYSD00602004-8　导线对地任意点的距离测量

（二）测量导线与地面任意点的对地距离

测量导线与地面任意点 C 的垂直距离，可按图 GYSD00602004-8 所示进行测量。首先将经纬仪安平在测点线路垂直方向并距线路约 50m 处。调平经纬仪后在 C 点竖立塔尺，经纬仪对准塔尺读数为 h，垂直角为 θ_2，水平距离为 b，则地面 C 点的标高 H_c 等于

$$H_c = H_0 \pm b\tan\theta_2 + i - h \qquad （GYSD00602004-38）$$

式中　H_c——地面任意点 C 的标高，m；

$\quad\ \ H_0$——经纬仪地面标高，m；

$\quad\ \ i$——仪高，m；

$\quad\ \ h$——塔尺上的读数，m；

$\quad\ \ b$——C 点距经纬仪的水平距离，m；

$\quad\ \ \theta_2$——垂直角（°），仰角取"＋"，俯角取"－"。

然后经纬仪望远镜筒沿塔尺方向向上移动，当镜筒内的中线与导线相切时读取角 θ_1 为垂直角，相切点 d 的标高

$$H_d = H_0 + b\tan\theta_1 + i \qquad （GYSD00602004-39）$$

则导线对地面任意点 C 的垂直距离等于

$$H = H_d - H_c = b\tan\theta_1 \pm b\tan\theta_2 + h \qquad （GYSD00602004-40）$$

式中　H——导线与地面任意点 C 的垂直距离，m；

$\quad\ \ H_d$——相切点 d 的标高，m；

$\quad\ \ \theta_1$——垂直角，（°）；

其他符号含义同式（GYSD00602004-31）。

上式中 H 为任意温度时的值，最高温度时

$$H_{max} = H - \Delta f_x \qquad （GYSD00602004-41）$$

式中　H_{max}——最高温度时导线与地面任意点的垂直距离，m；

H、Δf_x 含义与式（GYSD00602004-40）和式（GYSD00602004-37）相同。

【思考与练习】

1．简述各种弧垂观测方法的施测步骤及适用范围。

2．观测弧垂应注意哪些事项？

3．如何测量交叉跨越距离？

4．如何测量导线与地面任意点的对地距离？

第十五章　全站仪及全球定位系统简介

模块 1　全站仪的基本知识（GYSD00603001）

【模块描述】本模块涉及全站仪的内部结构、全站仪的分类、光电测距原理、电子测角系统和全站仪的使用。通过概念描述、要点讲解、操作流程介绍，了解全站仪的内部结构、全站仪的类型、光电测距原理、电子测角系统，熟悉全站仪基本使用的方法。

【正文】

一、概述

全站仪又称全站型电子速测仪，是近几年发展和普及起来的先进测量仪器，它主要由光电测距仪、电子微处理机、数据终端等组成。这种仪器既可测距，又能测角，而且能自动记录测量数据，可以程序控制和数据存储，进行数据的自动转换，计算出测站点之间的高差和坐标增量，通过仪器上的液晶显示器显示出测算结果，通过配置适当的接口可使野外采集的测量数据直接传输到计算机进行数据处理或进入自动化绘图系统。

全站仪具有与光学经纬仪类似的结构特征，测角的方法和步骤与光学经纬仪基本相似。但是，由于生产厂家的不同，外部结构和应用软件也有所差异，其使用操作也不完全一样，因此本节仅以NTS-660 型全站仪为例介绍其结构、仪器的操作使用及其注意事项。

二、全站仪的结构和功能

1. 仪器主要技术参数

该型号仪器在气象条件良好时，使用一块棱镜的测程为 1.8km，三块棱镜为 2.6km。其测距精度可达 $\pm(2+2\times10^{-6}\times D)$ mm。测距时间：精测模式时，每次用时为 3s，最小显示距离为 1mm；跟踪测量模式时，每次用时为 1s，最小显示距离为 10mm。角度最小读数为 1″，精度为 2″ 级。双轴液体电子传感补偿，工作范围 3″，精度 1″。配备可充电的镍氢电池，充满后连续工作时间可达 8h。

2. 全站仪的基本构造和功能

（1）主机。

1）部件名称如图 GYSD00603001-1 所示。

图 GYSD00603001-1　NTS-660 型全站仪

1—望远镜把手；2—目镜调焦螺旋；3—仪器中心标志；4—目镜；5—数据通信接口；6—底板；7—圆水准校正螺旋；8—圆水准器；9—管水准器；10—垂直制动螺旋；11—垂直微动螺旋；12—望远镜调焦螺旋；13—电池 NB-30；14—电池锁紧杆；15—物镜；16—水平微动螺旋；17—水平制动螺旋；18—整平脚螺旋；19—基座固定钮；20—显示屏；21—光学对中器；22—粗瞄准器

2）操作面板及显示屏如图 GYSD00603001-2 所示。

①显示屏。一般上面几行显示观测数据，底行显示软键功能，它随测量模式的不同而变化。

图 GYSD00603001-2　操作面板

②对比度。利用星键（★）可调整显示屏的对比度和亮度。

③显示符号。仪器中所显示及出现的符号其含义见表 GYSD00603001-1。

表 GYSD00603001-1　　　　　　　**显 示 符 号 含 义**

符 号	含 义	符 号	含 义
V	垂直角	*	电子测距正在进行
V（%）	百分度	m	以米为单位
HR	水平角（右角）	ft	以英尺为单位
HL	水平角（左角）	F	精测模式
HD	平距	T	跟踪模式（10mm）
VD	高差	R	重复测量
SD	斜距	S	单次测量
N	北向坐标	N	N 次测量
E	东向坐标	10^{-6}	大气改正值
Z	天顶方向坐标	psm	棱镜常数值

3）操作键。显示面板上的各操作键的功能见表 GYSD00603001-2。

表 GYSD00603001-2　　　　　　　**操 作 键 功 能 表**

按键	名称	功　　能	按键	名称	功　　能
F1～F6	软键	功能参见所显示的信息	★	星键	用于仪器若干常用功能的操作
0～9	数字键	输入数字，用于欲置数值	ENT	回车键	数据输入结束并认可时按此键
A～/	字母键	输入字母	POWER	电源键	控制电源的开/关
ESC	退出键	退回到前一个显示屏或前一个模式			

4）功能键（软键）。软键功能标记在显示屏的底行。该功能随测量模式的不同而改变，具体功能见表 GYSD00603001-3。

表 GYSD00603001-3　　　　　　　**功 能 键 表**

模　　式	显　　示	软　键	功　　能
角度测量	斜距	F1	倾斜距离测量
	平距	F2	水平距离测量
	坐标	F3	坐标测量
	置零	F4	水平角置零

续表

模　式	显　示	软　键	功　能
角度测量	锁定	F5	水平角锁定
	记录	F1	将测量数据传输到数据采集器
	置盘	F2	预置一个水平角
	R/L	F3	水平角右角/左角变换
	坡度	F4	垂直角/百分度的变换
	补偿	F5	设置倾斜改正，若打开补偿功能，则显示倾斜改正值
斜距测量	测量	F1	启动斜距测量，选择连续测量/N次（单次）测量模式
	模式	F2	设置单次精测/N次精测/重复精测/跟踪测量模式
	角度	F3	角度测量模式
	平距	F4	平距测量模式，显示N次或单次测量后的水平距离
	坐标	F5	坐标测量模式，显示N次或单次测量后的坐标
	记录	F1	将测量数据传输到数据采集器
	放样	F2	放样测量模式
	均值	F3	设置N次测量的次数
	m/ft	F4	距离单位米或英尺的变换
平距测量	测量	F1	启动平距测量，选择连续测量/N次（单次）测量模式
	模式	F2	设置单次精测/N次精测/重复精测/跟踪测量模式
	角度	F3	角度测量模式
	斜距	F4	斜距测量模式，显示N次或单次测量后的倾斜距离
	坐标	F5	坐标测量模式，显示N次或单次测量后的坐标
	记录	F1	将测量数据传输到数据采集器
	放样	F2	放样测量模式
	均值	F3	设置N次测量的次数
	m/ft	F4	米或英尺的变换
坐标测量	测量	F1	启动坐标测量，选择连续测量/N次（单次）测量模式
	模式	F2	设置单次精测/N次精测/重复精测/跟踪测量模式
	角度	F3	角度测量模式
	斜距	F4	斜距测量模式，显示N次或单次测量后的倾斜距离
	平距	F5	平距测量模式，显示N次或单次测量后的水平距离
	记录	F1	将测量数据传输到数据采集器
	高程	F2	输入仪器高/棱镜高
	均值	F3	设置N次测量的次数
	m/ft	F4	米或英尺的变换
	设置	F5	预置仪器测站点坐标

5）星键（★键）模式。按下（★）键即可看到仪器的若干操作选项。这些选项分两页屏幕显示，如图GYSD00603001-3所示。按［F5］（P1↓）键查看第2页屏幕，再按［F5］（P2↓）可返回第1页屏幕。

由星键（★）可做如下操作第1页屏幕：

①查看日期和时间。

②显示器对比度调节［F1］和［F2］。

③显示器背景灯照明的开/关［F3］。

④显示内存的剩余容量 [F4]。

第 2 页屏幕：

⑤电子圆水准器图形显示 [F2]。

⑥接收光线强度（信号强弱）显示 [F3]。

⑦设置温度、气压、大气改正值（PPM）和棱镜常数值（PSM）[F4]。

图 GYSD00603001-3　星键（★键）模式屏幕显示

（a）第 1 页屏幕；（b）第 2 页屏幕

（2）反射棱镜。全站仪在进行距离测量等作业时，需在目标处放置反射棱镜。反射棱镜有单（三）棱镜组，可通过基座连接器将棱镜组与基座连接，再安置到三脚架上，也可直接安置在对中杆上。棱镜组由用户根据作业需要自行配置，棱镜组如图 GYSD00603001-4 所示。

（3）电源。本机采用可充电镍氢电池，配用 NC-30 充电器。

图 GYSD00603001-4　棱镜

（a）单棱镜组；（b）三棱镜组；（c）对中杆

三、全站仪的分类

（1）全站仪按其结构，分为整体型和组合型（又称积木型）两种。

1）整体型。测距、测角与电子计算单元和仪器的光学、机械系统设计成一个整体。

2）组合型。电子测距仪、电子经纬仪各为一独立的整体，既可单独使用，又可组合在一起使用。

（2）全站仪的测距仪部分，是一种利用电磁波进行测量的仪器。因此，按载波和发射光源的不同，可分为微波测距仪、激光测距仪和红外测距仪三种。按测程分类，可分为三类：

1）短程测距仪。测程小于3km，用于普通工程测量和城市测量，送电线路工程测量就属于这类测距仪。

2）中程测距仪。测程为 3~15km，通常用于一般等级的控制测量。

3）长程测距仪。测程为大于 15km，通常用于国家控制网及特级导线测量。

按照我国国家计量检定规程的规定，全站仪中电子测距仪和电子经纬仪的准确度等级划分见表

GYSD00603001-4。

表 GYSD00603001-4　　　　　电子测距仪和电子经纬仪的准确度等级划分表

准确度等级	测角标准偏差（″）	测距标准偏差（mm）
I	$\lvert m_\beta \rvert \leqslant 1$	$\lvert m_\beta \rvert \leqslant 5$
II	$1 < \lvert m_\beta \rvert \leqslant 2$	$\lvert m_\beta \rvert \leqslant 5$
III	$2 < \lvert m_\beta \rvert \leqslant 6$	$5 < \lvert m_\beta \rvert \leqslant 10$
IV	$6 < \lvert m_\beta \rvert \leqslant 10$	$\lvert m_\beta \rvert \leqslant 10$

注　测角标准偏差为一测回水平方向标准偏差；测距标准偏差为每千米测距标准偏差。

四、光电测距原理

光电测距即电磁波测距，它是以电磁波作为载波，传输光信号来测量距离的一种方法。它的基本原理是利用仪器发出的光波（光速 c 已知），通过测定出光波在测线两端点间往返传播的时间 t 来测量距离 D。如图 GYSD00603001-5 所示，当 A 点仪器发射的电磁波，经 B 点棱镜反射后返回到 A 点，则 AB 间的距离为

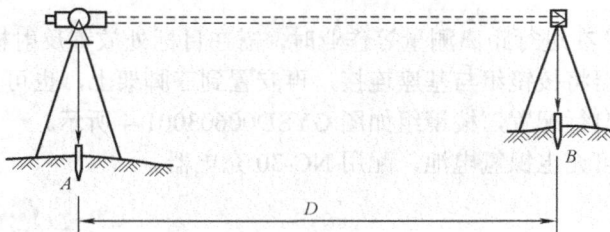

图 GYSD00603001-5　光电测距原理

$$D = \frac{1}{2}ct \qquad\qquad （GYSD00603001\text{-}1）$$

式中　D——AB 间的距离，m；

　　　c——电磁波在空气中传播的速度，约为 3×10^8 m/s；

　　　t——电磁波在 AB 间传播的时间，s。

式中除以 2 是因为光波经历了两倍的路程。

根据测定时间的方式不同，又分为脉冲式测距仪和相位式测距仪。脉冲式测距仪是直接测定光波传播的时间，由于这种方式受到脉冲的宽度和电子计数器时间分辨率限制，所以测距精度不高，一般为 1～5m。相位式光电测距仪是利用测相电路直接测定光波从起点出发经终点反射回到起点时，因往返时间差引起的相位差来计算距离，该法测距精度较高，一般可达 5～20mm。目前短程测距仪大都采用相位法计时测距。

五、全站仪的使用（以 NTS-660 型全站仪为例）

1. 测量前的准备工作

（1）安置仪器。将全站仪安置在测站点上，并进行对中、整平，过程与经纬仪基本相同。

（2）开机设置。确认显示窗中显示有足够的电池电量，当电池电量不多时，应及时更换电池或对电池进行充电。

1）设置温度和气压。设置大气改正时，须量取温度和气压，由此即可求得大气改正值。

2）设置棱镜常数。根据不同厂家的棱镜，应预先设置相应的棱镜常数。

2. 角度测量

将测量模式切换为角度测量（一般开机的默认模式为角度测量模式，可以根据工作需要设置开机默认模式）。（以下操作均可依据显示屏上的中文操作菜单进行）

（1）水平角（右角）和垂直角测量。盘左照准后视目标，按 [F4]（置零）键和 [F6]（设置）键，

设置后视目标的水平角读数为 0°0′0″。顺时针旋转照准部，照准前视目标，仪器显示该目标的水平角和垂直角。

（2）水平角测量模式（右角/左角）的转换。在角度测量模式下，按［F6］（P1↓）键，进入第 2 页显示功能，按［F3］键，水平测量右角模式转换成左角模式，可类似右角观测方法进行左角观测。每按一次［F3］（R/L）键，右角/左角便依次切换。在参数设置模式，右角/左角转换开关可以关闭。

（3）垂直角与百分度模式的转换。在角度测量模式下，按［F6］（P1↓）键，进入第 2 页功能菜单，按［F4］（坡度）键，每按一次［F4］（坡度）键，垂直角显示模式便依次转换。垂直角零起算点位于天顶位置。

3．距离测量

（1）设置。在角度测量模式下，照准棱镜中心，按［F1］（斜距）键或［F2］（平距）键，并按［F2］（模式）键，选择连续精测模式，显示在窗口第四行右面的字母表示如下测量模式：F——精测模式（这是正常距离测量模式，观测时间约 3s，最小显示距离为 1mm）；T——跟踪模式（此模式测量时间要比精测模式短，主要用于放样测量中，在跟踪运动目标或工程放样中非常有用）；R——连续（重复）测量模式；S——单次测量模式；N——N 次测量模式。若要改变测量模式，按［F2］（模式）键，每按下一次，测量模式就改变一次。

（2）距离测量。当预置了观测次数时，仪器就会按设置的次数进行距离测量并显示出平均距离值。若预置次数为 1，则由于是单次观测，故不显示平均距离。仪器出厂时设置的是单次观测。

在角度测量模式下，设置观测次数：按［F1］（斜距）键或［F2］（平距）键。按［F6］（P1↓）键，进入第 2 页功能。按［F3］（均值）键，输入观测次数。按［ENT］键，进行 N 次观测。照准棱镜中心。按［F1］（斜距）键或［F2］（平距）键，选择斜距或平距测量模式，显示出平均距离并伴随蜂鸣声，同时屏幕上"*"号消失。观测结束后按［F1］（测量）键可重新进行测量。若测量结果受到大气折光等因素影响，则自动进行重复观测。按［F3］（角度）键返回到角度测量模式。

（3）放样。该功能可显示测量的距离与预置距离之差。

显示值＝观测值－标准（预置）距离

可进行各种距离测量模式如平距（HD）、高差（VD）或斜距（SD）的放样。如高差的放样：在距离测量模式下按［F6］（P1↓）键进入第 2 页功能，按［F2］（放样）键，输入待放样的高差值并按［ENT］键，观测开始，移动棱镜直到距离之差接近零为止。一旦将标准距离重新设置为"0"或关机，即可返回到正常距离测量模式。

4．坐标测量

坐标测量是全站仪的常用功能之一，是根据已知测站点和后视的坐标或已知测站点坐标及后视方位角，通过角度和距离的测量求出未知点坐标的方法（即极坐标法）。

在程序菜单中按［F6］键，进入该菜单的第 2 页，再按［F3］键进入放样菜单，按［F3］（坐标数据）键。在坐标数据菜单中，按［F3］键，进入采集新点坐标选择项，按［F1］（极坐标）键。按［F6］键进行设置后视方位角。输入测站点点号，如作业中没有该点的坐标数据，输入该点坐标。如作业中存在该点的坐标便显示方位角，若后视方位角正确，用仪器瞄准后视点后按［F5］（是）键设置后视方位角。输入仪器高，按［ENT］键。

输入观测点的点号，按［ENT］键。输入棱镜高并按［ENT］键，用仪器瞄准观测点，按［F5］（是）键便进行测量，采集该点坐标。按［F5］（是）键保存坐标。屏幕便显示输入另一观测点的点号的输入屏幕。点号自动加一。

5．后方交会

后方交会程序从存储在作业中的两个已知坐标的点计算新采集点（测站点）的坐标，会显示测站至每一已知点上测量的角度和距离，并显示平距和高差的残差。如果软件不能计算新点的坐标，会显示"错误!"信息。如接受显示的残差，下一屏幕便显示新点的坐标。

将仪器安置在新点上，在程序菜单中按［F6］键，进入该菜单的第 2 页，再按［F3］键进入放样菜单。在显示的放样菜单中按［F3］（坐标数据）键。在坐标数据菜单中，按［F3］键，进入采集新点坐标选择项，按［F2］（后方交会）键。输入后方交会的测站点点号，按［ENT］键，输入仪器高，按［ENT］键，输入测量的第一个点的点号，该点用于后方交会计算中。输入棱镜高后按［ENT］键。用仪器瞄准第一个观测点，按［F5］键测量角度和距离，显示水平角、平距和高差。输入要测量的第二点点号后并按［ENT］键。

输入第二点棱镜高并按［ENT］键，用仪器瞄准第二点，按［F5］（是）键便测量角度和距离，显示水平角、平距和高差，在仪器完成测量后便显示残差，如合格按［F5］（是）键后，便显示新的坐标。按［F5］键将该点坐标存储到作业中，按［F6］键重新开始后方交会。

6. 坐标放样

坐标放样就是把一个已知点的坐标在地面上标识出来。按［F1］键进入程序菜单，按［F6］键翻页，选择屏幕上的［F2］键坐标放样，进行放样之前应该新建一个作业来保存我们所测量的数据，这样才方便我们调用所测量的数据。选择 F4 选项进入，按［F1］键可以查看内存，上面显示出文件名以及文件里面的坐标点的个数，返回按［ESC］键。选择［F1］键设置方向角，输入测站点的记录号，按［ENT］键，如该点未知，则需要输入测站点的坐标；输入后视点的记录号，输入测站点仪器高，按［ENT］键；输入所放样点的记录号，按［ENT］键；输入放样点的棱镜高，按［ENT］键。进入坐标放样的模式，按［F1］键（角度），则显示出仪器望远镜和放样点的夹角，按［F2］键（距离），则显示出测站点到放样点的距离，按［F3］键则可以改变测量的模式，如精测、跟踪等模式，按［F4］键坐标，则可以测量出棱镜点的坐标值，按［F5］键指挥，则显示出棱镜到放样点之间的一个差值，通过移动棱镜的位置和不断的测量出棱镜的位置来逐渐缩小差值。当测量出来的差值为 0 时，则放样点被找到。放样结束，按［ENT］键。

7. 面积测量

该程序可利用测点或文件中的数据计算出某区域的面积。按［F1］键进入程序菜单的第一页，再按［F1］键进入标准测量菜单，选择程序菜单，再选择解析坐标，选择面积计算。若按［F5］键（是），即是在面积计算中使用具体的点号，屏幕则显示内存中所存储的坐标点，按［F2］键查找功能，输入点名，按［ENT］键可以找到想要点名的数据，按［F6］键翻到第二页，按［F4］键开始可显示文件中第一个点的数据，按［F5］键结尾可显示最后一个点的数据，再按 F6 键翻到第一页，如果该点是进行面积计算的点，通过［F5］键标记对该点做标记，按标记键后在该点的末尾显示"M"，按［F3］键（或［F4］键）寻找下一个点，并对该点做标记，至少对三个点做了标记后，再按［ENT］键，则显示面积计算的结果，屏幕中显示计算机面积的点数和该点数所形成的封闭区域的面积。计算完成后按［F5］键确定，便退出该屏幕返回到解析坐标菜单。

六、全站仪使用的注意事项

1. 检验与校正

仪器在出厂时均经过严密的检验与校正，符合质量要求。但仪器经过长途运输或环境变化，其内部结构会受到一些影响。因此，新购买本仪器以及到测区后在作业之前均应对仪器进行检验与校正，以确保作业成果精度。

2. 注意事项

（1）日光下测量应避免将物镜直接对准太阳。建议使用太阳滤光镜以减弱这一影响。

（2）避免在高温和低温下存放仪器，亦应避免温度骤变（使用时气温变化除外）。

（3）仪器不使用时，应将其装入箱内，置于干燥处，并注意防震、防尘和防潮。

（4）若仪器工作处的温度与存放处的温度差异太大，应先将仪器留在箱内，直至适应环境温度后再使用。

（5）若仪器长期不使用，应将电池卸下分开存放，并且电池应每月充电一次。

（6）运输仪器时应将其装于箱内进行，运输过程中要小心，避免挤压、碰撞和剧烈振动。长途运输最好在箱子周围使用软垫。

（7）架设仪器时，尽可能使用木脚架，因为使用金属脚架可能会引起振动影响测量精度。

（8）外露光学器件需要清洁时，应用脱脂棉或镜头纸轻轻擦净，切不可用其他物品擦拭。

（9）仪器使用完毕后，应用绒布或毛刷清除仪器表面灰尘。仪器被雨水淋湿后，切勿通电开机，应用干净软布擦干并在通风处放一段时间。

（10）作业前应仔细全面检查仪器，确定仪器各项指标、功能、电源、初始设置和改正参数均符合要求时再进行作业。

（11）若发现仪器功能异常，非专业维修人员不可擅自拆开仪器，以免发生不必要的损坏。

【思考与练习】

1．何为全站仪？全站仪有哪几部分组成？

2．简述全站仪进行角度测量、距离测量、坐标测量和放样的基本过程。

3．全站仪使用有哪些注意事项？

模块 2　全球定位系统简介（GYSD00603002）

【模块描述】本模块介绍 GPS 系统的组成、GPS 定位原理、作业模式和误差源。通过概念描述、原理讲解，了解 GPS 系统的组成、定位原理、定位作业模式，熟悉影响 GPS 定位精度的因素。

【正文】

一、全球卫星定位系统简介

全球卫星定位系统作为新一代卫星导航定位系统，经过二十多年的发展，已经成为一种被广泛采用的系统。是一种借助于分布在空中的多个 GPS 通信卫星确定地面点的位置的新型定位系统。在测量中采用卫星定位技术，主要用于高精度大地测量和控制测量，以建立各种类型和等级的测量控制网；现在，它还用于各种类型的工程施工放样、测图及工程变形观测等测量工作中，尤其是在建立测量控制网方面，卫星定位技术已基本上取代了常规测量手段，成为主要的技术手段。目前，我国采用卫星定位技术布设了新的国家大地测量控制网，很多城市也都采用该技术建立了城市控制网。现在在各种类型的工程测量中，已开始大量采用卫星定位技术，如北京地铁 GPS 网、云台山隧道 GPS 网、秦岭铁路隧道施工 GPS 控制网等。

全球卫星定位系统能独立、迅速和精确地确定地面点的位置，与常规控制测量技术相比，有许多优点：不要求测站间的通视，因而可以按需布点，且不需建造测站觇标；控制网的网形已不再是决定精度的重要因素，点与点之间的距离可以自由布设；可以在较短时间内以较少的人力消耗来完成外业观测工作，观测（卫星信号接收）的全天候优势更为显著；由于 GPS 接收仪器的高度自动化，内外业紧密结合，软件系统的日益完善，可以迅速提交测量成果；精度高，用载波相位进行相对定位，可达到 $\pm(5\text{mm}+10^{-6}\times D)$ 的精度；节省经费和工作效率高，用卫星定位技术建立测量控制网，要比常规测量技术节省 70%～80% 的外业费用，同时，由于作业速度快，使工期大大缩短，所以经济效益显著。

二、全球卫星定位系统的组成

全球卫星定位系统由三部分组成，即空中 GPS 卫星星座、地面监控部分和用户设备部分（GPS 接收机）。

（一）GPS 卫星星座

GPS 卫星星座由 24 颗卫星构成，其中 21 颗工作卫星，3 颗备用卫星，24 颗卫星均匀分布在 6 个轨道面上，轨道面倾角为 55°，各轨道面之间相距 60°轨道平均高度 20 200km，卫星运行周期为 11 小时 58 分 12 秒（恒星时）。此种 GPS 卫星星座卫星的空间布置保证了在地球上任何地点、任何时刻至少均能同时观测到 4 颗（及以上）卫星，以满足精密导航与定位的需要。每颗 GPS 卫星上装备有 4 台高精度原子钟，它为卫星定位提供高精度的时间标准，另外还携带无线电信号收发机和微处理机等设备。

所谓恒星时（ST），由春分点的周日视运动所确定的时间，它是以地球自转周期为基础，并与地球自转角度相对应的一种时间系统。春分点连续两次通过本地子午圈的时间间隔为一恒星日，含 24 恒星时，所以恒星时在数值上等于春分点相对于本地子午圈的时角。一恒时为 60 恒星分，一恒星分为 60 恒星秒。

（二）地面监控部分

地面监控部分主要由分布在全球的 9 个地面站组成，其中包括卫星观测站、主控站和信息注入站。

监控站 5 个，在主控站的直接控制下对 GPS 卫星进行连续观测和收集有关的气象数据，进行初步处理并储存和传送到主控站，用以确定卫星的精密轨道。主控站 1 个，协调和管理所有地面监控系统的工作，推算各卫星的星历、钟差和大气延迟修正参数，并将这些数据和管理指令送至注入站。注入站 3 个，在主控站的控制下，将主控站传来的数据和指令注入到相应卫星存储器，并观测注入信息的正确性。

（三）GPS 接收机

GPS 接收机包括接受机主机、天线和电源，其主要功能是接收 GPS 卫星发射的信号，以获得必要的导航和定位信息及观测量，并经初步数据处理而实现实时导航和定位。目前国内常用的静态定位 GPS 接收机主要有 Trimble、Leica、Ashtech、Novatel、Sokkia、中海达、南方等厂家生产的接收机。

GPS 接收机按其用途和使用频率的不同具有多种形式。

1. 按卫星信号频率分类

（1）单频接收机。只能接收 L1 载波信号，测定载波相位观测值进行定位。由于不能有效消除电离层延迟影响，因此精度较低。只适用于短基线（<20km）的测量。

（2）双频接收机。可以同时接收 L1、L2 载波信号（L1 和 L2 是 GPS 卫星发射两种频率的载波信号，即频率为 1575.42MHz 的 L1 载波和频率为 1227.60MHz 的 L2 载波，波长分别为 19.03cm 和 24.42cm）。利用双频技术，消除或减弱电离层的影响。用于差分定位时其精度可达亚米级至厘米级。

2. 按接收机的用途分类

（1）导航型接收机。此类型接收机主要用于运动载体的导航，它可以实时给出载体的位置和速度。这类接收机一般采用 C/A 码伪距测量，单点实时定位，精度较低。

（2）测量型接收机。主要用于精密大地测量和精密工程测量。这类仪器主要采用载波相位观测值，进行相对定位，定位精度高。仪器结构复杂。送电线路工程测量就使用这类仪器。

在 L1 和 L2 载波信号上又分别调制着多种信号，这些信号主要有：

1）C/A 码又被称为粗捕获码（粗码），它被调制在 L1 载波上。

2）P 码又被称为精码，它被调制在 L1 和 L2 载波上。

导航信息被调制在 L1 载波上，其信号频率为 50Hz，包含有 GPS 卫星的轨道参数、卫星钟改正数和其他一些系统参数。用户一般需要利用此导航信息来计算某一时刻 GPS 卫星在地球轨道上的位置，导航信息也称为广播星历。

三、GPS 定位原理

GPS 定位的方法是多种多样的，用户可以根据不同的测量要求采用不同方法。

伪距定位所采用的观测值为 GPS 伪距观测值，采用的伪距观测值既可以是 C/A 码伪距（粗码），也可以是 P 码伪距（精码）。伪距定位的优点是数据处理简单，定位条件要求低，能非常容易地实现实时定位；其缺点是观测值精度低，C/A 码伪距观测值精度约 3m，而 P 码伪距的观测值精度在 30cm 左右。

载波相位定位所采用的观测值为 GPS 载波相位观测值，即 L1、L2 或它们的某种线性组合。其优点是观测值精度高，一般达到 2mm；缺点是数据处理复杂。

四、GPS 定位作业模式

静态定位作业是由两台或两台以上 GPS 接收机设置在待测基线端点上，捕获和跟踪 GPS 卫星的过程中固定不变，接收机高精度地测量 GPS 信号的传播时间，利用 GPS 卫星在轨的已知位置，解算出接收机天线所在位置的三维坐标。

动态定位作业是用 GPS 接收机测定一个运动物体的运行轨迹。GPS 接收机所安置于运动载体上（如航行中的船舰、空中的飞机、行走的车辆等）。载体上的 GPS 接收机天线在跟踪 GPS 卫星的过程中相对地球而运动，接收机用 GPS 信号实时地测得运动载体的状态参数（瞬间三维位置和三维速度）。

相位差分定位作业技术又称为 RTK（Real Time Kinematic）技术，如图 GYSD00603002-1 所示，作业方法是在基准站上安置一台 GPS 接收机，对所有可见 GPS 卫星进行连续地观测，并将其观测数据通过无线电传输设备实时地发送给用户观测站，在用户观测站上，GPS 接收机在接收 GPS 卫星信号的同时，通过无线电接收设备，接收基准站传输的观测数据，然后根据相对定位的原理，实时地提供观测点的三维坐标，并达到厘米级的高精度。满足了一般工程测量的要求，目前送电线路的 GPS 定位大多采用这种作业模式。

图 GYSD00603002-1 差分定位示意图

五、GPS 定位的误差源

在利用 GPS 进行定位时，会受到各种因素的影响，影响 GPS 定位精度的因素有以下五个方面：

1. 与 GPS 卫星有关的因素

（1）卫星星历误差。在进行 GPS 定位时，计算某时刻 GPS 卫星位置所需的卫星轨道参数是通过星历提供的，所计算出的卫星位置会与真实位置有所差异，这种差异就是星历误差。

（2）卫星钟差。GPS 卫星上所安装的原子钟的钟面时与 GPS 标准时间之间的钟差。

（3）卫星信号发射天线相位中心偏差。GPS 卫星上信号发射天线的标称相位中心与其真实相位中心之间的差异。

2. 与接收机有关的因素

（1）接收机钟差。GPS 接收机所使用钟的钟面时与 GPS 标准时间之间的钟差。

（2）接收机天线相位中心偏差。GPS 接收机天线的标称相位中心与其真实相位中心之间的差异。

（3）接收机软件和硬件造成的误差。在进行 GPS 定位时，定位结果会受到处理与控制软件和硬件的影响。

3. 与传播途径有关的因素

（1）电离层延迟。由于地球周围的电离层对电磁波的折射效应，使得 GPS 信号的传播速度发生变化，这种变化称为电离层延迟。电磁波所受电离层折射的影响与电磁波的频率以及电磁波传播途径上的电子总量有关。

（2）对流层延迟。由于地球周围的对流层对电磁波的折射效应，使得 GPS 信号的传播速度发生变化。这种变化称为对流层延迟。电磁波所受对流层折射的影响与电磁波传播途径上的温度、湿度和气压有关。

（3）多路径效应。由于接收机周围环境的影响，使得 GPS 接收机所接收到的卫星信号中包含反射和折射信号的影响。

4. 数据处理软件方面的因素

（1）用户在进行数据处理时引入的误差。

（2）数据处理软件算法不完善对定位结果的影响。

5. 操作因素引起的误差

（1）基站、流动站的整平、对中产生的误差。

（2）采点时收敛精度未达到观测要求所产生的定位误差。

【思考与练习】

1. 全球卫星定位系统有何用途？

2. 全球卫星定位系统由哪几部分组成？

第五部分

电气设备及电工测量

第十六章　低　压　电　器

模块 1　常用低压电器（GYSD00901001）

【模块描述】本模块主要介绍了低压开关电器的原理、结构等内容。通过结构介绍、原理分析，能够了解低压开关电器的原理、结构。

【正文】

低压电器是指用在交流 1000V（直流 1500V）以下的电路中，能根据外界的信号和要求，手动或自动地接通、断开电路，以实现对电路或电气设备的切换、控制、保护、检测和调节的工业电器。低压电器作为基本控制电器，广泛应用于输配电系统和自动控制系统中。

目前，低压电器正朝着小型化、模块化、组合化和高性能化发展。

低压电器按动作原理可分为手动电器和自动电器，手动电器是由工作人员手动操作的，如刀开关、组合开关及按钮等。自动电器是按照操作指令或参量变化自动动作的，如接触器、断路器、热继电器等。按类型分主要有低压隔离开关、低压断路器、交流接触器、热继电器、按钮等，本模块主要介绍常用的低压开关电器。

一、低压隔离开关

（一）低压隔离开关的作用

隔离开关广泛用在 500V 及以下的低压配电装置中，作不频繁地接通和分断电路之用。隔离开关只能手动操作，普通的隔离开关不可以带负荷操作，它和低压断路器等配合使用，在低压断路器切断电路后才能操作隔离开关。

隔离开关起隔离电压的作用，使电路中有明显的绝缘断开点，以保证检修人员的安全。

装有灭弧罩或者在动触刀上装有辅助速断触刀（起灭弧作用）的隔离开关，可以切断不大于额定电流的负荷。

（二）低压隔离开关的工作原理

隔离开关是根据杠杆原理，利用操动机构，带动动触刀头完成开、断动作。改变操作手柄的运动方向，即改变了开关的工作状态，利用这一点，也可以做成双向低压隔离开关。

（三）低压隔离开关的类型与结构

1. 隔离开关的类型

低压隔离开关的类型很多，按极数可分为单级、双极和三极；按灭弧结构可分为带灭弧罩和不带灭弧罩；按操作方式可分为直接手柄操作和用杠杆操作；按用途可分为单投和双投；按接线方式可分为板前接线和板后接线等。

2. 隔离开关的结构

隔离开关主要由绝缘底板、动触刀头、静触刀座和操动机构几部分组成。静触头刀座具有一定的弹性，用来增加和动触刀头的接触紧密度。隔离开关的外形结构如图 GYSD00901001-1 所示。

二、低压断路器

（一）低压断路器的作用

低压断路器又称为自动开关、自动空气开关。它是一种既可以接通、分断电源，又能对电路进行自动保护的电器，当电器中发生短路、过载、失压等故障时，能自动切断电路，常用作配电变压器低压侧总开关、出线开关及电动机控制开关，是低压电网中非常重要的控制、保护电器。

国家电网公司 STATE GRID CORPORATION OF CHINA

国家电网公司
生产技能人员职业能力培训专用教材

（a） （b）

图 GYSD00901001-1 隔离开关

（a）HD 系列单投；（b）HS 系列双投

1—操作手柄；2—操动机构；3—绝缘底板；4—灭弧罩；5—动触刀；6—接线端子

（二）低压断路器的工作原理

如图 GYSD00901001-2 所示，低压断路器由触头、灭弧系统和操动机构等部分构成。图中 1 为低压断路器的三个触头，接在电动机等主回路里。触头 1 由锁键 2 保持在闭合状态，锁键 2 由绕轴 4 转动的搭钩 3 支持着。若搭钩 3 被杠杆 5 顶开，触头即被弹簧 6 拉开，电路分断。而杠杆顶开搭钩的返回动作是靠各种脱扣器（7、8）动作来完成的。正常时，电流脱扣器 7 中的电磁吸力不足以吸持它的衔铁；当负荷侧短路时，短路电流会使它吸持，脱扣器动作，即杠杆顶开搭勾而分断电路；电压正常时，欠电压脱扣器 8 使它的衔铁 10 吸合，当电压降到一定程度，衔铁会被弹簧 11 拉开，同时就会撞击杠杆 3，使其顶开搭钩而分离电路。

（三）低压断路器的类型与结构

1. 低压断路器的类型

低压断路器从结构上可分为万能式（又称框架式，国际上通称 ACB）和塑料外壳式 [国际上通称 MCCB，MCB（小型）] 两大类。

根据保护对象的不同，断路器又分为四个类型：

（1）配电保护型——保护电源和电气线路（电线、电缆）和设备。

（2）电动机保护型——专作电动机的不频繁启动，运行中中断，以及在电动机发生过载、短路和欠电压时的保护。

（3）家用和类似家用场所保护型——对照明线路、家用电器等的保护。

（4）剩余电流（漏电）保护型——用来保护人身免受电击危险及防止电气火灾的保护器。

2. 低压断路器的结构

低压断路器主要由保护装置（各种脱扣器）、触头系统、灭弧装置、传动机构、基架和外壳等部分组成。

脱扣器是低压断路器中用来接受信号的元件。若线路中出现不正常情况或由操作人员及继电保护装置发出信号时，脱扣器会根据信号的情况，通过传递元件，使触头动作跳闸切断电路。低压断路器的脱扣器一般有过流脱扣器、热脱扣器、失压脱扣器、分励脱扣器等几种。

低压断路器的主触头在正常情况下可以接通、分断负荷电流，在故障情况下还必须可靠分断故障电流。主触头有单断口指式触头、双断口桥式触头、插入式触头等几种形式。

主触头的动、静触头的接触处焊有银基合金触点，其接触电阻小，可以长时间通过较大的负荷电流。在容量较大的低压断路器中，还常将指式触头做成两挡或三挡，形成主触头、副触头和弧触头并联的形式。

低压断路器中的灭弧装置一般为栅片式灭罩，灭弧室的绝缘壁一般用钢板纸压制或用陶土烧制。

装置式低压断路器的结构如图 GYSD00901001-3 所示。

框架式低压断路器的外形及结构如图 GYSD00901001-4 所示。

图 GYSD00901001-2 低压断路器的工作原理

1—触头；2—锁键；3—搭钩；4—绕轴；5—杠杆；

6、11—弹簧；7—电流脱扣器；8—欠电压脱扣器；9、10—衔铁

图 GYSD00901001-3 装置式低压断路器的结构图

1—按钮；2—电磁脱扣器；3—自由脱扣器；

4—接线柱；5—热脱扣器

（a）

（b）

图 GYSD00901001-4 框架式低压断路器的结构图

（a）外形图；（b）结构图

1—灭弧触头；2—辅助触头；3—软连接线；4—连板；5—驱动柄；6—脱扣用凸轮；7—整定过流脱扣器用弹簧；

8—过流脱扣器打击杆；9—下导电板；10—过流脱扣器铁芯；11—主触头；12—框架；13—上导电板；14—灭弧室

三、交流接触器

（一）交流接触器的作用

交流接触器是一种自动化的控制电器。交流接触器主要用于频繁接通或分断电路中，具有控制容量大，可远距离操作，配合继电器可以实现定时操作、联锁控制、各种定量控制和失压及欠压保护等功能，广泛应用于自动控制电路，其主要控制对象是电动机，也可用于控制其他电力负载，如电热器、照明、电焊机、电容器组等。

（二）交流接触器的工作原理

交流接触器是利用电磁吸力与弹簧弹力配合动作，使触头闭合或分断，以控制电路的分断。交流接触器的动作原理如图 GYSD00901001-5 所示。交流接触器有两种工作状态：失电状态（释放状态）和得电状态（动作状态）。

动作过程如下：当线圈 7 加上额定电压后，产生电磁力，吸引动铁芯 5 下降，从而带动三副动合主触头 2 闭合，二副动断辅助触头 3 断开，二副动合辅助触头 4 闭合。主触头闭合便接通主电路。辅助触头接在控制电路中，控制其通断。当线圈失压时，在弹簧 6 的作用下，动铁芯 5 恢复到原始位置，

各触头也恢复原始状态。

图 GYSD00901001-5　CJ10 系列交流接触器

（a）符号；（b）动作原理；（c）外形

1—灭弧罩；2—主触头；3—动断辅助触头；4—动合辅助触头；5—动铁芯；6—弹簧；7—线圈；8—静铁芯

（三）交流接触器的类型与结构

1. 交流接触器的类型

交流接触器的种类很多，其分类方法也不尽相同。按照一般的分类方法，大致有以下几种：

按主触点极数可分为单极、双极、三极、四极和五极接触器。单极接触器主要用于单相负荷，如照明负荷、焊机等，在电动机能耗制动中也可采用；双极接触器用于绕线式异步电机的转子回路中，启动时用于短接启动绕组；三极接触器用于三相负荷，例如在电动机的控制及其他场合，使用最为广泛；四极接触器主要用于三相四线制的照明线路，也可用来控制双回路电动机负载；五极交流接触器用来组成自耦补偿启动器或控制双笼型电动机，以变换绕组接法。

按灭弧介质可分为空气式接触器、真空式接触器等。空气式接触器用于一般负载，而真空式接触器常用在煤矿、石油、化工企业及电压为 660V 和 1140V 等一些特殊的场合。

按有无触点可分为有触点接触器和无触点接触器。常见的接触器多为有触点接触器，而无触点接触器属于电子技术应用的产物，一般采用晶闸管作为回路的通断元件，由于晶闸管导通时所需的触发电压很小，而且回路通断时无火花产生，因而可用于高操作频率的设备和易燃、易爆、无噪声的场合。

2. 交流接触器的结构

接触器主要由电磁系统、触点系统、灭弧系统及其他部分组成。

电磁系统：电磁系统包括电磁线圈和铁芯，是接触器的重要组成部分，依靠它带动触点的闭合与断开。

触点系统：触点是接触器的执行部分，包括主触点和辅助触点。主触点的作用是接通和分断主回路，控制较大的电流，而辅助触点是在控制回路中，以满足各种控制方式的要求。

灭弧系统：灭弧装置用来保证触点断开电路时，产生的电弧可靠的熄灭，减少电弧对触点的损伤。为了迅速熄灭断开时的电弧，通常接触器都装有灭弧装置，一般采用半封式纵缝陶土灭弧罩，并配有强磁吹弧回路。

其他部分：有绝缘外壳、弹簧、短路环、传动机构等。

四、热继电器

（一）热继电器的作用

热继电器是一种应用比较广泛的保护继电器。它是利用电流的热效应来推动动作机构，促使触头闭合或断开，主要用于电动机的过载保护、断相保护、电流不平衡保护以及其他电气设备发热状态时的控制。

（二）热继电器的工作原理

如图 GYSD00901001-6 所示，由电阻丝做成的热元件，其电阻值较小，工作时将它串接在电动机的主电路中，电阻丝所围绕的双金属片由两片线膨胀系数不同的金属片压合而成，左端与外壳固定。

当热元件中通过的电流超过其额定值而过热时，由于双金属片的上面一层热膨胀系数小，而下面的大，使双金属片受热后向上弯曲，导致扣板脱扣，扣板在弹簧的拉力下将动断触点断开。由于触点是串接在电动机的控制电路中的，使得控制电路中的接触器的动作线圈断电，从而切断电动机的主电路。

（三）热继电器的类型与结构

1. 热继电器的类型

热继电器的种类很多，通常按极数可分为单极、两极和三极的，其中三极的又分为带断相保护装置的和不带断相保护装置的；按复位方式可分为自动复位式和手动复位式等，具体应用时可参阅有关手册查找。

2. 热继电器的结构

热继电器是由热元件、触头、动作机构、复位按钮和整定电流装置等五部分组成。

热元件：主要是用来传导被控设备的温度；

触头：接通或断开控制回路的电源（接通或断开交流接触器线圈）；

动作机构：作用于触头的动作状态；

复位按钮：热继电器动作跳闸后使其重新回到闭合位置；

整定电流装置：设定热继电器启动值。

热继电器的外形结构如图 GYSD00901001-7 所示。

图 GYSD00901001-6　热继电器的工作原理图

图 GYSD00901001-7　热继电器外形结构图

五、按钮

按钮是一种短时接通或断开小电流的电器。它不直接控制主电路的通断，而是在控制电路中发出指令去控制接触器，再由接触器去控制主电路。按钮中采用的是桥式触头，两个静触点在两边，一个动触点在中间，像一座桥。按钮又可分单联按钮、两联、三联和多联按钮。不操作时，与动触点常保持接通的一组静触点，叫做动断触点，不与动触点常保持接通的一组静触点，叫做动合触点。当按动按钮时，动断触点先断开，动合触点后闭合。松开按钮时动合触点先断开，动断触点后闭合，复位待下一次操作。

按钮外形和结构如图 GYSD00901001-8 所示。

图 GYSD00901001-8　按钮外形和结构图

（a）外形图；（b）结构图

【思考与练习】

1. 隔离开关主要作用是什么？

2. 低压断路器有哪些保护作用？

3. 交流接触器结构主要包括哪些部分？

第十七章 高 压 电 器

模块 1 高压隔离开关、断路器的作用、结构与工作原理
（GYSD00902001）

【模块描述】本模块包含高压隔离开关、断路器的结构原理，灭弧的基本原理。通过结构介绍、原理分析、功能介绍、图形举例，了解高压隔离开关、断路器的结构原理，灭弧的基本原理。

【正文】

目前，国际上公认的高低压电器的分界线交流是 1kV（直流则为 1500V）。交流 1kV 以上为高压电器，1kV 及以下为低压电器。

高压电器是在高压网络中用来实现开断、保护、控制、调节、测量的设备，常用的高压电器包括开关电器、量测电器和限流、限压电器等。

高压开关电器主要有高压隔离开关、高压断路器、高压熔断器、高压负荷开关和接地断路器等，本模块重点介绍高压隔离开关和高压断路器。

一、高压隔离开关

（一）隔离开关的作用

在电力系统中，隔离开关的主要作用是：

（1）将电气设备与带电的电网隔离，以保证被隔离的电气设备能安全地进行检修。

（2）改变运行方式，在双母线的电路中，可利用隔离开关将设备或线路从一组母线切换到另一组母线上供电。

（3）接通和断开小电流电路。

隔离开关一般在网络中连接的位置如图 GYSD00902001-1 所示，主要是利用它将电气设备与带电的电网隔离。

图 GYSD00902001-1 隔离开关位置示意图

隔离开关的触头全部敞露在空气中，具有明显的断开点，由于隔离开关没有灭弧装置，因此不能用来切断负荷电流或短路电流，否则在高压作用下，断开点将产生强烈电弧，并很难自行熄灭，甚至可能造成飞弧（相对地或相间短路），烧损设备，危及人身安全，这就是所谓"带负荷拉隔离开关"的严重事故。

（二）隔离开关的基本工作原理

隔离开关完成接通或断开的动作过程如下：由操动机构（电动或手动）发出机械力、通过传动轴（或传动杆）带动齿轮扭转（或传动杆位移），最终完成触头接通或断开。

如图 GYSD00902001-2 所示，通过传动轴带动伞形齿轮扭转，伞形齿轮带动支持绝缘子转动 90°，从而达到隔离开关触头断开的目的。

根据隔离开关类型不同采用的传动方式也有所不同。例如，剪刀式隔离开关即采用传动杆件位移的方式，达到隔离开关触头断开或接通的目的。

图 GYSD00902001-2 隔离开关动作原理示意图

（三）隔离开关的类型与结构

1. 隔离开关的类型

隔离开关可按下列原则进行分类：

（1）按绝缘支柱的数目可分为单柱式、双柱式和三柱式三种。

（2）按闸刀的运行方式可分为水平旋转式、垂直旋转式、摆动式和插入式四种。

（3）按装设地点可分为户内式和户外式两种。

（4）按有无接地刀闸可分为有接地刀闸和无接地刀闸两种。

（5）按隔离开关的极数可分为单极和三极隔离开关两种。

（6）按隔离开关配用的操动机构可分为手动、电动和气动操作等类型。

2. 隔离开关的结构

隔离开关的类型不同在结构上也各有所异，下面仅以双柱式为例作一简介。

图 GYSD00902001-3 所示为 GW4-220D 型双柱式隔离开关的一极，它由底座、棒型瓷柱和导电部分组成。每极有两个瓷柱，分别装在底座两端的轴承座上，并用交叉连杆连接可以水平转动。导电刀闸分成两段，分别固定在两个瓷柱顶端的活动接线端上。触头接触的地方是在两个瓷柱之间的正中位置。在指形触头上装有防护罩，用以防雨、冰雪及灰尘。其触头结构如图 GYSD00902001-4 所示。

图 GYSD00902001-3　GW4 型双柱式隔离开关

图 GYSD00902001-4　GW4 型隔离开关的触头结构

双柱式隔离开关是由操作轴通过连杆传动机构带动两侧的棒式瓷柱沿相反方向各回转 90°，使刀闸在水平面上转动，来实现分、合闸操作的。图示的刀闸在合闸位置。每极底座的两端，可各装一把接地刀。在主刀闸分开后，利用接地刀将出线侧接地，以保证检修工作的安全。图示的接地刀处于分闸位置。

活动出线座的作用是为了避免操作时引起母线摆动。为此，要求接线端能与瓷柱相对转动。活动出线座可满足这一要求。

户外高压隔离开关的基本结构和特点、适用范围见表 GYSD00902001-1。

表 GYSD00902001-1　　　　　　　　　　户外高压隔离开关分类表

	型　式	简　图	特　点	适　用　范　围
户外	GW1、GW3		单极，10kV 绝缘钩棒操作或手动操作	发电厂变电站（目前已较少采用）
	GW2		三相操作，仿苏产品，110kV 及以下，刀闸可以旋转	发电厂变电站（目前已较少采用）

续表

型　式		简　图	特　点	适 用 范 围
户外	GW4		220kV 及以下，系列较全，双柱式，可高型布置，质量较轻，可手动、电动操作	220kV 及以下各型配电装置常用
	GW5		35～110kV，V 形，水平转动，可正装、斜装	常用于高型、硬母线布置及屋内配电装置
	GW6	GW6—220　GW6—330偏折　　对称折	220～500kV，单柱钳夹，可分相布置，220kV 为偏折，330kV 为对折	多用于硬母线布置或作为母线隔离开关
	GW7		220～500kV，三柱式，中间水平转动，单相或三相操作，可分相布置	多用于 330kV 及以上屋外中型配电装置
	GW8		53～110kV	专用于变压器中性点

二、高压断路器

（一）断路器的作用

高压断路器是高压电器中最重要的部分，是一次电力系统设备中控制和保护的关键电器。受它控制和保护的电路，无论在空载、负载或短路故障状态，都应可靠地接通或断开。

总的来讲，高压断路器在电网中起两方面的作用：一是控制作用，即根据电网运行的需要，将部分电气设备或线路投入或退出运行；二是保护作用，即在电气设备或电力线路发生故障时，继电保护自动装置发出跳闸信号，启动断路器，将故障部分设备或线路从电网中迅速切除，确保电网中无故障部分的正常运行。

（二）高压断路器的工作原理

要保证断路器可靠、快速地接通或断开电路，关键是断路器的通断元件。不论是哪一种类型的断路器，在断路器触头接通或分开时，触头间会出现电弧，所以，快速的熄灭电弧是至关重要的。

1. 电弧的形成与熄灭

（1）电弧的形成。电弧的形成实际上是一个连续的过程。最初，由阴极借强电场和热电子发射提供起始自由电子，然后，由碰撞游离而导致介质击穿，产生电弧，最后靠热游离来维持。

（2）电弧中的去游离。在电弧中，介质因游离而产生大量带电粒子的同时，还发生带电粒子消失的相反过程，称为去游离。如果带电粒子消失的速度比产生的速度快，电弧电流将减小而使电弧熄灭。带电粒子的消失是由复合和扩散两种物理现象造成的。

（3）电弧的熄灭。根据电弧的伏安特性分析可以得出如下结论：熄灭直流电弧的条件是，必须使电弧电压大于电源电压与电路的负载电阻电压降之差。

在交流电弧中电流每半个周期要过零一次，此时电弧暂时熄灭。如果在电流过零时采取有效措施，使弧隙介质的绝缘能力达到不会被弧隙外加电压击穿的程度，则电弧就不会重燃，而是最终熄灭。

2. 熄灭电弧的方法

现代开关电器中广泛采用的灭弧方法，归纳起来有以下几种。

（1）吹弧。利用气体或油吹动电弧，既能起到对流散热，强烈冷却弧隙的作用，也能部分取代原弧隙中游离气体或高温气体。在断路器中常制成各种形式的灭弧室，使气体或液体产生较高的压力，有力地吹向电弧，将电弧熄灭。如图 GYSD00902001-5 所示。

（2）采用多断口熄弧。采用双断口是把电弧分割成两个小弧段。如图 GYSD00902001-6 所示，在相等的触头行程下，双断口比单断口的电弧拉长了，从而增大弧隙电阻，同时也增大介质强度的恢复速率，因此灭弧性能更好。

采用多断口结构后，每个断口在开断时电压分布不均匀，可用断口并联电容的方法解决。

图 GYSD00902001-5　吹弧方式图

（a）横吹；（b）纵吹

（3）断口加装并联电阻。断口上加装并联电阻的示意图，如图 GYSD00902001-7 所示。在断路器主触头 D1 上并联电阻 R，在主触头断开过程中起分流作用，R 值越小，分流作用越大，对主触头的灭弧也就越有利。

图 GYSD00902001-6　双断口熄弧

图 GYSD00902001-7　断口加装并联电阻

（4）将电弧引入金属栅片中。如图 GYSD00902001-8 所示，利用电弧电流产生的磁场与铁磁物质间产生的相互作用力，把电弧吸引到栅片内，将长弧分割成一串短弧。如前所述，电弧将迅速熄灭。

3. 高压断路器的灭弧原理

高压断路器要开断 1500V，电流为 1500～2000A 的电弧，这些电弧可拉长至 2m 仍然继续燃烧不熄灭。故灭弧是高压断路器必须解决的问题。

高压断路器吹弧熄弧的原理主要是冷却电弧减弱热游离，另一方面通过吹弧拉长电弧加强带电粒子的复合和扩散，同时把弧隙中的带电粒子吹散，迅速恢复介质的绝缘强度。不同类型的高压断路器有不同的吹弧熄弧介质。

（三）高压断路器的类型与基本结构

1. 高压断路器的类型

根据断路器装置地点，可分为户内和户外用两种。

根据断路器使用的灭弧介质，可分为以下几种类型：

（1）油断路器。油断路器以绝缘油为灭弧介质，可分为多油断路器和少油断路器。

（2）空气断路器。空气断路器以压缩空气作为灭弧介质。

（3）六氟化硫（SF$_6$）断路器。以 SF$_6$ 为灭弧介质，SF$_6$ 断路器采用具有优良灭弧能力和绝缘能力的 SF$_6$ 气体作为灭弧介质。

（4）真空断路器。真空断路器在高度真空中灭弧。

此外，还有磁吹断路器和自产气断路器，它们具有防火防爆、使用方便等优点。但是一般额定电压不高，开断能力不大，主要用作配电用断路器。

2. 高压断路器基本结构

高压断路器的类型虽然很多，结构也不尽相同，就其基本结构来讲，可由以下五个部分组成：通断元件、中间传动机构、操动机构、绝缘支撑件和基座，如图 GYSD00902001-9 所示。

通断元件是断路器的核心部分，主电路的接通或断开由它来完成。主电路的通断，由操动机构接到操作命令后，经中间传动机构传送到通断元件，通断元件执行命令，使主电路接通或断开。通断元件中包括有触头、导电部分、灭弧介质和灭弧室等，一般安放在绝缘支撑元件上，使带电部分与地绝缘，而绝缘支撑元件则安装在基座上，这些基本组成部分的具体结构随着断路器类型不同而不同。

图 GYSD00902001-8　电弧引入金属栅片

图 GYSD00902001-9　高压断路器基本组成示意图

【思考与练习】

1．高压隔离开关主要有哪些作用？

2．断路器有什么作用？主要分几种类型？

3．现代开关中熄灭电弧的方法主要有哪几种？

4．简述高压断路器的灭弧原理。

模块 2　互感器的结构、工作原理及其各种接线方式
（GYSD00902002）

【模块描述】本模块包含互感器的结构、工作原理及其各种接线的内容。通过结构介绍、原理分析、图形举例能够熟悉电流和电压互感器结构、工作原理及其各种接线。

【正文】

为了保证电力系统安全经济运行，必须有相应的保护装置并对电力设备的运行情况进行实时监视、测量。一般的测量和保护装置不能直接接入一次高压设备，需要将一次系统的高电压和大电流按比例变换成低电压和小电流，供给测量仪表和保护装置使用。最常见的执行这些变换任务的设备，就是我们通常所说的互感器。互感器一般分为电流互感器（CT 或 TA）和电压互感器（PT 或 TV）。

一、互感器的作用

互感器的主要作用是将电路中大电流变为小电流、将高电压变为低电压，使其作为测量表和继电器的交流电源。

同时，互感器还具有以下重要作用：

（1）能使测量仪表和继电器等二次侧的设备与一次侧高压装置在电气方面隔离，以保证工作人员的安全。

（2）能实现测量仪表和继电器标准化和小型化。

（3）能够采用低压小截面控制电缆，实现远距离的测量和控制。

（4）当一次侧电路发生短路时，能够保护测量仪表和继电器的电流线圈免受大电流的损害。

另外，在低压系统中也广泛使用互感器，其主要目的是为了使用简单且经济的标准化仪表、继电器，并使配电屏接线简单。

二、电流互感器

（一）电流互感器的类型与结构

1．电流互感器的类型

电流互感器可分为以下几种类型：

（1）按装置地点可分为户内式和户外式。20kV 及以下大多制成户内式，35kV 及以上制成户外式。

（2）按安装方式可分为穿墙式、支持式和装入式。穿墙式装在墙壁或金属结构的孔中，可同时作

穿墙套管用；支持式则安装在平面或支柱上；装入式是套装在 35kV 及以上变压器或多油断路器油箱内的套管上，故也称为套管式。

（3）按绝缘可分为干式、浇注式、油浸式等。干式用绝缘胶浸渍，浇注式利用环氧树脂等作绝缘，油浸式多为户外用电流互感器。

（4）按一次侧绕组匝数可分为单匝式和多匝式。

2. 电流互感器的结构

为使电流互感器具有一定的准确度和规定的额定二次电流，除应有适当的铁芯外，对于一次侧电流较小的互感器，其一次侧绕组必须做成较多匝数；对于一次侧电流较大的互感器，其一次侧绕组必须做成较少匝数。因此，按一次侧绕组的匝数，电流互感器可分为单匝式和多匝式两种。其结构原理图如图 GYSD00902002-1 所示。

图 GYSD00902002-1　电流互感器的结构原理图

（a）单匝式；（b）多匝式；（c）具有两个铁芯的多匝式

1——次绕组；2—绝缘；3—铁芯；4—二次绕组

多匝式电流互感器的一次侧绕组是多匝穿过铁芯，铁芯上绕有二次绕组，如图 GYSD00902002-1（b）、（c）所示。由于这种电流互感器的一次侧绕组匝数较多，所以即使额定一次电流很小也能获得较高的准确度。其缺点是，当过电压加于电流互感器，或当大的短路电流通过时，一次侧绕组的匝间可能承受很高的电压。

图 GYSD00902002-1（c）是有两个铁芯的多匝式电流互感器，每个铁芯都有单独的二次侧绕组，一次侧绕组为两个铁芯共用。两个铁芯中每个二次侧绕组的负荷变化时，一次侧电流并不改变，所以不会影响另一个铁芯的二次侧绕组工作。因此，多铁芯的电流互感器，各个铁芯可制成不同的准确度级，供不同要求的二次回路使用。

电流互感器的结构类型较多，以下仅介绍几种常见的电流互感器。

（1）10kV 户内电流互感器。10kV 户内电流互感器有瓷绝缘和浇注绝缘两种，并多制成穿墙式。

图 GYSD00902002-2 所示为瓷绝缘多匝式 LFC-10/100 型电流互感器外形（L—电流互感器；F—贯穿复匝式；C—瓷绝缘；10—额定电压 kV 数；100—一次额定电流安培数）。图 GYSD00902002-3 所示为瓷绝缘单匝式 LDC-10/1000 型电流互感器外形（D—贯穿单式）。

图 GYSD00902002-2　LFC-10/100 型电流互感器外形

1—瓷套管；2—法兰盘；3—铸铁接线盒；4—一次侧绕组接线端子；

5—二次侧绕组接线端子；6—封闭外壳

图 GYSD00902002-3　LDC-10/1000 型电流互感器外形

1—一次侧导电杆；2—瓷套管；3—法兰盘；

4—封闭外壳；5—二次侧接线端子；6—螺帽

图 GYSD00902002-4　LCLWD3-220 型电流互感器

1—油箱；2—二次接线盒；3—环形铁芯及二次绕组；4—压圈式卡接装置；

5—U 字形一次侧绕组；6—套管；7—均压护罩；8—储油柜；

9—一次侧绕组换接装置；10——次侧接绕组端子；11—呼吸器

瓷绝缘的电流互感器用瓷套管作为主绝缘，其一次绕组的导体穿过瓷套管，瓷套穿过绕有二次侧绕组的铁芯，铁芯装在封闭外壳中。这种电流互感器体积大、质量大、耗费材料多。目前我国 10kV 户内电流互感器多为浇注式，其主要特点是采用环氧树脂或不饱和树脂浇注绝缘，铁芯采用优质硅钢片，因此具有体积小、质量小、性能好、节省原材料等优点，故原来瓷绝缘的老产品已逐渐被浇注式所代替。

（2）35kV 及以上户外式电流互感器。35kV 及以上户外式电流互感器多为支持式瓷箱油浸绝缘。

图 GYSD00902002-4 所示为 LCLWD3-220 型电流互感器，其结构特点是一次侧绕组由扁铜线弯成"U"字形，主绝缘用多层电缆纸与很薄的铝箔每层交替间隔开制成电容型绝缘，全部包绕在"U"字形的一次侧绕组上。铝箔形成层间电容屏，内屏与一次侧绕组连接，外屏接地，构成一个同心圆柱形的电容器串。这样，如果电容屏各层的电容量相等，则沿主绝缘厚度各层的电压分布均匀，从而使绝缘得到充分利用，减小了绝缘的厚度。

一次侧绕组制成四组，可进行串、并联换接。在"U"字形一次侧绕组下部，两个腿上分别套上两个绕有二次侧绕组的环形铁芯，组成有四个准确度级的二次侧绕组，以满足测量和保护使用。

这种电流互感器采用了电容型绝缘结构，又称为电容绝缘电流互感器。目前，110kV 及以上的电流互感器广泛采用此种结构。

（二）电流互感器的工作原理

如图 GYSD00902002-5 所示为单相电压互感器和电流互感器工作原理电路图。

电流互感器（TA）的一次线圈串接于被测的一次电路中，二次线圈与测量仪表或继电器的电流线圈串联。二次侧额定电流为 5A 或 1A，一次侧线圈匝数 N_1 小于二次侧线圈匝数 N_2。因此，电流互感器的主要作用是将大电流变成小电流。

电流互感器的工作原理与普通变压器相似，是按电磁感应原理工作的。当一次侧绕组流过电流时，铁芯中产生交变磁通，此交变磁通在二次侧闭合回路中感应出电动势和电流。

电流互感器一次侧额定电流 I_{1e} 与二次侧额定电流 I_{2e} 之比称为变流比，用 K_{TA} 表示，则

$$K_{TA} = \frac{I_{1e}}{I_{2e}}$$

根据磁势平衡原理，忽略励磁电流时，可以认为

$$K_{TA} \approx \frac{N_2}{N_1} = K_N$$

式中　N_1——一次侧绕组匝数；

　　　N_2——二次侧绕组匝数；

　　　K_N——匝数比。

电流互感器运行时不允许二次侧绕组开路。这是因为在正常运行时，二次侧负荷产生的二次侧磁势 $\dot{I}_2 N_2$ 对一次侧磁势 $\dot{I}_1 N_1$ 有去磁作用，当二次侧开路时，二次侧电流 $I_2 = 0$，二次侧的去磁磁势也

为零，而一次侧磁势不变，全部用于励磁，因此二次侧绕组将感应出几千伏的电势 e_2，危及人身和设备安全，如图 GYSD00902002-6 所示。

图 GYSD00902002-5　电压互感器和电流互感器的
工作原理电路图

图 GYSD00902002-6　电流互感器二次侧开路时
磁通和电势波形

（三）电流互感器的接线方式

图 GYSD00902002-7 所示为常用的电气测量仪表接入电流互感器的电路图。图 GYSD00902002-7（a）所示的接线用于对称三相负荷，测量一相电流。图 GYSD00902002-7（b）为星形接线，可测量三相负荷电流，以监视负荷电流不对称情况。图 GYSD00902002-7（c）为不完全星形接线。在三相负荷平衡或不平衡的系统中，当只需取 U、W 两相电流时，例如三相二元件功率表或电度表，便可用不完全接线。流过公共导线上的电流为 U、W 两相电流的相量和，即 $\dot{I}_U + \dot{I}_W = -\dot{I}_V$。

电流互感器一、二次侧绕组端子上都标有符号，通常一次侧端子标 L1、L2，二次侧端子标为 K1、K2。

图 GYSD00902002-7　电流互感器与测量仪表电路图
（a）单相接线；（b）星形接线；（c）不完全星形

为了确保人员在接触测量仪表和继电器时的安全，电流互感器二次侧绕组必须接地。因为接地后，当一次侧和二次侧绕组间的绝缘损坏时，可以防止仪表和继电器出现高电压，危及人身安全。

三、电压互感器

（一）电压互感器的类型与结构

1. 电压互感器的类型

电压互感器可分为以下几种类型。

（1）按安装地点可分户内和户外式。35kV 及以下多制成户内式，35kV 以上则制成户外式。

（2）按相数可分单相和三相式。35kV 及以上不制造三相式。

（3）按线圈数目可分双绕组和三绕组电压互感器。三绕组电压互感器除一次绕组和基本二次绕组外，还有一组辅助二次绕组，供接地保护用。

（4）按绝缘可分干式、浇注式、油浸式和充气式。干式（浸绝缘胶）电压互感器结构简单、无着火和爆炸危险，但绝缘强度相对偏低。浇注式电压互感器结构紧凑，维护方便，适用于 3～35kV 户内配电装置；油浸式电压互感器绝缘性能好，可用于 10kV 以上的户外配电装置；充气式电压互感器用于 SF₆ 全封闭电器中。

此外还有电容式电压互感器。

2. 电压互感器的结构

图 GYSD00902002-8 所示为油浸式单相电压互感器（JDJ-10 型）的外形结构。它的铁芯和绕组浸在充有变压器油的油箱内，绕组的引出线通过固定在箱盖上的瓷套管引出。用于户内配电装置。

图 GYSD00902002-9 所示为 JCC1-110 型单相串级式电压互感器。

图 GYSD00902002-8　JDJ-10 型油浸自冷式单相电压互感器
（a）外形图；（b）线圈结构
1—铁芯；2—原绕组；3—一次绕组引出端；4—二次绕组引出端；
5—套管绝缘子；6—外壳

图 GYSD00902002-9　JCC1-110 型串级式电压互感器
1—储油箱；2—瓷箱；3—上柱绕组；4—隔板；5—铁芯；
6—下柱绕组；7—支撑绝缘板；8—底座

电压为 110kV 及以上的电压互感器普遍采用串级式结构，其结构特点是，绕组和铁芯采用分级绝缘，将铁芯和绕组装在充油的瓷箱内，瓷箱即代替油箱又兼做高压瓷套管绝缘，因此可以大大节省材料以减少质量和体积。

110kV 串级式电压互感器的原理图与内部接线如图 GYSD00902002-10 所示。

图 GYSD00902002-10　110kV 串级式电压互感器的内部接线图
（a）原理图；（b）线圈结构示意图
1—铁芯；2——次绕组；3—平衡绕组；4—二次绕组

一次绕组被分成匝数相等的两部分，绕成卷筒式套装在上、下铁芯柱上并相互串联，其连接点与铁芯相连。正常运行时，每柱上的绕组对铁芯的电位差是 $1/2U_x$，铁芯对地的电位差也是 $1/2U_x$。铁芯对地绝缘由绝缘支撑板来实现。

两个二次绕组，即基本二次绕组 ax 和辅助二次绕组 a′ x′ 套装在下铁芯柱的一次绕组的外面。

平衡绕组由匝数相等的两部分构成，分别绕在上、下铁芯柱上，如绕组绕向相同时，应作反向连接，其连接点与铁芯相连。平衡绕组紧靠铁芯柱，即在最里层。

平衡绕组的作用是使上、下铁芯柱的安匝数分别平衡，从而达到减少漏磁（漏抗）的目的。其原理如下：假如没有平衡绕组，当二次绕组与测量仪表接通时，流过二次绕组中的电流将产生去磁磁通，由于二次绕组只是套装在下铁芯柱上，因漏磁不同，使上、下铁芯柱内的总磁通不一样使上、下铁芯柱内的总磁通不一样从而使上、下铁芯柱上的绕组中的感应电势也不相等，电压分布不均匀，使准确度降低。加上铁芯柱增磁使上、下铁芯柱内的磁通大致相等，从而使线圈的电压分布均匀，提高了测量的准确度。

110kV 及以上的电压互感器，常采用两个或三个铁芯的串级式结构，此时，两个铁芯的相邻两柱上设有耦合线圈，其作用和平衡线圈相似。

（二）电压互感器的工作原理

电压互感器的工作原理、构造和连接方法都与电力变压器相似。电磁式电压互感器的原理接线图可参见图 GYSD00902002-5。

电压互感器（TV）是一种特殊的变压器，它的一次绕组与被测的一次电路并联，二次绕组与测量仪表和继电器的电压绕组并联。二次绕组的额定电压为 100V 或 $100/\sqrt{3}$ V，所以一次绕组匝数 N_1 大于二次侧绕组匝数 N_2，主要的作用是将高电压变成低电压。

互感器二次侧负荷 Z_2 主要是仪表、继电器等的电压绕组，其阻抗很大，通过的电流很小，所以电压互感器是在接近于空载状态下工作，二次电压 U_2 接近于二次电势值，并随一次侧电压 U_1 而变化。因此，通过测量二次侧电压 U_2 可以反映一次侧电压 U_1 的值。

电压互感器的一、二次绕组的额定电压之比，称为电压互感器的额定变比 K_{TV}，表达式为

$$K_{TV} = \frac{U_1}{U_2} \approx \frac{N_1}{N_2}$$

电压互感器在运行中，二次侧不能短路。因为电压互感器在正常工作时二次电压有 100V。短路后在二次电路中会产生很大的短路电流，使电流互感器的绕组烧毁。

（三）电压互感器的接线方式

电压互感器有各种不同的接线方式，最常见的有如下几种接线，如图 GYSD00902002-11 所示。

图 GYSD00902002-11　电压互感器的接线方式

（a）单相电压互感器接线；（b）Vv 接线；（c）Yyn 接线；（d）三相五柱式电压互感器接线；（e）三台单相三绕组电压互感器接线

图 GYSD00902002-11（a）所示为一台单相电压互感器的接线，可测量某一相间电压或相对地电压。（b）为用两台单相电压互感器接成的 Vv 接线，它能测量相间电压，但不能测量相电压。（c）为用一台三相三柱式电压互感器接成的 Yyn 接线，它只能测量相间电压。（d）为用一台三相五柱式电压互感器接成 Yn/Yn/△形的接线，即将一次绕组、基本二次绕组接成星形，且中性点均接地，三个辅助二次绕组接成开口三角形，供接地保护装置和接地信号（绝缘监察）继电器用。（e）为用三台单相三绕组电压互感器构成的如图 GYSD00902002-11（d）的接线方式，广泛用于 35～330kV 电网中，基本二次绕组可供测量线电压和相对地电压；三个辅助二次绕组接成开口三角形，可供单相接地保护用。

电压互感器二次绕组必须有一点接地。当一次和二次绕组间的绝缘损坏时，可以防止仪表和继电器出现高电压危及人身安全。

【思考与练习】

1. 电压互感器、电流互感器有什么作用？一、二次侧如何接入？
2. 运行中电流互感器的二次侧为什么不允许开路？
3. 运行中的互感器二次侧为什么必须接地？

第十八章　电　工　测　量

模块 1　常用电工测量（GYSD00903001）

【模块描述】本模块包含电工测量的基本原理及方法。通过知识讲解、原理分析、操作流程介绍，熟悉测量原理，掌握测量方法。

【正文】

各种电量或磁量的测量统称为电工测量，即将被测的电量或磁量，跟作为测量单位的同类标准电量或磁量进行比较，从而确定这个被测量的大小的过程。电工测量主要包括电流、电压、功率和电能的测量，电阻、电感、电容和阻抗的测量以及相位、功率因数和频率的测量。

本模块仅介绍电流、电压的常用测量方法以及部分常用的电流、电压、电阻测试仪。

一、电工测量仪表的基本知识

电工测量仪表是用来测量各种电量数值（电流、电压、功率、电阻等）的表计，它可以直接将被测的电量转换为可动部分的偏转角位移，通过指示器在标尺上指示出被测量值。

1. 仪表的分类

按作用原理可分为：磁电式、电磁式、电动式、感应式、整流式和电子式等。

按测量对象不同可分为：电流表、电压表、功率表、电能表、绝缘电阻表、相位表、频率表、万用表、电桥等。

按测量电路的电流种类不同可分为：直流电表、交流电表和交直流两用表。

按使用方法可分为：板式（固定）仪表、便携式仪表。

2. 仪表的级别

仪表的级别是按仪表准确度的高低来划分等级的。根据国家标准规定，仪表准确度等级，是用仪表在正常工作条件下的最大引用误差的百分数来表示。一般可以分为 0.1、0.2、0.5、1.0、1.5、2.5 和 5.0 七个级别。

二、电流、电压的测量

测量直流电流通常采用磁电式电流表，测量交流电流主要采用电磁式电流表。电流表必须与被测电路串联，否则将会烧毁电表。此外，测量直流电流时还要注意仪表的极性。

测量直流电压通常采用磁电式电压表，测量交流电压主要采用电磁式电压表。电压表必须与被测电路并联，否则将会烧毁电表。此外，测量直流电压时还要注意仪表的极性。

（一）直流电流、电压的测量方法

1. 直流电流的测量

（1）接线原则。

1）电流表应与该负载元件（或电源）串联，或者说电流表应串接在被测电流回路中。

2）要使电流表的正（+）、负（−）极端钮与被测的直流电流的实际方向一致，如图 GYSD00903001-1 所示。

（2）直流电流表的选择。首先，必须粗略估计电路中电流的大小，以便选择适当的电流表的量程。量程选得太大，测量结果误差大，量程比测量电流小，则会损坏电流表。仪表的量程一般为被测电流的 1.5～1.8 倍较好。当被测电流大小范围不清时，为防止损坏仪表，应先选择最大量程，

图 GYSD00903001-1　直流电流表串联
接入的接线方法

经测试后，再逐渐减小量程。

2. 直流电压的测量

（1）接线原则。

1）电压表应与该负载元件（或电源）并联。

2）直流电压表的正（+）极端钮应与负载元件（或电源）的高电位端相接；负（−）极端钮接低电位端。如图 GYSD00903001-2 所示。

图 GYSD00903001-2   直流电压表的接线方法
(a) 直接并接；(b) 带外附附加电阻的接线

（2）直流电压表的选择。首先，必须粗略估计电路中电流的大小，以便选择适当的量程。量程选得太大，测量结果误差大，量程过小，则会损坏电压表。仪表的量程一般为被测电流的 1.5 ~ 1.8 倍较好。当被测电压范围不清时，为防止损坏仪表，应先选择最大量程，经测试后，再逐渐减小量程。

（二）交流电流、电压的测量方法

利用电磁式测量机构可以制成电流表和电压表，用于直流、正弦交流和非正弦交流电路中的电流和电压的测量。电流的测量范围为 $10^{-3} \sim 10^2$A 数量级，电压的测量范围通常为 $1 \sim 10^3$V 数量级。

1. 交流电流的测量方法

（1）低压电路中的电流测量：在低压电路中，可根据适当的量程，将电流表直接串联在被测电路中，而不必考虑其极性。其接线方法、量程选择原则等均与直流电流的测量基本相同，接线如图 GYSD00903001-3（a）所示。

（2）高压电路或大电流的测量测量：高电压电路中的电流或被测电流超过电流表的量程时，应与电流互感器配合使用。其接线方法如图 GYSD00903001-3（b）所示。接线时，电流互感器的一次侧和被测电流回路串联。二次侧两端接电流表。一次侧两端钮标有 L1、L2，二次侧两端钮标有 K1、K2。其中 L1 和 K1、L2 和 K2 为同名端，应按图 GYSD00903001-3（b）所示接线，不可接错。

图 GYSD00903001-3   电流表测量交流电流时的接线图
(a) 直接串联；(b) 利用电流互感器串联接入

与电流互感器配套使用时，由于电流表的量程和电流互感器二次侧的额定电流都是 5A，所以电流表标尺也常按一次侧电流刻度，而将电流互感器的变流比注明在标度盘上。然后可以直接读出被测电流有效值的数值大小。

2. 交流电压的测量方法

测量交流电压时，电压表也必须与被测负载（或电源）两端并联。所不同的是电磁式电压表接线时不必考虑极性。

（1）低电压的测量：电压较低或被测电压未超过电压表的量程时，将电压表直接并联在被测电路的两端即可，如图 GYSD00903001-4（a）所示。

（2）高电压的测量：当交流电压超过 600V 时，应与电压互感器配合进行测量。利用电压互感器，将高电压变换为低电压 100V，以供测量使用，其接线如图 GYSD00903001-4（b）所示。

接线时，电压互感器的一次侧两端钮标有 A、X，二次侧两端钮标有 a、x 以表明它们的极性，其中 A 与 a，X 与 x 是同极性端，不可接错。

图 GYSD00903001-4　交流电压的测量

（a）电压表直接并接；（b）电压表经电压互感器并接

三、钳形电流表

用电流表测量电路电流时，必须将被测电流电路切断，然后将电流表或电流互感器的一次绕组串接到被切断的电路中去。而钳形电流表则是一种不需切断电路便能测量电路电流的仪表，它是一种特殊的电流表。如图 GYSD00903001-5 所示。

（一）钳形电流表的使用方法

测量前，应将转换开关置于合适的量程。若被测电流大小预先无法估计，则先应将转换开关置于最高挡进行测试，然后根据被测电流的大小，变换到合适的量程。必须注意：在测量过程中不能切换量程，变换量程时要将钳形电流表从被测电路中移去，以免损坏钳形电流表。

（二）钳形电流表的使用时注意事项

（1）进行测量时，被测导线应放在钳口中央，以减小误差。

（2）注意保持固定和活动铁芯钳口两个结合面衔合良好，测量时如有杂音，可将钳口重新开合一次。钳口若有污垢可用汽油擦净。

（3）测量小于 5A 的电流时，为了获得较准确的测量值，在条件允许的情况下，可将被测导线多绕几圈，再放进钳口进行测量。这时实际的被测电流数值等于仪表的读数除以放进钳口内的导线根数。

（4）不能用钳形电流表测量裸导线中的电流，以防触电和短路。

（5）通常不可用钳形电流表测量高压电路中的电流，以免发生事故。

（6）对于交流电流、电压两用表，测电压时，应将表笔连线插入专用的电压插孔中。然后用两表笔按测量电压的方法进行测量。

（7）测量时，只能嵌入一根导线。单相电路中。如果同时卡进相线和中线，则因两根导线中的电流相等，方向相反，使电流表的读数为零。三相对称电路中，同时卡进两相相线，与卡进一相相线的电流读数相同；同时卡进三相相线的读数为零。三相不对称电路中，也只能一相一相地测量，不能同时卡两相或三相相线。

（8）交直流两用钳形电流表要区别使用。

（9）测量完毕一定要把仪表的量程开关置于最大量程位置上，以防下次使用时，因疏忽大意未选择量程就进行测量，而造成仪表的损坏。

四、万用表

万用表的特点是量限多、用途广。一般的万用表可以用来测量直流电流、直流电压、交流电压、电阻和音频电平等。有些万用表还可以用来测量交流电流、电感量和电容量等。万用表外形如 GYSD00903001-6 所示。

（一）万用表功能介绍

（1）直流电流的测量。转换开关置于直流电流挡，被测电流从+、−两端接入，通过改变转换开关的挡位来改变分流器电阻，从而达到改变电流量程的目的。

（2）直流电压的测量。转换开关置于直流电压挡，被测电压接在+、−两端，通过改变转换开关的挡位来改变倍压器电阻，从而达到改变电压量程的目的。

图 GYSD00903001-5　钳形电流表外形图　　　　图 GYSD00903001-6　万用表外形图

（3）交流电压的测量。转换开关置于交流电压挡，被测交流电压接在+、−两端，测量交流时必须加整流器，二极管 D1 和 D1 组成半波整流电路，表盘刻度反映的是交流电压的有效值。

（4）电阻的测量。转换开关置于电阻挡，被测电阻接在+、−两端，电阻自身不带电源，因此接入电池电阻的刻度与电流、电压的刻度方向相反，且标度尺的分度是不均匀的。

（二）万用表的正确使用

为了正确地使用万用表，必须特别注意下述几点：

1. 插孔（或接线柱）选择

在进行测量以前，首先检查测试棒应接在什么位置。红色测试棒的连线应接到红色接线柱上或标有"+"号的插孔内，黑色测试棒的连线应接到黑色接线柱上或标有"−"的插孔内。在测直流时，如果不知道被测部分的极性，则可以先将转换开关置于直流电压最大量限挡，然后将一测试棒接于被测部分的任何一极上，再将另一测试棒在另一极上轻轻地一触，立即拿开，观察指针的偏向。若指针往正方向偏转，红色测试棒接触的为正极，另一极为负极；若指针往反方向偏转，则红色测试棒接触的为负极，另一极为正极。

2. 种类选择

根据测量的对象，将转换开关旋所测量值的位置。例如，需要测量交流电压，则将转换开关旋至标有"$\overset{\mathrm{V}}{\sim}$"的区间。

有的万用表面板上有两个旋钮，一个是种类选择旋钮，一个是量限变换旋钮。使用时，应先将种类选择旋钮旋至对应被测量的位置，然后再将量限变换旋钮旋至适当的量限。

3. 量限选择

最好使指针指示在满刻度的 1/2 或 2/3 以上，这样，测量结果较准确。如果不能预先知道被测量的大致范围，则在测量时应将转换开关旋至该区间最大量限挡进行测试，若读数太小，再逐步减小量限。

4. 正确读数

在万用表的标度盘上有很多条标度尺，它们分别在测量各种不同的被测对象时使用，因此在测量时要在相应的标度尺上去读数。例如，标有"DC"或"—"的标度尺为测量直流时用的；标有"AC"或"～"的标度尺是测量交流时用的；标有"Ω"的标度尺是测量电阻用的。

5. 欧姆挡的正确使用

（1）选择好适当的倍率挡。测量电阻时，指针越接近标尺几何中心点，读数越准确，因为两侧刻度极密，会产生很大读数误差。

（2）调零。在测量电阻之前，首先应当将两根试棒"短接"（即碰在一起），并同时旋动欧姆调零旋钮，使指针刚好指在"Ω"标度尺的零位上。如果经此调节，指针仍不能达到零位，则说明干电池的电压太低，需更换电池。

（3）严禁在被测电路带电的情况下测量其电阻，包括电池的内阻。

6. 操作安全

（1）使用万用表时，手握测试棒，不要接触测试棒的金属部分，以保证安全和测量的准确度。

（2）仪表在测试较高电压和较大电流时，不能带电转动开关旋钮。

（3）测量直流电压叠加交流信号时，应考虑仪表的转换开关最高耐压值，如果交流信号是矩形波或脉冲，因电压幅度很大，会使转换开关印刷接线片间绝缘击穿。

（4）在使用完毕后，一般应该将转换开关旋至交流最高电压挡，以防止转换开关在欧姆挡时测试棒短接，并可以防止下一次测量时不注意看转换开关的位置而立即去测量电压，可能将万用表烧坏。

（三）数字万用表

1. 数字万用表的组成

数字万用表是可以测量直流电压、直流电流、交流电压、交流电流及电阻等电量的多功能数字表。它是以测量直流电压为基础，再经过交流/直流（AC/DC）电压转换器、电流/直流电压转换器（I/V）、电阻/直流电压（Ω/V）转换器，把交流电压、电流和电阻转换成直流电压进行测量。

2. 数字万用表的特点

（1）功能增加，可测量交流电压、直流电压、交流电流、直流电流、电阻、三极管 h_{FE}、电容等。

（2）精度高，可达 $\pm 0.5\% \sim \pm 1.0\%$（老式万用表为 $\pm 1.0\% \sim \pm 5.0\%$）。

（3）测量结果由数字直接显示。

（4）具有自动极性显示（直流量程）、溢出显示（最高位显示"1"）、自动调零等功能。

3. 数字万用表的使用注意事项

（1）注意检查电池电压，如液晶显示屏左图边显示"LOBAT"或"BAT"，则表示电池电压过低，需更换新电池。无以上字符，可正常进行测量。

（2）测电压、电阻时，黑表笔插入 COM 孔，红表笔插入 V/Ω孔；测电流时，红表笔插入 A 孔。测三极管 h_{FE}、电容时，将三极管和电容分别插入相应插孔。

（3）量程开关分别置于 DCV（直流电压）、ACV（交流电压）、DCA（直流电流）、ACA（交流电流）、Ohm（电阻）、hFE（三极管 h_{FE}）、CAP（电容）量程。

（4）测较大容量的电容时，应先将其短路放电，方能插入测量插孔。

（5）不要随意拆装仪表。更换电池或保险丝管时，应在切断电源后进行。

五、绝缘电阻表

为了保证电气设备和供电线路安全可靠的运行，定期测量其绝缘电阻是十分必要的。绝缘电阻表就是专门测量电气设备和供电线路绝缘电阻的专用仪表，是最常用的绝缘电阻测试表。绝缘电阻表是由一台能产生高电压的手摇发电机和磁电式比率表构成的。

1. 绝缘电阻表的选用

绝缘电阻表的选用，主要是选择绝缘电阻表的电压等级和测量范围。

绝缘电阻表的额定电压应根据被测电气设备的额定电压来选择。一般说来，额定电压为 500V 以下的设备，选用 500V 或 1000V 的绝缘电阻表；额定电压在 500V 以上的设备，则用 1000V 或 2500V 的绝缘电阻表。

此外，在选择绝缘电阻表时，还应注意它的测量范围和被测绝缘电阻的数值要相适应，以免引起过大的读数误差。

2. 使用前的检查

使用前应检查绝缘电阻表是不是完好。为此，先将绝缘电阻表的端钮开路，摇动手柄达到发电机的额定转速，观察指针是否指"∞"；然后将"地"和"线"端钮短接，摇动手柄，观察指针是否指"0"。如果指针指示不对，则需调修后再使用。

3. 安全要求

为了保证安全，不可在设备带电的情况下测量其绝缘电阻。对具有电容的高压设备在停电后，还必须进行充分的放电，然后才可测量。用绝缘电阻表测量过的设备，也要及时加以放电。

4. 接线的方法

一般测量时，将被测电阻接在"线"（L）和"地"（E）之间即可，如图 GYSD00903001-7（a）所示。作通地测量时，将被测物的一端接绝缘电阻表的"L"端，而以良好的地线接于"E"端，如图 GYSD00903001-7（b）所示。同样，测电机绕组绝缘电阻时，将电机绕组接于绝缘电阻表的"L"端，机壳接于"E"端。端钮"屏"（G）是用来屏蔽表面电流的。例如，在测量电缆的绝缘电阻时，要测量的是电缆线芯和外皮之间绝缘电阻，即电缆内体积电流途径的电阻。但是，由于绝缘材料表面漏电流的存在，会使测量结果不准确，特别是在绝缘表面不干净以及湿度很大的场合，可能使测量结果受到严重地歪曲。为了排除表面电流的影响，在绝缘表面加一个金属的保护环，然后用导线将保护环和绝缘电阻表的端钮"屏"相连，如图 GYSD00903001-7（c）所示，这样表面电流将不再通过绝缘电阻表的测量机构，而直接和发电机构成回路，从而消除了它的影响。

图 GYSD00903001-7 用绝缘电阻表测量绝缘电阻的正确接线法

（a）测量导线间绝缘电阻；（b）测量电路与地间的绝缘电阻；（c）测量电缆的绝缘电阻

此外，绝缘电阻表的"线"和"地"端钮都要通过绝缘良好的单独导线和被测设备相连。如果导线的绝缘不好，或者用双股线来连接时，都会影响测量的结果。

5. 手摇发电机的操作

在测量开始时，手柄的摇动应该慢些，以防止在被测绝缘损坏或有短路现象时损坏绝缘电阻表。在测量时，手柄的转速应尽量接近发电机的额定转速（约 120r/min），如果转速太慢，则发电机的电压过低，绝缘电阻表的转矩很小。这时，由于动圈导丝或多或少存在的残余力矩和可动部分的摩擦，将给测量结果带来额外的误差。

6. 拆线

测量完毕，须待绝缘电阻表停止转动和被测物放电后方可拆线，以免触电。如被测物电容量很大，必须先将"L"端拆离被试物，再停止绝缘电阻表的转动，以免电容器对绝缘电阻表放电而损坏绝缘电阻表，然后还必须对被试物充分放电。

最后还要注意，禁止在雷电时或在附近有高压带电导体的场合用绝缘电阻表测量，以防发生人身或设备事故。

六、接地电阻测量仪

（一）接地电阻测量仪的结构

接地电阻测量仪是用于测量各种接地装置的接地电阻和土壤的电阻率的专用仪表，其外形如图 GYSD00903001-8 所示。接地电阻测量仪的型式很多，使用方法也有所不同，但基本结构原理是一样的。

接地电阻测量仪是由手摇发电机、电流互感器、滑线电阻及磁电式检流计等组成。各部件都

图 GYSD00903001-8 ZC-8 型接地电阻测量仪外形图

装于铝合金铸造的携带式外壳内。此外，还有接地探测针及连接导线等附件。接地电阻测量仪的面板上有三个端钮 E、P、C；也有四个端钮的，即 C$_1$、P$_1$、C$_2$、P$_2$，三端钮式测量仪 P$_2$ 和 C$_2$ 已在内部短接，只引出一个 E 端。四个端钮的测量仪，还可用来测量土壤的电阻率。

（二）接地电阻测量仪的正确使用方法

1. 接地电阻测量

（1）如图 GYSD00903001-9 所示，测量前，首先将辅助射线电位探测针 P′和电流探测针 C′彼此相距 20m 分别插入地中，使 E′、P′、C′成一直线，P′插于 E′和 C′之间。若是测量线路杆塔浅表式风车形接地线时，P′探针应比杆塔接地线长 20m；C′探针应比杆塔接地线长 40m。这样才等同 2.5L 和 4L 布线方式测量法。

（2）用专用导线分别将 E′、P′和 C′接到仪表的相应接线柱 E、P 和 C 上。

（3）将仪表放置水平位置，检查检流计的指针是否指于中心线上，否则可用零位调整器将其调整指于中心线上。

图 GYSD00903001-9　测量接地电阻的接线

（a）三个端钮；（b）四个端钮

（4）将"倍率标度"置于最大倍数，慢慢转动发电机摇把，同时旋动"测量标度盘"，使检流计的指针指于中心线上。

（5）当检流计的指针接近平衡时，加快发电机摇把的转速，使其达到 120r/min 以上，调整"测量标度盘"，使指针指于中心线上。

（6）如"测量标度盘"的读数小于 1 时，应将"倍率标度"置于较小的倍数，再重新调整"测量标度盘"使之得到正确读数。

（7）用"测量标度盘"的读数乘以倍率标度的倍数，即为所测得该接地装置的电阻值，按季节系数换算后，才是该接地装置工频接地电阻值，若小于设计值时，该电阻值符合要求。

2. 注意事项

（1）当测量接地装置的接地电阻时，应在拆开接地装置引下线，其测量应采用临时辅助接地线和接地探针。

（2）测量接地电阻时，应避免在雨雪天气测量，一般可在雨后三天进行测量。

（3）所测的接地电阻值尚应根据当时土壤干燥、潮湿情况乘以季节系数。

（4）当有雷云临近时，应停止检测杆塔接地电阻值。

3. 测量小阻值电阻的方法

在电动机检修、变压器改变分接开关时，一般要测量直流电阻，用万用表测量由于电阻较小，测量不准确。在没有精密仪器时可用接地电阻测量仪来测量小阻值电阻。

首先，将接地电阻测量仪上的接线端子 C$_1$ 与 P$_1$、C$_2$ 与 P$_2$ 分别短接在一起（三个端钮的接地电阻测量仪只将 P、C 短接在一起），并分别引出一根线，引出的两根线分别接到待测电阻的电气元件上。然后摇动测试仪的手柄，同时旋转"测量标度盘"，待检流计指针稳定地指在中心红线上时，读取"测量标度盘"的指示值，再乘以倍率，即为测试电气元件的电阻值。

图 GYSD00903001-10　土壤电阻率测量图

4. 土壤电阻率的测量

具有 4 个端钮（C$_1$、P$_1$、P$_2$、C$_2$）的接地电阻测量仪（0～1/10/100Ω）可用来测量土壤电阻率。

如图 GYSD00903001-10 所示，在被测区沿直线埋下 4 根接地棒，并使其彼此相距 a（cm）、接地棒的埋入深度不应超过 $a/20$。（a 可取整数，便于计算）。

　　打开 C_2 和 P_2 间的连接片，用 4 根导线将端钮 C_1、P_1、P_2、C_2 连到相应的接地棒上，其测量方法与接地电阻的测量方法相同。

　　所测的土壤电阻率计算如下

$$\rho = 2\pi aR$$

式中　R——接地电阻测量仪读数，Ω；

　　　　a——棒与棒间距离，cm；

　　　　ρ——该地区土壤电阻率，$\Omega \cdot mm^2/m$。

用以上所测得土壤电阻率，可近似认为是被埋入棒之间区域内的平均土壤电阻率。

【思考与练习】

1．使用钳形电流表测量小电流时应怎样处理？

2．万用表主要能测量什么量值？

3．用绝缘电阻表测量接地电阻时，接地探针、端钮、接地体怎样连接？有什么要求？

4．怎样应用接地电阻测量仪测量土壤电阻率？

第六部分

电气识、审图

第十九章 输电线路电气、施工、安装图纸识读

模块 1 工程图纸的识读（TYBZ00503001）

【模块描述】本模块包含输电线路施工图、铁塔的结构及识图、地形图的阅读和应用。通过概念介绍、图文结合，熟悉输电线路工程图纸中的工程术语、名称概念，掌握输电线路工程图纸的识图方法和地形图在输电线路工程中的应用。

【正文】

一、输电线路施工图作用

（1）设计单位根据施工的平、断面图确定杆塔的位置、型号、高度、基础型式、基础施工的基面以及需开方的工作量。

（2）施工图的主要作用是作为施工的技术资料和依据。施工时可根据平断面图确定放线、紧线的位置，观测弧垂的观测档；按照交叉跨越处所的垂直距离，对照现场情况，确定放、紧线过程中应采取的保护措施；对施工中工地布置、运输和器材堆放起明显的指导作用。

（3）根据杆塔基础施工图、杆塔组装图、绝缘子金具组装图以及接地施工图等图纸编制材料加工、供购计划，是编制施工工艺流程、施工组织设计的技术标准和依据。

（4）施工图是线路验收检查的依据，并是线路投运后日常运行的资料和原始依据。

二、输电线路工程图纸识读目的

（1）有利于施工人员详细了解设计意图，熟悉图纸，了解工程的技术特点，便于施工工艺流程的编制和施工组织设计，便于施工和安装。

（2）有利于运行、检修人员组织新线路的检查、验收。对于已投运线路，通过工程图纸的识读，可以详细了解线路的设计和安装情况，为正确、安全地组织线路运行、检修奠定基础。

三、输电线路施工图上相关的术语和名称

1. 平、断面图

（1）断面图（即平行线路断面，也称纵断面）。线路断面图包括沿线路中心线的断面地形、杆塔位置及各项地面物的位置、标高、里程、杆塔编号、杆塔型式、弧垂线等。

（2）平面图（也称俯视图）。线路平面图包括线路转角塔的转角度数、转角方向、杆塔位置、档距、里程、耐张段长度、代表档距等线路通道环境情况。

2. 水平档距

两相邻杆塔档距平均值称为水平档距，其作用是计算杆塔水平荷载。

水平档距的计算公式为

$$l_{sh} = \frac{1}{2}(l_1 + l_2)$$

在高差较大时，水平档距的计算公式为

$$l_{sh} = \frac{1}{2}\left(\frac{l_1}{\cos\varphi_1} + \frac{l_2}{\cos\varphi_2}\right)$$

式中　l_1、l_2——杆塔两侧的档距，m；

　　　φ_1、φ_2——杆塔两侧高差角，（°）。

3. 垂直档距

两相邻杆塔导线弛度最低点之间水平距离称为垂直档距，其作用是用来计算杆塔的垂直荷重。

垂直档距的计算公式为

$$l_{ch} = \frac{1}{2}(l_1 + l_2) + \frac{\sigma_0}{\gamma_v}\left(\frac{h_1}{l_1} + \frac{h_2}{l_2}\right)$$

式中　l_1、l_2——分别为杆塔两侧的档距，m；

　　　　h_1、h_2——分别为杆塔两侧的悬挂点高差（m），当邻塔悬挂点低时取正号，反之取负员；

　　　　σ_0——耐张段内的电线水平应力（N/mm²），对于耐张塔，应取两侧可能不同的应力，按对应注角号分开计算垂直档距；

　　　　γ_v——电线的垂直比载，N/（m·mm²）。

4. 代表档距

所谓代表档距是将不同的耐张段等效为一个孤立的档距，以简化导线应力的计算。代表档距又称为规律档距。

悬挂点等高时代表档距的计算公式

$$l_d = \sqrt{\frac{l_1^3 + l_2^3 + l_3^3 + \cdots l_n^3}{l_1 + l_2 + l_3 + \cdots l_n}} = \sqrt{\frac{\Sigma l^3}{\Sigma l}}$$

悬挂点不等高时代表档距的计算公式

$$l_d = \sqrt{\frac{l_1^3\cos^3\varphi_1 + l_2^3\cos^3\varphi_2 + l_3^3\cos^3\varphi_3 + \cdots l_n^3\cos^3\varphi_n}{\dfrac{l_1}{\cos\varphi_1} + \dfrac{l_2}{\cos\varphi_2} + \dfrac{l_3}{\cos\varphi_3} + \cdots \dfrac{l_n}{\cos\varphi_n}}} = \sqrt{\frac{\Sigma l^3\cos^3\varphi}{\Sigma \dfrac{l}{\cos\varphi}}}$$

式中　φ_1、φ_2、$\varphi_3 \cdots \varphi_n$——耐张段内各档的高差角，（°）；

　　　　l_1、l_2、$l_3 \cdots l_n$——耐张段内各档的档距，m。

5. 耐张段长度

线路正常运行时承受水平拉力的两相邻承力杆塔中心间的水平距离，称为耐张段长度。

6. 档距

两杆塔导线悬挂点间（或杆塔轴线间）的水平距离，称为两杆塔的档距。

7. 应力弧垂曲线

为方便施工计算及线路在运行中的各种机械计算，通常将各个代表档距在各种气象条件下的电线应力及有关弧垂计算出来，绘成随代表档距变化的曲线图，称为电线应力弧垂曲线或电线机械特性曲线。

8. 架线弧垂曲线

为方便导线的施工安装，将各个代表档距在各种气温条件下的电线弧垂计算出来，绘成随代表档距和温度变化的曲线图，称为架线弧垂曲线或架线安装曲线。

四、输电线路施工图识图的内容

1. 施工图总说明及附图

（1）线路设计说明书。对线路的总体路径、气象区、导、地线、杆塔、基础、绝缘配置、金具选择、接地、设计要点等进行说明。

（2）线路路径图。是在国家测绘部门出版的比例为1/50 000 或 1/100 000 的地形图或复印图上，标出线路的起讫点的位置及中间所经点的位置。在该图上可量出线路的实际大致长度，同时可看出线路走径地形情况。

（3）杆塔一览图。

1）图上绘出了所设计线路的全部杆塔型式，图上可查出不同杆塔型号，各杆塔的设计水平档距、垂直档距、最大使用档距。

2）图上杆塔设计使用的导线、避雷线、气象区；杆塔不同呼称高的根开尺寸和杆塔高度及横担长度。

　　3）图上尺寸均以 mm（毫米）为单位。

　　如图 TYBZ00503001-1 所示。

杆塔名称	110ZGu2鼓型直线塔(7727-18)	110KSn伞型跨越塔(7741-42)	110JG1千字型转角塔(7732-15)[0°~30°]	110JG2千字型转角塔(7733-18)[30°~60°]	110JGu2鼓型转角塔(7736-18)[0°~30°]	110JGu3鼓型转角塔(7737-18)[30°~60°]
水平档距(m)／垂直档距(m)	400 / 600	600 / 600	350 / 500	350 / 500	350 / 500	350 / 500
呼称高(m)	18	42	15	18	18	18
耗钢量(kg)	3265.8	15267.1	3456.5	4635.4	6770.8	7932.3
根开(mm) 正面／侧面	4198 / 2936	10000 / 10000	4975	5545	4820	4840
工程使用数量(基)	1	1		1		2

杆塔名称	1H-SJ2耐张塔	49型转角塔(18m)[30°~60°]
水平档距(m)／垂直档距(m)	372 / 600	400 / 800
呼称高(m)	18　　24	18
耗钢量(kg)	7731.8　　9276.4	4569.73
根开(mm) 正面／侧面	4595/4595　　5600/5600	5260
工程使用数量(基)	1　　1	2

设计条件表

杆塔条件	7727、7711、7732、7736、7737
电压(kV)	110kV
导、地线型号	LGJQ-300、GJ-50 / LGJQ-150/25、GJ-35

气象条件

序号	工况名称	冰厚(mm)	风速(m/s)	气温(℃)
1	低温	0	0	-20
2	大风	0	30	-5
3	年平	0	0	10
4	覆冰	10	10	5
5	高温	0	0	40
6	校验	0	0	15
7	安装	0	10	0
8	外过	0	10	15
9	内过	0	15	10

杆塔统计表(110kV马骥Ⅰ、Ⅱ回线路)

序号	杆塔型号	基数	单基重(kg)	小计(kg)	备注
1	7727-18	1	3265.8	3265.8	
2	7741-42	1	15267	15267.1	
3	7732-15	1	3456.5	3456.5	
4	7733-18	1	4635.4	4635.4	
5	7736-18	2	6770.8	13541.6	
6	7737-18	2	7932.3	15864.6	
7	1HS-J2-24	1	9276.4	9276.4	
合计		9		65307.4	

杆塔统计表(110kV马门Ⅰ、Ⅱ回线路)

序号	杆塔型号	基数	单基重(kg)	小计(kg)	备注
1	49-18	2	4569.73	9139.46	
2	1H-SJ2-18	1	7731.8	7731.8	
合计		3		16871.26	

图 TYBZ00503001-1　杆塔一览图

　　（4）线路进出两端变电站平面图。本图作为接线示意图，没有比例要求，主要绘出线路两侧终端杆塔上的相序排列和变电站进线的相序排列，便于施工时正确安装。

　　（5）线路相序图。

　　1）相序图作为示意图，没有比例要求，主要绘出线路上水平排列和垂直排列互相变换时杆塔上的导线相序排列情况，如图 TYBZ00503001-2 所示。

　　2）导线换位示意图。

　　①该图的平面图绘出一条线路的各处换位杆塔号、各换位段的长度和相序排列情况。

　　②该图的立体图绘出各换位处杆塔上的导线相序排列情况。

　　2.平断面图及明细表

　　（1）平断面图（即线路平面图和断面图的复合图）如图 TYBZ00503001-3 所示。

　　1）断面图（即平行线路断面也称纵断面）。

　　①线路断面图要求严格，有一定的比例要求，一般情况高度比例是 1/500，但因地形或其他原因，设计上也有采用其他比例的情况。断面图在平断面图的上方。

　　②线路断面图包括沿线路中心线的断面地形，杆塔位置及各交叉跨越和地面物的位置、标高、里程、杆塔编号、杆塔型式、弧垂线等。

　　2）平面图。

　　①线路平面图要求严格，有一定的比例要求，一般情况是 1/2000，但因地形或线路长短原因，设计上也有采用其他比例的情况。平面图在断面图的下方。

　　②平面图包括各种杆塔档距、里程、标高、耐张段长度、代表档距等。平面图还包括沿线路中心线左右两侧各 50m 内，各种跨越物与线路的交叉角度、与线路平行接近的位置，线路中心线附近的各种建筑物位置和接近距离，其他异样地形的位置、范围等情况。

图 TYBZ00503001-2　线路相序图

图 TYBZ00503001-3　平断面图

（2）杆塔位明细表。是把线路平面图上的设计、施工运行所需要的各项主要数据，包括耐张段长度、塔位里程、杆塔位桩号、杆塔型式、线路转角、杆塔呼称高、档距、代表档距、杆塔施工基面及长短腿、基础型式、导线及地线绝缘子金具串组合、防振锤、间隔棒等安装方式及使用数量，被跨越物的名称及保护措施，各种杆塔基数、铁塔 *ABCD* 腿布置情况、横担布置方向及需要统一说明的事项汇集在一起，列成表格，便于设计、施工、运行使用，如图 TYBZ00503001-4 所示。

杆塔（位）明细表　　　　　　　　　　　　第1页　共0页

设计杆号	测量桩号	杆型代号	杆位移动(m)	施工基面(m)	高低腿(m)	杆位高程(m)	档距(m)	耐张段长(m)	代表档距(m)	转角(度·分)	导线绝缘子串 型号	数量	防振锤 型号	数量	地线金具串 型号	防振锤 数量	接地装置 型号	接地值(Ω·m)	交叉跨越情况（次）电力线	通信线	广播线	房屋	公路	河流	机耕	其他	防振锤型号 导线	地线	备注
G0	J0F	MJ				789.6				0°00′	NDF	3	3X1	DN1	1	1X1	<300	JD-T									FR-3	FR-2	
G1	J1F	1J-SJ4-18				788.0	81	81	80	右72°26′	NDF	3	3X1	DN1	1	1X1	<300	JD-T									FR-3	FR-2	
G2	J1F	1J-SZ1-21	+240.2			784.9	240	748	252		NSF3	3	3X1	DN1	1	1X1	<300	JD-T									FR-3	FR-2	
											XDF	0	3X1	DX1	0	1X1											FR-3	FR-2	
G3	J2F	1J-SZ1-21	-228.3			783.6	279				XDF	0	3X1	DX1	0	1X1	<300	JD-T									FR-3	FR-2	
G4	J2F	1J-SJ4-18				774.6	228			左72°30′	NSF3	3	3X1	DN1	1	1X1	<300	JD-T									FR-3	FR-2	
G5	J3F	1J-SJ2-21				711.1	253	253	242	左38°49′	NSF1	3	3X1	DN1	1	1X1	<300	JD-T	1		1						FR-3	FR-2	
G6	J4F	1J-SJ2-21				708.0	180	180	180	左25°47′	NSF1	3	3X1	DN1	1	1X1	<300	JD-T	3	2	3						FR-3	FR-2	
G7	J4F	1J-SZ1-21	+205.6			705.7	206	418	209	右47°45′	XDF	0	3X1	DX1	0	1X1	<300	JD-T									FR-3	FR-2	
G8	J5F	1J-SJ3-18				709.6	212				NSF3	3	3X1	DN1	1	1X1	<300	JD-T	1		1						FR-3	FR-2	
G9	J5F	1J-SZ1-21	+187.6			709.5	188	354	178		XDF	0	3X1	DX1	0	1X1	<300	JD-T	1		1						FR-3	FR-2	
G10	J5F	1J-SJ2-18	+353.5			709.0	166			0°00′	NDF	3	3X2	DN1	1	1X2	<300	JD-T									FR-3	FR-2	
G11	J5-1F	1J-SJ2-24		4.0		603.7	402	402	386	左21°57′	NSF2	5	3X2	DN1	1	1X2	<300	JD-T	2				1				FR-3	FR-2	
G12	J6F	1J-SJ2-24		4.0		603.5	376	376	376	左38°38′	NSF2	5	3X2	DN2	1	1X2	<300	JD-T									FR-3	FR-2	
							303	562	284		NSF2	5	3X1	DN2	1	1X2	<300	JD-T									FR-3	FR-2	

			工程		设计阶段	
审批		校核				
审定		设计		杆塔明细表		
审核		制图				
日期		比例		图号		序号

图 TYBZ00503001-4　杆塔位明细图

3. 机电安装图

（1）导线和避雷线应力特性及架线弧垂曲线图如图 TYBZ00503001-5 所示。

图 TYBZ00503001-5　导线和避雷线应力特性及架线弧垂曲线图

1）导线和避雷线应力特性曲线反映了导线或避雷线在不同代表档距、不同气象条件下的应力值，其按一定比例绘制在米格纸上，便于施工校核查找和运行维护使用。

2）导线和避雷线架线弧垂曲线图反映了导线或避雷线在不同气温（一般是取线路通过地区的最

高气温和最低气温）、不同代表档距条件下的架线弧垂曲线，其按一定比例（每 10℃或 5℃绘一条曲线）绘制在米格纸上，便于导线和避雷线施工时计算观测档弧垂。

3）导线和避雷线应力特性及架线弧垂曲线图在图上还注明了导线或避雷线的比载荷重和观测档弧垂计算公式，便于施工计算。

4）该图纸的横坐标表示代表档距，以 m（米）为单位；纵坐标表示应力和弧垂，应力以 MPa（兆帕）为单位，弧垂以 m（米）为单位。

（2）导线绝缘子串组合图和避雷线金具组合图。

1）这类图纸作为施工示意图，没有绘制比例的要求。

2）这类图纸识图中主要是核对示意图中各元件的排列顺序、各元件的编号与绝缘子组合顺序表是否一致，材料表中的材料型号是否正确，其次是图纸上附有施工要求和说明。

（3）防振锤安装图如图 TYBZ00503001-6 所示。

防振锤安装距离

气象区	导线及避雷线牌号	设计应力(kg/mm²)	风速(m/s)	安装距离 s(m) l_0 100~150	151~200	201~250	251~300	301~400	401~600	601~800
气I	LGJ-50/8	10.8	25	0.62	0.65	0.65	0.65	0.65	0.65	
			30	0.60	0.60	0.60	0.59	0.59	0.59	
	LGJ-70/10	10.8	25	0.75	0.80	0.81	0.81	0.81	0.82	
			30	0.74	0.75	0.75	0.75	0.75	0.75	
	LGJ-95/20	11.4	25	0.93	0.98	1.00	1.00	1.00	1.06	1.06
			30	0.93	0.98	1.00	1.00	1.00	1.06	1.06
	LGJ-120/25	10.9	25	0.95	0.99	1.04	1.06	1.08	1.10	1.10
			30	0.96	1.00	1.03	1.04	1.04	1.04	1.05
	LGJ-150/25	11.2	25	1.05	1.10	1.14	1.17	1.20	1.22	1.24
			30	1.05	1.10	1.14	1.17	1.20	1.22	1.22
	LGJ-185/30	11.9		1.16	1.22	1.26	1.29	1.32	1.35	1.38
	LGJ-240/40	11.3		1.33	1.40	1.45	1.48	1.51	1.55	1.58
	LGJ-300/40	9.88		1.38	1.47	1.52	1.56	1.59	1.63	1.66
	GJ-35	32	25	0.58	0.59	0.59	0.59	0.58	0.57	0.57
	GJ-35	34	30	0.60	0.61	0.61	0.61	0.60	0.59	0.59
	GJ-50	32		0.67	0.68	0.69	0.69	0.69	0.68	0.68
	GJ-50	34		0.70	0.71	0.72	0.72	0.71	0.71	0.70
气III	LGJ-50/8	10.8		0.52	0.50	0.49	0.49	0.48	0.48	
	LGJ-70/10	10.8		0.66	0.65	0.64	0.64	0.63	0.63	
	LGJ-95/20	11.4		0.88	0.90	0.88	0.87	0.86	0.86	0.85
	LGJ-120/25	10.9		0.90	0.93	0.93	0.92	0.92	0.91	0.91
	LGJ-150/25	11.2	30	0.99	1.06	1.06	1.06	1.05	1.04	1.04
	LGJ-185/30	11.9		1.12	1.19	1.24	1.25	1.25	1.24	1.23
	LGJ-240/40	11.3		1.27	1.37	1.42	1.44	1.44	1.44	1.44
	LGJ-300/40	9.88		1.38	1.50	1.50	1.53	1.53	1.54	1.54
	GJ-35	32		0.55	0.53	0.50	0.48	0.47	0.45	0.44
	GJ-35	34		0.57	0.56	0.53	0.50	0.49	0.47	0.46
	GJ-50	32		0.64	0.64	0.61	0.59	0.58	0.56	0.55
	GJ-50	34		0.67	0.66	0.62	0.60	0.59	0.58	0.57

防振锤安装个数

导线及避雷线牌号	l <300	l 301~450	l 451~600	l 601~700	l 701~800	l 801~1000	型号
LGJ-50/8	1	2	2	3			FD-1
LGJ-70/10	1	2	2	3	3		FD-2
LGJ-95/20	1	1	2	2	3	3	FD-2
LGJ-120/25	1	1	2	2	3	3	FD-3
LGJ-150/25	1	1	2	2	3	3	FD-3
LGJ-185/30	1	1	2	2	3	3	FD-4
LGJ-240/40	1	1	2	2	3	3	FD-4
LGJ-300/40	1	301~400 / 401~600	2	3	3		FD-5
GJ-35	1	2	2	3	3	3	FG-35
GJ-50	1	2	2	3	3	3	FG-50

防振锤安装示意图

附注：
1. 防振锤安装距离直线杆塔是从悬垂线夹中心到防振锤中心，耐张转角杆塔是从耐张转动中心到防振锤中心。
2. 防振锤安装个数是指档距一端一根线上的防振锤个数。
3. 在非开阔地带，挡距小于120m时不装防振锤。
4. 导线上装防振锤处在线上应缠铝包带。
5. 防振锤安装个数若为2个或3个时，其安装距离相同。
6. l_0-代表档距(m)，l-实际档距(m)。
7. 安装表按以下气象条件计算：气I +40℃-20℃，气III +40℃-30℃

审批		校核		定　型　工　程		设计阶段
审定		设计		防振锤安装表		
审核		制图				
日期		比例		图号	20008200-030902-42	月日

图 TYBZ00503001-6　防振锤安装图

1）该图列出了不同气象条件下，不同型号导线及避雷线在不同设计应力、不同风速、不同代表档距范围内导线、避雷线的防振锤安装距离。

2）该图还列出了不同导线和避雷线在不同档距范围时的安装个数。

3）图上还绘出防振锤安装示意图和附有施工要求和说明。

（4）间隔棒安装图如图 TYBZ00503001-7 所示。

1）该图列出了不同档距导线间隔棒的安装距离和每档的安装个数。

2）图上还附有施工要求。

（5）接地装置施工图。

1）这类图纸作为施工示意图，没有绘制比例要求。

2）图上绘出了接地连接的示意图、所用结板和钢筋的尺寸 ［以 mm（毫米）为单位］、数量、安装要求。

3）这类图纸还绘出接地装置在地下埋设的方位、埋设深度、长度和埋设后的接地电阻值。其埋设深度和长度均以 m（米）为单位。

4. 杆塔施工图

（1）杆塔施工图绘制按制图要求有一定的比例，其制图是严格按标准进行绘制。

（2）杆塔施工图由杆塔型式单线示意图和分段结构图组成。

（3）单线示意图上有杆塔的设计参数、气象条件、荷重图，杆塔根开尺寸、基础作用力、地脚螺栓的直径和地脚螺栓安装间距。

档距(m)	间隔棒个数N	平均次档距S=L/N	次档距间距分配
≤40	0		≤40
41-66	1	L	0.6S　0.4S
67-132	2	L/2	0.6S　S　0.4S
133-198	3	L/3	0.65S　1.05S　0.8S　0.5S
199-264	4	L/4	0.6S　S　0.85S　S　0.55S
265-330	5	L/5	0.6S　S　0.8S　1.05S　S　0.55S
331-396	6	L/6	0.6S　S　0.9S　1.1S　0.85S　S　0.55S
397-462	7	L/7	0.6S　S　0.9S　1.1S　S　0.85S　S　0.55S
463-528	8	L/8	0.6S　S　0.9S　1.1S　0.9S　1.1S　0.85S　S　0.55S
529-594	9	L/9	0.6S　S　0.9S　1.1S　S　1.1S　S　0.85S　S　0.55S
595-660	10	L/10	0.6S　S　0.9S　1.1S　S　1.1S　0.9S　1.1S　0.85S　S　0.55S
661-726	11	L/11	0.6S　S　0.9S　1.1S　S　1.1S　S　1.1S　S　0.85S　S　0.55S
727-792	12	L/12	0.6S　S　0.9S　1.1S　0.9S　1.1S　S　1.1S　0.9S　1.1S　0.85S　S　0.55S
793-858	13	L/13	S　0.6　0.9S　1.1S　S　1.1S　S　1.1S　S　1.1S　0.85S　S　0.55S
859-924	14	L/14	0.6S　S　0.9S　1.1S　S　1.1S　S　1.1S　S　1.1S　0.85S　S　0.55S
925-990	15	L/15	0.6S　S　0.9S　1.1S　0.9S　1.1S　S　1.1S　0.9S　1.1S　0.9S　1.1S　0.85S　S　0.55S
991-1056	16	L/16	0.6S　S　0.9S　1.1S　0.9S　1.1S　0.9S　1.1S　0.9S　1.1S　0.9S　1.1S　0.85S　S　0.55S

注：1. 次档距分配依上表计算，按四舍五入，取米为单位，分配完档距。
　　2. 举例说明L=360，按每相各装6个阻尼间隔棒，平均次档距
　　　S=L/N=360/6=60m，次档距分配按计算为：
　　　36、60、54、66、51、60、33。

	电力设计院	送电线路　工程　施工图
审批	校核	
审定	设计	阻尼间隔棒安装表
审核	制图	
日期	比例　图号	

图 TYBZ00503001-7　间隔棒安装图

（4）单线示意图标出杆塔分段长度、呼称高、塔头尺寸，杆塔材料汇总表列出使用材料名称、钢材号、规格、数量和质量等。

（5）分段结构图按比例绘制杆塔正面、侧面组装图，横担的正面和俯视图，并标出各分段的材料表，表中列出使用材料名称、钢材号、规格、数量和分段质量等。

（6）图上尺寸均以 mm（毫米）为单位。

5. 基础施工图

（1）基础施工图绘制按设计要求有一定的比例，其制图需严格按标准进行绘制。

（2）基础施工图的基础断面图（也称基础立面图），其图标出基础高度、立柱宽度、底板宽度，同时绘出立柱主筋与箍筋的安放间距、底板网筋的数量和安放间距，绘出地脚螺栓安放位置。

（3）基础施工图的基础俯视图（也称基础平面图），图上标出基础底板尺寸、立柱尺寸、地脚螺栓安放间距、底板网筋、角筋布置情况。

（4）立柱俯视图绘出立柱尺寸、立柱主筋安放位置、地脚螺栓安放位置，内外箍筋安放情况，同时标出主筋、外箍筋与立柱边缘的尺寸。

（5）基础施工图上标出整基塔基础施工示意图，并标出不同呼称高基础根开尺寸。

（6）施工图上标出一个基础的材料表，表中列出不同部位材料名称、使用规格、钢筋材料成型简图及尺寸、长度、数量、质量和混凝土等级、体积等。

（7）图上标注施工要求和说明。

（8）图上尺寸均以 mm（毫米）为单位。

如图 TYBZ00503001-8 所示。

6. 通信保护施工图

（1）这类图上标出所跨越的弱电通信线的抗干扰保护改造的施工示意，没有比例要求。

（2）图上对改造的要求和施工说明。

如图 TYBZ00503001-9 所示。

五、施工图识图要点

（1）识读施工图应先查看施工图目录，根据目录选看所需图纸。

图 TYBZ00503001-8　基础施工图

图 TYBZ00503001-9　通信保护施工图

（2）识读施工图应先看整体图后看局部图，先看文字说明后看图样，先看基本图后看详图，先看图形后看尺寸等依次仔细阅读，并应注意各图样之间的相互关系。

（3）由于施工图种类较多，识图时必须注意每张图纸上的直径、长度、深度、高度等使用单位，以免应用错误。

【思考与练习】

1. 施工图识图的目的是什么？

2．施工图的作用有哪些？

3．施工图的识图要点有哪些？

模块 2　图纸审查、会检和技术交底（TYBZ00503002）

【模块描述】本模块包含图纸审查、会检和技术交底。通过知识讲解、条文解释，掌握图纸审查、会检和技术交底的过程、方法和要求。

【正文】

一、施工图纸审查、会检的目的

施工图纸审查、会检（简称会审）的目的使建设单位、施工单位、监理单位更充分理解设计意图，熟悉设计图纸，了解工程的技术特点，明确施工中应注意的事项，提出并解决图纸中影响施工、质量的问题及图纸的遗漏及差错，确保按照设计要求正确施工，按国家标准及规范要求的质量完成而组织相关部门的施工图纸审查交底会。

二、施工图纸会审的要求

（1）施工图是否符合国家现行的有关标准、规程和经济政策的相关规定。

（2）施工的技术设备条件能否满足设计要求；当采取特殊的施工技术措施时，现有的技术力量及现场条件有无困难，能否保证工程质量和安全施工的要求。

（3）有关特殊技术或新材料的要求，其品种、规格、数量能否满足需要及工艺规定要求。

（4）图纸的份数及说明是否齐全、清楚、明确，图纸上标注的尺寸、坐标、标高等其他项目有无遗漏和矛盾。

三、施工图纸会审前的准备

施工图纸会审是施工前期的主要技术工作之一，因此项目施工图会审前，监理单位和建设单位参加施工的相关人员必须认真看图、熟悉施工图，了解工程情况和图纸设计中的错误、矛盾、交代不清楚、设计不合理的地方，设计提供的特殊施工技术方案、措施是否符合现场情况和施工单位的设备、技术水平等问题，尽可能把这些问题及时提出来，使有关问题在施工作业之前得到解决。参与会审的运行单位人员应结合运行经验对施工图进行认真审查。

四、施工图纸会审时应审查的内容

（一）施工图总说明和附图

1．施工图说明书

（1）对初步设计审查意见在施工设计中采纳或不采纳的说明。

（2）输电线路的路径选择是否符合 GB 50545—2010《110kV～750kV 架空输电线路设计规范》的规定，沿线地形、地质和交通情况介绍是否符合实际情况，特别是洪水冲刷区、不良地质区和采矿塌陷区等有无特别说明。

（3）输电线路所经路径气象条件选择是否按 GB 50545—2010 的规定，气象区段划分是否合适，特别是对重冰区、重污区、多雷区等微气象区划分是否与实际气象情况相符合。

（4）导线和避雷线是否按 GB 50545—2010 的规定选用，对不同覆冰区段和大跨越区段等有无特殊要求；导线、避雷线的防振措施考虑是否全面。

（5）绝缘子和金具的机械强度是否按 GB 50545—2010 的要求选用，对于个别情况有无特殊要求的说明。

（6）绝缘配合、防雷和接地。

1）绝缘配合。

①最小间隙设计应符合 GB 50545—2010 的要求，对不同海拔高度、不同风速、不同塔高的考虑是否全面。

②绝缘的防污设计是否依照审定的污秽区分布图所划定的污秽等级，选择合适的绝缘子型式和片数，外绝缘的有效泄漏比距是否满足电网污秽等级要求。

③为便于带电作业，带电部分对杆塔接地部分的校验间隙，是否考虑人体活动范围距离。

2）防雷。

①防雷设计是否符合 GB 50545—2010 的要求。

②对不同雷电活动区域，不同电压等级的输电线路采取不同的防雷措施。

③线路的耐雷水平是否满足新建线路相应雷区的规定要求。

3）接地。

①杆塔的接地设计是否按 GB 50545—2010 的要求，对不同土壤电阻率的地段分别考虑。

②对于土壤电阻率较高的地段，设计有无特殊的施工要求及相应的施工措施。

（7）杆塔。

1）杆塔的型式选择是否合适。

2）对于重冰区、大跨越等地段的杆塔选用是否合适，重冰区的耐张段是否符合减小冰灾倒塔危险的要求，档距严重不均匀处的杆塔是否改为耐张塔分段。

3）输电线路是否按跨越树竹林自然生长高度要求设计。

（8）导线布置。导线的排列方式是否结合线路走径，有否考虑重冰区导线舞动、大跨越等特殊情况。

（9）基础。杆塔基础型式的选择，是否符合线路沿线的地质，是否考虑施工条件等因素。对于特殊基础的设计有无特殊的施工要求。

（10）对地距离及交叉跨越。导线对地距离及交叉跨越距离是否符合 GB 50545—2010 的要求，是否按要求进行校验。

（11）附属设施。

1）是否考虑杆塔上的杆号牌、防鸟设施等固定标志设计。

2）高杆塔是否设计装设航行障碍标志。

3）杆塔上的通信设施有无特殊的设计、施工说明，有无相应的运行维护要求。

2. 附图

（1）线路走径图。

1）线路实际走径图与说明书所述是否一致。

2）走径图上线路通过地区相关政府的批示和印章。

（2）线路进出两端变电站平面图。进出两端变电站平面图上的相序与说明书所述是否一致，有无异常。

（3）杆塔一览图。与说明书所述杆塔型式是否一致，有无差异。

（4）线路相序图。

1）线路相序与两端变电站相序是否一致。

2）导线换位相序示意图是否正确。

（5）主要设备材料表。线路主要材料是否均已列出，其数量是否基本正确。

（二）断面图及杆塔明细表

1. 线路平断面图

（1）根据断面图的地形情况，审查图上杆塔位置是否满足运行要求。

（2）根据断面图的地形，审查导线对地和交叉跨越距离是否满足规程要求。

（3）根据平断面图上沿线路情况，审查线路的杆塔型式选择是否合适。

2. 杆塔明细表

（1）杆塔型式与断面图上有无差异。

（2）杆塔档距、耐张段长、规律档距和水平转角与断面图上有无差异。

（3）气象区划分与设计说明书上是否一致。

（4）铁塔基础图号是否标明。

（5）土壤电阻率和所使用的接地装置图号是否标明。

（6）导线绝缘子串使用图号和避雷线金具串使用图号及数量是否标明。

（7）线路的各种跨越是否均已在明细表上注明。

（8）线路的各种跨越物的搬迁、改建等措施是否在明细表上注明。

（三）机电安装图纸

1．导线和避雷线应力特性及架线弧垂曲线

（1）进线档导线和避雷线应力特性及架线弧垂曲线表是否齐全。

（2）各种气象区段的导线和避雷线应力特性及架线弧垂曲线表是否齐全。

（3）曲线图上是否注明施工所需要的说明及施工观测弧垂计算公式。

2．导线绝缘子串和避雷线金具组合图

（1）导线绝缘子串组合图。

1）核对绝缘子安装图号与杆塔明细表安装图号是否一致。

2）绝缘子串中的挂线金具与杆塔上相应的挂线孔是否匹配。

3）核对绝缘子串组合图的部件数量编号与材料表编号是否一致。

（2）避雷线金具组合图。

1）核对金具安装图号与杆塔明细表安装图号是否一致。

2）金具组合中的挂线金具与杆塔上相应的挂线孔是否匹配。

3）核对金具组合图的部件数量编号与材料表编号是否一致。

（3）耐张杆塔跳线。

1）小于45°耐张跳线图。

①核对安装图号与杆塔明细表安装图号是否一致。

②核对跳线组合图的部件数量编号与材料表编号是否一致。

③检查导线跳线安装图中的设计弧垂值是否满足设计规程要求。

2）上导线跳线及绝缘子串组合图。

①核对绝缘子串安装图号与杆塔明细表安装图号是否一致。

②绝缘子串中的挂线金具与杆塔上相应的挂线孔是否匹配。

③核对绝缘子串组合图的部件数量编号与材料表编号是否一致。

④检查导线跳线安装图中的设计弧垂值是否满足设计规程要求。

3）45°及以上杆塔外角跳线及绝缘子串组合图。

①核对安装图号与杆塔明细表安装图号是否一致。

②核对跳线组合图的部件数量编号与材料表编号是否一致。

③检查导线跳线安装图中的设计弧垂值是否满足设计规程要求。

（4）对于大高差、大转角位置的杆塔，绝缘子串有无特殊连接措施，跳线连接有无特殊要求，其电气间隙能否满足规程要求。

3．导线和避雷线防振锤（阻尼线）安装表

（1）防振锤安装表上有无安装说明。

（2）有无不同气象条件下的安装距离。

（3）有无安装示意图。

4．间隔棒安装表

（1）间隔棒安装表上有无安装说明。

（2）不同气象条件下有无特殊安装要求。

5．接地装置

（1）接地装置连接图的材料规格、数量是否正确齐全。

（2）杆塔接地装置图的材料规格、数量和埋设深度、长度是否正确齐全。

6．换位图杆塔号与杆塔明细表中的换位杆塔号是否一致

（四）杆塔施工图

杆塔施工图审查的主要项目：检查杆塔安装图的数量是否齐全，杆塔安装图与相关联的设计应力

是否一致，检查杆塔安装图有无差错。

1. 与杆塔安装图有关的设计图审查内容

（1）山区线路施工，应检查混凝土杆拉线及基坑位置地质是否稳定，如不能保证电杆运行和安装安全，应建议将混凝土杆换为铁塔，方便施工和运行。

（2）检查横担或避雷线支架加工图上的导线、避雷线挂线及跳线悬垂绝缘子串挂线孔与机电安装图上相应的金具是否匹配。

（3）检查杆塔安装图说明与说明书有无矛盾。

（4）检查杆塔安装图是首次使用还是已使用过，首次使用的图纸应了解有无特殊施工要求。

（5）检查混凝土杆安装图与预制的底、卡盘连接是否合适，特别应注意盘安装方位与电杆连接尺寸是否吻合。

2. 杆塔安装图审查内容

（1）核对杆塔图的部件数量与材料表是否一致，总装图材料表与部件图材料表是否一致。

（2）核对杆塔图上说明的技术要求与部件加工图是否一致。

（3）核对各部件间连接部位的尺寸是否正确，特别是横担加工图中的根开与电杆安装图的根开是否一致。

（4）核对各俯视图与正视图是否相配合。

（5）核对安装图上的编号与材料表编号是否相统一。

（6）拉线对带电部位的空气间隙能否满足设计规程要求。

（五）基础施工图

1. 与基础施工图相关联的设计图审查内容

（1）自立式铁塔基础的根开应与铁塔根开相统一。

（2）各种铁塔基础的顶部尺寸，即根开、地脚螺栓根开、地脚螺栓直径等是否与铁塔底座对应尺寸相匹配。

（3）检查地脚螺栓露出基础顶面高度能否满足螺帽拧紧后留有2～3扣的裕度。

（4）检查底、卡盘加工图的圆槽及抱箍圆弧的直径与混凝土杆下段相应部位的直径是否匹配。

（5）对于杆塔所配基础类型与设计提供的地质条件是否一致。

（6）设计采用新型基础，设计单位应提供新型基础试验报告。

（7）核对混凝土杆配置的三盘（底盘、拉盘、卡盘）与杆型结构图是否一致。

2. 基础施工图审查内容

（1）核对基础施工图的编号与材料表编号是否一致。

（2）核对基础施工图中所绘主筋、箍筋、地脚螺栓等的规格、数量、长度与材料表是否一致。

（3）核对每个基础的混凝土用量与材料表上所列是否正确无误。

（4）新型基础的施工，设计单位有无特殊说明。

（六）对通信线路的危险和干扰影响保护装置施工图

主要是审查设计对通信线路的危险和干扰影响保护的改造措施是否合理，措施是否满足通信要求。

五、施工图技术交底的目的

施工图技术交底，是由设计部门向参加审查的人员介绍该工程的设计依据和原则、设计范围和指导思想以及设计内容等，以及线路沿线的覆冰、污秽、雷电以及地质等情况。设计单位对设计情况、施工注意事项进行详细介绍和交底，并针对不同气象条件和地质情况，着重对重冰区、大跨越、雷电活动频繁区段等的施工技术和安全生产进行技术交底。

六、施工图技术交底的要求

（1）对施工图进行全面的技术交底。

（2）对特殊区段的设计情况进行详细介绍，并对施工技术和安全生产进行技术交底。

（3）对于施工时的注意事项逐个进行技术和安全交底。

七、施工图技术交底的内容

（一）施工图总说明书及附图

1. 施工图设计编制依据及范围

（1）编制依据：是按初步设计和初步设计审核意见及其他有关文件进行编写。

（2）设计范围：说明工程设计范围，包括全部或部分线路本体设计，对通信和信号线路的危险和干扰影响的保护设计等。

2. 对初步设计及审核意见执行情况的说明

3. 施工图设计阶段的科研试验

4. 工程技术特性

（1）工程概况：包括送电线路的名称、起讫点、电压等级、线路长度、路径曲折系数、转角次数、沿线地形、地貌及交叉跨越情况等。

（2）设计气象条件：包括最高气温、最低气温、最大风速、覆冰厚度、安装情况、平均气温、雷电过电压、操作过电压等组合的气温、风速、冰厚情况等。

（3）导线和地线：说明导线和地线的型号，导线分裂根数及排列方式，设计安全系数，最大使用应力，平均运行应力；导线和地线的换位方式、换位次数及长度；导线和地线的防振措施等情况。

（4）绝缘配合。

1）导线用绝缘子：说明一般地区、高海拔地区、大跨越区段、污秽地区的直线和耐张及跳线绝缘子串用的绝缘子型式和片数；绝缘子是否按其特性使用在多雷区、清洁区和重污区分别采用，杜绝整条线路数十公里、山区、平地或重污区使用同一类型绝缘子。

2）地线用绝缘子：说明直线和耐张绝缘子串用的绝缘子型式和片数，瓷绝缘子必须采用双联悬挂。

3）空气间隙：说明工频电压、雷电过电压、操作过电压在不同海拔高度时的空气间隙和相应的设计风速，带电检修间隙及防雷保护角。

4）接地电阻：说明不同土壤电阻率的防雷接地方式及要求的接地电阻值。

5）导线和地线的防振：说明导线和地线采用的防振措施。

6）导线和地线的换位：说明送电线路换位方式、换位次数及长度等。

7）线路金具：说明导线和地线采用的悬式和耐张金具组合情况。

8）杆塔使用情况：说明采用杆塔的型式、呼称高、转角度数、水平档距、垂直档距和全线各型杆塔使用基数。

9）基础使用情况：说明采用基础的型式，单基基础的钢材、混凝土的数量及质量，土（石）方量。

（二）线路平、断面图和杆塔明细表

1. 平断面图

对于图上大跨越、河流等地段的杆塔位置安放、杆塔的选型进行详细说明，对这些杆塔的施工是否有特殊施工要求。

2. 塔位明细表

说明明细表中未列项目的原因，未列部分是否有独立图纸介绍。

3. 交叉跨越

对于明细表中需迁改或改造的跨越物，进行改迁或改造的详细原因介绍，并对施工提出相应要求。

（三）机电安装图及说明

1. 架线施工说明

（1）导线架设。

1）说明不同区段采用的各种导线型号，并附架线弧垂曲线。

2）说明在有放松导线张力的耐张段时，另附放松张力的架线弧垂曲线。

3）说明线路经过高差较大的山区并有连续上、下山时，为使绝缘子串在杆塔上不偏移，需要对导线弧垂及线长进行调整后安装线夹。

4）对进出发电厂或变电站的孤立档距和在线路中间出现较小的孤立档距，导线施工的要求。

5）对承力杆塔的跳线，是否按每基杆塔所处条件提供计算跳线弧垂及线长，有否提供跳线连接金具相应规格螺栓的标准扭矩值。

（2）地线架设。

1）说明采用的地线型式，并附地线的架线弧垂曲线。

2）说明采用良导体地线和光纤复合架空地线（OPGW）的架设方式和接地要求。

3）说明对地线孤立档距的架设要求。

4）当导线需要放松张力，也需将相应避雷线放松张力时，对此进行施工要求说明，并附有避雷线放松张力的架线弧垂曲线。

（3）导线和绝缘避雷线换位。

1）说明导线和地线的换位方式、全线换位长度及次数，附换位施工图及两端变电站的相序情况。

2）当采用构架换位或耐张换位时，要附图说明相位关系和各带电体距离要求。

3）当采用直线换位时，要说明确定横担布置方向及杆塔位移尺寸。

（4）防振措施。说明按照送电线路振动情况，确定导线和地线的防振措施，提出对防振元件的安装要求。

（5）放线和紧线。

1）介绍导线和避雷线放线和紧线的保护措施及施工要求。

2）说明采用直线杆塔作为临时锚线时，观测弧垂对绝缘子串的要求。

3）导线对地距离和交叉跨越距离，应符合有关规定，提出对交叉跨越距离和保护要求。

4）对大档距的施工，要求在紧完线后，尽早安装线夹和采取防振措施，防止导线和避雷线损伤。

2. 金具施工图及说明

（1）施工说明。

1）各种金具要取得生产厂家的合格证书，施工单位要按照施工图设计的要求进行检查和试组装。

2）导线和地线用的耐张线夹和直线压接管，应按有关规定进行压接试验，满足抗拉强度和电气性能的要求。

3）对新产品，要绘出外形尺寸、性能要求的设计图纸，并提出质量保证措施。

4）绝缘子串及金具的设计，除按常规施工方法进行施工外，均需编定施工说明。

（2）绝缘子串安装说明。

1）悬垂绝缘子串：除单导线按常规安装绝缘子串外，对各种分裂导线采用的下垂式线夹、上扛式线夹及其他型式线夹，均应说明安装工序及其要求。对防晕金具的螺栓、销子等安装应提出防电晕要求。悬垂双联串路有否弥补污耐压比单串下降的技术措施和方法。

2）耐张绝缘子串：除按一般常规绝缘子串施工安装外，对屏蔽环、均压环、跳线等施工，应提出质量保证措施。

（3）地线安装说明。除按常规安装施工外，还要说明绝缘子放电间隙的安装方向及其他事项。

（4）间隔棒安装说明。说明采用间隔棒的型式、性能、使用范围及其安装要求。

（5）铝包带缠绕要求。要求在导线用悬垂线夹、螺栓型耐张线夹、防振锤夹头处缠铝包带，说明在不同电压等级线路上，导线上缠绕的铝包带范围与线夹宽度有关。

3. 接地装置施工图及说明

（1）是否在杆塔位明细表中注明每基杆塔的接地装置型式。

（2）当接地装置埋设好后，施工单位需实测工频电阻值，查看是否符合设计要求值。

（3）说明在岩石地区，接地体的施工要保持接地槽的土体及其他安全运行的措施。

（4）说明杆塔接地体与地下电缆、管道等的距离，施工必须满足规定的要求。

（5）对严重腐蚀地区的接地装置，必须按设计要求采取防腐蚀措施。

（四）杆塔施工图及说明

1. 杆塔施工说明

（1）说明杆塔施工及验收，要遵守的规定。

（2）说明杆塔组装、起吊时，允许起吊点的位置。

（3）说明当杆塔采用不对称结构需要施工预偏时，确定预偏的方向和数值。

（4）说明在锚塔、紧线塔设置临时拉线时，要对临时拉线在杆塔上的连接点、对地夹角、平衡张力等提出要求。

（5）在直线杆塔上架设导线和地线时，应说明允许的起吊方法。

（6）新旧线路连接或特殊受力的杆塔，说明在施工中应满足的杆塔受力条件及有关事项。

2. 杆塔图纸说明

对直线杆塔、耐张杆塔、转角杆塔、跨越杆塔、换位杆塔、终端杆塔等分别进行说明。

（五）基础施工图

1. 基础施工说明

（1）说明基础施工及验收要遵守的规定。

（2）说明施工基面的含义，并绘出示意图，以便达到正确的施工。

（3）说明拉线杆塔的主柱基础和拉线基础施工基面不在同一标高时，确定拉线根开的原则。

（4）为保护基础当采用护坡、挡墙和挖排水沟等措施时，应说明确定的杆塔号和处理方式，并附有处理简图。

（5）对有地下水的基础，需说明采取的防水措施和对基础垫层的要求。

（6）对于采用爆扩桩基础，灌注桩基础、岩石基础及掏挖基础等，要说明在施工中应遵守的事项及严格的质量要求。

（7）当基础位于有腐蚀性土壤和地下水时，要说明对基础及构件的防腐措施和要求。

（8）当塔脚和基础采用地脚螺栓连接时，要说明对浇制保护帽的要求。

（9）对严寒地区的沼泽地和地下水位高的地段，要说明采用杆塔基础的防冻胀措施及施工要求。

（10）对大孔性土壤、流沙、淤泥、沙漠、滚石和溶洞等地区的基础要说明在施工中处理的措施和要求。

（11）说明对受水淹没或冲刷基础的防护设计及要求。

（12）当采用新的基础型式时，应编写研究试验报告，得出使用的结论。

2. 基础图纸说明

对于直线杆塔基础、非直线塔基础、大跨越杆塔基础和特殊杆塔基础等，分别进行设计说明。

（六）大跨越设计施工图及说明

1. 机电施工图说明

（1）大跨越概况。说明送电线路大跨越的地点、地形、地势、河流宽度及变化情况，交通运输情况，设计档距、塔高、耐张段长度和塔位的地质、水文等情况。

（2）导线和地线的特性及架线弧垂。说明导线和地线的机电特性以及导线和避雷线的力学特性曲线和架线弧垂曲线，并要求架设时必须按当时气温进行计算。

（3）跳线施工图。对跨越耐张或转角塔，施工时应按绘制的跳线施工图，进行复核计算跳线弧垂和线长。

（4）绝缘子串及金具。由于大跨越导线、避雷线和绝缘子串荷载大，所以要求具有高强度的绝缘子串及金具。由于杆塔高，需要增加绝缘子片数等，所以需编写施工工艺流程，并按流程操作。

（5）接地装置。因大跨越设计接地电阻值要求比较低，而接地装置施工图与一般线路设计相同，所以施工时必须严格要求。

（6）高塔照明灯。为了空中航行安全，杆塔达到一定高度时，按航空单位要求，必须在杆塔上装设夜间用的航空安全灯或在下部装设夜间防空标志灯，所以要求施工时执行安装施工图。

模块 2

TYBZ00503002

（7）导线和地线的防振。说明导线和地线的防振措施和要求。由于大跨越振动比一般线路严重，通常采取联合防振措施，施工时按绘出施工安装图施工。

（8）导线和地线的接续。为了大跨越的安全要求，在档距内不许有接头。在耐张或转角塔上的连接也要采取加强安全的措施。

2．杆塔施工图及说明

杆塔设计施工图的内容和要求与一般杆塔设计基本相同。不同的是杆塔高，高空风速大，覆冰厚度增加，荷载条件大，一般设有爬梯，需编写详细的施工说明。

3．基础施工图及说明

基础设计施工图的内容和要求，与一般基础设计相同，不同的是基础作用力大。一般来说，地质条件差，采用灌注桩基础较多；良好的地质条件，也要用庞大的浇制基础并应编写严格的质量要求和施工说明。

（七）通信保护施工图及说明

用线路终勘后的路径位置、单相短路电流、大地电导率、线路电气参数等来计算通信线路、信号线路、广播线路的危险和干扰影响，确定保护措施，并说明保护措施的原则。

【思考与练习】

1．施工图审查的目的是什么？

2．施工图审查的要求有哪些？

3．施工图审查前的准备工作有哪些？

4．施工图交底的目的是什么？

5．施工图交底的要求有哪些？

第七部分

新技术的应用

第二十章 地理信息系统在线路中的应用

模块 1 地理信息系统应用简介 (GYSD00501001)

【**模块描述**】本模块涉及地理信息系统概述、组成、主要功能。通过概念描述、功能介绍，了解地理信息系统组成、主要功能，熟悉地理信息系统的应用情况。

【**正文**】

人类进入文明社会以来，纸质地图一直是人类用于描述存在于地球空间上各类现象的一种非常重要的手段。随着电子计算机的问世和迅猛发展，使用计算机来描述、模拟和分析地球空间上的这些规律成为可能，由此诞生了地理信息系统（Geographical Information System，GIS）。地理信息系统就是地球信息学方法的一种重要的实现手段，是多学科技术集成的基础平台。地理信息系统是门新兴科学技术，自从这门技术出现以来，其应用越来越广泛和深入。

一、概述

1. 基本概念

信息是现实世界状态的反映，是用文字、数字、符号、语言等介质来表示事件、事物、现象等意义和内容，它不随载体的物理形式的改变而改变，具有客观性、实用性、可传输性和共享性等特征。

数据是信息的符号表示，是对某目标进行定性、定量描述的原始材料，包括数字、文字、符号、图形、图像等。信息用于物理介质有关的数据表达，而数据中包含的意义就是信息，信息和数据密不可分。

地理信息是指与所研究对象的空间地理分布有关的信息，是对表达地理特征与地理现象之间关系的地理数据的解释。

地理数据是各种地理现象和特征间关系的符号化表示，包括空间位置、属性特征和时间特征三部分，它们构成了地理空间分析的三大基本要素。

系统是指具有特定功能的相互有机联系的许多要素所构成的一个整体。

信息系统则指是具有采集、存储、管理、分析和表达数据能力并且可以回答客户一系列问题的系统。计算机时代的信息系统全部或部分由计算机系统支持，一般由计算机硬件、软件、数据和客户四个主要要素组成。

2. 地理信息系统的概念

地理信息系统是一门空间信息科学，具有空间分析和模型分析功能。地理信息系统的外观表现为计算机软硬件系统，其内涵则是由计算机程序和地理数据组织而成的地理空间模型，从中可以提取地理系统各个不同侧面、不同层次的空间和时间特征，也可以将自然发生或思维规划的过程加在这个数据模型之上，取得对自然过程的分析和预测信息，用于管理和决策。

地理信息系统的概念有三层含义：

（1）地理信息系统是一门新兴交叉学科。地理信息系统是集计算机科学、地理学、测绘学、遥感学、环境科学、城市科学、空间科学、信息科学、应用数学和管理科学为一体的新兴交叉学科。

（2）地理信息系统是一项综合性的高新技术。地理信息系统是运用地理模型对地理空间数据进行综合分析、预测未来和模拟现实的一项技术。地理信息系统技术包括数据采集、存储、管理、空间分析方法、专题分析模型、系统集成技术和地理专家系统等。

（3）地理信息系统是一个特殊的计算机信息系统。地理信息系统是在计算机软硬件支持下用于采集、处理、检索、模拟、分析和表达地理空间数据的计算机信息系统。它由计算机软硬件、地理数据、系统开发、管理和使用人员以及计算机网络组成，有数据采集和编辑、数据管理和组织、应用分析、结果显示输出和数据更新五大功能，能够由地理空间数据提供高层信息为管理和决策服务。

所谓的地理信息系统通常指的是以数字地图（或电子地图）为基础的地理信息系统。

二、地理信息系统的组成

同一般信息系统一样，地理信息系统也包括硬件系统、软件系统、地理数据、系统的组织管理人员和开发人员以及计算机网络等组成部分。

1. 硬件系统

硬件系统是计算机系统中的实际物理装置的总称，是地理信息系统的物理外壳。硬件系统包括计算机主机、数据存储设备、数据输入输出设备以及通信传输设备等。

（1）计算机主机。数据和信息处理、加工和分析的设备，其主要部分由执行程序的中央处理器和主存储器构成，包括大型机、中型机、小型机、工作站和微机等。

（2）数据存储设备。包括软盘、硬盘、磁带、光盘、存储网络等及其相应的驱动设备。

（3）数据输入设备。除键盘、鼠标和通信端口外，还包括数字化仪、扫描仪、解析和数字摄影测量仪以及全站仪、地理信息系统接收机等其他测量仪器。

（4）数据输出设备。主要有图形/图像显示器、矢量/栅格绘图仪、行式/点阵/喷墨/彩色喷墨打印机、激光印字机等设备。

（5）通信传输设备。即在网络系统中用于数据传输和交换的光缆、电缆及附属设备。其中大多数硬件是计算机技术的通用设备，而有些设备则在 GIS 中得到了广泛应用，如数字化仪和扫描仪等。

2. 软件系统

软件系统是指挥硬件运作的各种必需的程序，是地理信息系统的灵魂，由计算机系统软件、地理信息系统基础软件、地理信息系统二次开发软件和其他应用分析程序部分组成。

（1）计算机系统软件。它是地理信息系统日常工作所必需的，包括操作系统、系统库编程语言和库程序等，以及一些标准软件，如图形处理程序、数据库管理系统等。

（2）地理信息系统基础软件。能够提供给客户进行二次开发的地理信息系统基础平台，是地理信息系统核心软件，包括数据输入、数据处理、管理、结果显示输出和空间分析等部分。目前市场中主要有 Arc/Info、ArcGIS、MapInfo、MGE、Geomedia、Geostar 和 MapGIS 等商用 GIS 基础软件。

（3）地理信息系统二次开发软件。它是指针对不同客户、不同功能需求、不同管理和运作方式，基于地理信息系统基础软件平台上的二次开发软件可为实现客户的特定要求提供开发环境（或语言），如 ArcView 的 Avenue 语言、Arc/Info 的 AML 语言、Mapinfo 的 MapBasic 语言等。许多地理信息系统基础软件平台还支持用现代高级语言（如 Visual Basic、Visual C++、Java 和 Dephi 等）编程实现地理信息系统应用功能。

（4）其他应用分析程序。它们是系统开发人员或客户根据地理专题图与区域分析模型编制的用于某种特定应用任务的程序，是系统功能的扩充和延伸，一般可挂靠于原系统。

3. 地理数据

地理数据是地理信息系统研究和作用的对象，是指以空间位置为存在和参照的自然、社会和人文经济景观数据，包括空间数据和属性数据，可以是图形、图像、文字、表格和数字等。空间数据表达了现实世界经过模型抽象后的实质性内容，即地理空间实体的位置、大小、形状、方向以及拓扑几何关系等；属性数据是与地理实体相关的地理变量和地理意义，是实体的属性描述数据。空间数据和属性数据密切相联，共同构成地理数据库，用于系统的分析、检索、表示和维护。地理数据库的建立和维护是一项非常复杂的工作，技术含量高，投入大，是地理信息系统应用项目开展的关键内容之一。

4. 系统开发、管理和使用人员

尽管现代计算机和 GIS 技术已相当先进，但人始终是人机系统中的最重要的因素。仅有系统的软件、硬件和数据还不能构成完整的地理信息系统，需要人进行系统组织、管理、维护和数据更新、完善功能，并灵活采用地理分析模型提供多种信息，为研究和决策服务。同时还需要整个组织进行全盘规划，协调各部门内部的相关业务，使建立的地理信息系统既能适应多方面服务的要求，又能与现有的计算机及其他设备相互补充，同时还要周密规划地理信息系统项目的方案及过程以保证项目的顺利实施。地理信息系统专业人员是应用成功的关键，而强有力的组织则是系统运行的保障。

一个完整的 GIS 项目应包括项目负责人、系统分析设计人员、系统开发人员、系统维护人员、系统管理人员和客户等。

5. 计算机网络

计算机网络是利用通信线路将分布在不同地理位置上的具有独立功能的计算机系统或其他智能外设有机地连接起来，它包含下面三个主要的组成部分：

（1）若干台主机。用于向客户提供服务。

（2）通信子网。由一些专用的节点交换机和连接这些节点的通信链路组成。

（3）一系列协议。这些协议是为在主机之间或主机和子网之间的通信而用的。

计算机网络常见的拓扑结构（连接方式）有星形（Star）、环状（Ring）、总线（Lainear OR Bus）和树形（Tree）等。

三、地理信息系统的功能及特点

（一）地理信息系统的基本功能

地理信息系统处理地理信息的功能强大，贯穿数据采集——分析——应用的全过程。其基本功能至少包括以下几个方面：

1. 数据采集和编辑

数据采集是对系统外部的原始数据（多种来源、多种形式）进行必要的编码和写入数据库的操作过程。

数据采集的方式与所使用的设备密切相关，常用的几种方式如下：①数字化方式；②鼠标及键盘输入方式；③磁盘、光盘方式；④对电子地图等也可以用网络传输输入。

在地理信息系统的数据输入过程中，通过各种输入设备采集到的数据难免产生或引入一些差错，这就要求地理信息系统对空间数据和属性数据应具备编辑功能以修正所出现的错误。通常，大多数地理信息系统的数据编辑是比较耗时的交互式处理过程。对空间数据有图幅定向、文件管理、图形编辑（修正、增加、删除和更新）、生成拓扑关系、图形修饰与几何计算、图幅拼接等编辑功能；对属性数据则有修改、增加、删除和更新、数据库结构的修改以及与空间数据关联的编辑功能。无论是空间数据编辑还是属性数据编辑，均需要建立简便易用、直观的对话窗口以便于人机交互。

2. 数据存储和组织管理

数据存储是将输入的数据以某种格式记录在计算机内部或外部存储介质（磁盘或光盘）上；数据存储的方式与数据文件的组织密切相关，它取决于如何建立记录的逻辑顺序，即确定存储的地址，以便提高数据存取的速度。

空间数据库的数据量大，空间数据与属性数据不可分离，而且数据应用面广。因此，需对数据库进行有效地管理，使数据冗余量小，数据与应用程序相对独立，选择合适的数据结构和数据模型。

由于空间数据往往关联诸多的属性数据地图，大量的属性数据通常采用关系型数据库与空间数据库分别存储的方法，也可通过公共识别符或者建立一个程序将空间数据与属性数据连接起来。

3. 应用分析

地理信息系统应用分析是在系统操作运算功能的支持下或建立专门软件来实现的，包括基本空间分析和模型分析，如图 GYSD00501001-1 所示。

地理信息系统最基本的分析功能有查询、检索、统计和计算功能，这些功能是其他自动化信息系统也具有的。空间分析是地理信息系统的核心功能，也是地理信息系统与其他自动化信息系统的根本区别，包括叠置分析、缓冲区分析、拓扑空间查询、空间集合分析等。而模型分析是指在地理信息系统支持下，应用相应的数学模型分析和解决问题的方法，也是地理信息系统应用深化的标志，如最佳网络分析、土地适应性分析和电网潮流分析等。

图 GYSD00501001-1　地理信息系统应用分析

4. 数据显示、结果输出

数据显示是中间处理过程和最终结果的屏幕显示，包括图形数据的数字化与编辑以及操作分析过程的显示；结果输出有专题地图、图表、表格和报告等各种类型的硬拷贝图形，其中屏幕显示也是结果输出的一种。目前输出设备有显示器、绘图仪、打印机、磁盘和光盘等，如图 GYSD00501001-2 所示。

图 GYSD00501001-2　数据显示和结果输出

5. 数据更新

数据总是随着时间变化的，因此地理信息系统应具有数据更新功能，才能较真实地反映现实情况，提供准确的决策依据，也可建立地理数据的时间序列，满足动态分析的要求。数据更新即通过删除、修改、再插入等一系列操作以新的数据或记录替换数据文件或数据序列中相对应的数据或记录。但现实中地理信息系统的数据更新往往有时滞性，实时通信和 3S（RS、GPS 和 GIS）集成的研究正在努力缩小这种时滞性。

（二）地理信息系统的特点

地理信息系统具备以下基本特点：

1. 统一的地理基础

地理信息系统区别于一般的信息系统的特点在于所处理的是地理信息。地理信息需要一个空间定位框架，即共同的地理坐标和平面坐标系统，才能更好地表达信息，从而支持空间问题的处理和决策。因此，地理信息系统要建立统一的地理基础，包括统一的地理投影、统一的地理坐标系统和统一的地理编码系统。

2. 数据规范化

地理信息系统的数据来源多，形式多样，因而需将数据进行分级、分类、规范化和标准化，将其纳入一个特定投影和比例的参考坐标系统，使其适应于计算机的输入输出要求，便于进行社会经济和自然资源环境要素之间的对比和相互分析。目前许多地理信息系统基础软件系统都提供了多种常见的投影及其相互转换的功能。

3. 多维结构

在通常的二维数据结构中引入第三维（高程）和第四维（时间），便于为决策部门提供实时显示、多层次分析和动态分析等功能。

4. 空间分析

以地理模型分析方法为手段，采用各种空间关系运算进行空间分析和多要素综合分析，能够产生与这些要素相关的、综合的新信息，为决策提供服务。这是常规方法难以达到的。

5. 预测、模拟

在空间分析的基础上，采用数字和统计的方法，通过历史资料和数字模型的建立对事物进行定量分析，并对事物的未来作出判断和预测，尤其是对实时信息进行实时动态监测或预测。另外，还可以通过进行常规或非常规的数字模拟实验（空间过程演化模拟），为重大决策提供科学依据。

四、地理信息系统在电力系统中的应用

面对越来越密织的电网、复杂的电力设备、时刻变化的负荷信息、不断变迁的道路和建筑，传统的电网管理方式已经很难满足电网建设和安全经济运行的要求。为了实现电网改造和发展的合理规划，提高电能质量和供电可靠性，降低线损，提高电力设备运行的安全性、经济性，需要将现代化的计算机和通信技术用于电网的管理，将各种图形、地图、数据信息统一共享。因此 GIS 在供电企业生产管理中得到越来越广泛的应用。

地理信息系统在电力系统中的应用主要体现在发电、输变电、配电和电力营销等各重要环节。从实际情况看，电网的各种信息与空间地理环境有着密切联系，利用 GIS 技术管理和处理这些信息，对于提高电力系统生产效率、管理质量和科学决策水平具有十分重要的现实意义。

输电线路是位于地理空间中的人工构建物，其线路距离长，通过地区的地理条件比较复杂，与其他众多电力线路、通信线路等交叉跨越，并且通常会通过居民区、公园和其他特殊区域。输电线路及其杆塔位置与地理空间位置密切相关，特别是在垂直方向上的层次信息尤为重要，这使得二维地理信息系统无法达到其管理的需求。近年来，计算机图形学的发展和计算机硬件性能的成倍提高使得三维表现技术日益完善，通过这些技术，能够构造更接近于现实的三维地表模型和各类设备模型，使得 GIS 系统从二维向三维发展。

GIS 在输变电工程中具有广泛的应用，主要包括输变电工程的系统规划、勘测设计、施工建设和电网运行管理等方面。

（1）规划管理。规划部门在基础地形数据库和相关的专题数据库基础上，可利用 GIS 进行线路或电网的规划，并初步统计该线路的各种经济、技术指标，从而确定选线的可行性。同时可对工程费用作初步预算，以便向勘测和设计部门提供经济合理的线路路径方案。

（2）工程设计。在规划成果的基础上，进一步完善空间数据库，形成以三维地面模型为载体的各种专业的详细数据库，使设计部门能实时方便地获取丰富、详细的定量和定性数据，从而有助于进行选线和自动排位，并将设计数据入库。依据设计成果，最后可向投资方提供各种准确可靠的经济技术指标，向施工部门提供各种详细的施工数据和施工环境数据。

（3）工程施工。在施工阶段，可以准确、快速地从设计成果中获取有关设计数据、交通状况等指标，并可监督工程，把握施工进度。同时还应及时地对施工完成的数据进行采集、编辑、入库，作为最终线路数据，直接为电网的运行维护和管理提供支持。

（4）运行管理。由于系统中已经建立了基于实际地理位置的电网空间数据库（如线路走向图、杆塔分布图、交叉跨越等）和属性数据库以及相关的技术资料，因此在运行维护阶段，可以多方式方便快捷地查询任一输电线路的有关数据资料，包括线路的电压等级、连接方式、起止点、回路数、路径长度、导线型号等设备属性，并可直观地在三维场景中显示耐张段；多方式方便快捷地查询输电线路任一杆塔的空间位置及其单线图、结构图、杆塔材料表等信息，可查看实物图象及相关文档；可对线路运行与检修的技术资料进行功能强大的管理，查询线路运行管理的有关规程规定、技术生产指标图表、线路维护、检修技术记录等，形象地提供历史上发生事故的类型、次数和位置等信息；依据这些实际数据和电网运行的数据（如电流、电压），进行各种管理和分析，为电网调度和决策提供服务。

地理信息系统在我国电力行业的应用起步较晚，而且主要围绕供电企业应用，但近几年发展很快。目前，全国许多供电企业相应开展了电力地理信息系统项目建设，有的项目已经进入初步实用化阶段，有的在进行了 20 世纪 90 年代中后期的试点工作后，又陆续向全方位应用发展。所建系统已从过去的

主要应用集中在配电系统管理功能方面，向输电系统、客户服务系统、客户管理系统、用电营业系统、配电管理系统以及地理信息系统和 EMS/SCADA、配电自动化系统相互结合的综合应用发展。一些发电企业也陆续开展了地理信息系统在发电企业中的应用开发。

【思考与练习】

1．什么叫地理信息系统？地理信息系统有哪些基本功能？
2．地理信息系统有哪些组成部分？
3．输变电 GIS 应用主要包括哪些方面？

第二十一章 雷电定位系统在线路中的应用

模块 1 雷电定位系统在输电线路中的应用（GYSD00502001）

【**模块描述**】本模块涵盖雷电定位系统的概念、工作原理、电网雷电监测网的构成、设备维护与管理。通过要点讲解、功能介绍、图形举例，熟悉雷电定位系统。

【**正文**】

雷击跳闸是输电线路运行中经常遇到的一种故障，每年占各类跳闸总数的 40%～70%。雷击跳闸不仅危及线路的安全运行，甚至会给线路造成很大的伤害或埋下隐患，因此必须尽快查找到故障点并加以排除。而目前电网中采用的各种线路保护装置，对线路故障发生的地点以及故障性质的判断均不够准确，给出的巡查范围比较模糊，工作人员只能在大范围内立体搜索，浪费了很多人力、物力和时间。

应用雷电定位系统不仅能快速且较准确地定位雷击点，还能够对雷电的各种参数（包括雷电流幅值、极性以及雷电发生的次数、每次发生的时间等）进行测定和记录，运行单位根据记录，选择靠近故障跳闸时间的参数作为故障查巡的依据，大幅度缩小了查巡的范围，减轻了巡线人员的劳动强度，提高了运行单位的工作效率。

一、雷电定位系统概念

1. 雷电定位系统的定义

雷电定位系统（LLS）是应用现代雷电监测技术，探测雷电活动规律、落雷点及雷电物理参数的一整套装置。它能够对雷电活动实施全自动、大面积、高精度监测，遥测雷电发生的时间、地点、峰值、极性、次数，并以分时彩色图形显示雷电运动轨迹。由于雷电定位系统能够对雷电进行实时并比较准确的测定，目前已被广泛地应用到电力系统输电线路的运行管理中。

2. 雷电定位系统的指标

评价雷电定位系统有两个关键性技术指标，即定位误差和探测率。我国电网采用的雷击定位误差标准 <1km、探测率 >90%。1997 年和 1998 年广东火箭引雷试验的结果与国际公认的火箭引雷试验检测指标一致，因此，这两项指标可作为现阶段检验区域雷电定位系统功效最基本的技术指标。

3. 雷电的技术参数

雷电主要技术参数有雷电日、雷电数、地面落雷密度、雷电流幅值概率等，这些参数均可在雷电定位系统中查询或统计出来。

（1）雷电日（雷暴日）。雷电日是指在一天当中只要听到一个雷电声即统计为 1 个雷电日，它对地闪雷、回击雷和云闪雷不作区分（云闪雷对输电线路基本无影响），单位为天。雷电日可以按一个地区（地域）统计，也可以沿输电线路走廊统计，并以 1 年为 1 个统计周期。通常，雷电日超过 40 天的地区，可视为多雷区。

（2）雷电数。雷电数一般指在一个区域内 1 年中所发生雷暴的数量，单位为次。

（3）落雷密度。落雷密度是指一年内单位土地面积上的落雷次数，即地闪雷和云闪雷，单位为次/（a·km²）。地面落雷密度统计可按一个地区（地域）计算，也可按一条线路实际所覆盖的地面面积（线路长度×线路走廊宽度）计算。

（4）雷电流幅值概率。雷电流幅值概率是指某一时段内、某一区域，不同雷电流（幅值）出现的几率，常用特定的数学曲线来表达。如某省 2006 年检测到的 50% 负极性雷电流概率值为 23kA，50% 正极性雷电流概率值为 27kA。按 DL/T 620—1997《交流电气装置的过电压保护和绝缘配合》的雷电

流幅值概率 $\lg P = -I/88$ 公式计算，其 50%雷电流概率幅值为 26.5kA，与运行的雷电定位系统统计的雷电流概率值较接近。

二、雷电定位系统工作原理

雷电发生时伴有强光、声和电磁辐射，其中电磁辐射会形成电磁辐射场，非常适合大范围监测。电磁辐射场主要以低频/甚低频（LF/VLF）沿地球表面传播，其传播的范围直径可达数百千米或更长，这取决于当时雷电的放电能量。雷电放电的表现形态有对地闪络和云间闪络。对地闪络能危害地面物体，由主放电和后续放电构成。现代光学观测表明，50%以上后续放电在接近地面时会脱离主放电通道，形成新的对地放电点。

雷电定位系统是由多个监测站同时对雷电电磁辐射场测量，排除其中的云间闪络信号，仅对已发生的对地闪络信号进行分析定位。监测站利用宽频（1kHz～1MHz）天线系统和专门设计的电子电路，识别对地闪络信号，并对其每次返击波的峰值进行采样，使测量值与返击波形成的开始部分相对应，并使电离层折射和反射的影响最小，理论上可保证测量雷击点和雷电流峰值的准确性。

雷电定位的方法目前有定向法、时差法、综合定位法等几种，其中综合法使用最为广泛，我国电网 90%以上都是采用此种方法。

三、电网雷电监测网的构成

1. 雷电定位系统的构成

雷电定位系统主要由雷电监测站、数据处理及系统控制中心（中心站）、用户工作站（雷电显示终端站）以及必要的通信系统构成，如图 GYSD00502001-1 所示。

雷电监测站主要由电磁天线、雷电波波形识别及处理单元、GPS 时钟单元、保护单元及通信、电源等设备构成，其外形如图 GYSD00502001-2 所示。雷电监测站的主要功能是测定雷电波的特征值，并将每次雷击闪络发生的时间、地点、方向、强度等即时数据发送到中心站。中心站则对各监测站发来的信息进行分析处理和定位计算，然后将结果发送给用户工作站，存入数据库，并通过雷电信息服务器发布到网络上。

图 GYSD00502001-1　雷电定位系统构成示意图　　　　图 GYSD00502001-2　雷电监测站

2. 雷电定位系统的联网

一个地区雷电定位系统监测站是有限的，因此中心站得到的数据或信息量也是有限的，并影响到定位的准确性。若将各相邻区域雷电定位系统边际监测站的信息共享，即可进行互补，减小盲区。因此，实现雷电定位系统联网将是一个必然的趋势，并可使雷电定位系统进一步得到优化，向更科学、更合理的方向发展。

从 2004 年开始，我国着手实施全国雷电定位系统联网工程。到 2008 年年底，我国雷电定位系统已基本覆盖我国大片地区。

四、雷电定位系统的运行维护与管理

1. 雷电定位系统的设备维护

（1）中心站（PA）。

1）中心站应明确管理部门（通常为调度通信部门），设专人对雷电定位系统服务器进行维护，定期对中心站、监测站和通信通道进行检查。其他人员未经授权不得使用服务器，发现问题及时通知有关单位（部门）进行处理。

2）雷雨季节前进行一次全系统的检查和维护，确保雷电定位系统正常运行。

3）在雷雨季节，每天定时对中心站设备进行检查巡视，及时监视和接收监测站的故障报警。

4）闪电定位软件会自动接收、记录各监测站的信息，在监测站中断（故障）时，以5min为一个周期进行提示音报警。维护人员应首先判断是否为网络故障，若是应及时与通信部门联系处理，若否应立即通知监测站维护人员对探测仪进行复位处理。倘若5min内没有恢复正常，维修人员应及时对监测站进行软件修复或硬件更换处理。

5）在雷雨季节，每月对搜集到的雷电数据进行整理核对，妥善保存历史数据。对雷电原始数据及定位数据每年都应留存。

6）及时更改、添加输电线路信息，及时进行软件升级。

7）每年对雷击跳闸线路的系统预测信息、查询状态下的电子地图及发生跳闸的杆塔、相位等情况，全部制成电子文本并存档。

8）监视雷电系统的运行情况并建立运行记录。运行记录包括系统运行情况、故障发生时间与处理结果等，每年对线路走廊或本地区雷电发生情况进行统计分析。

（2）监测站（TDF）。

1）监测站通常由所在地供电部门负责管理，并应设专人维护（主要是电源），定期对监测站进行巡视检查，发现故障及时上报中心站或经中心站同意后进行简单处理。中心站则根据故障情况派人或邀请厂家进行处理。

2）为保证雷电监测站与中心站通信畅通，发现通信通道有问题应及时上报中心站并由中心站与有关单位联系处理。

3）每年雷雨季节前，对设备运行情况进行一次全面检查，适时更换探头硅胶干燥剂。在雷雨季节中，每月对监测站进行一次巡视检查。

4）各地监测站除紧急情况外，不得退出运行。

5）经常检查并与电网调度部门核对计时钟，及时校正时钟秒数。

（3）终端站（LIS）。

1）终端站由维护人员负责设备的日常维护，发现异常及时处理并报中心站。

2）经授权的用户终端可以登录系统查询雷电信息，但不得修改系统信息。用户终端必须每天24h开机才能保证数据的及时更新，建议在雨季每天开机或在查询之前手动进行数据更新，否则查询的结果不能保证准确与可靠。

3）在雷雨季节，每天对终端站进行一次检查，当发现缺少雷电数据时，可手动更新数据或向中心站请求人工远传数据，补齐雷电数据。

4）线路发生雷击跳闸后，应及时在终端站上进行定位查询，并尽快将查询结果反馈给有关部门，以指导线路运行单位对故障点的查巡。

5）中心站（调度通信部门）根据检查和确认的线路雷击故障，打印雷击故障地理图、进行统计分析和存档。

6）为保证雷电分析显示终端正常运行，终端站维护人员应每月将终端站运行及故障处理情况报中心站。

7）终端站维护人员应及时对系统软件进行升级。

2. 雷电定位系统的技术管理

（1）应建立的技术资料。

1）监测站选址报告、现场安装接线图、原理图和调（测）试记录。

2）制造厂提供的资料（包括设备的技术资料、使用说明书、合格证等）。

3）设备运行记录（如运行日志、现场测试记录等）。

4）设备故障和处理记录。

5）软件备份介质。

6）电力设施、线路杆塔等地理位置资料。

7）雷击故障查询记录和图例（包括故障线路、开关跳闸时间、雷击点、线路巡查结果及有关资料等）。

（2）雷电定位系统运行考核主要指标。

1）监测站可用率。

2）雷击故障探测准确率。

3）雷电定位误差。

五、雷电定位系统在输电线路中的应用

现以××省电网雷电定位系统为例，介绍雷电定位系统在输电线路中的应用。在其他地区，由于软、硬件等方面的原因，可能存在表现形式上的差别，但基本功能和内容是相似的。

1. 雷电参数查询

（1）查询模式。雷电参数查询根据系统网络结构型式的不同，有 3 种模式即专线终端、B/S 网络终端和 C/S 网络终端。

专线终端指以专用通信通道（电缆）接收雷电数据的终端，如果距离远，则必须使用调制解调器。专线终端的实时性较好，可提供完整的统计功能，缺点是必须有专用通道。

B/S 网络终端指浏览器/服务器方式的终端。客户端无须安装程序，使用通用的浏览器即可从网络访问雷电定位系统网站，并可查询雷电数据，优点是不需安装程序。

C/S 网络终端指客户机/服务器方式的终端。客户机需安装应用程序，通过网络读取服务器数据。优点是无须专用通道，只要可以访问雷电服务器即可。相比 B/S 网络终端，由于有安装程序，又配有电子地图，可以方便地进行地图的放大、缩小等操作。

该省电网采用的是 B/S 网络终端查询模式。

（2）查询方法。以××省电网采用的 B/S 网络终端查询模式为例。首先进入局域网，点击雷电定位系统服务器网址，通过输入"用户名"及"密码"后即可打开雷电定位系统主页。雷电定位系统的主界面示例如图 GYSD00502001-3 所示。

图 GYSD00502001-3　雷电定位系统主页界面图示例

图 GYSD00502001-3 反映的是××省 2008 年 8 月某日 24h 内发生雷电闪络的情况，从中可以看出这一天的雷电活动主要集中在该省的东部山区。

主页界面上分有三个区域：功能区、雷闪地理位置显示区和信息输出区。功能区包括图层管理、实时重放、点查询、矩形查询、下载、线路缓冲区查询及雷电参数统计等选项。其中，图层管理包括地理层、探测站层、输电线路层、雷电信息层、查询缓冲层等多个层面，通过操作可以显示所有层，也可按需要（勾选）显示相应的图层。因此，查询时应首先确定图层。在雷电地理位置显示区，可从电子地图上看到雷电发生的具体位置及其已发生雷电的分布情况。雷电信息输出区，可以将雷电的各种信息，用表格、文字、图形等形式显示出来，并可转储为 Excel 表格文件，用起来十分方便。

2. 雷电定位系统主要用途及应用实例

（1）快速定位故障点。与传统方法相比，LLS 可在较短的时间内（秒级）确定出雷击故障点位置，使巡线效率大大提高。

例如：2008 年 8 月 12 日 0 时 14 分，220kV××线发生跳闸并重合成功。查询雷电定位系统，在相应的时间段里该线路遭受雷击的范围是在 296～302 号塔之间。经巡线检查发现 300 号塔遭受雷击，该塔上的绝缘子有烧伤痕迹。查询情况如图 GYSD00502001-4 所示。从图中可以看出，300 号塔附近遭受到第 5 号雷的雷击，雷击电流为 −178.8kA。

图 GYSD00502001-4 220kV××线遭受雷击查询情况

（2）故障性质的判定。以往发生线路事故时，特别是在雷雨季，继电保护装置判断出的故障范围较大，有时还会出现误判，致使故障不能尽快消除。自从有了雷电定位系统后，在处理电网故障过程中首先应察看雷电定位系统的反应，并将其作为判定故障性质的第一手段。倘若雷电定位系统没有任何反应，再按其他故障（如外力破坏）进行分析、查找，提高了故障处理的速度和准确性。

（3）雷电数据查询。LLS 具有数据查询功能，根据查询获得的数据可进行雷电活动规律分析，雷击统计报表、划分雷击区，实施预警发布，制定预防雷害事故措施，并可为线路建设与改造提供依据。例如绘制雷电流幅值概率图。利用雷电定位系统的参数统计功能，可以直接将所选地区的雷电流幅值概率图绘制（拷贝）出来。图 GYSD00502001-5 显示的是××地区 2008 年雷电流幅值概率图。从图中顶端表格可直观看出：该地区 2008 年雷电日为 274 天、总雷电数 25625 次、最大雷电流为 600kA。

（4）防雷评估。由于雷电活动具有不确定性，以往对防雷设施无法评价，妨碍了电网防雷措施的实施与改进。应用 LLS 可对监视区域及线路走廊的雷电活动实施自动监测，并通过对雷电强度、雷击密度、频度的统计分析和对比，完成对防雷设施的功效评估。

根据 LLS 提供的各种数据，可方便地找出线路的"易击段"、"易击塔"及防雷设施存在的问题等，从而为线路设计及运行提供参考或依据。

（5）线路雷闪预警。闪电定位软件根据实时测定的雷电数据，与多站图形终端上输电线路的地理信息相结合，以两个值域为计算条件进行自动筛选，实时判断哪条线路、哪基杆塔可能遭受雷击并进行声音报警，提示工作人员提前做好准备，在调度告知某条线路跳闸时能快速响应。

年份	雷电日	雷电小时	正雷电数	负雷电数	总雷电数	总回击数	最大电流	最小电流
2008	274	1683	2357	23268	25625	25625	600.0	2.8

图 GYSD00502001-5 ××地区 2008 年雷电流幅值概率图

（6）存在的不足部分。目前雷电定位系统与电网调度部门为两个部门，采用的软件源自不同软件商，两个系统时钟可能出现不同步情况。若雷电定位系统观察站因故障停运再启动后，就出现计时时间与调度不同步的情况（不能精确到秒级），造成电网调度记录故障时间在雷电定位系统中有时查到没有落地雷，而过几秒钟的线路沿线会有几段有落雷点，增加了查巡工作量。

【思考与练习】

1. 雷电定位系统是如何构成的？
2. 雷电定位系统联网意义何在？
3. 雷电定位系统管理应建立哪些技术资料？运行考核主要指标有哪些？
4. 雷电定位系统有哪些主要功能？

第八部分

输电线路生产管理及信息系统应用

第二十二章 设 备 中 心

模块 1 基础维护（GYSD01001001）

【模块描述】本模块包含线路交叉跨越标准距离维护、混合线路维护单位设置等内容。通过功能描述、图形提示、操作过程详细介绍，掌握线路基础维护的应用。

【正文】

输电线路基础维护内容主要包含交叉跨越标准距离维护、混合线路维护单位设置两大部分。

一、线路交叉跨越标准距离维护

1. 功能描述

本模块用于维护不同电压等级和不同类别的被跨越物对应的标准距离，这些标准距离在登记架空线路的交叉跨越台账时，将作为交叉跨越实例标准距离的默认值。

2. 功能菜单

设备中心>>基础维护>>线路交叉跨越标准距离维护。

3. 操作介绍

线路交叉跨越标准距离维护的界面如图 GYSD01001001-1 所示。

		电压等级	被跨物分类	标准距离（m）
1	☐	750kV	500kV线路	12.0
2	☐	750kV	110(66)kV线路	12.0
3	☐	750kV	330kV线路	12.0
4	☐	500kV	500kV线路	8.5
5	☐	500kV	330kV线路	8.5
6	☐	750kV	220kV线路	12
7	☐	330kV	500kV线路	8.5
8	☐	35kV	500kV线路	8.5
9	☐	35kV	330kV线路	5.0
L0	☐	35kV	220kV线路	4.0
L1	☑	35kV	一级通信线	3.0
L2	☐	750kV	35kV线路	12.0

图 GYSD01001001-1 线路交叉跨越标准距离维护的界面

新建：点击"新建"按钮新建一条空记录，选择电压等级和被跨越物，填写现场测量计算后的标准距离，点击"保存"按钮后完成即可。

4. 注意事项

在登记架空线路的交叉跨越台账时，交叉跨越的标准距离将作为交叉跨越台账实例数据的标准距离属性的默认值，自动默认到新建的交叉跨越台账。

二、混合线路维护单位设置

1. 功能描述

混合线路维护单位设置用于对混合线路的维护权限进行分配，对于架空线路、电缆分开管理的机构设置，由架空线路一方首先建立线路台账，然后授权给电缆一方，由谁授权应按照各公司的管理规定来定，原则上应该由运行单位的上一级管理部门完成授权。

2．功能菜单

设备中心>>设备台账管理>>混合线路维护单位设置。

3．操作介绍

（1）查询。查询包括线路导航树的浏览及某条线路已授权的线路班组的查询，打开界面后，点击左侧导航树的线路节点，系统显示该节点所对应线路的已授权维护班组信息，如图 GYSD01001001-2 所示。

图 GYSD01001001-2　查询界面

（2）授权维护班组。线路导航树中选择一条线路后，点击"新建"按钮，系统首先生成一条空记录，鼠标移到该空记录的"维护班组"列对应的单元格，点击鼠标左键，此时该单元格出现维护班组选择的编辑按钮，如图 GYSD01001001-3 所示。

图 GYSD01001001-3　授权维护班组界面

点击该按钮，在出现的班组选择对话框中选择要授权的班组，点击"确定"按钮后保存。

（3）删除授权。线路导航树中选择一条线路，右侧的[授权维护班组]页中勾选已授权的班组，点击"删除"按钮。

（4）更改授权。线路导航树中选择一条线路，右侧的[授权维护班组]页中选择已授权的班组记录，鼠标移到该记录的"维护班组"列对应的单元格，直接进行更改操作。

4．注意事项

（1）主界面的导航树只能导航混合线路。

（2）如果架空、电缆线路由同一基层单位统一维护，则混合线路的维护单位一般不需要额外的授权，如果架空与电缆的维护班组不同，也允许授权。

【思考与练习】

1．线路基础维护主要包括哪些内容？

2．架空、电缆线路混合时如何进行维护？

模块 2　输电设备台账维护（GYSD01001002）

【模块描述】本模块包含输电线路含跨区域线路合并、维护班组变更管理、线路台账维护等内容。通过功能描述、操作介绍和注意事项，掌握输电设备台账维护和管理。

【正文】

输电设备台账维护包含跨区域线路合并、线路维护班组变更管理、线路台账维护、杆塔台账维护、导线台账维护、地线台账维护、线路金具台账维护、线路交叉跨越台账维护、绝缘子台账维护、防污检测点台账、线路特殊区域台账管理、电缆台账维护、电缆公共设施维护、杆塔接地装置台账维护等内容。本模块主要介绍含跨区域线路合并、线路维护班组变更管理、线路台账维护，其他项目的台账维护方法基本相同，本模块就不一一介绍。

一、跨区域线路合并

1. 功能描述

跨区域线路合并既支持完全手动方式的合并，也支持按线路名称或线路调度编号进行自动合并，支持对失误的合并进行取消合并的功能；该模块允许地市、网省公司、网公司以及总部各层面对线路进行合并，支持自下而上的方式对同一条线路进行多次合并。

线路合并时，该线路上各维护单位维护的杆塔将合并到一起，经过一次或多次合并，最终形成线路完整的杆塔列表。合并后，各级维护单位进行杆塔导航时，仍然只能导航该维护单位维护范围内的杆塔，并不会因为合并而出现不在用户范围内的杆塔。

线路合并后，用户在未合并前维护的各种记录，比如缺陷、故障、检测记录、检修记录等，不会因为合并而丢失。

2. 功能菜单

设备中心>>设备台账管理>>跨区域线路合并。

3. 操作介绍

（1）查询。主界面的上半部分列出了已合并的线路列表，该列表为登录用户所在的部门合并的所有跨区域线路列表，非登录用户所在的部门合并的线路不包含在内，列表的上方提供了线路名称、线路编号、电压等级，可通过这三个过滤条件对所列已合并线路进行查询过滤，如图 GYSD01001002-1 所示。

图 GYSD01001002-1　查询界面

（2）未合并线路提示。主界面的下半部分列出了所有未合并的跨区域线路列表，这些线路首先是跨区域的（线路台账是否跨区域参数的值为"是"）；其次，线路未被合并，再者线路的维护班组为登录用户所在单位的下属（包括直接或间接的）班组。

（3）手动合并。点击"手动合并"按钮，弹出如图 GYSD01001002-2 所示的对话框。

图 GYSD01001002-2　手动合并界面

该对话框首先列出所有未合并线路，列出的线路范围与前面的"未合并线路提示"列出的线路相同，对话框的上部还提供了"线路名称"、"线路编号"两个筛选条件及一个"显示已合并线路"复选框，其中两个筛选条件用来根据名称或线路编号过滤跨区域线路，而"显示已合并线路"复选框用来显示已经合并的线路，原因是线路可能会被多次合并。

对话界面上选择两条以上的线路，点击"合并"按钮，即可实现所选线路的手动合并，合并后这些线路的杆塔将被合并到一起，并将杆塔号最小的那条线路作为合并后的线路，其他线路在相关的应用中将被隐藏。

（4）自动合并。主界面点击"自动合并"按钮，弹出如图 GYSD01001002-3 所示的对话框。

图 GYSD01001002-3　自动合并界面

对话框的上部有两个单选按钮，分别是"按线路名称自动合并"、"按调度编号自动合并"，列表显示区域则是合并后预览效果，选中"按线路名称自动合并"单选按钮，预览列表中将对相同名称的线路进行合并后的预览，选中"按调度编号自动合并"单选按钮，预览列表中将对相同调度编号的线路进行合并后的预览，图 GYSD01001002-3 中为选中"按线路名称自动合并"后的预览效果示例，系统找到两条同名线路，线路名称为"葛南线"，这两条线路合并后会变成一条线路，所以在预览列表中它们占据表格的同一行。

对话框中勾中希望合并的预览行，点击右下方的"执行合并"按钮，系统自动将该预览行中归并好的线路（显示在"合并的线路信息"列）进行合并，合并的执行效果与手动合并一致。

4. 注意事项

进行合并前，被合并线路的所有杆塔应该维护完整，至少杆塔号是完整的。

二、线路维护班组变更管理

1. 功能描述

线路维护班组变更管理维护模块提供线路的维护班组批量修改功能，实现当线路的实际维护班组发生变更时，进行整条线路的维护权限转移的功能。

该模块维护权限一般为线路维护班组上级单位，不管是原来的维护班组或新的维护班组，都是该上级单位直接或间接的下辖班组。

2. 功能菜单

设备中心>>设备台账管理>>线路维护班组变更管理。

3. 操作介绍

（1）按维护班组查询线路。选择线路导航树的运行单位或电压等级节点，并选择维护班组查询条件，点击"查询"按钮，执行结果如图 GYSD01001002-4 所示。

图 GYSD01001002-4　按维护班组查询线路界面

（2）修改线路维护班组。导航树右侧的线路列表中勾选一条以上的线路，点击"修改维护班组"按钮，出现班组选择对话框，该对话框中选择新的维护班组，点击"确定"按钮即可，班组选择对话框如图 GYSD01001002-5 所示。

图 GYSD01001002-5　班组选择对话框

三、线路台账维护

1. 功能描述

线路台账维护模块提供新建、修改、删除线路台账的功能，架空线路的台账信息基本上都可以在此模块上维护完整，其中包括线路的杆塔、耐张段、杆塔绝缘子、金具、拉线、附属设施、线路导地线、同杆多回杆塔等信息。

线路台账维护模块内嵌了线路履历的查询功能，履历查询功能包括线路的基本信息的统计、线路相序图、缺陷记录、故障记录、检测记录、检修记录等查询功能。

2. 功能菜单

设备中心>>设备台账管理>>线路台账维护。

3. 操作介绍

（1）线路导航。线路按运行单位→电压等级→线路的树型导航方式进行导航，导航树的线路节点分为三类：架空线路、电缆线路、混合线路，选择不同类别的线路节点时，右侧显示的数据区域是不同的，其中架空线路显示的内容包括基本信息、线路设计施工监理单位、杆塔信息、导线信息、地线信息、线路同杆信息、运行分段信息、线路履历，如图 GYSD01001002-6 所示。

图 GYSD01001002-6 线路导航界面

电缆线路显示的内容包括基本信息、线路设计施工监理单位电缆信息、线路履历，如图 GYSD01001002-7 所示。

图 GYSD01001002-7 电缆线路显示内容界面

混合线路显示的内容包括基本信息、线路设计施工监理单位、杆塔信息、导线信息、地线信息、线路同杆信息、运行分段信息、电缆信息、线路履历，如图 GYSD01001002-8 所示。

图 GYSD01001002-8 混合线路显示内容界面

（2）显示退役线路。默认情况下，线路导航树及线路列表只显示处于运行状态的线路。导航树中选择运行单位或电压等级节点，右侧数据区的上部有一个"显示退役线路"开关，点击该开关，导航树及线路列表中将显示处于退役状态的线路，同时开关的文本变成"不显示退役线路"，再次点击该开关，导航树及线路列表中将只显示处于运行状态的线路。

（3）新建线路。导航树中选择运行单位或电压等级节点，才能新建线路，选择以上任意一种节点，点击"新建"按钮，系统出现新建线路对话框，如图 GYSD01001002-9 所示。

图 GYSD01001002-9　新建线路界面

该对话框列出的所有属性为新建线路时必须填写的属性，一旦填写完毕将不能修改，操作时一定要细心。对话框中选择的线路起点及终点包括三种选项："间隔"、"杆塔"、"电缆 T 接头"，其中"杆塔"、"电缆 T 接头"在新建一条支线时被选择，"电缆 T 接头"表示新建一条电缆支线。

（4）注意。选择线路的起点或终点间隔时，被选间隔必须为输电出线间隔，并且间隔的电压等级与线路电压等级必须相同。

（5）维护线路的设计施工监理单位。导航树中选择线路节点，切换到"线路设计施工监理单位"页，可以对所选线路添加设计单位、施工单位、监理单位、建设单位，也可以直接修改或删除已维护的单位，界面如图 GYSD01001002-10 所示。

图 GYSD01001002-10　线路设计施工监理单位界面

（6）维护线路杆塔。在导航树中选择线路节点，切换到"杆塔信息"页，维护该线路的杆塔台账，包括批量生成杆塔号、导入塔型数据、批量修改杆塔参数、批量复制杆塔等操作，其界面如图 GYSD01001002-11 所示。

（7）维护导线信息。导航树中选择线路节点，切换到"导线信息"页，维护该线路的导线信息，其界面如图 GYSD01001002-12 所示。

（8）维护地线信息。导航树中选择线路节点，切换到"地线信息"页，维护该线路的地线信息，其界面如图 GYSD01001002-13 所示。

图 GYSD01001002-11 杆塔信息界面

图 GYSD01001002-12 导线信息界面

图 GYSD01001002-13 地线信息界面

（9）查看当前线路的同杆架设信息。导航树中选择线路节点，切换到"线路杆塔同杆信息"页，查看线路杆塔的同杆架设情况，其界面如图 GYSD01001002-14 所示。

图 GYSD01001002-14 线路杆塔同杆信息界面

（10）线路履历。导航树中选择线路节点，切换到"线路履历信息"页，可以查询线路的基本信息、相位图、缺陷记录、检修记录等，其界面如图 GYSD01001002-15 所示。

图 GYSD01001002-15　线路履历信息界面

线路履历基本信息页的线路长度，表示本单位运行的长度，根据杆塔档距累加得出，针对跨区域线路，是动态可变的。如用户为工区用户，则该长度为工区运行范围内的长度；如果为网省公司用户，则该长度为网省公司运行范围内的长度。

线路履历基本信息页统计的各种数据中，带有下画线的、蓝色字体的信息是可点击项，点击下划线对应的文本或数字，弹出与此文本或数字对应的详细信息对话框以显示具体的内容。

如果为混合线路，线路履历基本信息页的线路长度为架空长度与电缆长度之和，其中电缆长度根据电缆段的长度累加得出，如果电缆段是分相建的，则计算的长度为三相累加长度的平均值。

4. 注意事项

（1）线路台账维护只能授权给线路的运行班组人员，其他人员不可以授权，否则会引起线路不能导航的情况发生。

（2）在维护线路的各种设备台账时，要注意维护顺序问题，首先要将杆塔以及杆塔的各种信息维护完整，然后再维护绝缘子、金具、附属设施、导线、地线等信息。

（3）挂在导地线上的杆塔金具，例如间隔棒，归入小号侧杆塔进行维护；杆塔上的档距属性，也归入小号侧维护，如 1 号~2 号杆塔的档距，登记在 1 号杆塔上。

（4）耐张段自动统计执行前，必须将每基杆塔的杆塔类型（包括直线、耐张）及档距维护完整，尤其杆塔类型不能为空，否则生成的耐张段信息将不正确。

（5）杆塔型号需要预先通过杆塔型号参数库模块进行维护，才能在登记杆塔台账时进行导入。

（6）绝缘子型号、导/地线型号等各种型号的数据维护，请参阅相关的相关说明。

（7）班组用户登录本模块，进行线路导航时，左侧导航树中出现的线路，为该用户所在的基层单位（工区或县局）下的所有线路，而不是用户所在地市局下的所有线路，即如果地市局包含两个工区（例如架空与电缆分属不同的工区维护），则一个工区不导航另一工区维护的线路。

（8）非用户班组维护的线路、杆塔，可以导航查看，不能进行修改。

（9）线路履历中的相序图查询功能，基于该线路的每基杆塔的相序属性生成，因此所有杆塔的相序属性必须完整并正确维护，才能看到准确的相序图。

【思考与练习】

1. 线路台账维护通常包括哪些内容？

2. 为什么说线路履历中的"线路长度"是动态的？

模块3　输电设备变更（GYSD01001003）

【模块描述】本模块包含输电线路杆塔类变更和线路类变更等内容。通过功能描述、图形提示、操作流程和步骤介绍、注意事项，掌握输电线路设备变更（异动）管理的应用。

【正文】

一、功能描述

本模块是用来登记输电架空线路的变更（异动）（简称异动）信息，线路设备异动分为杆塔类异动和线路类异动两大类，其中线路类异动必须通过本模块进行登记，若不通过登记直接更改线路台账将可能导致缺陷、故障等运行记录的丢失。

线路异动类型包括线路切改、线路升降压、线路停用、更换导地线；杆塔异动类型包括增加杆塔、杆塔停用、换杆塔、移杆塔、升高杆塔，其中线路切改又包括线路开口环入、改变线路起止点、线路合并及增加电缆段四小类。

二、功能菜单

设备中心>>设备台账管理>>输电设备异动管理。

三、操作介绍

输电设备异动管理的初始界面如图 GYSD01001003-1 所示。

图 GYSD01001003-1 输电设备异动管理的初始界面

（1）查询异动记录。线路导航树过滤分四种方式，即显示所有线路、显示运行状态线路、显示停役线路、显示报废线路，只能选择其中的一种方式进行导航，切换导航方式只需点击对应的单选按钮即可。

已维护的异动记录查询，首先选择导航树中的运行单位、电压等级或线路节点，然后选择数据区顶部的线路变更类型或异动时间条件，点击"查询"按钮执行查询。

（2）新建异动记录。左侧导航树中选择线路节点，条件区的异动类型下拉框选择异动类型，并点"新建"，系统弹出相应的异动信息填写对话框，通过这些对话框来登记异动记录，并更改相应的线路或杆塔台账。

下面就线路异动和杆塔异动分别举例描述本模块是如何操作的。

1. 线路异动

线路变更异动类型包括线路切改、线路升降压、线路停用、更换导地线，下面以线路切改为例来说明是如何实现的。

（1）线路开剖。条件区的异动类型下拉菜单选择"线路切改"，点击"新建"按钮，在出现的线路切改对话框中，选中"线路开剖"即开口环入单选按钮，点击"下一步"按钮，如图 GYSD01001003-2 所示。然后出现线路开剖对话框，如图 GYSD01001003-3 所示。

图 GYSD01001003-2　新建线路开剖界面

图 GYSD01001003-3　线路开剖对话框

　　开剖后一条线路将被拆成两条新线路，也可能拆除中间部分杆塔，同时新建部分环入杆塔，由于被开剖线路上的杆塔被切改到两条新环入变电站的线路上，所以这些杆塔一般需要重新编号，整个过程比较复杂，单纯通过对话框的形式来更改台账，会使该对话框的操作变得很复杂，难以使用，所以，系统提供基本的拆分线路、重新挂接杆塔到新线路、拆除杆塔等必须具有的开剖处理界面操作，其他台账相关的操作，如填写新建的线路参数信息、重命名杆塔号、添加杆塔等，需要切换到线路台账维护模块完成，开剖操作完成后，系统提供线路超链接快捷的切换方式，以方便用户维护完整的线路及杆塔台账信息。

　　图 GYSD01001003-3 中所示的线路 1、线路 2 为开剖后新生成的线路，每条线路通过选择的方式均可以从被开剖线路挂接一部分杆塔，图的下半部被切改线路用来选择开剖时拆除的杆塔，这些杆塔可能会成为备品备件，也可能会报废。

注意：被开剖线路的杆塔，除了被挂接到新建的线路1、线路2的那部分，如果未被选择为拆除，这些杆塔仍能够在登记各种记录时被选择，例如可以登记巡视记录，但被开剖线路会被改名为"原+切改前的线路名称"。

所有的线路开剖信息填写完毕后，点击"完成"按钮，系统进行线路开剖处理，处理完成后，出现两条新线路的链接界面，如图 GYSD01001003-4 所示。

图 GYSD01001003-4 线路开剖处理完成后的界面

点击任意一条线路链接，系统弹出该线路的台账信息对话界面，用户通过该界面进行线路参数信息填写、添加杆塔、重命名杆塔号等操作，如图 GYSD01001003-5 所示。

图 GYSD01001003-5 线路开剖处理后的线路链接界面

（2）改变线路起点、终点。条件区的异动类型下拉框选择"线路切改"，点击"新建"按钮，在出现的线路切改对话框中选中"改变起点或终点"单选按钮，点击"下一步"按钮，出现改变线路的起点或终点对话框，如图 GYSD01001003-6 所示。

图 GYSD01001003-6　改变线路起点、终点界面

改变线路的起点或终点，除了要更改线路的起点位置、终点位置外，也可能会拆除被更改位置端的部分杆塔，并在被更改位置端新建部分杆塔，也可能会对杆塔重新编号，整个过程相对比较麻烦，单纯通过对话框的形式来更改台账，会使该对话框的操作变得很复杂，难以使用，所以，系统提供基本的更改线路起点终点、拆除杆塔等必需的操作支持，其他台账相关的操作，如重命名杆塔号、添加杆塔等，需要切换到线路台账完成，改变线路的起点或终点操作执行完后，系统直接弹出线路台账对话界面，以方便用户维护完整的线路及杆塔台账信息。

改变线路的起点或终点的对话框如图 GYSD01001003-6 所示，其上半部分为切改时拆除杆塔的选择区域，用户以勾选的方式进行选择；对话框的下半部分为编辑起点位置、终点位置以及保留杆塔的选择区域，其中保留杆塔是指改变起点或终点时，哪段杆塔被留在了线路上。

注意：选择保留杆塔后，不在所选范围内的杆塔，如果未勾选为拆除，这些杆塔仍能够在登记各种记录时被选择，例如可以登记巡视记录，并且通过线路名为"原+切该前线路名称"的方式导航。

线路起点、终点、保留杆塔、拆除的杆塔等信息填写完毕后，点击"完成"按钮，系统进行改变线路的起点终点处理，处理完成后，弹出线路的台账信息对话界面，用户通过该界面进行线路参数信息填写、添加杆塔、重命名杆塔号等操作。

（3）线路合并。在条件区的异动类型下拉菜单选择"线路切改"，点击"新建"按钮，在出现的线路切改对话框中选中"线路合并"单选按钮，点击"下一步"按钮，出现线路合并对话框，如图 GYSD01001003-7 所示。

线路合并的功能是将两条线路合并成一条，这就意味着需要新建一条线路，该线路的杆塔来自被合并的两条线路，对台账本身来说，一般需要针对合并后的线路新建杆塔、对杆塔重新编号、填写新建线路的相关参数、拆除杆塔等操作，单纯通过合并对话框的形式来实现更改台账是很难做到的，所以，系统提供基本的选择被合并线路及被合并杆塔、拆除杆塔等必须的操作支持，其他台账相关的操作，如重命名杆塔号、添加杆塔等，需要切换到模块 GYSD01001002 "线路台账维护"中完成，合并操作完成后，系统直接弹出线路台账对话界面，以方便用户维护完整的线路及杆塔台账信息。

线路合并对话框（如图 GYSD01001003-7 所示）分为三部分区域，即线路 1、线路 2、合并后线路。其中线路 1、线路 2 区域选择被合并的两条线路、被合并的杆塔范围、拆除的杆塔，合并后线路区域新线路的名称、起止点等概要信息。

注意：被合并的线路 1、线路 2 的杆塔，除了被选择合并到新线路上的，以及拆除的杆塔外，其他杆塔仍能够在登记各种记录时被选择，例如可以登记检测记录时选择，并且通过线路名为"原+切改前线路名称"的方式导航。

图 GYSD01001003-7 线路合并界面

被合并线路以及合并后线路的相关信息填写完毕后，点击"完成"按钮，系统进行线路合并处理，处理完成后，弹出合并后线路的台账信息对话界面，用户通过该界面进行线路参数信息填写、添加杆塔、重命名杆塔号等操作。

（4）增加电缆段。条件区的异动类型下拉框选择"线路切改"，点击"新建"按钮，在出现的线路切改对话框中选中"增加电缆段"单选按钮，点击"下一步"按钮，出现增加电缆段对话框，如图 GYSD01001003-8 所示。

图 GYSD01001003-8 增加电缆段界面

增加电缆段的主要功能是在两基杆塔之间敷设一段电缆，伴随的操作就是将敷设电缆后，电缆段两端杆塔之间的其他杆塔拆除。

增加电缆段的对话框如图 GYSD01001003-8 所示，它能提供电缆段起止位置（即电缆段两端杆塔）、拆除杆塔的选择功能。

电缆段起止位置以及拆除的杆塔选择完毕后，点击"完成"按钮，系统进行增加电缆段处理，处理完成后，弹出电缆段信息填写对话框，以方便用户登记电缆段台账，如图 GYSD01001003-9 所示。

图 GYSD01001003-9 电缆段信息填写对话框

注意：电缆段台账一般归属电缆班维护，架空方不应该维护这些信息，因此通常应该点击"退出"按钮，直接退出该对话框即可。

2. 杆塔变更异动

杆塔变更异动主要有增加杆塔、杆塔停用、换杆塔、移杆塔、升高杆塔等，现以增加杆塔为例来说明本模块是如何实现的。

增加杆塔提供在一条线路上增加若干基杆塔的功能，增加杆塔操作执行后仅生成相应的杆塔号信息，其他内容需要切换到输电线路设备台账模块维护中进一步填充。

线路导航树中选择线路节点，在条件区的异动类型下拉菜单选择"增加杆塔"，点击"新建"按钮，出现增加杆塔对话框中，界面如图 GYSD01001003-10所示。

填写完相关内容后点击"确定"按钮，点击增加杆塔对话框的"保存"按钮即可。

图 GYSD01001003-10 增加杆塔界面

四、注意事项

（1）线路切改时，线路缺陷记录、各种检测记录、线路交叉跨越等带有杆塔信息的记录将跟随杆塔移到异动后的线路。

（2）设备异动时，拆除的杆塔仍然留在系统内，并没有删除，后续应用可以访问这些杆塔以便进一步处理，比如放入备品库、提出报废单等。

（3）设备异动时，从线路移除但并未拆除的杆塔，系统仍然纳入运行、检修的范围内，在登记其他记录时被选择，导航这些杆塔，仍然与运行中的杆塔方式相同，采用线路导航树的方式，只是线路节点的名称被定义为"原+异动前线路名称"。

（4）设备异动时，如果执行异动后被异动的线路上没有杆塔，该线路被置为"报废"状态，通常这些线路不能再导航，也不在查询统计范围内。

（5）设备异动过程中，所有对设备台账进行的更改不可逆。操作时，尤其线路类的异动，对各种信息的填写，务必精确；否则，一旦异动完成，无法恢复被更改的台账。

【思考与练习】

1. 线路异动和杆塔异动通常包括哪些内容？

2. 输电设备异动管理有哪些注意事项？

模块 4 输电设备查询统计 （GYSD01001004）

【模块描述】本模块包含线路查询统计、杆塔查询统计、绝缘子查询统计、输电设备异动查询统计等内容。通过功能描述、操作流程和步骤的介绍，掌握输电线路设备查询系统的功能及应用。

【正文】

输电线路设备查询统计包含线路查询统计、杆塔查询统计、绝缘子查询统计、输电设备异动查询统计等内容。由于其查询统计操作基本相同，故本模块只介绍线路查询统计功能。

一、功能描述

该模块用于线路台账的查询统计，提供按条件查询、自定义查询和自选统计项目进行统计等功能。

二、功能菜单

设备中心>>设备查询统计>>线路查询统计。

三、操作介绍

线路查询统计界面主要分为两个区域，即查询统计条件区域和线路数据列表，如图 GYSD01001004-1 所示。

图 GYSD01001004-1 线路查询统计界面

1. 查询

在选择条件填写中，点击"选择单位"输入框，系统自动显示单位选择界面，如图 GYSD01001004-2 所示。

图 GYSD01001004-2 选择单位界面

用户选择一个单位后，点击"确定"按钮，系统自动将用户选择的单位填入单位输入框中。电压等级、投运年限可以通过下拉框选择填写。线路名称支持模糊查询，用户只需输入线路名称的某个字符，即可查询到相关线路。用户维护完查询条件后，点击"查询"按钮，数据列表区中显示符合查询条件的线路，如图 GYSD01001004-3 所示。

	资产单位	运行单位	电压等级	线路名称	线路编号	电流性质	架设方式	是否代维	色别标志	投运日期	线路全长(km)	维护班组
1		XX供电公司	750kV	QWWEEE		交流	电缆					运行一班
2		XX供电公司	35kV	古红二线		交流	架空					运行班
3		XX供电公司	220kV	电缆线路1		交流	混合					110kV电缆组
4		XX供电公司	330kV	跨工区线路		交流	混合					兰州供电公司
5		XX供电公司	110kV	南山安线	1111	交流	架空	否	红色	2001-3-1	12	运行二班
6		XX供电公司	35kV	龙中线	3521	交流	架空	否	红色	1980-11-27	22	运行二班
7		XX供电公司	110kV	盐桃二线	1116	交流	架空	否	红色	1983-7-27	51	运行二班
8		XX供电公司	110kV	南安线		交流	架空	否	红色	1963-4-1	8	运行二班
9		XX供电公司	220kV	桃兴线		交流	架空	否	红色	2002-12-30	85	运行二班
10		XX供电公司	500kV	wodecs		交流	混合					兰州供电公司
11	F省电力公司	XX供电公司	330kV	YC测试线	80888	交流	架空	是	绿色	2008-3-31	6000	兰州供电公司
12		XX供电公司	220kV	123		交流	架空					兰州供电公司
13		XX供电公司	220kV	线朱线		交流	混合					兰州供电公司
14		XX供电公司	500kV	23ddw		交流	架空					运行一班
15		XX供电公司	220kV	电缆线路2		交流	电缆					110kV电缆组
16		XX供电公司	110kV	兰西空二线		交流	架空	否	红色			运行二班

468 条记录，共30页 页码：1

图 GYSD01001004-3 查询界面

数据列表中的一行数据表示一条记录，单击"线路名称"可以查看该线路的详细信息界面，根据线路架设方式的不同，线路详细信息显示的内容也不同，分如下三种情况。

（1）架空线路，如图 GYSD01001004-4 所示。

基本信息	线路设计施工监理单位	杆塔信息	导线信息	地线信息	线路杆塔同杆信息	运行分段信息

线路名称	南 安线	线路编号	1111
电压等级	110kV	设计电压等级	
设备编码		投运日期	2001-03-01
架设方式	架空	线路长度(km)	12
电流性质	交流	所属调度	
最大允许电流(A)	700	经济电流(A)	
起点类型	间隔	起点	红 根变电站--1011出线间隔
终点类型	间隔	终点	兰 根 变电站--2015进线间隔
起点开关编号		终点开关编号	
是否支线	否	所属干线	
色别标志	红色	是否代维	否
维护班组	运行二班	是否跨区域	
运行负荷限额		验收单位	
资产单位		资产性质	
备注			

图 GYSD01001004-4 架空线路详细信息界面

界面显示线路的基本信息界面、线路设计施工监理单位、杆塔信息、导线信息、地线信息、线路杆塔同杆信息、运行分段信息、线路履历信息，通过点击各分页可查询到相应的信息记录。

（2）电缆，如图 GYSD01001004-5 所示。

界面显示线路的基本信息、线路设计施工监理单位、电缆信息，通过点击各分页可查询到相应的信息记录。

（3）架空、电缆混合线路，如图 GYSD01001004-6 所示。

界面显示线路的基本信息、线路设计施工监理单位、杆塔信息、导线信息、地线信息、线路杆塔同杆信息、运行分段信息、线路履历信息、电缆信息，通过点击各分页可查询到相应的信息记录。

图 GYSD01001004-5 电缆详细信息界面

图 GYSD01001004-6 架空、电缆混合线路详细信息界面

2. 统计

用户在统计选项区选择需要统计的项目,点击"统计"按钮。系统显示统计结果界面,如图 GYSD01001004-7 所示。

图 GYSD01001004-7 统计结果界面

双击统计数据列表中的一行，系统弹出与该统计行匹配的线路列表对话框，如图 GYSD01001004-8 所示。

图 GYSD01001004-8　线路列表对话框

3. 自定义查询

点"自定义查询"按钮，打开自定义查询页面。用户可以选择项目、比较符和条件值来进行查询，比较符包括"包含"、"以××开头"、"以××结尾"和"＝"等，如图 GYSD01001004-9 所示。

图 GYSD01001004-9　自定义查询界面

4. 更改每页显示的记录数

查询结果是分页显示的，默认情况下，每页显示九条记录，查询时，为了一次查看更多条记录，可以改变单页显示的记录数，在查询结果列表右下方的"单页记录数"编辑框中输入数值，点击"设置"按钮，即可改变每页显示的记录数，如果记录的内容显示不下，系统将出现滚动条，如图GYSD01001004-10 所示。

图 GYSD01001004-10　更改每页显示的记录数页面

5. 注意事项

单页记录数不能太大，最好不要超过 50，否则，因为浏览器的承受能力有限，系统将会变得很慢。

【思考与练习】

1. 输电设备查询统计通常包括哪些内容？
2. 线路查询统计应包括哪些功能？有哪些注意事项？

第二十三章 运行、检修管理

模块 1 周期性工作管理（GYSD01002001）

【模块描述】本模块包含输电架空线路巡视周期的制定、工作维护和输电架空线路的超周期工作提示、到期工作查询统计等内容。通过要点介绍、图文结合、操作流程及步骤讲解，掌握输电架空线路巡视周期性的管理方法。

【正文】

一、输电架空线路巡视周期制定

（一）功能介绍

架空线路巡视周期制定用于设置输电架空线路的巡视周期及初始化最后巡视时间（以后巡视时间由登记巡视记录时自动更新）。

（二）功能菜单

运行工作中心 >> 周期性工作管理 >>>线路巡视周期制定。

（三）操作介绍

1. 查询

架空线路巡视周期制定界面的左侧显示线路导航树，右侧显示线路的巡视周期记录。选中线路导航树上不同的节点，右侧会同步显示符合线路条件巡视周期记录。

（1）选中企业部门节点，右侧显示线路的运行单位等于选中节点的线路的巡视周期记录。

（2）选中电压等级节点，右侧显示线路的运行单位等于选中节点的上级节点，并且线路的电压等级等选中节点线路的巡视周期记录。

（3）选中线路节点，右侧仅显示该线路的巡视周期记录。

参考图 GYSD01002001-1 所示。

图 GYSD01002001-1 查询界面

2. 设置巡视周期

选中要设置巡视周期的记录，在输入巡视周期编辑框中输入要设置的周期时间，点击"设置周期"按钮，即将所选记录的巡视周期设置为指定值。

3. 设置周期巡视时间

选中要设置上次巡视时间的记录，在输入上次周期巡视时间的编辑框中输入要设置的周期时间，点击"设置周期巡视时间"按钮，即将所选记录的上次周期巡视时间设置为指定的值。同时自动计算 t 和更新到期时间。

（四）注意事项

架空线路的巡视周期维护完成后，在进行架空线路的巡视记录登记（模块为"运行工作中心>>设备巡视管理>>架空输电线路巡视记录登记"）时，系统会自动提示巡视到期线路，以便根据到期线路自动生成巡视记录。

二、输电架空线路周期工作维护

（一）功能介绍

架空线路周期工作维护用于设置线路周期工作的工作周期、提前报警时间及初始化最后一次工作时间（之后登记检修、检测记录时自动更新）。

（二）功能菜单

运行工作中心 >> 周期性工作管理 >> 线路周期工作维护。

（三）操作介绍

1. 查询

登录界面后，页面的左侧显示线路导航树，以线路的电压等级分组。在导航树中选择一个电压等级或具体的线路，右侧的线路周期工作列表中就会显示出符合线路条件的周期工作，更改工作类型的值，同样会执行查询操作，过滤出指定工作类型的线路周期工作。

2. 添加

左侧导航树首先选择一条线路，条件区选择工作类型，然后点击"添加"按钮，系统将按所选线路及工作类型添加一条周期工作记录，用户填写周期及最后工作时间，再保存即可。

3. 批量添加

执行批量添加操作时，首先要选中线路或电压等级节点。点击"批量添加"按钮，弹出批量添加周期工作界面，如图 GYSD01002001-2 所示。

图 GYSD01002001-2　批量添加界面

4. 批量修改

执行批量修改操作时，首先要选中线路或电压等级节点。点击"批量修改"按钮，弹出批量修改周期工作界面，如图 GYSD01002001-3 所示。

图 GYSD01002001-3　批改修改周期工作界面

（四）注意事项

（1）如果一条线路在指定工作类型的周期工作已经维护，不允许再次进行维护，但可以通过批量修改功能来更新工作周期或提前报警时间，也可以通过删除该记录进行重新维护。

（2）工作周期维护后，后续的架空线路到期工作提示应用（模块为"运行工作中心>>周期性工作管理>>架空线路超周期工作提示"）、架空线路到期工作查询统计应用（模块为"运行工作中心>>周期性工作管理>>架空线路到期工作查询统计"），将根据该工作周期进行周期提示及查询统计。

三、输电架空线路超周期工作提示

1．功能介绍

通过该模块可查看架空线路周期工作信息，以不同颜色显示超周期、未超周期已报警等状态的线路周期工作。

2．功能菜单

功能菜单：运行工作中心 >> 周期性工作管理 >> 线路超周期工作提示。

3．操作介绍

查询：线路超周期工作提示模块提供以线路条件（运行单位、电压等级或指定线路）、维护班组、周期状态（超周期、未超周期已报警、未超周期）、工作类型为条件查询线路周期工作。

选择线路导航树节点、维护班组、周期状态和工作类型，点击查询，即可过滤出符合条件的线路周期工作信息，如图 GYSD01002001-4 所示。

四、输电架空线路到期工作查询统计

1．功能介绍

线路到期工作查询统计模块提供对线路到期工作查询和统计功能，并且提供以 EXCEL 文本格式输出查询或统计结果。

2．功能菜单

运行工作中心>>周期性工作管理>>线路到期工作查询统计。

	线路名称	电压等级	运行单位	维护班组	工作类型	周期(月)	提前报警(天)	上次工作日期	到期时间
1	新增线路	750kV	供电公司	运行一班	绝缘子清扫	7	8	2006-11-09	2007-06-09
2	TG8	750kV	供电公司	运行一班	绝缘子盐密、灰密测试	2		2008-03-31	2008-05-31
3	TG8	750kV	供电公司	运行一班	导线、避雷线弧垂测量	3		2008-02-29	2008-05-31
4	TG8	750kV	供电公司	运行一班	绝缘子清扫	7	8	2007-11-01	2008-06-01
5	TG8	750kV	供电公司	运行一班	绝缘子盐密、灰密测试	2	2	2008-04-01	2008-06-01
6	南瑞线	750kV	供电公司	运行一班	登杆检查	4		2008-02-03	2008-06-03
7	南瑞线	750kV	供电公司	运行一班	导线、避雷线弧垂测量	3		2008-03-05	2008-06-05
8	新增线路	750kV	供电公司	运行一班	绝缘子清扫	7	8	2007-11-05	2008-06-05
9	TG8	750kV	供电公司	运行一班	登杆检查	4		2008-02-06	2008-06-06
10	TG8	750kV	供电公司	运行一班	接地电阻测量	2		2008-04-07	2008-06-07
11	南瑞线	750kV	供电公司	运行一班	交叉跨越及对地距离测	3	3	2008-03-12	2009-06-12

图 GYSD01002001-4 查询界面

3. 操作介绍

（1）查询统计。登录界面后，界面左侧显示线路导航树，右侧显示查询条件和查询结果。通过组合各项条件，可过滤出符合要求的线路周期工作。

点击"查询统计"按钮，若未选择统计项目，则执行查询功能，列出符合条件的线路周期工作。执行结果如图 GYSD01002001-5 所示。

图 GYSD01002001-5 查询统计执行结果界面

（2）若选择统计项目，则执行统计功能，以选择的统计项目为统计项，统计线路周期工作，执行结果如图 GYSD01002001-6 所示。

图 GYSD01002001-6 统计线路周期工作执行

【思考与练习】

1. 简述输电架空线路巡视周期制定的操作方法。
2. 简述输电架空线路周期工作维护的操作方法。

模块 2 生产运行记录管理（GYSD01002002）

【模块描述】本模块包含输电架空线路故障记录的登记、查询统计和输电线路检测记录的登记、查询统计等内容。通过功能介绍、图文结合、操作说明及步骤讲解，掌握输电架空线路生产运行记录的管理方法。

【正文】

一、输电线路故障记录的登记、查询统计

（一）输电故障记录登记

1. 功能介绍

该模块提供线路故障记录的登记、删除、修改等功能。登记故障记录时，可以选择关联变电已登记的故障记录，根据变电故障记录生成线路的故障记录，并导入变电登记的保护动作相关信息；当故障是由缺陷引起的时，允许直接登记缺陷并进入缺陷处理流程。

2. 功能菜单

运行工作中心 >> 生产运行记录管理 >> 输电故障记录登记。

3. 操作介绍

（1）已维护故障记录查询。输电故障记录登记界面提供了跳闸时间、故障发生地点、故障性质、跳闸原因等查询条件，选择条件后点击"查询"按钮执行查询，不论是否选择线路作为查询条件，查询结果都不是完全依赖线路过滤，而是按故障记录的登记班组过滤，故障记录的主界面如图GYSD01002002-1 所示。

图 GYSD01002002-1　已维护故障记录查询

（2）添加故障记录。在图 GYSD01002002-1 所示界面中点击左上方的"新建"按钮，出现故障记录登记对话框，如图 GYSD01002002-2 所示。通过该对话框可手工填写一条故障记录，界面中天气情况、跳闸原因、责任原因、技术原因等项目的操作内容说明如下。

图 GYSD01002002-2　添加故障记录界面

1）天气情况：下拉选择，下拉条目在"系统管理>>公共代码维护模块>>公共代码树的公共>>天气"节点下维护。

2）跳闸原因：下拉选择，下拉条目在"系统管理>>公共代码维护模块>>公共代码树的输电>>跳闸原因"节点下维护。

3）责任原因：树型选择，树节点在"标准中心>>公共标准库>>故障（缺陷）责任原因模块"中维护。

4）技术原因：树型选择，树节点在"标准中心>>公共标准库>>故障（缺陷）技术原因模块"中维护。

5）登记部门：系统自动填充，填充的值为登录人所在的班组。

6）图片：故障的主要图片，需要加多个图片时在"附属资料"框中点击"添加"按钮进行。

（3）导入变电故障记录。在图 GYSD01002002-1 所示界面中，单击"由变电站故障记录导入"按钮，系统弹出变电故障记录选择对话框，如图 GYSD01002002-3 所示。

图 GYSD01002002-3　导入变电故障记录界面

点击对话框上部的"运行单位/变电站"、"故障时间"两个过滤条件，选择过滤条件后点击"查询"按钮，可按条件过滤。从对话框中选择一条变电故障记录，点击"确定"按钮，出现输电故障记录填写对话框，如图 GYSD01002002-4 所示。对话框中的天气、故障问题、故障跳闸时间、自动装置动作情况等均已通过所选的变电故障记录生成，手工再填写其他内容即可。

图 GYSD01002002-4　故障记录填写对话框

（4）查看关联的变电故障记录。在图 GYSD0100202-1 所示界面中显示的已维护故障记录列表的第一列，为关联的变电故障记录查看链接显示栏，如果故障记录是从变电故障导入的，该栏显示"已关联"，点击该栏的链接，可查看变电故障详细信息。

（二）输电故障记录查询统计

1. 功能介绍

输电故障记录查询统计模块提供以常用的查询条件和统计项目，查询或统计故障信息等功能，同时可以通过 EXCEL 文本输出查询或统计结果。

2. 功能菜单

运行工作中心 >> 生产运行记录管理 >> 输电故障记录查询统计。

3. 操作介绍

登录界面后，界面上部分显示常用的查询条件和统计项目，如图 GYSD01002002-5 所示。通过组合各项条件，可过滤出符合要求的线路故障记录。

图 GYSD01002002-5　查询统计执行结果界面

点击"查询统计"按钮，若未选择统计项目，则执行查询功能，列出符合条件的线路故障记录。

若选择统计项目，则执行统计功能，以选择的统计项目为统计项，统计线路故障记录，执行结果如图 GYSD01002002-6 所示。

图 GYSD01002002-6　统计线路故障结果界面

二、输电架空线路检测记录登记、查询统计

（一）输电架空线路检测记录登记

1. 功能介绍

该模块用来登记架空输电线路的各种检测记录，包括接地电阻测量记录、绝缘子盐密（灰密）测量记录、架空线路红外测温记录、交叉跨越及对地测量记录、导地线弧垂测量记录、地埋金属部件锈蚀检测记录、覆冰观测记录、瓷绝缘子零值（玻璃自爆）检测记录、复合绝缘子龟裂老化检查记录、复合绝缘子憎水性丧失检测记录、复合绝缘子机械强度检测记录、杆塔倾斜测量记录、电杆裂纹检测记录、导地线振动舞动观测记录等。

在登记检测记录时，对不合格的记录允许直接登记缺陷，一条检测记录允许登记多条缺陷记录，当缺陷流程未启动时，允许修改及删除检测记录对应的缺陷记录。

保存新登记的检测记录时，如果检测为周期性的，系统将根据新登记检测记录的检测时间刷新对

应线路的检测周期，刷新时从系统中找出同一条线路、同一种检测类型检测记录的最大检测时间，刷新线路的最后工作时间，删除检测记录时也会做同样的处理。

2. 功能菜单

运行工作中心 >> 生产运行记录管理 >> 输电架空线路检测记录登记。

3. 操作介绍

（1）已维护检测记录查询。不同工作类型的检测记录，所包含的记录格式不相同，查询已维护的检测记录时，必须首先选择工作类型，然后再选择线路或时间条件，点击"查询"按钮。如图 GYSD01002002-7 所示。

图 GYSD01002002-7　已维护检测记录查询

（2）添加检测记录。添加检测记录时要首先选择线路及工作类型，然后点击"新建"按钮，根据不同的工作类型，新建时有系统有以下几种响应。

1）弹出批量选择杆塔对话框：添加接地电阻测量记录、架空线路红外测温记录、地埋金属部件锈蚀检测记录、覆冰观测记录、瓷绝缘子零值（玻璃自爆）检测记录、复合绝缘子龟裂老化检查记录、复合绝缘子憎水性丧失检测记录、复合绝缘子机械强度检测记录、杆塔倾斜测量记录、电杆裂纹检测记录时，弹出该对话框，对话框中列出了所选线路的所有杆塔（电杆裂纹检测记录除外，添加该记录时列出的杆塔只包含线路的水泥杆），并可以选择工作负责人、工作班组、工作时间、工作人员属性，具体界面如图 GYSD01002002-8 所示。

图 GYSD01002002-8　批量选择杆塔对话框

操作时首先勾选杆塔，也可以通过选择对话框的起始杆塔、终止杆塔自动勾选一段杆塔，或勾中"全选"选择全部杆塔，再填写工作负责人、工作班组、工作时间、工作人员，点击"确定"按钮，系统根据勾选的杆塔批量生成检测记录。

2）弹出批量选择杆段对话框：添加导地线弧垂测量记录时，弹出该对话框，对话框与批量选择杆塔对话框类似，列出了所选线路的所有相邻杆段，并提供选择工作负责人、工作班组、工作时间、工作人员功能，具体界面如图 GYSD01002002-9 所示。

图 GYSD01002002-9 批量选择杆段对话框

操作时首先勾选杆段，也可以通过选择对话框的起始杆塔、终止杆塔自动勾选一定范围内的杆段，或勾中"全选"选择全部杆段，再填写工作负责人、工作班组、工作时间、工作人员，点击"确定"按钮，系统根据勾选的杆段批量生成检测记录。

3）弹出批量选择交叉跨越对话框：添加交叉跨越及对地测量记录时，弹出该对话框，对话框以表格的形式列出了所选线路的所有交叉跨越，并提供选择工作负责人、工作班组、工作时间、工作人员功能，具体界面如图 GYSD01002002-10 所示。

图 GYSD01002002-10 批量选择交叉跨越对话框

操作时首先勾选所测量的交叉跨越，再填写工作负责人、工作班组、工作时间、工作人员，点击"确定"按钮，系统根据勾选的交叉跨越信息批量生成检测记录。

4）弹出批量选择防污检测点对话框：添加绝缘子盐密、灰密测量记录时，弹出该对话框，对话框以表格的形式列出了登录人所辖线路的所有已维护防污检测点，并提供选择工作负责人、工作班组、工作时间、工作人员功能，对话框左上侧为线路导航树，通过该导航树导航已维护防污检测点，具体界面如图 GYSD01002002-11 所示。

操作时首先勾选多个检测点，可以点击标题行的复选框勾选表格中的全部检测点，再填写工作负责人、工作班组、工作时间、工作人员，点击"确定"按钮，系统根据勾选的检测点批量生成检测记录。

5）弹出批量选择杆塔或杆段对话框：添加其他检测记录时，弹出该对话框，对话框包含了批量选择杆塔及杆段两种选项，这两种选项是互斥的，每次只能选择其中的一种，对话框也提供选择工作负责人、工作班组、工作时间、工作人员功能，勾中"杆塔"选项的界面如图 GYSD01002002-12 所示，勾中"杆段"选项的界面样式如图 GYSD01002002-13 所示。

操作时首先勾选杆塔或杆段，也可以通过选择对话框的起始杆塔、终止杆塔自动勾选一定范围内的杆塔或杆段，或勾中"全选"选择全部杆塔或杆段，再填写工作负责人、工作班组、工作时间、工作人员，点击"确定"按钮，系统根据勾选的杆塔或杆段批量生成检测记录。

图 GYSD01002002-11   批量选择防污检测点对话框

图 GYSD01002002-12   勾中"杆塔"选项的界面

图 GYSD01002002-13   勾中"杆段"选项的界面

    6）直接生成一条新记录：添加导地线振动舞动观测记录时，系统直接成一条新的空白记录，用户通过修改该空白记录填写完整的记录。

    （3）修改检测记录。在图 GYSD01002002-7 所示主界面的检测记录查询结果列表中，选中一条检测记录，在该记录的最左侧将出现记录详细信息查看图标"![icon]"，点击该图标，系统弹出记录的详细信息对话框，通过该对话框来修改检测记录。图 GYSD01002002-14 所示为绝缘子盐密（灰密）测试记录的修改对话框。

图 GYSD01002002-14　绝缘子盐密（灰密）测试记录修改对话框

（4）登记缺陷记录。在图 GYSD01002002-7 所示主界面的检测记录查询结果列表中，选中一条检测记录，滚动到该记录的最后一列，该列标题为"关联缺陷信息"，点击该栏的链接，可查看已登记缺陷记录或添加缺陷记录，具体界面如图 GYSD01002002-15 所示。

图 GYSD01002002-15　登记缺陷记录界面

点击该对话框上部的"添加"或"删除"按钮进行缺陷的添加或已维护缺陷的删除，点击列表的"详细信息"列的图标查看及修改缺陷，点击对话框上部的"启动流程"按钮启动勾选缺陷的流程。

（5）删除检测记录。在主界面的检测记录查询结果列表中，选中若干条检测记录，点击"删除"按钮，删除时系统将级联删除该检测记录对应的缺陷记录，如果缺陷流程已启动，系统给出提示，如果用户强制删除，系统仅删除检测记录本身及未启动流程的缺陷记录，而不删除该检测记录对应的已启动流程的缺陷记录。

（二）输电架空线路检测记录查询统计

1. 功能介绍

架空线路检测记录查询统计模块，提供对各种检测工作类型的检测记录以常用的查询条件和统计项目进行查询和统计。

2. 功能菜单

运行工作中心 >> 生产运行记录管理 >> 输电架空线路检测记录查询统计。

3. 操作介绍

登录界面后，首先选择工作类型的值，指定查询该工作类型的检测记录。界面左侧显示线路导航树，右侧为查询条件和结果显示框，如图 GYSD01002002-16 所示。通过组合各项条件，可过滤出符合要求的线路检测记录。

图 GYSD01002002-16 查询结果界面

点击"查询统计"按钮，若未选择统计项目，则执行查询功能，列出符合条件的线路检测记录。

若选择统计项目，则执行统计功能，以选择的统计项目为统计项，统计线路检测记录，执行结果如图 GYSD01002002-17 所示。

图 GYSD01002002-17 统计结果界面

【思考与练习】

1. 简述输电架空线路故障记录的登记、查询统计方法。

2. 简述输电架空线路检测记录的登记、查询统计方法。

模块 3 设备巡视管理（GYSD01002003）

【模块描述】本模块包含输电架空线路故障记录的登记、查询统计和输电线路检测记录的登记、查询统计等内容。通过功能介绍、图文结合、操作说明及步骤讲解，掌握输电架空线路设备巡视的管理方法。

【正文】

一、输电架空线路巡视到期提示

1. 功能介绍

该模块提供向输电运行班组人员提示定期巡视到期线路的功能。提示的到期线路为登录人所在班组维护范围内的线路，并以不同的颜色标出超期线路的超周期时间范围。

2. 功能菜单

运行工作中心>>设备巡视管理>>架空输电线路巡视到期提示。

3. 操作介绍

登录界面后，界面默认显示本班组维护范围内、截止到当前时间的到期或超期的线路，为了查出今后某个时间哪些线路到期，可更改到期提示上方的"截止日期"查询条件，并点击"查询"按钮，以显示符合条件的到期巡视记录，如图 GYSD01002003-1 所示。

4. 注意事项

（1）本模块应只授权给线路的运行班组人员，其他人员不可以授权，否则会导致无内容的提示。

（2）线路的巡视周期，必须预先进行维护，否则无法正常提示。

（3）线路的上次定期巡视时间，是通过巡视记录自动更新的，如果不及时登记巡视记录，将导致不准确的提示。

图 GYSD01002003-1　输电架空线路巡视到期查询界面

二、输电架空线路巡视记录登记

1. 功能介绍

该模块提供登记架空线路巡视记录、根据巡视到期的线路批量生成定期巡视的巡视记录等功能，若在巡视过程发现缺陷或外部隐患，可直接登记缺陷及外部隐患记录，登记的缺陷及外部隐患记录自动与相应的巡视记录建立关联关系，查询巡视记录时可以直接查看发现的缺陷及外部隐患记录。

登记定期巡视记录时，系统后台将根据该巡视记录的巡视时间，自动更新对应线路的上次周期巡视时间，据此系统进行架空输电线路的巡视到期提示。

2. 功能菜单

运行工作中心 >> 设备巡视管理 >> 架空输电线路巡视记录登记。

3. 操作介绍

（1）已登记巡视记录查询。主界面提供了工作时间、巡视类型、电压等级作为可选的查询条件，选择若干查询条件，点击"查询"按钮，系统将根据这些查询条件查询出登录人员所在班组已维护的巡视记录，如图 GYSD01002003-2 所示。

图 GYSD01002003-2　已登记巡视记录查询界面

（2）新建巡视记录。在图 GYSD01002003-2 所示的主界面上点击"添加"按钮，系统弹出线路及巡视范围选择对话框，对话框的默认巡视范围为全线，如图 GYSD01002003-3 所示。

非全线巡视时，首先点击"杆塔范围或特殊区段、危险点区段"单选按钮，然后点击"添加"按钮，杆塔范围表格中选择起始及终止杆塔或自动跳出特殊区段、危险点区段起始及终止杆号，如果巡视了非连续的几段杆塔范围，可以多次添加以选择多段杆塔。

杆塔范围选择完毕后，点击"确定"按钮，系统根据所选的线路及杆塔范围生成一条新的巡视记录，该巡视记录的巡视班组默认为所选线路的维护班组，巡视负责人默认所选线路的设备主人，如果所选线路设备主人没有填写，则直接默认为登录人。

图 GYSD01002003-3 新建巡视记录界面

（3）通过巡视到期线路生成巡视记录。在图 GYSD01002003-2 所示的主界面上点击"周期性巡视工作"按钮，系统弹出巡视到期线路对话框，对话框中勾选若干条到期线路，然后点击"确定"按钮，系统根据所勾选的线路生成若干条定期巡视记录，巡视班组及巡视人员的默认值与通过纯手工添加巡视记录的一致，生成的巡视记录的巡视时间默认为当前时间，生成后用户在此基础上进行修改即可。巡视到期线路的界面如图 GYSD01002003-4 所示。

图 GYSD01002003-4 巡视到期线路的界面

（4）登记缺陷及外部隐患记录。登记巡视记录时，系统提供了直接针对该巡视记录登记对应的缺陷及隐患记录的功能。图 GYSD01002003-2 所示的已维护巡视记录列表中每一行巡视记录的第一栏，为缺陷及外部隐患记录链接显示列，如果该巡视记录从未登记过缺陷及外部隐患记录，则该栏链接文本显示"未登记"，否则显示"已登记"。

点击缺陷及外部隐患记录链接显示栏的超链接，系统弹出缺陷及外部隐患记录登记对话框，该对话框有两页，每页的上半部分别显示与巡视记录相关的、已登记的缺陷及外部隐患记录，页面的下半部显示对应线路的历史缺陷记录及外部隐患记录，切换到相应页，点击"添加"按钮，即可登记缺陷或外部隐患记录。登记缺陷和隐患记录后，系统将登记的缺陷记录、外部隐患记录组合成一段文本写回巡视记录的缺陷情况，在缺陷流程处理过程中，进行消缺登记时，系统将根据缺陷所关联的巡视记录，将消缺信息写回巡视记录的"处理情况"列。缺陷及外部隐患记录的登记界面如图 GYSD01002003-5

和图 GYSD01002003-6 所示。

图 GYSD01002003-5　登记缺陷界面

图 GYSD01002003-6　外部隐患记录界面

（5）删除巡视记录。在图 GYSD01002003-2 所示的已维护巡视记录列表中，勾选一条巡视记录，点击"删除"按钮，系统将删除被勾选的巡视记录，如果巡视记录关联了缺陷或外部隐患记录，对应的缺陷及外部隐患记录也将被删除，但如果缺陷已消除或缺陷流程已启动，则该缺陷将不被删除。

4. 注意事项

（1）架空输电线路巡视记录登记只能授权给线路的运行班组人员，其他人员不可以授权，否则在刷新线路定期巡视的最后巡视时间时将不能正常刷新，到期线路提示也不正确。

（2）巡视周期表中上次周期巡视时间的刷新，是取同线路定期巡视的所有巡视记录的最大时间进行刷新的，而不是只按当前修改或登记的巡视记录的时间直接刷新，刷新时取的最大时间为巡视记录的开始时间；上次非周期巡视时间的刷新逻辑相同，取的时间为同线路非周期巡视（巡视类型不是"定期巡视"）所有巡视记录的最大开始时间，本模块对巡视周期的管理是粗线条的，当周期巡视不是全线巡视时，同样会刷新线路的周期巡视时间。

（3）周期巡视不刷新巡视周期表的上次非周期巡视时间。

（4）界面上显示的已维护巡视记录，只包含登录人班组所登记的缺陷记录。

（5）缺陷及外部隐患记录登记对话框中，上半部分显示的与巡视记录相关的新登记缺陷或外部隐患记录，与下半部分显示的历史缺陷及外部隐患记录，是互斥的，即二者互不包含。

（6）填写巡视记录时，可选线路为（登录人）班组维护范围内的架空或混合线路。

三、输电架空线路巡视记录查询统计

1. 功能说明

该模块提供以常用的查询条件、统计项目对架空线路巡视记录查询和统计等功能。

2. 功能菜单

运行工作中心>>设备巡视管理>>架空线路巡视记录查询统计。

3. 操作介绍

登录界面后，界面上部分显示常用的查询条件及统计项目，如图 GYSD01002003-7 所示。通过组合各项条件，可过滤出符合要求的巡视记录。

图 GYSD01002003-7 输电架空线路巡视记录查询结果界面

点击"查询统计"按钮，若未选择统计项目，则执行查询功能，列出符合条件的线路巡视记录。

若选择统计项目，则执行统计功能，以选择的统计项目为统计项，统计线路巡视记录，执行结果如图 GYSD01002003-8 所示。

图 GYSD01002003-8 线路巡视记录统计结果界面

【思考与练习】

1. 简述输电架空线路巡视到期提示操作的注意事项。

2. 简述输电架空线路巡视记录登记和查询统计的操作方法。

模块 4　缺陷管理（GYSD01002004）

【模块描述】 本模块包含输电架空线路缺陷处理流程、缺陷查询统计、缺陷两率统计和外部隐患记录登记、查询统计等内容。通过功能介绍、图文结合、操作说明及步骤讲解，掌握输电架空线路缺陷管理的方法。

【正文】

一、缺陷处理

输电架空线路的缺陷处理关键流程包括班组缺陷登记、专业所专工审核、领导审核、地市局生技审核专业所专工消缺工作安排、检修班组消缺登记、运行班组缺陷验收七个环节，具体处理流程如图 GYSD01002004-1 所示。

图 GYSD01002004-1　缺陷处理流程

（一）架空线路缺陷登记

1. 功能介绍

该模块提供架空线路缺陷记录的登记、流程启动以及已维护缺陷的查询功能。

2. 功能菜单

运行工作中心 >> 缺陷管理 >> 架空线路缺陷登记。

3. 操作介绍

（1）已维护缺陷记录查询。缺陷记录登记的主界面提供了线路、缺陷性质、发现日期等查询条件，选择条件后点击"查询"按钮执行查询，查询的结果只包含登录人班组所登记的缺陷记录，缺陷记录登记的主界面如图 GYSD01002004-2 所示。

查询结果中灰色字体的缺陷记录表示已消缺，红色的为流程已启动但缺陷未消除的记录，黑色表示新登记未启动流程的记录。

（2）查询结果排序。点击查询结果表格的标题栏，根据所点击标题栏的内容进行升序或降序排序。

（3）添加缺陷记录。点击图 GYSD01002004-2 所示界面上的"新建"按钮，出现缺陷记录登记对话框，按照对话框内容进行选择填报，如图 GYSD01002004-3 所示。

图 GYSD01002004-2 缺陷记录登记主界面

图 GYSD01002004-3 添加缺陷记录界面

（4）修改缺陷记录。在图 GYSD01002004-2 所示的主界面上，勾选若干条新登记的缺陷记录，被勾中记录的最左侧出现记录修改图标"![]"，点击该图标，在出现的对话框中进行修改，如图 GYSD01002004-4 所示。

图 GYSD01002004-4 修改缺陷记录界面

（5）删除缺陷记录。在图 GYSD01002004-2 所示主界面上，勾选若干条新登记的缺陷记录，点击"删除"按钮即可。

（6）启动流程。在图 GYSD01002004-2 所示主界面上，勾选若干条新登记的缺陷记录，点击"启动流程"按钮，出现的流程发送对话框中选择发送环节及发给人，确定后对应的缺陷流程被启动，可以一次发送多条缺陷记录。

4. 注意事项

（1）登记直接消除的缺陷，不允许启动缺陷流程。

（2）缺陷流程启动后，不允许修改及删除。

（3）填写缺陷记录时，可选线路为（登录人）维护班组范围内的架空或混合线路。

（4）巡视时发现的缺陷记录可以在登记巡视记录直接进行登记、线路检测时的不合格记录，在登记检测记录时直接登记缺陷，在检修过程中发现的缺陷，可在登记检修记录时直接登记缺陷。

（二）运行单位专业工程技术人员缺陷审核

1. 功能介绍

运行单位专工审核提供对班组上报的缺陷进行缺陷重新定性、将缺陷添加到任务池、继续上报缺陷或直接将缺陷发给班组进行消缺处理等功能。

2. 功能菜单

待办任务列表>> 缺陷管理 >> 专工审核。

3. 操作介绍

（1）进入专业所专工缺陷审核界面。登录系统后，在系统主页的待办任务列表中，选择一条待审核的架空线路缺陷记录，并点击"操作"栏的"处理工作流"图标，进入缺陷流程处理界面。在专业所专工审核流程环节，用户可更改缺陷性质、缺陷技术原因、缺陷责任原因，即可对缺陷进行重新定性，在缺陷审核时，可以给缺陷预安排工作时间，并按该时间将缺陷添加到任务池。

（2）发送任务。缺陷审核完后，专工发送缺陷到下一环节时，有两种选择，一种是直接发送给班组进行消缺，即发送到消缺登记环节，另一种是发给专业所领导进行审核。

4. 注意事项

（1）缺陷添加到任务池之前，必须先填写计划工作时间。

（2）发送之后未添加到任务池的缺陷，可以在任务池管理模块中将该缺陷添加到任务池，或者在缺陷流程的专业所专工消缺工作安排环节，将缺陷添加到任务池。

（三）专业所领导审核

1. 功能介绍

在专业所领导审核流程环节，用户可更改缺陷性质、缺陷技术原因、缺陷责任原因，即可对缺陷进行重新定性。

2. 功能菜单

待办任务列表>> 缺陷管理 >> 领导审核。

3. 操作介绍

（1）进入专业所领导审核界面。登录系统后，在系统主页的待办任务列表中，选择一条待审核的架空线路缺陷记录，并点击"操作"栏的"处理工作流"图标，进入缺陷流程处理界面。

（2）发送任务。缺陷审核完后，专业所领导发送缺陷到下一环节时，有两种选择，一种是返回给专工进行消缺工作安排，另一种是发给地市局生技部门进一步进行审核。

（四）地市局生技审核

1. 功能介绍

在地市局生技审核流程环节，用户可更改缺陷性质、缺陷技术原因、缺陷责任原因，即可对缺陷进行重新定性。

2. 功能菜单

待办任务列表>> 缺陷管理 >> 地市公司生技部门审核。

3. 操作介绍

（1）进入地市公司生技部门审核界面。登录系统后，在系统主页的待办任务列表中，选择一条待审核的架空线路缺陷记录，并点击"操作"栏的"处理工作流"图标，进入缺陷流程处理界面。

（2）发送任务。缺陷审核完后，发送缺陷给专工进行消缺工作安排。

（五）专工消缺工作安排

1. 功能介绍

专业所专工消缺工作安排环节提供将缺陷添加到任务池或向班组开工作任务单直接安排消缺任务

的功能。

2. 功能菜单

待办任务列表>> 缺陷管理 >> 专工消缺安排。

3. 操作介绍

（1）进入专业所专工消缺工作安排界面。登录系统后，在系统主页的待办任务列表中，选择一条待审核的架空线路缺陷记录，并点击"操作"栏的"处理工作流"图标，进入缺陷流程处理界面。

在专业所专工消缺工作安排流程环节，用户可以给缺陷预安排工作时间，并按该时间将缺陷添加到任务池，或者直接针对该缺陷开工作任务单，指定工作班组，也可开写工作票，如果缺陷需要停电，还可在任务单上开停电申请并启动停电申请流程。

（2）创建工作任务单。对于紧急的缺陷，可以点击界面上的"工作任务单"按钮，以创建工作任务单并安排消缺班组，对话框中的工作任务、班组工作任务的受理内容，根据缺陷内容自动填充，工作地点，取缺陷记录对应的线路进行填充。

（3）发送任务。缺陷添加到任务池后，手工发送该缺陷到消缺登记环节。

4. 注意事项

（1）缺陷添加到任务池之前，必须先填写计划工作时间。

（2）发送之后未添加到任务池的缺陷，可以在任务池管理模块中将该缺陷添加到任务池。

（3）创建工作任务单时，系统后台会将该缺陷转化为一条临时任务添加到任务池，并针对该临时任务创建任务单。

（六）检修班组消缺登记

1. 功能介绍

在检修班组消缺登记流程环节，用户可填写消缺日期、消缺人、消缺班组、遗留问题等消缺信息，填写完毕后将缺陷发给运行班组进行验收。

2. 功能菜单

待办任务列表>> 缺陷管理 >> 班组消缺登记。

3. 操作介绍

（1）进入检修班组消缺登记界面。登录系统后，在系统主页的待办任务列表中，选择一条待消除的架空线路缺陷记录，并点击"操作"栏的"处理工作流"图标，进入缺陷流程处理界面。

（2）发送任务。缺陷消缺信息填写完毕后，发送缺陷给运行班组进行验收。

4. 注意事项

（1）发送缺陷时，如果该缺陷是通过巡视记录登记的，消缺结果将回填到巡视记录的"处理情况"列，如果巡视记录对应多个缺陷，回填以追加的方式实现，每条缺陷将自己的消缺结果追加到前一条的后面。

（2）发送缺陷时，如果该缺陷是通过检测记录登记的，消缺结果将回填到检测记录的"处理情况"、"处理日期"列，如果检测记录对应多个缺陷，处理情况回填以追加的方式实现，处理日期则按覆盖式方式回填，每次回填会覆盖上一条缺陷回填的日期。

（七）运行班组消缺验收

1. 功能介绍

在运行班组消缺登记流程环节，用户可填写验收日期、验收人。填写完毕后结束缺陷的整个流程。

2. 功能菜单

待办任务列表>> 缺陷管理 >> 消缺验收。

3. 操作介绍

（1）进入运行班组消缺验收界面。登录系统后，在系统主页的待办任务列表中，选择一条待验收的架空线路缺陷记录，并点击"操作"栏的"处理工作流"图标，进入缺陷流程处理界面。

（2）发送任务。验收日期、验收人填写完毕后，结束缺陷流程。

二、输电架空线路缺陷查询统计

1. 功能介绍

架空线路缺陷查询统计提供以常用的查询条件和统计项目,对架空线路缺陷记录进行查询和统计,同时提供以图形显示统计结果的功能。

2. 功能菜单

运行工作中心 >> 缺陷管理 >> 架空线路缺陷查询统计。

3. 操作介绍

登录缺陷查询统计界面后,界面上部分显示常用的查询条件及统计项目。通过组合各项条件,可过滤出符合要求的架空线路缺陷记录。

点击"查询统计"按钮,若未选择统计项目,则执行查询功能,列出符合条件的架空线路缺陷记录(已经消除缺陷的以灰色显示,已启动流程未消除缺陷以蓝色显示);若选择统计项目,则执行统计功能,以选择的统计项目为统计项,统计架空线路缺陷记录。

三、输电架空线路缺陷两率统计

1. 功能介绍

本模块用于查看指定时间范围内,架空线路缺陷的消缺率和及时率。对一般、严重和紧急缺陷均提供消缺的统计,但是只提供对严重和紧急缺陷的及时率统计,严重缺陷在一周内消缺即为及时,紧急缺陷在 24h 内消缺即为及时,一般缺陷不存在及时率。

2. 功能菜单

运行工作中心>>缺陷管理>>架空线路缺陷两率统计。

3. 操作介绍

(1)两率统计。登录界面后,界面上部分显示常用的统计条件:运行单位、年度、季度和月份,季度和月份只允许选择一个,若选择季度,即统计缺陷的发现时间在指定年度和季度范围内的缺陷记录;若选择月份,即统计缺陷的发现时间在指定年度和月份范围内的缺陷记录。编辑运行单位时,弹出单位导航树,选中单位,即统计该单位下缺陷记录的消缺率和及时率,如图 GYSD01002004-5 所示。

图 GYSD01002004-5 两率统计界面

(2)查看详细信息。执行消缺率和及时率统计后,选中一条统计结果,点击缺陷性质,即显示该记录包含的每一条线路的消缺率和及时率情况,如图 GYSD01002004-6 所示。

图 GYSD01002004-6 查看详细信息界面

四、输电架空线路外部隐患记录登记

1. 功能介绍

架空线路外部隐患记录登记用于登记架空线路的外部隐患，隐患记录可以具体到杆塔，同时提供以常用的查询条件过滤隐患记录。

2. 功能菜单

运行工作中心>>设备缺陷管理>>架空线路外部隐患记录登记。

3. 操作介绍

（1）查询。登录界面后，根据默认的查询条件查询外部隐患记录，默认的查询条件为：①登记班组等于当前登录人员所在班组；②隐患的发现日期在至当前时间一月范围以内；③隐患线路的运行单位为线路导航树的根节点。切换线路导航树选中节点作为线路条件如下：

1）选中运行单位节点：即查询该运行单位下所有线路的外部隐患记录。

2）选中电压等级节点：即查询运行单位等于选中电压等级节点的父节点，并且电压等级等于选中节点的所有线路的外部隐患记录。

3）选中线路节点：即查询该线路的外部隐患记录。

组合线路和其他查询条件，点击"查询"按钮，查询需求的隐患记录，如图 GYSD01002004-7 所示。

图 GYSD01002004-7　查询需求的隐患记录界面

（2）新建。新建架空线路外部隐患记录，首先必须选中线路节点，在图 GYSD01002004-7 所示的界面中点击"新建"按钮，即创建该线路的外部隐患记录，记录自动填写隐患通知单编号、线路名称（禁止修改）、发现日期、发现人班组、发现人的值。

五、输电架空线路外部隐患记录查询统计

1. 功能介绍

架空线路外部隐患记录查询统计模块，提供以常用的查询条件和统计项目对线路外部隐患记录查询和统计。

2. 功能菜单

运行工作中心>>缺陷管理>>架空线路外部隐患记录查询统计。

3. 操作介绍

登录界面后，界面上部分显示常用的查询条件及统计项目。通过组合各项条件，可过滤出符合要求的外部隐患记录。

点击"查询统计"按钮，若未选择统计项目，则执行查询功能，列出符合条件的架空线路外部隐患记录。执行结果如图 GYSD01002004-8 所示。

若选择统计项目，则执行统计功能，以选择的统计项目为统计项，统计架空线路外部隐患记录，执行结果如图 GYSD01002004-9 所示。

图 GYSD01002004-8 架空线路外部隐患记录查询结果界面

图 GYSD01002004-9 架空线路外部隐患统计结果界面

【思考与练习】

1．简述输电架空线路缺陷处理关键流程的操作方法。

2．简述输电架空线路缺陷的查询统计、缺陷两率统计的操作方法。

3．简述输电架空线路外部隐患记录登记、查询统计的操作方法。

模块 5 检修试验管理（GYSD01002005）

【模块描述】本模块包含输电架空线路检修记录登记、查询统计及带电作业查询统计等内容。通过功能介绍、图文结合、操作说明及步骤讲解，掌握输电架空线路检修试验管理的方法。

【正文】

一、输电架空线路检修记录登记

1．功能介绍

该模块用来登记输电架空线路的检修记录，检修记录可以在任务池中工作任务的基础上进行登记，也可以直接手工添加，在登记检修记录时可以挂接相应的检修报告，对具有带电作业性质的检修记录，可填写对应的带电作业登记表。

2．功能菜单

运行工作中心 >> 设备检修试验管理 >> 架空线路检修记录（带电作业）登记。

3．操作介绍

（1）查询。检修记录主界面显示三种记录，即任务池中的工作任务、已维护检修记录、已维护的带电作业记录，界面上定义了两组查询条件来查询这三种记录，如图 GYSD01002005-1 所示。

图 GYSD01002005-1 检修记录主界面

在两组查询条件中分别选择一些条件，并点击"查询"按钮即可查询对应的记录，其中带电作业是依附检修记录的，即列出的带电作业记录是与查询出的检修记录相关联的记录。

因为一个界面包含了三种记录，限于屏幕空间，所以页面采用了上下滚动的方式，如果想查看已维护的带电作业记录，需要滚动到页面的底部，其中带电作业记录的内容可以通过开关隐藏或显示，如图 GYSD01002005-2 所示。

图 GYSD01002005-2 隐藏或显示带电作业记录界面

（2）添加检修记录。添加检修记录有两种方式，一种是点击检修记录数据区的"新建"按钮进行添加，这种添加是纯手写的方式，系统先点击生成一条空白记录行，用户再填充相应的内容即可，如图 GYSD01002005-3 所示。

图 GYSD01002005-3 添加检修记录方法一界面

另外一种就是在工作任务列表中选择一条工作任务，点击该任务"检修记录"栏的相应链接进行添加，添加时系统会根据工作任务的内容生成检修记录的部分内容，如线路名称、工作类型、工作范围，一条工作任务可以添加多条检修记录，但如果该工作任务是一项消缺任务，则只允许添加一条检修记录，如图 GYSD01002005-1 所示。

（3）删除检修记录。删除检修记录时，如果检修记录是根据工作任务添加的，则将工作任务的已登记检修记录数减去删除的记录数；如果检修记录对应的工作任务是消缺任务，则禁止删除检修记录。

（4）登记带电作业。登记检修记录时，可同时登记带电作业，一条检修记录最多只能登记一条带电作业记录。点击图 GYSD01002005-1 所示界面中的检修记录的"带电作业"栏的"未登记"超链接，在出现的对话框中填写相应的内容并保存，如果检修记录已登记过带电作业，则超链接为两个，一个显示"查看"，点击该超链接将直接查看或修改已登记的带电作业记录，另一个显示"删除"，点击该超链接删除已登记的带电作业记录。

（5）登记缺陷记录。在图 GYSD01002005-1 所示主界面的检修记录查询结果列表中，选中一条检修记录，滚动到该记录的最后一列，该列标题为"关联缺陷信息"，点击该列的链接，可查看已登记缺陷记录或添加缺陷记录，具体界面如图 GYSD01002005-4 所示。

图 GYSD01002005-4 登记缺陷记录界面

点击该对话框上部的"添加"及"删除"按钮进行缺陷的添加及已维护缺陷的删除，点击对话框上部的"启动流程"按钮启动勾选缺陷的流程，有关缺陷登记的详细使用说明，请参考"架空线路缺陷登记"模块相应内容。

（6）挂接检修报告。检修记录可以挂接试验报告，点击图 GYSD0100205-1 所示界面中的检修记录 "修试报告"栏的单元格，该单元格将出现一个编辑按钮，点击该编辑按钮，可链接本地的检修报告到检修记录。

二、输电架空线路检修记录查询统计

1. 功能介绍

主要提供架空线路检修记录的查询和统计。

2. 功能菜单

运行工作中心>>检修试验管理>>架空线路检修记录查询统计。

3. 操作介绍

登录界面后，默认查询出指定时间范围内的检修记录，指定的时间范围为截至当前时间一月范围内。界面左侧显示线路导航树，切换选中节点作为线路条件。

（1）选中运行单位节点。即查询该运行单位下线路的检修记录。

（2）选中电压等级节点。首先查找电压等级节点的父节点（运行单位），查找该运行单位下的且电压等级等于所选节点的线路的检修记录。

（3）选中线路节点。即查询该线路的检修记录。

工作类型条件也以导航树形式显示：

（1）选中根节点。工作类型条件为空。

（2）选中分组节点（更换、维修、其他）。查找该节点包含的所有工作类型的检修记录。

（3）选中具体的工作类型。查找该工作类型的检修记录。

组合线路条件和工作类型条件，可过滤出符合要求的线路检修记录。

点击"查询统计"，若未选择统计项目，则执行查询功能，列出符合条件的线路检修记录，执行结果如图 GYSD01002005-5 所示。

图 GYSD01002005-5 线路检修记录查询结果界面

若选择统计项目，则执行统计功能，以选择的统计项目为统计项，统计线路检修记录，执行结果如图 GYSD01002005-6 所示。

图 GYSD01002005-6 线路检修记录统计结果界面

三、输电架空线路带电作业查询统计

1. 功能介绍

架空线路带电作业查询统计模块，用于查询和统计架空线路带电作业情况。

2. 功能菜单

运行工作中心 >> 检修试验管理 >> 架空线路带电作业查询统计。

3. 操作介绍

登录界面后，默认查询出指定时间范围内的带电作业记录，指定的时间范围为截至当前时间一月范围内。界面左侧显示线路导航树，切换选中节点作为线路条件。

（1）选中运行单位节点。即查询该运行单位下线路的带电作业记录。

（2）选中电压等级节点。首先查找电压等级节点的父节点（运行单位），查找该运行单位下的且电压等级等于所选节点的线路的带电作业记录。

（3）选中线路节点。即查询该线路的带电作业记录。

作业项目以下拉菜单列表显示，可查询指定作业项目的带电作业。组合线路条件和其他条件，可过滤出符合要求的线路带电作业记录。

点击"查询统计"按钮，若未选择统计项目，则执行查询功能，列出符合条件的架空线路带电作业。执行结果如图 GYSD01002005-7 所示。

图 GYSD01002005-7 架空线路带电作业查询结果界面

若选择统计项目，则执行统计功能，以选择的统计项目为统计项，统计架空线路带电作业，并计算出每个统计结果的多送电量、作业次数的值，执行结果如图 GYSD01002005-8 所示。

图 GYSD01002005-8 架空线路带电作业统计结果界面

【思考与练习】

1. 简述输电架空线路检修记录登记、查询统计的操作方法。

2. 简述输电架空线路带电作业查询统计的操作方法。

模块 6 工作票管理 （GYSD01002006）

【模块描述】 本模块包含线路工作票管理、工作票查询、工作票统计及工作票日志等内容。通过功能介绍、图文结合、操作说明及步骤讲解，掌握输电架空线路工作票管理的方法。

【正文】

一、工作票管理

线路工作票管理的关键流程包括工作票填写、工作票签发、工作票接收打印、工作票终结四个环节，具体处理流程如图 GYSD01002006-1 所示。

（一）工作票填写

1. 功能介绍

该模块提供工作负责人或签发人起草工作票功能，并提供使用典型票或历史票功能。

2. 功能菜单

运行工作中心>>工作票管理>>工作票管理。

3. 操作介绍（以线路第一种工作票为例）

（1）新建工作票。新建工作票有多个入口，可以通过工作票管理菜单中新建工作票，也可以通过工作任务单模块去新建工作票，下面分别介绍这两种方式。

1）从工作票管理菜单中新建工作票。在主页菜单栏中，选择菜单"运行工作中心>>工作票管理>>工作票管理"，进入工作票管理界面，如图 GYSD01002006-2 所示。

图 GYSD01002006-1 线路工作票管理流程

图 GYSD01002006-2 工作票管理界面

点击"新建"按钮，在弹出的窗口中选择票类型、线路名称，如图 GYSD01002006-3 所示。也可以从工作任务单中取任务进行开票，系统允许没有任务单的工作票。

2）从工作任务单新建工作票。如图 GYSD01002006-4 所示，当弹出工作任务单界面后，填写完必要信息后，点击"工作票"按钮，将新建工作票。

（2）利用典型票开票。从工作票的分类树中选择"典型票"节点，系统将典型票显示在右侧列表中。选中想要利用的历史票后，点击"复制"按钮，系统复制一张工作票放到当前登录用户的"草稿箱"中。用户通过点击票分类树的"草稿箱"按钮便可找到新复制出来的工作票。

图 GYSD01002006-3　新建工作票界面

图 GYSD01002006-4　从工作任务单新建工作票界面

（3）利用历史票开票。从工作票的分类树中选择"存档票"节点，系统将存档的工作票显示在右侧列表中。选中想要利用的存档票后，点击"复制"按钮，系统复制一张工作票放到当前登录用户的"草稿箱"中。用户通过点击票分类树的"草稿箱"按钮便可找到新复制出来的工作票。系统复制存档票时，只复制历史票中工作负责人填写的内容（工作单位、工作班组、工作班组成员、计划工作时间除外）。

（4）新建危险点附票。在填写工作票时，点击工具条上的"建附票"按钮，在弹出的界面中选择危险点附票后，点击确定按钮，系统新生成一张危险点附票。在填写危险点时，点击右键，选择"选择危险点"菜单，系统显示危险点库，此时可以从危险点库中勾选危险点和预控措施到当前填写的危险点附票中，如图 GYSD01002006-5 和图 GYSD01002006-6 所示，然后点击"保存"按钮，将危险点附票信息保存。

（5）新建工作票安全措施附图。在填写工作票时，点击工具条上的"建附票"按钮，在弹出的界面中选择工作票安全措施附图后，点击确定按钮，系统新生成一张安全措施附图。用户可以将用WINDOWS 绘图工具或其他绘图工具绘制的图形剪辑复制后粘贴到此处。

（6）工作票发送。工作负责人或签发人填写完整工作票后，便可点击"发送"按钮，并选择将要发送的签发人，系统将工作票发送给指定的签发人。

图 GYSD01002006-5　新建危险点附票界面

图 GYSD01002006-6　危险点库界面

（二）工作票签发

1. 功能介绍

该模块提供工作票签发人签发工作票功能。

2. 功能菜单

运行工作中心>>工作票管理>>工作票管理。

3. 操作介绍

（1）查找待签发工作票。在工作负责人申请签发成功后，工作签发人登录后可以在首页的当前任务中选中该票点击"处理流程"按钮进入该票面操作相应内容；也可以在自己的收件箱中找到该票，双击票名称进入票面完成签发操作。当前任务中也可以通过点击"查看流程图"或"查看日志"按钮，进行流程图或日志的查看。

（2）签发工作票。工作签发人打开工作票，确认工作票内容填写无误后，点击票中"工作票签发人签名"处，系统显示电子签名界面，界面的签名人默认为当前登录人，签发人只需输入正确密码，便可完成工作票的签发操作（签发日期系统自动设置为当前服务器时间）。在签发完后可以点击"发送"

按钮将工作票发送给工作负责人。

4．注意事项

（1）签发人在签票的时候，如果发现票不合格，可以点击"退回"按钮将该票退回给工作负责人，由负责人重新修改好再次申请签发。

（2）签发人签发完发生票时，系统根据规则自动生成票号。

（三）工作票接收打印

1．功能介绍

该模块提供工作负责人接收工作票并打印的功能。

2．功能菜单

运行工作中心>>工作票管理>>工作票管理。

3．操作介绍

工作签发人在签发完工作票后，工作负责人登录后便可以在当前任务中选择该票，点击"处理流程"按钮打开相应工作票；此时工作负责人可以将该票打印出，带纸票到现场执行。

（四）工作票回填终结

1．功能介绍

该模块提供将打印后在纸票上填写的信息回填录入到系统中的功能。

2．功能菜单

运行工作中心>>工作票管理>>工作票管理。

3．操作介绍

（1）工作票作废或未执行。若由于工作票填写有问题或天气等其他原因而不能正常开工，导致工作取消或延期执行时，工作许可人可以点击该票上方的"作废"或"未执行"按钮，将该票作废或转成未执行票。

（2）填写修试记录。如果工作票关联了工作任务单，则工作票的工具将会出现"修试记录"按钮，如图 GYSD01002006-7 所示。

图 GYSD01002006-7　修试记录界面

点击"修试记录"按钮，登记修试记录，点击其对话框中"未登记"超链登记检修记录，在下面的检修记录栏中填写检修情况，也可把检修报告下挂到该检修记录中，点击"保存"按钮保存检修记录。

（3）工作票回填终结。工作负责人在现场施工完成后，将打印后填写的内容回填录入到系统中，点击"发送"按钮将该票转成存档票，该票整个流程结束，并产生已执行章。回填工作票是为了保证系统中工作票数据的完整性，便于后续工作票审核和查询统计，如图 GYSD01002006-8 所示。

图 GYSD01002006-8　回填工作票

二、工作票查询

1. 功能介绍

该模块提供根据查询条件对工作票进行查询的功能。

2. 功能菜单

运行工作中心>>工作票管理>>工作票查询。

3. 操作介绍

在主界面菜单栏中，进入工作票查询界面，如图 GYSD01002006-9 所示。

图 GYSD01002006-9　工作票查询界面

通过条件区选择查询条件（票类型、票状态、存档单位、制票单位、票名称、线路名称），如图 GYSD01002006-10 所示。对于查询结果，用户可以双击打开后进行浏览；如果当前登录人具有修改票的权限，在查询结果中打开票后还可以修改票内容。也可通过自定义查询，点击"自定义查询"按钮，在页面中选择条件，然后点击"确定"按钮。也可以将经常使用的查询条件保存为查询方案，在以后的查询中直接点击"选择查询方案"按钮，选择具体方案进行查询即可。保存的查询方案为私有，每个用户只能使用自己保存的查询方案。

图 GYSD01002006-10　查询条件选择界面

三、工作票统计

1. 功能介绍

该模块提供根据时间、执行单位对工作票进行统计的功能。

2. 功能菜单

运行工作中心>>工作票管理>>工作票统计。

3．操作介绍

在主界面菜单栏中，进入工作票统计界面，如图 GYSD01002006-11 所示。

统计时间段：开始时间 2008-07-01　结束时间 2008-07-23　执行单位：兰州供电公司

统计方式：◉按部门 ○按工作负责人 ○按工作签发人 ○按工作许可人 ○按存档单位　[统计]

2008-07-01至2008-07-23工作票执行情况统计表

	部门名称	工作票总数	电力线路第一种工作票	电力线路第二种工作票	电力电缆第一种工作票	电力电缆第二种工作票	电力线路带电作业工作票	作废票	未执行票
1	检修班	16	3	13	0	0	0	0	0
2	运行一班	14	12	1	0	0	0	1	0
3	运行二班	11	4	6	0	0	0	0	1
4	带电作业班	3	0	0	0	0	0	0	0
5	应急修理班	9	0	0	0	0	0	0	0
6	合计	53	19	20	0	0	0	1	1

图 GYSD01002006-11　工作票统计界面

可根据选择统计时间、执行单位，统计方式，对工作票进行统计，统计结果显示各班组执行票数、作废票数、票总数。

四、工作票合格率统计

1．功能介绍

根据执行单位统计工作票月度合格率。

2．功能菜单

运行工作中心>>工作票管理>>工作票合格率统计。

3．操作介绍

在主界面菜单栏中，进入工作票合格率统计界面，如图 GYSD01002006-12 所示。

单位：供电公司　　统计时间段：开始时间 2008 年 5 月　结束时间 2008 年 7 月　[统计]

2008年5月至2008年7月工作票合格率统计表

	票种	执行张数	合格张数	合格率
1	线路第一种工作票	2	0	0%
2	线路第二种工作票	1	0	0%

图 GYSD01002006-12　工作票合格率统计界面

可根据选择执行单位、统计时间段，对工作票合格率进行统计。

五、工作票日志

1．功能介绍

对于工作票的一些重要操作，系统都以日志的方式记录下来，通过该模块，用户可以查询对于一张工作票的所有重要操作。

2．功能菜单

运行工作中心>>工作票管理>>工作票统计。

3．操作介绍

在主界面菜单栏中，进入工作票日志查询界面，如图 GYSD01002006-13 所示。

【思考与练习】

1．简述线路工作票管理关键流程环节及相应的操作方法。

2．简述线路工作票查询、工作票统计及工作票日志的操作方法。

图 GYSD01002006-13　工作票日志查询界面

第二十四章　参数维护统计报表

模块 1　任务池（GYSD01003001）

【模块描述】本模块包含输电任务池管理和查询统计。通过功能描述、图形提示、操作过程详细介绍和注意事项，掌握输电任务池管理的应用。

【正文】

一、输电任务池管理

1. 功能描述

该模块提供输电检修工作任务的维护功能，可以勾选周期性的工作入池、也可以将未消除缺陷或未完成的工作任务添加入池。

任务池管理模块还提供了下月到期、明年到期任务以及未入池缺陷的入池提示功能，可以直接勾选这些提示的记录加入池中。

2. 功能菜单

计划任务中心>>任务池>>输电任务池管理。

3. 操作介绍

打开菜单进入输电任务池维护界面，如图 GYSD01003001-1 所示。

图 GYSD01003001-1　输电任务池维护界面

用户可以设置查询条件，点击"查询"按钮查询已维护的输电工作任务。

（1）新建。点击"新建"按钮，填写新增任务的相应信息，带有星号的为必填信息，如图 GYSD01003001-2 所示。

图 GYSD01003001-2　新建任务界面

选中要修改的记录，点击"▽"图标，可以对任务进行修改，如图 GYSD01003001-3 所示。

图 GYSD01003001-3　修改任务界面

（2）周期性检修计划入池。点击"周期性检修任务入池"按钮，选中要添加的任务，点击"入池"按钮完成添加到任务池的功能，如图 GYSD01003001-4 所示。

图 GYSD01003001-4　周期性检修计划入池界面

（3）未完成任务入池。点击"未完成任务入池"按钮，选中要添加的任务，点击"入池"按钮完成添加到任务池的功能，也可以点击"取消该任务"超链接中取消选中的任务，如图 GYSD01003001-5 所示。

图 GYSD01003001-5　未完成任务入池界面

（4）未消缺缺陷入池。点击"未消缺缺陷入池"按钮，选中要添加的任务，点击"入池"按钮完成添加到任务池的功能，如图 GYSD01003001-6 所示。

图 GYSD01003001-6　未消缺缺陷入池界面

列表上方有"架空线路"及"电缆"两个选项，分别是针对架空线路缺陷及电缆缺陷，选择不同的选项，可以显示相应的未入池的缺陷记录。

列表中的"计划消缺时间"由系统默认给出，默认为任务池中和当前缺陷同一条线路的最早工作任务所属的计划开始时间。对于列表中每一条缺陷记录，可以查看任务池中同线路最早的工作任务，还可以查看任务池中同线路上的所有工作任务。选中要添加的任务，点击"入池"按钮便可将未消除缺陷添加到任务池。在添加之前，必须输入"计划消缺时间"，否则系统给出提示。

（5）同线路任务整合。点击"同线路任务整合"按钮进入同线路任务整合界面，如图 GYSD01003001-7 所示。

图 GYSD01003001-7　同线路任务整合界面

列表中每一条记录显示同一条线路上的所有待开展任务，其中"工作类型"、"工作内容"、"工作范围"、"计划开始时间"、"计划完成时间"为同线路计划开始时间最早的工作任务的属性，"待整合的工作任务"为该线路上其他的工作任务，点击"详情"按钮可以查看线路上所有任务的详细信息，点击"时间整合"按钮可以修改本条对应的所有工作任务的计划开始时间和计划完成时间。

（6）删除任务。点击"删除"按钮，可以将选中的任务从任务池中删除。对于消缺任务，系统禁止删除操作，对于周期性检修工作任务，删除后该周期性检修工作任务可重新被添加到任务池中。

4. 注意事项

（1）模块查询出的已维护工作任务，均为待开展的任务。

（2）模块查询出的已维护工作任务，为该用户所在的单位（地市、工区或县局）的下级单位或部门登记下的所有任务，具体来说，如果用户是班组下的用户，则用户只能查询本班组登记的工作任务记录，如果是工区用户，则用户只能查询本工区下的所有部门登记的工作任务记录，如果用户是地市级用户，则用户只能查询本地市下的所有部门登记的工作任务记录。

（3）通过本模块的"新建"按钮添加的任务，均视为临时工作任务。

（4）任务池任务列表下方的下周到期任务、下月到期任务、明年到期任务、未消除缺陷的提示区域，所提示的记录为该用户所在的单位（地市、工区或县局）管辖范围内线路的到期检修任务或未消除的缺陷，运行（检测）到期任务不包含在内，所谓检修任务，是指工作类型的根类型为"检修"的任务。

（5）任务池下方的下周到期任务、下月到期任务、明年到期任务、未消除缺陷的提示的区域，是动态的，任何一种提示区域无记录，则该提示区域将消失。

（6）任务池下方的未消除缺陷的提示区域所显示的缺陷，为专工已审核但未添加到任务池的缺陷，并且在任务池中至少发现一条同线路的其他工作任务，所谓专工已审核，是指该缺陷已经缺陷流程的专业所专工审核。

（7）无论是缺陷还是周期性检修工作，被添加到任务池后，不能被再次添加。

（8）缺陷流程环节中的也提供了将缺陷添加到任务池的功能，如果在缺陷流程处理时通过这些功能将缺陷添加到任务池，则本模块将不能再次添加，入池提示也不再显示该缺陷记录。

（9）对于临时性任务，可以修改其任何一个属性信息；对于周期检修任务、未完成任务、未消除缺陷任务，只能修改"计划开始时间"、"计划结束时间"、"工作班组"、"备注"等信息。

二、输电任务池查询统计

1．功能描述

查看输电任务池情况。

2．功能菜单

计划任务中心>>任务池>>输电任务池查询统计。

3．操作介绍

（1）查询。打开菜单进入输电任务池查询统计界面，如图 GYSD01003001-8 所示。

图 GYSD01003001-8　输电任务池查询界面

用户可根据工作类型、任务等级、计划工作时间、登记部门、线路名称、任务来源、电压等级、工作班组、工作内容、任务状态等条件选项查询出符合条件的输电任务情况。红色表示为开展的工作任务，绿色表示已安排未执行的工作任务，灰色表示已完成的工作任务。

（2）统计。也可对任务来源、任务状态、任务等级、工作班组等项作出相应的统计。

（3）导出。点击"导出 EXCEL"按钮，将查询统计出的数据导入到 EXCEL 文档并打印。

【思考与练习】

1．输电线路任务池添加有哪几种方式？

2．输电线路任务池管理需注意哪些事项？

模块2　输电检修计划管理（GYSD01003002）

【模块描述】 本模块包含输电年度计划管理、输电月计划管理、输电工作计划管理等内容。通过功能描述、图形提示、操作介绍，掌握输电线路检修计划管理的应用。

图 GYSD01003002-1 输电年度检修计划流程

【正文】

一、输电年度计划管理

（一）输电年度检修计划流程

输电年度检修计划流程，如图 GYSD01003002-1 所示。

（1）工区生产办人员制定输电年度检修计划。

（2）工区领导审核年度检修计划。

（3）地市公司生技领导审核年度检修计划。

（4）地市调度审核平衡年度检修计划。

（二）输电年度检修计划制定

1. 功能描述

用于输电年度检修计划的制定、修改。

2. 功能菜单

计划任务中心>>主网检修计划管理>>输电年计划制定。

3. 操作介绍

（1）过滤。系统默认过滤出时间段内当前用户制定所有年计划，用户可以设置过滤条件点击"过滤"按钮即可，如图 GYSD01003002-2 所示。

（2）新增。点击"新增"按钮，弹出任务选择界面，如图 GYSD01003002-3 所示。

图 GYSD01003002-2 输电年度检修计划过滤界面

图 GYSD01003002-3 任务选择界面

选择要生成计划的任务，点击"添加到计划"按钮即可。

（3）查看详细。选择计划，点击" 💭 "查询，可以查看当前计划的详细信息以及相关任务信息；可对处于制定状态的计划信息可进行修改、削减和增加计划相关任务等操作。修改信息后，点击"保存"按钮数据即可。

（4）合并。选择计划，点击"合并"按钮，系统可将相同线路的计划合并为一条新计划并替换所选计划。

（5）发送。选择计划，点击"发送"按钮弹出迁移选择对话框，选择要发送的用户，点击"发送"按钮将计划发送到计划流程下一环节。

（三）年度检修计划审核

1. 功能描述

用于年度检修计划领导审核，提供年度计划的修改、回退、审核、时间平衡、发送等功能；提供对已审核年度计划的查看功能。

2. 功能菜单

计划任务中心>>主网检修计划管理>>年度检修计划审核。

3. 操作介绍

（1）过滤。选择"已审核计划"单选按钮，点击"过滤"按钮，查询时间段内当前用户已审核过的计划，如图 GYSD01003002-4 所示。

图 GYSD01003002-4　已审核计划查询结果界面

（2）查看详细。选择"待审核计划"，点击"查询"按钮，弹出计划修改界面，用户可对计划信息修改，填写审核意见。

（3）审核。在年度检修计划审核页面，选择多条待审核的计划，点击"审核"按钮弹出审核意见填写界面，填写审核意见，点击"确定"按钮即可。

（4）时间平衡。点击"时间平衡"按钮弹出批量修改计划时间界面，如图 GYSD01003002-5 所示。

图 GYSD01003002-5　批量修改计划时间界面

选择要调整时间的计划，设置计划时间，然后点击"确定"按钮即可。

（5）发送。选择计划，点击"发送"按钮弹出迁移选择对话框，选择要发送的用户，点击"发送"按钮将计划发送到计划流程下一环节。

（6）回退。选择计划，点击"回退"按钮弹出回退迁移选择对话框，选择要回退的用户，点击"发送"按钮将计划回退到指定流程环节。

（四）年度检修计划调度审核

1. 功能描述

用于年度检修计划调度审核工作。提供对待审核计划的审核、时间平衡功能，提供对已审核过计划信息的查看功能。

2. 功能菜单

计划任务中心>>主网检修计划管理>>年度检修计划审核。

3. 操作介绍

（1）过滤。选择"已审核计划"单选按钮，点击"过滤"按钮，查询时间段内当前用户已审核过的计划，如图 GYSD01003002-6 所示。

图 GYSD01003002-6 已审核计划查询结果界面

（2）查看详细。选择"待审核计划"，点击"查询"按钮，弹出计划修改界面，用户可对计划信息时间调整，填写审核意见。

（3）审核。在年度检修计划调度审核界面，选择多条待审核的计划，点击"审核"按钮弹出审核意见填写界面，填写审核意见，点击"确定"按钮即可。

图 GYSD01003002-7 输电月度检修计划流程

（4）时间平衡。点击"时间平衡"按钮弹出批量修改计划时间界面，选择要调整时间的计划，设置计划时间，然后点击"确定"按钮即可。

（5）发送。选择计划，点击"发送"按钮弹出迁移选择对话框，将计划发布。

（6）回退。选择计划，点击"回退"按钮弹出回退迁移选择对话框，选择要回退的用户，点击"发送"按钮将计划回退到指定流程环节。

二、输电月计划管理

（一）输电月度检修计划流程

输电月度检修计划流程如图 GYSD01003002-7所示。

（1）工区生产办人员制定计划。

（2）工区领导审核月检修计划。

（3）调度审核平衡月检修计划。

（二）输电月度检修计划制定

1. 功能描述

用于输电月度检修计划的制定、修改。

2. 功能菜单

计划任务中心>>主网检修计划管理>>输电月度检修计划制定。

3. 操作介绍

（1）过滤。系统默认过滤出时间段内当前用户制定所有月计划，用户可以设置过滤条件点击"过滤"按钮过滤计划，如图 GYSD01003002-8 所示。

图 GYSD01003002-8　输电月度检修计划过滤界面

（2）取年计划：月度计划制定上报与年度计划制定上报流程基本一致，不同的是，月度计划可以取已发布的年计划，点击"取年计划"按钮弹出年计划选择界面，如图 GYSD01003002-9 所示。

图 GYSD01003002-9　取年计划界面

选择年计划，点击"确定"按钮将年计划加入当前月即可。

（3）月度计划的新增、上报流程，与年度计划上报流程基本一致，不再描述。

（三）月度检修计划审核

1. 功能描述

用于月度检修计划领导审核，提供月度计划的审核、时间平衡、计划信息的修改、计划回退、计划发送功能，提供对已审核过计划信息的查看功能。

2. 功能菜单

计划任务中心>>主网检修计划管理>>月度检修计划审核。

3. 操作介绍

具体流程参考年度计划审核。

（四）月度检修计划调度审核

1. 功能描述

用于月度检修计划调度审核，提供月度计划的审核、时间平衡功能，提供对已审核过计划信息的查看功能。

2. 功能菜单

计划任务中心>>主网检修计划管理>>输电月度检修计划调度审核。

3. 操作介绍

具体操作流程参考年度计划调度审核。

三、输电工作计划管理

根据地域以及管理方式的不同，工作计划可以作为日计划、周计划、旬计划，具体按各地的实际情况进行调整。

图 GYSD01003002-10 输电工作检修
计划流程

输电工作检修计划流程如图 GYSD01003002-10 所示（当前流程为标准版系统提供流程，用户可通过工作流平台自定义流程环节）。

（1）工区生产办人员制定工作检修计划；

（2）工区领导审核工作检修计划；

（3）调度审核平衡工作检修计划。

（一）输电工作计划制定

1. 功能描述

输电工作检修计划的制定、修改。

2. 功能菜单

计划任务中心>>主网检修计划管理>>输电检修计划制定。

3. 操作介绍

（1）过滤。用户可以设置过滤条件点击"过滤"按钮过滤计划，如图 GYSD01003002-11 所示。

（2）新增。第一种方式是先在任务池中维护计划，操作步骤和输电年度计划制定一样；第二种方式是取审批后下发的月度计划，操作如下。

1）点击"取月计划"按钮，如图 GYSD01003002-12 所示。

图 GYSD01003002-11 输电工作计划过滤界面

图 GYSD01003002-12 取月计划界面

2）选择相应的月度计划，点击"确定"按钮加入当前工作计划中。

（3）发送。点击"发送"按钮，所选工作计划进入审核流程，可参考输电年度计划的审批流程。

（二）工作检修计划审核

1. 功能描述

用于工作计划领导审核，提供工作计划的审核、时间平衡、计划信息的修改、计划回退、计划发送功能，提供对已审核过计划信息的查看功能。

2. 功能菜单

计划任务中心>>主网检修计划管理>>输电检修计划审核。

3. 操作介绍

工作计划的审核流程处理可参考年计划审核。

（三）工作计划调度审核

1. 功能描述

用于工作计划调度审核，提供工作计划的审核、时间平衡功能；提供对已审核过计划信息的查看功能。

2. 功能菜单

计划任务中心>>主网检修计划管理>>输电检修计划调度审核。

3. 操作介绍

工作计划的调度审核流程处理可参考年度计划调度审核。

【思考与练习】

1. 简要描述输电线路年度计划的流程。

2. 检修计划的调度审核主要提供哪些功能？

模块 3　输电停电申请单登记（GYSD01003003）

【模块描述】本模块包含输电停电申请单登记、审批等内容。通过操作过程详细介绍，掌握输电停电申请单的应用。

【正文】

1. 功能描述

用于输电停电申请单的登记，提供输电停电申请单的登记、审批等功能。

2. 功能菜单

计划任务中心>>停电申请单>>输电停电申请单登记。

3. 操作介绍

（1）查询。用户可以设置过滤条件点击"查询"按钮查询停电申请单，如图 GYSD01003003-1 所示。

图 GYSD01003003-1　停电申请单查询界面

（2）新建。点击"新建"按钮，进入新建界面，如图 GYSD01003003-2 所示。

图 GYSD01003003-2　新建界面

（3）查看详细。在图 GYSD01003003-1 所示的查询界面中，选择申请单，点击　可以查看所选的基本信息和停电简图，可以修改申请单内容并启动流程，如图 GYSD01003003-3 所示。

图 GYSD01003003-3　修改申请单界面

（4）启动流程。在图 GYSD01003003-1 所示的查询界面中，选择申请单，点"启动流程"按钮，进入审批流程，如图 GYSD01003003-4 所示。

图 GYSD01003003-4　启动流程界面

选择要发送的用户，点击"发送"按钮将计划发送到计划流程下一环节。

（5）批复。在当前任务中，选择停电申请单，点击" 🖋 "开始处理流程，如图 GYSD01003003-5 所示。

完成批复后，点击"发送"按钮即完成批复。

【思考与练习】

1. 输电线路停电申请单主要包括哪些字段？

2. 简要描述输电线路停电申请流程。

图 GYSD01003003-5　批复界面

模块 4　工作任务单管理（GYSD01003004）

【**模块描述**】本模块包含输电工作任务单分配、班组受理、处理等内容。通过功能描述、操作和注意事项介绍，掌握输电线路工作任务单的管理方法。

【**正文**】

一、工作任务单分配

（一）功能描述

该模块提供输电工作任务单创建及派发功能。创建工作任务单时，首先选择计划任务或临时任务，同时需要指定受理任务的工作班组，一个任务单可以对应多条计划或多条临时任务，在创建工作任务单时可以关联停电申请单或创建停电申请单，也可以开写工作票。

在进行任务单创建时，允许选择的计划任务为周（旬）工作计划（在系统中称为"输电工作计划"，是比月度工作计划更具体的计划），这些输电工作计划必须是调度发布后且尚未开写工作任务单的计划。

（二）功能菜单

计划任务中心>>工作任务单管理>>工作任务单分配（输）。

（三）操作介绍

打开菜单进入输电工作任务单分配界面，如图 GYSD01003004-1 所示。

图 GYSD01003004-1　输电工作任务单分配界面

1. 新建任务单

在工作计划或临时任务中选择要建任务单的计划或任务，点击"新建任务单"按钮进入新建界面，如图 GYSD01003004-2 所示。

图 GYSD01003004-2 新建任务界面

该界面的操作内容说明如下：

（1）编制日期。由系统自动生成，取计算机的当前时间，并且不能修改。

（2）编制部门。由系统自动给出，如果为线路工区下的用户，所取的编制部门为线路工区。

（3）编号。指工作任务单的编号，由系统自动生成。规则为业务分类（这里指检修，分类号为05）+编制日期（年月日）+流水号。

（4）工作任务。根据"选择任务"对话框自动生成，取值为工作范围+工作类型，如果所选的任务多个，则之间用逗号分隔。

在图 GYSD01003004-2 所示界面中点击"工作任务"下方的"选择任务"链接，出现如图 GYSD01003004-3 所示的对话框。

图 GYSD01003004-3 工作任务选择界面

该对话框列出与工作任务单相对应的工作任务列表，在此基础上还可以针对所选的任务单添加其他的临时任务或工作计划，或者移除一项或几项与工作任务单对应的工作任务。

1）选择临时任务：在图 GYSD01003004-3 所示对话框中点击"选择任务"按钮，系统弹出对话框，用户可以选择其中的任务加入任务单，选择临时任务的界面如图 GYSD01003003-4 所示。

2）选择计划任务：选择方式与临时任务相似，在图 GYSD01003004-3 所示界面中点击"选择计划"按钮，系统弹出所有已发布待开展的工作计划选择对话框，用户可以选择其中的任务加入任务单，如图 GYSD01003004-5 所示。

图 GYSD01003004-4 选择临时任务界面

图 GYSD01003004-5 选择计划任务界面

（5）工作地点。根据所选的工作任务自动生成，取工作任务对应的线路。

（6）所属地市。根据登录人自动给出。

（7）计划工作时间。根据所选的工作任务自动默认，并允许修改，其中开始时间取所有工作任务的最小开始时间，结束时间取所有工作任务的最大结束时间。

（8）任务安排人。自动生成，取登录人姓名。

（9）检修性质。下拉选择，检修性质的编码根据国家电网公司相关标准确定。

2. 登记或链接停电申请单

在图 GYSD01003004-2 所示界面的工作任务单对话框中，首先勾中"申请单"右侧的复选框，然后再点击"申请单"按钮，系统出现停电申请单添加或链接界面，该界面首先列出同线路的所有已维护未链接到任务单的停电申请列表，以便于用户选择并链接到任务单上。界面中点击"新建"按钮，可以针对任务单登记停电申请，界面中选择一条已维护的停电申请单，点击"选择"按钮，可以链接所选的停电申请到任务单上，如图 GYSD01003004-6 所示。

图 GYSD01003004-6 停电申请界面

3. 开写工作票

在图 GYSD01003004-2 所示界面的工作任务单对话框中，首先指定任务对应的工作班组，然后点击"工作票"按钮，系统弹出工作票新建对话框，选择票的种类，确定后可以创建并填写工作票。新建的工作票的"单位"、"工作班组"、"工作任务"、"计划工作时间"属性，根据工作任务单自动带出，部分工作票的票面如图 GYSD01003004-7 所示。

图 GYSD01003004-7 部分工作票票面

4. 指定任务的受理班组

工作任务单的任务及时间等内容填写完毕后，通过图 GYSD01003004-2 所示界面下方的"班组工作任务"数据区域来指定工作班组，如图 GYSD01003004-8 所示。

图 GYSD01003004-8 班组工作任务界面

对话框中首先点击"班组工作任务"中的"新建"按钮，然后在新生成的记录上选择任务受理班组、受理内容。

5. 派发班组

在图 GYSD01003004-1 所示的主界面上勾选一条或多条尚未派发给班组的工作任务单，点击"派发班组"按钮即可。

6. 招回任务

对于已派发给工作班组的任务，如果这些班组尚未进行接受，可以对任务单执行招回操作，点击图 GYSD01003004-1 所示主界面中的"招回任务"，系统提示是否确认招回，用户点击"确定"按钮后执行。

（四）注意事项

（1）模块查询出的工作计划，均为调度发布且未对其开写工作任务单的计划。

（2）模块查询出的临时任务，为待开展的任务，即尚未对其开写工作任务单。

（3）新建任务单选择工作计划或临时任务时，可以选择多条工作计划或多条临时任务，但这些工作计划或临时任务必须是同一条线路的。

（4）在对班组指定受理的工作内容时，同一条工作任务，可以指定给不同的工作班组。

（5）在图 GYSD01003004-1 所示主界面上选择工作计划或临时任务新建工作任务单时，工作计划及临时任务可以同时选。

（6）任务单上开写工作票时，必须首先指定工作班组，未指定工作班组的工作任务单禁止开工作票。

（7）不管任务单有多少个工作班组，该任务单只能开写一张工作票，如果需要开多张工作票，任务单发给班组后，由各班组受理任务单后再分别开票。

（8）一张工作任务单只能链接或创建一张停电申请单，链接后的停电申请单，不能再被其他工作任务单链接，可链接的停电申请单，可通过"计划任务中心>>停电申请单>>输电停电申请单登记模块"维护，详见 GYSD01003003 模块中的操作。

（9）任务单招回时，该任务单必须尚未关闭，招回后的工作任务单，不能再进行任何其他操作，即该任务单被封掉，其对应的工作任务被重新放入池中。

二、工作任务单班组受理

1. 功能描述

该模块提供对派发到班组的工作任务单进行受理操作的功能，通过该模块班组可受理专工派发的工作任务单并指定工作负责人，对已安排的工作任务单可提供任务处理功能，在进行任务单的工作任务处理中，还可以开工作票、填写检修记录等。

2. 功能菜单

计划任务中心>>工作任务单管理>>工作任务单班组受理（输）。

3. 操作介绍

打开菜单进入工作任务单受理界面，如图 GYSD01003004-9 所示。

图 GYSD01003004-9　工作任务受理界面

（1）查询。输入或选择计划工作时间、任务状态等查询条件，点击"查询"按钮，查询出符合条件的工作任务单信息。

（2）指派负责人。在工作任务单列表中勾选一条已分配的任务单，点击"指派负责人"按钮，弹出工作负责人选择对话框，选择负责人，点击"确定"按钮即可。

（3）任务处理。在工作任务单列表中勾选一条已安排的工作任务单，点击"任务处理"按钮，系统弹出任务处理界面进行相应操作，如图 GYSD01003004-10 所示。

图 GYSD01003004-10 任务处理界面

（4）登记或链接停电申请单。在图 GYSD01003004-10 所示的工作任务单界面中，首先勾中"停电申请单"右侧的复选框，然后再点击"申请单"按钮，系统出现停电申请单添加或链接界面，点击"新建"按钮，可以针对任务单登记停电申请，界面中选择一条已维护的停电申请单，点击"选择"按钮即可，如图 GYSD01003004-6 所示。

（5）开写工作票。在图 GYSD01003004-10 所示的任务处理界面中，点击"工作票"按钮，系统弹出工作票新建对话框，对话框会问是否要创建一条相关工作票，如点确定，系统又弹出工作票新建对话框，对话框中选择票的种类（如第一种工作票还是第二种工作票），确定后就可以创建并填写工作票。

（6）填写检修记录。在图 GYSD01003004-10 所示的任务处理界面中，点击"修试记录"按钮，系统出现检修记录登记对话框，如图 GYSD01003004-11 所示。

图 GYSD01003004-11 检修记录登记对话框

操作时按对话框提示的相关内容进行填写即可，对话框上部列出任务单对应的所有工作任务，下方列出了已维护的检修记录列表。根据实际情况，检修记录的其他属性还可以进行修改。

登记检修记录时，还可以在检修记录的基础上登记带电作业工作记录，或直接登记在检修过程中新发现的缺陷。具体操作参见"运行工作中心→检修试验管理→输电架空线路检修记录登记"模块。

（7）处理完成。在任务处理对话框中，点击"处理完成"按钮即可。如果工作票未终结，系统将拒绝关闭该工单。

4. 注意事项

（1）在图 GYSD01003004-9 所示的主界面查询出的工作任务单，为专责派发给本班组（登录人所在的班组）的任务单，未派发的任务单不能查到。

（2）一张工作任务单只能链接或创建一张停电申请单，链接后的停电申请单，不能再被其他工作任务单链接，可链接的停电申请单，可通过"计划任务中心>>停电申请单>>输电停电申请单登记模块"维护，具体操作参见模块 GYSD01003003。

（3）受理工作任务单时，每张任务单最多只能开一张工作票。

（4）指定工作负责人后，任务单的状态自动改为"任务已安排"。

（5）在登记检修记录或工作票之前，必须首先指定工作负责人，否则系统禁止登记检修记录或工作票的操作。

三、工作任务单处理

1. 功能描述

工作任务单处理，除了没有"指定工作负责人"功能，其他功能与"工作任务单受理模块"完全相同，该模块提供任务单指定工作负责人以后，工作负责人进行开工作票、登记检修记录以及关闭工单等的操作处理功能。

2. 功能菜单

计划任务中心>>工作任务单管理>>工作任务单处理（输）。

3. 操作介绍

具体操作参考"工作任务单班组受理（输）"中的"开工作票"、"任务处理"、"填写检修记录"、"关闭工单"的相关操作。

【思考与练习】

1. 工作任务单分配模块使用过程中应注意哪些问题？

2. 工作任务单班组受理模块主要提供哪些功能？

国家电网
STATE GRID

国家电网公司
生产技能人员职业能力培训专用教材

输电线路检修 下

国家电网公司人力资源部　组编

张红乐　主编

中国电力出版社
CHINA ELECTRIC POWER PRESS

内 容 提 要

　　《国家电网公司生产技能人员职业能力培训教材》是按照国家电网公司生产技能人员模块化培训课程体系的要求，依据《国家电网公司生产技能人员职业能力培训规范》（简称《培训规范》），结合生产实际编写而成。

　　本套教材作为《培训规范》的配套教材，共72册。本册为专用教材部分的《输电线路检修》，全书共13个部分40章144个模块，主要内容包括电力网的基本知识及简单计算，输电线路导线受力分析与计算，输电线路杆塔的结构型式与受力分析，输电线路的测量，电气设备及电工测量，电气识、审图，新技术的应用，输电线路生产管理系统应用，规程、规范及标准，检查与验收，线路施工，输电线路检修及抢修，架空线路状态巡视及检修。

　　本书可作为供电企业输电线路工作人员的培训教学用书，也可作为电力职业院校教学参考书。

图书在版编目（CIP）数据

输电线路检修. 下/国家电网公司人力资源部组编. —北京：中国电力出版社，2010.12（2025.3重印）

国家电网公司生产技能人员职业能力培训专用教材

ISBN 978-7-5123-0977-7

Ⅰ. ①输…　Ⅱ. ①国…　Ⅲ. ①输电线路－检修－技术培训－教材　Ⅳ. ①TM726

中国版本图书馆 CIP 数据核字（2010）第 201700 号

中国电力出版社出版、发行

（北京三里河路6号　100044　http://www.cepp.com.cn）

北京天泽润科贸有限公司印刷

各地新华书店经售

*

2010 年 12 月第一版　　2025 年 3 月北京第九次印刷

880 毫米×1230 毫米　16 开本　55.125 印张　1750 千字

印数 25001—25500 册　　定价 **165.00** 元（上、下册）

目　录

下　册

第九部分　规程、规范及标准

第十部分　线路竣工检查与验收

第十一部分　线　路　施　工

第十三部分　架空线路状态巡视及检修

第九部分

规程、规范及标准

第三十五章 架空送电线路相关规程、规范

模块 1 DL/T 741—2001《架空送电线路运行规程》(GYSD00401001)

【模块描述】本模块包含线路运行的基本要求、线路运行的标准、线路巡视等内容。通过概念描述、条文解释，能够掌握线路运行的基本要求、线路运行的标准、线路巡视方法，掌握特殊区段的运行要求以及线路检测、维修的项目和周期。

【正文】

DL/T 741《架空送电线路运行规程》(以下简称《规程》)是输电线路运行检修工作人员的工作准则，既是对线路运行状况评价的标准，又是检测、维护和检修的标准依据。线路运行检修人员应认真学习、掌握《规程》，根据《规程》的有关标准和要求来判别线路的运行水准，分析线路存在的缺陷、发生故障的原因和制定、采取防范措施及检修质量的判断标准。

我国在 20 世纪 50 年代和 60 年代初陆续制定了一批国家和行业标准，《高压架空线路运行规程》于 1959 年由水利水电部颁发，指导全国输电线路运行检修单位工作。1972 年全国开始对各行各业进行整顿治理，水利水电部在 (72) 水电电字第 118 号《关于继续执行 15 种生产管理和运行规程的通知》中指出："两年多来，各地发供电单位都在逐步建立和健全规程制度并已做了很多工作。最近，在我部召开的企业管理座谈会期间，我们征求了与会各单位的意见，认为有些生产技术规程仍需由部作出统一规定。兹选择附表所列 15 种规程 (电业安规、线路运行规程等)，重申继续执行，并交由水利电力出版社重版，……"。水利水电部在稳定全国电力企业安全生产的同时，组织对该 15 种规程和其他相关规程如设计、验收、过电压保护绝缘配合、接地装置等规程进行修订，水利水电部于 1976 年组织起草了《电力线路防护规程》并颁发试行，对电力线路防护工作起到了一定的指导和提高作用。随着文革的结束，各行各业开始拨乱反正，电力工业部于 1979 年将经过多年修订后的报批稿以 (79) 电生字第 53 号颁发《架空送电线路运行规程》，1979 版《运规》有 7 个章节计 43 条和 1 个附录"发电厂、变电所和架空送电线路的电瓷绝缘污秽分级暂行规定"。水利电力部对 1976 版《电力线路防护规程》在运行 2 年多后又组织了修订，并以 (79) 水电规字第 6 号颁发《电力线路防护规程》，该规程有条文 14 条和 1 个附录。1987 年由国务院颁发了《电力设施保护条例》，该条例有 6 个章节计 35 条 (保护条例颁发后架空线路防护规程废除)。这 1 个法规和 2 个部颁规程对不同时期输电线路的安全运行起到了积极有效的作用。

原 1979 年版《架空送电线路运行规程》颁布实施后 (早期规程没有编号)，原电力工业部于 1986 年组织华北电力集团公司负责成立修编组进行修订，1992 年中电联标准化中心以第 36 项计划任务将《运行规程》列入当年的制、修编计划，1993 年 3 月"修编组"提交了《运行规程》修订初稿，随后因修编组的大部分人员退休，运行规程的修订工作一度搁浅。几年后中电联标准化中心调整了《规程》修编组，于 1999 年 11 月重新成立了《架空送电线路运行规程》的修订小组。修编组将原修订初稿重新进行了修订补充，于 2000 年 6 月形成报批稿，国家经贸委以 DL/T 741—2001 标准号颁发执行，修订后的《运行规程》有 9 个章节计 43 条 16 款和 3 个附录。2007 年，全国架空线路标委会线路运行分委会根据《国家发改委办公厅关于印发 2007 年行业标准修订、制订计划的通知》(发改办工业 [2007] 1415 号) 的安排，组织部分单位对 DL/T 741—2001 版进行了修订，以 DL/T 741—2010 标准号重新颁发执行，修订后的《运行规程》有 12 个章节计 74 条 84 款和 3 个附录，增加了术语和定义、保护区的维护和输电线路的环境保护 3 个章节，将原附录 B 线路环境的污秽分级改为绝缘子钢脚腐蚀判据；将原附录 C 各电压等级线路的最小空气间隙改为采动影响区分级标准与防灾措施。

一、范围

规程规定了架空送电线路运行工作的基本要求和技术标准，并对线路巡视、检测、维修、技术管理及线路保护区的维护和线路的环境保护提出了具体的技术要求；适用范围也进行了调整，原 2001版为 35kV～500kV 架空送电线路，现改为 110（66）kV～750kV 架空输电线路，将原 35kV 交流线路归并和直流架空输电线路一起参照执行。

二、引用标准

规程引用了 12 个相关标准，比原 2001 版的 6 个标准增加了：带电作业技术导则、盘形劣化绝缘子检测规程、杆塔工频接地电阻测量、架空送电线路钢管杆设计技术规程和电力设施保护条例等标准、法规。

三、术语和定义

修订后的规程新增了本章节，将需要应用到的部分术语阐述了其定义，方便了运行单位的理解和管理上的规范性。

四、基本要求

《规程》对线路运行工作提出了基本要求，线路的运行工作必须贯彻安全第一、预防为主的方针，运行维护单位应全面做好线路的巡视、检测、维修和管理工作，应积极采用先进技术和实行科学管理，不断总结经验、积累资料、掌握规律，保证线路安全运行。

运行维护单位应经常分析线路运行情况，并根据本地区的特点、运行经验，制定出反事故措施，提高线路的安全运行水平。

本章节有 12 条技术要求，主要是针对线路运行的一些基本规定和有关技术要求。

4.1 条　明确了本标准虽为《送电线路运行规程》，但规程中含有 5 个方面的内容，如线路巡视、设备检查测量、设备维护工作、设备检修工作和技术管理工作。原因是我国一直以来没有线路专业的检修规程、预防性试验规程（DL/T 596 预防性试验规程有 76 页近 40 种设备，其中只有 1kV 以上线路、接地装置 2 项 3 页属输电线路检测内容）和其他检测规程。

4.2 条　规定了运行单位应参加新建线路的路径选择、设计审查、材料设备选型和招标等生产全过程管理，并根据本地环境特点、运行经验、防范事故措施等纳入到新建线路设计中去。如现实工程中，设计单位从未对线路外绝缘配置考虑有效泄漏比距、悬垂双联串 10%的污耐压降低弥补措施、尽量按相应电压等级复合绝缘子的结构高度设计绝缘子片数以及用足塔（窗）头空气间隙即突破原常规7 片/串、13 片/串等设计理念，尽可能在规程规定的雷过电压空气间隙下，改变绝缘子串悬挂方式或在绝缘子串上安装金属招弧角等，以增加外绝缘泄漏比距；另外运行单位应向设计人员建议：尽量采用大盘径大爬距盘形玻璃绝缘子、山区良导体架空地线直线塔应采用提包式带护线条悬垂线夹、山区前后档距严重不均匀时应改为直线耐张以防覆冰倒塔、平地直线塔尽量采用悬垂串挂点处叉铁少的塔型，以防鸟类筑巢引发鸟害事故、采用高塔跨越树竹木区和高塔沿村镇边架设，以防运行后树竹木砍伐或农户平屋升高改建造成导线风偏校核不满足、尽量要求设计单位采用架空地线零或负保护角杆塔，以杜绝线路遭绕击雷跳闸事故等，总之力争新建线路的设备和通道符合输电线路按状态巡视、检修的标准，避免新建线路建成投运之日，运行单位即申请对线路某一部件进行技术改造之时。

4.3 条　是运行单位对新建线路竣工验收的要求，线路竣工验收项目多，运行单位无充足人员和长时间安排线路竣工验收，因此运行单位应在线路验收前制定关键和重要项目的验收单，如导、地线弧垂不允许有超标准的负误差、导线跳线引流板或并沟线夹的施工质量应采用扭矩扳手复核螺栓拧紧扭矩值、核查导、地线压接隐蔽工程的施工记录并上塔抽查部分耐张压接管尺寸与施工记录核对、采用扭矩扳手按比例核查杆塔螺栓紧固情况、全线杆塔接地电阻按规程要求的 0.618 法展放接地辅助射线检测杆塔工频接地电阻值并以季节系数换算后校核是否符合接地电阻设计值等。

4.4 条　要求运行单位的巡视和管理人员必须由有检修经验和专业知识较全面的人员组成，能分析线路运行情况和故障原因，提出并实施相应的反事故措施，以确保输电线路安全健康运行及线路可用率指标达到优良指标。

4.5 条　规定了运行单位开展按线路设备状态进行巡视和检修必须以科学有效的管理制度和手段（如

设备评价标准、缺陷程度判定规定等），开展状态巡视和检修不得擅自延长输电线路巡视、检修的周期。

4.6 条　规定了线路的维护界限，要求线路运行维护单位应与发电厂、变电所和相邻的运行管理单位必须有明确的分界点，不得出现空白点。但条文没有明确分界点划分的位置要求，现实工作中分界点的划分一般是：与发电厂、相邻的运行管理单位签订分界点协议，划分位置为某杆塔一侧最外端防振装置出去 1m 处；与变电所的分界点一般以围墙为界，由本单位生产技术部门下发线路、变电所职责范围分界规定执行。

4.8 条　规定了按国家有关电力设施保护条例等法律法规管理线路通道，建立健全线路沿线群众护线员组织，依靠当地政府进行防止线路外力破坏工作。

4.9 条　规定了外绝缘配置应在长期监测的基础上，结合运行经验，综合考虑防污、防雷、防风偏、防覆冰等因素，即要按常用绝缘子的特性配置外绝缘，但条文没有强调输电线路外绝缘配置必须考虑有效泄漏比距值满足或大于电网污秽分级标准的内容。

4.10 条　属新增条文，规定了易发外力破坏、鸟害和洪水冲刷段线路，应加强巡视并采取针对性技术措施。

4.11 条　规定了输电线路每基杆塔必须悬挂有线路双重命名、杆号、相位及有关安全警示内容的标示牌和安全警示、警告和宣传、保护内容的标示牌。同塔多回线路的塔身和每个横担上必须设置有醒目、清晰、明了的识别标记。

五、运行标准

5.1 条　规定了杆塔和基础的一些标准内容，规定了杆塔和基础若出现一些情况或缺陷，应进行处理的规定。同时增加了目前线路上运行的钢管杆倾斜、绕度、插入式钢管杆的插入尺寸和插入精度配合或法兰盘拼凑块数等规定要求。

5.2 条　规定了导、地线损伤修补、开断重接的标准，输电线路上运行的钢芯铝绞线有不同的钢铝截面比，即钢芯承受的计算破断力也是不同的，钢铝截面比越小，铝截面承受的张力越大，原规程只按铝截面损伤比例来判定修补还是开断重接是不全面的，对有的运行线路导线会减小安全系数。本次修改根据 GB 50233—2005《110～500kV 架空送电线路施工及验收规范》中规定钢芯铝绞线损伤按强度损失和铝截面受损百分比考核处理的规定和 DL/T 1069—2007《架空输电线路导地线补修导则》的方法，对钢芯铝绞线的铝截面受损超过 25% 或导线（同一处）损伤范围导致强度损失超过 17% 时，导线不必开断重接，可采用预绞式接续条、加长型补修管等修补，极大地方便了运行线路缺陷处理，减少了缺陷处理工作量，提高了输电线路的可用率。同时将原 4.6 条导地线弧垂运行标准，归并到本条文一起。

5.3 条　规定了绝缘子受损处理的标准，增加了复合绝缘子的运行内容，修改了原规程中玻璃绝缘子伞盘表面有电弧闪络痕迹需处理的要求，事实上玻璃绝缘子表面闪络后即可恢复绝缘水平，运行单位不必更换处理；规定悬垂串沿顺线路方向的偏斜角不大于 7.5°或偏移值不大于 300mm，但此处若是为弥补污耐压下降而采用按八字形方式两悬垂线夹悬挂的悬垂双联串，应该说不受该条文的规定。

5.4 条　是金具方面受损处理标准，条文要求内容明确，运行人员只需对照执行即可。增加了 OPGW 光缆金具运行要求和处理标准，针对杆塔、金具等钢制螺栓连接的紧固度，标准提供了螺栓扭矩值，其中 ϕ20mm 的扭矩值为 160～200N·m，铝合金并沟线夹或引流板的 ϕ16mm 扭矩值，应按南京线路金具研究院的试验数值 6500～7500N·cm 控制。

取消了原规程中"接续金具的电压降比同样长度导线的电压降的比值大于 1.2"的规定，此内容应该是金具研究所在设计、开发导线接续管时，对接续管管径与导线精度配合和压接后握力是否符合才需要做的试验，运行线路上运行单位是不可能进行此内容检测的。

5.5 条　是有关接地装置的技术标准，本次修改中增加了检测输电线路杆塔工频接地电阻值应进行季节系数换算，同时提供了季节系数表。

六、巡视

6.1 条　从六个方面规定了线路巡视的基本要求，线路巡视是为了经常掌握线路的运行状况，及时发现线路本体、附属设施以及线路保护区出现的缺陷或隐患，近距离对线路进行观测、检查、记录的工作，并为线路检修、维护及状态评价（评估）等提供依据。

线路运行单位对所管辖每条输电线路，均应设专责巡线员，同时明确其巡视的范围、周期以及线路保护（包括宣传、组织群众护线）等责任。巡线员应身体健康、具有线路运行的基本知识和专业技能，地面巡视应配以必要的检修及安全工器具。

巡视发现故障、隐患或缺陷等，运行人员应进行记录、拍照等，方便缺陷定性、故障分析等。

6.2 条 规定了设备巡视要求和内容，将原因、规程文字述说描述改为表格化，清楚明了。

6.3 条 规定了线路通道的巡视要求和内容，将原电力设施保护条例实施细则中的文字描述内容，改为表格化。

6.4 条 规定了巡视周期的确定原则，允许根据线路经过的不同区域、设备状况和运行环境特点，采取不同的巡视周期。针对不同性质的线路，如单电源、重要电源、主干输送通道、网间联络线、运行状况差的老旧线路、缺陷频发线路区段等，巡视周期不得超过 1 个月；对特殊区域的线路、区段，如易外力破坏区、采动影响区、易建房屋区、树竹木速长区等通道环境恶劣地段，应按相应的规律，缩短巡视周期。

七、检测

本章节设置了一张检测项目与周期表格，罗列了输电线路检查和检测的内容和要求。线路检测是发现设备隐患、开展设备状态评估、为状态检修提供科学依据的重要手段。线路运行单位负责线路的检测工作。

线路运行单位应建立相应规章制度和岗位责任制，对所管辖线路的检测工作进行统筹安排，禁止检测不到位而出现遗漏和空白点。

线路运行单位所采用的检测技术应成熟，方法应正确可靠，测试数据应准确。

检测人员应具备线路运行的基本知识和专业技能，做好检测结果的记录和统计分析，检测统计应符合季节性要求。要做好检测资料的存档保管。

杆塔栏中增加了钢管杆的检测内容，对部分检测周期不明确规定年限，由运行单位根据线路巡查结果，确定是否检测或延长检测周期、检测数量等。

绝缘子栏中增加了复合绝缘子每 5 年一次进行电气机械抽样检测试验内容。

导地线栏中将原导线接续金具的检测划入金具检测栏。

金具栏中增加了导线接续金具的检测要求，明确导线接续管采用望远镜观察压接管口有否断股、滑移现象；规定跳线并沟线夹、引流板检修应测试螺栓连接扭矩值，若要进行红外测温，必须在线路输送负荷较大时测温。为满足线路状态检修的需要，对带电部分原人工检测的项目，改为必要时和每次检修时。

防雷设施及接地装置栏中应注明一下，由于输电线路架设在野外，且雷区基本在山区，因此输电线路不会采用那种避雷器本体常年承受运行电压的电站型避雷器。原因是电站型氧化锌避雷器每年要采用绝缘电阻表检测绝缘电阻值，每年检测直流 1mA 电压及 $0.75U_{1mA}$ 下的泄漏电流值，每年检测运行电压下的交流泄漏电流值，每年检测底座绝缘电阻值，每年检查放电计数器情况，必要时检查工频参考电流下的工频参考电压值；而此类验收和检测需要试验电源，输电线路上难以实现，因此输电线路上采用的是带空气间隙或带支撑件的避雷器，即线路避雷器本体不带运行电压的线路型避雷器。

八、维修

本章节是线路维修内容，有 7 条技术要求，其中 8.7 条为新增条文，该章节对维修工作的要求、检查记录、抢修与备品备件、带电作业提出了要求。标准对事故抢修工作作了规定，即各单位应按相应事故的类别，事先制定相应的抢修预案，平时经常进行预案演习，使各级指挥人员熟悉抢修流程，工作人员熟悉相应工器具在何处，自己应该做哪些工作，车辆、通信工具、后勤保障等如何调度和保证。另外表格中的多数要求都是针对设备损坏后的修理和更换工作，检修应遵守相关的检修工艺和质量标准，特别是机械强度和有关参数（含电气）不能低于原设计要求。其次是运行单位应大力推行带电检修和带电消缺工作，原因是带电检修可不受系统安全运行的限制，同时输电线路缺陷一般不会大范围出现，而是出现在线路上的某基杆塔或某个部件，有时为了个别缺陷而将线路停电检修，使线路设备失去备用，降低了线路设备的可用率指标。

随着紧凑型线路的不断增多，提出了在紧凑型线路上带电作业前，应计算作业线路的最大操作过电压倍率，并校核作业中可能出现的最小间隙距离。

由于线路长度的增加远大于维护检修人员的增加，按设备状态进行巡视、检修是必然趋势，新增条文对开展状态检修和维护提出了要求。

九、特殊区段的运行要求

9.1 条　为新增条文，具体地规定了什么是特殊区域。

9.2 条　规定了线路大跨越段的运行维护，分 7 个方面提出维护要求，虽然大跨越段的设计已经按超过常规线路的设计标准，但由于地形繁杂、运行环境恶劣，设计人员也是参照其他大跨越线路的有关技术要求，因此运行单位应按国家电网公司有关大跨越线路运行的要求开展工作，详细记录运行中发现的问题，为今后在本地区再设计线路大跨越和安全运行提供运行经验。本次修改新增了大跨越段线路应缩短杆塔接地电阻的检测周期。

9.3 条　是多雷区运行的技术要求，本条有 5 款内容，都是防雷措施的具体工作，运行单位应注意的是，许多次线路遭雷击跳闸，多数是绕击雷事故，特别是 220kV 以上，几乎是绕击雷故障，且多发生在斜山坡的下山坡相，因此当雷击故障点查到后，应检测接地电阻值和分析故障受损情况，因为绕击雷是不需下大力气去降杆塔接地电阻值的，绕击雷的最有效防范措施是增加绝缘子片数、减小架空地线保护角度；原因是杆塔组立在山坡上，因山坡倾斜角度问题，下山坡相导线的地线保护角要加上山坡倾斜角，形成新的地线保护角，因此下山坡相遭绕击雷要比上山坡相多许多，如何改造和防护、屏蔽下山坡相导线是防止绕击雷的关键。

按照绝缘子的电气特性，雷季前，运行单位必须将低零值瓷绝缘子更换，以防止雷过电压下，劣化瓷绝缘子发生钢帽炸裂，导线掉串恶性事故。

9.4 条　是重污区运行的技术要求，首先运行单位应定期检测运行线路上累积 3~5 年的绝缘子附盐密值和灰密，确证该区段的真实污秽等级，其次选择好适合的绝缘子类型，即要能承受污耐压的强度，又要选择产品寿命长的绝缘子，以减少运行检测和更换改造的工作量。对盘形绝缘子，最好选择玻璃绝缘子，可以减少零值绝缘子的检测工作量，又能杜绝因瓷绝缘子劣化而发生钢帽炸裂掉串事故；同时设计要用足塔头间隙，不受原 7 片/串、13 片/串的理念控制，选择大盘径大爬距的普通玻璃绝缘子，提高绝缘子串的有效泄漏比距；对超高压线路应对复合绝缘子采取措施使其离开高压端（即采用玻璃、复合绝缘子组合串方式，由玻璃绝缘子承担强电场，复合绝缘子承受污耐压），降低复合绝缘子高压端的强电场伤害，避免复合绝缘子在超高压线路的强电场处发生硅橡胶电蚀穿孔、树枝状贯通而引发芯棒脆断掉串事故。

按照线路污闪原理和绝缘子电气特性，运行维护单位应在雾季前，及时更换自爆绝缘子，以恢复绝缘子串的泄漏比距；必须更换低零值瓷绝缘子，以防止污闪过电压下，劣化瓷绝缘子发生钢帽炸裂，导线掉串恶性事故。

9.5 条　是关于线路冰灾内容，有 4 条要求，早期输电线路严重覆冰区在云贵高原，川、峡、湘、黔山区和其他省份 800m 海拔以上地区，导线覆冰倒塔断线是电网恶性事故，影响很大，特别是 2008 年南方冰灾倒塔事故，导线覆冰多数在海拔 200~500m 处的山区，因此运行单位做好覆冰防护工作和设计单位重视分裂导线线路不均匀档距覆冰后的不均匀脱冰造成冲击拉垮直线塔的教训，提高分裂导线不平衡张力的百分比或山区档距不均匀时多开耐张措施，避免输电线路倒塔断线事故。

根据绝缘子串冰闪跳闸原理和绝缘子的形状，运行维护单位应对容易发生绝缘子串结冰现象地段的线路，进行绝缘子串防冰闪跳闸措施改造，如盘形绝缘子串采用间隔插花形式，每隔几片插入一片大盘径绝缘子，使悬垂绝缘子串结冰断开（破坏连续结冰状）；悬垂复合绝缘子可采用导线侧大八字形悬挂，使复合绝缘子倾斜，覆冰后无法连接成冰柱状，杜绝冰闪事故的发生。

9.6 条　为微地形、气象区的运行要求，是新增条文，有 4 条内容和要求，微气象区主要是设计控制内容，运行维护单位应搜集现有运行线路上或临近所发生或存在的现象，提供给线路设计单位，对已运行的线路进行路径改造，新建线路应避开此类微气象区。

9.7 条 为采动影响区的运行要求，该条系新增条文，有 4 条内容和要求，主要针对地下矿藏开采挖空后地陷、地质滑动等对地表面上的架空线路的影响，根据地质滑陷不同情况，运行维护单位应采取相应的防范措施，尽量减少此类事故的发生。

十、线路保护区的运行要求

本章节系新增条文，有 10 条内容和要求，虽然它们都是《电力设施保护条例》或《实施细则》中的内容，本次修改将容易引起线路隐患或故障的要求归入规程，方便运行维护单位控制。

十一、输电线路的环境保护

本章节系新增条文，有 4 条内容和要求，随着国民经济的快速发展，输电线路运行电压越来越高，线路架设也越来越多，运行线路与沿线农户间的运行维护矛盾也多了起来，因此运行维护单位也应掌握一些工频电磁场方面的知识，平时运行中搜集些现象、资料和反映，提供给线路设计单位，力争和谐架空线路与沿线农户的相处环境。

十二、技术管理

本章节要求运行单位认真做好技术管理工作，线路专业管理的设备地处野外，所有输电线路又采取早期节约型的设计理念，如 110、220kV 电压等级的外绝缘配置，即空气间隙与绝缘子串长是相等的，造成电网故障跳闸 80%发生在绝缘子串上，线路设备可靠性较差；其次线路设备一般多按机械强度考虑，致使设备制造质量不精密，容易产生设备缺陷，因此做好输电线路的技术管理工作非常重要。管理学是门科学学科，重视科学管理，提高检测技术，分析研究故障原因，加强技术管理是控制输电线路雷击、污闪、冰冻、鸟害、风偏和外力破坏等事故的有效手段，目前线路运行、检修工作仍然依靠人力和体力进行，因此要做好运行资料收集的连续性和可信性工作，对防止输电线路的各类事故发生会起到重要作用。输电线路的技术管理离不开运行经验，而运行经验在于运行资料的积累，特别是缺陷、故障等发生的原因、分析结论和采取措施后的运行情况，以掌握好设备的运行状况和相关事故易发的原因；同时将运行经验和防止事故措施纳入到新建线路的设计中，将大大提高线路安全运行可控水平。

【思考与练习】

1. 架空送电线路运行规程包含哪些工作内容？
2. 运行规程采用钢芯铝绞线铝截面积受损修复、开断重接标准为什么不合理？
3. 输电线路采用液压方式连接导线为什么不会发生电流致热现象？
4. 输电线路为什么不采用常年带运行电压的避雷器？
5. 为什么有的新建线路刚投运期间，在某些气象条件下会发出噪声？
6. 为什么超高压线路下方不允许有常年住人的房屋？

模块 2 DL/T 5092—1999《110~500kV 架空送电线路设计技术规程》（GYSD00401002）

【模块描述】 本模块包含路径和气象条件、绝缘配合、防雷和接地、杆塔结构等内容。通过概念描述和条文解释，能够掌握输电线路设计对线路的技术要求和标准。

【正文】

本模块要叙述的标准已升级为国家标准，标准号为 GB 50545—2010《110kV~750kV 架空输电线路设计规范》，为满足时代的要求，以国标内容编写。

我国在 20 世纪 50 年代和 60 年代初制定了一批国家和行业标准，其中《高压架空电力线路设计技术规程》于 1959 年由水利水电部颁发。1972 年起，国家开始对各行各业进行整顿治理，水利水电部以（72）水电电字第 118 号文首先恢复 15 种企业当前必须的安规、运行、检修规程和试验规程，也起草颁发了"全国供用电规则"（试行），以稳定全国电力企业的安全生产，同时组织对该 15 种规程和其他有关规程进行修订或起草，如送电、配电线路设计规程、过电压保护规程、电力设备接地规程、供用电规则等，并于 1976~1977 年间颁发，其中水利电力部颁发执行了 SDJ3—1976《架空送电线路设计技术规程》。随着文革结束，各行各业开始拨乱反正，水利电力部又组织对1976年颁发的规程进行修订，于1979年以（79）水电规字第7号文颁发执行了SDJ3—1979《架空送电线路设计技术规程》，以后于1999年再次进行了修订。1979年版规程有总则、路径、气象条件、导线、避雷线和金具、绝缘、防雷和接地、导线布置、杆塔型式、杆塔荷载、杆塔结构、杆塔基础、附属设施、对地距离及交叉跨越12个章节及9个标准附录和1个基本符号组成，适用范围是35～330kV。随着技术的进步和从70年代未开始建设500kV线路，到1999年规程颁发时500kV线路已超过10000km的实际情况，1999年国家经贸委颁布执行了DL/T 5092—1999《110～500kV架空送电线路设计技术规程》，《设计规程》有范围、引用标准、总则、术语和符号、路径、气象条件、导线和地线、绝缘子和金具、绝缘配合、防雷和接地、导线布置、杆塔型式、杆塔荷载及材料、杆塔结构设计基本规定、杆塔结构、基础、对地距离及交叉跨越、附属设施17个章节计118条及7个标准附录，期间2006年又组织修订，在送审稿期间发生了2008年南方冰灾，修订编写组及时修订编写后，国家电网公司以Q/GDW 179—2008《110～750kV架空输电线路设计技术规定》颁发，其中内容多为DL/T 5092—1999条文和修订内容，同时增加了部分防范冰灾而提高设计条件的内容。在国网标准的基础上，修订编写组进行了重新修订，以报批稿形式上报给国家标准局。

架空送电线路在运行中能否承受住各种气象条件和荷载的冲击，是对线路设计条件的检验，同时也是对线路运行工作人员的检验。线路运行人员应掌握必要的《线路设计》基础知识，以便在线路扩初审查、竣工验收、运行巡视中及时发现问题，并进行故障分析，依靠专业知识提出技术要求和依据，确保线路安全运行。

在《国家电网公司十八项电网重大反事故措施》（试行）中（防止输电线路事故）明确提出：加强设计、基建及运行单位的沟通，充分听取运行单位的意见。条件许可时，运行单位应从设计阶段介入工程。

在DL/T 741—2001《架空送电线路运行规程》在基本要求中也提出：运行维护单位应参与线路的规划、可行性研究、路径选择、设计审核、杆塔定位、材料设备的选型及招标等生产全过程管理工作，并根据本地区的特点、运行经验和反事故措施，提出要求和建议，使线路设计的成果与安全运行要求协调一致。

一、总则

原为范围章节，本次修订增加为5条内容，原《架空送电线路设计技术规程》的设计范围改为110～500kV，本次扩大到750kV电压等级，其中110～500kV适用于单、双回及同塔多回路架空线路；750kV适用单回路线路。

随着社会的进步，标准新提出设计的架空输电线路应符合安全可靠、先进适用、经济合理、资源节约、环境友好型的要求。

实际上输电线路发生倒塔断线的几率很小，但雷击、污闪和鸟害跳闸故障多发。电网发生的故障，其中80%以上是在输电线路上发生的；而输电线路发生的故障，又有80%左右是沿绝缘子串发生的，因此输电线路的设计要满足该线路在当地环境下电气方面安全运行的要求，是今后线路设计理念的重中之重。

二、术语和符号

原章节有9个术语11个符号，基本是机械强度相关的内容，本次修订将术语扩大到19个，符号归类为4大方面计69个。全国已连续多年多地段发生电网大面积污闪跳闸事故，原电力工业部、能源部等推出许多防污闪方面的规定，本次修订中已将盐密值、灰密、采动影响区和防雷保护角作为术语纳入，但没有纳入单片几何爬电距离、绝缘子爬电距离有效系数和悬垂双串污耐压降低等防污闪（外绝缘配置）设计最重要的理念，会造成输电线路因绝缘子形状选择不当、绝缘子串的有效泄漏比距未满足电网污区图的污秽等级要求（未将绝缘子几何爬距按其形状系数换算）或悬垂双串未采取污耐压降低的弥补措施而发生线路污闪事故（线路污闪事故多发生在悬垂双串上）。

三、路径

本章节有9条技术要求，由于线路设计要执行资源节约型和环境友好型，同时根据科技发展的实际，线路勘察设计应采用卫片、航片、全数字摄影测量系统及地质遥感技术等，以加快和确保设计质量，提高生产能力。目前运行线路多数是按当时的国民经济情况来考虑工程经济节约，随着国民经济的发展和人民生活水平的不断提高，对电的依赖程度越来越高，一旦发生电网事故，如 2008 年南方大面积冰灾倒塔，对国家正常运行秩序和人民群众的生产生活将会造成极大问题，因此国家电网公司提出了建设坚强电网的运行模式。其次，规程提出的输电线路设计应通过综合技术经济比较，而现实审查中掌握的技术经济指标主要是工程的钢耗率、混凝土耗比等，这样势必会造成杆塔高度普遍较低，原因是当时线路工程的本体造价占工程综合造价的 70%～80%，而目前线路工程的本体造价占综合造价的 50% 左右，在东部沿海经济发达地区有时只占 20% 左右，因此单项控制工程钢耗比，会大大增加通道中树木砍伐、房屋拆迁等赔偿费用；如采用高塔和增加绝缘子片数，虽会增加线路工程的本体造价，但可以减少拆房、砍树的赔偿和杜绝线路污闪事故的发生等，反而会节约大量资金，因此在审查中需进行综合技术经济比较。

经过 2008 年南方电网冰灾倒塔后，国家电网公司提出：跨越铁路、高速公路时，应设置孤立档或小耐张段；输电线路在山区遇档距严重不均匀时，应将直线塔改耐张；当线路覆冰两侧不均匀脱冰时，避免该直线塔因导线不均匀脱冰时的不平衡张力拉垮直线塔等。

四、气象条件

本章节有 14 条技术要求，比原规程增加了一半，主要是大风、覆冰等内容。

4.0.1 条 规定了气象重现期的年份，原规程中的输电线路气象重现期标准取值是比较低的，经过 2008 年电网大面积冰灾倒塔，本次对线路设计标准已将 500kV 及以上电压等级统一确定为 50 年，110～330kV 电压等级均按原大跨越标准即 30 年控制。

4.0.2 条 为最大设计风值取值内容，本次修订将原标准统计风速高度 110～330kV 线路离地面 15m、500kV 20m 统一改为所有输电线路均按离地面 10m 取值。

4.0.4 条 对所有输电线路的基本风速进行了降低调整。

4.0.5 和 4.0.6 条 对导地线覆冰设计作了调整，以吸取 2008 年电网大面积冰灾倒塔事故教训。

4.0.10 和 4.0.11 条 对线路设计用的年平均气温和架设安装工况中的风速、覆冰进行了规定。

该 14 条技术要求条文字面明确，均针对线路设计时的规定，平时运行单位大多不关心，但设计采纳的风速，则应按线路途径地区的最大风速，这点运行单位在设计扩初审查时应注意，运行单位在校核档中导线风偏对通道旁的树竹木、建筑物等安全距离时需要考虑，以防止导线对此类物体风偏放电跳闸。

五、导线和架空地线

本章节有 15 条技术要求，将原规程的 6 条内容进行了整合和细化，由于导、架空地线是线路的重要部件，它必须保证有足够机械强度，同时又必须保证在允许发热的条件下输送额定荷载和不发生电晕，其无线电干扰（可听噪声）应控制在国家标准允许的范围内。

5.0.1 和 5.0.2 条 是原规程 7.0.1 条的细化，分别规定了导线截面在按经济电流密度选择外，还必须按电晕及无线电干扰等条件校验，因绝大部分输电线路均架设在海拔 1000m 高程以下，规程列出了不需验算电晕的最小导线直径，方便各设计单位导线选择和运行单位校对。

5.0.4 和 5.0.5 条 系新增条文，它规定了输电线路无线电干扰和可听噪声限值的要求，同时将各电压等级的限值列表提供。

5.0.6 条 规定了输电线路在验算导线允许载流量时，提出导线发热宜采用 70℃、环境气温为 40℃、风速 0.5m/s、太阳辐射功率密度为 $0.1W/cm^2$，即导线发热温度的控制条件是最大、最残酷的运行工况。如风速的取值对导线载流量的影响是很大的，风速 1m/s 时的载流量要比 0.5m/s 风速增大 15%～20%；风速从 0.5m/s 增大到 1m/s 时，导线表面温度将下降 10℃ 左右；又如日照强度的取值也对载流量有影响，日照 $100W/m^2$ 时与 $1000 W/m^2$ 时相比，导线载流量要提高 15%～30%。首次提出必要时可按 80℃ 验算，这给老旧线路增加输送容量提供了导线电气、机械强度方面的安全保证，当然针对老旧线路的交叉跨越还是要做好校核工作，从而使电网调度能积极开放线路的合理输送荷载。

世界各国除我国和前苏联，对导线输送荷载发热均按 80℃ 或 90℃ 控制，例如 LGJ-400/35 的钢芯铝绞线的发热温度，其他运行工况都不变，只将导线发热温度从 70℃提高到 80℃，导线输送负荷可提高 16%左右；其次我国多家运行单位已将导线控制发热温度提高到 80℃运行，其中浙江省电力公司调度按最高环境温度下导线按 80℃发热控制已运行 10 多年，应该说普通钢芯铝绞线按 80℃发热温度控制是成熟的。

5.0.10 和 5.0.12 条　是原规程 7.0.4 条的细化，说明架空地线除具有防雷功能外，若绝缘架设时可减少潜供电流（降低线损）、降低工频过电压、改善对通信设施的干扰影响并作为电网高频载波通道。条文规定了架空地线的电气和机械强度使用条件，所以选择地线应按输电线路遭雷击或近区短路电流值和电流通过的时间计算校核架空地线热稳定工况，同时规程又推出经过计算校核后的镀锌钢绞线与导线配合的参数表，方便线路设计单位在线路设计时的选择。

5.0.11 条　是新增条文，随着光纤复合架空地线在电网中的扩大使用，标准规定了其防雷性能、短路电流等技术要求。

5.0.13 和 5.0.15 条　是原规程 7.0.5 和 7.0.6 条，内容说明导、地线在受力后会产生弹性伸长和塑性伸长，在受长期拉力的累积效应下产生蠕变伸长，所以条文规定了导地线架设后的塑性伸长处理方法，一般在架线过程中采用降温法来弥补导、地线在运行中的弧度。如镀锌钢绞线在架设紧线时，按当时的环境温度，以降低 10℃温度计算地线弧垂；而导线则按它的铝钢截面比数值来确定，规程表格中已给出计算好的所需降温值，方便线路施工单位在导、地线架设时计算弧垂使用。本章节还对导地线防振措施的技术要求进行了规定，由于线路设计已提供导地线防振锤的安装尺寸，因此运行单位对此类技术要求只了解即可。

5.0.14 条　是新增条文，随着全国线路导线舞动事故的不断发生，导线防舞动措施的认识和运行经验得到验证，标准要求线路设计在有可能易发生导线舞动的地区时，应采取或预留导线防舞动措施。

六、绝缘子和金具

本章节有 10 条内容，比修订前增加了 5 条。

6.0.1 条　规定了绝缘子和金具的机械荷载和安全系数，本次修订取消了瓷绝缘子常年荷载状况下安全系数不小于 4.5 的规定，由于瓷件的抗拉、抗击打能力都在玻璃件的 1/4 左右。根据中国电力科学院和东北电力设计院对 250 万片瓷绝缘子的调查可知：耐张串的劣化率明显大于悬垂串，同时当绝缘子串的常年荷载安全系数小于 4 时，瓷绝缘子劣化率快速增长，这说明瓷绝缘子的劣化率与常年荷载有关系。线路设计时耐张串的常年荷载是绝大多数悬垂串的 1.6～1.8 间，设计一般将耐张串常年荷载的安全系数取 4.5 及以上，线路悬垂串一般用 70kN，部分压档或大档距则采用双联串，而耐张串则采用 120kN，以确保绝缘子的常年荷载控制在安全系数以上。

当输电线路交跨公路、铁路、电力线路和通信线路时，设计规程为防止瓷绝缘子劣化后遭雷击或污闪、操作过电压，发生短路电流沿绝缘子本体通过造成钢帽炸裂导线掉串的恶性事故，一般均采用双联悬垂串（大档距时按常年荷载安全系数考虑）；目前硅橡胶复合绝缘子因容易发生硅橡胶电蚀穿孔引发芯棒脆断掉串事故，设计也采用双联悬垂串，但对玻璃绝缘子则不需要双联悬垂串，原因是玻璃绝缘子不会发生钢帽炸裂事故，同时劣化自爆后的玻璃绝缘子残余强度必须对于其额定荷载的 80%。

本次修订没有对三种常用绝缘子进行说明。玻璃绝缘子因抗拉、抗击打的能力强，因此玻璃绝缘子不受常年荷载的控制，也就是说玻璃绝缘子的安全系数若常年在 2.7 时，也不会发生劣化率增长现象。另外 DL/T 864—2004《标称电压高于 1000V 交流架空线路用复合绝缘子使用导则》规定：硅橡胶复合绝缘子承受的最大荷载一般宜不大于其额定荷载的 1/3（盘形绝缘子最大使用荷载时安全系数为 2.7）。

6.0.5 条　为架空地线用绝缘子条文，架空地线按绝缘架设时一般均采用瓷绝缘子，而瓷绝缘子易产生劣化（低、零值）现象，在运行中又发现不了哪片绝缘子是低、零值（平时也不检测绝缘电阻），当架空地线遭雷击时，按理是地线绝缘子两端的放电间隙空气击穿下泄雷电流，因地线瓷绝缘子零值，雷电流从钢帽、钢脚间通过，引发钢帽炸裂地线掉串事故，所以规定地线绝缘时宜使用双联绝缘子串。目前已有玻璃绝缘子用作绝缘架空地线的绝缘，由于玻璃绝缘子不会发生钢帽炸裂现象，因此可采用单片。另外自爆后的残锤强度必须达到其额定荷载的 80%以上。

6.0.7条 是针对与横担连接的第一个金具，即要承受其他金具一样的轴向拉力，还要承受旋转摩擦力，因此要求第一只金具的机械强度提高一个强度等级。

6.0.10条 主要规定了严重覆冰段的绝缘子串布置方式，以减少绝缘子串冰闪事故的发生。

七、绝缘配合、防雷和接地

本章节有 22 条技术要求，比原规程的 14 条增加了 8 条内容，增加的条文多数是原条文的细化，少量增加是适应线路运行新出现的状况而定。

7.0.1条 输电线路外绝缘的配置（绝缘子片数选择），一般按满足耐受长期工频电压和操作过电压来确定，对雷过电压除大跨越外一般不作为选择绝缘子片数的决定条件，仅作为校核外绝缘是否满足耐雷水平的要求。

7.0.2条 规定了几个电压等级线路的外绝缘配置要求，针对耐张串常年荷载较大，瓷绝缘子容易劣化，为补偿因劣化绝缘子存在对操作过电压的影响，要求耐张绝缘子串片数应在悬垂串片数的基础上，110～330kV 线路增加 1 片，延续瓷绝缘子制定的要求。目前线路耐张串多采用瓷或玻璃绝缘子，在输电线路设计中，耐张串均比悬垂串多 1 片，这对玻璃绝缘子是不合适的，玻璃绝缘子劣化后即刻自爆，运行单位可及时更换处理；但对瓷绝缘子，由于瓷件强度低，常年运行易产生隐裂纹而劣化，又因没有有效的瓷绝缘子劣化检测仪器，因此瓷绝缘子耐张串即使存有低零值劣化绝缘子，运行维护单位也难以发现，所以规程应注明两种盘形绝缘子的电气、机械性能，以减少部分不必要的浪费。

另外我国输电线路外绝缘配置，是按悬垂 I 串绝缘子在最大风偏下空气间隙击穿电压与绝缘子串闪络电压的 0.85 配合比设计控制塔头间隙的，从而形成 110kV 等级 I 串配 7 片（146mm 高度）、220kV 配 13 片、330kV 配 17 片和 500kV 配 25 片（155mm 高度）结构高度的设计观念，由于空气间隙击穿电压远大于相应结构高度的 I 串绝缘子的沿面闪络电压，致使输电线路雷击跳闸次数占全部故障 80% 左右，同时造成绝缘子串的泄漏比距无法配置到 4.0～5.0cm/kV 等级，只能采用每年停电清扫绝缘子污秽，经统计，我国输电线路沿绝缘子串闪络跳闸与由塔头空气间隙击穿放电的跳闸比在 10:1 ～ 12:1 间。

7.0.3条 是对高塔的耐雷水平，每增高 10m 多挂一片绝缘子，绝缘子片数增加了，杆塔的耐雷水平也提高了。但因增加了绝缘子串，要求对雷过电压的最小间隙也相应增大则值得商榷（原 SDJ3—1979 没有最小间隙相应增大的规定）。应该说该高塔仍应按该电压等级的雷过电压间距控制，原因是空气间隙击穿电压值远比绝缘子串的闪络电压值大，高塔绝缘子串片数增多后，其耐绕击水平增加了，应该在绝缘子串两端安装金属招弧角，其间距按该电压等级的雷过电压控制计算，在导线受绕击雷时，因本塔绝缘水平增加了，导线上的雷电流会沿导线分流衰减，或在高塔附近的一般杆塔绝缘子串上闪络跳闸。

7.0.4条 是线路外绝缘配置的污耐压。由于我国的外绝缘配置已成固定的思维模式，通用铁塔的塔（窗）头间隙也基本按表 7.0.2 绝缘子串长设计，因此本条绝缘子串的泄漏比距"适当留有裕度"就不容易执行了。线路外绝缘设计应按经审定的污秽分级图所划定的污秽等级配置线路应耐受的泄漏比距。原因是从 20 世纪 70 年代以来，全国多次发生大面积污闪事故，特别是 1990 年前后，华东、华北、华中和东北电网多数省份的 2.0cm/kV 污区等级多次发生大面积污闪事故。由于条文没有考虑盘形绝缘子的形状系数，绝缘子厂家生产的产品未加大盘径，只增加了单片绝缘子的几何爬电距离，这类深棱防污型绝缘子使耐污闪性能大减；同时绝大部分线路设计人员还是受 7 片/串、13 片/串的节约型设计观念影响，条文也未要求按有效泄漏比距设计线路的外绝缘，造成设计人员在盘形绝缘子爬距配置不够时则一律采用复合绝缘子的现象。

线路设计人员应突破 7 片/串、13 片/串的瓶颈，事实上同等结构高度的 110kV 复合绝缘子可配置 146mm 高度的盘形绝缘子 9 片左右，220kV 线路可配置 15 片左右。由于同等结构高度的复合绝缘子耐雷水平要比盘形绝缘子串低，为此电力工业部在调网［1997］93 号《复合绝缘子使用指导性意见》中要求：雷击多发区的线路若使用复合绝缘子，其结构高度应比常规高度长 10%～15%。常规 110kV 复合绝缘子结构高度为（1240±15）mm，雷区线路按要求增加 10%，则为（1364±15）mm，该结构高度可配玻璃绝缘子 9 片多，选择 ϕ280mm、450mm 爬距的玻璃防污绝缘子，此时的泄漏比距为 3.68cm/kV；

220kV 复合绝缘子结构高度为（2240±30）mm，增加 10%则为（2464±15）mm，该长度可配玻璃绝缘子约 17 片，泄漏比距为 3.5cm/kV；应该说，设计若按有关防污闪和防雷措施设计线路外绝缘，则线路盘形绝缘子串基本可杜绝清扫污秽，又提高了绝缘子全寿命管理的效果。

7.0.6 条 是针对线路耐张串防污闪的有关规定，"耐张绝缘子串的自洁性较好，在同一污区，其泄漏比距可根据运行经验较悬垂绝缘子串适当减少"是本次修订增加的内容。耐张绝缘子串由于水平放置，容易受雨水冲洗，因此其自洁性较悬垂绝缘子串要好，运行经验也表明，耐张绝缘子串很少污闪。多年来全国多次电网大面积污闪事故，线路污秽闪络跳闸的故障几乎都发生在悬垂串上，且基本是发生在悬垂双串上。有关试验表明：普通型悬式绝缘子串组成的 V 形串，其污闪电压比同一污秽度下的垂直串提高 25%～30%；国外的一些试验进一步证明：各种串形的绝缘子沉积污秽盐密比值随着积污时间的增加而降低。一般情况下，耐张水平串的盐密值是垂直串的 50%左右，而悬垂 V 形串的盐密值是垂直 I 串的 80%左右。

所以按照线路设计规程的要求和国外试验经验及运行线路的实践证明，耐张水平串的泄漏比距可比同条线路的悬垂串低一级左右。特别是目前线路设计中耐张水平串多采用普通玻璃绝缘子，有时按绝缘子串的泄漏比距是小于污秽等级的，运行单位不必刻意地去追求耐张水平串也必须满足污区图中的污秽等级标准。

7.0.7 条 系新增条文，主要是针对复合绝缘子的泄漏比距只能生产 2.8cm/kV 及以下，但新复合绝缘子的憎水性能较好，所以规定在重污区使用复合绝缘子时，其爬电距离不应小于盘形绝缘子最小值的 3/4 和不小于 2.8cm/kV。同时对复合绝缘子的耐雷水平比相同盘形绝缘子串降低现象，提出了注意要求。

7.0.9 条、7.0.10 条、7.0.11 条 规定了各电压等级时的带电作业安全距离、带电部分对杆塔构件的最小间隙和导线相间最小间隙的相关数值，列在几张表格内。

7.0.13 条 规定了输电线路的防雷设计，参照 DL/T 620—1997《交流电气装置的过电压保护和绝缘配合》规程多雷区线路的耐雷水平，110kV 为 60kA；220kV 为 95kA 和 500kV 为 150kA，但线路设计单位几乎难以达到该标准，原因是多雷区几乎在山区，杆塔周围的土壤电阻率较高。如某条新建 220kV 铁塔线路，悬垂串采用 16 片/串，塔头架设双架空地线和在中间架设一根 OPGW 光缆（起分流作用），在山区段的导线下方，架设了约 20km 的耦合地线，经计算杆塔的耐雷水平仍难以达到 95kA（有的塔只有 80 多 kA）。

7.0.14 条 是有关线路架空地线保护角的规定。目前运行单位每年的雷击跳闸居高不下，其原因是线路外绝缘设计的配合比不合理，即绝缘子串无法提高耐绕击雷水平，其次是线路架空地线未设计成小保护角、零保护角或负保护角，无法降低绕击雷的概率。目前多数线路设计单位都已将 500kV 线路的地线保护角控制在 5°以下，许多线路已是 0°或 1°左右，220kV 等级以下也多采用小角度地线保护角。

针对重覆冰区线路，当线路架空地线设计成小保护角、零保护角时，由于运行中架空地线的表面温度要比导线低许多（导线输送荷载中会使导线发热），因此地线结冰也比导线要严重得多，经常是架空地线的弧垂比导线低，当架空地线设计成小保护角、零保护角时，架空地线弧垂下降接近导线而跳闸。

7.0.18 条 系新增条文，主要针对直流输电线路接地极与交流线路接近时，应采取金属防腐蚀的措施。

八、导线布置

本章节为导线布置内容，有 4 条技术要求，均为 1999 年版的内容，比 1999 年版的条文细化了，通读更容易，该章节是成熟的条文，已执行几十年。

九、杆塔型式

本章节为杆塔型式内容，有 5 条技术要求，修订后的规程对杆塔的设计仍然停留在我国早期钢材少，国民经济困难阶段，还是允许采用拉线杆塔和钢筋混凝土电杆，此类杆塔一来占地面积大，妨碍农户种植作业；另外运行维护量大，杆塔稳定全靠拉线维持，不符合目前的社会环境和生产生活方式。虽然标准已允许在城区或市郊线路可采用钢管杆，但 Q/GDW 179—2008《110～750kV 架空输电线路设计技术规定》还规定对树竹木生长期宜按树木自然生长高度，采用高跨杆塔型式设计，充分体现了环境友好型的理念，同时节约了工程综合造价，理顺了电力企业、农户及国家森林法之间的关系。

十、杆塔荷载及材料

本章节是杆塔荷载及材料内容，分杆塔荷载章节 22 条技术要求和结构材料章节 8 条技术要求，比原规程的 2 个章节和 21 条技术要求修订增加较多，主要是根据 2008 年电网大面积冰灾倒塔事故的教训，将原规程规定的多分裂导线的纵向不平衡张力在平地、丘陵和山地时，应分别取不小于一相导线最大使用张力的 15%、20% 和 25%，且不得小于 20kN，改为平丘悬垂塔双分裂导线 25%、双分裂以上导线 20%；山地悬垂塔双分裂导线 30%、双分裂以上导线 25%；平丘和山地的耐张塔双分裂及以上导线均为 70%。在 2008 年冰灾倒塔中，发生倒塔的线路几乎均为两分裂导线或多分裂导线线路，单根导线线路发生断线后几乎没有发生倒塔，只是造成横担头受断线冲击力而变形。目前 Q/GDW 179—2008 已将多分裂导线的纵向不平衡张力的百分比提高到 25%、35% 和 45%。地线取最大使用张力的 100%；垂直冰荷载取 100% 设计覆冰荷载。

针对材料章节，随着我国生产的高强度钢材不断增加，输电线路采用高强度钢对降低工程造价和材料重量效果显著，其他的杆塔受力分析和导地线风荷载的调整、绝缘子串风荷载的计算及杆塔材料、螺栓等强度计算均是成熟的规定，同时该类知识线路设计人员很容易对照执行，运行单位只需了解即可。

十一、杆塔结构

本次修订将原规程中的杆塔结构设计基本规定的 2 个章节和 7 条技术要求与杆塔结构的 9 条技术要求，整合成一个章节，基本计算规定章节有 3 条技术要求；承载能力和正常使用极限状态计算表达式章节有 3 条技术要求；杆塔结构章节有 7 条技术要求。该章节知识属于设计铁塔和电杆人员用，同时工厂已将它们设计制造成产品，线路设计人员只需了解，并不需要他们设计计算，一般线路设计也基本采用套用产品规格即可。

十二、基础

本章节是杆塔基础内容，有 10 条技术要求，比原规程的 8 条技术要求增加了 2 条，本规程的技术要求多数是成熟的技术规定。

12.0.2 条 系新增条文，规定了基础稳定、基础承载力采用荷载的设计值进行计算；地基的不均匀沉降、基础位移等采用荷载的标准值进行计算。

12.0.10 条 系新增条文，规定了转角塔、终端塔的基础应采取预偏措施，预偏后的基础顶面应在同一坡面上。

Q/GDW 179—2008 为创造环境友好型线路工程，规定在地下水较深的黏性土地区可采用淘挖式基础；岩石地区采用锚筋基础或岩石嵌固基础；山区应采用全方位高低腿基础，以保护自然环境，防止水土流失。

十三、对地距离及交叉跨越

本章节为对地距离及交叉跨越内容，有 11 条技术要求，比原规程的 10 条技术要求有所修订。

13.0.6 条 本次修订了原规程线路通过林区需砍伐通道的规定，改为宜采用加高杆塔跨越不砍通道的方案，从而实现了架设输电线路并成为环境友好型工程。

13.0.8 条 修改了原规程 16.0.9 条输电线路对易燃易爆物品安全距离不小于杆塔高度 1.5 倍的规定，随着电网发展快速，线路通道越来越紧张，本次修订为：输电线路与易燃易爆物品的安全距离为本杆塔高度加 3m。

Q/GDW 179—2008 规定了跨越铁路和高速公路的要求，提高了建设标准，采用孤立档架设；对输电线路跨越树木、毛竹林时，宜采用高塔跨越、不砍伐通道的方案。

十四、环境保护

本章节为新增内容，有 6 条技术要求，即有关电磁干扰、噪声污染及杆塔基础建设中的水土保持和尽量不砍伐树竹木而采用高跨方式。

十五、劳动安全和工业卫生

本章节为新增内容，有 4 条技术要求，即规定有关防火、防爆、防尘、防毒等劳动安全与卫生。

15.0.2 条　规定了高杆塔宜采用高空作业人员的防坠落安全保护措施。

15.0.3 和 15.0.4 条　规定了在线路施工和新建线路附近有其他平行交叉线路时，应设计有防止感应电伤害的安全措施。

对附属设施和几个标准附录，基本是原规程的成熟规定，只需对应执行即可。

【思考与练习】

1．架空送电线路设计规程为什么采用高塔跨越树木、毛竹林？

2．为什么按架空线路设计规程设计的线路，雷击跳闸率仍会超过国家电网的要求？

3．为什么 500kV 线路的边导线 5m 内要拆房屋？

4．为什么本规程已提高了 1979 年版分裂导线的不平衡张力，仍出现大面积冰灾倒塔？

模块 3　GB 50233—2005《110～500kV 架空送电线路施工及验收规范》（GYSD00401003）

【**模块描述**】本模块包含原材料及器材的检验、测量、土石方工程等内容。通过概念描述和条文解释，掌握架空电力线路施工及验收的内容、方法和标准。

【**正文**】

我国在 20 世纪 50 年代和 60 年代初制定了一批国家和行业标准，其中 DJG—63《电力建设施工及验收暂行技术规范——送电线路篇》由国家基本建设委员会颁发。1972 年起，全国开始对各行各业进行整顿治理，水利水电部以（72）水电电字第 118 号文首先恢复 15 种企业当前必须的安规、运行、检修规程和试验规程，也起草颁发"全国供用电规则"（试行），以稳定全国电力企业的安全生产；同时组织对该 15 种规程和其他有关规程进行修订或起草颁发，如送电、配电线路设计规程、过电压保护规程、电力设备接地规程、供用电规则等，并于 1976～1977 年颁发。《线路施工验收规范》从 1975 年起组织修订，增加了岩石基础、导地线接头爆破压接、钢绞线修补和杆塔螺栓紧固等新技术和新工艺，于 1981 年颁发，以后在 1990 年又进行了修订，目前的 GB 50233—2005《110～500kV 架空送电线路施工及验收规范》是根据建设部建标〔2002〕85 号文件《关于印发"2001～2002 年度工程建设国家标准制订、修订计划"的通知》的要求，在 GBJ 233—1997《110～500kV 架空电力线路施工及验收规程》的基础上修订的。如 1981 年版有总则、器材检验、施工测量、土石方工程、基础工程、杆塔工程、架线工程 7 个章节，1990 年版增加到总则、原材料及器材检验、施工测量、土石方工程、基础工程、杆塔工程、架线工程、接地工程和工程验收 9 个章节计 173 条，2005 年版只对 1990 年版作了补充和修正，增加了部分新产品等内容。如随着技术的进步和施工架设中出现的情况，标准的条文、内容也不断进行了增补，其中对电压等级进行了调整，将原来的 35kV、66kV 电压等级从规程中退出，并增加了 330kV、500kV 和±500kV 电压等级，条文也从几十条增加至数百条。2005 年，国家建设部和国家质检局以 GB 50233—2005《110～500kV 架空送电线路施工及验收规范》颁布执行，规范共有 9 章 228 条和一个附录，它规范了施工架设过程中的质量控制要求，同时也为运行单位验收核对提供了标准和依据。为控制工程质量，本次修订专门规定了以黑体字标志的 18 条及 12 款作为强制性条文，必须严格执行；同时规定强制性条文由国家建设部负责条文解释，由原中国电力建设研究所（现中国电力科学研究院）负责其他技术条文的解释。

一、总则

规定了适用范围是 110～500kV 交流、直流架空线路的新建、改建和扩建工程的施工与验收。

1.0.3 条　是强制性条文，架空送电线路工程必须按照批准的设计文件和经有关方面会审的设计施工图施工。当需要变更设计时，应经设计单位同意。

1.0.5 条　架空送电线路工程测量及检查用的仪器、仪表、量具等，必须经过检定，并在有效使用期内。该条文是根据国家计量法和 ISO 9000 系列质量管理体系的要求，列为强制性条文必须执行。

本规范中的"验收"是指建设、监理和运行单位各方对工程质量确认的行为，规范中所有的条文都是施工、监理单位在作业前、作业中操作和控制的标准，只有事前控制才能确保工程质量，同时也是运行单位检查、检测验收的标准。

本章节中删除了原规范中的 66kV 电压等级部分，但由于基础施工、立杆架线及附件安装大同小异，建设单位和运行单位可在施工合同中规定，工程质量参照本施工及验收规范执行即可。

二、原材料及器材的检验

2.0.1 条 第 1 款规定：工程所用的每批原材料和器材，必须有产品出厂质量检验合格证书；第 3 款规定：对砂石等无质量检验资料的原材料，应抽样并经有检验资格的单位检验，合格后方可使用；都列为强制性条文，这也是为了确保工程质量能有效控制的手段。

2.0.5 条 是根据建标［2004］43 号《建设部关于严格建筑用海砂管理的意见》要求：原因是利用海砂拌制混凝土和砂浆，会使建筑工程出现氯离子腐蚀，降低工程耐久性，给工程质量带来隐患，所以在规范中规定：不得使用海砂。

2.0.7 条 规定了浇制混凝土用水要求，但由于输电线路一般沿人员活动较少的野外、丘陵或山区架设，现场浇制混凝土点分散，要求工程浇制都采用饮用水是不现实的，故允许用清洁的溪河水或池塘水。规定中不得使用海水和不得使用海砂的道理是相同的。

2.0.8 条 是对设计允许在现浇混凝土基础中掺入大石块的规定，监理首先要核查是否"设计允许"，其次核查石块的强度和大小。因基础工程属外包施工，建设单位的质量管理和甲方监理人员应严格督查，运行单位要针对当地情况在基础验收时重点核查。

2.0.11 条 规定角钢铁塔按 GB 2694—2003《输电线路铁塔制造技术条件》国家标准控制，而对水泥杆线路的横担和铁抱箍加工，由于没有标准，也只能套用 GB 2694—2003。2.0.11 条是将原规范 2.0.12 条和 2.0.15 条合并而成。

2.0.12 条 是新增条文，由于我国没有钢管铁塔的标准，在符合 DL/T 5030—1996《薄壁离心钢管混凝土结构技术规程》标准外，还必须符合设计要求；随着城市化的进展，钢管杆替代角钢塔架设在道路旁或绿化带内，给城市带来了美观，2.0.15 条也是新增条文。

2.0.16 条 规定导线质量应符合 GB/T 1179—1999《圆线同心绞架空导线》规定，但该导线标准系 1999 年 12 月 30 日发布，2000 年 8 月 1 日实施的国家新标准，替代原国标 GB 1179—1983《铝绞线及钢芯铝绞线》。这是为了接轨 IEC（国际电工委员会）制定的相关标准，新导线标准内容与 IEC 标准及国际惯例基本一致，尤其是在产品的规格和命名型号上。它与 1983 年版标准有较大区别，表 GYSD00401003-1 和表 GYSD00401003-2 是新、老 400 导线技术参数表。

表 GYSD00401003-1　　1983 年标准 LGJ-400/35 导线参数表

标称截面 铝/钢（mm²）	钢比 （%）	结构 根数/直径（mm）		计算截面（mm²）			外径 （mm）	计算破断力 （N）	直流电阻 不大于 （Ω/km）	计算 重量 （kg/km）
		铝	钢	铝	钢	合计				
400/35	9	48/3.22	7/2.50	390.88	34.36	425.24	26.82	103900	0.07389	1349

表 GYSD00401003-2　　1999 年标准"规格号"400 导线参数表

规格 号	钢比 （%）	面积 （mm²）			单线根数		单线直径（mm）		直径 （mm）		外径 （mm）	额定抗拉力 JL/G1A kN	直流电阻 20℃ （Ω/km）	计算重量 （kg/km）
		铝	钢	总计	铝	钢	铝	钢	钢芯	绞线				
400	9	400	27.7	428	45	7	3.36	2.24	6.73	6.73	26.9	98.36	0.0722	1320.1

由于导线标准是全国电线电缆标准化技术委员会制定的，标准中明确新标准替代 GB 1179—1983《铝绞线及钢芯铝绞线》，而金具标准化技术委员会又是电力行业架空线路标准化技术委员会属下，导线的接续管和耐张压接管都采用 1983 年标准导线参数，如 1983 年标准中 LGJ-400/35，导线直径 26.82mm，它的铝面积为 $\phi 3.22 \times 48$ 股 $=390.88\text{mm}^2$，连钢芯 $\phi 2.50 \times 7$ 股一起总计算标称截面

425.24mm²；1999 年标准中的 400 型，导线直径 26.9mm，它的铝面积为 φ3.36×45 股＝400mm²，连钢芯 φ2.24×7 股一起总面积为 428mm²，两者的破断力（抗拉力）也不相等，每千米导线的直流电阻也有一定的差异，因此国内设计院所设计采用的导线型号和各电力公司所使用的导线型号（结构部分）仍然是 GB 1179—1983《铝绞线及钢芯铝绞线》、GB 9329—1988《铝合金绞线及钢芯铝合金绞线》中的规格。各导线生产厂家则只能仍然执行 1983 年标准，为此电线电缆标委会以缆标委字（2004）第 016 号发送"国家标准 GB/T 1179—1999《圆线同心绞架空导线》第 1 号修改通知单（送审稿）"的函，规定 1983 年标准中的结构作为过度标准，仍然允许使用。所以运行单位和施工单位去导线厂家验收导线，应执行 GB/T 1179—1999《圆线同心绞架空导线》的第 1 号修改通知单（即 GB 1179—1983《铝绞线及钢芯铝绞线》）标准。

2.0.17 条　是根据电网需要，将复合光缆（即 OPGW）作为通信线，架设在导线上方作为架空避雷线用。即通信光纤穿入光缆线内的不锈钢细管内，且一正一备用绞制在光缆内，因此光缆的直径偏大，架设在线路上驰度明显比纯钢绞线大，一侧光缆、一侧钢绞线架设，弛度不一，两线的直径不等。设计一般将一侧的钢绞线改成良导体，使两根架空地线直径、弧垂等几乎配合。良导体其实就是钢芯铝绞线，无非是钢芯较大，目前有 LGJ-50/30、LGJ-70/40、LGJ-95/55、LGJ-120/70 四种，它有很好的通流能力，当电网近区短路时，短路电流能快速下泄，不致造成钢绞线在通过大短路电流时，因电阻大发热致使钢绞线强度下降而发生事故。

2.0.20 条　主要是针对各种绝缘子及绝缘子串制定的质量标准，由于绝缘子是输电线路最重要的电气设备之一，线路上故障的 80%沿绝缘子串发生，整个线路检修维护工作量也多数在绝缘子串上，因此建设单位、施工单位和运行单位在对绝缘子产品出厂验收时应注意按各相应绝缘子产品标准进行验收。因工厂验收是抽样试验，要特别指定熟悉标准的专业工程技术人员旁站监督电气和机械试验，特别是要掌握电气试验方法和试验规定，以确保新建线路绝缘子质量符合要求。条文第 3 款特别指明直流线路，原因是直流线路的电场与交流线路不一样，积污速度和积污量都远大于交流线路；另外直流电场的电解腐蚀速度快，所以直流线路的爬电距离要比交流大，且绝缘子钢脚上要套一只锌护套作为牺牲电极让其腐蚀。

2.0.21 条　系新增条文，目前杆塔防卸措施已普遍采用，由于防卸螺栓式样众多，虽然厂家随该防卸螺栓提供专用扳手，但为方便检修单位检修，检验防卸螺栓的防卸效果是否良好，条文注明了杆塔防卸螺栓的选择应征求建设单位的意见。

三、测量

本章节没有强制性条文，主要是针对施工测量复核和基础分坑测量的有关技术要求。

3.0.3 条　指明对三类情况应重点复测并纠正，施工单位按准确的测量数据施工，是确保输电线路符合设计要求和投运后能安全运行的前提。

3.0.6 条　规定了基础分坑测量的要求，有了准确的塔脚、拉线坑位置，再对浇制塔脚基础、埋设拉线坑施工等控制质量，则立塔架线和拉线的受力、运行维护等都有了质量的保障。

3.0.7 条　是新增条文，规定非城市规划范围内的输电线路均应符合 DL/T 5092—1999 中的附录 A 涉及安全距离的要求，属强制执行的内容。

3.0.8 条　是新增条文，GB 50293—1999《城市电力规划规范》是城市电网建设应遵守的技术政策和环保要求。

四、土石方工程

本章节没有强制性条文，主要是针对土石方开挖中应注意的规定和超深或回填方面的有关技术要求。

4.0.1 条　比原规范增加了"按设计施工"和"保护环境"的要求，早期山区线路基础施工，挖出的土石有时沿山坡滚下，对植被破坏很大，多年后仍然有一条损坏植被的痕迹，现在设计对山区线路增加了许多挡土墙，有时建设单位挡土墙费用结算了，而施工单位往往不按规定砌挡土墙，仍将废土沿偏僻山沟倾倒。

4.0.3 条　是对基础开挖提出的技术要求，针对淘挖式基础对环保影响小，目前线路设计广泛使用，因此强调"淘挖基础和岩石基础的尺寸不允许有负误差"。

4.0.6 条 原规范中只对杆塔接地沟开挖深度提出要求，施工中有施工队将人工敷设接地线部分整圈埋下或较难开挖而截断接地线长度的现象，本规范对人工敷设的接地线长度也提出符合设计规定的要求，并明确提出接地沟的长度和深度不得有负偏差。同时规定"在山坡上挖接地沟时，宜沿等高线开挖"，这是为了避免下雨时接地沟的回填土被雨水冲走，使接地线外露而增大杆塔冲击接地电阻值。

4.0.11 条 将原规范要求"及其他杂物的好土"改为"泥土"更好掌握，由于杆塔接地线的埋设符合设计要求，其"冲击接地电阻"效果会很好，其耐雷水平更好，因此施工质检人员和监理人员应严格旁站监督，使此类隐蔽工程不给安全运行留下隐患。

五、基础工程

5.1.2 条 第 1 款基础混凝土中严禁掺入氯盐，这是强制性规定。第 2 款基础混凝土中掺入外加剂应符合 GB 50119—2003《混凝土外加剂应用技术规范》的规定。

掺加氯盐是作为防冻剂进行冬季混凝土施工用，某些外加剂的氯离子的含量比较高，氯离子 Cl^- 在混凝土内达到临界浓度后会破坏钢脚表面纯化膜，在空气、水的作用下，使钢筋腐蚀生锈。因此为赶工期在混凝土施工中添加早强剂等，应符合 GB 50119—2003 的规定。

5.1.4 条 规定是因为线路基础工程比较分散，混凝土量小，每基又分四个不相连的基腿，若一条腿的基础浇制，为节约而混用不同品种的水泥，会造成不可知的后果。

5.1.5 条 是规定施工单位对基础平面预偏措施的技术要求，监理和运行单位在基础工程验收中应特别注意该点的执行，原因是施工单位往往会在立塔前补做或不做，造成前后的混凝土不黏合、塔脚悬空或点受力的情况，对铁塔结构受力状况不利。

5.2 章节是现场浇筑基础的技术要求，多数内容都是历年来的成熟经验，文字明确易懂，关键是目前的建设工程都专门列了监理费，由专业管理懂行的中介机构替建设单位监督施工质量，扭转了以往运行单位派人员驻工地代表那种外行管内行的局面。

5.2.6 条 规定了现场浇制混凝土应采用机械搅拌和机械捣固，"个别特殊地形"无法采用机械搅拌的，应有专门的质量保证措施。

5.2.9 和 5.2.10 条 是强制性条文，规定基础试块必须从现场浇制中的混凝土内取样制作，养护条件也等同现场的基础，混凝土强度是以试块试验的强度作为依据，所以监理人员应严格把关，旁站监督试块制作，平时注意该试块的保养应与本杆塔基础处在相同的环境条件，并采用相同的养护手段，由有资质的试验机构进行试验，确保该隐蔽工程满足设计强度要求。

5.3 章节是钻孔灌注桩基础的技术要求，由于该类基础已在线路工程中大量应用，而浇制标准又多为"工民建专业"，每一条规定均明白无误，监理人员应该能掌握。因灌注桩的浇制和验收内容很多，无法一一列出，所以 5.3.10 条规定对规范中没有的技术要求应执行 JGJ 94—2008《建筑桩基技术规范》有关规定。

5.4 章节是混凝土电杆基础及预制基础浇制的技术要求，该类工程是最早采用的基础工程，技术要求成熟。随着经济的发展，该类杆塔只能使用在一般的输电线路上且占地面积大，近年来已逐步退出输电线路专业。

5.5 章节是岩石基础浇制的技术要求，岩石基础是属于环保型基础，它充分利用山区岩石的自然结构，少开挖、混凝土方量小，基础受力强度好，规定的技术条文明确易懂，施工浇制可控，监理人员只要在浇制时，监督核对设计要求和检查尺寸和材质等，使隐蔽工程的浇制质量满足设计要求。

5.6 章节是混凝土冬季施工的有关技术要求，本节为新增内容，主要依据 JGJ 104—1997《建筑工程冬期施工规程》的规定，主要是考虑北方地区，因输电线路的混凝土工程比较分散，且有时在偏僻山区，混凝土方量又小，所以规定了一些技术规定和要求。

六、杆塔工程

本章节分成五块内容，主要是铁塔、混凝土电杆、钢管电杆和拉线等组立、起吊方面的技术要求。

6.1.1 条 是强制性技术条文，要求组立杆塔必须有完整的施工技术方案和技术设计，使杆塔在组立过程中不致于部件变形或损坏。

6.1.2 条　规定确保塔材与塔材交叉处若有空隙时，应装设相应厚度的垫圈或垫板，使塔材受力时的作用力传递处在同一轴线上。

6.1.6 条　规定了杆塔连接螺栓的拧紧扭矩值，虽然早在 1981 年版验收规范上就明确有各类螺栓规格的标准拧紧扭矩值，但近三十年来，施工单位和运行单位均未强制规定连接螺栓必须采用扭矩扳手，不论工作人员个子大小、体力强弱，人人使用一把 300mm 长度的活动扳手，无数量级地各自作业，根本实现不了该条文的要求。

6.1.12 条　规定了杆塔上的固定标志及警示牌要求。这些要求不全面，因为在制作线路双重名称标志牌时，没有顺便将线路相位标识一起制作在同一块杆号牌上，所以此处应按 DL/T741 运行规程 3.12 条规定：线路的杆塔上必须有线路名称、杆塔编号、相位以及必要的安全、保护等标志，同塔双回、多回线路应有色标（色标是 2001 年版要求，新版已按安规要求完善）。国家电网线路安规 5.2.4 条、5.3.5.1 条和 5.3.5.5 条均明确要求每杆必须有：识别标记（色标、判别标识等）和双重命名。5.3.5.5 条：同塔多回路……登杆塔至横担处时，应再次核对停电线路的识别标记与双重称号……。即每基杆塔悬挂有双重名称、编号和相位杆号牌及有电危险禁止攀登的警示牌；在同塔多回路杆塔除有上述规定悬挂外，在每个横担与塔身连接处悬挂有醒目的线路双重名称、编号的分相牌。

6.2 章节是组立铁塔的技术要求，它规定了铁塔组立中和组立后的有关要求，较简单明了。

6.2.1 条　是强制性条文，它规定线路基础浇制完成后，必须要按该条的 3 个条款后才能组立铁塔，这是因为有时新建线路要赶工期竣工或某几个基础由于农户赔偿造成迟迟不能开挖浇制，等青苗赔偿工作做通后，施工工期已被大大延期，施工方在延期浇制的基础完成后，有时急于立塔，特别是架线，会对这些未达到设计强度的混凝土基础造成塑性受损。

6.3 章节是组立混凝土电杆的技术要求，目前该类电杆在输电线路上已很少采用，特别是超过 30m 全高的水泥杆线路，几乎不再采用，由于高杆整体起吊的作业基本没有，电杆的横向裂纹和纵向裂纹也就不易产生了。

6.3.1 条　是强制性条文，它规定了混凝土电杆及预制构件在装卸、运输和起吊中该如何防止碰撞、不正确吊装的要求。

6.4 章节是吊装钢管电杆的技术要求，目前钢管杆的使用越来越多，故新增本章节。

6.4.3 条　规定钢管杆连接后，分段或整根电杆的弯曲不应超过对应长度的 2‰。

6.4.4 条　规定了直线电杆在架线后的倾斜不应超过 5‰，耐张或转角杆只规定宜向受力侧预倾斜，预倾斜值由设计确定。而 DL/T 5130—2001《架空送电线路钢管杆设计技术规定》第 6.2.1 条规定：在荷载的长期效应组合（无冰、风速 5m/s 及年平均气温）作用下，钢管杆顶部的最大绕度不应超过：直线杆不大于杆身高度的 5‰；直线转角杆不大于杆身高度的 7‰；110 ～ 220kV 电压等级的耐张或转角杆的绕度不大于杆身高度的 20‰；该技术要求也编入了修改后的 DL/T 741—2001《架空线路运行规程》内。

6.5 章节是拉线部分的技术要求，由于拉线杆塔已逐步退出输电线路，且该章节的内容都是成熟的检验条文，只需在验收中注意：拉线制作后的尾线应在楔型线夹的凸侧；电杆各根拉线的受力应均衡；拉线与拉线棒在受力后应在同一轴线上；X 形拉线在受力时的交叉处应有足够的空隙，避免相互磨碰；拉线的对地夹角允许偏差应为 1°。这里特别增加了拉线"受力后"的要求，因为施工单位在施工中分坑、开挖及下拉盘时不符合要求，工程完成后在自检过程中，有时会发现 X 形拉线交叉处有磨碰现象，对地距离大于 1°或拉线、拉线棒不在同一轴线上等缺陷，有的施工单位会在拉线棒泥地处垫石块人为造成拉线、拉线棒等符合标准，一旦线路运行和杆塔下沉及拉线受力后，这些拉线缺陷会重新存在。

七、架线工程

7.1 章节是放线的一般规定，主要规定了展放导线和架空地线的要求，对交跨的公路等交通要道和不能停用、触碰的管（索）道、电力和弱电线路提出设置完整可靠的施工跨越设施要求，并对放线滑车的轮槽尺寸和槽轮材料作出规定。

7.1.1 条　是强制性条文，要求放线前必须有完整有效的架线施工技术文件。

7.1.3 条 规定了跨越有关交通要道和电力线路、索道等档距内不得有导地线压接头的要求。

7.2 章节是非张力放线导线损伤修复的技术要求，该章内容是成熟的施工、验收规定，在连续几次修订中均重新作为新版标准的内容。

7.2.2 条 规定了导、地线损伤较轻微的修复要求，特别强调若单根铝股损伤深度达到直径的 1/2 时，应按断股考虑。

7.2.3 条 规定了导线损伤修复或开断重接的标准和要求，由于钢芯铝绞线有众多规格，它们的钢铝截面比各不相同，则导线的铝股、钢芯承受拉力也不相同，验收规范明确规定了导地线损伤、断股等造成导线强度损失和铝截面损伤减少导电部分百分比数值，以及如何修复或开断重接的要求，这比光按导线铝股受损多少来定采取何种方法修复处理更科学。钢芯铝绞线的多种钢铝截面比及承担机械荷载的参数见表 GYSD00401003-3。

表 GYSD00401003-3　　　　各种钢比钢芯铝绞线的技术参数表

标称面积 铝/钢	钢比	根数/直径（mm）		计算截面（mm²）		外径 (mm)	计算破断力 (N)	铝 股 占（%）	钢芯占 (%)
		铝	钢	铝	钢				
70/40	58	12/2.72	7/2.72	69.73	40.67	13.60	58220	18.18	81.82
95/55	58	12/3.20	7/3.20	96.51	56.30	16.00	78110	18.18	81.82
120/25	20	7/4.72	7/2.10	122.48	24.25	15.74	47880	38.29	61.71
185/10	6	18/3.60	1/3.60	183.22	10.18	18.00	40880	69.46	30.54
185/25	13	24/3.15	7/2.10	187.04	24.25	18.90	59420	47.86	52.14
240/40	16	26/3.42	7/2.66	238.95	38.90	21.66	83370	46.90	53.10
400/20	5	42/3.51	7/1.95	406.40	20.91	26.91	88850	72.99	27.01
400/35	9	48/3.22	7/2.50	390.88	34.36	26.82	103900	62.37	37.63
400/95	23	30/4.16	19/2.5	407.75	93.27	29.14	171300	38.06	61.94
630/45	7	45/4.20	7/2.80	623.45	43.10	33.60	148700	67.05	32.95

例如：LGJ-70/40 钢芯铝绞线，它的钢比是 58，外层只有一层铝股，若铝股 3 股全断，其他轻微损伤 2 股，则铝截面积受损约 30%，按照 DL/T 741—2001《架空送电线路运行规程》的要求，必须开断重接，由于该导线的铝截面只承担全部导线的计算破断力 19%，此时导线强度损失约 3300N，开断重接显然是不合理的。另外钢比 5 的 LGJ—400/20 导线，铝的承受破断力要占全部计算破断力的 73% 左右，而钢芯承受的破断力只占全部计算破断力的 27% 左右，此导线铝截面受损若达到 30% 时，则导线强度要损失 20000N 左右，约占总破断力的 23%。由此可知，由于钢比的不同，损伤同样的铝截面积，导线强度损失是不一样的，因此本规范即按导线强度损失又按铝截面积受损考虑进行修复或开断重接，比《线路运行规程》合理。非张力放线导线损伤补修处理标准见表 GYSD00401003-4。

表 GYSD00401003-4　非张力放线导线、地线断股、损伤造成强度损失或减少截面的处理

损伤处理 线别 ＼ 处理方法	0 号砂纸磨光	金属单丝、预绞丝补修条补修	预绞式护线条、普通补修管补修	加长型补修管、预绞式接续条、全张力预绞接续条补修
钢芯铝绞线 钢芯铝合金绞线	铝、铝合金单股损伤深度小于股直径的 1/2；导线或铝合金导线损伤截面积为导电部分截面积的 5% 及以下。且强度损失小于 4%	导线在同一处损伤导致强度损失未超过总拉断力的 5% 且截面积损伤未超过总导电部分截面积的 7%	导线在同一处损伤导致强度损失在总拉断力的 5%，但不足 17%，且截面积损伤也不超过导电部分截面积的 25%	导线损伤范围导致强度损失在总拉断力的 17%～50% 间，且截面积损伤在总导电部分截面积的 25%～60%
铝绞线 铝合金绞线	铝、铝合金单股损伤深度小于股直径的 1/2；导线或铝合金导线损伤截面积为导电部分截面积的 5% 及以下。且强度损失小于 4%	导线在同一处损伤导致强度损失未超过总拉断力的 5%	导线在同一处损伤导致强度损失已超过总拉断力的 5%，但不足 17%	导线损伤范围导致强度损失在总拉断力的 17%～50%
镀锌钢绞线		19 股断 1 股	7 股断 1 股 19 股断 2 股	7 股断 2 股 19 股断 3 股

续表

处理方法 损伤处理 线别	0 号砂纸磨光	金属单丝、预绞丝补修条补修	预绞式护线条、普通补修管补修	加长型补修管、预绞式接续条、全张力预绞接续条补修
OPGW		断损伤截面不超过总面积 7%（光纤单元未损伤）	断股损伤截面占面积 7% ~ 17%，光纤单元未损伤（修补管不适用）	

注　1. 钢芯铝绞线导线应未伤及钢芯，计算强度损失或总铝截面损伤时，按铝股的总拉断力和铝总截面积作基数进行计算。

　　2. 铝绞线、铝合金绞线导线计算损伤截面时，按线的总截面积作基数进行计算。

　　3. 良导体架空地线按钢芯铝绞线计算强度损失和铝截面损失。

　　4. 全张力预绞式接续条只考虑导电铝截面严重损伤的补修，不采用导线有钢芯损伤后的修补。

7.3 章节是张力放线的技术条文，规定了张力放线机械设备的配置、挂线和附件安装等注意事项；同时规定了导线损伤修复的标准，要求张力放线中导线损伤程度的控制比非张力放线更严格，提高 50% 技术指标。这是由于采用张力放线后，可避免导线落地摩擦。

7.3.1 条　第 1 款是强制性条文，规定 330kV 及以上电压等级线路必须采用张力展放。对良导体架空地线及 220kV 线路导线也应采用张力放线，110kV 线路导线宜采用张力放线。张力放线可减少导线损伤的几率，同时可大幅度减少青苗赔偿费用。

7.4 章节是导、地线连接技术要求，该章节是重要章节，导、地线运行是否安全，决定于它们的连接，特别是该章节中有多条强制性条文，导线压接人员、建设单位质量管理人员和中介机构的施工监理人员应严格控制，运行单位验收时，不能光检查核对施工记录和监理人员的旁站签名，应上耐张塔实际检测压接管的尺寸，原因是目前多数导线架设采用空中平衡挂线，即在高空压接耐张压接管，其压接工艺和监理旁站都有疏忽的可能。

7.4.1 条　是强制性技术条文，该条规定比较容易做到。

7.4.2 条　也是强制性技术条文，它要求压接操作人员必须经过培训并考试及格、持有操作许可证。连接完成并自检合格后，在压接管上打上操作人员的钢印。现在线路工程又增加了由有资质的中介机构监理公司专责监督施工质量的要求，特别对重要隐蔽项目如导地线压接、基础现场浇制等，需要监理人员旁站监督施工质量。

7.4.3 条　又是强制性技术条文，它规定在导、地线展放架设前，由本次架设施工中要操作导、地线压接人员，采用相应规格的金具进行导、地线压接并试验其计算破断力；试件不得少于 3 组，其握力强度不得小于本导线与相应规格金具连接后的 95% 计算破断力，以检验导线、金具的破断力、握力和压接人员的压接工艺水平。

对小牌号导线即采用螺栓式耐张线夹悬挂的导线接续管，若连接后一起做破断力试验时，有两个强度控制标准，导线应大于 95% 的计算破断力；螺栓式线夹应大于 90% 的计算破断力。即拉到 90% 导线破断力时，稳住拉力，检查螺栓式耐张线夹是否完好，再继续拉到导线破断力的 95%，稳住拉力检查导线接续管的情况（此间有可能发生螺栓式线夹损坏）。工程中有的工程技术人员或试验站会错误地认为，按导线的计算破断力乘 95% 后再乘 90% 的数值，作为螺栓式耐张线夹连同导线接续管一起试验时的控制值，这是误解了本条文的意思。

7.4.5 条　第 1 款属强制性条文，切割作业时应严格执行 4 个注意款项。

7.4.6 条　规定了压接管在压接前，应在导线连接部分外层铝股上洗擦后薄薄地涂上一层电力复合脂（导电脂），用细钢丝刷清刷导线表面氧化膜，在保留导电脂情况下进行压接。导线接续管和耐张压接管的导电截面和连接部分的接触面积均比导线的截面积大得多，所以压接管的电阻肯定比导线小，电阻小就是为消除因压接管压后可能造成的接触不良而引起接触电阻增大。本规范 1981 年版修编组对压接管与导线的电阻比值做了多组对比试验，压接后的压接管电阻与等长导线的电阻比均小于 1，绝大部分的比值在 0.7 以下。整个压接管电阻与等长导线电阻的比值与压接管、导线的清洗质量有关。

7.4.8 条　第 1 款的爆压工艺和第 3 款已作废，原因是 SDJ 276《架空电力线外爆压接施工工艺规程》已被国家发展与改革委员会 2005 年第 45 号公告作废，该公告共作废 181 个标准，其中电力标准 39 个（同理 7.4.13 条也应作废）。第 5 款校直后的接续管如有裂纹，应割断重接；该款规定属强制性条文，原因是接续管弯曲一般是将弯曲接续管放在木板上，采用木榔头敲打，有可能使接续管裂纹。

7.4.9 条 规定了一个档距内导、地线的压接管数量和压接管处在什么位置的要求。其实严格地讲，在一个档距内多一个接续管对运行来说是无所谓的，规范的目的是要求施工单位抓好工程质量。但对各类压接管处在档距中的位置，则对导线运行有影响。原因是导、地线在运行中，多数时间是在振动的，导线振动波是从 1/3 档距处传递至线夹口，由于线夹内的导线已被包裹固定住，导线振动波传递至线夹口时成一驻波，线夹口的铝股在常年振动波的曲折下，疲劳损伤铝股，因此导、地线都安装有防振装置来卸载振动荷载。各类压接管或补修管，处在防振装置外，此时如同一只线夹，常年的导线振动波会使管口的铝股疲劳受损，理论上导线压接管最好处在档距的 1/3 前面（无振动波），通过计算，压接管或补修管处在条文规定的以外，导线振动波对铝股的损伤可接受。

7.4.10 条 是小牌号导线连接用的钳压管，压接位置和压接模数条文中都明确规定。关键是运行单位在验收中要特别注意，钳压管口的压模必须在副线上，钳压模压接后对导线是有凹压的，若管口压模在主线上时，振动波更容易使铝股疲劳折断。

7.5 章节是导线紧线的技术要求，该章节也是成熟的技术条文，已执行多年，条文意思清楚明确。

7.5.5 条 规定了导线紧线时的过牵引尺寸，早期导线紧线后的挂线时，由于紧线滑车的悬挂点肯定低于耐张塔挂线孔，加上耐张绝缘子串和金具不会全部受力拉直（现平衡挂线时的紧线器后的导线也不能拉直受力），势必要紧过头一些（过牵引）以方便导线头压接操作和挂线，对连续档紧线问题不会太大，但对档距短的孤立档，则必须要控制过牵引长度，否则会由于过牵引增大导线张力，造成导线或其他部件损伤。

7.5.8 条 规定相分裂导线的同相子导线弧垂应力要力求一致，第 1 款对没有间隔棒且垂直双分裂的导线要求两子导线间的弧垂不允许有负误差，原因是双分裂导线在输送一定的负荷和在一定的档距情况下，两根子导线会相互吸拢，严重时两线会缠绞在一起，不能恢复原位或造成永久性变形。

7.6 章节规定了附件安装的技术要求，该章节条文意思明确，且是成熟的条文内容。

7.6.6 条 规定悬垂串的线夹中心位置与横担悬挂点应垂直，偏移角不应超过 5°，最大偏移值不应超过 200mm。线路设计一般只考虑机械受力，由于悬垂双联串的污耐压比单串绝缘子下降 10% 左右，设计一般不采取污耐压弥补措施。事实证明：单串、双联串的绝缘子片数相等时，污秽闪络跳闸几乎发生在双联串上。目前运行单位多提出若采用双联串时，导线端采用单独线夹与导线连接，且两线夹的中性点间距应大于 600mm（原武汉高压研究院曾试验验证双联串间距大于该数值后，其污耐压值与单串相似）。

7.6.15 条 第 3 款规定了导线跳线引流板或并沟线夹的螺栓紧固要求，其螺栓的扭矩值应符合该产品说明书的扭矩技术要求。

7.7 章节规定了架空地线中含有通信用 OPGW 光缆的架设技术要求，对于输电线路，运行单位在维护架空地线或光缆时除断股压接不能像钢绞线那样，平时运行均与一般的架空地线一样。但对放线架设时，对施工单位提出了 21 条技术规定。

7.7.3 条 第 1 款属强制性技术条文，主要是防止沿地面展放被山上树桩、岩石钩住，紧线中拉坏 OPGW 中的光纤。

八、接地工程

这部分技术规定属成熟的技术要求，多年来一直采用。1981 年版验收规范有"雨后不应立即测量接地电阻"的规定，原因是设计接地电阻值已经是换算到雨后的接地电阻，何况南方有许多杆塔处在农田内，即使冬季，其接地线处的土壤都是潮湿的，所以 1990 年版修改时取消了该规定。

GB 50169—2006《电气装置安装工程接地装置施工及验收规范》的第 3.3.6 条规定：接地体敷设完后的土沟其回填土内不应夹有石块和建筑垃圾等；外取的土壤不得有较强的腐蚀性；在回填土时应分层夯实。即接地体敷设后回填接地沟时，应纯泥土回填，这对杆塔冲击接地电阻值的降低有效，原因是快速强大的雷电流下泄到大地，瞬间高电压将接地线周围的土壤击穿，使接地线及周围被击穿的土壤成导电体，强大的雷电流快速释放，避免塔顶电位升高后造成沿绝缘子串反击跳闸。若接地沟内的接地线周围为石块等物搁空，雷电流下泄时，只有接地线为下泄通道，造成冲击接地电阻值大，雷电流排泄不畅，使塔顶电位升高后引发沿绝缘子串反击后线路跳闸。

8.0.2 条　规定线路杆塔人工敷设的接地线应按设计要求敷设，当现场地形不能满足需要变动时，施工单位应按改动埋设的接地线，画出敷设简图并标示相对位置和尺寸，此要求来源于 GB 50169—2006《电气装置安装工程接地装置施工及验收规范》的第 3.7.8 条规定。该点运行单位要特别注意，在验收时应核查杆塔接地线是否符合等高线埋设和接地线埋深尺寸的要求。

8.0.7 条　规定了杆塔人工敷设接地线工频接地电阻值的检测要求，测量时应注意，现场检测的接地线工频接地电阻值还不等于杆塔接地电阻设计值，需按现场情况，将测量得到的工频接地电阻值与季节系数换算后，才是设计要求的接地电阻值。水平接地体接地电阻测量用的季节系数见表 GYSD00401003-5。

表 GYSD00401003-5　　　　　　水平接地体的季节系数表

杆塔接地射线埋深为 0.5（m）时	季节系数 ϕ 取 1.4～1.8
杆塔接地射线埋深为 0.8～1.0（m）时	季节系数 ϕ 取 1.25～1.45

注　测量接地装置电阻如土壤较干燥时季节系数取较小值，土壤较潮湿时取较大值。

九、工程验收与移交

9.1 章节规定了工程验收的技术要求，工程验收分隐蔽工程验收、中间验收和竣工验收 3 个环节。隐蔽工程的验收必须要在隐蔽前进行验收，以便核查、检测清楚各种部件的规格、尺寸和位置等。由于线路工程多，又有监理单位专责监理，有时运行单位在竣工验收时，只检查核对施工记录，为了新建线路能符合按设备的状态进行运行和检修，验收组对有的项目可现场打破检查施工质量、登塔高空实际检测耐张压接管和回弹仪、取芯检验混凝土基础的强度、接地装置核查回填是否泥土和埋深尺寸等，以确保输电线路工程投运后能安全运行。

9.2 章节为竣工线路的试验工作，此类程序多在线路启动委员会操作，由变电专业和调度部门合作完成，对输电线路专业关系不大。

9.2.2 条　是强制性条文，一般均能按该要求执行。

9.4 章节是竣工资料移交内容，条文明确，按要求执行即可。但运行单位应认真核查施工记录、与农户签订的众多青苗赔偿协议、跨越民宅或线路通道内今后农户原地升高等补偿协议等，线路运行后，有时会由此产生许多纠纷。

【思考与练习】

1．架空送电线路验收规范为什么要将部分条文列为强制性条文？
2．规范为什么规定钢芯铝绞线有强度损失和铝截面积受损两个修复、开断重接要求？
3．导线跳线引流板或并沟线夹采用扭矩扳手紧固设备有什么好处？
4．对隐蔽工程项目在竣工验收中可采取什么方法核查其施工质量？
5．工程竣工后应移交哪些资料？

模块 4　《架空输电线路管理规范》（GYSD00401004）

【模块描述】本模块包含运行管理、缺陷管理、检修管理、技术改造管理、标准化作业、技术监督、技术管理等内容。通过要点介绍和条文解释，熟悉架空输电线路管理的主要内容、要求和方法。

【正文】

在 20 世纪 90 年代，原能源部电力司以电供〔1990〕111 号文颁发了《架空送电线路专业生产工作管理制度》，共计 5 章 40 条，并有 5 个附件；2003 年 7 月国家电网公司组织部分专家起草编写了《架空输电线路管理规范》，11 月 17 日以国家电网生〔2003〕481 号文颁布试行，该规范正文有 9 个章节计 51 条 185 款外加一个附录，附录含 4 个规范性附录和一个资料性附录。通过几年试行，2006年国家电网公司组织专家对《架空输电线路管理规范（试行）》版进行修订，于 10 月 24 日以国家电网生〔2006〕935 号文颁发《架空输电线路管理规范》，新版《管理规范》分 15 个章节计 121 条外加一个规范性附录。

20 世纪管理学的伟大贡献是被管理者（员工）的体力劳动工效提高了近 50 倍；21 世纪管理学的重点是要提高管理者的劳动生产率，管理规范化是体现管理者对自己管理工作的规范化，而不是管理者要求对被管理者体力劳动的规范化。目前公司各级、各类管理者的最大困惑是自己的管理工作不规范，导致企业管理工作混乱无序，工作效率低下，管理工作中有时会出现不能做正确的事、又不能正确地做事等现象。管理者一年忙到头，其结果却差强人意，其根源就是缺失各个专业的管理规范，他们迫切希望让本专业的管理工作规范起来，输电线路占电网固定资产的 50% 以上，且架设在野外，运行环境差，因此输电线路运行单位的管理者们期盼其输电线路专业管理规范化，国网公司就是出于该目的而组织广大专业技术人员制定及修订完善了输电线路管理规范。

本规范包括总则、术语及定义、机构职责、新建工程的管理、运行管理、缺陷管理、检修管理、技术改造管理、事故（故障）调查与管理、标准化作业、安全管理、技术监督、评级与评价管理、技术管理、人员培训等 15 个方面内容，是架空输电线路生产管理的基础性、综合性规范。本规范对线路全过程、全方位安全生产管理工作提出基本要求。输电线路的技术标准、运行规范、检修规范、技术监督规定、评价标准、技术改造指导意见和预防事故措施等均应遵守本规范，并共同组成国家电网公司输电线路管理的制度体系。

一、总则

本章节有 4 条规定，它要求落实"安全第一、预防为主和综合治理"方针，以规范安全生产管理和提高线路管理水平；规定线路上的技术标准、运行、检修规范、技术监督和设备评价标准、技术改造和反事故措施等均应遵守本规范；它的适用范围是 110（66）kV 及以上电压等级的交直流架空线路。

二、术语及定义

本章节只有一个条文，共规定了 25 个名称术语及定义，它罗列了输电线路按周期运行、检修或按设备的状态进行运行、检修的有关术语，同时把现代化电网管理的部分术语也纳入本术语及定义中，如状态检修、状态量、线路可用系数等。

三、机构和职责

本章节有 3 条规定，它规定了公司线路按分级分片管理的原则，要求设置相关的管理机构、相关岗位和配置相应的专责人员。

管理机构有国家电网公司级、网省公司级和地市公司或专项公司（超高压）三级；上面二级还应在所辖电力科学研究院内设置线路专业技术研究试验机构；地市级在所辖线路工区内设置运行、检修和带电作业管理岗位；最后规定了各级线路专业管理岗位的职责，各自负责宏观、微观和现场的专业技术管理职能。

四、新建工程的管理

本章节分三节分别从设计阶段、施工及验收阶段、生产准备阶段作出 7 条规定。

在设计阶段有 3 条要求，强调了运行单位在新建线路规划设计阶段就应介入管理，将运行在该区域特别是新建线路临近的运行线路运行经验和已采用的有关反事故措施提供给线路设计人员，使设计人员有针对性地将运行线路上行之有效的各类措施等添加在新建线路上。它避免了有时基建单位为节约少量的工程投资，造成运行单位在线路投运后再投巨资且长时间停电改造（如更换或升高杆塔、绝缘子等）的实际现象，即要求基建、运行两部门同心协力，力争建成符合本线路途径区域运行状况的输电线路，达到新建线路投运后能符合按设备状态开展检修和运行的目标，实现线路安全运行、企业"减人增效"的管理模式，提高精细化管理设备的劳动生产率。

在施工和验收阶段也有 3 条规定，明确了运行单位在工程验收的各个阶段如何开展工程质量控制的要求；同时规定新建线路没有达到基建工程达标投产考核评定标准的，一律不准投产；并对竣工资料移交作出了规定，特别要求施工原始记录资料应全数移交，以避免线路运行后因基建阶段存在的部分青苗赔偿纠纷影响到运行单位的日常巡视和检修工作。

在生产准备阶段规定了工程正式投产前，按有关规定做好防范，准备好运行设备和资料，使辖区内的高危险度设备，满足线路安全运行和沿线居民生产生活的要求。

五、运行管理

本章节分 6 节 21 条管理条文，运行管理是输电线路整个管理要求中的重中之重，只有设备巡视、目测和采用检测仪器检测、判断设备隐患等工作做得全面、精细，才能使输电线路安全运行有一定的保障。

1. 一般规定

该段有 6 条要求，首先是运行人员必须是有一定运行维护经验（原电力工业部 1979 年版《架空送电线路运行规程》第 4 条……巡线员可从有经验的检修人员中选配，并可能保持稳定），应该说，运行人员懂得一些检修作业的方法和程序，对在运行中发现的缺陷和隐患能及时提出一些针对抢修的措施和程序的意见，特别是输电线路故障抢修方面，对尽早恢复线路运行有帮助；若运行人员没有线路检修经验，即使在线路现场发现设备故障，也不清楚设备损坏程度，如何修复等，即无法准确描述或提出线路抢修的方法和应准备的抢修工器具，还需要有检修恢复经验的人员再重新赶赴故障现场，确定设备受损程度、采用何种抢修方法和需准备的工器具等，延误了线路抢修恢复的时间。

其次规定了运行线路不得出现运行维护的空白点，这主要是为防止由于不同的设备维护单位间、各设备主人对所辖设备分界或区分点的划分不明确，而造成设备漏巡；若两设备主人对某一档距的分界没有明确的文字划分资料，就会发生一人巡视到 29 号，而另一人负责从 30 号以后的情况，从而造成 29～30 号挡几百米导线及线路通道的安全运行责任未落实到人，线下树木、毛竹生长和导线风偏距离校核，通道内或通道外对设计风速下的导线风偏安全距离构成威胁的树木、毛竹无人管理的现象。另外第 18 条规定了正常巡线、特殊巡线、故障巡线、夜间巡线、交叉巡线、诊断性巡线和监察巡线，规定了一些巡视要求。

第 20 条是状态巡视。当输电线路运行设备及线路通道状况评价线路是安全的、某些隐患或缺陷在可控时，可以开展状态巡视，同时有 4 款内容明确地规定了开展状态巡视的基本条件；要真实有效地做到设备主人对所管辖的线路设备运行状况基本熟悉和按设备情况进行巡查和处理，首先需要线路巡视人员有较强的责任心和一定专业技术水平；其次要在有些线路危险点或区段的杆塔上安装一些高科技监控产品，给巡线员工配备一些巡查、检测等高科技设备，如数码相机、激光垂直测高仪、激光水平测距（测高）仪等，通过一段时间将所辖线路设备和通道彻底查清运行状况，划分树木毛竹生长区、违章采矿爆破区、易违章建筑区、塔材易盗区、重污区、重冰区、雷击多发区、导线舞动区、车辆易撞杆塔、拉线危险点、鸟害易发区、机械塔吊易碰导线区、漂浮物易发区、洪水冲刷区、滑坡或易被开挖区等不同区段，根据不同情况制定不同的防范措施，以特殊区域确保安全运行的处理方法和程序，制订各线路延长或缩短巡视周期的方案，以文件形式批准下发，使输电线路按设备状态开展巡视的管理有据可依。

2. 线路检测

该章节有 2 条要求，输电线路检测有多项内容，必须按规范进行。线路设备缺陷有的可能会立刻引发线路停电故障，如导线对地距离严重不足、瓷绝缘子低零值、复合绝缘子硅橡胶护套电蚀穿孔或密封失效、导线跳线连接点严重发热等。有的暂时不至于造成线路停电，如复合绝缘子憎水性下降、绝缘子附盐密值大、绝缘子钢脚锈蚀严重、杆塔接地电阻值、玻璃绝缘子自爆等。线路检测是为了及时发现设备缺陷，首先检测必须按制定的周期结合运行状况落实检测和评价判定；其次对各类检测知识进行培训和实际操作，确定必要的检测人员以确保各类状态量检测数据的准确性，分析讨论有关危险检测数据的"短板"判据，使线路检修有的放矢地修复消缺，提高线路设备的可用率。

3. 特殊区段线路的运行管理

该章节有 3 条技术要求，按前面分析制定的各类危险点或危险段线路，分析讨论总结出各项防范措施和巡视方法及手段。对那些可以采用技术改造措施消除隐患的部分危险点，应积极力争消除，达到既可保证线路安全运行，又可大幅度减轻运行人员劳动强度的目的。同时应根据输电线路存在的危险点，按轻重缓急制定此类隐患的应急预案，落实抢修人员、抢修工器具、车辆、抢修用的线路设备和后勤保障等措施，平时抽调部分应急预案进行实战演习，以熟悉应急抢修程序和方法，提高应急抢修能力。

4. 输电线路保护

该章节有 7 条技术要求，输电线路的保护应遵照具有法律依据的《电力设施保护条例》及《电力设施保护条例实施细则》，运行单位应积极依靠有关政府部门，多沟通、多汇报，将要发出给违章单位或个人的有法律依据的隐患通知书抄送给政府电力设施管理部门，将发现较严重的隐患现场照片作为附件同隐患通知书一起发放，使政府职能部门及时了解隐患的严重性，同时也将电力设施保护的责任再次明确地告知，促使政府有关职能部门督促和落实下属乡镇、街道解决处理好线路通道内存在的隐患，或由乡镇、街道负责处理塔基占用和改造作业中的青苗赔偿工作，协助电力部门解决好出资金更换升高铁塔或改道避让工作。

运行单位应积极组织输电线路沿线群众义务护线员队伍，要选择有责任心，在群众中有威信的村委负责人或村治保主任等人担任护线员，平时要多联系护线员，每年年底赠送一些护线用品，如雨衣、脸盆、电热水壶、电饭煲、登山鞋等。每次报告线路重要隐患属实的，奖励一定数额的奖金，一般隐患给予报销电话费和误工工资，形成及时报告有奖励和报销的良好环境。另外将其管辖区域内的检修、施工等需雇佣运输、搬运民工或巡线道修理等工作委托给当地护线员，可支付护线员一定的工资，使群众护线员对输电线路运行单位发挥积极作用。

对在线路通道内或附近施工建筑的单位，应积极采取生产、营销联合管理的方式，即明确规定，供电部门在接受施工用电申请时，用电申请流程中有一项输电线路会签栏，输电线路经过现场勘察对线路无危害或经过制定一定的施工措施可确保线路安全时，输电线路运行单位在申请单上签注意见和防范措施，用电管理部门与施工单位签订安全用电合同，合同上需有违章肇事引发线路故障的惩罚措施，促使机械吊装或建筑施工单位平时严格控制施工方法，使施工用电与安全生产挂钩，确保临近的输电线路安全运行。另外，输电线路的专项维护工作有 9 项，运行单位应按照所辖线路存有的相关内容，制定各防治措施。

第六部分是报废和停役线路管理，此部分以前各单位较少关注，但随着法治社会的不断完善，企业的法治意识也越来越强，此类线路若造成倒塔断线并引发财产损失或人身事故，企业必然会受到法律追究，所以必须尽快拆除所有报废设备。因电网发展速度不断加快，线路走廊可利用的土地资源越来越少，有些报废或停役线路有时需暂时占用线路走廊一段时间，此时运行单位应落实人员组织巡视管理，其巡视周期可适当延长，但必须有巡视计划和巡视记录，以规避报废线路一旦发生因外力破坏造成事故伤及他人时的法律责任。

六、缺陷管理

本章节有 3 条技术要求，主要是建立缺陷管理系统，必须实现设备缺陷全过程闭环管理。其次要制定缺陷分类（设备缺陷、附属设施缺陷和外部隐患）、分级及缺陷处理程序等相应管理办法。对缺陷管理应按危急、严重和一般三个层次进行，缺陷应及时记录、统计，按设备评价标准分析评价，确定采取何种方式消缺，并要求组织验收，以确保消缺工作完整有效。

七、检修管理

本章节分五个层次的管理要求，有 18 条技术要求。

第一部分是一般规定，有 3 条技术要求，主要是确定检修周期，对那些不需线路停电的随机性检修，则根据巡视、检测的结果，随时消除缺陷，以保证线路设备常态化运行。

第二部分是大型检修管理，也有 3 条技术要求，规定更换导地线、更换（组立）杆塔、更换横担等大型检修作业，应组织工程技术人员和生产骨干在工作前进行现场勘察，讨论编制施工方案，经业务管理部门审查和批准后才能实施；根据批准的施工方案，运行单位编写作业指导书并经本单位技术负责人审查批准。该类大型检修作业完工后，运行单位应按《验收规范》进行验收，现场实际应与改造图纸相符。

第三部分是带电作业管理，有 5 条技术要求，一是要建立一支带电作业队伍，配备必备的工器具和仓库，并制定相关的管理制度；其次是带电作业人员应经过理论、技能两个方面的专业培训，经过考核并持证上岗。带电作业项目应编制各类操作项目的现场标准化作业指导书，同时建立统计、记录和奖罚制度。

　　第四部分是应急预案管理，有 4 条技术要求。规定了输电线路的特发事件都应按国家电网公司的有关规定将其纳入应急预案管理。建立和完善应急组织机构，将各类相应的特发事件编制好应急预案，定期现场演习，完善抢修处理程序。同时落实好抢修人员、备用器材、交通车辆、通信工具、抢修工器具和后勤保障等措施。

　　第五部分是大修管理，有 3 条技术要求。首先大修项目应编制年度计划，经过审查批准后落实资金；其次大修项目的器材要经招投标管理招标采购，大修项目完成后必须组织工程验收程序。

八、技术改造管理

　　本章节有 4 条技术要求，技术改造必须经过充分的技术经济分析和论证，技术改造计划应由设备管辖单位按国家电网公司有关规定进行编制、上报、审批和实施程序，整个项目管理工程等同建设工程要求的资本金制、项目法人责任制、招投标制、工程监理制和合同制等进行管理，项目完成后实行工程竣工验收制。

九、事故（故障）调查与管理

　　本章节有 2 条技术要求，线路事故调查与管理应按国家电网事故调查规程的有关规定执行，事故和障碍应分别按性质、程度分类、统计。

十、标准化作业

　　本章节分 3 个层次，有 6 条技术要求。

　　第一层次是标准化作业指导书的编制，该标准化指导书编制后经审查批准，一般作为指导书样本，现场作业中每个作业指导书的编制，其内容必须按现场实际情况进行修改，经运行单位技术负责人批准后实施（不按现场实际修改的标准作业指导书不能在现场使用），现场作业指导书必须是有很强的专业性和可操作性。

　　第二层次是标准化作业指导书的内容和分类，它可分停电作业和带电作业两类；有部分项目可编制成标准化作业指导卡，如处理交叉跨越、测量接地电阻等；新建、改建、扩建工程和大修项目应编制安全技术组织措施；对比较简单、危险性很小的地面基础检查、补挂或涂写杆号牌等可用口头或电话命令执行。

　　第三层次是执行和管理，有 5 个款项内容，比较明确。

十一、安全管理

　　本章节分 7 个层次，有 21 条技术要求。

　　第一层次是要求制定本单位的安全生产工作目标以及科学的生产指标，如线路跳闸率、设备完好率、线路可用率和连续安全日指标等。

　　第二层次规定线路工区制定预防输电线路事故的技术措施（早期称反措）和以改善作业环境、预防人身伤亡事故、职业病等为目的、以安全性评价结果为依据的组织与技术措施（简称安措）的要求，并在当年春、秋两季安全大检查中核查"两措"计划的落实和实施情况。

　　第三层次是安全生产，有 2 条技术要求，分别对线路巡视和检修两个专业进行安全管理，其对应的规程是《电业安全工作规程》（电力线路部分）。

　　第四层次是规定工作票制度的贯彻与执行，要求在输电线路上作业必须严格遵守《电业安全工作规程》（电力线路部分），认真落实保证安全的组织措施（工作票制度、工作许可制度、工作监护制度、工作间断制度、工作终结和恢复送电制度），正确使用工作票。

　　第五层次是安全设施及标志管理，有 4 条技术要求，由于我国民法规定高压电是高危险度作业，若设备单位没有向民众宣传告知其危险性，当民众触及高压电并发生伤害时，即使电力线路设施完全符合国家、行业有关标准，产权所有人仍然要承担无过错赔偿，因此运行单位应在线路沿线积极进行电力设备公益性、重要性和危险性的宣传，每基杆塔上设置相对应的安全标志（含禁止、警告、指令、提示标志牌），并对输电线路跨越鱼塘、采矿区、易被外力破坏的地段和人员易攀爬的杆塔等增设相应的安全警戒线、警示标志、临时防护或提示遮拦及宣传告示。

　　第六层次是安全工器具和施工机具管理，有 6 条技术要求，分别是施工工器具、安全工具和带电作业工器具等，运行单位应对安全工器具实行定置管理，由于各类工具的试验方法、保管和应用均不同，应按相应的技术、试验标准执行，对损坏、试验不合格的应及时进行报废销毁处理。

第七层次是爆炸物品及危险化学品的管理，有 3 条技术要求。随着国家对民用爆炸物品的严格管理和国民经济的快速发展，运行单位基本不再采用导爆索压接接地线和导地线，加之 SDJ 276—1990《架空电力线路外爆压接施工工艺规程》已被国家发展和改革委员会下文作废，近年来线路基坑、拉线坑、接地沟等施工已采用空气凿岩机机械开挖，因此爆破作业已不适应线路运行单位。

杆塔接地线的焊接早期采用氧气、乙炔气焊接，由于交通管理部门不允许两种危险物品在同一车辆上运输，且因输电线路杆塔接地改造中的接地线连接因钢瓶等搬运笨重、气焊需使用动火工作票，近年来已被便携式发电机电焊连接接地线方式替代。对机动绞磨用的柴油或发电机用汽油，则应按国家有关危险品运输和使用规定，编制安全使用规定。

十二、技术监督

本章节有 3 条技术要求。技术监督分两项内容，一为设备监督，其工作流程是输电线路设备的设计选型、工厂监造、出厂验收、产品标志、产品包装、运输、储存、施工安装、竣工验收、运行维护、设备评价、检修更换等全方位、全过程的监督。二为专项技术监督，有防雷、防污闪、防导线舞动、防风偏、防鸟害、防冰闪、防塔材偷盗、防冰灾倒塔和大跨越段线路的技术监督，应按各个专项编制运行、检测、分析和技术改造的监督流程，使相关的专项技术监督做到可控和能控。

技术监督应由专人负责，坚持科学性和严肃性，即查阅图纸资料、技术标准与对实物进行检查、检测、分析、试验和总结相结合，每次技术监督检查后，工程技术人员必须作出完整、准确的技术结论。

对技术监督用的工器具、仪器、仪表及试验设备应符合和满足监督使用要求，对此类设备必须按周期校核。

运行单位必须建立技术监督异常预警制度，当发现设备、材料存有重大质量问题或专项技术监督存有危急或严重缺陷时，应及时发出预警通知。

十三、评级与评价管理

本章节分 4 个层次，有 13 条技术要求。

一为线路的评级，线路评级以条为单元，分一、二、三级。一、二级为完好设备，三级设备为不良设备，其设备技术指标已不能确保安全运行，需限期整改处理。

二为线路评价，运行单位应按线路设备评价标准对运行线路及时评价，它是实现设备全寿命管理的有效手段，也是输电线路按设备状况指导开展检修维护的技术依据，同时还是向主管部门申请大修、技术改造的依据。

三为企业生产进行安全性评价，它以 2 ~ 3 年的周期对本企业进行安全性评价，评价出企业生产活动存在的风险度，对评价出的重要及以上隐患必须实行闭环纠正管理，以减少企业生产的风险度。

四为设备可靠性评价管理，它依托线路设备评价后的检修制度，如加强电气部分设备的检修质量，以延长下次线路停电检修的周期；提出大力开展带电消缺的检修方式，力争线路缺陷均以带电方式处理，以提高输电线路的可靠性指标。其次是加强专项技术监督工作，使雷击、污闪、冰闪、鸟害和风偏等引发的线路故障降低至可控范围内，特别是污闪、冰闪、鸟害、风偏的技术监督，运行单位应力争控制在 0 故障目标内。

十四、技术管理

本章节是技术管理部分，分 4 个层次，有 10 条技术要求。

一为技术档案管理，要求运行单位做到图纸与现场实物一致，各种运行、检修、缺陷及消缺记录必须齐全，所有技术资料应实现计算机管理。

二为科技创新活动，分析运行线路存在的问题、技术管理和员工劳动生产率对运行设备的现状，应有的放矢地进行科学技术创新活动；科技是第一生产力，提高科技创新能力、理顺计算机管理程序、掌握设备全寿命管理过程，提升线路设备管理水平。

三为线路设备状况评估，由于线路设备是由杆塔、基础、导地线、绝缘子、金具、防雷接地设施和线路通道部件组成，而线路多数部件的缺陷可不停电处理，即使在带电部件存在缺陷时，也有普遍缺陷或个别缺陷之分；对线路设备评估、分析和判定一定要掌握水桶短板现象，针对评估出的线路设备现象，应调查分析，从规划设计、运行管理、技术规范或外部环境等分析原因，防止在其他线路或新建线路上再重复发生类似情况。

四为运行分析和信息上报，运行单位应定期组织运行、故障或专项技术分析会，总结经验，吸取事故教训，采取有效措施以确保线路安全运行。

十五、人员培训

本章节有 5 条技术要求，企业活动中人是第一动力，随着企业与电网发展不断加快，电网设备装备水平及技术含量不断提高，检测、检修用的仪器越来越先进和精密，企业员工必须不断学习新知识和新技术，既要进行理论培训和考试，也应开展生产技能的学习和培训，使广大员工不断补充新知识，提高员工的生产技能水平。

十六、规范性附录

本附录汇总了《架空输电线路管理规范》所引用的国家法律法规、国家（行业）标准和国家电网公司的规章制度，应注意的是在《架空输电线路管理规范》执行过程中，若引用的标准、规范更新时，应按最新引用标准要求执行。

【思考与练习】

1．为什么说线路管理规范不是管理工人们的标准？

2．为什么制定年度安全生产工作目标是企业管理过程中的重要一环？

3．为什么说线路可用率高体现了该企业的管理水平？

4．线路技术监督工作的主要内容有哪些？

5．线路（送电）工区的技术档案，应符合哪些要求？

第十部分

线路竣工检查与验收

第二十六章 检 查 与 验 收

模块 1 杆塔工程的检查验收 (GYSD00701001)

【模块描述】本模块包含杆塔工程验收的一般规定，验收项目、标准、方法等内容。通过知识介绍、图表对比，熟悉验收项目、标准，掌握验收方法的要求。

【正文】

杆塔是线路工程的重要组成部分，主要起到支撑导线和避雷线及其附件并保证其安全运行的作用，杆塔按类别来分主要包括自立塔、拉线塔、混凝土电杆、钢管杆等。本模块主要对杆塔工程验收的一般规定、验收项目及标准要求等进行详细描述。

一、杆塔工程验收的一般规定

（1）杆塔工程验收必须按照 GB 50233—2005《110～500kV 架空送电线路施工及验收规范》的有关规定进行，查阅铁塔工厂验收纪要和提出的整改要求，杆塔镀锌均匀，镀锌层厚度符合 GB/T 2694—2003 第 4.10 条规定，逐基按设计图纸登塔检查和核测。杆塔各部件应齐全，规格符合规程和图纸要求。

（2）杆塔各构件的组装应牢固，交叉处有空隙者，应装设相应厚度的垫圈和垫板。

（3）当采用螺栓连接构件时，应符合下列规定：

1）螺栓应与构件平面垂直，螺栓头与构件间的接触处不应有空隙。

2）螺母拧紧达到该规格螺栓标准扭矩值后，螺杆露出螺母的长度：对单螺母，不应小于两个螺距；对双螺母，可与螺母相平。

3）螺杆必须加垫者，每端不宜超过两个垫圈。

4）螺栓的防卸、防松应符合设计要求。

（4）螺栓的穿入方向应符合下列规定：

1）对立体结构：

a. 水平方向由内向外。

b. 垂直方向由下向上。

c. 斜向者宜由斜下向斜上穿，不便时应在同一斜面内取统一方向。

2）对平面结构：

a. 顺线路方向，按线路方向穿入或按统一方向穿入。

b. 横线路方向，两侧由内向外，中间由左向右（按线路方向）或按统一方向穿入。

c. 垂直地面方向者由下向上。

d. 斜向者宜由斜下向斜上穿，不便时应在同一斜面内取统一方向。

注：个别螺栓不易安装时，穿入方向允许变更处理。

（5）杆塔部件组装有困难时应查明原因，严禁强行组装。个别螺孔需扩孔时，扩孔部分不应超过 3mm，当扩孔需超过 3mm 时，应先堵焊后再重新打孔，并应进行防锈处理。严禁用气割进行扩孔或烧孔。

（6）杆塔连接螺栓应逐个紧固，验收时，应对重要节点等关键处的连接螺栓用扭矩扳手进行抽检，抽检数量不少于 30 颗。4.8 级螺栓的扭紧力矩不应小于表 GYSD00701001-1 的规定。4.8 级以上的螺栓扭矩标准值由设计规定，若设计无规定，宜按 4.8 级螺栓的扭紧力矩标准执行。

若螺杆与螺母的螺纹有滑牙或螺母的棱角磨损，则扳手打滑的螺栓必须更换。

表 GYSD00701001-1　　　　　　　**螺 栓 紧 固 扭 矩 标 准**

螺 栓 规 格		扭 矩 值（N·m）	
M12	40	M20	100
M16	80	M24	120

（7）杆塔连接螺栓应在塔顶部至下横担以下 2m 之间及基础顶面以上 3m 范围内的全部单螺母螺栓的外露螺纹上涂以灰漆，以防螺母松动。使用防卸、防松螺栓时不再涂漆。

（8）杆塔组立及架线后，其允许偏差应符合表 GYSD00701001-2 的规定。

表 GYSD00701001-2　　　　　　　**杆 塔 组 立 的 允 许 偏 差**

项　　　目	110kV	220～330kV	500kV	高塔
电杆结构根开	±30mm	±5‰	±3‰	—
电杆结构面与横线路方向扭转（即迈步）	30mm	1‰	5‰	—
双立柱杆塔横担在主柱连接处的高差（‰）	5	3.5	2	—
直线杆塔结构倾斜（‰）	3	3	3	1.5
直线杆塔结构中心与中心桩间横线方向位移（mm）	50	50	50	
转角塔杆结构中心与中心桩间横、顺线路方向位移（mm）	50	50	50	
等截面拉线塔主柱弯曲	2‰	1.5‰	1‰最大 30mm	—

　　注　直线杆塔结构倾斜不含套接式钢管电杆。

（9）自立式转角塔、终端塔应组立在倾斜平面的基础上，向受力反方向预倾斜，预倾斜值应视塔的刚度及受力大小由设计确定。架线挠曲后，塔顶端仍不应超过铅垂线而偏向受力侧。架线后铁塔的挠曲度超过设计规定时，应会同设计处理。

（10）拉线转角杆、终端杆、导线不对称布置的拉线直线单杆，在架线后拉线点处的杆身不应向受力侧挠倾。向受力反侧（或轻载侧）的偏斜不应超过拉线点高的 3‰。

（11）角钢铁塔塔材的弯曲度，应按 GB/T 2694—2003《输电线路铁塔制造技术条件》的规定验收。对运至桩位的个别角钢，当弯曲度超过长度的 2‰，但未超过 GB 50233—2005 第 6.1.11 条的变形限度时，可采用冷矫正法进行矫正，但矫正的角钢不得出现裂纹和锌层剥落。

（12）为防止杆塔塔材遭窃而倒塔等，杆塔基准面以上主材 2 个段号的塔材连接应采用防盗螺栓。

（13）杆塔标志验收要求。

工程移交时，杆塔上应有下列固定标志：

1）线路名称或代号及杆塔号。

2）耐张型、换位型杆塔及换位杆塔前后相邻的各一基杆塔的相位标志。

3）高塔按设计规定装设的航行障碍标志。

4）多回路杆塔上的每回路位置及线路名称。

（14）拉线验收检查要求。

拉线安装后应符合下列规定：

1）拉线与拉线棒应呈一直线。

2）X 形拉线的交叉点处应留足够的空隙，避免相互磨碰。

3）拉线的对地夹角允许偏差应为 1°。

4）NUT 形线夹带螺母后的螺杆必须露出螺纹，并应留有不小于 1/2 螺杆的可调螺纹长度，以供运行中调整；NUT 形线夹安装后应将双螺母拧紧并应装设防盗罩。

5）组合拉线的各根拉线应受力均衡。

对于楔形线夹安装的拉线，应符合下列要求：

1）线夹的舌板与拉线应紧密接触，受力后不应滑动。线夹的凸肚应在尾线侧，安装时不应使线股损伤。

2）拉线弯曲部分不应有明显松股，断头侧应采取有效措施，以防止散股。线夹尾线宜露出300.5mm，尾线回头后与本线应用镀锌铁线绑扎或压牢。

3）同组及同基拉线的各个线夹，尾线端方向应力求统一。

二、杆塔工程验收项目、标准、方法

（1）自立塔检查验收等级评定标准及检查方法见表 GYSD00701001-3。

表 GYSD00701001-3　　　　　自立塔检查验收等级评定标准及检查方法

序号	性质	检查（检验）项目		评级标准（允许偏差）		检查方法
				合格	优良	
1	关键	部件规格、数量		符合设计要求		按设计图纸
2	关键	节点间主材弯曲		1/750	1/800	弦线、钢尺量
3	关键	转角、终端塔向受力反方向侧倾斜		大于0，并符合设计要求	60°以下转角塔0.3%、60°以上转角塔、终端塔0.5%	架线后用经纬仪复核
4	重要	直线塔结构倾斜（%）	一般塔	0.3	0.24	经纬仪测量
			高塔	0.15	0.12	
5	重要	螺栓与构件面接触及出扣情况		符合本模块第一章第3条规定或设计要求		观察
6	重要	螺栓防松和防盗		符合本模块第一章第7条、12条要求		观察
7	重要	脚钉		安装牢固、正确、齐全		观察
8	一般	螺栓紧固		符合本模块第一章第6条规定，且紧固率：组塔后95%、架线后97%		扭矩扳手检查
9	一般	保护帽		符合设计和 GB 50233—2005 规定	平整美观	观察

（2）拉线塔检查验收评定标准及检查方法见表 GYSD00701001-4。

表 GYSD00701001-4　　　　　拉线铁塔检查验收评定标准及检查方法

序号	性质	检查（检验）项目		评级标准（允许偏差）		检查方法
				合格	优良	
1	关键	部件规格、数量		符合设计要求		核对设计图纸
2	关键	节点间主材弯曲		1/750	1/800	弦线、钢尺测量
3	关键	拉线压接管连接强度 P_b[①]（%）		95		拉力试验
4	一般	拉线压接管表面质量		符合设计要求	工艺美观	观察
5	关键	直线转角塔结构倾斜（向外角）（%）		大于0，并符合设计要求	0.3≤	经纬仪测量
6	重要	结构倾斜（%）	一般塔	0.3	0.24	经纬仪测量
			高塔	0.15	0.12	
7	重要	螺栓与构件接触及出扣情况		符合本模块第一章第3条规定或设计要求		经纬仪测量
8	重要	横担高差（%）	110kV	0.5	0.4	经纬仪测量
			220～330kV	0.35	0.28	
			500kV	0.2	0.15	
9	重要	主柱弯曲（%）	110kV	0.2	0.16	弦线、钢尺测量
			220～330kV	0.15	0.12	
			500kV	0.1（最大30mm）		
10	重要	螺栓防松和防盗		符合本模块第一章第7条、12条要求		观察
11	重要	脚钉		安装牢固、正确、齐全		观察
12	一般	螺栓紧固		符合本模块第一章第6条规定，且紧固率：组塔后95%、架线后97%		用扭矩扳手检查
13	一般	塔材弯曲		不超过2‰		拉悬线测量

① P_b 为拉线的保证计算拉断力。拉线部分标准和要求见本章第14条规定。

486

（3）混凝土电杆检查验收评定标准及检查方法见表 GYSD00701001-5。

表 GYSD00701001-5　　　　　　混凝土电杆检查验收评定标准及检查方法

序号	性质	检查（检验）项目			评级标准（允许偏差）		检查方法
					合格	优良	
1	关键	部件规格、数量			符合设计要求		核对图纸
2	关键	焊接质量			符合 GB 50233—2005 第 6.3.3 条规定	焊缝工艺美观无补焊	观察
3	关键	混凝土杆纵向裂缝			不允许		专用放大镜检查
4	关键	转角终端杆向受力反方向侧倾斜%			大于 0，并符合设计要求	不大于 0.3	经纬仪测量
5	关键	导线不对称布置时拉线点向受力反方向侧偏斜 H' [①] （%）			大于 0，并符合设计要求	不大于 0.3	经纬仪测量
6	重要	横向裂缝（mm）			普通杆不大于 0.1，预应力杆不得有横向裂纹		专用放大镜检查
7	重要	结构倾斜（%）			0.3	0.24	经纬仪测量
8	重要	焊接弯曲 L [②] （%）			0.2	0.16	经纬仪测量
9	重要	横担高差（%）	110kV		0.5	0.4	经纬仪测量
			220～330kV		0.35	0.28	
			500kV		0.2	0.16	
10	重要	螺栓与构件面接触及出扣情况			符合 GB 50233—2005 第 6.1.3 条规定	紧密一致	观察
11	重要	螺栓防松和防盗			符合本模块第一章第 7 条、12 条要求		观察
12	一般	爬梯或脚钉			安装牢固、正确、齐全		观察
13	一般	根开	110kV （mm）		30	24	钢尺测量
			220～330kV （%）		0.5	0.4	
			500kV （%）		0.3	0.24	
14	一般	迈步	110kV （mm）		30	24	钢尺测量
			220～330kV （%）		1	8	
			500kV （%）		0.5	0.4	
15	一般	横线路位移 mm			50	40	经纬仪测量
16	一般	螺栓紧固			符合本模块第一章第 6 条规定，且紧固率：组塔后 95%、架线后 97%		扭矩扳手检测
17	一般	螺栓穿向			符合本模块第一章第 4 条规定		观察
18	一般	拉线杆坑回填土			符合 GB 50233—2005 第 4.0.7～4.0.10 条规定	无沉陷，防沉层整齐美观	观察
19	一般	电杆焊口防腐			符合 GB 50233—2005 第 6.3.4 条规定	整齐美观	观察

① H' 为拉线点高。

② L 为因焊接而造成分段或整根电杆弯曲的对应高度。拉线部分标准和要求见本章节第 14 条规定。

（4）钢管杆检查验收评定标准及检查方法见表 GYSD00701001-6。

表 GYSD00701001-6　　　　　　钢管杆检查验收评定标准及检查方法

序号	性质	检查（检验）项目	评级标准（允许偏差）		检查方法
			合格	优良	
1	关键	部件规格、数量	符合设计要求		核对图纸
2	关键	焊接质量	符合 GB 50233—2005 第 6.3.3 条规定	焊缝工艺美观无补焊	观察

续表

序号	性质	检查（检验）项目	评级标准（允许偏差）		检查方法
			合格	优良	
3	关键	套接长度	不得小于设计套接长度		检查施工和监理记录
4	关键	转角终端杆向受力反方向侧倾斜%	大于0，并符合设计要求	不大于0.3	经纬仪测量
5	重要	结构倾斜（%）	不超过杆高的0.5%	不超过杆高的0.3%	经纬仪测量
6	重要	弯曲度（%）	不超过相应长度的0.2%	不超过相应长度的0.16%	经纬仪测量

【思考与练习】

1. 当采用螺栓连接构件时，应符合哪些规定？
2. 拉线安装的检查标准是什么？
3. 工程移交时，杆塔上应有哪些固定标志？
4. 混凝土电杆纵向裂纹的评级标准是如何规定的？

模块 2　导地线及附件检查验收（GYSD00701002）

【模块描述】本模块介绍架线工程质量等级评定标准及检查方法。通过知识介绍、图表对比，掌握导地线及附件检查验收的标准和方法，达到能够进行导地线及附件检查验收的要求。

【正文】

输电线路架线工程由导地线展放、连接、紧线和附件安装等工序组成。根据各工序的施工特点，架线工程的检查验收应针对各工序的不同特点分别开展，导地线展放验收重点是导地线在展放过程中发生损伤后的修补是否符合规范，导地线连接验收重点是连接质量是否符合要求，紧线工程的验收重点是导地线与各跨越物的跨越距离及导地线弛度是否符合规程和设计要求，附件安装的验收重点是安装工艺质量是否满足要求。

一、导地线及附件检查验收一般规定

（1）跨越电力线、弱电线路、铁路、公路、索道及通航河流时，导线或架空地线在跨越档内接头应符合设计规定。当设计无规定时，应满足以下要求：当跨越标准轨距铁路、高速公路、一级公路、电车道、特殊管道、索道、110kV及以上电力线路、一级及二级通航河流时，导地线不得有接头。

（2）当采用非张力放线时，导地线在同一处损伤需修补时，应满足下列规定：

1）导地线损伤补修处理标准应符合表 GYSD00701002-1 的规定。

表 GYSD00701002-1　　　　　非张力放线时导地线损伤补修处理标准

处理方法	线　别		钢绞线（7股）	钢绞线（19股）
	钢芯铝绞线与钢芯铝合金绞线	铝绞线与铝合金绞线		
砂纸磨光处理	（1）铝、铝合金单股损伤深度小于股直径的1/2。 （2）钢芯铝绞线及钢芯铝合金绞线损伤截面积为导电部分截面积的5%及以下，且强度损失小于4%。 （3）单金属绞线损伤截面积为4%及以下		—	—
以缠绕或补修预绞丝修理	导线在同一处损伤的程度已经超过"砂纸磨光处理"的规定，但因损伤导致强度损失不超过总拉断力的5%，且截面积损伤又不超过总导电部分截面积的7%时	导线在同一处损伤的程度已经超过"砂纸磨光处理"的规定，但因损伤导致强度损失不超过总拉断力的5%时	—	断1股
以补修管补修	导线在同一处损伤的强度损失已经超过总拉断力的50%，但不足17%，且截面积损伤也不超过导电部分截面积的25%时	导线在同一处损伤，强度损失超过总拉断力的5%，但不足17%时	断1股	断2股
开断重接	（1）导线损失的强度或损伤的截面积超过采用补修管补修的规定时。 （2）连续损伤的截面积或损失的强度都没有超过本规范以补修管补修的规定，但其损伤长度已超过补修管的能补修范围。 （3）复合材料的导线钢芯有断股。 （4）金钩、破股已使钢芯或内层铝股形成无法修复的永久变形		断2股	断3股

注　新建线路采用 DL/T 50233—2005；运行线路可按 DL/T 1069—2007《架空输电线路导地线修补导则》要求。

2）采用缠绕处理时应符合下列规定：

① 将受伤处线股处理平整。

② 缠绕材料应为铝单丝，缠绕应紧密，回头应绞紧，处理平整，其中心应位于损伤最严重处，并应将受伤部分全部覆盖。其长度不得小于 100mm。

3）采用补修预绞丝处理时应符合下列规定：

① 将受伤处线股处理平整。

② 补修预绞丝长度不得小于 3 个节距，或符合 GB/T 2337—1985《预绞丝》中的规定。

③ 补修预绞丝应与导线接触紧密，其中心应位于损伤最严重处，并应将损伤部位全部覆盖。

4）采用补修管补修时应符合下列规定：

① 将损伤处的线股先恢复原绞制状态，线股处理平整。

② 补修管的中心应位于损伤最严重处。需补修的范围应位于管内各 20mm。

③ 补修管可采用钳压、液压或爆压，其操作必须符合规程要求。

（3）当采用张力放线时，导地线在同一处损伤需修补时，应满足表 GYSD00701002-2 规定。

表 GYSD00701002-2　　　　　　　张力放线时导线损伤补修处理标准

处理方法	导　　　线
砂纸磨光处理	外层导线线股有轻微擦伤，其擦伤深度不超过单股直径的 1/4，且截面积损伤不超过导电部分截面积的 2%
以补修管修理	当导线损伤已超过轻微损伤，但在同一处损伤的强度损失尚不超过总拉断力的 8.5%，且损伤截面积不超过导电部分截面积的 12.5%
开断重接	（1）强度损失超过保证计算拉断力的 8.5%。 （2）截面积损伤超过导电部分截面积的 12.5%。 （3）损伤的范围超过一个补修管允许补修的范围。 （4）钢芯有断股。 （5）金钩、破股已使钢芯或内层线股形成无法修复的永久变形

注　新建线路采用 DL/T 50233—2005；运行线路可按 DL/T 1069—2007《架空输电线路导地线修补导则》要求。

（4）导地线连接应满足以下要求：

1）不同金属、不同规格、不同绞制方向的导线或架空地线严禁在一个耐张段内连接。

2）当导线或架空地线采用液压连接时，操作人员必须经过培训及考试合格、持有操作许可证。连接完成并自检合格后，应在压接管上打上操作人员的钢印。

3）导线或架空地线，必须使用合格的电力金具配套接续管及耐张线夹进行连接。连接后的握着强度，应在架线施工前进行试件试验。试件不得少于 3 组（允许接续管与耐张线夹合为一组试件）。其试验握着强度对液压都不得小于导线或架空地线设计使用拉断力的 95%。

对小截面导线采用螺栓式耐张线夹及钳压管连接时，其试件应分别制作。螺栓式耐张线夹的握着强度不得小于导线设计使用拉断力的 90%。钳压管直线连接的握着强度，不得小于导线设计使用拉断力的 95%。架空地线的连接强度应与导线相对应。

4）接续管及耐张线夹压接后应检查外观质量，并应符合下列规定：

① 用精度不低于 0.1mm 的游标卡尺测量压后尺寸，其允许偏差必须符合 SDJ 226—1987《架空送电线路导线及避雷线液压施工工艺规程》的规定。

② 飞边、毛刺及表面未超过允许的损伤，应锉平并用 0 号砂纸磨光。

③ 弯曲度不得大于 2%，有明显弯曲时应校直。

④ 校直后的接续管如有裂纹，应割断重接。

⑤ 裸露的钢管压后应涂防锈漆。

5）在一个档距内每根导线或架空地线上只允许有一个接续管和三个补修管，当张力放线时不应超过两个补修管，并应满足下列规定：

① 各类管与耐张线夹出口间的距离不应小于 15m。

② 接续管或补修管与悬垂线夹中心的距离不应小于 5m。

③ 接续管或补修管与间隔棒中心的距离不宜小于 0.5m。

④ 宜减少因损伤而增加的接续管。

（5）导地线紧线应满足以下要求：

1）紧线弧垂其允许偏差：110kV 线路为 + 5%，− 2.5%；220kV 及以上线路为 ± 2.5%；跨越通航河流的大跨越档弧垂允许偏差不应大于 ± 1%，其正偏差不应超过 1m。

2）导线或架空地线各相间的弧垂应力求一致，当满足上述弧垂允许偏差标准时，各相间弧垂的相对偏差最大值不应超过下列规定：110kV 线路为 200mm；220kV 及以上线路为 300mm；跨越通航河流的大跨越档弧垂最大允许偏差为 500mm。

3）相分裂导线同相子导线的弧垂应力求一致，在满足上述弧垂允许偏差标准时，其相对偏差应符合下列规定：

① 不安装间隔棒的垂直双分裂导线，同相子导线间的弧垂允许偏差为 + 100mm。

② 安装间隔棒的其他形式分裂导线同相子导线的弧垂允许偏差应符合下列规定：220kV 为 80mm；330 ~ 500kV 为 50mm。

4）架线后应测量导线对被跨越物的净空距离，计入导线蠕变伸长换算到最大弧垂时必须符合设计规定。

5）连续上（下）山坡时的弧垂观测，当设计有规定时按设计规定观测。其允许偏差值应符合本节的有关规定。

（6）附件安装应满足以下要求：

1）绝缘子应完好，在安装好弹簧销子的情况下球头不得自碗头中脱出。有机复合绝缘子伞套的表面不允许有开裂、脱落、破损等现象，绝缘子的芯棒与端部附件不应有明显的歪斜。

2）金具应完好，若其镀锌层有局部碰损、剥落或缺锌，应除锈后补刷防锈漆。

3）悬垂线夹安装后，绝缘子串应垂直地平面，个别情况其顺线路方向与垂直位置的偏移角不应超过 5°，且最大偏移值不应超过 200mm。连续上、下山坡处杆塔上的悬垂线夹的安装位置应符合设计规定。

4）绝缘子串、导线及架空地线上的各种金具上的螺栓、穿钉及弹簧销子，除有固定的穿向外，其余穿向应统一，并应符合下列规定：

① 单、双悬垂串上的弹簧销子均按线路方向穿入。使用 W 弹簧销子时，绝缘子大口均朝线路后方。使用 R 弹簧销子时，大口均朝线路前方。螺栓及穿钉凡能顺线路方向穿入者均按线路方向穿入，特殊情况两边线由内向外，中线由左向右穿入。

② 耐张串上的弹簧销子、螺栓及穿钉均由上向下穿；当使用 W 弹簧销子时，绝缘子大口均应向上；当使用 R 弹簧销子时，绝缘子大口均向下，特殊情况可由内向外，由左向右穿入。

③ 分裂导线上的穿钉、螺栓均由线束外侧向内穿。

④ 当穿入方向与当地运行单位要求不一致时，可按运行单位的要求，但应在开工前明确规定。

5）金具上所用的闭口销的直径必须与孔径相配合，且弹力适度。

6）各种类型的铝质绞线，在与金具的线夹夹紧时，除并沟线夹及使用预绞丝护线条外，安装时应在铝股外缠绕铝包带，缠绕时应符合下列规定：

① 铝包带应缠绕紧密，其缠绕方向应与外层铝股的绞制方向一致。

② 所缠铝包带应露出线夹，但不超过 10mm，其端头应回缠于线夹内压住。

7）安装预绞丝护线条时，每条的中心与线夹中心应重合，对导线包裹应紧固。

8）安装于导线或架空地线上的防振锤及阻尼线应与地面垂直，设计有特殊要求时应按设计要求安装。其安装距离偏差不应大于 ± 30mm。

9）分裂导线间隔棒的结构面应与导线垂直，杆塔两侧第一个间隔棒的安装距离偏差不应大于端次档距的 ± 1.5%，其余不应大于次档距的 ± 3%。各相间隔棒安装位置应相互一致。

10）绝缘架空地线放电间隙的安装距离偏差，不应大于 ± 2mm。

11）柔性引流线应呈近似悬链线状自然下垂，其对杆塔及拉线等的电气间隙必须符合设计规定。

模块
2

GYSD00701002

使用压接引流线时其中间不得有接头。刚性引流线的安装应符合设计要求。

12）铝制引流连板及并沟线夹的连接面应平整、光洁，安装应符合下列规定：

① 安装前应检查连接面是否平整，耐张线夹引流连板的光洁面必须与引流线夹连板的光洁面接触。

② 应用汽油洗擦连接面及导线表面污垢，并应涂上一层电力复合脂。用细钢丝刷清除有电力复合脂的表面氧化膜。

③ 保留电力复合脂，并应逐个均匀地拧紧连接螺栓。螺栓的扭矩应符合该产品说明书的要求。

二、导地线及附件验收项目、标准、方法

（1）导地线展放质量等级评定标准及检查方法见表 GYSD00701002-3。

表 GYSD00701002-3　　　导地线展放质量等级评定标准及检查方法

序号	性质	检查（检验）项目	评级标准（允许偏差）		检查方法
			合格	优良	
1	关键	导地线规格	符合设计要求		与设计图核对，实物检查
2	关键	因施工损伤补修处理	符合本文第一章第2条、第3条规定	平均每5km单回线路不超过1个，无损伤补修档大于85%	检查记录，现场检查
3	关键	因施工损伤接续处理	符合本文第一章第2条、第3条规定	平均每5km单回线路不超过1个，无损伤补修档大于90%	检查记录，现场检查
4	关键	同一档内接续管与补修管数量	符合本文第一章第4条第（5）点规定	每线只允许各有一个	检查记录，现场检查
5	关键	各压接管与线夹间隔棒间距	符合本文第一章第4条第（5）点规定	间距比前述规定的大0.2倍	检查记录，现场检查或抽查
6	外观	导地线外观质量	符合规定	无任何损伤导地线之处	检查记录，现场检查

注意，"同一档内接续管与补修管数量"、"各压接管与线夹间隔棒间距"容易忽视，实际操作中如发现同一档内出现两个接续管或接续管与悬垂串线夹间距小于5m等情况，都是违反规程要求的，应提请施工单位整改。

（2）导地线连接质量等级评定标准及检查方法见表 GYSD00701002-4。

表 GYSD00701002-4　　　导地线连接质量等级评定标准及检查方法

序号	性质	检查（检验）项目	评级标准（允许偏差）		检查方法
			合格	优良	
1	关键	压接管规格、型号	符合设计和本文第一章第2条、第3条规定		与设计图纸核对，现场登塔抽查耐张压接管
2	关键	耐张、直线压接管试验强度 P_b[①]（%）	95		拉力试验
3	关键	压接后尺寸	符合设计和规程要求或推荐值		游标卡现场抽查测量
4	一般	压接后弯曲（%）	2	1.6	钢尺测量
5	外观	压接管表面质量	无起皱、无毛刺	整齐光洁、美观	观察

① P_b 为导线或避雷线的保证计算拉断力。

注意：

1）耐张、直线压接管试验强度 P_b 项目的检查，在施工记录资料中以检查拉力试验报告为准，拉力试验应由符合国家资质要求的机构作试验并出具报告。

2）接续管压接后尺寸用游标卡尺检查，现场应登塔抽查耐张压接管的压接尺寸，特别是钢锚管有否欠压和过压，压接管上是否有钢印印记。施工记录中的接续管个数及位置应与现场一致。

3）外观检查压接管表面质量，接续管采用望远镜检查管口附近不应有明显的松股现象。

（3）紧线质量等级评定标准及检查方法见表 GYSD00701002-5。

表 GYSD00701002-5　　　　　　　紧线质量等级评定标准及检查方法

序号	性质	检查（检验）项目		评级标准（允许偏差）		检查方法
				合格	优良	
1	关键	相位排列		符合设计要求		与设计图纸及现场标志核对
2	关键	对交叉跨越物及对地距离		符合设计要求		经纬仪测量
3	关键	耐张连接金具绝缘子规格、数量		符合设计要求		与设计图纸核对
4	重要	导地线弧垂（紧线时）	110kV（%）	+5，-2.5	+4，-2	经纬仪和钢尺弛度板
			220kV 及以上（%）	±2.5	±2	
			大跨越（%）	±1（最大 1mm）	±0.8（最大 0.8mm）	
5	重要	导地线相间弧垂偏差 mm	110kV	200	150	经纬仪和钢尺弛度板
			220kV 及以上	300	250	
			大跨越	500	400	
6	一般	同相子导线间弧垂偏差（mm）	无间隔棒双分裂导线		+100，0	经纬仪和钢尺弛度板测量
			有间隔棒其他分裂形式导线 220kV		80	
			330~500kV		50	
7	外观	导地线弧垂		符合设计要求	线间距均匀协调美观	观察

（4）附件安装质量等级评定标准及检查方法见表 GYSD00701002-6。

表 GYSD00701002-6　　　　　　　附件安装质量等级评定标准及检查方法

序号	性质	检查（检验）项目		评级标准（允许偏差）		检查方法
				合格	优良	
1	关键	金具及间隔棒规格、数量		符合设计和本文第一章第 6 条规定要求		与设计图纸核对
2	关键	跳线及带电导体对杆塔电气间隙		符合设计和本文第一章第 6 条规定要求		钢尺测量
3	关键	跳线连接板及并沟线夹连接		符合设计和本文第一章第 6 条规定要求		现场检查
4	关键	开口销及弹簧销		符合设计要求	齐全并开口	现场检查
5	关键	绝缘子的规格、数量		符合设计和本文第一章第 6 条规定要求	干净、无损伤	现场检查
6	重要	跳线制作		符合设计和本文第一章第 6 条规定要求	曲线平滑美观，无歪扭	现场检查
7	重要	悬垂绝缘子串倾斜		5°（最大 200mm）	4°（最大 150mm）	经纬仪观测及钢尺测量
8	重要	防震垂及阻尼线安装距离（mm）		±30	±24	钢尺测量
9	重要	铝包带缠绕		符合设计和本文第一章第 6 条规定要求	统一、美观	现场检查
10	重要	绝缘避雷线放电间隙 mm		±2		钢尺测量
11	一般	间隔棒安装位置	第一个 l① （%）	±1.5	±1.2	钢尺测量
			第一个 l' （%）	±3.0	±2.4	
12	一般	屏蔽环、均压环绝缘间隙（mm）		±10	±8	钢尺测量
13	一般	均压环安装方向和位置		安装位置符合设计和厂家要求，不反装，螺栓紧固		现场检查
14	外观	瓷瓶开口销子螺栓及弹簧销穿入方向		符合设计和本文第一章第 6 条规定要求		现场检查

① l' 是指次档距。

注意：

1）双串"八字形"布置悬垂绝缘子串倾斜检查应根据设计尺寸，以投影到导线上的垂直点为中心两边测量。

2）复合绝缘子均压环外观检查应特别注意安装方向。

【思考与练习】

1．导线损伤应如何进行处理？

2．为什么规定接续管或补修管对线夹有不同的间距规定要求？

3．评级标准对导地线相间弧垂偏差是如何规定的？

4．跳线连接板及并沟线夹连接有哪些规定？

模块 3　基础及接地工程检查验收（GYSD00701003）

【模块描述】 本模块涉及基础防沉层及防冲刷的要求、接地引下线及接地网的要求、基础外形及尺寸要求、接地电阻要求等内容。通过要点介绍，掌握基础及接地工程检查验收标准和方法。

【正文】

基础及接地工程是输电线路工程的重要组成部分。由于在验收检查阶段，大部分基础和接地工程均已隐蔽或埋在地下，因此在验收检查时，应对重点部位进行抽查，同时，需认真检查相应的施工、监理、验收等方面的记录，核查监理人员隐蔽工程旁站监理的签名。

基础和接地工程的验收主要包括基础防沉层及防冲刷措施、接地引下线及接地网、基础外形及尺寸、接地电阻等方面的内容。

一、基础防沉层及防冲刷的要求

（1）杆塔基础坑及拉线基础坑回填，应符合设计要求。一般应分层夯实，每回填 300mm 厚度夯实一次。坑口的地面上应筑防沉层，防沉层的上部边宽不得小于坑口边宽。其高度视土质夯实程度确定，基础验收时宜为 300~500mm。经过沉降后应及时补填夯实。工程移交时坑口回填土不应低于地面。

（2）石坑回填应以石子与土按 3:1 掺合后回填夯实。

（3）泥水坑回填应先排出坑内积水然后回填夯实。

（4）冻土回填时应先将坑内冰雪清除干净，把冻土块中的冰雪清除并捣碎后进行回填夯实。冻土坑回填在经历一个雨季后应进行二次回填。

（5）接地沟的回填宜选取未掺有石块及其他杂物的泥土并应夯实，回填后应筑有防沉层，其高度宜为 100~300mm，工程移交时回填土不得低于地面。

（6）位于山坡、河边或沟旁等易冲刷地带基础的防护，应按设计要求做好排水沟、护坡等措施。

二、接地引下线及接地网的要求

（1）接地体的规格、埋深不应小于设计规定。

（2）接地装置应按设计图敷设，受地质地形条件限制时可作局部修改。但不论修改与否均应在施工质量验收记录中绘制接地装置敷设简图并标示相对位置和尺寸。原设计图形为环形者仍应呈环形。

（3）敷设水平接地体宜满足下列规定：

1）遇倾斜地形宜沿等高线敷设。

2）两接地体间的平行距离不应小于 5m。

3）接地体铺设应平直。

4）对无法满足上述要求的特殊地形，应与设计方协商解决。

5）接地体的埋深一般应按以下规定执行：岩石为 0.3m，山区和丘陵为 0.6m，平地为 0.8m，当设计有规定时，按设计要求执行。

（4）垂直接地体应垂直打入，并防止晃动。

（5）接地体连接应符合下列规定：

1）连接前应清除连接部位的浮锈。

2）除设计规定的断开点可用螺栓连接外，其余应用焊接或液压、爆压方式连接。

3）接地体间连接必须可靠。

当采用搭接焊接时，圆钢的搭接长度应为其直径的 6 倍并应双面施焊；扁钢的搭接长度应为其宽度的 2 倍并应四面施焊。

当圆钢采用液压或爆压连接时，接续管的壁厚不得小于 3mm，长度不得小于：搭接时圆钢直径的 10 倍，对接时圆钢直径的 20 倍。

接地用圆钢如采用液压、爆压方式连接，其接续管的型号与规格应与所压圆钢匹配。

（6）接地引下线与杆塔的连接应接触良好，并应便于断开测量接地电阻，当引下线直接从架空地线引下时，引下线应紧靠杆身，并应每隔一定距离与杆身固定。

（7）接地线回填土必须采用泥土，特别是接地线周围的泥土不得含有石块，新建线路不得采用降阻剂措施，该裕度应留给运行单位，当该杆塔遭受雷击后的接地电阻处理用。

三、基础外形及尺寸要求

基础工程是线路工程中的隐蔽工程，其内部质量以验收隐蔽工程签证及试块试验报告为准，同时核查监理人员对该检测制作试块时的旁站监督签名和记录。在竣工验收检查时，由于铁塔已经组立完成，混凝土保护帽已经浇筑完成，因此，在验收过程中除对基础的表面质量和外型尺寸进行检查外，还应抽查部分保护帽，检查保护帽质量及其杆塔地脚螺栓是否紧固、完好。对于条件允许的验收单位，应在核查试块报告的同时，也可在现场采用混凝土回弹仪检测强度或现场取混凝土芯送试验所做混凝土强度试验来验证基础强度质量。

基础外形及尺寸应符合以下要求：

（1）基础表面应平整，无露筋、无明显的损伤等缺陷，并应符合 GB 50204—2002《混凝土结构工程施工质量验收规范》的规定。

（2）浇筑基础单腿尺寸允许偏差应符合下列规定：

1）保护层厚度：−5mm（外观检查没有漏筋现象即可）。

2）立柱及各底座断面尺寸：合格 −1%，优良 −0.8%。

（3）浇筑拉线基础的允许偏差应符合下列规定：

1）基础尺寸。

断面尺寸：合格为−1%，优良为−0.8%；

拉环中心与设计位置的偏移：20mm。

2）基础位置：拉环中心在拉线方向前、后、左、右与设计位置的偏移：1%L。

3）X 形拉线基础位置应符合设计规定，并保证铁塔组立后交叉点的拉线不磨损。

注：L 为拉环中心至杆塔拉线固定点的水平距离。

四、接地电阻要求

（1）测量接地电阻可采用接地摇表。所测得的接地电阻值应根据当时土壤干燥、潮湿情况乘以季节系数，其乘积不应大于设计规定值。季节系数可参照表 GYSD00701003-1 所示。

表 GYSD00701003-1　　　　　　接地电阻测量的季节系数

埋　深（m）	水 平 接 地 体	2～3m 的垂直接地体
0.5	1.4～1.8	1.2～1.4
0.8～1.0	1.25～1.45	1.15～1.3
2.5～3.0（深埋接地体）	1.0～1.1	1.0～1.1

注　测量接地电阻时，如土壤比较干燥，则应采用表中较小值，比较潮湿时，取较大值。

（2）测量接地电阻时，应避免在雨雪天气测量，一般可在雨后三天左右进行测量。

（3）在雷季干燥时，每基杆塔不连地线的工频接地电阻，不宜大于表 GYSD00701003-2 所列数值。

土壤电阻率较低的地区，如杆塔的自然接地电阻不大于表 GYSD00701003-2 所列数值，可不装人工接地体。

表 GYSD00701003-2 　　　　　有接地线的线路杆塔的工频接地电阻　　　　　Ω

土壤电阻率（Ω·m）	100 及以下	100 以上至 500	500 以上至 1000	1000 以上至 2000	2000 以上
工频接地电阻（Ω）	10	15	20	25	30*

* 如土壤电阻率超过 2000Ω·m，接地电阻很难降到 30Ω 时，可采用 6～8 根总长不超过 500m 的放射形接地体或连续延长接地体，其接地电阻不受限制。

（4）中性点非直接接地系统在居民区的无地线钢筋混凝土杆和铁塔应接地，其接地电阻不宜超过 30Ω。

五、基础及接地工程验收项目、标准、方法

（1）现浇混凝土铁塔基础质量等级评定标准及检查方法见表 GYSD00701003-3。

表 GYSD00701003-3 　　　　　现浇混凝土铁塔基础质量等级评定标准及检查方法

序号	性质	检查（检验）项目	评级标准（允许偏差）		检查方法
			合格	优良	
1	关键	地脚螺栓、钢筋及插入式角钢规格、数量	符合设计要求	制作工艺良好	现场抽查，与设计图纸核对
2	关键	混凝土强度	不小于设计值		检查试块试验报告或回弹仪等抽查
3	关键	底板断面尺寸（%）	−1	−0.8	查监理记录、施工记录、中间验收记录
4	重要	基础埋深（mm）	+100，−50	+100，−0	查监理记录、施工记录、中间验收记录
5	重要	钢筋保护层厚度（mm）	−5		观察
6	重要	混凝土表面质量	基础表面应平整，无露筋、无明显的损伤等缺陷，并应符合 GB 50204—2002 的规定		观察
7	重要	立柱断面尺寸	−1%	−0.8%	钢尺测量
8	重要	回填土	坑口回填土不低于地面	无沉陷，防沉层整齐美观	观察

预制装配式铁塔基础、岩石、掏挖基础质量等级评定标准及检查方法可参照表 GYSD00701003-3。

（2）现浇拉线（含锚杆拉线）基础质量等级评定标准及检查方法见表 GYSD00701003-4。

表 GYSD00701003-4 　　　　现浇拉线（含锚杆拉线）基础质量等级评定标准及检查方法

序号	性质	检查（检验）项目	评级标准（允许偏差）		检查方法
			合格	优良	
1	关键	拉线基础埋件钢筋规格、数量	符合设计要求	制作良好	现场抽查，与设计图纸核对
2	关键	混凝土强度	不小于设计值		检查试块试验报告或回弹仪等抽查
3	关键	底板断面尺寸（%）	−1	−0.8	查监理记录、施工记录、中间验收记录
4	重要	基础埋深（mm）	+100，−50	+100，−0	查监理记录、施工记录、中间验收记录
5	重要	钢筋保护层厚度（mm）	−5		观察
6	重要	混凝土表面质量	基础表面应平整，无露筋、无明显的损伤等缺陷，并应符合 GB 50204—2002 的规定		观察
7	重要	回填土	坑口回填土不低于地面	无沉陷，防沉层整齐美观	观察
8	一般	拉线棒	无弯曲、锈蚀	回头方向一致	观察

混凝土杆预制基础质量等级评定标准及检查方法可参照表 GYSD00701003-3。

（3）灌注桩基础质量等级评定标准及检查方法见表 GYSD00701003-5。

表 GYSD00701003-5　　　　　　　　**灌注桩基础质量等级评定标准及检查方法**

序号	性质	检查（检验）项目	评级标准（允许偏差）		检查方法
			合格	优良	
1	关键	地脚螺栓、钢筋及插入式角钢规格、数量	符合设计要求	制作工艺良好	现场抽查，与设计图纸核对
2	关键	混凝土强度	不小于设计值		检查试块试验报告或回弹仪等抽查
3	关键	连梁（承台）标高	不小于设计		查监理记录、施工记录、中间验收记录
4	重要	连梁断面尺寸	−1	−0.8	查监理记录、施工记录、中间验收记录
5	重要	连梁钢筋保护层厚度 mm	−5		观察
6	重要	混凝土表面质量	基础表面应平整，无露筋、无明显的损伤等缺陷，并应符合 GB 50204—2002 的规定		观察
7	一般	地面整理	地面无沉陷，平整美观		观察

灌注桩基础质量等级评定标准及检查方法可参照表 GYSD00701003-5。

（4）埋深式接地装置质量等级评定标准及检查方法见表 GYSD00701003-6。

表 GYSD00701003-6　　　　　　　　**埋深式接地装置质量等级评定标准及检查方法**

序号	性质	检查（检验）项目	评级标准（允许偏差）		检查方法
			合格	优良	
1	关键	接地体规格、数量	符合设计要求		现场抽查，与设计图纸核对
2	关键	接地电阻值	符合设计要求	比设计值小 5%	接地电阻表测量
3	关键	接地体连接	符合本模块第二章要求		开挖，钢尺测量，外观检查
4	重要	接地体防腐	符合设计要求		开挖，外观检查
5	重要	接地体敷设	符合本模块第二章要求	平整不宜冲刷	开挖，钢尺测量，外观检查
6	重要	接地体埋深	符合设计要求	大于设计值	开挖，钢尺测量
7	重要	回填土	符合本模块第一章第 5 条要求	表面平整	观察
8	一般	接地引下线	符合设计要求	牢固、整齐、美观	观察

埋深式接地装置质量等级评定标准及检查方法可参照表 GYSD00701003-6。

【思考与练习】

1．杆塔基础坑回填应符合哪些要求？

2．接地体间的连接有哪些规定？

3．浇筑基础单腿尺寸允许偏差应符合哪些规定？

4．各类土壤电阻率下的工频接地电阻值一般是如何规定的？

模块 4　线路防护区检查验收（GYSD00701004）

【模块描述】 本模块介绍线路防护区检查验收的一般要求、交叉跨越的距离要求。通过知识介绍、图表对比，掌握验收标准和方法、能够进行线路防护区检查验收的要求。

【正文】

为确保输电线路的安全运行，《电力设施保护条例》对架空电力线路的防护区（保护区，下同）作出了相应的规定。在线路工程的验收中，验收人员应根据法律、规程和设计要求，对线路防护区进行仔细的检查和验收。

本模块主要对线路防护区检查验收的一般要求、交叉跨越、风偏距离、验收的项目及标准进行了论述。

一、线路防护区检查验收的一般要求

（1）架空电力线路保护区：是指导线边线向外侧水平延伸并垂直于地面所形成的两平行面内的区域，在一般地区各级电压导线的边线延伸距离如下：

1～10 kV，5 m；35～110 kV，10 m；154～330 kV，15 m；500 kV，20 m；750 kV，暂无标准规定。

在厂矿、城镇等人口密集地区，架空电力线路保护区的区域可略小于上述规定。但各级电压导线边线延伸的距离，不应小于导线边线在最大计算弧垂及最大计算风偏后的水平距离和风偏后距建筑物的安全距离之和。

（2）任何单位和个人在架空电力线路保护区内，必须遵守下列规定：

1）不得堆放谷物、草料、垃圾、矿渣、易燃物、易爆物及其他影响安全供电的物品。

2）不得烧窑、烧荒。

3）不得兴建建筑物、构筑物。

4）不得种植可能危及电力设施安全的植物。

（3）任何单位和个人不得在距电力设施周围 500m 范围内（指水平距离）进行爆破作业。因工作需要必须进行爆破作业时，应当按国家颁发的有关爆破作业的法律法规，采取可靠的安全防范措施，确保电力设施安全，并征得当地电力设施产权单位或管理部门的书面同意，报经政府有关管理部门批准。

（4）电力线路 500 m 范围内不得有采石场。当发现有废弃的采石场时，应设立"严禁采石"等警示标志，并应与相应的责任人签订禁止采石的相关协议。

二、导线与被跨越物的距离要求

（1）导线与地面的距离，在最大计算弧垂情况下，不应小于表 GYSD00701004-1 所列数值。

表 GYSD00701004-1　　　　　　　　导线对地面最小距离　　　　　　　　　　　　　　　　m

标称电压（kV） 线路经过地区	35～110	154～220	330	500	750
居民区	7.0	7.5	8.5	14	19.5
非居民区	6.0	6.5	7.5	11（10.5）	15.5（13.7）
交通困难地区	5.0	5.5	6.5	8.5	11

注　500kV 送电线路非居民区 11m 用于导线水平排列，括号内的 10.5m 用于导线三角排列。

（2）导线与山坡、峭壁、岩石之间的净空距离，在最大计算风偏情况下，不应小于表 GYSD00701004-2 所列数值。

表 GYSD00701004-2　　　　　　　导线与山坡、峭壁、岩石之间的最小净空距离　　　　　　　　　m

标称电压（kV） 线路经过地区	35～110	154～220	330	500	750
步行可以到达的山坡	5.0	5.5	6.5	8.5	11.0
步行不能到达的山坡、峭壁和岩石	3.0	4.0	5.0	6.5	8.5

（3）线路导线不应跨越屋顶为易燃材料做成的建筑物。对耐火屋顶的建筑物，亦应尽量不跨越，特殊情况需要跨越时，电力主管部门应采取一定的安全措施，并与有关部门达成协议或取得当地政府同意。500kV 线路导线不应跨越有人居住或经常有人出入的耐火屋顶的建筑物。导线与建筑物间的垂直距离，在最大计算弧垂情况下，不应小于表 GYSD00701004-3 所列数值。

表 GYSD00701004-3   导线与建筑物之间的最小垂直距离

标称电压（kV）	66~110	154~220	330	500	750
垂直距离（m）	5.0	6.0	7.0	9.0	11.5

（4）送电线路边导线与建筑物之间的距离，在最大计算风偏情况下，不应小于表 GYSD00701004-4 所列数值。

表 GYSD00701004-4   边导线与建筑物之间的最小距离

标称电压（kV）	66~110	154~220	330	500	750
垂直距离（m）	4.0	5.0	6.0	8.5	11.0

（5）在无风情况下，边导线与不在规划范围内的城市建筑物之间的水平距离，不应小于表 GYSD00701004-5 所列数值。

表 GYSD00701004-5   边导线与不在规划范围内城市建筑物之间的水平距离

标称电压（kV）	110	220	330	500	750
距离（m）	2.0	2.5	3.0	5.0	6.5

（6）输电线路一般按高跨设计不砍树竹木的方案，如通过树竹木区等。运行线路的通道宽度不应小于线路边相导线间的距离和林区主要树种自然生长最终高度两倍之和。通道附近超过主要树种自然生长最终高度的个别树木，也应砍伐。

在下列情况下，如不妨碍架线施工和运行检修，可不砍伐出通道。

1）树木自然生长高度不超过 2m。

2）导线与树木（考虑自然生长高度）之间的垂直距离，不小于表 GYSD00701004-6 所列数值。

（7）对不影响线路安全运行，不妨碍对线路进行巡视、维护的树木或国林、经济作物林，可不砍伐，但树木所有者与电力主管部门应签订协议，确定双方责任，确保线路导线在最大弧垂或最大风偏后与树木之间的安全距离不小于表 GYSD00701004-6 所列数值。

表 GYSD00701004-6   导线在最大弧垂或最大风偏后与树木之间的安全距离

标称电压（kV）	35~110	154~220	330	500	750
最大弧垂时垂直距离（m）	4.0	4.5	5.5	7.0	8.5
最大风偏时净空距离（m）	3.5	4.0	5.0	7.0	8.5

（8）线路与弱电线路交叉时，对一、二级弱电线路的交叉角应分别大于 45°、30°，对三级弱电线路不限制。

（9）架空送电线路与甲类火灾危险性的生产厂房、甲类物品库房、易燃易爆材料堆场及可燃或易燃易爆液（气）体储罐的防火间距，不应小于杆塔高度加 3m，还应满足相应的规定要求。

（10）架空送电线路与铁路、公路、河流、管道、索道及各种架空线路交叉或接近距离应满足表 GYSD00701004-7 的要求。

表 GYSD00701004-7   导线对被跨越物最小垂直距离   m

被跨越物名称		线路标称电压（kV）				
		110	220	330	500	750
至铁路轨顶	标准轨	7.5	8.5	9.5	14.0	19.5
	窄轨	7.5	7.5	8.5	13.0	18.5
	电气轨	11.5	12.5	13.5	16.0	21.5
至铁路承力索或接触线		3.0	4.0	5.0	6.0	7（10）

续表

被跨越物名称		线路标称电压（kV）				
		110	220	330	500	750
至公路路面		7.0	8.0	9.0	14.0	19.5
至电车道（有轨及无轨）	路面	10.0	11.0	12.0	16.0	21.5
	承力索或接触线	3.0	4.0	5.0	6.5	7（10）
至通航河流	五年一遇洪水位	6.0	7.0	8.0	9.5	11.5
	最高航行水位的最高船桅顶	2.0	3.0	4.0	6.0	8.0
至不通航河流	百年一遇洪水位	3.0	4.0	5.0	6.5	8.5
	冰面（冬季温度）	6.0	6.5	7.5	水平11.0 三角10.5	11.5
至弱电线路		3.0	4.0	5.0	8.5	12
至电力线路		3.0	4.0	5.0	6.0（8.5）	7（12）
至特殊管道任何部分		4.0	5.0	6.0	7.5	9.5
至索道任何部分		3.0	4.0	5.0	6.5	8.5

注 "至电力线路"括号内数字用于跨越杆（塔）顶。

（11）架空送电线路与铁路、公路、电车道、河流、弱电线路、架空送电线路、管道、索道接近的最小水平距离应小于表 GYSD00701004-8 的要求。

表 GYSD00701004-8   最 小 水 平 距 离   m

接近物	接近条件		对应线路电压等级（kV）				
			110	220	330	500	750
铁路	杆塔外缘至路基边缘		交叉取30mm；平行取最高杆（塔）高加3m				
公路	杆塔外缘至路基边缘	开阔地区	交叉取8m；平行取最高杆（塔）高				
		路径受限制地区	5.0	5.0	6.0	8.0（15）	10（高速20）
电车道（有轨及无轨）	杆塔外缘至路基边缘	开阔地区	交叉取8m，平行取最高杆（塔）高				交叉取10m,平行取最高杆（塔）高
		路径受限制地区	5.0	5.0	6.0	8.0	10
通航或不通航河流	边导线至斜坡上缘（线路与拉纤小路平行）		最高杆（塔）高				
弱电线路	与边导线间	开阔地区	最高杆（塔）高				
		路径受限制地区	4.0	5.0	6.0	8.0	10.0
电力线路	与边导线间	开阔地区	最高杆（塔）高				
		路径受限制地区	5.0	7.0	9.0	13.0	16.0
特殊管道和索道	过导线至管道和索道	开阔地区	最高杆（塔）高				
		路径受限制地区（在最大风偏情况下）	4.0	5.0	6.0	7.5	管道9.5，索道顶8.5，索道底11

注 接近公路一栏中括号内数值对应高速公路，高速公路路基边缘指公路下缘的隔离栏。

三、线路防护区验收项目、标准、方法

线路防护区验收标准及检查方法见表 GYSD00701004-9。

表 GYSD00701004-9   线路防护区验收标准及检查方法

序号	性质	检查（检验）项目	标 准	检 查 方 法
1	关键	跨越或保护区内树木	符合本章节 2.8，2.9 条	观察，经纬仪、皮尺测量检查协议
2	关键	跨越或保护区内建筑物	符合本章节 2.3，2.4，2.5，2.6，2.11 条和设计规定	核对图纸，经纬仪、皮尺测量，检查协议

续表

序号	性质	检查（检验）项目	标　　准	检　查　方　法
3	关键	跨越或保护区内采石场	符合本章节 1.3 和 1.4 条规定	核对图纸，观察，检查封闭协议
4	关键	交跨距离	满足本章节第 2 节的规定和设计要求	核对图纸，经纬仪、皮尺测量

【思考与练习】

1．架空电力线路保护区的距离范围是如何规定的？

2．架空送电线路与公路交叉跨越最小垂直距离是多少？

3．架空送电线路与铁路接近的最小水平距离是多少？

第二十七章　评级与资料管理

模块 1　工程验收评级方法及图纸资料交接（GYSD00702001）

【模块描述】本模块包含验收检查必须具备的条件、验收评级标准及评级方法、竣工图及资料移交、输电线路竣工验收作业指导书。通过要点介绍、图表对比，熟悉工程验收评级方法、工程资料移交内容的要求。

【正文】

工程验收包括隐蔽工程验收、施工工序转换的中间验收和工程结束提交投运前的竣工验收。隐蔽工程有基础工程、导地线压接工程、杆塔接地线的接地沟深度、接地线埋深和接地线回填土质量、铁塔底脚螺栓符合设计和紧固情况等。中间验收是工程需要立塔的回填前基础质量验收，基础强度符合设计要求后才能立塔；架线前需对杆塔进行中间验收，校核基础强度满足要求后才能架线工程。

一、竣工验收必须具备的条件

（1）隐蔽工程和施工工序转换的中间验收均按规定进行，且验收检查出的缺陷已消除，无影响安全运行的缺陷。

（2）工程自检、初验收查出的缺陷已消除，不存在影响安全运行的缺陷。

（3）工程已按设计要求全部架设完毕，并已满足生产运行的要求。施工单位已进行三级自检，监理单位已进行初检，建设单位已进行预检且自检、初检、预检资料齐全、完整。

（4）建设单位已提交预检（预验收）报告，预检提出的缺陷已消除或已落实整改单位，整改单位已制定好施工措施和整改时间要求。

（5）工程建设单位接到施工单位的三级自检报告（包括缺陷记录及在施工中存在的问题）。

（6）工程监理单位已进行初检并出具工程监理报告，监理报告的内容应包括：工程规模、设计质量、施工进度与质量的评价及工程遗留问题等。

（7）有完整的竣工图纸（草图）、设备的技术资料及施工安装记录等技术文件。

二、竣工验收一般规定

（1）竣工验收是在工程全部完成且经过施工单位、监理单位自检和初检全部结束后实施。竣工验收是对输电线路投运前整体安装质量的最终确认。

（2）竣工验收除应确认工程的施工质量外，尚应包括以下内容：

1）线路走廊障碍物及线路保护区隐患的处理情况。

2）杆塔固定的警示标志。

3）临时接地线的拆除。

4）遗留问题的处理情况。

（3）竣工验收除应验收实物质量外，尚应包括工程技术资料。

三、验收评级标准及评级方法

本标准将一条或一个标段的架空电力线路工程定为一个单位工程；每个单位工程分为若干个分部工程；每个分部工程分为若干个分项工程；每个分项工程中又分为若干相同单元工程；每个单元工程中有若干检查（检验）项目，具体见表 GYSD00702001-1。

检查（验收）项目分为：关键项目、重要项目、一般项目与外观项目。

表 GYSD00702001-1　　　　　　　　　　　架空电力线路验收工程类别划分

单位工程	分部工程	分项工程	单元工程	
			单位	质量标准和评级要求
架空电力工程	基础工程	1. 现浇基础（钢性或板式）	基	见表 GYSD00701003-3
		2. 现浇或装配拉线基础	基	见表 GYSD00701003-4
		3. 灌注桩基础	基	见表 GYSD00701003-5
	杆塔工程	1. 自立式铁塔组立	基	见表 GYSD00701001-3
		2. 拉线铁塔组立	基	见表 GYSD00701001-4
		3. 混凝土电杆或钢管杆组立	基	见表 GYSD00701001-5（6）
	架线工程	1. 导地线展放	千米	见表 GYSD00701002-1
		2. 导地线连接	个	见表 GYSD00701002-3
		3. 紧线	耐张段	见表 GYSD00701002-5
		4. 附件安装	基	见表 GYSD00701002-6
	接地工程	1. 表面式接地装置	基	见表 GYSD00701003-5
		2. 深埋式接地装置	基	参照表 GYSD00701003-5
	线路护区		处	见表 GYSD00701004-10

（一）验收评级标准

（1）优良级：

1）关键项目必须 100%地符合本标准的优良级标准。

2）重要项目、一般项目和外观项目必须 100%地达到本标准的合格级标准。

3）全部检查项目中有 80%及以上达到优良级标准。

（2）合格级：

1）关键项目、重要项目、外观项目检查中达到优良级标准者不及 80%，但必须 100%地达到合格级标准。

2）一般项目中，如有一项未能达到本标准合格级规定，但不影响使用者，可评为合格级。

（3）不合格级：关键项目、重要项目、外观检查项目中有一项或一般检查项目有两项及以上未达到本标准合格级规定者。

（二）验收评级方法

（1）工程验收质量的检验评定工作一般由以下人员参加并负责：

1）业主代表，包括监理工程师或业主委托的运行单位代表。

2）设计单位代表。

3）施工单位代表。

（2）验收评级程序：

1）由施工单位内部进行三级验收，完成后再提交运行单位组织验收评级。评级根据模块 GYSD00701001、GYSD00701002、GYSD00701003、GYSD00701004 相关要求执行。

2）在项目施工阶段，业主代表（业主委托的监理工程师或运行单位代表）应参加隐蔽工程、单元工程、分部工程和单位工程的检查，并应将该记录反馈到竣工验收评级中。

四、竣工图及资料移交

（1）工程竣工后应移交下列资料：

1）工程施工质量验收记录。

2）修改后的竣工图。

3）设计变更通知单及工程联系单。

4）原材料和器材出厂质量合格证明和试验记录。

5）代用材料清单。

6）工程试验报告和记录。

7）未按设计施工的各项明细表及附图。

8）施工缺陷处理明细表及附图。

9）相关协议书。

10）验收总结报告或验收纪要。

（2）竣工资料的建档、整理、移交，应符合现行国家标准 GB/T 11822《科学技术档案案卷构成的一般要求》的规定。

五、110～750kV 送电线路竣工验收作业指导书

相关表格见表 GYSD00702001-2～ 表 GYSD00702001-7。

表 GYSD00702001-2　　　　　　基 本 条 件

工作任务	110～750kV 输电线路竣工验收	作业指导书编号	
工作条件	无 6 级及以下大风及暴雨、雷电、冰雹、大雾、沙尘暴等恶劣天气	工种	线路运行
设备类型	110～750kV 输电线路		
工作组成员及分工	作业人员：每组至少 2 人，1 人作业，1 人监护。由负责人指派担负相应工作，工作人员必须经培训合格，持证上岗		
作业人员职责	（1）工作负责人：组织并合理分配工作，进行安全教育，督促、监护工作人员遵守安全规程，检查工作票所载安全措施是否正确完备，安全措施是否符合现场实际条件。工作前对工作人员交待安全事项，对整个工程的安全、技术等负责，工作结束后总结经验与不足之处。工作负责（监护）人不得兼做其他工作。 （2）工作班成员：认真努力学习本作业指导书，严格遵守、执行安全工作规程和现场"安全措施卡"，互相关心施工安全		
标准作业时间	依具体工作而定		
制订依据	（1）GB 50233—2005《110kV—500kV 架空电力线路施工及验收规范》 （2）DL/T 741—2001《架空送电线路运行规程》 （3）DL/T 5092—1999《架空送电线路设计技术规程》 （4）《电力设施保护条例》和《电力设施保护条例实施细则》 （5）SDJ 226—1987《架空送电线路导线及避雷线液压施工工艺规程》 （6）《国家电网公司电力安全工作规程》（电力线路部分） （7）DL/T 887—2004《杆塔工频接地电阻测量》 （8）修改后的竣工图 （9）有关反措文件		

表 GYSD00702001-3　　　　　　所需工具、器材

序号	名　称	规　格	单　位	数　量	备　注
1	望远镜		台	1	
2	记录本		本	1	
3	扭矩扳手		把	若干	检测螺栓扭矩值
4	个人工具		套	1 套/人	
5	接地电阻检测仪		套	1	地面人员用
6	个人保安线		根	1 根/人	塔上人员用
7	脚扣		副	1	混凝土杆专用
8	安全带		套	1 根/人	塔上人员用
9	钢卷尺		把	1	
10	测绳	根据线路等级选用	根	1	
11	安全帽		顶	1 顶/人	
12	经纬仪		台	1	测量组用
13	小锄头		把	1	检查接地埋深

表 GYSD00702001-4　　　　　　　　　　　**作　业　步　骤**

序号	作业要求	质量要求及其监督检查	危险点分析及控制措施
1	接受任务，进行工前准备	（1）验收前，运行专责及有关人员认真学习施工总说明及机电部分施工说明，编制验收措施，向验收人员技术交底，组织验收人员认真学习《验收措施》、《110kV～500kV 架空电力线路施工及验收规范》及相关规定，交待工作重点及注意事项。 （2）接受竣工验收工作任务后，每组准备各项工器具	
2	开赴现场	文明安全行车，到达工作现场	
3	全体工作人员听工作负责人介绍工作内容及注意事项	（1）工作前，工作负责人应严格检查安全措施的实施情况，并向工作人员讲解工作任务分配、安全措施、危险点。 （2）在工作地段检查个人保安线。 （3）分小组开始工作	
4	小组到达杆塔位，准备开始登杆塔	（1）检查验收所用工器具是否齐全。 （2）检查登高工器具。 （3）核对线路名称、杆塔号	
5	攀登杆塔	登塔人员在核对线路双重命名、杆塔号后，进行登塔验收，地面人员进行护坡、基础、接地、通道等方面的验收	认清线路名称，以防误登带电设备
6	杆塔上的作业	（1）系好安全带、戴好安全帽。 （2）悬挂个人保安线。 （3）验收检查（小组负责人认真监护，做好记录）。验收内容及工作标准见表 GYSD00702001-5 ～ 表 GYSD00702001-7	安全带系牢，以防高空坠落。个人保安线连接可靠，防止感应电触电
7	班组工作结束	（1）工作负责人负责清点工作班成员。 （2）工作负责人收回缺陷记录。 （3）返回。 （4）整理缺陷记录，上交运行专工	

表 GYSD00702001-5　　　　　　　　　　　**杆塔工程验收内容及工作标准**

序号	内　容	标　准	说　明
1	螺栓连接是否符合规程要求	螺杆应与构件面垂直，螺栓头平面与构件间不应有间隙；螺母拧紧后，螺杆露出螺母的长度为：单螺母不应小于两个螺距，双螺母可与螺母相平；必须加垫者，每端不宜超过两个垫片；螺栓拧紧是否符合相应规格螺栓拧紧标准值	
2	螺栓的穿入方向是否符合规定	立体结构：水平方向由内向外；垂直方向由下向上；平面结构：顺线路方向：由送电侧穿入或按统一方向穿入；横线路方向：两侧由内向外，中间由左向右或按统一方向；垂直方向由下向上	
3	杆塔螺孔扩孔后是否符合要求	扩孔不得超过 3mm。当扩孔需超过 3mm 时，应先堵焊再重新打孔，并应进行防锈处理	
4	工程移交时，杆塔上是否有固定标志	每基杆塔应有线路名称杆号或代号、安全警示牌和相位标志；高杆塔按设计规定装设航行障碍标志；多回路杆塔横担上有相位、杆号及醒目标识加以区分	
5	螺栓紧固扭矩是否符合标准	<table><tr><td>螺栓规格</td><td>扭矩值（N·cm）</td></tr><tr><td>M12</td><td>4000</td></tr><tr><td>M16</td><td>8000</td></tr><tr><td>M20</td><td>10 000</td></tr><tr><td>M24</td><td>25 000</td></tr></table>	每基杆塔抽检不少于 50 颗
6	铁塔上是否加装防盗帽、防松卡及警告牌	从塔脚保护帽至塔身××m 高度（具体高度由设计确定）内螺丝加防盗帽；横担下 2m 至塔顶加防松扣母，路边或其他易遭受外力破坏的地方应加装警告牌	一般从杆塔基准面以上 2 个主材段号采用防盗螺栓
7	混凝土杆裂纹是否超标	混凝土杆横向裂纹不能超过 0.2mm，长度不超过圆周的 1/2，每米内不得多于 3 条；纵向裂纹宽度不超过 0.1mm，长度不超过 1m；更不得有腐蚀、掉块、钢筋外露现象	适用于混凝土电杆
8	杆塔组立及架线后其允许偏差是否符合标准	<table><tr><td>电压等级</td><td>偏差项目</td><td>允许值</td></tr><tr><td rowspan="4">110kV</td><td>混凝土杆结构根开</td><td>±30mm</td></tr><tr><td>混凝土杆结构迈步</td><td>30mm</td></tr><tr><td>双杆横担高差</td><td>5‰</td></tr><tr><td>直线杆结构倾斜</td><td>3‰</td></tr></table>	适用于混凝土电杆

续表

序号	内 容	标 准			说 明
8	杆塔组立及架线后其允许偏差是否符合标准	110kV	直线杆结构中心与中心桩间横线路位移	50mm	适用于混凝土电杆
			转角杆结构中心与中心桩间横、顺线路位移	50mm	
			等截面联系塔立柱弯曲	2‰	
		220kV	混凝土杆结构根开	±5‰	
			混凝土杆结构迈步	1%	
			双杆横担高差	3.5‰	
			直线杆结构倾斜	3‰	
			直线杆结构中心与中心桩间横线路位移	50mm	
			转角杆结构中心与中心桩间横、顺线路位移	50mm	
			等截面联系塔立柱弯曲	1.5‰	
9	相邻节点间主材弯曲是否超标	不得超过 1/750			
10	基础保护帽施工质量是否合格	保护帽的混凝土应与塔角板上部铁板结合紧密，不得有裂纹			必要时可抽查一基杆塔保护帽进行破坏性检查
11	混凝土杆表面是否有裂纹掉块等现象	预应力混凝土杆及构件不得有纵、横向裂纹；普通混凝土不得有纵向裂纹，横向裂纹宽度不得超过 0.1mm			适用于混凝土电杆
12	混凝土杆的钢圈焊接接头是否按规定进行防锈处理	涂刷防锈油漆，使用环氧树脂包裹			适用于混凝土电杆
13	混凝土杆上端是否封堵，排水孔是否畅通	上端应封堵，放水孔应打通			适用于混凝土电杆
14	对混凝土杆的叉梁有何要求	以抱箍连接的叉梁，其上端抱箍组装的允许偏差应为±50mm。分端组合叉梁，组合后应正直，不应有明显的鼓肚、弯曲。横隔梁的组装尺寸允许偏差应为±50mm			适用于混凝土电杆
15	采用楔型线夹连接的拉线安装是否合格	线夹的舌板与拉线接触紧密，线夹的凸肚应在尾线侧；拉线弯曲部分不应有明显的松股，其断头应用镀锌铁丝扎牢，线夹尾线应露出 300~500mm，尾线回头与本线应采取有效方法扎牢或压牢；同组拉线使用两个线夹时，其线夹尾端的方向应统一			适用于拉线电杆、拉线铁塔
16	拉线采用压接式连接时，其标准是否符合规定	液压：压接后管子不应有肉眼即可看出的扭曲及弯曲现象，有明显弯曲时应校直，校直后不应出现裂缝；压接后，在管子指定部位应有操作人员的钢印			适用于拉线电杆、拉线铁塔
17	拉线调整后是否符合标准	拉线与拉线棒应呈一直线；交叉拉线的交叉点处应留足够的空隙；拉线对地夹角允许偏差为 1°，个别特殊杆塔拉线需超出 1°时应符合设计规定；NUT 型线夹带螺母后螺杆必须露出螺纹并应留有不小于 1/2 螺杆的螺纹长度，并应装设防盗帽；拉线受力应一致。设防盗帽；拉线受力应一致			适用于拉线电杆、拉线铁塔

表 GYSD00702001-6 　　　　　架线工程验收内容及工作标准

序号	内 容	标 准	说 明
1	导地线损伤补修是否符合标准	（1）导线在同一处损伤的程度已超过规定（铝、铝合金单股损伤深度小于直径的 1/2；导线损伤截面积为导电部分截面积的 5% 及以下，且强度损失小于 4%），但其强度损失不超过总拉断力的 5%，截面积损伤不超过总导电部分截面积的 7%，处理方法以缠绕或补修预绞丝修理。导线在同一处损伤强度损失已超过总拉断力的 5%，但不足 17%，且截面积损伤也不超过导电部分截面积的 25% 时，处理方法以补修管修补。 （2）当有以下情况时需开断重接：①导线损失的强度或损伤的截面积超过采用补修管补修的规定时；②连续损伤的截面积或损失的强度都没有超过本规范以补修管补修的规定，但其损伤长度已超过补修管的能补修范围；③复合材料的导线钢芯有断股；④金钩、破股已使钢芯或内层铝股形成无法修复的永久变型。 （3）钢绞线（19）断 1 股采用补修预绞丝或缠绕处理；钢绞线（7 股）断 1 股、钢绞线（19）断 2 股采用补修管处理；钢绞线（7 股）断 2 股、钢绞线（19）断 3 股及以上采用开断重接处理	非张力放线

序号	内 容	标 准	说 明
1	导地线损伤补修是否符合标准	（1）导线外层导线线股有轻微擦伤，其擦伤深度不超过单股直径的 1/4，且截面积损伤不超过导电部分截面积的 2%时，采用砂纸磨光处理；当导线损伤已超过轻微损伤，但在同一处损伤的强度损失不超过总拉断力的 8.5%，且损伤截面积不超过导电部分截面积的 12.5%时，采用补修管处理。 （2）当有以下情况时需断开重接：①强度损失超过保证计算拉断力的 8.5%；②截面积损伤超过导电部分截面积的 12.5%；③损伤的范围超过一个补修管允许补修的范围；④钢芯有断股；⑤金钩、破股已使钢芯或内层线股形成无法修复的永久变形	张力放线
2	采用缠绕处理后应达到何种标准	缠绕材料应为铝单丝，缠绕应紧密，其中心应位于损伤最严重处，受伤部分应被全部覆盖，长度不得小于 100mm	
3	采用补修预绞丝处理后应达到何种标准	补修预绞丝长度不得小于 3 个节距；补修预绞丝应与导线接触紧密，其中心应位于损伤最严重处，并应将损伤部位全部覆盖	
4	采用补修管补修后应达到何种标准	补修管的中心应位于损伤最严重处，需补修的范围应位于管内各 20mm。当采用液压时，应符合下列标准：压接后管子不应有肉眼即可看出的扭曲及弯曲现象，有明显弯曲时应校直，校直后不应出现裂缝；压接后，在管子指定部位应有操作人员的钢印	
5	接续管及耐张线夹压接后是否达到标准要求	（1）飞边、毛刺及表面不超过允许的损伤应磨光。 （2）不允许出现裂缝或穿孔。 （3）弯曲度不得大于 2%，有明显弯曲时应校直，校直后的连接管严禁有裂纹。 （4）压接后锌皮脱落应涂防锈漆。 （5）液压管压接后应呈正六边形，其对边距 S 的允许最大值可根据下式计算 $S = 0.866 \times 0.993D + 0.2$ 式中　S——对边距，mm； 　　　　D——管外径。 三个对边距只允许一个达到最大值，超过规定时应查明原因，割断重接	
6	耐张线夹引流板的连接是否符合标准	（1）耐张引流连板的光洁面必须与引流线夹连板的光洁面接触。 （2）连接面必须涂一层导电脂。 （3）连接螺栓的扭矩须符合产品说明书所列数值	
7	各类管的安装距离是否符合要求	在一个档距内每根导线或避雷线上只允许有一个接续管和三个补修管：①各类管与耐张线夹间的距离不应小于 15m；②各类管与悬垂线夹的距离不应小于 5m；③各类管与间隔棒的距离不宜小于 0.5m	
8	导、地线的弧垂是否符合规定	弧垂允许偏差：110kV—— +5%，−2.5%；220kV—— ±2.5%；跨越通航河流的大跨越档其弧垂允许偏差不应大于± 1%，其正偏差值不应超过 1m	
9	导、地线各相间的弧垂是否符合规定	相间弧垂允许偏差值：110kV——200mm；220kV——300mm；跨越通航河流的大跨越档的相间弧垂最大允许偏差应为 500mm	
10	分裂导线同相子导线的弧垂安装是否符合要求	不安装间隔棒的垂直双分裂导线，同相子导线的弧垂允许偏差为（0～100）mm；安装间隔棒的其他形式分裂导线同相子导线的弧垂偏差 220kV 为 80mm	
11	附件的安装是否符合要求	（1）绝缘子表面应干净，无泥垢。 （2）金具的镀锌层不得有破损、剥离或缺锌。 （3）悬垂线夹安装后，绝缘子串应垂直地面，其顺线路位移不应超过 5°，最大偏移值不应超过 200mm，连续上下山坡处杆塔上的悬垂线夹的安装位置应符合设计规定。 （4）悬垂串上的弹簧销一律由受电侧穿入。 （5）耐张串上的弹簧销、螺栓及穿钉一律由上向下穿，特殊情况由内向外，由左向右。 （6）分裂导线上的穿钉、螺栓一律由线束外侧向内穿。 （7）当穿入方向与当地运行单位要求不一致时，可按当地运行单位的要求，但应在开工前明确规定。 （8）金具上所用的开口销的直径必须与孔径配合。 （9）铝包带应缠绕紧密，其缠绕方向应与外层铝股的绞制方向一致；所缠铝包带露出线夹口不应超过 10mm，其端头应回压于线夹内。 （10）防振锤及阻尼线应与地面垂直，其安装距离偏差不应大于±30mm。 （11）分裂导线的间隔棒的结构面应与导线垂直，各相间隔棒安装位置应相互一致。 （12）引流线应呈近似悬链线状自然下垂，其对杆塔及拉线的电气间隙应符合设计要求。 （13）铝制引流连板及并沟线夹的连接面应平整、光洁，安装应符合下列规定：①安装前应检查连接面是否平整，耐张线夹引流连板的光洁面必须与引流线夹连板的光洁面接触。②应用汽油洗擦连接面及导线表面污垢，并应涂上一层电力复合脂。用细钢丝刷清除有电力复合脂的表面氧化膜。③保留电力复合脂，并应逐个均匀地拧紧连接螺栓，螺栓的扭矩应符合该产品说明书的要求	

模块1

GYSD00702001

表 GYSD00702001-7　　　　　　　　　**基础及接地工程验收内容及工作标准**

序号	内　　容	标　　准	说　　明
1	基础防沉层是否符合要求	基础防沉层 300~500mm，移交时坑口回填土不应低于地面，接地沟回填后防沉层高度为 100~300mm，移交时回填土不得低于地面	
2	接地引下线及接地网安装是否符合要求	接地引下线应与杆塔连接牢固，紧贴杆塔身，铁塔的接地引下线需加可装卸的防盗帽；接地网埋深应符合设计要求	
3	易受水冲刷的地方是否打护坡	对易受水冲刷的杆塔及拉线基础需打护坡	
4	基础表面是否光洁，尺寸是否符合要求	基础表面应光洁平整，无裂纹，无凸凹不平现象，尺寸应符合设计要求	
5	接地电阻是否达到要求	现场按辅助测量射线的电压极比本杆塔接地线 L 长 20m、电流极要长 40m 检测的电阻值按季节系数换算后的工频接地电阻值应达到设计要求标准	

【思考与练习】

1. 工程竣工后应移交哪些资料？
2. 竣工验收必须具备的条件有哪些？

第十一部分

线 路 施 工

第二十八章 基础施工

模块1 土的分类及性质（ZY0200101001）

【**模块描述**】本模块包含土的工程分类、土的性质及岩石等。通过内容介绍、图表对比、计算举例，了解土的工程分类、土的物理性质，掌握土的现场鉴别方法，熟悉输电线路工程中岩石的分类。

【**正文**】

了解土的分类及土的物理性质，掌握土的现场鉴别方法，是进行线路基础施工应具备的知识。下面就介绍这几方面的内容。

一、土的分类

1. 土的工程分类

工程中将土分为岩石、碎石土、砂土、黏性土及人工填土。

（1）岩石。岩石的种类很多，按不同的分类方法有不同的类型。工程勘察规范中的岩石分岩浆岩、沉积岩和变质岩。输电线路工程设计中，岩石一般以其坚固性和风化程度来划分。

1）按坚固性划分。岩石分为硬质岩石和软质岩石，见表 ZY0200101001-1。

表 ZY0200101001-1　　　　　　　　按岩石坚固性分类表

石 分 类		R_b（×9.8N/cm^2）	代表性岩石
硬质岩石	极硬岩 硬质岩	>600 300~600	1. 流纹岩、安山岩、花岗岩、闪长岩、玄武岩、辉绿岩等； 2. 硅质、钙质胶结的砾岩、砂岩、灰岩、白云岩等； 3. 片麻岩、石英岩、大理岩等
软质岩石	软质岩 极软岩	50~300 ≤50	1. 凝灰岩等喷出岩； 2. 泥质的砾岩、砂岩、页岩、炭质页岩、泥灰岩、泥岩、黏土岩等； 3. 绿泥石片岩、云母片岩、千枚岩、板岩等

注　R_b 为极限抗压强度。

2）按风化程度划分。岩石按风化程度划分，分为微风化、中等风化和强风化，见表 ZY0200101001-2。

表 ZY0200101001-2　　　　　　　　岩石按风化程度分类表

岩石类别	风化程度	野外观测的特征	开挖或钻探情况
硬质岩石	微风化	岩石表面和裂隙面稍有风化迹象	开挖需爆破。钢砂钻进，岩芯采取率75%
	中等风化	部分矿物风化变质，颜色变浅。锤击声脆，不易击碎	开挖需撬棍或爆破。钢砂钻进，岩芯采取率40%~75%
	强风化	大部分矿物显著风化变质，部分长石、云母等已风化为黏土矿物。原岩结构、构造仍保存可辨。岩块可用手折断	开挖用镐或撬棍，用土钻不易钻进
软质岩石	微风化	岩石表面和裂隙面稍有风化迹象	开挖用撬棍或爆破。钨钢砂钻进，岩芯较完整
	中等风化	部分矿物风化变质，颜色变浅。裂隙附近的矿物多风化成土状。裂隙常被黏性土充填，锤击声易击碎	开挖用镐或撬棍。钨钢砂钻进，岩芯破碎
	强风化	含大量黏土矿物，干时多呈碎块状，浸水或干湿交替时可较快软化或泥化，在地表多呈数厘米的松散碎片	开挖用锹或镐，可用土钻钻进

3）岩石容许承载力[R]（kN/m^2）。输电线路工程设计中，岩石的容许承载力取值，一般按岩石类别结合风化程度取用，具体数值见表 ZY0200101001-3。

表 ZY0200101001-3 岩石容许承载力[R]（kN/m²）

岩石类别	强 风 化	中 等 风 化	微 风 化
硬质岩石	500～10000	1500～2500	≥4000
软质岩石	200～500	700～1200	1500～2000

（2）碎石土。粒径大于 2mm 的颗粒含量超过全质量 50%的土称碎石土。根据颗粒级配及形状碎石土分为漂石、块石、卵石、碎石、圆砾和角砾，见表 ZY0200101001-4。其中碎石又分密实、中密和稍密三种。

表 ZY0200101001-4 碎 石 分 类 表

碎石土的分类	颗 粒 形 状	颗 粒 级 配
漂石（块石）	圆形及亚圆形为主（棱角状为主）	粒径大于 200mm 的颗粒超过全质量 50%
卵石（碎石）	圆形及亚圆形为主（棱角状为主）	粒径大于 20mm 的颗粒超过全质量 50%
圆砾（角砾）	圆形及亚圆形为主（棱角状为主）	粒径大于 2mm 的颗粒超过全质量 50%

（3）砂土。粒径大于 2mm 的颗粒含量不超过全质量 50%，塑性指数 I_p 不大于 3 的土称为砂土。根据颗粒级配不同砂土分为砾砂、粗砂、中砂、细砂和粉砂，见表 ZY0200101001-5。砂土根据天然空隙比的不同分为密实、中密、稍密和松散，见表 ZY0200101001-6。砂土的孔隙率一般为 30%～40%，透水性较大，当砂土的孔隙完全被水充满时，即成饱和状态，此时挖坑时就可能发生流砂现象，坑壁可能出现坍塌，施工较为困难。

表 ZY0200101001-5 砂土按颗粒级配分类表

砂 土 的 名 称	颗 粒 级 配
砾 砂	粒径大于 2mm 的颗粒质量占全质量 25%～50%
粗 砂	粒径大于 0.5mm 的颗粒质量超过全质量 50%
中 砂	粒径大于 0.25mm 的颗粒质量超过全质量 50%
细 砂	粒径大于 0.1mm 的颗粒质量超过全质量 75%
粉 砂	粒径大于 0.1mm 的颗粒质量不超过全质量 75%

表 ZY0200101001-6 砂土按密实度（天然空隙比）分类表

砂土的名称	密 实 程 度			
	密 实	中 密	稍 密	松 散
砾砂、粗砂	$e<0.6$	$0.6≤e≤0.75$	$0.7≤e≤0.85$	$e>0.85$
中砂、细砂、粉砂	$e<0.7$	$0.7≤e≤0.85$	$0.85≤e≤0.95$	$e>0.95$

（4）黏性土：黏性土颗粒很细，具有黏性和可塑性。

黏性土按工程地质特征分老黏性土、一般黏性土、红黏性土。老黏性土为第四纪晚更新世及其以前沉积的黏性土，该黏性土沉积年代久，有很好的物理性质。一般黏性土为第四纪全新世沉积的黏性土，它分布最广，工程性质变化范围很宽。红黏性土是碳酸盐类岩石经风化后残积、坡积形成的褐红色（亦有棕红、黄褐色）黏土。

黏性土按塑性指数 I_p 分为：

黏土 $I_p>17$

亚黏土 $10<I_p≤17$

轻亚黏土 $3<I_p≤10$

黏性土按液性指数 I_L 分为：

坚硬 $I_L≤0$

硬塑 $0<I_L≤0.25$

可塑	$0.25 < I_L \leqslant 0.75$
软塑	$0.75 < I_L \leqslant 1$
流塑	$I_L > 1$

黏性土定名时，应先按工程地质特性划分类型，再按塑性指数确定。

（5）人工填土。人工填土分为下列三种：

1）素填土：由碎石、砂土、黏性土等组成的填土，经分层压实者统称为压实填土。

2）杂填土：含有建筑垃圾、工业废料、生活垃圾等杂物的填土。

3）冲填土：由水力冲填泥砂形成的沉积土。

2．土的现场鉴别方法

为了简易、方便、及时区分土的类别，可用开挖、钻探、刀切捻摸、浸水等方法观察其特征、状态、颜色、含有物等情况。

（1）岩石的野外鉴别方法。各类岩石的鉴别，一般都采取开挖、钻探、槽探等方法，取岩土样送试验室鉴别确定。

在现场粗略的鉴别可用简易方法进行，可参见表 ZY0200101001-2。

（2）碎石土野外鉴别方法。碎石土类型鉴别方法，见表 ZY0200101001-7。碎石土密度鉴别方法见表 ZY0200101001-8。

表 ZY0200101001-7　　　　碎石土类型鉴别方法

类　别	土的名称	观测颗粒粗细	干燥状态及强度	湿润时用手拍击状态	粒着程度
碎石土	卵（碎）石	一半以上颗粒超过 20mm	颗粒完全分散	表面无变化	无黏着感觉
	圆（角）砾	一半以上颗粒超过 2mm（小高粱粒大小）	颗粒完全分散	表面无变化	无黏着感觉

表 ZY0200101001-8　　　　碎石土密度野外鉴别方法

密实度	骨架颗含和排列	开挖情况	钻探情况
密实	骨架颗粒含量大于总质量的 70%，呈交错排列，连续接触	锹镐挖掘困难，用撬棍方能松动；坑壁一般较稳定	钻进极困难，冲击钻探时，钻杆、吊锤跳动剧烈，孔壁较稳定
中密	骨架颗粒含量等于总质量的 60%～70%，呈交错排列，大部分接触	锹镐可挖掘，坑壁有掉块现象，从坑壁取出大颗粒处，能保持颗粒凹面形状	钻进极困难，冲击钻探时，钻杆、吊锤跳动不剧烈，孔壁有坍塌现象
稍密	骨架颗粒含量等于总质量的 60%，排列混乱，大部分不接触	锹可挖掘，坑壁易坍塌，从坑壁取出大颗粒后，砂性土立即塌落	钻进较容易，冲击钻探时，钻杆稍有跳动，孔壁易坍塌

（3）砂土的野外鉴别方法。砂土的类别鉴别方法，见表 ZY0200101001-9。砂土密实度野外鉴别见表 ZY0200101001-10。

表 ZY0200101001-9　　　　砂土的类别鉴别方法

类别	土的名称	观测颗粒粗细	干燥状态及强度	湿润时用手拍击状态	黏着程度
砂土	砾砂	约有 20%～50%的颗粒超过 2mm（小高粱粒大小）	颗粒完全分散	表面无变化	无黏着感觉
	粗砂	约有一半以上的颗粒超过 0.5mm（细小米粒大小）	颗粒完全分散，但有个别胶在一起	表面无变化	无黏着感觉
	中砂	约有一半以上的颗粒超过 0.25mm（白菜籽粒大小）	颗粒基本分散，局部胶结但一碰即散	表面偶有水印	无黏着感觉
	细砂	大部分颗粒与粗豆米粉（>0.1mm）近似	颗粒大部分分散，小量胶结，部分稍加碰撞即散	表面有水印（翻浆）	偶有轻微黏着感觉
	粉砂	大部分颗粒与小米粉近似	颗粒小部分分散，大部分胶结，稍加压力即散	表面有显著翻浆现象	有轻微黏着感觉

表 ZY0200101001-10　　砂土密实度野外鉴别方法

砂的密度	挖坑情况及特征	砂的密度	挖坑情况及特征
松　散	用手可以挖动，铁铲可以自由插入	密　实	坑壁很稳定，铁铲难以插入土中
中　密	坑壁易发生掉块，以脚压铁铲可以进入土中		

（4）黏土的野外鉴别方法。一般黏性土野外鉴别方法，见表 ZY0200101001-11，新近沉积性黏土野外鉴别方法，见表 ZY0200101001-12。

表 ZY0200101001-11　　黏性土的野外鉴别方法

土的名称	湿润时用刀切	用手捻摸时的感觉	黏着程度	湿土搓条情况
黏　土	切面非常光滑规则，刀刃有黏滞阻力	湿土用手捻有滑腻感觉，当水分较大时极为黏手，感觉不到有颗粒存在	湿土极易黏着物体，干燥后不易剥去，用水反复洗才能去掉	能搓成小于 0.5mm 土条（长度不短于手掌），手持一端不致断裂
亚黏土	稍有光滑面，切面规则	仔细捻摸感到有少量细颗粒，稍有滑腻和黏滞感	能黏着物体，干燥后较易剥掉	能搓成小于 0.5~2mm 土条
轻亚黏土	无光滑面，切面比较粗糙	感觉有细颗粒存在或粗糙，有轻微黏滞感	一般不黏着物体，干燥后一碰剥掉	能搓成小于 2~3mm 土条，土条很短

表 ZY0200101001-12　　新近沉积性黏土野外鉴别方法

沉积环境	颜　色	结构性	含有物
河漫滩和山前洪冲积扇（锥）的表层，古河道，已填塞的湖、塘、沟、谷；河道泛滥区	颜色较深而暗，呈褐、暗黄或灰色，含有机质较多时带灰黑色	结构性差，用手扰动原状土时极易变软，塑性较低的土还有振动析水现象	在完整的剖面中无原生的粒状结核体，但可能含有圆形的钙质结核体（如姜结石）或贝壳等，在城镇附近可能含有少量碎砖陶片或朽木等人活动的遗物

（5）人工填土、淤泥、黄土、泥炭的野外鉴别方法。人工填土、淤泥、黄土、泥炭的野外鉴别方法见表 ZY0200101001-13。

表 ZY0200101001-13　　人工填土、淤泥、黄土、泥炭的野外鉴别方法

土的名称	观察颜色	夹杂物质	形状（构造）	浸入水中的现象	湿土搓条情况
人工填土	无固定颜色	砖瓦碎块、垃圾、炉灰等	夹杂物显露于外，构造无规律	大部分变为稀软淤泥，其余部分为碎瓦炉渣在水中单独出现	一般能搓成 3mm 土条但易断，遇有杂质甚即不能搓条。一般淤泥质土接近轻亚黏土，能搓成 3mm 土条（长至 3mm）容易断裂
淤　泥	灰黑色有臭味	池沼中半腐朽的细小动物遗体，如草根、小螺壳等	夹杂物轻，仔细观察可以发现构造常呈层状，但有时不明显	外观无显著变化，在水面出现气泡	搓条情况与正常的亚黏土相似
黄　土	黄褐两色的混合色	有白色粉末出现在纹理之中	夹杂物质常清晰显见（肉眼可见）	即行崩散而分成散的颗粒集团，在水面上出现很多白色液体	一般能搓成 3mm 土条，但残渣甚多时，仅能搓成 3mm 以下的土条
泥　炭（腐植土）	深灰或黑色	有半腐朽的细小动物遗体，其含量超过 60%	夹杂物有时可见，构造无规律	极易崩碎，变为稀软淤泥，其余部分为植物根动物残体渣滓悬浮于水中	

二、土壤的性质

1. 土壤的物理性质

土壤的物理性质有：

（1）土的容重。土壤在天然状态下，单位体积土的质量叫土的容重。土的容重实际就是土的密度。土的容重随所含水分的多少而变，一般在 $1.2~2.0\text{t/m}^3$。

（2）土的上拔角。基础埋在土壤中，当基础受到上拔力作用时，基础上的土壤成倒截锥台体拔出，它和柱体所成的夹角称上拔角 α。如图 ZY0200101001-1 所示。

（3）土的摩擦力。土体在剪刀作用下，就产生一部分土对另一部分土相对滑动的趋向，这个滑动受到土粒之间的摩擦力所阻止，这个摩擦力称为土的内摩擦力。

（4）许可耐压力。单位面积土壤允许承受的压力，单位为 Pa。

（5）土的抗剪角。如图 ZY0200101001-2 所示，给土样施以垂直压力 N，再逐渐施以水平力为 T，直到土样剪断为止。试验证明不同的垂直压力 N，使土样剪断的水平力 T 不同，它们之间的关系是

$$T = N\tan\beta \qquad\qquad (ZY0200101001-1)$$

式中 T——土的剪切力或称土的抗剪力，kN；

N——相应的土壤压力，kN；

β——土的抗剪角。

图 ZY0200101001-1　拔出的土体形状　　　图 ZY0200101001-2　土的抗剪试验

对砂性土抗剪力等于土的内摩擦力，所以抗剪角等于内摩擦角，而黏性土其抗剪力等于凝聚力与内摩擦力之和。如图 ZY0200101001-3 所示，在实际工程中，杆塔或拉线坑，都是用填土夯实，基本上破坏了原状土的状态。故亦视为非黏性土。所以，为安全计，宜将土壤的抗剪角按内摩擦角考虑。

图 ZY0200101001-3　土的抗剪特性

（a）非黏性土；（b）黏性土

（6）被动土压力（或称被动土抗力）。土体对基础侧面的压力称为主动压力。当基础受到外力作用时，基础即对土壤施以推力，此时土体对基础产生反力，此反力称为被动土抗力。

（7）边坡度和操作裕度。当地质条件较好，土质均匀且无地下水，无挡土设施，停留时间较短时基坑的边坡度和操作裕度见表 ZY0200101001-14。

表 ZY0200101001-14　　　　　　　　一般基坑的边坡度和操作裕度

土质分类	砂土、砾土、淤泥	砂质黏土	黏土、黄土	坚 土
边坡度（深:宽）	1:0.75	1:0.5	1:0.3	1:0.15
操作裕度（m）	0.3	0.2	0.2	0.2

2. 土壤的物理特性参数

各类土壤的物理特性参数见表 ZY0200101001-15。

表 ZY0200101001-15　　　　　　　　　　　　土壤的物理特性参数

土壤名称	土壤状态	计算密度（t/m³）	计算上拔角（°）	计算抗剪角（°）	被动土抗力（kN/m³）	许可耐压力（kN/m²）
黏土及亚黏土	坚硬	1.8	30	45	105.0	250～300
	硬塑	1.7	25	35	62.6	200～250
	可塑	1.6	20	30	48	150～200
	软塑	1.5	10～15	15～20	27.2～35.2	100～150
亚砂土	坚硬	1.8	27	40	82.8	250
	可塑	1.7	23	35	62.6	150～200
大块碎石类	不论夹砂或黏土	2.0	32	40	92	300～500
砾砂	不论湿度	1.8	30	37	72.0	350～450
粗砂		1.7	28	35	62.5	250～350
中砂 细砂		1.6	26	32	52.2	150～300
粉砂		1.5	22	25	36.9	100～250

【思考与练习】

1. 工程中将土分为哪几类？野外如何鉴别各类土壤？

2. 工程勘察规范中的岩石分哪几类？岩石按风化程度分哪几类？

3. 什么叫碎石土？根据颗粒级配及形状碎石土分哪几类？

4. 什么叫砂土？根据颗粒级配不同砂土分哪几类？

5. 黏性土按工程地质特征分哪几类？人工填土分哪几类？

6. 一般基坑的边坡度和操作裕度是多少？

模块 2　开挖型基础施工（ZY0200101002）

【模块描述】本模块包含基础材料、基础开挖、钢筋混凝土基础施工、预制基础安装等。通过内容介绍、要点归纳、作业流程介绍、图表对比，掌握基础开挖方法、钢筋混凝土基础施工方法及预制基础安装方法。

【正文】

一、作业内容

1. 现浇基础施工

其中包括：

（1）施工前的准备。

（2）钢筋的加工与钢筋笼、模板及地脚螺栓（或插入角钢）的安装。

（3）混凝土的搅拌、浇灌与捣固。

（4）基础的养护及拆模。

2. 预制基础施工

其中包括：

（1）电杆基础安装。

（2）铁塔混凝土预制装配式基础安装。

（3）铁塔金属支架装配式基础安装。

二、危险点分析与控制措施

1. 现浇基础施工中存在的危险点及控制措施

（1）挖掘基坑时砸伤、工具伤人及触电。控制措施有：

1）在超过 1.5m 深的坑内挖坑时，抛土要特别注意防止土回落坑内，并且要清除坑边的余土。

2）在土质松软的地方挖坑时，要有防止塌方的措施，如采用挡板并加撑木等。

3）在居民区或交通道路附近挖坑，应设坑盖板或可靠围栏，夜间挂红灯，防止行人及牲畜掉进坑内。

4）坑内外传递工具时不许乱扔。

5）在泥水坑、流沙坑施工所用抽水的电气设备必须合格，防止漏电伤人。

6）在市内或居民区内挖坑，应与有关单位取得联系，查明地下设施，防止刨坏电缆伤人。

（2）支模过程中因模板倒塌或跌落将工作人员砸伤，控制措施有：

1）采用的挡土板、撑木等强度足够，模板应用绳索沿木板滑入坑内，不得在坑边上下直接用手传递，以防脱手伤人。

2）模板支撑牢固，连接可靠，防止倾覆。

3）不得沿模板撑木上下或在撑木上放置重物。

（3）混凝土浇注过程中砸伤、碰伤、触电。控制措施有：

1）检查搅拌机料斗挂钩情况时，料斗下方不得有人。

2）搅拌机必须装设支架，不能以轮胎代替支架；搅拌机运转时，严禁将工具伸入滚筒内扒料；清洗搅拌机时，人身体不得进入滚筒内。

3）搅拌机应可靠接地。

4）搭设的下料平台应牢固可靠。

5）坑边不准堆放工具和材料，并经常检查坑边有无裂缝。

6）用手推车向坑内倾倒混凝土时，倒料平台口应有挡车设施，倒料时不得将手推车撒把。

7）操作电动振捣棒的人员应戴绝缘手套，坑下人员应戴安全帽。

8）施工人员禁止在横木和模板支撑木上行走。

（4）拆模和养护时模板脱落伤人、炭火燃烧伤人、液化气爆炸伤人、养护液挥发毒气伤人。相应的控制措施有：

1）拆装模板时应用绳索或起吊工具吊运，不能用手直接传递。装模板时，各部位应连接牢固，并用支撑撑牢。

2）冬季采用炭火暖棚养护时，火源不得靠近易燃物。工作人员不能在坑内睡觉。

3）采用液化气保暖时，应采取防止液化气罐爆炸的措施，并要防止液化气罐漏气。

4）采用养护液自然养护时，涂刷养护液的工作人员必须戴防毒面具。自然养护期间人员进入坑内检查应防止中毒。

2. 预制基础安装中存在的危险点及控制措施

预制基础安装中存在的危险点有因为绳索断裂、预制构件跌落而造成碰伤、砸伤。

控制措施有：

（1）吊装预制构件的绳索强度应足够。

（2）预制构件不得直接将其推入坑内。

（3）吊装构件时，坑内不得有人，作业人员不得随吊件上下。

（4）坑内预制构件找正时，作业人员应站在吊件侧面。

三、作业前准备

（一）技术准备

技术准备包括以下方面。

（1）技术资料。技术资料包括杆塔明细表、基础型式配制表、基础施工图、基础施工手册。

（2）对施工人员进行技术交底内容有基础的型式、尺寸、施工方法、安全措施、质量要求等。

（二）工具器的准备

（1）基础施工工器具（例如模板等）运往现场前必须进行检查、维修，确保合格的工器具运往现场。

（2）基础施工阶段使用的计量仪器及量具（例如钢尺等）应在施工前送计量检测单位校验，确保使用的计量仪器及量具正确无误且在校验有效期内。

（3）基础施工用的机械设备（例如搅拌机、振捣器等）必须选择适用的规格、型号。施工前必须试机检查。现浇钢筋混凝土基础施工过程中所用到的工具主要有：混凝土搅拌机，发电机，电焊机，钢筋加工机，配电箱，插入式振捣器，测量工具（包括经纬仪、塔尺、钢卷尺、垂球等），磅秤，生、熟料推车，溜槽，试块盒，塌落度筒，模板等。预制基础安装中所用到的工具主要有：木杆、麻绳、钢绳、滑车组、地滑车、钢绳套、铁锹、木杠挂钩、绞磨（人工吊装法工器具）；起重机、钢绳套、挂钩、铁锹（起重车吊装法）；撬棍、枕木、千斤顶、经纬仪或水平仪、垂球、鱼弦、钢尺、塔尺、花杆、十字样板等（操平找正工器具）。

（三）场地布置

现浇钢筋混凝土基础施工场地布置要求如下：

（1）搅拌机布置在坑边附近，但不应对坑边有扰动。

（2）发电机布置在场区内边缘，配电箱布置在搅拌机附近，电源线架空布置，避免与运输道路交叉。用电设备要有可靠的接地装置。

（3）水泥、砂、石、水运输到位。砂、石料单独堆放，堆放下部铺垫彩条布，保证不落地；水泥堆放要避开积水或雨水冲刷的位置，必须下有支垫和上有防雨遮盖，防止受潮，并就近布置在搅拌台周围。

（4）生、熟料运输通道应平整，松软通道应铺垫板。

（5）地脚螺栓（插入式角钢）、模板、钢筋等材料工具运输到位，且分类堆放整齐，布置在临时工棚附近。

（6）检查、确认到位原材料符合规范要求；作业机具和安全防护用具满足使用并符合安规要求。

现浇钢筋混凝土基础施工的场地布置平面图如图 ZY0200101002-1 所示。预制基础安装场地布置比较简单，这里不做介绍。

（四）基础材料

配制混凝土的原材料包括水泥、沙、石、水、钢筋和外加剂等。其一般要求如下：

1. 水泥

配置输电线路工程上的混凝土用水泥，可选用硅酸盐水泥、普通硅酸盐水泥、矿渣硅酸盐水泥，很少使用火山灰质硅酸盐水泥和粉煤灰硅酸盐水泥。

（1）硅酸盐水泥。硅酸盐水泥是由硅酸盐水泥熟料、$0 \sim 5\%$石灰石或粒化高炉矿渣、适量石膏磨细制成的水硬性凝结材料。硅酸盐水泥分为两种类型，即不掺加混合材料的Ⅰ类硅酸盐水泥，代号 P·Ⅰ。在硅酸盐水泥熟料粉磨时掺加不超过水泥质量 5%石灰石或粒化高炉矿渣混合材料的Ⅱ型硅酸盐水泥，代号 P·Ⅱ。硅酸盐水泥按 GB 175—2007/XG1—2009《〈通用硅酸盐水泥〉国家标准第 1号修改单》分为 42.5、42.5R、52.5、52.5R、62.5、62.5R 六个强度等级。强度等级中有"R"代号的，表示为早强型水泥，这类水泥具有较高的早期强度，其 3 日后，强度应能达到 28 日强度的 50%水平上。

硅酸盐水泥的特点是：快硬、早强、标号较高，其早期强度较掺混合材料的普通硅酸盐水泥高5%～10%，其抗冻性，耐磨性也好，可配置高标号混凝土，适用于重要工程及高强度混凝土构件，但不适用于厚大体积的混凝土。

图 ZY0200101002-1　现浇钢筋混凝土基础施工平面布置图

（2）普通硅酸盐水泥（普通水泥）。普通硅酸盐水泥是由硅酸盐水泥熟料、6%～15%混合材料、适量石膏磨细制成的水硬性胶凝材料，代号 P·O。

普通水泥，按 GB 175—2007/XG1—2009 标准分为 32.5、32.5R、42.5、42.5R、52.5、52.5R 六个强度等级，应用于各种构件的生产及配置各种钢筋混凝土工程的施工，优先用在干燥环境中的混凝土、严寒地区露天混凝土、处在水位升降范围内的混凝土、有抗渗性要求的混凝土，也可使用在高温度环境中或永远处于水下的混凝土、厚大体积的混凝土、要求快硬的高强度混凝土，但不宜高温蒸汽养护。

（3）矿渣硅酸盐水泥。矿渣硅酸盐水泥是由硅酸盐水泥熟料和粒化高炉矿渣、适量石膏磨细制成的水硬性胶凝材料，代号 P·S。水泥中粒化高炉硅渣掺加量按质量百分比计为 20%～70%。允许用石灰石、窑灰、粉煤灰和火山灰质混合材料的一种材料代替矿渣，代替数量不得超过水泥质量的 8%，替代后水泥中粒化高炉矿渣不得少于 20%。

（4）火山灰质硅酸盐水泥。火山灰质硅酸盐水泥是由硅酸盐水泥熟料和火山灰质混合材料、适量石膏磨细制成的水硬性胶凝材料，简称火山灰水泥，代号 P·P。水泥中火山灰质混合材料掺加量按质量百分比计为 20%～50%。

（5）粉煤灰硅酸盐水泥。粉煤灰硅酸盐水泥是由硅酸盐水泥熟料和粉煤灰、适量石膏磨细制成的水硬性胶凝材料，简称粉煤灰水泥，代号 P·F。水泥中粉煤灰掺量按质量百分比计为 20%～40%。

矿渣水泥与普通水泥相比，质量较轻、颜色较浅、水化热较低、耐蚀性及耐高温性较好，适合于高温蒸汽养护。但早期强度低，需要较长的养护期、泌水率高、耐冻性差。

火山灰水泥与矿渣水泥性能相近。但火山灰水泥的硬化受环境影响较大，潮湿条件有利于火山灰水泥的强度增长，故适合用于水下有抗渗要求的混凝土及在潮湿环境使用的或永远处在水下的混凝土工程。厚大体积的混凝土也可使用。可是对在干燥环境中的混凝土、严寒地区的露天混凝土、严寒地区或寒冷地区处于水位升降范围内的混凝土、要求快硬的混凝土、高强度的（大于 C40 级）混凝土、有耐磨性要求的混凝土不可使用。

粉煤灰水泥与火山灰水泥的性能接近，但需水量较小，和易性及抗硫酸盐侵蚀性较好，适用于大体积混凝土，也可使用在高湿环境中或永远处于水下的混凝土。但不得使用在干燥环境中的混凝土、高强度的混凝土和有耐磨性要求的混凝土。

矿渣水泥、火山灰水泥、粉煤灰泥按 GB 175—2007/XG1—2009 分为 32.5、32.5R、42.5、42.5R、52.5、52.5R。

2. 砂

砂是石质的细粒状材料，系由岩石风化而成。按其产源不同，分为河砂、海砂、江砂及山砂四种，以河砂、江砂质量为好。在混凝土中作细骨料。

砂按颗粒大小分为：粗砂，平均粒径不小于 0.5mm；中砂，平均粒径为 0.35～0.5mm；细砂，平均粒径为 0.25～0.35mm；特细砂，平均粒径小于 0.25mm。

砂粒粗，表面积小，所需用胶合表面的水泥量也少。因此，拌制混凝土用粗砂或中砂。平均粒径小于 0.25mm 的砂不宜使用。

砂必须颗粒坚硬、洁净，砂中的含泥量和泥块含量应符合表 ZY0200101002-1 的规定。

表 ZY0200101002-1   砂中的含泥量和泥块含量

混凝土强度等级	大于或等于 C30 级	小于 C30	混凝土强度等级	大于或等于 C30 级	小于 C30
含泥量（按重量计，%）	≤3.0	≤5.0	泥块含量（按重量计，%）	≤1.0	≤2.0

对于有抗冻、抗渗或其他特殊要求的混凝土用砂，含泥量应不大于 3.0%，泥块含量应不大于 1.0%。

对于 C10 号和 C10 号以下的混凝土用砂，应根据水泥标号及含泥量和泥块含量予以放宽。

砂不宜混有草根、树叶、树枝、塑料品、煤块、炉渣等杂物。砂中若含有云母、轻物质、有机物、硫化物及硫酸盐等有害物质，其含量应符合表 ZY02001002-2 的规定。有抗冻、抗渗要求的混凝土，砂中云母含量不应大于 1.0%。砂中如发现含有颗粒状的硫酸盐或硫化物杂质时，则要进行专门检验，

518

确定能满足混凝土耐久性要求时，方能采用。

表 ZY0200101002-2   砂中的有害物质限值

项　　目	质量指标
云母含量（按质量计）	≤2.0%
轻物质含量（按质量计）	≤1.0%
硫化物及硫酸盐含量（折算成 SO₃ 按质量计）	≤1.0%
有机物含量（用比色法试验）	颜色不应深于标准色，如深于标准色，则应按水泥胶砂强度试验方法，进行强度对比试验，抗压强度比不应低于 0.95

3. 石

混凝土所用的石按来源不同分碎石和卵石。石是混凝土中的粗骨料。碎石是经过人工或机械加工破碎而成，有棱角、表面粗糙，和水泥浆胶合比较好，在同样条件下，碎石混凝土比卵石混凝土强度高，但和易性差。卵石由天然风化而成无棱角，按产地不同可分为河卵石、海卵石和山卵石。河卵石比较洁净。

石子按其粒径分为：细石，粒径 5～20mm；中石，粒径 20～40mm；粗石，粒径 40～100mm。

送电线路的钢筋混凝土基础，一般采用中石，为便于浇灌，在钢筋混凝土中，石子的最大粒径不得大于钢筋间最小净距的 3/4。无筋混凝土基础采用粗石，粗石的最大粒径不得大于基础最小断面最小边长的 1/4。掺入无筋混凝土基础的大块石，不得有裂缝、夹层，其强度不得低于混凝土用石标准，尺寸宜为 150～250mm，且不得使用卵石。碎石和卵石比重随着岩石种类不同而异，大多在 2.5～2.7 之间。它们密度为 1400～1800kg/m³ 之间。不论用何种石子，其强度必须大于混凝土强度。

预制混凝土构件及现场浇制基础使用的碎石或卵石，必须符合 JGJ 52—2006《普通混凝土用砂、石质量及检验方法标准（附条文说明）》的规定。

4. 水

混凝土浇筑用水必须符合 JGJ 63—2006《混凝土用水标准（附条文说明）》的规定。按此规定，输电线路现浇混凝土宜使用饮用水，当无饮用水时，可使用河溪水或清洁的池塘水。水中不得含有油、盐、糖、酸、碱等有害的化学物质，其上游亦无有害化合物流入，有怀疑时应进行检验。不得使用海水拌制混凝土。

5. 钢筋

（1）输电线路基础施工时所采用到的钢筋有普通钢筋和预应力钢筋，普通钢筋系指用于钢筋混凝土结构中的钢筋和预应力混凝土结构中的非预应力钢筋。这两种钢筋应按下列规定选用：

1）普通钢筋宜采用 HRB400 级和 HRB335 级钢筋，也可采用 HPB235 级钢筋和 RRB400 级钢筋；对 C15 强度等级的钢筋混凝土采用 HPB 235 钢筋，多用于现浇钢筋混凝土基础；C20 及以上强度等级的钢筋混凝土采用 HRB335、HRB400 和 RRB400 钢筋。

2）预应力钢筋宜采用预应力钢绞线、钢丝，也可采用热处理钢筋。

（2）对钢筋的一般规定如下：

1）混凝土结构所采用的各种钢筋的质量，应符合现行国家标准规定，并应有出厂质量证明书或试验报告单。

2）钢筋表面或每捆（盘）钢筋应有标志。

3）钢筋在加工过程中，如发现脆断、焊接性能不良或力学性能显著不正常等现象，应根据现行国家标准对该批钢筋进行化学成分检验或其他专项检验。

4）对有抗震要求的框架结构纵向受力钢筋应进行检验，检验所得的强度实测值应符合下列要求：

① 钢筋的抗拉强度实测值与屈服强度实测值的比值不应小于 1.25。

② 钢筋的屈服强度实测值与钢筋的强度标准值的比值，当按一级抗震设计时，不应大于 1.25；当按二级抗震设计时，不应大于 1.4。

5）钢筋在运输和储存时，不得损坏标志，应按批分别堆放整齐，避免锈蚀或油污。

6）钢筋的级别、种类和直径应按设计要求采用。当需要代换时，应征得设计单位的同意，并应符合下列规定：

① 不同种类钢筋的代换，应按钢筋受拉承载力设计值相等的原则进行。

② 当构件受抗裂、裂缝宽度或挠度控制时，钢筋代换后应进行抗裂、裂缝宽度或挠度验算。

③ 钢筋代换后，应满足混凝土结构设计规范中所规定的钢筋间距、锚固长度、最小钢筋直径、根数等要求。

④ 对重要受力构件，不宜用Ⅰ级光面钢筋代换变形（带肋）钢筋。

⑤ 梁的纵向受力钢筋与弯起钢筋应分别进行代换。

⑥ 对有抗震要求的框架，不宜以强度等级较高的钢筋代替原设计中的钢筋；当必须代换时，其代换的钢筋检验所得的实际强度，尚应符合抗震的要求。

⑦ 预制构件的吊环，必须采用未经冷拉的Ⅰ级热轧钢筋制作，严禁以其他钢筋代换。

7）冷拉钢筋可采用热轧钢筋加工制成。冷拉Ⅰ级钢筋适用于钢筋混凝土结构中的受拉钢筋，冷拉Ⅱ、Ⅲ、Ⅳ级钢筋可用作预应力混凝土结构的预应力筋。

（3）钢筋加工应满足下列要求：

1）钢筋加工的形状、尺寸必须符合设计要求。钢筋的表面应洁净、无损伤，油渍、漆污和铁锈等应在使用前清除干净。不得使用带有颗粒状或片状老锈的钢筋。

2）钢筋应平直，无局部曲折。调直钢筋时应符合规定。

3）钢筋的弯钩或弯折应符合下列规定：

① HPB235（Q235）钢筋（即原Ⅰ级钢筋）末端需要作180°弯钩，其圆弧弯曲直径 D 不应小于钢筋直径 d 的 2.5 倍，平直部分长度不宜小于钢筋 d 的 3 倍（如图 ZY0200101002-2 所示）；用于轻骨料混凝土结构时，其弯曲直径 D 不应小于钢筋直径 d 的 3.5 倍。

图 ZY0200101002-2 钢筋末端180°弯钩

② HRB335（20MnSi）、HRB400（20MnSiV、20MnSiNb、20MnTi）钢筋（即原Ⅱ、Ⅲ级钢筋）末端需作 90°或 135°弯折时，HRB335（原Ⅱ级）钢筋弯曲直径 D 不宜小于钢筋直径 d 的 4 倍；HRB400（原Ⅲ级）钢筋不宜小于钢筋直径 d 的 5 倍（如图 ZY0200101002-3 所示），平直部分长度应按设计要求确定。

(a)   (b)

图 ZY0200101002-3 钢筋末端90°及135°弯钩

（a）90°弯钩；（b）135°弯钩

③ 弯起钢筋中间部位弯折处的弯曲直径 D，不应小于钢筋直径的 5 倍（如图 ZY0200101002-4 所示）。

4）箍筋的末端应作弯钩，弯钩形式应符合设计要求。当设计无具体要求时，用Ⅰ级钢筋或冷拔低碳钢丝制作的箍筋，其弯钩的弯曲直径应大于受力钢筋直径，且不小于箍筋直径的 2.5 倍；弯钩平直部分的长度，对一般结构，不宜小于箍筋直径的 5 倍，对有抗震要求的结构，不应小于箍筋的 10 倍。

弯钩形式可按图 ZY0200101002-5（a）、（b）加工，对有抗震要求和受扭的结构，可按图 ZY0200101002-5（c）加工。

5）钢筋加工的允许偏差，应符合表 ZY0200101002-3 的规定。

图 ZY0200101002-4　钢筋弯折加工

图 ZY0200101002-5　箍筋示意图

(a) 90°/180°；(b) 90°/90°；(c) 135°/135°

表 ZY0200101002-3　　　　　　　　钢筋加工的允许偏差　　　　　　　　　　　　mm

项　目	允许偏差	项　目	允许偏差
受力钢筋顺长度方向全长的净尺寸	±10	弯起钢筋的弯折位置	±20

（4）钢筋焊接应满足下列要求：

1）钢筋焊接的接头形式焊接工艺和质量验收，应符合国家现行标准 JGJ 18—2003《钢筋焊接及验收规程》的有关规定。

2）钢筋焊接前，必须根据施工条件进行试焊，合格后方可施焊。焊工必须有焊工考试合格证。

3）热轧钢筋的对接焊接，可采用闪光对焊、电弧焊、电渣压力焊或气压焊。钢筋骨架和钢筋网片的交叉焊接宜采用电阻点焊。钢筋与钢板的 T 形连接，宜采用埋弧压力焊或电弧焊。钢筋焊接接头的试验方法应符合 JGJ/T 27—2001《钢筋焊接接头试验方法标准》的有关规定。采用钢筋气压焊时，其施工技术条件和质量要求应符合 GB 12219—1989《钢筋气压焊》的规定。

4）冷拉钢筋的闪光对焊或电弧焊，应在冷拉前进行；冷拔低碳钢丝的接头不得焊接。

5）轴心受拉和小偏心受拉杆件中的钢筋接头，均应焊接。普通混凝土中直径大于 22mm 的钢筋和轻骨料混凝土中直径大于 20mm 的 HPB 235（原 I 级）钢筋及直径大于 25mm 的 HRB 335、HRB 400（原 II、III级）钢筋的接头，均宜采用焊接。对轴心受压和偏心受压柱中的受压钢筋的接头当直径大于 32mm 时，应采用焊接。

6）对有抗震要求的受力钢筋的接头，宜优先采用焊接或机械连接。钢筋接头不宜设置在梁端、柱端的箍筋加密区范围内。

7）当受力钢筋采用焊接接头时，设置在同一构件内的焊接接头应相互错开。在任一焊接接头中心至长度为钢筋直径 d 的 35 倍且不小于 500mm 的区段 l 内（如图 ZY0200101002-6 所示），同一根钢筋不得有两个接头。

(a)

(b)

图 ZY0200101002-6　焊接接头位置

（a）对焊接接头；（b）搭接焊接头

注　1. 接头宜设置在受力较小部位，且在同一根钢筋全长上宜少设接头。

　　2. 承受均布荷载作用的屋面板、楼板、檩条等简支受弯构件，当在受拉区内配置的受力钢筋少于 3 根时，可在跨度两端各 1/4 跨度范围内设置一个焊接接头。

8）焊接接头距钢筋弯折处，不应小于钢筋直径的 10 倍，且不宜位于构件的最大弯矩处。

9）装配式框架结构预制柱的钢筋外露长度，应按设计要求采用，当设计无具体要求时，应符合表 ZY0200101002-4 的规定。

表 ZY0200101002-4　　　　　　　预制柱钢筋外露长度　　　　　　　　　　mm

接头形式	受力钢筋根数		接头形式	受力钢筋根数	
	≤14 根	>14 根		≤14 根	>14 根
坡口焊	250	350	搭接焊	$250+\int w$	$350+\int w$

注　$\int w$ 为焊缝长度（mm），其值应按 JGJ 18—2003 确定。

10）焊接网和焊接骨架的焊点应符合设计要求；当设计无具体要求时，应按下列规定进行焊接：

① 焊接骨架的所有钢筋相交点必须焊接。

② 当焊接网片只有一个方向受力时，受力主筋的全部相交点必须焊接；当焊接网两个方向受力时，则四周边缘的两根钢筋的全部相交点均应焊接；其余的相交点可间隔焊接。

11）焊接网及焊接骨架外形尺寸的允许偏差，应符合表 ZY0200101002-5 的规定。

表 ZY0200101002-5　　　　　　　焊接网及焊接骨架的允许偏差　　　　　　　　mm

项　目	允许偏差	项　目		允许偏差
网的长、宽	±10	骨架的长		±10
网眼的尺寸	±10	箍筋间距		±10
		受力钢筋	间　距	±10
骨架的宽及高	±5		排　距	±5

（5）钢筋绑扎应符合下列规定：

1）钢筋的交叉点应采用铁丝扎牢；铁丝可用线径为 1.0～0.8mm（18 号～20 号）线。

2）板和墙的钢筋网，除靠近外围两行钢筋的相交点全部扎牢外，中间部分交叉点可间隔交错扎牢，但必须保证受力钢筋不产生位置偏移；双向受力的钢筋必须全部扎牢。

3）绑扎网和绑扎骨架外型尺寸的允许偏差，应符合表 ZY0200101002-6 的规定。

表 ZY0200101002-6　　　　　　　绑扎网和绑扎骨架的允许偏差　　　　　　　　mm

项　目	允许偏差	项　目		允许偏差
网的长、宽	±10	骨架的长		±10
网眼的尺寸	±20	箍筋间距		±20
		受力钢筋	±10	±10
骨架的宽及高	±5		±5	±5

4）钢筋的绑扎接头应符合下列规定：

① 搭接长度的末端距钢筋弯折处，不得小于钢筋直径的 10 倍，接头不宜位于构件最大弯矩处。

② 钢筋搭接处，应在中心和两端用铁丝扎牢。

③ 受拉钢筋绑扎接头的搭接长度，应符合表 ZY0200101002-7 的规定；受压钢筋绑扎接头的搭接长度应取受拉钢筋绑扎接头搭接长度的 0.7 倍。

表 ZY0200101002-7　　　　　　　受拉钢筋绑扎接头的搭接长度

钢 筋 类 型	混 凝 土 强 度 等 级		
	C20	C25	高于 C25
HPB 235（原Ⅰ级）钢筋	35d	30d	25d

续表

钢 筋 类 型		混 凝 土 强 度 等 级		
		C20	C25	高于 C25
月牙纹	HRB 335（原Ⅱ级）钢筋	45d	40d	35d
	HRB 400（原Ⅲ级）钢筋	55d	50d	45d
冷拔低碳钢丝（mm）		300		

注　1. 当 HRB 335、HRB 400（原Ⅱ、Ⅲ级）钢筋直径 d 大于 25mm 时，其受拉钢筋的搭接长度应按表中数值增加 $5d$ 采用。

2. 当螺纹钢筋直径 d 不大于 25mm 时，其受拉钢筋的搭接长度应按表中值减少 $5d$ 采用。

3. 当混凝土在凝固过程中受力钢筋易受扰动时，其搭接长度宜适当增加。

4. 在任何情况下，纵向受拉钢筋的搭接长度不应小于 300mm；受压钢筋的搭接长度不应小于 200mm。

5. 轻骨料混凝土的钢筋绑扎接头搭接长度应按普通混凝土搭接长度增加 $5d$，对冷拔低碳钢丝增加 50mm。

6. 当混凝土强度等级低于 C20 时，HPB 235、HRB 335（原Ⅰ、Ⅱ级）钢筋的搭接长度应按表中 C20 的数值相应增加 $10d$，HRB 400（原Ⅲ级）钢筋不宜采用。

7. 对有抗震要求的受力钢筋的搭接长度，对一、二级抗震等级应增加 $5d$。

8. 两根直径不同钢筋的搭接长度，以较细钢筋的直径计算。

④ 焊接骨架和焊接网采用绑扎连接时，应符合：焊接骨架和焊接网的搭接接头，不宜位于构件的最大弯矩处；焊接网在非受力方向的搭接长度，宜为 100mm。

各受力钢筋之间的绑扎接头位置应相互错开，如图 ZY0200101002-7 所示。

图 ZY0200101002-7　受力钢筋绑扎接头

6. 外加剂

混凝土掺用的外加剂，应采用符合标准的产品。首次使用时应经试验，符合质量要求后方投入使用。

（五）模板

（1）在输电线路工程施工中积极推广选用胶合板、塑料板，也使用组合钢模板。

（2）模板及其支架必须符合下列规定：

1）符合工程结构各部分形状尺寸，位置正确。

2）具有足够的承载能力、刚度和稳定性，厚度不宜少于 2.5mm。

3）构造简单，装拆方便，并便于钢筋的绑扎、安装和混凝土的浇筑等要求。

4）模板的接缝不应漏浆。

（3）组合钢模板等的设计制造和施工应符合 GB 50214—2001《组合钢模板技术规范》的规定。

（4）模板与混凝土接触面应涂隔离剂。

（5）对模板及其支架应定期维修，钢模板及钢支架应防止锈蚀。

（6）组合钢模板及配件，宜选用标准化定型制成品。

四、操作步骤和质量标准

（一）现浇钢筋混凝土基础施工

现浇钢筋混凝土基础施工按以下程序进行：基坑开挖→钢筋笼安装→模板组装→混凝土的搅拌→混凝土的浇灌与捣固→基础的养护与拆模→混凝土质量检查与表面缺陷修补。

1. 基坑开挖

（1）一般基坑土方的挖掘。一般基坑土方的挖掘是指杆塔基础坑、拉线坑、接地槽、排水沟和一般的施工基面土方的挖掘。土体类别只限于碎石土、砂土、黏土和人工填土，且地下水位应在挖掘深度以下。施工方法可用人工直接挖掘和用机械挖掘，在施工条件许可时，应尽量采用新技术和机械化施工。

1）一般规定。

① 施工人员在挖掘前，必须熟悉和掌握设计图纸、地质勘探资料和施工技术手册，并经过技术交底、安全交底、施工质量标准交底。

② 清楚了解地下和地面情况，如古墓、古迹、地质、地下水、地面水和地面植被及障碍物等。

③ 基坑土方的开挖，必须经施工测量并进行分坑、订立标志桩之后进行。严格按照设计图纸和分坑放线尺寸施工。

④ 在施工前，应有施工许可证，并排除地面水和地面障碍物。如有地下水应采取相应的措施，排除或降低地下水位；如在易坍塌基坑挖掘应设置挡土板，或设置足够的安全边坡。

⑤ 施工中如发现文物或古墓等，应妥善保护，并应立即报请当地有关部门处理后，方可继续施工。如发现测量用的永久性标桩或地质、地震部门设置的长期观测孔等在土方开挖范围之内，亦应取得原设置单位或保管单位书面同意。

⑥ 在敷设有地上或地下管道、电线的地段进行土方工程施工，应事先取得管线管理部门的书面同意，施工过程中应采取措施，防止损坏管线，如在埋设有电缆的地点挖土，还应有电缆管理部门的代表在场。

⑦ 山区施工，如因土方施工可能产生滑坡时，应采取措施。在陡坡山坡脚下施工，应事先检查山坡坡面情况，如有危岩、孤石、崩塌体、古滑坡体等不稳定迹象时，亦应作妥善处理。

⑧ 土方施工时，必须遵守国家、部和省、市、自治区及施工单位的有关安全、防火、劳动保护等方面的规定。

2）一般基坑土方的人工直接挖掘。一般基坑土方的人工直接挖掘应遵守下列规定：

① 基坑坑底面积在 $2m^2$ 以内时，只能允许一人挖掘；如果基坑坑底面积大于 $2m^2$ 时，可以由两人同时挖掘，但不得面对面作业。

② 基坑坑深超过 1.5m 时，不得从坑底直接抛掷弃土，应用提升方法提升至坑面上弃之。

③ 挖出的土应堆在距离坑边 0.8m 以外，堆土高度不超过 1.5m，并防止回落坑内。弃土堆应连续堆置，其顶面应向外倾斜，防止山坡水流入挖方场地。

④ 挖出的土不能覆盖掉塔位桩及检查用的互助桩。

⑤ 在山坡上挖接地沟（槽）时，宜沿等高线开挖，沟底面应平整，沟深不得有负偏差，并应清除沟中影响接地体的杂物。

⑥ 基坑在挖掘过程中，要随时注意基坑可能坍塌的情况，发现问题应及时采取预防措施。坑深超过 1.5m 时，坑下工作人员应戴安全帽，并不得在坑内休息或睡觉。

⑦ 基坑需设置坑壁支撑时，应根据开挖深度、土质条件、地下水位、施工方法、相邻建筑物和构筑物等进行选择和设计。支撑应经计算，必须牢固可靠，确保安全施工。

⑧ 采取钢（木）挡土板用坑壁支撑时，应随挖随撑，支撑牢固。施工中应经常检查，如有松动、变形等现象时，应及时加固或更换。在雨季或化冻期，更应加强检查。

⑨ 开挖基坑时，应合理确定开挖顺序和分层开挖深度。当接近地下水位时，应先完成标高最低处的挖方，以便在该处集中排水。

⑩ 基坑或（槽）挖至基底标高后，应会同设计单位（或建设单位）检查基底土质是否符合要求，并作出隐蔽工程记录。

3）一般基坑土方的机械挖掘。土方工程的一般施工机械的种类繁多，有推土机、铲运机、装载机、平土机、松土机、单斗挖土机及多斗挖土机和各种碾压、夯实机等机械，但目前还没有完全适合于输电线路杆塔基坑土方挖掘的小型灵活方便的土方施工机械。故这里不再赘述。

（2）特种土方工程的挖掘施工。

1）水坑的开挖。水坑和带有泥土的泥水坑的开挖，要根据桩位渗水的实际情况决定开挖方法。一般渗水速度比较慢的水坑，可用人工掏水的方法，如用水桶或俗称"皮老虎"的人力抽水泵将水抽出。

524

图 ZY0200101002-8　坑壁侧板桩或木桩示意图

（a）板桩；（b）木桩

1—板桩；2—木支撑；3—木桩；4—草袋

所谓井点法就是沿基坑的四周将许多直径较细的井点管沉入地下蓄水层，以总管（集水管）连续抽水，从而使塔基地下水位降低，便于基础施工，其原理图如图 ZY0200101002-9 所示，滤管的构造如图 ZY0200101002-10 所示。

边挖边掏水，挖到有效深度后即安置基础。

渗水速度较快的水坑，应配备抽水机。在坑底的一角挖一深于坑底的小坑，让积水流入坑内，以便抽水机把水抽出。这样边抽水边开挖，挖到有效深度后即安置基础。

水坑易坍塌，特别是坑深超过 1.5m 时，需采用下板桩支撑坑壁的方法来挖坑。具体方法是：用板桩或木桩支撑坑壁，板桩的尺寸一般厚为 50mm，宽为 150～200mm。木桩可用 ϕ150mm 的圆木。横支撑木的距离不大于 1m。板桩在施工时，当坑深达到 0.5m 时，安装横支撑，然后沿横支撑和坑壁之间打入板桩和木桩，木桩之间垫以草袋，防止土壤塌入坑内，如图 ZY0200101002-8 所示。待板桩打入土中 0.2～0.3m 时继续开挖，边挖边打，直到设计深度。

当用上述方法挖水坑有困难时，可采用人工降低地下水位法。人工降低地下水位方法很多，有井点法、电渗井点法、管井井点法、喷射井点法等。可根据土层渗透情况，要求降低水位深度及设备等因素选用。输电线路工程中，井点法较合适，以下作简单介绍。

图 ZY0200101002-9　轻型井点降低地下水位

1—井点管；2—滤管；3—弯连接管；4—集水总管；
5—水泵；6—基坑；7—原有地下水位线；
8—降低后地下水位线

图 ZY0200101002-10　滤管构造

1—钢管；2—管壁垒森严的小孔；3—缠绕的
粗铁丝；4—集内层滤网；5—外层滤网；6—粗铁丝网；
7—上部钢管（井点管）；8—铸铁头

井点管由直径 38～50mm 钢管做成，长约 2.5m（根据需要而定），下端间隔钻有 10mm 左右的小孔，并用滤网包扎做成滤管，上端通过透明软管与总管连接。

井点的布置一般根据基坑大小、土质和地下水的流向、降低地底下水的深度要求而定，通常采用环形布置。沿基坑边每隔 0.8～1.6mm 设一个井点，井点距坑边不应小于 0.8m。其入土深度应比基础坑底深 0.9～1.2m。

井点管一般用冲水管冲孔后再将井点管沉放。冲孔须保持垂直，上下均须有适当的孔径，冲孔深度须比井点管底深 0.5m 左右。井点管与孔壁之间应及时用粗砂灌实，距地面下 0.5～1m 的深度内，应用黏土填严密，防止漏气。

井点管通过透明塑料管与集水总管连接起来，总管宜选用 100～127mm 的钢管，分节连接，每节 4m 左右。集水总管与抽水设备连接，通过抽水设备把地下水抽出。

2）流砂坑的开挖。基础开挖遇到流砂时，会出现流砂不断涌出的现象。当流砂不太严重时，可用大挖方的方法，加大边坡、倾斜度。施工前做好一切准备工作，一旦坑深挖到设计深度，即安置基础，使施工紧凑、衔接，避免间断。如大挖方的方法不行时，可采用板桩支撑的方法。

流砂比较严重时，可采用混凝土护管的方法，也称为沉井法。护管是内径 1.8m，高为 0.8m，壁厚为 0.1m，有上下企口的圆形管。混凝土护管应有足够的强度。混凝土护管的使用方法是：将混凝土护管置于坑位上，护管中心与基坑中心重合，在护管内挖土，使护管自然下沉，为避免护管倾斜、偏移，应沿护管内周均匀向下开挖，不能沿护管一侧下挖；使用两节以上护管时，必须等前一护管已下到与地面相平时再按企口对接第二节护管；混凝土护管已不作回收，而作为基础的外围。

3）淤泥坑的开挖。淤泥坑的开挖可采用锅底型开挖方法，其要求如下：

① 根据流动性强弱，选择开挖边坡，边坡可根据土壤自然安息角确定。

② 为保证基坑成形，坑壁宜采用保护措施，可采用阶梯式布置挡土板，层高 300～400mm，边坡按 1:1 的保护措施，也可采用以袋装土护壁的保护措施。

③ 为方便人员往返及运输，应铺设人行坡道。

④ 在地表距坑边 3m 以外，开挖排水沟。

2. 钢筋笼安装

基础的钢筋笼（包括钢筋骨架、钢筋网、地脚螺栓、插入式塔脚等），在地面上已绑扎或焊接完成后，即可用起重机或抱杆将其安装在基坑或模板内，安装应遵守下列有关规定：

（1）对于大型基础的钢筋笼，吊点处应予补强避免变形。吊点应选在钢筋笼重心以上处。钢筋笼起吊应用大绳控制，平稳放入基坑或模板内。操作人员应互相配合，确保安全。

（2）对于大型基础的地脚螺栓安装，由于质量较大，固定地脚螺栓的十字样板必须有足够的强度和稳定性，以免发生变形或下沉。这种十字架样板宜用槽钢制作，并在地脚螺栓丝扣上涂以黄油包好保护。

（3）对于插入式塔腿的安装，应按设计图纸在坑底设置垫块定位，用起重机或抱杆吊入基坑或模板内，按规定的高度、根开、对角线及基础的相对位置尺寸，进行操平找正，用找正架牢靠固定。

（4）受力钢筋的混凝土保护层厚度，应符合设计要求；当设计无具体要求时，不应小于受力钢筋直径，并应符合表 ZY0200101002-8 的规定。

表 ZY0200101002-8　　　　　　　钢筋的混凝土层厚度　　　　　　　　　　　mm

环境与条件	中构件名称	混凝土强度等级		
		低于 C25	C25 及 C30	高于 C30
室内正常环境	板、墙、壳	15		
	梁和柱	25		
露天或室内高湿度环境	板、墙、壳	35	25	15
	梁和柱	45	35	25
有垫层	基础	35		
无垫层		70		

注　1. 轻骨料混凝土的钢筋保护厚度应符合国家现行标准 JGJ 12—1999《轻骨料混凝土结构设计规程》的规定。

　　2. 处于室内正常环境由工厂生产的预制构件，当混凝土强度等级不低于 C20 且施工质量有可靠保证时，其保护层厚度可按表中规定减少 5mm，但预制构件中的预应力钢筋（包括冷拔低碳钢丝）的保护层厚度不应小于 15mm；处于露天或室内高湿度环境的预制构件，当表面另作水泥砂浆抹面层且有质量保证措施时，保护层厚度可按表中室内正常环境中构件的数值采用。

　　3. 钢筋混凝土受弯构件·钢筋端头的保护层厚度一般为 10mm 预制的肋形板，其主肋的保护层厚度可按梁考虑。

　　4. 板、墙、壳中分布钢筋的保护层厚度不应小于 10mm；梁性中箍筋和构造钢筋的保护层厚度不应小于 15mm。

（5）安装钢筋时，配置的钢筋级别、直径、根数和间距均应符合设计要求。绑扎或焊接的钢筋网和钢筋骨架，不得有变形、松脱和开焊。钢筋位置的允许偏差，应符合表 ZY0200101002-9 规定。

表 ZY0200101002-9　　　　钢筋位置的允许偏差　　　　　　　　　　　　mm

项　目		允　许　偏　差
受力钢筋的排距		±5
钢筋弯起点位置		20
箍筋、横向钢筋间距	绑扎骨架	+20
	焊接骨架	±10
焊接预埋件	中心线位置	5
	水平高差	+3 0
受力钢筋的保护层	基　础	±10
	柱、梁	±5
	板、墙、壳	±3

3. 模板的组装

（1）安装前的准备工作如下。

1）安装前应做好技术交底。有关操作人员应熟悉施工设计图纸和说明书，对运到现场的模板及配件，应按品种规格数量逐项清点和检查，不符合质量要求的不得使用。周转使用的钢模板及配件修复后的质量标准，见表 ZY0200101002-10。

表 ZY0200101002-10　　　　钢模板及配件修复后的质量标准

项　目		允许偏差（mm）	项　目		允许偏差（mm）
钢模板	板面平面度	≤2.0	配件	U 形卡卡口残余变形	≤1.2
	凸棱直线度	≤1.0		钢楞及支柱直线度	≤∫*/1000
	边肋不直度	不得超过凸棱高度			

注　∫*为钢楞及支柱的长度。

2）采用预组装模板施工时，装模板的组应在组装平台或经平整处理过的场地上进行。组装完毕后应予编号，并应按表 ZY0200101002-11 的组装质量标准逐块检验后进行试吊，试吊完毕后应进行复查，并再检查配件的数量、位置和紧固情况。

表 ZY0200101002-11　　　　钢模板施工组装标准质量标准　　　　　　　　mm

序　号	项　目	允　许　偏　差
1	两钢模板间的拼缝宽	≤2.0
2	相邻模板的高低差	≤2.0
3	组装模板板面平面度	≤2.0（用 2m 长平尺检查）
4	组装模板板面的长宽尺寸	≤长度和宽度的 1/1000，最大 ±4.0
5	组装模板两对角线长度差值	≤对角线长度的 1/1000，最大 ≤0.7

3）检查合格的大模板，应按照安装程序进行堆放或装车。当大模板平行叠放时，每层立向应加垫木，上下对齐，底层模板应垫离地面 100mm 以上。装车时应整堆捆紧。立放时，应采取措施，保证稳定。

4）隔离剂宜在钢模板安装之前涂刷。

5）模板落在土地面时，应将地面预先整平夯实，并应有可靠的定位措施，基柱的模板应有可靠的支承点，其平直度应用仪器校正。

（2）模板的安装。模板安装支护顺序，一般为先支好最下层模盒，然后自下而上，直至立柱安装固定。安装前先检查模板内表面应平整，边角完好顺直，并把它简单拼装成块。

底层模盒安装：把简单拼装成块的模板用绳索和木杠滑入坑内进行组装。安装到预定位置，用经纬仪、塔尺操平找正；用槽钢或钢管等固定支撑操平、找正好模盒。

上下层模板之间应有槽钢或钢管等连接固定，槽钢或钢管应有落地支撑或上方吊装固定。

立柱模板安装：立柱模板一般在坑外组装完毕整体安装，固定在上层支撑上，侧面支撑固定牢固。

安装模板时应注意：

1）应将已按设计图纸尺寸拼装成片的模板，安装在规定的位置，对于最下层台阶，可立在垫层上，如无垫层可直接立在已整平的坑底。为防止倾倒，两侧要撑牢。支立第二层和第三层以及立柱模板时，应将拼装好的模板坐在横档上，横档两端搁在下层已支好的模板上。横档一般利用槽钢或方木制作，如图 ZY0200101002-11 所示。

2）在泥水坑内，对比较大的基础，为防止钢模板变形或下沉，应在方框的四个角上加角钢斜撑，模板下侧适当垫以垫块，以保证在浇制过程中不坍塌，如图 ZY0200101002-12 所示。

图 ZY0200101002-11　基础模板组合示意图
1—固定角钢；2—角钢斜撑；3—铁模板；4—第二层铁模板；5—底层铁模板

图 ZY0200101002-12　在方框上加角钢斜撑
1—横挡；2—固定地脚螺栓支架；3—立柱铁模板

3）在向基坑内运送较大块组合钢模板时，宜用吊车或抱杆吊运，以保证人身和设备安全，如系较小块模板可用人力传递，但不得抛扔。对于所使用的柱箍、斜撑、支柱等，宜选用定型标准件。

4）为防止模板变形或发生倾倒，模板与坑壁之间应用定型标准件支撑牢固，坑壁端应加垫板，以保证可靠。基础立柱较高或坑壁土质较软应增加斜撑数量。必要时，沿主柱的支撑点设长垫板并加两个或以上槽钢柱箍（0.8m 设一处）。在柱箍处也应设斜撑。斜撑应对称布量，受力要均匀，保证浇筑及捣固过程中安全可靠不走动。如图 ZY0200101002-13 所示。

5）模板支立以后，应按设计图纸尺寸进行操平找正和测量检查，保证根开、对角线尺寸及结构尺寸正确，模板间接缝应严密堵塞，以防漏浆。

图 ZY0200101002-13　模板支撑示意图
1—钢模板；2—支撑木；3—垫木板

4. 混凝土的搅拌

输电线路工程现场拌制和浇筑混凝土施工，其施工条件比较差，应实行严格的质量控制。在一般地区应实施台秤配料、机械搅拌、机械振捣三原则，即采用混凝土各成分用量的质量比以及用台秤称量的各成分质量比，以自落式搅拌机（机动或电动）拌制，以动力式振捣器振捣。在特大山区大型搅拌浇筑机械难以运达时，可选用小型机具，在个别地方也可采用人工拌制和浇筑方法。在搅拌混凝土的过程中，应遵守下列规定：

（1）混凝土原材料每盘称量的偏差，不得超过表 ZY0200101002-12 中允许偏差的规定。

表 ZY0200101002-12　　　　混凝土原材料称量的允许偏差　　　　　%

材料名称	允许偏差	材料名称	允许偏差
水泥、混合材料	+2	水、外加剂	+2
粗、细骨料	±3		

注　1. 各种衡器应定期校验，保持准确。
　　2. 骨料含水率应经常测定，雨天施工应增加测定次数。

（2）混凝土人工拌制方法，一般应采用"三三制"方法，即将砂与水泥放在铁板上混合干拌合三遍，达到混合均匀，颜色一致；在铁板上的砂、水泥混合料堆开一凹槽，加石料和水（水可逐渐加入），进行湿拌合三遍，直到水泥、砂、石、水等全部拌合均匀、和易性好、呈浓粥状为止。

（3）采用机械拌制混凝土，即采用倒落式搅拌机，应先将砂料倒入提升斗中，然后将水泥、石料亦倒入斗中，再将提升斗内的砂、水泥、石升起，一并倒入搅拌机滚筒中，这样可把水泥夹在砂石之间，使水泥不致飞扬，最后加入定量用水，进行拌制。机械拌制混凝土的搅拌最短时间，可按表 ZY0200101002-13 实施。

表 ZY0200101002-13　　　　混凝土搅拌的最短时间　　　　　s

混凝土坍落度（mm）	搅拌机机型	搅拌机出料量（L）		
		<250	250~500	>500
≤30	强制式	60	90	120
	自落式	90	120	150
>30	强制式	60	60	90
	自落式	90	90	120

注　1. 混凝土搅拌的最短时间系指自全部材料装入搅拌筒中起，到开始卸料止的时间。
　　2. 当掺有外加剂时，搅拌时间应适当延长。
　　3. 全轻混凝土宜采用强制式搅拌机搅拌，砂轻混凝土可采用自落式搅拌机搅拌，但搅拌时间应延长 60~90s。
　　4. 采用强制式搅拌机轻骨料混凝土的加料顺序是：当轻骨料在搅拌前预湿时，先加入粗、细骨料和水泥搅拌 30s，再加水继续搅拌；当轻骨料在搅拌前未预湿时，先加 1/2 的总用水量和粗、细骨料搅拌 60s，再加水泥和剩余用水量继续搅拌。
　　5. 当采用其他形式的搅拌设备时，搅拌的最短时间应按设备说明书的规定或经试验确定。

5. 混凝土的浇灌与捣固

（1）在浇灌混凝土前，应检查下列内容：

1）模板扣件规格与对拉螺栓、钢楞的配套和坚固情况。

2）斜撑、支柱的数量和着力点。

3）钢楞、对拉螺栓及支柱的间距。

4）各种预埋件和预留孔洞的规格尺寸、数量、位置及固定情况。

5）模板结构的整体稳定。

（2）混凝土的浇灌与捣固遵守下列规定：

1）混凝土运至浇筑地点，应符合浇筑时规定的坍落度，当有离析现象时，必须在浇筑前进行二次搅拌。

2）混凝土应以最少的转载次数和最短的时间，从搅拌地点运至浇筑地点。

混凝土从搅拌机中卸出到浇筑完毕的延续时间不宜超过表 ZY0200101002-14 的规定。

表 ZY0200101002-14　　　混凝土从搅拌机中卸出到浇筑完毕的延续时间　　　min

混凝土强度等级	气温		混凝土强度等级	气温	
	不高于25℃	高于25℃		不高于25℃	高于25℃
不高于C30	120	90	高于C30	90	60

注　1. 对掺用外加剂或采用快硬水泥拌制的混凝土，其延续时间应按试验确定。
　　2. 对轻骨料混凝土，其延续时间应当缩短。

3）采用泵送混凝土应符合下列规定：

① 混凝土的供应，必须保证输送混凝土的泵能连续工作。

② 输送管线宜直，转弯宜缓，接头应严密，如管道向下倾斜，应防止混入空气，产生阻塞。

③ 泵送前应选用适量的与混凝土内成分相同的水泥浆或水泥砂浆润滑输送管内壁；预计泵送间歇时间超过 45min 或当混凝土出现离析现象时，应立即用压力水或其他方法冲洗管内残留的混凝土。

④ 在泵送过程中，受料斗内应具有足够的混凝土，以防止吸入空气产生阻塞。

4）在地基或基土上浇筑混凝土时，应清除淤泥和杂物，并应有排水和防水措施。对干燥的非黏性土，应用水湿润；对未风化的岩石，应用水清洗，但其表面不得留有积水。

5）对模板及其支架、钢筋和预埋件必须进行检查，并做好记录，符合设计要求后方能浇筑混凝土。

6）在浇筑混凝土前，对模板内的杂物和钢筋上的油污等应清理干净；对模板的缝隙和孔洞应予堵严；对木模板应浇水湿润，但不得有积水。

7）混凝土自高处倾落的自由高度，不应超过 2m。

8）在浇筑竖向结构混凝土前，应先在底部填以 50~100mm 厚与混凝土内砂浆成分相同的水泥砂浆；浇筑中不得发生离析现象；当浇筑高度超过 3m 时，应采用串筒、溜管或振动溜管使混凝土下落。

9）在降雨雪时不宜露天浇筑混凝土。当需浇筑时，应采取有效措施，确保混凝土质量。

10）混凝土浇筑层的厚度，应符合表 ZY0200101002-15 的规定。

表 ZY0200101002-15　　　　混凝浇筑层厚度　　　　　　　　　　　　　　　mm

捣实混凝土的方法		浇筑层的厚度
插入式振捣		振捣器作用部分长度的 1.25 倍
表面振动		200
人工捣固	在基础、无筋混凝土或配筋稀疏的结构中	250
	在梁、墙板、柱结构中	200
	在配筋密列的结构中	150
轻骨料混凝土	插入式振捣	300
	表面振动（振动时需加荷）	200

11）浇筑混凝土应连续进行。当必须间歇时，其间歇时间宜缩短，并应在前层混凝土凝结之前，将次层混凝土浇筑完毕。混凝土运输、浇筑及间歇的全部时间不得超过表 ZY0200101002-16 的规定，当超过时应留置施工缝。

表 ZY0200101002-16　　　　混凝土运输、浇筑和间歇的允许时间　　　　　　　min

混凝土强度等级	气温		混凝土强度等级	气温	
	不高于 25℃	高于 25℃		不高于 25℃	高于 25℃
不高于 C30	210	180	高于 C30	180	150

注　当混凝土中掺有促凝或缓凝型外加剂时，其允许时间应根据试验结果确定。

12）采用振捣器捣实混凝土应符合下列规定：

① 每一振点的振捣延续时间，应使混凝土表面呈现浮浆且不再沉落。

② 当采用插入式振捣器时，捣实普通混凝土的移动间距，不宜大于振捣器作用半径的 1.5 倍；捣实轻骨料混凝土的移动间距，不宜大于其作用半径；振捣器与模板的距离，不应大于其作用半径的 0.5 倍，并应避免碰撞钢筋、模板、芯管、吊环、预埋件或空心胶囊等；振捣器插入下层混凝土内的深度应不小于 50mm。

③ 当采用表面振动器时，其移动间距应保证振动器的平板能覆盖已振实部分的边缘。

④ 当采用附着式振动器时，其设置间距应通过试验确定，并应与模板紧密连接。

⑤ 当采用振动台振实干硬性混凝土和轻骨料混凝土时，宜采用加压振动的方法，压力为 $1 \sim 3kN/m^2$。

13）在混凝土浇筑过程中，应经常观察模板、支架、钢筋、预埋件和预留孔洞的情况，当发现有变形、移位时，应及时采取措施进行处理。

14）在浇筑与柱和墙连成整体的梁和板时，应在柱和墙浇筑完毕后停歇 1～1.5h，再继续浇筑。

15）大体积混凝土的浇筑应合理分段分层进行使混凝土沿高度均匀上升；浇筑应在室外气温较低时进行，混凝土浇筑温度（指混凝土振捣后，在混凝土 50～100mm 深处的温度）不宜超过 28℃。

16）浇筑混凝土应填写施工记录，其格式可按照输电线路施工记录表要求填写。

17）当混凝土浇筑到基础立柱上表面（基面）时，即应进行操平，达到浇筑和抹面一次完成，避免二次抹面可能出现的起皮现象。

6. 基础的养护与拆模

输电线路工程现浇混凝土的养护，有自然养护和过氯乙烯薄膜养护等。自然养护混凝土就是在自然气候条件下，采取浇水润湿或防风保湿等措施进行养护；过氯乙烯薄膜养护混凝土（简称薄膜养护），就是在基础混凝土拆膜后，随即在混凝土外表面全部涂刷一层过氯乙烯溶液并形成薄膜，防止混凝土体内自身水分的蒸发，达到自身养护的目的。

（1）混凝土自然养护。

1）对已浇筑完毕的混凝土，应加以覆盖和浇水，并应符合下列规定。

① 应在浇筑完毕后的 12h 以内（当天气炎热，干燥有风时，应在 3h 以内）对混凝土加以覆盖和浇水。

② 混凝土的浇水养护的时间，对采用硅酸盐水泥、普通硅酸盐水泥或矿渣硅酸盐水泥拌制的混凝土，不得少于 7 日（GB 50233—2005《110～500kV 架空送电线路施工及验收规范》规定不得少于 5 日），对掺用缓凝型外加剂或有抗渗性要求的混凝土，不得少于 14 日。

③ 浇水次数应能保持混凝土处于润湿状态。

④ 混凝土的养护用水应与拌制用水相同。

⑤ 基础拆模后经表面检查合格后应立即回填土，并应按规定加以覆盖和浇水。

注意，当日平均气温低于 5℃时，不得浇水；当采用其他品种水泥时，混凝土的养护应根据所采用水泥的技术性能确定。

2）对大体积混凝土的养护，应根据气候条件采取控温措施，并按需要测定浇筑后的混凝土表面和内部温度，将温差控制在设计要求的范围以内；当设计无具体要求时，温差不宜超过 25℃。

3）在已浇筑的混凝土强度未达到 1.2N/mm² 以前，不得在其上踩踏或安装模板及支架。

（2）混凝土薄膜养护法。为了解决山区混凝土基础养护用水缺少问题，可采用过氯乙烯塑膜养护法（简称薄膜养护法）。基础混凝土在拆模并经表面检查后即在其敞露的全部表面涂刷薄膜养生液，形成塑料薄膜保护层，可防止混凝土内部水分的蒸发，达到混凝土内部水分自身养护的目的。

过氯乙烯薄膜养生液的配方为：过氯乙烯树脂（基料）10%；粗苯（溶剂）86%；邻苯二甲酸二丁酯（助溶剂）3%；丙酮（溶剂）1%。

过氯乙烯薄膜养生液的配制方法：按上述配方的比例，分别算出树脂、粗苯、二丁酯、丙酮的质量。根据容器的大小先将一定量的粗苯倒入容器内，然后把二丁酯和丙酮倒入粗苯内，最后再边加树脂边搅拌把树脂加完，这时溶液逐渐变稠，但由于树脂溶解较慢，不能立即全部溶解，可每隔 10～20min 搅拌一次，直到溶解液没有悬浮颗粒为止。另外应注意，因苯等挥发性强，除了在搅拌时以外，必须将容器严格密封。

涂刷基础方法。在工地上按"配制方法"配制好的树脂溶液，储装在密封的铁皮桶内，同时准备密封的铁皮小桶，供施工时领取使用，领取一桶现装一桶，施工人员即可带小桶和油刷，在基础拆模检查后，随即涂刷，涂刷程序是自上而下，基础各表面均需涂刷。涂刷时刷子不得拉得过长，以免漏刷而造成薄膜不完整。根据经验，每千克树脂溶液可刷 3～4m²。基础的试体块也同样涂刷树脂溶液保护。

安全注意事项：配方中粗苯、丙酮是燃点很低、挥发性特强的危险品，且对人体的呼吸道和神经系统有刺激作用，因此在配制和涂刷过程中，必须采取有效的安全措施，防止火灾和中毒事故发生，其要求如下：

1）应单独存放，可设在远离建筑物的下风向侧。

2）配制应在露天开阔的地方进行。

3）配制和涂刷人员，必须佩戴防毒的过滤口罩，盒内的活性炭要按规定定期更换。

4）存放和配制地点，要设置一定数量的四氯化碳灭火器及其他消防器材。

5）工作完毕要把手清洗干净。

6）操作过程中不允许一人单独进行作业。

（3）基础模板的拆除。基础模板的拆除应遵守以下规定：

1）拆除模板时，应保证混凝土表面及棱角不受损坏，且强度不低于设计强度的30%（或2.5MPa）。

2）拆模时间随养护时的环境温度及所用的水泥品种而有所不同。在不同气温自然养护条件下的基础拆模时间，可参照表 ZY0200101002-17。

表 ZY0200101002-17　　　　　　　　基础模板允许拆模时间参考表

平均温度（℃） 时间（日） 水泥品种	+5	+14	+15	+20	+25	+30
硅酸盐水泥或普通硅酸盐水泥	7	5	4	3.5	3.0	2.5
矿碴硅酸盐水泥	10	8	7	6	5	4

3）拆模应自上而下进行，轻轻敲击减少对混凝土的振动，要使混凝土表面四周棱角不受损坏。

4）拆除的模板及配件应立即将表面残留的水泥、砂浆清除干净，对变形和损坏的钢模板及配件，应及时修理校正。对暂不使用的钢模板，板面应涂防锈油，背面补涂防锈漆，并按规格分类堆放，底面应垫离地面，妥善遮盖。

5）基础拆模后应立即进行其质量检查，并作好检查记录。

6）严禁将钢模板用作脚手板、铺路、垫物等其他用途。

7）装车运输时，钢模板应装入集装箱，支承件应捆成捆，连接件应分类装箱，不得散乱装运。

7．混凝土质量检查与表面缺陷修补

（1）混凝土在拌制和浇筑过程中应按下列规定进行检查：

1）检查拌制混凝土所用原材料的品种、规格和用量，每一工作班日或每基基础至少两次。

2）检查混凝土在浇筑地点的坍落度，每一工作班日或每个基础腿至少两次。

3）在每一工作班日内，当混凝土配合比由于外界影响有变动时，应及时检查。

4）混凝土的搅拌时间应随时检查。

（2）混凝土的强度通过试块进行检查。

（3）基础尺寸检查。

1）现浇铁塔基础。

① 立柱断面尺寸用钢尺测量允许偏差为：–1%。

② 钢筋保护层厚度用钢尺测量允许偏差为：–5mm。

③ 整基基础中心位移允许偏差为：顺线路30mm；横线路30mm。

④ 整基基础扭转：一般塔10′；高塔5′。

⑤ 同组地脚螺栓中心对立柱中心偏移用钢尺测量允许偏差为：10mm。

⑥ 基础顶面间高差允许偏差为：5mm。

⑦ 基础根开及对角线尺寸允许偏差为：一般塔±2‰；高塔 ±0.7‰。

2）铁塔拉线基础。

① 底板断面尺寸用钢尺测量允许偏差为：–1%。

② 钢筋保护层厚度用钢尺测量允许偏差为：–5mm。

③ 拉线基础拉环中心与设计位置偏移用钢尺测量允许偏差为：20mm。

（4）混凝土缺陷修整。

混凝土表面缺陷的修整，应符合下列规定：

1）面积较小且数量不多的蜂窝或露石的混凝土表面，可用 1:2～1:2.5 水泥砂浆抹平，在抹砂浆之前，必须用钢丝刷或加压水洗刷基层。

2）较大面积的蜂窝、露石和露筋应按其全部深度凿去薄弱的混凝土层和个别突出的骨料颗粒，然后用钢丝刷或加压水洗刷表面，再用比原混凝土强度等级提高一级的细骨料混凝土填塞，并仔细捣实。

3）对影响混凝土结构性能的缺陷，必须会同设计等有关单位研究处理。

（二）预制基础安装

1. 电杆预制基础安装

（1）底盘安装。底盘安装的工序内容包括平整基坑、安装底盘和底盘操平找正。

1）一般规定：

① 底盘安装前，应对底盘加工质量、尺寸及材质进行检查，保证符合施工及验收规范和设计要求。若为钢筋混凝土底盘，不得有裂纹、露筋、蜂窝等缺陷；如采用石底盘，石材应经过技术鉴定，底盘厚度必须均匀符合设计要求，并整体不得有裂纹等缺陷。

② 底盘安装前，应对基坑进行检查和操平，并应检查底盘厚度及电杆（双杆）总长度（导线横担安装孔处至杆根）的加工偏差，以便调整坑深，保证电杆组立后横担呈水平状态。

③ 基坑若为泥水坑或流砂坑，应报告设计单位，如无特殊要求，则可增加坑深 30cm、增加坑深部分应分层填以卵石（或碎石）和砂，并夯实至设计标高。

④ 底盘一般为方形，安装时底盘轴线应大致符合线路方向不得任意放置，底盘的圆槽面应与电杆轴线垂直，找正后底盘四周边应填土夯实至上表面；坑底若是非原状坚土，应进行夯实、操平。

⑤ 在安装和检查中，应用钢尺测量一切尺寸，在操平找正时应用经纬仪和（或）水平仪。

⑥ 基坑若为流砂坑时，应在底盘安装后立即立杆。

⑦ 在往基坑内下底盘时坑内不得有人。底盘放置时操作人员到坑底操作，必须配戴安全帽并禁止将任何工具放置在基坑上边缘处。

⑧ 底盘安装施工偏差，应小于施工及验收规范中杆塔组立允许偏差的规定。

2）劳动组织、岗位职责。坑底平整、底盘安装和底盘找正的劳动组织及岗位职责，见表 ZY0200101002-18。

表 ZY0200101002-18　　　　　　　　底盘安装的劳动组织及岗位责任

岗位	劳动组织			岗 位 职 责
	电工	测工	普工	
坑底平整 底盘安装 操平找正	2	1	4	（1）电工中的一人为中级工，任组长，全面负责底盘安装施工的质量及人身设备的安全，并组织组内人员按本指南施工要点进行施工。 （2）电工中另一人可为低级工，应配合组长工作，测工则负责各部测量工作，普工应按组长指示工作

3）底盘安装施工要点。底盘安装可用三脚架法、滑杠法或吊车法。

三脚架法按以下步骤进行操作：

① 坑底平整后用三根直的木杆（木杆长度不超过 3m）组成三脚架，三脚架的杆根应与坑边相距 0.5m 以上，上部用直径为 9.5～12.7mm 的钢绳绑系挂一复式滑车，使用绞磨或人力起吊安装。

② 用人力牵引安装底盘可按下列规定用复式滑车：

　　每块底盘质量　　　滑车形式
　　300kg 以内　　　　1–1 滑车
　　500kg 以内　　　　1–2 滑车
　　800kg 以内　　　　2–2 滑车

③ 用轻便手摇卷扬机起吊的，其起重能力应为 10kN（使用 1–1 滑车），牵引钢绳直径应不小于 9.5mm；用人力起吊的采用不小于 ϕ16mm 的麻绳来牵引。

④ 安装底盘的现场布置如图 ZY0200101002-14 所示，地滑车绑在三脚架的一条腿上，用 ϕ2mm 的

钢绳穿过底盘上的挂鼻作成绳套挂在滑车钩上。

⑤ 开始起吊时，斜拉底盘使底盘至坑口，并逐渐离地，这时绑有地滑车的那条腿极易受力走动，应有一名技工负责监视，并用铁铲紧贴杆根插下，以稳住三脚架不致歪斜，在山地应修整施工场地，使三脚架的三个支柱受力均衡。

⑥ 若底盘没有挂鼻时采用棕绳套兜住底盘，往坑内安装如图 ZY0200101002-15 所示，底盘落地后利用挂钩掀起底盘一面解下绳套。

图 ZY0200101002-14 三脚架法安装底盘现场布置示意图
1—滑车；2—φ80mm×3m 木杆；3—φ12mm 钢丝绳或φ16m 棕绳
(50m 长)；4—滑车；5—底盘；6—地滑车

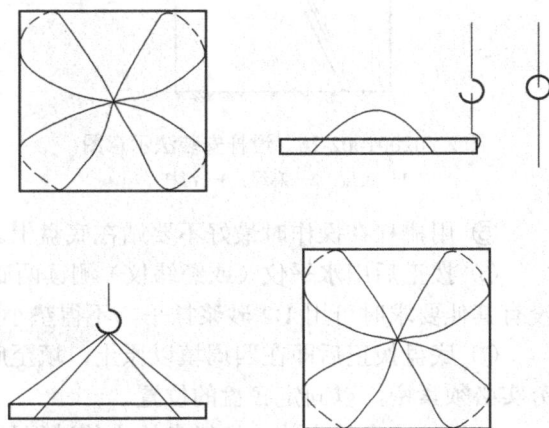

图 ZY0200101002-15 棕绳套兜住底盘示意图

⑦ 底盘在起吊过程中应缓起慢落，不允许损坏坑壁，往坑中放落时应用撬杠拨平找正底盘位置，以便底盘找正。

滑杠安装法按以下步骤进行操作：

① 按如图 ZY0200101002-16 所示，将两根圆木杠斜支在坑内，将底盘抬上滑杠，用麻绳拉着底盘，缓缓滑下。

② 底盘滑到坑底后，将滑杠按箭头方向推动，使底盘靠坑壁直立，用麻绳拉着底盘抽出滑杠，放下底盘。

起重机安装法如下：

① 地形条件许可的，采用 15kN 以上的汽车式起重机起吊安装。

② 汽车起重机应距坑边 1m 以上，以免坑壁塌落，若坑壁有塌落可能时应加挡土板。

③ 起吊用的钢绳套等与人力安装的相同。

④ 将底盘往坑中放落时，应缓慢降落以便于控制底盘的着地位置。

4）底盘操平找正：

① 底盘放入坑中后即检查横线路方向辅桩是否正确，若已松动应重钉。

② 在横线路辅桩上拉一弦线（22 号铁丝），二辅桩与主桩应在一直线上，并与线路方向垂直。由中心桩顺弦线量 1/2 根开作一记印，用垂球紧贴此点下垂，拨正底盘，使底盘中心与垂球尖重合，如图 ZY0200101002-17 所示。

③ 底盘中心用木制十字样板或一字样板来标出，样板放在底盘圆槽中，样板的中心即底盘中心。底盘圆槽不是很圆时采用十字样板为宜。

④ 底盘拨正可用撬杠来进行，紧贴坑壁顶以道木，将撬杠插在底盘与道木中间，压撬杠使底盘向需要的方向移动。

若用千斤顶则将千斤顶横置顶在坑壁上推动底盘，千斤顶与坑壁间垫以方木。基坑若较底盘大得多则用千斤顶方便，若差不多则用撬杠方便。

图 ZY02001002-16　滑杆安装法示意图
1—底盘；2—麻绳；3—滑杠

图 ZY0200101002-17　垂球找正底盘示意图
1—22 号铁丝；2—直径样板（找底盘中心用）

⑤ 用撬杠在操作时最好不要站在底盘上。

⑥ 拨正后用水平仪（或经纬仪）测读两底盘高差，并作出记录。超过允许偏差应作处理，若设计没有其他要求时可用 1:2 砂浆抹平，不得垫小铁片。

⑦ 底盘拨正后即在四周填以原土，填至底盘顶面平。填土时应四周轮换打夯，以免使底盘移动，夯实必须紧密，以固定底盘的位置。

（2）拉线盘的安装。拉线盘的安装过程是先检查拉线盘的质量、拉线坑的位置、有效深度，然后将拉线棒和拉线盘组装成套，用撬棒将拉线盘撬入坑内，同时用绳索一端连在拉线盘上，另一端绕在临时锚桩上，逐渐放松绳索，使拉线盘平稳落入坑底。若地面土质松软，可在地面铺上木板或两根平行的木棍。

拉线盘在坑底应斜放，盘面和拉线方向垂直。为了使拉线盘的坑拔力增加，在不增加土方量情况下，可将开挖坑的中心线向外移半个坑宽，坑底近杆塔侧掏挖半个拉线盘宽。拉线盘安装后其受力侧基本为原状土，可以大大改善上拔力。

拉线盘上倒锥体原状土应尽量不要破坏，以保证拉盘的坑拉能力。拉线坑的回填土应该认真，并符合要求。

（3）卡盘的安装。电杆卡盘的安装，是在水泥杆已起立找正，卡盘下部回填土夯实的基础上进行。其安装高度及卡盘的安装方向应符合设计要求。卡盘安装后应呈水平状态且与主杆连接牢固。

2. 铁塔混凝土预制装配式基础安装

铁塔混凝土预制基础的构件质量较大，所以安装时应在坑边搭设吊架，将构件吊入坑内并组装，不得用抛掷的方法放入坑内，以防构件受损伤。铁塔混凝土预制装配式基础安装时应符合以下规定：

（1）构件的连接应按设计规定，如接触不良时，应用斜形垫片找正，加垫后应灌以 1:3 的水泥砂浆。

（2）安装时应用垂球找正，使 4 个螺栓中心满足根开要求，如果上部 4 个地脚螺栓因焊接等原因其位置与下部法兰盘不对应时，可稍转动底盘，使地脚螺栓的位置满足铁塔基础根开及方向的要求。

（3）各种预制基础底座枕条安装应平整，并四周填土夯实，予以嵌固。主柱应紧密接触，在组装时不得敲打、强行组装，如主住倾斜超过 1/100 时，可在立柱底部一面或二面垫铁片找正，但每处不超过两片，总厚度不超过 5mm。垫片后应灌以 1:3 水泥砂浆。

（4）装配式预制基础整基找正完毕后，底盘与主柱连接处的铁件应以水泥砂浆浇制保护层。浇制后的养护与拆模要求与现浇基础相同。

（5）装配式基础的外露铁件，均应经过热镀锌，如未镀锌则另作防腐处理。

（6）装配式基础安装后的各部尺寸，在填土夯实后检查应符合设计要求。回填土要符合要求，保证质量。

3. 铁塔金属支架装配式基础安装

铁塔金属支架装配式基础的构件质量小，安装简单，只须在操平的基坑内按基础设计图先拼装底板后拼装立柱，然后找正、复紧螺栓即可。现场常用的铁塔金属基础有以下几种。

（1）金属支架型（如图 ZY0200101002-18 所示）系由铰接的金属支架与钢筋混凝土板条上的横梁形成铰接的空间结构。支架的受力状态系桁架体系。底板的受力系板梁体系。该型基础应用在荷载较大的直线塔塔位和转角塔塔位上。

（2）钢筋混凝土支架型（如图 ZY0200101002-19 所示）。系由铰接的钢筋混凝土支架与轨枕式底板上的横梁形成铰接的空间结构。

图 ZY0200101002-18 金属支架型
1—金属支架；2—横梁；3—板条

图 ZY0200101002-19 钢筋混凝土支架型
1—支架；2—横梁；3—枕轨板条

（3）花窗式金属基础。是由塔腿主材直接延伸到基坑底部与花窗式金属底板及底板上的斜撑共同连接而成，如图 ZY0200101002-20 所示。

金属基础可全部用角钢组成，运输单件质量轻，最适用于条件十分困难的高大山区的塔位，曾广泛地应用在直线塔基上。

4. 预制基础外观检查

（1）预制基础的底座与主柱连接的螺栓、铁件及操平找正用的垫铁，必须采取有效的防锈措施。当采用浇筑水泥砂浆时应与现场浇筑基础同条件养护，回填土前应将接缝处用热沥青或其他有效的防水涂料涂刷。

（2）立柱顶部与塔脚板连接部位需用砂浆抹面垫平，砂浆或细骨料混凝土强度不应低于立柱混凝土强度，厚度不应小于 20mm。

（3）钢筋混凝土枕条、框架底座及底盘底座等与柱式框架的安装应符合下列规定：

1）底座、枕条应安装平正，四周应填土或砂石夯实。

2）立柱倾斜时应用镀锌垫铁垫平，每处不得超过两块，总厚度不得超过 5mm。调平后立柱倾斜不应超过立柱高的 1%。

（4）角钢支架类基础的主材准线宜交于顶板面上，支架与横梁的连接尽量避免横向受扭，否则须配制抗扭钢筋。

图 ZY0200101002-20 金属基础
1—塔腿主材；2—斜撑；3—金属板条

（5）预制基础不应有混凝土破损、裂纹，不应有镀锌层脱落等现象。

（三）基坑回填夯实

基坑回填应符合下列规定：

（1）土坑每填入 300mm 厚应夯实一次，夯实过程中不应使基础移动或倾斜。土中可掺石块，但树根杂草必须清除。

（2）水坑必须排除坑内积水。

536

（3）石坑应按设计要求比例掺土，若设计无规定时，可按石与土的比例为 3:1 均匀掺土夯实。

（4）冻土坑应清除坑内冰雪，并将大冻土块打碎掺以碎土，冻土块最大允许尺寸为直径 150mm，且不允许夹杂冰雪块。

（5）大孔性土，如流砂、淤泥等难以夯实的基础坑，应按设计要求或特殊施工措施进行。

（6）重力式及不受倾斜控制的杆塔，拉线基础坑回填时可适当增大分层夯实的厚度。

（7）回填土在平地上应筑起有自然坡度的防沉层，并要求上部面积和周边不小于坑口。

（8）回填一般土壤时，防沉层高为 300mm。接地沟的防沉层 100mm。回填冻土及不易夯实的土壤时，防沉层厚为 500mm，接地沟的防沉层为 200mm。

五、注意事项

（1）基础施工前，应对砂、石、水取样送检，经试验单位鉴定合格才可采用，且水泥、钢筋采购时应有质保书。

（2）钢筋安装前应除锈，钢筋笼绑扎应牢固。安装时不得碰到模板，并应留有足够的保护层，以免发生露筋现象。

（3）雨天不宜露天浇制混凝土，浇制后应覆盖立柱顶面，防止雨水冲刷。

（4）基础每个腿基础浇制应连续施工，不宜间断，如间断超过 2h 不得浇制，应按二次浇制处理。

（5）浇制混凝土时，严格控制水灰比和配合比，按配合比投料。机械振捣必须充分，做到"快插慢拔"，保证混凝土内部密实，混凝土与模板接触面用插钎插透，防止石子堆积，避免出现蜂窝、麻面、狗洞、露筋等缺陷，保证混凝土表面光滑。

（6）不同品种、不同标号、不同厂家的水泥不能混用于同一个基础上，若在同一基础（不同腿）中使用，必须分别制作试块，并做好记录。

【思考与练习】

1．名词解析：混凝土的和易性、坍落度、耐久性、配合比、水灰比。

2．混凝土的强度与哪些因数有关？关系如何？线路杆塔基础对组成混凝土的各成分有什么要求？对钢筋有什么要求？

3．钢筋的绑扎应符合哪些规定？钢模板在组装时，应符合哪些质量标准？

4．一般基坑土方的挖掘有哪几种方法？对于渗水速度不同的水坑应如何开挖？流砂坑如何开挖？淤泥坑如何开挖？

5．现场浇制钢筋混凝土基础前应做哪些准备？混凝土在浇灌与捣固过程中应遵守哪些规定？基础养护到什么时候可以拆模？拆模时应注意哪些事项？

6．铁塔混凝土预制装配式基础如何安装？铁塔金属支架装配式基础如何安装？

模块 3　灌注桩基础施工（ZY0200101003）

【模块描述】本模块包含灌注桩基础施工一般规定、施工准备、施工等。通过内容介绍、流程图示例、要点归纳，能够掌握灌注桩基础施工。

【正文】

一、作业内容

（1）桩的作用和分类。桩的作用是将上部建筑结构的荷载传递到深处承载力较大的土层上，并使软土层挤实，以提高土壤的承载力和密实度，保证建筑物的稳定和减少沉降量。

桩的种类很多，按桩在土壤中工作的性质分端承桩和摩擦桩。端承桩是穿过软土层并达到岩石或坚硬土层上的桩；摩擦桩是完全设置在软质土层中的桩，它除桩尖处有一定的反力外，主要靠桩身表面与土之间的摩擦阻力来支持建筑物荷载。按桩的制作方式分为预制桩和灌注桩。灌注桩根据成孔方法不同分为旋转钻机钻孔灌注桩、冲击振动钻孔灌注桩和爆扩桩。

（2）冲击钻孔灌注桩，其施工流程如图 ZY0200101003-1 所示。

平整场地

混凝土备料　钢筋加工　分坑测量　电源　水源　泥浆备料

试配混凝土

埋设护筒

钻机就位

造浆

钻进　←　掏渣

检测基孔

设立导管

清孔

检测坍落度　下放钢筋笼　检测基孔

制作混凝土　灌注混凝土　→　清除浮浆　→　提出护筒　→　混凝土养生

制作试块　测量灌注桩　→　计算桩径

试块试压　验收

图 ZY0200101003-1　冲击钻孔灌注桩施工流程图

（3）旋转钻机和利用泥浆循环系统成孔灌注桩的施工流程，如图 ZY0200101003-2 所示。

平整场地

混凝土备料　钢筋加工　电源　分坑测量　水源　造浆循环系统　泥浆备料

试配混凝土

埋设护筒

钻机就位

制备泥浆

钻进　出渣

清孔　检测基孔

下放钢筋笼

检测坍落度　下导管　测量混凝土　计算桩径

制作混凝土　灌注混凝土

清除浮浆

制作试块

提出护筒　→　混凝土养生

试块试压　验收

图 ZY0200101003-2　旋转钻机和利用泥浆循环系统成孔灌注桩施工流程图

（4）桩基地上部分施工。桩基地上部分施工流程如图 ZY0200101003-3 所示。

二、危险点分析与控制措施

桩基础施工中存在的危险点主要有工具使用不当、机具使用不当引起倒架、设备损坏、砸伤工作人员、工作人员触电等。

控制措施有：

图 ZY0200101003-3　桩基础地上部分施工流程

（1）应设专人指挥，作业人员听从统一指挥。

（2）作业前全面检查机电设备，确保电气绝缘和制动装置良好，传动部分有防护罩。

（3）钻机和打桩机运转时不得进行检修。

（4）打桩时，起吊速度应均匀，被吊桩下方严禁有人；吊装前应将装锤提起，并固定牢靠；发现异常应停止锤击，检查处理后方可继续作业；停止作业或转移桩架时，应将桩锤放到最低位置。

（5）电钻应使用封闭式防水电机，电缆不得破损、漏电。

（6）接钻杆时，应先停止电钻转动，后提升钻杆。

（7）严禁作业人员进入没有护筒或其他防护设施的钻孔中工作；坑边应有防护措施，夜间应有照明，防止人员掉入坑内。

（8）吊放、焊接网笼时，应防止伤人。

三、作业前准备

1. 现场准备

（1）清除地上、地下障碍物，修通进场公路，设置供电、供水系统，并平整施工场地。

（2）按设计图纸分坑测量，并在不受影响的地点设置桩基轴线和高程的控制桩，做好记录。

（3）根据钢筋的设计长度设置钢筋笼加工棚和水泥储放棚，并设置备用电源、砂石堆放场地及出渣场地。

（4）泥浆护壁冲击钻机成孔灌注柱，应设置 2 倍单柱方量的黏土存储场地。

（5）泥浆护壁旋转钻机成孔灌注桩，应设置一个 3 倍单桩方量的泥浆池和一个 2 倍方量的泥浆沉淀池。

2. 工具、材料的准备

（1）灌注桩基础施工所需要的工具主要有：反循环旋转钻机、泥浆比重计、黏度计、含砂仪、搅拌机、卷扬机、电焊机、钢筋加工机、护筒、导管、漏斗、储料斗、斗车、发电机、测锤、台秤、水准仪、水平尺、塔尺、花杆、经纬仪、枕木、钢模板、振动棒、泥浆泵、捣固钎、混凝土球塞、大剪等。

（2）灌注桩基础施工所需要的材料同开挖式基础施工中所用到的材料。见模块 ZY0200101003-2。

3. 技术准备

（1）熟悉施工图纸，掌握质量验收标准，对全体施工人员应进行技术交底和安全教育。

（2）查勘和复测桩位，了解地形、地质情况，对桩位附近的障碍物（如电力线、电缆、电话线等）应进行调查并作妥善处理。

（3）复核中心桩，平基放样分坑，布置好控制桩。

（4）桩队应确定施工人员、质安员及桩机负责人，制定安全措施及桩机操作规程。

4. 黏土与制浆

（1）野外鉴定黏土制浆特征。野外鉴定具有下列特征的黏土均可制造泥浆。

1）风干后用手不易扒开捏碎。

2）破碎时，断面有坚硬的尖锐棱角。

3）切开时，表面光滑、颜色较深。

4）湿后有黏滑感，加水和成膏后，易搓成直径 1mm 的细长泥条，用手指揉捻，感觉砂粒不多。

（2）制浆性能和指标。制浆的性能和技术指标一般由泥浆比重、黏度、含砂量和胶体率等四项指标来确定。

密度指泥浆与 4℃时同体积水的质量比。泥浆用泥浆目睹计测。

黏度指液体间相对移动所发生的内摩擦力。黏度用 1006 型野外黏度计测定，即以 $500cm^3$ 泥浆通过 5mm 漏斗孔所需时间（s）表示。

含砂量泥浆内所含砂和黏土颗粒的体积百分比，含砂量可用含砂仪测定。

胶体率是泥浆一昼夜的沉淀率。用量杯盛满 $100cm^3$ 泥浆液，盖好玻璃片，静置 24h 后，从 $100cm^3$ 中减去量杯上部澄清体体积数，称为胶体率。

（3）调制钻孔泥浆。调制钻孔泥浆时，根据钻孔方法和地质情况采用不同性能指标，一般可参照表 ZY0200101003-1 选用。

表 ZY0200101003-1　　　　　钻孔用泥浆性能指标

地质情况	密　度	黏度（s）	含砂量（%）	胶体率（%）
一般地层	1.1～1.3	16～22	<8～4	>95
松散易坍地层	1.4～1.6	19～28	<8～4	>95

注　1. 正循环旋转钻、冲击钻用上限值，反循环旋转钻用下限值。

　　2. 土层砂性大用上限值，黏性大用下限值。

　　3. 地质较好、孔径较小、桩深浅者，用上限值；反之用下限值。

5. 按桩位挖坑并埋设护筒

挖坑时，基坑直径应大于护筒直径 100～150mm，护筒一般用 4～8mm 钢板制作，护筒埋设应符合下列规定：

（1）护筒直径应大于钻头直径：用旋转钻机时，护筒直径宜大于钻头直径 100mm；用冲击钻机时，护筒直径宜大于钻头直径 200mm。护筒内径应大于设计桩径 50mm，以便核正桩中心。

（2）护筒中心与桩位中心偏差不得大于 50mm。单桩基础护筒偏差应满足验收规范中整基基础尺寸允许偏差的规定。

（3）护筒周围应用黏土填实，以防地表水浸入孔内和孔内泥浆流水。

（4）护筒长度应不少于 2m，若在较厚的松散层上开孔时，护筒长度应适当增大到 2.5m。护筒顶面宜高出地面 150～200mm。

（5）护筒埋设深度在黏土中不宜小于 1m，在砂土中不宜小于 1.5m，并保持孔内泥浆面高出地下水位 1m 以上，受江河水位影响的桩基工程，应严格控制护筒内外的水位差。

6. 挖设泥浆池、沉淀池和泥浆循环槽

（1）泥浆池的容积应不小于单根桩体积的 3 倍，为了有利于泥浆在池中充分沉淀，应将泥浆池分做成制浆池、沉淀池、储浆池三级设置，沉淀池大小为单根桩体积的 2 倍。

（2）进浆：采用泥浆泵，将储浆池中的熟泥送入孔内。

（3）出浆：通过泥浆槽返回沉淀池，泥浆槽长度宜大于 15m，槽底坡度在 1% 左右。

（4）泥浆循环净化系统布置如图 ZY0200101003-4 所示。

（5）制备的泥浆要有一定的备用量。

图 ZY0200101003-4 泥浆循环系统布置图

（6）开钻前，施工现场应备有足够的钢筋、水泥、砂石。现场材料的堆放应使水泥不受潮；砂、石不受污，钢筋笼不变形。

（7）钻机易损零件应有足够的备件，泥浆泵应有两台，一台工作，一台备用。

（8）稳机前要检查复核桩位中心。天轮、立轴、桩位中心应在同一垂直线上（前后、左右两个方向检查）。桩机安装平稳、牢固，试机运转正常后检查各项工作，就绪后才能开始。

四、操作步骤和质量标准

（一）冲击钻成孔施工

（1）首先将钻架平稳地立于桩位。立钻架时钻机的安装应符合下列要求：

1）钻机中心与桩基中心偏差不得大于 50mm，钻杆中心偏差应控制在 20mm 以内。

2）钻机底座下方用道木垫实，钻杆用扶正器固定，扶正器用地锚固定，确保钻机找正后不发生移动。

3）安装钻机时，为补偿钻架吊锤时前部出现的下沉，在垫塞钻架时，要让钻架前部高于后部，使钻架横梁上的钻绳滑轮槽口向后 10cm 左右，以防止移锤出渣时钻架前移，而造成斜孔或偏孔，同时，要经常检查钻架工作情况，及时做好调整。

（2）冲击钻成孔。当一切准备工作完成后，即用第一节钻杆接好钻头，另一端接上钢丝绳，吊起潜水钻对准埋好的护筒，徐徐放下至地面桩位标记处，即可先空转，然后缓慢钻入土中，至整个钻头基本入土内，并检查无误后，才能正常钻进。每钻进一节钻杆前，应准备好下一节并随即与前节钻杆接好，以便迅速钻进。

冲击钻成孔应遵守下列规定：

1）开孔时应低锤勤击。如地面为淤泥、细砂等软土层，可在加 0.5mm 左右厚的小块片石和黏土后，再往下干打 1m 左右，反复冲击造壁，以使护筒脚密实。

2）在钻孔过程中，严禁冲锤在桩孔内长时间停留，停工时，必须将冲锤提出孔口。

3）一般黏土和亚黏土，开钻时无需加土，即可放水湿打，使其成浆。并在进钻的同时向桩孔内补充进水，使桩孔内不断溢出泥砂水，以防止吸锤和减少出渣次数。但应注意进水、出水不能太大，使桩孔内泥浆密度在 1.3～1.5 之间为宜。

4）开始钻基岩时应低锤勤击，以免偏斜。如发现钻孔偏斜，应立即回填厚为 30～50cm 片石，之后重新钻进。

5）遇孤石时可以抛填近似硬度的片石或卵石，用高冲程冲击或高低冲程交替冲击，将大孤石击碎挤入孔壁。

6）在各种不同土层中施钻时，可按表 ZY0200101003-2 冲击钻成孔施工要点进行施工。

表 ZY0200101003-2　　　　　　　　　　冲击钻成孔施工要点

适 用 土 层	施 工 要 点	效 果
在护筒中及护筒脚下3m	小冲程高1m左右，泥浆密度1.4～1.5；土层不好时加入小片石和黏土块	造成坚实孔壁
黏土层	中、小冲程高1～2m；加精水；经常清除钻头上的泥块	防粘钻、吸钻、提高钻进效率
粉砂或中粗砂层	中、小冲程高1～2m；泥浆密度1.3～1.5；抛粘土块、勤冲、勤掏碴	反复冲击造成坚实孔壁，防止坍落
卵石层	中、高冲程2～3m；泥浆密度1.3～1.5；掏碴	加大冲击能量，提高钻进效率
基岩	高冲和3～4m；泥浆密度1.3～1.5；勤掏碴	加大冲击能量，提高钻进效率
坍塔回填重钻	小冲程1mm左右，反复冲击；加黏土块及片石；泥浆密度1.3～1.5	造成坚实孔壁

7）必须准确控制松绳长度，既要勤松、少松；又要免打空锤，并经常检查钢丝绳磨损情况、卡扣松紧程度、转向装置等是否灵活，以免掉钻。

8）一般每进尺1m应出碴一次，出碴时应出净。出碴以后，应立即加入黏土，且应一次加足。加黏土时，应是先浸湿的，最好是将黏土合成泥团投入。

（3）冲击钻施工中常见的故障及处理。

1）偏锤和斜孔。因糊钻造成偏锤或斜孔时，将钻锤提出水面，清除粘结的泥土；因遇孤石或墙石、有倾斜地层或软硬交界地层造成偏锤或斜孔时，可向偏锤侧投入片石块，再行施钻。

2）卡锤。因不规则孔形未处理、坍孔落石、掉工具，钻锤尺寸突变、落锤太猛等，都可造成卡锤。出现卡锤时绝对不能用快速猛提锤方法处理，而应以慢速反复试提，使锤松动，用钻锤拉动。而后将钻锤提出水面向孔内投入片石块，用低锤勤击通过卡锤段。

3）吸锤。吸锤多发生在强风化岩层和白胶泥层中时的高锤猛击。其处理方法同卡锤一样，不同之处是每次投入的片石较多，且在该地质层每出碴一次，需投石块一次。

4）掉锤。发生掉锤时应尽快组织力量捞锤。其方法是：对称下打捞钩。严禁为了打捞方便，采用空压机清孔或排水清孔的办法，否则会造成埋锤事故。

5）坍孔。坍孔的现象有钻空内水位突然下降、孔口冒出细密水泡、出碴量显著增加、进尺不大或根本不进尺，甚至负进尺、钻机负荷显著增大等，这些现象均表明孔壁已有坍塌，发现坍孔后应先分析判断坍孔位置，用片石、粘石混合回填到坍塌段0.5m以上，待水位稳定，沉淀密实，再继续钻孔。如坍塌严重，应将钻孔全部回填重钻。

（二）旋转钻机成孔施工

（1）钻头选择。一般黏土、亚黏土、淤泥和砂土层可用双裙笼式合金钻头，配合泵吸反循环钻进排碴；进入基岩时，可换用牙轮合金钻头，配合泵吸反循环钻进排碴。

（2）安装旋转钻机。旋转钻机的安装要求同冲击钻机的安装要求。

（3）钻进。钻进时应注意下列事项：

1）为使钻进成孔正直，扩孔率小，应使钻头旋转平稳，力求钻杆垂直无偏晃地钻进，即钻杆尽量在受拉状况下工作。

2）控制钻进速度。在硬黏土层钻进时，可用一挡转速，并放松起吊钢丝绳，自由进尺；在普通黏土和砂黏土层钻进时，可用二、三挡转速，自由进尺；在砂土或含少量卵石层钻进时，宜用一、二挡转速，并控制进尺，以免陷没钻头或吸钻渣速度跟不上；在遇地下水丰富和易坍孔的粉砂土层钻进时，宜用抵挡慢速钻进，减少钻头对粉砂土的搅动；在加大泥浆密度和提高水头情况下，进尺可稍快，以期较快通过粉层；在淤泥层钻进时，转速为二、三挡，但应控制进尺，以免抽吸钻碴速度跟不上而出现糊钻。在开孔和钻进至岩土分层时，要特别注意合理选择成孔工艺参数。

3）当一节钻杆钻完时，应先停止转盘转动，然后吊起钻头至距底20～30cm，并继续使用反循环系统将孔底沉碴排净，再接钻杆继续钻进。每钻进2m或地层变化处，应捞碴查明土质，以确定桩长。

4）启动真空泵后，如发现循环不正常，泵身抖动，泥水减少，甚至中断。其原因多为管路漏气或钻头钻杆堵塞，应及时检查钻杆法兰盘螺栓有无松动，泥浆泵石棉垫处有无漏气，水龙头填料压盖有无松动。

5）在施工过程中，若发现工作平台下沉或倾斜应及时调整。

6）如遇憋钻时，可停止进尺或以逆时针方向转动。当情况严重时，应停钻提升钻具，分析原因。

7）应加强泥浆管理，勤清理循环系统，保持泥浆有好的技术性能，以保证成孔质量和施工进度。

8）泥浆循环系统的总电源线要求架空，电动机和电气箱需接地良好。

（4）旋转钻机施工常见故障及其处理如下：

1）钻孔偏斜。查明孔偏斜位置和程度。在偏斜处将钻头上下反复扫孔，使钻孔正直。偏斜严重时，回填砂砾土或黏土混合到偏斜处以上，待沉密实后重钻。

2）糊钻。在软塑黏土层中旋转钻进时，因进尺快、钻碴大、出浆口堵塞等易造成糊钻（吸钻）。一般应控制进尺，以防糊钻。如发生糊钻严重，应将钻头提出孔口，清除钻头黏糊物等。

3）缩孔。塑性土层遇水膨胀会造成缩孔卡钻时，采用上下反复扫孔处理。因严重磨损的钻头使得钻孔小于设计桩径时，应焊补钻头后再行扫孔。

4）钻杆折断或掉钻。钻杆折断后，应防止留置时间过长、发生埋钻或埋杆的事故，发生掉杆时应尽快将其打捞上来。

（三）清孔

（1）冲击钻成孔多采用空气机清孔。清孔时一般先下放钢筋笼，再放浇制导管，浇制导管最下节带有高压进气嘴，并与空压机相连，利用空气压力将孔底渣石抽到孔口外。如桩基地质良好，又不用钻架吊装钢筋笼时，可先放浇制导管清孔，后吊装钢筋笼。

（2）空压机清孔应按下列规定进行：

1）清孔开始时，先送水，后送气，严格保证孔内水位。供水时，不要让水直接冲孔壁。

2）导管未送气时，不可将导管插入孔底，应离孔底泥浆 2.0m 左右，以防泥浆沉淀而堵塞气管。

3）清孔过程中，应视出渣浓度慢慢下放导管。当导管下放至孔底 0.5m 时，要将导管前后左右移动，但移动时要避免碰孔壁。

4）当孔内排出的泥浆用手触及无粗粒感觉，密度在 1.3 以下，含砂量不大于 4%时，清孔即达到要求。

5）停止清孔时，应将导管提升 1m 左右，再按先停气、后停水的规定停机。

（3）旋转钻孔清孔。在一般地质条件下，优先采用反循环系统清孔。在粉砂层和软流塑的淤泥地质条件下采用正循环系统清孔。采用正循环系统清孔，一般清孔时间需 2h 以上；如用反循环系统清孔，由于真空泵抽吸力较大，一般 20min 左右即可。当孔内泥浆密度≤1.5kg/m³，孔底沉渣厚度≤5cm 时为合格。

（4）终孔后需将钻头稍稍提起使其空转，并启动泥浆循环系统将孔内沉渣排出。

（5）清孔取样应选在距孔底 20～50cm 处，其密度不是必备指标，对软地质其值可以偏高；清孔的保证指标是沉渣厚度应满足桩基础施工质量及检测的要求。

（6）清孔达到标准后，应尽快转移钻机进行后道工序。

（四）钢筋笼吊装

（1）钢筋笼应按设计长度和吊笼机具的吊高，分段分节成型。一般第一节可做成 1.2～1.5 倍吊架高，以后各节应小于吊架高，一般为吊架高的 0.8 倍。

（2）钢筋笼节与节之间的连接应用电焊机在孔口对接完成。主筋接口应对齐，先点焊，后施焊，待焊口自然冷却后，方可吊入孔内；在冬雨季施工时，应采取相应的防护措施，确保焊接质量和自然冷却。

（3）钢筋笼吊装应进行强度计算，以防止变形；在吊装入孔时应防止碰撞护筒和损伤孔壁，并确保钢筋笼轴线与桩孔轴线重合。为此可在孔壁对称挂 4 根导向管或按设计要求设置混凝土垫块，钢筋笼应正直慢慢下落到设计规定位置，待灌注混凝土能确保钢筋位置时，再将导向钢管提出。

（五）水下灌注混凝土

1．施工配合比设计

（1）施工混凝土配合比按《普通混凝土配合比规程》并经实验确定。

（2）按施工配合比计算施工用料时，还应乘 1.2 的充容系数。现场应用时，如遇雨天，还应根据砂、石含水率进行砂、石、水的调整。

（3）坍落度为 16~20cm，碎石粒径不得大于 3cm。

（4）为了改善混凝土的流动性，减少或消除混凝土的离析，延长混凝土的初凝时间，防止堵塞导管等现象，在有条件时可在混凝土中加入缓凝型减水剂（木质素磺酸钙），也称木钙粉，其掺量≤0.25%，减水率 15%。这样可在水灰比不变的情况下节约水泥用量。

2. 压水冲灌

压水冲灌混凝土是水下灌混凝土的关键。一般采用隔水球法进行冲灌。隔水球参照图 ZY0200101003-5 制作。压水过程中混凝土浇灌不得中断，直到导管下端埋入混凝土1.0m 以上。压水冲灌成功的标志是导管内没有泥浆水。

压水冲灌所需最小混凝土量 Q 计算公式为

图 ZY0200101003-5 隔水球制作

$$Q=\frac{\pi}{4}D^2h\varphi+\frac{\pi}{4}d^2\frac{\gamma_1}{\gamma_2}H \qquad (ZY0200101003-1)$$

式中 D——桩径，m；

h——压水冲灌所必须的灌注深度，即埋管深度加导管端余量；

φ——充容系数，一般取 1.2；

d——导管内径，m；

γ_1——泥浆密度；

γ_2——冲灌混凝土密度；

H——孔内泥浆水深，一般取孔深值，m。

冲灌后应用测绳实测灌注深度 h，并计算相应埋管深度。分别为

$$h=H-H_0$$
$$h_1=H_1-H_0$$

式中 h——实测灌注深度，m；

H——压水冲灌前测量孔深，m；

H_0——压水冲灌后的测量孔深，m；

H_1——导管在孔中总长度，m；

h_1——埋管深度，m。

3. 灌注

压水冲灌成功后继续将混凝土从导管向孔内浇灌，随着混凝土的上升，应适当提升和拆卸导管。提管时，应保证导管始终埋入混凝土 1.0~1.5m，最多不超过 6m。在混凝土灌注过程中，还应设专人经常测量导管的埋深。

4. 桩径计算

每拆管一次应计算一次相应的桩径，其计算公式为

$$D=\sqrt{\frac{4(Q-Q_1)}{\pi h}} \qquad (ZY0200101003-2)$$

式中 D——桩径，m；

Q——该段浇灌混凝土量，m；

Q_1——导管内高出管外混凝土量，m；

h——孔内混凝土的上升高度，m。

5. 混凝土浇注高度

为保证桩顶的浇制质量，混凝土的浇注高度一般要超过设计标高 1.2m。当采用空压机清孔时，混

凝土的浇注高度可以减少至超过设计标高 0.6m 左右。一般在钢护筒还未拔出前，先用人工将混浆层挖出。如条件不许可，就应立即将钢护筒拔出，待开挖桩基上部基坑时，再将混浆层截除。

6. 水下灌注混凝土技术要求

（1）检查灌注工具应符合下列要求：

1）使用的隔水栓或隔水球应有良好的隔水性能，宜采用预制的砼球塞（砼标号 C25），并确保球塞在开灌时能顺利排出。

2）导管应采用直径为 200～250mm 的钢管制作，其直径偏差不应超过 2mm，内壁表面应光滑并有足够的强度和刚度，壁厚度不小于 3mm，导管的分节长度视工艺要求而定，底管长度不宜小于 4m，导管接头应密封良好不能渗水和便于拆装，宜用法兰或双螺纹方扣快速接头。导管使用前应试拼装，试水压。试水压力为 0.6～1.0Ma，导管提升时不得挂住钢筋笼，为此设置防护三角形加劲板或锥形法兰护罩。导管下部应焊设加强箍。

（2）灌注过程应遵照下列要求进行：

1）为使隔水栓能顺利排出，导管底部至孔底距离（沉渣面）宜为 300～500mm；桩直径小于 600mm 时可适当加大导管底部至孔底距离。当球塞排出后，不得将导管插入到孔底。

2）应有足够的混凝土储备量，压水过程混凝土浇注不得中断，使导管下端一次埋入混凝土面下 1m 以上，压水冲灌所需最小混凝土量应经计算确定。

（六）承台、横梁的浇制

（1）施工完毕的桩，需经中间验收合格后，才能进行承台和横梁施工。在施工时需按施工缝处理新旧混凝土接合面。当设计有要求时，按设计要求进行。当设计无要求时，应按 GB 50204—2002《混凝土结构工程施工质量验收规范》的规定执行。

（2）模板需有足够的强度、刚度和稳定性，不得产生变形；模板面应平整光滑、拼缝严密、不漏浆、支撑牢固。

（3）地脚螺栓要固定牢固，单腿尺寸误差和整基基础尺寸允许误差应满足 GB 50233—2005《110～500kV 架空送电线路施工及验收规范》规定。

（4）承台、横梁的浇制应连续浇筑，不应留施工缝。

（5）当基础承台较大时，经设计单位同意，可填充大卵石或块石，但应遵守下列规定：

1）充填卵石或块石的强度不能低于混凝土粗骨料的强度。

2）充填数量不得超过混凝土体积的 25%。

3）充填石料之间及石料与钢筋的距离不得小于 100mm。

（6）大型承台、横梁的浇制，应采取措施以防止因混凝土水化热产生温差裂缝。

（7）浇制完后的养护、拆模及继续养护应按 GB 50204—2002 的规定执行。

（8）混凝土试块制作，同一配合比每基不得少于一组；当单基混凝土量超过 100m³ 时，每个承台做一组；大型承台每班组做一组。所做试块的养护，需在相同条件下进行。

质量标准见模块 ZY0200101004。

五、注意事项

（1）桩基的轴线应从线路杆塔中心桩引出。在打桩地点附近设置水准点，其位置应不受打桩影响，数量不得少于 2 个。

（2）桩基的轴线位置与杆塔位中心桩之间的允许偏差，在桩基施工完后不得超过 30mm。

（3）桩基轴线的控制桩，应设在不受桩基施工影响的地点。施工过程中对桩基轴线应作系统检查，每根桩不得少于 2 次。控制桩应妥善加以保护，移动时，应先检查其正确性，并做好记录。

每根桩施工前，应检查样桩位置是否符合设计要求。

（4）桩基施工前应处理高空及地下障碍物，施工场地应平整。桩基移动范围内除应保证桩基垂直度的要求外，并应考虑地面的承载力，施工场地及周围应保持排水沟畅通。

（5）桩基施工前，必须具备下列资料：

1）施工区域内建筑物场地的工程地质勘察报告。

2）地基与基础的施工图纸，并应附有原有地下管线和其他障碍物的资料。

3）施工组织设计或施工方案。

4）必要的试验资料。

（6）在邻近原有建筑物或构筑物进行地基与基础工程施工时，应符合下列规定：

1）施工前必须了解邻近建筑物或构筑物的原有结构及基础等详细情况。

2）地基与基础施工，如影响邻近建筑物或构筑物的使用和安全时，会同有关单位采取有效措施处理。

【思考与练习】

1．灌注桩基础根据成孔方法的不同分为哪几种？桩基础施工流程包括哪两大部分？

2．桩基础施工中存在哪些危险点？控制措施有哪些？

3．冲击钻孔灌注桩，其施工流程如何？冲击钻成孔施工要注意哪些事项？

4．桩基地上部分施工流程如何？桩基础施工现场准备要做哪些准备？

5．泥浆护壁成孔灌注的护筒埋设应符合哪些规定？钢筋笼吊装应符合哪些规定？

6．冲击钻成孔多采用怎样清孔？旋转钻孔清孔怎样清孔？空压机清孔应按哪些规定进行？

模块4　桩基础施工质量检测及施工记录（ZY0200101004）

【模块描述】本模块包含桩基础施工质量检测、施工记录等。通过知识讲解，掌握桩基础施工质量要求及检测方法、施工记录的填写、评级及移交资料的准备。

【正文】

一、桩基础施工质量检测

（一）桩基础施工质量要求

1．桩基础施工原材料的质量要求

（1）水泥应有出厂合格证明书及化验报告，不同厂家、不同品种、不同强度等级的水泥按采购的批次、批量进行取样检验，各项化学指标应符合国家相关标准的规定。包装应完整，注明生产日期，封口紧密，无受潮、结块、硬化现象。水泥每200t为验收批量。因保管不善受潮结块时，必须进行标号试验，并在使用时将受潮结块剔出。在选择和使用时必须遵守下列规定：

1）不得将不同种类和不同标号的水泥混合存放。

2）不同种类和不同标号的水泥，不准在同一基础腿内使用。

3）水泥标号通过查看包装标志及合格证应符合混凝土配合比设计要求。水泥存放时间通过查看出厂日期应在三个月以内。

（2）砂必须颗粒坚硬、洁净，砂中的含泥量应≤5%，砂不宜混有草根、树叶、树枝、塑料品、煤块、炉渣等杂物。砂中若含有云母、轻物质、有机物、硫化物及硫酸盐等有害物质，其含量（按质量计）应≤2.0%；轻物质含量（按质量计）≤1.0%；硫化物及硫酸盐含量（折算成SO_3按质量计）≤1.0%；有机物含量（用比色法试验）颜色不应深于标准色，如深于标准色，则应按水泥胶砂强度试验方法，进行强度对比试验，抗压强度比不应低于0.95。选择货源后，应取样到有检验资格的单位检验合格后方可采用。

（3）石的强度、规格通过检查试验报告应符合JGJ 52—2006《普通混凝土用砂、石质量及检验方法标准（附条文说明）》规定。石的粒径：卵石不宜大于50mm，碎石不宜大于40mm，用于配筋桩的不宜大于30mm，且不大于钢筋间最小净距的3/4。骨料必须清洁，不允许有泥土，并用清水冲洗附着的外层。选择的石场货源应充足并取样到有检验资格的单位检验合格后方可采用，若改变货源，必须重新取样试验。

（4）混凝土浇制及养护用水应符合下列规定：

1）饮用水及清洁的河溪水可不用化验，只进行外观检查。水中不应含有油脂及影响水泥正常凝结与硬化的有害杂质或糖类。

2）污水和 pH 值少于 4 的酸性和含硫酸盐超过水重 1%的均不准使用。

3）选取的水源必要时应取样以专门试验室进行化验鉴定，合格后才能使用。

（5）用于工程的钢材，其钢种、规格应符合国家规定，且满足设计要求，表面不得有折叠、裂缝、刮痕、结疤、麻点、分层等缺陷。如无出厂证明时，应按设计要求的钢种进行下列试验。

1）机械强度试验：抗拉强度、屈服点、延伸率等。

2）化学分析：碳、硫、磷、锰、硅等的含量。

3）设计要求的其他试验。

2. 成孔质量及清孔要求

（1）为了保证成孔质量，防止扩大钻径，应使钻头旋转平稳，力求钻杆垂直无偏晃地钻进，即钻杆尽量在受拉状态下工作。在钻进过程中要随时掌握钻头所刮刻地层的性质、状态，选择不同的钻头采用正或反循环钻进成孔，并合理地控制好钻机转速、泵量、钻头压力及钻进速度。

1）不同地质的不同钻头：对黏土、粉土、强风化岩石采用刮刀钻头，对中粗砂砾采用焊齿钻头，对砾石、卵石、孤石采用滚刀钻头，对弱风化软质岩石采用牙轮钻头。

2）钻孔方法：对黏土、淤泥质土、强风化岩石等采用正循环钻进成孔，工效低；对中粗砂、砾石、卵石等地质条件采用反循环钻进成孔，工效高。在工程桩施工时为避免塌孔事件，桩施工时应远距离跳打。

3）钻进速度：

① 对于淤泥和黏土质，钻进速度不宜大于 1m/1min。

② 对于松砂岩层，钻进速度控制在 3m/h。

③ 对于卵石、砾石层，以中慢速钻进。

④ 对于风化岩或其他硬质土应以钻头不跳动为准。

（2）在钻进时，要保持桩孔内泥浆的比重为1.1~1.3，不同地层有不同的造浆性，因此应加强泥浆管理，勤清理循环系统，随时调节加入的泥浆比重，使孔内泥浆比重、浓度（含砂率）及胶体率（黏度）保持正常。

（3）当钻进中发现土层与设计地质资料出入较大时，应及时报告技术主管。

（4）若发现工作平台（基础垫木）下沉或倾斜应及时调整，增加支垫面积。

（5）泥浆泵放入泥浆池沉没的深度，应使液面平泵窗口一半即可。泵下端吸水口距泥浆池底不小于 400mm。

（6）钻进达到桩的设计深度时，桩队应先自行校正，然后与质检人员一起测量桩深，合格后才能停钻清孔。

（7）在一般地质条件下，旋转钻机清孔应优先采用反循环系统。只有在粉砂层和淤泥地质条件下，才采用正循环系统。采用正循环清孔一般需 2h 以上，采用反循环系统清孔，一般需 20min 左右。清孔用泥浆泵冲孔换浆，把孔底沉渣、碎石残块清除干净，同时降低桩孔泥浆比重，减少孔内泥浆的含砂量。清孔的要求，要使孔底沉渣的厚度不超过 200mm，清孔后泥浆的比重≤1.15，含砂率≤8%，黏度≤28s。清孔后须将钻杆稍稍提起使其空转，并启动泥浆循环系统，将孔内沉渣排出。清孔取样应选在孔底 500mm 以内的泥浆。

（8）清孔前如果停钻时间较长，应重新下钻头至桩的深度，慢速转动以搅松孔底沉渣，以利清孔。

（9）成孔的质量有四个指标（即钻孔中心偏差、钻孔直径、倾斜度和孔深），应达到要求。

3. 钢筋的加工焊接要求

（1）桩基工程焊接应由持证焊工施焊，所用焊条应符合 GB 50233—2005《110~500kV 架空送电线路施工及验收规范》的规定。焊条必须有出厂证明书，在使用前应做外观检查，选用的焊条应与被焊金属的强度性能相当；受潮的焊条必须经过处理，并经工艺性能试验，合格后方可使用。焊药剥落者不准使用。

（2）钢筋混凝土预制桩的钢骨架制作规定如下。

1）钢筋骨架的主筋连接宜采用电焊对焊，当采用搭接焊时，应确保接头上下主筋轴线在同一直线上。双面焊的搭接长度不小于 $5d$，单面焊的搭接长度不小于 $10d$，其中 d 为钢筋直径。

2）同一截面内主筋接头数量不得超过主筋根数 50%，同一钢筋两个接头的距离应大于 $30d$，最小不小于 500mm。主筋间距应均匀，间距误差不应超过 ±10mm。

（3）灌注桩钢筋骨架制作规定如下。

1）主筋接头用电焊，当采用搭接焊时，按上述（2）点 1）、2）要求执行。

2）钢筋笼制作的允许偏差应符合表 ZY0200101004-1 的规定。

表 ZY0200101004-1　　　　钢筋笼制作的允许偏差　　　　　　　　　　mm

项　次	项　　目	允许偏差	项　次	项　　目	允许偏差
1	主筋间距	±10	3	直　径	±10
2	箍筋间距	±20	4	长　度	+100

3）内、外箍采用闪光对接焊接，如采用双面搭接焊，搭接长度不小于 $6d$，焊缝厚度不小于 $0.4d$，宽度不小于 $0.8d$；桩主筋与内箍筋点焊成笼，外箍筋与主筋点焊成笼或绑扎。

4.浇筑要求

（1）坍落度。水下灌注的宜为 16~22cm；干作业成孔的宜为 8~10cm；套管成孔的宜为 6~8cm。

（2）灌注桩各工序应连续施工，且应遵守下列规定。

1）灌注桩的成孔深度需符合设计要求。以摩擦力为主的桩，沉碴厚度不得大于 300mm；以端承力为主的桩，沉碴厚度不得大于 100mm。

2）浇筑混凝土时，同一配合比的试块，每班不得少于 1 组，且每根不得少于 1 组。

3）灌注混凝土的实际浇制量不得小于计算体积，按体积换算的平均直径或直测桩径，不得小于设计桩径。

4）钢筋笼保护层厚度：水下灌注混凝土桩允许偏差 −20mm；非水下灌注混凝土桩的允许偏差 −10mm；灌注桩的平面位置及垂直度的允许偏差应符合表 ZY0200101004-2 的规定。

表 ZY0200101004-2　　　　灌注桩施工允许偏差

项　目	允　许　偏　差	
	1~2 根，单排桩基垂直于中心线和群桩基础的边桩	条形桩基沿顺中心方向和群基础的中间桩
灌注桩	1/6 桩径	1/4 桩径

5）室外日平均气温连续 5 天稳定，且低于 5℃时，灌注混凝土应按冬季施工有关规定采取保温措施。

（二）桩基础施工质量检测

1.桩基础施工质量检测要求

（1）桩基工程是高压架空送电线路工程中大型隐蔽工程，其质量检测与验收是全过程的，应在隐蔽前就开始进行。

（2）桩基础质量检测的另一个重要内容是：对施工过程中各工序工艺执行情况进行检查与监督，对施工过程出现过的异常情况进行分析其对质量的影响程度。

灌注桩成孔、清孔、冲灌是否严格按施工工艺标准实施；是否出现过斜孔、缩孔或坍孔现象；灌注混凝土各阶段计算直径是否均大于设计直径，混凝土灌注量是否大于计算体积。

（3）单腿及整基尺寸偏差和整基基础尺寸允许误差应满足 GB 50233—2005 的规定。全部试块强度不小于设计强度。

（4）施工中出现过施工工艺失误、出现过严重影响质量的异常现象或试块强度不符合设计要求、实际地质情况与设计严重不符，而对桩基工程质量或承载能力有疑问时，可采用荷载试验和用水电效应法等其他检测手段进行检查。其试验桩别、试验数量是由设计、施工及其他有关单位共同研究决定。当设计、建设和运行单位对施工质量检测有特殊要求时，应增加检测。

2. 桩基础施工质量检查方法及检测标准

（1）用钢尺测量并与设计图纸核对地脚螺栓、钢筋规格数量应符合设计要求，且制作工艺良好。

（2）检查试块试验报告，混凝土强度不小于设计值。

（3）清孔后用吊垂法测量桩深不小于设计值。

（4）测量实际灌注混凝土量，充盈系数≥1。

（5）用钢尺测量桩径，其偏差不超过设计值 –50mm。

（6）用经纬仪测量连梁（承台）标高，应符合设计要求。

（7）用超声波检测钢筋保护层厚度水下偏差不超过设计值 –20mm，非水下偏差不超过设计值 –10mm。

（8）用钢尺测量连梁（承台）断面尺寸偏差不超过设计标准的 –1%。

（9）用钢尺测量连梁（承台）保护层厚度偏差不超过设计值 –5mm。

（10）用经纬仪或钢尺测量整基基础中心位移横、竖线路偏差不超过 30mm。

（11）用经纬仪或钢尺测量整基基础扭转一般塔偏差不超过 10'，高塔偏差不超过 5'。

（12）用钢尺测量同组地脚螺栓中心对立柱中心偏移不超过 10mm。

（13）用经纬仪测量基础顶面间高差不超过 5mm。

（14）用钢尺测量基础根开及对角线螺栓式铁塔偏差不超过 ±2‰；插入式铁塔偏差不超过 ±1‰；高塔偏差不超过 ±0.7‰。

（15）外观观察混凝土表面应平整光滑，无缺陷。

二、施工记录填写及移交资料

1. 施工记录

施工记录应真实、齐全，填写应标准、正确。

2. 移交资料

（1）灌注桩验收，应移交下列资料。

1）混凝土材料检验或材料合格证。

2）灌注桩结构图。

3）钢筋隐蔽验收记录见表 ZY0200101004-3。

表 ZY0200101004-3　　　　　钢筋笼（加工及吊装）隐蔽验收记录表

工　　程＿＿＿＿＿＿＿＿　　　钢筋笼设计外径＿＿＿＿＿＿＿＿＿＿＿
桩　　号＿＿＿＿＿＿＿＿　　　钢筋设计长度＿＿＿＿＿＿＿＿＿＿＿＿
脚　　别＿＿＿＿＿＿＿＿　　　钢筋笼主筋设计规格＿＿＿＿＿＿＿＿＿

节序编号	成笼日期	节长（m）	主筋规格及数量（数量×直径×长度）	内钢箍规格及数量（个数×直径）	外箍规格数量（数量×直径）	吊装日期	桩端间距（m）	焊接长度（m）	备　注

记录：＿＿＿＿＿＿＿　　　　质检员：＿＿＿＿＿＿＿　　　　施工负责人：＿＿＿＿＿＿＿

注　1. 最下节为"1"。
　　2. 焊接长度系指塔部分，并需注明单面或双面施焊。
　　3. 端部间距距孔底用"+"表示，伸入台阶用"–"表示。

4）桩孔成孔记录见表 ZY0200101004-4。

表 ZY0200101004-4 　　　　　**泥浆护壁成孔灌注桩成孔记录**

施工单位＿＿＿＿＿＿＿＿＿　　　　工 程 名 称＿＿＿＿＿＿＿＿

施工班组＿＿＿＿＿＿＿＿＿　　　　气　　　　候＿＿＿＿＿＿＿＿

钻机类型＿＿＿＿＿＿＿＿＿　　　　设计桩顶标高＿＿＿＿＿＿＿＿

设计桩径＿＿＿＿＿＿＿＿＿　　　　自然地面标高＿＿＿＿＿＿＿＿

施工日期	班次	桩位编号	钻孔时间（min）	钻孔直径（cm）		护筒埋深（m）	孔底沉渣厚度（cm）	孔底标高	泥浆种类	泥浆指标			备注
				设计	实测					密度	黏度	含砂量	

工程负责人：＿＿＿＿＿＿＿　　　质检员：＿＿＿＿＿＿＿　　　记录：＿＿＿＿＿＿＿

5）混凝土灌注桩施工记录见表 ZY0200101004-5。

表 ZY0200101004-5 　　　　　　**混凝土灌注桩施工记录**

工　　　程＿＿＿＿＿＿＿　　　　设 计 孔 深＿＿＿＿＿＿＿

桩　　　号＿＿＿＿＿＿＿　　　　设 计 桩 径＿＿＿＿＿＿＿

施工日期＿＿＿＿＿＿＿　　　　灌注平均桩径＿＿＿＿＿＿＿

设计标号＿＿＿＿＿＿＿　　　　实 际 标 号＿＿＿＿＿＿＿

钻孔深度		清孔开始时间		清孔完成时间		清孔后坑深	
清孔管长		灌注管长		管端间距		开灌时间	
导管编号	灌注管长（e_0）	桩管长度（e_1）	空管长度（e_2）	剩余长度（H）	潜注深度（h）	末管深度（H_0）	埋管深度（h_1）	灌注混凝土量（Q）	灌注直径（D）	管内超管外混凝土（Q_1）

施工负责人：＿＿＿＿＿＿＿　　　质检员：＿＿＿＿＿＿＿　　　记录：＿＿＿＿＿＿＿

注　$h_1=H-H_0$ 或 $h_1=H_1-H_2$；$h=H_{01}-H_{02}$；$D=\sqrt{\dfrac{4(Q-Q_1)}{\pi h}}$；$Q_1=(H_0-e_2)d^2\pi/4$。

6）桩检测记录。

7）混凝土试块强度报告。

（2）桩基础工程验收，应移交下列资料。

1）工程地质勘测报告（地质竣工图）。

2）桩位测量放线图（施工测量记录）。

3）设置变更通知单。

4）桩基结构竣工图。

5）事故处理及遗留缺陷记录。

6）检查及评级记录见表 ZY0200101004-6。

表 ZY0200101004-6　　　　　　灌注桩基础检查及评级记录

桩　号			塔　号		基础型				桩孔号	
现场负责人					灌注日期	年　月　日　时止			浇制湿度	
技术负责人			成孔方式			年　月　日　时止				
钻孔直径	m		钻孔深度	m		孔底沉淀厚度			cm	
混凝土设计标号	级		材料用量（kg/m³）		水	水泥		砂子	石子	
水泥品种			砂子规格			石子粒径			cm	
坍落度	cm		试块强度	MPa		钢筋骨架长度			m	
钢筋骨架直径	m		箍筋间距	mm						
主筋规格、数量及间距										
扩筒顶标高	m		漏斗体积	m³		导管截面积			m²	
导管编组情况										m
封水方法					隔水栓前断拉线时下降深度				m	

灌注时间（h/min）	拆管次序	混凝土灌注量		孔内混凝土面标高（m）	折管长度（m）	埋管深度（m）	图例
		斗数	折算盘				

混凝土量	合计	m³					
备　注		此记录每次填写一份			评级		

施工负责人：＿＿＿＿＿＿＿　　　　　　　　　检查人：＿＿＿＿＿＿＿

【思考与练习】

1．桩基础施工质量要求有哪些？

2．桩基础施工质量检测应在什么时候进行？

3．灌注桩验收，应移交哪些资料？

4．桩基础工程验收，应移交哪些资料？

模块 5　掏挖型基础开挖（ZY0200101005）

【模块描述】本模块包含掏挖型基础施工的一般要求、施工基面的平整、全掏挖基础的开挖、半掏挖基础的开挖等。通过内容介绍、流程讲解，熟悉掏挖型基础施工的一般要求，掌握施工基面的平整、全掏挖基础及半掏挖基础的开挖方法。

【正文】

一、作业内容

掏挖型基础是指在杆塔基础施工时，保证紧贴基础周围的原状土全部或大部分不被破坏而成型的基础。

常见的掏挖型基础可分为以下两类。

（1）全掏挖型基础如图 ZY0200101005-1（a）、（b）和（c）所示。图 ZY0200101005-1（c）又称嵌固式基础。

（2）半掏挖型基础如图 ZY0200101005-1（d）所示。

图 ZY0200101005-1　掏挖型基础
（a）、（b）、（c）全掏挖型基础；（d）半掏挖型基础

二、危险点分析与控制措施

掏挖型基础开挖中存在的危险点有：

（1）土石回落坑内砸伤坑内工作人员。控制措施：

1）基坑施工的全过程必须设安全监护人。

2）挖坑时，应及时清除坑口附近浮土、石块，坑边禁止外人逗留，工作人员不得在坑内休息。

3）在超过 1.5m 深的坑内工作时，向外抛土石应防止土石回落坑内。

4）坑深超过 2m 时，应设爬梯，供施工人员上下用。

5）基坑施工人员一律戴安全帽。

6）在施工过程中，应随时注意土质条件有无变化、裂缝等异常现象。隔夜再重新开挖基坑之前，应检查坑壁有无变形、裂缝等异常现象，经确认安全无误后再继续掏挖。

7）基坑开挖后不能当天浇制混凝土时，坑口应设置防水土坎，高出地面 0.2m，且必须用防雨水用具覆盖，以防雨水流入，造成坍方。在易坍方的地区，如当天不能浇制混凝土时，应缓挖扩大头部分。

（2）挖破地下管线，造成触电。控制方法是进行土石方开挖前应调查清地下管线情况，防止损坏其他管线，造成人员触电伤害。

（3）挖坑工具伤人。控制措施：

1）距坑口边 1m 范围内不准堆土及工器具等，以防止土及工具掉落坑内伤人。

2）基坑内只允许一人挖掘。挖掘应采用特制的短把镐、铲或其他工具。挖掘工具用手或绳索传递，严禁抛掷。

（4）其他行人或动物掉入坑内受伤。控制措施：

1）在居民区和交通道路附近开挖基础，开挖现场白天应设醒目标志，夜间应挂红灯，并设坑盖。

2）城镇地区施工时必须设置安全围栏。

（5）有毒有害气体伤人。控制方法是在下水道、煤气管线、潮湿地、垃圾或有腐质物等附近挖坑，坑深超过 2m 时，应戴防毒面具，向坑中送风等。

（6）炸药、雷管运输不当，爆炸伤人。控制措施：

1）炸药、雷管应由专门人员押运。

2）炸药、雷管应分别运输、携带和存放，严禁和易燃物品放在一起，并设专人保管。

3）运输中雷管应有防震措施，如在车辆不足的情况下，允许同车携带少量炸药（不超过 20kg），携带雷管人员应坐在驾驶室内，车上炸药应有专人管理。

4）携带电雷管时，应将引线短路，电雷管与起爆器不得由同一人携带，雷雨天不应携带电雷管。

5）运送炸药时，不得使炸药、雷管受到强烈冲击挤压。

（7）炸药和雷管保管、使用不当，爆炸伤人。控制措施：

1）爆破工作必须由有爆破资质的人员担任。

2）爆破施工必须有专人指挥，设置警戒员，防止危险区内有人通行或逗留。

3）装填炸药时不得使炸药、雷管受到强烈冲击挤压。

4）雷管和导火索连接时，应使用专用的钳子夹雷管口，严禁碰雷汞部分和用牙咬雷管。

5）在强电场下严禁用电雷管。

6）使用电雷管时，起爆器由专人保管，电源由专人控制，闸刀箱应上锁；放爆前严禁将点火钥匙插入起爆器；引爆电雷管应使用绝缘良好的导线，其长度不得小于安全距离，电雷管接线前，其脚线必须短接。

7）使用的导火索要有足够的长度，点火后点火人员要迅速离开危险区；如需在坑内点火时，应事先考虑好点火人能迅速撤离坑内的措施。

8）遇有哑炮时，应等 20min 后再去处理，不得从炮眼中抽取雷管和炸药；重新打眼时深眼要离眼 0.6m，浅眼要离原眼 0.3～0.4m，并与原眼方向平行。

9）爆破时应考虑对周围建筑物、电力线、通信线等设施的影响，必要时应采取保护措施。

三、作业前准备

（1）查找基础施工图纸，弄清基础型式、基础埋深。

（2）根据杆塔基础坑中心桩进行基础分坑，找到基础坑开挖的位置。

（3）根据基础坑所在位置的土壤情况准备好相应的挖坑工具。如黏土、亚黏土、松砂石等地区应准备短把镐、铲或其他工具；岩石地区则要准备钻孔用的凿岩机或钢钎、铁锤、掏勺及砸药、雷管、导火索等。

四、操作步骤和质量标准

1. 施工基面的平整与降低

（1）当设计图纸有降低基面要求时，应在杆塔中心桩的前、后、左、右钉上副桩，以便施工基面平整和降低（简称平降基）后恢复中心桩。

（2）根据杆塔基础根开、基础底阶边宽、基础边坡最小距离及设计降低基面等尺寸，确定平降基边缘线。

（3）平降基一般采用人工开挖，当土方量较大或遇岩石时，应采用松动爆破法施工。应注意不因降基而将基坑四周土壤振松。

（4）为了保证接地装置施工质量，可在平降基的同时将弃土方向的接地沟挖至设计深度并埋好接地线，然后降基弃土，并注意接地线接头位置应设置标记。

（5）如果设计图纸有护面要求，则在施工降低基面时，应考虑护面厚度，以便清理基面浮土。

（6）平降基弃土应采取适当措施，以避免损害建筑物和占用农田。

（7）平降基完成后，应用经纬仪恢复杆塔位中心桩。

2. 全掏挖型基础的开挖

（1）根据确认的杆塔中心桩及基础尺寸，测量定出基础坑口开挖尺寸线。

（2）基坑施工分为开挖和清理两个步骤。基坑施工一般采用人工挖掘。

（3）基坑初挖时，宜比设计规定尺寸小 30～50mm，以便中间修整基坑。

（4）基坑开挖至接近设计深度时，再挖掘扩大头部分。在基坑底部钉立基坑中心桩，边挖边检查尺寸。各部分尺寸应预留 50mm 左右，待清理基坑时再修整。

（5）基坑清理应从上而下进行，严格按设计图纸的基础外形尺寸施工。

（6）基坑清理完毕后，应测量断面尺寸及坑深，并做好记录。整基基坑清理完毕后，应立即测量基础根开及对角线等项尺寸，其误差在确认符合 GB 50233—2005《110～500kV 架空送电线路施工及验收规范》的规定后，方可进行下一道工序施工。

（7）对于中等强风化或风化的Ⅲ、Ⅳ类岩石地区的掏挖型基础，可采用人工挖掘与放小炮开挖相结合的方法成型。

（8）岩石地区的掏挖型基础施工，除执行岩石基础开挖有关技术规定外，其基坑开挖应按如下步骤操作。

1）根据确认的杆塔中心桩及基础尺寸测量定出基础坑口开挖尺寸线。

2）按开挖尺寸线挖掘样洞，深度为 50～100mm。

3）经检查复核，确认样洞无误后，视岩石坚硬程度挖掘基坑护洞：较坚硬的岩石可放小炮，挖深 0.2～0.3m，注意装药量要适当，不要炸松洞壁；强风化的岩石，人工挖掘 0.3～0.5m 或者更深。

4）基坑开挖可采用松动爆破法。人工掏挖修整坑壁及坑底，岩碴应清除干净。

（9）在试验试点的基础上，积极推广光面微差爆破的先进施工工艺。

3．半掏挖型基础的开挖

（1）根据确认的杆塔中心桩、基础上阶边宽尺寸及设计要求的放坡系数，测量定出基础坑口开挖尺寸线。

（2）人工开挖基坑。当基坑挖至上阶顶面高度时，应竖直向下挖掘至设计深度，然后进行扩大头的掏挖。

（3）阶台部位及扩大头部位的开挖，宜预留 50mm 左右，以便清理基坑时修整。

（4）基坑开挖和清理，应同时遵守以下规定：

1）基坑初挖时，宜比设计规定尺寸小 30～50mm，以便中间修整基坑。

2）基坑开挖至接近设计深度时，再挖掘扩大头部分。在基坑底部钉立基坑中心桩，边挖边检查尺寸。各部分尺寸应预留 50mm 左右，待清理基坑时再修整。

3）基坑清理应从上而下进行，严格按设计图纸的基础外形尺寸施工。

4）基坑清理完毕后，应测量断面尺寸及坑深，并做好记录。

5）岩石地区的掏挖型基础施工，执行岩石基础开挖有关技术规定。

6）基坑开挖和清理过程中，还应执行掏挖型基础施工中安全措施的要求。

五、注意事项

（1）本模块适用于 110～500kV 高压架空电力线路的掏挖型基础。

（2）掏挖型基础必须按设计的基础图组织施工。当需要将其他基础形式改为掏挖型基础时，应经现场设计代表签证同意后，方准施工。

（3）掏挖型基础适用于地质条件为黏土、亚黏土（硬塑）、松砂石及不同风化程度的岩石。当地下水位高于坑底时，不宜用掏挖型基础。

（4）为了保证掏挖型基础尺寸准确，地表土及杂物必须清理干净，并平整。

（5）如遇基础尺寸有增大或超深时，其增大或超深部分应用混凝土填充，并保证钢筋笼在立柱中的尺寸准确。

（6）地质条件为岩石的掏挖型基础，除执行本规定外，还必须执行岩石基础开挖有关的技术规定。

（7）掏挖型基础的施工质量应符合 GB 50233—2005《110～500kV 架空送电线路施工及验收规范》的有关规定。

【思考与练习】

1．什么叫掏挖型基础？掏挖型基础有哪两种类型？

2．掏挖型基础坑开挖的一般规定有哪些？

3．全掏挖型基础坑开挖要注意哪些事项？

4．半掏挖型基础坑开挖要注意哪些事项？

模块 6 掏挖型基础浇制（ZY0200101006）

【模块描述】本模块包含掏挖型基础施工混凝土的浇制、安全预控措施等。通过内容介绍，掌握掏挖型基础浇制施工方法。

【正文】

一、作业内容

（1）掏挖型基础施工适用于地质条件为黏土、亚黏土、松砂石及不同风化程度的岩石。当地下水位高于坑底时，不宜用掏挖型基础。

（2）钢筋的加工绑扎、模板的组装。

（3）混凝土的搅拌、浇灌与振捣。

（4）基础的养护与拆模。

二、危险点分析与控制措施

掏挖型基础浇制时存在的危险点与现浇混凝土基础施工时存在的危险点相类似，主要有：

（1）支模过程中因模板倒塌或跌落将工作人员砸伤，控制措施是：模板应连接牢固、可靠，防止倾覆。

（2）混凝土浇注过程中砸伤、碰伤、触电，控制措施有：

1）检查搅拌机料斗挂钩情况时，料斗下方不得有人。

2）搅拌机必须装设支架，不能以轮胎代替支架；搅拌机运转时，严禁将工具伸入滚筒内扒料；清洗搅拌机时，人身体不得进入滚筒内。

3）搅拌机应可靠接地。

4）搭设的下料平台应牢固可靠。

5）坑边不准堆放工具和材料，并经常检查坑边有无裂缝。

6）用手推车向坑内倾倒混凝土时，倒料平台口应有挡车设施，倒料时不得将手推车撒把。

7）操作电动振捣棒的人员应戴绝缘手套；坑下人员应戴安全帽。

三、作业前准备

1．技术准备

技术准备包括以下方面。

（1）技术资料：技术资料包括杆塔明细表、基础型式配制表、基础施工图、基础施工手册。

（2）对施工人员进行技术交底。内容有基础的型式、尺寸、施工方法、安全措施、质量要求等。

2．工具器的准备

掏挖型基础浇制需用到的工具器有混凝土搅拌用的工具（如小型搅拌机或钢板、铁锹等）、钢筋加工机器（包括拉、弯、割）、插入式振捣器、磅秤、坍落度筒、试块盒、测量工具（如经纬仪、垂球、钢尺）及模板等。

3．材料准备

掏挖型基础浇制所用到的材料与现浇混凝土基础相同。

四、作业步骤与质量标准

（1）配置钢筋骨架。针对掏挖型基础型式、特点配置钢筋骨架并进行焊接或绑扎。

（2）安装主柱模板。全掏挖型基础浇制前，应在地面以上部分安装主柱模板。半掏挖型基础也应安装主柱模板，其方法执行模板安装的有关规定。

（3）混凝土的搅拌、浇灌与振捣。

1）混凝土的搅拌。掏挖型基础混凝土用量较少，现场宜采用机械搅拌，也可用人工搅拌。当采用人工搅拌混凝土料时，应严格执行"三干四湿"的搅拌方法，确保混凝土配料拌和均匀。其中，三干四湿是指水泥和砂子先干拌 2 次，加入石料后干拌 1 次，加水后湿拌 4 次。

2）混凝土的浇灌与振捣。混凝土浇制前应复查基础根开、对角线、地脚螺栓根开及地脚螺栓中心偏移等尺寸符合要求后，方可浇制混凝土。

为保证掏挖型基础扩大头部位的混凝土容易捣固密实，可将其混凝土坍落度适当选大一级，机械振捣选用 5～7cm。为满足混凝土和易性要求，可适当调整含砂量或增减水泥浆量，保持水灰比不变。浇制混凝土的振捣管理，具体措施如下。

① 使用插入式振捣器振捣，以提高混凝土的强度和密度性。振捣器应由有经验的技工人员操作，

并设专人监督检查。

② 使用插入式振捣器的振捣方法有两种：一种是垂直振捣，另一种是斜向振捣。使用时要快插慢拔，插点要均匀排列、逐点移动、顺序进行，不得遗漏，达到均匀振实。

③ 振捣器插点移动间距，应不大于振捣棒作用半径（一般半径为 300～400mm）的 1.5 倍。

④ 振捣上一层，振捣器应插入下一层 30～50mm，以消除层间的接缝。

⑤ 振捣器的振捣深度，一般不应超过振捣器长度的 1.25 倍和振捣棒的上盖接头处。

⑥ 振捣器在每一位置上的振捣延续时间，以混凝土表面呈水平并出现水泥浆和不再出现气泡、不再显著沉落为宜。振捣时间一般为 20～30s。

⑦ 用手持捣件分层插捣时，应由高处向低处插捣、均匀布点、顺序进行，直到出现水泥浆为止。

（4）混凝土基础的养护管理及拆模。

1）基础浇制完后，应将露出基础的地脚螺栓表面上的砂浆等杂物清除干净，并涂黄油保护。

2）及时将基础顶面用砂浆抹面：直线塔四个基础顶抹成平面；转角及终端塔应根据设计提出预偏要求，抹成斜面。

3）加强混凝土基础的养护管理。注意保护基础周边使其湿润。养护时间执行钢筋混凝土基础施工中的有关技术规定。

4）基础养护到规定的强度时即可拆模。

混凝土基础浇筑的质量检查（包括坍落度、配合比和强度等）按现浇钢筋混凝土基础施工中的有关规定执行。

五、注意事项

（1）为保证掏挖基础的浇制质量，粗骨料宜用 0.5～4cm 的连续级配骨料，也可用 85% 的 2～4cm 石子掺 15% 的 0.5～1cm 石子混合使用。

（2）混凝土的强度等级应按设计图纸规定执行。

（3）在基础养护到期后，应填写养护记录。

（4）基础拆模后，应立即对整基基础根开、对角线及地脚螺栓根开、对角线等尺寸进行复检，在符合规范要求后填写施工技术记录。

【思考与练习】

1．为保证掏挖基础的浇制质量，粗骨料宜选用什么样的骨料？

2．为保证掏挖型基础扩大头部位的混凝土容易捣固密实，混凝土坍落度怎样选择？

3．什么叫"三干四湿"的搅拌方法？

4．为加强浇制混凝土的振捣管理，具体措施有哪些？

5．掏挖型基础施工中存在哪些危险点？

模块 7 岩石基础施工（ZY0200101007）

【模块描述】本模块包含岩石基础施工的一般规定、岩石基础的强度和构造要求、施工基面的清理和分坑定位、岩石孔的开挖、砂浆和混凝土的浇灌与养护等内容。通过内容介绍、流程讲解，了解岩石基础的强度和构造要求，掌握岩石基础施工的一般规定和施工工艺。

【正文】

一、作业内容

（1）岩石基础是通过水泥砂浆或混凝土在岩孔内胶结，使锚筋与岩体结成整体以承受杆塔传来外力的基础。

（2）岩石基础具有如下优点：

1）土石方开挖量小，不存在基础施工回填的工作量。

2）基础浇制的混凝土量小，节约钢筋、水泥等原材料；减少了人力运输工作量。

3）抗上拔、下压力高，安全可靠。

4）不需要加工和安装模板（除承台外），施工方便、周期短，具有一定的经济效益。

（3）岩石基础常用形式有直锚式、承台式、嵌固式、掏挖式，另外还有拉线岩石基础。

1）直锚式岩石基础（如图 ZY0200101007-1 所示），一般用于裸露或覆盖层薄的 I 类，即未风化或微风化的硬质岩石中。它是将铁塔地脚螺栓直接锚入用钻机钻成的岩石孔内，顶部浇以不小于塔脚底板尺寸的混凝土承台，其厚度应满足设计要求。

2）承台式岩石基础（如图 ZY0200101007-2 所示），一般用于覆盖层稍厚的轻风化或中等风化的 Ⅱ、Ⅲ类岩石中。它是将群锚型锚筋锚固在下部基岩中，作为基础底盘，基础的立柱地脚螺栓则安装浇制在承台中；锚桩用砂浆或细石混凝土锚固，承台用钢筋混凝土浇成。

图 ZY0200101007-1   直锚式岩石基础   图 ZY0200101007-2   承台式岩石基础

3）嵌固式和掏挖式岩石基础（如图 ZY0200101007-3、图 ZY0200101007-4 所示），一般用于中等风化或强风化的Ⅲ、Ⅳ类岩石地区。它是采用人工开挖或放小炮开挖成型，安装地脚螺栓和钢筋后进行浇制。

4）拉线岩石基础（如图 ZY0200101007-5 所示），一般用于微风化或中风化的岩石处。它是将拉线棒用水泥砂浆或细石混凝土直接锚在拉线棒岩孔内。

图 ZY0200101007-3   嵌固式岩石基础   图 ZY0200101007-4   嵌固式岩石基础   图 ZY0200101007-5   拉线式岩石基础

二、危险点分析与控制措施

岩石基础施工存在的危险点有：

（1）因工具、机械使用不当造成粉尘伤人、风压伤人、机械伤人。

控制措施：

1）钻机和空压机操作人员与作业负责人之间应保持通信畅通。

2）钻孔前应对设备全面检查，进出风管不得绞结，连接良好，注油器及各部螺栓坚固可靠。

3）采用钻架钻空时，钻架必须可靠固定，防止坍塌。

4）钻机工作中发生冲击声或机械运转异常时，必须立即停机检查。

5）装拆钻杆时，操作人员站立的位置应避开风马达回转机和滑轮箱。

6）风管控制阀操作架应加装挡风护板，并应设置在上风向。

7）吹气清洗风管时，风管端口严禁对人。

（2）砸药爆砸伤人、误爆伤人。控制措施同桩基础开挖。

三、作业前准备

（1）工具、材料的准备：准备合格的钻孔机、铁锤、钢钎、掏勺、搅拌混凝土的锹、拌板、捣固工具等；准备好符合要求的混凝土材料、符合设计规定的钢筋。

（2）根据设计规定查找岩石基础构造要求。岩石基础构造上的要求如下：

1）锚筋直径不得小于 16mm，根部必须设有可靠的锚固措施，一般采用绑条式、锚板式、焊螺帽式和弯钩式加固端头，如图 ZY0200101007-6 所示。

图 ZY0200101007-6　钢筋根部加固形式

（a）焊螺帽式；（b）弯钩式；（c）绑条式；（d）锚板式

2）直锚式和承台式岩石基础的底脚螺栓和锚筋，在基岩中的锚固深度 h 值应符合下列要求：

① 对Ⅰ、Ⅱ类轻微风化岩石：$h \geqslant 25d$；

② 对Ⅲ类中等风化岩石：$h \geqslant 35d$；

③ 对Ⅳ类强风化岩石：$h \geqslant 45d$；

其中，d 为地脚螺栓或锚筋的直径。

3）锚孔直径 D，一般取用（$2 \sim 3$）d，对软质岩石钻孔不宜小于 $d + 50mm$。

4）群锚桩的间距，要求Ⅰ类岩石处不小于 $4D$，Ⅱ、Ⅲ类岩石中不小于 $6D$，最小孔距不应小于 160mm，其中，D 为锚孔直径。

5）岩石基础填充的水泥砂浆或混凝土强度等级应符合规定。

四、操作步骤与质量标准

1. 清理施工基面、分坑定位

（1）根据复测后的杆塔中心桩，定出各基础的位置，按设计要求，开挖和清理施工基面。清理的范围应比基坑坑口或锚筋孔边各放出 0.5m。当覆盖层较厚时，为了防止坍塌，应放出坡度以保证安全。

（2）清理施工基面过程中，应尽量保护好杆塔中心桩使其不移动。如要清理掉或可以移动时，则应在其四周适当位置打上控制桩，以便在清理施工基面后恢复桩位。

（3）清理后的施工基面应使岩石暴露出来，并尽量开挖平整。若岩石不易铲平，地面标高的差别可以在浇制承台或防风化层时操平。

（4）清理施工基面过程中，如需爆破，应用小炮，以保证岩石地基的整体性和稳定性。

（5）各种岩石基础的分坑定位方法如下。

1）直锚式岩石基础。先测量分出各个腿的中心位置，并打上标记；再根据地脚螺栓根开定出每个腿地脚螺栓的中心位置，并做好标记。

2）承台式岩石基础。先根据分坑尺寸分出各个坑的中心位置和坑口位置；然后在承台坑开凿完成后，再根据锚筋的分布情况，定出锚筋孔的中心位置。

3）嵌固式和掏挖式岩石基础。按分坑尺寸定出各个坑的中心位置和坑口位置，并做好标记。

（6）分坑时如发现坑口或岩孔位于岩石裂隙处，应停止开凿，及时与设计单位联系，研究处理措施。

2. 岩石基础坑开挖

开挖应逐基核查岩石地基的表面覆盖层厚度和岩体的稳定性、坚固性、风化程度、层理和裂隙情况。当发现与设计不符合时，可根据本节的要求进行验算，并会同设计单位及时采取措施，因地制宜地做好修改方案，一般常有下列几种。

（1）将直锚式改为嵌固式。

（2）增加锚筋根数，或增大孔径和锚筋直径。

（3）各塔腿处岩石表面标高不同时，可调整承台高度，如图 ZY0200101007-7 所示。

图 ZY0200101007-7　岩石表面标高不同时承台高度调整图

（4）当基岩覆盖层较厚，覆盖土已能满足基础抗拔和抗压要求时，则可不用岩石基础或按图 ZY0200101007-8 所示进行开挖处理。

图 ZY0200101007-8　基岩覆盖土时岩石基础坑开挖处理

3. 岩石坑孔的开凿

（1）岩石坑的开凿。

1）嵌固式和掏挖式岩石基础一般用在风化较严重的岩石上，基坑一般采用人工开挖，如果需用爆破，宜采用松动爆破。爆破不应破坏岩石坑壁的完整性和基岩的稳定性。

2）岩石基坑开挖爆破前，可进行松动爆破漏斗试验。松动爆破指数。一般取 0.8，松动爆破漏斗半径尺可按式（ZY0200101007-1）计算，松动爆破按最小抵抗线长度凿出炮孔，最小抵抗线长度按式（ZY0200101007-2）计算。炮孔可装入 0.2kg 的炸药，再按爆出的漏斗半径修正装药量，由式（ZY0200101007-3）计算单位用药量

$$R = R_1 - 0.1 \qquad \text{(ZY0200101007-1)}$$

$$W = R/n \qquad \text{(ZY0200101007-2)}$$

$$Q = E\,(0.4 + 0.6n^3)\,W^3 \qquad \text{(ZY0200101007-3)}$$

式中　R ——爆破漏斗半径，m；

R_1 ——岩石基坑半径，m；

W ——最小抵抗线长度，m；

n ——爆破指数；

Q ——炸药量，kg；

E ——单位用药系数，kg/m³。

松动爆破漏斗示意图如图 ZY0200101007-9 所示。

3）在风化比较轻的岩石地区，当采用爆破开挖基坑时，可在基础中心打一个主炮孔，再在基础坑内圈打一些防振孔，以控制放炮时坑壁的振裂破坏范围，保证基础岩石的整体稳定性。主炮孔直径一般取 $\phi 30 \sim \phi 36mm$，深度为 0.5～1.0m；防振孔一般为 10～14 个，直径可以与主炮孔相同，深度控制在 0.5m 左右。其示意图如图 ZY0200101007-10 所示。

图 ZY0200101007-9 松动爆破漏斗　　　　　图 ZY0200101007-10 主炮眼与防振孔

4）用于岩石爆破的岩石钻孔，其成孔直径较小，一般采用人工打孔或内燃凿岩机钻孔。用内燃凿岩机钻孔时应注意以下几方面。

① 凿岩机启动后，应让机器先空转 1min 左右，使机体温度稍为升高，再开始钻孔。

② 钻孔时，应使钎子竖直对准炮眼中心，双手应紧握凿岩机把手，适当加些压力，使机器不至在钎尾上跳动。另外，不得用人身压机器，以免断钎时发生人身事故。

③ 开始钻孔时用短钻杆，炮眼较深时再换长钻杆，并钻成口大底小的眼孔，以免卡钎。

④ 操作时，必须戴好风镜、口罩和安全帽，并应随时注意机器运转情况，一旦发现不正常现象，应立即停止运转和进行检修。

5）岩石坑的开挖要保证设计的锥度，不得开凿成上大下小或鼓肚形。石坑不应产生负误差。开凿成形后，应将坑内浮土及坑壁上松散的石块清除干净。

（2）岩石锚桩钻孔。

1）用于岩石基础锚固地脚螺栓和钢筋的锚桩岩石钻孔，直径较大，一般为 $\phi 60 \sim \phi 120mm$，深度可达 2m 或更深，一般采用专用钻机钻孔。钻孔时要及时排出岩粉，以免钻头难以拔出。

2）对锚桩钻孔的要求如下。

① 孔位正确。施钻前要准确测定孔位，可用 10mm 厚钢板制成模板固定在地面上，施钻时从模板孔中钻进。

② 成孔倾斜度不得超过 2%。在钻机就位后，必须将底座调平、垫稳，以防止钻孔时钻机因振动而倾斜。

③ 成孔深度不小于设计值。

④ 成孔直径不得产生负误差，正误差为 +20mm。

3）岩石基础锚孔钻成后，要进行清孔。孔中的石粉、浮土及孔壁上的松石必须清除，要用清水将孔清洗干净，并用泡沫将水吸干。如果清孔后，暂不安装、浇制，则应盖好孔口，以防止风化或杂物进入孔中。

4. 砂浆和混凝土的浇注与养护

（1）锚筋和地脚螺栓的安装。

1）锚筋和地脚螺栓安装前，应将锚孔和岩坑清理干净，超深部分要用细石混凝土充填。锚筋和地脚螺栓上的浮锈要清除掉。对易风化岩石，从开孔到浇注的间歇时间应尽量缩短。

2）地脚螺栓安装时，必须找正，其根开距离、外露部分长度应符合设计要求。

3）锚筋和地脚螺栓在锚孔中的位置要求居中，埋入深度不得小于设计值，钢筋保护层的厚度应符合设计要求，安装后要有临时固定措施，以防止松动。

4）对于承台式岩石基础，要先将锚筋安装入锚孔后，再绑扎承台钢筋，使其成为一体，承台钢筋与锚筋交叉点要用细铁线绑扎。

5）对于拉线岩石基础，要先将拉线棒放入坑内，使其下端固定在锚坑中心，然后找正拉线棒地面出土处的位置。

（2）砂浆和混凝土的浇注与养护。

1）岩石基础浇注用的砂浆和混凝土的强度等级按设计要求执行，一般直锚式和承台式锚桩填充用的水泥砂浆或细石混凝土强度等级不得小于 C20 级；嵌固式和掏挖式锚桩的混凝土强度等级不得小于 C15 级。

2）锚孔浇注前，要将锚孔岩石壁用水湿润，以保证砂浆（或细石混凝土）与坑壁的黏结力。

3）水泥砂浆的水灰比应由试验确定，一般可以控制在 0.4～0.5。水泥与砂的比例范围可采用 1:1～1:1.5，砂浆稠度取 3～7cm，水泥标号不应低于 525 号。

4）拌制砂浆和混凝土时，原材料要过秤，要严格控制水灰比和坍落度，搅拌宜采用机械搅拌。采用减水剂时用量应控制好。

5）灌注时要分层捣固密实，一次不应浇灌得太多，以防石子卡住形成空隙。岩孔内的浇注量不得少于设计规定值。捣固时要防止锚筋或地脚螺栓位置移动。

6）对于承台式岩石基础、锚筋和承台的浇注可以分别进行，也可以一次连续浇注完成。采用一次浇注完成时，应先支模板，安装好承台钢筋和地脚螺栓，再进行锚孔灌浆，最后浇注承台。承台浇制应在锚桩浇注的初凝时间内进行。

为了保证承台与岩石黏结牢固，承台下部岩石面应打毛，应用钢刷或扫帚清扫，并用清水冲洗，坑内积水应排净。

7）掏挖式岩石基础混凝土浇制参照模块 2 的技术规定执行。

8）对浇制的砂浆和混凝土的强度检查，应以同条件养护的试块为依据，试块制作数量为每基每种标号各一组。

9）水泥砂浆和混凝土浇制完毕，应做好养护工作，基础顶面要覆盖草袋或其他遮盖物，定时浇水保护湿润，养护时间不得少于五昼夜。冬季施工养护要采取相应的保温养护措施，如采用暖棚法、蓄热法养护，可以加入早强剂、减水剂，以减小水灰比，加强振动捣固，加速混凝土硬化。

10）基础浇制完成后，应再对每个塔腿的尺寸和整基基础的尺寸进行检查，其尺寸允许误差应符合 GB 50233—2005《110～500kV 架空送电线路施工及验收规范》中的要求，并做好施工技术记录。

（3）防风化处理。

1）为了防止岩石基面继续风化，保证岩石基础稳定可靠，应按设计要求对基础周围表面进行防风化处理。通常的办法是，在基础周围岩面上浇一层混凝土保护层。设计无明确要求时，要求保护层范围不得小于 1.2 倍坑（孔）深，厚度不小于 25mm，如图 ZY0200101007-11 所示。

2）防风化保护层一般采用细石素混凝土进行浇制，强度等级按设计要求执行。

3）浇层防风化层前，应将岩石基面打毛并用清水清洗干净，以保证混凝土的粘结强度。

4）防风化层浇制完成后，要认真进行养护，以防止层薄干裂。

图 ZY0200101007-11　岩石基础防风化

五、注意事项

（1）各类岩石基础施工的基本程序如下。

1）直锚式岩石基础。清理施工基面、分坑、浇灌水泥砂浆（或细石混凝土）、浇制小承台、养护、拆模。

2）承台式岩石基础。清理施工基面、分坑、打锚筋孔、安装锚筋、浇灌锚孔水泥砂浆（或细石混凝土），待达到设计强度的 70%后，绑扎承台钢筋，安装承台模板和地脚螺栓，浇制承台混凝土，养护、拆模、回填土，亦可一次浇注完成。

3）嵌固式和掏挖式岩石基础及拉线岩石基础。清理施工基面、分坑、挖凿坑孔、安装地脚螺栓和钢筋或拉线棒、浇灌混凝土养护。

（2）岩石基础应按设计要求施工。基础施工开挖后，应逐基核查岩石地基的表面覆盖层厚度和岩体的稳定性、坚固性、风化程度、层理和裂隙情况。

（3）铁塔基础边坡距离的控制是保证塔位稳定性的重要因素，应按设计要求予以保证。当塔位临近悬崖陡壁时，若设计无明确规定，则对边坡的最小距离可参考表 ZY0200101007-1 的要求予以控制。

表 ZY0200101007-1　　　　基础边坡最小距离要求（坑、孔深的倍数）

边坡地形	直锚和承台式		嵌固式和掏挖式	
	岩石坚固完整	岩石风化破碎	岩石坚固完整	岩石风化破碎
一面临空	1.5	2.0	2.5	3.0
二面临空	2.0	2.5	3.0	3.5
三面临空	2.5	3.0	3.5	4.0

注　表中的数值，系从单腿基础中心算起。

（4）岩石基础施工开挖、爆破、下钢筋笼及浇制过程均应确保安全，其具体措施应按有关安全规程和规定执行。

【思考与练习】

1．岩石基础具有哪些优点？岩石基础常用的型式有哪些？各类岩石基础适用于哪些场所？

2．直锚式岩石基础的施工程序如何？承台式岩石基础的施工程序如何？嵌固式和掏挖式岩石基础及拉线岩石基础的施工程序如何？

3．岩石基础构造上的要求有哪些？

4．用内燃凿岩机钻孔时应注意哪些事项？岩石锚桩钻孔有哪些要求？锚筋和地脚螺栓的安装应注意哪些事项？

5．直锚式岩石基础如何分坑定位？承台式岩石基础如何分坑定位？嵌固式和掏挖式岩石基础如何分坑定位？

6．砂浆和混凝土的浇注与养护有哪些规定？

模块 8　岩石基础强度试验方法（ZY0200101008）

【模块描述】本模块包含岩石基础强度试验一般方法、加荷试验、破坏型式等。通过内容介绍，掌握岩石基础强度试验方法。

【正文】

一、岩石基础强度试验一般方法

岩石基础强度主要是看它的上拔力是否足够，故对岩石基础强度试验一般做上拔力强度试验。试验的方法步骤是：

1．现场布置试验的仪器、设备

上拔试验布置图如图 ZY0200101008-1 所示。在基础的两端对称地布置油压千斤顶顶升装置，油压千斤顶间距 7～8m，在油压千斤顶上装有油压表，通过油压表可将油压换算为顶升力。再在油压千斤顶上安放加荷钢梁，钢梁中间采用钢丝绳或连接杆与地脚螺栓连接，这样能使地脚螺栓在加荷载时受力。然后，在地脚螺栓顶部和紧靠基础的岩面上装上 4 个百分表测量地脚螺栓和基础两侧岩面在各个加荷阶段的变形情况。

图 ZY0200101008-1 岩石基础上拔试验布置图

2. 岩石基础加荷试验

试验加荷时，从 40%荷载开始加荷，每级荷载加大 10%，采取每间隔 5～10min 加荷一次，观测基础变形情况。以最大设计上拔力为 100%，验收性试验加大到 100%为止，测出岩石基础的上拔强度；破坏性试验加到 100%以后，每次增加 20%的荷载，直至破坏，测出岩石基础的破坏强度。

二、岩石基础破坏型式

试验中岩石基础破坏一般有以下 5 种型式。如图 ZY0200101008-2 所示。

（1）锚筋或地脚螺栓被拉断。原因是上拔力超过了锚筋或地脚螺栓的抗拉强度，破坏的外形如图 ZY0200101008-2（a）所示。

（2）锚筋被拔起。原因是上拔力超过了锚筋与砂浆（或混凝土）的黏着力，破坏的外形如图 ZY0200101008-2（b）所示。

（3）锚筋连同砂浆（混凝土）一起被拔起。原因是上拔力超过了砂浆（混凝土）与岩孔壁的黏着力，出现的现象，如图 ZY0200101008-2（c）所示。

（4）地面隆起，剖面上出现反喇叭形破裂。原因是上拔力超过了岩体的强度，岩面出现以孔为中心的同心圆状裂隙，出现的现象如图 ZY0200101008-2（d）所示。

（5）岩体被抬起。原因是上拔力超过岩体中先成的结构面（层面、裂隙、节理等）所围起来的结构体质量及相邻岩块对它的阻力，从而产生岩体被抬起，外形如图 ZY0200101008-2（e）所示。

图 ZY0200101008-2（a）、（b）、（c）三种破坏可以人为地提高其强度从而满足设计要求，而图 ZY0200101008-2（d）、（e）两种破坏则很大程度上受岩石强度和其完整性来控制，因此岩体抗拔力是岩石基础设计的关键。

图 ZY0200101008-2 试验中岩石基础破坏的五种型式
（a）锚筋或地脚螺栓被拉断；（b）锚筋被拔起；（c）锚筋连同砂浆一起被拔起；
（d）地面隆起，剖面上出现反喇叭形破裂；（e）岩体被抬起

【思考与练习】

1．怎样检验岩石基础上拔强度？
2．怎样对岩石基础做加荷试验？
3．岩石基础的破坏型式有哪几种？

模块 9　岩石爆破法（ZY0200101009）

【模块描述】本模块包含岩石爆破的基本规定、爆破材料、爆破药包的计算、爆破方法等。通过内容介绍、流程讲解，掌握岩石爆破的工艺标准和质量要求。

【正文】

一、作业内容

（1）普通爆破法。该爆破方法是当炸药引爆后转化为大量的气体膨胀，在瞬间（$10^{-5} \sim 10^{-6}$s）产生几千至几万 MPa 压力和 $2000 \sim 5000$℃ 高温，致使周围介质遭受强烈的破坏。破碎特点是高压、瞬时，有震动、噪声、飞石、瓦斯。炸药爆破是化学爆炸。

（2）微差爆破法。此爆破法是在普通爆破法基础上发展起来的，当炸药引爆后转化为气体膨胀，在 $0.1 \sim 1$s）产生几百 MPa 压力和 $3000 \sim 5000$℃ 高温。破碎特点是高压、瞬时，有震动、噪声、飞石较少。炸药爆破是气体膨胀。

（3）静态破碎法。静态破碎是采用一种无声破碎剂的固体膨胀原理进行开裂型破碎方法的爆破。它是将 SCA 用水拌成浆体，填在岩石或混凝土钻孔中，经水化作用后，在常温下产生约 30Mpa 以上的膨胀压，待 $10 \sim 24$h，便在无震动、无噪声、无飞石、无毒气的情况下，把整体岩石或混凝土破碎。破碎特点是低压、慢加载（速度是 $104 \sim 105$m/s）全无公害。炸药爆破是固体膨胀。

二、危险点分析与控制措施

岩石爆破存在的危险点有以下三个方面。

（1）爆破器材运输危险点：炸药、雷管运输不当，爆炸伤人。

控制措施：

1）炸药、雷管应由专门人员押运。
2）炸药、雷管应分别运输、携带和存放，严禁和易燃物品放在一起，并有专人保管。
3）运输中雷管应有防震措施，如在车辆不足的情况下，允许同车携带少量炸药（不超过 20kg），携带雷管人员应坐在驾驶室内，车上炸药应有专人管理。
4）携带电雷管时，应将引线短路，电雷管与起爆器不得由同一人携带，雷雨天不应携带电雷管。
5）运送炸药时，不得使炸药、雷管受到强烈冲击挤压。

（2）打孔危险点：工具使用不当，造成人身误伤。

控制措施：

1）钢钎打孔时，应检查锤把与锤头固定是否可靠；打锤人严禁站在扶钎人侧面，并不得戴手套；扶钎人应戴好安全帽。
2）风（电）钻打孔时，操作人员应佩带护目眼睛，带耳塞，操作人员应站在上风侧，且不得触及钻杆。

（3）爆破施工危险点：炸药和雷管保管、使用不当，爆炸伤人。

控制措施：

1）爆破工作必须由有爆破资质的人员担任。
2）爆破施工必须有专人指挥，设置警戒员，防止危险区内有人通行或逗留。
3）装填炸药时不得使炸药、雷管受到强烈冲击挤压。
4）雷管和导火索连接时，应使用专用的钳子夹雷管口，严禁碰雷汞部分和用牙咬雷管。
5）在强电场下严禁用电雷管。
6）使用电雷管时，起爆器由专人保管，电源由专人控制，闸刀箱应上锁；放爆前严禁将点火钥匙插入起爆器；引爆电雷管应使用绝缘良好的导线，其长度不得小于安全距离，电雷管接线前，其脚线必须短接。

7）使用的导火索要有足够的长度，点火后点火人员要迅速离开危险区；如需在坑内点火时，应事先考虑好点火人能迅速撤离坑内的措施。

8）遇有哑炮时，应等 20min 后再去处理，不得从炮眼中抽取雷管和炸药；重新打眼时深眼要离原眼 0.6m，浅眼要离原眼 0.3～0.4m，并与原眼方向平行。

9）爆破时应考虑对周围建筑物、电力线、通信线等设施的影响，必要时采取保护措施。

三、作业前准备

（1）作好安全准备工作。具体有：

1）建立指挥机构，明确爆破人员的分工、职责。

2）作好防止爆破有害气体、噪声对人体危害的各项措施。

3）对在危险区内的建筑物、构筑物、管线、设备等采取安全保护措施，防止爆破地震、飞石和冲击波的破坏。

4）在爆破危险区的边界设警戒哨岗和警告标志。

5）将警告信号的意义、警告标志和起爆时间通知所有工作人员和当地单位的居民。起爆前，督促人、畜撤离危险区。

（2）选定爆破材料。

1）炸药。爆破施工中常用到的炸药主要有硝铵炸药、硝化甘油炸药及黑火药等。炸药的品种选择因地制宜。

2）雷管。按起爆方式的不同雷管有火雷管及电雷管。电雷管又分为即发雷管和迟发雷管。雷管一般选用 6 号或 8 号雷管。

3）导火索。导火索是用于传递火焰引燃火雷管或黑火药的起爆材料，它是用黑火药做心药，用麻、线和底做包皮。导火索的规格应与雷管相适应，长度要足够（最短不少于 1m）。

4）传爆线。它又称导爆线，外表与导火索相似，是用高级烈性炸药制成，主要用于深孔爆破和大量爆破药室的起爆，不用雷管。

5）无声破碎剂（Soundless Cracking Agent）简称 SCA。凡是在不允许产生飞石、巨大的震动、巨大的声响和不允许有毒气体的场所，如居民区、水库、构筑物附近和有旅游区等地方，均可采用无声破碎技术。

（3）确定爆破方法。爆破方法应根据爆破场地地形情况、周围设施及各种爆破方法的特点灵活考虑。当爆破地点周围环境条件和施工条件允许时（即对爆炸没有防护要求），一般建筑工程岩石爆破多采用普通爆破法，也可采用微差爆破法。普通爆破类型按以下方法选择：

1）荒野地带及远离建筑物处，可采用抛掷爆破。

2）临近建筑物、农田处，可采用松动爆破。

3）因成孔条件情况差，宜采用分层爆破。

凡在不允许产生飞石、巨大的震动、巨大的声响和不允许有毒气体的场所，如居民区、水库、构筑物附近和有旅游区等地方，均可采用无声破碎法。

（4）爆破药包药量的计算。

1）标准抛掷药包药量计算式如下

$$Q = qw^3e \qquad \text{（ZY0200101009-1）}$$

式中 Q ——药包质量，kg；

      q ——岩石单位体积炸药消耗系数，kg/m³，见表 ZY0200101009-1；

      w ——最小抵抗线，m；

      e ——不同炸药的换算系数。

表 ZY0200101009-1 　　　　　标准抛掷药包的炸药单位消耗量

土的分类	一~二	三~四	五~六	七	八
q（kg/m³）	0.95	1.10	1.25~1.50	1.60~1.90	2.00~2.20

爆破漏斗断面图如图 ZY0200101009-1 所示。

图 ZY0200101009-1　爆破漏斗断面图

R—破坏半径；W—最小抵抗线；r—漏斗半径；O—药包。

不同炸药的换算系数见表 ZY0200101009-2。

表 ZY0200101009-2 　　　　　各 种 炸 药 换 算 系 数

炸 药 种 类	换 算 系 数	炸 药 种 类	换 算 系 数
二号岩石硝铵	1.0	62%硝化甘油	0.75
威力强大硝铵	0.84	黑火药	1.70

2）松动爆破药包药量计算

$$Q = 0.33qw^3 e \qquad (ZY0200101009-2)$$

3）加强抛掷爆破药包药量计算

$$Q = qw^3 f(n)e \qquad (ZY0200101009-3)$$

式中　$f(n) = 0.4 + 0.6n^2$，$n = \dfrac{r}{w}$；

　　　n——爆破作用指数；

　　$f(n)$——爆破作用指数函数。

四、作业步骤与质量标准

（一）普通爆破法

1. 炮眼位置、孔深、孔距的确定

（1）炮眼的位置应选择在有较大、较多的临空面处，避免选择在岩石裂缝处或是石层变化的分界线上。炮眼的布置，一般为交错梅花形，依次逐排起爆，如图 ZY0200101009-2 所示。

（2）炮眼深度与最小抵抗线的确定。炮眼深度是随着岩石软硬的性质来确定的，一般按以下方法确定：

1）坚硬岩石炮眼深度

$$L = （1.1~1.5）H \qquad (ZY0200101009-4)$$

式中　H——为爆破层厚度。

2）中硬岩石炮眼深度

图 ZY0200101009-2　爆破顺序示意图

a—眼距；b—排距

$$L = H \qquad (ZY0200101009-5)$$

3）松软岩石炮眼深度

$$L=(0.85\sim0.95)H \qquad (ZY0200101009-6)$$

计算抵抗线 W，也是随着岩石硬度和爆破层厚度来确定的，如图 ZY02001009-3 所示，一般取

$$W=(0.6\sim0.8)H \qquad (ZY0200101009-7)$$

图 ZY0200101009-3　炮眼深度与计算抵抗线的位置

1—炸药；2—填塞物；L—炮眼深度；H—爆破层厚度；W—最小抵抗线

（3）炮眼距离的确定。它是根据具体要求，以及按照不同的起爆方法确定的，其中火花起爆时，炮眼距离 $a=(1.4\sim2.0)W$；电力起爆时，炮眼距离 $a=(0.8\sim2.0)W$。炮眼爆破时，排距 $b=(0.8\sim1.2)W$。

2. 凿岩施工

凿岩可采用人工打眼或机械打眼。当土方量不大、机械设备不足或受施工条件限制的狭窄地形，可采用人工打眼。人工打眼采用钢钎、铁锤、掏勺等工具。机械打眼采用风动凿岩机（又称手风钻）和风镐（铲）打眼。

3. 装药

（1）炮眼爆破法装药前必须检查炮眼位置、深度与方向是否符合规定要求，同时将炮眼中的石粉、泥浆除净（可用风吹法），如炮眼内有水要掏净，为防止炸药受潮，可以在炮眼底部放一些油纸或使用经防潮处理的炸药。

在干眼中可装粉药，粉药可用勺子或漏斗分批装入，每装一次，必须用木制炮棍轻轻压紧，如装卷药时，可用木制炮棍将药卷顺次送入炮眼并轻轻压紧；起爆药卷（雷管）设在装药全长的 $1/3\sim1/4$ 位置上（由炮眼口部算起）。

装药时，应特别小心，严禁使用铁器。不准用炮棍用力挤压或撞击。

（2）药壶爆破法。装药在主药包未装入炮眼前，先用少量炸药将炮眼底部扩大成药壶型，然后埋设炸药进行爆破。

（3）裸露药包爆破药包应设置在岩块表面有凹陷的地方，对岩块体积大于 $1m^3$ 的石块，药包可分数处放置，药包上使用草皮、黏土或不易燃烧的柔软物体覆盖。

4. 填塞炮泥

炮泥应就地取材，可用一份黏土、两至三份粗砂及适量的水混合而成。填塞要密实，不能用力挤压，在炮眼内轻轻捣实中，要注意保护导火索或电雷管的脚线。

5. 放炮

装药、填塞完毕后，应对爆破线路进行最后一次检查，同时按照爆破安全操作的有关规定，发出信号，人员撤离，设置警戒，才由放炮负责人指挥放炮。

（二）微差爆破法

1. 微差爆破特点

（1）为普通爆破发展起来的浅孔控制爆破。

（2）采用多炮眼的分层爆破。

（3）每排炮眼，对平行的临空面方向为抛掷爆破；对垂直的临空面方向为松动爆破。

（4）当前排炮眼起爆进入抛掷状态时，次后炮眼起爆达到控制前排炮眼的抛掷作用，其要求时间间隔很小。

（5）电雷管的时限为秒级，不能达到控制效果。采用 DH-1 系列非电毫秒雷管，相邻段号时间差为 25ms。

（6）非电毫秒雷管以导爆管连接，可按需要长度定货。

2. 炮眼布置

炮眼布置，如图 ZY0200101009-4 所示，其方法如下。

（1）同排炮眼孔距 a 为

$$a = 2n_1w_1 \qquad \text{（ZY0200101009-8）}$$

式中　w_1——顺炮眼方向的最小抵抗线；

　　　n_1——爆破指数，$n_1 \leqslant 0.75$。

（2）炮眼排距 b 为

$$b = w_2 \qquad \text{（ZY0200101009-9）}$$

式中　w_2——平行炮眼方向的最小抵抗线。

炮眼布置可为棋盘型、梅花型、等腰三角形等几种。

（3）炮眼深按成孔直径的 $25 \sim 35$ 倍，且不宜大于 1.2m，分层爆破的层高为 H，则炮眼深应满足

$$l = (1.1 - 1.15)H \qquad \text{（ZY0200101009-10）}$$

其他步骤同普通爆破法。

（三）静态破碎法

1. 炮眼位置、孔深、孔距的确定

（1）最小抵抗线 W：无钢筋和少钢筋混凝土 $W = 30 \sim 40$cm，多筋混凝土 $W = 20 \sim 30$cm。

（2）孔距和排距：无筋混凝土，$a = 30 \sim 40$cm；钢筋混凝土，$a = 15 \sim 30$cm。排距 $b = (0.6 \sim 0.9)a$。多排布孔，钻孔采用梅花形。多排布孔示意图如图 ZY0200101009-5 所示。

图 ZY0200101009-4　炮眼布置

图 ZY0200101009-5　多排孔布置图
a—孔距；b—排距；W—抵抗线

（3）孔径和孔深：孔径宜为 $30 \sim 55$mm。

孔深无筋混凝土，$L = (0.75 \sim 0.8)H$；钢筋混凝土，$L = (0.95 \sim 1.0)H$。

2. 搅拌无声破碎剂（SCA）

SCA 每袋为 5kg，加水量为 SCA 质量的 $30\% \sim 50\%$，每袋即加入 $1500 \sim 1700$mL 干净的水。搅拌时先把量好的水倒入桶中，再把 SCA 倒进去，随即开动手持式搅拌机拌至均匀，搅拌时间一般为 $40 \sim 60$s。在施工温度低于 $10℃$ 时，要用 $40℃$ 的热水搅拌。

3. 填充

搅拌好的 SCA 浆体，要在 10min 内用完，因为它的流动度损失较快，久置使灌孔困难。对于垂直的孔，可直接将 SCA 倾倒进去。对于斜孔或水平孔，可用挤压式灰浆棒将 SCA 压入孔中，为防止倒流出来，可用塞子堵口。向上孔的填充可用灰浆棒压入孔中。多排孔先灌在周边的一、二排孔，经 $10 \sim 20$h 再灌三、四排孔，依次类推。

4. 养护

（1）在春、秋、夏季，SCA 填充后，一般不用覆盖（除雨天外），发生裂纹后，可用水浇缝，以加快 SCA 的膨胀作用。

（2）在冬季，SCA 填充后，要用草席或油毡等覆盖保温。

5. 操作要求

（1）必须按环境温度选用破碎剂。

（2）按生产厂提供的使用说明书进行作业。

（3）控制水灰比，拌和要均匀，填充时孔口留 20mm 不填塞。

（4）日光直射时孔口应覆盖，环境温度低于100℃要覆盖保温，环境温度低于0℃应增温养护。

（5）裂缝出现时，可向裂缝内灌水，裂缝不再发展时即可进行清碴。

五、注意事项

（1）大中型爆破施工，特别是在城镇、风景名胜区和重要工程设施附近进行爆破施工时，施工单位必须事先编制好作业方案，报经县、市以上主管部门批准，并征得所在地县、市公安部门同意后，方可进行爆破作业。

（2）石方爆破应根据工程要求、地质条件、工程大小和施工机械等合理选用爆破方法。

（3）爆破工程施工应指定专人负责，爆破工作人员必须受过爆破技术训练，熟悉爆破器材性能和安全规则，并经县、市公安局考试合格，方可参加爆破工作。

（4）爆破工程所用的爆破材料，应根据使用条件选用并符合现行国家标准、部标准。

（5）爆破材料的购买、运输、储存、保管，应遵守国家关于爆破物品管理条例的规定。

（6）在水下或潮湿的条件下进行爆破时，宜采用抗水炸药。

（7）露天爆破如遇浓雾、大雨、大风、雷电或黑夜，均不得起爆。

（8）处理哑炮应严格按国家有关规定执行。

（9）SCA施工时，为了安全最好戴防护眼镜，SCA填充后5h内不要靠近孔口直视孔口，以防万一发生喷出时伤害眼睛。

（10）SCA对皮肤有轻度腐蚀性，碰到皮肤后立即用水清洗。

（11）SCA要存放在干燥场所，切勿受潮。

（12）按实际施工温度选择合适的SCA型号，不可互用。

【思考与练习】

1．线路岩石基坑有哪几种爆破方法？

2．普通爆破法爆破类型怎样选择？炮眼位置如何确定？装药量如何计算？

3．微差爆破法有哪些特点？炮眼位置如何确定？装药量如何计算？

4．静态破碎爆破法有哪些特点？布孔设计如何设计？操作上有哪些要求？

模块 10　基础检验方法及标准（ZY0200101010）

【模块描述】本模块包含混凝土的坍落度检查、混凝土的试块检查、回弹仪现场检验及半破损检验方法等。通过内容介绍、图形示例、原理讲解，掌握基础检验方法及标准。

【正文】

一、混凝土坍落度的检查

混凝土在浇筑地点的坍落度，每一工作班日或每个基础腿至少检查两次。实测的混凝土坍落度与要求坍落度之间的允许偏差应符合表 ZY0200101010-1 的要求。

表 ZY0200101010-1　　　　　　混凝土坍落度与要求坍落度之间的允许偏差　　　　　　　　mm

要 求 坍 落 度	允 许 偏 差	要 求 坍 落 度	允 许 偏 差
<50	+10	>90	±30
50～90	+20		

混凝土的坍落度是评价混凝土和易性及混凝土稀稠程度的指标。坍落度的测定方法是：

用白铁皮做成一个截头圆台形筒，上口直径 10cm，底口直径 20cm，高度 30cm，如图 ZY0200101010-1 所示。

坍落度测定时，把圆筒放在铁板上，将拌和好的混凝土分三次放入，每次放入筒高的三分之一，用直径 15mm、长 50cm 的铁棒捣固 25 次。如此连续操作三次，使混凝土与筒口相平，然后把筒轻轻提起，这时混凝土就自然坍落下来，用尺量坍落下来的高度就是混凝土的坍落度。为保证测定准确，必须试验三次，取其平均值。

图 ZY0200101010-1　坍落度测定

二、混凝土的试块检查

混凝土的强度可通过试块去近似检查。

1. 混凝土的试块制作及强度检查

混凝土的试块应采用钢模制作，钢模应做成可拆卸的铁制模盒。在将混凝土注入模合之前，应先在钢模内壁涂一层脱模剂，再将拌和好的混凝土分三次注入特制的边长为 150mm 钢模内，并用铁棒捣实，在钢模内静放两昼夜，然后按与现场基础相同的条件养护 28 天，拆模后就做成了边长为 150mm 的标准尺寸的立方体试件。

试件做成后，将其放到耐压机上作抗压试验，测得每平方毫米面积上所受到力的牛顿数，即为混凝土的强度。如混凝土强度等级为 C20，即指该试件强度 $f_{cu.k}$ 为 20N/mm²。

2. 混凝土的试块制作数量及试块强度取值

（1）用于检查结构构件混凝土质量的试件，应在混凝土的浇筑地点随机取样制作。其养护条件与构件（基础）相同。试件的留置应符合下列规定：

1）转角、耐张，终端及悬垂转角塔的基础，每基应取一组，每组 3 个试件。

2）一般直线塔基础，同一施工班组每 5 基或不满 5 基应取一组（为了减少对基础怀疑范围，宜每基取一组），单基或连续浇筑混凝土量超过 100m³ 时亦应取一组；

3）按大跨越设计的直线塔基础及拉线塔基础，每腿应取一组，但当基础混凝土量不超过同工程中大转角或终端塔基础时，则应各基取一组。

（2）每组三个试件应在同盘混凝土中取样制作，并按下列规定确定该组试件的混凝土强度代表值：

1）取三个试件强度的平均值。

2）当三个试件强度中的最大值或最小值之一与中间值之差超过中间值的 15%时取中间值。

3）当三个试件强度中的最大值和最小值与中间值之差均超过中间值的 15%时，该组试件不应作为强度评定的依据。

3. 混凝土强度的评定应按下列要求进行

（1）混凝土强度应分批进行验收。同一验收批的混凝土应由强度等级相同、生产工艺和配合比基本相同的混凝土组成，对现浇混凝土结构构件，尚应按单位工程的验收项目划分验收批，每个验收项目按现行国家标准 GB 50300—2001《建筑工程施工质量验收统一标准》确定。对同一验收批的混凝土强度，应以同批内标准试件的全部强度代表值来评定。

（2）当混凝土的生产条件在较长时间内能保持一致，且同一品种混凝土的强度变异性能保持稳定时，应由连续的三组试件代表一个验收批，其强度应同时符合下列要求

$$m_{fcu} \geqslant f_{cu.k} + 0.70\sigma_0 \qquad (ZY0200101010\text{-}1)$$

$$f_{cu.min} \geqslant f_{cu.k} - 0.70\sigma_0 \qquad (ZY0200101010\text{-}2)$$

当混凝土强度等级不高于 C20 时，尚应符合下式要求

$$m_{cu.min} \geqslant 0.85 f_{cu.k} \qquad (ZY0200101010\text{-}3)$$

当混凝土强度等级高于 C20 时，尚应符合下式要求

$$m_{cu \cdot min} \geqslant 0.9 f_{cu \cdot k} \qquad \text{(ZY0200101010-4)}$$

式中　m_{fcu}——同一验收批混凝土强度的平均值，N/mm^2；

　　　$f_{cu \cdot k}$——设计的混凝土强度标准值，N/mm^2；

　　　σ_0——验收批混凝土强度的标准差，N/mm^2；

　　　$f_{cu \cdot min}$——同一验收批混凝土强度的最小值，N/mm^2。

验收批混凝土强度的标准差，应根据前一检验期内同一品种混凝土试件的强度数据，按下列公式确定

$$\sigma_0 = \frac{0.59}{m} \sum_{i=1}^{m} \Delta f_{cu \cdot i} \qquad \text{(ZY0200101010-5)}$$

式中　$\Delta f_{cu \cdot i}$——前一检验期内第 i 验收批混凝土试件中强度的最大值与最小值之差；

　　　m——前一检验期内验收批总批数。

注意，每个检验期不应超过 3 个月，且在该期间内验收总批次不得超过 15 组。

（3）当混凝土的生产条件不能满足本条（2）款的规定，或在前一检验期内的同一品种混凝土没有足够的强度数据用以确定验收批混凝土强度标准差时，应由不少于 10 组的试件代表一个验收批，其强度应同时符合下列要求

$$m_{fcu} - \lambda_1 s_{fcu} \geqslant 0.9 f_{cu \cdot k} \qquad \text{(ZY0200101010-6)}$$

$$f_{cu \cdot min} \geqslant \lambda_2 f_{cu \cdot k} \qquad \text{(ZY0200101010-7)}$$

式中　s_{fcu}——验收批混凝土强度的标准差，N/mm^2。当 s_{fcu} 的计算值小于 $0.06 f_{cu \cdot k}$ 时，取 $s_{fcu} = 0.06 f_{cu \cdot k}$；

　　　λ_1、λ_2——合格判定系数。

验收批混凝土强度的标准差 s_{fcu} 应按下式计算

$$s_{fcu} = \sqrt{\frac{\sum_{i=1}^{n} f_{cu \cdot i}^2 - n m_{fcu}^2}{n-1}} \qquad \text{(ZY0200101010-8)}$$

式中　$f_{cu \cdot i}$——验收批内第 i 组混凝土试件的强度值，N/mm^2；

　　　n——验收批内混凝土试件的总组数。

合格判定系数，应按表 ZY0200101010-2 取用。

表 ZY0200101010-2　　　　　　　　　合 格 判 定 系 数

试件组数	10～14	15～24	≥25
λ_1	1.70	1.65	1.60
λ_2	0.90	0.85	

（4）对零星生产的预制构件的混凝土或现场搅拌批量不大的混凝土，可采用非统计法评定。此时，验收混凝土的强度必须同时符合下列要求

$$m_{fcu} \geqslant 1.15 f_{cu \cdot k} \qquad \text{(ZY0200101010-9)}$$

$$f_{cu \cdot min} \geqslant 0.95 f_{cu \cdot k} \qquad \text{(ZY0200101010-10)}$$

当对混凝土试件强度的代表性有怀疑时，可采用非破损检验方法或从结构、构件中钻取芯样的方法，按有关标准的规定，对结构构件中的混凝土强度进行推定，作为是否应进行处理的依据。非破损检验方法，可采用回弹仪进行，并遵守 JGJ/T 23—2001《回弹法检测混凝土抗压强度技术规程》的规定。

三、回弹仪现场检验

（一）外形

混凝土回弹仪外形如图 ZY0200101010-2 及图 ZY0200101010-3 所示。

图 ZY0200101010-2　混凝土回弹仪

图 ZY0200101010-3　数字型混凝土回弹仪

（二）回弹仪测混凝土强度原理

当回弹仪的弹击锤被一定的弹力打击在混凝土表面时，混凝土的反力使弹击锤回弹，其回弹高度（可通过回弹仪读出）与混凝土表面硬度成一定的比例，因此通过测得的回弹值及混凝土的碳化深度可推求出混凝土的抗压强度。

（三）回弹仪测混凝土强度方法

1. 选择测点

测点宜在混凝土结构面上选择（最好是侧面），所选的每个测点距外露钢筋、预埋件不宜小于30mm，测点不应在气孔或外露石子上，且所有的测点应在测区范围内均匀分布，相临两测点间距不宜小于 30mm。

2. 测回弹值

检测时，将弹击杆顶住混凝土表面，使回弹仪的轴线始终垂直于构件的混凝土检测面，缓慢均匀施压，待弹击锤脱钩冲击弹击杆后，弹击锤回弹带动指针移动，在示值刻度线上指示出回弹值。

读出回弹值后，逐渐对仪器减压，使弹出杆自仪器内伸出复位，待下一次使用。

测回弹值时应注意：同一测点只应弹击一次，每一测区应记取 16 个回弹值，每一测点的回弹值读数估读至 1。

3. 测碳化深度

采用适当的工具在测区表面有代表性的位置形成直径约 15mm、深度大于混凝土碳化深度的孔洞，孔洞形成后将孔洞中的粉末和碎屑除净（不得用水擦洗），然后用浓度为 1% 的酚酞酒精溶液滴在孔洞内壁的边缘处，当已碳化与未碳化界线清楚时，再用深度测量工具测出已碳化深度。测量不应少于 3 次，取其平均值，每次读数精确至 0.5mm。

4. 回弹值计算

计算测区平均回弹值时，应从该测区的 16 个回弹值中删除 3 个最大值和 3 个最小值，余下 10 个回弹值按式计算

$$R_{\mathrm{m}} = \frac{\sum_{i=1}^{10} R_i}{10}$$ （ZY0200101010-11）

式中　R_{m}——测区平均回弹值，精确至 0.1。

　　　R_i——第 i 个测点回弹值。

5. 确定混凝土强度

根据计算得出的回弹值及碳化深度查 JGJ/T 23—2001 中的附录 A 测区混凝土强度换算表，可得混凝土强度。

四、半破损检验法

半破损检验基础混凝土强度方法有回弹法、钻芯法等。钻芯法是用金刚石空心薄壁钻头或钻芯机，从混凝土结构构件中钻取混凝土芯样，然后将该芯样拿去做抗压强度试验，得到的抗压强度即为该基础的抗压强度。由于芯样直接从结构中钻取，因而更能直接反映混凝土的真实情况。

【思考与练习】

1．如何测定混凝土的坍落度？
2．如何通过试块检查混凝土强度？
3．如何用回弹法检验基础混凝土的强度？

第二十九章 杆 塔 组 立

模块 1 杆塔组立概述 (ZY0200102001)

【模块描述】本模块涉及混凝土电杆组立和铁塔组立。通过概念讲解、工艺介绍、图形举例，了解杆塔型式及其组立方法。

【正文】

一、钢筋混凝土电杆组立概述

（一）混凝土电杆的分类

（1）根据杆体截面的不同，混凝土电杆可分为等径杆和锥形杆，等径杆常用直径有 $\phi300$ 和 $\phi400$ 两种规格；锥形杆主杆锥度为 1/75，梢径常有 $\phi190$、$\phi230$、$\phi270$ 等几种规格。

（2）根据组装方式，混凝土杆又可分为单杆、"A"型杆、"Π"型杆和三联杆等，其常见基本型式如图 ZY0200102001-1 所示。

图 ZY0200102001-1　钢筋混凝土电杆型式

（a）上字型单杆；（b）Π型双杆

（3）根据在架空线路中的作用，可分为直线杆、耐张杆、特种杆等三类。直线杆用于线路直线段中，主要承受架空线路的垂直和水平荷载；耐张杆用于线路直线耐张、转角、终端等杆位，此类杆可以控制事故范围，并承受事故情况下的断线拉力；特种杆则用于线路分支、换位、跨越等特殊用途杆位。

（二）混凝土电杆组立方法

混凝土电杆组立方法可分为整体组立和分解组立，整体组立混凝土电杆的主要方法有倒落式人字抱杆整体立杆、吊车整体起吊等方法。在混凝土电杆无条件整体组装的地形情况下可使用冲天单抱杆、吊车分解组立的方法。

1. 倒落式人字抱杆整体立杆

倒落式人字抱杆整体立杆方法一般是先将焊接好的电杆与横担及附件在地面顺线路方向整体组装完毕，在电杆根部附近按一定的初始角预立人字抱杆，抱杆头部与电杆吊点之间用钢丝吊绳相连，用钢丝绳牵引抱杆顶端使抱杆转动，电杆整体随之绕地面支点扳转起立。它是借抱杆的旋转倒落，钢筋混凝土杆的旋转和吊点系统、牵引系统、制动系统、拉线控制系统等设备共同配合来完成立杆工作的。此方法简单、方便，高空作业少，安全性高，施工速度快，是目前送电线路杆塔施工中广泛使用的一种方法。常用钢筋混凝土杆整体起吊布置图，如图 ZY0200102001-2 所示。

图 ZY0200102001-2　钢筋混凝土杆整体起吊布置图

1—抱杆帽；2—抱杆；3—牵引滑车组；4—底盘；5—马槽；6—钢筋混凝土杆；7—第一吊点滑车

8—第一吊点绳；9—第二吊点滑车；10—第二、三吊点绳；11—制动系统；12—临时拉线

2. 冲天单抱杆起吊电杆

适用于 10~35kV 线路的常见单柱电杆。整体吊装是按设计的杆高，将钢筋混凝土杆段在地面排直焊好，一次吊装完毕。这种钢筋混凝土杆的一般高度可达 21m，但它需要有较高的抱杆，因此受到工具设备的限制。混凝土电杆在无条件整体组立的地形情况下，将杆段按设计的杆高在地面排直焊好，选定抱杆坐落的位置，安装四侧临时拉线，利用冲天单抱杆分解将杆身起吊完毕，高空组装横担、附件。

3. 用吊车起吊电杆

适用于 10~110kV 线路电杆。该种方法多用于施工地点交通便利，吊车可到达的地点，该方法可以很好的保证施工质量和施工安全，减少高空作业，施工效率高，但受交通、起吊重量和吊臂高度的限制。

（三）立杆方法的选择原则

（1）在施工现场地形条件许可时，应采用倒落式人字抱杆整体立杆的方法。

（2）对于杆高为 21m 及下的电杆，交通便利的地点应采用吊车整体起吊。

（3）对于地形条件差，施工作业面狭窄无法采用上述两种方法的，采用冲天单抱杆起吊电杆的方法。

二、铁塔组立概述

（一）铁塔的分类

1. 按用途分类

（1）直线型铁塔。直线型铁塔（含悬垂转角塔）用于线路的直线地段或小转角处，主要承受导线及地线的垂直荷重和水平风压荷重。

直线型铁塔名称分类如下：单回路中分别分为 ZB—酒杯塔（平腿）、ZBC—酒杯塔（长短腿）两种，双回路中分别分为 SZ—同塔双回直线鼓型塔（平腿）、SZC—同塔双回直线鼓型塔（长短腿）两种。

（2）耐张型铁塔。耐张型铁塔用于线路的直线耐张、转角及进出变电站终端等处，它包括下述三种铁塔：

1）直线耐张铁塔，其作用是将线路的直线部分分段及控制事故范围。在事故情况下，承受断线拉力而不致扩展到相邻的耐张段。

2）转角铁塔用于线路的转角地点，其具有耐张铁塔相同的作用和特点。在正常情况下，承受导地线向内角的合力。

3）终端铁塔，位于线路的起止点，它同时允许线路转角。在正常情况下承受线路侧与构架侧的架空线不平衡张力；在事故情况下它承受架空线的断线张力。

耐张型铁塔名称分类如下：

单回路：ZJ—直线转角塔（平腿）、ZJC—直线转角塔（长短腿）、J—耐张转角塔（平腿）、JC—

耐张转角塔（长短腿）、DJ—终端塔。

同塔双回路：SZJ—同塔双回直线转角塔（平腿）、SZJC—同塔双回直线转角塔（长短腿）、SJ—同塔双回耐张转角塔（平腿）、SJC—同塔双回耐张转角塔（长短腿）、SDJ—同塔双回终端塔。

（3）特殊型铁塔。包括用于跨越、换位、分支等特殊要求的铁塔。

1）跨越铁塔，当线路跨越河流、铁路、公路或其他电力线等障碍物时，常常需要较高的直线塔或耐张塔，一般以直线塔较多。跨越塔分为普通跨越塔和大跨越塔，后者是指跨越档档距超过1000m且高度在100m以上的铁塔。

2）换位铁塔，主要起导线换位作用，有直线换位塔和耐张换位塔两种。

3）分支铁塔，用于线路分支处，有直线分支和耐张分支两种。

2. 按导线回路数分类

（1）单回路铁塔，导线仅有一回（交流三相、直流两相），无地线或为一至两根地线的铁塔。

（2）双回路铁塔，导线为两回（交流六相、直流四相）同塔架设，地线为一至两根的铁塔。

（3）多回路铁塔，导线为三回及以上同塔架设的铁塔。

3. 按结构型式分类

（1）拉线塔，铁塔的拉线一般用高强度钢绞线做成，能承受很大的拉力，因而使拉线塔能充分利用材料的强度特性而减少钢材耗用量，但其占地面积较大。

（2）自立式铁塔，指不带拉线的铁塔，因其塔身较宽大，刚性好，也称刚性铁塔。

（3）自立式钢管铁塔，此类铁塔近年在国内城市电网中应用较为普遍。

（二）铁塔型号及型式

铁塔型号以名称代号表达，其名称代号一般是按GB 2695《输电线路铁塔型号编制规则》的要求规定。

1. 表示铁塔用途分类的代号

表示铁塔用途分类的常用代号见表ZY0200102001-1。

表 ZY0200102001-1　　　　　铁塔用途分类代号表

序　号	种　类	代　号	序　号	种　类	代　号
1	直线塔	Z	6	换位塔	H
2	耐张塔	N	7	分支塔	F
3	转角塔	J	8	直线转角塔	ZJ
4	终端塔	D	9	拉线塔	L
5	跨越塔	K			

2. 表示铁塔外形或导地线布置形式的代号

铁塔外形或导地线布置形式代号见表ZY0200102001-2。

表 ZY0200102001-2　　　　　铁塔外形或导地线布置形式代号表

序　号	种　类	代　号	序　号	种　类	代　号
1	上字型	S	8	V字型	V
2	三角型	J	9	干字型	G
3	叉骨型	C	10	鼓型	Gu
4	猫头型	M	11	伞型	Sn
5	桥型	Q	12	羊字型	Y
6	酒杯型	B	13	倒伞型	Sd
7	门型	Me			

3. 拉线塔简介

拉线塔按电压等级分为 110、220、330、500kV 及 750kV。

拉线塔按其外形分为单柱式、门型、V 型及猫头型。如图 ZY0200102001-3~ZY0200102001-5 所示。

图 ZY0200102001-3 110kV 单柱式及门型拉线塔单线图

（a）Z 型杆；（b）J（0-10°）耐张杆

图 ZY0200102001-4 330kV 拉 V 塔单线图

图 ZY0200102001-5 750kV 拉门塔单线图

4. 自立式铁塔

由于电压等级、回路数的不同，铁塔有多种型式。常用各种塔型如图 ZY0200102001-6～
ZY0200102001-23 所示。

图 ZY0200102001-6　330kV ZB11 直线塔单线图

图 ZY0200102001-7　330kVJG1 转角塔单线图

图 ZY0200102001-8　500kV 紧凑型线路直线塔单线图

图 ZY0200102001-9　500kV 紧凑型线路转角塔单线图

ZVB31

ZB32

图 ZY0200102001-10　500kV 酒杯型直线塔单线图

JG31

ZVJ31

图 ZY0200102001-11　500kV 干字型转角塔单线图　　　图 ZY0200102001-12　500kV 直线转角塔单线图

图 ZY0200102001-13 ±500kV 直流线路直线塔单线图

图 ZY0200102001-14 750kV 酒杯
型直线塔单线图

图 ZY0200102001-15 750kV 酒杯
型直线转角塔单线图

图 ZY0200102001-16 750kV 猫头
型线塔单线图

模块 1

ZY0200102001

JG1转角塔单线图 　　　　　JG2转角塔单线图 　　　　　JG3转角塔单线图

图 ZY0200102001-17　　750kV 干字型转角塔单线图

JGB1

图 ZY0200102001-18　　750kV 双回路直线塔单线图

ZGU215

图 ZY0200102001-19　　750kV 双回路转角塔单线图

a、ZMP4塔总图

图 ZY0200102001-20　1000kV 猫头型直线塔单线图

b、ZMPJ塔总图

图 ZY0200102001-21　1000kV 猫头型直线转角塔单线图

c、ZBS4塔总图

图 ZY0200102001-22　1000kV 酒杯型直线塔单线图

d、JTP3塔总图

图 ZY0200102001-23　1000kV 干字型转角塔单线图

（三）铁塔组立方法概述

目前架空送电线路铁塔组立一般采用整体组立和分解组立两种方法。

1. 整体组立铁塔

整体组立铁塔方法，主要有下列几种：

（1）倒落式人字抱杆整体立塔，在带拉线的单柱型或双柱型（拉V，拉门）铁塔组立中应用广泛。

（2）座腿式人字抱杆整体立塔，该方法仅适用于宽基的自立式铁塔。

（3）倒落式单抱杆整体立塔，一般用于质量较轻的铁塔。

（4）大型吊车整体立塔，适用于道路畅通、地形开阔平坦地段的各类型铁塔。

（5）直升飞机整体立塔。适用于各种铁塔，但施工费用昂贵，一般应用较少。

2. 分解组立铁塔

分解组塔方法主要有下列几种：

（1）外拉线抱杆分解组塔。抱杆拉线落在塔身之外，也称落地拉线。抱杆随塔段的组装而提升，其根部固定方式有两种：一种是悬浮式，称为外拉线悬浮抱杆组塔；另一种是固定式，即抱杆根部固定在某一主材上，也称外拉线固定抱杆组塔。

（2）内拉线抱杆分解组塔。抱杆拉线下端固定在塔身四根主材上，抱杆根部为悬浮式，靠四条承托绳固定在主材上，是在外拉线抱杆的基础上演变而来的新方法。

（3）通天抱杆分解组塔。抱杆座于塔位中心地面并配以落地拉线，吊装的塔片可以组装于任何方向，利用抱杆分别将相对的两塔片吊装，再进行整体拼装。此法适用于高度在30m以下的铁塔。

（4）摇臂抱杆分解组塔。在抱杆的上部对称布置四副或两副可以上下变幅的摇臂，摇臂抱杆又分两种：一种是落地式摇臂抱杆，即主抱杆座落在地面，随塔段的升高，主抱杆随之接长；另一种是悬浮式摇臂抱杆，如同内悬浮外拉线抱杆一样，抱杆根靠四条承托绳固定铁塔主材上。

（5）倒装组塔。上述分解组塔方法顺序是由塔腿开始自下向上组装，倒装组塔的施工次序恰好与上述方法相反，是由塔头开始逐渐向下接装，倒装组塔分为全倒装及半倒装两种。

全倒装组塔是先利用倒装架作抱杆，将塔头段整立于塔位中心，然后以倒装架作倒装提升支承，其上端固定提升滑车组以提升塔头段，并由上而下地逐段接装塔身各段，最后接装塔腿，直至整个铁塔就位。

半倒装组塔是先利用抱杆或起重机组立塔腿段，再以塔腿段代替抱杆，将塔头段整立于塔位中心；然后由上而下逐段按顺序接装塔身各段，直至塔腿以上的整个塔身与塔腿段对接合拢就位。

（6）吊车分解组塔。利用合适型号的吊车分片或分段进行铁塔组立，该方法使用工具最少，但需要有较好的道路运输条件和合适的吊装场地。

（7）无拉线小抱杆分件吊装组塔。利用一根小抱杆分片或单件吊装塔材，进行高空拼装。适用于塔位地形险峻、无组装塔片的场地及运输条件极为困难的塔位。

（8）混合组塔法。混合组塔有两种方式：一是先将铁塔下部用抱杆整体组立，铁塔上部再利用分解组塔法继续组立，这个方法称为整立与分解混合组塔法。二是吊车与轻便机具混合组塔，铁塔下部用吊车整体或分片、分段吊装；铁塔上部再利用抱杆分解组塔法完成。

（9）直升飞机分段组塔。适用于各种铁塔，尤其适用于地形极为险峻地段的铁塔，但施工费用较昂贵。

3. 选择立塔方法的基本原则

（1）基本原则是：根据塔型结构、地形条件等选择安全技术上可靠、经济上合理、操作上简便、使用工具较少且有利于环境保护的组塔方法。

（2）凡是带拉线的铁塔，包括带拉线轻型单柱塔、拉门塔、拉猫塔、拉V塔等均应优先选用倒落式人字抱杆整体立塔。因为带拉线的铁塔在设计终勘定位时基本上考虑了地形起伏不大或虽起伏较大但塔身较轻，这就为整体立塔创造了条件。

（3）地形平坦、连续使用同类型铁塔较多时也宜优先选用整体立塔的方法。

（4）自立式铁塔以分解组塔的方法为主。分解组塔的方法较多，推荐使用内悬浮内拉线或内悬浮外拉线抱杆立塔，其他方法视机具条件、施工习惯和环保要求等具体选用。

（5）对于高度为 100m 以上的跨越铁塔，应根据塔型结构、地形条件、机具条件及环保要求等进行组立铁塔方案的比较，选择优化的立塔方案。

【思考与练习】

1．杆塔的主要作用是什么？

2．杆塔按其作用有哪些分类？

3．常用杆塔的施工组立方法有哪些？

模块 2　钢筋混凝土电杆整体组立（ZY0200102002）

【模块描述】本模块涵盖混凝土电杆的排杆、焊接、地面组装、整体起吊的工艺设计及相关受力计算和安全措施。通过施工工序介绍、知识讲解、计算举例，掌握混凝土电杆组立操作过程及方法。

【正文】

一、工作内容

杆塔组立是输电线路施工中的重要工序之一，整体组立是钢筋混凝土电杆组立施工的主要方法。在电杆底盘、拉盘就位，基础转序验收结束、电杆安装图纸会审完成，且现场作业人员、作业方案、技术交底、材料运输、工器具等准备工作就绪后，进入电杆组立阶段。在完成场地平整、电杆运输任务后，其现场主要工作内容有排杆、焊杆、地面组装以及电杆整体组立操作施工。

（一）施工工艺流程

钢筋混凝土电杆整体组立施工工艺流程如图 ZY0200102002-1 所示。

（二）排杆

1．排杆的基本要求

（1）接地螺母与脚钉方向：在符合设计图纸要求的前提下，排杆时对于单柱杆，接地螺母可统一排在线路的同侧；对于双杆，接地螺母一律在两杆的外侧。在保证横担及地线支架方位正确的前提下，脚钉螺母以上段杆为准，自上而下成一直线。对于 Ⅱ 型直线杆的脚钉螺母一律排在面向受电端的左杆；Ⅱ 型转角杆的脚杆钉螺母一律排在转角杆的外角侧杆。

（2）排杆方向：根据杆位所处现场地形，考虑立杆和组装的方便程度，选择排杆方向。直线双杆顺线路方向排杆；转角杆顺线路转角角平分线方向排杆；单杆随意方向排杆，直线杆宜顺线路方向排杆，转角杆沿线路转角角平分线方向排杆。

2．排杆前的准备工作

（1）在混凝土电杆排杆和组装的施工现场，场地应平整，特别是横担、地线支架安装位置应清除妨碍组装和立杆的障碍物。

（2）Ⅱ 型双杆的排杆，要求两杆排在同一平面上。对于直线杆的电杆结构中心应与线路中心线重合；对于转角杆的电杆结构中心应与线路转角角平分线重合。如图 ZY0200102002-2 所示。

图 ZY0200102002-1　混凝土电杆整体组立施工工艺示意图

图 ZY0200102002-2　直线杆与转角杆排杆方向示意图

（3）排杆前必须认真复核现场的电杆杆段型号与杆塔明细表上的杆型是否一致、附件与组装眼孔是否齐全、杆段长度是否一致，确保符合设计要求。

（4）应根据杆位地形准备相应排杆工具。

3. 排杆

排杆顺序：先排下段、再排中段、最后排上段，下段杆根应对准底盘圆槽中心。如杆位处于斜坡地形时，混凝土电杆宜按杆头上仰正角排杆；如有困难亦可为负角排杆，但不得大于 5°。

马道口的垫木应选择质地坚硬的枕木，规格为 150mm×150mm×1500mm，其距杆坑中心一般为 1.5～2.0m。Π 型杆马道口的两根垫木应保持同一水平线并且两根垫木距杆坑中心距离相同。

排杆的垫木应置于实土上，支点处如属填土应夯实后放置垫木。每段杆应设两个支点。垫木位置应有利于焊接和组装，不得妨碍配套的附件安装。

支撑点处垫木高于三层时，应搭成"井"字型，保证垫木稳固，凡是置于垫木之上的杆段，必须在杆段两侧用木楔塞紧，以防杆段左右滚动。

杆段一般采用撬杠拨动就位，当杆段需要轴向移动时，操作人员对称站在杆段两侧，撬杠斜插入杆段下方且加垫或支于坚土上，然后统一指挥同时用力，拨动杆段向预定方向窜动。当杆段需要横向移动时，操作人员站在杆段的一侧，拨动杆段，使杆段滚动就位。

图 ZY0200102002-3　Π 型杆排杆示意图

电杆排定后，Π 型直线杆的两杆根应同在线路中心的垂直面上；转角杆的两杆应在转角平分线的垂直面上。左右两杆形成的对角线应基本相等（即 $L_1=L_2$），两杆上下偏移不应超过 100mm，如图 ZY0200102002-3 所示。

4. 调杆

调杆前，距离钢圈端 35～50mm 范围内的钢圈内壁混凝土应清除干净。调直找正电杆时，操作人员应站在电杆轴线方一端，用垂球或经纬仪找正，使电杆侧面平直。为保证电杆焊后正直，电杆顶面宜预排成中部上拱形状。调杆完毕在杆段间接头处的地面应挖焊接工作小坑，其坑口大小、深度以满足焊工在坑内操作为准。

（三）焊杆

1. 焊接前的准备工作

（1）焊口除锈，将焊口及其附近 10～20mm 范围内清理干净，焊口处要打磨出金属光泽。

（2）焊口的坡度应为 60°±5°，坡口底的钝边为 1～2mm。如果坡口达不到要求时，应用砂轮机或钢锉修改坡口；坡口间隙应为 2～3mm。如间隙过大时，应适当调整，严禁用焊条填堵。

（3）钢圈厚度为 8～10mm，材质是 A3 普通碳素钢时，电焊用 $\phi3.2～\phi4$ 毫米 E4303 型焊条。

2．点焊

混凝土电杆焊接应由持有焊工合格证的焊工施焊。每个焊口宜对称均匀点焊四点，其尺寸控制为上下侧两点 30～50mm，左右侧两点 20～40mm。点焊的顺序应先点上下两点，后点左右两点。同一根杆有两个焊口以上时，宜先点焊各焊口的上下两点，再点焊各焊口左右两点。点焊完成后应检查电杆是否弯曲，必要时应采取措施纠正。

3．坡口施焊

点焊合格的每个坡口，电焊可分为三层，但前两层必须分 8 段施焊，每层各段的交点宜互相错开。焊完的焊口应及时清理，自检合格后应在规定的部位打上焊工的代号钢印。施焊顺序如图 ZY0200102002-4 所示。

4．焊后处理

（1）钢圈附近混凝土崩块及裂缝修补。用小锤轻轻敲掉松散的崩块，用毛刷扫去粉末和尘土，用钢丝刷清除钢圈附近铁锈。宜用环氧树脂砂浆修补混凝土崩块及裂缝。环氧树脂砂浆的配方见表 ZY0200102002-1。

图 ZY0200102002-4　焊接顺序示意图

表 ZY0200102002-1　　　　　　环氧树脂砂浆配方表

名　　称	乙二胺	二丁酯	6101 号环氧树酯	石英砂	42.5 水泥
质量比	0.08	0.13	1	3	2

（2）环氧树脂砂浆调配程序是：先把石英砂晒干或晾干，再按石英砂：水泥为 3:2 拌好装袋备用；取一定量的环氧树脂倒入碗内，按环氧树脂：二丁酯为 100:13，往环氧树脂内加入二丁酯，搅拌稀释环氧树脂；按环氧树脂：乙二胺为 100:8，往稀释后的环氧树脂加乙二胺，搅拌均匀；最后将水泥、石英砂料撒进环氧树脂熔剂，边撒边拌至适合使用为止。

（3）修补后砂浆与电杆间应粘结牢固，表面无凹凸现象，光滑、美观。

（4）电杆焊接后，应用钢丝刷清除钢圈铁锈，并在钢圈表面刷漆防腐。接头油漆范围为钢圈上下各 300mm 之间钢圈表面先涂防锈红漆一道，稍干后再涂红防锈漆及灰防锈漆各一道。

（5）检查电杆上端封堵是否脱落，如有脱落应用水泥砂浆修补好。

（四）地面组装

1．电杆组装前的检查

（1）检查杆段预埋钢管位置是否符合设计图纸。

（2）检查电杆焊接质量是否合格，是否正直。

（3）检查运至桩位的组装件，其型号、规格、数量符合图纸规定。

2．螺栓穿向的规定

电杆地面组装前，必须对螺栓穿向作统一规定，如设计图无特殊规定，应按架空送电线路验收规范执行。

（1）对立体结构。水平方向由内向外；垂直方向由下向上；斜向者宜由斜下向斜上穿，不便安装时应在同一斜面内取统一方向。

（2）对平面结构。顺线路方向，按线路方向穿入或按统一方向穿入；横线路方向，两侧由内向外，中间由左向右或按统一方向穿入；垂直地面方向者由下向上；斜向者宜由斜下向斜上穿，不便安装时应在同一斜面内取统一方向。

3．构件连接螺栓长度及垫圈使用要求

（1）螺杆应与构件面垂直，螺栓头平面与构件间不应有空隙。

（2）螺母拧紧后，螺栓露出螺母的长度，对单螺母不应少于两个螺距，对双螺母可与螺母相平。

（3）交叉处有空隙者，应装设相应厚度的垫片。

（五）电杆整体组立

电杆地面焊接和附件组装工作结束后，进入整体组立阶段。其方法是本模块的核心内容，在后续内容中将进行重点介绍。

二、危险点分析和控制措施

（一）排杆作业

在排杆过程中主要有挤压伤人和坡地杆子滚动伤人等危险点，需要采取以下防范措施：

（1）杆段移动就位时应保持杆段有两个支点，支垫处两侧应随时用木楔掩牢。

（2）滚动杆段时应有一人指挥，统一行动，滚动前方不得有人。

（3）滚动电杆的前方为下坡或陡坎时，必须有制动措施。

（4）用撬棍拨动杆段时，应防止滑脱伤人。不得将铁撬棍入预埋孔转动杆身。

（5）杆段对接调整焊缝间隙时，严禁用手置于两段的钢圈之间。

（二）焊接作业

在焊接过程中主要有触电、火灾、乙炔、氧气瓶爆炸伤害等危险点，需要采取以下防范措施：

（1）焊接人员作业时应戴专用劳动保护用品。

（2）作业点 5m 内的易燃易爆物应清除干净。

（3）对两端封闭的混凝土电杆，应先在其一端凿排气孔，然后施焊。

（4）施焊过程中应设专人监护，必要时应设立焊接危险区，严禁非工作人员围观。

（5）严格按气焊、电焊施工的安全工作规定布置现场和组织施工。

（三）地面组装作业

在地面组装过程中主要有挤压伤害等危险点，需要采取以下防范措施。

（1）现场搬运物件时应遵循下列规定：

1）搬运前应观看周围是否有人工作及其他障碍物，避免相互碰撞。

2）搬运时注意观察行走道路有无沟坎，避免踩空、踩滑、跌倒。

3）两人抬运构件时，应用同侧肩抬，并做到同起同落。

4）多人抬运构件时，应步调一致，有一人指挥。

（2）地面组装必须设置现场指挥人，负责现场的全面安全工作。现场组装人员应戴手套及安全帽。找正螺孔时，严禁将手指伸入孔内。地面相互传递或上下传递工具、构件、螺栓、垫圈等，一律禁止抛掷。上下层同时作业时，上层作业人员应备工具袋，严禁工具及铁件向下抛掷。

（3）在面组装中，需要用木抱杆起吊构件时，应专人指挥、明确分工，各位应有专人控制绳索。各处锚桩应经指挥人检查认可后方准使用。起吊构件的下方不得有人逗留。

（四）整体组立作业

在整体组立操作过程中主要有倒杆、高空坠落、挤压伤害等危险点，需要采取以下防范措施。

（1）总牵引地锚中心、抱杆顶、杆塔结构中心、制动地锚中心必须在同一垂直平面内。

（2）各部位的工器具规格、绑扎点、连接方式等必须符合施工设计要求，每次立杆前均应检查。

（3）加强电杆头离地 0.5m 冲击检验、抱杆失效脱帽时的震动、立杆至 70°的后方拉线、立杆至 80°～85°时停止牵引等四个关键时刻的电杆安全控制。

（4）正在起吊的构件及抱杆下方严禁人员逗留。

（5）不准用麻绳代替临时拉线，不准用不可靠的露出地面的岩石或树桩作立杆地锚。

（6）不准未打好临时拉线就拆换永久拉线。

（7）遇有雷电、暴雨、浓雾及以上大风天气不得进行起吊工作。

三、电杆整体组立作业前准备工作

（一）作业人员准备

作业人员组成：

整体立杆作业应按照现场交通情况、地形环境条件和作业方案的复杂程度，合理配置作业人员。一般每个作业点应配置工作负责人 1 名、安全监护人 1 名、测工 2 名、高空作业人员 4 名、技工 6 名和普工 25 名左右为宜。

（二）作业工具器准备

钢筋混凝土电杆整体组立，以长度 21m Π 型钢筋混凝土等径杆常规作业，所需主要工器具有角钢人字抱杆、脱落环、锁脚钢绳、单（双）起重滑车、大（小）棕绳、U 型环、地锚、机动绞磨、防翻转重锤、手搬葫芦、光学经纬仪、撬杠、各种规格型号钢丝绳及钢绳套、安全警示牌等。

四、混凝土杆整体组立施工工艺步骤及质量标准

（一）施工计算

1. 电杆重心高度的确定

（1）电杆重心位置。电杆重心计算以 O 点为力矩中心，所有外力对 O 点之力矩代数和，除以电杆所有质量之和，即为电杆重心 X_O，如图 ZY0200102002-5 所示。

图 ZY0200102002-5　电杆荷重作用图

（2）电杆重心高度计算。

已知条件：混凝土电杆型式、总重量、及全高度和各部的结构尺寸等。混凝土电杆重心高度

$$X_O = \frac{\Sigma M_O}{\Sigma G} \qquad\qquad (\text{ZY0200102002-1})$$

式中　ΣG——混凝土电杆总重；

ΣM_O——混凝土电杆各部分质量对混凝土电杆起立支点处中心位置 O 点的力矩之和。

2. 现场布置参数选择

（1）抱杆的有效高度。抱杆的有效高度选择，主要考虑起吊的难易程度和抱杆失效的时间早晚来确定，一般取杆高的 0.4～0.45 倍或杆重心高度的 0.8～1.1 倍。

（2）人字抱杆的根开。人字抱杆的根开选择，应根据抱杆本身的稳定强度、有效高度和电杆的根开大小等因素来考虑，一般取抱杆高度的 0.35～0.4 倍为其根开。

（3）抱杆倾角。抱杆的初始倾角选择，对抱杆的有效高度、本身强度、脱帽时间和杆的受力有直接关系，一般取 60°～65°。

（4）抱杆根至杆坑中心的距离。抱杆底部至杆坑中心距离的大小，影响抱杆失效的时间和吊点合力位置的移动，为了使两者的变化不影响立杆工作的顺利进行，并使钢筋混凝土杆在 55°～60° 间脱帽，抱杆底部至杆坑中心的距离一般取用以下数值。

1）杆高在 30m 以下时，取 0.16～0.2 倍的杆高。

2）杆高在 30～38m 以上时，取 0.13～0.16 倍的杆高。

3）杆高在 38m 以上时，取 0.1～0.13 倍的杆高。

（5）总牵引地锚的位置。总牵引地锚的位置一般以总牵引绳对地夹角小于 20° 来确定，平地一般取杆高加 5～8m 为杆坑至总牵引地锚坑的距离。

（6）制动与后侧控制位置。制动和后侧控制点一般距地线支架 3～4m 处埋设地锚，后控制临时拉线应绑在上吊点处；若为 38m 以上的特高杆，杆身的中上部应再设一层临时拉线。

（7）侧面临时拉线位置。侧面临时拉线在垂直杆身平面的两侧大于 1.2 倍杆高，宜取杆高加 10m 来确定其地锚的位置。

3. 混凝土杆整体组立施工设计实例

参数确定采用解析法计算或是图解法计算。计算时必须首先确定已知和一些假定条件，根据这些

计算条件，算出各部的受力情况，再根据受力情况，验证假定条件的合理性，对不合理部分应重新假定条件后重新进行计算，直到选出最佳的施工方案。

例 ZY0200102002-1 有一Ⅱ型钢筋混凝土等径杆，电杆长度 21m，导线横担重量 360kg，四根叉梁重量 400kg，电杆每米重 110kg，两杆根开 4.5m，如图 ZY0200102002-6 所示。设定采用倒落式人字抱杆整体组立，取钢抱杆长度 12m，抱杆根开为 3m，抱杆初始角 60°，采用 2 点起吊，第一固定吊点距杆顶 3m，第二固定吊点距杆顶 10m，抱杆根部距杆根 4m，牵引地锚距杆坑位置距离 35m，试求：（1）整体组装后电杆的重心高度？（2）抱杆的有效高度？（3）绘制现场起吊布置立体简图并标注名称和位置距离。

图 ZY0200102002-6　Ⅱ型等径杆示意图

解 由图 ZY0200102002-6 所知，导线横担距杆根距离为：$21-3=18$m；电杆中心距杆根距离为：$21/2=10.5$m；叉梁中心距杆根距离为：$8/2+7.5=11.5$m；电杆总重量为：$110\times21\times2=4620$kg。以杆根为支点根据力矩平衡原理，则：

（1）混凝土电杆重心高度

$$X_\mathrm{O}=\frac{\sum M_\mathrm{O}}{\sum G}=\frac{360\times18+110\times21\times2\times10.5+400\times11.5}{360+110\times21\times2+400}=11.08\mathrm{m}$$

Ⅱ型钢筋混凝土等径杆两点吊示意图，如图 ZY0200102002-7 所示。

图 ZY0200102002-7　Ⅱ型等径杆整体两点起吊示意图

（2）抱杆有效高度 H

$$H=\sqrt{(12^2-1.5^2)}\sin60°=10.3\mathrm{m}$$

（3）倒落式人字抱杆两点起吊现场布置立体简图如图 ZY0200102002-8 所示。

图 ZY0200102002-8　两点吊整体组立电杆现场布置立体图

1—电杆；2—人字抱杆；3—主牵引系统；4—起吊滑车；5—起吊绳；6—制动系统；

7—后侧拉线；8—制动地锚；9—两侧拉线；10—补强木

（二）施工作业工艺步骤

1. 现场平面布置

倒落式人字抱杆整体组立混凝土电杆，现场平面布置如图 ZY0200102002-9 所示。

图 ZY0200102002-9 整体组立电杆现场布置平面图

图中各参数详见表 ZY0200102002-2。

表 ZY0200102002-2 整立电杆吊点位置参考表

杆长(m)	吊 点 布 置			抱 杆 布 置				总 牵 引 地 锚			制 动 地 锚			
	A(m)	B(m)	C(m)	座脚D(m)	根开E(m)	长度H(m)	α	L(m)	规格(T)	埋深(m)	M(m)	规格(T)	埋深(m)	数量(个)
15	2	5		3	3	8	70°	25	8	2.0	26	5	1.8	2
18	2.5	6		4	3.5	10	70°	30	8	2.0	28	5	1.8	2
21	2.5	8.5		4	3.5	10	70°	35	8	2.0	28	5	1.8	2
22.5	2.5	6.0	5.5	4	3.5	10	70°	35	8	2.2	30	5	1.8	2

注 1. 侧拉线地锚 2 个：3T 埋深 1.8m。

2. 绞磨地锚 1 个：3T 埋深 1.8m。

3. 落抱杆地锚 1 个：3T 埋深 1.0m。

2. 起立"人"字抱杆

在整体组立电杆现场平面布置中，应同时做好起立"人"字抱杆的准备工作，"人"字抱杆常用钢管或格构式钢抱杆，现场一般采用木质小抱杆单独牵引起立"人"字抱杆，如图 ZY0200102002-10 所示。

图 ZY0200102002-10 整体起立"人"字抱杆示意图

1—小抱杆；2—立抱杆牵引及吊绳；3—地滑车；4—绞磨；5—抱杆；6—电杆；7—制动绳；8—立杆总牵引滑车

启动机动绞磨，使大抱杆缓缓离开地面约 3m 后，接着启动电杆起吊绞磨，以收紧总牵引钢绳。当小抱杆接近失效时，应使立杆总牵引绳完全受力。此时牵引小抱杆的机动绞磨应暂停，继续启动立杆机动绞磨，直至"人"字钢抱杆立到合适的倾角。为防止抱杆底座前后滑移，起立"人"字抱杆前应在其底座前后方向布置 V 型临时制动绳。为防止"人"字抱杆杆根在松软地质中沉降，起立"人"

字抱杆前应将其地基进行夯实处理或在其底座下铺垫枕木。

3. 整体立杆操作

（1）各作业点的检查。

1）立杆指挥人会同安全监护人负责检查的项目：抱杆顶、总牵引地锚中心、制动地锚中心、杆身结构中心是否在一条线上；电杆组装是否符合图纸要求；电杆接头防腐措施是否已完成；作业区围栏等安全设施是否齐全，严禁非作业人员进入 1.2 倍杆高作业区。

2）杆根操作人员应检查的项目：Π 型双杆的两侧吊点绳受力是否一致，绑扎位置是否正确、牢靠；吊点绳的平衡滑车挂钩及活门是否封闭；抱杆位置是否正确，抱杆脱帽的控制绳是否绑好。

3）制动系统操作人应检查的项目：制动绳有无叠压；制动绳在主杆根部绑扎位置是否正确、牢固；制动绳与地锚的连接是否牢固。

4）总牵引系统操作人应检查项目：总牵引的双滑车组钢丝绳是否打扭；绞磨绳是否经过地滑车进入机动绞磨；牵引装置是否运转可靠，尾部是否固定，方向是否正确。

5）临时拉线系统操作人检查项目：侧拉线与反向拉线长度是否满足立杆要求，控制装置是否可靠。

（2）牵引操作步骤。

1）当电杆头部起立至离开地面约 0.5m 时，应停止牵引做冲击检验，同时检查各地锚受力位移情况，各索具间的连接情况及受力后有无异常，抱杆的工作状况，电杆各吊点及跨间有无明显弯曲现象等。

2）随电杆的缓缓起立，制动绳操作人应根据指挥缓缓松出，使杆根逐渐靠近底盘。两侧拉线应根据指挥人的命令进行收紧或放松。制动绳的最大受力出现在抱杆已脱落，杆根还没有落在底盘上，在施工中应避免这种现象出现。在抱杆脱落前使杆根落入底盘。

3）抱杆接近失效时，牵引速度应放慢且将后方拉线适当收紧。

4）抱杆失效时应停止牵引，操作人必须站在抱杆的外侧缓慢松出抱杆脱帽拉绳，使抱杆缓缓落地后继续牵引起立电杆。

5）电杆起立至 60°～70°时，继续调整制动绳，使电杆杆根对准底盘中心就位。后方临时拉线应稍微受力，并随电杆起立而慢慢松出。

6）当电杆起立 80°～85°时应停止牵引。缓慢松出后方拉线，利用牵引索具张力和人工辅助使电杆立正。

7）用经纬仪在顺线路和横线路两个方向上观测电杆是否垂直地面，符合要求后再安装永久拉线。

（3）电杆调整。

1）单杆不在线路中心线上时，应用千斤顶顶推，使电杆达到设计位置。调杆前将拉线稍松并进行控制，调杆后再收紧拉线。

2）单杆的横担偏离垂直线路方向位置应用 ϕ25 棕绳和木缸缠在杆身上，推动木杠使杆身扭转，直至横担符合实际位置为止。

3）双杆迈步超过允许偏差时，可用千斤顶推移底盘，以消除迈步。

4）转角杆立杆后应向转角外侧按要求预留一定倾斜。

（4）电杆回填。检查电杆已立正，永久拉线已安装完毕，制动绳已拆除后，应及时进行杆坑回填。回填土均应分层夯实，每回填 300mm 厚度夯实一次，回填土防沉层高度宜为 100～300mm。

凡有卡盘的电杆，应当先安装下卡盘再进行回填，待回填土达到一定高度时再安装上卡盘，然后再次回填。卡盘下方的回填土必须夯实。基坑回填后尽量可能做到恢复原来的地形地貌，保护自然植被，便利耕作和排水。

（5）工器具拆除。凡靠永久拉线稳定的电杆，必须在永久拉线安装完毕并收紧后，方准拆除工器具。无拉线的电杆必须回填土夯实后，方可拆除工器具。拆除工器具前应将抱杆抬运到距 1.2 倍杆高的距离外。拆除工器具的工序是：先地面，后杆上；杆上作业应由上至下顺序进行。临时补强木的拆除应由棕绳由上向下慢慢落下，不得抛掷。

（6）清理施工现场。施工结束后，清点整理工器具并转场，及时回填地锚坑、清理现场垃圾杂物。

第二十九章 杆塔组立

按文明施工、环境保护与水土保持等要求检查现场，做到工完、料尽、场地清洁。

（三）混凝土电杆整体组立的质量标准要求

1．电杆焊接的质量要求

（1）一个焊口宜连续焊成，施焊的焊缝应有一定的加强面，其高度和遮盖宽度应符合验收规范的规定。

（2）钢圈厚度大于 6mm 时应用 V 型坡口多层焊。焊缝应有一定的加强面，其高度和遮盖宽度应符合表 ZY0200102002-3 规定。

表 ZY0200102002-3　　　　　　电杆焊接焊缝质量要求

焊缝加强面尺寸（mm）	钢圈厚度 S	
	<10	10～20
高度 c	1.5～2.5	2～3
宽度 e	1～2	2～3
焊缝加强面尺寸图		

（3）焊缝表面应呈平滑的细鳞形，其外观缺陷允许范围及处理方法应符合验收规范。

（4）焊前应做好准备工作，一个焊口宜连续焊成。焊缝应成平滑的细鳞形，其外观缺陷允许范围及处理方法应符合表 ZY0200102002-4 规定。

表 ZY0200102002-4　　　　焊缝外观缺陷允许范围及处理方法

缺陷名称	允许范围	处理方法
焊缝不足	不允许	补焊
表面裂缝	不允许	割开重焊
咬边	母材咬边深度不得大于 0.5mm 且不得超过圆周长的 10%	超过者清理补焊

（5）焊完的电杆，其分段或整根电杆的弯曲度均不应超过对应长度的 2‰，超过时应割断调直，重新焊接。

（6）电杆钢圈焊接头应按设计规定进行防锈处理。

2．地面组装的质量要求

（1）以螺栓连接构件时，应符合下列规定：

1）螺杆应于构件面垂直，螺栓头平面与构件间不应有空隙。

2）螺母拧紧后，螺杆露出螺母的长度：单螺母者不应少于两个螺距；双螺母者允许与螺母相平。

3）必须加垫片者，每端不宜超过两个垫片。

4）各构件的装配应紧密，交叉构件在交叉处留有空隙者，应装设相应厚度的垫圈或垫片。

5）电杆的连接螺栓应逐个紧固，在立杆完毕复紧后检查，其扭紧力矩不应小于表 ZY0200102002-5 的规定。

表 ZY0200102002-5　　　　螺栓紧固扭矩标准值

螺栓规格	扭矩值（N·m）
M16	≥80
M20	≥100
M24	≥250

6）螺栓数量不得缺少，规格必须符合设计图纸要求。

7）螺杆、螺母的螺纹有滑牙或螺母的棱角磨损以至扳手打滑的螺栓必须更换。

（2）电杆部件组装有困难时应查明原因，严禁强行组装。个别螺孔需扩孔时，扩孔部分不应超过3mm。当扩孔需超过3mm时，应先堵焊再重新打孔，并应进行防锈处理。严禁用气割进行扩孔。

（3）以抱箍连接的叉梁，其上端抱箍组装尺寸的允许偏差应为±50mm。分段组合叉梁，组合后应正直，不应有明显的鼓肚、弯曲。横梁组装尺寸允许偏差为±50mm。

（4）地面组装完成后，应对组装质量作一次全面检查，其内容包括：

1）构件是否齐全。缺少的构件应查明原因，是送料缺件还是原构件加工尺寸错误装不上。

2）各部位尺寸是否正确。

3）组装的构件有无歪扭和弯曲，是否有空隙未加垫圈。

4）螺栓是否齐全、紧固。

5）防锈层有无剥落。

6）拉线线夹舌板应与拉线紧密接触，受力后无滑动现象。

7）拉线线夹内的拉线弯曲部分不应有明显松股。

3. 地面组立的质量要求

（1）混凝土电杆组立的允许偏差应符合表ZY0200102002-6的规定。

表 ZY0200102002-6　　　　　　　　混凝土电杆组立允许偏差值

偏 差 项 目	电压等级（kV）		
	35～110	220～330	备注
电杆结构根开	±30mm	±5‰	
电杆结构面与横线路方向扭转（迈步）	30mm	1%	
双立柱杆塔横担在主柱连接处的高差（‰）	5	3.5	
直线杆塔结构倾斜（‰）	3	3	
直线杆结构中心与中心桩横线路方向位移（mm）	50	50	
转角杆结构中心与中心桩横、顺线路方向位移（mm）	50	50	
等截面拉线塔立柱弯曲（‰）	2	1.5	

（2）拉线转角杆、终端杆、导线不对称布置的拉线直线单杆，在架线后拉线点处的杆身不应向受力侧倾斜。向受力反方向（或径载侧）的偏斜不应超过拉线点高度的3‰。

（3）拉线杆塔组立后，拉线安装的质量应满足相关验收规范要求。

五、注意事项

钢筋混凝土电杆整体组立是线路施工和检修中较为成熟的作业方法，除严格遵守安全作业规定和施工作业指导书组织施工外，也应根据杆型设计特点、作业环境条件，在施工过程中注意以下事项：

（1）全体施工人员必须经安全、技术交底熟知作业方案，特殊工种经培训合格持证上岗，工作负责人、安全监护人应由具有相应资格经验丰富的人员担任。

（2）所选用的工器具、仪器仪表必须经检验合格、有效方可进入现场使用。

（3）正式吊装前必须经过首基试点，以总结和完善施工方案。

（4）每次作业前均应检查工器具规格符合施工要求，严禁以小代大或带病作业。

（5）施工作业应在良好天气下进行，如遇雷、雨、雪、雾不得进行作业，风力大于5级时，一般不宜作业。

（6）施工现场整齐、清楚，工器具、材料分类堆放，各类施工标牌齐全清晰，作业区域、孔洞周围安全设施完备，做到文明施工。

（7）现场布置未经立杆指挥人或立杆安全监护人的检查，不准立杆。在特殊地形条件下无相应立杆补充措施，不准立杆。

（8）电杆起立后应及时安装永久拉线、及时回填，不准以临时措施过夜。

（9）耐张杆塔未安装永久拉线和补强拉线，不准紧线。

【思考与练习】

1．钢筋混凝土电杆组立主要有哪几个步骤？

2．排杆的基本要求是什么？

3．请画出倒落式抱杆整体组立混凝土电杆的施工工艺流程图。

4．请画出倒落式抱杆整体组立混凝土电杆的现场布置图。

模块 3　铁塔组立（ZY0200102003）

【模块描述】本模块涵盖铁塔组立的常用施工方法、质量要求、检查评级以及安全措施。通过知识讲解、典型方案介绍、工艺流程图解、图表对比，掌握铁塔组立施工工艺、质量要求、检查方法以及安全措施。

【正文】

一、作业内容

铁塔组立的方法很多，内、外拉线悬浮抱杆分解组塔、内摇臂落地式抱杆分解组塔和倒落式人字抱杆整体立塔是通常使用较为普遍的几种方法，是多年施工现场立塔经验的积累，工艺较成熟，已形成了各自的标准化工艺流程和操作方法，但在实际应用中应根据塔型结构、地形等条件灵活选择应用。

（一）铁塔组立施工方法及特点

1．内悬浮内拉线抱杆分解组塔

内拉线抱杆是指抱杆根部利用承托绳置于铁塔结构中心呈悬浮状态，抱杆上端的四根拉线固定于铁塔的四根主材上，因此称其为内拉线。抱杆随着铁塔起吊高度而提升，此方法主要适用于场地狭窄的各种自立式铁塔。

其施工优点是适用于场地狭窄的各种自立式铁塔，减少了拉线地锚，缩短了临时拉线长度，需用的工器具简单；且施工现场紧凑，不受地形、地物的制约；当铁塔处于陡坡、山脊、河岸或电力线、铁路等附近时，均可施工；吊装过程中抱杆处于铁塔结构中心，铁塔主材受力较均衡，宜于保证安装质量；减少了地面拉线操作人员，有利于提高工作效率。其施工缺点是高空作业量较多。

2．内悬浮外拉线抱杆分解组塔

内悬浮外拉线抱杆与内拉线抱杆不同点就是将抱杆上端的四根拉线落地，固定在地面预埋的地锚上，适于起吊较重的塔片。在地形允许的条件下，该方法广泛使用于输电线路工程各种自立式铁塔的组立。

其施工优点是能广泛使用于输电线路工程各种自立式铁塔的组立，采用外拉线减少了抱杆受的轴向力，可增加起吊重量；抱杆顶部偏移对上拉线的倾角不敏感，因此抱杆顶部的活动裕度较大，便于铁塔安装。其施工缺点是外拉线受地形的影响较大；所需外拉线较长，增加了地锚数量和地面拉线操作人员。

3．内摇臂落地抱杆分解组塔

内摇臂落地式抱杆分解组塔就是将抱杆落地直立组装在铁塔中心位置，随着铁塔起立高度抱杆杆段随之增高，抱杆杆身分段利用腰环控制垂直地面，抱杆顶端安装四副摇臂，塔片起吊时可调整摇臂起伏角度而方便塔片就位。

其施工优点是该方法适用于各种型式的直线塔、耐张塔，施工速度快、效率高、安全可靠。对500kV 及以上电压等级线路的各种类型铁塔，特别是酒杯型、猫头型塔横担的吊装，更显现其优越性。其施工缺点是高空作业多、工器具繁杂，铁塔高度不宜大于50m。

4．倒落式人字抱杆整体立塔

倒落式人字抱杆整体立塔广泛适用于地形平坦、铁塔整体组装方便的各种轻型塔型，各种拉线铁塔组立施工应优先采用。

其施工优点是高空作业少，劳动强度低，施工较为安全；与分解组立法相比，速度快、效率高。

其施工缺点是施工场地要求平坦宽畅，且占地面积大，工器具复杂。

（二）施工工艺流程

1. 分解组塔施工流程

内悬浮内、外拉线抱杆分解组塔施工工艺流程基本相同，只在抱杆起立与塔腿组立前后顺序上视现场情况有可以不同，具体如图 ZY0200102003-1 所示。

内摇臂落地式抱杆与内悬浮拉线抱杆，在分解组塔工艺流程上的主要区别是用不断地接续抱杆代替提升抱杆以达到同样的起吊高度，其流程如图 ZY0200102003-2 所示。

图 ZY0200102003-1 内悬浮拉线抱杆分解组塔工艺流程图　图 ZY0200102003-2 落地摇臂抱杆分解组塔工艺流程图

2. 整体组塔施工流程

倒落式人字抱杆整体立塔工艺流程如图 ZY0200102003-3 所示。

图 ZY0200102003-3 整体立塔工艺流程图

（三）杆塔地面组装

地面组装是杆塔组立的前提和主要内容之一，按分解组立和整体组立方法的不同，可分为普通铁塔、钢管塔地面分解组装和整体组装。

1. 铁塔分解组装

（1）组装原则。

1）根据抱杆起吊高度、抱杆的允许承载能力等，合理确定吊装构件的长度和重量。

2）根据现场地形、起吊方向，确定构件的布置方位。

3）组装场地应平整或垫平，避免构件受力变形。吊装的构件应尽可能装放于塔基周围，不宜距塔基过远。

（2）组装方法。地面组装一般有平组和立组两种方法：

1）平组就是组装后的塔片平放在垫木上，该法适用于地形平坦的塔位。

2）立组就是将塔段的主材竖靠在已组装的塔腿或陡坎进行竖向组装，组成的塔片斜靠在塔腿或陡坎面，该法适用于地形狭窄的塔位。

3）地面组装的塔片，由于地形限制有时要重叠放置，此时必须注意先吊的塔片后组装，后吊的塔片先组装。塔型的部分构件容易变形时，应用圆木或钢管进行补强。

4）每段塔片两主材之间的辅材应尽可能装齐，连接螺栓要拧紧。两塔片之间的各种辅材应对称地连带在主材上。

5）塔片吊装前按设计图纸进行核对和检查，发现问题要及时在地面进行处理，切忌留待高空处理。

6）组装中脚钉安装位置、螺栓的使用规格及穿入方向，垫圈的位置及数量均应符合图纸施工验收规范。

2. 铁塔整体组装

（1）拉线铁塔地面组装。

1）半球状铰型连接的拉线铁塔，其基础主柱锅顶一般高出基础面约 140mm 左右，靠基础主柱的第一根垫木上平面应不低于主柱锅顶，垫木与主柱间的距离不应大于 200mm。

2）立塔铰链应组装在塔腿根部，并对正基础主柱锅顶。塔腿锅底应靠近基础主柱锅顶，一般保持约 100mm 距离，以便立塔索具受力后，锅底与锅顶贴紧。

3）每面塔材组装后应拧紧全部螺栓，然后方准组装相邻的上一段。

4）塔头地面与塔腿地面高差在 2m 以上时，应在塔头处搭设木排架进行组装。

5）组装拉线时应认清拉线安装方位，朝地一侧的拉线安装，可在铁塔吊离地面一定高度后组装。拉线安装后应左右前后依次展放并理顺，不得交叉缠扭。

（2）自立铁塔地面组装。

1）针对带塔脚板的自立式铁塔，整立铁塔使用的塔脚铰链应安装在基础上。铰链底板的 U 形槽应对准地脚螺栓，且 U 形槽的槽底与地脚螺栓应保持不少于 50mm 的净距。

2）塔腿下端的底脚板必须与塔脚铰链顶板用螺栓连接，不允许在没有铰链的情况下组装塔腿。

3）根据塔体宽度及高度设置垫木，每段每侧塔片不少于四个支点，组装后的塔腿应不少于四个支点。其支垫高度应视基础主柱露出地面高度及地形确定。

4）先排好四根主材，在垫木上组装左、右两个侧面，同时适当安装上、下两面的横、斜材。

5）可利用临时抱杆起立组装塔腿左右两侧面，安装上、下两面的横材、斜材，构件组装完毕，拧紧全部螺栓。

6）按塔腿的组装顺序组装各段塔身。当塔身宽度小于 2m 时可不用抱杆，按先底面、后侧面、再上面的顺序组装。塔头的结构断面通常不超过 2m，可按先底面、后侧面、再上面的顺序组装。

7）每一段塔体组装完毕后都应检查塔段的中心线与线路中心线（转角塔为线路转角的分角线）的方向是否一致，不一致时应进行调整。同时检查塔段主材连接后是否成直线。

3. 钢管塔整体组装

（1）钢管塔组装时其接头连接方式有焊接、法兰连接及插接。焊接接头的施工与钢筋混凝电杆接头施工相同。法兰连接应将螺栓逐个对称拧紧，插接连接多用于多边形断面的锥形杆。

（2）锥形杆接头的插接主要依靠施加轴向压力。为确保两个连接口在同一轴心线上，一般是先对准接头，使直径较小的一端插入直径稍大的口内 50mm 左右，利用杆段两旁的手扳葫芦均匀加力使其插入。

（3）在插接加力过程中，应设专人监视杆身是否呈直线状态。插接长度接近设计规定值时，应检查钢管杆是否在同一轴线上。

（4）钢管杆连接完毕，其整体弯曲、接头质量应符合施工规范要求。

二、危险点分析与控制措施

铁塔组立阶段具有施工工艺复杂、所用工器具繁多、高空作业频繁等特点，影响安全的因素众多，危险点分析与控制显得极为重要。

1. 铁塔组装危险点分析与控制措施

地面组装方式与地形环境关系密切，作业区域因邻近塔基，有时与起吊交叉作业，其常见危险点见表 ZY0200102003-1。

表 ZY0200102003-1 铁塔组装危险点分析与控制措施

序号	作业内容	危 险 点	预 防 控 制 措 施
1	地面组装	搬运材料碰撞伤人	搬运材料防止碰撞他人，两人同抬一根塔材时，必须同肩，同起同落，步伐一致
2		塔片倾倒伤人	拼装塔片必须用绳索控制，防止塔片倾倒伤人
3		螺栓眼孔找正伤害	应用尖扳手或小撬杠进行找正螺栓眼孔，严禁用手指找正螺栓眼孔
4		地脚螺帽脱落	单插塔腿部分时，地脚螺栓应及时加垫片，拧紧螺帽表面打铆
5		塔腿主材过长倾倒	主材联接不得超过两段，最高不得超过 10m，在四根主材未联成整体前，严禁拆除控制绳
6		绳索断裂	牵引绳、控制绳必须使用钢丝绳，严禁棕绳或其他绳索代替钢丝绳
7		高空落物打击	施工人员严禁在起吊物下方走动、逗留

2. 铁塔组立危险点分析与控制措施

铁塔组立不管采用何种起吊方案，其主要特点是起重系统复杂、高空作业量大、相互协作性很强，是安全控制重点环节。其常见危险点见表 ZY0200102003-2。

表 ZY0200102003-2 铁塔组立危险点及预控措施

序号	作业内容	危 险 点	预 防 控 制 措 施
1	高空组装	高处作业人员无证操作	高处作业人员必须持证上岗，无证人员不得进行高处作业
2		登高人员移动过程中失去保护	安全带系在作业上方牢固的主材上；移动过程中根据实际情况使用攀登自锁器、速差自控器、水平防坠器
3		高处作业无安全监护	现场必须设安全监护人。在转移作业位置时不得失去保护，手扶的构件必须牢固
4		抱杆固定不当	抱杆提升高度到位后，承托绳应绑扎在塔身节点上方，紧靠节点处。起吊前应检查抱杆倾斜角，其角度最大不宜超过 10°
5		提升抱杆未使用腰环	提升抱杆时必须打好两道腰环，腰环之间相距应符合技术要求，提升滑车必须用钢丝套悬挂，严禁直接挂在角铁、联板和角钉上；塔身斜材及内撑铁未安装好前严禁提升抱杆
6		起吊前抱杆反向拉线设置不当	抱杆起吊前应打好反向控制拉线；起吊时腰环不得受力；指挥人员要密切监视各部受力情况，防止吊件倾、磨塔身
7		起吊过程未监控抱杆的承受力	吊装塔头和横担时，应特别注意调整抱杆的倾斜度及稳定状况，以及控制绳的对地夹角，防止增加抱杆的承受力
8		抱杆起立前未对抱杆连接螺栓、工器具进行检查	抱杆起立前，应对抱杆连接螺栓、滑车悬挂、钢绳连接等作全面检查，凡是高处悬挂的滑车都必须封口
9		超负荷起吊	起吊塔片或塔段时，应严格控制起吊重量，起吊时，控制绳必须用锚桩或地锚固定控制，严禁直接用人拉来控制
10		高空遗留工具、浮铁和活头铁	每段塔身就位完整后，应将各部构件装齐、螺栓紧固后方可进入下道工序；严禁在抱杆及铁塔上遗留工具、浮铁和活头铁等
11		工器具传递不当	高处作业人员随身所用的小型工具（如扳手、小撬杠、榔头等），必须放在专用工具袋内。上下传递物件使用绳索吊送，严禁抛掷。严禁乱插、乱放、乱挂，严防落物伤人
12		塔材绑扎、起吊安装简化	高空就位要有专人指挥、监护；吊件就位螺栓未穿齐、紧固前任何人不得在吊件上作业；所有钢丝绳与塔材绑扎点都要内垫方木外包麻袋片
13		作业人员冒险登高空	在抱杆起吊重物时，严禁在起吊构件下方向上攀登。严禁顺抱杆上下
14		上下交叉作业	高处作业人员必须做到先拴安全带后再工作，并且应尽量避免双层作业。霜冻、雨雪后高处作业必须要有防滑措施
15		ZM 塔曲臂安装开口扩大	应及时用 φ12.5 钢丝绳和 3T 双钩将两上曲臂互连，避免开口扩大并利于调节顶架横担就位
16		起重工具使用不当	现场所用的起重工具，应按技术规定使用，严禁以小代大，以次充好
17		起重物下方有人站立或逗留	塔片起吊过程中，高处作业人员应选择合理的安全位置。待塔片到位后再进行就位安装。起重物下方严禁有人站立或逗留
18		地锚埋设不当	立塔使用的地锚必须按施工技术措施要求埋设。地锚埋设要采取防雨水冲刷、渗淹措施，防止进水后被拔出；严禁利用树桩等作锚桩用
19		机械带病运行	机械操作人员在工作开始前，应对机械进行全面检查，严禁机械带病运行
20		高空检修未设置安全监护人	高空检修、消缺工作人员不得少于两人，且必须设置安全监护人。作业时应严格按照高空检修安全工作票的要求进行操作
1	起重作业	无证人员操作机械设备	起重作业所使用的机械必须完好，保证其有效率达到 100%。起重机械操作人员应按国家有关操作规定严格操作。严禁无机械操作证人员操作机械设备

续表

序号	作业内容	危 险 点	预 防 控 制 措 施
2		工器具损坏	工器具应定期检查和保养，不合格的坚决更换
3		超重起吊	起重作业时，起吊重量严格按照作业指导书中规定的重量进行起吊，严禁超重起吊
4	起重作业	钢丝绳受割	起吊物件的绑扎工作，必须由专人进行绑扎。绑扎点要有防止钢丝绳受割的措施，棱角处要垫软物
5		吊件和起重臂下方有人	吊件和起重臂下方严禁有人，起重臂及吊件上严禁有人或有浮置物
6		吊件悬空停留指挥人员离开现场	吊件不得长时间悬空停留；短时间停留时，操作人员、指挥人员不得离开现场。工作结束后，起重机械的各部应恢复原状
7		电力线下方或临近处起重作业	在电力线下方或临近处起重作业，必须办理安全作业票，设安全监护人，严禁起重臂跨越电力线进行作业
8		恶劣气候吊装作业	铁塔组立时接地连接及时可靠，遇有雷雨、浓雾及六级以上大风时，不得进行铁塔吊装作业

三、作业前准备工作

（一）作业人员准备

铁塔组立作业应按照现场交通情况、地形环境条件和作业方案的复杂程度，合理配置作业人员。一般每个作业点应配置工作负责人1名、安全监护人1名、测工1名、高空作业人员8名、技工6名和普工30名左右为宜。

（二）作业工具器准备

输电线路铁塔的设计型式、作业环境、施工方案，决定了工器具配置。不同的作业方案工器具配置主要区别在于抱杆参数的选择，参数常用有350、500mm和700mm截面格构式钢抱杆。通过起吊重量计算配置其他各受力系统相应的工器具。以内拉线内悬浮抱杆分解组塔，一次起吊重量不超过2000kg时，根据此重量选择的主要工器具有抱杆系统（抱杆、抱杆帽、抱杆底座、抱杆连接螺栓），抱杆控制和稳定系统（小双钩、U形环、钢丝绳、承托绳），拉线及起吊系统（手扳葫芦、U形环、控制大绳、机动绞磨、地锚、滑车、钢丝套、圆木、小棕绳、角钢桩）和梅花扳手、扭矩扳手、尖扳手、尖橇杠、大锤、红白旗、口哨等。

四、作业步骤和质量标准

（一）内拉线内悬浮抱杆分解组塔

1．现场布置

内拉线抱杆分解组塔现场布置如图 ZY0200102003-4 和图 ZY0200102003-5 所示。

图 ZY0200102003-4 内拉线抱杆单片组装现场布置示意图

1—抱杆；2—内拉线；3—起吊绳；4—起吊塔片；5—控制绳；
6—承托绳；7—承托底座；8—转向滑车；9—地滑车

图 ZY0200102003-5 内拉线抱杆双片组装现场布置示意图

1—抱杆；2—内拉线；3—起吊绳；4—起吊塔片；5—控制绳；6—承托绳；7—承托底座；8—转向滑车；9—地滑车；10—平衡滑车

模块 3

ZY0200102003

（1）抱杆的布置。

1）抱杆由抱杆帽、抱杆底座及抱杆本身构成，抱杆分段之间一般用螺栓连接。

2）在 220～500kV 输电线路中普遍采用的内拉线抱杆有 400mm×400mm、500mm×500mm 规格断面的铝合金抱杆及钢抱杆。

3）根据吊装铁塔的分段长度及根开尺寸，选择适宜的抱杆长度。

4）抱杆在塔上位置示意图如图 ZY0200102003-6 所示。抱杆露出已组塔的长度 L_1 及插入已组塔段的长度 L_2 应保持一定的比例，一般取 L_1:L_2 = 7:3。为了起吊构件方便就位，抱杆可以稍向起吊的构件侧倾斜，其倾角应小于 10°。

5）抱杆上部长度 L_1 应满足吊装构件就位的需要，抱杆下部长度 L_2 应满足承托绳与相对的承托绳间夹角小于 90°的要求。

图 ZY0200102003-6 抱杆布置示意图

（2）抱杆拉线的布置。抱杆拉线是由四根钢丝绳组成，拉线的上端通过卸扣固定于抱杆上段或顶部的专用拉环上。拉线下端吊装塔身时分别固定在已组塔段四根主材上端节点的下方，吊装上曲臂或横担时拉线下端可固定在 K 点的连接板附近。

（3）承托系统的布置。抱杆的四条钢承托绳其端头连接固定在已组塔段主材节点的上方，也可以通过专用卡具固定于铁塔主材上。为保持抱杆根部处于铁塔结构中心，四条承托绳的长度应等长。并且连接时其连接方式要求相同，确保受力均匀。

（4）起吊绳的布置。起吊绳由被吊构件经抱杆顶端的转向滑车、腰滑车和底滑车引到机动绞磨，起吊绳的规格应按工程设计塔型最大起吊重量选取。

（5）牵引设备的布置。牵引设备选用 30kN 机动绞磨，绞磨应布置在横线路或顺线路方向设置，且与起吊构件方向约呈垂直方向。在起吊过程中，绞磨操作人员就能观测到起吊构件。绞磨距塔位中心的距离不小于 1.2 倍的塔高。牵引地锚应针对不同地质条件，可选用地锚钻或钢板地锚。

（6）转向滑车的布置。底滑车是将通过铁塔内的牵引绳引向塔外直至绞磨，起转向作用。若为双片吊塔时，两条牵引绳引至塔外穿过平衡滑车后与总牵引绳相连。底滑车通过钢绳套固定在靠近地面的塔腿主材上。

腰滑车是为了合理引导牵引绳走向，避免牵引绳与塔段或抱杆相磨碰所设置的一种转向滑车。腰滑车应布置在已组塔段上端接头处的主材上。固定腰滑车的钢绳套越短越好，以增大牵引绳与抱杆轴线间的夹角，从而减小抱杆受力。

（7）腰环的布置。内拉线抱杆提升过程中，采用上下两道腰环，使抱杆始终保持竖直状态。上下两道腰环的间距一般应不小于 6m。上腰环布置在已组塔段的最上段，下腰环应布置在抱杆提升后的下部位置。腰环应通过钢丝绳套固定在已组塔段的四根主材节点处并适当收紧。

（8）控制绳的布置。因控制绳在构件上绑扎的位置不同，控制绳可分为上控制绳和下控制绳。

上控制绳是绑扎在被吊塔片上端的绳，其作用是调整被吊构件的位置及协助塔上操作人员就位时对孔找正。正常起吊时，调整绳不受力，处于备用状态。调整绳一般用 2 根，分别绑于被吊塔片两侧主材上端。通常选用 $\phi16$～$\phi20$ 的棕绳。

下控制绳是绑扎在被吊塔片下端的绳，其作用是控制被吊塔片不与已组塔体相触碰。上控制绳受力的大小，对抱杆、拉线系统及承托系统的受力均有直接影响。而下控制绳与地面的夹角大小直接影响自身的受力，一般要求不大于 45°。下控制绳的规格应经计算确定。一般情况下，当被吊构件小于 500kg 且对地夹角小于 30°时，选用不小于 $\phi18$ 的棕绳；当被吊构件大于 500kg 或由于地形限制，对地夹角大于 30°时，应选用 $\phi11$ 钢绳或 $\phi13$ 钢绳。当构件组装后的根开小于 2m 时，一般采用一根下控制绳，用 V 形钢绳套与被吊塔片相连。当塔片的根开大于 2m 时，宜使用 2 根下控制绳，且按八字形布置。

2. 塔腿组立

应根据施工地形、铁塔主材重量、基础型式选择塔腿组装方法。对于地脚螺栓式基础，其塔腿的组立有分件组立和单侧组片起立。对于角钢插入式基础的基础，通常采用分件组立的方法。

（1）分件组立塔腿。对于地脚螺栓式基础，先将塔脚板安装在基础上，适当拧紧地脚螺帽。当组立下段塔身的主材长度较小且质量较轻时，可用木叉杆将主材立起。当主材较长且较重时就利用木质人字抱杆或钢管抱杆按整立杆塔的方法将主材立起，布置示意图如图 ZY0200102003-7 所示。

人字抱杆组立塔腿主材的操作步骤如下：

1）将铁塔下段主材单根相连接，但总长度不宜超过 15m，质量不宜超过 500kg。主材上的联板应一并装上，相应的斜材及水平材用一个螺栓连接。

2）将主材根部用一个螺栓连在塔脚底板上，作为起立主材的转动支点。

图 ZY0200102003-7　人字抱杆组立塔腿主材布置示意图
1—人字抱杆；2—临时拉线；3—牵引绳；4—转向滑车；5—地锚

3）按图 ZY0200102003-7 所示做好现场布置后，启动绞磨，起立主材，直至将底部的连接螺栓全部安装上。

4）用四根临时拉线将塔腿主材固定后拆除起吊绳索。其余三根主材利用同样的方法进行或利用已立主材起立。

5）塔腿四根主材立好后，自下而上组装三个侧面的斜材及水平材，并将螺栓紧固。其中一个侧面的斜材待抱杆立起后再补装。

（2）整体组立塔片。

1）根据现场地形条件，选择好塔腿组装的位置，将铁塔底座倒放在地面基础的垫木上。垫木的厚度应略高于地脚螺栓露出基础顶的高度。如有条件应尽可能安装塔脚铰链。

2）在地面上对称组装两个半边塔腿，视吊重量也可带上两侧的辅材。

3）整立前塔腿根部应设两制动绳，塔腿主材顶端应布置临时拉线。吊点应绑扎在距离塔腿顶部 1/3 高度的节点处。启动绞磨后应收紧制动绳，使铁塔底座跟随塔脚铰链转动。随着塔腿的起立掌握控制侧拉线。当主材立直后使塔脚板螺孔对准地脚螺栓就位。安装垫板、地脚螺帽并紧固，固定好临时拉线，拆除起吊绳。

4）利用相同的方法组立另一侧。当两半边的塔片组立后，将塔腿之间的斜材等辅铁全部安装并紧固螺栓，拆除临时拉线。

（3）角钢插入式基础的塔腿组立。角钢插入式基础的塔腿组立一般采用分件组立的方法。对于主材为单角钢时，可将塔腿主材下端用一只螺栓与基础立柱与基础立柱包钢连接用为支点。对于主材为双角钢时，应先将内拉线抱杆起立并固定于基础中间靠近主材的位置，分别将四根主材吊起，使其与基础主角钢连接，然后利用抱杆或主材吊装四个侧面的辅铁，直至全部组立完毕。

3. 起立抱杆

现场负责人应对运至塔位的抱杆进行认真检查，应将各段抱杆按顺序组合并进行调整，使杆身平直稳固，接头螺栓须紧固到位。安装好顶滑车及抱杆临时拉线，将起吊钢绳穿入顶滑车。现场布置如图 ZY0200102003-8 所示。起立抱杆视抱杆大小及地形条件而定，一般利用已组立的下段塔身单搬整立抱杆。将抱杆平放在塔身开口侧的地面上，利用已组塔身起吊抱杆，当抱杆起立至 80°左右时，停止牵引在塔身上方收紧抱杆拉线，利用拉线将抱杆调正后，将拉线固定在主材上。抱杆竖立后，应将塔身下段的开口面辅材补装齐全并坚固螺栓，而后将抱杆拉线固定在塔腿主材的规定位置上。

4. 提升抱杆

将提升抱杆的牵引绳由绞磨引出后，经地滑车、起吊滑车、抱杆底部滑车直至已组装塔段上端主材节点处绑扎。提升抱杆前，绑扎上下两道腰环，使抱杆竖立在铁塔结构中心的位置并处于稳定状态。将四根拉线由原绑扎点松开，移到新的绑扎位置上予以固定。拉线固定在已组塔段上端主材节点处的下方，各拉线的长度应相等，连接方式要相同，拉线呈松弛状态。

模块 3

ZY0200102003

图 ZY0200102003-8　起立抱杆现场布置示意图

1—抱杆；2—抱杆拉线；3—吊点滑车；4—制动绳；5—转向滑车；6—地滑车；7—补强拉线；8—至绞磨

启动牵引绞磨，收紧提升钢丝绳，使抱杆提升约 1m 后，将抱杆的承托绳由塔身上解开。继续启动绞磨，使抱杆逐步升高到四根拉线张紧为止。将四条承托绳固定于已组塔段主材节点处的上方，调整承托绳使其受力一致。

调整抱杆拉线，使抱杆顶部向被吊侧略有倾斜。放松上下腰环及提升系统，做好起吊塔片的准备。

抱杆的倾斜度宜使抱杆顶的铅垂线接近于塔片就位点，但抱杆的倾斜角不得大于 10°。提升抱杆现场布置示意图如图 ZY0200102003-9 所示。

5. 构件的绑扎

构件起吊前必须按施工设计的要求在规定位置绑扎吊点绳和控制绳。

（1）吊点绳的绑扎。吊点绳是由两条等长的钢丝绳分别捆绑在塔片的两根主材的对称节点处，形成倒"V"型。

吊点绳在构件上的绑扎位置，必须高于构件重心 1~2m 处；绑扎后的吊点绳中心或其合力线，应位于构件的中心线上，以保持构件平稳提升。

吊点绳应呈等腰三角形，两吊点绳的夹角不得大于 120°。吊点绑处应垫方木或包缠麻袋片，或者使用尼龙吊带代替钢丝绳，绑扎点处也可采用专用设计的夹具，以防塔材磨损或钢绳受割。吊点绳绑扎示意图如图 ZY0200102003-10 所示

图 ZY0200102003-9　抱杆提升布置示意图

1—抱杆；2—上拉线；3—起吊滑车；4—地滑车；5—抱杆地座；
6—上腰环；7—下腰环；8—双钩；9—起吊绳

（2）构件的补强。吊点处构件薄弱时在吊点间补强，塔片根部薄弱时也应在塔片底部补强，补强木的梢径不小于 100mm，长度视构件的长度而定。补强木与构件间的绑扎点可利用吊点绳缠绕后再用 U 形环连接或用单独的钢绳套固定。

吊装横担的补强方式如图 ZY0200102003-11 所示。

（3）控制绳的绑扎。起吊构件上的控制绳应绑扎在构件两侧主材节点处。当被起吊构件宽度大于 2m 时，则由两条绳分别操作如上图 ZY0200102003-12 示；当被起吊塔身片的构件宽度小于 2m 时，也可将控制绳绑扎成相似于吊点绳的 V 字形。

6. 构件的吊装

（1）构件吊装前的准备工作。

1）对于已组立塔段上端接头处无水平材的，应安装临时水平材，但不应妨碍塔体上下段的连接。

图 ZY0200102003-10　吊点绳绑扎
示意图

图 ZY0200102003-11　吊装横担的补强方式示意图
（a）两点吊布置；（b）四点吊布置
1—起吊绳；2—吊点绳；3—补强木；4—横担；5—钢横梁；6—分吊点绳

图 ZY0200102003-12　控制绳的绑扎位置
（a）起吊塔身；（b）起吊横担
1—起吊绳；2—吊点绳；3—上控制绳；4—下控制绳

2）已组立塔段的辅材必须安装齐全，且螺栓紧固到位。

3）当牵引绳可能与水平材相磨碰时，塔片上端水平材处应绑一根补强小圆木，进行隔离。

4）如果待吊的塔片的大斜材下端无法与主材连成一体时，应在主材下端各绑一根圆木或通用工具以接长主材，再将大斜材与接长主材绑扎成一体，以防起吊开始状态下大斜材着地受弯变形。塔片离地后拆除圆木或通用工具。

（2）构件吊装过程中的操作。

1）构件开始起吊，下控制绳应收紧，上控制绳应松弛；构件着地的一端，应设专人监护，以防构件被挂。

2）构件离开地面后，应暂停起吊，进行一次全面检查，检查内容包括：牵引设备的运转是否正常，各绑扎处是否牢固，地锚是否牢固，滑轮是否转动灵活，已组立塔段受力后有无变形等。检查无异常后，方可继续起吊。

3）起吊过程中，在保证起吊构件不触碰已组塔段的前提下，应尽可能松出控制绳，减少各部索具受力。

4）构件起吊过程中，指挥人员应密切监视构件起吊上升情况，应使塔片靠近已组塔体，两者间距宜为 0.3～0.5m，严防构件挂住已组塔体。

5）构件下端提升超过已组立塔段上端时，应暂停牵引，由塔上作业负责人指挥缓慢松出制动绳。当构件主材对准已组塔段主材时，再慢慢松出牵引绳，按先低后高的原则进行就位。

6）塔上作业人员应分清斜材的内外位置。主材就位后按先两端后中间的顺序安装并拧紧全部接头螺栓。

7）构件接头就位螺栓安装完毕，及时安装斜材及水平材，再松出起吊绳、吊点绳及控制绳。

（3）构件吊装的注意事项。

1）地面工作人员与塔上作业人员要密切配合，统一指挥。塔上作业人员应设一名高空负责人与地面联系。

2）主材接头螺栓安装完毕，侧面的必要斜材已安装，构件已组成整体，方可拆除起吊绳和控制绳。

3）利用拆除后的控制绳将起吊绳拉至地面与待吊构件的吊点绳相连接。

4）塔段的四面辅材全部组装完毕方准提升抱杆。

7. 抱杆的拆除

铁塔组立完毕后方可拆除抱杆。对于酒杯型塔或猫头塔通常是利用横担中点用起吊滑车悬挂点拆除抱杆。对于上字型或干字型塔通常是利用塔头顶作为悬挂点拆除抱杆。悬挂点应选在铁塔主材的节点处，且节点处螺栓必须全部拧紧。

图 ZY0200102003-13　内悬浮外拉线抱杆分解组塔现场布置示意图

在横担与上曲臂结合处分别挂设一个单轮起重滑车，在抱杆上部距抱杆顶约 1/4 的位置绑扎起吊绳，穿过滑车引至绞磨。抱杆根部绑一条ϕ18 棕绳，在塔身适当位置引出塔身外拉至地面。

拆除抱杆的操作顺序是：收紧起吊绳，拆除抱杆拉线；启动绞磨，将抱杆提升约 0.5m 高度后停止牵引，拆除承托绳；再启动绞磨，松出牵引绳使抱杆慢慢下降，同时拉紧抱杆根部棕绳，将抱杆引出塔身之外；当抱杆头部降至横担以下时，拆除抱杆顶部拉线，用棕绳套将抱杆头部与牵引绳圈住，以防抱杆翻转；继续松出牵引绳使抱杆落地，抱杆根部棕绳要适当拉紧，避免抱杆与塔身碰撞摩。

（二）外拉线内悬浮抱杆分解组塔

内悬浮外拉线抱杆组塔就是将抱杆上端的四根拉线落地，固定在地面预埋的地锚上，其余操作及施工均与内悬浮内拉线抱杆组塔相同。

1. 现场布置

（1）内悬浮外拉线抱杆分解组塔的现场布置示意如图 ZY0200102003-13 所示。

（2）计算抱杆长度。

1）对于干字型塔，抱杆长度应满足吊装塔身各片的要求。其长度应满足

$$L_A \geqslant \frac{2}{3}L_1 + L_2 + H_D + H_x \qquad (ZY0200102003-1)$$

式中　L_A——按塔身段长度计算的抱杆长度，m；
　　　L_1——塔身各段中最长的一段段长，m；
　　　L_2——抱杆插入已组塔段的长度，可近似取已组塔体上端根开，m；
　　　H_D——吊点绳的垂直高度，可近似取被吊构件上端的根开，m；
　　　H_x——起吊滑车组收缩后的最小长度，一般取 2～4m。

2）对于酒杯型和猫头型铁塔，抱杆长度应满足吊装横担的需要。其长度应满足

$$L_B \geqslant H_h + L_3 + L_{2B} + H_D + H_x \qquad (ZY0200102003-2)$$

式中　L_B——按吊装酒杯塔横担计算的抱杆长度，m；
　　　H_h——酒杯塔横担的立面高度，m；
　　　L_3——酒杯塔平口至横担下平面的高度，m；

L_{2B}——抱杆插入塔身部分的长度,可近似取平口的根开,m。

当抱杆根部的承托绳能挂在下曲臂靠上端时可取 $L_{2B}=O$,此时抱杆长度会稍短些。

(3)抱杆拉线布置。

1)抱杆拉线地锚应位于基础对角线方向的延长线上,拉线的对地夹角不宜大于45°。

2)抱杆拉线下端与地锚连接应用拉线控制器,以方便拉线能随时松出;若需要收紧时应另配手扳葫芦。

3)拉线地锚应根据拉线受力大小和土质条件选用,常用地锚有钢地锚、圆木地锚、螺旋地钻及铁桩等,应优先选用钢地锚。坚硬土质使用铁桩时拉线拉力应不超过 15kN,每根拉线铁桩不得少于 2根,2 根铁桩应用花篮螺丝或双钩紧线器可调工具和钢丝绳套连接牢固。软土地质使用地钻时每根拉线不得少于 2 只。

(4)起吊滑车组的布置。

1)起吊滑车组的绳数应根据受力计算选择,在一般情况下,起吊绳采用 $\phi 13mm$ 钢丝绳时,单绳受力不应超过 15kN,采用 $\phi 11mm$ 钢丝绳不应超过 11kN。

2)起吊滑车组的定滑轮挂于抱杆上帽的侧面。起吊绳沿抱杆外缘引下时应防止磨碰抱杆。

3)起吊绳通过地面的转向底滑车进入绞磨。底滑车的位置应选择适当,防止起吊绳与其他构件相磨擦。底滑车的钢丝绳套与塔脚底座连接时绳套长度应适当,塔腿主材靠基础面处尽可能设置挂板或预留施工孔。

(5)其他布置。牵引装置、承托系统等布置与内悬浮内拉线抱杆组塔布置相同。

2. 塔身下段的组立

塔身下段的组立应根据塔腿质量、根开及地形条件等选择合适的方法。主材较重或者为主角钢插入式基础时宜选用单根吊装;塔腿较轻、地形较平坦且为地脚螺栓式基础时宜选用分片吊装。

如采用先起立抱杆后组立塔腿方案时,可用已立起的主抱杆起吊塔腿单根主材,现场布置示意如图 ZY0200102003-14 所示。将塔腿主材吊离地面后再与基础主角钢或塔脚板对接,然后再安装塔腿四个侧面辅材。

图 ZY0200102003-14 起吊主材现场布置图

分片吊装塔腿,一种是用主抱杆吊装半边塔身,另一种是用主抱杆分别吊装四根主材及其相应的辅材,然后组合连接成为一个完整的塔身。

塔腿吊装均应选择合理的吊点位置,防止构件变形,必要时吊点处用圆木或圆钢管进行补强。塔腿组立后均应设置临时拉线,防止塔腿因自重力向内侧倾斜变形。设置临时拉线有利于塔腿的合拢。塔身下段组立后，地脚螺栓的螺帽应装齐、拧紧，接地引下线应及时与铁塔连接，以保证组塔安全。

3. 吊装塔身

吊装塔身的现场布置示意如图 ZY0200102003-15 所示。

图 ZY0200102003-15　悬浮抱杆立塔正视图

1—抱杆；2—腰环；3—外拉线；4—已起立塔片；5—反向拉线；6—起吊滑车组；7—50kN

转向滑车；8—30kN 手扳葫芦；9—塔片；10—补强抱杆；11—控制绳；12—承托绳

吊装塔身应遵循下列规定：

（1）塔身分片后的起吊质量应不超过抱杆的允许起吊质量。塔型不同选用的抱杆规格不同，其允许起吊质量也不相同。因此，现场施工中应根据铁塔安装图核对实际的起吊质量。当塔材代用资料不明时，应在设计起吊质量的基础上乘以 1.1 的增重系数。

（2）为了方便塔片就位，吊装前应调整抱杆顶向吊件侧适当倾斜，倾斜角不宜大于 10°。调整抱杆倾斜时应考虑拉线受力后的伸长影响，避免过量倾斜。

（3）当抱杆置于地面开始起吊时，应将抱杆根部用承托绳与铁塔基础连接，使抱杆固定在四个基础的中心位置。

（4）吊点绳的绑扎位置及补强方式见内拉线内悬浮抱杆组塔。

4. 抱杆的提升和拆除

（1）抱杆的提升。

1）提升抱杆的准备工作：塔腿或塔身四面辅材应全部装齐并拧紧螺栓，抱杆拉线下端通过拉线控制器进行调整，按提升布置图做好现场布置，起吊塔片的起吊滑车组尾端应临时固定在抱杆身部。

2）提升抱杆有两种布置方式：一种是采用双挂点单绳提升，适用于抱杆自重不超过 1500kg 的情况，双挂点单绳提升现场布置示意图见图 ZY0200102003-16 所示。另一种是四挂点双绳提升。四挂点双绳提升现场布置示意图见图 ZY0200102003-17 所示。

3）提升过程中的操作要点：检查准备工作完毕后，启动绞磨缓慢牵引提升抱杆。提升约 1m 后暂停牵引，将承托绳由塔身主材绑扎点处解开，松挂在主材某节点上再继续提升。抱杆提升过程中四根外拉线应随之均匀缓慢松出但不得完全解开，以防止抱杆倾倒。随着抱杆的提升，承托绳上端应随之向上移动，直至达到预定绑扎点再固定。抱杆高出塔体的高度应满足待吊构件能顺利就位。抱杆提升至略高出设计高度后应停止牵引。收紧承托绳，其上端应连接在已组塔体上端主材节点处的上方或相应的挂板上。缓慢松出绞磨绳，使承托绳处于受力张紧状态，检查承托绳受力是否均匀。松出提升绳，调整抱杆四侧拉线，使抱杆处于待吊构件状态。

图 ZY0200102003-16　双挂点单绳提升抱杆布置图　　图 ZY0200102003-17　四挂点双绳提升抱杆布置图

（2）抱杆的拆除。直线塔抱杆的拆除如图 ZY0200102003-18 所示，耐张塔抱杆拆除如图 ZY0200102003-19 所示。如果抱杆自重超过 1500kg 时，应采用滑车组或用双绳双吊点拆除抱杆。拆除的初始阶段，外拉线应带住；抱杆下落 1~2m 后完全松出外拉线，利用起吊绳控制抱杆的稳定。

图 ZY0200102003-18　直线塔抱杆拆除示意图　　图 ZY0200102003-19　耐张塔抱杆拆除示意图

5. 吊装横担及地线支架

在各种型式铁塔头部的吊装中，以酒杯型塔的导线横担和地线支架吊装较为困难，因为它质量较大、长度较长且位置较高。横担的吊装有分片分段吊装和整体吊装，应根据抱杆允许起吊重量选择适当的吊装方法。

（1）分片分段吊装法。

1）吊装顺序：第一步分前后片吊装中横担，第二步将地线支架和边导线横担绑扎到一起同时吊装，第三步先就位边导线横担，再就位地线支架。

2）吊装中横担的操作要点：将中横担分前后两片组装于顺线路方向，利用顺线路的起吊滑车组进行吊装。调整抱杆露出横担上平面，且向受力反侧略有倾斜，当起吊滑车组受力后，抱杆宜在铁塔结构中心线位置。横担片吊装前，横担片的螺栓必须全部达到紧固标准。吊装过程中，尽量避免绳受力过大。应根据吊件的提升而适时松出控制绳，以吊件不触碰塔体为原则；两根控制绳应同步松出，使横担始终处于水平状态。吊装过程中，抱杆应始终保持在顺线路方向的塔体中心面上。横担片吊至设计位置时，调整攀根绳，使横担低端先就位，再调整上曲臂根开加固绳使高端就位。上曲臂与横担片连接处的顺线路方向交叉铁安装完毕且螺栓全部紧固后，再松出绞磨绳及吊点绳，按相同方法和步骤吊装另一片中横担。

3）吊装地线支架的操作要点：地线支架与导线边横担组装时就要组装在一起，并且要将地线支架和导线横担用钢丝套连接，并用螺栓将地线支架和横担连接，如图 ZY0200102003-20 所示。

图 ZY0200102003-20 边导线横担和地线支架组装示意图

控制大绳采用两点绑扎，在边导线横担端头绑扎。吊点采用一点吊，吊点绳采用ϕ21 钢丝套，平衡滑车采用 50kN 单轮环式滑车和起吊系统连接。

边横担起吊到安装位置后，调整抱杆和控制绳，先安装高侧就位螺丝，然后回落绞磨，安装低侧螺栓，安装好就位螺栓并紧固后，放可松开磨绳及控制绳。调整抱杆使抱杆垂直，将磨绳绑扎在地线支架上，启动牵引设备，就位地线支架。

（2）整体吊装法。

1）整体吊装有两种组装方式：一种是横担及地线支架组装成整体；另一种是将中横担及地线支架组装成整体，边横担再单独吊装。

2）整体吊装主要是起吊质量增大，各部位工具受力增大，操作要点与分片吊装基本相同。

（三）内摇臂落地式抱杆分解组塔

1. 现场布置

内摇臂落地式抱杆包括一根主抱杆及四根摇臂。主抱杆由抱杆帽、抱杆上段、加强段、接续段和底座等组成。内摇臂落地式抱杆分解组塔的现场布置示意如图 ZY0200102003-21 所示。

图 ZY0200102003-21 内摇臂落地式抱杆组立布置图

1—抱杆；2—摇臂；3—起吊滑车组；4—平衡滑车组；5—起伏滑车组；6—塔片；
7—控制绳；8—补强木；9—机动绞磨；10—腰环

抱杆底座通过四条φ11mm钢丝绳固定在铁塔基础中心。在抱杆加强段上通过长螺杆安装四个长4m的摇臂，分别布置在横、顺线路方向。摇臂端头与抱杆顶部通过起伏滑车组相连，使摇臂与铅垂线在5°～80°范围内活动。摇臂端头与抱杆顶之间用φ15mm保险钢丝绳连接，使摇臂保持在水平位置。

当塔片采用左右两侧起吊时，前后方向摇臂的起伏滑车组可以省略。省略起伏滑车组后，应另挂一条钢丝绳连至地面并收紧。

摇臂端头下方悬挂起吊滑车组，作起吊塔材或平衡拉线用。起吊绳经滑车组后穿过挂在抱杆杆身的转向滑车及地面处的地滑车直至绞磨。

抱杆杆身由下至上每隔8～10m布置一道腰环，每个腰环用四条φ11mm钢绳（腰拉线）及四副双钩收紧在已组塔段的四根主材上。四根腰拉线应在同一水平面内，且受力均衡，以保证抱杆在吊塔片及倒装提升时不致倾斜。

2. 施工方法

（1）抱杆的组立。

1）抱杆组立前的准备工作。当利用塔腿起立抱杆，塔腿段高度为6～9m时，可组立顶部四段抱杆高度约17m左右；塔腿段高度为13m时，可组立顶部五段抱杆约为21m左右。将抱杆底座用四根钢绳固定于铁塔基础的中心。对于岩石等坚硬地基，底座位置的地面应平整；对于松软土质，底座下方应垫方木，防止抱杆下沉。在进行地面组装时，摇臂及起伏滑车组组装后应与主抱杆捆绑在一起，待抱杆立正后再调整摇臂位置。应在面向牵引方向的两侧及后方的抱杆上部绑扎临时拉线。抱杆的最下道腰拉线应与抱杆临时绑扎固定，防止抱杆起立过程中腰环下滑。

2）抱杆的起立。根据现场条件决定抱杆与塔段的吊装顺序，可选择先立抱杆再利用抱杆组立塔腿、塔身等；也可以先组立塔身下段，利用塔身组立抱杆再利用抱杆继续组立其他塔段。

（2）抱杆的提升。

1）提升抱杆的准备工作。将已吊装好的塔段辅材装齐并拧紧螺栓，防止塔材受力变形。在已组塔段的合适高度装好顶层的腰拉线。提升过程中腰拉线总数应不少于2道，以保证抱杆提升的稳定。各道腰拉线中心应与铁塔中心在同一铅垂线上。提升抱杆现场布置如图ZY0200102003-22所示。提升滑车布置在已组塔段呈对角线的主材节点处。两提升滑车高度应选择适当且应等高，第一次提升应不小于12m。提升钢绳的两个尾端固定在被提升的抱杆下端，再经塔段顶端的提升滑车、塔脚处的地滑车直至平衡滑车。牵引绳由平衡滑车引至绞磨。将待接的抱杆段用钢丝绳套与提升的抱杆下端相连接。接长抱杆时，每次以一段为限。

2）提升抱杆。提升抱杆时，四方起吊滑车组应通过尾绳挂在塔脚上，配合抱杆的提升由人力均匀松出。

抱杆接续段用钢绳套连接在主抱杆下端，当抱杆提升到一段高度后，慢慢将上部抱杆落下，使接续段下端对准底座并固定好；继续回落使接续段与提升段的连接螺孔对正，安装连接螺栓，最后全部松出提升钢绳。每次提升接高一段后，将提升钢绳下移以备下次再提升。接长后的抱杆伸出最上一道腰环的高度，以满足继续吊装塔片的高度为限度，但不得超过20m。提升完毕后，重新调直抱杆，固定好腰拉线，将作为平衡拉线用的起吊滑车组收紧，准备继续进行吊装作业。

3）调整抱杆。起吊塔片前必须调直抱杆，再打好各道腰拉线，各道腰环中心应与抱杆中轴线重合，腰环每隔8～10m装设一道，总数不得少于2道。一侧起吊塔片时，与之垂直的两个摇臂应平放，并将起吊滑车组的起吊钢绳与挂在塔脚上的两条等长的φ13mm钢绳套连接，钢绳套的长度为0.75～0.8

图ZY0200102003-22　落地抱杆接续提升布置图

1—抱杆；2—腰环；3—提升钢绳；4—抱杆接续段；5—提升滑车；6—地滑车；7—平衡滑车；8—牵引钢绳

倍的铁塔根开，使两尾绳间夹角不大于90°将起吊滑车组尾绳收紧并在塔脚处绑牢，以代替两侧拉线，保持抱杆垂直地面。起吊反侧的起吊滑车组，同样按两垂直摇臂起吊滑车组固定于塔脚处，但起吊滑车组尾绳应引接至机动绞磨，使抱杆顶向起吊反侧预偏200～300mm。起吊过程中，尽可能使抱杆保持与地面垂直或向起吊侧倾斜不超过200mm。根据塔片就位的要求，尽可能将起吊侧摇臂收起，改善抱杆受力状况。调整摇臂的起伏钢丝绳尾端应通过抱杆根部的地滑车后，固定在塔脚上。调整抱杆必须有测工用经纬仪配合监视。

（3）塔片吊装。检查塔片组装位置是否在摇臂的下方或允许的偏离范围内。要求塔片吊离地面时，起吊滑车组中心线对抱杆轴线的偏角应不大于10°，塔片允许最大偏出距离见表ZY0200102003-3。

表 ZY0200102003-3　　　　　　　　　　塔片允许最大偏出距离

摇臂高度（m）	12	16	20	24	28	32	36	40	44
允许偏出距离（m）	2.1	2.8	3.5	4.2	4.9	5.6	6.3	7.0	7.7

在塔片起吊过程中应随时监视抱杆的变形状态，如变形较大时应停止牵引再作适当调整。塔片接近就位时，应用摇臂起伏滑车组调整塔片就位，不得用压控制绳的方法调整塔片就位。第一副塔片吊装就位后，应将起吊侧摇臂放平，并将该起吊滑车组的起吊绳下移挂在塔脚上，作为平衡拉线使用。

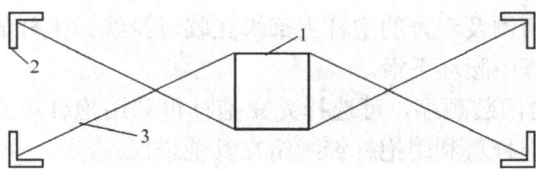

图 ZY0200102003-23　铁塔曲臂节点部位腰环布置图
1—腰环；2—主材；3—φ13 钢丝套；

而用原平衡摇臂进行吊装另一侧塔片。当待吊塔身段根开小于4m，且起吊重力不超过15kN时，可将该段组成一节不封口的塔段进行起吊。起吊时，开口向外，就位时通过控制绳使开口向内，就位后补齐开口面塔材。吊装酒杯型塔的塔头及横担时，最上一道腰环宜打在下曲臂顶部位置。拉线应交叉与节点相连，如图 ZY0200102003-23 所示。

（4）抱杆的拆除。内摇臂落地式抱杆的拆除方式，可以先拆卸前后摇臂，然后将左右摇臂与抱杆上段合拢捆绑，将摇臂与抱杆一起拆除。拆除抱杆本体与提升抱杆次序相反，采用吊起后从底部分段拆除。

内摇臂落地式抱杆的拆除至只有一道腰环时，为避免抱杆在拆除过程中倾倒，应将固定于横担中部的起吊绳挂于抱杆头部。当抱杆临近地面时，用人力将其向塔体外拖出，再分段拆解以便运输。抱杆拆除后，必须随即补齐铁塔各断面的水平辅材并拧紧螺栓。塔上作业全部结束后，整理工器具、恢复现场转场。

（四）倒落式人字抱杆整体立塔

1. 现场布置

用倒落式人字抱杆整立拉线铁塔现场布置和操作方法，与整立混凝土电杆基本相同。当用倒落式人字抱杆整立自立式铁塔时，现场布置有以下几点不同：

（1）起立抱杆的布置方式：整体组立自立铁塔的抱杆布置方式一种是与铁塔朝向相同，此时应在距抱杆头部约1m位置的塔身上方绑扎一根φ150mm的圆木，以便将抱杆搁在上面进行抱杆头部工具的组装。抱杆头部在组装时已被抬高，因此人字抱杆可直接用总牵引绳及相应的机动绞磨进行起立。

另一种抱杆布置与铁塔朝向相反，将抱杆组装在与铁塔布置相对称的地面上。在铁塔腿部固定一根独抱杆，利用立塔制动绳地锚用为人字抱杆的牵引绳地锚。单独设置起立抱杆的牵引绳、制动绳、临时拉线等起立人字抱杆。

（2）制动系统的布置方式。由于整体立塔时制动绳调整范围很小，而且制动绳最大受力值出现在铁塔起立时塔头离开地面一刻，因此制动绳系统布置时一定要收紧，避免损坏地脚螺栓。制动绳的布置方式根据塔型的不同有单制动方式和双制动方式两种。单制动方式适用于ZLV、单柱铁塔等；双制动方式适用于四脚铁塔基础和门型塔基础。

（3）为了防止自立式铁塔整立时发生塔腿变形，应对塔腿予以补强。

（4）自立式铁塔整立前，应在后方的两个基础上安装塔脚铰链，在前方的两个基础上垫以道木。垫木高度应略高出地脚螺栓的外露长度。当塔脚就位时先坐落在垫木上，避免损坏地脚螺栓。

2. 整立铁塔过程的操作

（1）铁塔起立前的检查。

1）立塔指挥人会同安全监护人负责检查的项目。总牵引地锚中心、抱杆顶、制动绳地锚中心、塔身结构中心是否在同一直线上。各岗位人员是否均已到位。铁塔组装是否符合设计图纸要求。铁塔地脚螺帽及垫板是否已配齐全并经试安装。铁塔需要补强的部位是否按施工措施规定进行补强。

2）塔根操作人检查的项目。吊点绳受力是否一致，规格是否符合要求。绑扎位置是否正确、牢固。吊点绳的平衡滑车挂钩及活门是否封闭。抱杆位置是否正确，防沉防滑措施是否可靠，抱杆脱帽的控制绳是否绑好。塔脚铰链安装是否到位，连接是否可靠。

3）制动系统操作人应检查的项目。制动器上的分制动钢绳有无叠压，有无妨碍操作的绳索或物件。制动绳在立塔前应收紧，使塔脚绞链位于基础上。制动绳与地锚的连接是否牢固，滑车组钢绳是否理顺。检查后临时拉线钢绳与塔头绑扎是否牢固，位置是否正确。

4）总牵引系统操作人应检查的项目。总牵引滑车组钢绳是否理顺，滑车组的定滑轮与地锚的连接是否牢固，动滑轮的防翻转重物是否绑扎牢固。绞磨绳是否经过地滑车进入机动绞磨。滑车组的收缩长度能满足铁塔立正后仍有一定长度，防止动、定滑车碰头。牵引设备是否运转可靠，尾部是否固定，方向是否正确。

5）临时拉线系统操作人应检查的项目。临时拉线长度能否满足立塔要求，调节装置是否可靠，与其他绳索有无交叉叠压，所在地面及上方有无其他障碍物，是否影响立塔操作。

（2）整体立塔操作。

1）当铁塔头部起立至离开地面约 0.5m 时应停止牵引，对杆塔作冲击试验，同时检查各部位地锚受力位移情况，各索具间的连接情况及受力有无异常、抱杆的工作状态、杆塔各吊点及跨间有无明显弯曲现象等。

2）随着杆塔的缓慢起立，制动绳操作人员应根据塔根负责人的指挥，使塔脚铰链始终靠近地脚螺栓又不紧贴。两侧拉线应根据指挥人的命令进行收紧或放松，使拉线松紧适度。

3）抱杆接近失效时，牵引速度应放慢且将后方的临时拉线带住。后方拉线如为永久拉线时，应将钢绞线理顺，防止交叉、弯勾或叠压。

4）抱杆失效时应停止牵引，缓慢松出抱杆脱落控制绳使抱杆缓慢落地。控制绳操作人员必须站在抱杆的外侧。如果抱杆脱落不顺利应查明原因，采取有效措施使抱杆缓慢脱落。两根抱杆落地后抽出控制绳。

5）铁塔起立 70° 时，应减慢牵引速度，后方临时拉线应随铁塔的起立而跟随松出，制动绳应根据现场情况确定是否继续放松。

6）当铁塔立至 80°～85° 时应停止牵引，制动绳适度松出，缓慢松出后方临时拉线，利用牵引系统的重力及张力使铁塔调正。

（3）铁塔就位。

1）拉线塔塔脚与基础为绞接，可以在铁塔立正后直接就位。就位后拆除绞链，用经纬仪监测调直铁塔后，打好永久拉线。

2）自立式铁塔就位的操作顺序：铁塔立正后，控制好后方临时拉线，启动绞磨使铁塔向牵引侧稍有倾斜，让牵引侧的两塔脚落在基础的垫木上，然后拆除塔脚铰链。收紧后方临时拉线，总牵引绳随之稍松出，让已拆除铰链的两只塔脚板螺孔对准地脚螺栓，落至基础顶面，并安装地脚螺帽。继续收紧后方临时拉线，总牵引绳随之慢慢松出，让铁塔向后方侧稍有倾斜，直至牵引侧的两塔脚离开垫木，并随即抽出垫木。慢慢松出后方临时拉线，利用塔身及总牵引系统的重力，使牵引侧的两塔脚板螺孔对准地脚螺栓，直至落至基础顶面，安装地脚螺帽。铁塔就位后，应将所有地脚螺栓的螺帽及垫板安装齐全并拧紧，再拆除工器具，清理现场。最后应将铁塔螺栓全部复紧一遍，并用扭力扳手进行自检，直到全部合格为止。

（五）钢管杆、塔的吊装就位与角钢塔的不同

（1）对直线钢管塔基础须找出位于顺线路方向上的两只地脚螺栓、对转角钢管塔基础须找出位于横担方向上的两只地脚螺栓，并作好标记，立塔前应再次检查确定，立塔时应仔细对正，严防出错。

（2）杆段吊离地面不宜过高，略微高过地脚螺栓即可，缓慢移动吊臂，按照所划好的印记对准基础地脚螺栓上印记，使塔底盘吊装就位。

（3）塔底盘孔与地脚螺栓不对齐时，可用一根短钢丝绳头圈住塔身，一头套在接地鼻上，一头套住大撬棍，利用别劲慢慢转动塔身对正、就位。如图 ZY0200102003-24 所示。

图 ZY0200102003-24　钢管杆底盘就位示意图

（4）螺孔对正后，缓慢松下塔段，完全落至立柱顶面并使之自然正直，带上地脚螺帽，注意，在地脚螺帽未完全紧固前，应定位并略带劲绷紧起吊钢丝绳。等地脚螺帽完全紧固后人员方可登塔作业、松卸吊绳。

（六）铁塔组立实例

以外拉线内悬浮抱杆方法组立某 500kV 线路工程直线塔为例：

1. 500kV 线路直线塔的主要特点

（1）铁塔横担宽、横担整体重，塔头整体几何尺寸较大。

（2）曲臂高、曲臂重，上下曲臂的交接点结构形式为 k 点形式。

（3）铁塔组立的难度主要集中在直线塔塔头的组立方面。

2. 方案选择

由于 500kV 线路直线酒杯型塔的主要特点是横担长而重、曲臂高而重且开档尺寸大，根据以往工程的施工经验，选择外拉线内悬浮大截面抱杆分解组立铁塔施工方案。

3. 准备工作

（1）按照作业指导书要求准备立塔工器具，对人员进行明确分工。

（2）根据现场地形、地质情况，确定施工现场平面布置，埋设各类地锚；牵引设备原则上应距基础中心大于 1.2 倍塔高，尽量顺线路或横线路方向设置，若确实受现场地形影响，难以满足上述条件时，由现场施工负责人视现场实际进行总体布置，但严禁将牵引设备置于塔基面内或直接用塔腿充当地锚，控制绳地锚应设于 1.2 倍塔高以外。

（3）平整施工作业场地，清除地面障碍物。

（4）校核塔型、根开、对角线。

（5）清点检查已运到桩位的塔材，按规定或使用顺序排放在适当位置。

（6）地面组装与抱杆组立。

4. 工器具参数选择

在直线酒杯型塔中，铁塔的曲臂和横担吊装难度较大。因此在施工方案的选择方面，应首先考虑其塔头部分的吊装，根据塔头吊装的方法选择工器具。组塔抱杆选择 500mm×500mm×28m 外拉线悬浮 16Mn 角钢抱杆分解组立。抱杆组合长度要求：组立 ZB11、ZB21、ZB31、ZB41、ZVJ11、ZBK11、

ZK11 时，组合长度为 23.6m（五节半）；倾斜 5°时，允许吊重 2t。

主要工器具有抱杆、承托绳、U 形环、手扳葫芦、滑车、磨绳、钢丝绳套、圆木、机动绞磨、地锚、双钩、各种规格型号钢丝绳和梅花扳手扭力扳手等。

5. 外拉线悬浮抱杆分解组立铁塔操作

（1）地面段组立。地面段主材应采用两节 350mm×350mm×4000mm 小抱杆起立的方法，小抱杆不得用塔材代替，将地面段组立成三面封口、一面开口的结构，准备起立抱杆。地面段两腿水平铁不能接续时，应用补强木补强，连接水平铁。

（2）抱杆组立。

1）将抱杆在开口面接好，并仔细检查其是否平直、有无裂纹，在弯曲小于 1‰的情况下，可在抱杆连接处加垫片以消除弯曲，但垫片数量不得超过 2 个。

2）在抱杆上布置好起吊系统，挂好上拉线，其安装位置一般在第一节与第二节抱杆连接处或第二节抱杆第二根水平辅材处；另在抱杆根部安装 ϕ13 制动绳，利用塔身将抱杆立起，抱杆立起后封好开口侧塔材，用内拉线调整抱杆并固定，即可准备吊装一段构件。

（3）地面组装。

1）塔片应对称地组装在线路的前后（或左右）两侧。

2）铁塔各构件的组装应紧密、牢固并带齐两侧辅材。组装完毕后应设专人用加长扳手再复紧一遍螺栓，组装后塔片的总质量不应超出规定起吊质量。脚钉安装规格及位置应与设计要求相符。

（4）吊点绑扎。对一般塔片采用两点吊，对较大根开的塔片一般用补强木吊点绑扎，吊点钢丝绳必须受力均衡，其夹角不得大于 90°。

（5）起吊。吊点和控制绳绑扎好后，将反向拉线固定，但其张力不宜过大，以稳定抱杆，全面检查各部位的布置及磨绳穿入方向，确认无误后开始牵引起吊，将构件下部控制大绳拉紧，放松上部控制绳，使构件平稳立起，在构件离开地面的过程中，构件着地的端头应设专人监护，以免塔材顶弯，构件立起后应停止牵引，检查无异常后，继续吊升至安装高度。吊装过程中，控制绳的回松速度应与起吊速度相适宜，不可使构件与塔身相碰，不可使控制绳张力过大。

（6）就位安装。塔片吊升至安装位置时，放松控制绳，使塔片就位后，应用控制绳控制，以防构件前后倾覆；待主材及斜材全部装好，包铁螺栓用加长扳手紧固后，再松开磨绳，起吊安装另一面。将两侧塔片组成整体，螺栓紧固后，方可解开吊点绳和控制绳。包铁螺栓须按图安装，统一规格。塔身一般情况下采用分片吊装。如图 ZY0200102003-25 所示。

图 ZY0200102003-25　直线塔塔身吊装示意图

（7）抱杆的提升及调整。抱杆提升前绑好上下腰环，使抱杆垂直固定在铁塔中央位置，解开上拉线，将其移至下一固定位置，在主材结点处装一 U 形环，用上拉线控制抱杆上端的稳定，并随抱杆的提升而放松。解开承托绳，将抱杆提升到所需高度，固定好承托绳，松开磨绳后调整上拉线，使抱杆合乎起吊要求后固定好上拉线，松开上下腰环，准备起吊。

（8）曲臂吊装。直线铁塔曲臂吊装时，由于起吊角度较大，反侧拉线必须收紧。曲臂安装顺序，先装对面长腿，后装起吊侧短腿。另一侧曲臂起吊时，外拉线可利用先装好的曲臂吊绳。待两曲臂就位后，互相连接成整件，再松磨绳，准备升抱杆。

酒杯型直线塔塔头结构如图 ZY0200102003-26 所示，其上下单侧曲臂（上曲臂 4＋下曲臂 5）质量在抱杆最大允许起吊范围内。施工时将上下曲臂组装成整体，分左右两吊分别进行整体吊装，如图 ZY0200102003-27 所示。若单侧上下曲臂的总质量大于允许起吊质量时，采取上、下曲臂单独分段吊装。

图 ZY0200102003-26 酒杯型直线塔塔头结构图
1—地线支架；2—中相横担；3—边相横担；4—上曲臂

图 ZY0200102003-27 直线杯型塔曲臂吊装示意图

（9）横担吊装。500kV 输电线路工程直线酒杯型铁塔，地线支架、边导线横担、中相导线横担总质量根据抱杆最大允许起吊范围，在施工时酒杯型铁塔横担的吊装方法根据质量而定。

当铁塔横担的整体质量小于抱杆最大允许起吊质量时，将左右地线支架、边导线横担、中相导线横担组装成一个整体进行吊装，如图 ZY0200102003-28 所示。

图 ZY0200102003-28 横担整体吊装示意图

当铁塔横担的整体重量大于抱杆最大允许起吊质量时，根据塔头结构，拆除左右地线支架等其他附件，在满足抱杆要求的情况下采取整体吊装。当超出部分太多，无法通过拆卸来满足时，应采取分片吊装的方法，即将中横担组成前后两片，通过补强后，分前后两片分别进行吊装，边导线横担和地线支架组装并绑扎整体起吊。

（七）铁塔组立的质量标准要求

铁塔组立施工质量应符合 GB 50233—2005《架空送电线路施工及验收规范》、设计图纸和工艺要求，各部件应齐全，螺栓紧固合格率达到 95%（螺栓架线后应再复紧一次，紧固合格率达到 97%），检查扭矩合格后应及时安装防盗螺栓和防松螺母。

（1）铁塔各构件的组装应齐全、牢固，交叉处有空隙者，应装设相应厚度的垫圈或垫板。

（2）当采用螺栓连接构件时，应符合下列规定：

1）铁塔螺栓应使用防卸、防松装置。

2）螺栓应与构件平面垂直，螺栓头与构件间的接触处不应有空隙。

3）螺母拧紧后螺杆露出螺母的长度：对单螺母，不应小于两个螺距；对双螺母，可与螺母相平。

4）螺杆必须加垫圈，每端不宜超过两个垫圈。

（3）螺栓的穿入方向应符合下列规定：

1）对立体结构：水平方向由内向外；垂直方向由下向上。

2）对平面结构：面向受电侧顺线路方向由送电侧穿入；横线路方向两侧由内向外，中间由左向右；垂直地面方向由下向上；呈倾斜平面时，由下向上。

注意，个别螺栓不易安装时，穿入方向允许变更处理。

（4）铁塔部件组装有困难时应查明原因，严禁强行组装。个别螺孔需扩孔时，扩孔部分不应超过3mm，当扩孔需超过3mm时，应先堵焊再重新打孔，并应进行防锈处理。严禁用气割进行扩孔或烧孔。

表 ZY0200102003-4　螺栓紧固扭矩标准

螺栓规格	扭矩值（N·m）
M12	40级
M16	80
M20	100
M24	250

（5）铁塔连接螺栓应逐个紧固，4.8级螺栓的扭紧力矩不应小于表 ZY0200102003-4 的规定。4.8级以上的螺栓扭矩标准值由设计规定，若无设计规定时，宜按 4.8级螺栓的扭紧力距标准执行。

（6）铁塔组立及架线后，其允许偏差应符合表 ZY0200102003-5 的规定。

表 ZY0200102003-5　　　　　　　铁塔组立的允许偏差

偏差项目	一般铁塔	高塔
直线塔结构倾斜	3‰	1.5‰
直线塔结构中心与中心桩间横线路方向位移	50 mm	—
转角塔结构中心与中心桩间横、顺线路方向位移	50 mm	—

（7）自立式转角塔、终端塔应组立在倾斜平面的基础上，向受力反方向产生预倾斜，预倾斜值应视塔的刚度及受力大小由设计确定。架线后塔顶端不应超过铅垂线而偏向受力侧。

（8）铁塔组立后，各相邻节点间主材弯曲度不得超过 1/750。

（9）铁塔组立后，塔脚板应与基础面接触良好，有空隙时应垫铁片，并应浇筑水泥砂浆。

（10）铁塔脚钉安装位置和方向符合工艺要求。

（11）塔材表面麻面面积不超过钢材表面总面积（内处侧）的 10%；

（12）塔材镀锌颜色基本一致，镀锌层不允许有面积超过 $200mm^2$ 的脱落；小于 $200mm^2$ 的脱落只允许有一处，出现时应用环氧富锌漆进行防锈处理。

（13）螺栓紧固合格率达到 97%以上，穿向应符合工艺统一要求，按规定安装防盗螺栓，其余螺栓均安装防松罩（双帽螺栓除外）；当遇接点时包括节点处所有螺栓。

（14）螺杆与螺母的螺纹有滑牙或螺母的棱角磨损以致扳手打滑的，螺栓必须更换。

（15）铁塔应保持洁净，不应有锈蚀、油渍、污泥、附着杂物等。

五、注意事项

铁塔组立是输电线路工程施工、检修中的常见作业，由于施工工艺复杂、空作业任务繁重，且受施工地形环境和自然气候条件的影响很大，因此安全风险较大，在施工中要引起高度重视。除严格按经审批的作业方案和安全工作规定组织施工外，并重点注意以下事项。

（1）经基础转序验收合格、铁塔组立施工图纸会审结束、作业方案编制审批完毕，人员、工器具、材料物资等准备工作就绪，方可进入现场铁塔组立阶段。

（2）在施工和检修前必须先进行详细的现场勘察，优化施工方案、合理选择工器具、精心规划现场布置。并要根据工程特点和工作环境条件制定切实可行的安全、质量保证措施。

（3）起吊作业应进行严格的受力验算，根据计算选择起吊方案，控制抱杆高度、起吊重量，正式吊装前必须经过首基试点，确保组塔施工的安全。

（4）全体施工人员必须经安全、技术交底熟知作业方案，特殊工种经培训合格持证上岗，工作负责人、安全监护人应由具有相应资格经验丰富的人员担任。

（5）所选用的工器具、仪器仪表必须经检验合格、有效方可进入现场使用。

（6）组塔工器具要经常检查、维修和保养，严禁以小代大或带病作业。吊点钢丝绳、起重滑车，承拖钢丝绳、抱杆等重要受力工器具要在起吊前后进行详细检查，严禁使用变形、受损的工器具。

（7）所有钢丝绳绑扎点采取内垫外包保护措施，绑扎钢丝绳套挂胶处理。

（8）铁塔组立期间接地连接可靠，施工作业应在良好天气下进行，如遇雷、雨、雪、浓雾、沙尘暴、六级及以上大风时不得进行高空起吊作业。

（9）施工现场整齐、清楚，工器具、材料分类堆放，各类施工标牌齐全清晰，作业区域、孔洞周围安全设施完备，设立安全围栏及警示标志，不得超越围栏作业，闲杂人员严禁进入施工作业区，做到安全文明施工。

【思考与练习】

1．简要说明分解组塔地面组装构件布置应遵循的原则。

2．试画出内拉线抱杆分解组立铁塔现场布置示意图。

3．简要说明外拉线抱杆分解组塔的施工操作工艺。

4．试分析铁塔组立主要的危险点及安全预控措施。

5．简要说明铁塔组立的质量标准。

第三十章 架 线 施 工

模块 1 架线施工前准备工作 (ZY0200103001)

【模块描述】本模块包含技术准备、施工机具的准备、施工现场的准备。通过内容介绍、原理分析、流程讲解、图表对比，掌握区段划分、场地选择、施工机具的配置，能够进行现场的各项准备工作。

【正文】

一、技术准备

1. 放线区段的划分

（1）传统放、紧线以耐张段为放、紧线区段长度，根据此长度将导（地）线布置在区段内各布线点，然后采用人力或机械牵引进行展放。紧线时采用一端在耐张塔挂线，另一端进行紧线的方式。

（2）张力放线施工区段的划分主要考虑以下因素。

1）通过放线滑车（包括通过转向滑车）的导线不超过 16 个放线滑车的放线长度，当选择牵、张场困难时最多不应超过 20 个放线滑车。有时受地形或跨越物的限制，必须加大放线区段长度时，要根据区段长度和跨越控制点对施工机具等进行受力分析计算，采取可靠的安全措施后方可进行。

2）与数盘导线累计线长相近的长度，以减少导线的损耗。

3）便于跨越施工，停电、影响交通等作业时间最短的长度。

4）在有上扬杆塔的反向侧作为施工段的起止杆塔。

5）非特殊情况尽量不以耐张塔作为施工段的起止杆塔。

6）避免选择不允许导地线接头的档内作施工段的起止点。

根据以上原则，放线施工区段的长度一般在 6～8km 为宜。

2. 牵引场、张力场的选择

传统架线工艺的放线场除放紧线两端的耐张塔外，耐张段的中间可能也要运送导线，张力场的选择相对较为灵活。而张力放线（包括无张力机械的牵引放线）的牵引场和张力场的选择就复杂多了，一般应按下列条件选取。

（1）牵、张机能运达的地方。

（2）场地面积、地形能满足设备、导线布置及施工操作要求。

（3）相邻直线杆塔允许作过轮临锚，即锚线角不大于设计规定和锚线作业及压接接续、升空无特殊困难。

（4）下列情况不宜作牵、张场。

1）直线转角塔作过轮临锚塔时；

2）档内有重要交叉跨越或交叉跨越次数较多时；

3）档内不允许导地线接头时；

4）临塔悬点与牵张机的进出口高差较大时；

5）耐张塔的前后侧；

6）地势低洼、容易积水的场地。

（5）受地形限制，牵引场可通过转向滑车引向线路外侧任何方位或调转 180°进行布场。牵引场转向布场应注意以下几点。

1）采用多个转向滑车时，各转向滑车的承载应均衡，即转向角度相等，滑车的承载不得超过滑车的允许承载能力；

2）靠近临塔的最后一个转向滑车应在线路中心或分相布置，与地面的夹角不大于设计规定；

3）靠近牵引机的第一个转向滑车应对准牵引机卷筒；

4）转向滑车应使用允许连续高速运转的大轮槽专用滑车，每个转向滑车均应可靠锚定；

5）转向滑车围成的区域为危险区，存在牵引绳突然脱位的危险，工作人员不应进入，不得布置其他设备材料。

（6）牵、张场的转移是采用"翻跟斗"的方法，如图 ZY0200103001-1 所示。由于张力场的布置比牵引场的布置复杂，所以牵引场尽可能设在线路的起端和终端，以减少张力场的数目。

图 ZY0200103001-1　牵引场、张力场布置图

Ⅰ、Ⅱ、Ⅲ、Ⅳ—放线区段

1—牵引场；2—张力场1；3—放线方向；4—紧线方向

3. 布线

放线前应作一个放线计划，即布线。布线的方法是根据每个线盘的线长，综合考虑接续管位置、接续次数等因素，合理安排线盘展放次序，以求停机次数最少、接头最少，提高放线效率、降低导地线损耗，紧线后接续管避开不允许有连接的档内。布线一般应考虑以下内容。

（1）放线裕度。根据地形，放线段内的布线长度，当采用人力放线时，平地增加 3%，丘陵增加 5%，山区增加 10%放线裕度；当采用固定机械牵引放线时，平地增加 1.5%，丘陵增加 2%，山区增加 3%放线裕度。

（2）紧线后接续管避开不允许有接续管的线档。不允许接头的线档有标准轨距的铁路，高速公路和一级公路，有轨电车和无轨电车，一、二级通信线路，110kV 及以上电力线路，管道，索道以及设计和运行上提出的不允许有接头的线档等。

（3）根据施工方法将导地线放置在合适的位置。

1）导地线的布放位置与放线方法有关，应根据选定的放线方法确定导地线的布放位置；

2）导地线布置在交通方便、地势平坦处；

3）导地线放置的位置是拖线距离最短的，达到即省力又减少导线磨损的要求；

4）地形有高低时，尽可能将线盘布置在地势较高处，从高处往低处放线，以减轻放线牵引力；

5）三相导线的放线位置应尽可能布置在一起，地线最好也和导线布置在一起，这样放线作业时便于统一指挥；

6）张力场集中布放导线时，要提前排好线盘展放次序，按照展放次序布放导线，每相导线为二分裂或多分裂子导线时，在关注展放次序的同时还要做好线盘分组；

7）导地线的布放位置要考虑吊车和放线架的位置，以方便导地线的吊装。

二、施工机具的准备

（一）放线滑车

放线滑车从轮数分有单轮、三轮、五轮等数种，但都需装滚动轴承以减少摩擦力。三轮和五轮滑车的中间轮作牵引轮用，其两边为导线轮，三轮滑车的中间轮也可作导线轮进行一牵三放线。施工前应根据线路的设计选用适合轮数的滑车。如 500kV 线路采用大流水作业，则一个架线施工队约需五轮导线放线滑车 160 个，避雷线放线滑车 90 个。滑轮的直径和槽形应符合部颁《放线滑轮直径和槽形》的规定，常用放线滑车直径和槽形见表 ZY0200103001-1，其摩擦系数不得大于 1.015。

表 ZY0200103001-1 常用放线滑车直径和槽形

滑轮直径 D_S（mm）	适 用 导 线		槽 形	
	截面积（mm²）	直径 D_C（mm）	槽底半径（mm）	轮槽深度（mm）
400	185～240	18～22.4	18	50
560	300～400	23.01～25.2	22	50
710	500～630	30～34.82	26	56

注 1. 滑轮直径是指滑轮径向槽底之间的距离。
2. 滑轮轮槽倾角一般为15°，特殊需要（如为满足牵引板通过滑轮的需要）时，可增加至20°。

此外，滑轮槽形还应保证牵引绳的抗弯连接器、旋转连接器和接续管保护套等从轮槽中通过，为此，槽底半径一般需加大10mm。

对放线滑车滑轮轮槽的材料有如下要求：①轮槽表面不损伤导、地线。在轮槽表面上挂合一层橡胶或橡胶合成物（最好不绝缘），当轮槽橡胶绝缘时，为使滑车仍适用于平行带电线路进行张力放线，滑车上需装专用的接地滑轮；对于支撑牵引绳的中间轮槽，同样应不易损伤导引绳和牵引绳。②应尽量不受导引绳、牵引绳磨损，使其有较长的使用寿命。滑轮至滑车横梁有150～200mm的高度，轮槽间距应与牵引板的各线间距相同，以便顺利通过牵引板。③架线前应按上述要求对滑车进行认真检查，合格后方能使用。④轮槽挂胶破损或可能脱落时，应重新挂胶后才能使用。⑤滑车应定期清洗，加注润滑油，做好例行维护保养。

（二）压接机具

1. 液压机

液压机分手动、机动、电动等数种。送电线路工程中导、地线截面积较大的压接，多用机动液压机。常用的液压机有100t和200t，当导线截面积超过400mm²、钢绞线截面积超过100mm²时，以采用200t的液压机为宜。

液压泵与液压钳连接的高压油管长度在地面压接时为4m，当高空压接需将液压泵放在横担处时高压管长度为8m。

一个大流水作业的架线施工队需配备液压机6～8台，且应配备易损件，以便及时修复损坏的液压机。施工前应检查液压机是否处于良好状态。

2. 钢模

钢模分为铝管钢模和钢管钢模。根据工程中使用的导地线规格和液压机吨位，施工前应准备足量和规格适宜的钢模，并在钢模侧面用红铅油等标明，以便现场核对使用。

钢模制造时，其压模六角对边距s应比规程规定小0.3～0.4mm。这是因为内径较小的钢模容易压出符合要求的管子尺寸；另外，钢模的内径经使用后会逐渐增大，当增大至等于要求压后管子的尺寸时，钢模便不能继续使用。

（三）锚固机具

1. 卡线器

卡线器（卡头）分导线卡线器和地线（钢绞线）卡线器两大类。从现场施工经验来看，钢绞线的卡线器还不太过关，有时有跑滑现象。对导线卡线器应检查其压条毛刺是否太尖利，如有此种缺陷，应用砂纸将其磨平。卡线器不得变形，如有变形应报废更新。此外，还应准备导引绳、牵引绳卡线器等。

2. 临锚绳

临锚绳有镀锌钢绞线和钢丝绳两种，其作用是进行导地线的临时锚固。临锚绳分高空和地面用两类。高空临锚因其张力较大，应使用镀锌钢绞线，两端压耐张线夹，一端或全长包胶。地面临锚可使用钢丝绳，但不得接续使用，且尾线要作可靠封固。

3. 临锚架

临锚架是在导线张力放线中，分别将从牵引场侧的牵引板和张力场的张力机上展放出的导线，锚定在地锚拉线棒前面的专用锚线架。锚线架用 φ25mm 圆钢焊接成"V"形，长420mm，开宽320mm。

其上端用ϕ48mm，长240mm的铁管支撑。一个临锚架临锚两根导线。一个大流水作业架线队至少需48个临锚架方可满足施工需求。

4．手扳葫芦

手扳葫芦是张力架线中张力机、牵引机，临锚导地线，微调导地线弧垂、导地线过轮临锚和附件安装提线等使用的工具。操作时有提升闸和下降闸，在不受力情况下提起中间小轮，链条可以自由来回抽动。应注意提升闸和下降闸在带负荷的情况下千万不能操作，以避免出现危险和将内部零件损坏而报废的情况。当手扳链条葫芦质量不过关时，会出现卡链现象，为此，在使用前要认真检查，使用中不得让泥沙进入内部，当不受力侧的链条较长时应将其打结。

（四）保护机具

1．开口胶管

开口胶管是将内径比导线直径小1～3mm的圆盘胶管切成约800mm长的短管，再从管弯曲的内侧破开而成的，如图ZY0200103001-2所示。如果开口方向不正则使用不便，如从管弯曲的外侧破开，在胶管套在导线上时，会自行开口而导致脱落。

开口胶管安装在卡线器的后侧等处，保护导线不会被卡线器的拉紧环和卸扣等工具磨伤。直线杆塔附件安装提线时，提吊钩处导线上应事先套上开口胶管，其长度约200mm。直线杆塔附件安装，当线提起离开滑车槽时，应将导线套上开口胶管，防止放线滑车拆除时碰伤导线。

2．接续管保护钢甲

接续管保护钢甲（钢护套）是由完全相同的两个钢制材料半圆体组成，如图ZY0200103001-3所示，两端加硬橡胶衬垫，扣在压好的接续管处，两端口凹槽上用直径2mm的铁丝捆扎数匝（与钢甲面平）后，用黑胶布缠绕，以免鞭击时损伤相邻导线。钢甲在紧线完毕安装间隔棒时拆除。

图 ZY0200103001-2　开口胶管

图 ZY0200103001-3　保护钢甲

（五）牵张设备

1．张力机和线盘架

（1）用途和种类。在张力放线中起控制导线或地线或牵引绳放线张力的施工机械，叫做张力机。张力机上盘绕导线或其他被牵引线索的机构称张力轮。大张力机的张力轮又称导线轮。

张力机的主要用途是控制放线张力。除此以外，当张力机的张力轮设计成具有主动驱动能力时，也能用于收卷已放出的线索，如收卷经集中压接后的导线，完成压接后的松锚作业。当驱动能力足够时，还可用于放完线后作紧线前抽余线的作业。有的张力机即为线盘架提供制动能源，还为压接管压接提供压力油源。有的张力机可将两根线张力轮的张力加起来，以便展放大规格的导线，此时需将张力轮上的线槽更换。

按导线轮的构造形式，大张力机可分为双摩擦卷筒式、靴链式、线挑列摩擦压块式等张力机。用得最广泛的张力机是采用液压制动的双摩擦卷筒式张力机。意大利TESMC公司制造的四线811/140/31张力机，属一牵四（二）张力机，如图ZY0200103001-4所示。其自重9t，总张力140kN，长×宽×高为5.05m×2.5m×3m。意大利TESMC公司制造的单线513/20/10小张力机和国家电网公司北京电力建设研究院研制的单线T50−4AH型张力机的最大张力为20kN，属无动力设备，靠手动和线轮转动后自行产生压力进行制动。

张力放线中使用的线盘架应使其放出的线有一定的、可控制的张力，该张力称张力机的尾部张力。尾部张力保证线在线盘上不松套，不会在线轮上打滑。对线盘的制动，一般采用摩擦式制动装置。

（2）张力机工作原理。现以采用液压制动的双摩擦卷筒式张力机为例，绘出张力机的工作原理如图 ZY0200103001-5 所示。

图 ZY0200103001-4 一牵四（二）张力机外形（意大利制造）
1—液压千斤顶；2—固定支撑底板；3—导线张力轮；4—前导轮；5—后导轮；
6—发动机及操作系统；7—导线；8—拖运三脚架；9—临锚板

在双摩擦卷筒中，一个是主动卷筒，能带动液压回路中的液压泵转动；另一个则是从动卷筒。导线 1 用穿复滑车相同的方法（先用棕绳进行盘绕，绳头与导线头连接，开机后卷筒旋转，导线便盘绕在卷筒上）盘绕在两个摩擦筒上。牵引机牵动线索后，导线 1 按图示箭头方向作直线运动，带动主卷筒 3 和从动卷筒 2 旋转。

（3）张力机及线盘架的选择。张力机及线盘架按以下条件选择。

1）大张力机导线轮组数应与同时展放的子导线根数相同。

2）大张力机上的每组导线轮应能分别独立调整和控制放线张力。有的大张力机设计成用一个液压回路控制两组相互刚接而同步运转的导线轮，亦即由一个液压回路同时控制两根子导线的放线张力，由于线盘架的摩擦力控制很难相同等原因，使放出的两根子导线长度不可能完全相同，从而使两根子导线产生张力差，为此，在牵引板上安装平衡轮，使张力差得以消除。

图 ZY0200103001-5 张力机工作原理图
1—导线；2—从动卷筒；3—主动卷筒；4—增速机构；5—液压泵；
6—调压阀；7—散热器；8—油箱；9—补油及驱动液压泵；
10—系统安全阀；11—停车刹车；12—发动机

3）不由张力机供应制动动力的线盘架，可与任何张力机配套使用；由张力机供应制动动力的线盘架应按原设计配套方式使用。

4）大张力机导线轮直径不宜小于导线直径的 40 倍。

5）张力机应适应施工环境。在使用地区气象条件下，张力机应能迅速投入作业，并能连续进行牵放作业。

6）张力机的允许牵放速度应与牵引机相配合。牵引机为额定牵放速度时，张力机中的液压泵 5 应接近最佳转速。牵引机以最低速度牵引时，该液压泵应仍能平稳均匀的工作。

7）张力机所使用的液压油、润滑油、燃料油应尽量做到货源充足，易于采购；易损件应尽量通用，符合标准。

8）张力机的单线额定制动张力按式（ZY0200103001-1）选择

$$F = K_T F_P \tag{ZY0200103001-1}$$

式中 F——张力机的单线额定制动张力，N；

K_T——选择张力机单线额定制动张力的系数，一般牵放钢锌铝绞线时取 $K_T = \frac{1}{6} \sim \frac{1}{5}$；牵放钢绞线、

铝包钢绞线、钢铝混绞线时取 $K_T = \frac{1}{10}$；牵放各种钢丝绳时取 $K_T = \frac{1}{15}$；

F_P——被制动线索的计算拉断力保证值或综合破断力，N。

9）线盘架应与线盘的几何尺寸及结构形式相配合。几何尺寸包括线盘宽度、线盘半径、法兰孔直径。三者均需符合线盘架的有关部位的尺寸。结构形式主要是指线盘架上的制动装置应能方便的与线盘相连接。架线前线盘架应与线盘试安装，如有不配合，应采取过渡装置等办法进行解决。

2. 牵引机和钢绳卷车

在张力放线中起牵引作用的机械叫做牵引机，包括大牵引机和小牵引机。牵引机和钢绳卷车成套设计和成套使用。

（1）牵引机的用途。牵引机是一种特殊形式的卷扬机，所以除主要用于张力放线牵引作业外，还能用于线路施工中需由绞磨等卷扬设备完成的其他各种牵引作业。牵引机在张力放线中只控制放线速度，不控制放线张力，为钢绳卷车提供动力。

（2）牵引机的种类。牵引机上盘绕钢丝绳的机构叫卷扬轮，也叫牵引轮。卷扬轮是一种通过式卷扬机构，并且均已悬臂方式安装，以便能从导引绳、牵引绳的任意中间部位向卷扬轮上盘车和随时拆除盘车。按卷扬轮形式，牵引机可分为双摩擦卷筒式和鼓轮（磨芯）式两种。有些牵引机的卷扬轮有两部相同但可分别操作的卷扬轮组成，因此可以同时或单独牵引两根或一根牵引绳。

按动力传动方式，牵引机可分为机械传动式、液压传动式、液力传动式和混合传动式四种。

配合牵引机将牵来的钢绳回盘到绳盘上的机械或机构统称为钢绳卷车，它必须对牵引机严格伺服。牵引机正向运转收进钢绳时，钢绳卷成回盘钢绳；牵引机反向运转即倒车时，钢绳卷车松出钢绳。在上述两种运行方式中，钢绳卷车须始终保持牵引机后部的钢绳上有适当的尾部张力，保证钢绳与卷扬轮间不产生相对滑移。按钢绳卷车与牵引机的装配关系，牵引机还可分为以下两类。

1）钢绳卷车与牵引机同机体安装式（此时钢绳卷车仅为牵引机的一个回盘机构）；

2）钢绳卷车与牵引机分机独立安装式。

意大利 TESMC 公司制造的 621/150/33 型大牵引机亦称一牵四牵引机（如图 ZY0200103001-6 所示）以及 521/30/21 型的小牵引机一牵一牵机（如图 ZY0200103001-7 所示），均为钢绳卷车与牵引机同体安装式。大牵引机的自重 7.3t，牵引力为 150kN，其体积长×宽×高为 5m×2.5m×2.95m。小牵引机的自重 1.94t，牵引力为 30kN，其体积长×宽×高为 3.7m×1.7m×2.6m。

图 ZY0200103001-6 一牵四牵引机外形（意大利制造）
1—发动机；2—液压千斤顶；3—固定支撑底板；4—操作系统；5—牵引轮；
6—卷绳架及卷绳车；7—导线；8—拖运三脚架；9—临锚板

（3）牵引机工作原理。

1）机械传动式双摩擦卷筒牵引机工作原理如图 ZY0200103001-8 所示。牵引机卷扬轮双摩擦卷筒中的两个卷筒均为主动卷筒。卷扬轮的工作方式为：开动内燃发动机 1，接合离合器 2，发动机动力经机械式传动系统 3 减速和变速，传输至开式齿轮 4 中的中心齿轮，该齿轮如图 ZY0200103001-8 所示箭头方向旋转，旋转方向各为图示箭头方向，故两者为同一转向。

2）液压传动式双摩擦卷筒牵引机工作原理如图 ZY0200103001-9 所示。

图 ZY0200103001-7　一牵一牵引机（意大利制造）
1—支撑架；2—牵引轮；3—滚筒；4—发动机及操作系统；
5—排线器手柄；6—导引钢丝绳盘液压升降机构；7—排线器；
8—导引钢丝绳盘；9—导引钢丝绳

图 ZY0200103001-8　牵引机工作原理图（一）
1—离合器；2—减速传动系统；3—开式齿轮；4—卷扬轮；
5—液压泵；6—停车刹车；7—牵引绳

此种牵引机与机械传动式的牵引机有许多相似之处，此种牵引机的工作方式为：开动发动机 1，接合离合器 2，主液压泵 3 开式工作。该液压泵输出的压力油驱动液压电动机 4，液压电动机 4 带动开式齿轮 5 中的中心齿轮旋转。自开式齿轮以下，传动方式与机械传动式牵引机相同，因而工作方式也相同。

因为牵引机与张力机在机械制造、运转工况方面有相同之处，所以选择牵引机时应参照张力机的选择条件。除此之外，尚应考虑的以下问题。

a. 牵引机卷扬轮及钢绳卷车钢绳筒（盘）的直径，一般不小于钢绳直径的 40 倍。卷扬轮、钢绳筒（盘）直径过小，容易损伤钢绳，降低钢绳使用寿命。

b. 卷扬轮上应设钢绳槽。绳槽槽形、间距、两个摩擦卷筒上绳槽的相互位置等，均应有利于钢绳和卷扬轮本身，有利于钢绳连接器（抗弯连接器）通过卷筒。

c. 牵引机的额定牵引速度，不宜低于 60m/min，也无需高于 180 m/min，且应与配套使用的张力机的

图 ZY0200103001-9　牵引机工作原理图（二）
1—内燃发动机；2—离合器；3—主液压泵；4—液压电动机；
5—开式齿轮；6—卷扬轮；7—系统安全阀；8—停车刹车；
9—辅助液压泵；10—牵引绳；11—张力表

允许牵引速度相配合（牵引机达到最佳速度时，张力机也达到最佳速度）。牵引机的最低稳定牵引速度不宜高于 5 m/min。

d. 牵引机的额定牵引力可按式（ZY0200103001-2）计算

$$F_n \geqslant n K_p F_p \qquad (ZY0200103001\text{-}2)$$

式中　F_n——牵引机的额定牵引力，N；
　　　n——同时牵放的子导线根数；
　　　K_p——选择牵引机额定牵引力的系数，对牵放钢芯铝绞线，取 $K_p = \frac{1}{4} \sim \frac{1}{3}$；对牵放钢绞线、铝包钢线、钢铝混绞线取 $K_p = \frac{1}{7}$；对牵放各种钢丝绳取 $K_p = \frac{1}{10}$；
　　　F_p——钢芯铝绞线计算拉断力的保证值和其他线索的计算拉断力保证值或综合破断力，N。

同时牵放不同种类线索时，可用式（ZY0200103001-2）分别计算各分牵引力，诸分牵引力之和为所需牵引机的额定牵引力。

e. 牵引机应允许在额定牵引力的基础上适当超载，允许超载部分可作为尖峰负荷考虑。

f. 为确保张力放线安全，牵引机应能对施工段计算牵引力的过载进行限制。这种限制通常称为牵引力过载保护。

g. 钢绳卷车应和牵引力成套设计并成套使用。钢绳卷车为牵引机提供的尾部张力 2000 ~ 5000N。

h. 钢绳卷车的几何尺寸应与钢绳筒（盘）配合，钢绳筒的容量应与导引绳、牵引绳的单根长度相配合。

（六）其他机具

1. 导引绳和牵引绳

用于牵放避雷线的钢绳叫地线牵引绳，用于牵放导线的钢绳叫导线牵引绳，它们统称为牵引绳。用于牵放牵引绳、二级及以上导引绳的钢绳一律统称导引绳。

（1）常用导引绳、牵引绳的形式及优缺点。实践证明，导引绳和牵引绳的机构形式必须是受拉后断面扭矩较小或不产生扭结的钢绳（俗称无扭钢绳）。普通结构 6×19、6×37 的钢绳受拉后断面扭矩较大，原结构易受损坏，不能用作导引绳和牵引绳。常用的导引绳、牵引绳结构形式及各自的优缺点如下。

1）编织式无扭钢绳。其结构形式如图 ZY0200103001-10（a）所示。它由 8 股钢丝束相互穿编而成，钢绳断面呈正方向，其直径由斜对边测得。此种钢绳受拉后不产生断面扭矩，也不传递扭矩，本身柔软不易出金钩，是最理想的导引绳和牵引绳，但此种钢绳的编织比较困难，价格较高。

2）三股捻合加碾压抗扭钢绳。其结构形式如图 Y02003001-10（b）所示。它由三股三种直径的钢丝捻成束后捻合成整绳并碾压成圆形，股与绳的捻向相反。此种钢绳受拉后股与绳产生的断面扭矩方向相反，因此综合扭矩较小，加之其形状保持性能较强，受扭力作用后原结构不易改变，价格较低，因此用作导引绳、牵引绳较普遍。缺点是比较坚硬，不易盘绕，易造成金钩，易损伤放线滑车、牵引机导向轮和卷扬轮，并能因蕴存部分扭力而局部产生麻花式变形，且变形后不易修复。

图 ZY0200103001-10　导引绳和牵引绳的结构形式

（a）编织式无扭钢绳；（b）三股捻合抗扭钢绳

（2）导引绳、牵引绳的选择。一般情况下，导引绳及牵引绳的最小安全系数均取 3。当施工段内有重要被跨越物时，为了提高牵放作业的可靠性，宜将两者的安全系数均提高为 3.5。

为了满足上述安全系数，导引绳和牵引绳的整绳综合破断力，不得小于以式（ZY0200103001-3）和式（ZY0200103001-4）计算出的最小破断力

$$F_{QP} \geqslant \frac{3}{5} n F_p \qquad (ZY0200103001\text{-}3)$$

$$F_{PP} \geqslant \frac{1}{4} F_{QP} \qquad (ZY0200103001\text{-}4)$$

式中　F_{QP}——用于牵放钢芯铝绞线的牵引绳的最小破断力，N；

　　　　n——同时牵放钢芯铝绞线的根数；

　　　　F_p——钢芯铝绞线计算拉断力的保证值，N；

　　　　F_{PP}——用于牵放钢绳的导引绳的最小破断力，N。

由于导、地线规格是按一定关系配合使用的，所以对于使用分裂导线的超高压输电线路的张力放线，当用式（ZY0200103001-4）选择导引绳规格时，该导引绳可直接用作地线牵引绳牵放地线。

（3）导引绳和牵引绳的分段长度。

1）导引绳一般按 800～1200m 分割成段，两端制成插接式端环，展放后段与段之间用抗弯连接器连接。

2）牵引绳的分段长度，视其钢绳卷车的形式而定。有的钢绳卷车要求牵引绳也按 1000m 左右分段，有的则用较长的牵引绳，其长度达 3000m，甚至可大 5000m，牵引绳两端亦制成插接式端环，用抗弯连接器连接。

3）抗弯连接器用许用载荷选用。

2. 绳盘和绳盘架

长度约 1000m 的导引绳和牵引绳，用图 ZY0200103001-11（a）所示的钢管焊接成的绳盘缠绕，用图 ZY0200103001-11（b）所示的左右对称、用钢管焊接成整体的绳盘架支撑，绳盘架上支撑绳盘的位置有两个，下侧的用于支撑导引绳绳盘。上侧的支撑牵引绳绳盘。绳盘的直径亦有两种，小直径的用于缠绕导引绳，大直径的用于缠绕牵引绳。

（a）　　　　　　　　（b）

图 ZY0200103001-11　绳盘及绳盘架

（a）绳盘；（b）绳盘架

长度 3000m 或 5000m 的牵引绳，用特制的绳筒，放在钢绳重绕机上缠绕和展放。

3. 抗弯连接器

图 ZY0200103001-12 所示为抗弯连接器，它用于导引绳、牵引绳各段之间的连接。连接时注意连接器的圆环要靠牵引机侧；销钉应拧至最深处并拧紧。

4. 牵引板和旋转器

图 ZY0200103001-13 所示为牵引板和旋转器。张力放线用一根牵引绳同时牵放数根导线，就是通过牵引板实现的。牵引板从张

图 ZY0200103001-12　抗弯连接器

力场开始，前端通过旋转器与牵引绳连接，如牵引绳受力后产生扭矩便会通过旋转器而释放，不会传至牵引板，以保持牵引板不会翻转。

5. 连接网套（蛇皮套）

连接网套用于导线、避雷线端头与牵引板或牵引绳和线与线之间的临时连接。连接网套按线的规格和种类选用，分单头和双头两种，如图 ZY0200103001-14 所示。

6. 提线器

提线器作为直线杆塔提起导、地线进行附件安装之用。导线提线器分二线式和四线式两种，两线之间安装有滚轮，以便于子导线的升降。导线接触的提线钩除有足够的强度外，其长度还应比导线直径大三倍，两端出口有圆弧，包垫橡胶等物，以保护导线不被磨损。当提升大跨越的导线时，提线钩应改用悬垂线夹。

地线提线器一般用螺杆式，前后各用一根，旋转螺母，用螺杆将地线带起；或用手扳葫芦，加转向滑车将地线提起。

当地线要安装预绞丝时，可在滑车的前后侧安装卡线，同时收紧便可将放线滑车拆除。

图 ZY0200103001-13　牵引板和旋转器

（a）加拿大四线牵引板；（b）加拿大二线牵引板；（c）旋转器；（d）牵引板、牵引绳与导线连接图（意大利四线式）
1—套筒；2—轴承；3—旋转轴；4—挡块；5—螺丝；6—套筒；7—销轴；8—滚轮；9—牵引绳；
10—8t 旋转器；11—牵引板；12—平衡绳；13—连接网套；14—节鞭重锤；15—3t 旋转器；16—导线

图 ZY0200103001-14　连接网套示意图

（a）外形；（b）连接方法
1—网套；2—导线；3—金属带；4—插孔

三、施工现场的准备

（一）通道清理

架线施工前，必须对杆塔进行中间验收，符合有关规程规范要求才可进入架线施工阶段。架线前，对线路走廊内，按照设计要求需要拆迁的建筑物应处理完毕。线下方有影响施工及安全运行的树木、竹林应进行砍伐，对果树等经济类植物应尽量少砍伐，500kV 线路下方应清理出三条通道，做展放导引绳之用。通道尽量直，边线取导线与地线 1/2 处。此外，对施工人员和车辆必须通行的桥梁和道路要进行检查，必要时要进行补强和填修。

（二）搭设跨越架

1. 制定跨越方案

根据架线施工方法和被跨物的种类及地理环境等，制定跨越方案。跨越方案除工艺方法外还应提出施工起止日期和安全措施等。

2. 与被跨越物业主的联系

对铁路、通信、河流、高速公路、输电线路等，要根据当地的实际情况和行业要求，提前进行联系，加强与相关部门的沟通协调，以求顺利地完成架线任务。

3. 跨越架的搭设

（1）跨越架的形式。

1）新建送电线路通常要跨越公路、铁路、通信线及高压电力线等各种设施。为了不使导、地线在架设过程中受到损伤并保证被跨越设施的安全，对被跨越的上述各种设施均需搭设跨越架。

2）跨越架的形式、高度和宽度，应根据被跨越设施的类别、大小及其重要性确定。对重要跨越架及高度超过 15m 的跨越架，应编制搭设方案，并通过一定的审批手续。

3）跨越架一般有以下几种架构。

a. 单面跨越架。它是在靠近被跨越物的一面搭设纵向的单面跨越架，如图 ZY0200103001-15 所示。一般适用于跨越简单架设的通信线、不带电的电力线及建筑物等，此类设施即使与线相碰也不致发生危险。

图 ZY0200103001-15　单面跨越架

b. 双面跨越架。它是在被跨越物两侧搭设的纵向跨越架且上面封顶，如图 ZY0200103001-16 所示。一般适用于跨越 10kV 及以下的电力线、多回路通信线、一般公路等，使架设的导地线不碰及被跨越物。

图 ZY0200103001-16　双面跨越架

c. 桁架式跨越架。它是在被跨越物的两侧各搭成一个立体桁架，以增强跨越架整体的稳定性，其顶面由毛竹或钢管包毛竹片封顶。这种跨越架，一般适用于跨越比较宽的一级公路和铁路等。对复线铁路，由于跨距较大，中间应增加一个构架，如图 ZY0200103001-17 所示。

图 ZY0200103001-17　桁架式跨越架
(a) 跨越铁路、一级公路；(b) 跨越复线铁路

d. 跨越架的正面结构应根据跨越架的高度和宽度而定。除纵横搭设外，并要有适当数量的"×"形斜杆和支撑。对立体结构还要设内斜杆，以确保架构的稳定，如图 ZY0200103001-18 所示。

图 ZY0200103001-18　正面构架结构示意图

为确保单面跨越架的稳定，在 A1、A2 处各自设置临时拉线，对地夹角为 45°。在 A1、A2、B1、B2 处各自设置上、下层 V 形拉线，上层 V 形拉线对地夹角为 20°，下层 V 形拉线对地夹角为 30°。若因地形限制无法打设临时线时，可将单面结构改为双面 A 兀形结构，必要时增设前、后侧临时拉线。

为整体组立跨越架的需要，先在地面组装成单面桁架，在 B1、B2 处绑一根横木，A1、A2 横梁上绑一根滚杠，以保护导线在展放时不被磨伤。当跨越架整体起立好后，按设计要求即打临时拉线并锚固，以防倾倒。

为确保跨越架的使用安全，设计时要进行垂直荷重和水平荷重试验。

（2）搭设跨越架的要求。

1）跨越架的中心位置应在线路中心线上，跨越架的宽度应超出导线两侧 1.5～2m。对重要跨越架应用经纬仪测定跨越架的位置和方向，并打好标志桩。

e. 搭设跨越架的材料，一般多使用 φ50 钢管或毛竹。为防止磨伤导线，封顶材料多采用杉木、毛竹或钢管外包裹毛竹片搭设。

f. 钢结构装配式跨越架。在送电线路架线施工中，对跨越高速公路、多条铁路、不能停电的高压电力线路、重要架空通信线路等，必须搭设较高的跨越架进行架线施工，而且跨越架必须绝对安全可靠。钢结构装配式跨越架能较好地满足上述各种跨越施工的要求。该跨越架的立柱和横梁为角钢结构，断面为 250mm×280mm，主材用∟30×3，每段长度 5m，约重 78kg。按需要可组成高度为 10m 或 15m。单侧结构外形如图 ZY0200103001-19 所示。

图 ZY0200103001-19　钢结构装配式跨越架单侧结构外形图
1—滚杠；2—补强横木；3—上层 V 形拉线；4—下层 V 形拉线；5—双钩

2）跨越架的宽度与在建线路两边导线间的距离和对被跨越物的交叉角有关，如图 ZY0200103001-20 所示，其宽度按式（ZY0200103001-5）计算

$$L = \frac{D + 2b}{\sin\alpha} \qquad (ZY0200103001\text{-}5)$$

式中　L——跨越架的宽度，m；
D——在建线路两边导线间的距离，m；
α——在建线路与被跨越物的交叉角；
b——两端伸出边线外面的距离，按《国家电网公司电力安全工作规程》（电力线路部分）规定为 1.5m。

3）跨越架的高度，按式（ZY0200103001-6）计算

$$H = h_1 + h_2 \qquad (ZY0200103001\text{-}6)$$

式中　H——跨越架搭设高度，m；
h_1——被跨越物的高度，m；
h_2——跨越架与被跨越物的最小安全距离，具体数值应符合

图 ZY0200103001-20
1—在建线路；2—被跨越线路；3—跨越架

DL 5009.2—2004《电力建设安全工作规程 第 2 部分：架空电力线路》的规定，m。

4）对 500kV 线路，因相间距离较大，宜分相搭设，两边相的跨越架中心定在边相与地线的等分线上。

中相跨越架的宽度 L_1 为

$$L_1 = \frac{4}{\sin\theta} \quad\quad\quad \text{（ZY0200103001-7）}$$

边相跨越架的宽度 L_2 为

$$L_2 = \frac{A+4}{\sin\theta} \quad\quad\quad \text{（ZY0200103001-8）}$$

式中 θ——施工线路与被跨越物的交叉角；

A——边相与地线横线路方向的水平距离，m。

5）跨越架与带电体之间的最小安全距离，在考虑到施工期间风速 10m/s 时的风偏后，应符合表 ZY0200103001-2 的规定。

表 ZY0200103001-2 　　　　　　跨越架与带电体的最小安全距离

距 离 说 明	被跨越带电体的电压等级（kV）			
	10 及以下	35	110	220
架面与导线带电体水平距离（m）	1.5	1.5	2.0	2.5
无地线时，封顶杆（网）与导线带电体的垂直距离（m）	2.0	2.0	2.5	3.0
有地线时，封顶杆（网）与地线的垂直距离（m）	1.0	1.0	2.0	2.5

6）跨越架与铁路、公路及通信线的最小安全距离，应符合表 ZY0200103001-3 要求。

表 ZY0200103001-3 　　　　　　跨越公路、铁路、通信线的最小安全距离

被跨越设施名称	铁 路	公 路	通 信 线
距架面水平距离（m）	至路中心 3.0	至路边 0.6	至边线 0.6
距封顶杆垂直距离（m）	至路轨顶 7.0	至路面 6.0	至上层线 1.5

7）跨越架搭设的要求如下。

a. 跨越架应牢固可靠，稳定性好。如使用钢管搭设，每个节点均应用专用接头螺栓固定。如用毛竹搭设，每个节点应间隔的用竹篾和铁线绑扎。

b. 架构立杆在干地内应埋入 0.5m，杆坑应夯实；在泥沼地应在立杆根部垫小道木或大块石，立杆水平间距为 1.5～2.0m，横杆垂直间距为 1.2～1.5m，以便工作时登爬。

c. 跨越架两端及每隔 6～7 根立杆应设剪刀撑、支杆或拉线。架构正面和立体桁架中间应设"×"形撑杆，对角应有斜撑，上部两侧应有外伸羊角杆，架子平面用钢管作横杆，封顶杆务必用毛竹。两侧面应有支撑或拉线稳定。

d. 搭跨越架属高空作业，操作时按高空作业要求进行工作。在架子上面工作或走动，应有构件作扶手，不得在横向构件上徒手立行，更不得在顶面通过。

（3）搭设、拆除跨越架的方法。

1）搭设或拆除高压电力线跨越架时应按停电作业的规定指派专人办理停电手续，经电力部门派人到现场进行验电接地后，施工单位方可进行搭设或拆除跨越架工作。工作时，工作点两端应做好工作接地，地面应设监护人。

2）重要设施的特殊跨越架，搭设前应与被跨越设施的单位取得联系，必要时应邀请其派员监督检查。

3）搭设跨越架应由下向上依次进行，不得上下同时进行或先搭框架后装中间构件。搭设时，所用材料下面应有人递送，上面应用绳索提吊。不准任意掷杆，以防伤人和损坏杆子。

4）带电搭设低压配电线跨越架时，上下传递物件应严格按照 DL 5009.2—2004《电力建设安全工作规程 第 2 部分：架空电力线路》中的最小安全距离控制其接近距离，以防发生闪络和触电。工作时，下面应设专人监护。

5）拆除跨越架时，不论钢管或毛竹都应由上向下逐根进行，不得上下无次序的同时拆除或采用成片推倒的办法。拆下来的杆件应用绳索吊送，不得向下抛扔。

6）跨越架搭设完毕，应在架子上的醒目位置悬挂警告标志牌。

7）跨越架应经安全员或有经验的技工验收，合格后方可投入使用。

（三）悬挂绝缘子串和放线滑车

1. 避雷线放线滑车

（1）直线塔地线放线滑车，根据悬垂串组装图，将线夹取下换成放线滑车即可。

（2）耐张塔地线放线滑车要根据各塔型，考虑滑车在放线和紧线过程中，地线和滑车能否刮碰塔身来决定其固定的位置和悬挂的高度，并尽量靠近挂线孔点，以减小因划印产生的弧垂误差。

2. 导线滑车

（1）直线杆塔包括直线转角杆塔。

1）在杆塔各相线悬挂点下方，自立塔中相在塔身的前、后侧地面铺上编织布。

2）按《杆塔明细表》及《悬垂绝缘子串组装图》，除线夹和均压环外开始进行组装，绝缘子外观检查合格和清洗干净后用 5000V 的绝缘电阻表逐个进行绝缘测定，在干燥情况下绝缘电阻不小于 500MΩ。

3）在杆塔上各相挂线孔旁挂起吊滑车，当中相为 V 形串时，其滑车应挂在挂线孔的上方。

4）直线转角塔的挂线点应根据设计说明和左、右转方向及转角数值的大小，确定挂点位置。

5）用卡瓶器卡在第三片绝缘子的钢帽上进行起吊，待悬垂串全部离地后挂上放线滑车，滑车连板上的螺栓应由张力场方向穿入，预防牵引板上的平衡锤打坏螺杆的螺纹。

6）自立铁塔中相在起吊前应做好偏拉，以防碰撞塔身。

7）挂双联悬垂串时，应用两个卡瓶器、两绝缘子串间垫以麻布木板后捆成整体，以防碰撞。

8）挂双滑车时，前后两滑车间用角钢将其撑开。

9）220kV 双分裂导线悬挂两只单轮滑车时，在悬垂串下方挂一个二联板，然后再挂滑车。为防止滑车轮扭转，一般可用长竹杆进行绑扎后固定在杆塔上。

（2）耐张塔。

1）利用挂线点下侧的 U 形螺栓，通过卸扣和拉棒或千斤绳将放线滑车挂起；如为转角塔采用张力放线，需将滑车横梁上带链条的插销安在转角外侧，以防其进入轮槽内，影响牵引板顺利通过。

2）500kV 线路的耐张塔，每相每侧均有两个 U 形螺栓，为了施工方便，中相滑车挂在离塔身较远的螺栓上，两边相的滑车挂在转角外侧的螺栓上。

3）前后两滑车用角钢撑开。

4）滑车在地面组装后，用 8～12m 的千斤绳，在前后两滑车的第 1、5 轮槽上来回交叉绑扎，交至中间位置后，再与起吊绳固定。滑车横梁用两根短麻绳，分别绑扎在起吊绳上，以便塔上作业人员解开麻绳后进行就位。

对于垂直档距较小水平转角又较大的耐张塔，由于滑车重力较大，在牵放牵引绳或展放导线过程中，导引绳或牵引绳不能处于滑轮槽的底部而容易发生跳槽或掉辙，如图 ZY0200103001-21 中的虚线所示。为此应对此种滑车采取预倾斜措施，即以横担（内相加绑支撑杆）为吊点，将滑车从侧面的架下端，向上吊起一段高度，直至线绳的方向基本与滑车平面的方向一致为止，如图 ZY0200103001-21 的实线所示。

（3）放线滑车上端的连接螺栓穿向，为防牵引板的平衡锤打坏螺杆螺纹，必须从张力场穿向牵引场。

（四）设置临时拉线

耐张杆塔临时拉线的设置以耐张杆塔作为放紧线的施工区段时，为平衡放紧线的部分水平张力，保证施工安全和紧线弧垂质量，根据设计说明设置临时拉线。对临时拉线设置的要求如下。

（1）临时拉线对地的夹角应小于 45°，其方向为紧线施工方向的反方向，如图 ZY0200103001-22

所示。

图 ZY0200103001-21 转角塔放线滑车预倾斜图

图 ZY0200103001-22 耐张杆塔临时拉线布置

（2）临时拉线在杆塔上应固定在设计规定的位置上。如无拉线固定孔而用绑扎法时，施工前应在角钢上垫方木，并包外层轮胎，绑扎点应在结点上。

（3）拉线上须串联张力调整装置，如双钩、UT 形可调式线夹或法兰螺栓等，施工准备阶段只制作拉线，把拉线张力调至最低。紧线时在锚线端，根据紧线顺序，将各相拉线的张力调至要求值。在紧线杆塔，待某相画完印，在挂线前再将该相拉线调至要求值，以保持两端耐张杆塔在紧线画印时的正直，即档距的准确。干字形耐张塔的中相不设临时拉线。

（4）临时拉线的张力计算。输电线路的耐张杆塔不论是刚性的或是可挠性的，均可认为其本身是可以承受部分线向荷载的（设计一般按耐张杆塔可承受 70%的线向荷载，余 30%由临时拉线承受），临时拉线布置如图 ZY0200103001-22 所示。

实际紧挂线施工作业中，耐张杆塔本身和临时拉线所受的张力并不完全按 7:3 来分配，当杆塔上的螺栓紧固较好、永久拉线调得较紧时，其所受的紧挂线张力可能大于 70%。如果杆塔上的螺栓不紧，永久拉线没拉紧，则临时拉线所承受的紧挂线张力必定要大于 30%，基于上述情况，从安全的角度出发，按平衡架空线最大紧挂线张力的 50%考虑。计算公式为

$$F' = \frac{0.5nF}{\cos\theta\cos\gamma} \qquad (ZY0200103001\text{-}9)$$

式中 F'——临时拉线张力，N；

F——导、地线挂线张力，根据施工经验，F 按比紧线张力大 10%（孤立档 20%）计算，N；

n——子导线根数；

θ——临时拉线对地夹角；

γ——临时拉线与紧线段的水平偏角。

选择临时拉线钢绳或镀锌钢绞线规格时，只考虑安全系数 3.0，而不再考虑动荷系数。

（5）临时拉线调紧后，应连同张力调整装置，用铁线绑扎牢固，防止外力损坏。

（五）牵张场的布置

（1）施工段长度主要根据放线质量要求确定，导线通过放线滑车越多，受损伤的程度就越大。当所通过的滑车达到一定数量时，损伤程度会急剧增加；另外，也应考虑综合放线效率及其他因素。施工段的理想长度为包含 16 个放线滑车（包括通过导线的转向滑车在内）的线路长度。当选择牵、张场非常困难时，施工段所包含的放线滑车数量不宜超过 20 个。

（2）当设场位置较多时，施工段可参照如下各点优选。

1）优先使用长度接近理想长度的方案；

2）选用施工段长与数盘导线累计线长相近的方案，以减少直线压接管数量；

3）选用施工段代表档距与所在耐张段或所在主要耐张段代表档距接近的方案，以利紧线；

4）选用便于跨越施工、停电作业时间最短的方案；

5）选用以扬杆塔作施工段起止塔的方案；

6）尽量不以耐张塔作施工段起止塔。

630

（3）牵、张场按如下条件选择。

1）符合下述条件可作牵、张场：

a. 牵引机、张力机能直接运达，或道路桥梁稍加修整加固后即可运达；

b. 场地地形及面积满足设备、导线布置及施工操作要求；

c. 相邻直线塔允许作过轮临锚，作过轮临锚的条件是要符合设计和施工操作的要求：

——锚线角不大于设计规定值；

——锚线及压接导线作业无特殊困难。

2）下列情况不宜用作牵、张场：

a. 需以直线转角塔作过轮临锚塔时；

b. 档内有重要交叉跨越或交叉跨越次数较多时；

c. 档内不允许导线、避雷线接头时；

d. 邻塔悬挂点与牵、张机进出口高差较大时。

（4）布置牵、张场应注意如下各点。

1）牵、张机一般布置在线路中心线上。根据机械说明书的要求确定牵、张机出线所应对准的方向；

2）牵、张机进出口与邻塔悬挂点的高差角不宜超过15°，牵、张机进出线接近水平方向时，牵、张场位置为理想位置；

3）牵引机卷扬轮、张力机导线轮、导线线轴、导引绳及牵引绳卷筒的受力方向均必须与其轴线垂直；

4）钢丝绳卷车与牵引机的距离和方位，线轴架与张力机的距离和方位应符合机械说明书要求，且必须使尾绳、尾线不磨线轴或钢丝绳卷筒；

5）牵引机、张力机、钢丝绳卷车、线轴架等均必须按机械说明书要求进行锚固；

6）下一施工段导线线盘的堆放位置不应影响本段放线作业；

7）小牵引机应布置在不影响牵放牵引绳和牵放导线同时作业的位置上；

8）锚线地锚坑位置尽可能接近弧垂最低点；

9）牵、张场必须按施工设计要求设置接地系统；

10）尽量使牵、张场不出现或少出现危险区，危险区内不得布置设备和进行作业；

11）应尽量减少青苗损失。

（5）牵、张场的布置：钢丝绳卷车与主牵引机分离时的牵引场布置如图 ZY0200103001-23 所示，张力场布置如图 ZY0200103001-24 所示。

图 ZY0200103001-23　牵引场平面布置图（转向180°后，即可作为另一施工段的牵引场）

1—主牵引机地锚；2—主牵引机；3—高速导向滑车；4—牵引绳；5—线路中心线；6—空牵引绳卷筒；

7—锚线架；8—锚线地锚；9—小张力机；10—小张力机地锚；11—钢绳卷车；12—起重机

图 ZY0200103001-24　张力场平面布置图（转向180°后，即可作为另一施工段的张力场）

1—主张力机地锚；2—主张力机；3—走板；4—牵引绳；5—线路中心线；6—锚线架；7—小牵引机；
8—小牵引机地锚；9—导线尾车；10—导线轴；11—起重机

（6）受地形限制，牵张场困难时，牵引场可通过转向滑车转向布场。牵引场转向布场应注意如下各点：

1）每一个转向滑车荷载不得超过所用滑车的允许承载能力。各转向滑车荷载均衡，即转向角度相等。

2）靠近邻塔的最后一个转向滑车应接近线路中心线。

3）靠近牵引机的第一个转向滑车应使牵引机受力方向正确。

4）转向滑车应使用允许连续高速运转的大轮槽专用滑车，每个转向滑车均应可靠锚定。

5）转向滑车围成的区域为危险区，不得布置其他设备材料，工作人员不应进入。牵引场转向平面布置如图 ZY0200103001-25 所示。

图 ZY0200103001-25　牵引场转向平面布置图

1—牵引场；2—转向滑车；3—线路中心线；
4—转向滑车地锚；5—牵引绳；6—铁塔

四、其他准备工作

除上述准备工作之外，尚应包括下列几项准备工作，由于下述工作在其他模块中皆有详述，在这里只列出项目名称。

（1）线路通道调查，重点是交叉跨越及障碍物的情况调查。

（2）编写架线施工作业指导书。

（3）编写架线施工安全技术措施。

（4）进行导地线压接管检验性压接试验。

（5）对已组立的杆塔进行质量复检。

（6）进行架线施工安全技术交底。

【思考与练习】

1．张力放线施工区段的划分应重点考虑哪些因素？

2．布线应掌握哪些原则？

3．简述牵引机、张力机的工作原理。

4．导引绳及牵引绳的最小安全系数取值是多少？选择导引绳及牵引绳时，其综合破断拉力应满足什么条件？结合工作实际进行计算，以验算现场使用导引绳及牵引绳的正确性。

5．常用跨越架的形式有哪些？对搭设跨越架有哪些要求？

模块 2　导地线展放（ZY0200103002）

【模块描述】 本模块包含人力放线、张力放线。通过工序介绍、流程讲解，掌握放线施工的一般方法，能够进行放线施工。

【正文】

一、工作内容

输电线路架线施工中导地线展放的方式可分为两大类，即人力放线和张力及机械牵引放线（简称张力放线）。考虑到保护农作物和架线质量及施工效率的需要，人力放线目前使用的较少，本部分重点介绍张力放线的工艺步骤和要求，使读者对导引绳的展放、利用导引绳展放牵引绳、展放导线、通信指挥以及导地线展放工序中常见故障的预防和处理等有一个全面的掌握。

1. 人力放线

人力放线是以耐张段为施工区段，根据线长和接头位置，将线盘分散运至布线所选位置，支起线盘后用人力牵引展放。对线盘无法运到的地方，可将线盘运至靠近的地方，支起线盘后，将线按两人能抬运的重量分成几捆或几十捆，捆与捆之间留有 3～4m 的线长，然后用多组人力将线抬起进行展放。此项作业盘线时应注意释放其内在扭力，以防出现金钩、松股等不良现象。

2. 张力放线

张力放线是在某一选定的放线区段内，两端分别放置张力机、牵引机，在张力机施加一定张力的情况下，由牵引机通过牵引钢绳进行导地线展放。根据每相子导线的根数，分为一牵一、一牵二、一牵四、一牵六等。其主要工作内容为以下几项步骤：

（1）牵引场、张力场机具设备就位。根据放线区段整体规划和地形地貌等现场实际，选定牵引场和张力场，根据场地平面布置将牵引机、张力机及其他机具设备就位。

（2）展放导引绳。在放线区段内人力展放导引绳，并将导引绳用连接器进行连接。

（3）展放牵引绳。用已展放的导引绳用小型牵、张机牵引牵引绳。

（4）在牵张设备的作用下，通过牵引绳进行张力放线。

二、危险点分析和控制措施

1. 人力放线及展放导引绳

（1）防止人员跌倒。人力放线时应由有经验的员工领线，放线时相互间应保持适当的距离，人员分布均匀，以防一人跌倒影响别人。拖线人员要行走在放线方向同一直线上，放线速度要均匀。

（2）防止导地线出现金钩。人力展放较长的导地线时，如果现场整盘搬运比较困难，可从整盘线盘上分段盘绕出来，此时应注意释放导地线的内在扭力，避免出现金钩。

（3）防止浮石滚落伤人。在有浮石的山坡地区放线时，事先应清理掉浮石，以防滚石伤人。

（4）防止线头掉落伤人。在引绳接头过滑车时，拉线人员不得在垂直下方拉绳，杆塔下面不得有人逗留，以免当绳头连接处脱开时，线头掉落伤人。

（5）避免展放的导地线或引绳在带电线路下方穿过。导地线或牵引绳不得在带电线路下方穿过。遇有特殊情况必须穿过时，必须在带电线路下方设置压线滑车，压线滑车不得使用开口式滑车，用地钻或地锚可靠锚固，并派专人监护。

2. 张力放线

（1）保证通信畅通。所有通信设备在使用前均应检查其灵敏度和频道的一致性。检查工作由指挥人逐一点名询问。不讲与工作无关的话，避免由于通信不畅延误工作甚至造成事故。

（2）防止感应电伤人。由于放线区段较长和跨越带电线路，在放线过程中牵引绳和导地线上可能产生较高的感应电压，要在牵引机、张力机的进出口侧装设接地滑车，并保证全过程可靠连接。

（3）防止导引绳被树枝等卡住。在初始牵引阶段，导引绳未完全升空前，指挥人应随时了解沿线情况，开始用慢速牵引，沿线监护人监护导引绳的升空，如有被树枝等卡住的情况，应妥善处理。

（4）防止牵引板过转角塔翻转。牵引板在过转角塔、上扬塔时容易引起牵引板翻转，转角塔的监护人员应根据牵引绳和导线在滑轮中的受力情况及时调整滑车的偏角。当发生牵引板翻转、平衡锤压在线上、导线断股等异常情况时，应立即停止牵引并进行处理。

（5）防止跑线伤人。在牵引过程中，由于连接器、蛇皮套连接不牢等原因，可能造成跑线事故，此时线路下方如果有人，极易造成人员伤害，放线过程中监护人员要站在线路外侧，同时要保护过往人员，在跨越道路处，要采取搭设跨越架等可靠的防护措施。

三、作业前准备工作

1. 牵引场、张力场的机具设备就位

张力场和牵引场的机具设备就位，首先是大张力机和大牵引机，由拖挂车牵入场地进行就位，然后将小张力机、小牵引机分别就位，并用地锚进行锚固。随后固定线盘架、进线和吊装线盘，线头穿入连接网套并与已绕于张力轮上的 $\phi13$ 麻绳连接后，开动张力机，将导线缠绕入张力轮内，线头引出后连接在牵引板上。

2. 通信联络

（1）张力场与牵引场各配一台式对讲机，要求该台式对讲机能直接联系并能清楚地听到放线区段内所有对讲机的信号，且区段内的对讲机亦能听到牵张场的信号。

（2）在放线区段内的控制档、压线滑车设置点、转角塔、重要跨越处以及转向牵引时的转向滑车处均设置监护通信人员。在一般地段，每三基设一点，每点配一台对讲机。

（3）通信联络指挥设在张力场。

（4）作业前指挥人应明确规定每个监护人员工作地点、范围及工作内容。若牵引绳与导线同时进行牵放，应同时进行监护。

（5）所有通信设备在使用前均应检查其灵敏度和频道的一致性，由指挥人逐一点名询问。放线的频道与紧线的频道应分开，以免造成混乱和误会。

四、作业步骤和质量标准

（一）导引绳、牵引绳的展放

1. 人力展放导引绳

在施工区段内分相人力展放导引绳，导引绳可成盘分散运至线路下方，支起绳盘后进行展放，亦可在牵、张场先盘成捆，用人力抬运至线路下方再展放。展放工作尽量从小张力机侧开始，至小牵引机时将剩余的导引绳留在小牵引机旁。展放后的导引绳用抗弯连接器进行连接，安装抗弯连接器时应注意：抗弯连接器的圆弧部分应朝牵引机的方向；螺栓应用螺丝刀拧紧。如避雷线亦用张力或牵引放线时，边相和避雷线的导引绳要防止绞扭和互相压住。

2. 展放牵引绳

（1）将牵引线盘支于小张力机后侧约 6m，绳头引入张力机的张力轮，方向为由内向外、上进上出，绕满全轮。引出绳头与导引绳头用相应吨位的旋转连接器进行连接。

（2）在小牵引机侧，将导引绳穿入牵引轮，其方向为由内向外，上进上出，绳头固定至绳架上绳盘的挂钩上。

（3）指挥人得到沿线监护人允许牵引的许可后，发布牵引指令，开始用慢速牵引，沿线监护人监护导引绳的升空，如有被树枝等卡住，应妥善处理。

（4）当整个区段内的导引绳都离地，牵引绳开始放出时，应将小张力机的控制张力逐渐提高，直至所要求的控制值，牵引速度亦可提高至 40～60m/min。

（5）当抗弯连接器接近小牵引机时，应放慢牵引速度。当抗弯连接器绕入绳盘两圈时，可停机，用人力拉紧牵引轮后侧的导引绳。回转绳盘、拆下抗弯连接器，卸下已缠满的绳盘，装上空盘，将导引绳头挂在绳盘的挂钩上，通知小张力机侧，便可继续牵引。

（6）当牵引绳放至剩余 50m 左右时，通知牵引机放慢牵引速度。当剩余两圈时停止牵引，在小张力机的后侧用人力拉住，卸下空盘，装上满盘，绳头用相应抗弯连接器连接，其圆弧应向着大牵引机，余绳绕入新盘后便可通知牵引机继续牵放。

（7）牵引绳展放完毕，在牵、张场两端，用钢绳卡线器将其临锚在地锚上。

634

3. 地线展放

地线的展放方法与展放牵引绳基本相同，增加的作业内容主要有以下几点。

（1）地线线头通过钢绳连接网套和旋转连接器与导引绳连接。

（2）当上一盘地线快放完，要与下一盘地线连接时，需用双头连接网套连接，中间用抗弯连接器连接。

（3）当连接网套展放至张力机前约 10m 时，停止牵引，在张力机前约 20m 处安装卡线器进行临锚。压接接续管，安装钢护套，拆除临锚后继续牵引。

（4）当地线牵引至牵引机前时停止牵引，使旋转器不进入牵引轮。在牵张两端将地线临锚在地锚上，在牵引侧回松牵引机，拆除连接网套；在线盘侧适当的位置切断多余的地线。在剩余的地线线头装上连接网套，展放另一相地线。

4. 导线展放

（1）牵引场操作和布置。

1）用 ϕ11 钢绳由内向外、上进下出缠绕至牵引轮，绳尾与牵引绳用抗弯连接器连接，开动牵引机，将牵引绳引入牵引轮。当牵引绳绕满全轮并引出约 4m 后，拆除抗弯连接器，将牵引绳头挂在绳盘的挂钩上。

2）在牵引绳入口侧挂接地滑车。

3）收紧锚定牵引机的临锚手扳葫芦。牵引场布置如图 ZY0200301002-1 所示。

图 ZY0200301002-1　牵引场布置图
1—牵引绳；2—重捶式接地滑车；3—大牵引机；4—接地；5—ϕ13 白棕绳；6—导地线临锚地锚；7—牵引绳盘；
8—道木；9—6t 手扳葫芦；10—0.5m×2m 地锚

（2）张力场操作和布置。

1）就位导线盘架，应使各线盘架正对张力机上的引轮，使导线在放出过程中不与线盘侧板摩擦。

2）根据导线布线计划所列线盘编号，将线盘吊装在线盘架上，注意线头从上方引出。

3）拆除线盘包装板和拔净钉子等杂物，检查外层导线质量是否良好，如有缺陷应及时处理或做好标记；如需切除应计算接头变动位置，是否会靠近滑车或移至不允许有接头的档内。

4）引出导线头套入连接网套，套的末端用 ϕ2mm 铁丝绑扎 50mm，铁丝尾向后压平。

5）用 ϕ13 棕绳缠绕在张力机的导线轮上，绳头与连接网套连接后，驱动张力机，人力拉紧棕绳，随着张力轮出线端吐出棕绳，导线便缠绕在导线轮上，在此作业过程中，线盘架应适当制动线盘，使导线在轮上不会太松。

6）导线在导线轮上的缠绕方向如图 ZY0200301002-2 所示。为防止导线通过导线轮时发生松股，导线在导线轮上的缠绕方向应与其外层线股捻回方向相同。国产钢芯铝绞线的外层采用右捻，因此，站在线盘架处面向张力机看，导线应由导线轮的左边最外一槽进线，由右边出线，如图 ZY0200301002-2 （a）所示。

7）将从导线轮引出的线头通过旋转器按编号顺序与牵引板的后侧连接。牵引板的前侧通过旋转器与牵引绳连接。

8）当牵引绳牵动导线，张力机出口侧的导线悬空时，在导线上分别挂接地滑车。

9）收紧张力机、线盘架的手扳葫芦和法兰螺栓。将线盘架的刹车调至使张力轮的尾张力在 2～3kN，但所有线盘应一致，不得有大有小。张力场布置，如图 ZY0200301002-3 所示。

10）在展放导线过程中，张力机根据导线对地、对被跨越物、跨越架距离的大小调整张力，但必须保持牵引板的平衡，以防其翻转或线混绞。

图 ZY02003002-2　导线轮导线缠绕方向图

（a）右捻—右手；（b）左捻—左手

图 ZY0200301002-3　张力场布置图

1—牵引绳；2——牵四牵引板；3—重锤式接地滑车；4—导线；5—大张力机；6—导线盘；7—接地线；8—ϕ13 白棕绳；9—导地线临锚地锚；　10—道木；11—6t 手扳葫芦；12—线盘架；13—ϕ20 法兰螺栓；14—角铁柱

11）当导线线盘的线长剩余 100m 左右时，通知牵引场放慢牵引速度，至余线 8m 左右时停止牵引。张力轮后的导线用卡线器卡住后再用白棕绳固定在线盘架上，卸下空盘，装上新盘。线头用双头连接网套连接后绕入线盘上，拆除卡线器，通知牵引场慢速牵引；当线头展放至张力机前侧约 15m 时进行临锚，压接接续管，检查合格后安装保护钢甲。张力机收紧导线，拆除临锚后，便可继续牵引，展放第二盘导线。

5. 沿线监护和牵张场地面临锚

（1）与展放牵引绳、地线一样，在放线区段内的转角塔、上扬塔、重要跨越处等设监护人员，监护牵引板通过滑车的情况，当牵引板翻转、平衡锤压在线上、导线断股等异常情况时，应立即通知停车进行处理。

（2）转角塔的监护人员应根据牵引绳和导线在滑轮中的受力情况，及时调整滑车的偏角。

（3）当导线即将牵放至牵引场时，应放慢牵引速度，适当提高张力，使导线对地有较大的距离。

（4）导线展放完毕后，在牵引场和张力场，分别将导线按顺序临锚在临锚架上。为了增大档距中各子线间的距离，减轻线间鞭击，锚线时子导线应斜向排列。

五、注意事项

1. 人力放线注意事项

（1）展放时要对准方向，中间不能形成大的弯折。

（2）放线过程中，工作人员不得站在线圈里面。线盘转动时，如果线盘向一侧移动，应及时调节线盘高低，使其不向两侧移动。展放时应有可靠的刹车措施。导线头应由线盘上方引出。

（3）领线人员要辨明自己所放线的位置，不得发生混绞。穿越杆塔放线滑车时，引线应在拉线上方通过。换位杆塔放线时，放线施工顺序要认真辨别，不要发生相互压线现象。

2. 常见张力放线故障的预防和处理

（1）线盘架与张力机之间的导线产生周期性上下跳动，主要原因是线盘架刹车磨偏或刹车盘与盘轴不垂直，刹车不均。修正刹车盘，使尾部张力接近恒定时，即可避免这一问题。

（2）牵放线开始时张力较小，导线在张力机导线轮的进（出）线槽以及牵引绳在牵引机卷扬轮的进（出）口槽处发生频繁跳槽，说明跳槽的进（出）线方向和位置不正确，应调整进（出）线导向滚筒或导向滑车的位置和方向，或调整牵、张机出线所对准的方向（对准邻塔放线滑车）。

（3）线绳在导线轮、卷扬轮的所有槽位上均容易跳槽，其原因如下：

1）两个摩擦卷筒安装位置不正确（应相互错开半个槽距），应进行调整。

2）尾部张力过小，需适当加大。

（4）在导线轮进口处附近导线发生松股，严重时出现"赶灯笼"现象，其原因如下：

1）导线制造质量差，节距不正确，回捻较松。

2）导线在张力轮上缠绕时，缠绕方向与外层铝股捻向相反。

3）尾部张力过小，导线在张力轮上打滑。

针对上述原因进行处理后，故障即可消除。

（5）张力轮、卷扬轮已刹车，但仍慢速转动。其原因是刹车的制动扭矩小于放线张力的扭矩，调整刹车行程或更换刹车片，增大制动扭矩后即可刹住。

（6）张力轮、卷扬轮已刹车，并确已停止转动，但导线、牵引绳仍在滑动，原来的架空线绳在逐渐落地。其故障原因及排除方法如下：

1）导线、牵引绳在张力轮、卷扬轮上的缠绕圈数少于要求圈数。先在机械前方将线绳临锚，然后松掉张力，拆除原缠绕，重新按正确方法或圈数缠绕。

2）尾部张力过小，需适当加大。

3）张力轮、卷扬轮表面油污过多，减小了线绳与轮表面的摩擦力，应予以清理。

（7）抗弯连接器通过卷扬轮时断裂，或钢绳端环破断、断股。其原因是连接器直径大于钢绳直径且有一定的长度，连接器位于两个摩擦卷筒之间和处于摩擦卷筒之上时的周长不同。因此，连接器由卷筒间进入卷筒上时，需增加一小段绳长。当连接器位于进口槽或出口槽附近时，需增加的绳长可通过绳在卷筒的滑动得到补偿。但当抗弯连接器进入两槽和尚离出槽仍有两槽的中间部分，钢绳在槽上的滑动便很微小，此时只能靠钢绳弹性伸长和节点变形来补偿。由此产生的附加应力，往往使接头断裂，造成跑线事故。

目前还没有能够完全避免产生附加应力的连接方式，因此在施工中应采取如下措施：

1）钢绳头采用插接法而不用压接法，经常检查端环的弯形损伤情况，如有断丝等现象应切去重插。

2）选用长度短、直径小、可挠性好的抗弯连接器，每次使用前需经严格检查。

3）连接器通过卷扬轮时，减慢牵引速度，必要时和有可能时降低张力机的张力。

4）在牵引轮上增设护罩、挡板等，用于保护操作人员和机械。操作人员站在安全位置操作，其他人员离开机械和线路下方。

（8）牵引机和张力机的导向滚轮、导向滚筒磨损过快，或其盘向产生弯曲变形。这主要是由于滚轮、滚筒处导线、牵引绳转角太大。需调整进（出）线方向或滚轮、滚筒位置。

（9）子导线间虽已调平放线弧垂，但牵引板板身仍不平，平衡锤不垂直于地面。其原因可能是牵引板上的旋转器不灵活或已损坏，或牵引板不对称受力。

（10）小牵引机已收紧导引绳一段时间后，线路上已没有多余的导引绳，但小张力机处仍未被牵动。其原因是导引绳有个别地方未连接，需找出断开点，补放一段导引绳并重新连接好。

（11）小牵引机已收卷一段时间后，靠近小牵引机的部分线档的导引绳已经架空至一定高度，而靠近小张力机的线档导引绳仍未架空；当继续牵引时，小牵引机的牵引力迅速增加，而小张力机处的绳、线仍然未被牵动。其原因是导引绳在某个放线滑车上掉辙或被树木等杂物卡住。需放松牵引力，寻找卡点，待处理后方可继续牵引。

（12）正常情况下，导引绳、牵引绳的升空过程是缓慢连续的，如个别线档突然出现快速升空并随之出现线绳舞动，说明线绳在舞动前被卡住。此时应停止牵引，检查线绳在滑车中是否跳槽、掉辙，如无上述问题，也需待线绳不再舞动时继续牵引。

（13）当牵引绳的抗弯连接器和接续管通过放线滑车时，其向前的倾斜角为5°～10°；当通过牵引板时，其向前的倾斜角在30°左右。如超过上述范围，可能是由于放线滑车转动不良，综合阻力太大，或线绳在滑车中已掉辙等原因。

（14）杆塔虽无线路水平转角，但放线滑车明显倾斜。其原因是线绳已在滑车中跳槽，滑车受力不对称，应停止牵引，将线绳吊回中间槽位。

（15）放线滑车在顺线路方向前后摆动。其原因是该滑车滑轮边缘有局部变形，变形部位与邻轮或侧架相摩碰或轴承损坏，此种滑车应立即更换。

（16）牵引板过滑车后，平衡锤压在导线上。此现象多发生在转角塔上，因转角塔的放线滑车向内倾斜，子导线呈倾斜状态。发现后应立即停机处理。

【思考与练习】

1．简述张力放线的危险点和控制措施。

2．简述张力场操作和布置的工艺步骤。

3．张力展放导线时沿线监护人员应重点监护哪些内容？

4．简述张力场操作布置的作业步骤。

模块 3 导地线连接前的准备（ZY0200103003）

【模块描述】本模块包含器材检验和压接前准备工作。通过工艺流程介绍，熟悉导地线压接前器材检验的过程、方法和相关的准备工作。

【正文】

一、器材检验

1．导地线连接的一般规定

（1）不同金属、不同规格、不同绞制方向的导线或避雷线严禁在一个耐张段内连接。

（2）当导线或避雷线采用液压或爆压连接时，必须由经过培训并考试合格的技术工人担任。操作完成并自检合格后应在连接管上打上操作人员的钢印。

（3）导线或避雷线必须使用现行的电力金具配套接续管及耐张线夹进行连接。连接后的握着强度在架线施工前应进行试件试验，试件不得少于三组（允许接续管与耐张线夹合为一组试件）。其试验握着强度对液压及爆压都不得小于导线或避雷线设计使用拉断力的95%。

对小截面导线采用螺栓式耐张线夹及钳接管连接时，其试件应分别制作。螺栓式耐张线夹的握着强度不得小于导线设计使用拉断力的90%。钳接管直线连接的握着强度不得小于导线设计使用拉断力的95%。避雷线的连接强度应与导线相对应。

当采用液压施工，工期相邻的不同工程采用同厂家、同批量的导线，避雷线、接续管、耐张线夹及钢模完全没有变化时，可以免做重复性试验。

（4）导线及避雷线的连接部分不得有线股绞制不良、断股、缺股等缺陷。连接后管口附近不得有明显的松股现象。

（5）一个档距内每根导线或避雷线上只允许有一个接续管和三个补修管。当张力放线时不应超过两个补修管，并应满足下列规定：

1）各类管与耐张线夹间的距离不应小于15m；

2）接续管或补修管与悬垂线夹的距离不应小于5m；

3）接续管或补修管与间隔棒的距离不宜小于0.5m；

4）宜减少因损伤而增加的接续管。

（6）采用液压或爆压连接时，在施压或引爆前后必须复查连接管在导线或避雷线上的位置，保证管端与导线或避雷线上的印记在压前与定位印记重合，在压后与检查印记距离符合规定。

2. 器材检验的质量要求

（1）工程中使用的导地线和耐张管、接续管必须有符合相关标准的出厂质量检验合格证明书。

（2）钢接续管和耐张管内径及外径尺寸偏差应符合表 ZY0200103003-1 的规定。

（3）铝管做外观和尺寸检查时应符合下列要求：

1）表面应光滑、平整、清洁，不应有裂纹、起泡、起皮、夹渣、压折、气孔、砂眼、严重划伤及分层等缺陷。允许轻微的局部的不使板厚（或管壁厚）超出允许偏差的划伤、斑点、凹坑、压入物及修理痕迹等缺陷。

2）电气接触平面不允许有碰伤、划伤、斑点、凹坑、压印等缺陷。

3）铸件应清除飞边、毛刺，但规整的合模缝允许存在。

4）浇冒口清除后，允许有个别针孔存在，其面积不大于浇冒口面积的 5%，深度不超过 1mm。

5）钻孔应倒棱去刺。

6）挤压铝管内径及外径尺寸极限偏差应符合表 ZY0200103003-2 的规定。

（4）压接管的长度，其允许极限偏差为基本尺寸的 ±2%。

表 ZY0200103003-1　钢接续管和耐张管内径及外径尺寸偏差

外 径（mm）		内 径（mm）	
基本尺寸	极限偏差	基本尺寸	极限偏差
≤14	±0.2	≤9	±0.15
>14～22	+0.3 −0.2	>9～15	±0.2
>22～34	+0.4 −0.2		

表 ZY0200103003-2　挤压铝管内径及外径尺寸极限偏差

外 径（mm）		内 径（mm）	
基本尺寸	极限尺寸	基本尺寸	极限尺寸
≤32	+0.4 −0.2	≤22	−0.3
>32～50	+0.6 −0.2	>22～36	−0.4
>50～78	+1.0 −0.2	>36～55	−0.5

二、压接前准备工作

（1）检查导线、避雷线的结构及规格是否与设计要求相符，严防缺股。进入压接管部分应平整完好，离管口 15m 内不应有需做补修管处理的缺陷。

（2）不同金属、不同规格、不同绞制方向的线材，不得在同一耐张段内连接。

（3）事先将待压的管清洗干净，并清除影响穿管的锌疤和焊渣等，洗后应将管口临时封堵并用塑料袋封装。

（4）根据使用情况将管进行编号，测量其内外径并做好记录，划上压接部位印记。

（5）制作线头并清洗。断线前应将线头理直，保留钢芯去除铝股时应注意以下几点：

1）不伤及钢芯。

2）铝股断面与轴线垂直（即不成马蹄形）。

3）长度应准确，其误差应在 ±1mm 以内。

4）线的清洗长度。对耐张管和接续管先套入铝管端，应不短于铝管套入部位；对接续管的另一端不短于半管长的 1.5 倍。

5）对运行过的旧线和进行爆压的带油线，必须进行散股清洗。散股清洗时不应改变各线股的节距，以免恢复时困难。线头清洗后应头朝上放在木板上，让其干燥。如采用爆压，线头进水必须进行烤干处理。

（6）液压设备或爆破器材的准备。

1）当采用液压设备时，应根据需压导地线规格的大小，选用 100t 或 200t 级的设备。当线路采用 LGJ—400/65 及以内的导线时，用 100t 级的液压机能完成压接工作；当采用 LGJ—500/45 及以上的导线时，以用 200t 级的液压机为宜。

2）当采用外爆压器材时，可采用普通导爆索或太乳炸药和火雷管，它们的性能必须符合使用要求。对采用普通导爆索作如下介绍。

a. 普通导爆索主要性能有以下几点：

外壳：棉、麻纤维缠绕，红色。

药量：12～149/m。

直径：≤6.2mm。

爆速：>6500m/s。

爆轰感度：把多段导爆索按规定方法连接后，用 8 号雷管起爆应爆轰完全。

b．普通导爆管的检验方法如下：

外壳：目测。

药量：任意抽取 200mm 导爆索段，依次将外防潮层、棉纱、纸头、内防潮层、中层棉纱、内层棉纱和芯线剥除，将药芯——黑索金收集在一张清洁的纸上，用天平称量再折合为 1m 的药量。

爆速：用导爆索法（即道特里计法）测定，其测定的组装情况如图 ZY0200103003-1 所示。

在图 ZY0200103003-1 中，3、4 是长度均为 1120mm 的导爆索，4 为已知爆速的标准导爆索，3 为被测的导爆索，在每根导爆索距一端面 30mm 处做上第一标志，距第一标志 1000mm 处做上第二标志，再取一块长 180mm、厚 5mm、宽 50mm 的铅板，在其中心处刻上一条垂直于铅板轴线的 0 线，使两段导爆索的第二标志同铅板上的 0 线重合后，用细绳扎牢在铅板上，带有第一标志的导爆索端分别从铅板左右两端伸出来，再把两端导爆索的第一标志和一个 8 号雷管底端三者对齐，用黑胶布贴牢。

雷管引爆后，铅板上便得到一条两段导爆索的爆轰波相遇而造成的刻痕，用钢直尺测量刻痕和 0 线的距离，就可以计算出被测导爆索的爆速。

设标准导爆索的爆速为 v，被测导爆索的爆速为 v_x，如测得爆轰波相遇刻痕同 0 线距离为 s mm，并且是在铅板上被测导爆索一侧（即 0 线右侧），则

$$v_x = \frac{(1000-s)v}{1000+s} \qquad (ZY0200103003\text{-}1)$$

如刻痕在铅板上标准导爆索一侧（即 0 线左侧），则

$$v_x = \frac{(1000+s)v}{1000-s} \qquad (ZY0200103003\text{-}2)$$

爆轰感度和传爆性能：把几段导爆索用搭接和套接方法接起来，在一端用一个雷管起爆，如果所有导爆索都完全爆轰，没有残留，则说明该导爆索的感度传爆性能均合乎使用要求。

检查的具体方法是取 8m 长导爆索，切成 1m 长的 5 段、3m 长的 1 段，用 8 号雷管起爆（见图 ZY0200103003-2）。

图 ZY0200103003-1　导爆索爆速测定的组装示意图

1—雷管；2—细绳；3—被测导爆索；4—标准爆速的导爆索；
5—铅板；6—0 线

图 ZY0200103003-2　导爆索感度和传爆性能试验和组装示意图

1—8 号雷管；2—线或细绳搭接；3—束接；
4—3m 长导爆索；5—1m 长导爆索

直径：用游标卡尺在索干上任意测量 5 处即可。

【思考与练习】

1．对导地线连接所做试件的技术要求有哪些？

2．压接前准备工作的内容有哪些？

3．如何测定导爆索的爆轰感度和传爆性能？

模块 4　导地线连接（ZY0200103004）

【模块描述】 本模块涵盖钳压法、液压法、外爆压法连接，导地线损伤及处理。通过要点介绍工艺流程讲解、图形示例、图表对比，掌握导线压接工艺和损伤导地线的处理方法。

【正文】

一、工作内容

导地线连接是架线施工中的重要工序环节之一，导地线连接质量直接关系线路投运以后的安全运行水平。导地线连接的工艺方法包含钳压法、液压法、外爆压法三种。外爆压压接方式受三个方面因素的影响使其使用受到限制：一是由于爆压后压接管会受到不同程度的损伤，导致送电后电晕增大；二是其产生的冲击波造成农作物受损和噪声污染；三是国家对爆炸物品的严控措施使其在保管领用方面受到严格限制。钳压连接方式受其握着力和电晕的影响，主要适用于中小截面导线（240mm² 以下）的直线接续。在送电线路建设中普遍使用的连接方式为液压连接。本模块重点介绍液压连接的工艺方法，对钳压法和外爆压法连接方式只作简单介绍。

1. 钳压法连接

钳压法连接是将钳压型接续管用钳压器把导线进行直线接续。钳压连接的主要原理是利用钳压器的杠杆或液压顶升的方法，将力传递给钳压钢模，把被连接导线端头和钳接管一起压成间隔凹槽，借助管壁和导线的局部变形，获得摩擦阻力，从而达到把导线接续的目的。

2. 液压法连接

液压法连接是将液压管用液压机和钢模把架空线连接起来的一种传统工艺方法。架空线的直线接续、耐张连接，跳线连接以及损伤补修等，都可以用液压进行。目前，液压法连接一般用于 240mm² 以上钢芯铝铰线及钢绞线（避雷线）的连接。

3. 外爆压法连接

爆压连接是在炸药爆炸压力作用下，压力施加于接续管或耐张线夹管上，使管子受到压缩而产生塑性变形，将导线或避雷线连接起来，从而使连接体获的足够机械强度。

爆压连接必须按《架空电力线路爆炸压接施工工艺规程》进行。过去曾采用过太乳炸药（又称塑B炸药），由于其本身质量问题现已被淘汰，故不予介绍，本节只介绍导爆索爆压。

二、危险点分析和控制措施

（1）防止切割导地线回弹伤人。切割导线及避雷线以前，先用细铁丝扎牢，以防切割后散股弹击伤人。在有张力的导线上割断时，开断处两端应绑住，以防回弹伤人。

（2）切割铝股时防止伤及钢芯。切割导线铝股时应分层切割，在切割靠近钢芯的一层铝股时，不要直接将铝股割断，在铝股即将割断时，用手将铝股掰断，避免伤及钢芯。

（3）防止压接时人员站在压钳上方。施压人员在操作液压钳时，特别是压接钳活塞起落时，应避开高压油管和钳体顶盖，人体不得位于压接钳上方，防止爆裂冲击伤人。

（4）防止压力过载。液压泵操作人员应与压接钳操作人员密切配合，在施压过程中要随时注意压力表指示值不得超过规定值，不得过载。如果上下钢模已经合拢而未达到规定压力值，应立即停止施压，并进行检查，如有故障应停止使用。

（5）使用电动压接设备应采用绝缘良好的电缆作电源线，设备外壳应有可靠的接地。

（6）严禁用剪刀或钳子剪切导爆索。使用导爆索时，应用锐利的刀片先在木板上切除索端的防潮帽和中间的连接管，然后按需要的长度切割。切割时应随时清除粘在木板上或刀片上的药粉和碎屑。

（7）防止爆压时碎石伤人。应选择相对平坦且地面无碎石的场地作为爆压场地，在引爆导爆索前，应将药包连同两侧线材支离地面约 1m，适当绑扎并将其埋直。

（8）防止雷管金属垫伤人。绑扎引爆雷管时，应将雷管底部朝向人员撤离的反方向，避免雷管的金属垫伤人。

（9）防止爆炸冲击波伤人。导火索的最小长度应满足人员撤至安全距离的要求，避免由于导火索过短人员来不及撤离至安全距离以外。

三、作业前准备工作

1. 钳压法连接

钳压器按使用动力的不同，分为机械传动和液压顶升两种。图 ZY0200103004-1 所示为 SDQ 型机压钳，使用时操作手柄带动丝杠，使拉力变为压力，推动加力块，从而达到钳压的目的。

SDQ 机压钳有关数据列于表 ZY0200103004-1 中。

表 ZY0200103004-1　　　　SDQ 机压钳数据表

型　号	最大压力（kN）	最大行程（mm）	适用导线型号	外形尺寸（长×宽×高，mm）	主要尺寸（mm）			质量（kg）
					a	b	c	
SDQ-12	120	20	LG—25～185 LG—35～240	325×300×65	60	45	32	6.5
SDQ-20	200	30	LG—185～400	490×460×90	90	68	48	15

野鸭式钳接器由压接钳和手摇泵两部分组成。使用时摇动手柄，使压力上升，推动钢模，达到钳压目的。液压式钳压器如图 ZY0200103004-2 所示，其数据见表 ZY0200103004-2。

图 ZY0200103004-1　SDQ 型机压钳

1—钳模；2—加力块；3—丝杠保护罩；4—丝杠；5—棘轮；6—手柄

图 ZY0200103004-2　液压式钳压器

表 ZY0200103004-2　　　　液压式钳压器数据表

型　号	YG7.5	YG16	型　号	YG7.5	YG16
输出压力（kN/cm²）	5.9	5.9	钢模宽度（mm）	5.9	5.9
适用导线截面积（mm²）	16～240	16～240	油　液	10 号机械油或 YH10 号红油	
储油量（cm³）	100	125	制造厂	上海飞机制造厂	

钳压用钢模，分为上模和下模，模形如图 ZY0200103004-3 所示，其规格数据见表 ZY0200103004-3。

表 ZY0200103004-3　　　　钳压钢模规格及数据表

钢模型号	适用导线	主要尺寸（mm）			钢模型号	适用导线	主要尺寸（mm）		
		R₁	R₂	c			R₁	R₂	c
QML—25	LJ—25	6.00	6.8	4.2	QMLG—35	LGJ—35	7.35	8.5	7.0
QML—35	LJ—35	6.65	7.5	5.0	QMLG—50	LGJ—50	8.30	9.5	9.0
QML—50	LJ—50	7.45	8.2	6.3	QMLG—70	LGJ—70	9.00	10.5	12.5
QML—70	LJ—70	8.25	9.0	8.5	QMLG—95	LGJ—95	11.00	12.0	15.0
QML—95	LJ—95	9.15	10.0	11.0	QMLG—120	LGJ—120	12.45	13.5	17.5
QML—120	LJ—120	10.25	11.0	13.0	QMLG—150	LGJ—150	13.45	14.5	19.5
QML—150	LJ—150	11.25	12.0	17.0	QMLG—185	LGJ—185	14.75	15.5	21.5
QML—185	LJ—185	12.25	13.0	18.5	QMLG—240	LGJ—240	16.50	17.5	23.5

注　钢模材料为 55 号钢。

图 ZY0200103004-3 钳压钢模图

（a）上模；（b）下模

以便现场核对使用。

钢模制造时，其压模六角对边距 S，应比规程规定小 0.3～0.4mm。这是因为内径较小的钢模容易压出符合要求的管子尺寸；其次是钢模的内径经使用后会逐渐增大，当增大至等于要求压后管子的尺寸时，钢模便不能继续使用。

3. 外爆压法连接

（1）导爆索。导爆索是以猛性炸药（黑索金或太恩）为索芯，以棉麻纤维等为覆包材料，能够传递爆轰波的索状炸药。

1）导爆索由索芯（药芯）和外壳构成。索芯直径为 3～4mm，由粉状猛性炸药太恩或黑索金组成，外壳是用棉麻等纤维材料缠绕制成，包裹着索芯，直径为 5.6～6.2mm。有的导爆索在纤维外涂覆一层薄树脂。

2）导爆索结构如图 ZY0200103004-4 所示。普通导爆索结构同导火索基本相似，主要不同点只是药芯的装药，导爆索芯药是白色的黑索金，导火索芯药是黑色的黑火药。为了便于识别，在导爆索外层防潮层涂料中掺有红色染料，而导火索外层是白色涂料。

3）导爆索外径为 5.6～6.2mm 和 5.2～5.8mm 两种，每卷长度为 50m±0.5m，索体外观应呈红色，涂料应均匀一致，不应有油脂、严重折伤和污垢。索头应套有一个金属防潮帽或涂有防潮剂。

4）普通黑索金导爆索药量不应小于 12～14g/m，爆速不低于 6500m/s。

（2）雷管。使用 8 号工业雷管，用于引爆导爆索。

（3）导火索。用于引爆雷管，其形状与导爆索基本相同，其切割长度要满足人员撤至安全距离的要求。

2. 液压法连接

（1）液压机。液压机分手动、机动、电动等数种。送电线路工程中导、地线截面较大的压接，多用机动液压机。常用的液压机有 100t 和 200t，当导线截面积超过 400mm²、钢绞线截面积超过 100mm² 时以采用 200t 的液压机为宜。

液压泵与液压钳连接的高压油管长度，在地面压接时为 4m，当高空压接需将液压泵放在横担处时高压管长度为 8m。

一个大流水作业的架线施工队需配备液压机 6～8 台，且应配备易损件，以便及时修复损坏的液压机。施工前应检查液压机处于良好状态。

（2）钢模。钢模分为铝管钢模和钢管钢模。根据工程中使用的导地线规格和液压机吨位，施工前应准备足量和规格适宜的钢模，并在钢模侧面用红铅油等标明，

图 ZY0200103004-4 普通导爆索结构

1—芯线；2—黑索金药芯；3—内层棉纱；4—中层棉纱；5—内防潮层（沥青层）；6—纸条；7—外层棉纱；8—外防潮层

四、作业步骤和质量标准

（一）钳压法连接

1. 钳压操作

（1）将导线连接部分的表面用钢丝刷清洗，再用汽油擦洗干净，擦洗长度为连接长度的 1.25 倍。

（2）将钳接管用汽油洗净，然后将净化的导线从两端插入钳接管内，管两端露出导线 20mm。

（3）准备就绪后，将插入导线的钳接管放入钢模内，按图 ZY0200103004-5 所示的编号顺序钳压，上、下钢模接触后，应停留片刻（约 10s）再松开，以减少导线的弹性影响，得到较为稳定的压接后

尺寸。

（4）导线端部的绑线应予保留。

图 ZY0200103004-5　钳压连接图
（a）LGJ—95/20 钢芯铝绞线；（b）LGJ—240/40 钢芯铝绞线
A—绑线；B—垫片；1、2、3、……操作顺序

2. 质量标准

（1）钳压管压口数及压后尺寸的数值必须符合表 ZY0200103004-4 的规定。

表 ZY0200103004-4　　　　　　钢芯铝绞线钳压压口数及压后尺寸

管型号	适用导线		压模数	压后尺寸	钳压部位尺寸（mm）		
	型号	外径（mm）		D（mm）	a_1	a_2	a_3
JT—95/15	LGJ—95/15	13.61	20	29.0	54	61.5	142.5
JT—95/20	LGJ—95/20	13.87	20	29.0	54	61.5	142.5
JT—120/20	LGJ—120/20	15.07	24	33.0	62	67.5	160.5
JT—150/20	LGJ—150/20	6.67	24	33.6	64	70.0	166.0
JT—150/25	LGJ—150/25	17.10	24	36.0	64	70.0	166.0
JT—185/25	LGJ—185/25	18.90	26	39.0	66	74.5	173.5
JT—185/30	LGJ—185/30	18.88	26	39.0	66	74.5	173.5
JT—240/30	LGJ—240/30	21.60	14×2	43.0	62	68.5	161.5
JT—240/40	LGJ—240/40	21.66	14×2	43.0	62	68.5	161.5

（2）压后尺寸 D 应使用精度不低于 0.1mm 的游标卡尺测量，允许误差为 ±0.5mm。

（二）液压法连接

1. 液压操作

（1）切割导线及避雷线以前，先用细铁丝扎牢，以防切割后散股弹击伤人。在有张力的导线上割断时，开断处两端应绑住，以防回弹伤人。导地线切割断面应整齐无毛刺，切割铝股时禁止伤及钢芯。连接管口附近的线股不应有明显松股或超出补修处理的损伤。

（2）耐张杆塔的导线及避雷线切割长度，是根据观测弧垂后所画印记减去耐张绝缘子金具实际丈量长度确定的。对此必须仔细认真计算和丈量，在割线前应用钢尺丈量，以免挂线后影响弧垂。

（3）对使用的各规格的接续管及耐张线夹管，应用汽油清洗管内壁的油垢，并清除影响穿管的锌疤与焊渣。

（4）避雷线的压接部分穿管前应以棉纱擦去泥土，如有油垢应以汽油清洗，清洗长度应不短于穿管长的 1.5 倍。

（5）钢芯铝绞线的压接部分穿管前，应以汽油清除其表面油垢，清除的长度对先套入铝管端应不短于铝管套入部位，对另一端应不短于半管长的 1.5 倍。

（6）对轻型防腐型钢芯铝绞线的清洗，应按下列规定进行：

1）对外层铝股应以棉纱蘸少量汽油（以用手攥不出油滴为适度）擦清表面油垢。

2）当将防腐型钢芯铝绞线割断铝股裸露钢芯后，用棉纱蘸汽油将钢芯上的防腐剂擦洗干净。

（7）钢芯铝绞线清洗后，涂 801 电力脂及清除铝股表面氧化膜的操作程序如下：

1）涂 801 电力脂及清除铝股氧化膜的范围为铝股进入铝管部分。

2）按前述第 1 条之（5）将外层铝股用汽油清洗干燥后，再将 801 电力脂薄薄地均匀涂上一层，以将外层铝股覆盖住。

3）用钢丝刷沿钢芯铝绞线轴线方向，对已涂电力脂部分进行擦洗，将压接后能与铝管接触的铝股表面全部刷到，保留电力脂进行压接。

（8）对已运行的导线，应先用钢丝刷将表面灰、黑色物质全部刷去，至显露出银白色铝为止，然后再按前述规定操作。

（9）用补修管补修导线前，其覆盖部分的导线表面应用干净棉纱将泥土脏物擦干净（如有断股，应在断股两侧涂刷少量 801 电力脂），再套上补修管液压。

（10）压接前必须检查管端在线上的位置，应确保管端和线上印记重合。

（11）镀锌钢绞线接续管的液压部位及操作顺序如图 ZY0200103004-6 所示。第一模压模中心应与钢管中心相重合，然后分别依次向管口端施压。

（12）镀锌钢绞线耐张线夹的液压部位及操作顺序如图 ZY0200103004-7 所示。第一模自 U 型环侧开始，依次向管口端施压。

图 ZY0200103004-6　镀锌钢绞线接续管的施压顺序　　图 ZY0200103004-7　镀锌钢绞线耐张线夹的施压顺序

（13）钢芯铝绞线钢芯对接式钢管的液压部位及操作顺序如图 ZY0200103004-8 所示。第一模压模中心与钢管中心 0 重合，然后分别向管口端部依次施压。

图 ZY0200103004-8　钢芯铝绞线钢芯对接式钢管的施压顺序

1—钢芯；2—钢管；3—铝线；4—铝管

（14）钢芯铝绞线钢芯对接式铝管的液压部位及操作顺序如图 ZY0200103004-9 所示。

图 ZY0200103004-9　钢芯铝绞线钢芯对接式铝管的施压顺序

1—钢芯；2—已压钢管；3—铝线；4—铝管

首先检查铝管两端管口与定位印记 A 是否重合。内有钢管部分的铝管不压。自铝管上有 N_1 印记处开始施压，一侧压至管口后再压另一侧。如铝管上无起压印记 N_1 时，在钢管压后测量其铝线两端头的距离，在铝管上先画好起压印记 N_1。

（15）钢芯铝绞线钢芯搭接式钢管的液压部位及操作顺序如图 ZY0200103004-10 所示。第一模压模中心压在钢管中心，然后分别向管口端部施压。一侧压至管口后再压另一侧。如因凑整模数，允许第一模稍偏离钢管中心。

图 ZY0200103004-10　钢芯铝绞线钢芯搭接式钢管的施压顺序

1—钢芯；2—钢管；3—铝线；4—铝管

对清除钢芯上防腐剂的钢管，压后应将管口及裸露于铝线外的钢芯上都涂以富锌漆，以防生锈。

（16）钢芯铝绞线钢芯搭接式铝管的液压部位及操作顺序如图 ZY0200103004-11 所示。首先检查铝管两端管口与定位印记 A 是否重合。第一模压模中心压在铝管中心。然后分别向管口端部施压，一侧压至管口后再压另一侧，但也允许对有钢管部分的铝管不压的做法。

图 ZY0200103004-11　钢芯铝绞线钢芯搭接式铝管的施压顺序

1—钢芯；2—已压钢管；3—铝线；4—铝管

（17）GB 1179—74 规格的钢芯铝绞线耐张线夹的液压操作如图 ZY0200103004-12 所示。

1）钢锚液压部位及操作顺序如图 ZY0200103004-12（a）所示。自 U 型环侧开始向管口连续施压，凸凹部分不压。

2）铝管液压部位及操作顺序如图 ZY0200103004-12（b）所示。首先检查铝管管口与印记 A 是否重合。第一模压在钢锚凹槽处，然后连续向管口施压。最后自第一模向引流板侧再压一模。

图 ZY0200103004-12　GB 1179—74 钢芯铝绞线耐张线夹的施压顺序

1—钢芯；2—钢锚；3—铝线；4—铝管

（18）GB 1179—83 规格的钢芯铝绞线耐张线夹的液压操作如图 ZY0200103004-13 所示。

1）钢锚液压部位及操作顺序如图 ZY0200103004-13（a）所示。自凹槽前侧开始向管口端连续施压。

2）铝管分两种管型时，第一种液压部位及操作顺序如图 ZY0200103004-13（b）所示。首先检查右侧管口与钢锚上定位印记 A 是否重合。第一模自铝管上有起压印记 N 处开始，连续向左侧管口施压。然后自钢锚凹槽处反向施压，此处所压长度对两个凹槽的钢锚最小为 60mm，对三个凹槽的钢锚最小为 62mm。在压铝管时，如引流板卡液压机油缸，不能按以上要求就位时，可将引流板转向上方施压。

第二种铝管的液压部位及操作顺序如图 ZY0200103004-13（c）所示。自铝线端头处向管口施压，然后再返回在钢锚凹处施压。如铝管上没有起压印记 N 时，则当钢锚压完后，用尺量出 L_Y+f，在铝管上画上起压印记。

图 ZY0200103004-13 GB 1179—83 钢芯铝绞线耐张线夹的施压顺序
1—钢芯；2—钢锚；3—铝线；4—铝管；5—引流板

（19）钢芯铝绞线耐张线夹铝管液压时，其引流连板与钢锚 U 型环的相对角度位置应符合该工程施工技术措施上的有关规定。

（20）与各种钢芯铝绞线耐张线夹连接的引流管的液压部位及操作顺序如图 ZY0200103004-14 所示，其液压方向为自管底向管口连续施压。

图 ZY0200103004-14 钢芯铝绞线耐张线夹引流管的施压顺序
1—铝线；2—引流管

2. 质量标准

（1）工程检验性试件，应符合下列规定：

1）架线工程开工前，应对该工程实际使用的导线、避雷线及相应的液压管同配套的钢模，按前述液压操作工艺制作检验性试件。每种型式的试件不少于 3 根（允许接续管与耐张线夹做成一试件）。试件的握着力均不应小于导线及避雷线保证计算拉断力的 95%。

2）如果发现有一根试件握着力未达到要求，应查明原因，改进后做加倍的试件再试，直到全部合格。

3）相邻的不同工程，若所使用的导线、避雷线、接续管耐张线夹管及钢模等均没有变动时，可以免做重复的强度试验，但不同厂家及不同批号的产品不在此例。

（2）各种液压管压后对边距尺寸 S 如图 ZY0200103004-15 所示，其最大允许值由式（ZY0200103004-1）计算

图 ZY0200103004-15 液压管

$$S = 0.866 \times (0.993D) + 0.2 \text{（mm）}$$ （ZY0200103004-1）

式中 D——管外径，mm。

三个对边距只允许有一个达到最大值，超过此规定时应更换钢模重压。

（3）液压后管子不应有肉眼可看出的扭曲及弯曲现象，有明显弯曲时应校直，校直后不应出现裂缝。

（4）各种液压管施压后，应认真填写记录。液压操作人员自检合格后，在管子指定部位打上自己的钢印。质检人员检查合格后，在记录表上签名。

（三）外爆压法连接

1. 爆压操作

（1）管外加保护层。为使外爆压管爆后表面美观、光洁，防止烧伤，管外表面应加保护层，其厚

度和长度应满足下列要求：

1）采用导爆索时，可用滤油纸、石蜡松香溶液或用水浸透的黄板纸。

2）用厚度大于 0.5mm 的黄板纸时，起始端头应锉成坡 1:1，以免爆压时铝管表面烧伤。用黄板纸时须完全浸透，缠上导爆索后即进行爆压，如停留时间长，纸上水分不足，则保护效果不佳。

3）铝质压接管和耐张线夹 1.5～3.0mm。

4）铝（钢）质补修管和 T 形线夹大于 3.0mm。

5）钢质压接管和耐张线夹 0.5～1.0mm。

6）长度应比药包长 5～10mm。

7）所有铝管药包两端，在包药前均需从管口起，在药包与保护层之间增绕 3～4 层黑胶布，以改善管 1:1 缩径（缩颈）形态，缠绕长度约 30mm。

（2）药包制作。

1）各种管型所用的基准药包、附加药环尺寸、层数、位置及雷管位置和朝向都必须按 SDJ 276—1990《架空电力线外爆压接施工工艺规程》执行。

2）采用普通导爆索时，必须紧密缠绕，并严禁硬弯和硬折。

3）引爆补修管和 T 形线夹药包的雷管应固定在抽匣盖板的侧面。

（3）引爆与清理。

1）引爆前，应将药包连同两侧线材支离地面约 1m，适当绑扎并将其埋直，呈松弛状态。

2）引爆前必须再次复核药包和雷管位置以及管口与线材上标志重合情况，如发现不符，应立即纠正。

3）管口线材应用黑胶布包绕 2～3 层，其长度为 20～30mm，以防爆炸产物损伤线材表面。钢芯铝绞线耐张线夹引流板及弯头内侧亦应采取保护措施，防止烧伤和变形。

4）引爆后管的外表残存的保护层应擦抹干净。钢绞线压接管和耐张线夹爆压后，管体表面及外露的线头均应涂防锈漆。

2. 质量标准

（1）制作试件。制作 3 根试件，其操作按有关规范要求进行。试件的握着力均不应小于该种线材保证计算拉断力的 95%。钢芯铝绞线的圆形接续管和耐张线夹试件还应进行轴向解剖检查，其钢芯应无损伤。试件中如有一件不合格，应查明原因，改进并加倍再试，待全部合格后方可进行正式施工。

（2）施工现场的外观检查。

1）外爆管上两层炸药发生残爆时，应割断重接。单层炸药发生残爆时允许补爆，但补爆的药包厚度不得改变，且补爆范围应稍大于残爆范围。补爆部分的铝管表面，应加保护层，以防烧伤。

2）管口外线材明显烧伤、断股；管体穿孔、裂纹；圆形接续管、耐张线夹管口与线材上所作管口端头位置尺寸线误差超过 4mm；发现存在上述现象应割断重接。

3）钢芯铝绞线接续管爆后弯曲不大于管长 2% 时允许校直；超过 2% 或校直后有裂纹及显槌痕者，应割断重接。

4）爆压管表面烧伤可用砂纸磨光，但烧伤面积和深度有下列情形之一者，应割断重接：①烧伤面积超过爆压部分总面积 10% 者；②圆形接续管和耐张线夹烧伤深度大于 1mm 的总面积超过 5% 者；③椭圆形接续管烧伤深度大于 0.5mm 的总面积超过爆压部分 5% 者。

（四）导地线损伤及处理

采用人力放线或机械牵引放线的导线及避雷线，展放以后要进行一次查线，以检查导线及避雷线的损伤情况，及时作出补修处理。

1. 无需修补

导线在同一处的损伤同时符合下列情况时，可不作补修，只需将损伤处棱角与毛刺用 0 号砂纸磨光。"同一处"指损伤截面积在该损伤处的一个节距内的每股铝线沿铝股损伤最严重处的深度换算出截面积总和，如损伤深度达到直径 1/2 时，按断股论。

（1）铝、铝合金单股损伤深度小于直径的 1/2。

（2）钢芯铝绞线及铝合金绞线损伤截面积为导电部分截面积的 5% 及以下（不断股），且强度损失小于 4%。

（3）单金属绞线损伤截面积为 4%及以下（不断股）。

2．需要修补

导线在同一处损伤需要补修时，应按下列规定执行：

（1）导线（铝股）损伤补修处理标准，应符合表 ZY0200103004-5 的规定。

表 ZY0200103004-5　　　　　　　　导线损伤补修处理标准

处 理 方 法	线 别	
	钢芯铝绞线与钢芯合金绞线	铝绞线与铝合金绞线
以缠绕或补修预绞丝修理	导线在同一处损伤的程度已经超过前条的规定，但因损伤导致强度损失不超过总拉断力的 5%，且截面积损伤又不超过总导电部分截面积的 7%时	导线在同一处损伤的程度已经超过前条的规定，但因损伤导致强度损失不超过总拉断力的 5%时
以补修管补修	导线在同一处损伤的强度损失已超过总拉断力的 5%，但不足 17%，且截面积损伤也不超过总导电部分截面积的 25%时	导线在同一处损伤的程度已经超过前条的规定，但因损伤导致强度损失不超过总拉断力的 5%时

注　导线的总拉断力是指保证计算拉断力。

（2）采用缠绕处理时，应符合下列规定：

1）将受伤处线股处理平整；

2）缠绕材料应为铝单丝，缠绕应紧密，其中心应位于损伤最严重处，并应将受伤部分全部覆盖；缠绕长度必须超出损伤范围两端各 30mm，最短缠绕长度不得小于 100mm。

（3）采用补修预绞丝处理时，应符合以下规定：

1）将受伤处线股处理平整；

2）补修预绞丝长度不得小于 3 个节距，或符合 GB/T 2314—2008《电力金具通用技术条件》预绞丝中的规定；

3）补修预绞丝应与导线接触紧密，其中心应位于损伤最严重处，即损伤最严重处位于预绞丝两端各 50mm 以内，使损伤部位全部被覆盖。

（4）采用补修管补修时，应符合下列规定：

1）将损伤处的线股先恢复原绞制状态；

2）补修管的中心应位于损伤最严重处，需补修的范围应位于修补管两端以内各 20mm；

3）补修管可采用液压或爆压，其操作应符合本节二、三的规定。

3．需要重新连接

导线在同一处损伤符合下述情况之一时，须将损伤部分全部割去，重新以接续管连接：

（1）导线损失的强度或损伤的截面积超过上述采用补修管补修的规定时。

（2）连续损伤的截面积或损伤强度都没有超过上述以补修管补修的规定，但其损伤长度已超过补修管能补修范围时。

（3）复合材料的导线钢芯有断股时。

（4）导线出现灯笼的直径超过导线直径的 1.5 倍而又无法修复时。

（5）金钩、破股已使钢芯或内层铝股形成无法修复的永久变形时。

4．避雷线损伤处理

用作避雷线的镀锌钢绞线，其损伤应按表 ZY0200103004-6 的规定予以处理。

表 ZY0200103004-6　　　　　　　　镀锌钢绞线损伤处理规定

绞 线 股 数	处 理 方 法		
	以镀锌铁线缠绕	以补修管补修	锯断重接
7		断 1 股（无补修管时割断重接）	断 2 股
19	断 1 股	断 2 股（无补修管时割断重接）	断 3 股

五、注意事项

（1）必须按导线规格选择相应的钳压钢模，并调整钳压器止动螺丝，使两钢模间椭圆槽的长径比钳压管压后标准直径 D 小 $0.5 \sim 1.0$mm。

（2）必须按顺序号码进行操作，两导线间应加接触用垫片。

（3）液压使用的钢模应与被压接管相配套，凡上模与下模有固定方向时，则钢模上有明显标记，不得错放。液压机的缸体应垂直地面，并放置平稳。

（4）各种液压管在第一模压好后应检查压后对边距尺寸（也可用标准卡具检查）。符合要求后再继续进行液压操作。压接时相邻两模至少应重叠 5mm。液压机的操作必须使每模都达到规定的压力，而不以合模为压力的标准。

（5）导爆索和雷管不得同车运输，雷管应使用带有软质内衬的专用木盒保管。

【思考与练习】

1．导地线连接有哪些方法？各适用什么范围？

2．导地线压接前清洗的工艺步骤有哪些？

3．导地线液压连接操作应遵守哪些规定？

4．液压管压后对边距尺寸是如何规定的？在实际操作中如何控制？

5．导线在同一处的损伤同时符合哪些情况时，可不作补修？不作修补的应如何处理？

6．切割导爆索时，为什么严禁用剪刀或钳子剪切？

模块 5　紧线（ZY0200103005）

【模块描述】 本模块涉及直线塔紧线、耐张塔紧线、直线塔粗紧、耐张塔微调紧线。通过内容介绍、流程讲解，掌握紧线施工的操作程序，能够进行紧线施工。

【正文】

一、工作内容

在一个施工区段的导地线展放完毕并进行连接后，接下来的一道工序就是紧线，即将展放后的导地线在施工区段的一端进行固定，在另一端用绞磨通过紧线牵引绳和滑轮组将导地线收紧，按照观测档的计算弧垂将导地线调整至满足弧垂要求，其主要工作内容为：

（1）区段内固定端挂线或与前一区段导地线接续升空；

（2）在固定端和紧线端装设临时拉线，并按要求将拉线调紧；

（3）按照施工规范的要求选择观测档，并根据相应的弧垂观测方法设置弧垂观测点；

（4）设置绞磨和滑轮组，将待紧导地线用卡线器与紧线滑轮组连接；

（5）在弧垂观测人员的配合下将导地线紧至相应弧垂。

二、危险点分析和控制措施

（1）防止临时拉线装设不合理导致横担受扭。在装设临时拉线时，要根据杆塔高度和施工规范合理选择埋设地锚的距离和深度，根据导线的应力合理选择临时拉线的直径，要将临时拉线调整至合理的张力，避免由于过松或过紧而导致在紧线时横担扭转。

（2）防止过牵引造成跑线伤人。在紧线过程中，紧线指挥人一定要和弧垂观测人员保持密切联系，不可出现超过允许值的过牵引现象，如果过牵引距离较多，紧线张力将急剧增加，可能导致卡头或牵引绳断裂，造成跑线事故。

（3）防止卡头滑脱造成跑线事故。这种现象多出现在紧地线（钢绞线）时，由于钢制卡头与钢绞线的摩擦力较小，易造成卡头滑脱。先在钢绞线外层缠绕一层铝包带，再打上卡头，即可避免卡头滑脱。

（4）防止绞磨尾线控制人员站在余线圈内。在紧线过程中，牵引绳的余线一般盘成圆圈，如果人员站在线圈内侧，一旦绞磨跑线，牵引绳极易将人员抽倒造成人身伤害。

三、作业前准备工作

（1）检查放线质量，如有缺陷进行处理。

（2）检查接续管、补修管位置，紧线后如有可能进入直线塔前后 5m、耐张塔的耐张线夹 15m 以内时，应在牵、张场连接接续管前切除一段导线。

（3）在牵、张场压接续管，拆除地面临锚后，将线升空。

（4）选择弧垂观测档，弧垂观测档的选择应符合下列规定：

1）紧线段在 5 档及以下时靠近中间选择一档；

2）紧线段在 6～12 档时靠近两端各选择一档；

3）紧线段在 12 档以上时靠近两端及中间各选择一档；

4）观测档宜选档距较大和悬挂点高差较小及接近代表档距的线档；

5）弧垂观测档的数量可以根据现场条件适当增加，但不得减少。

（5）复测弧垂观测档的档距；如用角度法，要复测悬挂点高差；绑扎弧垂板等。

（6）耐张塔设置临时拉线，紧线后的划印、锚线及压接挂线准备工作。

（7）埋设紧线总牵引地锚、绞磨地锚、绞磨就位、穿设滑轮组。

四、作业步骤和质量标准

（一）作业步骤

1．直线塔紧线

直线塔紧线、耐张塔平衡挂线是张力架线所特有的施工工艺。这里只介绍锚固端为直线塔，紧线端亦为直线塔的紧线工艺，其紧线段划分如图 ZY0200203005-1 所示。

图 ZY0200203005-1　直线塔紧线紧线段的划分

（1）直线塔紧线的施工特点。

1）紧线方向只能向同一方向，即挂线端（固定端）和收紧端不能互相换位。

2）挂线端（即固定端）是通过已紧段的导线张力取得平衡。

3）紧线端当紧线段内所有塔均已划印后，通过紧线段最后一基塔的过轮临锚和在紧线塔的地面临锚取得张力平衡。

4）上一紧线段的过轮临锚，在紧线段的导线张力接近设计值时予以拆除，这样做便保护了已紧段的弧垂基本不变动，而紧线段内所有滑轮亦无其他外力，使各档弧垂都能按设计值进行调整。

5）在牵、张场前、后放线区段的线头接续后，需带张力进行升空。

6）耐张塔不再紧线，两端用临锚绳锚固后进行断线，压耐张线夹后进行平衡挂线，挂线后拆除临锚绳。

（2）子导线收紧次序。子导线收紧次序，应综合考虑如下几方面因素：

1）为了保持放线滑车的平衡受力，避免滑车因垂直荷载不对称而倾斜引起导线跳槽，应对称收紧子导线，并尽可能先收紧两边最外侧的子导线。

2）宜先收紧张力较大、弧垂较小的子导线。

3）如果在紧线前某档中已存在驮线现象，则应先收紧被驮的子导线。

4）同相各子导线应基本同时收紧，避免因受力过程不同造成子导线间塑蠕变形的残存量不同而最终影响子导线间的弧垂误差。

（3）直线塔紧线的程序。如图 ZY0200203005-1 所示，直线塔紧线的程序如下：

1）在紧线塔安装绞磨，在地面临锚卡线器的远侧安装紧线用卡线器，挂 3t 单轮滑车，穿钢绳后进行收紧。

2）拆除放线时设置的地面临锚，继续收紧导线。

3）当弧垂接近设计值时，将上一紧线段所设置的过轮临锚拆除。

4）弧垂调平可采用先观测好 1 根子导线，其余 3 根以该根为准进行调平。

5）所有观测档的弧垂已调好，观测档的前后档用望远镜等进行监视，各子导线间亦平时，则除紧线场的邻塔外所有塔进行划印，划印后在紧线场邻塔设过轮临锚，之后在紧线场设地面临锚。

2. 耐张塔紧线

耐张塔紧线按其布置方式可分为塔外和塔内两种紧线。

（1）塔外紧线。

1）在紧线段的延长方向、耐张塔塔高约 3 倍的地方，设置紧线绞磨，与非张力放线紧线方法相似进行紧线。

2）弧垂观测，紧线段内各塔划印后，离耐张塔约 40m 进行空中临锚。

3）回松绞磨并相应调紧紧线塔的临时拉线，导线头落地，压耐张线夹后进行挂线。挂线后拆除高空临锚。

（2）塔内紧线。在紧线段的延长方向，如地势低洼、鱼塘或有其他障碍而无法设置紧线地滑车时，可在塔身内设置绞磨，紧线钢绳从横担引至塔身，再从塔身引至塔底，如图 ZY0200203005-2 所示。

图 ZY0200203005-2　塔内紧线布置图

3. 直线塔粗紧、耐张塔微调紧线

当紧线段内有耐张塔时，可将调整弧垂的工作分两段进行。如图 ZY0200203005-1 所示，其紧线步骤如下：

（1）在紧线场收紧余线。在紧线场设置绞磨收紧余线，当弧垂接近设计值时，拆除上一紧线段设置的过轮临锚。

（2）在耐张塔进行微调。在耐张塔挂线板的临锚孔上设置手扳葫芦，对各子导线的弧垂进行微调，合格后从过轮临锚塔至耐张塔进行划印。划印后的作业程序有以下两种：

1）从过轮临锚塔至耐张塔进行附件安装和平衡挂线，之后再从耐张塔至紧线塔观测弧垂，并进行划印、设置过轮临锚和地面临锚。

2）先不对过轮临锚塔至耐张塔进行附件安装而继续调整耐张塔至紧线场的弧垂，待整个紧线段都划印后，再进行附件安装和耐张塔的平衡挂线。

后一种作业程序需对耐张塔后侧的导线进行准确划印和计算切线长度，才能保证耐张塔至紧线场的第一档弧垂的准确，而第一种作业程序则无此弊端。

（二）质量标准

（1）紧线弧垂在挂线后应立即在该观测档检查，其允许偏差为：110kV 线路为+5%，−2.5%；220kV

及以上线路为±2.5%。跨越通航河流的大跨越档其弧垂允许偏差不应大于±1%，其正偏差值不应超过1m。

（2）导线或避雷线各相间的弧垂应力求一致，当满足上条的弧垂允许偏差标准时，各相间弧垂的相对偏差最大值不应超过：一般情况下110kV线路为200mm；220kV及以上线路为300mm。跨越通航河流大跨越档的相间弧垂最大允许偏差为500mm。

（3）相分裂导线同相子导线的弧垂应力求一致，在满足1条弧垂允许偏差标准时，其相对偏差应符合：不安装间隔棒的垂直双分裂导线，同相子导线间的弧垂允许偏差为0～100mm；安装间隔棒的其他形式分裂导线同相子导线的弧垂允许偏差应符合：220kV线路为80mm；330～500kV线路为50mm。

五、注意事项

（1）总牵引地锚与紧线操作杆塔之间的水平距离应不小于挂线点高度的两倍，且与被紧架空线中相方向一致。

（2）紧线滑车要尽量靠近挂线点。

（3）当施工区段采用多档观测档时，应先满足最远一个观测档的弧垂要求，使其合格或略小于弧垂值；再满足较远档，使其合格或略大于弧垂值；由远及近，最后满足最前端观测档，使其合格。

（4）紧线顺序：先紧地线，后紧导线。导线为水平或三角排列时，先紧中相，后紧边相。导线为垂直排列时，按上、中、下的顺序紧线。

（5）在对孤立档进行紧线时，要特别注意过牵引长度，要严格遵照GB 50233—2005《110～500kV架空送电线路施工及验收规范》的规定进行。

【思考与练习】

1．试写出直线塔紧线的程序步骤。

2．直线塔紧线施工有哪些特点？

3．直线塔紧线后如何在耐张塔进行微调？

模块 6 弧垂调整及挂线（ZY0200103006）

【模块描述】本模块包含弧垂观测、调整和划印、耐张塔平衡挂线、牵张场导地线对接升空。通过内容介绍、流程讲解，掌握弧垂调整及挂线的方法。

【正文】

一、工作内容

弧垂调整与挂线是架线施工的关键工序环节，弧垂调整是影响架线质量的关键点之一。其主要工作内容为：

（1）选择观测档。按照GB 50233—2005《110～500kV架空送电线路施工及验收规范》的规定，根据施工区段的长度，合理选择观测档。

（2）进行弧垂计算。根据设计图纸提供的应力弧垂曲线表和降温要求，计算出各观测档的弧垂值。

（3）选择弧垂观测方法，并按照选定的方法做好弧垂观测的相应准备。

（4）进行弧垂调整及划印。

（5）进行耐张塔平衡挂线。

二、危险点分析和控制措施

（1）防止弧垂观测错误，发生过牵引而导致跑线事故。在紧线及弧垂调整过程中，弧垂观测者要精力集中，密切关注弧垂变化情况，在弧垂接近计算值0.5m时，要减速牵引至计算值，当弧垂小于计算值后，导线应力将急剧增加，如发现不及时将发生导致跑线事故。

（2）防止高空坠落。弧垂调整及挂线工序涉及高空作业较多，且工序繁杂，易造成高空坠落事故。施工人员应佩戴有后备保护绳的双保险安全带或使用速差自控器。高空作业人员要衣着灵便，穿软底胶鞋，并正确佩戴个人防护用具。

（3）防止作业人员站在导线内圈侧作业。在进行弧垂调整或划印时，由于导线张力较大，一旦跑线将造成对人员的严重伤害。

（4）防止高空临锚器材失效造成跑线伤人。平衡挂线使用的卡头、临锚线、手扳葫芦、等锚线器材施工前必须进行受力试验，在收紧导线后，要进行人力冲击试验后，再将导线开断，防止跑线伤人。

三、作业前准备工作

1. 弧垂观测档的选择

弧垂观测档的选择应符合下列规定：

（1）紧线段在 5 档及以下时靠近中间选择一档；

（2）紧线段在 6~12 档时靠近两端各选择一档；

（3）紧线段在 12 档以上时靠近两端及中间各选择一档；

（4）观测档宜选档距较大和悬挂点高差较小及接近代表档距的线档；

（5）弧垂观测档的数量可以根据现场条件适当增加，但不得减少。

2. 温度测量

温度测量应采用棒式测线温度表，将其挂在弧垂观测档平均导地线高度的杆塔上，让太阳晒，然后读取其数值作为导地线的实测温度值。

3. 人力资源配置

根据架线施工区段的长度、观测档的数量，耐张塔平衡挂线的方式合理配置人力资源。尤其是针对该工序高空作业较多的实际，要选配好技术熟练的高空作业人员。

4. 工器具配置

弧垂调整和耐张塔平衡挂线的主要工期具为压钳、手扳葫芦、临锚钢绞线、卡头、断线钳、牵引绳、绞磨等。现场施工要根据实际情况提前做好工器具的准备与检验。

四、作业步骤和质量标准

（一）紧线和弧垂观测顺序

紧线顺序按先地线后导线和先中相后边相的原则。弧垂观测的前后顺序为先挂线端（即远方），后紧线场端（即近方）。

（二）弧垂观测的简单计算

从设计图纸提供的应力弧垂曲线表查出相关数据，用插入法换算出各观测档在相应温度下的观测弧垂，如新导地线注意设计说明需降低多少温度进行观测，一般情况钢芯铝绞线的导线降温 20~25℃，良导体避雷线降温 15℃，镀锌钢绞线降温 10℃。弧垂观测值确定时，当现场气温与计算温度大于 ±10℃时，应重新计算观测弧垂。

由应力弧垂放线表查得的数值为一个耐张段内的代表档距的导地线弧垂，而观测档的弧垂 f_φ 需按式（ZY0200103006-1）求得

$$f_\varphi = \left(\frac{l}{l_{db}}\right)^2 \frac{f_{db}}{\cos\varphi} \qquad\qquad （ZY0200103006\text{-}1）$$

其中 $$\varphi = \tan^{-1}\frac{h}{l}$$

式中　f_{db} ——代表档距的架空线弧垂，m；

　　　φ ——观测档架空线悬挂点高差角；

　　　l ——观测档档距，m；

　　　h ——观测档架空线悬挂点高差，m；

　　　l_{db} ——耐张段架空线的代表档距，m。

（三）弧垂观测的方法

1. 平行四边形（等长法）观测弧垂

如图 ZY0200103006-1 所示，在观测当的两端，从放线滑车槽底，垂直向下量取 f_φ 值，一端绑扎弧垂板，另一端用弧垂镜或望远镜进行弧垂观测。

当温度变化在 3℃ 以内时，可在观测点一端，作 $\Delta\alpha = 2\Delta f$ 进行调整，如图 ZY0200103006-2 所示。

图 ZY0200103006-1　平行四边形（等长法）弧垂示意图　　图 ZY0200103006-2　平行四边形法弧垂示意图

如温度变化大于 3℃ 时，则按式（ZY0200103006-2）和式（ZY0200103006-3）计算其调整值。

当温度上升时

$$\Delta\alpha = 4\left(1 + \frac{\Delta f}{f_\varphi} - \sqrt{1 + \frac{\Delta f}{f_\varphi}}\right) \tag{ZY0200103006-2}$$

当温度下降时

$$\Delta\alpha = 4\left(1 - \frac{\Delta f}{f_\varphi} - \sqrt{1 + \frac{\Delta f}{f_\varphi}}\right) \tag{ZY0200103006-3}$$

2. 档端角度法观测弧垂

将经纬仪支于塔中心桩处，边相支于边线悬点下方，如图 ZY0200103006-3 所示。先测得弧垂观测档的另一端线悬挂点（即滑车槽）的角度 β，并复测观测档的档距 1，则线的弧垂观测角 θ 为

$$\theta = \arctan\left(\frac{\pm h - 4f + 4\sqrt{\alpha f_\varphi}}{l}\right) = \arctan\left(\frac{\pm h}{l} - 4\frac{f_\varphi}{l} + 4\sqrt{\frac{\alpha}{l} \cdot \frac{f_\varphi}{l}}\right) \tag{ZY0200103006-4}$$

$$f_\varphi = \frac{1}{4}\left(\sqrt{\alpha} + \sqrt{\alpha - l\tan\theta \pm h}\right)^2 \tag{ZY0200103006-5}$$

令 $A = \frac{\pm h}{l} - 4\frac{f_\varphi}{l}$，$B = \sqrt{\frac{\alpha}{l} \cdot \frac{f_\varphi}{l}}$，则 $\theta = \arctan(A + 4B)$

式中　f_φ——观测档的观测弧垂值，m；

　　　h——观测档架空线悬挂点高差，m，近方（对仪器而言）悬挂点较远方悬挂点为低时取 "+" 号；近方悬挂点较远方悬挂点为高时取 "–" 号，$h = |l\tan\beta - \alpha|$；

　　　α——仪镜中心至近方架空线悬挂点的垂直距离，可直接量得，m；

　　　θ——仪镜观测角，正值表示仰角，负值表示俯角。

图 ZY0200103006-3　档端角度法观测弛度（档内未联耐张绝缘子串）

档端角度法不是任何情况下都可采用的，当 α 值太大和过小，弧垂值又小时，仪镜切至档距中线的位置便偏离档距中央太多而容易产生观测误差。要根据相关公式具体确定。

3. 平视法弧垂观测

平视法观测弧垂的方法示意如图 ZY0200103006-4 所示。按式（ZY0200103006-6）算出小平视弧垂值 f_1 或大平视弧垂值 f_2。置仪器的测镜于水平状态，并使测镜中心至低悬挂点的垂直距离为 f_1，至

高悬挂点的垂直距离为 f_2。观测时，调整线长，使水平视线 AB 与架空线最低点 0 相重合，则架空线的弧垂即为所要求的观测值 f_φ。

图 ZY0200103006-4　平视法观测弧垂（档内未联耐张绝缘子串）

$$f_1 = f_\varphi \left(1 - \frac{h}{4f_\varphi}\right)^2 \qquad \text{（ZY0200103006-6）}$$

$$f_2 = f_\varphi \left(1 + \frac{h}{4f_\varphi}\right)^2 \qquad \text{（ZY0200103006-7）}$$

式中　f_φ——观测档架空线档距中点的弧垂，m；

　　　f_1——小平视弧垂，m；

　　　f_2——大平视弧垂，m；

　　　h——观测档架空线悬挂点高差，m。

采用平视法观测弧垂的极限条件是

$$4f > h \qquad \text{（ZY0200103006-8）}$$

因此，采用平视法前，一定要核对架空线悬挂点高差与该档观测弧垂之大小，只有符合式（ZY0200103006-8）条件的情况下，才可采用平视法。

4. 异长法观测弧垂

如图 ZY0200103006-5 所示，选定一适当的 a 值，按式（ZY0200103006-9）算出相应的 b 值。分别置弧垂板于观测档两侧架空线悬挂点以下垂直距离为 a 及 b 处，调整架空线长度，使 AB 视线与架空线相切，则架空线的弧垂即为所要求的观测值 f_φ

$$b = \left(2\sqrt{f_\varphi} - \sqrt{a}\right)^2 \qquad \text{（ZY0200103006-9）}$$

其中

$$f_\varphi = \frac{l^2 g}{8\sigma\cos\varphi} = \left(\frac{l}{l_{db}}\right)^2 \frac{f_{db}}{\cos\varphi}$$

$$\varphi = \arctan\frac{h}{l}$$

式中　a、b——档端视点 A、B 至架空线悬挂点的垂直距离，m；

　　　f_φ——观测档架空线未联耐张绝缘子串时，档距中点的弧垂，m；

　　　α——架空线的水平应力，N/mm²；

　　　g——架空线的重力比载，N/（m·mm²）；

　　　l——观测档档距，m；

　　　l_{db}——耐张段架空线的代表档距，m；

　　　f_{db}——对应于代表档距的架空线弧垂，m；

　　　φ——观测档架空线悬挂点高差角；

h——观测档架空线悬挂点高差，m。

图 ZY0200103006-5 异长法观测弧垂

用异长法检查弧垂，可在检查档两端杆塔上，分别定出与架空线相切的位置，然后测出该位置与架空线悬挂点的垂直距离分别为 a 及 b，则该档的弧垂为

$$f = \frac{1}{4}(\sqrt{a} + \sqrt{b})^2 \qquad (\text{ZY0200103006-10})$$

由于目测切点的垂直高度误差将导致弧垂误差，在实际工程计算中，要根据相关公式具体确定。

（四）弧垂调整和划印

输电线路的弧垂，尤其是四分裂导线线路的弧垂，要较容易地达到 GB 50233—2005《110～500kV 架空送电线路施工及验收规范》的规定，必须采取合理的、合适的、严密的施工方法和合格的放线滑车及观测仪器，其主要内容有以下几点：

（1）合理地选择弧垂观测档。观测档的数目一般都比规范要求多 1～2 个。

（2）合理地选择弧垂观测方法，优先选用平行四边形法，因其观测的是档距中点的最大弧垂。如采用异长法、角度法亦应尽量观测到接近档距中点的弧垂。

（3）除观测档的各子导线弧垂需调平外，非观测档各子导线弧垂亦应调平。

（4）弧垂观测从远方开始，逐步向紧线场。

（5）弧垂调整方法或步骤可采用粗调、细调、微调等几步，使其各项误差控制在允许值的 1/2 或 1/3 后才进行划印。

（6）为了便于进行微调，牵引系统最好挂 1－1 滑车，使导线的调整线长只为绞磨磨绳松紧长度的 1/3，或者在绞磨旁并联手扳葫芦进行微调。

（7）如果紧线段较长且弧垂不易调整时可分二段或三段进行调整和划印及附件安装。如紧线段内有耐张塔，则以耐张塔进行分段紧线和附件。

（8）弧垂调整合格后，在紧线段内，除与紧线场相邻的需设过轮临锚的杆塔外，其余的杆塔均应逐基进行划印。直线杆塔于横担上的挂线孔垂直向下交于线上的点即为划印点。如为分裂导线，先划一根线，然后用三角板，一边与边线平行，另一边与已划线的该点（线）重合后，再划出其他导线上的点（线）。如不用三角板，分裂导线上的点（线）很难与线路垂直，因而影响子线间的弧垂。

（9）耐张塔的划印通过垂球和大三角板（或直尺）来完成，要记录各子线与挂线孔的垂直高度和向内角的水平位移。

（10）为了调整弧垂的方便和划印的准确，如上所述亦可在耐张塔安装手扳葫芦进行微调，此时耐张塔的划印可在空中卡线器的前侧线上划一点，用钢卷尺测量该点与挂线孔的距离，待高空临锚，拆除手扳葫芦后，将该距离数值移划至线上，该点即为划印点，省去测量高差与水平距离的工作。

（五）耐张塔平衡挂线

1. 高空临锚和断线

（1）耐张塔高空临锚如图 ZY0200103006-6 所示。首先测量临锚线加手扳葫芦链条长度 60% 的数值定为 A。如采用地面压接临锚绳长约 45m，如采用高空压接临锚绳长约 10m。

（2）用挂梯带米绳或皮尺测量卡线器的安装位置并划印，其位置比 A 值少 0.6m。

（3）卡线器与临锚绳连接后安装在划印点上，在卡线器的后侧套上开口胶管并加绑扎。注意卡线器的安装位置应一致。

（4）用小白棕绳在卡线器的后侧与导线进行绑扎，以防断线后导线在卡线器尾部出现金钩。

图 ZY0200103006-6 高空临锚、断线示意图

1—卡线器；2—导线；3—手扳葫芦；4—断线点；5—横担；6—放线滑车；
7—临锚绳；8—开口胶管；9—短白棕绳绑扎点

（5）出线人员回塔后将手扳葫芦挂在临锚孔上，注意先挂转角外侧的子线，后挂转角内侧的子线。

（6）前、后侧同时收紧手扳葫芦，注意先收转角外侧的子导线。

（7）当滑车中的导线张力在 1kN 左右时，用两根 ϕ20 白棕绳，分别从两放线滑车中间穿在卡线器方向，与欲断线的轮槽内绑扎导线，用人力拉住白棕绳后进行断线。

（8）断线后线头由白棕绳控制慢慢放至地面，按 1、2、3、4 的顺序排好和编好号码，切不可弄错。

（9）如放线滑车向转角内侧偏移较大时，由于放线滑车较重，很难使滑车上的导线松弛，为避免过多地收紧锚绳，过大地增加导线的张力，可将放线滑车的底部吊起。

（10）耐张塔平衡挂线作业时，其前后侧相邻的直线塔应先不附件。

（11）在塔上进行断线的作业人员应扎好安全带，站好位置，以防止线头蹦起刮伤和滑车的摇动。

2. 去线长度计算

为了保证弧垂质量，划印完毕后，耐张塔从划印点要切除一段线长，压耐张线夹后随耐张串进行挂线，完成架线作业。因此去线长度必须十分准确，才能保证竣工弧垂。去线的长度包括：耐张串的实测长度 λ（算至钢芯部位）、导线在滑车槽中与挂线孔间的高差和偏移。当导线悬垂角不等于零时，上下导线因二联板引起的加减值。

（1）因高差 Δh 引起的调整值 ΔL_1。

1）耐张塔导线挂线点低于邻塔导线悬挂点时

$$\Delta L_1 = \frac{h \Delta h + \frac{1}{2}\Delta h^2}{l} \qquad \text{（ZY0200103006-11）}$$

式中 l ——挂线档档距，m；

h ——挂线档导线悬挂点高差，m；

Δh ——导线在放线滑车轮槽内时与导线挂点之间的高差，m。

式（ZY0200103006-11）的计算结果为去线值，即减少档内线长。

2）耐张塔导线挂线点高于邻塔导线悬挂点时

$$\Delta L_1 = \frac{h \Delta h - \frac{1}{2}\Delta h^2}{l} \qquad \text{（ZY0200103006-12）}$$

式（ZY0200103006-12）的计算结果为正值时增加档内线长，若为负值时为去线值即减少档内线长。

3）耐张塔导线挂线点与邻塔导线悬点等高时

$$\Delta L_1 = \frac{\Delta h^2}{2l} \qquad \text{（ZY0200103006-13）}$$

式（ZY0200103006-13）的计算结果为去线值，即减少档内线长。

（2）因滑车在导线上的角度分力作用下朝内角偏离挂线点所引起的需增加档内线长的计算公式为

$$\Delta L_2 = \Delta l \sin\frac{\theta}{2} \qquad \text{（ZY0200103006-14）}$$

式中 Δl ——导线对导线挂点偏移的水平距离，m；

θ ——线路转角。

（3）上、下线因二联板倾角而影响线长调整量，如图 ZY0200103006-7 所示。

图 ZY0200103006-7 上下线因二联板倾角影响线长量

其计算式为

$$\Delta L_3 = \frac{0.45}{2}\arctan\theta_1 \qquad (\text{ZY0200103006-15})$$

式中 θ_1 ——导线悬垂角，其算式为

$$\theta_1 = \arctan\frac{G}{F}\left(\frac{l}{2}\pm\frac{Fh}{Gl}\right)$$

当悬挂点高差 $h > 0.1l$ 时，则

$$\theta_1 = \arctan\frac{G}{F}\left(\frac{l}{2}\pm\frac{F}{G}\sin\varphi\right) = \arctan\left(\frac{GL}{2F}\pm\sin\varphi\right)$$

$$\varphi = \arctan\frac{h}{l}$$

式中 G ——架空线单位长度的重力，N/m；

F ——架空线的水平张力，N。

（4）去线长度 ΔL，通式为

$$\Delta L = \lambda（长）[或 \lambda（短）]\mp\Delta L_1 - \Delta L_2 \pm \Delta L_3 \qquad (\text{ZY0200103006-16})$$

去线时，应按式（ZY0200103006-16）分别计算1、2、3、4各子线的去线长度，经核对无误后才可从划印点将多余的线切除。

（5）当采用耐张塔通过短临锚和手扳葫芦固定于临锚进行弧垂微调，划印采用从卡线器前端至挂线点时，去线长度则无上式中的 ΔL_1 和 ΔL_2 值。

3. 耐张线夹的压接与挂线

根据地形条件和操作工艺、耐张线夹压接的操作地点、耐张绝缘子串的悬挂方法和线的牵引地锚的位置不同，可分以下三种方式。

（1）地面压接和高空压接。

1）地面压接是断线后线头降至地面，在地面进行压接。

2）高空压接是在临锚绳上悬挂吊笼，吊笼上放置液压机具进行压接，如图 ZY0200103006-8 所示。

图 ZY0200103006-8 空中操作平台悬挂示意图

1—耐张绝缘子串；2—特制工具环；3—卡线器；4—导线；5—锚线绳；
6—钢丝绳套；7—液压机具；8—压接平台；9—手扳葫芦

（2）耐张绝缘子串的悬挂。

1）耐张绝缘子串在地面与导线连接后一起悬挂，简称地面组装挂线，如图 ZY0200103006-9 所示。

2）高空对接挂线。如图 ZY0200103006-10 所示，先将耐张绝缘子串1（不带耐张线夹）吊挂在挂

线孔上,用两根绞磨钢绳 2 分别将其始端固定在二联板 3 的施工孔上,在子导线离耐张线夹管口约 0.8m 处安装卡线器 4,在卡线器上安装 3t 起重滑车 5,在横担处安装挂线滑车 6,钢绳引至绞磨,收紧后耐张串从垂直状态向水平方向变化,最后作业人员出线至耐张线夹处,将耐张线夹安装至扇形调整板的中间孔位上。此法亦称空中对接法挂线。

图 ZY0200103006-9　地面组装法挂线示意图

1—牵引绳;2—固定滑车;3—牵引滑车组;4—转向滑车;5—牵引设备;6—空中临锚

图 ZY0200103006-10　塔内挂线示意图(省略另一子导线)

1—绝缘子串;2—绞磨钢绳;3—二联板;4—卡线器;5—起重滑车;6—挂线滑车;7—临锚绳

（3）延长线牵引或塔内牵引挂线。挂线的绞磨设置在紧线段的延长线方向的地面称为延长线牵引挂线,如图 ZY0200103006-9 所示。如将牵引钢绳从挂线点引至塔身后再引至塔内地面称为塔内牵引挂线,如图 ZY0200103006-10 所示。

（六）牵张场导地线对接升空

牵张场导地线对接升空亦称直线松锚升空。根据松锚方法的不同,升空作业可分为分别松锚法和同时松锚法两种。下面仅介绍分别松锚法。

分别松锚法的现场布置如图 ZY0200103006-11 所示,但未画出绞磨牵引设备,其操作步骤如下:

(a)

(b)

图 ZY0200103006-11　分别松锚法现场布置图

(a)松锚前; (b)松锚过程和松锚后

1—放线段临锚;2—压接管;3—已紧线段临锚;4—过轮临锚;5—压线白棕绳;6—转向滑车;7—已紧线段; 8—待紧线段

（1）安装绞磨于已紧线段地面临锚地锚上，磨绳通过放线段临锚地锚处的底滑车与卡线器的下侧新安的卡线器连接。

（2）收紧磨绳，拆除放线段地面临锚系统1。

（3）在1、3地面临锚地锚上安装压线白棕绳5和转向滑车6，并用人力拉紧绳尾，如导线上升时将线压住。

（4）回松磨绳，将张牵场内的余线松至待紧线段内。如余线过多，待紧线段内的线对地距离小于5m时，紧线场应进行收线。

（5）当磨绳不受力时，拆除磨绳卡线器。

（6）当已紧线段的地面临锚系统不受力时，亦进行拆除。

（7）回松压线白棕绳，使导线慢慢升空，至白棕绳不受力时予以拆除。

（8）当升空场的地势较低，而两侧导地线悬挂点较高时，线升空的向上力必然较大，升空时有可能外层铝股产生变形或升空发生困难。此时可用如图 ZY0200103006-12 的方法进行升空作业。

图 ZY0200103006-12　用压线滑车升空示意图
1—开口压线滑车；2—单轮起重滑车；3—导地线；4—ϕ13白棕绳；5—地锚；6—制动设备；7—钢绳

用开口压线滑车1压线，在该滑车下端挂单轮起重滑车2和钢绳7，钢绳始端固定于地锚5，另一端经地滑车至制动设备6，在开口压线滑车的顶端圆环孔上绑扎ϕ13白棕绳。当线升空后拉住白棕绳两端，当非缺口端的拉力大于缺口端的拉力时，则开口压线滑车脱离导地线，在白棕绳的控制下慢慢将其降落至地面。

（9）两边相导线升空时，为防止压线需先升边线，后升内侧线。

（10）压接接续管时应注意以下几点：

1）不接错线号；

2）线不绞接；

3）两端卡线器至线端头的线应无缺陷，并用砂纸磨光导线表面的毛刺。

（七）质量标准

（1）紧线弧垂在挂线后应立即在该观测档检查，其允许偏差为：110kV 线路为+5%，−2.5%；220kV 及以上线路为±2.5%。跨越通航河流的大跨越档其弧垂允许偏差不应大于±2.5%，其正偏差值不应超过 1m。

（2）导线或避雷线各相间的弧垂应力求一致，当满足上条的弧垂允许偏差标准时，各相间弧垂的相对偏差最大值不应超过：一般情况下 110kV 线路为 200mm；220kV 及以上线路为 300mm。跨越通航河流大跨越档的相间弧垂最大允许偏差为 500mm。

（3）相分裂导线同相子导线的弧垂应力求一致，在满足（1）弧垂允许偏差标准时，其相对偏差应符合不安装间隔棒的垂直双分裂导线，同相子导线间的弧垂允许偏差为 0～+100mm 的要求；安装间隔棒的其他形式分裂导线同相子导线的弧垂允许偏差应符合：220kV 线路为 80mm；330～500kV 线路为 50mm。

五、注意事项

（1）观测档宜选择档距较大、悬挂点高差较小的线档作为观测档；尽量避免选择邻近转角塔的线档作为观测档。

（2）弧垂观测优先选用平行四边形法，当遇到大档距使用此方法不能观测到弧垂时，使用角度法。

（3）同相子导线应基本同时收紧或同时放松。

（4）滑车悬挂高度对弧垂的影响在弧垂调整中消除。

（5）高空作业人员的安全带应挂在横担主材上，不应挂在临锚线或手扳葫芦上。

【思考与练习】

1．弧垂观测档选择的原则是什么？

2．常用的弧垂观测的方法有哪几种？简述平行四边形法观测弧垂的操作方法。

3．请写出耐张塔平衡挂线高空临锚和断线的操作步骤。

4．请写出导线对接升空分别松锚法操作的步骤。

5．紧线弧垂的允许偏差是如何规定的？

模块 7　附件安装（ZY0200103007）

【模块描述】 本模块包含直线杆塔附件安装，间隔棒、阻尼线、跳线安装。通过内容介绍、操作方法讲解，熟练进行线路附件安装。

【正文】

一、工作内容

附件安装是架线施工的最后一道工序，紧线后导线已达设计张力，各子导线在放线滑车中的间距较小，档距中的导线容易产生鞭击，因此应尽快完成附件安装。附件安装的主要工作内容为：

（1）直线塔附件安装。用倒链及提线器将导线提起，将导线从放线滑车中移出，将导线通过悬垂线夹、联板等与悬垂绝缘子相连。有防振锤的按照设计距离要求安装防振锤。

（2）间隔棒安装。按照设计的次档距，采用飞车或人力走线的方式，由档距的一端向另一端逐个安装间隔棒。

（3）阻尼线安装。阻尼线一般安装在大跨越的两端杆塔上，阻尼线安装前，应先安装预绞丝护线条，按设计规定在架空线上丈量固定卡位置并划印，然后将阻尼线中点与线夹中心对应，沿架空线留出要求弧垂后用固定卡固定，按"花边"再装释放形阻尼线夹，悬挂于线夹两侧的架空线上。

（4）跳线安装。将导线按照设计或实际模拟的跳线长度截割后，进行引流板压接，分项安装跳线，跳线的安装质量直接影响带电体与塔身的电气距离和架线的工艺水平，对导线的选用和制作工艺要特别注意。

二、危险点分析和控制措施

（1）防止感应电伤人。附件安装时，由于导地线已架空一段时间，作业线路与带电线路交叉或平行接近时，可能产生较高的感应电压，附件安装前，应先挂设接地线或个人保安线，消除感应电压，而后再进行附件安装。

（2）防止导地线脱落。直线塔附件安装，在吊起导地线前，应先用钢丝绳索将导地线揽起，做好后备保护，防止因起吊工具失效而导致导地线脱落。

（3）作业工具和安全用具在每次使用前，都应由使用者亲自进行检查。高空作业的安全带必须挂在横担的主材上。走线或飞车作业的安全带应绑在导线上，禁止绑在飞车上。

（4）相邻塔不准同时在同一相导线上进行起吊导线、拆除放线滑车的工作。

（5）如使用飞车安装间隔棒，使用前应检查各部件连接是否牢固，刹车装置是否良好，导线的张力应进行计算，其安全系数不得小于 2.5。飞车越过电力线路，一律视为从带电体上飞越，必须保证对带电体的安全距离，飞越时应有专人监护。

三、作业前准备工作

（1）附件安装前，对绝缘子和金具的质量进行全面检查。

（2）对导地线作全面检查，将导地线上的所有遗留问题处理完毕：

1）打磨光导线上未处理的局部轻微磨伤，并特别注意线夹两侧及锚线点。

2）安装补修管。

3）拆除直线压接管保护套。

4）拆除导各种线上的各种标志物、保护物及其他异物。

（3）每一个附件安装工作点，均应在正式作业开始前设置好工作接地。工作接地可使用面积不小于 16mm² 的个人保安线（铜编线）。

（4）绝缘子串、导线及避雷线上各种金具上的螺栓、穿钉及弹簧销子除有固定的穿向外，均应符合《施工及验收规范》或设计要求。

（5）紧线后如因特殊原因不能及时进行附件安装，应采取下列临时防震措施：

1）放松架空线锚线张力。

2）在放线滑车处的架空线上临时装上护线条。

3）临时加装防振锤、阻尼线。

（6）附件安装前，对弧垂再次目测检查，如发现弧垂超差，要进行调整。

（7）人力资源配置。根据附件安装的具体工作项目，提前选派好合适的工作人员。尤其是针对该工序高空作业较多的实际，要选配好技术熟练的高空作业人员。

（8）工器具配置。根据附件安装的具体工作项目，提前列出工器具清单并由使用者亲自进行检查。

四、作业步骤和质量标准

1. 直线塔附件安装

（1）悬垂线夹的安装位置不作调整时为紧线后的画印点，如需作调整，应先按位移印值移位确定线夹安装位置中心，然后由中心算起前后侧画半线夹长度加 10mm，以便缠绕铝包带或安装线夹作为标准。

（2）相邻塔不准同时在同一相导线上进行起吊导线、拆除放线滑车的工作。

（3）吊装导线的吊钩，应使用承托两较大且两端有较大圆弧的吊钩，吊钩沿线长方向的承托宽度不得小于导线直径的 2.5 倍，接触导线部分应衬胶，防止导线挤压受伤和内部压伤。

（4）吊具应固定在施工孔上，如无施工孔则必须经验算，确认安全后才可采用。

（5）直线转角塔起吊导线，当吊具开始受力后，应用白棕绳将悬垂绝缘子串拢绑在吊具上，防止当导线全部吊离放线滑车时，因其自重作用而离开安装位置。

（6）直线转角塔中相采用 V 形串时，前后侧应各用两套吊具，一套固定在横担上以承受垂直荷重；另一套固定在上曲臂以承受导线的向内力，如图 ZY0200103007-1 所示。

图 ZY0200103007-1　直线转角塔中相
V 形串起吊图

（7）因四线提线器上 1 线与 4 线的距离大于五轮放线滑车第一轮槽与第五轮槽的距离，为防止导线吊离滑车后与滑车侧板相碰而损伤，在起吊前，应用小棕绳将四根子导线绑扎起来。

（8）导线提离滑车槽后分别套入长 0.8m 的开口胶管进行保护。

（9）用起吊设备吊起五轮滑车横担的闭开侧，当滑车横梁开口侧的插销活动后即行拔除。此时应扶住滑车以减少其摇摆而碰伤导线，将滑车脱离导线后放至地面。

（10）将水平的四根导线移位成上两下两的方形布置时，为使上两根的导线有较大的间距，以便套入四联板安装线夹，习惯的做法是：作业人员脚踩 2 号线手提 1 号线和脚踩 3 号线手提 4 号线，就可将四线变成四方形排列。

（11）拆去开口胶管，按画印点缠铝包带或预绞丝护线条，安装线夹并固定在四联板上，注意将横线路穿向的螺栓均由线的外侧穿入。回松手扳葫芦的过程要检查与拨正绝缘子串的碗口朝向。拆除吊具后安装均压环和防振锤。

（12）均压环由两个半圆或半椭圆形管组成，安装前在地面将其拆开，拆开进行试组装，其对接应当方便容易，两端管口如有错位造成不易安装时应进行校正，或与另一组对换，直至合适后才吊至塔上正式安装。

（13）防振锤的安装，首先要准确测量安装尺寸，其偏差应小于 30mm，画印后对导线缠绕铝包带。安装时注意螺栓穿入方向，对四分裂导线的线路，要求螺栓从线的外侧向线内侧穿，其埋头螺母要用套筒扳手或梅花扳手拧紧，防止由于螺栓不紧导致防振锤在运行中窜动。防振锤安装后从顺线路观察应与线的垂直方向重合，即不能上翻；从横线路观察，两端重锤应与线平行，不可下垂或上翘。

2. 间隔棒安装

档距中间隔棒与间隔棒之间的距离叫次档距，其允许安装距离偏差为 ±3%；杆塔中心桩与第一个间隔棒之间的距离称端次档距，其允许安装距离偏差为± 1.5%；间隔棒安装位置还应考虑与接续管或补修管的距离不宜小于 0.5m。

（1）复测子导线间的弧垂，其误差应在 50mm 以内。

（2）如采用飞车，使用前应检查各部件必须牢固，刹车装置良好，导线的张力应进行验算，其安全系数不得小于 2.5。作业人员登杆塔后，在飞车套入的导线上安装开口胶管，以防刮伤导线，作业人员上飞车后系好安全带才可行走。

（3）间隔棒的安装位置可用下述方法测量。

1）飞车上的计数器；

2）导线长度测量车；

3）档内地势平坦时，可在地面进行丈量；

4）如地形复杂，且有河流等情况时，可采用中相与边相作业人员在线上进行测量的方法，如图 ZY0200103007-2 所示。

丈量尺寸 S 的计算公式为

$$S = \sqrt{L_1^2 + X^2 + Y^2} \qquad (ZY0200103007\text{-}1)$$

式中　L_1——设计提供的次档距值，m；

　　　Y——三角形排列时，边相与中相的垂直高度差，m；

　　　X——中相与边相的相间距离，由塔图中查得，m。

当档距两端相间距离不等（如图 ZY0200103007-3 所示）时，X 值用式（ZY0200103007-2）求得

$$X = X_1 + (X_2 - X_1)\frac{l_1}{l} \qquad (ZY0200103007\text{-}2)$$

式中　X_1——中相与边相小相间距，m；

　　　X_2——中相与边相大相间距，m；

　　　l_1——间隔棒安装档档距，m；

　　　l——从小相间距侧算起的档距距离，m。

图 ZY0200103007-2　相间高空丈量示意图　　图 ZY0200103007-3　相间水平距离不等时示意图

（4）地面作业人员站在线路的外侧，指挥两边相的线上作业人员找准安装位置，使三相间隔棒与线路垂直，避免有前有后不整齐。

（5）间隔棒的上、下朝向应正确，如 JZX 4—45400 间隔棒，其握手的固定端应在上侧，活动端应在下侧。

（6）间隔棒的结构面应与导线垂直。双阻尼间隔棒用专用卡器夹握紧手后应安装销钉。

（7）间隔棒不得缺少零部件，螺栓和穿钉方向必须符合 GB 50233—2005《110～500kV 架空送电线路施工及验收规范》或设计要求。

（8）间隔棒安装人员在行走中应检查导线质量，如有毛刺等缺陷应用砂纸磨光或做相应处理。

（9）飞车通过接续管或补修管前应减速，下坡时应慢速行驶，以防发生意外。

（10）拆除飞车前应在线上套入开口胶管，严防刮伤导线。

（11）当采用人力走线方式时，作业人员手扶两根上线，脚踩一根子导线稳步前行，防止晃动过大或翻扭。

3. 阻尼线安装

（1）阻尼线安装吊笼的加工。阻尼线安装需两名操作人员进行，因此必须有专门的操作平台，此操作平台可制成吊笼的形式，吊笼上配置两个铝滑轮，使吊笼能在导线上滑动，如图 ZY0200103007-4 所示。吊笼通过钢丝绳进行控制。

图 ZY0200103007-4　阻尼线安装示意

（2）阻尼线的准备。阻尼线是采用与导线、地线同规格的材料。为了使安装后的阻尼线比较顺直和垂直导地线，因此导地线的阻尼线不能用紧线后的导地线，一定要用原盘剪下的导地线作为阻尼线。阻尼线的长度，可根据图纸要求的安装尺寸及弧垂值计算每根阻尼线的长度并做好记号。阻尼线的切割宜采用切割机（或手锯）进行。每根阻尼线应根据图纸压接好两端的连接金具，并在地面拉直松劲盘好。

（3）悬挂吊笼。通过塔下的牵引设备将吊笼吊上横担并悬挂在导线上（阻尼线及阻尼线夹等均放在吊笼内）。

（4）阻尼线的安装。安装时按照图纸要求的安装尺寸，先由滚轮线夹挡板处开始向外用钢尺量尺寸，并画好清晰的印记，然后由外向线夹处安装。安装时先在画印处装上预绞丝护线条，再装释放型阻尼线夹，并在阻尼线夹上连接好阻尼线和按图纸位置安装上释放型防振锤，最后将阻尼线接在滚轮线夹挡板处。

（5）阻尼线的安装应与导地线垂直，阻尼线的弧垂及安装尺寸应满足图纸要求。

（6）施工时不得用脚踩释放型阻尼线夹及释放型防振锤，以防误动作引起人身事故。

（7）为加快阻尼线的安装速度，宜用两个吊笼在直线塔的两侧同时进行安装。

（8）耐张塔的阻尼线及防振锤的安装可在挂线前进行。

4. 跳线安装

（1）用接近导地线直径的旧棕绳实测所需跳线之长度，或直接使用设计提供的跳线长度。在导线测量时，作业人员应走横担而不可在耐张串上走。

（2）将测得的跳线长度与设计提供的长度进行比较，并加 0.5～1.0m 的裕度后截取跳线长度。

（3）用作跳线的导线，尤其是 500kV 线路的跳线必须是未经展放的导线。跳线从线盘中取出至吊到塔上安装，不应使其产生永久变形。

（4）引流管压接，应注意引流连板的方向正对耐张管上的连接抛光面，如图 ZY0200103007-5 所示。如引流板方向不对，则跳线安装后便会产生歪扭。

（5）四根跳线的引流管均压好后，分别用铝股与吊装的白棕绳连接。两边相分别在耐张线夹附近挂单轮滑车将跳线吊起。中相跳线需用三根白棕绳进行起吊。引流板安装前要用钢刷刷其接触面并涂刷电力脂。

（6）在跳线串上悬挂挂梯，操作人员在挂梯上将跳线装入线夹内。

图 ZY0200103007-5　对挤压成型的耐张线夹引流管与跳线方向图

1—引流管；2—跳线

（7）分别测量各跳线的弧垂值和跳线串的倾斜角，此时由于跳线未装重锤，所测得的倾斜角会小些，跳线弧垂亦会大些。

（8）中相的间隔棒当垂直式的挂梯不能达到安装点时，可将挂梯改成走廊式安装在跳线的下方，一端固定在耐张线夹附近，另一端固定在跳线串下方。

（9）跳线间隔棒的平面一定要与跳线垂直。跳线线夹的连板，尤其是中相的跳线线夹连板，一定要在跳线的分角线上。

（10）双孔式的 TJ—12400 或 TJ—12300 跳线间隔棒。当跳线与拉棒间的距离过小或太大时均无法使用。如距离过小可在跳线上缠绕铝包带再套上开口胶管后用铝股将两者绑扎在一起而不发生摩擦。如距离过大，但又不会与其他部位摩擦时，则不作处理。

五、注意事项

（1）紧线后完毕后，应尽快进行附件安装。避免导线在滑车中因风震和在档距中相互鞭击而受损。

（2）垂直档距较小时，可用一套吊具，垂直档距较大时可用两套吊具，分别固定在横担的前后侧，使横担不会扭转。

（3）附件安装的质量直接影响线路投运后的安全稳定运行，施工时的质量问题就是投运以后的安全问题，要高度重视施工质量和工艺美观度。

（4）安装后的跳线应呈悬链自然下垂，不得扭曲和出现金钩，其对杆塔及拉线、金具等的电气间隙以及跳线的弧垂要符合设计规定。

（5）悬垂线夹安装后，绝缘子串应垂直地平面。个别情况其顺线路方向的位移不应超过 5°，且最大偏移值不应超过 200mm，连续上下山坡处杆塔上悬垂线夹的安装距离应符合设计规定。

（6）如悬垂串使用合成绝缘子，要特别注意对其保护，拆开包装后，要放在帆布上面。严禁施工人员作为梯子攀爬合成绝缘子。

【思考与练习】

1. 直线塔附件安装对吊装导线的吊钩有什么技术要求？
2. 间隔棒安装的距离误差是如何规定的？
3. 阻尼线安装有哪些注意事项？
4. 四分裂导线跳线的安装应注意哪些关键环节？

模块 8 光纤电缆的架设（ZY0200103008）

【模块描述】本模块包含复合光缆架空地线（OPGW）及缠绕光纤电缆（GWWOP）的架设。通过内容介绍、图形示例、操作流程介绍，能够进行光纤电缆架设。

【正文】

一、工作内容

光纤通信与电缆或微波等通信方式相比，具有传输频带宽、通信容量大、传输距离远、抗电磁干扰性强等特点。因此，在输电线路架设施工中同时敷设电力通信光缆已是不可缺少的重要分部工程。电力通信光缆可以分为复合光缆架空地线 OPGW、全介质自承式光缆 ADSS、缠绕光纤电缆 GWWOP 三种。ADSS 光缆是架设在已建线路上，只作通信用而没有避雷线的功能。GWWOP 缠绕光纤电缆是将光缆缠绕在原有避雷线上，可在已建的架空避雷线上使用。由于 OPGW 具有普通避雷线和通信光缆的双重功能，实现防雷、通信的双重效果，并且承受拉力大，对风、水、雷击等气候有较好的耐受能力，架设施工也较方便，所以目前新建的架空高压输电线路上多架设复合光缆架空地线 OPGW。本模块对 GWWOP 缠绕光纤电缆只在工作内容部分作简单介绍，主要以 OPGW 为例介绍光纤电缆的架设。

1. GWWOP 缠绕光纤电缆

（1）GWWOP 缠绕光纤电缆结构。GWWOP 缠绕光纤电缆的缠绕方向与避雷线外层线股捻制方向一致，如图 ZY0200103008-1（a）所示。缠绕光纤电缆结构，如图 ZY0200103008-1（b）所示。

（2）GWWOP 缠绕光纤电缆的牵引机和缠绕机。GWWOP 缠绕光纤电缆的缠绕作业是通过安装于架空避雷线上的光缆缠绕机来完成的，而光缆缠绕机的缠绕作业则是通过安装于架空避雷线上的牵引

图 ZY0200103008-1 避雷线上缠绕的光缆及光缆的结构

（a）缠绕方向； （b）结构图

1—光纤电缆；2—地线；3—碳氧（氟碳乙烯）树脂；
4—氟化物树脂光纤；5—玻璃钢（FRP）加强芯

机的牵引来进行的。

牵引机作业如图 ZY0200103008-2 所示，重约 45kg，总长 740mm，当悬垂坡度为 30°时牵引力可达 1kN，进行速度 0～25m/min。

缠绕机如图 ZY0200103008-3 所示，重约 58kg，外形尺寸为长 750mm、宽 500mm，最大转动半径 680mm，机旁安装的光缆线轴尺寸为外径 700mm、内径 300mm、宽度 200mm，可绕光缆长度 3500m。

（3）缠绕作业和附件安装。缠绕工作由线路的一端开始。将牵引机、缠绕机安至避雷线上开始缠绕后，分三个过渡小组，分别在第二、第三、第四基杆塔上安装"过渡吊杆"和"工作小梯"，拆除防振锤，按金具组装图在避雷线上画出金具安装位置，做好机具过渡及光缆附件安装的准备工作，如图 ZY0200103008-4 所示。

图 ZY0200103008-2 牵引机作业

图 ZY0200103008-3 光缆缠绕机

当缠绕到第二基杆塔时慢慢将机具停下，将光缆松出 5～7m，取下光缆轴并将其牢固地固定在塔身不妨碍作业的地方，然后用过渡吊杆分别将牵引机和缠绕机吊过杆塔，如图 ZY0200103008-5 所示。

图 ZY0200103008-4 安装到位的工作小梯和过渡用吊杆

1—过渡用吊杆；2—架空地线；3—工作小梯

图 ZY0200103008-5 通过一个直通塔（跨接塔）

1—杠杆式滑轮；2—过渡用吊杆；3—架空地线；4—光缆线轴；5—光缆；6—工作小梯；7—缠绕机

缠绕机移过杆塔后便可安装后侧的附件及杆塔跳线，检查缠绕机处于正常状态后用卡线器在前侧。

将光缆临时锚固便可开机继续缠绕。当缠绕机离开杆塔约 30m，即可安装前侧的附件。跨接线后杆塔两侧附近安装也完毕后的光缆安装示意如图 ZY0200103008-6 所示。

图 ZY0200103008-6 跨接线的光缆安装示意

1—保护管；2—缓冲器；3—架空地线；4—跨接线夹；5—用钢线加强的保护管；6—终端线夹；7—固定线夹

光缆的接头都在杆塔处用专用仪器制作。首先将前后侧的接头引入杆塔身，如图 ZY0200103008-7 所示，分段固定后穿入专用箱，将多余的光缆切除后，缆头插入专用接续仪器进行自动接通，接头处卷入杆塔中适当高度的专用箱内。线路两端的光缆则引至地面，与地沟光缆相接后进入机房。

2. OPGW 复合光缆架空地线

OPGW 架设工艺流程如图 ZY0200103008-8 所示。

图 ZY0200103008-7　终端安装示意

1—固定线夹；2—终端线夹；3—架空地线；4—保护管；5—缓冲器；

6—用钢线加强的保护管；7—保护管支撑线夹

图 ZY0200103008-8　OPGW 架
设施工工艺流程图

二、危险点分析和控制措施

（1）对于 OPGW 装卸均应采用起重机械，轻吊轻放，对露出缆盘的 OPGW 在吊装时垫设方木，防止钢丝绳压伤 OPGW，运输时将光缆加以固定，坚决杜绝侧面放置。

（2）OPGW 必须经单盘测试后方准使用。

（3）OPGW 在展放时，应当天由材料站运到现场，当天展放，当天将线紧好，严禁在现场存放缆盘。

（4）OPGW 紧线完毕应立即安装防振锤，OPGW 在滑轮上停留时间最多不得超过 48h。

（5）OPGW 在施工过程中必要的弯曲必须严格遵循供货厂家提供的最小弯曲半径要求。一般安装时 OPGW 最小弯曲半径为 500mm，并不得与架好的导线、避雷线交叉摩擦。

（6）在放线过程中，所使用的网套连接器必须与 OPGW 固定牢固，不得跑线与滑移。

（7）OPGW 展放必须经过小张力机进行张力放线，不能直接从缆盘上牵引。

（8）架线人员在展放过程中，必须派专人看护防扭鞭，并随时报告通过滑车情况。沿线跨越的监护人员应随时注意 OPGW 展放牵引情况，发现问题及时报告处理。

三、作业前准备工作

1. 施工人员准备

除应遵照线路本体张力架线施工对人员的要求之外，还应特别作好如下准备：

（1）结合 OPGW 架设施工，组建专门的劳动组织和岗位责任制。

（2）进行专门的 OPGW 架设施工和确保施工质量及施工安全的技术交底，有关人员必须真正掌握其施工技术与工艺方法。

（3）对熔接人员和测试人员应进行专门的技术培训和实际操作训练，并经考试、试验合格和领导批准者，才能上岗。

2. 工程材料准备

OPGW 金具除部分采用国产的普通连接金具如直角挂板、U 型环等外，其他多为进口配套金具，如预绞丝耐张线夹、悬垂线夹、防振锤、并沟线夹及接线盒等。在验收检查时应注意，由于 OPGW 供货厂家不同，其提供的配套金具也有所不同。

（1）耐张线夹。它是一种铝合金预绞丝缠绕式的耐张线夹，绞线内侧有一层金刚砂，当绞线缠在

OPGW 外层时可保证其握着力，因此该线夹也称金刚砂耐张线夹。OPGW—95 型耐张线夹组装示意如图 ZY0200103008-9 所示。它包括以下三个部分。

图 ZY0200103008-9　OPGW—95 型耐张线夹组装示意（单位：mm）
1—U 型环；2—单联板；3—调节板；4—拉环；5—耐张线夹

1）外层铝合金预绞丝。OPGW—95 型及 OPGW—124 型分别由两倍 8 股 ϕ 3.75mm 及两倍 7 股 ϕ4.68mm 的铝合金绞丝构成，内侧贴金钢砂。

2）内层铝合金预绞丝即护线条。OPGW—95 型及 OPGW—124 型分别由 14 股 ϕ2.88mm（长 2025mm）及 15 股 ϕ3.39mm（长 2450mm）的铝合金绞丝构成，内外侧均贴金钢砂。

3）外层铝合金预绞丝的挂线端套入特制拉环。拉环由铸钢制造，将铝绞丝耐张线夹与耐张挂线金具相连接。

这种线夹在施工时不用任何特殊工具，质量轻、省料、握着力大。安装时先装护线条，再装线夹。护线条能保证 OPGW 受到均匀的机械压力，使铝管等单元不会发生明显变形。

（2）预绞丝悬垂线夹。它的结构和组装方式如图 ZY0200103008-10 所示。预绞丝悬垂线夹由以下四个部分组成。

1）船体形的钢夹。装于线夹最外侧，与悬挂金具相连接。

2）外层预绞护线条。OPGW—95 型为 11 根 ϕ6.12mm 护线条组成，它能增加线夹刚度和保护 OPGW 不会损伤。

3）圆筒形衬垫。由两个半圆形的胶套组合而成，置于内外层护线条之间，长度约 30cm。它能有效地减轻局部弯曲对铝管及光纤的影响，以及由于微风振动、舞动带来的损害。

4）内层预绞丝护线条。OPGW—95 型为 10 根 ϕ4mm 护线条组成，紧贴 OPGW 缠绕。

（3）防振锤。防振锤为多频音叉式，其锤头较短，防锈措施用镀锌，

图 ZY0200103008-10　OPGW—95 型直线悬垂金具组装图（单位：mm）
1—直角挂板；2—延长环；3—U 型环；4—悬垂线夹

对夹板的紧固要求严格，需用扭力扳手检验安装效果。OPGW—95 型防振锤安装示意如图 ZY0200103008-11 所示。

图 ZY0200103008-11　OPGW—95 型防振锤安装示意（单位：mm）
1—耐张线夹 FODEA；2—线夹护线条；3—OPGW—651FT12；4—防振锤 SBVD

（4）并沟线夹及固定线夹。并沟线夹、固定线夹及专用接地线的安装示意如图 ZY0200103008-12 所示。

图 ZY0200103008-12　并沟线夹、固定线夹及专用接地线安装示意

（a）OPGW 耐张不断开；（b）OPGW 耐张断开

1、4、6—接地专用线；2、3、7—并沟线夹；5—固定线夹

图 ZY0200103008-13　接线盒的外形图

（5）接线盒。接线盒外形如图 ZY0200103008-13 所示，接线盒置于一个圆筒形罩内，不仅质量轻，易于接续操作，而且不易腐蚀，可以防止雨水进入接线盒内。接线盒分为接续盒和终端盒两种。接续盒装在线路中 OPGW 断开的杆塔上。终端盒一般装在变电所进出线门型架上，它是用来将 OPGW 与普通光缆连接后置于盒内。

3. 施工机具准备

OPGW 架设施工所用的工器具分为两部分，一部分是 OPGW 专用工器具，一般在定货时由 OPGW 制造厂家提供，另一部分是普通工器具。但无论是厂家提供还是施工单位自筹的工器具均应对其型号、规格、性能和质量等进行认真检查及试验，合格的才能发至现场使用。常用 OPGW 专用工器具见表 ZY0200103008-1。

表 ZY0200103008-1　　　　　　　　　　OPGW 专用工器具表

序　号	名　　称	规　　格	单　位	数　量
1	紧线器	OPGW 专用	个	10
2	放线滑车	轮径不小于 600mm（尼龙）	个	70
3	防扭鞭	OPGW 专用	条	6
4	旋转连接器	OPGW 专用（30kN）	个	4
5	网套连接器	2m 长，OPGW 专用	个	4
6	扭力扳手	OPGW 专用	个	10
7	熔接设备	OPGW 专用	套	1
8	测试设备	OPGW 专用	套	1

四、作业步骤和质量标准

（一）OPGW 展放

1. 展放 OPGW 操作要点

（1）首先将 OPGW 置于线盘架上，OPGW 从线盘上方引向张力机，进入张力轮时，应上进上出，右进左出（缠绕方向与 OPGW 外层线股捻向一致），并应绕满张力轮槽（张力轮槽数至少应有六道）。

（2）OPGW 用 $\phi16mm$ 尼龙绳穿过张力轮后，其端头套入网套连接器，网套连接器通过抗弯连接器与防扭牵引板相连，防扭鞭再经防捻连接器与牵引绳相连至牵引机。

（3）防扭牵引板一般由供应 OPGW 厂家提供，一般结构示意如图 ZY0200103008-14 所示。

（4）一切连接及准备妥当之后，即可开始牵放 OPGW。开始牵放和连接机具（连接工具、防扭牵引板等）通过放线滑车时，均应放慢牵引速度。

（5）正常牵引速度为 20m/min，最大速度不得超过 30m/min。

（6）线盘架制动力，一般情况下不宜超过 800N。

（7）展放过程中，应始终监视 OPGW 是否发生扭转，如有发生应立即停止展放，查明原因进行处

理，且应控制每百米旋转次数不得超过五次。

图 ZY0200103008-14　防扭牵引板示意图

1—系于转环头；2—防扭元件；3—滑轮校正链；4—系于缆线牵引孔；5—可以方便的拆开；6—钢丝绳；7—摆重链

（8）张力机设定张力越小越好，以能使 OPGW 避开跨越架等障碍物和对地面 5m 以上为原则。张力机的设定张力一般宜为 OPGW 标称拉断力的 13%～15%。

（9）牵引机牵引力最大不得超过 OPGW 标称拉断力的 18%。

（10）OPGW 展放至接头塔后，应再牵引一段预留尾线，预留尾线长度约为杆塔高度的 1.3 倍。尾线应盘好，盘绕直径应不小于 1.2m。然后，放置在塔顶平面处，用铁线绑扎牢靠，并在与塔材及绑扎接触处垫以麻袋片等纺织物。

2. 临锚及安装始端线夹

（1）临时锚线。一个放线段的 OPGW 展放完后，即应在始端（张力机端）及终端（牵引机端）将 OPGW 临时锚固（临锚），临锚在塔上以过轮临锚方式进行。临锚张力为紧线张力的 50%，OPGW 端头余线（尾线）应保持为塔高的 1.3 倍以上，始端及终端塔侧的 OPGW 锚固卡具一般应使用由 OPGW 制造厂家提供的专用卡线器，以免 OPGW 内部铝管变形而损坏光纤。

（2）安装始端线夹。在临锚完成后，即可在始端塔安装预绞丝耐张线夹。预绞丝的安装方法如下：由中间向两端有序地缠绕内层铝合金预绞丝，其缠绕方向与 OPGW 外层绞制方向相反，其位置按尾线控制长度确定，缠绕时必须一次缠紧缠好，与 OPGW 贴合紧密，不允许拆开再缠绕。

外层铝合金预绞丝缠绕前必须将其与内层预绞丝相应的划印记号对齐。然后由拉环出口处向线档中央方向的 OPGW 缠绕，必须一次缠紧。然后将特制铸钢拉环套入外层预绞丝弯环内。一人握住拉环，另一人由另一方向（与第一次缠绕方向相反）缠绕另一半预绞丝，直至缠完为止，然后再安装锚线塔其他耐张连接金具。

将预先准备好的吊装耐张线夹的钢丝绳用卸扣与调节板连接，用绞磨及牵引钢丝绳将耐张线夹挂至避雷线横担挂孔为止。牵引过程中，应当先松张力机上的 OPGW 再进行牵引，一边松出 OPGW 一边牵引，尽量减少 OPGW 向下的压力，如图 ZY0200103008-15 所示。

图 ZY0200103008-15　锚线塔挂线布置示意

1—小张力机；2—耐张金具串；3—牵引绳；4—机动绞磨；5—地滑车；6—临时拉线

（二）紧线与挂线

（1）OPGW 紧线弧垂观测档的选择与一般导线、避雷线弧垂观测档选择要求基本相同，但在选择观测档弧垂时，一定要查 OPGW 弧垂表，因为 OPGW 耐张段与一般导线、避雷线耐张段有可能不同，其代表档距和观测档距的弧垂也不同，应特别注意。

（2）弧垂观测方法，与导线、避雷线弧垂观测方法相同。

（3）OPGW 紧线的观测弧垂达到设计值后，应继续保持紧线机的拉力不变，时间为 1h，使 OPGW 扭转应力消失。

（4）OPGW 紧线方法，可以用牵引机直接牵引也可以用手扳葫芦在塔上紧线。

1）牵引机牵引紧线。当始端塔处已安装好预绞丝耐张线夹后，此时牵引机等机具未拆除，即可再起动牵引机缓缓牵引 OPGW，使其弧垂达到设计标准值。即在紧线塔和该紧线段所有直线塔放线滑轮处划印。

2）手扳葫芦紧线。即在紧线塔避雷线支架处打好反向平衡拉线，并安装手扳葫芦和专用卡线器等索具，调整手扳葫芦进行紧线操作，如图 ZY0200103008-16 所示，弧垂调整好之后，即按前述要求划印。

（5）紧线侧预绞丝耐张线夹安装完毕即可进行挂线，挂线可利用手扳葫芦等索具（见图 ZY0200103008-16）或牵引机进行，但应注意以下事项：

1）挂线牵引力不得超过 OPGW 额定拉断力的 18%，一般过牵引长度应小于 0.1m。

2）挂线后即进行弧垂复测。若弧垂超过允许误差时，应在耐张塔挂线塔处利用调整板孔位调整，若仍不能达到要求时，可增减 U 型环等金具并配合调整板孔位调整。严禁采取解开预绞丝耐张线夹再重新安装的办法。

3）紧线弧垂达到规范允许值之后，应将 OPGW 的余线盘成直径为 1.2m 以上小盘，放置在铁塔横材的平面处，并用绳线绑扎固定，但要注意与铁塔构件及铁线接触处应垫以麻袋片等织物，严禁将 OPGW 的余线悬挂在塔腿上。

（三）附件安装及熔接

附件安装及熔接的工作内容包括直线塔 OPGW 悬垂线夹的安装、直通式耐张线夹的安装、防振锤的安装、接地引流线安装、OPGW 引下线安装、OPGW 熔接和测试、接线盒的安装等。

1. 附件安装操作要点

（1）直线塔悬垂线夹的安装，如图 ZY0200103008-17 所示：

图 ZY0200103008-16　塔上手扳葫芦紧线索具连接示意
1—地线横担主材；2—手扳葫芦；3—卡线器；
4—OPGW；5—重锤

图 ZY0200103008-17　直线塔悬垂线夹安装示意
1—ϕ15.5mm 钢绳套；2—地线支架；3—手扳葫芦；
4—专用卡线器；5—OPGW；6—放线滑车

1）按 OPGW 观测弧垂时确定的划印处安装。

2）在避雷线横担前后侧的 OPGW 上的适当对称位置，各装一只专用卡线器。利用在避雷线横担下主材固定的一根 ϕ15.5mm 钢丝绳套和一个 30t 手扳葫芦，将上述两只卡线器相连。两只卡线器间的距离为 L，使用单线夹时 L 取 2m，使用双线夹时 L 取 2.4m。

3）收紧手扳葫芦，使 OPGW 的张力转移到钢绳套和手扳葫芦上。

4）卸掉放线滑车，按划印点安装预绞丝和悬垂线夹。

5）拆除手扳葫芦、钢绳套和卡线器。

（2）直通式耐张线夹的安装：

1）直通式（即 OPGW 不断开）的耐张线夹安装方法，与 OPGW 断引的安装方法相似，亦用手扳葫芦和专用卡线器等索具进行安装，过牵引长度亦应控制在 0.1m 以内。

2）直通式耐张串的 OPGW 弧垂（即跳线）取 0.8～1.0m，并保证 OPGW 最小弯曲半径不得小于 0.5m，且需用特制接地线夹将 OPGW 固定在杆塔上。

3）预绞线耐张线夹安装受力后，不得再重复使用。

（3）防振锤安装：

1）防振锤的型号、规格及安装距离应按设计规定。

2）防振锤安装不得直接卡在 OPGW 上，应安装在缠绕好的护线条上。护线条及防振锤的安装，均应用工作平台。可用 ϕ60mm×3.5m 竹竿或铝合金梯子做工作平台。

3）防振锤卡紧螺栓的扭矩值宜为 40～50N·m。

（4）接地引流线的安装：

1）OPGW 均应与全线铁塔逐基接地。专用接地引流线一般由 OPGW 制造厂家提供，专用接地引流线一端连接在 OPGW 的并沟线夹内，另一端连接至塔身接地夹具内。具体的连接方式依照设计图纸。

2）接地线一般统一安装在避雷线支架的大号侧，并在 OPGW 的上方。接地线安装要松弛，保证悬垂线夹向塔身内、外摆动 60° 不受力。

（5）OPGW 引下线安装：

1）分段塔或架构处 OPGW 引下时，一般用 OPGW 制造厂家提供的引下线固定夹具固定于塔材上，而无须在塔上打孔。固定夹具每隔 2m 安装一个，引下线自避雷线支架沿塔身主材引至铁塔下方接线盒，但多余的 OPGW 仍盘在接线盒上方的铁塔平面构件上，临时固定，不得切断，由熔接人员处理。

2）在操作过程中，OPGW 的弯曲半径均应保证大于 0.5m，若 OPGW 到第一个夹子前，有可能与铁塔构件相摩擦时，应加缠护线条保护。

3）为了一致美观，引下线应统一在铁塔的一个指定塔腿上。

2. 接线盒安装和 OPGW 的熔接及测试

（1）接线盒及余缆的安装：

1）接线盒应固定在塔身统一的主材上，其高度应距铁塔基础面不小于 6m。安装接线盒时螺栓应紧固，橡胶封条必须安装到位。

2）OPGW 对接后的多余长度（即余缆）按 OPGW 的允许弯曲直径盘成一捆，置放在接线盒的上方，并用 8 号镀锌铁线或专用线夹固定在塔身水平材上。OPGW 绑扎的外层应垫以胶垫，且绑扎点不少于三处，确保余缆在风吹时不会晃动。

（2）PGW 光纤的熔接与测试：

1）OPGW 架设后在耐张塔通常是断开的，必须通过光纤熔接实现两段光纤芯的连通，熔接好光纤的 OPGW 置于接线盒内，并在塔上固定。

2）光纤熔接是通过两金属电极电弧放电实现熔接。光纤熔接操作步骤是：首先用砂轮锯锯开外层铝股及钢股，再用专用工具逐层剥开套管和光纤被覆，用无水酒精清洁光纤，用光纤专用刀切割光纤，然后将光纤放入熔接机的光纤固定座中，选择"寻找光纤"进行光纤端面检查，如光纤切口端面符合要求，则屏幕上显示端面与轴向相垂直且平整；如果端面品质不佳，则显示端面楔形或其他不规则形，应将光纤重新切割。

3）光纤熔接是由熔接机自动进行的。熔接完毕，应进行光纤衰减值测试。每接好一条纤芯，应立即进行测试，以便立即检查接头熔接质量。测试的光纤衰减值符合要求时，将光纤由熔接机移出固定。标准单模允许熔接损耗应小于 0.03dB/处。

4）光纤线路的损耗包括光纤损耗和接头损耗。其损耗的测试方法有剪断法、插入法、背向散射法。剪断法和插入法使用的是光功率计，背向散射法常用的是光时域反射仪。目前，使用后一种方法较广泛，因为它获得的技术数据较多，便于建立档案资料及运行维护。

5）光纤的熔接操作应符合下列要求：①光纤的熔接应由专业人员操作；②剥离光纤的外层铝套管、塑料套管、骨架时不得损伤光纤；③雨天、大风、沙尘或空气湿度过大时不应进行熔接作业。

6）每千米线长的损耗为 0.368dB（由厂家保证）。

7）每个接头的损耗为 0.1dB（由施工单位保证）。

五、注意事项

（1）严禁使用网套连接器进行紧线，必须采用专用卡线器。

（2）紧完线后余缆应盘好（直径不小于 1.2m）并包以麻袋片，固定在塔顶平面上，做到防磨、防盗、防破坏。

（3）OPGW 展放必须经过小张力机进行张力放线，不能直接从盘上牵引。

（4）接头引下线及进入接头盒的弯曲半径，应严格按要求施工，严防弯曲半径过小，损坏光纤。

（5）OPGW 外层铝合金线及铝包钢线损伤的处理规定：

1）铝合金线断一股，可用单铝丝缠绕。铝合金线磨损超过单股直径 1/3 时，按断股处理；

2）铝包钢线磨损露钢时，应先刷防锈漆，再用铝单丝缠绕，再刷防锈漆。

（6）安装线夹、固定夹具、并沟线夹及防振锤等金具时必须使用厂商认可的力矩扳手，并控制线夹对 OPGW 的压应力符合相关要求。

（7）OPGW 金具多数为进口产品，备量有限，施工人员领取后必须妥善保管、使用。

（8）展放及安装过程中，必须严格组织管理，严守技术纪律，保证通信畅通，避免 OPGW 过张力牵引，不得扭曲、折弯、挤压和冲击，保证光纤及铝管不受损伤，OPGW 通过放线滑车时，其包络角（光缆在滑车上的包络区间所对的圆心角称为包络角）不得大于 60°。

【思考与练习】

1．简述 GWWOP 缠绕光纤电缆缠绕作业的操作步骤。

2．简述 OPGW 复合光缆架空地线附件安装的操作要点。

3．OPGW 复合光缆架空地线施工应注意哪些事项？

模块 9 施工要求及工程验收（ZY0200103009）

【模块描述】本模块包含施工及验收的基本规定、导地线架设质量等级评定标准及检查方法两部分内容。通过内容介绍、操作流程讲解、图表对比、图形示例，掌握架线施工及验收的基本规定、导地线架设质量等级评定标准及检查方法。

【正文】

一、施工及验收的基本规定

1．放线的一般规定

（1）放线前应有完整有效的架线（包括放线、紧线及附件安装等）施工技术文件。

（2）放线过程中，对展放的导线或架空地线（也称地线，下同）应进行外观检查，且应符合下列规定：

1）导线或架空地线的型号、规格应符合设计。

2）对制造厂在线上设有损伤或断头标志的地方，应查明情况妥善处理。

（3）跨越电力线、弱电线路、铁路、公路、索道及通航河流时，必须有完整可靠的跨越施工技术措施。导线或架空地线在跨越档内接头应符合设计规定。当设计无规定时，应符合表 ZY0200103009-1 的规定。

表 ZY0200103009-1　　　　导线或架空地线在跨越档内接头的基本规定

项　目	铁　路	公　路	电车道（有轨或无轨）	不通航河流
导线或架空地线在跨越档内接头	标准轨距：不得接头 窄轨：不限制	高速公路、一级公路：不得接头 二、三、四级公路：不限制	不得接头	不限制

项　目	特殊管道	索道	电力线路	通航河流	弱电线路
导线或架空地线在跨越档内接头	不得接头	不得接头	110kV 及以上线路：不得接头 110kV 以下线路：不限制	一、二级：不得接头 三级及以下：不限制	不限制

（4）放线滑车的使用应符合下列规定：

1）轮槽尺寸及所用材料应与导线或架空地线相适应。

2）导线放线滑车轮槽底部的轮径应符合 DL/T 685《放线滑轮基本要求、检验规定及测试方法》的规定。展放镀锌钢绞线架空地线时，其滑车轮槽底部的轮径与所放钢绞线直径之比不宜小于 15。

3）对严重上扬、下压或垂直档距很大处的放线滑车应进行验算，必要时应采用特制的结构。

4）应采用滚动轴承滑轮，使用前应进行检查并确保其转动灵活。

2. 非张力放线

（1）由于条件限制不适于采用张力放线的线路工程及部分改建、扩建工程可采用人力或机械牵引放线。

（2）导线在同一处的损伤同时符合下列情况时可不作补修，只将损伤处棱角与毛刺用 0 号砂纸磨光。

1）铝、铝合金单股损伤深度小于股直径的 1/2；

2）钢芯铝绞线及钢芯铝合金绞线损伤截面积为导电部分截面积的 5%及以下，且强度损失小于 4%；

3）单金属绞线损伤截面积为 4%及以下。

说明：1. 同一处损伤截面积是指该损伤处在一个节距内的每股铝丝沿铝股损伤最严重处的深度换算出的截面积总和（下同）。

2. 损伤深度达到直径的 1/2 时，按断股处理。

（3）导线在同一处损伤需要补修时，应符合下列规定：

1）导线损伤补修处理标准应符合表 ZY0200103009-2 的规定。

表 ZY0200103009-2　　　　　　　　　导线损伤补修处理标准

处 理 方 法	线　　　别	
	钢芯铝绞线与钢芯铝合金绞线	铝绞线与铝合金绞线
以缠绕或补修预绞丝修理	导线在同一处损伤的程度已经超过 2.（2）条的规定，但因损伤导致强度损失不超过总拉断力的 5%，且截面积损伤又不超过总导电部分截面积的 7%时	导线在同一处损伤的程度已经超过 2.（2）条的规定，但因损伤导致强度损失不超过总拉断力的 5%时
以补修管补修	导线在同一处损伤的强度损失已经超过总拉断力的 5%，但不足 17%，且截面积损伤也不超过导电部分截面积的 25%时	导线在同一处损伤，强度损失超过总拉断力的 5%，但不足 17%时

2）采用缠绕处理时应符合下列规定：

a. 将受伤处线股处理平整；

b. 缠绕材料应为铝单丝，缠绕应紧密，回头应绞紧，处理平整，其中心应位于损伤最严重处，并应将受伤部分全部覆盖。其长度不得小于 100mm。

3）采用补修预绞丝处理时应符合下列规定：

a. 将受伤处线股处理平整；

b. 补修预绞丝长度不得小于 3 个节距，或符合 GB/T 2337—1985《预绞丝》中的规定；

c. 补修预绞丝应与导线接触紧密，其中心应位于损伤最严重处，并应将损伤部位全部覆盖。

4）采用补修管补修时应符合下列规定：

a. 将损伤处的线股先恢复原绞制状态，线股处理平整。

b. 补修管的中心应位于损伤最严重处，需补修的范围应位于管内各 20mm。

c. 补修管可采用钳压、液压或爆压，其操作必须符合本模块中有关压接的要求。

说明：导线总拉断力是指计算拉断力。

（4）导线在同一处损伤出现下述情况之一时，必须将损伤部分全部割去，重新以接续管连接：

1）导线损失的强度或损伤的截面积超过本模块表 ZY0200103009-2 采用补修管补修的规定时；

2）连续损伤的截面积或损失的强度都没有超过本规范表 ZY0200103009-2 以补修管补修的规定，但其损伤长度已超过补修管的能补修范围；

3）复合材料的导线钢芯有断股；

4）金钩、破股已使钢芯或内层铝股形成无法修复的永久变形。

（5）作为架空地线的镀锌钢绞线，其损伤应按表 ZY0200103009-3 的规定予以处理。

表 ZY0200103009-3　　　　　　　镀锌钢绞线损伤处理规定

绞 线 股 数	处 理 方 法		
	以镀锌铁线缠绕	以修补管补修	锯断重接
7		断 1 股	断 2 股
19	断 1 股	断 2 股	断 3 股

3．张力放线

（1）在张力放线的操作中除遵守以下规定外，尚应符合 SD JJS 2《超高压架空输电线路张力架线施工工艺导则》中的规定：

1）电压等级为 330kV 及以上线路工程的导线展放必须采用张力放线。

2）良导体架空地线及 220kV 线路的导线展放也应采用张力放线。110kV 线路工程的导线展放宜采用张力放线。

（2）张力展放导线用的多轮滑车除应符合《放线滑轮基本要求　检验规定及测试方法》DL/T 685 的规定外，其轮槽宽应能顺利通过接续管及其护套。轮槽应采用挂胶或其他韧性材料。滑轮的磨阻系数不应大于 1.015。

（3）张力机放线主卷筒槽底直径 $D \geqslant 40d \sim 1000$mm（$d$ 为导线直径）。张力机尾线轴架的制动力与反转力应与张力机匹配。

（4）张力放线区段的长度不宜超过 20 个放线滑轮的线路长度，当难以满足规定时，必须采取有效的防止导线在展放中受压损伤及接续管出口处导线损伤的特殊施工措施。

（5）张力放线通过重要跨越地段时，宜适当缩短张力放线区段长度。

（6）张力放线时，直线接续管通过滑车应防止接续管弯曲超过规定，达不到要求时应加装保护套。

（7）一般情况下牵引场应顺线路布置。当受地形限制时，牵引场可通过转向滑车进行转向布置。张力场不宜转向布置，特殊情况下须转向布置时，转向滑车的位置及角度应满足张力架线的要求。

（8）每相导线放完，应在牵张机前将导线临时锚固，为了防止导线因风震而引起疲劳断股，锚线的水平张力不应超过导线保证计算拉断力的 16%，锚固时同相子导线间的张力应稍有差异，使子导线在空间位置上下错开，与地面净空距离不应小于 5m。

（9）张力放线、紧线及附件安装时，应防止导线损伤，在容易产生损伤处应采取有效的防止措施。导线损伤的处理应符合下列规定：

1）外层导线线股有轻微擦伤，其擦伤深度不超过单股直径的 1/4，且截面积损伤不超过导电部分截面积的 2%时，可不补修。用不粗于 0 号细砂纸磨光表面棱刺。

2）当导线损伤已超过轻微损伤，但在同一处损伤的强度损失尚不超过总拉断力的 8.5%，且损伤截面积不超过导电部分截面积的 12.5%时为中度损伤。中度损伤应采用补修管进行补修，补修时应符合上述 2.（3）4）条之规定。

3）有下列情况之一时定为严重损伤：

a．强度损失超过保证计算拉断力的 8.5%；

b．截面积损伤超过导电部分截面积的 12.5%；

c．损伤的范围超过一个补修管允许补修的范围；

d．钢芯有断股；

e．金钩、破股已使钢芯或内层线股形成无法修复的永久变形。

达到严重损伤时，应将损伤部分全部锯掉，用接续管将导线重新连接。

4．连接

（1）不同金属、不同规格、不同绞制方向的导线或架空地线，严禁在一个耐张段内连接。

（2）当导线或架空地线采用液压或爆压连接时。操作人员必须经过培训及考试合格、持有操作许可证。连接完成并自检合格后，应在压接管上打上操作人员的钢印。

（3）导线或架空地线必须使用合格的电力金具配套接续管及耐张线夹进行连接，连接后的握着强度应在架线施工前进行试件试验。试件不得少于三组（允许接续管与耐张线夹合为一组试件）。其试验握着强度对液压及爆压都不得小于导线或架空地线设计使用拉断力的95%。

对小截面导线采用螺栓式耐张线夹及钳压管连接时，其试件应分别制作。螺栓式耐张线夹的握着强度不得小于导线设计使用拉断力的90%。钳压管直线连接的握着强度不得小于导线设计使用拉断力的95%。架空地线的连接强度应与导线相对应。

（4）采用液压连接，工期相近的不同工程，当采用同制造厂、同批量的导线、架空地线、接续管、耐张线夹及钢模完全没有变化时，可以免做重复性试验。

（5）导线切割及连接应符合下列规定：

1）切割导线铝股时严禁伤及钢芯；

2）切口应整齐；

3）导线及架空地线的连接部分不得有线股绞制不良、断股、缺股等缺陷；

4）连接后管口附近不得有明显的松股现象。

（6）采用钳压或液压连接导线时，导线连接部分外层铝股在洗擦后应薄薄地涂上一层电力复合脂，并应用细钢丝刷清刷表面氧化膜，应保留电力复合脂进行连接。

（7）各种接续管、耐张管及钢锚连接前必须测量管的内、外直径及管壁厚度，其质量应符合GB/T 2314《电力金具通用技术条件》的规定。不合格者，严禁使用。

（8）接续管及耐张线夹压接后应检查外观质量，并应符合下列规定：

1）用精度不低于0.1mm的游标卡尺测量压后尺寸，其允许偏差必须符合SDJ 276—1990《架空电力线路外爆压接施工工艺规程》或SDJ 226《架空送电线路导线及避雷线液压施工工艺规程》的规定。

2）飞边、毛刺及表面未超过允许的损伤，应锉平并用0号砂纸磨光。

3）爆压管爆后外观有下列情形之一者，应割断重接：

a．管口外线材明显烧伤，断股；

b．管体穿孔、裂缝。

4）弯曲度不得大于2%，有明显弯曲时应校直。

5）校直后的接续管如有裂纹，应割断重接。

6）裸露的钢管压后应涂防锈漆。

（9）在一个档距内每根导线或架空地线上只允许有一个接续管和三个补修管，当张力放线时不应超过两个补修管，并应满足下列规定：

1）各类管与耐张线夹出口间的距离不应小于15m；

2）接续管或补修管与悬垂线夹中心的距离不应小于5m；

3）接续管或补修管与间隔棒中心的距离不宜小于0.5m；

4）宜减少因损伤而增加的接续管。

（10）钳压的压口位置及操作顺序应按图ZY0200103009-1所示进行，连接后端头的绑线应保留。

（11）钳压管压口数及压后尺寸的数值必须符合表ZY0200103009-4的规定，压后尺寸允许偏差应为±0.5mm。

图 ZY0200103009-1 钳压管连接图

(a) LGJ—95/20 钢芯铝绞线；(b) LGJ—240/40 钢芯铝绞线

A—绑线；B—垫片；1、2、3、……表示操作顺序

表 ZY0200103009-4　　　　　　　　　　　　钢芯铝绞线钳压压口数及压后尺寸

管　型	适用导线		压模数	压后尺寸 D（mm）	钳压部位尺寸（mm）		
	型　号	外径（mm）			a_1	a_2	a_3
JT—95/15	LGJ—95/15	13.61	20	29.0	54	61.5	142.5
JT—95/20	LGJ—95/20	13.87	20	29.0	54	61.5	142.5
JT—120/20	LGJ—120/20	15.07	24	33.0	62	67.5	160.5
JT—150/20	LGJ—150/20	16.67	24	33.6	64	70.0	166.0
JT—150/25	LGJ—150/25	17.10	24	36.0	64	70.0	166.0
JT—185/25	LGJ—185/25	18.88	26	39.0	66	74.5	173.5
JT—185/30	LGJ—185/30	18.90	26	39.0	66	74.5	173.5
JT—240/30	LGJ—240/30	21.60	14×2	43.0	62	68.5	161.5
JT—240/40	LGJ—240/40	21.66	14×2	43.0	62	68.5	161.5

（12）采用液压导线或架空地线的接续管、耐张线夹及补修管等连接时，必须符合 SDJ 226《架空送电线路导线及避雷线液压施工工艺规程》的规定。

（13）当采用爆压导线或架空地线的接续管、耐张线夹及补修管等连接时，必须符合 SDJ 276—1990《架空电力线路外爆压接施工工艺规程》的规定。

5. 紧线

（1）紧线施工应在基础混凝土强度达到设计规定，全紧线段内杆塔已经全部检查合格后方可进行。

（2）紧线施工前应根据施工荷载验算耐张型、转角型杆塔强度，必要时应装设临时拉线或进行补强。采用直线杆塔紧线时，应采用设计允许的杆塔做紧线临锚杆塔。

（3）弧垂观测档的选择应符合下列规定：

1）紧线段在 5 档及以下时靠近中间选择一档；

2）紧线段在 6～12 档时靠近两端各选择一档；

3）紧线段在 12 档以上时靠近两端及中间可选 3～4 档；

4）观测档宜选档距较大和悬挂点高差较小及接近代表档距的线档；

5）弧垂观测档的数量可以根据现场条件适当增加，但不得减少。

（4）观测弧垂时的实测温度应能代表导线或架空地线的温度，温度应在观测档内实测。

（5）挂线时对于孤立档、较小耐张段及大跨越的过牵引长度应符合设计要求；设计无要求时，应符合下列规定：

1）耐张段长度大于 300m 时过牵引长度不宜超过 200mm；

2）耐张段长度为 200～300m 时，过牵引长度不宜超过耐张段长度的 0.5‰；

3）耐张段长度为 200m 以内时，过牵引长度应根据导线的安全系数不小于 2 的规定进行控制，变电所进出口档除外；

4）大跨越档的过牵引值由设计验算确定。

（6）紧线弧垂在挂线后应随即在该观测档检查，其允许偏差应符合下列规定：

1）一般情况下应符合表 ZY0200103009-5 的规定；

2）跨越通航河流的大跨越档弧垂允许偏差不应大于±1%，其正偏差不应超过 1m。

（7）导线或架空地线各相间的弧垂应力求一致，当满足上一条的弧垂允许偏差标准时，各相间弧垂的相对偏差最大值不应超过下列规定：

1）一般情况下应符合表 ZY0200103009-6 的规定；

表 ZY0200103009-5　弧垂允许偏差		
线路电压等级	110kV	220kV 及以上
允许偏差	+5%，－2.5%	±2.5%

表 ZY0200103009-6　相间弧垂允许偏差最大值		
线路电压等级	110kV	220kV 及以上
相间弧垂允许偏差值（mm）	200	300

注　对架空地线是指两水平排列的同型线间。

2）跨越通航河流大跨越档的相间弧垂最大允许偏差应为 500mm。

（8）相分裂导线同相子导线的弧垂应力求一致，在满足上一条弧垂允许偏差标准时，其相对偏差应符合下列规定：

1）不安装间隔棒的垂直双分裂导线，同相子导线间的弧垂允许偏差为 100mm；

2）安装间隔棒的其他形式分裂导线同相子导线的弧垂允许偏差应符合下列规定：

a．220kV 为 80mm；

b．330～500kV 为 50mm。

（9）架线后应测量导线对被跨越物的净空距离，计入导线蠕变伸长换算到最大弧垂时必须符合设计规定。

（10）连续上（下）山坡时的弧垂观测，当设计有规定时按设计规定观测。其允许偏差值应符合本节的有关规定。

6. 附件安装

（1）绝缘子安装前应逐个将表面清洗干净，并应逐个（串）进行外观检查。安装时应检查碗头、球头与弹簧销子之间的间隙。在安装好弹簧销子的情况下球头不得自碗头中脱出，验收前应清除瓷（玻璃）表面的污垢。有机复合绝缘子伞套的表面不允许有开裂、脱落、破损等现象，绝缘子的芯棒与端部附件不应有明显的歪斜。

（2）金具的镀锌层有局部碰损、剥落或缺锌，应除锈后补刷防锈漆。

（3）采用张力放线时，其耐张绝缘子串的挂线宜采用高空断线、平衡挂线法施工。

（4）为了防止导线或架空地线因风振而受损伤，弧垂合格后应及时安装附件。附件（包括间隔棒）安装时间不应超过 5 天。大跨越永久性防振装置难以立即安装时，应会同设计单位采用临时防震措施。

（5）附件安装时应采取防止工器具碰撞有机复合绝缘子伞套的措施，在安装中严禁踩踏有机复合绝缘子上下导线。

（6）悬垂线夹安装后，绝缘子串应垂直地平面，个别情况其顺线路方向与垂直位置的偏移角不应超过 5°，且最大偏移值不应超过 200mm。连续上、下山坡处杆塔上的悬垂线夹的安装位置应符合设计规定。

（7）绝缘子串、导线及架空地线上的各种金具上的螺栓、穿钉及弹簧销子，除有固定的穿向外，其余穿向应统一，并应符合下列规定：

1）单、双悬垂串上的弹簧销子均按线路方向穿入。使用 W 弹簧销子时，绝缘子大口均朝线路后方。使用 R 弹簧销子时，大口均朝线路前方。螺栓及穿钉凡能顺线路方向穿入者均按线路方向穿入，特殊情况两边线由内向外，中线由左向右穿入。

2）耐张串上的弹簧销子、螺栓及穿钉均由上向下穿；当使用 W 弹簧销子时，绝缘子大口均应向上；当使用 R 弹簧销子时，绝缘子大口均向下，特殊情况可由内向外，由左向右穿入。

3）分裂导线上的穿钉、螺栓均由线束外侧向内穿。

4）当穿入方向与当地运行单位要求不一致时，可按运行单位的要求，但应在开工前明确规定。

（8）金具上所用的闭口销的直径必须与孔径相配合，且弹力适度。

（9）各种类型的铝质绞线，在与金具的线夹夹紧时，除并沟线夹及使用预绞丝护线条外，安装时应在铝股外缠绕铝包带，缠绕时应符合下列规定：

1）铝包带应缠绕紧密，其缠绕方向应与外层铝股的绞制方向一致；

2）所缠铝包带应露出线夹，但不超过 10mm，其端头应回缠绕于线夹内压住。

（10）安装预绞丝护线条时，每条的中心与线夹中心应重合，对导线包裹应紧固。

（11）安装于导线或架空地线上的防振锤及阻尼线应与地面垂直，设计有特殊要求时应按设计要求安装。其安装距离偏差不应大于±30mm。

（12）分裂导线间隔棒的结构面应与导线垂直，安装时应测量次档距。杆塔两侧第一个间隔棒的安装距离偏差不应大于端次档距的±1.5%，其余不应大于次档距的±3%。各间隔棒安装位置应相互一致。

（13）绝缘架空地线放电间隙的安装距离偏差，不应大于±2mm。

（14）柔性引流线应呈近似悬链线状自然下垂，其对杆塔及拉线等的电气间隙必须符合设计规定。使用压接引流线时其中间不得有接头。刚性引流线的安装应符合设计要求。

（15）铝制引流连板及并沟线夹的连接面应平整、光洁，安装应符合下列规定：

1）安装前应检查连接面是否平整，耐张线夹引流连板的光洁面必须与引流线夹连板的光洁面接触。

2）应用汽油洗擦连接面及导线表面污垢，并应涂上一层电力复合脂。用细钢丝刷清除有电力复合脂的表面氧化膜。

3）保留电力复合脂，并应逐个均匀地拧紧连接螺栓。螺栓的扭矩应符合该产品说明书的要求。

7. 光缆架设

（1）光缆盘运到现场后，应进行下列检查和验收：

1）光缆的品种、型号、规格；

2）光缆盘号；

3）光缆长度；

4）光纤衰减值（由指定的专业人员检测）；

5）光缆端头密封的防潮封口有无松脱现象。

（2）光缆盘应直立装卸、运输及存放，不得平放。

（3）光缆架线施工必须符合下列规定：

1）光缆架线施工必须采用张力放线方法。

2）选择放线区段长度应与光缆长度相适应。

（4）张力放线机主卷筒槽底直径不应小于光缆直径的 70 倍，且不得小于 1m。设计另有要求的除外。

（5）放线滑轮槽底直径不应小于光缆直径的 40 倍，且不得小于 500mm。滑轮槽应采用挂胶或其他韧性材料。滑轮的磨阻系数不应大于 1.015。设计另有要求的除外。

（6）牵张场的位置应保证进出线仰角满足制造厂要求。一般不宜大于 25°，其水平偏角应小于 7°。

（7）放线滑车在放线过程中，其包络角不得大于 60°。

（8）牵引绳与光纤复合架空地线的连接宜通过旋转连接器、防捻走板、专用编织套或出厂说明书要求连接。

（9）张力牵引过程中，初始速度应控制在 5m/min 以内。正常运转后牵引速度不宜超过 60m/min。

（10）应控制放线张力。在满足对交叉跨越物及地面距离时的情况下，尽量低张力展放。

（11）牵张设备必须可靠接地。牵引过程中导引绳和光纤复合架空地线必须挂接地滑车。

（12）牵张场临锚时光缆落地处必须有隔离保护措施，以保证光缆不得与地面接触。收余线时，禁止拖放。

（13）紧线时，必须使用专用夹具。

（14）光纤的熔接应由专业人员操作。

（15）光纤的熔接应符合下列要求：

1）剥离光纤的外层套管、骨架时不得损伤光纤；

2）防止光纤接线盒内有潮气或水分进入，安装接线盒时螺栓应紧固，橡皮封条必须安装到位；

3）光纤熔接后应进行接头光纤衰减值测试，不合格者应重接；

4）雨天、大风、沙尘或空气湿度过大时不应熔接。

（16）光缆引下线夹具的安装应保证光缆顺直、圆滑，不得有硬弯、折角。

（17）紧完线后，光缆在滑车中的停留时间不宜超过 48h。附件安装后，当不能立即接头时，光纤端头应做密封处理。

（18）附件安装前光缆必须接地。提线时与光缆接触的工具必须包橡胶或缠绕铝包带，不得以硬质工具接触光缆表面。

（19）施工全过程中，光纤复合架空地线的曲率半径不得小于设计和制造厂的规定。

（20）光缆的紧线、附件安装，除本规定外应符合上述 5 和 6 的有关规定。

（21）光纤复合架空地线在同一处损伤、强度损失不超过总拉断力的 17%时，应用光纤复合架空地线专用预绞丝补修。

二、导地线架设质量等级评定标准及检查方法

关于导地线架设质量等级评定标准及检查方法，在 DL/T 5168—2002《110kV～500kV 架空电力线路工程施工质量及评定规程》中作了详细描述，主要内容为：表 5.4.1 导线、避雷线展放质量等级评定标准及检查方法（线表）；表 5.4.2 导线、避雷线连接质量等级评定标准及检查方法（线表）；表 5.4.3 紧线质量等级评定标准及检查方法（线表）；表 5.4.4 附件安装质量等级评定标准及检查方法等四部分内容。需要说明的是，该规程所引用的 GBJ 233—1990《110~500kV 架空电力线路施工及验收规范》标准已废止，应将其更换为 GB 50233—2005《110~500kV 架空送电线路施工及验收规范》，本模块按照 DL/T 5168—2002 标准的表号全文引用上述四个表格，见表 ZY0200103009-7~表 ZY0200103009-10。

表 ZY0200103009-7　　　　导地线展放质量等级评定标准及检查方法（线表）

序号	性质	检查（检验）项目	评级标准（允许偏差）		检查方法
			合　格	优　良	
1	关键	导地线规格	符合设计要求		与设计图纸核对，实物检查
2	关键	因施工损伤补修处理	符合 GB 50233—2005 第 7.2.3、7.2.5、7.3.9 条规定	平均每 5km 单回线路不超过 1 个，无损伤补修档大于 85%	检查记录，现场检查
3	关键	因施工损伤接续处理	符合 GB 50233—2005 第 7.2.4、7.2.5、7.3.9 条规定	平均每 5km 单回线路不超过 1 个，无损伤接续档大于 90%	检查记录，现场检查
4	关键	同一档内接续管与补修管数量	符合 GB 50233—2005 第 7.4.9 条规定	每线只允许各有一个	检查记录，现场检查
5	一般	压接管与线夹间隔棒间距	符合 GB 50233—2005 第 7.4.9 条规定	间距比 GB 50233—2005 规定的大 0.2 倍	检查记录，现场检查
6	外观	导地线外观质量	符合规定	无任何损伤导地线之处	检查记录，现场检查

注　该表引自 DL/T 5168—2002 表 5.4.1。

表 ZY0200103009-8　　　导地线连接质量等级评定标准及检查方法（线表）

序号	性质	检查（检验）项目	评级标准（允许偏差）		检查方法
			合　格	优　良	
1	关键	压接管规格、型号	符合设计和 GB 50233—2005 要求		与设计图纸核对
2	关键	耐张、直线压接管试验强度（%P_b）[①]	95		拉力试验
3	关键	压接后尺寸	符合 GB 50233—2005 要求或推荐值		游标卡尺量
4	关键	爆压后铝管表面烧伤	符合 GB 50233—2005 要求	无烧伤	观察
5	一般	压接后弯曲（%）	2	1.6	钢尺测量
6	外观	压接管表面质量	无起皱、无毛刺、防腐处理	整齐光洁，美观	观察

注　该表引自 DL/T 5168—2002 表 5.4.2。
① P_b 为导线或避雷线的保证计算拉断力。

表 ZY0200103009-9　　　紧线质量等级标准及检查方法（线表）

序号	性质	检查（检验）项目		评级标准（允许偏差）		检查方法
				合　格	优　良	
1	关键	相位排列		符合设计要求		与设计图纸及现场标志核对
2	关键	对交叉跨越物及对地距离		符合设计要求		经纬仪测量
3	关键	耐张连接金具绝缘子规格、数量		符合设计要求		与设计图纸核对
4	重要	导地线弧垂（紧线时）	110kV（%）	+5，-2.5	+4，-2	经纬仪和钢尺弛度板
			220kV 及以上（%）	±2.5	±2	
			大跨越（%）	±1（最大 1m）	±0.8（最大 0.8m）	
5	重要	导地线相间弧垂偏差（mm）	110kV	200	150	经纬仪和钢尺弛度板
			220kV 及以上	300	250	
			大跨越	500	400	
6	一般	同相子导线间弧垂偏差（mm）	无间隔棒双分裂导线		+100	经纬仪和钢尺弛度板
			有间隔棒其他分裂形式导线 220kV 330~500kV		80 50	
7	外观	导地线弧垂		符合设计要求	线间距均匀协调美观	观察

注　该表引自 DL/T 5168—2002 表 5.4.3。

表 ZY0200103009-10　　　附件安装质量等级评定标准及检查方法（线表）

序号	性质	检查（检验）项目	评级标准（允许偏差）		检查方法
			合　格	优　良	
1	关键	金具及间隔棒规格、数量	符合设计和 GB 50233—2005 要求		与设计图纸核对
2	关键	跳线及带电导体对杆塔电气间隙	符合设计和 GB 50233—2005 要求		钢尺测量
3	关键	跳线连接板及并沟线夹连接	符合 GB 50233—2005 第 7.6.15 条要求	平整光洁	检查螺栓紧固
4	关键	开口销及弹簧销	符合设计要求	齐全并开口	现场检查
5	关键	绝缘子的规格、数量	符合设计和 GB 50233—2005 要求	干净、无损伤	用 5000V 绝缘电阻表在安装前测试
6	重要	跳线制作	符合 GB 50233—2005 要求	曲线平滑美观，无歪扭	观察
7	重要	悬垂绝缘子串倾斜	5°（最大 200mm）	4°（最大 150mm）	经纬仪观测及钢尺测量
8	重要	防振锤及阻尼线安装距离	±30	±24	钢尺测量
9	重要	铝包带缠绕	符合 GB 50233—2005 第 7.6.9 条要求	统一、美观	观察

续表

序号	性质	检查（检验）项目		评级标准（允许偏差）		检查方法
				合　格	优　良	
10	重要	绝缘避雷线放电间隙（mm）		±2		钢尺测量
11	一般	间隔棒安装位置	第一个（% l'①）	±1.5	±1.2	
			中间（% l'）	±3.0	±2.4	
12	一般	屏蔽环、均压环绝缘间隙		±10	±8	
13	外观	瓷瓶开口销子螺栓及弹簧销穿入方向		符合 GB 50233—2005 第 7.6.7 条规定	穿向一致、整齐美观	望远镜观察

注　该表引自 DL/T 5168—2002 表 5.4.4。

① l' 是指次档距。

【思考与练习】

1．放线的一般规定有哪些？

2．为什么电压等级为 330kV 及以上线路工程的导线展放必须采用张力放线？

3．导地线连接应遵守哪些规定？

4．导地线连接质量等级评定有哪些关键项目？

第三十一章 接地工程施工

模块 1 接地体埋置（ZY0200104001）

【模块描述】 本模块包含接地体埋置形式、土壤电阻率及其杆塔接地电阻等内容。通过内容介绍、流程讲解，了解接地体的埋置形式，熟悉各类土壤的土壤电阻率及其与杆塔工频接地电阻之间的关系，掌握大跨越塔接地电阻的要求。

【正文】

一、作业内容

接地体埋置形式有单杆及单基础铁塔水平敷设接地装置、双杆水平敷设接地装置和铁塔水平敷设接地装置。

1. 单杆及单基础铁塔水平敷设接地装置

单杆及单基础铁塔水平敷设接地装置正面及平面如图 ZY0200104001-1 所示。

图 ZY0200104001-1 单杆及单基础铁塔水平敷设接地装置图

（a）单杆及单基础铁塔水平敷设接地装置正面图；（b）、（c）、（d）单杆及单基础铁塔水平敷设接地装置平面图

l_1，l_2，l_3—接地体长度

2. 双杆水平敷设接地装置

双杆水平敷设接地装置正面及平面如图ZY0200104001-2所示。

图 ZY0200104001-2 双杆水平敷设接地装置图（一）

（a）、（b）双杆水平敷设接地装置正面图

图 ZY0200104001-2　双杆水平敷设接地装置图（二）

（c）、（d）、（e）双杆水平敷设接地装置平面图

3. 铁塔水平敷设接地装置

铁塔水平敷设接地装置如图ZY0200104001-3所示。

图 ZY0200104001-3　铁塔水平敷设接地装置图

（a）、（b）接地装置正面图；（c）、（d）接地装置平面图

二、危险点分析与控制措施

接地体埋置过程中存在的危险点有以下两点。

（1）挖破地下管线，造成触电。控制方法是进行土石方开挖前应调查清地下管线情况，防止损坏其他管线，造成人员触电伤害。

（2）爆破施工危险点：炸药和雷管保管、使用不当，爆炸伤人。

针对以上危险点的控制措施如下：

（1）爆破工作必须由有爆破资质的人员担任。

（2）爆破施工必须有专人指挥，设置警戒员，防止危险区内有人通行或逗留。

（3）装填炸药时不得使炸药、雷管受到强烈冲击挤压。

（4）雷管和导火索连接时，应使用专用的钳子夹雷管口，严禁碰雷汞部分和用牙咬雷管。

（5）在强电场下严禁用电雷管。

（6）使用电雷管时，起爆器由专人保管，电源由专人控制，闸刀箱应上锁；放爆前严禁将点火钥匙插入起爆器；引爆电雷管应使用绝缘良好的导线，其长度不得小于安全距离，电雷管接线前，其脚线必须短接。

（7）使用的导火索要有足够的长度，点火后点火人员要迅速离开危险区；如需在坑内点火时，应

事先考虑好点火人能迅速撤离坑内的措施。

（8）遇有哑炮时，应等20min后再去处理，不得从炮眼中抽取雷管和炸药；重新打眼时深眼要离原眼0.6m，浅眼要离原眼0.3~0.4m，并与原眼方向平行。

（9）爆破时应考虑对周围建筑物、电力线、通信线等设施的影响，必要时采取保护措施。

三、作业前准备

1. 判断杆塔基础所在地区的土壤电阻率

工程设计中，各类土壤的电阻率见表ZY0200104001-1。

表 ZY0200104001-1　　　　　　　　常用土壤计算用电阻率

土 壤 类 别	电阻率（Ω·m）
耕土、腐植土、黏土、淤泥、黑土、泥沼地带、盐渍土	1×10^2
石质黏土、潮湿沙土、黄土、细沙混合土、亚沙土、亚黏土	3×10^2
湿砂、风化砂、砂质土壤、砾石混合砂土、河砂淤积土	6×10^2
砂子（干砂）、含有卵石和碎石的砂土、含硬质砂岩的亚黏土	10×10^2
卵石、碎石、风化岩石、风化泥质页岩	20×10^2
花岗岩、石英岩、石灰岩	20×10^2 以上

计算防雷接地装置所采用的土壤电阻率，DL/T 621—1997《交流电气装置的接地》规定，应取雷季中最大可能的数值，建议按式（ZY0200104001-1）计算

$$\rho = \rho_0 \psi \qquad\qquad\text{（ZY0200104001-1）}$$

式中　ρ——土壤电阻率，$\Omega \cdot m$；

　　　ρ_0——雷季中无雨水时所测得的土壤电阻率，$\Omega \cdot m$；

　　　ψ——考虑土壤干燥所取的季节系数。

季节系数ψ根据规程规定，可采用表ZY0200104001-2所列数据。测定土壤电阻率时，如土壤比较干燥，则应采用表中较小值，如比较潮湿，则应采用较大值。

表 ZY0200104001-2　　　　　　　　防雷接地装置的季节系数 ψ

埋深（m）	ψ	
	水平接地体	2~3m的垂直接地体
0.5	1.4~1.8	1.2~1.4
0.8~1.0	1.25~1.45	1.15~1.3
2.5~3.0（深埋接地体）	1.0~1.1	1.0~1.1

2. 根据土壤电阻率与杆塔工频接地电阻确定接地体型式

（1）在土壤电阻率$\rho \leqslant 100\Omega \cdot m$的潮湿地区，塔的自然接地电阻不大于表ZY0200104001-3的规定，可利用铁塔和钢筋混凝土杆的自然接地（包括铁塔基础以及钢筋混凝土杆埋入地中的杆段和底盘、拉线盘等），不必另设人工接地装置，但发电厂、变电站的进线段除外。在居民区，如自然接地电阻符合要求，也可不另设人工接地装置。

表 ZY0200104001-3　　　　　　　有避雷线架空输电线路杆塔的工频接地电阻

土壤电阻率ρ（Ω·m）	100及以下	100~500	500~1000	1000~2000	2000以上
工频接地电阻（Ω）	10	15	20	25	30

（2）如土壤电阻率很高，接地电阻很难降低到30Ω时，可采用6~8根总长不超过500m的放射形接地体或连续伸长接地体，其接地电阻可不受限制。

（3）在$100 < \rho \leqslant 300\Omega \cdot m$的地区，除利用杆塔和钢筋混凝土杆的自然接地外，还应加设人工接地

装置。接地体埋设深度不宜小于0.6m。在300<ρ≤2000Ω·m的地区。一般采用水平敷设的接地装置，接地体埋设深度不宜小于0.5m。在耕地中的接地体，应埋设在耕作深度以下。

（4）在ρ>2000Ω·m的地区，可采用6~8根总长度不超过500m的放射形接地体，或连续伸长接地体。放射形接地体可采用长短结合的方式。接地体埋设深度不宜小于0.3m。

（5）大跨越高塔为了减少接地电阻值，常采用两个接地装置的形式，一个接地装置是环型与放射型组合型的外接地装置；另一个接地装置是利用基础的钢筋（如灌注桩的钢筋）作为接地体，称为内接地装置，这两个接地装置分别用接地引下线接在铁塔塔脚的角钢处。

四、作业步骤质量标准

（一）接地沟位置测定及开挖

（1）根据设计图纸，进行接地沟位置测定。

（2）因避开道路、地下管道、电缆和岩石等障碍物必须改变接地沟的形状时，应符合以下要求：

1）接地装置为环型的改变后仍为环型。

2）接地装置为放射型的，改变后可不受限制，但应尽量减少弯曲。

3）若不能按设计图纸开挖接地沟敷设接地体，应根据具体情况，在施工记录上绘制接地装置敷设简图，并标明其位置和尺寸。

4）在倾斜地形应按等高线开挖接地沟，避免被雨水冲刷或受其他侵害。

（3）确定沟位置后，即可进行接地槽开挖。接地沟的开挖应按下列要求进行：

1）挖掘深度应符合设计要求。挖掘宽度以方便挖掘和敷设为原则，一般为0.3~0.4m。

2）接地沟应尽量减少弯曲。

3）挖掘方法可采用人工挖掘或爆破施工，可根据现场具体情况确定。

4）接地沟底面应平整，并清除沟中一切可能影响接地体与土壤接触的杂物。

（二）接地体敷设

1. 接地体的敷设步骤

（1）检查接地槽的深度是否符合设计规定。

（2）对接地体进行质量检查和必要的调整工作，连接焊口不得有开焊或裂纹等缺陷，否则应进行补焊。

（3）按设计的接地型式敷设接地体，接地体为扁钢时，则扁钢应立放。

（4）带有垂直接地极的接地装置，应先将接地极打入土壤中，然后再进行接地带和极管的连接（焊接）。打入极管的方法如下：

1）置接地极于指定的位置上，使用适当夹具扶正接地极；扶接地极者应站锤击方向的侧面，防止误击或击偏伤人；

2）锤击接地极，将接地极打入土壤至要求的深度为止。当利用大锤打击时，应先检查锤头是否牢靠，锤把是否结实，禁止使用不符合安全要求者；开始打击时，应轻轻进行，待接地极稳定后再用力。

2. 接地体的敷设要求

（1）接地体的规格及埋深不应小于设计规定。

（2）接地体敷设后，应保持平直，不得有明显的弯曲、裂纹等缺陷。

（3）采用扁钢接地体时，应将扁钢置于沟内，采用打入式垂直接地体时应垂直打入，并防止晃动。

五、注意事项

（1）接地沟位置在测定时，应尽量避开道路、地下管道和电缆等建筑物。

（2）不能按原设计图形敷设接地体时，应在施工记录上绘制接地装置敷设简图。

（3）敷设水平接地体时，在倾斜地形宜沿等高线敷设，两接地体间的平行距离不应小于5m。

（4）挖好接地槽后，应及时敷设接地体和培土夯实。

【思考与练习】

1. 画出单杆及单基础铁塔水平敷设的接地装置正面图和平面图。

2. 画出双杆水平敷设接地装置的正面图及平面图。

3．画出铁塔水平敷设接地装置的正面图及平面图。

4．如何敷设接地体？接地体敷设有什么要求？

模块 2 降阻剂应用（ZY0200104002）

【**模块描述**】本模块涵盖降阻剂类型、降阻剂的埋设等。通过内容介绍、流程讲解，熟悉各类降阻剂的降阻机理，掌握降阻剂的使用方法。

【**正文**】

一、作业内容

（一）降阻剂类型

1．物理降阻剂

（1）组成：由电解质、固化剂、导电混凝土和填充材料等组成，是一种黑色优质矿物复合材料，如图 ZY0200104002-1 所示。含有大量的半导体元素和钾、钙、铝、铁、钛等金属化合物。

（2）主要技术参数、性能。

1）降电阻率：60%～90%（土壤电阻率越高，降电阻越显著）。

2）稳定性：有效期 25 年以上。

3）保水性、吸水性高。

4）温度适应范围：－40～1000℃试样不爆裂，无自然和焦化物产生。

5）pH 值：7～8.5。

6）表面凝固时间：15～45min。

7）密度：干密度 1.05g/cm³，湿密度 1.4～1.6g/cm³。

图 ZY0200104002-1 物理降阻剂

2．高分子化学降阻剂

（1）组成：由主料及调合剂组成。

（2）主要技术参数、性能。

1）形态：白色胶凝体。

2）密度：1.093g/cm³。

3）pH 值：7。

4）腐蚀率：0.0075/cm² 年。

5）电阻率：0.09Ω·m。

6）渗透率：20%～40%。

7）冲击电流：36kA 冲击下无变化。

8）运行寿命：20 年以上。

3．降阻原理

降阻剂中的高分子有机物与强电解质等混合，加入固化剂后，发生化学反应，生成固、液共存状态的硬化树脂凝胶体，强电解质水溶液被网络结构的高分子所包围，不易溶解和流失，因此形成良好的导电性，同时由于降阻剂具有像水一样的流动性，在施工浇筑后，形成一个很强的密实体，产生了较好的"树枝效应"，有效地扩大了导体与土壤的接触面积，进一步降低了接触电阻。从而，使接地装置的接地电阻得到降低。

（二）接地模块

1．接地模块的组成

以 TK 系列为例，它是由一种以碳素材料为主体的导电性、稳定性较好的非金属矿物质组成。TK 系列接地模块分为 TK—01 三孔三棱形、三孔六棱形、实心六棱形、圆柱形等各种型号。TK—02 为方形接地模块。TK—01 型净重为 60kg，TK—02 型净重为 24kg。外形如图 ZY0200104002-2 所示。

| (a) | (b) | (c) | (d) |
| $\phi260\text{mm}\times1000\text{mm}$ | $\phi260\text{mm}\times1000\text{mm}$ | $\phi150\text{mm}\times1000\text{mm}$ | $500\text{mm}\times400\text{mm}\times60\text{mm}$ |

图 ZY0200104002-2　TK 系列降阻模块
（a）三孔六棱形；（b）实心六棱形；（c）圆柱形；（d）方形

2. 接地模块的降阻原理

接地模块埋入大地后，其中的非金属材料与大地构成一个接触良好的整体。一方面它能够与土壤紧密接触，扩大散流面积，降低与土壤间的接触电阻；另一方面它向周围土壤孔隙中流动渗透，降低周围土壤电阻率，在接地体四周形成一个电阻率变化平缓的低电阻区域，使整个地网接地电阻显著降低。由于 TK 系列接地模块具有很强的保湿性、吸湿性和稳定的导电性，金属接地体通过外围的非金属的模块材料与大地的接触电阻将大大减小，达到良好的降阻作用。

二、作业前准备

1. 材料用量的确定

（1）物理降阻剂用量视不同土壤而定，在接地体上应敷设 5～15cm 厚度的降阻剂，推荐用量如下：

1）水平敷设的接地体降阻剂用量：当土壤电阻率 $\rho\leqslant500\Omega\cdot\text{m}$ 时，用量为 10～15kg/m；当土壤电阻率 $500<\rho\leqslant1000\Omega\cdot\text{m}$ 时，用量为 15～20kg/m；当土壤电阻率 $1000<\rho\leqslant2000\Omega\cdot\text{m}$ 时；用量为 20～30kg/m；当土壤电阻率 $\rho>2000\Omega\cdot\text{m}$ 时，用量为 30～35kg/m。

2）垂直敷设的接地体降祖剂用量：当土壤电阻率 $\rho\leqslant500\Omega\cdot\text{m}$ 时，用量为 12～16kg/m；当土壤电阻率 $500<\rho\leqslant1000\Omega\cdot\text{m}$ 时，用量为 16～22kg/m；当土壤电阻率 $1000<\rho\leqslant2000\Omega\cdot\text{m}$ 时；用量为 $22<32\text{kg/m}$；当土壤电阻率 $\rho>2000\Omega\cdot\text{m}$ 时，用量为 32～40kg/m。

（2）高分子化学降阻剂用量：垂直接地极用量为 50L；水平接地极用量 25L。

（3）接地模块的用量视土壤电阻率及接地电阻数值而定，推荐用量见表 ZY0200104002-1。

表 ZY0200104002-1　　　　　　　　接 地 模 块 用 量　　　　　　　　单位：块

土壤电阻率（Ω·m）＼接地电阻值（Ω）	10	5	4	2	1
100	2	4	5	9	18
200	4	7	9	18	35
300	6	11	14	27	53
400	7	14	18	35	70
500	9	18	22	44	88
600	11	21	27	53	105
700	13	25	31	62	123
800	14	28	35	70	140
900	16	32	40	79	158
1000	18	35	44	88	175

2. 施工前检查

（1）降阻剂应是同一品牌、同一型号的产品。

（2）水清无污染，水中无泥沙等杂质。

三、作业步骤、质量标准

（一）物理降阻剂的施工

1. 采用水平接地体时物理降阻剂的施工

（1）挖 0.8～1.2m 深的水平长坑，其长度按接地体长度而定，在沟底部形成 200mm×200mm 的凹槽，接地体部分用小金属或钢筋头支起，然后将接地引下线按设计要求涂刷防锈漆。

（2）现场将降阻剂料、水按 3:2 的比例放在一大口容器中搅拌均匀，拌成浆糊状后倒入已放好接地体的坑中（切记不可固化后放入），待降阻剂表面凝固后，在靠近降阻剂表面处填上约 0.3m 厚的细土，再填其他土并夯实。采用水平接地体时物理降阻剂的施工图如图 ZY0200104002-3 所示。

2．采用垂直接地体时物理降阻剂的施工

（1）人工开挖一大口接地坑，将加工好的钢管作为外模放入接地坑中，再把接地极放在钢模中央，使它们处于垂直位置，钢模外用细土回填。

（2）按水平接地体调制降阻剂方法将降阻剂调制好，调好后将其倒入钢模与接地极之间，然后用起重机向上将钢模拉出，再浇水夯实。采用垂直接地体时物理降阻剂的施工方法如图 ZY0200104002-4 所示。

图 ZY0200104002-3 水平接地体降阻剂施工图　　　图 ZY0200104002-4 敷设垂直接地极降阻剂的施工图

（二）化学降阻剂的施工

1．调制降阻剂

选择一容器盛 25L 水，将主料倒入容器中搅匀至无白色颗粒为止。然后加入调合剂再进行充分搅拌，使它成微稠状。

2．灌注降阻剂

（1）垂直接地体：采用 $\phi50$mm、壁厚 3.5mm 金属开孔圆管或 $\phi25$mm 圆钢或 50mm×50mm×5mm 角钢，长度 2~2.5m，打入土坑中并回填细土至圆钢或角钢长度一半，将液体沿圆钢周边倒入即可。用量是 50L。

（2）水平接地体：采用 40mm×4mm 镀锌扁钢焊接于两垂直接地极之间，长度 3~5m，用细土将扁钢包围掩埋后夯实，将液体沿扁钢坑倒入后待其凝固。用量 25L。

3．回填及测试

回填上层土壤并夯实，恢复地面形状。24h 后可进行接地电阻的定性测试，一周后，可进行接地电阻的稳定测试。

（三）接地模块的施工

1．接地极

按图 ZY0200104002-5 所示，将深 2.5m 直径 1m 的接地极坑挖好，再将接地模块插在坑中央，焊接好接地引线与接地模块的接地极，然后盖上细土用力踩实后，再用原土回填。

2．水平接地带

按图 ZY0200104002-6 所示挖好深 1m、宽 0.5m 的水平接地沟，铺设好接地模块，扁钢接头部分用焊接焊牢。焊接长度为 0.08m，再在其上盖上细土，用力夯实，然后用原土回填。

图 ZY0200104002-5　接地极接地模块施工图　　　图 ZY0200104002-6　水平接地带接地模块施工图

四、注意事项

（1）无论是采用降阻剂还是采用降阻模块，都应将接地装置埋在冻土层以下。

（2）接地模块的扁钢应焊接牢靠，焊接部位应被降阻剂包围。

（3）回填土时，不能用力过度，以防原土或沙土掺入降阻剂内。

（4）接地模块在铺设时一定要轻拿轻放，以防接地模块在铺设过程中断裂、破损。

（5）接地扁钢引出地面部分，要采用涂底漆的方法进行防腐处理。

【思考与练习】

1．降低杆塔的接地电阻有哪些方法？降阻剂有哪些种类？

2．简述降阻剂的降阻原理。

3．简述降阻模块的降阻原理。

4．简述物理降阻剂、化学降阻剂的埋设方法。

模块 3　接地装置施工（ZY0200104003）

【模块描述】本模块包含接地装置的材料、敷设、连接、回填等。通过内容介绍、流程讲解，掌握接地装置施工方法及要求。

【正文】

一、作业内容

1．接地装置的材料

接地装置是由接地体及接地引线两部分组成，对这两部分的要求是：

（1）接地体的材料要求。

1）接地体的材料一般采用钢材。

2）人工接地体水平敷设的可采用圆钢、扁钢，垂直敷设的可采用角钢、钢管、圆钢等。

3）接地体的导体截面应符合热稳定与均压的要求，且不应小于表ZY0200104003-1所列规格。

表 ZY0200104003-1　　　　　　　　钢接地体和接地引下线的最小规格

种　类	规格及单位	地上（屋外）	地下
圆钢	直径（mm）	8	8/10
扁钢	截面（mm²）	48	48
	厚度（mm）	4	4
角钢	厚度（mm）	2.5	4
钢管	管壁厚度（mm）	2.5	3.5/2.5

注　1．电力线路杆塔的接地体引下线截面积不应小于50mm²，并应热镀锌。

　　2．地下部分圆钢直径，分子对应于架空线，分母对应于发电厂及变电站。钢管壁厚：分子对应于埋于土壤，分母对应于埋于室内素混凝土地坪中。

4）敷设在腐蚀性较强场所的接地体，应根据腐蚀的性质采取热镀锡、热镀锌等防腐措施，或适当加大截面。

5）对非腐蚀性地区，一般采用有ϕ10mm圆钢作接地体。

（2）接地引下线材料要求。

1）在实际线路工程中，接地引下线采用ϕ12mm圆钢。

2）接地体引下线的截面不应小于表ZY0200104003-1的规定。

3）接地引下线应与钢筋混凝土杆的避雷线支架、导线横担有可靠的电气连接。

4）利用钢筋兼作接地引下线的钢筋混凝土杆，其钢筋与接地螺母、铁横担或瓷横担的固定部分应有可靠的电气连接。外敷的接地引下线可采用镀锌钢绞线，其截面不应小于50mm²。

2. 接地体敷设、连接及回填

接地体敷设的内容已在模块1中作过介绍。接地体的连接有焊接及爆炸压接。当接地体敷设、连接完成后即可进行地槽的回填。

二、危险点分析与控制措施

接地装置施工过程中存在的危险点如下：

（1）进行接地体、接地引线连接时爆炸伤人、烧伤及触电。控制措施有：

1）焊接工作必须由有资质证的人员担任。

2）禁止使用有缺陷的电焊工具和设备，防止电焊机、电源线和焊把漏电。

3）运输和放置氧气瓶时应套配橡皮圈，防止滚动和暴晒等引起爆炸。

4）焊接时，焊工应穿帆布工作服，戴工作帽，上衣不准扎在裤子里，口袋须有遮盖，脚面应有鞋罩，戴防护皮手套，戴防护目镜。

5）进行焊接工作时，必须设有防止金属渣飞溅的措施。

（2）工具、材料伤人。控制措施有：

1）现场埋设接地体时防止弹伤脸和眼睛。

2）挖地槽时注意防止尖镐伤脚或磕伤手。

三、作业前准备

（1）按设计规定准备好合格的接地装置材料。

（2）选用合格的施工工具并进行检查，合格后方可使用。接地装置施工所需用的主要工具有钢筋加工机、电焊机、配电箱、氧气瓶、乙炔瓶、锹、镐、钢丝钳、扳手等。

（3）检查接地体、接地引线是否已按要求敷设完毕，降阻措施是否符合规定。

（4）接地装置施工应准备齐全施工技术资料。接地装置施工的人员应经过技术交底，并熟练掌握接地装置施工技术。焊工应由考试合格的正式工担任。

四、作业步骤和质量标准

1. 接地体的连接

接地装置的连接必须可靠，除设计规定断开处用螺栓连接外，其他均应用焊接或爆压连接，并应将连接处的铁锈等附着物清理干净。

（1）焊接连接：

1）焊接操作要点应遵守焊接施工操作规程。

2）搭接长度：圆钢为直径的6倍，并双面施焊；扁钢带为其宽度的两倍，并应四面施焊。

3）带有垂直极管的接地装置，垂直极管与钢带或圆钢的连接应按设计规定进行，若设计无规定时，可按图 ZY0200104003-1 所示的连接方式进行。

（2）爆炸压接的连接宜在现场进行，并符合下列规定：

1）爆炸压接连接操作应遵守外爆压接施工工艺规程的有关规定。

2）爆压管壁厚不得小于 3mm，长度不得小于：当采用搭接时，为圆钢直径的 10 倍；当采用对接时，为圆钢直径的 20 倍，如图 ZY0200104003-2。

图 ZY0200104003-1　垂直极管与钢带或圆钢的连接

（a）垂直极管与钢带的连接；（b）垂直极管与圆钢的连接

b—钢带宽度；c—卡箍伸出部分的宽度；d—接地体直径

图 ZY0200104003-2　爆压连接圆钢示意（单位：mm）

（a）圆钢对接爆压；（b）圆钢搭接爆压

1—钢管；2—炸药包；3—雷管；4—圆钢；5—炸药边线到压接管边线的距离；d—圆钢直径

接地装置加工后，应妥善保管，并在施工前按照各桩号设计型式运往现场。在运输中，应谨慎装卸，避免焊缝损坏或出现不易修复的硬弯。

接地引下线与杆塔的连接应接触良好，并应便于打开测量接地电阻。当引下线直接从架空避雷线引下时，引下线应紧靠杆身，并应每隔一定距离与杆身固定一次。

2. 接地体的回填土

（1）接地沟的回填土应尽量使用好土，土中不得掺杂石块、树根和其他杂物。对于在山区地带，如无好土回填则应将接地体周围 200～300mm 范围内从其他地方运来好土回填。冻土块应打碎后再回填。

（2）回填土必须夯实，并应依次夯打。回填后，应留有不低于 100mm 高的防沉层（回填冻土及不易夯实的土壤时，防沉层应高出地面 200mm）。

3. 接地体引下线的连接

接地体引下线应采用热镀锌导体，下端与接地体焊在一起，上端用连板与杆塔用螺栓连接，如图 ZY0200104003-3 所示。接地引下线及其地下 300mm 部分，必须做防腐处理。为了测量接地装置的接地电阻，引下线应在设计规定的位置预留断开处。

五、注意事项

（1）在山区，当接地槽需要采用爆破法施工时，应在杆塔组立前完成。

（2）深埋式接地装置应和杆塔施工同时完成。

（3）在雷雨季节，接地装置的施工应在架线前完成。

图 ZY0200104003-3　接地引下线与杆塔连接方式图

（a）铁塔；（b）钢筋混凝土杆

1—铁塔主材角钢；2—垫圈；3—铁塔螺栓；4—40mm×4mm 镀锌扁铁；5、8—φ10mm 镀锌圆钢；

6—M16 螺母；7—混凝土；9—40mm×4mm 镀锌扁铁

（4）接地装置的施工应遵照设计单位确定的措施施工。

（5）如土壤电阻率很高，接地电阻很难降到 30Ω 以下时，可采用 6~8 根总长不超过 500m 的放射形接地体或连续伸长接地体。

（6）用盐类水溶液与土壤混合降低接地电阻时，必须将接地体热镀锌处理。

【思考与练习】

1．对接地体和接地引下线材料有哪些要求？

2．接地装置施工过程中存在哪些危险点？如何控制？

3．接地体的连接有哪几种方法？接地体焊接应符合哪些规定？接地体爆炸压接应符合哪些规定？

4．接地体的引下线如何连接？接地体的回填土时应遵守哪些规定？

模块 4　接地电阻及土壤电阻率测量（ZY0200104004）

【模块描述】 本模块包含接地电阻及土壤电阻率测量等。通过内容介绍、图形示例、流程讲解，熟悉土壤电阻率的测量方法，掌握接地电阻的测量方法。

【正文】

一、作业内容

1．杆塔接地电阻测量

杆塔接地电阻测量的目的是检查杆塔接地电阻是否合格，是否能保证当线路产生雷击过电压时能迅速将雷电流泄入大地，从而使线路不遭受过电压的危害。

杆塔接地电阻测量方法很多，本书主要介绍普遍使用的 ZC—8 型接地电阻测量仪测接地电阻及数字式钳型接地电阻测试器测接地电阻。ZC—8 型接地电阻测量仪外形及结构如图 ZY0200104004-1 所示，钳型接地电阻测试仪结构如图 ZY0200104004-2 所示。

其中，测量钳口可张合，用于钳绕被测接地线；（POWER）为电源开关按钮，控制电源的接通及断开；（HOLD）为保持按钮，按此钮可保持仪表的读数，再按一次则脱离 HOLD 状态；数字（液晶）显示屏用于显示测量结果以及其他功能符号；钳柄可控制钳口的张合；测试环用于检验钳型接地电阻测量仪的准确度。

图 ZY0200104004-1   ZC—8 型接地电阻测量仪

图 ZY0200104004-2   钳型接地电阻测量仪

钳型接地电阻测试仪是利用电磁感应原理通过其前端卡口（内有电磁线圈）所钳入的导线（该导线已构成了环向）送入一恒定电压 U，该电压被施加在接地装置所在的回路中，钳型接地电阻测试仪可同时通过其前端卡口测出回路中的电流 I，根据 U 和 I，即可计算出回路中的总电阻，即

$$\frac{U}{I} = R_x + \frac{1}{\left(\dfrac{1}{R_1} + \dfrac{1}{R_2} + \cdots + \dfrac{1}{R_n}\right)} \qquad \text{（ZY0200104004-1）}$$

式中 U——钳型接地电阻测试仪所加的恒定电压；

I——钳型接地电阻测试仪卡口测出的回路中电流；

R_x——被测接地电阻。

$1/R_1 + 1/R_2 + \cdots + 1/R_n$ 为 R_1 $R_2\cdots R_n$ 并联后的总电阻，在分布式多点接地系统中，通常有被测接地电阻 R_n 远远大于 R_1 $R_2\cdots R_n$ 并联后的总电阻，所以 $U/I = R_n$。

事实上，钳型地阻表通过其前端卡环这一特殊的电磁变换器送入线缆的是 1.7kHz 的交流恒定电压，在电流检测电路中，经过滤波、放大、A/D 转换，只有 1.7kHz 的电压所产生的电流被检测出来。正因这样，钳型地阻表才排除了商用交流电和设备本身产生的高频噪声所带来的地线上的微小电流，以获得准确的测量结果，也正因为如此，钳型地阻表才具有了在线测量这一优势。实际上，该表测出的是整个回路的阻抗，而不是电阻，不过在通常情况下它们相差极小。钳型地阻表可即刻将结果显示在 LCD 显示屏上，当卡口没有卡好时，它可在 LCD 上显示"open jaw"或类似符号。

ZC—8 型接地电阻测量仪测接地电阻时，当发电机摇柄以 150r/min 的速度转动时，产生 105~115Hz 的交流电，测试仪的 E 端经过 5m 导线接到被测物接地引下线上，P 端钮和 C 端钮接到相应的两根辅助探棒上。电流 I 由发电机出发经过电流线由探棒 C' 至大地，电压 U 由发电机出发经过电压线由探棒 P' 至大地，被测物和电流互感器 TA 的一次绕组回到发电机，由电流互感器二次绕组感应产生电流 I' 通过电位器 R_s，借助调节电位器 R_s 可使检流计到达零位，从而通过标度盘及倍率旋钮即可读出接地电阻。这样测出的接地电阻比钳型接地电阻测试仪测得的接地电阻准确度要高。

2. 土壤电阻率的测量

线路经过不同地区，各地的土壤是千差万别的。由于土壤不同，使得杆塔接地电阻大小不同，为使杆塔的接地电阻符合规定，在进行接地装置施工前，应测量出土壤的电阻率，从而确定出适合的接地体形式。

二、危险点分析与控制措施

接地电阻测量过程中存在的危险点主要是电击，其控制措施如下：

（1）雷雨天气严禁测量杆塔接地电阻。

（2）测量杆塔接地电阻时，探针连线不应与导线平行。

（3）测量带有绝缘架空地线的杆塔接地电阻时，应先设置替代接地体后方可拆开接地体。

三、作业前准备

准备好合格的测量工具、仪表，并对测量仪表进行检查，合格后方可使用。

（1）进行杆塔接地电阻测量所需的工具、仪表有接地电阻测量仪一只、接地探针两根、多股的铜绞软线三根、扳手两把、榔头一把、凿刀一把、钢丝刷一把。

（2）检查测量仪表的好坏。对 ZC—8 型的接地绝缘电阻表使用前一是要进行静态检查。检查时，看检流计的指针是否指"0"，如果指针偏离"0"位，则调整调零旋扭，使指针指"0"。二是要进行动态测试。动态测试时，可将电压接线柱"P"和电流接线柱"C"短接，然后轻轻摇动摇把，看检流计的指针是否发生偏转，如指针偏转，说明仪表是好的，如指针不发生偏转，则仪表损坏。

对国产 701 型接地电阻测试器使用前必须检查干电池和蜂鸣器是否正常，如干电池良好，但撤下 C 钮时耳机内听不到蜂音，这是由于蜂鸣器内炭精受潮凝结的缘故。此时可启开右侧箱盖，用钢笔杆轻敲数下，以帮助引起振动。当插入耳机撤下按钮，耳机内发出蜂音，则表示仪器良好。

（3）断开接地引下线与杆塔的连接，并在接地引下线上除锈，以保证线夹与接地引下线连接良好。

（4）根据接地装置施工图查出接地体的长度。

四、作业步骤、质量标准

（一）接地电阻测量

1. 用 ZC—8 型接地电阻测量仪测接地电阻

（1）布线、连线。在离接地引下线距离为接地体长度 2.5 倍的地方打入一电压接地探针 P′，离接地引下线距离为接地体长度 4 倍的地方打入一电流接地探针 C′，并用绝缘连接线分别将 P′ 与仪表上的 P 端钮相连、C′ 与仪表上的"C"端钮相连，接地引下线与 E 端钮相连。ZC—8 型接地绝缘电阻表测量接线如图 ZY0200104004-3 所示。

图 ZY0200104004-3　ZC—8 型接地摇表测量接线布置

为保证测量的准确性，P′C′ 的连线不能与线路方向平行，也不能与地下热力管道平行，且 P′C′ 打入地下的深度不得小于 0.5m。当地下接地体很长，无法使测量连接线达到接地体长度的 2.5 及 4 倍时，可采用经验数据长度，即电压线采用 20m，电流线采用 40m。

（2）测量。先将仪表倍率旋钮调在最高挡，慢慢匀速摇动手摇发电机的摇把，同时旋动"测量标度盘"使检流计指针指于中心线，当检流计指针接近平衡时，加快摇把的转速，应使之达到 120r/min，并调整"测量标度盘"使检流计指针指于中心线上。此时，测量标度盘上的读数乘倍率旋钮的倍数即为所测得的接地电阻。如果此时测量标度盘上的读数小于 1，则应减小倍率旋钮的倍数重新按上述方法测量。

2. 用数字式钳型接地电阻测试器测接地电阻

（1）按下 POWER 按钮后，仪表通电。此时钳表处于开机自检状态。应注意在开机自检状态时一定要保持钳表的自然静止状态，不可翻转钳表，钳表的手柄不可施加任何外力，更不可对钳口施加外力，否则将不能保证测量精度。

（2）开机自检状态结束后，液晶的显示为 OL，此时说明自检正常完成，并已进入测量状态。

如果开机自检时出现了 E 符号或自检后未出现 OL，而是显示其他一些数字，则说明自检错误，不能进入测量状态。出现这种情况有以下两种可能：

1）钳口在钳绕了导体回路（而且电阻较小）的情况下进行自检。此时只须去除此导体回路后，重新开机即可。

2）钳表有故障。

（3）自检正常结束后（即显示 OL），用随机的测试环检验一下仪表的准确度，检验时，显示值应该与测试环的标称值一致，例如：测试环的标称值为 5.1Ω 时，显示为 5.0Ω 或 5.2Ω 都是正常的。

（4）按住钳柄，使钳口张开，用钳口钳住被测接地体的接地引下线，然后松开钳柄，此时，显示屏上即会显示出被测接地体的接地电阻数值。

1）如果在测量电阻时，显示 OL，则说明被测电阻超过 1000Ω。已超出本仪表的测量范围。

2）如果在测量时，液晶屏显示 L0.1，则说明被测电阻小于 0.1Ω，已超出本仪表测量范围。

3）如果在测量过程中液晶显示屏上出现了电池符号，则说明电池电压已低于 5.3V，此时测量结果已不十分准确，应立即更换电池。当电池电压低于 5.3V 时，测量结果往往偏大。

4）如果在开机自检后，并没有显示电池符号，但每当压动钳柄时即自动停机，这也说明电压过低，应立即更换电池。

5）本仪表在开机 5min 后，液晶屏即进入闪烁状态，闪烁状态持续 30s 后自动关机，以降低电池消耗。如果在闪烁状态按压 POWER 按钮，则仪表重新进入测量状态。

图 ZY0200104004-4　钳形接地电阻测试仪测接地电阻的现场

用数字式钳型接地电阻测试器测接地电阻的现场如图 ZY0200104004-4。

（二）土壤电阻率测量

测量土壤电阻率时，在被测地区按照直线埋在土内四根棒，它们之间的距离为 S，棒的埋入深度不应低于 $S/20$。打开 C_2 和 P_2 的连接片，用四根导线连接到相应的探测棒上，如图 ZY0200104004-5 所示。

图 ZY0200104004-5　ZC—8 型接地绝缘电阻表测量土壤电阻率接线布置图

接好线后按测接地电阻的方法测出接地电阻的数值 R，则土壤电阻率为

$$\rho = 2\pi SR \times 10^{-2} \qquad \text{（ZY0200104004-2）}$$

式中　ρ——土壤电阻率，Ω·m；

R——接地电阻测量的读数，Ω；

S——棒间距离，cm。

五、注意事项

（1）用 ZC—8 型接地电阻测量仪测接地电阻时，仪表应放置平稳。

（2）用接地电阻测量仪测接地电阻时，至少应测量两次，如两次测量结果误差不大，则取这两次测量的平均值，如两次测量结果误差较大，则应分析原因，重新测量。

（3）当检流计的灵敏度过高时，可将电位探针插入土壤中浅一些，当检流计的灵敏度不够时，可

沿电流探针、电压探针注水湿润。

（4）钳型接地电阻测试器开机自检时应使仪表处于松弛的自然状态，单手握持仪表时手指不可接触钳柄。这对保证测量精度是很重要的。

（5）当被测电阻较大时（例如大于100Ω），为保证测量精度，最好在按 POWER 按钮之前（即仪表通电之前），按压钳柄使钳口开合 2~3 次，再启动仪表。这对保证大于100Ω电阻的测量精度是很重要的。

（6）任何时候都要保持钳口接触平面的清洁。

（7）长时间不使用仪表时应从电池仓中取出电池。

【思考与练习】

1．试述 ZC—8 型接地电阻测量仪测的结构。使用 ZC—8 型接地电阻测量仪测杆塔接地装置的接地电阻前应做哪些检查？如何检查？

2．画出用 ZC—8 型接地电阻测量仪测杆塔接地电阻的接线图。

3．简述用 ZC—8 型接地电阻测量仪测杆塔接地装置接地电阻的方法。

4．简述用数字式钳型接地电阻测量仪测杆塔接地装置接地电阻的方法。

5．土壤电阻率如何测量？

6．接地电阻测量过程中存在什么危险点？控制措施有哪些？

第三十二章 特殊施工方法及新工艺

模块 1 带电跨越及大跨越导地线展放 (ZY0200105001)

【模块描述】本模块涉及跨越带电线路、不封航直升机放线施工等。通过内容介绍、图形示例、流程讲解，了解跨越带电线路和不封航放线施工方法。

【正文】

一、输电线路跨越施工概述

导地线由于型号或结构不同，放线的方法也不尽相同，并且截面积越大，所需要的牵引力也越大。放线时通常先施放导引绳，再由导引绳施放牵引绳，最后由牵引绳施放导地线。如果导线截面积较大，牵引绳还会有大牵引绳取代小牵引绳的改换过程，此时新换上来的大牵引绳称为二级牵引绳，同样道理有时还会用到三级牵引绳。

传统的跨越施工采用的导引绳主要有尼龙绳或钢丝绳等，由于其抗拉强度和绝缘性能较低，特别是其受力状态下的自重比载（指线缆材料单位长度质量折算到单位截面积上的荷载，单位为 $N/m \cdot mm^2$）较大等原因，一般使用在停电或停航情况下的跨越施工中。自从迪尼玛（Dyneema）绳出现，由于其具有抗拉强度高、自重比载小、弹性变形小、绝缘性能好等特性，很快就被应用到了输电线路带电跨越或轻型直升机施放导引绳的大跨越施工中，并显示了无比的优越性。

二、迪尼玛缆绳介绍

（1）迪尼玛（高分子聚乙烯纤维）缆绳技术特性。

1）质量小，密度小于水（仅为 $0.97g/cm^3$），比同等直径的钢丝缆绳轻 87.5%；

2）强度高，是同等直径钢丝绳强度的 1.5 倍；

3）耐腐蚀和耐用性，可长期耐受海水及化学品的腐蚀，在紫外线照射下性能不变；

4）超强耐磨性，在所有化工材料制品中耐磨性最好，且摩擦系数小；

5）超强耐低温，在 −269℃ 液态氢中仍能保持应有的耐冲击性、韧性和延展性，在温差反复变化条件下性能基本不变；

6）吸水性，基本不吸水；

7）绝缘性能，一根长 3.7m 的迪尼玛绳在 640kV 的试验电压下 5min 不被击穿（被雨淋湿后绝缘性能将明显降低）。

（2）迪尼玛缆绳主要规格及技术参数，见表 ZY0200105001-1。

表 ZY0200105001-1　　　　　迪尼玛缆绳主要规格及技术参数表

序号	直径 ϕ（mm）	股　　数	断裂强度（tf）	每 100m 理论质量（kg）
1	6	12	3.0	2.5
2	12	12	10.0	8.5
3	16	12	18.0	16.0
4	20	12	24.0	25.0
5	22	12	28.0	29.0
6	25	12	35.0	38.0
7	28	12	48.0	50.0

注　生产厂家不同，以上参数可能会略有不同。

三、带电跨越施工方法介绍

下边以一个工程为例，具体介绍用迪尼玛绳作绝缘吊桥进行带电跨越的施工方法。

1. 工程概况

本工程为某 500kV 线路在 $N_x \sim N_y$ 号塔间跨越某 500kV 直流线路（$K_x \sim K_y$ 号塔）工程，现场详细情况示意如图 ZY0200105001-1 所示。

图 ZY0200105001-1 交叉跨越基本情况示意

2. 施工过程

以一侧边导线为例。

（1）安装承力索滑车。N_x 和 N_y 号跨越塔上采用 50kN 专用尼龙滑车作承力索滑车，并用专用挂具和钢丝绳悬挂于铁塔横担上。

（2）安装迪尼玛承力索。施放承力索（ϕ12mm 迪尼玛绳，拉断力不小于 100kN，长度 570m）。承力索在两端的 N_x 号、N_y 号塔处通过承力索滑车锚固于地面。

（3）安装绝缘吊桥。在跨越带电线路的正上方位置，于承力索上加挂绝缘吊桥，绝缘吊桥由形似梯子的一系列托架组成，如图 ZY0200105001-2 所示。

图 ZY0200501001-2 绝缘吊桥构成示意图

安装绝缘吊桥的方法是先将绝缘吊桥预挂在两根迪尼玛承力索上，然后将承力索腾空，再用控制绳拉动绝缘吊桥使所有托架张开，当绝缘吊桥被拉到带电线路的正上方后将其固定，至此绝缘吊桥安装完毕，安装后的情况如图 ZY0200105001-3 所示。

后续的导地线放线、紧线等均与正常施工相同，但放线过程中应注意绝缘吊桥与带电线路必须保持一定的安全距离。

图 ZY0200105001-3　交叉跨越施工现场布置图

3. 拆除绝缘吊桥及其构件

当放线区段内导线已在两侧耐张塔上挂好，N_x 和 N_y 号塔上附件及跨越档导线间隔棒安装完毕后即可拆除绝缘吊桥。

（1）拆除绝缘吊桥。绝缘吊桥的拆除方法与安装时的顺序相反，按如下步骤进行，如图 ZY0200105001-4 所示。

1）首先在 N_y 号塔侧牵引绝缘吊桥控制绳，使绝缘吊桥越过被跨线路，牵引过程中 N_x 号塔侧应保持有适当的张力，确保绝缘吊桥与被跨线路不发生接触。

图 ZY0200105001-4　拆除绝缘吊桥示意

2）当绝缘吊桥拉至 N_y 号塔时，塔上操作人员依次拆下吊桥滑车，然后将绝缘吊桥落至地面。

（2）拆除承力索。绝缘吊桥拆除后，即可在 N_x 号塔侧，用 $\phi 6$ 迪尼玛绳抽回承力索，在 N_y 号塔侧施加适当张力并在承力索尾端连接 $\phi 12$ 绝缘绳，当承力索全部越过被跨线路后，可松开 $\phi 6$ 迪尼玛绳，并在 N_x 号塔侧进行回收，并一同抽下 $\phi 12$ 绝缘绳。

（3）拆除其余器具。吊桥和承力索拆除后，即可拆除其他器具，包括承力索滑车、工具滑车、绳套等。至此，拆除工作全部完成。

四、不封航大跨越放线施工介绍

跨越江河架设输电线路采取临时封航的办法，在一定程度上可以减少船只航行带来的风险，但却存在影响正常水运、施工费用高、施工期长等问题。例如，某地 500kV 长江大跨越工程，该工程虽然工期比计划提前 8 天完成，但仍用了 23 天时间，施工期间封航 14 次，有关部门出动巡艇 98 艘次，禁航时间累计达 46h，参加封航的工作人员多达 3120 人次。因此，有的施工单位开始研究并采用不封航的施工方法。特别是近年来这样的事例越来越多，并且逐步成为大跨越施工中的主要施工方法。

下面以 500kV 某线路长江大跨越工程为例，具体介绍不封航进行大跨越放线施工的方法。

1. 工程简介

该项工程跨江段铁塔按"耐—直—直—耐"分布，共有 6 基塔，其中，直线跨越塔 2 基，均为双回路跨越塔，耐张塔 4 基（两岸各 2 基），图 ZY0200105001-5 所示为现场实照。2 基直线跨越塔档距为 2303m，两岸直线塔至耐张塔均为 700m，2 基跨越塔全高均为 346.5m，如图 ZY0200105001-6 所示。该项工程导线采用四分裂 AACSR—500 型铝包钢芯铝绞线，下导线挂线点高度为 292m；地线一根为 AC—360 型铝包钢绞线，另一根为 OPGW。

图 ZY0200105001-5　跨江段现场实照

图 ZY0200105001-6　500kV 某线路跨长江工程越示意

该项工程除去高塔电梯井安装及天气等的影响，架线施工有效作业时间为 25 天。由于采取了不封航作业方案，仅封航费用就节省了 200 余万元。该工程不仅是我国输电线路施工史上跨距最大的一次跨越施工，也创造了当时跨越塔世界最高的纪录，曾被誉为"世界输电第一跨越工程"。

2. 不封航跨越施工关键技术

（1）导引绳的选择。本次不封航跨越施工采用轻型直升机施放导引绳，由于轻型机牵引力较小，故选用迪尼玛绳作导引绳，一级导引绳为 φ5 迪尼玛绳。

（2）特制专用小张力机。本工程采用 φ5 迪尼玛绳作一级导引绳，需要能加载 900N 力的小型张力机 1 台。经过施工单位认真研究、试验，制成了所需张力机。该张力机最大运行速度 2.5m/s，绳盘可容纳$\phi5$迪尼玛绳 4500m，并能自动调节转速，保证提供稳定张力。小张力机的结构形式如图ZY0200105001-7所示。

（3）研制专用对口滑车。直升机开始牵引作业后中间不能停止或返回，滑车必须可靠，因此特研制出一种专用滑车。

该滑车采用两侧封闭的结构，可防止迪尼玛绳跳槽或被卡滞情况的发生。这种专用滑车由上下两个大轮槽小轮径的滑车组成，并使两个滑车槽口相对。迪尼玛绳专用对口滑车的结构形式，如图ZY0200105001-8所示。

图 ZY0200105001-7　专用小张力机外形图

图 ZY0200105001-8　专用对口滑车

3. 施工过程

先展放上游侧的地线，然后再展放其他导线及另一根 OPGW。一级导引绳用直升机牵引施放，然后用张牵机逐次牵引二级导引绳、牵引绳及导（地）线。展放导线采用一牵二方式。

（1）展放一级导引绳（$\phi5$迪尼玛绳）。

1）将小张力机布置在北岸耐张塔和跨越塔之间，距跨越塔约 400m，并将 4200m$\phi5$迪尼玛绳装入绳盘。

2）将$\phi5$迪尼玛绳拉向跨越塔，然后在塔上用人工将其从对口滑车的两滑车之间槽口中穿过，继续向南牵引，当牵引至直升机预定停机坪后将其临时锚地。

3）在$\phi5$迪尼玛绳的前端，加入保险后串接一根 20m$\phi9$钢丝绳，并在钢丝绳首末端分别挂上 70kg 和 150kg 重锤，将钢丝绳首端再与一段牵引绳相连（其首端装有挂钩，以便与直升机挂接）。

4）直升机飞至停机坪上空后缓缓下降，到达适当高度后悬停，地面操作人员将牵引绳前端的挂钩挂接到直升机腹部的吊钩上，然后将临时锚固松开。锚固松开后先进行全面检查，一切无误后即可指挥直升机爬升并开始向南岸牵引，如图 ZY0200105001-9 所示。

图 ZY0200105001-9　直升机挂接迪尼玛导引绳的情况

5）当直升机飞越南岸跨越塔上空时，将$\phi5$迪尼玛绳放落于塔顶中间部位的朝天滑车槽口中，如图 ZY0200105001-10 所示。

图 ZY0200105001-10　迪尼玛绳落入朝天滑车

图 ZY0200105001-11　直升机抛放重锤情形

6）当导引绳准确落入朝天滑车槽口后，直升机即可一边下降高度一边继续向南岸耐张塔方向飞行，当下降到适当高度时将重锤抛落地上，然后悬停在预定位置并释放牵引绳挂钩，随后直升机就可以飞离现场。图 ZY0200105001-11 所示为直升机正在抛放重锤的照片。

7）将 $\phi5$ 迪尼玛导引绳与 1.5t 小张力机上的 $\phi13$ 迪尼玛绳相连接，此后便可逐级牵放二级导引绳、牵引绳及导地线等。

（2）高空移位。一级导引绳是从北跨越塔一侧地线支架滑车和南跨越塔朝天滑车上通过的，在南岸先将导引绳从朝天滑车移到地线滑车，此后即可展放地线。但其他导线、地线（OPGW）必须将牵引绳在高空中移位才能展放。

以下介绍移位的方法。首先做好张牵机的现场布置。具体布置情况如图 ZY0200105001-12 所示。

图 ZY0200105001-12　两岸张牵机布置平面示意

1）左右回路间转移牵引绳。以地线牵引绳从下游侧移位到上游侧为例。开始移位前的预备状态：靠下游侧一条 $\phi16$ 牵引绳已穿挂于两岸跨越塔地线支架上的滑车中，两侧受北岸 25t 牵引机和南岸 20t 张力机控制，保持牵引绳对江面保持一定的安全距离。移位分五步骤进行，如图 ZY0200105001-13 所示。

第①步，将待连接牵引绳（$\phi13$ 迪尼玛绳）从 22t 张力机上施放到南岸跨越塔，穿过上游侧地线支架滑车后引至下游侧地线支架放线滑车旁，然后临时加以固定。

第②步，在北岸用相同方法，将北岸 $\phi13$ 迪尼玛绳牵至北岸跨越塔并临时固定在地线支架放线滑车旁。

第③步，将预先已放置在下游侧地线支架滑车中的 $\phi16$ 迪尼玛牵引绳，在南岸侧连接在一牵二走板前端，走板后端与两根 $\phi16$ 牵引绳连接。然后用 25t 牵引机从北岸牵引，当走板刚刚通过南岸跨越塔地线支架放线滑车时，将第①步临时固定在塔上的φ13迪尼玛绳与走板连接，然后继续牵引。

图 ZY0200105001-13   左右回路间牵引绳移位施工过程示意

当走板离开南岸跨越塔约300m时，上游侧22t张力机将张力加至800kg左右，保持φ13迪尼玛绳始终处于两根φ16牵引绳的上方。

第④步，当走板行至北岸跨越塔滑车附近时，将第②步已经准备好的φ13迪尼玛绳与被牵过来的φ13迪尼玛绳进行相连。然后，将预先准备的2t卷扬机缆绳（图中未画）与从南岸牵来的φ13迪尼玛绳连接，卷扬机缆绳吃力后即拆除迪尼玛绳与走板的连接。接着慢慢放松卷扬机，此时南岸的22t张力机同步回收。

第⑤步，在卷扬机放松过程中，北岸侧φ13迪尼玛绳逐渐由松弛变为张紧，当达到两边φ13迪尼玛绳受力均匀时及时启动北岸28t牵引机，当将卷扬机缆绳与φ13迪尼玛绳的连接点牵至滑车附近时，将缆绳拆下。至此，左右回路间牵引绳的转移工作便全部完成。

2）同侧导地线牵引绳上下转移。以下游侧地线向同侧的上导线位置转移为例，如图 ZY0200105001-14所示。施工分四个步骤进行：

第①步预备。将先期在下游侧地线支架上放置的φ16牵引绳，与一牵二走板12的前端连接，走板后端连接两根牵引绳，靠下游的一根为φ16迪尼玛绳，靠塔身的一根由多段φ16迪尼玛绳组成，组合情况为500m＋5m＋5m＋2×1000m＋5m＋5m＋1000m＋267m。另外，在两岸跨越塔导线放线滑车15、16（分别由3只滑轮并排组合而成）的中滑轮上，各穿挂一根55m φ16牵引绳10和11。

第②步串入牵引绳11。启动张牵机拉动牵引绳，将走板12拉过滑车14，至第三段5m牵引绳7和第四段5m牵引绳8的结点到达滑车14附近时，用两台8t卷扬机（图中未画出），将两根5m牵引绳7、8放松并解结后将55m φ16牵引绳11串接于其中。将滑车14中的φ16牵引绳2移入中间滑轮槽口中，在两岸张牵机的配合下拆除两台8t卷扬机，从而完成南跨越塔牵引绳转移工作。

第③步串入牵引绳10。在北岸用同样方法将牵引绳10串入5m φ16牵引绳4、5之间。然后，在两岸张牵机的配合下拆除北岸的两台 8t 卷扬机。

第④步牵引绳完成上下转移。将已经穿入滑车 15 和 16 的多段组合牵引绳进行适当调整，完成牵引绳转移工作。

图例说明：◎ 表示由三只滑轮组合的滑轮组，其中大圈代表下游侧滑轮；中圈代表中间的滑轮；小圈代表上游侧滑轮。

图 ZY0200105001-14　同回线路上下间牵引绳移位施工过程示意

1、2—φ16 牵引绳；3—500m 牵引绳；4、5—5m 牵引绳；6—2×1000m 牵引绳；7、8—5m 牵引绳；

9—1000m 牵引绳；10、11—55m 牵引绳；12——牵二走板；13、14、15、16—三只滑轮组合的滑轮组

【思考与练习】

1．迪尼玛缆绳有哪些技术特性？

2．如何应用迪尼玛缆绳进行带电跨越放线施工？

模块 2　倒装分解组塔施工工艺（ZY0200105002）

【模块描述】本模块包含倒装分解组塔的施工工艺流程、操作方法、施工机具的配置和使用、倒装组塔的受力分析计算等。通过内容介绍、工艺流程讲解、计算举例，掌握倒装组塔的特点、基本步骤和施工要求。

【正文】

铁塔组立正常情况下都是从塔腿开始，自下而上依塔段排列次序逐段加装塔身，最后安装塔头完成全塔组立。倒装组塔指的是先把塔头组装好，然后提升塔头至一定高度加进并连接与之相接续的塔段，接下来就是将已组装部分提升，再次加进后续塔段，重复进行以上操作，直至加装完塔腿为止。倒装组塔可以降低作业人员登塔高度，是一种较安全、工作效率较高、安装质量较易控制的施工方法。我国从 20 世纪 70 年代开始采用此法，其后在全国各地得到应用。20 世纪 80 年代，随着液压提升装置的出现，倒装组塔工艺水平有了更大的提高。

一、倒装组塔法概述

倒装组塔法分为半倒装和全倒装两种施工方法，其提升过程可以采用钢丝绳和滑轮提升，也可采

用液压提升。前者是广为熟悉且较经济的方法，应用也较多。

全倒装组塔法是利用专门的倒装架作提升支承，它较适用于拉线塔、窄基塔等较轻型的铁塔。例如：220kV 某双回输电线路跨越某江的 26 号、27 号塔，它们均为钢管拉线塔、全高 159m、塔重 159.8t，如图 ZY0200105002-1（a）所示。

半倒装组塔是以铁塔腿部作为提升支承（这也是与全倒装的根本区别），然后再从塔头段开始每提升一次便接装一段后续塔段，最后连接塔腿完成全塔组立。为方便对接，可在上部塔身底端安装"假腿"，用以提高塔身底端高度，或者在塔腿的上部安装起吊抱杆，用以提高吊点高度。半倒装组塔较适用于宽基自立式铁塔或较高的跨越塔。例如：110kV 某线跨越某江的 3 号和 4 号跨越塔，全高均为94m，塔重 74.6t，塔身主材为双并角钢结构，铁塔根开 12.33m，如图 ZY0200105002-1（b）所示。

倒装组塔与正常组塔虽然组装顺序相反，但分解而成的每个塔段仍为正常组装方法，对此不再赘述。

图 ZY0200105002-1　倒装组立的铁塔

（a）全倒装组塔；（b）半倒装组塔

二、半倒装分解组塔

此处介绍的是在塔腿上加装起吊抱杆的施工方法。

1. 组立塔腿

塔腿有四个面，预留一个开口面不装辅材，以便将塔头移入或组立于塔位中心。另外，在安装塔腿之前，预先将起吊抱杆的支座安装在主材的指定位置。预留开口面根据地面组装塔头的方位及起吊的牵引方向而定。组装辅助材时，一并在四面将起吊抱杆的平支撑和底座安上。塔腿主材的接头连扳也要事先装好，并只安装下部的两个螺栓，尽量减少螺栓以避免给提升增加障碍。

为保证总提升时塔身底部能顺利通过塔腿顶部达到预定高度，主材间的水平材应临时安装在主材接头连扳的外侧，待总提升完成后再将其安装于主材内侧。

2. 塔头组装

塔头组装应使塔头中心线与开口方向垂直，其底部的位置应确保塔头起立后位于塔位中心。塔头的高度以塔头组立时各个部位均不碰触到塔腿为宜；酒杯、猫头等塔形的塔头组装高度还应保证塔头最宽构件（通常是横担）起立后应超出塔腿顶部 1～2m。

为了减少起立塔头的荷重，挂导线的横担可暂不安装，待合拢后再安装。对于"干"、"上"字形铁塔，在塔头段的上部（例如地线支架）最好预先挂上滑轮，以备吊装抱杆及横担之用。

3. 整体起立塔头

整体起立塔头是利用已经安装好的塔腿作支撑进行的，现场布置如图 ZY0200105002-2 所示。起立塔头的绑扎点通常选在横担与主材的连接点处或"K"节点位置。

图 ZY0200105002-2 塔头整体组立现场布置示意

起立前，塔头底部在接触地面位置应铺放垫板，塔头立直后应使四根主材立于垫板上。起立后，将塔头用四条临时拉线固定在相应塔腿主材上，然后拆除起立塔头时使用的各种用具，补齐塔腿开口面的所有塔材。

4. 安装起吊抱杆

临时加装在塔腿上的起吊抱杆，应事先在地面与斜撑杆组合好，然后一起吊装上去。起吊抱杆为 $\phi108/5mm$ 长 3m 的钢管制成，下端球脚置于底座的球窝内，上端装配两只滑轮，具体结构如图 ZY0200105002-3 所示。

斜撑杆是由 $\phi40/2mm$ 长 3m 的钢管和两端各长 300mm 的 $\phi28/3mm$ 钢管焊接而成，然后分别装上具有正、反丝扣的连接头，其结构形式如图 ZY0200105002-4（a）所示。

平支撑由长 1.8m 的 $\phi40/2mm$ 钢管和槽形钢板焊接而成，上端装上长 450mm $\phi28/3mm$ 并带有丝扣的连接头，用以连接塔腿顶面的水平材，结构形式如图 ZY0200105002-4（b）所示。

起吊抱杆吊装前，在塔头顶部地线支架（或横担）两端悬挂的 10kN 滑轮槽内穿以起吊绳。然后，用牵引装置将起吊抱杆和斜撑杆一并吊上去。

抱杆的球脚落入抱杆底座后，将两根斜撑杆固定在水平材上，然后转动斜撑杆端部的连接头，使起吊抱杆与塔腿主材间形成一个微小的倾角。

抱杆底座的安装位置根据不同塔型设计，主要应考虑抱杆的有效高度和强度，如塔腿主材上无螺孔可利用时，应在铁塔加工时在每根主材上增加两个专用螺孔。吊装起吊抱杆的现场布置如图 ZY0200105002-5 所示。

5. 提升塔段

塔段的每次提升操作过程基本相同，下边仅以提升塔头为例进行说明。

起吊系统由起吊抱杆、起吊绳、牵引机构等组成。起吊前先将起吊绳穿过抱杆顶部滑轮，一端绑扎于塔头段的底部，另一端引至牵引机构。四条起吊绳的松紧度应一致，以保证塔头段平稳升起。一切准备停当即可指挥起吊，起吊时现场布置情况如图 ZY0200105002-6 所示。

提升过程中，应控制塔头在顺线路和横线路两个方向的偏移均不大于 200mm。

塔头段离地约 1m 时暂停牵引，将牵引绳临时固定。这时，将下段各主材分别接装至提升段的相应主材上，每根主材用一个长螺栓连接，然后携带接装段主材继续提升。为了方便下段塔材接装，在提升段的四个绑扎点处各挂一个单滑轮，滑轮内穿入一根φ16 棕绳以便吊装辅材。

图 ZY0200105002-3　起吊抱杆结构图

图 ZY0200105002-4　斜撑杆和平支撑
（a）斜撑杆；（b）平支撑

塔头段提升至超过接装段主材长度 0.3m 后，停止牵引进行接装段的组装。组装顺序是先装上端连接螺栓，再由上至下安装辅材，安装完毕后拧紧全部螺栓。缓慢放松牵引绳，使接装段慢慢落地。

上述工作完成后，将起吊绳完全放松，再将绑扎点下移至新接装塔段的根部，然后继续提升安装下一段。

6. 连接塔腿

一般提升 3~4 次即可完成铁塔的组立，其中最后一次提升称为"总提升"。此时抱杆、起吊绳、牵引绳等将处于最大受力状态。总提升的目的是将上部塔段与塔腿进行连接。

当提升段主材接近塔腿高度时放慢牵引，然后暂停调整并对位后，即可放落起吊绳，使提升段主材落入塔腿上端的接头板内，随后，立即将接头螺栓安上并初步拧紧，待全部就位后再统一拧紧一次。

7. 拆除起吊抱杆

塔腿连接完毕后，先拆除起吊绳，然后拆除起吊抱杆等。

图 ZY0200105002-5　吊装起吊抱杆和斜撑杆示意

图 ZY0200105002-6　倒装组塔提升布置现场示意

8. 吊装横担

如果事先没有把全部横担安装在塔头上,最后还要进行横担安装。对于"干"字形塔,横担的吊装分为单边吊装和双边吊装两种,横担吊装前应在与横担连接的铁身主材间临时用双钩紧线器收紧,当横担就位时立即穿上螺栓,随后松开双钩。至此,铁塔全部安装完毕。

三、全倒装组塔

全倒装组塔是利用所谓的倒装架将铁塔从塔头段开始,不断提升不断接入下一段,最终接入塔腿完成全塔组立的施工方法。全倒装组塔与半倒装组塔有许多异同点,本文仅介绍与半倒装组塔不同之处。

全倒装组塔的施工布置如图 ZY0200105002-7 所示。

图 ZY0200105002-7　全倒装组塔施工现场布置示意

1. 倒装架安装

倒装架的安装通常有以下两种方法。

（1）利用塔头段组立倒装架。塔头段已立于铁塔的中心位置，螺栓全部拧紧并且四面已打好临时拉线并收紧。然后就可利用塔头段组装倒装架，组装过程一般选择单侧吊装，一侧立起后用拉线固定，再吊装另一侧，倒装架吊装完成后四面应打上固定拉线。

（2）利用抱杆起立倒装架。首先，在准备组立倒装架的位置进行地面操平、夯实并垫上枕木，也可事先修筑倒装架混凝土基础。然后，即可用"人"字抱杆逐一吊装倒装架立柱，最后安装横梁。倒装架立好后，同样四面应打上固定拉线。

2. 倒装提升

全倒装组塔的提升方法与半倒装基本相同，但应注意以下几点：

（1）待接段应在预定地点事先组装好。

（2）上部塔身的提升高度应略大于待接装段的高度。

（3）提升过程中应密切监视避免发生刮碰，如有问题随时停止提升并进行处理。

（4）待接段入位后下落提升段，当完全对位后立即安装所有螺栓并拧紧。

（5）待接段接好后经检查确无问题后，即可拆卸提升系统的下滑轮及吊挂件，将吊点下移至新提升段的底端，做好接装下一段的准备。

（6）如当天不能完工，过夜前应将安装完的塔体落地，封好拉线，设专人看守现场。

3. 滑轮组布置

提升使用的滑轮分为提升系统、平衡系统和牵引系统三个滑轮组，如图 ZY0200105002-8 所示。

图 ZY0200105002-8 提升牵引滑轮系统布置方案

提升系统滑轮组各腿钢丝绳的穿法及上、下滑轮的吊挂方向应一致。提升时，不得妨碍提升或磨损塔体。

牵引、平衡系统滑轮组均应布置在较平坦的地面上，钢丝绳移动不得受阻，必要时可布置在平整的垫板上。平衡系统滑轮组应确保工作时各条钢丝绳能灵活走动。

提升过程中应随时检查所有滑轮是否有卡滞、扭转、转动不灵活或钢丝绳扭绞等情况，发现问题应及时处理。

4. 铁塔临时拉线的操作

铁塔临时拉线无论是人工还是自动控制，均应有效。铁塔提升过程中应随升随放，确保提升体正直平稳上升。

铁塔临时拉线如使用滑轮组控制，滑轮组应有防扭措施，避免钢丝绳扭绞。

5. 观测与监视

施工中应从横、顺线路两个方向观测提升过程中塔体是否倾斜，塔体顶端偏移应控制在 0.3～0.5m 以内（视塔高而定），如偏差较大应及时调整临时拉线。

6. 指挥及通信

指挥所应选在能够观察到整个施工现场，并且接近塔位和牵引机械的位置。通信联络应确保畅通、可靠。

四、倒装组塔施工计算

（一）整立塔头段的受力分析

以半倒装组立铁塔为例，整立塔头段的受力情况如图 ZY0200105002-9 所示。为简化计算，忽略塔头段坡度和滑轮摩擦阻力的影响。

图 ZY0200105002-9 整立塔头的受力分析

（1）起吊绳的受力按式（ZY0200105002-1）计算

$$T = \frac{9.807 G_0 H_0}{H\sin\delta + h\cos\delta} \qquad (\text{ZY0200105002-1})$$

式中 T——起吊绳所受力的合力，N；

     G_0——塔头段质量，kg；

     H_0——塔头段重心高度，m；

     H——塔头段起吊绳绑扎点高度，m；

     h——塔头段起吊绳绑扎点至塔头段底部着地点水平面的垂直距离，m；

     δ——起吊绳与塔头（平卧）轴线间的夹角。

（2）牵引绳受力按式（ZY0200105002-2）计算

$$P_1 = \frac{T}{2\cos\dfrac{\beta}{2}} \qquad (\text{ZY0200105002-2})$$

式中 P_1——牵引绳受力，N；

     β——两牵引绳间的夹角。

（3）制动绳的受力按式（ZY0200105002-3）计算

$$F_1 = \frac{T\cos\delta}{2} \qquad (\text{ZY0200105002-3})$$

式中 F_1——制动绳的受力，N。

（4）塔腿支承强度的验算。在整立塔头过程中，塔腿起支承作用，这时应考虑塔腿主材及水平材受压后强度能否满足要求。

压杆的稳定压应力应满足

$$\sigma = \frac{N}{\varphi A} \leqslant [\sigma] \qquad (\text{ZY0200105002-4})$$

式中 N——压杆外荷载，N；

     φ——中心受压状态下压杆的容许压应力折减系数；

A——压杆横截面积，cm^2；

$[\sigma]$——许用应力，N/cm^2。

塔腿主材的外荷载 N 为

$$N = T_1 (\sin\delta + \sin\theta)$$（ZY0200105002-5）

其中

$$T_1 = \frac{T}{2\cos\dfrac{\alpha}{2}}$$（ZY0200105002-6）

式中　θ——牵引钢绳与地平面间的夹角；

　　T_1——单根起吊绳的受力，N；

　　α——两起吊绳间的夹角。

由于起吊绳的作用，塔腿顶端水平材承受压力，其荷载为

$$N_s = \frac{1}{2} T \left(\tan\frac{\alpha}{2} + \tan\frac{\beta}{2} \right)$$（ZY0200105002-7）

式中　N_s——塔腿顶端水平材的轴向压力，N。

根据施工经验，由于主材规格较大，外荷载对于主材不起控制作用，因此主要应验算水平材的稳定应力能否满足要求。

（二）总提升牵引力分析与计算

总提升时，提升段的荷重应包括被提升塔段自身荷重、风压荷重、偏心荷重及附加工具荷重。其中，风压及偏心荷重予以省略，附加工具总质量取 300kg。

总提升时牵引力的计算分析，如图 ZY0200105002-10（a）所示。

图 ZY0200105002-10　总提升牵引力计算分析

（a）总提升牵引力系；（b）滑轮组力系

（1）一个腿提升重力的计算

$$G_T = \left(\frac{G}{4} K_1 K_2 + G_2 \right) \times 9.807$$（ZY0200105002-8）

式中　G_T——一个塔腿的提升重力，N；

　　G——总提升塔体质量，kg；

　　G_2——一个塔腿的附加工具质量，kg；

　　K_1——动荷系数，一般取 1.2；

　　K_2——不平衡系数，一般取 1.2。

（2）起吊绳受力 T_T 的计算

起吊系统为一对 2 滑轮组，如图 ZY0200105002-10（b）所示，T_T 的计算公式为

$$T_T = \frac{G_T}{n\cos\delta}\frac{1}{\eta^n}$$

（ZY0200105002-9）

式中　δ——起吊绳与吊件铅垂线间的夹角；

η——起吊滑轮组的效率，一般取 0.95；

n——起吊绳的数目。

（3）总牵引力 P

$$P = NT_T = \frac{NG_T}{n\cos\delta}\times\frac{1}{\eta^n}$$

式中　N——受牵引绳牵引作用的塔腿数量，通常为 4。

（三）例题计算

现有一基 220kVJK—23 跨越塔，采用半倒装组塔方法，全塔总重 11804kg，总提升质量（除去塔腿重量）G 为 9100kg，试计算总牵引力 P，施工布置情况如图 ZY0200105002-10 所示。

解

将 G 代入式（ZY0200105002-8），则每根抱杆的提升重力为

$$G_T = \left(\frac{9100}{4}\times1.2\times1.2+\frac{300}{4}\right)\times9.807 = 32863.3(\text{N})$$

设 $\delta = 6°$，起吊绳数为 2，应用式（ZY0200105002-9），则起吊绳受力为

$$T_T = \frac{32863.3}{2\cos6°}\times\frac{1}{0.95^2} = 18307.1\ (\text{N})$$

总牵引力为

$$P = 4T_T = 4\times18307.1 = 73228.4\ (\text{N})$$

【思考与练习】

1. 什么是全倒装组塔和半倒装组塔？

2. 半倒装组塔如何进行塔腿连接？

3. 全倒装组塔如何布置提升牵引滑轮系统？

模块 3　直升机吊装组塔（ZY0200105003）

【模块描述】本模块包含直升机吊装飞行特性、基本理论计算、吊挂机构与连接方式、吊装过程及吊装作业注意事项等。通过内容介绍、公式推导、图形示例、流程讲解，了解国内外直升机组塔方法。

【正文】

直升机由于具有可在空中悬停和平稳爬高的技术性能，用它可以执行其他类型飞机或施工机械难以完成的工作，因此在不同领域获得了广泛应用。在输电线路施工及运行中，可以用来展放导地线、线路巡视，还可用于吊装运载等。

本文通过某工程实例，介绍直升机吊装组塔施工工艺及技术特点。

一、直升机吊运飞行特性

1. 直升机飞行的力学特性

直升机能够利用旋翼的旋转实现爬升或下降，也可在一定高度上悬停，如图 ZY0200105003-1 所示，其工作时的力学特性为

（1）悬停时：$T = G$；

（2）垂直爬升：$T > G$；

图 ZY0200105003-1　直升机工作原理示意

（3）垂直下降：$T < G$。

为使直升机能够获得前进的拉力，可适当控制直升机旋翼的旋转平面有一定的倾斜角，旋翼拉力 R 由两部分组成：

（1）T（上升力），用以平衡重力 G；

（2）P（水平拉力），用以克服机体所受阻力 I。

由于 R 产生了一个相对于重心的力矩"$d \times R$"将导致机头向下倾斜。当 $|T| < |R|$ 时，垂直升力减小。对于旋翼拉力 R 而言，旋翼平面的任何倾斜（前进、转弯或侧滑）都将使上升力减小。

尾桨（反扭矩旋翼）的功能是平衡机体不向旋翼转动方向扭转。

2. 直升机吊装组塔作业特点

（1）受地形影响，飞行高度多变。

（2）受气流影响，易造成直升机颠簸、侧倾或侧滑，易引起吊挂物摆动。

（3）直升机在吊装时，功率消耗大，旋翼处于大扭矩工作状态。

（4）施工中受地形或场地影响，有时须临时着陆，飞行员要有灵活的驾驶技术。

（5）直升机悬停时稳定性差，而吊装组塔的整体就位与分段对接作业要求吊件稳定，飞行员必须与现场指挥密切配合。

（6）直升机作业效率与飞行高度、气温等有关，高海拔及高温度地带，直升机吊运能力将有所下降。

3. 直升机吊塔飞行的特性

（1）吊塔飞行直接影响到直升机飞行的姿态，如图 ZY0200105003-2 所示，这时的力平衡关系有

$$\Sigma y = 0 \qquad T - (G+q)\cos\theta - I\sin\theta = 0 \qquad \text{(ZY0200105003-1)}$$

$$\Sigma x = 0 \qquad P + (G+q)\sin\theta - I\cos\theta = 0 \qquad \text{(ZY0200105003-2)}$$

$$\sum M_z = 0 \qquad Tx + Py - qx_1 - M_z - \Delta M_z = 0 \qquad \text{(ZY0200105003-3)}$$

式中　M_z——平衡力矩；

　　　I——直升机前行所受阻力；

　　　G——直升机重力；

　　　θ——直升机俯角；

　　　P——直升机旋翼水平拉力；

　　　q——塔重；

　ΔM_z——直升机抬头力矩。

由于 θ 很小，$\sin\theta \approx \theta$；$\cos\theta = 1$；将式（ZY0200105003-3）进行替代整理得到

$$\theta = \frac{I-P}{G+q} \qquad \text{(ZY0200105003-4)}$$

从式（ZY0200105003-4）可见，直升机吊塔飞行时影响到仰俯角 θ 变化的因素增加了塔重 q。当直升机重心移至旋翼轴前边时，随着吊重的增加将使直升机抬头力矩增大，仰俯角 θ 减小。

（2）考虑塔身受空气阻力影响，如图 ZY0200105003-3 所示，直升机力和力矩的平衡关系如下

$$\Sigma y = 0: \qquad T - (G+q)\cos\theta - I\sin\theta - q_1\sin\theta = 0 \qquad \text{(ZY0200105003-5)}$$

$$\Sigma x = 0: \qquad P + (G+q)\sin\theta - I\cos\theta - q_1\cos\theta = 0 \qquad \text{(ZY0200105003-6)}$$

$$\Sigma M_z = 0: \qquad Tx + Py - qx_1 + q_1 y_1 - M_z - \Delta M_z = 0 \qquad \text{(ZY0200105003-7)}$$

式中　q_1——塔身所受空气阻力。

当 θ 很小时，近似计算可用式（ZY0200105003-8）

$$\theta = \frac{I+q_1-P}{G+q} \qquad \text{(ZY0200105003-8)}$$

当阻力 q_1 较大时，将会使直升机增加一个低头力矩，俯角 θ 将增加。

图 ZY0200105003-2 直升机吊塔时平衡力系

图 ZY0200105003-3 直升机吊塔飞行时的平衡力系

二、吊挂索具及连接方式

1. 吊挂索具及吊挂连接方式

直升机吊挂索具由吊索、挂具、脱扣装置、主吊索、吊钩五个部件构成，如图 ZY0200105003-4 所示。吊钩具有自动脱扣功能，脱扣时只要操作脱扣装置即可将主吊索和吊钩一起脱掉。这种专业索具在紧急情况下应能自动脱钩，如图 ZY0200105003-5 所示。

图 ZY0200105003-4 吊挂索具及连接方式

1—吊索；2—挂具；3—脱扣装置；4—主吊索；5—吊钩

图 ZY0200105003-5 能自动脱扣的吊钩

2. 主吊索长度

主吊索长度关系到吊装就位的准确性和安全性。直升机吊运过程中重物的摆动周期为

$$T = 2\pi\sqrt{\frac{L}{g}} \qquad \text{（ZY0200105003-9）}$$

$$f = \frac{1}{T} = \frac{1}{2\pi\sqrt{\dfrac{L}{g}}} \qquad \text{（ZY0200105003-10）}$$

式中 L——主吊索长度，m；

g——重力加速度，$9.807m/s^2$。

如果 L 越大，则 f 越低，但 T 增加。理论上，L 越大越有利直升机控制摆动以保持正常飞行，但太长也是不必要的。当 $L=30m$ 时，吊件的摆动频率为 0.09Hz，摆动周期为 11s，这个周期已能满足飞行员在操作上修正直升机的飞行状态了。实践证明，主吊索过短会导致吊件就位困难。

3. 吊挂索具及吊挂方式

直升机吊运时，吊件的稳定除与上述主吊索长度有关外，还与吊件重量、体型尺寸及所采用的吊挂方式有关。直升机有几种吊挂方式，如图 ZY0200105003-6 所示。

（1）单点连接。图 ZY0200105003-6（a）所示为一种最简单、常用的吊挂方式，吊件仅有较小摆动，稳定性尚好。

（2）双点连接。双点吊挂有两种，横列连接如图 ZY0200105003-6（b）所示，纵列连接如图 ZY0200105003-6（c）所示。其中前者对偏航有稳定作用，后者对仰俯有稳定作用。这两种吊挂方式产生的稳定力矩，可按式（ZY0200105003-11）和式（ZY0200105003-12）计算。

图 ZY0200105003-6 吊索的几种吊挂方式
（a）单点连接；（b）双点横列连接；（c）双点纵列连接；（d）四点连接

横列连接时

$$M_s = \frac{Gy^2}{57.3L}$$ （ZY0200105003-11）

纵列连接时

$$M_s = \frac{Gx^2}{57.3L}$$ （ZY0200105003-12）

式中 G——吊件重量，kN；

L——吊索长度，m。

（3）四点连接。四点连接如图 ZY0200105003-6（d）所示，它可同时对仰俯、偏航起稳定和抑制作用，适合于吊装车辆、集装箱等，其稳定力矩按式（ZY0200105003-13）计算

$$M_s = \frac{G(x^2 + y^2)}{57.3L}$$ （ZY0200105003-13）

式（ZY0200105003-12）和式（ZY0200105003-13）表明：吊件越量，吊挂点距离越大，吊挂索具越短，则吊件的稳定性越好。

三、吊装铁塔

直升机吊装铁塔，分为起吊、运输、就位组装三个阶段。

1. 起吊阶段

直升机在待吊铁塔（段）上方悬停，地面工作人员将铁塔通过吊索挂于直升机自带的工作钩上，然后直升机按地面指挥命令徐徐上升、移位，使塔体逐渐立起。塔体立直后直升机继续上升，当铁塔底部离地 3~4m 时悬停，待稳定后即可吊运至安装地点。

2. 运输阶段

运输飞行应均匀加速，保持速度在 50~60km/h 之间。当受气流影响铁塔可能出现摆动时，飞行员应设法加以抑制。

3. 就位组装阶段

这是直升机吊装组塔的关键工序，分为整体吊装就位和分解吊装就位两种情形。具体做法将在后续内容中介绍。

直升机吊装铁塔，应注意的事项如下：

（1）直升机悬停应考虑风向影响，直升机逆风悬停可使旋翼输出功率减少，加之尾桨的方向稳定作用，易于使直升机保持稳定。而顺风悬停尾桨作用不佳，方向难以保持。侧向风会使直升机沿风向飘移，旋翼受侧风影响会引起直升机仰俯状态发生变化，并朝迎风方向倾斜，右侧风悬停比左侧风会更有利。

（2）避免发动机出现单发工作状态，单发悬停是指直升机有一台发动机失效的工作状态，这时作业将是十分危险的。一旦出现单发悬停，直升机应果断偏离作业地点，尽快摘开工作钩，同时地面施工人员也应紧急撤离。

（3）飞行前对吊装过程可能出现的种种不利条件应充分予以估计，必要时应进行计算验证。

四、施工现场布置及准备工作

（一）前期准备

1. 料场及临时停机坪的选择

料场和停机坪应就近选择，如条件有限也可分开，但停机坪附近必须设有加油系统。料场和停机坪应能"通电、通交通、通信息"，地势平坦并能存放施工所需器材，满足摆放塔材和组装铁塔的需要。

2. 提前掌握气象情况

在制订施工作业计划前，应认真搜集和调查相关气象资料，作业尽量选在晴好天气进行。

3. 机型的选择

图 ZY0200105003-7　整体吊装示意

目前，国内的航空运输公司多拥有中、轻型直升机。整体吊装应使用中、重型机，如波音—234、S—64、波音—107 等机型。分解吊装可使用中、轻型机，如 S—61、波音—107、贝尔—205、米—171、米—8、海豚等机型。总之，选择机型应根据实际情况，力求经济合理、安全可靠。

4. 办理飞行手续

使用直升机作业应按《中华人民共和国民用航空法》、《中华人民共和国飞行基本规则》、《通用航空飞行管制条例》等法规，提前办好相关手续，经批准后在指定地域内进行飞行作业。

（二）施工现场的准备

（1）停机坪及供油系统已准备好。

（2）铁塔或塔段组装完毕，或虽未组完但不致影响直升机作业。

（3）备齐全部机具，包括索具、导轨、地脚螺栓保护帽等。

（4）安全技术注意事项：整体吊装或分段吊装的底段，由平卧吊起至直立过程中须防备塔材变形；塔脚板进入基础地脚螺栓时，须防备地脚螺栓或基础被碰坏；在塔脚主材间加装临时支撑，如图 ZY0200105003-7 所示；将地脚螺栓涂油，试好螺母后在地脚螺栓顶部加装螺栓保护帽（防止螺栓受损）。

五、吊装就位

（一）整体或铁塔底段吊装就位

直升机吊运铁塔至安装地点上空悬停，稳定后指挥直升机缓慢下降，至铁塔接近基础面时，由地面人员配合使塔脚板螺孔正好套进地脚螺栓，然后迅速安装螺母。一切正常后，即可令飞行员脱去工作钩飞离现场。

（二）分解（分段）吊装

当铁塔较重或现有直升机的承载能力不足时，应采用分解吊装法。分解吊装的关键是就位对接。施工方法有以下三种：

1. 导轨自动就位法

这是一种不需要人上塔配合就可自动就位的方法，此法既安全可靠，效率又高，但直升机须加装防止塔段扭转装置。为了实现安全自动就位，专门设计了一种限制吊件旋转的装置，使用它可阻止铁塔在空中旋转，便于飞行员调整铁塔方位使之沿导轨准确就位。所谓"导轨"根据塔形结构的不同，有多种形式，对于自立塔有内导轨和外导轨。内导轨固定于塔段顶端主角钢的内侧，同时在外侧加装定位挡板，使上部待接塔段能准确入位，如图 ZY0200105003-8 所示。这种导轨可用于普通塔或酒杯塔曲臂以下塔身的自动对接，分解吊装自动就位的施工情况，如图 ZY0200105003-9 所示。外导轨固定于塔段顶端主角钢的外侧，用于酒杯塔曲臂以上塔头部分的自动对接。

图 ZY0200105003-8　分段吊运带有内导轨的塔段　　　图 ZY0200105003-9　分段吊装自动就位示意

采用导轨自动就位方法施工时，直升机吊运塔段到达塔位上空即悬停，调正方位后慢慢下降，使塔段底部沿导轨下滑与下部塔身准确对正。就位完毕后，直升机即可脱开工作钩离去，之后施工人员上塔安装螺栓。

2. 塔上人工就位法

此种方法与我国传统的分解组塔法类似。直升机吊挂的塔段底部四根主角钢分别都绑有一根控制绳，塔上人员牵引绳头控制塔段方位。当直升机将塔段吊运至塔位上空时，在塔上指挥人员指挥下，缓慢下降同时调整位置使塔段准确就位，具体情况如图 ZY0200105003-10 所示。

采用这种方法塔上需有人配合，有一定危险性，要求飞行员操作精准并密切与塔上人员配合。施工注意事项如下：

（1）塔段吊点布置要正确，要求吊挂塔段悬空时与就位时的状态一致，确保四角同时就位。

（2）塔上人员在接触即将就位的塔段之前，为防止其在空中运动可能产生的静电电击，须用带有接地线并做好接地的金属钩先钩住吊件。

3. 有导轨半自动就位法

应用此种方法虽然下段塔顶有导轨，但仍需要靠人控制就位绳才能使塔段就位。具体作法，结合某单位的施工实践，简要介绍如下：

（1）选用机型：如 S—61。

（2）主要配套工具：

1）对接导轨，二合式内导轨及其附件（另行设计制造）。

2）主吊索（含工作钩）。

（3）索具及附件连接方式，如图 ZY0200105003-11 所示。

图 ZY0200105003-10　塔上人工就位示意

图 ZY0200105003-11　吊运带半自动就位导轨的塔段

1—连身绳；2—安全钩；3—旋转器；4—主吊索；5—吊点绳；6—内导轨；

7—绑扎麻袋片；8—限位绳；9—限位板；10—辅助就位绳；

11—挂绳耳板；12—工作钩；13—短绳套

（4）就位操作程序：

1）直升机吊运塔段至塔位上空悬停，下降至吊件底端接近地面，人工将已配置好的就位绳挂在限位耳板上并将余绳收回。

2）直升机升高、移位至目标塔位的上空，平稳下降，地面人员控制就位绳引导被吊塔段进入导轨。

（5）内导轨及附件的布置，如图 ZY0200105003-12（a）所示。内导轨 6 与外挡板 8 通过螺栓连接固定于主材上，如图 ZY0200105003-12（b）所示。利用外挡板 8 控制被吊塔段下部限位板 3 准确到位，限位板 3 上的限位板耳板 4 用于连接限位绳。

图 ZY0200105003-12　上下塔段通过导轨就位示意

（a）导轨及附件安装布置图；（b）两合式内导轨结构组装图

1—上段主材；2—主材连板；3—限位板；4—限位板耳板；5—限位绳；6—内导轨；7—下段主材；

8—外挡板；9—滑轮；10—辅助就位绳；11—控制拉绳；12—固定外挡板辅助材

【思考与练习】

1．直升机的飞行力学特性是什么？

2．直升机吊装组塔前期准备工作有哪些？

3．直升机吊装铁塔分几个阶段进行？每个阶段应注意什么？

第十二部分

输电线路检修及抢修

第三十三章　输电线路检修

模块 1　线路检修分类与检修周期 （ZY0200201001）

【**模块描述**】本模块包含线路检修的分类、检修及维护周期等。通过要点介绍、图表对比，熟悉线路检修分类和检修维护周期。

【**正文**】

一、线路检修的分类

输电线路检修一般可分为维修、大修、技术改造和事故抢修。

1. 维修

为保证线路本体、附属设施和线路保护区内安全所进行的修理、保护等工作。如调整拉线、基础培土、砍伐或修剪树木等。状态检修属于一种特殊形式的维修。

2. 大修

为保证线路原有机械性能、电气性能，改善其运行特性、延长使用寿命，对线路缺陷、异常情况所进行的修复、处理工作。如改善接地装置、铁塔防腐和导地线修复等工作。线路经大修后不增加其固定资产额。

3. 技术改造

为提高线路的安全运行性能、健康水平、输电容量或改善电网运行特性所进行的更换、增容等工作。如迁改路径、整体性更换线路区段、升压改造、增大导线截面和增建（延长）线路等工作。线路经技术改造后其固定资产额应重新确定。

4. 事故抢修

为使事故停运或随时有可能导致事故发生的线路尽快恢复正常运行所进行的抢救性修理工作，属于非计划检修工作。

二、输电线路的检修及维护周期

输电线路的检修及维护周期应根据设备状态的巡视和测试结果确定，见表 ZY0200201001-1 和表 ZY0200201001-2。

表 ZY0200201001-1　　　　　　　输电线路检修的主要项目及周期

序号	项　　目	周期（年）	备　　注
1	杆塔紧固螺栓	5	新线投运需紧固 1 次
2	混凝土杆内排水，修补防冻装置	1	根据季节和巡视结果在结冻前进行
3	绝缘子清扫	1～3	根据污秽情况、盐密测量、运行经验调整周期
4	防振器和防舞动装置维修调整	1～2	根据测振仪监测结果调整周期进行
5	砍修剪树、竹	1	根据巡视结果确定，发现危急情况随时进行
6	修补防汛设施	1	根据巡视结果随时进行
7	修补巡线道、桥	1	根据现场需要随时进行
8	修补防鸟设施和拆巢	1	根据需要随时进行
9	各种在线监测设备维修调整	1～2	根据监测设备监测结果进行
10	瓷绝缘子涂 RTV 长效涂料	5	根据涂刷 RTV 长效涂料后绝缘子的憎水性确定

表 ZY0200201001-2 根据巡视结果及实际情况需维修的项目

序 号	项 目	备 注
1	更换或补装杆塔构件	根据巡视结果进行
2	杆塔铁件防腐	根据铁件表面锈蚀情况决定
3	杆塔倾斜扶正	根据测量、巡视结果进行
4	金属基础、拉线防腐	根据检查结果进行
5	调整、更新拉线及金具	根据巡视、测试结果进行
6	混凝土杆及混凝土构件修补	根据巡视结果进行
7	更换绝缘子	根据巡视、测试结果进行
8	更换导线、地线及金具	根据巡视、测试结果进行
9	导线、地线损伤补修	根据巡视结果进行
10	调整导线、地线弧垂	根据巡视、测量结果进行
11	处理不合格交叉跨越	根据测量结果进行
12	并沟线夹、跳线连板检修紧固	根据巡视、测试结果进行
13	间隔棒更换、检修	根据检查、巡视结果进行
14	接地装置和防雷设施维修	根据检查、巡视结果进行
15	补齐线路名称、杆号、相位等各种标志及警告指示、防护标志、色标	根据巡视结果进行

【思考与练习】

1. 输电线路检修的主要项目有哪些？
2. 杆塔紧固螺栓、绝缘子清扫项目的检修周期是如何规定的？
3. 输电线路为什么要定期进行维护？

模块 2 导地线检修 (ZY0200201002)

【模块描述】 本模块包含导地线检修的一般要求、典型案例和安全注意事项等。通过内容介绍、图表对比、流程讲解，掌握导地线的检修方法。

【正文】

一、工作内容

输电线路导、地线检修方法应视其表面状况和损伤程度来确定。一般导、地线断股及损伤减少截面积的处理标准见表 ZY0200201002-1。如果导、地线表面腐蚀，外层脱落或呈疲劳状态，应取样进行强度试验。若试验值小于原破坏值的80%，则应换线。

表 ZY0200201002-1 导地线断股、损伤减少截面积的处理标准

处理方法 损伤处理 线别	缠绕或护线预绞丝修补	补修管或 补修预绞丝补修	预绞式螺旋接续条修补	开断重接
钢芯铝绞线 钢芯铝合金绞线	断股损伤截面积不超过铝股或合金股总面积7%或同一处损伤的强度损失不超过总拉断力的5%	断股损伤截面积占铝股或合金股总面积7%～25%或同一处损伤的强度损失占总拉断力的5%～17%	断股损伤截面积占铝股或合金股总面积25%～60%或同一处损伤的强度损失占总拉断力的17%～40%	（1）钢芯断股。 （2）断股损伤截面积超过铝股或合金股总面积25%
铝绞线 铝合金绞线	同一处损伤的强度损失不超过总拉断力的5%	同一处损伤的强度损失在总拉断力的5%～17%	同一处损伤的强度损失在总拉断力的17%～40%	断股损伤截面积超过总面积17%
镀锌钢绞线	19股断1股	7股断1股 19股断2股	同一处损伤的强度损失在总拉断力的17%～40%	7股断2股 19股断3股
OPGW	断损伤截面积不超过总面积7%（光纤单元未损伤）	断股损伤截面积占面积7%～17%，光纤单元未损伤（修补管不适用）		

注 1．钢芯铝绞线导线应未伤及钢芯，计算强度损失或总铝截面积损伤时，按铝股的总拉断力和铝总截面积作基数进行计算。
　　2．铝绞线、铝合金绞线导线计算损伤截面积时，按导线的总截面积作基数进行计算。
　　3．良导体架空地线按钢芯铝绞线计算强度损失和铝截面积损失。
　　4．全张力预绞式接续条只考虑导电铝截面积严重损伤的补修，不采用导线有钢芯损伤后的修补。

导地线断股、损伤检修的一般方法有：①修光棱角、毛刺；②缠绕补强法；③预绞丝补修法；④补修管补修法；⑤切断重接。本部分主要介绍采用预绞丝补修导线的方法。

1. 修光棱角、毛刺

在施工放线或运输过程中，导线、地线与硬物相碰或拖地摩擦都有可能造成磨损、棱角、毛刺。如果导线在同一处的损伤同时符合下述情况时，可不作补修，只需将损伤处棱角与毛刺用 0 号砂纸顺着线股的绞制方向擦拭磨光并用清扫布抹干净。

（1）铝、铝合金绞线单丝损伤深度小于直径的 1/2；

（2）钢芯铝绞线及钢芯铝合金绞线损伤截面积为导电部分截面积的 5%及以下，且强度损失小于 4%；

（3）单金属绞线损伤截面积为 4%及以下。

2. 缠绕补强法

（1）将受伤处线股处理整平；

（2）用同金属的单股线（钢绞线用镀锌铁线）顺导线与导线外层铝线绞制方向一致缠绕，修补铝线要紧密，其中心应位于损伤最严重处，并应将损伤部位全部覆盖；

（3）修补最短距损伤部位边缘单边不得少于 50mm，补修表面平滑、无毛刺。

3. 预绞丝补修法

（1）将损伤导线处理整平，用钢丝刷顺着导线绕向向断股处打磨掉导线表面氧化层，用清扫布将打磨掉的脏污擦净，在导线修补部位均匀地涂上一层电力复合脂。

（2）用预绞丝对导线缠绕修补，缠绕的方向应与导线铝股绞向一致，缠绕应平滑、紧密，缠绕时应一根紧贴一根，导线损伤部位应位于修补预绞丝的中间位置。

（3）用细绑线在预绞丝两端距端头 20mm 处进行绑扎，绑扎不得少于三圈，将小辫拧花并拍平。要求修补预绞丝长度不得少于三个节距。

4. 补修管补修法

（1）将损伤处的线股恢复原绞制状态，对损伤处处理平整，用钢丝刷顺着导线绕向向断股处打磨掉导线表面氧化层，用清扫布将打磨掉的脏污擦净；

（2）在导线修补部分均匀地涂上一层电力复合脂，将补修管安装在导线损伤最严重处，并将其全部覆盖，需补修的范围应位于管内各 20mm；

（3）补修管可采用钳压、液压或外爆压进行压接。

5. 锯断重接

当导、地线损伤的截面积或损失的强度超过补修标准时，应割断重接。其连接方法有钳压连接法、液压连接法及爆破连接法等工艺，具体工艺可参见 ZY0200103004 模块。

二、危险点分析和控制措施

采用预绞丝停电修补导线危险点主要有高空坠落、物体打击、触电等。其控制措施有以下几点：

1. 防止高空坠落措施

（1）上杆塔作业前，应先检查杆根、拉线和基础是否牢固。登杆塔前，应先检查安全带、脚扣、脚钉、爬梯、防坠装置等是否完整牢靠。严禁利用绳索、拉线上下杆塔或顺杆下滑。

（2）上横担进行工作前，应检查横担连接是否牢固和腐蚀情况。在杆塔上作业时，应使用有后备绳或速差自锁器的双控背带式安全带，安全带和保护绳应分挂在杆塔不同部位的牢固构件上，应防止安全带从杆顶脱出或被锋利物损坏。人员在转位时，手扶的构件应牢固，且不得失去后备保护绳的保护。

（3）杆塔上有人时，不准调整或拆除拉线。

2. 防止物体打击措施

（1）现场工作人员必须正确佩戴好安全帽。

（2）高空作业应使用工具袋，较大的工器具应固定在牢固的构件上，不准随便乱放。上下传递物件应用绳索拴牢传递，严禁上下抛掷。

（3）在高处作业现场，工作人员不得站在作业处的垂直下方，高空落物区不得有无关人员通行或逗留。在行人道口或人口密集区从事高处作业，工作点下方应设围栏或其他保护措施。

3．防止触电措施

放落导线时应注意导线下方是否跨有带电线路，防止被检修的导线触碰下方带电线路或安全距离不够，必要时申请停电后再进行作业。

三、作业前准备工作

1．作业方式及作业条件

采用预绞丝补修导线的方法，应在良好天气下进行，如遇雷、雨、雪、雾不得进行作业，风力大于 6 级时，一般不宜进行作业。

2．人员组成

工作负责（监护）人 1 名，杆上作业人员一般 2 名，地面作业人员 3 名，共 6 人（根据工作现场实际情况可适当增减作业人员）。

3．作业工器具、材料配备

（1）所需工器具主要有法兰螺栓、卡线器、导线保护绳、单轮滑轮、双钩、机动绞磨、各种规格钢丝绳和钢丝绳套等。

（2）所需材料主要有预绞丝、棉纱、电力复合脂等。

四、作业步骤和质量标准

1．上杆作业前准备

（1）工作人员根据作业内容选择工器具及材料并检查是否完好齐全。

（2）地面作业人员在适当的位置将起吊绳理顺确保无缠绕。

（3）按工作票的要求在工作地段前后杆塔的导线上验明确无电压后装设好接地线。

（4）在 1 号、3 号杆塔将待修补的导线打好临时拉线，临时拉线应使用钢丝绳，不得使用白棕绳、麻绳等，绑扎工作应由有经验的人员担任，不得固定在有可能移动或其他不可靠的物体上。修补导线施工布置如图 ZY0200201002-1 所示，A 为导线损伤处。

图 ZY0200201002-1 修补导线施工布置

1—直线横担补强钢丝绳；2—双钩；3—钢丝绳；4—滑车；5—卡线器；6—临时拉线；7—角铁桩

2．登杆作业

（1）杆上作业人员检查登杆工具及安全防护用具并确保良好、可靠。

（2）杆上作业人员戴好安全帽，携带安全带、后备保护绳、吊绳开始登杆。

（3）杆上作业人员登杆到适当位置系好安全带、后备保护绳、个人保安线，在横担合适的位置挂好吊绳。

3．放落待修补的导线

（1）杆上作业人员将后备保护绳系在杆塔横担的牢固构件上，检查无误后，携带吊绳到达被修补导线的挂线横担头后系好安全带，将吊绳挂在适当的位置。

（2）杆上作业人员用吊绳将钢丝绳、单轮滑车、卡线器等工器具吊至杆上，并安装牢固。

（3）杆上作业人员用起吊钢丝绳拴牢待修补的导线后，缓慢启动牵引使导线受力，拆除待修补导线 2 号杆的悬垂线夹，将导线放至地面。

4. 用预绞丝修补损伤导线

（1）地面作业人员检查导线的损伤处，在需要修补的地方用钢丝刷顺着导线绕向将断股处导线表面氧化层打磨掉，用清扫布将打磨掉的污秽物擦净，将损伤处导线处理整平，并在导线修补部分均匀地涂上一层电力复合脂。

（2）地面作业人员用预绞丝在导线上缠绕修补，缠绕的方向应与导线铝股绞向一致，缠绕时应一根紧贴一根，缠绕应平滑、紧密，导线损伤部位应位于修补预绞丝的中间位置。修补预绞丝长度不得少于三个节距，修补后用细绑线在预绞丝两端距端头 20mm 处进行绑扎，绑扎不得少于三圈，将小辫拧花并拍平。

5. 恢复导线

（1）地面作业人员用起吊钢丝绳将修补好的导线拴牢，并将导线提升至杆上。

（2）杆上作业人员将导线放入悬垂线夹内，并使悬垂线夹保持垂直后进行紧固，检查无问题后，放松牵引钢丝绳，拆除钢丝绳与导线的连接。

（3）杆上作业人员用吊绳将钢丝绳和滑车等工器具拴牢吊至地面。

（4）杆上作业人员检查杆上无任何遗留物后，解开安全带、后备保护绳，携带吊绳下杆。

（5）杆上作业人员将登杆证交还工作负责（监护）人，工作负责（监护）人在工作任务单填写执行情况。

6. 工作结束

工作负责人确认在杆塔上、导线上、绝缘子串上及其他辅助设备上没有遗留的个人保安线、工具、材料等，查明全部工作人员确由杆塔上撤下后，再命令拆除工作地段所挂的接地线，并向工作许可人汇报作业结束，终结工作票。

五、注意事项

（1）放落和收紧导线时应设专人看护，时刻注意被跨越物，防止卡住导线，发生意外。

（2）所跨越的通信线及广播线禁止用手直接攀抓，采取措施以防压伤。

（3）放落或紧线时，要防止转向滑车脱出，应及时进行检查，牵引绳内角侧严禁站人。

（4）牵引钢丝绳在绞磨卷筒上的卷绕圈数不得少于五圈，绳尾受力，并由专人看管。

（5）紧线时，如遇导线有卡、挂现象，应松线后处理。处理时操作人员应站在卡线处外侧，采用工具、大绳等撬、拉导线。严禁用手直接拉、推导线。

（6）拆除杆上导线时，应先检查杆根，做好防止倒杆措施，在挖坑前应先绑好拉绳。

【思考与练习】

1. 编写更换局部导线损伤的施工方法。

2. 采用补修管补修导线时应符合哪些规定？

3. 输电导线在运行中有哪些因数会导致导、地线损伤？

模块 3　杆塔检修（ZY0200201003）

【模块描述】 本模块包含几种典型杆塔检修案例的施工布置、操作方法要点和安全注意事项等。通过要点分析、案例讲解，掌握杆塔检修的方法。

【正文】

一、工作内容

输电线路杆塔长期运行在野外，受大气环境及地形、地貌的变迁影响，杆塔会出现各种各样的缺陷。混凝土杆最常见的缺陷有流白浆、裂纹、连接抱箍锈蚀、混凝土剥落、钢筋外露、杆身弯曲和倾斜；铁塔最常见的缺陷有塔材锈蚀、连接螺丝松动、塔脚混凝土保护帽开裂、塔材弯（扭）曲、塔身倾斜以及塔脚支链锈裂。根据杆塔缺陷性质可采取调整杆塔、高空更换杆段、电杆加高等检修方法。

二、几种典型杆塔检修案例介绍

(一) 高空更换门型双杆上段案例介绍

1. 危险点分析和控制措施

高空更换门型双杆上段危险点有高空坠落、物体打击、倒杆和碰伤等，其控制措施有以下几方面：

(1) 防止高空坠落措施。

1) 上杆塔作业前，应先检查杆根、拉线和基础是否牢固。登杆塔前，应先检查安全带、脚扣、脚钉、爬梯、防坠装置等是否完整牢靠。严禁利用绳索、拉线上下杆塔或顺杆下滑。

2) 上横担进行工作前，应检查横担连接是否牢固和腐蚀情况。在杆塔上作业时，应使用有后备绳或速差自锁器的双控背带式安全带，安全带和保护绳应分挂在杆塔不同部位的牢固构件上，应防止安全带从杆顶脱出或被锋利物损坏。人员在转位时，手扶的构件应牢固，且不得失去后备保护绳的保护。

(2) 防止物体打击措施。

1) 现场工作人员必须正确佩戴好安全帽。

2) 高空作业应使用工具袋，较大的工器具应固定在牢固的构件上，不准随便乱放。上下传递物件应用绳索拴牢传递，严禁上下抛掷。

3) 在高处作业现场，工作人员不得站在作业处的垂直下方，高空落物区不得有无关人员通行或逗留。在行人道口或人口密集区从事高处作业，工作点下方应设围栏或其他保护措施。

4) 除指挥人员外，其他人员应在离开杆塔高度的1.2倍距离以外，行人不得进入工作现场。

(3) 防止倒杆措施。

1) 要设专人指挥，信号明确。

2) 临时拉线上、下连接点，应牢固可靠，固定电杆的临时拉线要派专人看守，以防拉线松脱。

3) 当临时拉线完全受力后，检查无问题方可拆除旧拉线。

4) 当永久拉线完全受力后，检查无问题方可拆除临时拉线。

5) 杆塔上有人时，不准调整或拆除拉线。

6) 利用抱杆提升电杆时，起吊工具、抱杆的强度和刚度必须满足起吊重量的要求，抱杆底部必须采取可靠的防滑措施。

7) 抱杆底部应固定牢固，抱杆顶部应设临时拉线控制，临时拉线应均匀调节并由有经验的人员控制。抱杆应受力均匀，两侧拉绳应控制好，不得左右倾斜。

8) 抱杆提升过程中应缓慢牵引，提升完成后，应检查抱杆及各部受力情况良好后才能提升电杆。

(4) 防止碰伤措施。

1) 在拆除电杆或提升电杆时，应控制好方向控制绳，以免电杆碰伤作业人员。

2) 在提升、放落上节电杆过程中，严禁登杆作业。

图 ZY0200201003-1　高空更换门型双杆上段施工布置图 (一)

1—横线路方向临时拉线；2—四方临时拉线；3—吊挂中导线钢绳套；4—被更换电杆上节；5—双钩

2. 作业前准备工作

(1) 作业方式及作业条件。高空更换门型双杆上段工作时，应在良好天气下进行，如遇雷电、暴雨、冰雹、大雾、沙尘暴等恶劣天气不得进行作业，风力大于6级时，一般不宜进行作业。

(2) 人员组成。工作负责 (监护) 人1名，杆上作业人员一般2名，焊工1人，地面作业人员8名，共12人 (根据工作现场实际情况可适当增减作业人员)。

(3) 施工布置图。高空更换门型双杆上段施工布置如图 ZY0200201003-1 和图 ZY0200201003-2 所示。

(4) 作业工器具、材料配备。

1) 所需工器具主要有木抱杆、起重滑车、白棕绳、法兰螺栓、气焊工具、卸扣、角铁桩、双钩、机动绞磨及相关规格钢丝绳等。

2）所需材料主要有混凝土杆上节等。

图 ZY0200201003-2 高空更换门型双杆上段施工布置图（二）

1—横线路方向临时拉线；2—不需更换杆的四方临时拉线；3—吊挂中导线钢绳套；

4—被更换电杆上节；5—双钩；6—耐张横担抱箍；7—抱杆根部固定钢绳套；

8—控制绳；9—起吊钢绳套；10—独脚抱杆；11—起吊滑车组；

12—牵引钢丝绳；13—导向滑车；14—抱杆四方拉线

3. 作业步骤和质量标准

（1）上杆作业前的准备。

1）工作人员根据工作情况选择工器具及材料并检查是否完好齐全。

2）工作人员检查杆塔根部、所有的拉线及基础是否完好。

3）按工作票的要求在工作地段前后杆塔的导线上验明确无电压后装设好接地线。

（2）登杆作业。

1）杆上作业人员检查登杆工具及安全防护用具并确保良好、可靠。

2）杆上作业人员戴好安全帽，携带安全带、后备保护绳、传递绳和滑车开始登杆。

3）杆上作业人员登杆到适当位置系好安全带、后备保护绳后，在合适的位置挂好起吊绳。

（3）作业过程操作要点。

1）如图 ZY0200201003-1 所示，在不需要更换的电杆横担处，横线路方向打好一侧临时拉线（对地夹角一般小于 45°）；在需要更换的电杆顶部，打好四方临时拉线，以保证该杆拆除拉线和横担顶架后的稳定性。

2）拆除被更换电杆侧的导线、绝缘子串和地线金具串与线夹连接的销钉，将边导线及地线放落到地面，中相导线可用钢绳套将导线吊挂在不需更换的横担下方；然后拆除被更换电杆上的绝缘子串、地线金具串、横担、吊杆等。

3）在被更换的杆段距杆顶 500mm 处，分别在杆段两侧安装好两套起吊钢绳，用以吊装抱杆。两钢绳套有效长度应一致。

4）如图 ZY0200201003-2 所示，在被更换的杆段的中段合适的位置打好四方临时拉线、安装好耐张横档抱箍和焊接平台（距焊口约 1000mm）。

5）事先在抱杆顶部挂好起吊滑车组和四根临时拉线，利用被更换的电杆提升独脚抱杆，使抱杆位于顺线路方向，其根部坐落在耐张横担抱箍上。根部与电杆之间垫入一根 60mm×60mm×300mm 的方木，使抱杆离开焊接头，用钢绳套将根部与电杆固定牢固，并将四方临时拉线与地面锚桩固定。

6）利用独脚抱杆上的起吊滑车组吊紧被更换的杆段，并在其下端适当位置打好控制绳，以防钢箍接头割开后杆段晃动。

7）焊工登杆到作业平台上高空割开焊接头，在焊接头完全割开前，应控制好更换杆段下端的控制绳，防止杆段晃动。然后利用抱杆上的滑车组，将被更换的杆段通过机动绞磨缓慢吊至地面。

8）在新更换杆段顶部适当位置绑扎好四方落地拉线，在下端绑好两根控制大绳，便于就位，供找正用。

9）利用抱杆上的滑车组提升新杆段到顶部，调整杆段上的控制大绳，使焊口对齐，在焊缝间垫入焊条，使之保持一定的间隙。打好新杆段四方临时拉线，通过临时拉线将杆身调直后在四周点焊定位，再进行焊接，焊接好后杆身应垂直。

10）在新电杆顶部安装好起吊滑车，将抱杆吊至地面。

11）安装好永久拉线，拆除新杆段四方临时拉线，安装好横担，恢复导、地线。

（4）作业结束。

1）杆上作业人员检查施工质量无问题后，拆除临时拉线，用传递绳将工器具拴牢传至地面。

2）杆上作业人员检查杆上无任何遗留物后，解开安全带、后备安全绳，携带起吊绳下杆。

3）杆上作业人员将登杆证交还工作负责（监护）人，工作负责（监护）人在工作任务单填写执行情况。

4）工作负责人确认在杆塔上、导线上、绝缘子串上及其他辅助设备上没有遗留的个人保安线、工具、材料等，查明全部工作人员确由杆塔上撤下后，再命令拆除工作地段所挂的接地线，并向工作许可人汇报作业结束，终结工作票。

4．注意事项

（1）所更换的电杆上节配筋及强度必须达到或高于原设计要求，且不得出现纵、横向裂缝。

（2）杆上焊接时，焊缝应有一定的加强面，一个焊接口应连续焊接好，焊缝应呈平滑的鱼鳞状。

（3）电杆钢圈焊接头表面铁锈应清除干净，焊接完后应除净焊渣及氧化层，然后涂刷防锈漆。

（4）电杆更换好后其倾斜度小于3‰。

（5）放落和提升电杆时，要防止转向滑车脱出，应及时进行检查，牵引绳内角侧禁止站人。

（6）牵引钢丝绳在绞磨卷筒上的卷绕圈数不得少于五圈，绳尾受力，并设专人看管。

（7）放落和提升电杆要使用合格的起重设备，严禁过载使用。

（8）升降抱杆必须有统一指挥，信号畅通，四侧临时拉线应由经验丰富的作业人员操作并均匀放出。

（9）抱杆垂直下方不得有人，杆上人员应站在杆身内侧的安全位置上。

（10）起吊和就位过程中，吊件外侧应设控制绳。

（11）在起吊、牵引过程中，受力钢丝绳的周围、上下方、转向滑车内角侧和起吊物的下面，禁止有人逗留或通过。

（12）牵引时，不准利用树木或外露岩石作受力桩。一个锚桩上的临时拉线不准超过两根，临时拉线不得固定在有可能移动或其他不可靠的物体上。临时拉线绑扎工作应由有经验的人员担任。

（13）杆塔上下无法避免垂直交叉作业时，应做好防落物伤人的措施，作业时要相互照应，密切配合。

（14）杆塔施工中不宜用临时拉线过夜；需要过夜时，应对临时拉线采取加固措施。

（二）混凝土杆加高案例介绍

1．危险点分析和控制措施

混凝土杆加高危险点有高空坠落、物体打击、倒杆和碰伤等，其控制措施有以下几方面：

（1）防止高空坠落措施。

1）上杆塔作业前，应先检查杆根、拉线和基础是否牢固。登杆塔前，应先检查安全带、脚扣、脚钉、爬梯、防坠装置等是否完整牢靠。严禁利用绳索、拉线上下杆塔或顺杆下滑。

2）上横担进行工作前，应检查横担连接是否牢固和腐蚀情况。在杆塔上作业时，应使用有后备绳或速差自锁器的双控背带式安全带，安全带和保护绳应分挂在杆塔不同部位的牢固构件上，应防止安全带从杆顶脱出或被锋利物损坏。人员在转位时，手扶的构件应牢固，且不得失去后备保护绳的保护。

（2）防止物体打击措施。

1）现场工作人员必须正确佩戴好安全帽。

2）高空作业应使用工具袋，较大的工器具应固定在牢固的构件上，不准随便乱放。上下传递物件应用绳索拴牢传递，严禁上下抛掷。

3）在高处作业现场，工作人员不得站在作业处的垂直下方，高空落物区不得有无关人员通行或逗留。在行人道口或人口密集区从事高处作业，工作点下方应设围栏或其他保护措施。

4）除指挥人员外，其他人员应在离开杆塔高度的 1.2 倍距离以外，行人不得进入工作现场。

（3）防止倒杆措施。

1）要设专人指挥，信号明确。

2）临时拉线上、下连接点，应牢固可靠，固定电杆的临时拉线要派专人看守，以防拉线松脱。

3）当临时拉线完全受力后，检查无问题方可拆除旧拉线。

4）当永久拉线完全受力后，检查无问题方可拆除临时拉线。

5）杆塔上有人时，不准调整或拆除拉线。

6）利用抱杆提升角钢框架式杆段时，起吊工具、抱杆的强度和刚度必须满足起吊重量的要求，抱杆底部必须采取可靠的防滑措施。

7）抱杆底部应固定牢固，抱杆顶部应设临时拉线控制，临时拉线应均匀调节并由有经验的人员控制。抱杆应受力均匀，两侧拉绳应控制好，不得左右倾斜。

8）抱杆提升过程中应缓慢牵引，提升完成后，应检查抱杆及各部受力情况良好后才能提升。

（4）防止碰伤措施。

1）在提升角钢框架式杆段时，应控制好方向控制绳，以免角钢框架式杆段碰伤作业人员。

2）在提升角钢框架式杆段过程中，严禁登杆作业。

2. 作业前准备工作

（1）作业方式及作业条件。混凝土杆加高工作时，应在良好天气下进行，如遇雷电、暴雨、冰雹、大雾、沙尘暴等恶劣天气不得进行作业，风力大于 6 级时，一般不宜进行作业。

（2）人员组成。工作负责（监护）人 1 名，杆上作业人员一般 2 名，地面作业人员 5 名，共 8 人（根据工作现场实际情况可适当增减作业人员）。

（3）施工布置图。混凝土杆加高施工布置如图 ZY0200201003-3 和图 ZY0200201003-4 所示。

（4）作业工器具、材料配备。

1）所需工器具主要有木抱杆、起重滑车、白棕绳、法兰螺栓、气焊工具、卸扣、角铁桩、双钩、机动绞磨、经纬仪、主接地线及相关规格钢丝绳等。

2）所需材料主要有角钢框架式加高杆段等。

3. 作业步骤和质量标准

（1）上杆作业前的准备。

1）工作人员根据工作情况选择工器具及材料并检查是否完好齐全。

2）工作人员检查杆塔根部、所有的拉线及基础是否完好。

3）按工作票的要求在工作地段前后杆塔的导线上验明确无电压后装设好接地线。

（2）登杆作业。

1）杆上作业人员检查登杆工具及安全防护用具并确保良好、可靠。

2）杆上作业人员戴好安全帽，携带安全带、后备保护绳、传递绳和滑车开始登杆。

图 ZY0200201003-3　混凝土杆加高施工布置图（一）

1—侧向临时拉线；2—前后临时拉线；3—水平拉线；4—抱杆；5—起吊滑车组；6—上风拉线；7—起吊钢绳套；8—抱杆四方拉线；9—转向滑车；10—新加高铁杆段；11—机动绞磨

模块 3

ZY0200201003

图 ZY0200201003-4 混凝土杆加高施工布置图（二）
1—起吊钢丝绳；2—转向滑车；3—横担；4—新加高铁
杆段四方拉线；5—水平拉线；6—双钩

3）杆上作业人员登杆到适当位置系好安全带、后备保护绳后，在合适的位置挂好起吊绳。

（3）作业过程操作要点。

1）在导线横担下方的电杆上，打好前后四根临时拉线和两根侧向临时拉线，两杆之间用钢丝绳套和双钩连接并收紧。

2）拆除加高杆相邻两基直线杆塔导线、地线悬垂线夹，并将导线、地线放入放线滑车内。

3）拆除加高杆的导线、地线上的悬垂线夹，用滑车和钢丝绳将两根边导线和地线放松到地面，中导线放落在横梁上。

4）抱杆的安装。

a．在电杆顶部架空地线处安装一只起吊单轮滑车，将牵引绳穿过滑车一端绑扎在抱杆重心上部，另一端通过电杆根部转向滑车进入机动绞磨。

b．用机动绞磨缓慢起吊抱杆，当抱杆上的牵引绳绑扎点接近滑车时，将抱杆临时和电杆捆绑在一起，并将牵引绳绑扎点移至抱杆根部后继续提升，提升过程要注意控制好抱杆顶部四根临时拉线，直至将抱杆根部吊至坐落在横担抱箍上，并和杆身固定牢靠。

c．抱杆就位后，调整好抱杆角度，并将抱杆四方拉线固定好。

5）加高杆段的安装。

a．利用抱杆顶部的滑车组提升抱杆一侧的加高杆段（一般采用角钢框架式），安装就位后，再利用拉线重新调整好抱杆倾斜角度，吊装另一侧加高杆段。

b．在吊装另一侧加高杆段时，由于抱杆的倾斜角度大，要注意抱杆稳定的控制，确保倾斜后的抱杆上风临时拉线有两根同时受力。

6）加高杆段全部安装好后，将六根临时拉线和两杆连接钢丝绳套移到加高杆段上打设（移动临时拉线前，永久拉线必须调紧好），注意绑扎点不应影响横担的安装。

7）在加高桁架上安装一只单轮滑车，利用牵引绳通过机动绞磨将抱杆放落到地面。

8）横担的提升：在加高杆段顶部各安装一只滑车，用两根牵引绳和两台机动绞磨沿电杆平行提升就位，如图 ZY0200201003-4 所示。当横担提升就位后，先将牵引绳固定牢固，再登杆将横担安装好。

9）将永久拉线移至新的位置并安装好，调正杆身，将导、地线安装就位，同时恢复前后杆塔的导、地线。杆上作业人员检查施工质量无问题后，拆除临时拉线，用传递绳将工器具拴牢传递至地面。

（4）作业结束。

1）杆上作业人员检查施工质量无问题后，拆除临时拉线，用传递绳将工器具拴牢传至地面。

2）杆上作业人员检查杆上无任何遗留物后，解开安全带、后备安全绳，携带起吊绳下杆。

3）杆上作业人员将登杆证交还工作负责（监护）人，工作负责（监护）人在工作任务单填写执行情况。

4）工作负责人确认在杆塔上、导线上、绝缘子串上及其他辅助设备上没有遗留的个人保安线、工具、材料等，查明全部工作人员确由杆塔上撤下后，再命令拆除工作地段所挂的接地线，并向工作许可人汇报作业结束，终结工作票。

4. 注意事项

（1）检修杆塔不准随意拆除受力构件，如需要拆除时，应事先做好补强措施。调整杆塔倾斜、弯曲、拉线受力不均或迈步、转向时，应根据需要设置临时拉线及其调整范围，并应有专人统一指挥。

（2）高处作业人员在作业过程中，应随时检查安全带是否拴牢。高处作业人员在转移作业位置时不准失去安全保护。

（3）在进行高处作业时，除有关人员外，不准他人在工作地点的下面通行或逗留，工作地点下面应有围栏或装设其他保护装置，防止落物伤人。

（4）起吊物件应绑扎牢固，若物件有棱角或特别光滑的部位时，在棱角和滑面与绳索（吊带）接触处应加以包垫。起吊电杆等长物件应选择合理的吊点，并采取防止突然倾倒的措施。

（三）转角铁塔倾斜调整案例

1. 危险点分析和控制措施

转角铁塔倾斜调整危险点有高空坠落、物体打击、倒杆塔等，其控制措施有以下几方面：

（1）防止高空坠落措施。

1）上杆塔作业前，应先检查基础是否牢固。登杆塔前，应先检查安全带、脚钉、爬梯、防坠装置等是否完整牢靠。

2）上横担进行工作前，应检查横担连接是否牢固和腐蚀情况。在杆塔上作业时，应使用有后备绳或速差自锁器的双控背带式安全带，安全带和保护绳应分挂在杆塔不同部位的牢固构件上，应防止安全带从杆顶脱出或被锋利物损坏。人员在转位时，手扶的构件应牢固，且不得失去后备保护绳的保护。

（2）防止物体打击措施。

1）现场工作人员必须正确佩戴好安全帽。

2）高空作业应使用工具袋，较大的工器具应固定在牢固的构件上，不准随便乱放。上下传递物件应用绳索拴牢传递，严禁上下抛掷。

3）在高处作业现场，工作人员不得站在作业处的垂直下方，高空落物区不得有无关人员通行或逗留。在行人道口或人口密集区从事高处作业，工作点下方应设围栏或其他保护措施。

2. 作业前准备工作

（1）作业方式及作业条件。停电更换横担工作时，应在良好天气下进行，如遇雷电、暴雨、冰雹、大雾、沙尘暴等恶劣天气不得进行作业，风力大于 6 级时，一般不宜进行作业。

（2）人员组成。工作负责（监护）人 1 名，杆上作业人员 1 名，地面作业人员 6 名，共 8 人（根据工作现场实际情况可适当增减作业人员）。

（3）施工布置图。转角铁塔向内角侧倾斜调整施工布置如图 ZY0200201003-5 所示。

（4）作业工器具、材料配备。

1）所需工器具主要有滑车、角铁桩、手扳葫芦、卸扣、法兰螺栓、经纬仪、大锤、钢丝绳套及相关规格钢丝绳等。

2）所需材料主要有钢板等。

3. 作业步骤和质量标准

（1）工作人员根据工作情况选择工器具及材料并检查是否完好齐全。

（2）工作人员检查杆塔基础是否完好。

（3）按工作票的要求在工作地段前后杆塔的导线上验明确无电压后装设好接地线。

图 ZY0200201003-5 转角铁塔向内角侧倾斜调整施工布置
1—上横担；2—下横担；3—牵引拉线；4—牵引滑车组；5—手扳葫芦；6—撬棍；7—垫块

（4）塔上作业人员检查登杆工具及安全防护用具并确保良好、可靠。

（5）塔上作业人员戴好安全帽，携带安全带、后备保护绳、传递绳和滑车开始登塔。

（6）塔上作业人员登塔到适当位置系好安全带、后备保护绳后，在合适的位置挂好起吊绳。

（7）塔上、地面作业人员配合先后在铁塔外角侧导、地线横担与塔身交接处，分别用钢丝绳套在两根主材上的节点上绑扎好，通过 U 型环与临时拉线上端相连。地线临时拉线下端串接手扳葫芦与地锚固定，导线临时拉线下端采用滑车组、牵引绳用手扳葫芦收紧，牵引拉线对地夹角一般为 30°左右。

（8）当牵引拉线收紧后，地面作业人员适当拧松内角侧和外角侧的地脚螺帽，但不要全部松出，至少保留一个螺帽。

（9）一边收紧外角侧牵引拉线，一边在内角侧的两只塔脚底板下用大撬棍支在硬板上同时进行撬动，使塔脚板抬起，直至铁塔正直，并略向外角侧倾斜。

（10）按塔脚撬离基面后的空隙高度，地面作业人员在塔脚底板下面塞入钢板，塞入钢板的厚度视塔身倾斜程度而定，并浇灌混凝土砂浆充实。

（11）地面作业人员拧紧地脚螺帽，检查施工质量无问题后，用混凝土砂浆封好保护帽，塔上作业人员拆除临时拉线，用传递绳将工器具拴牢传至地面。

（12）塔上作业人员检查塔上无任何遗留物后，解开安全带、后备保护绳，携带吊绳下塔。

（13）塔上作业人员将登杆（塔）证交还工作负责（监护）人，工作负责（监护）人在工作任务单填写执行情况。

（14）工作负责人确认在杆塔上及其他辅助设备上没有遗留的个人保安线、工具、材料等，查明全部工作人员确由杆塔上撤下后，再命令拆除工作地段所挂的接地线，并向工作许可人汇报作业结束，终结工作票。

4．注意事项

（1）铁塔调整后，其顶端不应超过铅垂线而偏向受力侧，并符合设计规定。

（2）塔脚板与基础面之间的空隙应浇灌混凝土砂浆，保护帽的混凝土应与塔脚板上部铁板结合紧密，且不得有裂缝。

（3）牵引时，不准利用树木或外露岩石作受力桩。一个锚桩上的临时拉线不准超过两根，临时拉线不得固定在有可能移动或其他不可靠的物体上。临时拉线绑扎工作应由有经验的人员担任。

（4）杆塔上下无法避免垂直交叉作业时，应做好防落物伤人的措施，作业时要相互照应，密切配合。

【思考与练习】

1．编写门型双杆整体放倒的施工方法。

2．编写铁塔主材更换的施工方法。

3．编写组立钢管塔的施工方法。

4．杆塔倾斜度超过多少时必须进行调整？

模块4 拉线、叉梁和横担检修（ZY0200201004）

【模块描述】本模块介绍拉线、叉梁和横担检修更换方法和安全注意事项等。通过内容介绍、操作流程讲解，掌握拉线、叉梁和横担更换方法。

【正文】

一、工作内容

输电线路运行后，因受自然环境、外力破坏等各种因素的影响，杆塔拉线出现锈蚀、散股、断股；横担出现歪扭、构件缺损、锈蚀变形；叉梁出现弯曲、鼓肚、露筋等缺陷。根据缺陷性质采用更换拉线、横担、叉梁等措施，下面具体介绍更换叉梁、横担、拉线的方法。

二、更换杆塔叉梁、横担、拉线的方法介绍

（一）停电更换杆塔叉梁方法介绍

1．危险点分析和控制措施

停电更换杆塔叉梁危险点有高空坠落、物体打击、倒杆和碰伤等，其控制措施有以下几方面：

（1）防止高空坠落措施。

1）上杆塔作业前，应先检查杆根、拉线和基础是否牢固。登杆塔前，应先检查安全带、脚扣、脚钉、爬梯、防坠装置等是否完整牢靠。严禁利用绳索、拉线上下杆塔或顺杆下滑。

2）上横担进行工作前，应检查横担连接是否牢固和腐蚀情况。在杆塔上作业时，应使用有后备绳或速差自锁器的双控背带式安全带，安全带和保护绳应分挂在杆塔不同部位的牢固构件上，应防止安全带从杆顶脱出或被锋利物损坏。人员在转位时，手扶的构件应牢固，且不得失去后备保护绳的保护。

（2）防止物体打击措施。

1）现场工作人员必须正确佩戴好安全帽。

2）高空作业应使用工具袋，较大的工器具应固定在牢固的构件上，不准随便乱放。上下传递物件应用绳索拴牢传递，严禁上下抛掷。

3）在高处作业现场，工作人员不得站在作业处的垂直下方，高空落物区不得有无关人员通行或逗留。在行人道口或人口密集区从事高处作业，工作点下方应设围栏或其他保护措施。

（3）防止倒杆和碰伤措施。

1）要设专人指挥，信号明确。

2）拆除旧叉梁和起吊新叉梁时要注意控制好绳索，以免碰伤人。

3）杆塔上有人时，不准调整或拆除拉线。

4）设专人全程监护，监护人不得从事其他工作。

2．作业前准备工作

（1）作业方式及作业条件。停电更换杆塔叉梁工作时，应在良好天气下进行，如遇雷电、暴雨、冰雹、大雾、沙尘暴等恶劣天气不得进行作业，风力大于6级时，一般不宜进行作业。

（2）人员组成。工作负责（监护）人1名，杆上作业人员一般2名，地面作业人员4名，共7人（根据工作现场实际情况可适当增减作业人员）。

（3）施工布置图。停电更换叉梁施工现场布置如图ZY0200201004-1所示。

（4）作业工器具、材料配备。

1）所需工器具主要有单轮滑车、起吊绳、法兰

图ZY0200201004-1 停电更换叉梁施工现场布置

1—上起吊滑车；2—转向滑车；3—平衡滑车；4—下起吊滑车；
5—起吊钢丝绳；6—控制钢丝绳；7—上叉梁；8—下叉梁

螺栓、角铁桩、机动绞磨及相关规格钢丝绳等。

2）所需材料主要有叉梁、连接螺栓等。

3. 作业步骤和质量标准

（1）上杆作业前的准备。

1）工作人员根据工作情况选择工器具及材料并检查是否完好齐全。

2）工作人员检查杆塔根部、所有的拉线及基础是否完好。

3）按工作票的要求在工作地段前后杆塔的导线上验明确无电压后装设好接地线。

（2）登杆作业。

1）杆上作业人员检查登杆工具及安全防护用具并确保良好、可靠。

2）杆上作业人员戴好安全帽，携带安全带、后备保护绳、传递绳和滑车开始登杆。

3）杆上作业人员登杆到适当位置系好安全带、后备保护绳后，在合适的位置挂好起吊绳。

（3）更换叉梁操作要点。

1）杆上作业人员在杆上适当位置安装好上起吊滑车 1 和下起吊滑车 4，地面作业人员在地面杆段处安装好转向滑车 2。

2）杆上作业人员与地面作业人员配合吊上起吊绳，并将上起吊绳的两头绑在上叉梁适当位置，起吊钢丝绳放入上起吊滑车 1 和转向滑车 2，钢丝绳中间装入平衡滑车 3 一起连接至机动绞磨。

3）杆上作业人员将起吊下叉梁的钢丝绳吊上，通过下起吊滑车 4 系在下叉梁适当位置连接至地面锚桩上。

4）杆上作业人员拆除下叉梁连接螺栓，地面作业人员缓慢放松下起吊绳，使下叉梁 8 靠拢并保持垂直状态。

5）地面作业人员收紧上叉梁起吊钢丝绳 5 使其受力，杆上作业人员拆除上叉梁连接螺栓并使叉梁脱离抱箍。

6）地面作业人员缓慢放松上叉梁起吊钢丝绳 5，使叉梁缓慢放落至地面。

7）地面作业人员在地面将新叉梁组装好，用上起吊钢丝绳 5 绑在上叉梁 7 的适当位置，控制钢丝绳 6 绑在下叉梁 8 的适当位置，启动机动绞磨缓慢牵引将新叉梁吊上，杆上作业人员将上叉梁安装在上叉梁抱箍上。地面作业人员收紧控制钢丝绳 6，杆上作业人员将下叉梁安装在下叉梁抱箍上。

8）杆上作业人员检查新叉梁安装无问题后，拆除上、下起吊钢丝绳，并用传递绳将起吊钢丝绳及其工器具拴牢传至地面。

9）杆上作业人员带上起吊绳、解开安全带、安全绳下杆。

10）杆上作业人员将登杆证交还工作负责（监护）人，工作负责（监护）人在工作任务单填写执行情况。

（4）工作结束后，工作负责人确认在杆塔上及其他辅助设备上没有遗留工具、材料等，查明全部工作人员确由杆塔上撤下后，再命令拆除工作地段所挂的接地线，并向工作许可人汇报作业结束，终结工作票。

4. 注意事项

（1）松紧牵引绳时，要防止转向滑车脱出，应及时进行检查，牵引绳内角侧禁止站人。

（2）所更换完的叉梁，螺栓连接应紧密，组合后应正直，不得有明显的弯曲、鼓肚。

（3）所使用的工器具必须严格检查，严禁超载使用。

（4）牵引钢丝绳在绞磨卷筒上的卷绕圈数不得少于五圈，绳尾受力，并设专人看管。

（二）停电更换横担

1. 危险点分析和控制措施

停电更换横担危险点有高空坠落、物体打击、倒杆和碰伤等，其控制措施有以下几方面：

（1）防止高空坠落措施。

1）上杆塔作业前，应先检查杆根、拉线和基础是否牢固。登杆塔前，应先检查安全带、脚扣、脚钉、爬梯、防坠装置等是否完整牢靠。严禁利用绳索、拉线上下杆塔或顺杆下滑。

2）上横担进行工作前，应检查横担连接是否牢固和腐蚀情况。在杆塔上作业时，应使用有后备绳或速差自锁器的双控背带式安全带，安全带和保护绳应分挂在杆塔不同部位的牢固构件上，应防止安全带从杆顶脱出或被锋利物损坏。人员在转位时，手扶的构件应牢固，且不得失去后备保护绳的保护。

（2）防止物体打击措施。

1）现场工作人员必须正确佩戴好安全帽。

2）高空作业应使用工具袋，较大的工器具应固定在牢固的构件上，不准随便乱放。上下传递物件应用绳索拴牢传递，严禁上下抛掷。

3）在高处作业现场，工作人员不得站在作业处的垂直下方，高空落物区不得有无关人员通行或逗留。在行人道口或人口密集区从事高处作业，工作点下方应设围栏或其他保护措施。

4）除指挥人员外，其他人员应在离开杆塔高度的 1.2 倍距离以外，行人不得进入工作现场。

（3）防止倒杆措施。

1）要设专人指挥，信号明确。

2）临时拉线上、下连接点，应牢固可靠，固定电杆的临时拉线要派专人看守，以防拉线松脱。

3）当临时拉线完全受力后，检查无问题方可拆除旧拉线。

4）当永久拉线完全受力后，检查无问题方可拆除临时拉线。

5）杆塔上有人时，不准调整或拆除拉线。

（4）防止碰伤措施。

1）在拆除横担或提升横担时，应控制好方向控制绳，以免横担碰伤作业人员。

2）在提升、放落横担过程中，严禁登杆作业。

2. 作业前准备工作

（1）作业方式及作业条件。停电更换横担工作时，应在良好天气下进行，如遇雷电、暴雨、冰雹、大雾、沙尘暴等恶劣天气不得进行作业，风力大于 6 级时，一般不宜进行作业。

（2）人员组成。工作负责（监护）人 1 名，杆上作业人员一般 2 名，地面作业人员 5 名，共 8 人（根据工作现场实际情况可适当增减作业人员）。

（3）施工布置图。更换横担施工现场布置如图 ZY0200201004-2 所示。

图 ZY0200201004-2　更换横担施工现场布置图

1—起吊滑车；2—转向滑车；3—提升钢丝绳；4—电杆；5—边相横担；
6—中相横担；7—方向控制绳；8—四方临时拉线

（4）作业工器具、材料配备。

1）所需工器具主要有单轮滑车、起吊绳、角铁桩（地锚）、机动绞磨及相关规格钢丝绳等。

2）所需材料主要有所更换的横担、螺栓等。

3. 作业步骤和质量标准

（1）工作人员根据工作情况选择工器具及材料并检查是否完好齐全。

（2）工作人员检查杆塔根部、所有的拉线及基础是否完好。

（3）按工作票的要求在工作地段前后杆塔的导线上验明确无电压后装设好接地线。

（4）杆上作业人员登杆到适当位置系好安全带、后备保护绳后，在合适的位置挂好起吊绳。

（5）首先打好两根电杆临时拉线，并收紧受力。

（6）然后拆除三根导线，将导线放至地面或通过滑车将导线暂时悬挂在电杆上适当位置。

（7）在电杆顶部安装一只起吊滑车，提升钢丝绳通过转向滑车和该起吊滑车后，绑扎在待拆除的边相导线横担上。

（8）收紧提升钢丝绳并使其受力，杆上作业人员拆除边相导线横担连接螺栓、横担与导线抱箍的连接螺栓、横担穿钉及吊杆，使边相横担脱开，缓慢放松提升钢丝绳，将边相横担放至地面；另一侧的边相横担采取同样的方法进行拆除。

（9）杆上作业人员在两根电杆的顶部适当位置挂好滑车，提升钢丝绳分别通过转向滑车和起吊滑车后，绑在中相横担的两端适当位置。收紧提升钢丝绳，使其受力后，拆除横担吊杆、横担抱箍连接螺栓，控制好两根提升钢丝绳，使其平衡缓慢放至地面。

（10）地面作业人员用提升钢丝绳分别在中相导线横担两侧绑扎好，启动牵引，将中相导线横担吊至杆上，在提升时注意保持平衡，杆上作业人员将新的中相导线横担与各部连接好。

（11）安装两边导线横担，其施工程序和拆除相反。最后恢复导线，拆除杆塔临时拉线。

（12）杆上作业人员检查无问题后，拆除左、右提升钢丝绳，并用传递绳将钢丝绳及工器具拴牢传至地面。

（13）工作结束后，工作负责人确认在杆塔上及其他辅助设备上没有遗留工具、材料等，查明全部工作人员确由杆塔上撤下后，再命令拆除工作地段所挂的接地线，并向工作许可人汇报作业结束，终结工作票。

4. 注意事项

（1）检修杆塔不准随意拆除受力构件，如需要拆除时，应事先做好补强措施。调整杆塔倾斜、弯曲、拉线受力不均或迈步、转向时，应根据需要设置临时拉线及其调整范围，并应有专人统一指挥。

（2）在起吊、牵引过程中，受力钢丝绳的周围、上下方、转向滑车内角侧和起吊物的下面，禁止有人逗留或通过。

（3）牵引时，不准利用树木或外露岩石作受力桩。一个锚桩上的临时拉线不准超过两根，临时拉线不得固定在有可能移动或其他不可靠的物体上。临时拉线绑扎工作应由有经验的人员担任。

（4）杆塔上下无法避免垂直交叉作业时，应做好防落物伤人的措施，作业时要相互照应，密切配合。

（5）当部件组装有困难时，应查明原因，严禁强行组装。个别部件需扩孔时，扩孔部分不应超过3mm，当扩孔需要超过3mm时，应先堵焊再重新打孔，并进行防锈处理，严禁使用气割扩孔或烧孔。

（三）更换拉线

1. 危险点分析和控制措施

停电更换杆塔拉线危险点有高空坠落、物体打击、倒杆和碰伤等，其控制措施有以下几方面：

（1）防止高空坠落措施。

1）上杆塔作业前，应先检查杆根、拉线和基础是否牢固。登杆塔前，应先检查安全带、脚扣、脚钉、爬梯、防坠装置等是否完整牢靠。严禁利用绳索、拉线上下杆塔或顺杆下滑。

2）上横担进行工作前，应检查横担连接是否牢固和腐蚀情况。在杆塔上作业时，应使用有后备绳或速差自锁器的双控背带式安全带，安全带和保护绳应分挂在杆塔不同部位的牢固构件上，应防止安全带从杆顶脱出或被锋利物损坏。人员在转位时，手扶的构件应牢固，且不得失去后备保护绳的保护。

（2）防止物体打击措施。

1）现场工作人员必须正确佩戴好安全帽。

2）高空作业应使用工具袋，较大的工器具应固定在牢固的构件上，不准随便乱放。上下传递物件应用绳索拴牢传递，严禁上下抛掷。

3）在高处作业现场，工作人员不得站在作业处的垂直下方，高空落物区不得有无关人员通行或逗留。在行人道口或人口密集区从事高处作业，工作点下方应设围栏或其他保护措施。

（3）防止倒杆和碰伤措施：

1）要设专人指挥，信号明确。

2）临时拉线上、下连接点，应牢固可靠。

3）当临时拉线完全受力后，检查无问题方可拆除旧拉线。

4）当新的拉线完全安装好后，检查确无问题方可拆除临时拉线。

5）杆塔上有人时，不准调整或拆除拉线。

2. 作业前准备工作

（1）作业方式及作业条件。停电更换横担工作时，应在良好天气下进行，如遇雷电、暴雨、冰雹、大雾、沙尘暴等恶劣天气不得进行作业，风力大于6级时，一般不宜进行作业。

（2）人员组成。工作负责（监护）人1名，杆上作业人员1名，地面作业人员2名，共4人（根据工作现场实际情况可适当增减作业人员）。

（3）作业工器具、材料配备。

1）所需工器具主要有卡线器、断线钳、双钩紧线器、卸扣、防盗螺帽拆卸工具、绝缘起吊绳及相关规格钢丝绳等。

2）所需材料主要有钢绞线、楔型线夹、UT线夹、防盗螺帽等。

3. 作业步骤和质量标准

（1）杆上作业人员与地面作业人员相互配合，用传递绳将临时拉线吊至杆上，在距拉线挂点下方200mm处的电杆身上缠绕两圈后，用卸扣拴牢。

（2）地面作业人员将双钩紧线器的一端挂在拉棒环内，另一端与钢丝绳拴牢。收紧双钩紧线器，使拉线的荷载转移到临时拉线上，旧拉线呈松弛状态。

（3）地面作业人员检查临时拉线无问题后，拆除旧拉线的UT线夹，使旧拉线与拉棒脱离。

（4）杆上作业人员拆除旧拉线楔型线夹，并与地面人员配合，将旧拉线传递至地面。

（5）地面作业人员根据现场情况，做好新拉线楔型线夹（回头长度为300~500mm，钢绞线与楔子半圆弯曲结合处不得有死角和空隙），杆上作业人员与地面作业人员配合将新拉线吊上杆，杆上作业人员安装好新拉线楔型线夹。

（6）地面作业人员做好UT线夹（回头长度为300~500mm，钢绞线与线夹的舌板半圆弯曲结合处不得有死角和空隙，线夹的凸肚应在尾线侧）并与拉棒连接好，调整UT线夹，使临时拉线的荷载转移到新拉线上。UT线夹螺母露出丝扣长度不小于1/2螺杆的螺纹长度为宜，同组拉线使用两个线夹时，其线夹尾端的方向应统一。

（7）检查新拉线无问题后，杆上作业人员和地面作业人员拆除临时拉线，并用传递绳将临时拉线及工器具拴牢传递至地面。

（8）工作结束后，工作负责人确认在杆塔上及其他辅助设备上没有遗留工具、材料等，查明全部工作人员确由杆塔上撤下后，再命令拆除工作地段所挂的接地线，并向工作许可人汇报作业结束，终结工作票。

4. 注意事项

（1）更换后拉线的机械强度不得低于原设计标准，并采取防盗措施。

（2）监护人应严格监护杆塔上作业人员的活动趋向和活动范围，发现不规范的动作行为和违章时，应及时提醒、纠正和制止，监护人不得擅自离开岗位。

（3）拉线与拉棒应呈一直线。

（4）X型拉线的交叉点处应留有足够的空隙，避免相互磨碰；拉线应无金钩、散股、松股等现象。

（5）组合拉线的各根拉线受力应一致。

（6）拉线做头时，用木榔头敲击线夹时注意力应集中，手抓稳，落点正确，防止伤手。

（7）展放拉线时应两人配合，顺绞展放，防止弹伤。

（8）起吊材料及拉线时应绑扎牢固并慢慢吊递。

【思考与练习】

1．造成拉线缺陷的原因有哪些？

2．为什么有些双杆需要装设叉梁？

3．编写更换耐张混凝土杆横担的施工方法。

4．编写更换电杆双拉线的施工方法。

模块 5　绝缘子、金具更换（ZY0200201005）

【模块描述】本模块包含绝缘子、金具更换的方法和安全注意事项等。通过内容介绍、操作流程讲解，掌握绝缘子、金具更换方法。

【正文】

一、工作内容

输电架空线路经过一段时间运行后，绝缘子和金具因种种原因会造成各种缺陷，为确保输电线路的健康水平必须安排检修消缺。但因线路绝缘子串和金具有不同的型号和组合形式，各地有各自的检修习惯，检修作业方法有很多方式方法，因此检修作业方法没有固定的模式。本模块在这里主要介绍停电更换双回路 500kV 直线 V 串整串绝缘子和停电更换 500kV 线路间隔棒的方法以供参考。

二、停电更换 500kV 直线 V 串整串绝缘子（本线路为双回，一回停电检修，另一回带电运行）

（一）危险点分析和控制措施

停电更换 500kV 直线 V 串整串绝缘子危险点有高空坠落、触电、物体打击及工器具失灵，导线脱落，绝缘子串脱落，挂线二连板挤伤人、现场作业安全监护等，其控制措施有以下几方面：

1．防止高空坠落措施

（1）上杆塔作业前，应先检查杆塔基础是否牢固。登杆塔前，应先检查安全带、脚钉、爬梯、防坠装置等是否完整牢靠。严禁利用绳索下滑。

（2）上横担进行工作前，应检查横担连接是否牢固和腐蚀情况。在杆塔上作业时，应使用有后备绳或速差自锁器的双控背带式安全带，安全带和保护绳应分挂在杆塔不同部位的牢固构件上，应防止安全带从杆顶脱出或被锋利物损坏。人员在转位时，手扶的构件应牢固，且不得失去后备保护绳的保护。

2．防止触电措施

在同塔架设双回路作业时：

（1）在带电导线附近所用工器具、材料应用绝缘无极绳索传递；

（2）登塔作业人员、绳索、工器具及材料与带电体必须保持 6m 的安全距离；

（3）设专人监护，监护人不得从事其他工作；

（4）杆塔上人员身穿经检测合格的全套屏蔽服。

3．防止物体打击措施

（1）现场工作人员必须正确佩戴好安全帽。

（2）高空作业应使用工具袋，较大的工器具应固定在牢固的构件上，不准随便乱放。上下传递物件应用绳索拴牢传递，严禁上下抛掷。

（3）在高处作业现场，工作人员不得站在作业处的垂直下方，高空落物区不得有无关人员通行或逗留。在行人道口或人口密集区从事高处作业，工作点下方应设围栏或其他保护措施。

4．防止工器具失灵、导线脱落、绝缘子脱落、挂线二连板挤伤人等措施

（1）所有工器具要定期检查，使用前必须专人检查，保证合格、配套、灵活好用；作业时要连接牢固可靠并打好保护套。

（2）在交叉跨越的各种线路、公路、铁路作业时，必须采取防止导线掉落的保护措施，并应有足

够的强度，对被跨越的电力线，必要时申请停电后再进行作业。

（3）为防止绝缘子串收紧松弛后，弹簧销子脱落或金具连接不牢发生突然脱落伤人事故，首先要认真检查连接情况是否牢固，无问题后方可紧线。

（4）认真检查绝缘子连接情况是否牢固，防止绝缘子串突然脱落或翻滚，连板变位挤伤人。

（5）绝缘子串收紧前，检查工器具连接情况是否牢固可靠。

5. 现场作业安全监护

自作业开始至作业结束，安全监护人必须始终在作业现场对作业人员进行不间断的安全监护。

（二）作业前准备工作

1. 作业方式及作业条件

停电更换 500kV 直线 V 串整串绝缘子时，应在良好天气下进行，如遇雷电、暴雨、冰雹、大雾、沙尘暴等恶劣天气不得进行作业，风力大于 5 级时，一般不宜进行作业。

2. 人员组成

工作负责人 1 名，专职监护人 1 名，塔上作业人员一般 3 名，地面作业人员 6 名，共 11 人（根据工作现场实际情况可适当增减作业人员）。

3. 作业工器具、材料配备

（1）作业所需主要工器具有绝缘绳、导线后备保护绳、钢丝绳套、导线提线器、传递滑车、手扳葫芦、链条葫芦、卸扣、绝缘电阻表、机动绞磨、牵引钢丝绳等。

（2）作业所需主要材料有同型号绝缘子、闭口销等。

（三）作业步骤和质量标准

（1）上塔作业前的准备。

1）工作人员根据工作情况选择工器具及材料并检查是否完好。

2）工作人员检查铁塔根部、基础是否完好。

3）地面作业人员在适当的位置将循环绳理顺确保无缠绕，逐个对绝缘子进行外观检查，将表面及裙槽清擦干净，并用 5000V 绝缘电阻表检测绝缘（在干燥情况下绝缘电阻不得小于 500MΩ），无问题后连接成串放置好。

4）按工作票的要求在工作地段前后杆塔的导线上验明确无电压后装设好接地线。

（2）登塔作业。

1）塔上作业人员检查登塔工具及安全防护用具并确保良好、可靠。

2）塔上作业人员戴好安全帽，携带安全带、后备保护绳、传递绳开始登塔。

（3）更换绝缘子串。

1）塔上作业人员携带传递绳、10kN 传递滑车登至需更换 V 串绝缘子横担上方，将安全带、后备保护绳系在横担主材上，在 V 串横担中间适当位置挂好传递绳；地面作业人员在停电回路侧的两只塔脚上分别设置绞磨以及牵引钢丝绳的转向。

2）地面作业人员将导线保护绳及四只 50kN 卸扣和 60kN 手扳葫芦传递上塔。塔上作业人员将导线保护绳一端拴在横担中部的一操作眼孔上，另一端拴在导线联板的一操作眼孔上。然后塔上作业人员将连接好的 60kN 手扳葫芦一端挂在横担中部的另一操作眼孔上，另一端勾住导线提线器且分别勾住四根子导线，收紧手扳葫芦使之受力，将两 V 串绝缘子松弛。

3）塔上作业人员将传递上来的牵引钢丝绳挂好且分别在 V 串的横担挂点处挂设一个转向滑车（便于绝缘子的竖直起降），做好放落绝缘子串的准备。导线上作业人员拆除 V 串处的均压环，然后分别拆除 V 串绝缘子的其中一串与联板的连接，并使绝缘子串处于竖直状态后通过机动绞磨将绝缘子串徐徐放落至地面。

4）地面作业人员将整串绝缘子串牵引至横担挂点，快到达绝缘子安装处，缓慢牵引，到达安装处时，先将绝缘子串一端与横担挂点金具连接。由于此时的绝缘子串处于竖直状态，须将事先挂在绝缘子串倒数第 3~4 片处的 10kN 链条葫芦的另一端用卸扣拴在联板上，收紧链条葫芦将绝缘子串导线端与联板连接好，安装好均压环，检查各部位的锁紧销是否齐全。按照同样的方法更换另一串。绝缘子串收紧前，检查链条葫芦的连接是否牢固可靠，注意绝缘子串的受力情况。

（4）塔上作业人员将手扳葫芦松至绝缘子串受力后，检查绝缘子串受力情况。无问题后松开手扳葫芦并摘下导线侧钩子及保护套，拆除塔上作业工器具并用传递绳拴牢传递至地面。

（5）塔上作业人员携带传递绳，解开安全带、后备保护绳下塔。

（6）塔上作业人员将登杆证交还工作负责（监护）人，工作负责（监护）人在工作任务单上填写执行情况。

（7）工作结束后，工作负责人确认在杆塔上、导线上、绝缘子串上及其他辅助设备上没有遗留的个人保安线、工具、材料等，查明全部工作人员确由杆塔上撤下后，再命令拆除工作地段所挂的接地线，并向工作许可人汇报作业结束，终结工作票。

（四）注意事项

（1）新更换的绝缘子爬距应能满足该地区污秽等级要求。

（2）严禁使用线材（铁丝）代替锁紧销。

（3）单、双悬垂串上的锁紧销均按线路方向穿入。使用 W 锁紧销时，绝缘子大口均朝线路后方；使用 R 锁紧销时，大口均朝线路前方。

（4）耐张绝缘子串上的螺栓、穿钉、锁紧销均由上向下穿；当使用 W 锁紧销时，绝缘子大口均应向上；当使用 R 锁紧销时，绝缘子大口均应向下，特殊情况可由内向外，由左向右穿入。

（5）上下绝缘子串时，手脚要稳，并打好后备保护绳。

（6）新旧绝缘子串上下时，要使用绝缘子方向控制绳，防止绝缘子串碰撞横担及其他部件。

（7）承力工器具严禁以小代大，并应在有效的检验期内。

（8）在脱离绝缘子串和导线连接前，应仔细检查承力工具各部连接，确保安全无误后方可进行。

（9）在相分裂导线上工作时，安全带、绳应挂在同一根子导线上，后备保护绳应挂在整组相导线上。

三、停电更换 500kV 线路间隔棒

（一）危险点分析和控制措施

停电更换 500kV 线路间隔棒危险点有高空坠落、触电、物体打击、现场作业安全监护、作业人员回塔困难等，其控制措施有以下几方面：

1. 防止高空坠落措施

（1）上杆塔作业前，应先检查安全带、脚钉、爬梯、防坠装置等是否完整牢靠，严禁利用绳索下滑。

（2）上横担进行工作前，应检查横担连接是否牢固和腐蚀情况。在杆塔上作业时，应使用有后备绳或速差自锁器的双控背带式安全带，安全带和保护绳应分挂在杆塔不同部位的牢固构件上，应防止安全带从杆顶脱出或被锋利物损坏。人员在转位时，手扶的构件应牢固，且不得失去后备保护绳的保护。

（3）杆塔上有人时，不准调整或拆除拉线。

（4）在相分裂导线上工作时，安全带、绳应挂在同一根子导线上，后备保护绳应挂在整组相导线上。

2. 防止触电或感应触电措施

在同塔架设双回路作业时应注意以下几方面：

（1）在带电导线附近所用工器具、材料应用绝缘无极绳索传递；

（2）登塔作业人员、绳索、工器具及材料与带电体保持安全距离为 6m；

（3）设专人监护，监护人不得从事其他工作；

（4）严格执行停电、验电、装设接地线、使用个人保安线制度。

3. 防止物体打击措施

（1）现场工作人员必须正确佩戴好安全帽。

（2）高空作业应使用工具袋，较大的工器具应固定在牢固的构件上，不准随便乱放。上下传递物件应用绳索拴牢传递，严禁上下抛掷。

（3）在高处作业现场，工作人员不得站在作业处的垂直下方，高空落物区不得有无关人员通行或逗留。在行人道口或人口密集区从事高处作业，工作点下方应设围栏或其他保护措施。

4．现场作业安全监护

自作业开始至作业结束，安全监护人必须始终在作业现场对作业人员进行不间断的安全监护。

5．作业人员回塔困难

作业人员应具备在本档距内独立往返走线能力且身体现状能够进行本次作业，否则禁止出线作业。

（二）作业前准备工作

1．作业方式及作业条件

停电更换 500kV 线路间隔棒时，应在良好天气下进行，如遇雷电、暴雨、冰雹、大雾、沙尘暴等恶劣天气不得进行作业，风力大于 6 级（双回路 5 级）时，一般不宜进行作业。

2．人员组成

工作负责人 1 名，专职监护人 1 名，塔上作业人员一般 2 名，地面作业人员 2 名，共 6 人（根据工作现场实际情况可适当增减作业人员）。

3．作业工器具、材料配备

（1）更换 500kV 线路间隔棒工器具主要有四线推拉器、滑车、绝缘绳等；

（2）主要材料为同型号间隔棒等。

（三）作业步骤和质量标准

1．上杆（塔）作业前的准备

（1）工作人员根据工作情况选择工器具及材料并检查是否完好；

（2）工作人员检查杆塔根部是否完好；

（3）地面作业人员在适当的位置将传递绳理顺确保无缠绕；

（4）按工作票的要求在工作地段前后杆塔的导线上验明确无电压后装设好接地线。

2．登塔作业

（1）塔上作业人员检查登塔工具及安全防护用具并确保良好、可靠；

（2）塔上作业人员戴好安全帽，携带安全带、后备保护绳、传递绳开始登塔。

3．工器具安装

（1）塔上作业人员携带传递绳沿绝缘子串进入导线侧，系好安全带后，解开后备保护绳到工作位置。复合绝缘子必须沿硬梯、爬梯或软梯等辅助工具进入导线，严禁蹬踏复合绝缘子。

（2）地面作业人员将拆装间隔棒所需工器具及四线推拉器传递至导线上，塔上作业人员将四线推拉器安装在导线合适的位置上。

4．拆除旧间隔棒

塔上作业人员将拆除的间隔棒绑扎在传递绳上，将被更换的间隔棒传至地面。

5．安装新间隔棒

（1）地面作业人员利用传递绳将检查良好的新间隔棒传递至导线上。

（2）塔上作业人员将新间隔棒按正确方向安装在原位置上，检查其各部连接良好、牢固。

6．工器具拆除

（1）塔上作业人员拆除四线推拉器，将四线推拉器及专用工器具分别传递至地面。

（2）导线上作业人员检查安装质量无问题后，解开安全带，携带传递绳回到塔上。

（3）拆除沿复合绝缘子进入导线所用的硬梯、爬梯或软梯等辅助工具时，塔上作业人员与地面作业人员配合用传递绳将辅助工具传递至地面。

（4）塔上作业人员检查塔上无任何遗留物后，解开安全带、后备保护绳，携带吊绳下塔。

7．工作结束

工作负责人确认在杆塔上、导线上、绝缘子串上及其他辅助设备上没有遗留的个人保安线、工具、材料等，查明全部工作人员确由杆塔上撤下后，再命令拆除工作地段所挂的接地线，并向工作许可人汇报作业结束，终结工作票。

（四）注意事项

（1）分裂导线的间隔棒的结构面应与导线垂直，安装时应采用准确的方法测量次档距。

（2）杆塔两侧第一个间隔棒的安装距离偏差不应大于次档距的 ±1.5%，其余不应大于 ±3%。

（3）各相间隔棒安装位置应相互一致。

（4）销钉的穿入方向与旧间隔棒的穿入方向一致，弹性闭口销垂直穿者一律由上向下，不得用线材代替闭口销。

【思考与练习】

1. 造成绝缘子零值、低值的原因有哪些？

2. 绝缘子损坏有哪些表征？

3. 试编写停电更换耐张双串绝缘子单串中一片绝缘子的施工方法。

4. 输电线路金具可分为哪几类？举例说明？

模块 6　接地装置检修（ZY0200201006）

【模块描述】本模块包含接地装置常见的缺陷、检修方法及相关安全注意事项等。通过内容介绍、操作流程讲解，掌握接地装置检修方法。

【正文】

一、工作内容

输电线路杆塔的接地装置包括引下线、引出线、接地网等。线路运行后受地形、地貌及外部环境等因素影响，出现接地体锈蚀（包括杆塔接地引下线、埋入地中的地网引出线、接地网）、假焊、地网外露、外力破坏撞击、被盗等缺陷。本部分主要介绍延长接地射线（施工方法采用氧焊焊接）降低接地电阻的方法。

降低接地电阻常见的方法有：

（1）尽量利用杆塔金属基础，钢筋混凝土基础等自然接地体。

（2）尽量利用杆塔基础坑埋设人工接地体，避免了地面干湿的影响和偷盗。

（3）采用适当比例的食盐、木炭、铁屑与土壤混合。

（4）采用电阻率较低的土壤置换原电阻率较高的土壤，以达到降低接地电阻的目的。

（5）采用接地模块改善接地体电阻，这种方法既可降低接地电阻，也避免了腐蚀接地体。

（6）采用降阻剂与土壤混合来达到降低电阻的目的，不过一般降阻剂对接地体的腐蚀性较强。

（7）采用集中接地的方法，沿着杆塔附近周围（在杆塔的基础之外）挖一圈深 600mm 的沟，在沟内每隔 3~5m 打一根垂直接地体（∟50mm×5mm×1500mm 的角钢），用 ϕ12 的圆钢或∟50mm×5mm 扁钢将所有的垂直接地体相连（焊接）再与杆塔的接地引下线相连接。

二、危险点分析和控制措施

接地装置检修危险点主要有火灾、烫伤、碰伤等。其控制措施有以下几点：

1. 控制火灾措施

（1）禁止在存放有易燃易爆物品的房间内焊接。在易燃易爆材料附近焊接时，其最小水平距离不得小于 5m，并根据现场实际情况采取可靠安全措施。

（2）在风力大于 5 级时，禁止露天焊接或气割。但在风力 3~5 级时进行露天焊接或气割时，必须搭设挡风屏以防止火星飞溅引起火灾。

（3）在有可能引起火灾的场所附近进行焊接工作时，必须有必要的消防器材。焊接人离开现场前必须进行检查，现场应无火种留下。

（4）严禁使用不合格的气焊工具，现场运输氧气瓶时应套橡皮圈，以防滚动和暴晒。应将瓶颈上的保险帽和气门侧面连接头的螺帽盖盖好，严禁氧气和乙炔瓶一起运送或储存，押运人员应坐在驾驶室内。工作中防止乙炔回火，防止引燃草木。

2. 控制烫伤措施

（1）焊接工应穿帆布工作服，戴工作帽，上衣不准扎在裤里，口袋须有遮盖，脚面应有鞋罩。焊接时戴防护皮手套，以免烧伤。焊接时应戴护目眼镜。

（2）进行焊接工作时，必须设有防止金属熔渣飞溅、掉落的措施，以防烫伤。

3. 控制碰伤措施

（1）现场埋设接地体时，要防止弹伤眼睛。

（2）挖接地槽时注意尖镐刨伤手脚或磕伤手。

（3）敷设接地线时，应观察周围情况，不得随意抛掷，防止发生意外。

（4）开挖接地体时，开挖人正前方禁止站人，多人开挖时，要保持一定距离。

三、作业前准备工作

1. 作业方式及作业条件

采用延长接地射线降低接地电阻方法，应在良好天气下进行，如遇雷、雨、雪、雾不得进行作业，风力大于 6 级时，一般不宜进行作业。

2. 人员组成

工作负责（监护）人 1 名，焊工 1 名，地面作业人员一般 3 名，共 5 人（根据工作现场实际情况可适当增减作业人员）。

3. 作业工具、材料配备

（1）所需工器具主要有铁锹、尖镐、焊枪、大锤、气焊工具、接地电阻测试仪等。

（2）所需材料主要有圆钢、扁钢、角钢等。

四、作业步骤和质量标准

1. 开挖接地槽

（1）按设计规定的接地体型式结合现场地形而定。在确定接地槽时应避开道路、电缆、地下管道等，当接地槽位于山坡上时，应防止山洪冲刷接地槽。

（2）在山坡上挖接地槽时，应沿山坡的等高线开挖，遇有大石宜绕开开挖。

（3）接地槽开挖深度应符合设计要求，耕地不得小于 0.8m，非耕地不得小于 0.6m，槽底应平整，并应清除沟中影响接地体与土壤接触的杂物。

2. 加装接地体（线）

（1）接地体应平直无明显的弯曲，紧贴地槽底面。

（2）接地装置焊接应连接可靠，连接前应清除连接部位的铁锈等附着物。

（3）接地体的出土部分应经防腐处理，其防腐范围包括地下部分 300mm 以内，并与杆塔连接紧密良好，不得灌入混凝土基础保护帽中，便于以后打开测量接地电阻。

（4）水平接地体在倾斜地形宜沿等高线敷设，两接地体间的平行距离不应小于 5m，接地体敷设应平直，混合接地体的垂直接地体间距不应小于其长度的 2 倍，以减少屏蔽影响。

（5）接地槽回填土时应一个人用脚踩住接地体，防止其跷起，边移动边回填土边夯实。回填土时应从原土中选取好土，清除石块、树枝等杂物，砂石槽应换电阻率小的土壤。

（6）水平接地体一般采用圆钢或扁钢。垂直接地体一般采用角钢或钢管。新敷设接地体和接地引下线的规格：圆钢不小于 ϕ12mm、扁钢不小于 ⊥ 50mm×5mm、角钢不小于 ∟ 50mm×5mm×1500mm。接地引下线的表面应采取有效的防腐处理。

（7）回填土时每回填 300mm 需夯实一次。接地槽上面应留有 300～500mm 的防沉层。

3. 连接接地装置

（1）接地装置的连接应可靠，除设计规定的断开点可用螺栓连接外，其余应都用焊接或爆压连接。连接前应清除连接部位的铁锈等附着物。

（2）搭接焊接时，其搭接长度：圆钢为直径的 6 倍，并应双面施焊；扁钢为宽度的 2 倍，并应四面施焊。

4. 测量接地电阻

接地体改造完成后，须测量杆塔接地电阻。接地电阻的测量方法应执行现行接地装置规程的有关规定。当设计对接地电阻已经考虑了季节系数时，则所测得的接地电阻值应符合换算后的要求。

5. 工作结束

工作负责人清理作业现场，盘点工具、材料数目，并向工作许可人汇报作业结束，线路没有遗留问题，终结工作票。

五、注意事项

（1）垂直接地体应垂直打入，并防止晃动。

（2）接地引下线与杆塔的连接应接触良好。如引下线直接从架空地线引下时，引下线应紧靠杆身，每隔 3m 左右与杆身固定一次。

（3）改造后所测量的接地电阻值应满足考虑季节系数换算后的要求。

（4）接地绝缘电阻表放置平稳，摇动摇柄速度为 120r/min。

（5）接地体应尽可能采用热镀锌钢材。

（6）焊接处必须做好防腐措施。

（7）遥测接地电阻时电流接地探针和电压接地探针应插在与线路垂直的方向。

【思考与练习】

1. 如何测量杆塔接地电阻？

2. 有些电杆接地引下线为什么要从杆顶引下？

3. 接地装置采用搭接焊接时有何要求？

4. 接地敷设时，应注意哪些事项？

模块 7　基础维护（ZY0200201007）

【模块描述】 本模块包含影响基础稳定的因素、基础维护方法及相关安全注意事项等。通过上述内容介绍、知识讲解，掌握基础检修维护方法。

【正文】

一、工作内容

输电线路杆塔基础是线路的一个重要组成部分。其担负着杆塔在各种受力情况下的稳定性，确保不发生杆塔倾覆、下陷或上拔。但常常由于外力的影响，造成杆塔基础不能满足原设计的要求，致使杆塔产生上拔、下沉、变形或倾倒。因此，在日常的维护中必须加强线路的巡视并根据巡线的结果，及时做好基础的维护工作，以保证输电线路的可靠运行。

（一）影响基础稳定的因素

输电线路在运行过程中，由于某种原因造成基础的标高较原来的标高要低很多。如地势下沉、局部积水而产生不均匀沉降，个别地方堆土，形成一方受压；或者一方取土导致拉线基础上拔；山体滑坡造成基础松动、河边杆塔受河水的冲刷等各种现象。

（二）基础维护的方法

1. 培土

培土就是在基础周围填上泥土，一般应分层夯实，每回填 300mm 厚度夯实一次。要求夯实后高出地表 300～500mm 为宜，且上部边宽不得小于坑口边宽。

2. 排积水

对处于水塘中的杆塔基础一般采取排积水处理。通常可在基础的周围用混凝土砂浆砌成正方形石井（或采用混凝土浇筑），边长一般大于原基础 1000～2000mm 为宜，砌好后排干井内积水再进行回填土、沙石料并夯实，要求高出洪水位 500mm 以上。

3. 开挖排水沟和护坡

地处山坡上、河边的杆塔或拉线基础，由于受到流水（洪水）的冲刷，将造成基础的外露或塌方。

对这种情况一般可采用开挖排水沟或护坡的方式，疏通流水（洪水）避免对杆塔的直接冲刷。

4. 加压防上拔

出现基础上拔的情况有两种：一种是置于吊档杆位的基础上拔；另一种是埋设深度不够或拉线盘上部承压面积太小以及拉线棒与拉线盘不垂直。加压防上拔有以下两种情况：

（1）吊档杆加压防上拔，一种在电杆下横担处重新加装防风拉线；另一种在悬垂线夹下端加装重锤。

（2）拉线防上拔，首先是加大拉线盘上部承压面积；其次是纠正拉棒与拉线盘不够垂直的夹角；再次是加大拉线盘埋设的深度或浇制重力型基础，如图 ZY0200201007-1 和图 ZY0200201007-2 所示。

图 ZY0200201007-1 防上拔基础

图 ZY0200201007-2 重力型基础

Q_f—基础自重力

5. 抗沉降

抗沉降工作较为复杂。它涉及杆塔位置具体的地质情况、地形地貌、杆塔型式以及基础设计和施工方法。通常有以下几种方法可以借鉴。

（1）排干基础周围积水，防止水土流失。

（2）人为的改善基础土质结构，挖开基础护土，用砂子或角石料填充基坑，并应留有 300~500mm 的防沉层。

（3）加大基础下层承压面积（如增大电杆底盘、安装卡盘或增大铁塔基础型式）。

二、危险点分析和控制措施

杆塔基础维修危险点主要有高空坠落、触电、砸伤、挤碰伤等。其控制措施有以下几点：

1. 控制高空坠落措施

（1）上杆塔作业前，应先检查杆根、拉线和基础是否牢固。登杆塔前，应先检查安全带、脚扣、脚钉、爬梯、防坠装置等是否完整牢靠。严禁利用绳索、拉线上下杆塔或顺杆下滑。

（2）上横担进行工作前，应检查横担连接是否牢固和腐蚀情况。在杆塔上作业时，应使用有后备绳或速差自锁器的双控背带式安全带，安全带和保护绳应分挂在杆塔不同部位的牢固构件上，应防止安全带从杆顶脱出或被锋利物损坏。人员在转位时，手扶的构件应牢固，且不得失去后备保护绳的保护。

（3）遇有冲刷、起土、上拔或导地线、拉线松动的杆塔，应先培土加固或支好架杆后再行登杆，打临时拉线时应先检查杆根情况，混凝土杆是否有影响登杆的裂纹、腐蚀、剥落、露筋、漏浆等情况。

（4）杆塔上有人工作时，不准调整或拆除拉线。临时拉线不得使用白棕绳、麻绳等，绑扎工作应由有经验的人员担任，不得固定在有可能移动或其他不可靠的物体上。

2. 控制触电措施

（1）登杆作业人员、杆塔所用绳索、工器具及材料应与带电体保持安全距离：35kV 为 1m；66~110kV 为 1.5m；220kV 为 3m；500kV 为 5m。

（2）在带电导线附近所用工器具、材料应使用绝缘无极绳索传递。

（3）设专人监护，监护人不得从事其他工作。

3．控制砸伤措施

（1）挖基坑前必须安装好临时拉线，挖坑时，应及时清除坑口附件浮土。当坑深超过 1.5m 时，向上扬土时不得打伤坑口人员，防止土石块回落坑内。作业人员不得在坑内休息。

（2）临时拉线要保证足够强度，全部开挖或在水坑上打临时拉线时，必须打好四方临时拉线。

（3）临时拉线地锚应符合相关要求，埋设深度要足够，回填土要夯实。

（4）在不影响铁塔稳定的情况下，可以在对角线的两个塔脚同时开挖，严禁四角同时开挖。

（5）与工作无关人员应远离杆塔高度 1.2 倍距离以外。

（6）上杆作业，小件工具和材料应放在个人工具袋内，大件工具和材料应用绳索传递并绑扎牢固。

（7）在居民区及交通道路附件开挖的基坑，应设坑盖或可靠遮栏，加挂警告标牌，夜间挂红灯。

4．控制挤碰伤措施

（1）在杆塔基坑内有人工作时，各部拉线必须有专人看守。不准拆除或调整拉线，防止杆塔倾斜挤伤坑内工作人员。

（2）在土质松软处挖坑，应采取防止塌方措施，如加挡板、撑木等。任何人不得站在挡板、撑木上传递或放置传土工具或土、石。禁止由下部掏挖土层。

（3）正确使用搬运工器具防止磕碰伤手脚，坑内上下传递工具时防止打伤作业人员。

（4）挖坑时注意铁锹、尖镐不要碰伤手脚。

三、注意事项

（1）浇制重力型基础的混凝土标号不应低于 C15，浇制同时应捣固，捣固要保证均匀。

（2）回填土时，每回填 300mm 厚度夯实一次，夯实程度应达到原状土密实度的 80% 及以上。

（3）回填土时，应先排除坑内积水。

（4）装配式基础、洪水冲刷严重的基础需要加固（或防腐）时，应事先打好杆塔临时拉线。

（5）修补、补强基础时，混凝土中严禁掺入氯盐，不同品种的混凝土不应在同一个基础腿中同时使用。

（6）杆塔及拉线基坑的回填，都应在坑面上筑防沉层。其上部不得小于坑口，其高度视夯实程度确定，一般为 300～500mm。

【思考与练习】

1．试列举本地区影响基础稳定的因素有哪些？

2．结合本地实际情况，基础维护还有哪些方法？

3．造成基础上拔有哪些原因？应如何处理？

模块 7　ZY0200201007

国家电网公司
STATE GRID
CORPORATION OF CHINA

国家电网公司
生产技能人员职业能力培训专用教材

第三十四章　输电线路抢修

模块 1　抢修组织措施（ZY0200202001）

【模块描述】本模块包含抢修前的准备工作和施工组织措施。通过内容介绍、流程讲解，熟悉线路抢修组织工作。

【正文】

输电线路在运行过程中，常常会遭受到恶劣天气、外力破坏等原因，造成突发性事故，如倒杆、断线等导致线路停运。为尽快恢复线路的正常运行，必须组织人员对事故线路进行抢修。通常各供电公司必须根据国家电网生〔2003〕389 号《国家电网公司重特大生产安全事故预防与应急处理暂行规定》和国家电网安监〔2005〕611 号《国家电网公司处置电网大面积停电事件预案》管理的要求，建立和完善应急组织机构及重特大线路事故等应急预案，并定期演练，做好应急人员、物质、资金、交通和通信工具等储备。线路工区应结合分管的线路情况，制定各种典型的抢修预案。本模块主要是介绍班组如何做好一般的抢修组织措施。

一、抢修组织流程图

抢修组织流程如图 ZY0200202001-1 所示。

图 ZY0200202001-1　抢修组织流程

二、抢修前的准备工作

（1）查阅事故线路设备档案，熟悉线路设备参数与线路有关的技术资料。包括线路施工图、导地线规格、施工情况记录、投产时间以及相关运行资料。工作负责人要做到心中有数，尽快准备好事故抢修材料，准备组织抢修。

（2）组织对事故点进行现场勘察，明确事故地点及范围，熟悉现场工作环境，掌握线路地理沿途情况，确定抢修通道，安排好交通工具和后勤补给工作。

（3）根据现场的勘察情况，编制事故抢修施工方案。

（4）根据事故抢修施工方案，积极做好人员、工器具、材料的准备。并依照方案列出所需材料清单和工器具清单，准备好所需的工器具和材料。需预先加工或进行电气、机械强度试验的要及时进行，并做好记录。

（5）组织参加抢修的全体人员对抢修施工方案进行学习，并作技术交底，确保全体施工人员明确施工任务、作业方法、质量要求和具体安全措施。

三、组织施工

（1）根据抢修施工方案，将施工人员分成若干个班（组），并指定班（组）的工作负责人和安全工作监护人（安全员），安全员应由技术等级较高的工作负责人担任；指定材料、工具的保管人员、记录员；做好现场工作的具体分工，明确各自的职责。

（2）根据施工方案的技术措施，组织施工人员做好现场安全措施。交代好每个工序的危险点及安全注意事项，以确保施工的安全。

（3）做好竣工验收工作。在现场施工的过程中，应根据验收制度由运行人员进行现场验收。对不符合施工质量要求的项目要求及时返修。

（4）现场施工各项工作竣工后，对施工情况进行全面的质量检查和验收；清理工作现场，撤离全部工作人员，并将有关竣工后的图纸资料移交运行单位。

【思考与练习】

1. 输电线路抢修前应做好哪些准备工作？

2. 班组在抢修施工时要抓好哪些具体工作？

第三十五章　检修作业指导书的编写

模块 1　输电线路导线断股停电缠绕修补作业指导书（ZY0200203001）

【模块描述】 本模块包含输电线路导线断股停电缠绕修补作业指导书编制的工作程序及相关安全注意事项。通过工序介绍、要点解释、流程讲解，熟练编制输电线路导线断股停电缠绕修补作业指导书。

【正文】

一、输电线路检修作业指导书的编制原则和格式

（一）作业指导书的一般构成

输电线路检修作业指导书的一般结构可由封面、范围、引用文件、天气及作业现场要求、作业人员要求、作业准备阶段、作业实施阶段、作业结束阶段、作业总结阶段、附录十项内容组成。

（二）指导书的内容与格式

1. 封面

封面由作业名称、编号、编写人及时间、审核人及时间、批准人及时间、作业负责人、作业工期、编写部门八项内容组成，封面格式如图 ZY0200203001-1 所示。

编号：Q/×××

×××kV×××线导线修补作业指导书

编 写 人：＿＿＿＿＿＿＿＿＿　　　　　年＿＿＿月＿＿＿日

审 核 人：＿＿＿＿＿＿＿＿＿　　　　　年＿＿＿月＿＿＿日

批 准 人：＿＿＿＿＿＿＿＿＿　　　　　年＿＿＿月＿＿＿日

作业负责人：＿＿＿＿＿＿＿＿＿

作业日期：　　年　　月　　日　　时至　　年　　月　　日　　时

××供电公司×××

图 ZY0200203001-1　封面

（1）作业名称。包含：电压等级、线路名称、具体作业的杆塔号、作业内容。如"×××kV×××线导线修补作业指导书"。

（2）编号。应具有唯一性和可追溯性，便于查找。可采用企业标准编号，Q/×××，位于封面的右上角。

（3）编写人及时间。负责作业指导书的编写。在指导书编写人一栏内签名，并注明编写时间。

（4）审核人及时间。负责作业指导书的审批，对编写的正确性负责。在指导书审核人一栏内签名，并注明审核时间。

（5）批准人及时间。作业指导书执行的许可人。在指导书批准人一栏内签名，并注明批准时间。

（6）作业负责人。监督检查指导书的执行情况，对检修的安全、质量负责。在指导书作业负责人一栏内签名。

（7）作业日期。现场作业具体工作时间。

（8）编写部门。作业指导书的具体编写部门。

2. 范围

对作业指导书的应用范围做出具体的规定。如本作业指导书针对××kV××线导线修补作业指导书工作编写而成，仅适用于该项工作。

3. 引用文件

明确编写作业指导书所引用的法规、规程、标准、设备说明书及企业管理规定和文件（按标准格式列出）。

4. 天气及作业现场要求

本条款是指执行本次检修任务时，对气候条件和作业现场所条件提出的基本要求。

5. 作业人员要求

本条款是指执行本次检修任务时，对作业人员的配置情况和素质的基本要求。包括作业人员的分工、职责要求、精神状态、作业技能、安全资质和特殊工种资质等方面。

6. 作业准备阶段

作业准备阶段主要是对项目作业前的工作准备和安排，如查阅线路资料、明确作业方法并准备好工器具和材料、对作业人员分工、技术交底、进行作业危险点分析并制定控制措施、办理工作票等内容。

（1）准备工作安排。准备工作安排的记录格式见表 ZY0200203001-1。

表 ZY0200203001-1　　准 备 工 作 安 排 记 录

√	序号	内　容	标　准	责任人	备　注

（2）召开班前会。召开班前会的记录格式见表 ZY0200203001-2。

表 ZY0200203001-2　　召 开 班 前 会 记 录

√	序号	内　容	标　准	备　注

（3）工器具。工器具包括专用工具、一般工器具、仪器仪表、电源设施等，并逐项记录在表 ZY0200203001-3 中。

表 ZY0200203001-3　　工 器 具 表

√	序号	名　称	型号/规格	单　位	数　量	备　注

（4）材料。材料包括装置性材料、消耗性材料等，并逐项记录在表 ZY0200203001-4 中。

表 ZY0200203001-4　　材 料 表

√	序号	名　称	型号/规格	单　位	数　量	备　注

7. 作业实施阶段

（1）作业开工。规定办理开工许可手续前应检查落实的内容、宣读工作票、核对工作范围及设备、验电及挂接地线等内容，并逐项记录在表 ZY0200203001-5 中。

表 ZY0200203001-5　　作 业 开 工

√	序号	内　容	作业人员签字

（2）危险点控制流程。本条款主要是对作业项目的危险点进行防范，主要有：高处坠落、高处坠物伤人、工器具失灵、触电或感应电伤人、现场作业安全监护等方面开展分析和防范，并将危险点部位或名称及其预防措施逐项记录在表 ZY0200203001-6 中。

表 ZY0200203001-6　　　　　　　　危险点及其预防措施

√	序号	危险点部位或名称	预 防 措 施

（3）作业内容及标准。针对每一项作业内容，明确作业步骤及工艺质量标准，并逐项记录在表 ZY0200203001-7 中。

表 ZY0200203001-7　　　　　　作业内容、作业步骤及工艺质量标准

√	序号	作 业 内 容	作业步骤及工艺质量标准

8. 作业结束阶段

规定工作结束后的注意事项，如清理工作现场、关闭电源、检查临时接地线、短接线确已拆除、清点工具和材料、申请验收、办理工作票等。将工作程序名称、工作内容或要求逐项记录在表 ZY0200203001-8 中。

表 ZY0200203001-8　　　　　　工作程序名称、工作内容或要求

√	序号	工作程序名称	工作内容或要求	备注

9. 作业总结阶段

记录检修结果，对检修质量做出整体评价；记录存在问题及处理意见。

10. 附录

根据需要添加，如工具、材料等可以用附件的形式列出。

二、输电线路导线断股停电缠绕修补作业指导书编写

1. 作业指导书的封面

作业指导书的封面如图 ZY0200203001-2 所示。

图 ZY0200203001-2　作业指导书封面

2. 适应范围

本作业指导书明确规定用于 220kV 架空输电线路导线断股停电缠绕修补检修项目。

三、规范性引用文件

规范性引用文件是指编写作业指导书所引用的法规、规程、标准、设备说明书及企业管理规定和文件（按标准格式列出）。如本作业指导书编制的主要依据有以下内容：

756

（1）GB 50233—2005《110～500kV 架空送电线路施工及验收规范》

（2）GB 50545—2010《110kV～750kV 架空输电线路设计规范》

（3）DL/T 741—2010《架空输电线路运行规程》

（4）DL/T 5168—2002《110～500kV 架空电力线路工程施工质量及评定规程》

（5）DL 5009.2—2004《电力建设安全工作规程 第 2 部分：架空电力线路》

（6）国家电网安监〔2009〕664 号《国家电网公司电力安全工作规程》（电力线路部分）

（7）国家电网生〔2006〕935 号《架空输电线路管理规范》

（8）国家电网公司《110（66）kV～500kV 架空输电线路运行规范》

（9）国家电网公司《110（66）kV～500kV 架空输电线路检修规范》

（10）国家电网公司《110（66）kV～500kV 架空输电线路检修导则》

四、天气及作业现场要求

本项作业必须满足以下天气和作业现场要求。

（1）在同杆塔架设的多回线路检修工作时，如遇雷、雨、冰雹及 5 级以上大风时，工作负责人应停止检修工作。

（2）在同杆塔架设的多回线路中，部分线路停电检修，作业人员对带电导线最小距离应不小于 4.0m。

（3）在连续档距的导地线上挂梯（或飞车）时，其导地线的截面积要求：钢芯铝绞线和铝合金绞线不得小于 120mm²；钢绞线不得小于 50mm²（同等 OPGW 光缆和配套的 LGJ—70/40 型导线）。有下列情况之一者，应经验算合格，并经本单位主管生产领导（总工程师）批准后才能进行：

1）在孤立档的导地线上的作业；

2）在有断股的导地线和锈蚀的地线上的作业；

3）在钢芯铝绞线和铝合金绞线 120mm²，钢绞线 50mm²（同等 OPGW 光缆和配套的 LGJ—70/40 型导线）以外的其他型号导地线上的作业；

4）两人以上在同档同一根导地线上的作业。

五、作业人员配置、职责及要求

（1）工作负责（监护）人，定员 1 人，职责：负责本次工作任务的人员分工、工作前的现场勘察、作业方案的制定、工作票的填写、办理工作许可手续、召开工作班前会、负责作业过程中的安全监督、工作中突发情况的处理、工作质量的监督、工作后的总结。要求具有 5 年及以上的工作经验，年度《国家电网公司电力安全工作规程》（电力线路部分）考试合格，工作负责人资格考试合格并经公司安监部门认可批准。

（2）高空作业人员，定员 2 人，职责：负责本次导线断股停电缠绕修补过程作业。要求经医师鉴定无妨碍高空作业的疾病（体检合格）；具备必要的电气知识，熟悉《国家电网公司电力安全工作规程》（电力线路部分）及相关规程，并经考试合格；熟悉检修工艺、质量标准和运行知识。

（3）地面作业人员，定员 3～4 人，职责：负责本次作业过程的地面辅助工作，配合、协助杆上作业人员进行导线断股停电缠绕修补；要求具备必要的电气知识，熟悉《国家电网公司电力安全工作规程》（电力线路部分）及相关规程，并经考试合格；熟悉检修工艺、质量标准和运行知识。

六、作业准备阶段

1. 准备工作

作业准备工作的工作项目、工作内容或要求见表 ZY0200203001-9。

表 ZY0200203001-9 准 备 工 作

确认（√）	序号	工 作 项 目	工作内容或要求	责任人
	1	勘察现场、查阅资料	（1）查阅施工线路的图纸资料，了解和掌握作业所需的资料，选用工器具； （2）勘察现场，了解交叉跨越、平行线路、有无影响施工的障碍物等情况	
	2	工作方法	软梯头法	
	3	主要工器具及材料	详见表 ZY0200203001-15 和表 ZY0200203001-16	
	4	外包工资格审查	经过安全技术培训并考试合格；无妨碍工作的病症	

2. 召开班前会

班前会的内容及标准见表 ZY0200203001-10。

表 ZY0200203001-10　　　　　　　　　　班前会的内容及标准

确认（√）	序号	内　　容	标　　准	备注
	1	人员分工	根据作业内容及工作量确定具体的人员分工	
	2	技术交底	明确作业方法、工艺及质量标准	
	3	进行危险点分析并制定控制措施	危险点分析及控制措施详尽并有针对性	

3. 填写并签发工作票

完整填写工作票并履行审批、签发手续。

七、作业实施阶段

1. 作业开工

作业开工的工作项目、工作内容或要求见表 ZY0200203001-11。

表 ZY0200203001-11　　　　　　作业开工的工作项目、工作内容或要求

确认（√）	序号	工 作 项 目	工作内容或要求	备注
	1	办理工作许可手续	作业前与调度联系线路确已停电，并且安全措施已布置完毕，可以作业	
	2	宣读工作票	（1）工作负责人召集全体人员列队，宣读工作票，工作人员列队认真听票。 （2）工作负责人讲明工作中的危险点及控制措施，并对 2～3 人进行提问，无问题后方可开始作业	
	3	核对工作范围及设备	工作负责人接到工作许可命令后，率领工作班成员到达现场。工作负责人要亲自按工作票、缺陷传递单核对作业线路名称、杆塔号和色标	
	4	验电、挂地线	（1）由专人用合格的验电器在作业地段前后杆塔验电，并设专人监护。 （2）验明线路确无电压后，开始装设接地线。应先接接地端后接导线端，接地线应接触良好，连接可靠，接地线不得缠绕	

2. 危险点分析及控制措施

危险点部位或名称及其预防措施见表 ZY0200203001-12。

表 ZY0200203001-12　　　　　　　危险点部位或名称及其预防措施

确认（√）	序号	危险点部位或名称	预 防 措 施
	1	高空坠落	（1）上杆塔作业前，应先检查杆根、拉线和基础是否牢固。登杆塔前，应先检查安全带、脚扣、脚钉、爬梯、防坠装置等是否完整牢靠。严禁利用绳索、拉线上杆塔或顺杆下滑。 （2）上横担进行工作前，应检查横担连接是否牢固和腐蚀情况。在杆塔上作业时，应使用有后备绳或速差自锁器的双控背带式安全带，安全带和保护绳应分挂在杆塔不同部位的牢固构件上，应防止安全带从杆顶脱出或被锋利物损坏。 （3）人员在转位时，不得失去后备保护绳的保护。 （4）杆塔上有人时，不准调整或拆除拉线
	2	物体打击	（1）现场工作人员必须正确佩戴好安全帽； （2）杆塔上作业人员要防止高空落物，使用的工器具、材料等应装在工具袋里，工器具要用绳索传递，杆塔下方严禁行人逗留。在行人道口或人口密集区作业，工作点下方应设围栏或其他保护措施
	3	工器具失灵	所用工器具要定期检查，使用前必须经专人检查，保证合格、配套、灵活好用
	4	防触电及感应电	（1）导地线下方跨越带电线路时，应注意导地线下沉情况，防止被检修的导地线触碰下方带电线路，必须设专人监护； （2）在同杆塔架设多回线路时，部分线路停电作业检修，工作人员对带电导线最小安全距离不得小于 4.0m； （3）绑扎线要在下面绕成小盘再带上杆塔使用； （4）个人保安线应装设牢固，防止脱落
	5	现场作业安全监护	自作业开始至结束，安全监护人必须始终在作业现场对作业人员进行不间断的安全监护

3. 作业内容及质量控制流程

作业项目或内容、作业要求及工艺质量标准见表 ZY0200203001-13。

表 ZY0200203001-13 　　　　　　作业项目或内容、作业要求及工艺质量标准

确认（√）	序号	作业项目或内容	作业要求及工艺质量标准
	1	工器具摆放	在塔位附近选一较平坦处（有条件可铺好苫布），将所用工器具依次摆放好
	2	悬挂传递绳	塔上作业人员戴好安全帽，携带传递绳上塔，到合适位置，系好安全带及后备保护绳后，将传递绳挂在杆塔合适位置
	3	准备出线	（1）塔上作业人员携带传递绳沿绝缘子串进入导线侧，系好安全带；对复合绝缘子线路，应通过复合绝缘子下线硬或软梯进入导线侧，严禁踩踏复合绝缘子； （2）塔上作业人员将导线保护绳一端固定在导线上，另一端固定在横担上，做好双重保护； （3）导线上作业人员拆除出线侧导线防振锤； （4）地面作业人员将软梯头传递至导线上； （5）导线上作业人员将软梯头安装在导线上，并扣好软梯头闭锁装置； （6）软梯头的两端分别系好牵引绳（一端由地面作业人员直接控制，另一端通过导线横担上的滑轮控制）； （7）导线上作业人员携带传递绳坐到软梯头上，再将安全带系到导线上后，解开后备保护绳
	4	出线作业	（1）地面作业人员通过牵引绳匀速拖动软梯头至工作位置； （2）导线上作业人员选择合适位置安装好传递绳； （3）地面作业人员将补修导线用的材料传递至导线上； （4）导线上作业人员首先将损伤导线处整平、打磨后，均匀的涂上一层导电脂，然后用铝丝顺方向平压一段开始缠绕，缠绕方向与导线外层铝线绞制方向一致，修补铝线要紧压导线，其中心应位于损伤最严重处，并应将损伤部位全部覆盖，最后线头要和先压紧线头绞紧； （5）导线上作业人员修补完成后，要求修补最短距损伤部位边缘单边不得少于50mm，补修表面平滑、无毛刺； （6）检查无问题，出线作业人员恢复被拆除的防振锤后返回塔上
	5	工器具拆除	（1）塔上作业人员拆下软梯头、导线保护绳及其他工器具传至地面； （2）塔上作业人员检查作业各部位正常、完好，塔上无任何遗留物； （3）塔上人员携带传递绳下塔

八、作业结束阶段

作业结束后，应按表 ZY0200203001-14 的要求进行检查。

表 ZY0200203001-14 　　　　　　**作业结束后的检查**

确认（√）	序号	工 作 程 序	工作内容或要求	备注
	1	作业现场清理	达到工完、场清、料净	
	2	盘点工具、材料数量	按表 ZY0200203001-15 和表 ZY0200203001-16 核实工具、材料数量	
	3	申请办理质量验收	由验收单位按工艺标准及有关规程组织施工质量验收	
	4	拆除接地线、人员撤离	工作结束后，工作负责人检查作业现场无问题、确定所有人员下塔后，下令拆除接地线	
	5	办理工作票终结手续	工作负责人向工作许可人汇报作业结束，现场人员全部下塔后，线路所挂的接地线已全部拆除，没有遗留问题，可以恢复送电	

九、作业总结阶段

1. 召开班后会

总结本次作业安全、质量情况以及经验、教训，并将详细内容记入"班组工作日志"中。

2. 整理资料及归档

将本次检修情况分别填入相应的记录及技术档案中。

十、附录

附录列举了本次作业的主要工器具和材料清单，实际作业时应根据作业方式和检修内容确定数量。

1. 主要工器具（见表 ZY0200203001-15）

表 ZY0200203001-15 　　　　　　**主 要 工 器 具**

序号	名 称	规 格	单 位	数 量	备 注
1	绝缘循环绳		根	1	
2	单轮滑车	10kN	只	1	
3	软梯头		架	1	
4	个人保安线		根	1	
5	钢丝绳套	$\phi12.5$	只	1	

续表

序号	名　　称	规　　格	单　位	数　量	备　　注
6	验电笔		支	1	同线路电压等级
7	主接地线	截面积不得小于25mm²	组	2	
8	硬（软）梯		副		上下合成绝缘子用
9	导线保护绳		根	1	
10	个人工具		套	2	含安全工具

2. 材料清单（见表 ZY0200203001-16）

表 ZY0200203001-16　　　　　材　料　清　单

序号	名　　称	规　　格	单　位	数　量	备　　注
1	铝线	同导线规格	根		
2	导电脂		瓶	1	
3	预绞丝		根		根据实际情况而定

注　表 ZY0200203001-15 和表 ZY0200203001-16 使用时，应根据实际情况填写。

模块 2　输电线路耐张杆塔停电综合检修作业指导书
（ZY0200203002）

【模块描述】本模块包含输电线路耐张杆塔停电综合检修作业指导书编制的工作程序及相关安全注意事项。通过内容介绍、流程讲解，熟练编制输电线路耐张杆塔停电综合检修作业指导书。

【正文】

一、作业指导书的封面
作业指导书的封面编制参见 ZY0200203001 模块的封面编制。

二、适用范围
本作业指导书适用于 35～220kV 架空送电线路标准检修项目耐张杆、塔停电综合检查并处理缺陷。

三、规范性引用文件
下列文件中的条款通过本作业指导书的引用而成为本作业指导书的条款。

（1）GB 50233—2005《110～500kV 架空送电线路施工及验收规范》

（2）GB 50545—2010《110kV～750kV 架空输电线路设计规范》

（3）DL/T 741—2010《架空输电线路运行规程》

（4）DL/T 5168—2002《110～500kV 架空电力线路工程施工质量及评定规程》

（5）DL 5009.2—2004《电力建设安全工作规程　第 2 部分：架空电力线路》

（6）国家电网安监〔2009〕664 号《国家电网公司电力安全工作规程》（电力线路部分）

（7）国家电网生〔2006〕935 号《架空输电线路管理规范》

（8）国家电网公司《110（66）kV～500kV 架空输电线路运行规范》

（9）国家电网公司《110（66）kV～500kV 架空输电线路检修规范》

（10）国家电网公司《110（66）kV～500kV 架空输电线路检修导则》

四、天气及作业现场要求
（1）架空输电线路停电检修工作时，如遇雷、雨、冰雹及 6 级（双回路 5 级）以上大风时，工作负责人可临时停止检修工作。

（2）在同杆塔架设的多回线路中，部分线路停电检修，应保证工作人员对带电导线最小距离不小于表 ZY0200203002-1 的安全距离时，才能

表 ZY0200203002-1　工作人员对带电导线的最小距离要求

电压等级（kV）	安全距离（m）	电压等级（kV）	安全距离（m）
35	2.5	220	4.0
66～110	3.0	500	6.0

进行。

五、作业人员配置、职责及要求

（1）工作负责（监护）人，定员1人，职责：负责本次工作任务的人员分工、工作前的现场查勘、作业方案的制定、工作票的填写、办理工作许可手续、召开工作班前会、负责作业过程中的安全监督、工作中突发情况的处理、工作质量的监督、工作后的总结；要求具有5年及以上的工作经验；年度《国家电网公司电力安全工作规程》（电力线路部分）考试合格；工作负责人资格考试合格并经公司安监部认可批准。

（2）杆上作业人员，定员2人，职责：负责本次耐张杆、塔的检修作业；要求经医师鉴定无妨碍高空作业的疾病（体检合格）；具备必要的电气知识，熟悉《国家电网公司电力安全工作规程》（电力线路部分）及相关规程，并经考试合格；熟悉检修工艺、质量标准和运行知识。

（3）地面作业人员，定员2人，职责：负责本次作业过程的地面辅助工作，配合、协助高空作业人员进行检修工作；要求具备必要的电气知识，熟悉《国家电网公司电力安全工作规程》（电力线路部分）及相关规程，并经考试合格；熟悉检修工艺、质量标准和运行知识。

六、作业准备阶段

1. 准备工作

准备工作的工作项目、工作内容或要求见表 ZY0200203002-2。

表 ZY0200203002-2 准 备 工 作

确认（√）	序号	工 作 项 目	工作内容或要求	责任人
	1	勘察现场、查阅资料	（1）查阅施工线路的图纸资料，了解和掌握作业所需的各种参数，并据此选用工器具； （2）勘察现场情况	
	2	工作方法	综合检查和检修	
	3	主要工器具及材料	详见表 ZY0200203002-8 和表 ZY0200203002-9	
	4	外包工资格审查	必须经安全技术培训并考试合格；无妨碍工作的病症	

2. 召开班前会

班前会的内容及标准见表 ZY0200203002-3。

表 ZY0200203002-3 班前会的内容及标准

确认（√）	序号	内 容	标 准	备注
	1	人员分工	根据作业内容及工作量确定具体的人员分工	
	2	技术交底	明确作业方法、工艺及质量标准	
	3	进行危险点分析并制定控制措施	危险点分析及控制措施详尽并有针对性	

3. 填写并签发工作票

完整填写工作票并履行审批、签发手续。

七、作业实施阶段

1. 作业开工

作业开工的工作项目、工作内容或要求见表 ZY0200203002-4。

表 ZY0200203002-4 作 业 开 工

确认（√）	序号	工 作 项 目	工作内容或要求	备注
	1	办理工作许可手续	作业前与调度联系线路确已停电，办理工作许可手续，并且安全措施已布置完毕，可以作业	
	2	宣读工作票	（1）工作负责人召集全体人员列队，宣读工作票，工作人员列队认真听票； （2）工作负责人讲明工作中的危险点及控制措施，并对2~3人进行提问，无问题后方可开始作业	

续表

确认（√）	序号	工 作 项 目	工作内容或要求	备注
	3	核对工作范围及设备	工作负责人接到工作许可命令后，率领工作班成员到达现场。工作负责人要亲自按工作票、缺陷传递单核对作业线路名称、杆塔号和色标	
	4	验电、挂地线	（1）由专人用合格的验电器在作业地段前后杆塔验电，并设专人监护。 （2）验明线路确无电压后，开始装设接地线。应先接接地端后接导线端，接地线应接触良好，连接可靠；接地线不得缠绕	

2. 危险点分析及控制措施

作业实施过程中的危险点部位或名称及其预防措施见表 ZY0200203002-5。

表 ZY0200203002-5　　　　　**危 险 点 及 预 防 措 施**

确认（√）	序号	危险点部位或名称	预 防 措 施
	1	高空坠落	（1）上杆塔作业前，应先检查杆根、拉线和基础是否牢固。登杆塔前，应先检查安全带、脚扣、脚钉、爬梯、防坠装置等是否完整牢靠。严禁利用绳索、拉线上下杆塔或顺杆下滑。 （2）上横担进行工作前，应检查横担连接是否牢固和腐蚀情况。在杆塔上作业时，应使用有后备绳或速差自锁器的双控背带式安全带，安全带和保护绳应分挂在杆塔不同部位的牢固构件上，应防止安全带从杆顶脱出或被锋利物损坏。 （3）人员在转位时，不得失去后备保护绳的保护。 （4）杆塔上有人时，不准调整或拆除拉线
	2	物体打击	（1）现场工作人员必须正确佩戴好安全帽。 （2）杆塔上作业人员要防止高空落物，使用的工器具、材料等应装在工具袋里，工器具要用绳索传递，杆塔下方严禁行人逗留。在行人道口或人口密集区作业，工作点下方应设围栏或其他保护措施
	3	工器具失灵	所用工器具要定期检查，使用前必须经专人检查，保证合格、配套、灵活好用
	4	防触电及感应电	（1）导地线下方跨越带电线路时，应注意导地线下沉情况，防止被检修的导地线触碰下方带电线路，必须设专人监护； （2）在同杆塔架设多回线路时，部分线路停电作业检修，工作人员对带电导线最小安全距离不得小于表 ZY0200203002-1 的数值； （3）绑扎线要在下面绕成小盘再带上杆塔使用； （4）个人保安线应装设牢固，防止脱落
	5	现场作业安全监护	自作业开始至结束，安全监护人必须始终在作业现场对作业人员进行不间断的安全监护

3. 作业内容及工艺质量标准

作业项目或内容、作业要求及工艺质量标准应符合表 ZY0200203002-6 的要求。

表 ZY0200203002-6　　　　　**作 业 内 容 及 工 艺 质 量 标 准**

确认（√）	序号	作业项目或内容	作业要求及工艺质量标准
	1	工器具摆放	在杆塔附近选一块平坦处，将所有工器具依次摆放好
	2	系好安全绳、挂好个人保安线	在杆塔适当位置系好安全带，挂好个人保安线
	3	挂好传递绳	在杆塔适当位置挂好传递绳
	4	杆塔、基础及拉线	基础及拉线附近土壤无流失；铁塔无锈蚀、变形、构件无丢失；混凝土电杆无横纵向裂纹、倾斜；拉线无严重锈蚀、断股、防盗帽齐全；无影响登杆的问题
	5	架空导地线部分	架空导地线与线夹结合部无锈蚀、导地线线夹螺栓连接紧固、开口销到位；地线支架连接紧固；导地线无断股、松股；导线对杆塔的距离满足运行要求；导地线防振锤无移位、连接紧固
	6	绝缘部分	与导线横担的连接紧固、瓷质绝缘子之间连接紧固、弹簧销到位；与导线线夹的连接紧固；瓷质绝缘子无裂纹、釉面无损伤、钢帽及球头无裂纹；复合绝缘子表面无损伤、表面无污垢及附着物、伞群无龟裂
	7	检查引流板、并沟线夹、螺栓	紧固引流板、并沟线夹螺栓，涂导电膏（打开周期为四年一次）
	8	接地装置部分检查	混凝土电杆的外敷设接地引下线与地线支架的连接是否牢靠；接地引下线的地面部分与地网的连接是否牢靠；接地装置无严重锈蚀、无缺损
	9	清点个人工器具	检查杆上是否有遗留工器具
	10	拆除个人保安线和安全带	
	11	下杆（塔）	

八、作业结束阶段

作业结束后应检查的工作程序的工作内容或要求见表 ZY0200203002-7。

表 ZY0200203002-7 作业结束后的检查

确认（√）	序号	工 作 程 序	工作内容或要求	备注
	1	作业现场清理	达到工完、场清、料净	
	2	盘点工具、材料数量	按表 ZY0200203002-8 和表 ZY0200203002-9 核实工具、材料数量	
	3	申请办理质量验收	由验收单位按工艺标准及有关规程组织施工质量验收	
	4	拆除接地线、人员撤离	工作结束后，工作负责人检查作业现场无问题、确定所有人员下塔后，下令拆除接地线	
	5	办理工作票终结手续	工作负责人向工作许可人汇报作业结束，现场人员全部下塔后，线路所挂的接地线已全部拆除，没有遗留问题，可以恢复送电	

九、作业总结阶段

1. 召开班后会

总结本次作业安全、质量情况以及经验、教训，并将详细内容记入"班组工作日志"中。

2. 整理资料及归档

将本次检修情况分别填入相应的记录及技术档案中。

十、附录

主要工器具和材料清单。

1. 主要工器具（见表 ZY0200203002-8）

表 ZY0200203002-8 主 要 工 器 具

序号	名 称	规 格	单位	数量	备 注
1	个人工具		套	2	含安全工具
2	个人保安线		根	2	
3	登杆工具	试验合格	副	2	
4	梅花扳手		套	2	
5	毛 巾		条	2	
6	验电笔		支	1	同线路电压等级
7	主接地线	截面积不得小于25mm²	组	2	
8	硬 梯		副	1	上下复合绝缘子用

2. 材料清单（见表 ZY0200203002-9）

表 ZY0200203002-9 材 料 清 单

序号	名 称	规 格	单位	数量	备 注
1	锁紧销		个		
2	导电脂		瓶	1	
3	砂纸	0号	张		用于引流板接触面打磨
4	螺栓、螺帽		套		根据实际情况而定
5	塔材		根		根据实际情况而定

注 表 ZY0200203002-8 和表 ZY0200203002-9 使用时，应根据实际情况填写。

模块 3　输电线路停电更换耐张整串绝缘子作业指导书
（ZY0200203003）

【**模块描述**】本模块包含输电线路停电更换耐张整串绝缘子作业指导书编制的工作程序及相关安全注意事项。通过内容介绍、流程讲解，熟练编制输电线路停电更换耐张整串绝缘子作业指导书。

【**正文**】

一、作业指导书的封面

作业指导书的封面编制参见 ZY0200203001 模块的封面编制。

二、适用范围

本作业指导书适用于 220kV 架空输电线路停电更换耐张杆塔绝缘子串。

三、规范性引用文件

下列文件中的条款通过本作业指导书的引用而成为本作业指导书的条款。

（1）GB 50233—2005《110～500kV 架空送电线路施工及验收规范》

（2）GB 50545—2010《110kV～750kV 架空输电线路设计规范》

（3）DL/T 741—2010《架空输电线路运行规程》

（4）DL/T 5168—2002《110～500kV 架空电力线路工程施工质量及评定规程》

（5）DL 5009.2—2004《电力建设安全工作规程　第 2 部分：架空电力线路》

（6）国家电网安监〔2009〕664 号《国家电网公司电力安全工作规程》（电力线路部分）

（7）国家电网生〔2006〕935 号《架空输电线路管理规范》

（8）国家电网公司《110（66）kV～500kV 架空输电线路运行规范》

（9）国家电网公司《110（66）kV～500kV 架空输电线路检修规范》

（10）国家电网公司《110（66）kV～500kV 架空输电线路检修导则》

四、天气及作业现场要求

（1）架空输电线路停电检修工作时，如遇雷、雨、冰雹及 6 级以上大风时（双回路 5 级大风），工作负责人可临时停止检修工作。

（2）在同杆塔架设的多回线路中，部分线路停电检修，应保证工作人员对带电导线最小距离不小于 4.0m。

五、作业人员配置及职责

（1）工作负责（监护）人，定员 1 人。职责：负责本次工作任务的人员分工、工作前的现场查勘、作业方案的制定、工作票的填写、办理工作许可手续、召开工作班前会、负责作业过程中的安全监督、工作中突发情况的处理、工作质量的监督、工作后的总结；要求具有 5 年及以上的工作经验；年度《国家电网公司电力安全工作规程》（电力线路部分）考试合格；工作负责人资格考试合格并经公司安监部认可批准。

（2）高空作业人员，定员 2 人。职责：负责本次更换耐张杆塔绝缘子（整串）过程的作业；要求经医师鉴定无妨碍高空作业的疾病（体检合格）；具备必要的电气知识，熟悉《国家电网公司电力安全工作规程》（电力线路部分）及相关规程，并经考试合格；熟悉检修工艺、质量标准和运行知识。

（3）地面作业人员，定员 4 人。职责：负责本次作业过程的地面辅助工作，配合、协助高空作业人员进行检修工作；要求具备必要的电气知识，熟悉《国家电网公司电力安全工作规程》（电力线路部分）及相关规程，并经考试合格；熟悉检修工艺、质量标准和运行知识。

六、作业准备阶段

1. 准备工作

作业准备工作的工作项目、工作内容或要求见表 ZY0200203003-1。

表 ZY0200203003-1 　　　　　　　　　准　备　工　作

确认（√）	序号	工　作　项　目	工作内容或要求	责任人
	1	勘察现场、查阅资料	（1）查阅施工线路的图纸资料，了解和掌握作业所需的各种参数。复核导线荷载，并据此选用工器具； （2）勘察现场，了解交叉跨越、平行线路、有无影响施工的障碍物等情况	
	2	工作方法	手扳葫芦双吊法	
	3	主要工器具及材料	详见表 ZY0200203003-7 和表 ZY0200203003-8	
	4	外包工资格审查	必须经安全技术培训并考试合格；无妨碍工作的病症	

2. 召开班前会

班前会的内容和标准见表 ZY0200203003-2。

表 ZY0200203003-2 　　　　　　　　班前会的内容和标准

确认（√）	序号	内　容	标　准	备注
	1	人员分工	根据作业内容及工作量确定具体的人员分工	
	2	技术交底	明确作业方法、工艺及质量标准	
	3	进行危险点分析 并制定控制措施	危险点分析及控制措施详尽并有针对性	

3. 填写并签发工作票

完整填写工作票并履行审批、签发手续。

七、作业实施阶段

1. 作业开工

作业开工的工作项目、工作内容或要求见表 ZY0200203003-3。

表 ZY0200203003-3 　　　　　　　　　作　业　开　工

确认（√）	序号	工　作　项　目	工作内容或要求	备注
	1	办理工作许可手续	作业前与调度联系线路已停电，办理工作许可手续，并且安全措施已布置完毕，可以作业	
	2	宣读工作票	（1）工作负责人召集全体人员列队，宣读工作票，工作人员列队认真听票； （2）工作负责人讲明工作中的危险点及控制措施，并进行提问，无问题后方可开始作业	
	3	核对工作范围及设备	工作负责人接到工作许可命令后，率领工作班成员到达现场。工作负责人要亲自按工作票、缺陷传递单核对作业线路名称、杆塔号和色标	
	4	验电、挂接地线	（1）由专人用合格的验电器在作业地段前后杆塔验电，并设专人监护； （2）验明线路确无电压后，开始装设接地线。应先接接地端后接导线端，接地线应接触良好，连接可靠；接地线不得缠绕	

2. 危险点分析及控制措施

作业实施阶段的危险点及其预防措施见表 ZY0200203003-4。

表 ZY0200203003-4 　　　　　　　　危险点及其预防措施

确认（√）	序号	危险点部位或名称	预　防　措　施
	1	高空坠落	（1）上杆塔作业前，应先检查杆根、拉线和基础是否牢固。登杆塔前，应先检查安全带、脚扣、脚钉、爬梯、防坠装置等是否完整牢靠。严禁利用绳索、拉线上下杆塔或顺杆下滑。 （2）上横担进行工作前，应检查横担连接是否牢固和腐蚀情况。在杆塔上作业时，应使用有后备绳或速差自锁器的双控背带式安全带，安全带和保护绳应分挂在杆塔不同部位的牢固构件上，应防止安全带从杆顶脱出或被锋利物损坏。 （3）人员在转位时，不得失去后备保护绳的保护。 （4）杆塔上有人时，不准调整或拆除拉线。
	2	物体打击	（1）现场工作人员必须正确佩戴好安全帽； （2）杆塔上作业人员要防止高空落物，使用的工器具、材料等应装在工具袋里，工器具要用绳索传递，杆塔下方严禁行人逗留。在行人道口或人口密集区作业，工作点下方应设围栏或其他保护措施

续表

确认（√）	序号	危险点部位或名称	预 防 措 施
	3	工器具失灵	所用工器具要定期检查，使用前必须经专人检查，保证合格、配套、灵活好用
	4	防触电及感应电	（1）导地线下方跨越带电线路时，应注意导地线下沉情况，防止被检修的导地线触碰下方带电线路，必须设专人监护； （2）在同杆塔架设多回线路时，部分线路停电作业检修，工作人员对带电导线最小安全距离不得小于 4.0m； （3）绑扎线要在下面绕成小盘再带上杆塔使用； （4）个人保安线应装设牢固，防止脱落
	5	现场作业安全监护	自作业开始至结束，安全监护人必须始终在作业现场对作业人员进行不间断的安全监护

3. 作业内容及工艺质量标准

作业项目或内容、作业要求及工艺质量标准见表 ZY0200203003-5。

表 ZY0200203003-5　　　　　　　　　作业内容及工艺质量标准

确认（√）	序号	作业项目或内容	作业要求及工艺质量标准
	1	工器具摆放	在杆位附近选一较平坦处（有条件可铺好苫布），将所用工器具依次摆放好
	2	悬挂传递绳	杆上作业人员戴好安全帽，携带传递绳上塔到合适位置，系好安全带后，将传递绳挂在合适位置
	3	工器具的传递、安装	（1）杆上作业人员系好安全带、后备保护绳，进入导线侧的工作位置。在横担侧和导线侧分别安装主吊绳； （2）杆上作业人员互相配合做好导线的后备保护绳，并将导线后备保护绳安装在合适的位置上； （3）杆下作业人员利用传递绳将两套张力转换系统（前后端连接工具，钢丝绳、手扳葫芦等）传递到杆上； （4）杆上作业人员将两套张力转换系统分别安装在被更换绝缘子串的两侧； （5）杆上作业人员互相配合安装好托瓶架； （6）所有工具安装完毕后，杆上作业人员均匀收紧手扳葫芦，使其承受一定张力。对张力转换系统的各个连接及受力部位进行全面检查
	4	转移导线荷载	（1）确认张力转换系统工作状态良好，杆上作业人员分别拔除绝缘子串两端的弹簧销； （2）收紧手扳葫芦使绝缘子串松弛至托瓶架上，适当调整导线后备保护绳，将绝缘子串承担的导线张力转移至张力转换系统
	5	旧绝缘子串拆除	（1）杆上作业人员将绝缘子串前后连接点分别与金具脱离； （2）用主吊绳将绝缘子串系牢，杆上、地面作业人员配合传递至地面
	6	新绝缘子的检查与测试	地面作业人员检查新绝缘子，应完好无损、表面清洁，用 5000V 绝缘电阻表逐个进行测量，绝缘电阻值大于 500MΩ，检查绝缘子钢帽、绝缘体、钢脚在同一轴线上
	7	新绝缘子串的安装	（1）地面作业人员将检验合格的绝缘子串用主吊绳系牢后，杆上、地面作业人员配合传递到杆上； （2）杆上作业人员将绝缘子推至托瓶架上，恢复绝缘子前后连接点的连接，并安装好弹簧销，检查绝缘子及作业各部位的连接状况，调整绝缘子串的开口方向，使其一致
	8	恢复导线荷载	（1）调整导线后备保护绳； （2）横担侧作业人员松动手扳葫芦使张力转移到绝缘子串上
	9	工器具拆除	（1）检查各部金具连接无问题后，拆除工器具及导线保护绳传至地面，导线侧作业人员返回杆上； （2）杆上作业人员检查作业各部位正常、完好，杆上无任何遗留物； （3）杆上人员解开安全带、后备保护绳，携带传递绳下至地面

八、作业结束阶段

作业结束后，按表 ZY0200203003-6 进行检查。

表 ZY0200203003-6　　　　　　　　　作业结束后的检查

确认（√）	序号	工作程序名称	工作内容或要求	备注
	1	作业现场清理	达到工完、场清、料净	
	2	盘点工具、材料数量	按表 ZY0200203003-7 和表 ZY0200203003-8 核实工具、材料数量	
	3	申请办理质量验收	由验收单位按工艺标准及有关规程组织施工质量验收	
	4	拆除接地线、人员撤离	工作结束后，工作负责人检查作业现场无问题、确定所有人员下塔后，下令拆除接地线	
	5	办理工作票终结手续	工作负责人向工作许可人汇报作业结束，现场人员全部下塔后，线路所挂的接地线已全部拆除，没有遗留问题，可以恢复送电	

模块 3

ZY0200203003

九、作业总结阶段

1. 召开班后会

总结本次作业安全、质量情况以及经验、教训，提出改进意见，并将详细内容记入"班组工作日志"中。

2. 整理资料及归档

将本次检修情况分别填入相应的记录及技术档案中。

十、附录

主要工器具及材料清单。

1. 主要工器具（见表 ZY0200203003-7）

表 ZY0200203003-7　　　　　　　　　主 要 工 器 具

序号	工器具、机械名称	规 格 型 号	单位	数量	备　注
1	手扳葫芦	30kN	套	2	
2	托瓶架		副	1	
3	导线后备保护绳		根	1	
4	钢丝绳套	$\phi16 \times 2m$	只	2	
5	滑车组	30kN	套	1	
6	主吊绳	$\phi14$	根	1	
7	传递绳		根	3	
8	U 型环	100kN	只	1	
9	毛巾		条	2	
10	验电笔		支	1	同线路电压等级
11	主接地线	截面积不得小于 $25mm^2$	组	2	
12	个人保安线		根	1	
13	绝缘电阻表	5000V	只	1	
14	脚扣		副	1	
15	个人工具		套	2	含安全工具

2. 材料清单（见表 ZY0200203003-8）

表 ZY0200203003-8　　　　　　　　　材 料 清 单

序号	材 料 名 称	规 格 型 号	单位	数量	备　注
1	绝缘子	根据实际情况而定	片		
2	弹簧销子		颗	若干	

注　表 ZY0200203003-7 和表 ZY0200203003-8 使用时，应根据实际情况填写。

模块 4　输电线路停电更换直线单片绝缘子作业指导书
（ZY0200203004）

【模块描述】本模块包含停输电线路停电更换直线单片绝缘子作业指导书编制的工作程序及相关安全注意事项。通过内容介绍、流程讲解，熟练编制输电线路停电更换直线单片绝缘子作业指导书。

【正文】

一、作业指导书的封面

作业指导书的封面编制参见 ZY0200203001 模块的封面编制。

二、适用范围

本作业指导书适用于 220kV 架空输电线路标准检修项目停电更换直线杆塔单片绝缘子。

三、规范性引用文件

下列文件中的条款通过本作业指导书的引用而成为本作业指导书的条款。

（1）GB 50233—2005《110～500kV 架空送电线路施工及验收规范》

（2）GB 50545—2010《110kV～750kV 架空输电线路设计规范》

（3）DL/T 741—2010《架空输电线路运行规程》

（4）DL/T 5168—2002《110～500kV 架空电力线路工程施工质量及评定规程》

（5）DL 5009.2—2004《电力建设安全工作规程 第 2 部分：架空电力线路》

（6）国家电网安监〔2009〕664 号《国家电网公司电力安全工作规程》（电力线路部分）

（7）国家电网生〔2006〕935 号《架空输电线路管理规范》

（8）国家电网公司《110（66）kV～500kV 架空输电线路运行规范》

（9）国家电网公司《110（66）kV～500kV 架空输电线路检修规范》

（10）国家电网公司《110（66）kV～500kV 架空输电线路检修导则》

四、天气及作业现场要求

（1）架空输电线路直线杆、塔停电检修工作时，如遇雷、雨、冰雹及 6 级以上大风时（双回路 5 级大风），工作负责人可临时停止检修工作。

（2）在同杆塔架设的多回线路中，部分线路停电检修，应在工作人员对带电导线最小距离不小于 4.0m。

五、作业人员配置及职责

（1）工作负责（监护）人 1 名，杆上作业人员一般 2 名，地面作业人员 3 名。工作负责（监护）人，职责：负责本次工作任务的人员分工、工作前的现场查勘、作业方案的制定、工作票的填写、办理工作许可手续、召开工作班前会、负责作业过程中的安全监督、工作中突发情况的处理、工作质量的监督、工作后的总结；要求具有 5 年及以上的工作经验；年度《国家电网公司电力安全工作规程》（电力线路部分）考试合格；工作负责人资格考试合格并经公司安监部认可批准。

（2）高空作业人员，定员 2 人，职责：负责本次更换直线杆塔绝缘子（单片）过程的作业；要求经医师鉴定无妨碍高空作业的疾病（体检合格）；具备必要的电气知识，熟悉《国家电网公司电力安全工作规程》（电力线路部分）及相关规程，并经考试合格；熟悉检修工艺、质量标准和运行知识。

（3）地面作业人员，定员 3 人，职责：负责本次作业过程的地面辅助工作，配合、协助高空作业人员进行绝缘子更换工作；要求具备必要的电气知识，熟悉《国家电网公司电力安全工作规程》（电力线路部分）及相关规程，并经考试合格；熟悉检修工艺、质量标准和运行知识。

六、作业准备阶段

1. 准备工作

作业准备工作的工作项目、工作内容或要求见表 ZY0200203004-1。

表 ZY0200203004-1 准 备 工 作

确认（√）	序号	工 作 项 目	工作内容或要求	责任人
	1	勘察现场、查阅资料	（1）查阅施工杆塔的垂直档距与导线型号，计算出各自的垂直荷载； （2）勘察现场，了解交叉跨越、平行线路、有无影响施工的障碍物等情况	
	2	工作方法	卡具法	
	3	主要工器具及材料	详见表 ZY0200203004-7 和表 ZY0200203004-8	
	4	外包工资格审查	必须经安全技术培训并考试合格，无妨碍工作的病症	

2. 召开班前会

班前会的内容及标准见表 ZY0200203004-2。

表 ZY0200203004-2　　　　　　　　　　班前会的内容及标准

确认（√）	序号	内　容	标　准	备注
	1	人员分工	根据作业内容及工作量确定具体的人员分工	
	2	技术交底	明确作业方法、工艺及质量标准	
	3	进行危险点分析并制定控制措施	危险点分析及控制措施详尽并有针对性	

3. 填写并签发工作票

完整填写工作票并履行审批、签发手续。

七、作业实施阶段

1. 作业开工

作业开工的工作项目、工作内容或要求见表 ZY0200203004-3。

表 ZY0200203004-3　　　　　　　　　　作　业　开　工

确认（√）	序号	工作项目	工作内容或要求	备注
	1	办理工作许可手续	作业前与调度联系线路确已停电，办理工作许可手续，并且安全措施已布置完毕，可以作业	
	2	宣读工作票	（1）工作负责人召集全体人员列队，宣读工作票，工作人员列队认真听票； （2）工作负责人讲明工作中的危险点及控制措施，并进行提问，无问题后方可开始作业	
	3	核对工作范围及设备	工作负责人接到工作许可命令后，率领工作班成员到达现场。工作负责人要亲自按工作票、缺陷传递单核对作业线路名称、杆塔号和色标	
	4	验电、挂接地线	（1）由专人用合格的验电器在作业地段前后杆塔验电，并设专人监护； （2）验明线路确无电压后，开始装设接地线。应先接接地端后接导线端，接地线应接触良好，连接可靠；接地线不得缠绕	

2. 危险点分析及控制措施

作业实施过程中的危险点部位或名称及其预防措施见表 ZY0200203004-4。

表 ZY0200203004-4　　　　　　　　　　危险点及其预防措施

确认（√）	序号	危险点部位或名称	预防措施
	1	高空坠落	（1）上杆塔作业前，应先检查杆根、拉线和基础是否牢固。登杆塔前，应先检查安全带、脚扣、脚钉、爬梯、防坠装置等是否完整牢靠。严禁利用绳索、拉线上下杆塔或顺杆下滑； （2）上横担进行工作前，应检查横担连接是否牢固和腐蚀情况。在杆塔上作业时，应使用有后备绳或速差自锁器的双控背带式安全带，安全带和保护绳应分挂在杆塔不同部位的牢固构件上，应防止安全带从杆顶脱出或被锋利物损坏； （3）人员在转位时，不得失去后备保护绳的保护； （4）杆塔上有人时，不准调整或拆除拉线
	2	物体打击	（1）现场工作人员必须正确佩戴好安全帽； （2）杆塔上作业人员要防止高空落物，使用的工器具、材料等应装在工具袋里，工器具要用绳索传递，杆塔下方严禁行人逗留。在行人道口或人口密集区作业，工作点下方应设围栏或其他保护措施
	3	工器具失灵	所用工器具要定期检查，使用前必须经专人检查，保证合格、配套、灵活好用
	4	防触电及感应电	（1）导地线下方跨越带电线路时，应注意导地线下沉情况，防止被检修的导地线触碰下方带电线路，必要时应联系停电后再进行作业； （2）在同杆塔架设多回线路时，部分线路停电作业检修，工作人员对带电导线最小安全距离不得小于 4.0m； （3）绑扎线要在下面绕成小盘再带上杆塔使用； （4）个人保安线应装设牢固，防止脱落
	5	现场作业安全监护	自作业开始至结束，安全监护人必须始终在作业现场对作业人员进行不间断的安全监护

3. 作业内容及工艺质量标准

作业项目或内容、作业要求及工艺质量标准见表 ZY0200203004-5。

表 ZY0200203004-5　　　　　　　　　作业内容及工艺质量标准

确认（√）	序号	作业项目或内容	作业要求及工艺质量标准
	1	工器具摆放	在杆塔位附近选一较平坦处，将所用工器具依次摆放好
	2	悬挂传递绳	杆上作业人员戴好安全帽，携带传递绳上杆，到合适位置，系好安全带后，将传递绳挂在合适位置
	3	工器具的传递、安装	（1）杆上作业人员系好安全带，打好后备保护绳； （2）地面作业人员利用传递绳将专用卡具和导线保护绳传递至杆上作业人员； （3）杆上作业人员将导线保护绳一端固定在导线上，另一端固定在横担上，做好双重保护； （4）杆上作业人员将卡具安装在待更换绝缘子两侧相邻绝缘子的钢帽上，并认真检查卡具各部位连接状况，确保其连接良好
	4	旧绝缘子拆除	（1）杆上作业人员拔出被更换绝缘子的上下两端弹簧销子，然后均匀收紧卡具两侧的丝杆； （2）当两侧丝杆收紧至合适位置时，将被更换的绝缘子拆离绝缘子串； （3）杆上作业人员将拆下的绝缘子绑在传递绳上； （4）地面作业人员利用传递绳将拆下的绝缘子传递到地面
	5	新绝缘子的测试与安装	（1）新绝缘子表面应清洁、完好无损、绝缘子钢帽、绝缘体、钢脚在同一轴线上，用5000V绝缘电阻表对绝缘子进行测量，电阻值大于500MΩ（应在准备阶段完成）； （2）地面作业人员利用传递绳将检测好的绝缘子系牢后传递至杆上。控制好传递绳，避免绝缘子与杆塔碰撞受损伤； （3）杆上作业人员将新绝缘子安装上，并装好上下两端的弹簧销子，检查开口方向与原线路一致； （4）杆上作业人员松动卡具两侧丝杆，使新绝缘子串承受垂直荷载
	6	工具拆除	（1）检查各部金具连接无问题后，拆除卡具及导线保护绳传递至地面，导线侧作业人员返回至杆上； （2）杆上作业人员检查作业各部位正常、完好，杆上无任何遗留物，解开安全带、后备保护绳，携带传递绳下杆

八、作业结束阶段

作业结束后，按表 ZY0200203004-6 进行检查。

表 ZY0200203004-6　　　　　　　　　作业结束后的检查

确认（√）	序号	工作程序名称	工作内容或要求	备注
	1	作业现场清理	达到工完、场清、料净	
	2	盘点工具、材料数量	按表 ZY0200203004-7 和表 ZY0200203004-8 核实工具、材料数量	
	3	申请办理质量验收	由验收单位按工艺标准及有关规程组织施工质量验收	
	4	拆除接地线、人员撤离	工作结束后，工作负责人检查作业现场无问题、确定所有人员下塔后，下令拆除接地线	
	5	办理工作票终结手续	工作负责人向工作许可人汇报作业结束，现场人员全部下塔后，线路所挂的接地线已全部拆除，没有遗留问题，可以恢复送电	

九、作业总结阶段

1. 召开班后会

总结本次作业安全、质量情况以及经验、教训，提出改进意见，并将详细内容记入"班组工作日志"中。

2. 整理资料及归档

将本次检修情况分别填入相应的记录及技术档案。

十、附录

主要工器具及材料清单。

1. 主要工器具（见表 ZY0200203004-7）

表 ZY0200203004-7　　　　　　　　　主 要 工 器 具

序号	名　称	规　格	单位	数量	备　注
1	卡具		套	1	视绝缘子型号确定卡具规格
2	后保钢丝绳	$\phi 12.5$	套	1	含 U 型环
3	白棕绳	$\phi 14$	根	1	长度根据杆塔高度定
4	滑车	15kN	个	2	闭口滑车

序号	名　称	规　格	单位	数量	备　注
5	验电笔		支	1	同线路电压等级
6	毛巾		条	2	
7	主接地线	截面积不得小于 25mm²	套	2	
8	绝缘电阻表	5000V	只	1	
9	脚扣		副	2	
10	个人保安线		根	1	
11	个人工具		套	2	含安全工具

2. 材料清单（见表 ZY0200203004-8）

表 ZY0200203004-8　　　　　　材　料　清　单

序号	材料名称	规　格　型　号	单位	数量	备　注
1	绝缘子		片		配弹簧销子

注　表 ZY0200203004-7 和表 ZY0200203004-8 使用时，应根据实际情况填写。

第十三部分

架空线路状态巡视及检修

第三十六章　输电线路状态运行、检修的基本概念

模块 1　架空输电线路运行检修概念（GYSD00801001）

【模块描述】本模块包含架空输电线路运行检修基本概念、部分常用线路专业术语。通过概念描述、知识讲解，了解线路基本概念和部分常用线路专业术语。

【正文】

一、架空输电线路状态巡检的基本概念

输电线路架设在野外，常年受大自然的环境影响，同时还要受人类生产、生活的影响，如公用事业基础建设中的土地平整、线路附近风筝、广告气球飘带、农用薄膜、农作物遮阳布飘飞缠绕，道路桥梁或弱电线路、管道的建设、穿越架设中危及到线路的安全运行，另外还会遭到塔材、导线等偷盗或恶意破坏等，因此按 DL/T 741—2001《架空送电线路运行规程》的周期巡视和定期检修，会造成绝大部分线路设备过渡维护和检修，对少量特殊区域的线路设备则会呈现明显的巡视、检修不足。

因我国目前没有输电线路状态巡视的规程或规章制度，也没有单一的线路检修规程和按设备状态进行检修设备的规章制度，因此按输电线路设备本体的运行状况和通道环境运行状况，以及带电设备（部件）的缺陷状况，进行有的放矢地巡视、检修消缺。这还是个探索、完善的阶段，本模块提出的一些方法和观念，是某个地区局开展按线路设备状况巡视、检修约 16 年的经验和实际情况。

1. 线路巡视

线路巡视是线路运行人员用观察、检查或扫描方法对线路设备、通道状况进行状态量采样过程。巡视种类有定期巡视、故障巡视、特殊巡视、夜间巡视、交叉巡视、诊断性巡视、监察巡视、为弥补地面巡视的不足而登塔检查、走线检查和乘直升机巡视，其目的是为了经常掌握线路运行状况，及时发现线路本体、附属设施和线路通道上的缺陷和隐患，为线路检修、维护及状态评价（评估）等提供依据、资料和参数，以保证线路安全运行。

2. 状态巡视

状态巡视是线路巡视的一种科学方式，是根据架空输电线路的实际状况和运行经验动态确定线路（段、点）巡视周期的巡视。线路实际状况包括线路设计条件、运行年限、设备健康状况、通道情况、地质、地貌、环境、气候、设备存在的危险点等。按线路（设备、通道）状态巡视，可以使巡视过程中做到有的放矢，真正做到"该巡必巡，巡必巡好"。

3. 线路状态检测

线路状态检测是指线路运行维护人员对线路设备、通道状况用仪器测量方法按预先确定的采样周期进行的状态量采样过程。常见的线路状态监测有瓷绝缘子零值（即绝缘电阻、分布电压）测试、接地电阻测量、交叉跨越测量、导线跳线连接点螺栓扭矩检测或红外测温、运行绝缘子累积盐密测量、硅橡胶憎水性能测量和拉棒锈蚀检测等。

4. 线路状态检修

对巡视、检测发现的状态量超过状态控制值的部位或区段进行维护或修理的过程。可根据实际情况采取带电或停电方式进行。线路状态检修可结合线路的大修、技术改造和日常维修进行。

5. 设备危急缺陷

线路设备或通道缺陷随时都有可能导致发生事故，必须尽快停电或带电作业消除或采取临时安全

技术措施后尽快处理的缺陷状态。

6. 设备重要缺陷

线路设备或通道缺陷比较重大，但设备仍可短期继续安全运行的缺陷，应在短期内停电或采用带电作业方式消除的缺陷状态。

7. 设备一般缺陷

线路设备或通道缺陷对近期安全运行影响不大的缺陷，可列入下次检修处理或采用带作业方式消除的缺陷状态。

8. 外部隐患

因线路外部环境变化或人为等因素危及线路安全运行的各种情况，如与线路安全距离不足的树竹木、建（构）筑物、机械施工以及线路周边的污源点等。

9. 状态测温

设备在运行情况下，采用专用仪器，对连接设备的温升、温差等状态量进行非接触性的采样过程。

10. 技措

设备技术改造措施的简称。

11. 反措

设备反事故措施的简称（现已改为预防事故措施）。反事故措施一般在上年末制定计划，经审核批准后执行，反事故措施计划内容主要包括：线路事故、障碍、异常情况的防止对策；上级机关颁发的反事故措施；需要消除的影响线路安全运行的重要缺陷、隐患或危险点等。

12. 安措

企业安全组织技术和劳动保护措施的简称，它以改善作业环境，预防人身伤亡事故、职业病等为原则，以安全性评价结果为依据制定的安全组织技术措施。

13. 状态评价

输电线路状态评价是按条计列，但线路设备有杆塔与基础、导地线、绝缘子、金具、接地装置、附属设施和线路通道 7 个单元，每个单元项有数量众多的构件，因此评价先按单元状态评价，由单元、部件、评价内容、状态量、量测、评分标准构成，评价内容是部件的具体评价范畴。状态量是反映评价内容中设备状况的各种技术指标、性能和运行情况等参数的总称，量测是状态量的具体数值或定性值，评分标准是按单元的重要性来附以不同权重，它通过量测来判断状态的扣分依据，按是否需要停电来施行采取何种检修方式。

二、部分常用线路专业术语

1. 等值附盐密度（简称等值盐密）

绝缘子表面单位面积上的等价含盐量值，溶解后具有与从给定绝缘子的绝缘体表面清洗的自然沉积物溶解后相同导电率的氯化钠总量除以表面积，一般用 mg/cm^2 表示。

2. 不溶物密度（简称灰密）

从给定绝缘子的绝缘体表面清洗的非可溶性残留物总量除以表面积，一般用 mg/cm^2 表示。

3. 外绝缘泄漏距离（几何爬电距离）

指绝缘子正常承受运行电压的二电极间沿绝缘子外表面轮廓的最短距离，一般用 cm 表示。

4. 外绝缘单位泄漏距离（泄漏比距）

指外绝缘泄漏距离对系统额定线电压之比，一般用 cm/kV 表示。

5. 统一爬电比距

绝缘子的爬电距离与其两端承担的最高运行电压（对于交流系统为最高相电压）之比，一般用 mm/kV 表示。

6. 有效爬电距离

盘形悬式绝缘子设计有形状系数，即伞盘棱与棱间局部转角处在试验电压下会产生电弧桥接，也就是说盘形悬式绝缘子的几何爬距在试验电压下的爬电距离（牺牲部分爬电距离）。

7. 污闪

绝缘子表面上的污秽在潮湿、毛毛雨、雾、冰雪等天气下，在运行电压下发生沿绝缘子串的电气闪络现象称为污闪。

8. 冰闪

绝缘子串或支柱绝缘子一侧或全部结冰贯通，冰柱内泄漏电流融化成水但外层仍为冰层，在运行电压下沿绝缘子串表面发生电气闪络跳闸。

9. 沿面闪络

指雷电流、污闪、冰闪等故障电流沿绝缘子串表面闪络，随后绝缘子恢复绝缘性能，但瓷绝缘子沿面闪络会造成电弧烧伤表面瓷釉，使之逐渐劣化；复合绝缘子伞裙表面电弧过后，浓浓的白烟夹着刺鼻的气味，整个伞裙大面积退色，有白色片状膜产生，并易脱落，即粉化严重，局部护套碳化也严重，需及时更换。玻璃绝缘子电弧会烧伤表面薄薄一层（0.1mm）玻璃皮，烧伤面下的玻璃件仍然是熔体，不影响绝缘性能，即玻璃绝缘子电弧烧伤表面后仍可继续运行。

10. 温升

用同一检测仪器相继测得的被测物（导线）表面温度和环境温度参照体表面温度之差。

11. 温差

用同一检测仪器相继测得的不同被测物或同一被测物不同部位之间的温度差。

12. 相对温差

两个对应测量点之间的温差与其中较热点的温升之比的百分数。相对温差 δ_1 可用下式求出

$$\delta_1 = \frac{\tau_1 - \tau_2}{\tau_1} \times 100\% = \frac{T_1 - T_2}{T_1 - T_0} \times 100\% \qquad （GYSD00801001-1）$$

式中　τ_1、T_1——发热点的温升和温度；

τ_2、T_2——同相导线参照点的温升和温度；

T_0——环境参照体的温度。

13. 有效检测距离

指采用的镜头分辨率与被测量设备的直径之间关系，如 1.3mrad 检测 LGJ-400/35 钢芯铝绞线的直线接续管，接续管的直径 $\phi45$mm，则有效检测距离约 35m；线路用长焦镜头 0.7 mrad 检测 LGJ-400/35 钢芯铝绞线的直线接续管，其有效检测距离约为 57m。

14. 憎水性

固体材料的一种表面性能，水在憎水性的固体表面形成的一种互相分离的水滴或水珠状态，而不是连续的水膜或水片状态。

15. 憎水性迁移

憎水性的闪裙护套在表面污染后，将自身的憎水性传递给污层并且自身仍具有憎水性的现象。

16. 憎水性的减弱与恢复

清洁或污秽复合绝缘子伞裙护套的憎水性在某些外界因素作用下减弱，外界因素停止作用后其憎水性自然恢复。

17. 伞间最小距离

指具有相同伞径的相邻大伞，上面的一个伞的滴水缘最低点到下一个伞表面的垂线长度。伞间最小距离 C 值反映了在高湿度天气或同时在污秽作用下，相邻两大伞放电桥接情况。

18. 爬电系数（C.F）

爬电系数 C.F 是整体绝缘子尺寸的设计参数，指绝缘子总的爬电距离与绝缘子两电极间沿空气放电最短距离之比。

19. 额定机械负荷

用于表征产品机械强度等级的负荷值，产品在该负荷下应能承受 1min 而不破坏。

20. 瓷、玻璃绝缘子的劣化

由于自然老化及产品质量等原因造成瓷绝缘子机电性能下降或瓷件破损、釉烧伤，玻璃绝缘子自

爆等。

21. 残余强度（也称残锤强度）

仅指玻璃绝缘子自爆后的钢帽、钢脚残余额定荷载，IEC 标准要求玻璃绝缘子的残留强度不得小于 80%额定荷载。

22. 复合绝缘子劣化

复合绝缘子硅橡胶伞套出现变硬（脆）、粉化、裂纹、破裂、起痕、树枝状通道、蚀损、穿孔、密封性能下降、局部发热、憎水性能下降及机械强度明显下降的现象。

23. 粉化

粉化是伞套材料填充物的某些颗粒形成粗糙或粉状表面的现象。

24. 起痕

起痕是由于在绝缘材料的表面上形成通道并且发展而形成的一种不可逆的劣化现象，这种通道甚至在干燥的条件下也是导电的。起痕可以产生在与空气相接触的表面上，也可产生在不同绝缘材料之间的界面上。

25. 树枝状通道

树枝状通道是由材料内部形成的微细通道，是一种不可逆的劣化现象，这种通道可能导电也可能不导电，这些微通道能够在整个材料上逐渐延伸直至产生电气破坏。

26. 电蚀

硅橡胶复合绝缘子系有机物，属长棒阻性产品，电位分布极不均匀，导线端长期承受强电场，且均压环又只均压保护金具芯棒压接处，有时会造成超高压线路导线侧的第 2 ～ 4 片伞裙处因强电场发生电蚀硅橡胶护套，造成硅橡胶穿孔或树枝状贯通。

27. 均压装置

它是装在金属附件上的一种装置，能改善绝缘子串特别是复合绝缘子的电位分布，同时保护金属附件、芯棒及伞套不被电弧灼伤，其次还能保护芯棒、金具连接区不因漏电起痕及蚀损导致密封性能的破坏。均压装置可以是均压坏、均压引弧环或半导体的聚合物器件。

28. 罩入距

由于绝缘子串的分布电压不均匀，因此盘形悬式绝缘子在 330kV 电压等级及以上线路均要采用均压装置保护绝缘子和金具，且均压环一般罩入 2 片绝缘子；复合绝缘子因属长棒全阻性，电压分布极不均匀，所以高压端必须安装均压环，但复合绝缘子均压环不深入罩住硅橡胶伞裙，因此均压效果远没有盘形绝缘子好，即导线端硅橡胶伞裙表面最大电场强度有时大于 500V/mm（有效值）的一般设计要求。

29. 特殊区段

架空输电线路的特殊区段是指线路设计及运行中不同于其他的常规区段，它是设计部门按超常规设计建设的线路，主要指大跨越、多雷区、重污区及重冰区的线路。

30. 大跨越

架空输电线路跨越通航的大河流、湖泊和海峡等水域，其跨距特别大（一般在 1000m 及以上）或跨越杆塔特别高（一般在 100m 及以上），导线选型、杆塔等设计须特殊考虑，在发生故障时严重影响航运或修复特别困难的线段。大跨越应自成独立的耐张段。

31. 重冰区

导、地线设计覆冰厚度达 20mm 及以上的输电线路区段称为重冰区。

32. 重污区

输电线路绝缘子表面附着各种污秽物质（含盐密和灰密）特别严重的地区，一般指三级以上污秽区。

33. 多雷区

雷电活动随所在地区的地形地貌和矿物程度及湿度会有很大不同，以往按"雷暴日"（40 日以上）或"雷暴小时"来区分多雷区，严格说按"对地雷击密度分布"来确定多雷、少雷区则更为科学合理。

34. 微气象区

指局部地域常发生大风、覆冰、大雪等灾害性气候而导致输电线路发生覆冰倒杆、导线舞动、冰闪跳闸等事故，这样的区域范围较小。

35. 跳闸率

线路由于雷击、污闪等原因发生绝缘闪络，导致线路断路器动作。一般采用每百公里线路在一年中发生的跳闸次数进行统计，单位为：1/100km·a。（雷击跳闸率应归算至 40 雷电日的值，单位为：1/100km·a·40 雷日，也可简写为：1/100km·a）

36. 事故率

线路断路器动作后，均称故障率；若线路安装了自动重合闸装置，重合不成功者，则称之为线路事故。一般采用每百千米线路在一年中发生事故的次数进行统计，单位为：1/100km·a，也称强迫停运率。

37. 年可用率

输电线路的可用率为线路的运行小时数除以年总小时数（8760h）与线路计划停电及其他原因停电小时数之差乘以 100%（取同一电压等级）。

38. 完好率

架空输电设备的完好情况以设备评级为基础，一般一、二类设备为完好设备，三类设备为不良设备。完好设备占参加评级设备的百分数为架空输电设备的完好率。

39. 间隙

线路任何带电部分与接地部分之间的最小距离。

40. 光纤复合架空地线

OPGW 是一种具有传统架空地线和通信能力的双重功能的线，悬挂于杆塔地线支架上。

41. 保护角

架空地线垂直平面与通过导、地线的平面之间的夹角。

42. 在线监测

在不影响设备运行的条件下，对设备状况连续或定时进行的检测，通常是自动进行的。

43. 状态量

反映架空送电线路或设备状态的技术指标、性能参数、试验数据、运行状态以及通道情况等参数的总称。状态量可分为正常状态、注意状态、异常状态和严重状态。

44. 扭矩值

指某规格连接螺栓拧紧下的扭矩值，单位为 N·cm。

45. 钢比

钢芯铝绞线的钢横截面积与铝横截面积之比的百分数。

【思考与练习】

1. 架空送电线路运行规程中的内容可分哪几类？线路巡视有哪些？线路检测有哪些？
2. 为什么钢芯铝绞线的钢比不同，其钢、铝截面承担的计算破断力也相应不同？
3. 什么叫空间分辨率？什么是有效检测距离？
4. 为什么瓷绝缘子采用检测绝缘电阻和分布电压才能有效区分是否劣化？
5. 为什么要对复合绝缘子检测憎水性能？

模块 2 输电线路巡视、检测、维护、检修的现状分析
（GYSD00801002）

【模块描述】本模块涵盖线路巡视、检测、维护、检修的现状分析。通过概念描述、知识讲解、图表对比分析，熟悉输电线路巡视、检测、维护、检修的现状。

【正文】

架空输电线路是电网安全运行的重要设备，其专业知识包含杆塔基础（含拉线装置）、杆塔结构、导地线、金具、绝缘子、运行与检修（含带电作业）。

一、架空输电线路周期巡视现状

DL/T 741—2001《架空送电线路运行规程》要求线路正常巡视为每月一次，巡视检查内容为杆塔、导地线、金具、绝缘子、接地装置、杆塔辅助设施、线路通道内或保护区内树竹木、交叉跨越等有否异常、缺损、锈蚀，线路临近 500m 水平距离内有否采石爆破、保护区内有无土地平整、建造房屋和修筑道路、种植高杆树木等外部隐患。

输电线路分布在野外、途径农田、山地、高山峻岭，跨江河水库，穿山岙峡谷，常年饱受风、雨、雾、冰、雪、冰雹、雷电等大气环境的影响，同时还受到洪水、山体滑坡、泥石流等自然灾害的危害。另外，工农业的环境污染、采石放炮、农田改造、水利建设等人为因素也直接威胁着输电线路的安全运行，因此，及时、准确地检修、维护好输电线路就显得非常重要。若按 DL/T 741—2001 规定的项目和周期，进行线路巡视、检测、检修工作，不尽合理，存在着以下方面的问题：

（1）线路每月全线巡视一次。这种不论设备状况、地理（气候）条件、通道状况等而千篇一律的巡视方式，一方面造成大部分线路或区段"过"巡视、维护，浪费人力、物力资源。另一方面对线路危险点、特殊区域、易被外力破坏区等又明显表现出巡视检查不足，威胁线路的安全运行。

（2）绝缘子清扫、绝缘子测试、导线连接器测试（应该是跳线连接点测试）、杆塔螺栓紧固、并沟线夹（跳线搭接板）检查紧固等项目规定了固定的检测、维护周期，这种不论设备实际现状、绝缘配置、设备材料、运行状况、大气污染等情况必须按规定周期检测、维修的方式，无法实现"应修必修"的检修原则（虽然规程对巡视、绝缘子清扫、绝缘子测试等项目的备注栏内有可以延长或缩短周期的要求，因可操作性差，线路运行检修单位还是采用按固定的时间周期进行检修、维护，不能达到其应有的效果）。

（3）DL/T 741—2001 内容包含巡视、检测、维护和检修四项内容，按目前各单位运行、检修人员的配置实况，即使巡视、检修人员全出差在外巡视、检测、检修、维护设备，仍难以按规程要求完成。另外，由于线路通道内状况变动频繁、线路设备检修内容、要求的繁重和线路停电时间等相互矛盾，往往造成输电线路巡视、检测、检修、维护的质量参差不齐，管理部门也无法全面掌握设备的真实运行状况。定期检修输电线路容易造成"失修、误修或过度检修及电网失去备用"的弊病，所以多数运行、维护、检修项目还是采用事后检修、维护方式，使运行中的设备难以保证健康、安全地运行，同时也大量浪费线路停电时间，人为降低输电设备的可利用率。

二、设备周期检测现状

输电线路设备分布在野外，而线路巡视检查、检测设备状态量等基本靠个人行为和运行经验，从而决定了设备检修的判据比较粗糙，另外运行规程规定的检测项目众多，多数项目不能按期完成甚至没开展。

DL/T 741—2001 规定：架空线路杆塔接地电阻检测周期，发电厂、变电站出线段及特殊地段每 2 年一次，其他线路段每 5 年一次。

根据我国 20 多个省市的雷电定位观察仪多年检测结果，多数落雷为小电流值，30kA 左右雷电流占 50%以上，如 110kV 电压等级 7 片/串的耐绕击水平约 7kA，而线路设计的耐反击雷水平 60kA 左右；220kV 电压等级 13 片/串的耐绕击水平约 12kA，线路本体耐反击雷水平约 95kA；500kV 电压等级 28 片/串的耐绕击水平约 24kA，线路的耐反击雷水平约 150kA。因此，线路上发生的雷击跳闸多数为绕击雷，而绕击雷采用降杆塔接地电阻值来防范时的效果不大，减少绕击雷的有效措施为减小避雷线保护角和增加本杆塔绝缘水平。

（1）目前各单位普遍采用三极法接地电阻检测仪和随该接地电阻检测仪配来的辅助测量电流射线 40m 和电压射线 20m 检测杆塔接地电阻值，两根测量辅助射线的比例系数不能满足 0.618 比例的测量要求（现有的接地测量规程的辅助射线 $4L$ 和 $2.5L$ 或 $3L$ 和 $1.85L$，比例系数均在 $0.61 \sim 0.63$ 间）。其次，输电线路几乎都采用浅表式风车状人工敷设接地线，直接用仪表配置来的 40m 辅助电流射线和 20m 电压射线，从杆塔接地引下线处布线检测杆塔接地电阻值，其辅助电流射线和电压射线无法与接地线最外端保持 20m 和 40m 的间距，即检测布线方式不符合杆塔接地电阻测量标准，采用此方法检测的接地电阻值明显比实际杆塔接地电阻小，会造成被检测的杆塔接地电阻符合设计要求的假相。不对线路雷击故障的原因进行分析，多数单位不论雷击故障是绕击还是反击，均采用降低杆塔接地电阻的做法是不合原理的。

（2）瓷质绝缘子低零值检测：每两年一次检测劣化绝缘子。运行线路的瓷绝缘子串中存有低零值（劣化）时，当线路故障电流从绝缘子串本体通过（闪络），串中的劣化瓷绝缘子会发生钢帽炸裂、导线掉串的恶性事故。

瓷绝缘子检测劣化绝缘子有效的方法是带电检测绝缘子的分布电压和带电或停电检测绝缘子的绝缘电阻值，分布电压检测方式能准确检测出每片绝缘子的分布电压值（可与 DL/T 626—2005《劣化盘形悬式绝缘子检测规程》中的各电压等级、各个不同绝缘子片数成串的电压分布值对应），绝缘电阻检测方法能准确检测出各片绝缘子的绝缘电阻值。采用 DL 415—2009《带电作业用火花间隙检测装置》方法带电检测瓷绝缘子，其间隙放电法技术原理模糊，因带电运行的绝缘子串的各片所处位置不同，其各片电压分布值相差有 4 ～ 5 倍左右，如 220kV14 片/串，横担第一片分布电压值为 8kV、横担侧往导线方向的第 4、5、6、7 片电压分布值均为 5kV，而导线侧第一片电压分布值为 31kV、第二片为 16kV，该方法是采用同一间隙距离对绝缘子短接放电，检测同一电压等级的盘形瓷绝缘子串，带电检测中往往会因串中分布电压低、放电声轻而将良好绝缘子误判为低、零值（劣化）绝缘子，目前这种靠听放电声音轻或响来判定绝缘子是否劣化的检测方法已逐渐淡化退出运行单位。另外，应对重污染区运行多年的绝缘子钢脚进行腐蚀、锈蚀程度检测，结果按 DL/T 626—2005 中绝缘子钢脚锈蚀判据确定缺陷程度。

（3）输电线路导线接续管早期采用爆压管，因硝胺炸药、后期的塑料炸药、导爆索等炸药包制作工艺不符合要求、药量过大时，爆炸压接中会产生烧伤钢芯现象，但不致于拔出掉线事故，若爆压用炸药包受潮后产生残爆现象造成爆压管握力不够时，在导线最大张力时会发生拔出掉线事故。随着我国国力增强，以及国家对民爆器材管理规定，目前输电线路导地线接续管已全部采用液压方式（SDJ 276—1990 已作废），因导线接续管直径比导线大，线路设计液压管以机械强度考核，因此导线接续管不会产生因接触电阻大而发热现象。因为导线耐张跳线连接处的并沟线夹、引流板会因接触电阻大而造成发热隐患，因此 DL/T 741—2001 规定，每年停电检查紧固一次或在输送较大负荷时检测发热隐患。

国家电网 Q/GDW 168—2008《输变电设备状态检修试验规程》第 5.19.1.9 条红外测温导线接点温度测量：500kV 及以上直线连接管、耐张引流夹 1 年测量一次，其他线路 3 年测量一次，接点温度可略高于导线温度，但不应超过 10℃。

由于红外热电视或红外热成像仪对仪器空间分辨率（有效检测距离）、检测时的风速、天气和检测设备处的附加光源等有严格的要求，运行单位在白天站在地面检测超过 40m 距离以上的导线连接处设备发热温度，其效果不佳和不准确，夜晚检测时作业人员登塔检测跳线连接处时，杆上作业安全性差和检测工作强度大。

耐张跳线导线连接点属电流致热型设备，发热原因主要是并沟线夹、引流板的螺栓扭矩值未达到标准扭矩的要求，或引流板光、毛面搭接、板间夹有杂质或未涂导电脂等现象，后一类现象一般在线路竣工验收中得到处理，线路检修单位采用作业人员登塔检查引流板状况和用扭矩扳手检测螺栓连接扭矩值的方法可有效确保耐张跳线连接处的检修质量。

（4）DL/T 864—2004《标称电压高于 1000V 交流架空线路用复合绝缘子使用导则》要求，每 2 ～ 3 年登杆检查复合绝缘子的硅橡胶伞套表面有否蚀损、漏电起痕，树枝状放电或电弧烧伤痕迹，是否出现硬化、脆化、粉化、开裂等现象，伞裙有否变形，伞裙之间粘接部位有否脱胶等现象，端部金具连接部位有否明显的滑移，检查密封有否破坏，钢脚或钢帽锈蚀，钢脚弯曲，电弧烧损，锁紧销缺少；硅橡胶伞裙的憎水性有否下降等，即复合绝缘子按规程规定检查、检测的工作量巨大。

线路投运 8 ～ 10 年内的每批次复合绝缘子应随机抽样 3 支试品进行电气和机械拉伸破坏负荷

试验。

随着电网的迅速发展，输电线路快速增长，线路设计仍采用较原始的节约型外绝缘配置方法，致使各单位几乎都将复合绝缘子作为"免维护"产品使用。复合绝缘子投入运行后，运行单位很少按规程要求进行抽检和抽样，即没有按规程要求每批次更换 3 支运行 8～10 年绝缘子送到有资质的试验单位做污秽性能和机械强度检测试验，多数单位采用运行 8～10 年后报废重新更换的方式。

由于复合绝缘子为全阻性长棒，串分布电压极不均匀，特别是超高压线路的复合绝缘子，高压端的电场强度往往超过电晕起始电压，又因复合绝缘子的均压环制造厂家不考虑保护硅橡胶伞裙和护套（只保护芯棒、金具压接处），容易造成高压端硅橡胶电蚀穿孔，在电化学作用下，其环氧树脂芯棒发生脆断，且全部发生在导线端第 2～4 片伞裙处，目前运行单位只能在重要线路全线和其他线路的跨越档基本采用双绝缘子串的防范措施，从而增加了线路投资和运行单位的维护工作量。

（5）线路污秽监测点绝缘子盐密检测。随着电网污区污秽等级图的滚动修订（最新版本污区图适应新建线路配置外绝缘，对已运行线路除非沿线出现新增污源或原污源点加重现状后，才要求受影响段杆塔调整爬距，其余线路采取分类专项监视建档），目前电网盘形绝缘子线路均已按最新污秽等级配置或调整爬电距离，线路绝缘子串已不再执行"逢停必扫"，盘形绝缘子防污闪方法是在雾季前，对污秽监测点绝缘子检测其附盐密值，以判定线路绝缘子是否要停电进行清扫。

目前多数运行单位采用在污秽监测点的横担上悬挂一串不带电的绝缘子串，在雾季前清洗检测其盐密值，按 1.25～1.4 的换算系数换算为带电运行绝缘子的附盐密值[国家电网公司 Q/GDW 152—2006《电力系统污区分级与外绝缘选择标准》3.10 带电系数：同型式绝缘子带电所测 ESDD/NSDD（SES）值与非带电所测 ESDD/NSDD（SES）值之比，K_1 一般为 1.1～1.5]。因检测此类盐密值是在"一年一清扫"的绝缘子串上检测，按其盐密值滚动划分的污秽等级配置的线路仅能抵御一般天气条件下的电网污闪事故，难以抵御灾害性浓雾特别是伴有湿沉降天气的侵害，造成老旧运行线路按现行污区图调爬或配置线路外绝缘后，仍会发生电网大面积污闪或局部点、段区域的污闪跳闸事故。

（6）线路通道内的交叉跨越距离、导线风偏距离等复核应在线路投产一年内测量完成。以后按线路巡视情况对通道内后建的建筑物、高大树木和后架交叉的跨、穿线路的最小安全距离进行复测，以确保线路的安全运行。

（7）每两年抽查导线、地线损伤、振动断股和腐蚀情况。事实上多数运行单位不检测、检查此类情况，特别是线路故障跳闸后，多数运行单位不对故障杆塔的架空地线、导线悬垂线夹打开检查有否遭电弧烧伤状况。对于每 5 年一次地下金属构件开挖检查、杆塔倾斜、绕度检测、大跨越导地线振动检测、绝缘架空地线或平行停电线路的感应电压检测等，则基本不开展检测工作。

三、设备维护现状

（1）DL/T 741—2001 规定：绝缘子污秽清扫每年一次。其实经过多年的电网防污闪改造，各单位的电网污区分级图早以经过数次滚动修订，老旧线路几乎已按污秽等级调整爬距，新建线路也均按污秽等级配置外绝缘，且有许多单位全线采用硅橡胶复合绝缘子。因此绝缘子污秽清扫已基本不开展，有的单位仅对重污秽段少量杆塔绝缘子串进行清扫。曾有单位对已清扫过的绝缘子更换进行电气和污秽试验，结果多数人工清扫过的绝缘子片附盐密值减少不多，导线侧的 1～2 片绝缘子，经清扫后有一定的减少污秽物效果。

（2）耐张跳线并沟线夹、引流板螺栓紧固每年一次；上述维护工作基本靠线路停电时完成，由于此类维修工作几乎是个人单独完成，目前这种不论作业人员身高体重、力气大小的差异，均采用相同的 10 寸活动扳手，使连接螺栓扭矩无法量化，维修质量参差不齐，且多数单位不安排员工紧固检查跳线连接金具。

（3）杆塔螺栓紧固每 5 年一次，各运行单位几乎不执行该项检测维修规定。

（4）北方混凝土杆排水防冻检修项目，早期混凝土等径杆上段杆顶是不封堵的，运行中使雨水进入电杆内，北方寒冬造成混凝土体内雨水结冰膨胀，因此规程要求运行单位在寒冬前松开接地螺栓放水。该类未封顶电杆运行单位均进行了封堵，后期生产的电杆已改为封堵式，该项工作已基本没什么意义。

（5）杆塔锈蚀防腐维护项目，架空线路杆塔长期暴露在野外，镀锌铁件必然会生锈腐蚀，严重时会大幅降低杆塔强度。施工、运行单位几乎不组织对铁塔出厂产品验收，即使有少量验收，也只考察厂家生产的规模和塔材镀锌外观检查，如镀锌层表面应连续完整，并具有实用性光滑，不得有过酸洗、漏镀、结瘤、积锌和锐点等使用上有害的缺陷。镀锌颜色一般呈灰色或暗灰色等内容，基本不对塔材镀锌厚度检测验收。

（6）防鸟装置、杆号牌、防振器、防舞动装置的修补、补装和调整等。

（7）线路通道内树竹木修剪、巡线道、桥的修理等，杆塔接地装置即人工敷设接地线的外露填埋及引下线的修复等。

四、设备检修现状

各运行检修单位对巡视、检查或检测出的设备缺陷或隐患，其处理方式有两种：

（1）线路停电时检修方式：劣化绝缘子的更换（瓷绝缘子低零值、瓷裙破损、玻璃绝缘子自爆、瓷、复合绝缘子电弧灼伤、硅橡胶伞裙龟裂、撕裂、粉化、电蚀穿孔、芯棒金具压接点密封破损和均压环倾斜损伤等）；连接金具锈蚀严重、电弧灼伤严重、防振锤移位、掉锤、间隔棒断裂、橡胶垫脱落等更换；导线并沟线夹、引流板的检查紧固，导线铝股断股补修，架空地线锈蚀更换，拉线杆塔拉线锈蚀、拉棒锈蚀等更换。

（2）线路带电检修或消缺方式：检修处理内容与上述相似，另外带电处理导线上悬挂异物，更换杆塔锈蚀塔材、横担、拉线或拉棒，架空地线放电间隙检修，水泥杆段或铁塔主材更换等。

五、线路状态巡查、检修的做法

以目前职工人数按 DL/T 741—2001 的按设备周期进行线路运行、检修，必然会造成"违章指挥"和"违章作业"现象。

（1）目前输电设备的预试体制存在的缺点：

1）检测、检修周期与输电设备的状态无关，过度维修现象严重，运行和管理部门重检测周期，缺少分析判定环节。

2）普查式的预防性检测的工作量大，效率低。对新线路、好设备的检测重视太多。

（2）要减少过度维修工作，提高输电设备的可用率，需采取以下措施：

1）延长设备的检测周期和检修（巡视）周期；或取消有的检测周期（如线路投运时摇测一次杆塔接地电阻值，多雷区第 10 年重新将农田的接地网按设计要求敷设接地线，并与旧接地网焊接在一体，平时雷击跳闸后必须摇测故障塔的接地电阻值以进行分析；对高山区自立塔且无树木危害的地段延长巡视周期，在新建线路杆塔中间验收按杆塔螺栓扭矩值控制并在竣工验收抽样复核螺栓扭矩值后取消每 5 年紧固杆塔螺栓周期等）。

2）对状态良好的设备不进行预试或延长试验周期。

3）对有缺陷的设备不进行超越需要的检修，即应修必修、修必修好。

4）开展预试（检测）的项目应与时俱进，按设备的运行状况进行。

5）强化运行监控，如雷击故障后应首先分析是什么雷害现象，按雷害性质采取防范措施，对雷害故障杆塔的接地电阻应按 $2.5L$ 和 $4L$ 辅助射线布置并严格检测和分析，同时打开故障杆塔悬垂线夹检查地线、导线有否损伤现象；新建线路竣工验收和停电检修普查跳线引流板的扭矩控制；外力破坏严重的杆塔上安装危险点图像监控；带电清洗绝缘子盐密值分析和对导电离子的检测；线路氧化锌避雷器的空气间隙值的计算分析等。

（3）线路按设备状态检修、巡视的思路要点如下：

1）新建线路的外绝缘配置尽可能减小配合比（即增加绝缘子片数），但带电体与塔身的最小间隙或绝缘子串的招弧角间隙仍应按规程规定的相应电压等级控制，以提高绝缘子串沿面闪络电压值和泄漏比距值，减少线路绕击雷跳闸和绝缘子串的清扫工作量。

2）新建线路的避雷线保护角均应大幅度小于 DL/T 620—2005 中各级电压等级的保护角度，建议新建线路的避雷线设计成负保护角。

3）新建线路小牌号导线跳线连接采用楔形弹力线夹或采用液压连接方式，液压式耐张线夹引流板应采用"Y"形和 4 颗连接螺栓形式，以增加接触面积和紧固方式，确保导线连接点不致输送大电流而出现发热隐患。

4）新建线路采用高跨方式架设，老旧线路的对地距离、交叉跨越危险点采用加塔升高改造措施。

5）细化运行线路状态量和信息的分析和评价。

6）建立细化、有效的设备缺陷评估体系。

7）与传统的检修模式衔接并平稳过渡。

8）强调状态信息的融合，重视线路设备整体评价中出现"圆桶短板"现象，控制停电检修并积极开展带电检修和消缺作业。

9）预试（检测）和检修时机要顾及设备的状态。

10）突出可操作性和操作结果的唯一性。

（4）我国电力部门的定期检修制度是 20 世纪 50 年代从苏联引入的，随着电网规模的日益庞大和有关设备的技术含量提高，定期检修设备的弊端日益体现。不仅造成输电线路可用系数的降低、线路在 $N-1$ 情况下运行风险增加，还会因大规模人员集中、短时期、集中式停电检修，造成人、财、物的三重浪费。检修单位若不按该方式配置人员、车辆和检修器具，则线路停电检修中会造成多数输电设备失修、欠修或漏修，使输电线路运行风险度增加。传统的周期巡视、检修方式和按设备状态巡视和检修方式区别见表 GYSD00801002-1。

表 GYSD00801002-1 定期检修、巡视和状态检修、巡视的区别

定期检修、巡视	状态检修、巡视
计划针对所有设备、线路区段	计划针对单个设备、部分区段（危险点）
强调周期，到期就试（测）修、巡	强调状态（危险点）超过规定条件才测、修、巡
没有设备状态分级评价体系	突出设备状态分级评价体系
从所有设备中筛选有问题的设备	从状态特定设备中筛选有问题的设备
无的放矢、人员设备多、停电时间长	针对性强、人员设备恰当、停电时间短

【思考与练习】

1．架空输电线路巡视主要内容有哪些？线路保护区为多少宽（分电压等级）？

2．瓷、玻璃和复合绝缘子的巡查检测内容各有哪些？为什么变电所出线段的杆塔接地电阻值要求两年检测一次？

3．盘形绝缘子的污秽清扫有什么效果？

4．定期检修有哪些不足和欠缺？

5．为什么说按标准要求复合绝缘子的检查维护工作量更大？

6．为什么现有线路雷击跳闸率高？

模块 3 开展状态运行、检修的基本要求（GYSD00801003）

【模块描述】 本模块涉及开展输电线路状态运行、检修的基本原则，输电线路的技术管理，线路设备状态检测和状态评价管理及状态巡视和检修的技术保证体系。通过概念描述、定义讲解、图形举例、定量分析，了解开展状态运行、检修基本原则和技术管理工作，熟悉线路设备状态检测和状态评价管理、状态巡视和检修的技术保证体系。

【正文】

随着输电线路的快速发展以及用户对供电可靠性要求的逐步提高，输电线路运行、检修基于传统周期的模式已经不能适应电网快速发展的要求，迫切需要在充分考虑电网安全、环境、效益等多方面因素情况下，研究探索提高线路运行可靠性和检修针对性的新的运行、检修管理方式。开展线路状态

运行、检修是解决当前线路巡查维修工作面临问题的重要手段。

　　状态检修是企业以安全、环境、成本为基础，通过设备状态评价、风险评估、检修决策等手段开展的设备检修工作，达到设备运行安全可靠、检修成本合理的一种检修策略。

　　从传统按周期运行、检修模式转换到按设备状态进行，运行、检修模式决不是一蹴而就，输电线路状态运行、检修必须符合以下几个基本要求：

　　（1）制订方案并按输电线路状态进行运行、检修的基本原则并严格执行。

　　（2）积极做好新设备的前期管理，即新建和改（扩）建线路的前期控制、建设过程中的控制、施工验收控制。

　　（3）落实设备责任制，按管辖线路的实际情况，建立以设备危险点预控和特殊区域管理为主体的运行模式。

　　（4）建立输电线路全面有效且可操作性的设备状态检测体系，开展设备状态的评价工作，按评估结果进行输电线路的巡查和检修作业。

　　（5）建立健全以带电作业为关键技术的技术保证体系，全面采用带电检修和带电消缺作业，提高输电线路可用率。

一、开展输电线路状态运行、检修的基本原则

　　（1）输电线路按状态进行运行、检修应始终坚持安全第一的原则，以提高输电设备的可靠性和管理水平为目的，通过对设备状态的掌握和跟踪，及时发现设备缺陷，分析和评估此类设备的消缺方式，合理安排计划和项目，提高检修效率和运行可靠性。运行单位不能因推行状态检修导致电网运行安全水平的降低。按设备状态进行检修并不是简单调整设备运行、检修周期，甚至盲目延长检修周期，状态运行和检修是有针对性地进行巡查和检修设备缺陷，确保设备健康水平、提高线路运行可靠性和提高线路可用率。

　　（2）推行状态检修必须坚持体系建设先行。状态检修是一项创新工程，是对原有设备检修方式的重大变革。为保证输电线路的安全运行，首先应建立完善企业的管理体系、技术体系和执行体系，全面规范输电线路状态检修工作，工作全过程要做到"有章可循、有法可依"。

　　（3）状态运行、检修工作应当以对设备的状态评价为基础，通过全面评价，掌握设备真实健康水平。以国家、行业现行技术标准和运行经验为依据，结合科技手段，制订符合本地域输电线路实际的评价标准。

　　（4）开展状态运行、检修工作必须遵循试点先行、循序渐进、持续完善、保证安全的原则。状态巡查、检修工作是建立在设备实际运行状态和长期运行经验的基础上，制定巡查、分析、评估、处理等体系，根据线路实际环境和设备情况，开展试点，积累经验，并对状态巡查检修体系不断修订完善，在通过一定形式的检查、验收后逐步扩大试点范围，全面推广执行。输电线路状态巡查、检修试点工作开展之前，各单位要坚持执行现有定期检修相关规定，不得以任何理由擅自盲目延长检修周期、减少检修项目。要认真做好新旧体制之间的衔接，做到"不立不破，先立后破"。

二、新建输电线路的前期技术管理

（一）按线路状态巡视、检修要求对新建和改（扩）建线路的前期控制

　　架空线路要开展按设备、通道状态进行巡视，必须要求线路设备完好和符合其运行条件，我国的GB 50545—2010《110kV～750kV架空输电线路设计规范》对其外绝缘配置，仍然延续建国初期的节约型设计理念，即空气击穿放电电压与绝缘子串沿面闪络电压的配合比约为0.6～0.85间，致使110、220kV电压等级线路的最小空气间隙与绝缘子串长度基本等长，从而引发架空线路故障跳闸频繁（多数跳闸为绕击），若线路外绝缘配合比能修正在0.2～0.4间，带电导线对塔（窗）身的空气间隙仍按110kV为1m、220kV为1.9m、330kV为2.3m、500kV为3.3m的外过电压值控制，同时采用在导线与塔身间安装放电电极或在绝缘子串上安装招弧角，采用改进后的绝缘配置，线路增加了绝缘子片数，提高了线路耐绕击的水平，同时又提高了线路泄漏比距，运行单位可实现"绝缘到位、留有裕度和不依赖人工清扫"的检修理念和大幅降低线路雷害故障，线路运行单位才能真正实现"减人增效"的目标。

　　要减少输电线路的运行、维修工作量，线路设计必须按输电线路全寿命周期设计理念架设线路，即将传统的输电线路管理范围从目前单纯的运行、检修、抢修环节扩大到从设计、基建开始直至设备

退役的全过程管理，运行单位特别需要突出输电线路的前期管理，以确保新投运输电线路健康、可靠。因此必须改变和突破原节约型设计理念，按已实践考验多年且成熟的运行经验设计新建线路。

1. 按国际通用的落雷密度或实际雷暴日考核和设计输电线路耐雷水平

目前，我国对输电线路雷击跳闸率的统计考核通常仍按归算到 40 个雷暴日公式进行计算，即

$$N = 40 \gamma h \qquad \text{(GYSD00801003-1)}$$

式中　N——线路雷击次数，次/100km·40 雷日；

　　　h——避雷线或导线的平均高度，m；

　　　γ——地面落雷密度，即每一雷日、每平方公里对地落雷次数，一般情况下，γ 可取 0.015，此时 $N = 0.6h$。

DL/T 620—1997《交流电气装置的过电压保护和绝缘配合》对地面落雷密度的取值普遍比国外小 6～13 倍左右，按式（GYSD00801003-1）制定的考核控制线路雷击跳闸率，基层单位是无法实现的，目前运行在 20 多个省市的雷电定位系统检测到的地面落雷密度在 0.09～0.1 次/km² ·雷暴日间，与表 GYSD00801003-1 中其他国家推荐的落雷密度基本相符，按雷电定位系统实测的地面落雷密度制定线路雷击跳闸率，能满足运行单位的实际线路雷击跳闸率。

表 GYSD00801003-1　　　　　部分国家地面落雷密度 γ 数据　　　　　次/km²·雷暴日

国家名称	中国	苏联	加拿大	奥地利	德国	美国	英国
落雷密度 γ	0.015	0.09	0.15	0.13	0.2	0.09	0.19

多雷区及以区域的新建线路，防雷设计应遵循以下两个原则：

（1）设计单位应按照 DL/T 620—1997 的要求，将新建线路的耐雷水平按表 GYSD00801003-2 的要求设计耐雷水平。

表 GYSD00801003-2　　　DL/T 620 标准要求的多雷区有避雷线的线路杆塔耐雷水平

标　称　电　压　（kV）		35	110	220	330	500
耐雷水平（kA）	一般线路	25	60	95	130	150
	变电站进出段	30	75	110	150	175

（2）针对目前输电线路雷击跳闸多数为绕击的实际，线路设计应加强对沿山坡架设线路下山坡相导线易遭绕击雷的防范措施，如缩小架空地线保护角、增加下山坡相导线的外绝缘、在线路下山坡侧另架设旁路耦合地线等，以降低输电线路的绕击概率。

对处在多雷区的运行线路，建议在运行的老旧输电线路横担上安装侧向避雷针，或在已遭雷击的杆塔上安装塔顶防雷拉线，以屏蔽导线和增加保护弧，即将雷云引到杆塔上来，使原绕击雷转化为反击雷，可大幅度降低线路的雷击跳闸率。

2. 改变常规线路外绝缘设计理念以减少线路故障跳闸

我国架空输电线路设计规程起源于 20 世纪 50 年代，当时国民经济基础薄弱且空气环境好，GB 50545—2010 规定：对线路塔头（窗）空气间隙应能满足耐受长期工频运行电压和操作过电压设计并按雷电冲击放电特性校核确定，即按悬垂"I"串绝缘子在最大风偏下的空气间隙击穿电压与绝缘子串沿面闪络电压之比在 0.85 左右（即配合比，污秽区该间隙仍可按清洁区配合）设计。GB 50545—2010 对输电线路外绝缘的配置原则是：110kV 与 220kV 线路的绝缘子串长与最小空气间隙几乎等长，由于空气间隙击穿电压远大于绝缘子串的沿面闪络电压，致使输电线路雷击跳闸次数占全部故障的 60%～70%左右。经统计，我国输电线路沿绝缘子串闪络跳闸与由塔头空气间隙击穿放电的跳闸比在 10:1～12:1 间。造成输电网日常发生的障碍、事故中有 80%左右为线路故障，所有线路故障中的 70%～80% 是沿绝缘子串发生的。

因此，要想降低架空线路的跳闸率（雷击、污闪和鸟害），最有效的措施是增加绝缘水平，但增加绝缘并不是增大线路的空气间隙，可采用将原"I"悬挂的绝缘子串，设计成"V"形悬挂形式，其带

电导线对塔身的空气间隙仍按 GB 50545—2010 中的各自电压等级的外过电压值（110kV 为 1m；220kV 为 1.9m；330kV 为 2.3m；500kV 为 3.3m 和 750kV 为 4.2m）控制，为使设计优化的输电线路外绝缘与变电设备相匹配（可在增长绝缘子串两端安装相应电压等级的金属招弧角保护装置，其招弧角间隙距离按 GB 50545—2010 规定的最大过电压下的最小间隙控制）。

3. "V" 串设计主要优点

（1）将原悬垂 "I" 形串设计悬挂改变为 "V" 形悬挂方式，如图 GYSD00801003-1 所示，可增加绝缘子片数，提高外绝缘泄漏比距、耐绕击水平，减少鸟粪闪络事故。

输电线路直线塔 "V" 串设计可将塔头（窗）的空气间隙击穿电压与绝缘子串沿面闪络电压值的配合比降低至 0.1～0.5 间，增加了绝缘子串片数，导线对塔身雷过电压最小距离仍按本电压等级控制。如 500kV 悬垂串按 "V" 串布置，将其配合比降至 0.5～0.7 左右，此时 "V" 串的绝缘子片数可增加到 36 片，导线上安装的电极与横担底部塔材按 3.3m 控制，可大幅度提高绝缘子串的泄漏比距及绝缘子串的耐雷水平；减少或杜绝绝缘子串的清扫工作量，减少线路导线遭绕击雷的跳闸率。

（2）按 "V" 串悬挂导线，降低了线路杆塔、基础的建设成本输电线路外绝缘配置改变设计理念，缩小

图 GYSD00801003-1　悬垂串采用 "V" 串悬挂

配合比采用 "V" 布置悬挂导线，其 110、220 和 500 kV 塔头 "I" 串和 "V" 串挂点的尺寸对比见表 GYSD00801003-3。

表 GYSD00801003-3　　110、220 和 500 kV 塔头 "I" 串和 "V" 串挂点的尺寸对比表

电压等级（kV）	"I" 串导线到塔身的距离（mm）	绝缘子 "V" 串长（mm）	"V" 串边横担长度（mm）	原 "I" 串横担长度（mm）
110	1000	1860	3130	2200
220	1800	3282	5360	2828
550	4265	7145	4250	4250

GYSD00801003-3 表中 "V" 串 110V、220 kV 导线悬挂力距比原 "I" 串的力臂均减少 1.2 m，500 kV "V" 串导线荷载比原 "I" 串的力臂减少 2.125 m。比较表 3 中的数据可知，500 kV 猫塔仍采用原塔，两边相导线荷载可减少力臂 2.125 m，但铁塔呼高需增加 2.057 m 或 1.16 m。即线路直线悬垂改为 "V" 串悬挂绝缘子，使塔头间隙以 "V" 串固定的线路构成了紧凑型模式，大大压缩了相间导线距离以及导线与铁塔（身）窗的尺寸，缩短了两边相导线悬挂点力臂，减轻了杆塔荷载（缩短导线力矩），从而降低了新建线路的耗钢量和基础建设成本。

（3）提高绝缘子串沿面闪络电压值和减少线路绕击故障。"V" 串配置外绝缘比原 "I" 串增加 1/3 左右的绝缘子片数，提高了绝缘子串沿面闪络电压值，但仍比相应等级外过电压电极间隙的放电电压低，因此可提高绝缘子串的反击闪络能力和减少部分绕击跳闸（例 500kV 增加 11.45kA 耐雷水平）。导线上的放电电极对塔身的间隙或绝缘子串招弧角间隙仍按相应电压等级的外过电压最小距离控制。

（4）按 "V" 串形式悬挂的导线缩进横担内，伸出的横担头增加了导线的屏蔽效应，使原 "I" 串时架空地线保护角变得更小或成负保护角，从而大幅度提高了杆塔的耐雷水平，降低了发生导线雷击闪络事故、特别是绕击雷的事故概率。

（5）若输电线路仍采用瓷质绝缘子时，在 "V" 串绝缘子串加装招弧角保护装置，避免故障电流流经劣化瓷绝缘子发生钢帽炸裂掉串事故，还可将零值检测周期延长至 10 a/次。

（6）按 "V" 串布置可杜绝绝缘子串冰闪事故。直线塔 "V" 串设计后，倾斜绝缘子串的结冰难以连贯，杜绝了原悬垂串易发生冰闪事故的几率。

（7）按 "V" 串布置可杜绝鸟巢杂草短路跳闸故障。原悬垂 "I" 串横担挂点处的角钢叉铁较多，鸟类喜欢在该处筑鸟巢和栖息停留，采用 "V" 串悬挂时导线垂直正上方的横担斜材较少，鸟类无法

在上方筑巢，即使鸟类在导线垂直正上方横担处排泄鸟粪，因鸟粪下泄中无绝缘子串的桥接或过渡，长距离纯空气间隙使鸟粪较难贯通引发鸟粪短接跳闸事故。

（8）线路按"V"串悬挂导线，减少了线路走廊的占地面积，节约和优化了线路廊道资源，有效减少了因导线风偏摇摆对通道旁树木、毛竹和农宅的影响，减少了通道维护工作量。

4. "Y"形连接耐张优点

采用"Y"形耐张跳线连接金具，增加连接点接触面，减少检修、检测维修量。传统压接型导线耐张线夹，其跳线引流板均为单面搭接 2 只螺栓紧固（变电站耐张跳线、设备线夹引线连接多采用 4 只螺栓），线路耐张线夹引流板一侧光面，一侧毛面，施工架设中有时会光、毛面错误连接，或连接螺栓扭矩值达不到标准值而造成耐张跳线引流板发热超标，常用导线耐张压接管和"Y"形双面连接耐张管如图 GYSD00801003-2 所示。

图 GYSD00801003-2　传统导线单面连接耐张管和"Y"形双面连接耐张管

(a) 单面连接耐张管；(b) "Y"形双面连接耐张管

输电线路耐张压接管为单面两螺栓连接紧固，当电网处于 $N-1$ 状态时，跳线引流板会因大电流致热产生隐患，因此运行单位应积极向设计单位建议新建线路采用"Y"形双面连接导线耐张压接管，该设备线夹的引流板一端（插入端）系两面均为光面，施工质量好控制，螺栓紧固后，两面夹紧引流板，增加了通流截面，完善了传统导线耐张压接管的弊病。

（二）运行单位应积极参加新建线路设计、施工图的审查

运行单位应将本地区线路运行经验和线路状态巡视检修要求贯穿到新建线路设计中，即运行单位要尽可能参加新建线路的可研审查，积极参加线路设计审查，将新建线路附近的运行线路遇到的运行情况、易发生故障的原因、盘形瓷、玻璃和复合绝缘子的优缺点和使用范围等提供给设计人员，使新建线路符合和满足该线路经过地段的雷电、污秽、地质地貌、树竹木生长、沿线村镇开发建设等情况，具体要求如下：

（1）线路必须按树竹木自然生长高度跨越架设，以减少今后线路运行中树竹木对导线安全距离的巡视、测量工作量，同时减少开发树木与农户的经济纠纷。

（2）在穿越村庄、集镇和跨越公路的杆塔，应按跨越农户三层楼（房高 15m）设计架设，避免今后村庄扩大、农户房屋建造到保护区内，因导线风偏使与农户房屋或公路行道树等安全距离不足而必须停电升高改造。

（3）按 DL/T 620—1997 的要求，设计符合新建线路地处区域的雷暴日（或每平方千米落雷密度）的耐雷水平，同时要求将线路地线保护角控制在 5°以下乃至采用负保护角设计。

（4）线路外绝缘配置应充分利用各绝缘子的优缺点，按国家防污闪措施要求"绝缘到位，留有裕度，不依赖清扫"，在重污区选择使用复合绝缘子，杜绝目前全线使用复合绝缘子的盲目做法，强化绝缘子产品全寿命管理理念，减少更换绝缘子工作量和降低运行成本。

（5）依据三种绝缘子的特性和产品寿命选择符合新建线路区域、环境等特点的绝缘子型号，如丘陵地带、山区应采用玻璃绝缘子且按复合绝缘子的结构高度用足塔头间隙（即 110kV 可用 9 片、220kV 可用 16 片、500kV 可用 170mm 结构高度的 29 片），二级污秽等级及以下范围应采用标准型大爬距玻璃绝缘子或防污玻璃绝缘子（不得采用钟罩深棱型），污秽等级三级及以上可采用复合绝缘子与玻璃绝缘子组合串，导线端由玻璃绝缘子承担强电场，铁塔侧 3/4 长度采用复合绝缘子来承担污耐压，延长复合绝缘子的使用寿命，或采用标准型大爬距玻璃绝缘子且用足塔头间隙，提高外绝缘的泄漏比距，以达到"减人增效"的企业目标。

（6）采用 Y 形耐张线夹（引流板），以增加跳线连接接触面。

（7）改变直线悬垂串的设计理念，全面实现直线塔 V 串布置导线。

（8）对架设在山区的良导体架空地线悬垂线夹尽量采用提包式线夹，以防山区档距不均匀而拉伤、扯断铝股。

（三）按线路状态运行、检修要求验收新建线路

运行单位积极参加新建线路的隐蔽工程的中间验收，竣工验收应采用扭矩扳手检测杆塔螺栓扭矩值，以减少杆塔每 5 年紧固螺栓工作。采用扭矩扳手检测耐张跳线引流板螺栓扭矩，以有效的螺栓扭矩值确保跳线引流板通大电流时产生发热隐患。对重要隐蔽工程之一的导地线压接质量核查施工记录和现场抽查实测压接尺寸、钢印证件，也可取试件送试验所做机械荷载试验，确保隐蔽部件质量、工艺满足设计要求。将通道内的建筑物等照片存档，以便于今后线路通道运行控制。对施工砍伐树竹木、塔基占用、跨越或邻近房屋等与农户相关时，要求施工单位提供该类处理和赔偿协议书，以减少今后运行中树竹木种殖、房屋升高改造等纠纷。采用标准的杆塔接地电阻 0.618 辅助射线法遥测接地电阻值，以校核线路设计防雷接地装置的合理性，减少线路反击跳闸率。

三、输电线路危险点的确定和制定预控措施及特殊区域的技术管理

要实现输电线路按状态巡视，最重要的是建立设备、通道危险点预控和特殊区域管理，改变过去长期存在的"一刀切"管理模式及"有病少治、小病大治、无病乱治"的粗放性管理现象，要着重做好以下几个方面：

（1）确线路分界点管理的责任制，确保线路管理不存空白点。为明确不同运行单位之间的责任和权利，每条线路应有明确的维护界限。运行单位应与发电厂、变电所或相邻维护单位签订线路设备运行分界点协议书，跨省（市）线路的设备运行分界点协议应报网、省（市）公司备案。已明确维护界限的线路不应出现设备维护空白点。

线路设备运行分界点一般以发电厂、变电站围墙为界，往线路侧或某基杆塔一侧的导、地线最外侧防震设施量出 1m 处为界限。

（2）全面实施线路设备、通道危险点和特殊区域预控管理，及时滚动修订。运行单位应按照各输电设备途径的地理环境及特殊地段划分为毛竹（树木）生长区、易受外力破坏区、鸟害区、雷害易发区、重污秽区、洪水冲刷区等特殊区域，根据季节性、区域性等特点，制定相应有效的预防控制措施，将其纳入各自的危险点数据库，进行滚动管理。同时，线路管理部门应积极争取地方政府的支持，积极稳妥地推进"政企合作"的输电设备保护模式，从根本上提高了输电设备隐患整治力度。危险点滚动管理如图 GYSD00801003-3 所示。

图 GYSD00801003-3　线路危险点滚动管理

（3）全面整合线路状态运行的各项巡视检查流程，建立以危险点为主体的状态巡视流程。

巡查输电线路工作历来是单兵作战、点多面广，对于设备和通道隐患、巡视质量等个人有时难以判定及掌控。运行单位对设备通道危险点的判定和状态巡视流程如图 GYSD00801003-4 所示，它明确了运行、检修、管理、决策人员的三方责任和控制要求。

（4）坚持开展输电线路群众护线工作。运行单位应建立输电线路沿线的群众义务护线组织，每年分片召开群众义务护线员会议，由工程技术人员定期在会议上讲授输电线路维护知识课，制定发现缺陷及及时汇报缺陷的激励机制，利用护线员居住在线路附近，地理环境熟悉，线路设备可随时监控的有利条件，按照奖赏规定，充分发挥义务护线员对输电线路巡查、报警的积极性，及时弥补野外线路设备大部分时间无人看管的现状，提高了设备安全健康运行。对输电线路通道内后建的违章建筑，按电力法规的要求，以挂号信方式将有法律效力的隐患通知书附现场照片邮寄给违章责任人和有关政府职能单位，使电力设施保护走入法治管理轨道。

图 GYSD00801003-4　输电设备状态巡视流程

四、线路设备状态检测和状态评价管理

（一）线路设备状态检测

输电设备状态检测主要包括绝缘子附盐密度检测、瓷质（复合绝缘子）绝缘子劣化检测、导线跳线连接金具预防性检查紧固和接地电阻检测等。

1. 绝缘子附盐密度检测

电力公司生技部门应划分设备外绝缘的污秽等级，绘制本地区污区分布图，根据运行情况核对各污秽点、段的外绝缘配置是否有裕度，在每年雾季前采用带电方式或结合停电计划落实各附盐密值监测点的"运行绝缘子串累积盐密"检测，以连续运行累积附盐密值和灰密及污液导电离子成分分析结果指导本单位线路的防污闪工作和停电清扫控制值。

2. 瓷质（复合）绝缘子劣化检测

为避免绝缘子串劣化钢帽炸裂或硅橡胶电蚀穿孔芯棒脆断等损坏掉串事故，加强瓷绝缘子的低零值检测工作（应采用电压分布或绝缘电阻检测法），按瓷绝缘子的劣化趋势，合理安排检测周期。对复合绝缘子金具、芯棒连接处密封处的损坏，高压端硅橡胶电蚀及硅橡胶伞裙、护套老化、龟裂、粉状和憎水性丧失等，坚持按 DL/T 864—2004 有关 2～3 年登塔检查、检测复合绝缘子外表状况和憎水性状况，采用带电方式 8～10 年按批次抽样更换下输电试院做其机械强度和污耐压等参数，积极采用玻璃、复合绝缘子组合串方式，以各自的优点来减少维护检测工作量和事故隐患。

3. 导线跳线连接金具预防性检查紧固和接地电阻检测

为避免导线耐张跳线连接金具因接触电阻大而发热烧断导线事故和隐患，对每基耐张塔的每相跳线连接金具（并沟线夹、引流板）落实专人使用扭矩扳手检查引流板是否光面接触，接触面是否清洁并涂有导电脂和紧固连接螺栓的扭矩值。要求其紧固扭矩值符合本身螺栓规格的标准扭矩值，对小牌号导线的跳线连接可采用楔形弹力线夹，以减少并沟线夹发热隐患的处理工作量。也可采用红外成像仪在规定气候、时间、有效检测距离等条件下进行耐张跳线连接金具发热测温判定及带电方式处理导线跳线连接点的发热隐患。

接地电阻的预防性检查检测是提高线路耐雷水平、降低线路反击雷跳闸的重要手段。运行单位必

须按规程要求，有针对性、有计划地组织接地电阻正确检测，对于接地电阻超标或接地装置存在严重缺陷的，应在雷季来临之前安排接地大修。

（二）输电设备状态评价

为全面掌握输电设备状态，各线路运行单位应成立输电设备状态评价专家组，建立起从班组、工区（车间）、企业的三级输电设备状态评价机制，由设备主人和班组根据巡视设备情况进行状态初评。按照输电设备状态评价标准，将输电设备状态划分为正常、注意、异常、严重四个等级，形成班组初评意见。运行工区根据班组初评意见结合现场实际勘察情况组织技术骨干进行分析再评，形成线路工区评价报告；由企业设备状态评价专家组根据工区评价报告，采用现场调查、数据分析、专题讨论、查阅资料等方式，形成最终的设备评价报告，提交进行检修决策。

根据 Q/GDW 173—2008《架空输电线路状态评价导则》的要求，线路状态评价分为线路单元评价和整体评价两部分。线路单元主要包括基础、杆塔、导地线、绝缘子串、金具、接地装置、附属设施和通道环境等八个类别。在进行线路评价时，当任一线路单元状态评价为注意状态、严重状态或危急状态时，架空输电线路总体状态评价应为其中最严重的状态。具体评价要求和注意事项详见 Q/GDW 173—2008 标准。

五、输电线路按状态巡视和检修的技术保证体系

针对输电线路受户外环境影响大、缺陷种类多、通道处理过程复杂、关键技术要求高的特点，线路运行、检修单位应坚持"以科技促进生产、以技术保证安全、以创新完善管理"的方针，不断加大科技投入力度，通过成立防雷害、防鸟害、防污闪、防冰闪（舞动）、外力破坏、带电作业和危险点监控等技术攻关组，为开展输电线路状态检修管理提供有力的技术保证。

（1）积极开展超高压带电作业技术，为状态检修提供核心层技术支撑。

目前随着电网一主一备供电方式的完善及企业绩效考核的缺欠，全国多数运行单位已多年不开展带电检修、缺陷处理手段，致使带电作业技术力量青黄不接。要提高线路设备的可用率，全面进行带电作业技术培训，增强带电作业技术力量，是实现输电线路状态检修的重要组成部分，当线路发生缺陷时应优先采用带电处理、检修。尤其是同塔多回或紧凑型等线路的核心带电作业技术，建立完善 110～750kV 各个电压等级、各类塔型的带电作业技术、工具管理体系，为企业全面实现线路状态检修提供强有力的技术、设备和管理支撑。

（2）提升状态检测技术的应用实效，为状态检修提供基础类技术保证。

输电线路全面实行按设备状态进行检修，绝缘子盐密（灰密）测试、导线跳线连接金具扭矩值检测（辅助红外测温）、复合绝缘子憎水性检测及芯棒脆断检查试验（瓷绝缘子劣化检测）和输电线路危险点实时监控被称为输电线路设备开展状态检修的四大基础技术。线路运行单位要坚持基础数据的积累和原始数据的挖掘，积极采用"试验——分析——总结——完善——推广——全面应用"的项目管理流程，全面提升此类状态检测技术的应用实效，并在实际应用过程中逐步完善，为状态检修提供基础类技术保证。

（3）建立按状态量化的状态评价技术，确保设备状态评价的科学性。

运行单位必须根据国网 Q/GDW 173—2008 标准要求建立输电线路设备评价体系和设备标准缺陷库，确定输电线路各子设备元件的"圆桶短板"判定检修标准，为设备缺陷量化奠定基础；根据巡视、检测到的设备运行状态量，对照设备状态评估四级标准，按设备实际运行状况量化得分，配合相应的运行经验，全面评价线路设备状态；同时，应加强相应的制度建设，从制度上确保评估体系的有效运作，为全面、动态掌握输电线路的状态趋势提供了坚强后盾。

【思考与练习】

1. 开展线路状态运行、检修有哪些基本要求？
2. 开展线路状态运行、检修的基本原则有哪些？
3. 输电设备的前期管理主要包括哪些内容？
4. 如何做好线路危险点和特殊区域管理？
5. 改变线路外绝缘配置理念，按"V"串悬挂导线有哪些优点？
6. 线路状态运行、检修的技术保证体系有哪些？

第三十七章　状　态　巡　视

模块 1　线路巡视的一般项目及注意内容（GYSD00802001）

【模块描述】

本模块包含线路开展状态巡视应具备的条件、状态巡视项目、巡视周期及计划的编制。通过概念介绍、要点归纳，熟悉状态巡视项目、主要内容，掌握状态巡视的管理。

【正文】

一、输电线路开展状态巡视应具备的条件

状态检修（condition based maintenance，CBM）是以运行设备当前的实际工作状态为依据，尽可能通过高科技状态检测手段结合丰富的线路运行、检修经验，识别设备可能存在的隐患或故障的早期征兆，对故障部位、故障严重程度及发展趋势作出判断，从而基本确定各设备器件的最佳检修时机。这是一种耗费最低、技术最先进的维修制度，由于决定输电线路状态检修需要监测的内容很多，需对多种单元设备的状况进行科学的评价，存在一定的风险，部分带电设备以现行的技术规程又难以突破，因此全面深入开展输电设备状态运检需进行长时间的设备、通道清查、经验积累过程和环境配合，制定详细又可操作性的设备评价标准。

随着输电线路设备的不断升级、材质科技含量的不断提高，设计标准、要求的不断更新，监测设备、诊断手段的不断完善，线路运行、检修单位应根据"实事求是"的工作作风，针对每条运行线路实际的设备运行状态、通道状况和缺陷隐患等，根据《架空输电线路设备评级办法》、《输电网安全性评价》的规定，建立每条线路的危险点及预控防范措施，每半年按巡、检结果进行滚动修订调整、每年进行设备定级和安全风险评估。

架空输电线路按设备状态巡视方式是根据架空输电线路的实际状况和运行经验动态确定线路（段、点）巡视周期的巡视。线路实际状况包括线路设计条件、运行年限、设备健康状况、杆塔地处的地质、地貌、环境、气候、设备危险点包括线路通道内的建房、筑路、土地平整、树竹木生长等。开展状态巡视，可使有限的人力在巡视过程中做到有的放矢，真正做到输电设备"该巡必巡，巡必巡好"。

按输电设备的状态开展巡视是企业"减人增效"的手段之一，要保证架空线路安全运行，首先是建立设备主人责任制，每个巡视人员都有固定的设备管辖范围，以书面形式落实到班组和个人，使运行线路巡视或管理不出现交叉段或空白点。

二、线路巡视的一般项目

线路巡视地面观测不清的项目，必要时可组织登杆塔检查或走导线检查。表 GYSD00802001-1 给出了架空输电线路按状态巡视的一般项目和主要内容。

表 GYSD00802001-1　　　　　　　　架空输电线路巡视常规项目及主要内容

项　　目		主　要　内　容
线路走廊保护区	建筑物、构筑物	民房、厂房、猪（鸭）棚、易随风飘起的宣传带（球）、塑料薄膜、广告牌等原建、新建、扩（升）建、所处位置等情况
	各类施工作业	岩、土、沙等开挖、航道、公路、铁路、桥梁、水利设施、市政工程施工、机械挖掘、起吊等情况
	可能直接威胁线路安全的情况	山体崩塌、采石放炮、射击、易燃（爆）场所，塔位处围塘水产养殖、钓鱼、污染源（如废气、废水、废渣及一些有害化学物品）的分布、威胁等情况

续表

项　目		主　要　内　容
线路走廊保护区	树（竹）木、蔓藤类植物附生等	植物类别和生长速度、与带电体净空距离、植树造林等情况
	各类线路、高架管道、索道	新（改、升）建、穿越位置及交叉净空距离等情况
杆塔、拉线和接地装置	杆塔、拉线基础	沉陷，开裂、冲刷移位、低洼积水等情况
	杆塔、横担	水平度、垂直度、歪曲变形，缺损件、锈蚀、（混凝土杆）横（纵）向裂纹、接头腐蚀、钢筋外露等情况
	塔材、金具、紧固件	锈蚀、松动、缺损，受力不均匀、被盗等情况
	拉线及相关部件	锈蚀、腐蚀、磨损、断股、破股、松动，受力不均，失稳失衡等情况
	接地装置和引下线	腐蚀、锈蚀、冲刷、外露、断裂、缺损、接触不良、被盗等情况
	相位牌、警告牌、杆号牌、分相色标导向牌等	褪色、锈蚀、丢失，缺损，不正确、不规范等情况
导、地线和相关部件	导线、避雷线（包括耦合地线，屏蔽线，复合光纤通信线等）	1）锈蚀、断股、损伤、电弧灼伤情况； 2）弛度松紧、相分裂导线间距变化等情况； 3）导、地线上扬、舞动、振动，融冰时跳跃，相分裂导线鞭击，扭伤情况； 4）绝缘架空地线接地、放电间隙尺寸、复合光纤接线盒等情况
	连接器，悬垂、耐张线夹，跳线线夹，防振设施、防舞动装置、跳线连接并沟线夹（导板），接续条、间隔棒、均压环、均压屏蔽环、重锤、防护冰设施，通信附属设备及其他在线检测装置	锈蚀、氧化腐蚀、松动、磨损、缺损、断裂、移位、放电发热、电晕、放电声及与有关装置要求不符的情况
绝缘支持件	绝缘子、瓷横担	脏污、爬电、电晕放电、过电压闪络、燃弧情况，灼伤痕迹，裂纹、破损、偏移、金属件锈蚀、连接固定件松动、缺损、脱落情况。复合绝缘子各联接部位的脱胶、裂缝、滑移等现象；伞套材料的硬（脆）化、粉化、破裂等现象；伞套材料的起痕、树枝状通道、蚀损等情况；伞套材料的憎水性变化（如表面是否形成水膜）等情况
	金具、固定连接件	锈蚀、松脱、缺损、不合规范情况
防雷设施	避雷器、避雷针、消雷设施、线路外沿的防雷辅助设施	1）连接规范情况，间隙移位、金具锈蚀、松动、缺损、避雷器指示动作、老化、密封、避雷器引下电缆的损坏情况； 2）外串联间隙灼伤、烧蚀；合成外套伞裙破损，伞套滑落等情况； 3）倾斜、锈蚀、拉线松动等情况
附属设施	视频图像监视仪、雷害故障指示器、巡检系统相关设备、防鸟装置	松动、脱落、缺损、动作等情况

三、按输电线路本体和通道的实际状况进行巡视

为摸清线路、杆塔地处位置、环境和通道、保护区情况及存在的隐患、线路设备的健康状况，在开展状态巡视前，每个运行巡视员工在一段时间内，将自己管辖的线路设备巡视一遍，用数码相机将每基杆塔地处位置、前后通道及走廊内的建筑物等留影存档，通过计算机建立每条线路运行档案，按线路和杆塔所处情况，建立毛竹（树木）生长区、易建房区、易受外力破坏区、鸟害区、污秽区或污秽点段、雷害多发区、洪水冲刷区、采石爆破区等危险点及特殊区域，根据季节性、区域性等特点，结合巡视员工、工程技术人员的运行经验，制定有针对性的各危险点巡视注意要点和预防控制措施，将其纳入相应的危险点数据库，随时滚动修正管理。实现"危险点短周期、多巡视、多控制"和"相对安全段长周期、少巡视、可控制"的状态巡视管理模式，从而使多数健康、完好设备和通道突破了每月一巡的传统定期巡视规定，设备及运行环境状况良好时，其巡视时间为数月至半年不等，老旧或健康水平差的设备和恶劣运行环境设备、通道，根据各危险点预控措施和运行情况，按实际周期巡视或甚至缩短巡视周期。

通过科学的流程管理，进一步明确了检修、管理、决策人员的三方责任和控制要求，确保了输电设备状态巡视的质量和安全。

四、状态巡视计划的编制

（1）巡视区段的划分应结合线路实际和运行经验。

（2）线路状态巡视巡视周期应按以下原则确定：

1）依照线路危险点及预防措施要求，对保护区内易建房段、基础保护区易开挖（塌方）段、村镇、

厂矿等人口密集区、交跨公路、采石场、开发区、农田改造区等易受外力损伤、破坏的区段巡视周期为每月至少一次。

2）三类设备每月至少巡视一次。

3）新（改、扩）建线路（段）在投产后一年以内应每月巡视一次。

4）其余地段巡视周期根据线路设备不同状况综合考虑线路所经过区域的地形、地貌、气候、人员活动情况、树木通道情况、危险点和特殊区域分布，结合线路运行经验动态确定巡视次数，但最长不得超过 6 个月。如树木生长区可在 3～4 月份巡查检测一次，以判定线路运行安全保证，11～12 月份巡查检测以确定是否需要砍伐处理。

五、状态巡视周期的确定

在开展输电线路按设备状态、危险点预控措施进行状态巡视、维护过程中，要想延长巡视周期的线路各区段（点），必须由本设备主人按照线路的实际状况，先提出各点（段）线路的巡视周期，班长、班组技术员、工区运行专职同设备主人一起进行讨论、去现场勘查核对或抽查后提出班组讨论意见，工区主任、生技科长等讨论审核签字后上报公司专业处室校核，公司主管生产经理或总工批准，每年初以文件形式下达各线路点（段）延长巡视的周期（不含危险点等周期或缩短巡视的线路）。计划周期应根据本地区季节性特点综合考虑。如南方地区可按 4～9 月份（树木速长、雨季、雷季、台风、高温）和 10 至下一年 3 月份（雪、低温）等 3～6 个月不等计划周期。使线路开展状态巡视和危险点预控工作有据可依。

线路开展状态巡视工作，不论线路巡视周期长短，运行单位应落实措施，确保状态巡视到位率和巡视质量，真正做到状态巡视工作计划的有效实施。

如高山段无危险点的自立塔区段每 4～6 个月巡视一次；部分地段每 3～4 个月巡视一次；平地交通便利、人员活动多的地段每月巡视一次；危险点或特殊地段按预控措施要求每月巡视不得少于一次，如洪水期每次洪水都落实技术人员或设备主人巡视。

六、巡视资料的搜集、分析

由于大部分线路运行单位都是运行、检修合一单位，为了确保线路设备状况的健康，复核线路巡视质量的准确、完整，在线路检修、故障登杆（塔）巡查时，明确规定登杆员工必须巡查工作任务地段通道内毛竹、树木、房子、交跨等情况并责任落实。使每一次线路检修、查巡故障，如同增加了一次某区段线路或全线巡视的工作机会。同时要求全体参加线路巡视、检修的员工，每次将巡查或检修发现的缺陷拍成照片，便于班组其他员工、工程技术人员、企业生产经理等能直观地观看，根据照片分析和制订预控防范措施。

七、积极安排人力物力采取措施消除线路运行危险点

架空线路沿村庄旁架设，随着经济的发展，农户多数会将新房建在村庄外，由于线路走廊是无偿占用农户土地，因此运行单位很难阻止农户在线路通道附近进行经济开发或建造构筑物。特别是对于老旧运行线路，导线对地距离和风偏距离不足，此类违章现象，运行单位必须及时邮发隐患通知书，取得管理上的主动权。应尽早安排资金，将村庄边呼高较低的单杆更换升高成自立塔，考虑按 15m 房高控制校核风偏距离，消除线路的危险点或隐患。

八、建立沿线群众义务护线员组织

输电线路大部分区段处在远离人类活动密集区和交通繁忙区域外的丘陵、山区等，线路运行单位既使按规定每月巡视一次，剩余的 29 天多时间属于无人看管的。为掌握运行线路的实际情况，运行单位应积极寻找联系运行线路沿线村镇有正义感和威信高的村干部，聘任他们为该村所辖土地上的输电线路"群众义务护线员"，颁发盖有线路工区公章的聘任书，每年按片区集中群众护线员学习，工程技术人员讲解本年度线路上典型受损现象及有关线路巡查判断知识，以不断提高护线员的业务水平。

【思考与练习】

1. 开展按线路设备状态巡视要具备什么条件？

2. 为什么要由本设备主人粗拟提出所辖线路状态巡视的计划和周期？

3. 为什么要求登塔巡查故障的员工必须对所巡查段的通道情况负责？

4．建立护线员组织的做法有哪些好处？

模块 2　状态巡视及处理（GYSD00802002）

【模块描述】

本模块包含危险点及特殊区域、状态巡视的组织方式、按危险点预控开展状态巡视及处理。通过知识讲解、图形举例、定性分析，掌握线路的危险点及特殊区域、状态巡视的组织方式、按危险点预控开展状态巡视及处理方法。

【正文】

要想实现输电线路按运行状况进行巡视，必须对所管辖线路的设备和通道情况做到心中有数，对各类特殊区域和危险点组织分析讨论，将设备主人、生产骨干对此类现象结合运行经验制定有针对性的防范措施，按有关专业管理程序报批后执行。

一、按输电线路本体、通道的实际制定危险点及特殊区域的预控措施

线路运行、检修单位根据线路沿线地形、地貌、环境、气象条件、人员活动等特点，结合运行经验，逐步摸清和划定如鸟害区、雷击频发区、洪水冲刷区、重冰区或导线舞动区、滑坡沉陷区、易建房区、重污秽区、树（竹）林速长区、易受外力破坏区等特殊区域，将输电线路全部杆塔及通道的运行情况和设备状况的资料都收集到后，按照线路状态巡视的要求，制定各种危险点及预防措施，并将其纳入危险点及预控措施管理体系中。在常规的线路巡视中若新发现危险点，设备主人及运行工区应按其实际情况和特点制定相应的防范措施和巡视周期，对树竹木点档中加塔升高等措施消除的危险点，运行单位应及时滚动修正危险点和特殊区域。

架空输电线路的危险点和特殊区域形式多样，为了便于其运行维护，表 GYSD00802002-1 给出了常见危险点、特殊区域的运行维护防范措施。

表 GYSD00802002-1　　　　　常见危险点、特殊区域的运行维护措施表

情况	危险点或特殊区域运行维护的预控措施
易建房区	每月落实专人对该区域重点巡视，巡视中加强对附近村民的电力法规宣传、教育，多了解村镇发展规划及村镇外扩趋向；加强与土管、规划、开发区等政府部门的联系，宣传国家电力法规禁止在电力设施保护区内建房的规定，防止在电力设施保护区内违章批复用地，违章规划和违章开发等事情的发生；巡视中重点注意打桩划线、砖石堆放等情况，发现隐患应当面向违章者进行口头阻止并宣传有关电力法律、法规的规定，阐明可能造成的严重后果，并以隐患通知书等书面形式告知其停止并拆除违章建筑，同时抄送土管、规划、村委、各级政府等职能部门；加强与该区域义务护线员的沟通，要求护线员发现有动工现象及时报告
易受外力破坏区	加强对该区域的巡视，每月至少巡视一次；巡视中重点注意爆破采石、爆破施工、农田改造、地基平整、杆塔、拉线基础周围取土、挖沙、堆土、围塘水产养殖、线路通道附近放风筝、射击、通道内钓鱼等情况。发现隐患应当面向违章者进行口头阻止并宣传有关电力法律、法规的规定及可能造成的严重后果，并应以法定隐患通知书、函件等书面的形式告知其停止违章爆破、施工、取土、围塘等违章、违法行为并要求赔偿损失或恢复原状，必要时应将该隐患通知书、函件以挂号邮件方式抄送当地土管局、公安局治安科、村两委、乡、镇政府、开发区管委会等政府职能部门，以控制炸药的审批；在石宕、鱼塘、各类施工作业现场做好如"严禁爆破"、"严禁取土"、"钓鱼危险""高压有电"等安全警告标示牌、标志牌；加强与该区域义务护线员的沟通，要求护线员发现有此类违章及时报告。有条件时可采用在杆塔上安装图像监控装置，落实专人每天查看传回的照片，将隐患消灭在萌芽阶段
鸟害区	确定候鸟活动范围、在确定的鸟害区杆塔上安装防鸟装置和人工鸟巢，每年的 4～6 月，每月巡视次数不应少于一次，对巡视中发现的鸟窝及时移位保护处理和在绝缘子串悬挂点处安装防鸟装置
树（竹）木速长区	每年春季 4～6 月班组应组织对竹林区的特巡及时处理，同时通知户主及时清理竹笋。加强同该区域群众护线员的联系，请他们在竹笋速长期多留意其生长情况和线路护线宣传；安排资金采用升高或增立铁塔措施，以消除树竹木危险点隐患。在树木速长季节（一般在上半年），准确估计各树种的自然生长速率，对本年度可能威胁线路安全运行的地段必须巡视到位，发现隐患应及时处理。安排费用冬季落实农户砍伐处理
雷击频发区	雷击频发区的线路应采取综合防雷措施；雷季前，应做好防雷设施的检测和维修，落实各项防雷措施；雷季期间，应加强防雷设施各部件连接状况、防雷设备和观测装置动作情况的检查；对雷害损坏的设备应及时修补、更换。对雷害故障杆塔的金具和导线、避雷线夹必须打开检查，必要时还必须检查相邻档线夹。故障杆塔必须采用标准的 0.618 布线方式核测杆塔接地电阻是否符合设计要求；组织好对雷击事故的调查分析，总结现有防雷设施的效果，研究更有效的防雷措施，按反击或绕击的结果进行不同的雷害防范措施
洪水冲刷区	1）汛期到来前，班组技术员必须到现场巡视一次，重点检查杆塔、拉线基础的稳定性、是否容易受冲刷等情况报工区生技部门，视现场实际情况确定应采取防范措施。 2）汛期时，根据洪水情况，及时组织特巡和处理。 3）加强与该区域义务护线员的沟通，要求护线员发现洪水冲刷及时报告

续表

情况	危险点或特殊区域运行维护的预控措施
滑坡沉陷区	汛期、雨季、严寒季节每月要巡视一次，巡视时要重点检查杆塔基础上、下边坡的稳定情况，发现隐患及时汇报处理。加强与该区域义务护线员的沟通，要求护线员发现有此类沉陷现象及时报告
重冰区或导线舞动区	1）经实践证明不能满足重冰区要求的杆塔型号、导线排列方式应有计划的逐步进行改造或更换，新建线路设计审查时应强调直线塔定位避免档距严重不均现象。 2）覆冰季节前应对线路做全面检查，消除设备缺陷，落实除冰、融冰和防止导线、避雷线跳跃、舞动的措施。同时制订抢修方案，准备好抢修的工器具、通讯设备及车辆，并进行事故预想及预演。 3）覆冰季节中，应有专门观测维护组织，加强巡视、观测，做好覆冰和气象观测记录及分析，研究覆冰和舞动的规律。随时了解冰情，适时采取相应措施。 4）覆冰消除后，应对线路进行全面检查、测试和维护。 5）对覆冰段线路严重不均匀档距的直线塔，采用改成耐张或悬垂串改造为释放线夹，以消除此类直线塔因不均匀脱冰引起的塔颈部折弯倒塔或架空地线悬垂线夹处断股现象
重污区	1）雾季前巡视检查绝缘子脏污情况，发现特别脏或附近污源增加较快的线路区段，巡视班组及时汇报，工区及时进行带电检测附等值盐密值或进行污秽液导电元素的理化分析，准确掌握污秽程度，以便采取绝缘子防污闪技术措施。 2）雾、毛细雨季按季节特性重点进行巡视（包括夜巡），查看绝缘子串有无爬电现象、放电声、电晕等或检测在线监视泄漏电流数值、脉冲电流数值等情况。 3）污秽特别严重的杆塔，采用复合绝缘子，以8～10年更换新绝缘子方式。 4）对重粉尘区如水泥厂内采用瓷绝缘子串配合金属招弧角，以解决玻璃自爆和复合绝缘子贯穿性击穿事故

二、输电线路状态巡视的组织方式

为了能够确保状态巡视质量，真正实现"该巡必巡，巡必巡好"的目标，运行单位应建立起相应的管理制度，确保巡视计划的编制符合实际，巡视计划经过主管部门的审核、批复，巡视质量有人监督，并能够根据现场情况改进巡视工作。典型的危险点和特殊区域的防范措施即是所管辖线路单位的专家软件，它集单位班组长和骨干、工程技术人员的运行经验和专业知识为一体，替代原先个人巡视判定运行缺陷和处理方法，使每个运行巡视人员按班组已判定的缺陷类型，对照对应的危险点、特殊区域防范措施指导巡视。同时，每个线路设备巡视主人根据自己管辖的线路运行状态、线路设备的健康水平、人员活动情况、交通方便情况、历年来线路运行情况等，粗拟提出各线路段的不同巡视计划和周期，由本班组长、骨干和技术员按运行经验和平时了解的线路情况，修订和完善该员工所辖段线路的运行计划，将讨论修订完善的班组运行巡视计划上报工区运行专职，工区主管领导组织各检修、运行班组长、生产骨干和运行、检修专职等讨论、修订和完善工区所辖各线路的运行巡视计划和周期，上报企业的生技部门，经讨论修改批准后，以文件形式下发本年度线路巡视计划和周期。

输电线路状态巡视流程按图GYSD00802002-1整合再造，以明确运行巡视人员、班组长和工程技术管理人员、巡视周期决策人员的三方责任和控制要求。

在实施过程中运行单位应根据ISO 19001《质量管理体系要求》，整合巡视计划、特殊巡视、故障巡视、登塔巡视、危险点管理等子流程，对各流程关键点进行时间、人员、质量、安全动态控制，以提高线路巡视的质量和效率。

三、按电力法规要求治理线路运行环境

针对运行线路通道内发生的违章建筑，运行单位应遵照《电力设施保护条例》的有关规定，以挂号信方式将有法律效力的隐患通知书并附上现场照片邮寄给违章责任人和有关职能单位（将隐患通知书当面送达并签收回执困难，采用挂号信形式回执签收由邮政完成），使电力设施保护走入法治管理轨道。对巡查发现的通道隐患危险点，在邮寄分发线路隐患通知书时，应将严重的现场隐患照片作为隐患通知书附件同时寄发，并使抄送相关的地方政府有关部门能直观地了解隐患危险点的现状和危害性。针对新增的危险点，运行工区管理部门应自行按预控措施要求及时增加安排巡视周期。

状态巡视可结合检测、预防性检查、大修、技改等工作同时进行，如某线路某区段故障跳闸，运行单位在安排员工巡查故障点时，应同时将该段线路的通道、本体巡视任务一起进行交底布置，要求故障巡查员工将线路通道、本体有异常现象或危险点预控措施中规定的内容照相或收集回来，以替代巡视人员的工作任务。巡视的目的在于动态掌握线路各部件、通道及附近可能威胁线路安全运行设施

状况，并联系走访群众护线员及电力设施保护法规宣传工作。

图 GYSD00802002-1　输电线路状态巡视工作流程图

四、按电力设施保护条例要求发放的各种类型隐患通知书

输电线路架设在野外，设备分散，高空作业和高电压属于高危险度行业，随时都有可能给企业带来法律上的纠纷，运行单位应按照《电力法》、《电力设施保护条例》和《电力设施保护条例实施细则》等法律法规的要求，撰写起草好各种违章现象、情况的隐患通知书，及时送达、邮寄给违章业主和产权单位或自然人，保存好隐患通知书的回执或邮政挂号收据，以便将来发生法律纠纷时作为法庭证据。

以输电线路附近采石放炮处理为例：

按照《电力设施保护条例实施细则》第十条：任何单位和个人不得在电力设施周围 500m 范围内（指水平距离）进行爆破作业。因工作需要必须进行爆破作业时，应当按国家颁发的有关爆破作业的法律法规，采取可靠的安全防范措施，确保电力设备安全，并征得当地电力设施产权单位或管理部门的书面同意，报经政府有关管理部门批准。由于输电线路通道是无偿占用村委会或农户的土地，有时线路周围采石放炮政府部门并不知道，因此在发放隐患通知书时，运行单位应抄送给民爆物品管理部门之一的公安机关，从报批购买民爆物品的源头上来控制线路附近采石放炮安全措施的落实，《民用爆炸物品安全管理条例》第四条规定：公安机关……负责查处民用爆炸物品的使用行为。爆破人在高压输电线路、通讯线路等重要设施的安全距离内进行爆破作业必须符合国家有关安全规范的规定，第四十八条规定：若违反国家有关标准和规范实施爆破作业的，由公安机关责令停止违法行为或限期改正，情节严重的，吊销爆破作业许可证。

由于电力企业没有行政执法权限，对电力线路保护范围内的违章爆破作业，具体见下列采石爆破隐患通知书样本。图 GYSD00802002-2 为违章采石场。

××送（2003）32 号隐患通知书附件

主送：××市××镇××村委会

电力设施属国家财产，受国家法律、法规保护。国务院曾于一九八七年九月十五日颁布了《电力设施保护条例》，（以下简称《条例》），并于一九九八年一月七日发布国务院 239 号令《国务院关于修改（电力设施保护条例）的决定》，一九九六年四月一日，《中华人民共和国电力法》正式开始实施，一九九九年三月十八日，修订后的《电力设施保护条例实施细则》（以下简称《细则》）颁布实施。以上法律、法规都对电力设施的保护做出了明确的规定。

我工区管辖运行的 220 千伏 2359 线是××电网的主干输电线路，担负着××市工农业生产以及人民生活用电主送任务，该线路的安全运行直接关系到××电网的安全稳定。

最近，我线路运行人员在电力设施巡视中，发现贵村村民章××在 2359 线 109～110#档中，在距左边线约 100 米处我单位在竣工投产时已出资封闭的采石场内进行采石爆破，据违章爆破者称，他已向贵村委会交款签订协议承包采石场一年。贵村委与章××的违法行为对 2359 线的安全运行构成了严重的威胁。

《电力法》第四条明确规定"电力设施受国家法律保护。禁止任何单位和个人危害电力设施的安全……。"

《细则》第十条规定：任何单位和个人不得在距电力设施周围 500 米范围内（指水平距离）进行爆破作业。因工作需要必须进行爆破作业时，应按国家颁发的有关爆破作业的法律法规，采取可靠的安全防范措施，确保电力设施的安全，并应征得当地电力主管部门的书面同意，报经政府有关管理部门批准。"

2002 年 6 月 11 日线路竣工投产时我工区已与贵村两委签订了封矿补偿协议书（见附件），明确了相关权益和安全责任，现贵村委违法将采石场再次承包给村民，造成章××违章爆破采石，因此责令贵村委依法立即停止侵权，重新封闭采石场，村两委和违章爆破肇事者章××立即按照封矿协议 1.4 条的规定来我单位协商抢修方案及赔偿事宜。同时立即停止在 220 千伏 2359 线 109～110#档高压线路法定保护内的违法爆破行为，确保高压电力线路的安全运行。

在此我们恳请××市公安局治安科依法向章××停批炸药及将其爆破证收回，并追究爆破肇事者的经济、法律责任。同时我们保留向贵村委会追究违法责任的权利。

电力线路主管部门：××电力公司送电工区

地址：××市××路××号 电话：××××—××××××××   邮政编码：××××××

××电力公司送电工区
××××年××月××日

抄送：××市电力设施保护领导小组办公室、××市安全生产监督管理局、××市公安局治安科、××市国土资源管理局、××电力公司生产部、保卫处、××市电力分公司安监科

图 GYSD00802002-2　220kV 线路边导线外 100m 处违章爆破施工开采矿石

五、线路故障的正确判断和巡查

输电线路发生故障跳闸后，地市电网调度在通知运行单位时，巡线员工首先要记录清楚继电保护动作情况，并根据故障跳闸时的天气、环境、相位、时间等情况综合判断可能是哪一类故障（雷击、鸟害、风偏、外力破坏、交跨不足等），可能发生的位置、地点等，并根据对故障的初步判断情况，组织地面巡查或登杆塔巡查故障。

例如，雷击故障巡查，在上杆塔前，登塔员工首先先目测杆塔地面接地引下线的螺杆、连接板处有否电弧电流烧伤痕迹（此处由于经常摇测杆塔接地电阻，多次拆卸螺杆造成滑牙或接地引下线与塔身连接不紧固），若在连接完好情况下有较严重的电流烧伤痕迹，则该雷击故障基本可判为反击事故，随后员工上塔检查瓷质绝缘子串表面瓷釉有否电弧烧伤痕迹，钢帽上有否电弧弧根产生的高温熔蚀后的白点，同理导线、护线条上有否电弧弧根产生的高温熔蚀后的白点；玻璃比陶瓷釉面熔点高，在电弧高温下不易出现熔蚀表面，因此检查目测玻璃绝缘子表面电弧烧伤较困难，巡视员工应用手仔细抚摸横担侧第一片绝缘子玻璃伞裙上表面，未遭故障闪络的伞裙上表面是十分光滑的，反之玻璃伞裙表

面有刮刺手感，但巡视检查员工的手千万注意不能触摸下数第二片绝缘子，以防电击伤害或二次高空坠落。复合绝缘子的过电压闪络主要检查两端均压环上、导线、护线条上有否电弧烧伤的白点，硅橡胶伞裙上有否电弧烧伤的白点（块）。若本杆塔绝缘子串上或导线上的故障点为两相时，基本属于反击跳闸，若线路为水平排列且双避雷线，故障点为中相时，可基本判定为反击跳闸。若线路故障点为连续2基同一相故障，则可判定为绕击跳闸。

六、开展状态巡视中的有关危险点处理案例

1. 塔材防卸处理

为了防止杆塔构件被窃，发生运行线路杆塔倒杆断线的恶性事故，运行单位应下文明确，新建线路整基杆塔或塔基准面以上2个段号塔身采用防盗螺栓螺帽，以指导新建线路设计。目前野外环境绿化较好，杆塔附近的树木有时超过6m，夜晚偷盗塔材时，活动扳手撞击塔身的金属声会被树木阻挡，传递不远。但若盗贼登上塔基准面以上2个段号铁塔上盗拆塔材，夜间扳手碰撞金属声会传递较远；且要登上基准面以上2个段号杆塔上时，会给盗卸人员带来心理上的恐惧，以减少偷卸塔材事件。针对早期输电线路铁塔基本没有防盗措施，此类杆塔数量众多，运行单位可采用亡羊补牢的方法，即偷盗在哪，补装到哪。被盗构件的铁塔如图 GYSD00802002-3 所示。

图 GYSD00802002-3　拉V塔腿部及自立塔下段小斜材被偷盗

图 GYSD00802002-3 是被偷盗塔材的杆塔，运行单位应及时对被盗杆塔及前后两基杆塔基准面以上2个段号塔身上更换成防盗螺栓，为减轻更换防盗螺栓工作量，可对每一块斜材的一头螺栓更换成防盗螺栓。对拉V塔、水泥杆等拉线UT形线夹螺栓应安装防卸装置，道路旁的杆塔拉线还应安装醒目的防撞警示装置等，为该类拉线型杆塔延长巡视周期做好必要的技术防范措施。

2. 线路杆塔安装齐全杆号牌和警示牌

输电线路杆塔高空作业和高压电属高危险行业，运行单位应经常核对杆号牌、高压警示（攀爬警告）牌等有否短缺，安装是否齐全正确，以阻止非线路运行、检修人员擅自攀塔，免除因外来人员攀塔后发生高空坠落、触电等事故的法律责任。

为防止人员在同塔并架多回线路上误登有电线路，应在各条线路杆塔上应用标识、色标或其他方法加以区别，使登杆塔作业人员能在登塔前和在杆塔上作业时，明确区分停电或带电线路。以往电网薄弱，变电站出线少，因此运行单位习惯性将同塔双回路的两侧横担或平行出线的线路杆塔横担涂刷上不同醒目颜色的油漆加以区分，随着电网的不断发展和用电负荷越来越大，变电站多采用大容量变压器，变电站的线路出线和走廊越来越困难，目前同塔并架线路越来越多，单靠几种醒目油漆已无法有效区分不同线路，采用不同颜色油漆区分势必会造成同一变电站出线有相同颜色的线路存在。另外全线同塔并架线路也越来越多，几年一次对同塔并架线路横担涂刷不同颜色醒目油漆的原始行为已不适合市场经济规律，为此对照安规有关安全规定，设计了一种有线路双重名称（文字名称和阿拉伯数字代码）、杆号、相位、上、下、左、右方向指示、醒目色标于一体的搪瓷标牌，如图 GYSD00802002-4 和图 GYSD00802002-5 所示，悬挂在同塔并架杆塔离地3～6m一侧塔材和分挂在各横担上，即合理完整地符合线路安规的要求，又可持久地悬挂完成它的寿命、区分、指示、警示功能，杆号牌上有运行单位的电话号码，可方便他人报警或联系，解决了以往为了符合安规要求将同塔并架杆塔横担刷成醒目油漆的重复劳动。

图 GYSD00802002-4　同塔并架多回路杆塔安装在横担上的杆号、分相、色标样牌

图 GYSD00802002-5　同塔双回路离地 3m 悬挂的双重名称杆号式样牌

3. 输电线路下方树竹木的处理

DL/T 5092—1999《110~500kV 架空送电线路设计技术规程》第 16.0.7 条：送电线路通过林区，应砍伐出通道。《电力设施保护条例实施细则》第十三条：在架空电力线路保护区内，任何单位或个人不得种植可能危及电力设施和供电安全的树木、竹子等高杆植物。第十六条：新建架空电力线路建设工程、项目需穿过林区时，应当按国家有关电力设计的规程砍伐出通道，通道内不得再种植树木；对需砍伐的树木由架空电力线路建设单位按国家的规定办理手续和付给树木所有者一次性补偿费用，并与其签订不再在通道内种植树木的协议。

事实上，线路施工、运行单位根本无法实现，一来有《森林法》，砍伐树木前必须到当地林业主管部门办理采伐许可证，按线路通道宽度保护占有的山地面积交纳林地植被恢复费、育林补偿费、森林保护费等。二来土地、山地已法定承包给农民、山民，输电线路虽然属于公用事业，但线路架设后是无偿占用农户土地，你不允许在线路通道内种植可能危及电力设施和供电安全的树木、竹子等高杆植物是不可能的，可能危及电力设施和供电安全的措施只能是电力部门自己出资改造。砍伐通道后"签订不再在通道内种植树木的协议"也根本行不通，山区农民靠树竹木生存，即使在线路架设时农民与施工单位有赔偿协议，事后山民仍然会种植树木。此外早期输电线路为节约投资成本，基本按导线对地面安全距离设计（那时山区确实是荒山，基本无树木），随着农村改革开放，土地 30 年承包到户和国家荒山绿化国策执行，目前山区、丘陵绿化良好，许多线路导线对树木距离严重不足，为减少树竹木危险点的运行工作量和砍伐树竹木青苗赔偿费用及控制事故概率，运行单位可采取档中加塔和原塔升高改造，如图 GYSD00802002-6 所示。

针对架空线路与树木、毛竹的生存矛盾，2005 年下半年，国家电力工程规划设计总院（即电力工程集团顾问公司）在北京召开各区、省电力设计院会议，会议上国家电网建设公司和规划总院明确提出：新建线路今后要多按运行意见设计，不能线路建成投运后运行单位就申请对某些或个别设备进行技术改造；新建线路应执行环境友好型建设理念，线路经过成片树林时应按树木自然生长高度跨越架设。

图 GYSD00802002-6　220kV 线下树（竹）木生长采用升高铁塔

国家电网公司以基建技术（2007）第 140 号《国家电网公司输变电工程初步设计评审工作协调会议纪要》第三条评审工作总体原则第 4 点：……线路经过林区尽量采用高跨案……。

虽然架空线路增加杆塔高度后提高了导线的对地距离，给线路运行带来了方便，一来投资增加不多，二来降低了今后运行中树（竹）木安全距离不足砍伐时与农户、国家森林法的冲突和设备强迫停运的几率。但采用高杆塔跨越树竹木，也降低了线路的耐雷水平：①增加了塔身阻抗；②抬高了导、地线的平均对地高度（即增加了等值受雷面积 10h，h＝避雷线高度），减弱了地面屏蔽效应（线路引雷宽度取值最大的约为塔高的 10 倍左右，　最小的约为 5 倍左右）。即杆塔高度越高，引雷面积增大，遭雷击次数增加，使很多雷云被引向线路并先击中架空地线（反击雷）或导线（绕击雷）。当雷击塔顶后，由于塔身阻抗增加，容易使塔顶电位增高而造成反击，增加线路雷击跳闸率。因此线路设计人员在多雷区为提高杆塔高度区段的线路设计中，应实地勘查地形、地貌和准确判定或摇测土壤电阻率，采用综合方法来确定杆塔耐雷水平和杆塔的防雷接地型式，既要积极做到线路架设、运行中少砍树木，又必须妥善处理好线路的防雷措施，确保线路的安全运行。

其次线路设计在经过村镇旁时，运行单位应在线路扩初审查和施工图审查及技术交底时，要求设计将该两基杆塔按跨越农户 4 层民宅（15m）高度控制，原因是随着经济发展，农村要建设扩展，老旧民宅要重新申请建房，村庄在不断扩大，若农户申请在线路通道附件时，使村镇旁高跨的线路及导线风偏校核都留下了裕度。

4. 线路保护区及交叉跨越危险点的控制和管理

（1）线路与交叉跨越物的距离，采用目测是无法判准能否满足规程要求和保证安全运行的，为确保运行资料的准确性，采用测高（距）仪全面核查，并将所有交叉跨越物的相关信息（如交叉跨越物的名称，所属单位、交跨距离，测量时温度，与杆塔距离，测量人，测量时间等）输入电脑管理，对接近安全距离的交跨点，电脑程序会自动校核到最大弧垂并及时报警，用真实准确的线路交跨资料来实现状态巡视。

（2）针对所辖线路跨越的众多池（鱼）塘，虽然导线对地（鱼塘水面）距离已满足 110kV 非居民区 6m 和 220kV 非居民区 6.5m 的要求，但鉴于目前垂钓鱼竿几乎是伸缩式的高强度碳纤维材料，它的电阻率比钢材还小，线路运行单位应按照相关法律的规定，将高压线下钓鱼危险的劝告书邮寄给鱼塘业主和管辖村委会，书面通告所跨越的带电导线对地（对塘）的距离数据，告知在线路下方垂钓有可能发生触电的后果及鱼塘承包者应注意的安全事项和应采取的安全防范措施；同时制作安全警示牌安装在每个跨越鱼塘的附近，规避了民法中有关无过错赔偿责任，并且在报纸、媒体上经常宣传碳纤维鱼竿与环氧树脂材料的不同性，对个别持碳纤维鱼竿垂钓触电事故积极协助电视台采访，及时纠正部分群众将伸缩式碳纤维钓鱼竿误认为玻璃钢环氧树脂绝缘棒危险认知，以避免线路下方鱼塘钓鱼触电伤害事故。

（3）对线路周围 500m 范围内的违章采石爆破点，运行单位无法有效地制止村委会或承包者停止采石或要求在爆破中做好对导线的安全措施。这时，运行单位应积极利用政法部门的管理权限，将有法律效应的隐患通知书挂号寄给违章爆破作业者本人和当地派出所、公安局治安科及矿产管理局，告知国家电力法规对电力设施保护的重要性和违章爆破开采的危害性，并申请公安、政法、行政管理部门依法将在法定爆破保护区内违章爆破采石爆破员的爆破证收回或停批炸药、注销线路 500m 范围内的石矿采矿证等手段来消除爆炸飞石伤线的隐患。

事实上，由于国家对民爆物品的严格管制，公安部门在收到隐患通知书后，根据政府职能和可能存在的风险，一般都会马上停止审批炸药、雷管，并会积极要求采矿主到电力部门进行协商及征得同意，由于矿主或采石场承包人无法批到炸药、雷管，必然会持采矿证、爆破证等来线路运行单位协商，若采取安全措施后采石对电力线路危害不大，电力部门与其签订爆破采石确保电力线路安全的协议书，并同时将爆破采石确保电力线路安全协议书抄送给公安部门、地方劳动局、矿产管理局，采石业主只有持与电力部门签订的安全协议书才能在公安部门按常规领批购买到炸药、雷管。同时运行单位还应在采石场的岩石上用醒目颜色油漆涂写警示标语，进行电力法的宣传等。

七、依托地方政府完善电力设施保护执法主体

电力体制改革使电力企业失去了执法功能，针对运行单位的线路走廊违章建筑，通过向地方政府宣传汇报电力设施公用性职能，取得政府的支持，形成政府职能机构安全生产监督管理局为执法主体，负责监督、管理输电线路提供的通道隐患处理和考核隐患所在地政府职能部门，促使各县市、乡镇加强对线路通道内的建设审批、违章建筑的拆除等工作。图 GYSD00802002-7 为违章户在政府行政拆除告知书的督促下自行拆除违章建筑，图 GYSD00802002-8 为政府强行拆除的违章建筑。

图 GYSD00802002-7 违章户在自行拆除违章建筑

图 GYSD00802002-8 政府组织强制拆除线路通道内的违章建筑

【思考与练习】

1. 为什么说按危险点种类制定的防范措施属于线路运行单位的专家软件？
2. 为什么导线对鱼塘或地面的安全距离满足后仍然要在鱼塘边竖立警示牌？
3. 运行单位发现运行线路通道内的违章现象为什么必须邮发隐患通知书？
4. 以企业文件形式批准下发某些设备健康、通道环境良好的线路巡视计划和周期，有什么好处？
5. 同塔多回路横担上采用线路名称、杆号、分相、色标牌替代涂色标有什么好处？
6. 通过政府部门来管理线路通道违章现象有什么好处？

第三十八章 设备状态检测的项目、周期及绝缘子状态检测

模块 1 设备状态检测的项目、周期（GYSD00803001）

【模块描述】本模块包含设备状态检测的项目、周期。通过知识介绍，了解和掌握设备状态检测的项目、周期。

【正文】

输电线路是电网中的重要设备，因外绝缘的配置为节约型设计，又架设在野外，导致电网故障的80%左右发生在输电线路上，其中的80%左右又发生在绝缘子串上，因此线路专业人员应熟悉线路绝缘子的各种优缺点、电气性能特性和使用范围，以减轻对绝缘子的检测、维修工作量，降低输电线路故障率。

一、输电线路关键检测项目

DL/T 741—2001《架空送电线路运行规程》中需要定期开展检测的项目众多，基本属于普查式检测，工作量繁重，输电线路开展状态检修，必须有的放矢解决带电部分和不带电部分。若不符合规定要求易引起线路停电或需停电后处理的设备隐患，涉及的相关检测、检查项目主要有：

（1）绝缘子检查、检测：主要包括瓷绝缘子瓷件破损、瓷釉烧伤和绝缘电阻低零值检测；玻璃绝缘子伞裙自爆检查；复合绝缘子伞裙、护套表面有否蚀损、漏电起痕，树枝状放电或电弧烧伤痕迹，是否出现硬化、脆化、粉化、开裂等现象，伞裙有否变形，伞裙之间黏接部位有否脱胶等现象，端部金具连接部位有否明显的滑移，密封有否破坏，硅橡胶伞裙的憎水性有否下降等；绝缘子有否钢脚锈蚀、弯曲、电弧烧损和锁紧销缺少；绝缘子附盐密检测等。

（2）绝缘子附盐密值检测：主要是在设定的盐密监测点测量累积运行现场污秽度，既要检测累积附盐密值，又要检测得出灰密量，对现场污秽度严重或超标的杆塔应将污液送试验室进行导电离子和成分的分析。

（3）复合绝缘子憎水性丧失及机械强度下降检测：主要是对运行若干年的复合绝缘子硅橡胶伞裙憎水性是否丧失进行检测，其次是对运行 8～10 年的复合绝缘子每个批次抽 3 支送试验室进行耐污水平和机械强度的试验。

（4）引流板、并沟线夹等电气连接部位的检查、检测：主要包括引流板、并沟线夹螺栓是否紧固、电气连接处和导电脂是否完好，是否存在发热现象。

（5）导地线损伤检查。

（6）接地电阻检查、检测：主要包括接地电阻是否合格，接地引下线是否完好，接地射线是否完好。

（7）交叉跨越或风偏距离测量：主要检测导线与树竹木的最小距离是否符合要求，其次是检测导线在设计风速下对线路通道内后建造的建筑物校核风偏距离是否满足。

上述检测项目均针对线路检修工作量的内容，且前几项都在带电部分，若缺陷严重时必须需要线路停电检修（目前多数运行单位均不开展带电检修和消缺），因此应尽可能按线路设备状况进行检测和判定。合理配置绝缘子是减少线路故障、检修工作量和检测工作量的基础。

目前线路上常用的绝缘子类别有瓷质盘型绝缘子、玻璃盘型绝缘子、复合棒型绝缘子三种类型，这三种绝缘子各有优缺点，因此熟悉常用绝缘子的特性、优缺点和使用范围是线路运行单位专业技

人员必须掌握的关键技术，通过在不同区域合理使用绝缘子种类和配置是降低线路故障跳闸率、减少绝缘子检测工作量、提高输电线路可用率的有效技术保证。

二、常用线路绝缘子的优缺点

（1）瓷绝缘子属无机物材料，其瓷伞属非均质材料，瓷件系脆物质，运输、搬运碰撞易碰碎伞裙，故障电流产生的电弧会烧伤瓷釉层，致使水分渗入瓷件内引发绝缘下降。因此在运行中应对瓷件破损、表面瓷釉烧伤、绝缘电阻下降等劣化瓷绝缘子应及时更换。

由于瓷件与铁帽钢脚和水泥胶合剂之间的膨胀系数不同（瓷件为 $4 \times 10^{-6}/℃$；水泥为 $10 \times 10^{-6}/℃$；钢脚为 $12 \times 10^{-6}/℃$），其形成的内应力在长期运行的机械和电场力的作用下，可使钢脚水泥胶合处及钢帽内瓷件原微孔状逐渐产生或转化为隐裂纹，水分沿钢脚处裂纹侵入瓷件内部，使绝缘子的内绝缘（钢帽内瓷件头部）下降至低值或零值（劣化）。当雷击、污闪等过电压沿绝缘子串通过时，由于低、零值瓷绝缘子仍有完整的伞裙屏障，故障电流只能从钢帽、隐裂纹瓷件、钢脚间通过，引发瓷体、胶合水泥等裂纹中的水分在短路电流高温下急剧热膨胀，膨胀的气体将钢帽炸裂而发生导线落地的恶性事故。

原武汉高压研究所试验证明：运行中瓷质绝缘子发生钢帽炸裂有 3 种原因：①内因——劣化；②外因——雷电或雾湿；③触发原因——雷击、污闪或工频续流。为防止劣化瓷绝缘子在故障时发生掉串，只要查出并消除内因并及时更换劣化绝缘子，运行线路就不会发生故障时的掉串事故。因此 DL/T 741—2001 规定：瓷绝缘子每两年检测一次绝缘电阻。

（2）钢化玻璃绝缘子属早期劣化暴露产品，玻璃绝缘子因绝缘劣化、玻璃件内应力不均匀或受外力击打等能自行爆裂，因此玻璃绝缘子不需检测绝缘电阻，随着运行年限的增加，绝缘子劣化自爆率将呈下降趋势并稳定在一定水平上，因此线路玻璃绝缘子串不需采用检测仪器检测其绝缘电阻，只需在巡视检查中肉眼即可发现。玻璃绝缘子自爆后的残余荷载，标准规定应达到其额定荷载的 80% 以上，即玻璃绝缘子自爆后一般不会发生导线掉串事故，对自爆后的绝缘子串泄漏比距不满足污秽等级的，运行单位应在雾季前采用带电作业方式或停电方式更换。

同时，伞盘自爆后因钢帽内的玻璃件绝缘完好，故障电流直接从自爆后的钢帽与钢脚间通过，所以不会发生钢帽炸裂现象。由于玻璃件是熔融体，质地均匀，绝缘子串遭受故障电流电弧会烧伤玻璃件表面并发生脱皮或掉渣，烧伤后的玻璃件新表面仍然是光滑的玻璃体，其玻璃伞裙能自行恢复绝缘，不需更换闪络烧伤过的绝缘子，国外实验室曾多次对玻璃绝缘子串用陡波做过冲击试验，其结果都是大气闪络，从未发生玻璃件的击穿情况。

（3）硅橡胶复合绝缘子又称合成绝缘子，其硅橡胶一般由两种以上有机材料合成，复合绝缘子的耐污性能主要体现在它的憎水性能和耐起痕蚀损性能。硅橡胶的憎水性能好，绝缘子表面的污层电阻高，泄漏电流小，耐污闪电压高。在大自然紫外线和强电场的作用下，硅橡胶伞裙材料会老化、硬化、龟裂、密封处损坏、材料电蚀损和漏电起痕等质变，导致界面电击穿、损坏密封及芯棒脆断掉串事故乃至发生芯棒脆断掉串。

复合绝缘子聚硅氧烷生胶的含量即基础聚合物重量应达到整个混炼胶重量的 50%，运行多年的复合绝缘子会发生憎水性丧失，暂时性丧失后其伞裙和护套应能耐受干区放电或电弧下不起痕、不蚀损。如混炼胶含量达不到 40%，复合绝缘子的憎水性能等电气性能会下降且使用寿命较短，在大自然中，常年受紫外线和电老化的侵害，憎水性丧失后很难自行恢复。

复合绝缘子制造有伞间距、爬电系数、均压环罩入距等技术要求，而硅橡胶伞裙盘径因受制造工艺和材质的限制，最大只能生产 $\phi220mm$ 伞盘，按相应电压等级的盘形绝缘子串相同结构高度，复合绝缘子最多只能生产出 2.75cm/kV 及以下泄漏比距的绝缘子，复合绝缘子的泄漏比距若超过 2.8cm/kV 时，必然靠增加结构高度，不然爬电系数肯定不符合标准要求。表 GYSD00803001-1 是常用复合绝缘子的技术参数。

1）复合绝缘子的伞间距。伞间距是指具有相同伞径的相邻大伞，上面的一个伞的滴水缘最低点到下一个伞表面的垂线长度。图 GYSD00803001-1 是 DL/T 864 标准要求的复合绝缘子的最小伞间距图。

表 GYSD00803001-1　　　　　　　　　复合绝缘子的技术参数表

产品型号	伞裙数 大小		伞径φ 大/小	结构高度 （mm）	绝缘干弧 距离	爬电 距离	泄漏 比距	雷电耐受 电压（kV）	1min 湿工频耐受 电压（kV）	爬电系 数 C.F
FXBW4－110/100	13	12	150/100	1240 ±15	1000	3020	2.75	550	230	3.02
FXBW3－220/100	25	24	150/115	2150 ±30	1900	6300	2.86	1000	395	3.32
FXBW－330/120	35	34	150/100	2990 ±30	2600	9075	2.75	1425	570	3.49
FXBW4－500/210	52	51	156/121	4450 ±50	4000	13500	2.70	2250	740	3.38

伞间最小距离 C 值反映了在高潮湿天气或同样污秽作用下，相邻两大伞放电桥接情况。

DL/T 864—2004《标称电压高于 1000V 交流架空线路用复合绝缘子使用导则》第 5.3.1 条：伞间最小距离（C）规定：对大小伞推荐 C 值应不小于 70mm，对等径伞推荐 C 值应不小于 40mm。

上述规定的大小伞是指一大一小间隔的伞状，由于复合绝缘子标准只规定了等径伞和大、小伞两种最小伞间距尺寸，对目前复合绝缘子生产的一大二小伞或两大一中二小五伞状，相关标准还没有规定其最小伞间距尺寸，如两大一中二小五型伞的爬电系数达 4.0 以上，违反了规程"对Ⅰ、Ⅱ级污级，推荐 $C.F$ 应不大于 3.2"

图 GYSD00803001-1　复合绝缘子的最小伞间距
（a）等径伞的伞间距；（b）大、小伞的伞间距

的规定；对Ⅲ、Ⅳ级污级，部分厂家将两大一中二小五型伞的两大伞间距定为 126mm，即每个伞间距只有 31.5mm，它违反了 DL/T 864—2004 规定的"大、小伞盘间距应不得小于 35mm"要求，所以其爬电系数是不符合 DL/T 864 标准的有关规定的。

2）复合绝缘子的爬电系数。复合绝缘子的爬电系数 $C.F$ 是整体绝缘子尺寸的设计参数，指整支绝缘子总爬电距离（长度）与绝缘子两电极间沿空气放电最短距离（干弧距离）之比。伞间距的优化取值来源于两伞之间的爬电距离与两伞之间的间距之比，理论和试验证明：伞间距的优化值取 2.5 为最优外绝缘配合，考虑到硅橡胶的属性和制造工艺等原因，复合绝缘子标准将 2.5 扩大到 3.0 左右，但不得大于 3.5。

DL/T 864—2004 第 4.4.2.2 条：爬电系数 $C.F$ 是整体绝缘子尺寸的设计参数，对Ⅰ、Ⅱ级污级，推荐 $C.F$ 应不大于 3.2；对Ⅲ、Ⅳ级污级，推荐 $C.F$ 应不大于 3.5.

3）复合绝缘子均压环的罩入距。硅橡胶复合绝缘子属长棒全绝缘，这种情况在绝缘子棒越长、电压等级越高的线路上越明显，即复合绝缘子的工作（分布）电压沿绝缘子轴向分布极不均匀，以 500kV 为例，复合绝缘子在没有安装均压环前，15% 的芯棒上承担 100% 的工作电压（288kV）；两端安装上均压环后，其 55% 的芯棒上承担 100% 的工作电压（中间段分布电压很低），其导线端的分布电压处在 30～38kV/cm 间，已超过电晕起始电压值，由于复合绝缘子的耐雷水平比同等结构高度的盘形绝缘子串低，所以复合绝缘子的均压环均不采用罩入保护硅橡胶伞裙，只均压保护芯棒金具连接处。

试验证明：高压端均压环的管径 r 越大越能降低装环侧的端部场强和平均场强，当环的圆管半径 $r>10mm$ 时，端部场强可降低至空气击穿场强以下；均压环的环半径 r 太小，会使距高压侧 10%绝缘距离处的场强有增大趋势，而均压环的环半径 r 越大，越能降低平均场强，使电场分布更均匀，因此武汉高压研究院推荐 500kV 高压端均压环的半径 r 取 250～300mm 为宜。另外场强还与均压环深入（抬高）罩住伞裙的距离有很大的关系，当均压环的深入距 $\Delta h \approx 0$，均压环开口平面处的芯棒、金具连接处将承受最大场强。

我国西北电力试验研究院曾对 330kV 安装均压环进行试验，证明：330kV 复合绝缘子在施加 190kV 试验电压，均压环深入距 $\Delta h = 0$ 时，测得芯棒、钢脚压接处场强超过 5.5～6.5kV/cm，第一片伞裙上分布电压达 28～34kV（占运行电压的 20%～26%）。当均压环罩入屏蔽住 2～4 个伞裙时（即抬高 120～

GYSD00803001

150mm)，芯棒端部连接处场强降低到 0.4 ~ 1.6 kV/cm，导线侧的伞裙最大分布电压仅为运行电压的 10%。

原武汉高压研究所与某省电力公司共同对均压环罩入距尺寸等进行试验：在复合绝缘子高压端安装一个罩入深度为 40mm 的 9 号圆形均压装置，没有屏蔽伞裙，试验测得绝缘子高压端部的分布电压最高，均压装置的均压效果不是很明显，靠近高压端的 2 个伞裙上的电压占运行电压的 21.3%。换上罩入深度为 75mm 的 5 号圆形均压装置时，屏蔽了 2 个伞裙，由检测的电压分布曲线可知，靠近高压端部的 2 个伞裙，分布电压值为运行电压的 12.2%，比安装 9 号均压装置要降低 9.1%，且整支绝缘子上的电压分布也要均匀一些，试验说明了均压装置的罩入深度对电压分布的影响较大。

我国电力行业对复合绝缘子均压装置的设计、选型缺乏统一认识，也未制定出均压环生产的技术标准，特别是均压环的罩入屏蔽尺寸更是重视不足，造成各生产厂家设计的均压装置结构、环径（管径）尺寸和安装方式五花八门，目前的复合绝缘子均压环存在着结构不合理、尺寸过小、基本未考虑金属均压环罩入保护硅橡胶伞裙等问题。

三、瓷绝缘子低零值检测

根据 DL/T 626—2005《劣化盘形悬式绝缘子检测规程》的要求，对瓷绝缘子采用绝缘电阻或分布电压法检测低零值，按规程中瓷绝缘子检测周期中的年劣化率对应的检测周期进行，因目前有较为精确的带电、停电方式用绝缘电阻检测仪和带电方式用分布电压检测仪，运行单位应淘汰早期的火花间隙检测瓷绝缘子方式。

Q/GDW 168—2008《输变电设备状态检修试验规程》规定例行试验项目：瓷绝缘子零值检测周期为 330kV 及以上 6 年；220kV 及以下为 10 年。

5.19.1.8 条盘形瓷绝缘子零值检测：采用轮试的方式，即每年检测一部分，一个周期内完成全部普测。如某批次盘形瓷绝缘子的零值检出率明显高于运行经验值，则对于该批次绝缘子应酌情缩短零值检测周期。

应用绝缘电阻检测零值时，宜用 5000V 绝缘电阻表，绝缘电阻应不低于 500MΩ，达不到 500MΩ 时，在绝缘子表面加屏蔽环并接绝缘电阻表屏蔽端子后重新测量，若仍小于 500MΩ 时，可判定为零值绝缘子。

从上次检测以来又发生了新的闪络或有新的闪络痕迹的，也应列入最新的检测计划。

四、运行绝缘子累积盐密值的检测

Q/GDW 168—2008 规定例行试验项目：现场污秽度评估每 3 年一次。

5.18.1.4 条现场污秽度评估：每 3 年或有下例情况之一进行一次现场污秽度的评估：

1）附近 10km 范围内发生了污闪事故。

2）附近 10km 范围内增加了新的污染源（同时也需要关注远方大、中城市的工业污染）。

3）降雨量显著减少的年份。

4）出现大气污染和恶劣天气相互作用带来的湿沉降（城市和工业区及周边地区尤其要注意）。现场污秽度测量内容和周期按 Q/GDW 152—2006《电力系统污区分级与外绝缘选择标准》的规定，测量等值盐密/灰密或等值盐密度；检测周期至少为 3 年，根据积污的饱和趋势可延长至 5 年或更长。

带电运行线路的绝缘子串要发生污闪跳闸，必须要达到以下两个条件：

（1）绝缘子表面上必须聚积了一定量的污秽物。

（2）该绝缘子串必须处在 90% 以上湿度的潮湿天气中，即绝缘子表面上的污秽物必须充分受潮；两者缺一就不会发生污闪。无论绝缘子串粘附有多大的污秽量，若是处在 80% 以下空气湿度天气下，线路绝缘子是不会发生污秽闪络跳闸的。

运行单位应按绝缘子串污秽状况来指导线路是否清扫绝缘子，而要确定绝缘子串污秽状况，必须要检测污秽监控点的绝缘子串盐密值。

线路污闪跳闸是从运行的绝缘子串上发生的，所以污秽盐密值从运行串上清洗检测更具有现实意义，多数单位的绝缘子串盐密检测都从杆塔上悬挂的不带电样品串上清洗检测，虽然不带电悬挂串也处在电场中，但绝缘子串上没有分布电压，电场也远比运行串小，按规定不带电的盐密值要以 1.25～1.4 的系数换算成带电绝缘子串的盐密值，但强电场能吸引许多导电离子积聚在绝缘子表面，因此从运行串清洗检测的盐密值，与现实污秽跳闸环境下的附盐密值更接近。

五、复合绝缘子憎水性能检测

成立硅橡胶憎水性能检测小组，选择责任心强，有一定专业知识的生产骨干，基本保持稳定检测小组，按输电线路复合绝缘子产品寿命和批次，制定检测周期和杆号，对污源点周围应缩短检测周期，对运行 4～5 年后的复合绝缘子，应尽量采取在连续几天阴天后进行憎水性能检测，采用喷水壶登塔在硅橡胶伞裙上喷洒水雾，以检测喷在伞裙上的水是否为连片或成水珠、水珠的倾角等，正确掌握复合绝缘子的憎水性能。

六、复合绝缘子的运行巡查和污秽性能和机械强度检测

DL/T 741—2001 规定：每 2～3 年登杆检查有否硅橡胶伞套表面有否蚀损、漏电起痕，树枝状放电或电弧烧伤痕迹，是否出现硬化、脆化、粉化、开裂等现象，伞裙有否变形，伞裙之间粘接部位有否脱胶等现象，端部金具连接部位有否明显的滑移，检查密封有否破坏，钢脚或钢帽锈蚀，钢脚弯曲，电弧烧损，锁紧销缺少；钢脚或钢帽锈蚀，钢脚弯曲，电弧烧损，锁紧销缺少。

按照 DL/T 864—2004 规定："每 3～5 年一次，检测憎水性和机械性能。 投运 8～10 年内的每批次绝缘子应随机抽样 3 只试品进行机械拉伸破坏负荷试验，按表 2 运行绝缘子憎水性检测周期，检测出的憎水性级别 HC 不等，执行不同的检测周期；同样按表 3 机械特性检测周期，检测出的机械破坏负荷值 SML 的不同，执行不同的检测周期。"

七、导线耐张跳线并沟线夹或引流板检查和检测

Q/GDW 168—2008 规定例行试验项目：导线接点温度测量周期为 330kV 及以上 1 年；220kV 及以下为 3 年。

5.19.1.9 条导线接点温度测量：500kV 及以上导线接续管、耐张引流夹每年测量 1 次，其他 3 年一次。接点温度可略高于导线温度，但不得超过 10℃，且不高于导线允许运行温度。在分析时，要综合考虑当时及前 1 小时的负荷变化及大气环境条件。

该规定属采用红外测温仪器检测，但因仪器的有效检测距离、检测时天气情况、检测时间和设备后的辅助光源等，采用仪器检测不符合企业实际和员工安全、劳动强度。目前线路检修工检测紧固导线耐张跳线连接螺栓一般都采用 10 寸活动扳手，由于无拧紧数值控制，导线跳线金具连接易发生因扭矩偏松而致使接触电阻值变大，当线路大负荷输送中容易造成连接金具发热——电阻增大——发热加剧——烧断跳线或连接金具而跳闸。由于运行单位有严格的可靠性指标要求，输电线路不可能长时间地停电检查紧固导线跳线连接点，按照输电线路运行实际和企业现状及状态检测要求，运行单位可安排检修员工在新建线路竣工验收和停电检修时，采用扭矩扳手按相应规格螺栓的扭矩值检查、紧固跳线连接金具的扭矩值，使跳线连接完好可靠；同时根据红外检测有关检测规定，运行单位在符合仪器检测气候、无附加光源影响条件下，部分采用登塔方式（如 500kV）在横担上采用远红外成像仪定期检测耐张跳线连接处的发热隐患。

八、按照导地线不同钢比情况判定损伤截面积或强度损失

架空线路用钢芯铝绞线运行中有两项功能，承受拉力（张力）和输送电能荷载，DL/T 741—2001 只按导电铝截面受损百分比进行修复明显不合理，部分修复易降低线路可用率和增加导线连接点而增加巡查检测工作量。钢芯铝绞线有不同的横钢截面积与横铝截面积之比，不同钢比导线的钢芯、铝截面的计算破断力是不等的，光按钢芯铝绞线、钢绞线损伤、断股的截面积百分比来判定处理方式，有时会造成部分型号受损伤、断股后的导、地线的应力（安全系数）下降，按照 DL/T 1069—2007 的规定检修修复是线路状态检修的好方法，根据钢芯铝绞线的铝截面积损伤、断股或强度损失的不同，可分别采用缠绕、补修管、护线条、接续条或开断重接等修理方式，特别是导电铝截面超标的损伤导线，不再需要停电将导线落地进行开断重接处理。

九、杆塔工频接地电阻的检测

DL/T 741—2001 规定：架空线路杆塔接地电阻检测周期，发电厂、变电所出线段 1～2km 及特殊地点每 2 年一次，其他线路段每 5 年一次。

Q/GDW 168—2008 规定例行试验项目：杆塔接地电阻测量周期为大跨越和变电所 2km 进线保护段：500kV 及以上 1 年；其他为 2 年。其他线路首次运行 3 年后；接下去检测周期 500kV 及以上 4 年；其他 8 年。

杆塔接地阻抗检测：测量周期按上述规定，测量方法采用 2km 出线保护地段每基杆塔测量；500kV 以上一般采用每隔 3 基，其他每隔 7 基检测 1 基的轮换方式。对于地形复杂、难以达到的区段，轮换方式可酌情自行掌握。如某基杆塔的测量值超过设计值时，补测与此相邻的 2 基杆塔。如果连续 2 次检测的结果低于设计值（或要求值）的 50%，则轮式周期可延长 50% ~ 100%。检测宜在雷暴季节之前进行。测量方法参照 DL/T 887。

Q/GDW 168—2008 是按线路重要性来延长杆塔接地电阻的检测周期，没有从杆塔的耐雷水平和输电线路实际雷害跳闸的类别确定检测周期和测量方式，且雷电击中架空地线时，雷电流是向两侧快速分流至杆塔下泄入地，若该杆塔接地电阻大，则塔顶电位迅速升高而反击跳闸，因此隔基轮测杆塔接地电阻不符合防范雷击跳闸的技术原理。

目前线路杆塔人工敷设接地线为 $\phi10 \sim \phi12mm$ 热镀锌接地线，一般可腐蚀 10 多年。输电线路的雷击跳闸多数是绕击雷，特别是 330kV 及以上电压等级线路的雷害事故几乎均为绕击雷，而杆塔接地电阻大小对防止绕击雷关系不大，因此新建线路或接地大修后，运行单位应全线正确按杆塔设计敷设的接地射线长度的 0.618 布置测量射线检测接地电阻并按土壤季节系数换算，以符合接地电阻设计值，对遭雷击故障的杆塔必须在故障后用接地电阻仪按三线法的 0.618 布置测量射线正确检测杆塔接地电阻，同时按雷击跳闸类别采取防范措施。

为减少一线员工检测接地电阻的工作量，对变电站出线段及其他线路段可采用不需展放辅助测量射线的钳型感应式接地电阻测量仪进行检测。

【思考与练习】

1. 为什么劣化瓷绝缘子在短路电流下会发生钢帽炸裂导线掉串事故？
2. 玻璃绝缘子为什么不会发生钢帽炸裂导线掉串事故？
3. 瓷绝缘子瓷釉被电弧烧伤后继续运行有什么危害？
4. 玻璃绝缘子在运行中发生自爆的原因有哪些？
5. 线路绝缘子串上污秽很严重，为什么在夏天不会发生污闪事故？
6. 为什么复合绝缘子芯棒脆断部位基本在导线侧第 2~4 片伞裙处？

模块2　绝缘子状态检测（GYSD00803002）

【模块描述】本模块包含动态确定瓷质绝缘子测试周期、瓷质绝缘子零值检测实例、绝缘子钢脚腐蚀检查、动态确定复合绝缘子检查、测试周期。通过知识讲解、原理分析、图形举例，掌握动态确定瓷质绝缘子测试周期、瓷质绝缘子零值检测方法、绝缘子钢脚腐蚀检查、动态确定复合绝缘子检查和测试周期。

【正文】

架空线路外绝缘是确保线路安全运行的关键设备，目前常用的有盘形瓷绝缘子、盘形玻璃绝缘子和硅橡胶长棒复合绝缘子。瓷、玻璃虽属无机物材料，但我国架空线路外绝缘设计是以"考虑带电作业需要和尽量节约绝缘子串片数"为设计原则的，因此对盘形绝缘子不采用在串两端安装金属招弧角来保护绝缘子的方式，而是允许故障电流从绝缘子串本体通过。因瓷质材料较脆，施工、运行中易造成瓷件隐性裂纹而劣化，若瓷绝缘子存在低零值时，短路电流从绝缘子头部（钢帽、钢脚间）通过，从而引发低零值绝缘子钢帽炸裂导线掉串的恶性事故。因此我国规定瓷绝缘子必须两年一次进行低零值劣化绝缘子检测。钢化玻璃绝缘子抗击打能力强，运行中不受常年荷载系数的控制，但若玻璃件因钢化工艺不好或存在瑕疵，则玻璃件有自爆功能，短路电流从绝缘子串外引发电弧闪络跳闸。硅橡胶复合绝缘子系有机材料，在大自然紫外线下会逐渐老化，因此硅橡胶复合绝缘子的产品寿命只能达 8 ~ 10 年左右。因属长棒式全阻性产品，电压分布极不均匀，且导线端有机材料长期处在强电场中，易发生树枝状贯通、电蚀穿孔和外露芯棒电化学产生脆断事故。检查、检测线路绝缘子是运行的重要工作。

一、瓷绝缘子测试周期和实例

瓷绝缘子虽属无机物，因瓷件材料脆，在电气机械等作用下会产生隐裂纹，随着运行年限的增加，瓷件劣化率会逐渐增加，因此新投运线路在运行一年后，瓷绝缘子因搬运、安装和过牵引紧线等，会有个别瓷绝缘子受损，必须进行一次低零值劣化的检测。在检测之后，可按照"年平均劣化率 < 0.005 时每 6 年检测 1 次；> 0.005 ~ 0.01 时每 4 年检测 1 次；> 0.01 时每 2 年检测 1 次"周期进行检测。

瓷质绝缘子检测主要有以下几种方法：

1. 电压分布检测法

由于瓷绝缘子每片含有一定的电容值，导线侧第一片承受的电压最大（最高），串中间最低，横担侧再增大（次高），其电压值大小顺序为 $U_导 > U_担 > U_中$，呈斜型不对称的"马蹄形"。串中最低片的分布电压值约为导线侧的 1/4 ~ 1/6 间，因此瓷绝缘子串的分布电压是不均匀的。无论串中是否存在低零值绝缘子，该串每片绝缘子的分布电压累加后等于该电压等级的相电压值。

采用分布电压检测仪带电检测瓷绝缘子低零值是一种有效正确反映有否劣化的手段。缺点是检测工作需 2 人进行。一人手持绝缘操作杆逐片检测，即将两探针短接绝缘子的钢帽、钢脚后，检测仪器语音报出该测量片绝缘子的分布电压值，一人记录该串总片数和每片的分布电压值（总片数不同，每片的电压值也不同），与绝缘子串标准电压分布值核对。现有自动记忆的分布电压检测仪，每测一片，自动记录测量值，被测片绝缘子的分布电压低于标准电压定值 50% 时，判劣化绝缘子；被测片绝缘子的分布电压高于标准电压定值 50% 但明显低于相邻两侧合格的电压值，则判低值劣化绝缘子，瓷劣化绝缘子应及时更换，以防故障时劣化绝缘子发生钢帽炸裂掉串事故。瓷绝缘子串各电压等级每片标准分布电压值见表 GYSD00803002-1 和表 GYSD00803002-2。

表 GYSD00803002-1　　35 ~ 220kV 交流送电线路绝缘子串的分布电压标准值

绝缘子序号 N（自导线侧数）	绝缘子串分布电压值 U_i（kV）								
	35kV 线路			110kV 线路			220kV 线路		
	2 片/串	3 片/串	4 片/串	6 片/串	7 片/串	8 片/串	12 片/串	13 片/串	14 片/串
1	10.0	9.0	8.0	19.0	18.5	17.0	18.0	22.5	31.0
2	10.0	5.0	4.8	11.0	10.0	10.0	16.0	18.2	16.0
3		6.0	3.5	9.0	8.5	8.0	15.0	12.1	12.0
4			4.0	8.0	7.0	6.5	13.0	12.1	9.0
5				7.0	6.0	4.0	11.0	9.0	7.0
6				10.0	6.0	5.0	10.0	7.5	6.5
7					9.0	5.0	9.0	7.1	6.0
8						8.0	8.0	6.9	5.0
9							7.0	6.0	5.0
10							7.0	6.0	5.0
11							7.0	6.0	5.0
12							6.0	6.5	6.5
13								7.5	6.0
14									8.0
总计	20	20	20.3	64	64	63.5	127	127.4	128

GYSD00803002

模块 2

表 GYSD00803002-2　　330～500kV 交流送电线路绝缘子串的分布电压标准值

绝缘子序号 N（自导线侧数）	绝缘子串分布电压值 U_i（kV）								
	330kV 线路				500kV 线路				
	19 片/串	20 片/串	21 片/串	22 片/串	25 片/串	26 片/串	28 片/串	29 片/串	30 片/串
1	19.0	18.5	18.5	18.0	21.5	21.5	21.0	21.0	21.0
2	17.0	16.5	16.5	16.0	19.5	19.5	19.0	19.0	19.0
3	15.5	15.0	15.0	14.5	18.0	18.0	17.5	17.5	17.5
4	14.0	13.5	13.5	13.0	16.5	16.5	16.0	16.0	16.0
5	12.5	12.0	12.0	11.5	15.5	15.5	15.0	15.0	14.5
6	11.5	11.0	10.5	10.5	14.5	14.5	14.0	14.0	13.5
7	10.5	10.0	9.5	9.5	13.5	13.5	13.0	13.0	12.5
8	9.5	9.0	8.5	8.5	12.5	12.5	12.0	12.0	11.5
9	8.5	8.0	8.0	8.0	11.5	11.5	11.0	11.0	10.5
10	7.5	7.5	7.5	7.5	10.5	10.5	10.0	10.0	9.5
11	7.0	7.0	7.0	7.0	10.0	9.5	9.0	9.0	9.0
12	6.5	6.5	6.5	6.5	9.5	9.0	8.5	8.5	8.5
13	6.5	6.5	6.0	6.0	9.0	8.5	8.0	8.0	8.0
14	6.5	6.0	5.5	5.5	8.5	8.0	7.5	7.5	7.5
15	6.5	6.0	5.5	5.5	8.0	7.5	7.0	7.0	7.0
16	7.0	6.5	5.5	5.5	7.5	7.0	6.5	6.5	6.5
17	7.5	7.0	6.0	5.5	7.5	7.0	6.5	6.0	6.0
18	8.0	7.5	6.5	5.5	7.5	7.0	6.5	6.0	6.0
19	9.5	8.0	7.0	6.0	7.5	7.0	6.5	6.0	6.0
20		9.0	7.5	6.5	8.0	7.0	6.5	6.0	6.0
21			8.5	7.0	8.5	7.5	6.5	6.0	6.0
22				8.0	9.0	8.0	7.0	6.0	6.0
23					10.0	9.0	7.5	6.5	6.0
24					11.5	10.0	8.0	7.0	6.0
25					13.5	11.0	8.5	7.5	6.5
26						12.5	9.0	8.0	7.0
27							10.0	8.5	7.5
28							11.5	9.5	8.0
29								11.0	9.0
30									10.5
合计	190.5	190.5	191.0	190.0	289	289	289	289	288.5

注　本表等同采用 DL/T 487—2000 表 1 和表 2，本表推荐的绝缘子分布电压标准值为拉 V 塔与酒杯塔边相悬垂绝缘子单串各片绝缘子的分布电压，中相串、耐张串及 V 型绝缘子串的分布电压可参照本表，但对于中相靠导线侧第一片绝缘子上的分布电压应乘以相别系数 1.1。对于上扛式金具的绝缘子串，靠导线侧第一、第二片绝缘子上的分布电压值可分别参照本表导线侧第二、第一片的标准值，其他元件上的分布电压可对应参照本表推荐的标准值。

2. 绝缘电阻检测法

盘形玻璃绝缘子伞盘自爆后，应判为劣化绝缘子。由于该绝缘子串中含有自爆绝缘子，减少了该绝缘子串的泄漏比距，但若此类有自爆片数的绝缘子串处在远离集镇、厂矿等一般污秽区或丘陵、山区清洁区时，可继续运行至该线路的周期停电检修时更换。原因是玻璃绝缘子的残余强度大于额定机械荷载的 80%。对瓷绝缘子可在线路停电时，采用 5000V 的绝缘电阻表测量绝缘子的绝缘电阻值，在干燥情况下，500kV 线路绝缘电阻值应大于 500MΩ，500kV 以下线路绝缘电阻值应大于 300MΩ，该检测方法需要的停电时间长。另外，也可采用绝缘电阻检测仪带电检测绝缘子的绝缘电阻，原理与测量分布电压法雷同，也靠两探针短接绝缘子的钢帽、钢脚后，绝缘电阻检测仪表计上显示出该片绝缘子的绝缘电阻值。同样需 2 人检测，一人手持绝缘操作杆逐片检测，一人记录该串总片数和每片的绝缘电阻值。现有自动记忆的绝缘电阻检测仪，每测一片，自动记录测量值，可节省作业人员。检测结果根据运行线路 500kV 等级盘形悬式绝缘子绝缘电阻值低于 500MΩ 时应判为劣化绝缘子；330kV 等级及以下盘形悬式绝缘子绝缘电阻值低于 300MΩ 时应判为劣化绝缘子，并及时更换处理。

3. 火花间隙短接放电法

带电线路采用火花间隙装置检测盘形瓷绝缘子的电阻是否合格，其检测方法是采用间隙击穿放电发生的声音有、无或轻、重来判定是否零值，DL 415—2009《带电作业用火花间隙检测装置》的检测原理是按电压等级的不同，采用不同间隙距离的火花间隙放电装置，为保证瓷绝缘子串中分布电压最低一片在检测时能听到空气击穿放电声，其放电间隙一般按绝缘子串中的最低分布电压值的 50%（约 3～4kV）试验得出其间隙距离，见表 GYSD00803002-3。检测工作是一人手持绝缘操作杆逐片检测，将两探针短接被测量绝缘子的钢脚、钢帽，听间隙空气击穿放电声音较响时，判定该片绝缘子良好，放电声轻或无放电声时，判定该片绝缘子为低值或零低值。

表 GYSD00803002-3 检测各电压等级瓷绝缘子相应的电极间隙距离

系统标称电压（kV）	63	110	220	330	500
火花电极间隙距离（mm）	0.4	0.5	0.6	0.6	0.6

注 火花间隙的两根探针的间距为 110mm。

运行中的盘形绝缘子串分布电压是不均匀的，如 110kV 电压等级 7 片/串的导线侧第一片绝缘子其分布电压为 18.5kV，串中第 5 片为 5kV，两者差 3.7 倍；220kV 14 片/串的导线侧第一片绝缘子分布电压为 31kV，串中第 7、8、9 片均为 5kV，两者差 6.2 倍；500kV 28 片/串的导线侧第一片绝缘子分布电压为 21.5kV，串中第 16 片为 6.5kV，最大分布电压与最小分布电压相差 3.3 倍左右。

DL 415—1991 标准规定在绝缘子检测前，应用专用的"塞尺"测量校核该电压等级要求的"放电间隙"（火花间隙厂家均不提供专用"塞尺"），由于火花间隙放电检测方法采用同一间隙距离去短接放电相差 3～6 倍的分布电压值绝缘子，靠听放电声的有、无或轻、重来判定该片绝缘子的绝缘电阻是否零、低值是不合理的，往往会将串中间分布电压低的良好绝缘子误判为低、零值，而将高压侧低值绝缘子因放电声响误判为良好绝缘子，因此火花间隙装置带电检测瓷绝缘子是否零值的方法已逐渐退出运行单位。

二、玻璃绝缘子的检查（检测）

每片玻璃绝缘子自身的电容值比瓷绝缘子大，致使玻璃绝缘子串的电压分布比瓷绝缘子串均匀，同时钢化玻璃绝缘子属无机物材料，产品运行寿命达 50 年以上（劣化自爆除外）。玻璃绝缘子劣化后有伞盘自爆功能，自爆后的残锤荷载是其额定荷载的 80% 以上，能继续安全运行，因此玻璃绝缘子不需检测绝缘电阻（会自爆），只需进行目测是否有自爆绝缘子，存在的自爆绝缘子串在故障电流下也不会引发钢帽炸裂掉串。

玻璃件是熔融体，质地均匀，当玻璃件表面遭故障电流局部电弧烧伤后只发生表面脱皮或掉渣，脱皮或掉渣后的新表面仍是光滑的玻璃体，其玻璃伞裙能自行恢复绝缘，运行单位不需更换闪络烧伤后的玻璃绝缘子，如图 GYSD00803002-1 所示。

三、绝缘子钢脚检测

绝缘子串导线侧的绝缘子分布电压值最大，场强最大，

图 GYSD00803002-1 玻璃绝缘子遭雷击电弧烧伤状况

同时钢脚处直径小，该界面易电晕放电。因此，在钢脚处积污最多，最易发生电化学腐蚀。对于直流绝缘子，各生产厂家特别要在钢脚外套上一锌套作为牺牲电极，以保护绝缘子钢脚不致电化学腐蚀而掉串。所以 DL/T 626—2005《劣化盘形悬式绝缘子检测规程》增加了钢脚检测要求和标准，对直流线路还需检查钢脚处牺牲电极（锌套）的腐蚀情况。

由于绝缘子钢脚处电场强度大，其钢脚长期处在放电状态下，日积月累，钢脚镀锌层被放电烧伤破坏后锈蚀、腐烂，或钢脚因放电逐渐熔细。另外，绝缘子串导线侧、横担侧的绝缘子分布电压高、电场强，绝缘子钢脚长期处在电磁场中，其电晕放电烧伤锌层、腐蚀等可导致钢脚机械强度下降，严重的会拉断引起掉串。因此在线路停电检修时，应安排员工进行专项绝缘避雷线、导线悬挂绝缘子的钢脚检查，特别对重污染区域的点或段，应重点检查，在检查过程中，也可采用数码相机照回来，对照表 GYSD00803002-4 钢脚锈蚀判据来判断钢脚腐蚀的绝缘子是否能继续运行。

表 GYSD00803002-4 绝缘子钢脚锈蚀状况判据

序号	现 象	说 明	判 据
1		仅水泥界面锌层腐蚀	继续运行
2		锌层损失，钢脚颈部开始腐蚀	一有适当的机会更换
3		钢脚腐蚀进展很快，颈部出现腐蚀物沉积	立即更换

四、复合绝缘子憎水性、污秽性能和机械强度检测

硅橡胶复合绝缘子为有机材料，它在臭氧、紫外光、潮湿、高低温/电应力和高场强等外界因素作用下，护套伞裙会硬化、龟裂、粉化、电蚀穿孔等，运行若干年后，会出现不同程度的憎水性下降，下降幅值可达 HC4 级甚至 HC6 级。状况如图 GYSD00803002-2 所示。

图 GYSD00803002-2 复合绝缘子憎水性下降后状态
(a) HC1 级憎水性；(b) 憎水性 HC6 级

同时，因钢脚、芯棒属不同材质，各厂家技术力量、压接工艺等不同，金具芯棒压接处是个薄弱环节，特别是导线端有机材料处在高场强内，长时间运行会出现硅橡胶材料树枝状贯通、电蚀穿孔或端部密封受损等，水分进入芯棒在电化学作用下发生芯棒脆断。因此 DL/T 741—2001《架空送电线路运行规程》规定：每 2 ~ 3 年登杆检查有否硅橡胶伞套表面有否蚀损、漏电起痕，树枝状放电或电弧烧伤痕迹，是否出现硬化、脆化、粉化、开裂等现象，伞裙有否变形，伞裙之间粘接部位有否脱胶等现象，端部金具连接部位有否明显的滑移，检查密封有否破坏、钢脚或钢帽锈蚀、钢脚弯曲、电弧烧

损、锁紧销缺少等现象。DL/T 864—2004《标称电压高于1000V交流架空线路用复合绝缘子使用导则》要求每3～5年一次登塔检查硅橡胶外观、检测憎水性和机械性能，投运8～10年的复合绝缘子，应按每批次绝缘子随机抽样3只试品进行机械拉伸破坏荷载、憎水性、污秽性能的试验。试验标准和缩短检测周期参照 DL/T 864—2004 第11章运行性能检测的有关规定。

复合绝缘子耐污性能主要取决于硅橡胶材料的憎水性能，憎水性是固体材料的一种表面性能，即水在憎水性的固体表面形成的一种互相分离的水滴或水珠状态，而不是连续的水膜或水片状态（瓷绝缘子釉面浸水后形成的是一层薄薄水膜，呈亲水性）。憎水性分级就是将材料表面的憎水性状态分为7级，分别表示为 HC1～HC7，HC1级对应憎水性很强的表面，HC7级则对应已形成连续水膜的表面。试品表面水滴状态与憎水性分级标准见表 GYSD00803002-5。

表 GYSD00803002-5　　　　　　　试品表面水滴状态与憎水性分级标准

HC 值	试品表面水滴状态描述
HC1	只有分离的水珠，大部分水珠的后退角 $\theta_r \geqslant 80°$
HC2	只有分离的水珠，大部分水珠的后退角 $50° \leqslant \theta_r < 80°$
HC3	只有分离的水珠，水珠一般不再是圆的，大部分水珠的后退角 $20° \leqslant \theta_r < 50°$
HC4	同时存在着分离的水珠与水带，完全湿润的水带面积小于 $2cm^2$，总面积小区域面积小于被测区域面积的 90%
HC5	一些完全湿润的水带面积大于 $2cm^2$，总面积小于被测区域面积的 90%
HC6	完全湿润总面积大于 90%，仍存在少量干燥区域（点或带）
HC7	整个被试区域形成连续的水膜

注　本表的状态描述等同采用了 DL/T 810－2002《±500kV 直流棒形悬式复合绝缘子技术条件》表 E.1

上述憎水性能的描述基本针对新材料，对于运行若干年的复合绝缘子，现场实测憎水性均在 HC4～HC5 级，在长时间潮湿天气下，甚至会出现憎水性丧失，导致复合绝缘子线路发生故障跳闸后，故障巡查结果为不明原因的跳闸事故。

【思考与练习】

1．阐述火花间隙法检测瓷绝缘子的工作原理，为什么检测效果不佳？

2．瓷绝缘子的材质也属无机物，为什么还会劣化？

3．为什么复合绝缘子憎水性下降至 HC5 级至 HC6 级就要退出运行？

4．直流线路用绝缘子的钢脚上增套牺牲电极（锌套）的作用是什么？

5．为什么硅橡胶复合绝缘子在运行中检查、检测的内容要比玻璃绝缘子多？

第三十九章　污区等级的划分及附盐密测量

模块1　污区等级的划分及附盐密测量要求（GYSD00804001）

【模块描述】 本模块包含污区等级划分的基本要求、附盐密值检测的基本工作要求、污液电导率换算成绝缘子串等值附盐密的计算方法。通过知识讲解、原理分析、列表对比，掌握污区等级划分的基本要求、附盐密值检测的基本工作要求、污液电导率换算成绝缘子串等值附盐密的计算方法。

【正文】

输电线路的故障跳闸原因多样，归纳起来主要有雷害、污闪、鸟害、覆冰舞动或冰闪和外力破坏等。其中，雷害事故属天灾，富兰克林发明避雷针有两百多年了，但雷害事故仍然是世界性的难题；冰害事故与气候和地形地貌有关；而污闪事故则完全可采取技术措施进行杜绝，如增加绝缘（爬电距离）或采用高科技憎水性能好的绝缘子等。

我国输电线路外绝缘设计一直采用节约型设计原则，如常用杆塔的塔（窗）头间隙基本按 110kV 最小间隙 1m（7 片/串）、220kV 最小间隙 1.9m（13 片/串）和 500kV 最小间隙 3.3m（25 片/串）控制，致使线路绝缘子串结构高度受控制，线路外绝缘无法按不依赖清扫设计泄漏比距。同时，线路外绝缘配置设计时，因受塔（头）窗空气间隙的影响，设计人员对绝缘子串泄漏比距多按几何爬电距离计算，为迎合输电线路的爬电比距法配置外绝缘的需要，绝缘子生产厂家为加大绝缘子的爬电距离，都在原伞盘直径基础上增加爬电距离，生产出耐污性能较差的钟罩深棱型或深碗型双伞或三伞型绝缘子，均未考虑以增大绝缘子盘径来增加单片绝缘子的几何爬电距离或优化爬距，结果配置的线路外绝缘有效泄漏比距难以达到电网污秽等级要求。多数线路运行单位设置的盐密监测点绝缘子串采用不带电悬挂，清洗检测的附盐密值不能体现运行绝缘子串上的实际污秽，或未按运行绝缘子串累积 3～5 年后再清洗检测其附盐密值为依据来滚动修订电网污区图，上述种种因素决定了输电线路外绝缘配置难以实现"绝缘到位、留有裕度、不依赖清扫"的防污闪目标。

一、污区等级划分的基本要求

电网污秽等级图也叫电网污区图，它是一个区域电网电力设备外绝缘配置的指导图，基本以地级市所管辖的地、市供电区域为单位。国家防污闪专业对污区图的制作划分是依据"运行经验、污湿特征、外绝缘表面污秽物质的等值附盐密值"（即盐密）三个因素综合考虑的（Q/GDW 152—2006《电力系统污区分级与外绝缘选择标准》增加了灰密内容）。污湿特征是对运行环境污秽程度的定性划分参量；盐密（含灰密）是对运行环境污秽程度的定量划分参量；运行经验是各种实际条件综合作用的结果。以上三个因素都说明了污秽状况对线路绝缘的影响和作用，当按这三个因素作出的污秽判定有差异时，应认真分析原因，如污染源的种类是多种多样的，各地区收集的盐密中污秽成分（导电离子）也不相同，气候环境条件也有很大的差异，所以用盐密值来划分污秽等级时，应结合当地的具体情况，总结出污湿特征的规律，并以运行经验作为确定电网污秽等级的主要依据。

（1）Q/GDW 152—2006《电力系统污区分级与外绝缘选择标准》将原 GB/T 16434—1996《高压架空线路和发电厂、变电所环境污区分级及外绝缘选择标准》按线电压计算的爬电比距折算成按相电压计算的统一爬电比距，将 GB/T 16434—1996 的污区分级为 0 级≤1.6cm/kV 以下；Ⅰ级 >1.6cm/kV～2.0cm/kV；Ⅱ级>2.0cm/kV～2.5cm/kV；Ⅲ级>2.5cm/kV～3.2cm/kV；Ⅳ级>3.2cm/kV～3.8cm/kV。五个分级修改为：a（非常轻）1.6cm/kV；b（轻）2.0cm/kV；c（中等）2.5cm/kV；d（重）3.2cm/kV；e（非常重）3.8cm/kV 五个分级，该标准的污秽等级与原额定线电压的污秽等级完全一样。其爬电比距的对应关系见表 GYSD00804001-1。

表 GYSD00804001-1　　　GB/T 16434—1996 的爬电比距与统一爬电比距的对应关系　　　cm/kV

最高线电压下爬电比距	额定线电压下爬电比距	统一爬电比距	最高线电压下爬电比距	额定线电压下爬电比距	统一爬电比距
1.27	1.4	2.2	2.5	2.75	4.33
1.45	1.6	2.52	2.54	2.79	4.4
1.6	1.76	2.77	2.91	3.2	5.04
1.62	1.78	2.8	3.1	3.41	5.37
1.82	2.0	3.15	3.18	3.49	5.5
2.0	2.2	3.47	3.45	3.8	5.98
2.02	2.22	3.5	3.5	3.85	6.06
2.27	2.5	3.94			

注　1. IEC 60815 标准采用的爬电比距是爬电距离与交流系统最高线电压之比。

　　2. GB/T 16434—1996 标准采用我国惯用的绝缘子爬电距离与交流系统额定线电压之比。

　　3. IEC 60815 标准提出的统一爬电比距为绝缘子爬电距离与绝缘子两端最高运行电压之比，即国网标准采用。最高线电压为额定线电压的 1.1 倍，两端最高运行电压也按额定相电压的 1.1 倍。

　　如原额定线电压下的 2.5cm/kV 污区，110kV 线路配置 7 片玻璃防污绝缘子（ϕ280mm、L450mm），其几何爬电比距为（450mm/片×7 片）/110kV＝3150mm/110kV＝2.86cm/kV，按 0.9 绝缘子形式系数换算，为 2.58cm/kV，外绝缘配置稍有裕度；按统一爬电比距其几何爬电比距为（450mm/片×7 片）/ 69.86kV（最高运行相电压）＝3150mm/69.86kV＝4.51cm/kV，约等于原行业标准几何爬电距离 2.8cm/kV 污秽等级，即约等同 IEC 的 2.54cm/kV 污秽等级，可见按统一爬电比距（最高运行相电压）配置线路外绝缘，同以前惯用的额定线电压爬电比距是一样的。线路污闪跳闸中起作用的就是绝缘子串两端的电压，表中 IEC 采用最高线电压计算爬电距离比我国行业标准更有裕度，而行业标准采用额定线电压，线路设计人员在外绝缘配置时又未按有效爬电比距原则来设计配置线路外绝缘，所以造成运行线路的外绝缘裕度小，致使我国线路污闪事故常有发生。

　　采用统一爬电比距更符合线路污闪跳闸的实际，但在实际应用中按统一爬电比距配置外绝缘时，仍然应考虑绝缘子的形式系数换算，只有线路设计全面采纳"绝缘子的有效爬电比距"理念之后，才能促使绝缘子生产厂家不盲目地追求生产单片几何爬电距离大的绝缘子，转而积极开发耐污性能强、自洁性能好的绝缘子。

　　（2）按照国家防污闪专业的要求，各地的电网污区分布图必须要按一定年限进行滚动修订调整，能源电［1993］45 号《关于颁发电力系统电瓷防污闪有关规定的通知》已明确指出：送电线路污秽等级划分的依据是该区域 3～5 年检测的等值附盐密度和 3～5 年的运行经验。由于多数单位是从不带电悬挂的绝缘子串上或以一年一清扫原则的运行绝缘子串上清洗检测的附盐密值作为划分污秽等级的依据，大量的运行经验也是建立在"一年一清扫"的绝缘配置水平上。在 2005 年前，多数单位对不带电绝缘子串上清洗的盐密值，是按 1.25～1.4 换算；国家电网公司生输配[2006]104 号《关于征求国家电网公司〈高压架空线路和变电站污区分级与外绝缘选择标准〉实施意见》的通知中第 7 条："若在不带电绝缘子串上获得的现场污秽度数据，换算带电绝缘子串的现场污秽度时，带电修正系数暂取 1.3～2.0"。Q/GDW 152—2006 标准第 3.10 条"带电系数：同型式绝缘子带电所测 ESDD/NSDD（SES）值与非带电所测 ESDD/NSDD（SES）值之比，K_1 一般为 1.1～1.5"。而标准中"现场污秽度的测量"描述，"带电测量值与不带电测量值之比（即带电系数 K_1）要根据各地实测结果而定"。可见该换算系数还是比较模糊的，至今没有哪家单位来负责试验、核实做好基础工作。该最新制定的标准由各运行单位自己掌握和选择，且多数单位均在不带电绝缘子串上检测盐密值，造成多数运行单位编制的电网污区图未按国家防污闪规定的累积盐密值来划分，即绘制的电网污区图所代表的污秽水平比线路实际运行环境的污秽水平明显偏低，加之设计、运行部门又未按有效泄漏比距来设计线路外绝缘水平，致使新建的电网外绝缘配置仅能抵御一般天气条件下的电网污闪事故，难以抵御灾害性浓雾特别是伴有湿沉降天气的侵害。同时，运行的老旧线路按现行污区图进行调爬或配置线路外绝缘后，也仍会发生电网大面积污闪或局部点、段区域的污闪跳闸事故。

国家电网防污闪专家组在 2002 年进一步提出：电网外绝缘配置应实行"绝缘到位，留有裕度，不依赖清扫"的原则。同时国家电力公司发输部以电输[2002]168 号发文《关于开展〈用饱和盐密修订电网污区分布图〉工作的通知》（注称为"累积盐密"更合适），它的实质是要重新规范电网污区图的划分、绘制原则，即要求在线路运行绝缘子累积 3～5 年污秽后，再清洗检测其附盐密值，Q/GDW 152—2006 也重申了绝缘子串要带电连续运行 3～5 年积污后，再检测其表面等值盐密和灰密（灰密对污闪影响很大，有时实测的盐密值不高，但其中的灰密值较大，也造成线路污闪跳闸），以该"饱和盐密"为依据，划分、绘制本地区电网的污区图，使新建、改建线路按"饱和盐密"划分的污秽等级进行外绝缘配置和调整运行线路的绝缘爬距，最终目标是达到运行线路绝缘子的少清扫和不清扫，在实现电力企业"减人增效"目标的同时，杜绝电网大面积污闪事故的发生，使输电线路的"基建投资"和"运行成本"都能达到"最佳"综合经济效益。特别是要杜绝基建时为降低投资而节约绝缘子费用（其实绝缘子造价只占线路本体投资的 3%～5%），投运后运行单位马上申请绝缘子改造的怪圈。

二、附盐密值的检测要求及方法

架空线路外绝缘（即绝缘子串）有承受机械荷载和电气性能两方面。针对电气方面，它承受两个指标：一为过电压（雷害和操作过电压），$U_{50\%}$ 体现了空气间隙击穿电压值，以空气间隙考核；二为污耐压，我国以爬电距离法考虑，结合绝缘子片上的污秽物的量。电力系统对污秽度的测试主要采用等值附盐密度法，即附盐密值法。

盐密是表征外绝缘表面上污秽物质的等值附盐密度的一种参量，它反映绝缘子在运行环境污秽程度。即将运行中已积累有污秽物的绝缘子，用一定量的蒸馏水清洗干净，使污物溶解在水中，得到的悬浮液搅拌均匀后测其导电率和溶液温度，将检测该溶液温度时的导电率换算到 20℃ 的值，根据 20℃ 的导电率查出盐量浓度，计算出等值盐密。

等值附盐密度值是不论污秽物的成分如何，经过规定的测量方法，将污秽物中导电成分的作用换算成能起到同样导电效果的氯化钠值，它是一个定量参数。而等值附盐密度则表示每平方厘米绝缘子表面积上有多少毫克单位的盐密。

根据电网防污闪的要求，目前运行线路的外绝缘已基本按颁布的电网污区图配置，因此要输电线路安全运行，又不要盲目地安排线路停电清扫绝缘子串工作，即应以在运行线路实测绝缘子串盐密值来指导绝缘子串的清扫周期，所以检测绝缘子附盐密值的工作就显得很重要，在检测盐密时要注意以下几点：

（一）管理要求

（1）线路运行、检修单位应成立防污闪领导小组负责防污闪工作，成立专业附盐密测量小组，测量小组工作人员相对固定，由专业技术人员全面负责附盐密测量工作的技术培训和数据整理、统计工作。附盐密测量小组接受防污闪领导小组的管理和监督。

（2）各市（县）电力公司生技部门应根据以下（三）、（四）、（五）点要求和本单位附盐密测量实际，制定附盐密值测量工作指导书，规范线路运行、检修单位的附盐密测量工作。

（二）附盐密测量点的选择

（1）各市（县）电力公司生技部门应协同线路运行、检修单位结合架空送电线路实际所经地段的污秽等级、污染源分布情况和污染源有效附盐密成分、各无机导电离子数值、各类绝缘子年度最大附盐密值、饱和（累积）附盐密值、自洁性能、绝缘子有效爬电距离或耐污电压曲线和积污规律、速率等情况，按照电瓷防污闪有关规定进行科学、合理的选择附盐密监测点。

（2）架空送电线路在城市、郊区等污秽较严重的地区，一般以每 5～10km 选择一个附盐密监测点，在远离城镇的农田、山丘、高山地区，一般可根据线路实际情况在每 10～40km 范围内选择一个附盐密监测点。附盐密监测点的选择要能够反映该区段的污源状况，具有一定的代表性。

（3）污秽成分复杂的地段或严重污秽点附近，应适当增加监测点。

（4）根据线路绝缘子监测点的附盐密测量结果，线路运行、检修单位生产技术部门可对附盐密监测点进行适当的调整，但总体上应保持附盐密监测点的稳定。

（三）附盐密测量采用的绝缘子串

（1）附盐密值测量的采样绝缘子宜为带电运行绝缘子，若采样绝缘子为不带电悬挂绝缘子串（每串不宜小于 5 片）时，则测量结果应换算到带电运行绝缘子的附盐密值，换算系数可根据本单位带电和不带电绝缘子的附盐密测量结果对比、统计分析后确定，在没有取得本单位换算系数前，不带电悬挂的绝缘子测量附盐密值换算到带电运行绝缘子测量附盐密值的换算系数一般可取 1.25 ~ 1.4 之间。Q/GDW 152—2006 第 3.10 带电系数：同型式绝缘子带电所测 ESDD/NSDD（SES）值与非带电所测 ESDD/NSDD（SES）值之比，K_1 一般为 1.1 ~ 1.5。

（2）若选择的附盐密测量点线路杆塔上已安装为复合绝缘子时，线路运行、检修单位应将采样绝缘子调整为相应泄漏比距的钢化玻璃绝缘子或盘形瓷绝缘子。

（3）按 Q/GDW 152—2006 进行灰密值的计算。

（四）附盐密测量的技术要求

1．测量仪器

附盐密测量应采用数字式电导仪，测量仪器及电极应每年定期校核，专人保管。

2．测量前的准备

（1）测量工具、烧杯、量筒、毛刷、卡口托盘、脸盆，工作人员的手都应在每次测量前清洗干净。

（2）测量前应准备好足够的纯净水，清洗绝缘子用水量为 0.2mL/cm^2，具体用水量按绝缘子表面积正比例换算，但不应小于 100mL。

（3）滤纸、天平、干燥器或干燥箱（检测灰密用）。

3．测量程序

（1）测量附盐密点绝缘子时，按规定上端第二片，中部选一片，下端第二片共 3 片（如 220kV 线路的 A 相第二、第七、第十二）分别测量计算，混合后再测量计算一次（110kV 选上二、下二共两片，35kV 选中间一片）。

（2）附盐密值测量的清洗范围：除钢脚及不易清扫的最里面一圈瓷裙以外的全部瓷表面。如图GYSD00804001-1 和图 GYSD00804001-2 所示。

（a）　　　　　　　　　　　　　　　（b）

图 GYSD00804001-1　附盐密值清洗的两种方式

（a）上、下表面的污秽清洗混在一起计量；（b）上、下表面的污秽分别清洗和计量

图 GYSD00804001-2　错误清洗法：最内圈及钢脚的污秽未剔除

（3）对过滤纸称重后，将检测后的等值盐密污水用过滤纸过滤，再将过滤纸和残渣一起烘干后称重。

4. 测量数据的处理

（1）污液电导率换算成等值附盐密值可参照原国家电力公司防污闪专业《污液电导率换算成绝缘子串等值附盐密的计算方法》中确定的方法进行。换算后的附盐密测量值应进行初步分析，剔除错误的数据后纳入计算机管理。

（2）对重污源点绝缘子，附盐密测量时，可将测得的积污水样送试验单位作理化、物相分析，查清污液中各无机导电离子的成分和浓度，使污区划分、管理更科学。

（五）污液电导率换算成绝缘子串等值附盐密的计算方法

1. 不同电导率换算成 20℃的电导率

将温度为 t（℃）时的污秽绝缘子清洗液电导率换算至温度为 20℃的电导率换算公式

$$\sigma_{20} = K_t \sigma_t \qquad \text{（GYSD00804001-1）}$$

式中　σ_t——温度为 t（℃）的电导率，单位为微西（门子）每厘米（μS/cm）；

　　　σ_{20}——温度为 20℃的电导率，单位为微西（门子）每厘米（μS/cm）；

　　　K_t——温度换算系数，数值见表 GYSD00804001-2。

表 GYSD00804001-2　　　　　　　污秽绝缘子清洗液电导率温度换算系数表

污秽绝缘子清洗液温度（t）℃	温度换算系数（K_t）	污秽绝缘子清洗液温度（t）℃	温度换算系数（K_t）
1	1.6551*	16	1.0997
2	1.6046*	17	1.0732
3	1.5596*	18	1.0477
4	1.5158*	19	1.0233
5	1.4734*	20	1.0000
6	1.4323*	21	0.9776
7	1.3926*	22	0.9559
8	1.3544*	23	0.9350
9	1.3174*	24	0.9149
10	1.2817	25	0.8954
11	1.2487	26	0.8768
12	1.2167	27	0.8588
13	1.1859	28	0.8416
14	1.1561	29	0.8252
15	1.1274	30	0.8095

注　本表换算系数根据 IEC507：1991 插值得出。

* 与原水电部（83）23 号文件有差异，最大为 1.9%。

2. 20℃的电导率换算成等值附盐密

（1）20℃的电导率换算成盐量浓度。根据 20℃时的电导率 σ_{20}，通过查表 GYSD00804001-3 或线性插值计算出盐量浓度 S_a，线性插值法计算方法是根据换算得到的电导率 σ_{20}，在表 GYSD00804001-2 中找到一个大于 σ_{20} 且与 σ_{20} 差最小的电导率，记为 σ_{20s}，查得其对应的盐量浓度 S_{as}；相应地在表 GYSD00804001-3 中找到一个小于 σ_{20} 且与 σ_{20} 差的绝对值最小的电导率，记为 σ_{20x}，查得其对应的盐量浓度 S_{ax} 后按式（GYSD00804001-2）计算

$$S_a = \frac{S_{as} + K S_{ax}}{1 + K} \qquad \text{（GYSD00804001-2）}$$

式中 S_a——20℃的电导率换算成的盐量浓度，单位为毫克每毫升（mg/mL）。

$$K = \frac{\sigma_{20S} - \sigma_{20}}{\sigma_{20} - \sigma_{20x}} \qquad （GYSD00804001\text{-}3）$$

表 GYSD00804001-3　　污秽绝缘子清洗液 20℃时电导率与盐量浓度的关系

盐量浓度（S_a）mg/mL	20℃时溶液电导率（σ_{20}）μS/cm	盐量浓度（S_a）mg/mL	20℃时溶液电导率（σ_{20}）μS/cm
2240	202600	1.5	2601
160	167300	1.0	1754
112	130100	0.90	1584
80	100800	0.80	1413
56	75630	0.70	1241
40	55940	0.60	1068
28	40970	0.50	895
20	29860	0.40	721
14	21690	0.30	545
10	15910	0.20	368
7.0	11520	0.10	188
5.0	8327	0.08	151
3.5	6000	0.06	114
2.5	4340	0.05	96
2.0	3439	0.04	77

注　本表与原水电部（83）23 号文的附表 2 略有不同。

（2）盐量浓度换算成等值附盐密。盐浓度按式（GYSD00804001-4）计算得出等值附盐密

$$S_{DD} = \frac{S_a V}{A} \qquad （GYSD00804001\text{-}4）$$

式中　S_{DD}——等值附盐密，单位为毫克每平方厘米，mg/cm^2；

　　　S_a——盐量浓度，单位为毫克每毫升，mg/mL；

　　　V——溶液体积，单位毫升，mL；

　　　A——清洗表面的面积，单位为平方厘米，cm^2。

绝缘子的表面积可通过绝缘子生产厂家提供的技术资料中查得。

【思考与练习】

1．为什么要求按运行累积 3～5 年后的附盐密值作为绘制电网污区图的依据？

2．为什么按爬电比距法配置的线路外绝缘，还会经常发生污闪事故？

3．什么叫盐密值？什么叫等值附盐密值？

4．测量盘形绝缘子盐密时，是否将伞盘上所有污秽都清洗下检测？

5．简述盐密监测点的选择原则。

6．污秽绝缘子清洗下的污液为什么要换算成 20℃时的溶液电导率？

模块 2　运行绝缘子附盐密值的测量（GYSD00804002）

【模块描述】本模块包含绝缘子附盐密值的测试情况、绝缘子累积（饱和）盐密的分析和判断、绝缘子表面泄漏电流监测。通过知识讲解、定性分析、图表对比、图形举例，掌握绝缘子附盐密值的测试情况、绝缘子累积（饱和）盐密的分析和判断、绝缘子表面泄漏电流监测方法。

【正文】

GB/T 16434—1996《高压架空线路和发电厂、变电所环境污区分级及外绝缘选择标准》采用等值

盐密来划分电网污秽等级。作为我国电网用来划分污区等级的三大依据之一，等值附盐密度（mg/cm^2）是用绝缘子表面清洗下来的溶液电导率相等的氯化钠的总数除以绝缘子表面积来表示的。

Q/GDW 152—2006《电力系统污区分级与外绝缘选择标准》明确提出：划分电网污秽等级应采用现场污秽度，它包括等值盐密度和灰密两个参数。同时明确等值盐密的检测应从累积运行 3～5 年绝缘子串上清洗检测得到，再将污液过滤收取经烤箱烘干检测灰密量。

早期盐密监测点多采用悬挂不带电串绝缘子，为解决盐密监控点不带电悬挂绝缘子上清洗检测的盐密值与带电运行累积盐密值间存在的换算系数不一（如 1.25～1.4、1.3～2.0 和 1.1～1.5）的问题，运行单位应根据 Q/GDW 152—2006 的要求，以带电运行且连续积累的盐密值绝缘子串作为盐密监测点，真正以实际清洗的绝缘子附盐密值来指导该线路外绝缘的停电清扫和制作电网污区图的依据。

一、运行线路上的等值附盐密度检测方法和要求

为确保累积附盐密值检测结果的科学性、可比性、准确性，运行单位必须从人、机、料、法、环等方面对附盐密检测过程进行严格控制。应成立有专职工程技术人员负责的盐密检测小组，每个测试小组应固定盐密检测清洗员工，明确检测盐密值必须以实际运行绝缘子串上实测的累积附盐密值为准。清洗方法应按国家防污闪检测盐密值的标准要求，对全体检测员工进行专业培训，编制翔实的检测工艺流程，对水量、检测人员、工具、方法、记录等进行严格的控制，确保监测过程受控。为解决以往每次停电检修中，需将绝缘子串放落地面进行盐密值检测的问题，可专门定制杆塔上检测绝缘子盐密的清洗工具，结合统一购置新型数字式直读电导仪，可大幅度减轻作业员工高空作业的劳动强度和提高盐密值的精度。

为检测到真正积累多年积污盐密数据，运行单位对盐密监测点的绝缘子应不进行清扫，在每年线路停电检修时或雾季前采用带电方式清洗检测盐密。在每次清洗检测收集这类监测点盐密值时，应按预先规定的绝缘子相位、清洗片数、位置、流程进行检测，即要检测多年累积盐密值，同时也应检测当年度盐密值。

如 500kV 盐密监测点，第一年清洗某塔号 A 相横担数下第二片，导线上数第二片，中间取第十一或十二片，三片污秽水样分别检测、记录；三片污秽水样混合后再检测记录，得出第一年的附盐密值。

第二年检测 B 相同样位置的绝缘子，得到该盐密监测点累计二周年的附盐密值。同时将 A 相上年清洗过三片重新清洗检测，得到本年度绝缘子在该停电周期内的结污值。

第三年清洗 C 相相同位置的三片绝缘子，得到累计三周年的附盐密值。同理将 B 相三片重新清洗，得到本年度绝缘子在该停电周期内的结污值。

第四年重回 A 相尚未检测过的绝缘子（如 A 相横担下数第三、第十二或三片、导线上数第三片），第五年 B 相，以此类推，从而得到每一年度的结污量和连续积污二周年、三周年、四周年、五周年……的累积污量。

二、在运行线路上检测累积 3～5 年盐密值的方法

为确保污区图符合电网的实际情况，运行单位必须从运行线路上设定盐密监测点，以在带电运行3～5 年累积盐密后，清洗检测得出真正的附盐密值，以它来划分制定电网污秽等级图。由于检测运行线路绝缘子串需停电，因此运行单位可采用带电方式将绝缘子串摘开放至地面清洗检测，也可采用停电方式高空清洗检测盐密，如图 GYSD00804002-1 和图 GYSD00804002-2 所示。

三、重污秽点附盐密值的理化分析

由于送电线路外绝缘（绝缘子串）处在大自然中，各地的环境污染程度、性质不尽相同，即使运行线路上绝缘子串上检测的盐密值相等，其污秽物中的各种导电无机元素的含量也不相同，因此有条件时，可对清洗下的污秽物进行理化分析其成分和离子量。

可溶性盐的化学分析可用等值盐密测量后的溶液，采用离子交换色谱仪（IC）、感应耦合等离子体光发射光谱分析仪等进行，或委托给专业检测机构进行。某运行单位通过 72 个月的连续检测（盐密监测点的绝缘子串连续运行 6 年多未清扫）附盐密值外送试验单位进行理化成分分析，结果负离子 SO_4^{2-}（硫酸根）摩尔浓度占可溶性盐总量的 25%～40% 之间，正离子 Ca^{2+}（钙）摩尔浓度占 30%～40% 左右，其他正离子和负离子含量都较小，基本在 1%～4% 之间，个别导电离子连 1% 都不到，这主要还是看各地的污染源情况而定。

图 GYSD00804002-1　停电线路高空清洗盐密和革新制作的高空盐密清洗工具

图 GYSD00804002-2　带电作业方式将绝缘子串放至地面清洗检测盐密

四、灰密值检测

灰密（mg/cm²）是指绝缘子单位绝缘表面上清洗的非可溶残留物总量除以表面积。

按照 Q/GDW 152—2006 中有关检测灰密的要求，各运行单位在检测盐密监测点检测附盐密值的同时，应按 Q/GDW 152—2006 中规定的方法检测出灰密值，按累积附盐密值和灰密值来划分和滚动修正电网污秽等级图。

五、连续运行积污 6 年的实测绝缘子附盐密值的分析

某单位对一条 500kV 线路，按沿线污秽点和每 5 ～ 10km 设立一个污秽盐密监测点原则，共设立了 10 个盐密污秽监测点（线路全长约 72km），在连续 66 个月的运行积污情况下，共停电、带电进行了 8 次盐密值实测。从其中 8 基盐密检测点的盐密数据分析可见，该线路不论经过Ⅰ或Ⅱ级污秽区，其积污规律变化不大，且经过 66 个月运行累积后采集的附盐密值，绝大部分相对应污秽等级仍未超过线路设计泄漏比距，连续运行积污的线路也未发生污闪跳闸。从该线的盐密实测数据及该单位在 1600 多千米 110kV 及以上线路 188 个盐密测试点上连续多年检测的累积盐密数据分析可得出：

（1）每次停电清洗的 12 ～ 14 个月的积污量（每年）基本一致。

（2）经过 66 个月的连续积污盐密值及数据分析，可判定该线 246 号杆塔绝缘子的饱和盐密值在 0.30mg/cm² 左右，141 号、183 号、218 号及 257 号杆塔绝缘子串的饱和盐密值在 0.25mg/cm² 左右，295 号在 0.20mg/cm² 左右，159 号在 0.15mg/cm² 左右，即绝缘子积污到一定量时，其积污量基本达到饱和或保持稳态现状。

（3）72km 线路连续运行 66 个月后，10 个盐密点所测累积附盐密值所对应的绝缘比距仍未超过该线路外绝缘的设计泄漏比距。

（4）到 2003 年 10 月止，从 5 年多的 110 ～ 500kV 的盐密测试中发现，横担侧第二片与导线侧第二片积污量基本相近，而中间 12～13（或 5～6）片的积污量普遍比两头小 10%～20% 左右（即污秽累积量与绝缘子串每片电场强度成正比）。

（5）从 500kV 线路不同盐密点测试连续积污 43 个月（52 个月、66 个月）的 25 份附盐密污液的理化试验分析报告可见，所经地域 pH 值大部分呈现弱酸性，SO_4^{2-}（硫酸根）占可溶性盐总量的 50%～60% 之间，Ca^{2+}（钙）为 25% 左右，其余 Na^+（钠）、K^+（钾）、Mg^{2+}（镁）、Cl^-（氯）、NO_3^-（硝酸）、Zn^{2+}（锌）等都较小，其灰密与盐密比值在 4～7 之间。

（6）盐密清洗和测量方法及测量仪器对盐密测量值影响较大。从 2001 年起（36 个月），该单位统一购置意大利产 test240 型电导仪（直读法），再加上通过两年多的检测，盐密测量人员的技术水平有所提高，测量方法更统一规范，此后检测的各电压等级附盐密值数据比较稳定。

（7）盐密清洗测量季节对检测盐密值有较大影响。从 8 基盐密监测点检测的盐密值数据趋势图中可看出，39 个月累积盐密比 43 个月高，其原因是 39 个月为 2001 年 3 月份的测量值，43 个月是 2001 年 7 月份的测量值，3 月份为冬末春初，测量前干旱少雨，绝缘子表面污秽累积比较严重，经过 5～6 月份南方梅雨季节的风、雨等冲刷，绝缘子表面的污秽物有所减少，造成 7 月份检测的盐密值降低。可见雨水冲刷对降低积污作用明显（主要冲刷上表面）。

通过上述实测分析，运行线路中绝缘子的污秽程度随着时间的延长而逐渐饱和（一般认为饱和值时限为 5～7 年），若在基本达到饱和值后，其盐密值对应的绝缘比距仍未达到设计比距，可按如下原则确定无需进行清扫：在 2.5cm/kV 及以下污区等级时，以 0.9 爬距修正系数确定绝缘子串的有效爬电距离大于饱和盐密值对应的爬电比距；2.8cm/kV 及以上污秽等级按 0.8 爬距修正系数确定绝缘子串的有效爬电距离大于饱和盐密值对应的爬电比距后，可基本不再依赖人工清扫线路绝缘子串。

六、等值附盐密度与污闪关系分析

虽然绝缘子附盐密值是目前表达绝缘子污秽程度的通用方法，但由于绝缘子串上的污秽物成分十分复杂，不一定以 NaCl 为主要成分。不少地区测得的盐密值比较高，在线路外绝缘并未相应提高绝缘配置的情况下，未发生污闪事故，分析原因是污秽物中的 $CaSO_4$ 含量高，实验表明在附盐密值相同情况下 $CaSO_4$ 污层比 NaCl 污层的污闪电压高许多。而有些地方测得的盐密值不高，但线路仍会发生污闪，如天广直流 73 号塔，实测的盐密值较低，但由于其污秽不溶物（灰密）中含有较多的导电微粒，仍发生了污闪跳闸。因此不同成分的污秽物盐密值应与 NaCl 在污闪特性上对应，而不仅仅是电导率的相等对应。这就需要国家级试验研究院在对污秽物成份分析的基础上，进行系统的人工污秽试验，找出不同成分与 NaCl 的对应关系，确定真正的附盐密值，或参照其他国家那样，采用通过长串人工污秽试验耐受电压值（或运行线路上累积运行数年的绝缘子串进行污耐压试验），考虑标准偏差修订后确定相关电压等级及污秽等级的绝缘子串片数。即要求相关试验研究院按不同污秽等级的污秽量，进行相应电压等级的长串绝缘子人工污秽试验，以长串污耐压值来配置新建线路的外绝缘，彻底解决输电线路的污闪事故，确保输电线路不再依赖人工清扫污秽绝缘子串来维护外绝缘水平。

七、绝缘子串污闪放电与泄漏电流值的对应关系

一般认为，线路绝缘子串之所以会污闪跳闸，原因是运行的绝缘子串处在大自然环境和强电磁场中，会将大气中的污秽物、导电离子吸收敷着在伞盘上，当污秽物积累到一定程度时，在湿度大于 90% 以上天气时，绝缘子上的污秽物被充分潮湿，绝缘子串上的泄漏电流逐渐增大，增大的泄漏电流又会烘干绝缘子上的污秽层（电阻增大），泄漏电流渐小，而潮湿的空气又快速湿润污秽层，这样不断地循环，而污秽烘干阶段明显滞后于充分潮湿阶段，致使泄漏电流脉冲速度快速上升，电流值也快速增加。当脉冲次数、泄漏电流值达到一定量时，沿绝缘子串通道形成，线路即发生污闪跳闸。泄漏电流与污闪放电形成原理如下：

（1）根据 F. 奥本诺斯（Obenuns）提出的污闪的物理模型及有关研究试验结论可知，闪络前半个周波的泄漏电流最大（I_{CR}），即流过绝缘子泄漏电流脉冲的最大值表征了该绝缘子接近闪络的程度。因此在一定时间内和一定运行电压下，记录下高压输电线路绝缘子上的泄漏电流波的快速脉冲次数和最高峰值（I_L）有着现实意义。

（2）理论和大量实验室人工污秽试验表明，在一定的运行电压下，I_L 随着污秽度的增大而增

加；同样在污秽度不变时，I_L 又随施加电压的升高而增大。这两种情况下，I_L 都是逐渐增加，一直增加到前半个周波的泄漏电流最大（I_{CR}）值时，污秽绝缘子发生闪络。由于 I_L 值大小不仅仅与污秽状况有关，还与绝缘子污秽物受潮情况、环境情况、绝缘子爬距性能等相关，使得 I_L 分散性很大。同理，I_{CR} 也是多要素相关变量，没有一个唯一通用的确定值。但是，大量的实验室实验数据表明，运行绝缘子受潮至饱和的过程中，各个不同阶段放电有不同的典型表现，且各典型放电现象与一定幅值范围的 I_L 相对应，清华大学模拟 110kV 线路实验室研究结果见表 GYSD00804002-1 和表 GYSD00804002-2。

表 GYSD00804002-1　　　　　XP-7 型绝缘子放电现象与 I_L 的对应关系

放电阶段	I_L（mA）	放 电 特 征
1	<2	无明显放电现象
2	5	紫火星，淡紫丝状放电，微声
3	10~20	紫色刷状放电，黄、白小火星
4	50	橘黄色短电弧，脉冲密集，放电持续，声响大
5	70~100	脉冲频率降低，1/3 泄距
6~7	200~400	脉冲间隔长，明亮橘红色主电弧，沟槽内密集小电弧
	400~900	强烈放电，几乎贯通泄距，仍能耐受
8	900~1500	红色电弧，随时可能发生闪络

表 GYSD00804002-2　　　　　XWP-7 型绝缘子放电现象与 I_L 的对应关系

I_L（mA）	放 电 特 征	I_L（mA）	放 电 特 征
<2	无明显放电现象	80~120	主电弧，闪腰密布黄短电弧，1/3 泄距
10	淡紫丝状放电，微声	200~400	明亮橘红色主电弧，间隔器平静
30~40	紫色刷状放电，黄色短电弧	400~900	主电弧几乎达闪沿，闪腰圆周密布短小橘黄色电弧
50~70	密集、持续橘黄色短电弧，脉冲密集，声响大	900~1500	红色电弧，随时可能发生闪络

清华大学模拟 110kV XP-7、XWP-7 发生闪络的泄漏电流峰值（脉冲峰值）在 900~1500mA 之间。某制造泄漏电流监视仪的公司的试验报告（报告编号：LD0206001）也指出，在模拟 110kV 线路上，不同类型、不同盐密的绝缘子闪络电流值无明显变化，基本上在 800mA 左右范围。

八、目前在运行线路上的泄漏电流监视仪分析

因绝缘子串存在着电容和杂散电容，运行中不断有微小电流沿绝缘子串流向横担接地，绝缘子电阻值很大，因此横担侧绝缘子上流过的泄漏电流很小，几乎是微安级到毫安级。平时悬挂在运行线路上的泄漏电流监控仪，正常运行时，流过横担侧第一片绝缘子上的泄漏电流约为微安级，在湿度较大的天气（如湿度大于 90% 时），流过（即流入就可以计）绝缘子上的稳态泄漏电流约 2~10mA，由于输电线路均在野外，许多安装在杆塔上的监控仪基本采用公用通信网（移动、联通）的短信向运行单位报警，也可将安装在杆塔上的监视仪的检测数据转换成信号，通过架设在输电线路上方的架空 OPGW 光缆耐张塔处的接线盒传输回来。

目前众多的绝缘子泄漏电流监视仪产品其检测泄漏电流仪器是安装在运行线路绝缘子串横担侧第二片上，在天气潮湿情况下，提供的是稳态泄漏电流值（即 10mA 以下）作为报警值，这只是绝缘子在电场中的正常电气功能。而当空气湿度达到 95% 以上时，绝缘子串上的污秽物充分潮湿，泄漏电流快速增加，在大电流下污秽物被烘干，电阻增加，泄漏电流减少，大雾又潮湿绝缘子上的污秽物，反复循环脉冲电流不断增大，直至贯通绝缘子串而污闪跳闸。因此若检测泄漏电流装置安装在导线侧的绝缘子上，可检测到数十至上百毫安的电流值，此时报警才真正可指导线路防止污闪事故。即目前挂网运行的绝缘子泄漏电流监视仪无法检测到脉冲电流值和脉冲数值，原因是安装在横担侧，若真检测到数百 mA 泄漏电流时，线路已经污闪跳闸了。

【思考与练习】

1．如何从人、机、料、法、环等方面对附盐密检测过程进行控制？
2．为什么要从运行线路且连续积污的绝缘子串上清洗检测附盐密值？
3．不带电悬挂绝缘子串上清洗检测的盐密值与带电运行累积串上的盐密值有何差距？
4．重污区检测出盐密值后，为什么还要求将污液外送试验所做导电参数分析？
5．为什么说目前的绝缘子串泄漏电流监测仪对线路污秽量和污闪跳闸无效果？

第四十章　设备状态检修原则和方法

模块 1　热红外成像测温及接地电阻测量（GYSD00805001）

【模块描述】本模块包含红外测温和红外诊断的基本原理及应用情况、以测温方式核查导线连接器的紧固情况、状态热红外测温管理、杆塔接地装置检测接地电阻。通过知识讲解、图形举例、定性分析，掌握红外测温和红外诊断的基本原理及应用情况、以测温方式核查导线连接器的紧固情况、状态热红外测温管理、杆塔接地装置检测接地电阻方法。

【正文】

随着输电线路外绝缘配置的"绝缘到位、留有裕度、不依赖清扫"的防污闪理念的不断深入，输电线路停电检修工作量最大的绝缘子串清扫作业越来越少，因此要求输电线路提高设备可用率，按设备的状态进行停电检修，只有导线耐张跳线连接点的检查紧固需作线路停电处理。因此掌握这类设备的健康状况，是减少线路停电的有效措施之一。

一、红外检测导线接点发热原理及测量应用

原电力工业部 1979 年版《架空送电线路运行规程》第 17 条规定：预防性检查、试验项目规定铝并沟线夹每年检查一次；第 33 条的维护、检修标准项目为并沟线夹每年一次紧螺栓。

随着电网电压等级的提高，输电线路输送负荷也成倍增加，导线截面越来越大，跳线连接金具也从原螺栓型过渡为液压型（一般 LGJ-240 以下导线跳线连接采用并沟线夹）。修订后的 DL/T 741—2001《架空送电线路运行规程》对导线连接点的检测和检修维护，增加了压接型跳线引流板的测试，第 6 条检测：表 3 "检测项目与周期"中：导线直线接续金具每 4 年 1 次在线路负荷较大时抽测，并沟线夹、跳线连接板、压接式耐张线夹每年在线路负荷较大时抽测。

早期判断变电站连接点发热，多采用贴试温片（不同发热温度有不同颜色区别），架空线路处在野外，各耐张的跳线连接点分散，不可能采用试温片方式判定发热隐患，根据《线路运行规程》条文的理解，要得到运行情况下的导线节点发热温度，只能采用不接触式方法进行检测，即原发电厂和后来变电站检测设备发热较成熟的红外测温方式。

（一）远红外测温法

自然界任何物体的温度高于绝对零度（–273.16K）时，都会发出红外线，比如冰块也会辐射红外线，不同的材料、不同的温度、不同的表面光度、不同的颜色等，所发出的红外辐射强度都不同。

红外线属电磁波，它的波长范围为 0.75～1000μm，在电磁波谱中所处位置在波谱的某一小段，而红外热成像仪的波长为其中的 2～13μm 段。如图 GYSD00805001-1 所示。

图 GYSD00805001-1　电磁波谱中的红外线波长范围

红外测温属遥感诊断技术,是一种安全、准确、高效地无线(不接触)检测技术,热量或热辐射是红外线的主要来源,物体的温度越高,发射(辐射出)的红外射线就越强。

为此人们研制出红外检测仪检测那些高速转动设备的发热温度值,如发电厂房内的发电机、汽轮机、电动机等不易停下的设备,以及变电设备如变压器、开关、电流互感器、电压互感器、跳线连接设备等通流连接接触不好容易出现发热隐患或缺陷。

红外诊断目前有5种判断法,即表面温度、相对温度、同类比较、热图像特征和历史分析判断法。

输电线路的连接金具多数为螺栓连接,属电流致热型设备,由于螺栓连接扭矩值的关系,在经过一段时间的运行后,总有些连接金具会出现超允许发热温度的运行隐患,如 DL/T 5092—1999《110 ~ 500kV 架空送电线路设计技术规程》第 7.0.2 条:验算导线允许载流量时,导线的允许温度:钢芯铝绞线和钢芯铝合金绞线可采用+70℃(大跨越可采用+90℃);钢芯铝包钢绞线(包括铝包钢绞线)可采用+80℃(大跨越可采用+100℃)或经试验决定;镀锌钢绞线可采用+125℃。环境气温应采用最高气温月的最高平均气温;风速应采用 0.5m/s(大跨越采用 0.6m/s);太阳辐射功率密度应采用 0.1W/cm²。即运行线路的导线本身就允许其表面发热达到一定的温度。

输变电设备在运行中有两种发热状况:一种是因电流通过产生设备本体发热,即电流致热型,原因是连接点(面)接触电阻大或导体损伤断股致使通流截面积减小而发热。如导线(跳线、引线)设备线夹连接螺栓扭矩值不满足标准值、接触面上有杂质;隔离开关刀口弹簧压力不良、断路器的触头压指压接不良、电流互感器的螺杆接触不良、套管柱头内并线压接不良、电容器熔丝太小或熔丝接触不良等。当大电流通过时,因接触电阻大而发热,规程要求连接处发热点与相连导线正常表面温度的温差在导线连接 15K、设备连接 10K 内,属一般缺陷;输电线路节点(并沟线夹、跳线引流板、T 型线夹和设备线夹)发热温度大于 90℃或相对温差不小于 80%时为严重缺陷;输电线路节点发热温度大于 130℃或相对温差不小于 95%时为危急缺陷。

另一种是电压致热型电气设备,如电流互感器、电压互感器的绝缘油介质损耗大或局部放电大,铁芯(匝间)短路,耦合电容器的电容量变化,套管缺油或油(气)路堵塞,氧化锌避雷器阀片受潮,电缆终端受潮或内部介质受潮等。由于系统设备内部绝缘性能下降(介质损耗)或有局部放电现象,检测中的温差值各不相同,如氧化锌避雷器、电缆终端和绝缘子,其故障点温差在 0.5 ~ 1K 之间;电流互感器、电压互感器、耦合电容器、移相电容器、套管和充油套管等,其故障点温差一般在 2 ~ 3K 之间,10kV 浇注式 TA、TV 的故障点温差在 4K 之间,上述设备温差达到规定的 K 值时,需停电处理。

20 世纪 80 年代我国发电厂引进了红外热像仪检测高速旋转设备发热情况,由于红外测温属不接触探测,检测速度快、图像直观、发热隐患判断准确,在室内检测设备发热温度值时环境、气候、背景状况影响很小,被检测的设备均在有效检测距离内,检测中可有效避免附加光源的影响,所以可以说红外检测仪是检测室内旋转、运动的设备和带电设备测量发热温度并判定温度异常隐患的理想仪器,采用它可减少带电、高速旋转设备的带病运行,目前已成为发电系统开展电气设备状态检测发热隐患的必备手段。实现了发电设备的“预知检修”,大幅度降低了上述设备的故障率,节省了人力、物力和财力,提高了设备的可靠性,“减人增效”目标效果显著。

(1)野外红外检测设备热辐射时的影响因数。

红外遥测电气设备发热隐患是利用红外辐射原理,采用非接触方式,对被测物体表面的温度进行观测和记录。根据红外辐射的基本定律可知:一个被测物体的表面辐射系数一定时,它的辐射功率与其绝对温度 T 的四次方成正比。因此,对物体表面温度的检测就变成为对其辐射功率的检测。物体的辐射功率与其材料、结构、尺寸、形状、表面性质、加热条件及周围的环境、气候、附加光源、检测距离及其内部是否有故障、缺陷等诸因素密切相关。当被测物体其他条件不变的情况下,仅仅产生了故障和缺陷,那么其表面温度场分布将会发生相应变化;若被测物体的材料特性发生异常,其表面的温度也相应改变,因而应用红外对设备发热温度进行检测后(还应按设备材质进行温度修正),可为分析被测目标的现有状态提供极好的信息。这就是红外测温和红外诊断的基本原理。

红外点射测温仪属检测表面温度的仪器,它将红外光束点发射在发热设备上,反射传回至测温仪器上,所检测的数值是该设备点射面上的温度。因此白天在室外采用红外点射方式检测悬空且离地远的小设备是十分困难的，如架空线路连接点悬挂高空，离地面十至上百米，地面检测人员无法看清红外射点是否已准确点射在设备上，晚上因天黑且导线连接点又在高空，检测人员肉眼查找高空连接点再手持测温仪准确将红外光束点射在设备上更显困难重重，所以红外点温仪适合在室内且短距离范围的测温仪器，测量得到的是设备该点的平均温度，即不宜在架空线路上使用红外点射枪检测连接设备发热隐患。

（2）红外辐射线在大气中传输衰减原因。

架空线路耐张跳线连接用并沟线夹、引流板等金具，其连接接触均采用螺栓拧紧方式，在输送电流时因螺栓扭矩未达到标准扭矩值或连接面有杂质会因接触电阻大而发热，发热设备辐射的热量需经过大气传输到地面检测的红外测温仪器上。高空设备连接节点发热辐射的红外发射率，在受到大气中水汽、二氧化碳、一氧化碳等气体分子吸收而衰减，也受空气中悬浮微粒的散射而衰减，其红外辐射率的衰减会随着红外检测仪与高空发热设备间距离的增加而增大。所以红外测温标准要求：红外检测野外电气设备发热隐患应在良好天气、避免背景光源和有效检测距离内进行。

（3）红外检测设备的热辐射值是多种设备辐射值的叠加。

红外测温将红外光束点射在需检测的设备上，反射回仪器的数值基本就是该设备的温度。而对于热成像仪扫描成像方式，其检测原理是物镜接收所测电气设备表面幅射的红外线和该物镜扫描范围内的光源、其他设备材料的辐射源（即扫描仪镜头内的所有物体、材料、光源等的叠加热辐射值），经光学系统汇聚，使物镜接收到红外能落在探测器焦平面上，经光电转换和电信号处理，在红外成像仪的取景器上得到一幅所检测连接设备的热图像。它属于该设备表面温度（红外热分布）对比图，可直观地找出并判定图像中的温度异常点。应注意的是，得到的发热温度值是经过衰减后的温度，而不是该设备的真正表面温度。红外扫描仪物镜检测到的红外线原理如图 GYSD00805001-2 所示。

图 GYSD00805001-2 红外扫描仪检测原理

图 GYSD00805001-2 表明红外扫描仪在测量 B 设备时，仪器同时接收到的是来自 B 和 C 上的红外热辐射值。该点在室外对输变电设备红外测温时，必须要考虑设备后面的附加光源（变电站内照明光源、太阳光源等）。

采用红外测温原理的红外诊断仪器有多种多样，目前在我国电力行业中普遍应用的有 3 类，即最简便的为红外点温仪（手枪式红外光束点射）；中档水平的非制冷型焦平面热像仪；性能和价格都偏高的是热红外成像仪，热像仪又包括光机扫描型以及更先进的凝视焦平面热像仪两种。

目前红外诊断技术在世界范围内得到了广泛的应用，通过红外检测诊断，可预防高速转动设备或带电设备发热隐患引起的电气、机械事故及灾难性火灾，改变了设备维修管理体制，使其从预防性的，甚至是紧急状态下的抢修变成为预知性维修。我国发电系统引进了红外测温设备在发电企业生产实践中应用，效果很好。

（二）供电企业引进并制定室外红外检测技术标准

1. 制定及修订红外测温标准的有关内容

由于发电系统引进和采用红外检测高速旋转、转动摩擦设备、电气连接设备发热隐患效果良好，20 世纪末，由邯郸电业局、华北电试院、国家电力公司热工研究院和 4 家省级电试院一起起草了 DL/T 664—1999《带电设备红外诊断技术应用导则》，参照发电厂室内设备红外诊断经验，引入到变电站设备的发热测温。虽然变电站电气设备也处在室外，但众多设备安装在一定范围内，且地面平整，母线导线耐张跳线连接点、TA、TV 及开关、套管的离地距离均在 15m 以下，电流致热型设备的输送负荷又基本在 50%额定荷载以上，满足红外成像仪等测温仪器的有效空间分辨率范围。同时标准中有附录 A 中表 A1《电器中各零件材料的最高允许温度和温升》参数和表 A2《组合电器外壳的允许温升》参数、附录 D《关于风速的修正计算》方法和风速与表象描述、附录 E《常用材料发射率的参考值》等，虽然变电站设备处在室外，在检测中其设备的红外辐射率会受到检测距离、空气中的飘尘物等影响而有所减弱，但只要检测员工掌握在良好的天气下、晚上无日光（含照明）时，检测变电站内的电流致热型超允许发热温度和电压致热型设备发热有相对温差的设备隐患，其检测效果还是比较良好的。

1999 年版的《带电设备红外诊断技术应用导则》的基本要求如下：

第 4.1.3 对检测仪器的要求：……空间分辨率应满足实测距离的要求，具有较高的测量精确度和合适的测温范围。……

第 4.3 对测量环境的要求：……

第 4.3.2 空气湿度不宜大于 85%，不应在有雷、雨、雾、雪及风速超过 0.5m/s 的环境下进行检测……（1 级软风 0.3～1.5m/s，烟能示风向，风标不会转动）。

第 4.3.3 室外检测应在日出之前，日落之后或阴天进行。

第 4.3.4 室内检测宜闭灯，被测物应避免灯光直射。

DL/T 664—1999《红外诊断技术应用导则》将测温设备分 10 类：发电机，变压器，断路器，TV，TA，电缆，避雷器，电容器，绝缘子，其他设备如导线、母线、隔离开关等。附录 H 搜集提供的 40 幅设备发热红外检测照片，均为发电厂、变电站内的开关、闸刀、电缆头等连接点发热照片。1999 年版《带电设备红外诊断技术应用导则》检测的范围均为变电设备，未针对输电线路设备。

输电线路的导线也属电流致热型设备，规程规定在输送荷载时，允许导线发热温度为＋70℃，若长期超过允许温度或特高温度运行，会造成架空导线机械强度的损失，增加架空线路的风险度，因此在检测输电线路连接点（并沟线夹、跳线引流板）发热温度时，应注意导线与连接金具的相对温差或连接金具发热温度超过导线表面允许温度，以免增加检修工作量和减少线路可用率。

由于变电站母线、各类设备（开关、闸刀等）引线等输送荷载均超过额定电流的 50% 以上，因此变电站导线连接点（耐张跳线、T 形线夹、TA 引线等）均采用 4 只连接螺栓设备，如图 GYSD00805001-3 所示。虽然金具采用了 4 只螺栓设备线夹，但施工、检修单位在平时检修紧固中采用的是无数据概念的活动扳手，设备线夹螺栓是否拧紧凭个人经验，众多的电流致热型连接设备螺栓是否紧固合格，无法检查验收到位，致使部分设备线夹的连接螺栓扭矩值达不到标准扭矩，在运行中发生过热现象。

图 GYSD00805001-3 变电站母线跳线引流板和刀闸引线设备线夹均为 4 只螺栓

1999 年版《带电设备红外诊断技术应用导则》目前已被 DL/T 664－2008《带电设备红外诊断应用规范》替代，原红外测温规程仅针对变电设备，本次修订后扩大到输电线路导线跳线引流板测温，原规程明确在检测高空或远距离电气设备时，要求测温仪器的空间分辨率必须满足实测距离的规定，但没有提供空间分辨率如何计算有效检测距离的公式，本次修订中反而删除了仪器空间分辨率的规定，这对输电线路红外测温是很不利的，输电线路正常运行输送负荷一般为 30% 左右导线额定电流（$N-1$ 时约输送 70%），目前线路运行单位多数是在白天晴朗天气下，检测高达数十至上百米的导线直线接续管和耐张引流板。

2008 修订版《带电设备红外诊断应用规范》第 4.3.2 精确检测要求为：

a）风速一般不大于 0.5m/s。

b）……

c）检测期间天气为阴天、夜间或晴天日落 2h 后。

d）被检测设备周围应具有均衡的背景辐射，应尽量避开附近热辐射源的干扰，某些设备被检测时还应避开人体热源等的红外辐射。

第 4.4.1 便携式红外热像仪

能满足精确检测的要求，测量精度和测温范围满足现场测试要求，性能指标较高，具有较高的温度分辨率及空间分辨率……

第 4.4.3 线路适用型红外热像仪

满足红外热像仪的基本功能要求，配备有中、长焦距镜头，空间分辨率达到使用要求。温度分辨率不大于 0.1℃（30℃时）。

2. 红外检测变电设备效果良好

变电站的电气设备有电流致热型和电压致热型两种，电流致热型缺陷和隐患多数出现在各类设备连接点处，由于变电设备众多，各设备连接点的高度基本在 8～15m 间，同时变电设备线间距离小，靠作业人员停电紧固设备连接螺栓扭矩值的工作量巨大，也不可能全部采用停电紧固螺栓方式。针对变电设备集中在场地平坦且一定的区域范围和高度内，同时变电设备输送荷载基本在额定值的 50%以上，因此变电采用红外测温仪器检测设备连接点螺栓扭矩达不到要求而发热隐患效果良好，由于变电站采用红外检测发热隐患完全符合红外测温仪的使用条件（有效检测距离、避开附加光源、选择良好天气等），可晚上安排对电压、电流致热型设备红外测温工作。经过多年的检测应用，红外测温对变电设备检测设备内部、外部的电气连接点接触不良引发的发热隐患，效果明显，变电专业基本可做到此类设备按运行状态进行核查和消缺处理。

（三）输电线路采用红外测温工作的不利因素

1. 架空输电线路架设在野外

架空输电线路多数沿人员活动少的丘陵、山区架设，电流致热型连接设备数量少且分布分散，间隔数基杆塔或数千米，夜间进行红外测温检测困难，平时输电线路多数输送容量不足导线额定输送容量的 30%。

2. 红外测温仪检测设备发热时的有效检测距离

空间分辨率＝π/180×镜头度数/像素数。如美国的 ThremaCAMP65（或 P30）的分辨率：3.14 /180 × 24° / 320 = 1.3 mrd（空间分辨率为 1.3mrd），代表仪器可分辨出 10m 远的 13mm 目标，目前 500kV 线路的钢芯铝绞线基本为 LGJ-400/35，其导线接续管 JYD-400/35 型接续铝管的外径ϕ45mm，则目前最好的红外测温热成像仪美国的 ThremaCAMP65（或 P30）仪器的有效检测距离为 0.045/1/0.0013 =34.6m。按照 DL/T 664—1999 的要求，多数导线接续管或超高压线路的耐张跳线引流板节点的发热温度是无法用红外点射测温仪检测的。

DL/T 664－2008 附录 F 要求线路红外测温应采用长焦镜头不大于 0.7 mrd（毫弧度）的规定，采用长焦镜头检测 LGJ-400/35 有效检测距离为 0.045/1/0.0007=64.3m，即在输电线路上进行红外测温采用长焦镜头，其热红外成像仪也不满足超高压线路检测导线接续管的温度值（远超出有效检测距离）。

（四）导线连接设备

架空线路的导线是输送荷载的重要设备，按照规程，线路上红外测温主要是检测电流致热型连接点发热隐患，而钢芯铝绞线本身允许在输送额定最大荷载时，导线发热温度允许在 70℃，线路设计规程规定：导线直线接续管和耐张压接管以承受导线张力为主（即承受张力合格，导线输送荷载必然合格）；另一种是基本不承受导线张力的以通电流为主的耐张跳线连接用并沟线夹、引流板以及弥补导电铝截面损失而处理增加的补修条、补修管。

1. 导线直线接续管

线路设计的导线接续管，其设计原理是考虑以受力为主，GB 50233—2005《110～500kV 架空送电线路施工及验收规范》规定导线接续管的握着强度（荷载）是导线设计使用破断力的 95%以上。导线在输送荷载时，允许导线发热温度按 70℃控制。由于接续管的直径（截面积）比导线大，例如国家电网公司北京电力建设研究院在 2002 年为架空输电线路提高输送容量项目研究中，对导线压接管（直线接续管、耐张压接管）进行导线允许发热温度测量，结果是导线压接管的发热温度均比连接的导线本体低，其压接管的交流电阻约为等长导线电阻的 0.35～0.65 倍（同国外研究机构的检测数值类似）。在输送同样的电流下，因集肤效应原理，处在大自然空气对流中的导线接续管散热要比导线快得多。因此导线接续管不存在发热温度超过导线本身的现象，且历年运行中从未有导线接续管因接触电阻大发热熔断拔出掉线，所以不必也无法采用红外测温方式准确检测导线接续管的发热缺陷。

导线接续管多为液压型，按操作程序和配套模具压接，其综合破坏力肯定有保障，设计考虑接续管以机械拉力为主，在架线过程中还要承受"过牵引"考验。线路运行中发生过导线从接续管中拔出掉线的例子，最后分析原因基本为施工压接导线时，未按 SDJ 226—1987《架空送电线路导线及避雷线液压施工工艺规程》第 2.3.3 条要求，当钢管压接好后，压外层接续铝管时未将压好的钢管布置在铝管正中，使导线接续外管（铝管）一侧只压接 1/3～1/5 长度，造成在覆冰或大风（最大张力）情况下导线拔出掉线的。也就是说，导线接续管从未因接续管的接触电阻大发热而发生拔出掉线的事故。

输电线路的导线接续管离开地面基本为 30～40m，山区或大跨越线路更是高达上百米，按照红外检测仪器的检测原理和检测中天气、环境，以及有效检测距离（空间分辨率）和导线接续管主要承受机械荷载等原因，运行的线路导线接续管是不需要采用红外测温的，只需线路巡线员工用望远镜仔细观察导线接续管（补修管、补修条）两端的导线有否松股、铝股断头跳出、灯笼泡或导线抽头、位移现象。

国家电网公司 Q/GDW 168—2008《输变电设备状态检修试验规程》5.19.1.9：导线接点温度测量：500kV 及以上直线连接管、耐张引流夹 1 年测量一次。其他 3 年测量一次。接点温度可略高于导线温度，但不应超过 10℃。

输电线路几乎均沿人员活动较少的地域架设，每基耐张塔相隔几千米，按 DL/T 664—1999《带电设备红外诊断技术应用导则》测温仪器的要求，线路红外测温靠每天晚上去检测，无法完成规程的检测要求，超高压等级线路的耐张塔呼高基本在 40～70m 间，超出目前最好的红外测温热成像仪美国的 ThremaCAMP65（或 P30）及配置长焦镜头的有效检测距离，野外高空导线连接点有时可达数百米，导线接续管处的风速几乎都大于 0.5m/s，因此各运行单位按 DL/T 664—2008 的检测技术要求，由于超高压线路红外测温不满足测温仪器的要求，导致线路运行单位有时在做"无功"。

2. 导线耐张跳线并沟线夹、引流板和补修管、补修条

架空线路耐张跳线的连接导通设备，均不承受导线张力，只承受跳线本体自重，小牌号导线（LGJ-240mm 及以下）的耐张跳线一般采用并沟线夹以螺栓连接导通，大牌号导线采用液压耐张引流板以螺栓连接导通。此类连接设备在户外运行，工作环境差。在输送电流中，由于螺栓扭矩值未达到相应规格螺栓的标准扭矩值，或引流板未按两光面连接，连接面内未涂导电脂、夹有杂质（泥、沙、草等），以及连接设备接触面氧化衰变等，造成接触电阻大而引起导线、并沟线夹和跳线引流板等发热致使熔断。

输电线路导线磨损或断股会使输送截面积减少而造成损伤点处发热，同时，断股的铝股因导线制作时存在的绞力作用造成单铝股送开下挂，在导线损伤或断股处压接补修管或安装预绞式补修条，阻挡了铝股断头松出的可能。它一般不承受导线张力，增加了损伤处的通流截面，其集肤效应式电流输送通过大截面导体时通流效果更好，散热原理等同导线接续管。因此架空线路专业不需要对补修管或补修条处进行红外测温工作。

3. 耐张跳线引流板或小牌号导线的铝并沟线夹检测、维护紧固

架空输电线路耐张跳线连接（并沟线夹、引流板）均采用 2 只连接螺栓的设备线夹，加之线路耐张塔间隔距离较远，施工或检修中全凭员工个人的责任心。加之跳线连接处悬空连接，作业人员检修紧固时工作站位不便，线路工人普遍采用同样的 10 寸活动扳手，致使每个人紧固连接螺栓程度不一（即拧紧连接螺栓无数量级标准），容易发生并沟线夹、引流板等连接处接触电阻大而发热，甚至熔断。如图 GYSD00805001-4 所示。

红外测温成功例子是表面温度、相对温度和历史分析方法等均采用近距离、无附加光源等室内红外测温方式，且气象条件和大气环境又对检测设备实际发热温度的影响较大。输电线路的检测节点距离远，红外点射法检测该类连接设备发热困难，仪器又需在地面对空中扫描检测，检测设备后面的附加光源（太阳光）影响大，若采用夜间检测，导线接续管离地面几十米，每基耐张跳线引流板距离远，员工野外行走困难且站在塔

图 GYSD00805001-4 耐张管引流板为 2 只螺栓，未拧紧接触电阻大而发热熔断

下检测瞄准困难等，所以红外点射测温仪一般不适合架空输电线路上用。

红外热成像仪是将多个设备放在一幅图像中，调节增益至临界点，按图中各个设备的发热温度不同，仪器显示器上显示出的亮点色彩也不同，属同类比较判断法。由于检测时的天气、环境和测量距离的影响和红外辐射率的衰减，红外热成像仪上显示出的温度并不等于导线节点的实际发热温度，有时甚至差异很大，线路上采用远距离红外检测连接设备发热温度，并不是导线连接设备的实际温度，图中显示的是设备发热节点和邻近导体的温度对比参考值，架空线路红外测温可作为节点螺栓扭矩未拧紧的辅助判据，判定后的设备发热隐患可采用停电或带电作业方式用扭矩扳手检验跳线并沟线夹或引流板螺栓的紧固扭矩值。

检架空线路控制节点发热隐患，检修员工可采用扭矩扳手检测紧固导线跳线并沟线夹、引流板的连接螺栓，如图 GYSD00805001-5 和 GYSD00805001-6 所示。

图 GYSD00805001-5　扳手

（a）替换式扭矩扳手；（b）快调式扭矩扳手

图 GYSD00805001-6　带扭矩刻度的扭矩扳手

在安装或检修中，按表 GYSD00805001-1 DL/T 765.1—2001《架空配电线路金具技术条件》中的标准扭矩值拧紧控制跳线引流板相应规格螺栓的扭矩值。

表 GYSD00805001-1　　　　螺栓型金具钢制热镀锌螺栓 4.8 级拧紧力矩值

螺栓直径 （mm）	8	10	12	14	16	18	20
拧紧力矩 （N·m）	9～11	18～23	32～40	50	80～100	115～140	160～200

注　表格内为钢制螺栓在钢制设备上是扭值，跳线并沟线夹为铝合金材料制作，南京线路金具研究所对 φ16 螺栓进行扭矩、接触电阻、发热等试验，结果铝制并沟线夹按 6500～7500N·cm 的扭矩值控制，其电阻值等同导线的电阻值。

由于导线接续管主要受机械荷载控制，线路巡视导线接续管应采用望远镜人工观察方式进行，耐张跳线连接节点（并沟线夹、引流板）的巡视检查，应采用停电情况下用扭矩扳手检测螺栓扭矩值来控制连接节点的接触可靠性。针对小牌号导线的耐张跳线并沟线夹为铝制品，连接螺栓拧紧困难，运行单位可采用更换成楔型弹簧线夹，因该线夹有强大的弹性，安装锁定后不易滑动，连接可靠。

（五）输电线路红外测温白天与晚上检测的对比效果

DL/T 664—1999《带电设备红外诊断技术应用导则》中 4.3.3 条：室外检测应在日出之前，日落之后或阴天进行。4.3.4 条：室内检测宜关灯，被测物应避免灯光直射。为验证红外测温仪器对高空中的导线节点测量发热温度时，其附加光源（阴天或云层后的太阳光）对检测导线节点热红外成像图片上显示的节点温度影响结果如何，于 2007 年 3 月 7 日对 500kV 电厂送出线路的 98 号耐张塔（呼高 30m）进行耐张跳线引流板节点的测温工作，采用的测温仪是美国产 ThremaCAMP65 型红外成像仪，检测时间是 2007 年 3 月 7 日 16 时 21 分，热红外成像仪图片呈现中相小号侧跳线引流板 1 号子导线连接点温度为 86.5℃，连接金具和导线的温升 73.5℃，导线受力连接金具为 13.5℃，当时线路输送负荷 1120MW。如图 GYSD00805001-7 所示。

线路工区 3 月 8 日将该严重隐患报到局生产技术处，生技处审核后认为检测时间和方法不符合 DL/T 664—1999 要求，决定重新组织检测，2007 年 3 月 9 日晚上 20：00 时，工程技术人员带领原检测人员，使用原仪器在原检测扫描点对 98 号耐张塔中相导线小号侧的 1 号子导线跳线引流板重新测温。检测结果为：双兰线 98 号塔中相小号侧耐张跳线 1 号子导线节点发热温度为 62.2℃，连接金具和导线的温升为 49.4℃，线路当时输送负荷 1240MW，即线路负荷增加 12 万，跳线连接节点的温度下降 24.8℃，相对连接金具和导线的温升下降 24.1℃。如图 GYSD00805001-8 所示。

图 GYSD00805001-7　白天红外检测耐张跳线
发热隐患图

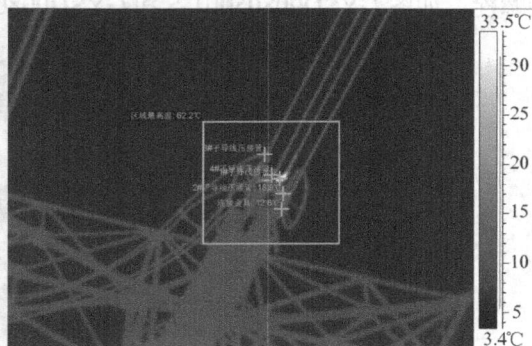

图 GYSD00805001-8　在原线路红外监测点晚上
重新测温照片

可见线路专业在白天进行红外测温时，红外检测仪在接收跳线引流板节点（B）发热温度辐射时，同时也接收云层后的太阳光（C）的附加光源辐射量（见图 GYSD00805001-2），两者叠加后反映在接收在热红外成像仪的图片上，所以在厂房内应用红外测温仪器时，应关闭照明灯后检测发电机、汽轮机等设备发热隐患，效果良好。

（六）输电线路红外检测耐张跳线连接点发热应安排在夜间进行

DL/T 664—2008 规定在检测变电站设备的发热测温，必须安排在晚上天黑后，关闭所有照明灯才能较准确地检测出变电设备发热隐患的真实温度。当输电线路在输送大负荷时，应采用在日落后采用红外检测导线耐张跳线连接点发热隐患，同时特别要注意测温仪器的有效检测距离即空间分辨率。

二、杆塔接地装置工频接地电阻检测

检测杆塔工频接地电阻值是检验杆塔耐反击雷水平的手段之一，若线路遭反击雷跳闸后，事故调查规程要求必须检测故障杆塔的接地电阻值，因此正确检测杆塔工频接地电阻值是防止或减少线路反击雷害的措施之一。

1. 三（四）极接地电阻检测仪的接线、布射线工作方式

DL/T 475—2006《接地装置特性参数测量导则》第 7 章　输电线路杆塔接地装置的接地电阻测量规定：由于输电线路杆塔处于野外，现场没有交流电源且接地网较小，一般采用带直流发电机的接地电阻检测仪测量。三极桩头接地电阻检测仪专用作摇测接地电阻，仪表上有三个接线桩，E 为接地桩，检测时与杆塔接地引下线连接；P 为电压桩，检测时与电压辅助射线连接；C 为电流桩，检测时与电流辅助射线连接。四极桩头接地电阻检测仪为两用仪表，仪表上有四个接线桩，C_1、P_1、C_2、P_2，采用四桩连接辅助射线时可摇测土壤电阻率；将 P_2、C_2 短接后成 E 为接地桩，检测时与杆塔接地引下线连接；P_1 作为电压桩，检测时与电位辅助射线连接；C_1 作为电流桩，检测时与电流辅助射线连接，该连接方式可检测杆塔接地电阻值。

绝缘电阻表的测量原理：接地装置工频接地电阻的数值，等于接地装置的对地电压与通过接地装置流入地中的工频电流的比值。如图 GYSD00805001-9 所示。

采用接地电阻检测仪测量输电线杆塔接地电阻的原理接线图，将接地电阻检测仪放在杆塔根部的接地引下线处，电压极即电压辅助射线的探针 P 离接地电阻表的直线距离为 2.5L；电流极即电流辅助射线的探针 C 离接地电阻检测仪的直线距离为 4L。L 为测试杆塔接地装置的最大射线的长度。若设计的风车形接地线为 4×35m，则 L=35m。当发现接地电阻的实测值与以往的测量结果相比有明显的增大或减小时，应改变电极的布置方向再测量一次。测量杆塔的接地电阻时，应把杆塔与接地装置的电连接（接地引下线）拆开，避免将测量用的电压极探针和电流极探针布置在杆塔接地装置的射线上面，测量用的电流极探针和电压极探针应与土壤接触良好。

三极 E 至 P= 2.5L，E 至 C= 4L；　　　　　四电极 C_1、P_1、P_2、C_2

图 GYSD00805001-9　三（四）极接地电阻检测仪的接线、布射线工作方式

2. 接地电阻检测仪的工作原理

ZC-8 型相敏差动式接地电阻检测仪的工作原理为：检测仪内安装有手摇直流发电机，以额定转速 120rad/min，产生的直流电流被电流换向开关周期性反向，即电流经电流辅助射线 C 极探针入地，经两者间（探针与接地线端部 40m）的大地中流回人工敷设接地线至 E 后回到接地电阻检测仪内。人工敷设接地线的边缘 E 和电位极探针 P 之间的电位降被检测仪内的电压换向开关换向（电压探针与接地线端部 25m 土壤的电压降）。电压换向开关与电流换向同轴，二者同步动作（回到表计的电流、电压降），表计线圈在永久磁场中转动，电流线圈产生的力矩使指针转向零位，而电压线圈产生的力矩使指针转向高位欧姆读数。通过这两个线圈的电流分别对应从接地线流回的电流和电压降，接地仪表的刻度以欧姆为单位表示。

3. 采用四极布置辅助射线测量土壤电阻率

测量土壤电阻率的四极法原理如图 GYSD00805001-10 所示，按一条直线一端布置 C_1 电极探针、P_1 电极探针、P_2 电极探针、C_2 电极探针。两电极之间的距离 a 应等于或大于电极（探针）埋设深度 h 的 20 倍，即 a>20h。各电极间 a 以 10m、15m 和 20m 布置为宜。

4. 正确检测杆塔接地电阻方法

（1）按照 DL/T 621—1997《交流电气装置的接地》和 DL 475—2006《接地装置特性参数测量导则》的有关接地电阻测量要求，接地电阻检测仪的电流极辅助射线为 4 倍设计人工敷设接地线长度（L），电压极测量辅助射线为 2.5 倍设计人工敷设接地线长度（L）。该布线测量方法的比值为 0.625，接近黄金分割法的 0.618。标准测量接地电阻布线法如图 GYSD00805001-11 所示。

图 GYSD00805001-10　接地电阻检测仪摇测土壤电阻率

（2）DL/T 887—2004《杆塔工频接地电阻测量》规定：测量杆塔接地电阻在按 4L、2.5L 布置辅助射线有困难时，可采用电流射线 3L、电压射线 1.85L 的布线法。该布线测量方法的比值为 0.616，更接近于黄金分割法 0.618，也就是说，若要采取接地电阻检测仪的电流极、电压极的辅助射线缩短，其缩短后的电流、电压射线比例也要基本符合 0.618 的黄金分割法。

DL/T 620—1997《交流电气装置的过电压保护和绝缘配合》规定，多雷区一般线路（除变电站出线段）设计的耐雷水平 110kV 等级为 60kA；220kV 等级为 95kA；500kV 等级为 150kA，由于多雷区几乎在丘陵或山区，山区的土壤电阻率较大，线路设计杆塔耐雷水平时的人工敷设接地线必然要加长。DL/T 5092—1999《110～500kV 架空送电线路设计技术规程》规定，在土壤电阻率高的地段，杆塔接地电阻无法降低至 30Ω 以下时，可敷设 8 根 60m 长的人工接地射线后，杆塔接地电阻不再作要求；也就是传统的三（四）极 Z-8 型接地电阻检测仪在检测杆塔接地电阻，按照杆塔接地电阻测量规程的要求，设计最长的人工接地线（一般设计最长为 4 根 60m 按风车形布置）要配备 4 倍 L（60m）即 240m 电流极、2.5 倍 L（60m）150m 电压极测量辅助射线和接地探针。

（3）目前各单位基本采用 ZC-8、ZC-29、JD-1、L-9 和 E-1 等型号的接地电阻检测仪，仪表生产厂家均按集中接地方式配置接地辅助射线长度，如 ZC-8 型接地电阻检测仪，随仪器配置的是 40m 电流、20m 电压极测量辅助射线，布线说明书中 40m 电流、20m 电压极测量辅助射线是从集中接地端部往外延伸布置，即接地线的最外端与电压探针的间距为 20m，与电流探针间距是 40m。两测量辅助射线的比例系数是 0.5，比规程要求的"0.618 黄金分割线法"误差大（建议采用此类接地电阻检测仪时，运行单位应将电压极辅助接地射线应改为 25m），ZC-8 布线测量方式如图 GYSD00805001-12 所示。

图 GYSD00805001-11　标准接地电阻测量布线法

注：1. 将接地引下线拆开。
　　2. 电压极距离大于 2.5L，电流极大于 4L。
　　3. 表计平衡后，以 120rad/min 读数 × 倍率。

图 GYSD00805001-12　按 0.618 法修订的简便测量接地电阻辅助射线布置法

注：1. 将接地引下线拆开。
　　2. 电压极射线 = L + 25m，电流极射线 = L + 40m。
　　3. 表计平衡后，以 120rad/min 读数 × 倍率。

如图 GYSD00805001-12 被检测杆塔设计的接地射线为 $L = 4 \times 60$m，在测量接地电阻时，电流辅助测量射线至少为 60m + 40m = 100m，电压辅助测量射线至少为 60m + 25m = 85m。该摇测的杆塔接地电阻值等同于电力行业有关规程的 4L 和 2.5L 要求。

若按 ZC-8 型接地电阻检测仪从杆塔根部以 40、20m 施放电流、电压极测量辅助射线，则电流、电压辅助接地射线（电流、电压探针）基本处在被测杆塔的人工敷设接地线范围以内或接近人工敷设接地线，实践证明测量用电流（电压）探针距杆塔接地线端部越近，所摇测的杆塔接地电阻值越小（即偏小）。

5. 测量接地电阻的方法

电压表与电流表法；电桥法；接地电阻检测仪法；补偿法等。目前通常用国产 ZC-8 型接地电阻检测仪（接地电阻表）测量杆塔接地电阻。

ZC-8 型接地电阻检测仪测量时注意事项：

（1）测量时接地装置与避雷线断开。

（2）电极布置见 4L、2.5L 测量图。d_{13} 一般取接地装置最长射线长度 L 的 4 倍（或 L 端出去 40m），d_{12} 取 L 的 2.5 倍（或 L 端出去 25m）。

（3）电流极、电压极应布置在与线路或地下金属管道垂直的方向上。

（4）应避免在雨后立即测量接地电阻。

（5）测量用接线的截面一般不应小于 1～1.5mm²，其电阻不得大于被测接地电阻的 2%～3%。

（6）各种引线应与地绝缘。

（7）仪器的电压极引线与电流极引线间应保持 1m 以上距离，以免自身发生干扰。

（8）应反复测量 3～4 次，取其平均值。

　　例如被测杆塔的风车形人工接地敷设线设计尺寸为 4×35m，则施放的电压辅助射线应 25m+35m=60m，当接地电阻检测仪发送的电压经电压辅助接地射线至电压探针入地，经过 25m 间距的土壤压降，从人工敷设接地线、杆塔接地引下线返回至仪表 E；电流辅助射线为 40m＋35m=75m，接地电阻检测仪发出的电流经电流辅助射线经电压探针入地，流过 40m 间距的土壤，从人工敷设接地线经接地引下线、仪表 E 极返回接地电阻表。这就是 ZC-8 接地测试仪的 0.618 检测原理。现场摇测的杆塔接地电阻值还需与表 GYSD00805001-2 接地装置水平接地体的季节系数进行换算。

表 GYSD00805001-2　　　　　　　　**水平接地体的季节系数表**

杆塔接地射线埋深为 0.5（m）时	季节系数 ψ 取 1.4～1.8
杆塔接地射线埋深为 0.8～1.0（m）时	季节系数 ψ 取 1.25～1.45

注　测定接地装置电阻时，如土壤较干燥时季节系数取较小值，土壤较潮湿时季节系数取较大值。

6. 钳型接地电阻检测仪检测方式和注意事项

　　DL/T 741—2001《架空送电线路运行规程》规定："送电线路杆塔接地电阻每 5 年测试一次，发、变站进出口段（1～2km）每两年测试一次"。同时按 DL/T 887—2004《杆塔工频接地电阻测量》6.1 条规定：电力线路杆塔接地电阻测量时，接地电阻检测仪的电极探针射线布置要求电流极为该测量杆塔的接地线 L 的 4 倍，电压极为接地线 L 的 2.5 倍。

　　目前输电线路运行单位一线员工严重缺员，几乎不可能完成杆塔接地电阻的周期性检测，因此多数运行单位在杆塔接地电阻大修后或线路故障杆塔上采用规程三极法测量，平时线路周期性预试检测杆塔接地电阻可采用 DL/T 887—2004 7.1 条钳型表法测量杆塔接地电阻。钳型表法的好处是不需展放电极测量辅助射线（这点对山区线路特别有利）。钳型表法测量杆塔接地电阻时，输电线路上方必须有架空地线且与每基杆塔直接接地（若一侧绝缘架空地线、一侧架空地线也行），测量时拆开被测杆塔的其他接地引下线，保留一根接地引下线（应连接良好），将接地引下线夹入钳型表的钳口内直读即可，钳型表测量的接地电阻属回路电阻。它的增量来自被测杆塔塔身（含拉线）、地下人工敷设接地线、本档架空地线电阻、前后或两侧架空地线及杆塔回路等效阻抗中的电阻分量等，其测量方法和增量参数请参照 DL/T 887—2004 标准。当发现该杆塔的接地电阻值与设计接地电阻值有明显不符时，再采用三极法接地电阻仪复核杆塔接地电阻值。

　　目前输电线路尚有部分 110、220kV 混凝土电杆，此类电杆历经两年或 5 年周期性多次拆开检测接地电阻，部分电杆混凝土内的接地螺母因经常拆卸致使螺纹滑牙损坏。采用 ZC-8 型接地电阻检测仪摇测杆塔人工接地体工频电阻值符合设计值，将接地引下线接地螺栓与电杆恢复连接后，断开架空避雷线与杆塔连接，再用 ZC-8 型接地电阻检测仪摇测该杆塔接地装置工频接地电阻，发现阻值严重超标，查其原因为人工敷设接地引上线与电杆连接螺栓、螺母拆卸多次造成电杆内螺母磨损、滑牙，致使接地引下线连接固定螺栓与电杆内螺母的接触电阻增大，若用钳型表检测有可能误判该电杆接地电阻值偏大或严重不合格。

　　针对用钳型表测量此类混凝土电杆接地电阻中存在的问题，检测时可规定双杆面向大号右边的接地引上线，作为钳型表周期测试混凝土电杆接地装置工频接地电阻的固定点，这样能防止混凝土电杆接地螺栓由于多次拆卸易受损增大接触电阻而人为造成杆塔接地电阻超标。对检测发现接触电阻大的电杆，可用 M16 板牙丝攻对电杆内的螺帽重新进行板牙，修复螺帽螺纹后涂上导电脂后将螺栓紧固。使地面检测得到的接地线的工频接地电阻与接地引下线恢复连接后的电杆接地装置工频接地电阻值两者相符合。

三、线路上不能采用三角形法检测杆塔接地电阻

　　DL/T 475—2006《接地装置特性参数测量导则》第 6.1.2 条 b）夹角法：……接地装置周围的土壤电

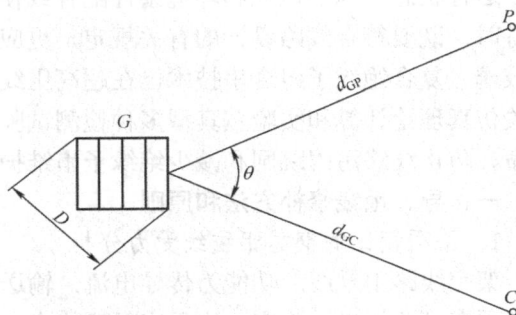

图 GYSD00805001-13　DL/T 475—2006 中的
△布线测量

阻率较均匀，也可采用△形布置电极的方式测量工频接地电阻，辅助射线布置如下：

30°夹角方式摇测工频接地电阻，其实是变电站接地网的测量方式，采用两根测量辅助射线成 30°夹角布置法。如图 GYSD00805001-13 所示。

图 GYSD00805001-13 中的 θ 是电压极和接地装置等效中心的连接线与电流极和接地装置等效中心的连接线之间的夹角，$\theta \approx 30°$。

按 DL/T 475—2006 标准测量示意图的要求，两根辅助射线基本相等，且是杆塔接地体的最大对角线 2 倍，若杆塔的风车式人工敷设接地线为 $4 \times 35\text{m}$，中间方框 8m，则对角线 $d_{GP} \approx d_{GC} = 2D = 2 \times 35 + 8 + 35 = 78 \times \sqrt{2} = 220\text{m}$（$D = 110\text{m}$），即电流、电压两根测量辅助射线各为 220m。若杆塔接地线为 $4 \times 60\text{m}$，则测量射线要 362m。有运行单位采用 ZC-8 型接地电阻检测仪和 40、20m 射线，按 DL/T 475—2006 标准中的△形 30°夹角布射线方式测量杆塔接地电阻是错误的，原因是辅助接地电压、电流极的接地射线长度只有 20m 和 40m，它检测得到的杆塔接地电阻值不是实际杆塔的接地电阻值。而按△形 30°夹角射线时，电位线和电流线均需长为 $2D = 220\text{m}$，因此输电线路采用该方式检测杆塔接地电阻值更麻烦和增加劳动强度，△形 30°夹角方式检测的是接地网的接地电阻，而检测辅助射线大于杆塔人工敷设接地线 20m（电压射线）和 40m（电流射线）方式，得到的是杆塔接地极的工频接地电阻值。

【思考与练习】

1. 为什么压接型导线接续管的发热温度要比相近导线的表面温度低？
2. 为什么在输电线路上采用红外测温仪检测连接点温度效果不佳？
3. 引起输电线路耐张跳线并沟线夹或耐张引流板发热的原因有哪些？
4. 为什么用随接地电阻表配置的 40、20m 接地辅助射线检测杆塔接地电阻不符合要求？
5. 钳型表检测混凝土杆接地电阻时，发现混凝土杆接地螺栓接触电阻大有什么改善措施？
6. 为什么按 30°夹角方式布线摇测山区杆塔工频接地电阻反而更麻烦？

模块 2 设备状态检修原则及部分项目状态检修方法
（GYSD00805002）

【模块描述】 本模块包含设备状态检修原则，导、地线损伤修补，拉线装置的开挖检查，输电线路综合防雷措施，山区杆塔接地电阻不合格大修改造措施，线路防鸟综合措施，干字形耐张铁塔中相跳线风偏放电的防范措施，悬垂双联绝缘子串的反事故措施，改进角钢耐张跳线扁担和防感应电，架空地线（钢绞线）紧线的防滑措施。通过概念描述和工艺介绍能够掌握设备状态检修原则及部分项目状态检修方法。

【正文】

要全面实现输电线路按设备的运行状态进行巡视、检测和检修，运行单位必须按专业技术要求和规定，有的放矢地开展检修作业。由于原输电线路设计中大多数杆塔、地段、设备等按统一的设计条件、运行状态、地形地貌和环境条件配置或使用，运行单位在为减少检修工作量而改造、变更的线路设备时，既要符合线路设计的有关规定，更应符合该改造设备的实际运行环境或状态。例如超高压线路玻璃、复合绝缘子组合串技术已在超高压线路上成功挂网运行多年，其运行环境和工作状态均符合有关仿真理论计算和实验室真型多种检测试验结果，是减轻杆塔的绝缘子荷载、延长复合绝缘子产品寿命、防止线路污闪跳闸和减少绝缘子串维护、检测工作量的好方法。

一、导、地线修补方法和原则

1. 不同钢比的钢芯铝绞线受力分析

架空线路用导线的功能为传导电流，输送电能，制造导线的材料必须要求具有良好的导电性能，还必须有足够的机械强度，比重应尽可能小。

输电线路上常用的 GB/T 1179—1999《圆线同心绞架空导线》附录第 1 号修改单即 1983 年版《铝绞线和钢芯铝绞线》钢芯铝绞线，为适应工程需要，钢芯铝绞线在制作时按铝、钢的截面比不同，分为轻型、正常型、加强型、地线型（良导体）四种，即按钢铝截面比值 K 有 58%、23%、20%、16%、13%、9%、7%、6%、5%等 9 种结构的 54 种型号，其次 74 型有 LGJQ 的钢铝截面比值 K 为 12.45%；普通型 LGJ 的钢铝截面比值 K 为 18.88%；加强型 LGJJ 的钢铝截面比值 K 为 22.7%三种结构，即输电线路常用的钢芯铝绞线有 12 种钢铝截面比。上述钢芯铝绞线的计算破断力（综合破断力）都由铝股和钢芯一起承担。见表 GYSD00805002-1。

表 GYSD00805002-1　　　　　　　　　　　　83 型钢芯铝绞线的技术参数表

标称面积（铝/钢）	钢比	根数/直径（mm）		计算截面（mm²）		外径（mm）	计算破断力（N）	铝股占（%）	钢芯占（%）
		铝	钢	铝	钢				
95/55	58	12/3.2	7/3.20	96.51	56.30	16.00	78 110	18.18	81.82
120/25	20	7/4.72	7/2.10	122.48	24.25	15.74	47 880	38.29	61.71
185/10	6	18/3.60	1/3.60	183.22	10.18	18.00	40 880	69.46	30.54
185/25	13	24/3.15	7/2.10	187.04	24.25	18.90	59 420	47.86	52.14
240/40	16	26/3.42	7/2.66	238.95	38.90	21.66	83 370	46.90	53.10
400/20	5	42/3.51	7/1.95	406.40	20.91	26.91	88 850	72.99	27.01
400/35	9	48/3.22	7/2.50	390.88	34.36	26.82	103 900	62.37	37.63
400/95	23	30/4.16	19/2.5	407.75	93.27	29.14	171 300	38.06	61.94
630/45	7	45/4.20	7/2.80	623.45	43.10	33.60	148 700	67.05	32.95

从表 GYSD00805002-1 可看出，钢铝截面比 58 的 95/55 导线的铝截面只承受导线的全部计算破断力的 18%左右，而钢芯承受力约为全部计算破断力的 82%；另一种钢铝截面比为 5 的 LGJ-400/20 导线，铝截面约承受全部计算破断力的 73%，而钢芯约承受全部计算破断力的 27%左右。因此不同钢铝截面比的钢芯铝绞线，当铝截面的损伤面积相等的情况下，其导线损失的总破断力（强度损失）是不一样的。

运行线路上的钢芯铝绞线若发生铝股磨损和断股，不仅会造成导线张力安全系数降低，且因铝截面积的减少，使线路通流铝股因电流增大而发热，在继续输送荷载下，发热的铝股强度下降（钢芯也发热，强度下降），导线张力使发热铝股继续断股。如此恶性循环（负荷不变）后，最终发生导线断线事故。例如某条 110kV 线路，导线为 LGJ-185/30，在输送负荷 170A 时（设计允许 530A），发生导线断线跳闸，为分析事故原因，运行单位按事故时的张力和输送电流在实验室模拟，设导线外层铝股全断，张力为 16kN 时，输送 50～300A 试验。结果在输送 200A 时，断股处钢芯温度为 450℃，钢芯拉断，得出本次断线事故可能是在放线架设时导线打金钩（高山区），人工修复后挂上（铝股、钢芯已受损），2008 年南方冰灾中导线覆冰远超设计标准，有可能造成铝截面受力断股，冰灾后运行导线张力又将铝股逐渐拉断，受损钢芯、铝股在通流下发热、强度下降、继续发热等恶性循环而断线。所以规程规定铝截面损伤断股达总截面积的 25%时或强度损失超过 17%时，导线应开断重接。

2. 导、地线损伤状况的不同处理标准

由于输电线路用钢芯铝绞线要承担导线拉力（张力）和输送电能荷载两项功能，设计部门一般取导线的安全系数为 2.5，按不同的气象条件，要求线路在大风、覆冰或最低气温条件下仍应安全运行。即大风、覆冰、最低气温和年平均运行张力作为临界控制导线的最大使用张力设计，输电线路的导、地线，架设中有可能被施工器材或线路通道内的树木、裸露的岩石等摩擦损伤，从而降低导线的机械强度和截面积输送荷载的要求，因此 GB 50233—2005《110～500kV 架空送电线路施工及验收规范》规定导、地线损伤情况按非张力放线和张力放线两种损伤标准进行处理。

GB 50233—2005 7.2.4 条：非张力放线导线在同一处损伤出现强度损失已经超过总拉断力的 17%或截面积损伤超过导电部分截面积的 25%时；连续损伤的截面积或损失的强度虽没有第 7.2.3 条以补修管补修的规定，但其损伤长度已超过补修管的能补修范围；导线损伤的金钩、破股已使钢芯或内层铝股形成无法修复的永久变形。出现上述情况之一时，必须将损伤部分全部锯掉，用接续管将导线重新连接。7.3.9 条是针对张力放线导线，它的强度损失和截面积受损标准为非张力放线的一半，处理方法相同。

对新建线路验收中发现导线损伤，由于线路没有投运，可按规程要求进行补修或开断重接。对运行线路发现导地线损伤，特别是损伤截面或损失强度超过规定需停电开断重接时，为减少线路停电，DL/T 1069—2007《架空输电线路导地线补修导则》放宽了导电截面积（含强度）损伤（损失）的范围，只要导线钢芯不损伤，同一处损伤范围在100cm以内时，即使导线内层铝股也损伤断股，均可采用全张力预绞式接续条（内层敷上填充条）进行补修处理。

预绞式接续条的补修原理是提供的接续条内径要比同牌号导线的外径稍小，安装后螺旋式缠绕紧密地包箍在整个铝截面外层，长度和节距的摩擦力是经过精确计算的，其原理如同导线架设中的钢丝蛇皮套连接牵引作用，该产品经相关部门的机械性能和导电性能试验，其机械强度等同于相同型号的导线破断力。导、地线断股、损伤减少截面的处理标准见表 GYSD00805002-2。

表 GYSD00805002-2　　　　导、地线断股、损伤减少截面的处理标准

线　别	处　理　方　法			
	金属单丝、预绞式补修条补修	预绞式护线条、普通补修管补修	加长型补修管、预绞式接续条	开断重接
钢芯铝绞线 钢芯铝合金绞线	导线在同一处损伤导致强度损失未超过总拉断力的5%且截面积损伤未超过总导电部分截面积的7%	导线在同一处损伤导致强度损失在总拉断力的5%～17%之间，且截面积损伤在总导电部分截面积的7%～25%之间	导线损伤范围导致强度损失在总拉断力的17%～50%之间，且截面积损伤在总导电部分截面积的25%～60%之间	(1)钢芯断股；(2)导线损伤范围导致强度损失在总拉断力的50%以上，且截面积损伤在总导电部分截面积的60%以上
铝绞线 铝合金绞线	断股损伤截面不超过总面积的7%	断股损伤截面占总面积的7%～25%	断股损伤截面占总面积的25%以上～60%	断股损伤截面超过总面积的60%及以上
镀锌钢绞线	19股断1股	7股断1股 19股断2股	7股断2股 19股断3股	7股断2股 19股断3股
OPGW	断损伤截面不超过总面积的7%（光纤单元未损伤）	断股损伤截面占面积的7%～17%，光纤单元未损伤（修补管不适用）		

注　1. 钢芯铝绞线导线应未伤及钢芯，计算强度损失或总铝截面损伤时，按铝股的总拉断力和铝总截面积作基数进行计算。
　　2. 铝绞线、铝合金绞线导线计算损伤截面时，按导线的总截面积作基数进行计算。
　　3. 良导体架空地线按钢芯铝绞线计算强度损失和铝截面损失。
　　4. 全张力预绞式接续条只考虑导电铝截面严重损伤的补修，不采用导线有钢芯损伤后的修补。

二、输电线路综合防雷措施

（一）线路设计应尽量减小绝缘配合比

我国的架空线路设计规程起源于20世纪50年代，其输电线路外绝缘配置标准为线路能在工频电压、操作过电压、雷电过电压等各种条件下安全可靠运行。塔头空气间隙的雷电冲击击穿电压与绝缘子串的雷电冲击闪络电压的应相匹配。造成绝缘子串长度与导线对塔身最小空气间隙几乎等同，致使我国输电线路沿绝缘子串闪络跳闸与由塔头空气间隙击穿放电的跳闸比在10:1～12:1之间。另外因塔头间隙已固定，造成线路外绝缘的绝缘子串无法靠增加片数来提高线路泄漏比距，使输电网发生的障碍、事故中有80%左右为线路故障。因此在线路设计时，若是悬垂串，设计应尽量用足塔头间隙即增加绝缘子片数；最好采用V串设计，一来增加了绝缘子片数（泄漏比距），二来绝缘子串倾斜后，风吹或雨水冲刷会降低绝缘子串的污秽物，绝缘子片数增加后，提高了线路的耐绕击水平。

（二）线路设计规程要求的避雷线保护角偏大

按0.85配合比设计的线路外绝缘，其耐绕击水平极低，DL/T 620—1997《交流电气装置的过电压保护和绝缘配合》第6.1.5条：杆塔上避雷线对边导线的保护角，一般采用20°～30°。220～330kV双避雷线线路，一般采用20°左右，500kV一般不大于15°，山区宜采用较小的保护角。若架空地线保护角设计0°或负保护角，可大幅度降低线路绕击跳闸概率。

例：线路的耐绕击水平计算式 $I_2 = U_{50\%}/100$。

110kV复合绝缘子 $U_{50\%}$ 为550kV，则耐绕击水平 $I_2 = U_{50\%}/100 = 550/100 = 5.5$kA。

9片/串玻璃绝缘子 $U_{50\%}$ 为832kV，则耐绕击水平 $I_2 = U_{50\%}/100 = 832/100 = 8.32$kA。

即复合绝缘子的耐绕击雷水平约为 9 片/串的 66%左右,可见采用同等结构高度的盘形玻璃绝缘子,输电线路能减少部分绕击雷故障。

当线路外绝缘固定后,其绕击水平也就固定了,新建线路地线保护角按 17°、10°和 0°设计,试计算分析线路绕击跳闸概率的对比。绕击概率公式见下

平原地区绕击概率 $\qquad$ $\lg p_\alpha = a\sqrt{h}/86 - 3.9$

山区绕击概率 $\qquad$ $\lg p_\alpha = a\sqrt{h}/86 - 3.35$

式中　α——地线保护角,°(度);

$\qquad$ h——杆塔全高,m。

平原地区地线保护角 20°时绕击概率$=17 \times 2\sqrt{24}/86 - 3.9 = -2.93$,$p_\alpha = 0.118\%$。

平原地区地线保护角 0°时绕击概率$=0 \times \sqrt{24}/86 - 3.9 = -3.84$,$p_\alpha = 0.013\%$。

即平原地区原规程规定的地线保护角 20°时,绕击概率为 0.118%(万分之 12),保护角改为 0°时,绕击概率为 0.013%(万分之 1),其线路遭绕击概率下降明显。

山区地线保护角 17°时绕击概率$=17 \times \sqrt{24}/86 - 3.35 = -2.38$,$p_\alpha = 0.417\%$。

山区地线保护角 0°时绕击概率$=0 \times \sqrt{24}/86 - 3.35 = -3.35$,$p_\alpha = 0.045\%$。

山区地线保护角$-5°$时绕击概率$=-5 \times \sqrt{24}/86 - 3.35 = -8.29$,$p_\alpha = 0.0000005128\%$。

即山区的地线保护角为 17°时,绕击概率为 0.417%(万分之 42);保护角改为 0°时,绕击概率为 0.045%(万分之 4.5)。而$-5°$与 0°的绕击概率下降则是小数点后 1 个 0 与 6 个 0 的关系。

（三）防止线路反击雷害事故的措施

（1）降低杆塔接地电阻值。根据 DL/T 620—1997 杆塔耐雷水平经验公式计算表明,相同的杆塔材质、导地线高度、外绝缘配置(即 $U_{50\%}$)等,其接地电阻小时,杆塔耐雷水平高。由于运行线路的外绝缘配置和偏大的地线保护角都已存在,为减少输电线路遭雷害事故的措施,只能在原线路上进行改造,因此可从降低杆塔接地电阻值和用足塔(窗)头间隙(增加绝缘子片数)两方面采取措施,按 DL/T 620—1997 附录 C 中的参数及经验计算公式,从加强杆塔绝缘即"堵"的方式和降低杆塔接地电阻值"疏"的方式来说明提高杆塔耐雷水平的效果。

表 GYSD00805002-3 $\qquad$ 杆塔接地电阻值、外绝缘片数与耐雷水平对照表

杆塔接地电阻		5Ω	10Ω	15Ω	20Ω	25Ω	30Ω
6 片绝缘子串	千安值	62.96	44.8	34.77	28.41	24.02	20.8
$U_{50\%} = 599kV$	概率	19%	31%	40%	47%	53%	58%
7 片绝缘子串	千安值	71.15	50.63	39.3	32.11	27.14	23.51
$U_{50\%} = 677kV$	概率	16%	27%	36%	43%	49%	54%
8 片绝缘子串	千安值	79.35	56.47	43.83	35.81	30.27	26.22
$U_{50\%} = 755kV$	概率	13%	23%	32%	39%	45%	50%
9 片绝缘子串	千安值	87.45	62.22	48.29	39.46	33.4	28.89
$U_{50\%} = 832kV$	概率	10%	20%	28%	36%	42%	47%

注　$U_{50\%} = 533L + 132$　式中 L 为绝缘子串长度,m。

如 7 片$\times$146$= 1022mm$　$U_{50\%} = 533L + 132 = 533 \times 1.022 + 132 = 676.7kV$

从表 GYSD00805002-3 中可看出:

1）当杆塔接地电阻值不变时,杆塔的耐雷水平随绝缘子片数的增加成正比例增加,如接地电阻值为 5Ω时,从 6 片至 9 片串（62.96kA→71.15 kA→79.35 kA→87.45 kA）,每增加一片绝缘子,杆塔耐雷水平约增加 8.2 kA;

2）当杆塔接地电阻为 15Ω时,从 6 片至 9 片串（34.77 kA→39.3 kA→43.83 kA→48.29 kA）,每增加一片绝缘子,杆塔耐雷水平约增加 4.53 kA;

3）当杆塔接地电阻为 30Ω时,从 6 片至 9 片串（20.8 kA→23.51 kA→26.22 kA→28.89 kA）,每增加一片绝缘子,杆塔耐雷水平约增加 2.7 kA。

可见在接地电阻值小（5Ω）的杆塔上增加一片绝缘子，其耐雷水平值的提高是接地电阻值大（30Ω）的杆塔同样增加一片绝缘子后 3 倍。当然运行单位在采取防雷措施中，若光靠单纯增加绝缘子串片数，还不能有效地发挥绝缘子的效益，只有在增加绝缘子串片数的同时，再采用降低杆塔接地电阻才能发挥更大的防反击雷效益。

（2）以降低杆塔接地电阻值措施来说明提高杆塔耐雷（反击雷）水平的效果。见表 GYSD00805002-4。

表 GYSD00805002-4 　　　　　 杆塔接地电阻的变化与杆塔耐雷水平的关系

绝缘子	从 10Ω↓5Ω	从 15Ω↓10Ω	从 20Ω↓15Ω	从 25Ω↓20Ω	从 30Ω↓25Ω
6 片/串	18.16 kA	10.03 kA	6.36 kA	4.39 kA	3.22 kA
7 片/串	20.52 kA	11.33 kA	7.19 kA	4.97 kA	3.63 kA
8 片/串	22.88 kA	12.64 kA	8.02 kA	5.54 kA	4.05 kA
9 片/串	25.23 kA	13.93 kA	8.83 kA	6.06 kA	4.51 kA

从表 GYSD00805002-3 和表 GYSD00805002-4 中可得出：

1）110kV 7 片/串绝缘子的杆塔接地电阻从原 10Ω 降低到 5Ω，杆塔耐雷水平从 11.33kA 提高了 20.52 kA，同样 9 片/串绝缘子的杆塔从 10Ω 降低到 5Ω，杆塔耐雷水平从 13.93kA 提高到 25.23 kA，即多两片绝缘子，降低同样的接地电阻值，9 片绝缘子杆塔耐雷水平只比 7 片绝缘子杆塔增加了 4.71 kA，也就是说多 2 片绝缘子只增加 4.71 kA 耐雷水平，因此超标准的长绝缘子串线路再去降低接地电阻后效果不大。

2）110kV 7 片/串绝缘子的杆塔接地电阻值从 30Ω 降低到 25Ω，杆塔耐雷水平可提高 3.63 kA，而将绝缘子从 7 片/串增加为 8 片/串时，杆塔耐雷水平只增加 2.71 kA，可见在杆塔接地电阻值较大时，采用降低接地电阻方法要比增加绝缘子片数而提高的耐雷水平效果好，且增加绝缘子串片数会造成导线对地距离减少和绝缘子串与杆塔间风偏摇摆不足等情况，并增加技术校核工作。

（3）接地沟回填采用好土及冲击接地电阻的原理。架空输电线路遭受雷击时，雷电流通过杆塔接地装置向大地扩散时，起作用的是接地装置的冲击接地电阻而不是工频接地电阻。冲击接地电阻是指接地体通过雷电流时的冲击电压幅值与冲击电流幅值之比。

冲击接地电阻是土壤电特性、接地装置形状和埋设深度以及雷电流的函数。

架空线路防雷设计时的一个重要参数是杆塔接地装置的冲击系数。杆塔接地装置的工频接地电阻比较容易测得，但要测量实际接地装置的冲击接地电阻则相当困难。一般通过测量人工敷设的接地线的工频接地电阻，并根据杆塔所处地的土壤电阻率、接地装置形状和雷电流大小等估计出冲击系数，得到相应的冲击接地电阻值。

架空线路杆塔接地装置的冲击接地电阻和冲击系数主要与冲击电流幅值、接地装置的几何尺寸及土壤电阻率有关。试验表明：冲击系数随冲击电流幅值的增加而减小，具有饱和趋势；随几何尺寸的增加而增加，当接地体的几何尺寸达到一定值后，冲击系数增加的速度会变慢；冲击系数随土壤电阻率增加而减小。

试验也表明：土壤电阻率的不同，在同一接地装置的冲击接地电阻随电流增加而减小，所呈现的饱和趋势也不相同。土壤电阻率越低，出现饱和趋势的冲击电流幅值越小。

在冲击雷电流作用下接地体周围具有瞬变电场（即在接地装置附近出现很大的电流密度和很高的电场强度），接地体可看成是由电感、电容、电导和电阻组成的分布参数组成的电路。由于冲击电流的频率很高，很大的导体感抗阻碍冲击电流向接地体的远端流动，当大幅值冲击电流从接地装置流入大地时，杆塔附近的接地体上电位很高，越靠近入地端的接地体流散的电流就越多，在接地装置附近出现很大的电流密度和很高的电场强度，这里的电流密度就越大，土壤的击穿厚度也就越大，当电场强度达到 3～6 kV/cm 时，使得紧靠接地体钢筋周围的土壤被击穿而发生强烈的火花放电，这相当于加大了构成接地装置的金属导体直径，从而使得接地体在冲击雷电流下所呈现的冲击接地电阻要比工频接地电阻小得多。

又因雷电流历时很短（高频冲击波），接地体本身的电感将阻碍电流向长接地体的末端扩散，沿接地体周围土壤中的火花区域形状随接地体长度呈锥形逐渐减小。

随着杆塔人工敷设接地体尺寸的增加，一可增加接地体的散流面积，使其冲击接地电阻减小；另一方面因接地体长度的增加，感抗增大（即电感对电流的阻力更大），使之雷电流散流不均匀，增长的接地体不能得到充分利用。两方面因素导致冲击接地电阻的降低具有饱和特性。这就是在冲击电流作用下接地体具有一定的有效长度 l_e。

综上所述：大幅度增长杆塔人工敷设接地线，会使其感抗增大而饱和，因此 DL/T 620—1997 规定敷设 8 根 60m 的接地线即接地线总长超过 500m 时，杆塔接地电阻不作要求。

为使线路遭雷击时冲击电阻尽可能小，GB 50169—2006《电气装置安装工程接地装置施工及验收规范》3.3.6 条：接地体敷设完后的土沟回填土内不应夹有石块和建筑垃圾等；在山区石质地段或土壤电阻率较高的土质区段应在土沟中至少先回填 100mm 厚的净土垫层，再敷接地体，然后用净土分层夯实回填。

（4）重雷区且遭受雷击跳闸的杆塔加装塔（身）顶防雷拉线措施。在架空线路重雷区的易击杆塔，由于受土壤地质条件的限制，运行单位已较难提高易击杆塔的耐雷水平，因此可在该易击杆塔的顶部或塔身往横线路方向两侧，加装两把塔顶防雷拉线（在导线上方）或在横担下安装 4 把塔身防雷拉线，人为地增加杆塔接地点和扩大雷电流入地释放范围。当雷击架空地线或杆塔顶部时，一部分雷电流经杆塔及敷设的接地线入地释放，另一部分雷电流经塔（身）顶防雷拉线入地，扩大了雷电流下泄入地的面积，同时安装在塔顶的防雷拉线还能起到屏蔽本杆塔（绝缘子串）作用，又增加了分流效果，同时可降低线路遭反击雷时的塔顶电位值，减少向导线反击闪络跳闸的几率。在多雷区易击塔上安装塔（身）顶防雷拉线，使线路遭受雷击时的冲击接地电阻利用系数发生了变化，杆塔接地体的冲击接地电阻 R_{ch} 与工频接地电阻 R 的关系为

$$R_{ch} = aR \qquad \text{(GYSD00805002-1)}$$

式中　　R_{ch}——冲击接地电阻，Ω；

　　　　R　——工频接地电阻，Ω；

　　　　a　——冲击系数，约 $0.2 \sim 1.25$。

如原山区杆塔人工敷设的接地网一般按 4×35（或 60）m 风车形浅表式埋设，按规程要求选冲击利用系数为 0.8，由于在塔（身）顶加设了防雷拉线，可再取铁塔各种拉线与各基础间的自然接地体的冲击利用系数 0.7，如杆塔工频接地电阻值为 15Ω，浅表风车形接地线的冲击利用系数 0.8，加上拉线冲击利用系数 0.7，最后该杆塔的冲击接地电阻值为 8.4Ω，比原接地网的冲击接地电阻减少了 30% 左右，增加塔顶防雷拉线能有效地降低杆塔遭雷击后的塔顶电位，减少了线路遭反击雷时对绝缘子串的反击几率。

实践证明，某省著名的雷害重灾户两条 220kV 新杭线的易击塔，在安装了塔顶防雷拉线后，从 1965 ~ 1982 年的安装杆塔上防雷措施磁钢棒的雷电流幅值检测中，证实当雷电击中杆塔顶部时，塔顶防雷拉线能使塔身雷电分流系数下降 1.5 倍，也就是说安装塔顶防雷拉线的杆塔耐雷水平至少可提高 1.5 倍，从而使两条线路的雷击跳闸次数明显降低，其雷电监控及数据分析结果还促使 DL/T 620—1997 标准雷电流幅值概率公式修正的依据。

如××线 1963 ~ 1967 年在某段雷击区发生 5 基铁塔反击闪络，事后在该雷击易击段安装了 13 基塔顶防雷拉线，在 1968 ~ 1991 年的 21 年运行中，只发生了 1 基反击闪络，在运行 21 年后（1991 年），由于安装的塔顶拉线入地点离杆塔较远，又处在灌木丛中，平时运行人员很少下到灌木丛中去检查（维护不当），其中一基防雷拉线因拉线 UT 型以上约 1m 处的钢绞线压在泥土内锈蚀，造成钢绞线烂断掉落搁挂在带电导线上发生线路跳闸事故后，运行单位于 1991 年底拆除了剩余的 12 基塔顶拉线，结果 1992 ~ 1994 年全线共雷击跳闸 7 次，其中 2 次雷击闪络就发生在拆除塔顶防雷拉线后的杆塔上，接受教训后于 1996 年重新恢复了 13 基防雷塔顶拉线，通过近十年的运行，安装了防雷塔顶拉线的铁塔未发生过雷击跳闸事故。

由于每根拉线都有独立的接地，增加了雷电流的分流和对导线的屏蔽作用，降低了塔身阻抗，同时降低了塔顶电位，对降低反击和防止绕击都有一定的作用。

（四）防止线路遭绕击雷害事故的措施

（1）常规铁塔按复合绝缘子结构高度采用玻璃绝缘子用足塔头间隙设计。运行线路的外绝缘配置和地线保护角都已基本固定，因此减小地线保护角来减少线路绕击概率已很困难，在多雷区特别是山区或只要不是重污区，线路采用大盘径、大盘径普通盘形玻璃绝缘子替代复合绝缘子或增加绝缘子串片数是提高杆塔耐雷水平和减少绕击事故的措施之一，同时也免除了 10 年更换复合绝缘子的工作量。

例 GYSD00805002-1 某条输电线路处在多雷区，采用常规 110kV 复合绝缘子的结构高度为 1240±15mm，若更换为 146mm 结构高度，盘径 ϕ320mm，单片爬电距离 490mm 的标准型大爬距玻璃绝缘子，此结构高度可用到 8.6 片/串。根据电力工业部调网［1997］93 号《复合绝缘子使用指导性意见》要求：雷击多发区的线路若使用复合绝缘子，结构高度应比常规高度长 10%～15%。（110kV 可配盘形绝缘子 9.3～9.76 片；220kV 可配 16.87～17.64 片）设输电线路污秽区为 2.8cm/kV，采用 FXBW－110/70 复合绝缘子，最小电弧距离 1000mm，最小爬电距离 3150mm，泄漏比距为 2.86cm/kV，耐污闪水平满足。设杆塔呼高为 18m，全高为 24m，双避雷线，地线弧垂平均高度 19.2m，导线弧垂平均高度 13.4m，接地电阻值为 15Ω，查该复合绝缘子的全波雷电冲放电压值为 550kV，试计算该塔的耐雷水平，试计算该 110kV 输电线路的泄漏比距、耐反击、绕击水平。

$$I_1 = \frac{U_{50\%}}{(1-k)\beta R_{\mathrm{Ch}} + \left(\dfrac{h_\mathrm{h}}{h_\mathrm{g}} - k\right)\beta \dfrac{L_{\mathrm{gt}}}{2.6} + \left(1 - \dfrac{h_\mathrm{b}}{h_\mathrm{d}} k_\mathrm{o}\right)\dfrac{h_\mathrm{d}}{2.6}} \qquad (\text{GYSD00805002-2})$$

式中 $U_{50\%}$——绝缘子串冲放电压值；

    β——避雷线分流系数；

    R_{ch}——杆塔接地电阻值，Ω；

    k——耦合系数；$k = k_1 \times k_0$；

    k_1——电晕相应修正系数；

    k_o——导地线间几何耦合系数；

    L_{gt}——杆塔总电感，为杆塔高度×杆塔单位高度电感平均值，铁塔取 0.50μH；

    h_g——杆塔高度，m；

    h_h——杆塔呼高，m；

    h_d——下导线对地平均高度（导线悬点高度–2/3 的导线弧垂值），m；

    h_b——避雷线对地平均高度（地线悬点高度–2/3 的地线弧垂值），m。

复合绝缘子结构高度（1340±15mm），其泄漏比距＝2.86cm/kV。

玻璃绝缘子 9 片/串结构高度 1314mm，其泄漏比距＝4.01cm/kV。

常规复合绝缘子的耐反击雷水平：

I_1＝550/[(1－0.3)×0.86×15＋(18/24－0.3)×0.86×15/2.6＋(1－19.2/13.4×0.25)×13.4/2.6]＝37.8kA

玻璃绝缘子 9 片/串的耐反击雷水平：

I_1＝832/[(1－0.3)×0.86×15＋(18/24－0.3)×0.86×15/2.6＋(1－19.2/13.4×0.25)×13.4/2.6]＝57.1 kA

按上述设计理念，110kV、220kV 复合绝缘子结构高度来配置玻璃绝缘子串的电气参数对比见表 GYSD00805002-5。

表 GYSD00805002-5   复合绝缘子、玻璃标准型大爬距绝缘子的技术参数

型 号	额定负荷（kN）	结构高度 H（mm）	最小干弧距离（mm）	泄漏比距（cm/kV）有效	全波 50%冲击放电电压（kV）	工频 1min 湿耐受电压（kV）
FXBW₂-110/100	100	1340±15	1100	2.86	550	230
FC70P/146/9 片	70	1314	1224	4.01	832	300

续表

型　号	额定负荷（kN）	结构高度 H（mm）	最小干弧距离（mm）	泄漏比距（cm/kV）有效	全波 50%冲击放电电压（kV）	工频 1min 湿耐受电压（kV）
FXBW$_4$-220/100	100	2320±30	1980	2.52	1000	395
FC100P/146/16 片	100	2336	2246	3.56	1377	490

注　$U_{50\%}=533L+132$，式中 L 为绝缘子串长度，单位 m。

从 GYSD00805002-5 表可看出：玻璃、复合两种绝缘子的特性、参数对比如下：①110kV 线路玻璃绝缘子的耐雷水平是复合绝缘子（两侧带均压环）的 151%；220kV 线路约 138%。②110kV 线路玻璃绝缘子的有效泄漏比距是复合绝缘子的 140%；220kV 线路为 141%。③110kV 线路玻璃绝缘子的工频一分钟湿耐受电压是复合绝缘子的 130%；220kV 线路为 124%。

线路设计优化选用标准型大爬距玻璃绝缘子后，在输电线路全寿命运行中，玻璃绝缘子可与线路同时报废（50 年），而复合绝缘子的运行寿命约 10~15 年，在线路设备全寿命运行期间约需更换 2 次。采用玻璃绝缘子可大幅度减少运行维护、检测、检修工作量。

（2）将线路遭绕击现象转化为反击的措施。众所周知，架空输电线路设计的耐雷水平约数倍于耐绕击水平，设杆塔接地电阻为 15Ω，110kV 为 7 片/串，其耐反击雷水平约 48kA；耐绕击水平只有 7kA。具体措施是在线路两导线横担头安装侧向避雷针，人为地使导线成为负保护角，以屏蔽和保护导线。当雷云飘移到线路塔身周围 65m 内时，侧向避雷针会将雷云吸引至杆塔上，致使雷云电压对侧向针尖放电而转化为电流，从电阻很小的塔身及人工敷设接地线上泄入地，即将原绕击雷转化为反击雷下泄释放。

经过数年在多雷区杆塔上安装横担侧向避雷针后，近几年来线路公里数虽然增加较多，但线路雷击跳闸次数基本未增加，有的年代还同比下降。

（五）架设耦合地线或旁路耦合地线，以增加杆塔分流和增大耦合、屏蔽导线作用

在多雷山区的易击段，输电线路杆塔接地电阻受土壤地质条件的限制，在采用降低杆塔接地电阻来提高耐雷水平有一定困难时，现实中可在单杆线路上字型排列的上导线改造成左右横担，既增加在上导线另一侧设计架设耦合地线，在杆塔受力上平衡了部分上导线的力矩，其次增加了导线的耦合效应和雷电流的分流效果，同时改善了一侧下导线的地线保护角。在双杆或双避雷线线路在导线下方杆塔上设计安装一根耦合地线（在导线下方增架耦合地线适用于高山区段，即增架的耦合地线无交叉跨越影响），在线路下方增架耦合地线可减少档中导线的绕击率（主要作用有防绕击、耦合、分流），当雷电击中架空地线、杆塔顶部时，耦合地线增加了雷电流排泄通道（沿耦合地线向两侧分流），减少了杆塔的入地电流和塔顶电位升高几率，增大了导线的耦合系数（从 0.1321 增大到 0.3185，约增大了 1.41 倍），从而提高了线路的耐雷水平。

在重雷区（山区）的线路两侧，因山区地形、地貌的不同，有时会遭受到滚雷或绕击雷的侵袭，因此可在此类易击段线路的上山坡或下山坡侧，即导线两外侧另行立杆架设单独的旁路耦合地线档，它要比边导线低 4~6m，这样可以减少运行线路的绕击跳闸，又可以阻挡火球式滚雷和屏蔽上山侧感应雷的侵袭。

（六）加装线路纯空气间隙氧化锌避雷器

线路避雷线或杆塔遭雷击时，一部分雷电流通过架空避雷线流向相邻杆塔并入地，另一部分雷电流经本杆塔入地释放，此时杆塔接地电阻呈暂态电阻的特性，规程上称冲击接地电阻。雷击杆塔雷电流沿杆塔入地排泄时，引起塔顶电位迅速升高，这时塔顶电位 U_t 与导线上的感应电位 U_l 的差值加上工频电压幅值 U_x 的和，若超过本绝缘子串的 50%冲击放电电压时，则发生从横担沿绝缘子串对导线的闪络，称为反击雷。因此输电线路的耐雷水平与三个因素有关，即绝缘子串的 50%冲击放电电压、雷电流强度和杆塔的冲击接地电阻值。一般说绝缘子串 50%冲击放电电压一定时，雷电流强度与地理位置、气象条件有关，而将较高的杆塔接地电阻降下来，是提高架空线路耐反击雷最有效措施之一。

对输电线路多雷区易击杆塔上安装氧化锌避雷器后，当线路遭雷击时，雷电流的分流会发生变化，此时一部分雷电流经架空避雷线流向相邻杆塔并入地，另一部分雷电流经本杆塔流入大地，当雷电流

842

（塔顶电位或绕击导线上的雷电压）超过一定值后要向导线或横担闪络时，线路避雷器动作分流，大部分雷电流被避雷器（氧化锌阀片）吸纳或从导线经避雷器放电间隙而吸纳。雷电流在流经避雷线和导线时，因导线间的电磁感应作用，将分别在导线、避雷线上产生耦合分量，因为避雷器的分流远大于从避雷线上分流的雷电流，此时耦合作用将使导线电位提高，使导线与横担间的电位差小于绝缘子串的50%冲击放电电压，这就是线路避雷器的钳制电位功能，也是线路避雷器的明显防雷特点。随着国内线路氧化锌避雷器的安装使用和国内外的运行经验表明，在多雷击区段线路和易击杆塔上安装线路氧化锌避雷器，是防止本杆塔免遭雷过电压（反击、绕击）跳闸的最有效措施。

三、山区杆塔接地电阻不合格大修改造措施和方法

按 DL/T 475—2006《接地装置特性参数测量导则》的规定，采用 0.618 法的电流、电压辅助射线测量的杆塔接地电阻值应按季节系数换算到实际的杆塔接地电阻值，若明显大于设计值时，应安排接地大修改造。目前接地改造线路运行年限一般在 10 年左右，此时敷设在地下的原人工敷设接地线尚未全部烂断，运行单位大修改造时，一般是按原设计的接地装置尺寸进行风车式布线，新接地线改造铺设回填后，其浅表式接地线必然会重叠或交错在旧接地线范围上，由于在接地大修施工中不知早期旧接地线的埋设方向，有时新、旧接地线间距很近，反而起到了屏蔽作用，影响了雷电流、短路电流的快速释放，对杆塔接地电阻下降效果也不大。

有效的杆塔接地网大修改造中的做法为，山区原旧接地线网均按浅埋式风车型射线式布置，如 $4 \times 35\text{m}$，其面积形状是正方形框加四根射线形成风车型，在本次接地大修改造时，可将新布置的 $4 \times 35\text{m}$ 改为 $2 \times 70\text{m}$ 布置，将旧接地线的杆塔引下线在杆塔边地面以下与新 $2 \times 70\text{m}$ 焊接，新、旧接地线网形成一个"中"字状，这样充分利用了旧接地网的功能，又扩大了接地网的面积，杆塔降阻效果十分明显。再 8～10 年后接地网重新大修，可按设计 $4 \times 35\text{m}$ 正方形面积铺设改造，仍然将上次改造的 $2 \times 70\text{m}$ 旧接地网焊接上，从而充分利用了原接地网的导流功能。

四、线路防鸟害综合措施

原来，野外几乎已没有大树生长在农田或丘陵上，旷野上较高的物体基本是架空线路杆塔。随着国家对民爆物品、枪支弹药的严格管理及封山育林绿化祖国政策的长期实施，以及人类生态环保意识的不断提高，大自然生态环境状况已越来越好，其明显表现为鸟类数量增加很快，架空线路杆塔目前为村镇、农田、水边等田野上的凸出物，成为候鸟栖息、筑巢处，鸟类在绝缘子串挂点处筑鸟巢现象越来越多，鸟类栖息鸟粪下泄或鸟巢杂草下挂引起的鸟害线路跳闸故障呈上升趋势，以往运行单位往往采取"堵"的方式，经常派人登塔去捣毁、拆除鸟巢。因四周可供鸟类筑巢的树木较少，毁巢后的候鸟又会在前后杆塔横担上继续筑巢，特别在鸟类生育繁殖期，捣毁、拆除鸟巢后，当天或晚些时候鸟类又会在原塔或前后杆塔上重新筑巢，速度之快让人难以想象。

1．引起送电线路鸟害跳闸的鸟类

经观察，容易在横担头筑鸟巢的有白鹭、牛背鹭、苍鹭、白鹤、灰鹤和八哥、喜鹊等，但八哥、喜鹊鸟巢喜用树干，对线路运行基本无危害。而鹭类鸟喜用软杂草筑巢，下挂的杂草有时约几十厘米至 1m 左右。其次是喜欢在横担头栖息、排泄的鸟类，如吃鱼虾的鹳、鹈、鹭、鹤和吃小动物的鸷、鹞、猫头鹰、雕鹰等鸟类，线路鸟害跳闸基本在半夜 2～3 点钟至凌晨或傍晚，此时空气潮湿，当鸟在悬垂绝缘子串横担挂点处排泄稀稠鸟粪或吃鱼、田鼠等小动物时，其稀稠鸟粪、内脏或鸟巢下挂杂草等，造成短接空气间隙而发生线路跳闸。

架空线路频发鸟害跳闸事故一般在 4～6 月份，此时为候鸟生育繁殖期，基本是生活在山塘水库、湖泊湿地的白鹳、白（灰）鹭，此类鸟吃的是小鱼小虾、螺蛳蛤砺，拉出的鸟粪基本是黏稠的稀液。早在 20 世纪 20 年代，世界上就已发现有鸟粪导致送电线路闪络跳闸的事故。另外由于筑鸟巢杂草下挂，凌晨空气潮湿且短接空气间隙而跳闸。鸟害跳闸一般在凌晨的 1～2 时或 5～6 时，且鸟害跳闸几乎均能重合闸成功。引起鸟害跳闸的杆塔多数是周围有池塘、小水库或湖泊湿地类环境。

因线路直线塔导线悬挂为"I"方式，且悬挂点处支撑角钢较多，因此鸟类多数将鸟巢筑在横担悬垂绝缘子串挂点处。另外鸟类也喜欢站在两边相横担头栖息或排泄鸟粪等。

2. 鸟害引起线路跳闸故障

（1）高电导率的稀稠鸟粪间断短接空气间隙造成短路故障。

（2）候鸟在筑巢后草类、长导电物下挂或大风吹坍塌鸟巢发生短路故障，如鸟类在杆塔横担上筑巢的草料、长导电物等下挂，在凌晨空气潮湿时，该类杂物短路部分空气间隙或搭接部分绝缘子而放电并引发线路跳闸，或潮湿鸟巢被大风吹坍塌挂下的树枝、长导电物等短接空气间隙发生线路跳闸事故。

（3）部分猫头鹰、雕、鹰等鸟类在横担上吃鱼、田鼠等小动物，其内脏垂挂下短接或部分短接空气间隙和绝缘子片，若此时为潮湿气候，也容易发生短路跳闸事故。

鸟害跳闸多数发生在 110kV 线路上，220kV 线路鸟害故障相应比 110kV 少，35kV 线路属不直接接地系统，即使发生鸟害引起的单相接地时，线路也不会发生跳闸。

3. 为什么有时绝缘子串上无鸟粪也会引发线路跳闸

鸟在凌晨离巢出去觅食前，会站在横担上排泄大量的鸟粪时（半夜也会排粪），很容易引起鸟粪短接空气间隙而闪络跳闸事故。此时空气潮湿度又较大（如有轻雾现象）。

由于鸟害引发的线路跳闸事故是一种突发性事件，线路跳闸前没有任何征兆，线路跳闸闪络时也极少为人见，只能事后进行判断。过去一直认为鸟害跳闸是由鸟粪落在绝缘子表面而引发的沿面闪络事故，因此线路工们在巡查故障点时，主要是查看绝缘子串上有没有鸟粪或闪络烧伤痕迹（有时也会在绝缘子串外侧导线上或下方地面上发现有鸟粪），结果有时往往查不出故障点。

4. 排泄鸟粪闪络试验过程与闪络机理分析鸟粪闪络的发展过程

可以分为 3 个阶段。

（1）排泄鸟粪通道的形成和延伸。鸟粪排出后以自由落体方式下落，形成一段一段细长的下落体。

（2）绝缘子周围电场发生严重畸变。具有一定导电性的鸟粪通道介入，使绝缘子周围的电场分布发生严重畸变，鸟粪通道的前端与绝缘子串导线端之间的空气间隙的电场强度大大增加。绝缘子串承受的大部分电压都加在了这一段空气间隙上。

（3）空气间隙击穿并完成闪络。当鸟粪通道的前端越来越接近绝缘子导线端时，它们之间的空气间隙承受不了所加的电压值，此时空气间隙被击穿并形成局部电弧。当鸟粪的电导率超过一定值时，局部电弧最终导致绝缘子闪络。鸟粪闪络的机理可以认为是鸟粪下落的瞬间畸变了绝缘子周围的电场分布，使鸟粪通道与绝缘子高压端之间发生空气间隙击穿而导致的闪络。而以前直观地认为是因鸟粪淌落在绝缘子表面而导致盘面污秽发生闪络的。

针对 110、220kV 线路半夜到凌晨，尤其是凌晨发生的闪络跳闸事故，有时查不到故障点，该类跳闸在 4 ~ 6 月份期间，基本是鸟粪、鸟巢杂草等引发的短路跳闸，且鸟害跳闸多数会重合成功。在 11 月 ~ 来年 3 月份期间，基本是污闪跳闸，且污闪跳闸多数是重合不成，且污秽闪络跳闸绝缘子串上肯定有闪络烧伤现象。

5. 采用防鸟效果好的塔型是减少鸟害事故的基础

送电线路鸟害事故基本发生在直线悬垂串处，线路设计若采用两侧横担头斜撑叉铁较少的塔型，使候鸟不容易在绝缘子串挂点处站在栖息或筑鸟巢，可减少部分鸟害跳闸事故和运行维护工作量。如 110kV 同塔双回 ZS、ZGU 型塔，其横担头绝缘子串挂点处由两块∠75mm×6mm 的角钢，吃水面朝上，由于此处角钢少且平整，候鸟无法在此筑鸟巢，连站立栖息都有一定的困难；而 J7815 型单回路塔，两边相的绝缘子串挂点由 4 块角钢支撑，没有平面结构，候鸟类也不会在此筑鸟巢，更无法在此处栖息排泄鸟粪，但对中相挂点仍需采用防鸟挡板或防鸟措施，以防止候鸟类在挂点处筑鸟巢或站立栖息排泄鸟粪造成中相鸟害跳闸。

6. 改变直线塔绝缘子串的悬挂形式可防线路鸟害事故

鸟害事故一是由候鸟排泄鸟粪且通过绝缘子串桥接或跳接空气间隙而发生短路跳闸；二是筑鸟巢的杂草、长导电物等下挂，在潮湿的天气下（雾）桥接或搭接绝缘子串后引发的短路跳闸；三是鸟类啄吃鱼类、田鼠等时内脏类下挂短接部分绝缘子串后跳闸。因此鸟害跳闸几乎均需绝缘子串桥接、跳接或短接部分绝缘子串距离，若将直线塔的绝缘子"I"串悬挂方式改为"V"串悬挂，则带电导线正上方因无悬挂点角钢叉铁，候鸟无法筑鸟巢，即使候鸟在带电导线正上方的横担上栖息排泄鸟粪，由于对下方带电导线间为纯空气间隙，即使鸟粪高电导率，但下泄的鸟粪不可能完全连接，鸟粪因无绝缘子串的桥接，基本不会造成线路跳闸。

7. 为什么多数防鸟措施其效果不佳

针对候鸟在横担绝缘子串悬挂处筑鸟巢，栖息或排泄稀鸟粪，以前人们在横担头安装风动式带镜子驱鸟器，以镜子反光和风吹转动来驱赶鸟；安装防鸟刺，以不让鸟站在横担头；安装高科技的超声波驱鸟器，用超声波驱赶；将整个横担刷上防鸟油漆，原理油漆内有导电物，在电场作用下油漆会释放出电磁波使鸟类难受而不在上面筑鸟巢和栖息停留；采用三合板制作成封堵式防鸟装置，采用尼龙网封堵式防鸟装置，不让候鸟在横担头筑巢等。但有的所谓高科技产品不懂其故障原理而花费了大量的人力、物力和财力。

8. 防止候鸟在绝缘子串悬挂点栖息、排泄鸟粪的有效措施

随着国家注重生态、绿化造林的普及，野外生态环境越来越好，各种鸟类也越来越多，架空线路杆塔上栖息、筑巢已成为部分候鸟的首选，而鸟类筑巢的杂草、金属丝下挂、候鸟在横担挂点处栖息排粪等造成空气间隙短路跳闸也经常发生，为阻止候鸟在横担头挂点处栖息停留，有的单位采取的措施是在横担头绝缘子串挂点处安装众多的防鸟刺，使候鸟在该处栖息、停留不方便，但也给线路下导线检修和更换绝缘子串带来较大的麻烦。

为防止候鸟在横担头绝缘子串挂点处栖息排泄鸟粪而引发线路跳闸，也可在横担侧绝缘子伞盘上安装一块有机玻璃，该挡板的一侧锯开一槽口，安装时插入到位后，用螺丝、有机玻璃小板封口固定，重要的是有机玻璃边缘要超出伞盘边缘 15cm 以上，以防止排泄鸟粪击穿空气间隙而造成线路跳闸。

安装有机玻璃鸟粪挡板效果较好，但成本较高，安装、拆卸麻烦，停电检修作业人员下导线不方便，为此又在某些塔型的横担头革新制作铝合金封堵板，一块、一块插入，在铝合金平面上打孔排水，在横担头挑出 20cm 左右，若鸟站在此处栖息排粪，下泄鸟粪距绝缘子伞盘外缘大于 15cm 以上，从而避免了鸟粪短接空气间隙跳闸的可能，候鸟若在封堵板平面筑巢，大风容易将鸟巢吹落，实践证明候鸟不再在此处筑鸟巢，由于铝合金插板强度大，线路作业人员站在板上安全，在横担头绝缘子串挂点处向外挑出约 20cm（使鸟排泄稀鸟粪时的距离大于相电压空气间隙击穿距离），在挑出板上刷写"禁止踩踏"警示语，以防人员踩踏坠落，该封堵板在线路停电检修作业人员下导线不需拆除封堵板，更换绝缘子串时拆开封堵板，以利安装提升导线在横担上的受力固定点。

9. 安装人工引鸟巢措施

为防止鸟类对送电线路的威胁，保护人与野生动物的和平相处，采取"疏"的原理，派人上塔将悬垂绝缘子串横担挂点处的鸟巢整体往塔身主材边移位，并在原筑巢处安装上防鸟设施。如多股钢绞线制成树枝状散开的鸟刺，醒目颜色的风车旋转式驱鸟装置，反光镜式的惊鸟装置，铝合金封堵板等，使鸟类不能在悬垂绝缘子串横担挂点处站立栖息、排泄鸟粪和筑草巢等。同时运用鸟类领地生存法则原理，在塔身内人为安装了许多人工引鸟筑巢架，诱导候鸟到塔身内人工筑巢架内筑巢，目前有部分候鸟已在移位后的鸟巢架内筑巢，成功地解决了输电线路鸟害隐患，使输电线路鸟害故障得到了有效控制，最终形成线路安全运行，鸟类繁衍生息，人、鸟、线和谐共处。

五、干字形耐张铁塔中相跳线风偏放电的防范措施

1. 耐张干字形铁塔中相跳线对塔身放电的原因

早期输电线路 220kV 转角耐张塔采用 67TD-35 型、36 型、37 型"桥形"塔，该塔形因塔头桥形支撑连接点较薄弱、中相跳线上跳悬挂在塔顶受防雷保护角限制易遭雷击等缺陷，逐步退出使用。此后 110～220kV 输电线路多采用 GJ 干字形 7837、7838 转角塔，而早期塔形的中相导线耐张挂点设计在转角内侧的塔身主材上，造成整基塔的受力分布不理想，后期将中相导线耐张挂点水平移入至塔身中间部位，平移耐张挂点后的 GJ 干字形转角塔的受力较合理，但由于中相跳线悬挂点仍采用单铰链外挑悬挂，造成小转角的耐张塔存在安全上的隐患。

GJ 干字形转角塔原中相导线耐张挂点在内角侧的主材上，其跳线单点悬挂在架空地线横担外侧的

角铁上，偏松的跳线弛度不会对塔身主材发生风偏放电事故。而平移 700mm 改挂在塔身中间时，原设计的跳线角钢承托扁担长度（3m）、单铰链悬挂点等仍为原样，改变了跳线对塔身主材的距离，特别是小转角的跳线或跳线施工尺寸较大时，在受到横向阵（劲）风的吹压下，会引发跳线与塔身距离不足而放电跳闸。

经校核，转角小于 30°的 GJ 干字形耐张塔（包括直线耐张）的中相导线跳线悬挂方式，必须进行防风偏反事故技术改造，同时对大于 30°的转角，应严格控制跳线长度，由于采用单铰链悬挂，跳线自重轻且无张力，受风压后易随风压摇晃、扭转，防止跳线太长而发生摇摆对塔身放电。

2. 干字形转角塔风偏放电隐患改造措施

在 GJ 干字形耐张塔中相跳线悬挂点即架空地线横担的两块支架主材∠80×6（106 号、107 号塔材）组成挑出的避雷线挂点外侧 80cm 处，横向在地线横担上加装两块 1.5m 长的∠75×5 角钢，将原单悬挂点改为双悬挂点，如图 GYSD00805002-1 所示，将原 3m 的跳线角钢承托扁担增长至 5m，使跳线每侧都增加 1m 的悬空承托支撑距离，增大耐张挂点平移后跳线悬链线最低处对塔身的水平距离，对跳线串绝缘子增加片数以提高泄漏比距，解决跳线绝缘子串清扫困难的缺陷，实现线路专业减人增效的目的；同时解决了原跳线单点铰链任风压随意晃摆的缺点。

图 GYSD00805002-1 将单铰链悬挂装置改造为双串

六、悬垂双联绝缘子串污耐压下降和复合绝缘子芯棒脆断的反事故措施

1. 绝缘子悬垂双串容易污闪跳闸的原因

DL/T 5092—1999《110～500kV 架空送电线路设计技术规程》第 8.0.1 条文说明：绝缘子组合可由几个分支组成，整个组合称为"串"，其中分支称为"联"。多联绝缘子串一般用于重要跨越、大垂直档距情况或耐张串。我国输电线路外绝缘早期采用瓷绝缘子，且不采用金属招弧角保护瓷绝缘子串，在线路故障时，故障电流从瓷绝缘子本体通过，当串中存有劣化绝缘子时，会引起劣化瓷绝缘子钢帽炸裂而导线掉串。为防止带电导线掉串，设计规定输电线路重要跨越、特大档距和耐张串采用双联或多联绝缘子串，以防止断联后再扩大事故。500kV 董王线、江黄线都发生过双联悬垂串中断一联，因另一串支撑而避免了导线落地。

硅橡胶复合绝缘子的材质属有机物，因长棒阻性原因，导线端复合绝缘子在强电场下会因老化龟裂、电蚀穿孔而发生芯棒脆断掉串，目前线路设计有跨越或特大档距时采用双联绝缘子串，以免除带电导线掉串落地。对玻璃绝缘子，因产品特性和自爆后有 80%额定荷载的残锤强度特征，因此玻璃绝缘子使用在重要跨越等处，可不采用双联绝缘子串，一来可减少绝缘子投资造价，二来可免除悬垂双联串污耐压降低的隐患。

国家电网公司武汉高压研究院在 20 世纪 90 年代初就对绝缘子串的污耐压进行了试验和论证，得出结论：悬垂平行双联绝缘子串的污耐压值要比悬垂单联绝缘子串的污耐压值降低 6%～10%（苏联在 20 世纪 80 年代也对悬垂单、双串绝缘子进行污耐压的试验论证，结果是双串污耐压值要比悬垂单串绝缘子污耐压值降低 7%～13%），也就是说，悬垂双串的污耐压要比相同结构高度（数量）的单串绝缘子降低 10%左右。这主要是由于双联平行悬挂的绝缘子串所处的电磁场与悬垂单串绝缘子的电磁场是不等的，双联串因邻近悬挂一串同样污秽的绝缘子，在大雾天泄漏电流向上爬行脉冲过程中，若上冲或爬行受阻时，其上冲的脉冲电流会沿临近串绝缘子表面交叉飞弧跳越上行而贯通击穿通道，从而发生绝缘子串闪络（污闪）跳闸事故。事实证明：多数线路污闪跳闸基本是悬垂双

串上引发的。

2. 悬垂双串污耐压降低的弥补措施

架空线路设计人员采用双联串时是按机械荷载考虑，不考虑双联串污耐压降低的现实，双联串若要按 10% 弥补污耐压，设计要重新校核塔头（窗）的风偏距离，所以线路设计的双联与单联均考虑相同的泄漏比距。

220kV 及以下线路悬垂串的二联板的两挂点间距一般为 400mm；500kV 线路的悬垂串二联板的两挂点间距一般为 450mm。国家电网公司武汉高压研究院曾对双联悬垂串间距 450、550mm 直至 650mm 等不同二联板间距进行 $U_{50\%}$ 耐压试验，分析试验数据后发现，随着导线端挂点间距的不断拉开，绝缘子串的 $U_{50\%}$ 也相应提高，当导线侧挂点的间距增至大于 650mm 时，双联串结构的绝缘子串 $U_{50\%}$ 和单串绝缘子的 $U_{50\%}$ 基本一致。

对运行的老旧送电线路平原区域悬垂双联串为弥补污耐压降低约 10% 的措施，可将导线侧两线夹拉开"八字形"悬挂改造，若双联串采用下垂式悬垂线夹时，在改八字形悬挂中，可优化采用上扛式悬垂线夹，上扛式悬垂线夹系将 1 号、4 号子导线提升在盘形玻璃绝缘子的上方，即两子导线可替代均压环作用，将下挂式悬垂线夹改为上扛式悬垂线夹，在导线对地距离保持不变情况下，能腾空约 500mm 距离，可增加 3 片 170mm 结构高度的玻璃绝缘子，即原 25 片/串（170mm 结构高度），几何泄漏比距为 2.75cm/kV，改为上扛式悬垂线夹后，28 片/串的几何泄漏比距为 3.08cm/kV，如图 GYSD00805002-2 所示。

图 GYSD00805002-2　原悬垂双联串改为八字形双联串

如图 GYSD00805002-2 所示，将原 500kV 电压等级的 45cm 间距拉开至 100cm 左右间距（同样110kV 拉开 70cm 左右间距；220kV 拉开 80cm 左右间距），在山区较清洁的区域，由于全线外绝缘配置一般都采用同一种绝缘子型号，山区段的线路悬垂双联串的泄漏比距裕度较大，运行单位不可机械地考虑弥补污耐压而盲目拉开改造，若在山区将悬垂双联串拉开改造会使连续上山档或两侧档距严重不均的杆塔的两串绝缘子存在受力不均的隐患。

3. 硅橡胶复合绝缘子高压端电蚀穿孔和芯棒脆断的原因

复合绝缘子整枝含芯棒、伞裙和护套均为全绝缘，它不同于盘形绝缘子串那样存在着钢帽、钢脚等金属件（电容大），属极间电容量极小的长杆绝缘结构，所以其电压分布极不均匀，电压仍等级越高的线路上越明显，如 500kV 线路，其导线侧约 6% 长度的复合绝缘子串上要承受 25%～30% 的运行电压，这种情况在长串绝缘子及电压等级越高时越明显。

根据国家电网公司武汉高压研究所《500kV 线路绝缘子串分布电压的现场实测与分析》的结论：线路绝缘子无论单串或双串，中相串的分布电压总比边相串更不均匀；中相串靠近导线第一片绝缘子的分布电压比边相串的导线侧第一片约高 10%，即 1.1 倍。所以运行线路上的双串平行悬垂复合绝缘子串和中相单联复合绝缘子串更容易发生电蚀穿孔、芯棒碳化脆断事故。

以 500kV 为例，复合绝缘子在两端安装上均压环后，其 55% 的芯棒上承担 100% 的工作电压（中间段分布电压很低），由于均压环均不罩住硅橡胶伞裙，高压端第一片伞裙处的分布电压仍处于 30～38kV/cm 间，使复合绝缘子金具与芯棒及护套等材料之间的界面处空气容易发生电离，产生过大的泄漏电流造成局部过热，导致硅橡胶成树枝状放电，使硅橡胶护套等加速电老化和树枝状贯通、电蚀穿孔，造成电蚀处的界面直接与大气接触。在电场作用下产生电晕，使空气中的氮气与氧气反应，产生亚硝酸酐，它与水蒸气发生电化学反应生成亚硝酸，腐蚀或电老化环氧树脂芯棒，造成芯棒脆断而线路掉线的重大事故，全国已发生数十起 500kV 复合绝缘子芯棒脆断或掉串事故。

4. 防止复合绝缘子芯棒脆断的措施

为解决复合绝缘子导线端分布电压超标而容易电晕、放电，刺穿硅橡胶护套发生电蚀穿孔隐患，运行单位可改变绝缘子串的组合方式，即将 500kV 原结构高度 4450mm 的复合绝缘子，特殊加工成 3450mm 长度，计算的 1000mm 长度，可采用在横担侧装上一片 ϕ360mm 盘径、170mm 结构高度、550mm 爬电距离的大盘径标准型玻璃绝缘子，在导线端装上 5 片同样型号的玻璃绝缘子（6 片玻璃绝缘子长 1020mm），如图 GYSD00805002-3 所示。

图 GYSD00805002-3　下挂式悬垂线夹和上扛式线夹加片八字形改造

组合串的结构高度与原复合绝缘子相当，即高压端的强电场由无机材料的玻璃绝缘子承担，有机物的复合绝缘子远离强电场，大部分污耐压由中间的复合绝缘子承担，将原平行双联悬垂串导线端挂点拉开 100cm 间距成八字形悬挂，以弥补运行线路上平行双联串污耐压降低的现实。

西安交通大学电气绝缘研究中心对上述运行线路挂网的玻璃、复合绝缘子组合串进行了模拟仿真计算，共按三种绝缘子结构的 9 种组合方式计算，结果纯复合绝缘子的导线端硅橡胶伞裙表面最大电场强度已达到或超过硅橡胶表面上最大电场强度 500V/mm 的设计要求，最佳组合方式是采用上扛式悬垂线夹，复合绝缘子与横担端 1 片、导线端 5 片玻璃绝缘子组合结构，此时导线端复合绝缘子伞裙表面的最大电场强度最大只有 165V/mm，且其均压环表面的最大电场强度也只有 0.27V/mm。线路边相复合绝缘子从 318kV（有效值）总电压中共承担了 172kV（54%），6 片玻璃绝缘子共承担 146kV（46%），导线侧第二片玻璃绝缘子承担了最大 29 kV（有效值）电压。比下挂式悬垂线夹的复合绝缘子与横担端 1 片、导线端 5 片玻璃绝缘子组合串的导线侧第一片 48kV 电压分布值减少了 19kV，体现了上扛式线夹取消均压环后的均压效果。

国网电力科学研究院高电压研究所同时对挂网运行的组合串在实验室内，按三种绝缘子结构计 23 种绝缘子组合串方式进行试验、检测验证其电压分布值，纯复合绝缘子导线端 2 大 2 小伞段（17cm）的电位分布值达到 41%（超电晕起始值），导线端 4 大 4 小伞段的电位分布值达到 64%，即复合绝缘子沿串电压分布极不均匀。最佳组合方式仍为复合绝缘子与横担端 1 片、导线端 5 片玻璃绝缘子且采用上扛式线夹组合结构，实验室试验和检测为导线端复合绝缘子 2 大 2 小伞段（17cm）的电位分布值由原 41% 降低至 11%，其导线侧第二片玻璃绝缘子的电压分布值在 20 kV 以下。

运行单位针对优化后的玻璃、复合绝缘子组合串的仿真理论计算和实验室真型试验检测结论，组织员工采用国网电科院检测用的绝缘子电压分布检测仪，对挂网运行的 500kV 纯复合绝缘子进行分布电压值的实测，结果高压端（导线侧）均压环处的第一片与第二片大伞裙间的分布电压在 32 ~ 37kV 之间，而串中间第 24 ~ 25 片伞裙间的分布电压值只在 1.1 ~ 1.7kV 之间，两者间分布电压值相差约 20 ~ 30 倍。对优化组合串检测后得出，导线端复合绝缘子均压环处的电压分布值已降低至 24kV 以下，导线侧的玻璃绝缘子电压分布值均在 20kV 以下，从实际运行线路上验证了理论计算和实验

模块 2

GYSD00805002

室试验的结果。将超高压线路纯复合绝缘子改造成为玻璃、复合绝缘子组合串，解决了硅橡胶护套因强电场发生树枝状贯通、电蚀穿孔，环氧树脂芯棒暴露在大自然中而发生电老化使芯棒脆断而掉串的恶性事故。

5. 外绝缘"V"串布置悬挂时防止风压下钢脚别弯掉串措施

目前为优化线路走廊和增加线路外绝缘的泄漏比距，线路外绝缘已按"V"串布置，由于复合绝缘子系长棒型结构，当导线受横向风压时，受压侧的复合绝缘子不能像盘形绝缘子串那样，每片绝缘子的球碗结构（铰链结构）均会产生转动位移分解荷载，在强大的横向风压荷载下，极易引发 W 销（R 销）变形失效、钢脚别弯脱出碗头掉串等事故。

同时为防止超高压复合绝缘子导线端因场强高而引发的硅橡胶电蚀或树枝状贯通，造成芯棒脆断事故和复合绝缘子"V"串布置受风压造成的钢脚、碗头脱出事故，设计时可采用玻璃与复合绝缘子组合方式，如 500kV 线路，横担侧挂 1～2 片 170mm×550mm 的绝缘子，中间连接长 5470mm 的定制复合绝缘子，导线端连接 6 片 170mm×550mm 的绝缘子，加上子导线以上金具（长度为 345mm），总串长为 7.175m，解决了"V"串复合绝缘子受横向风压时钢脚别弯脱出碗头掉串事故的发生。如图 GYSD00805002-4 所示。

图 GYSD00805002-4　玻璃、复合绝缘子组合串

七、67TD 桥型耐张跳线扁担上加装接地装置以防停电线路感应电伤害

1. 停电线路上产生感应电并伤害检修人员的原因

随着电网发展越来越快，输电线路随着出线走廊及变电站的增加也越来越多，多数采用同杆并架或临近平行架设，因输电线路电磁场的自感、互感原因，带电线路会对上方绝缘避雷线和临近的停电检修线路上产生较高的感应电压，由于个别员工对单回路停电线路上会产生感应电原理不清楚，从而对线路作业人员构成很大的安全威胁。近几年国内已多次发生登杆作业人员感应触电事故。

绝缘避雷线或停电线路上产生的感应电，来源于平行、交叉的相邻带电线路的影响。它由空间电容耦合产生的静电感应电压和空间交变磁场耦合产生的电磁感应电压两部分组成。一般来讲，带电线路上方的绝缘避雷线、同杆并架或临近平行的另一回停电线路，由于上述影响，将感应产生约数千至数万伏静电感应电压（这如同变压器原理，下方或临近的带电导线（线路输电），中间空气绝缘，上方绝缘避雷线和停电线路导线上将感应出电压、电流）。当带电线路电压一定时，产生的静电感应电压大小与两导体的间距成反比。

输电线路输送交流负荷电流，所产生的交变磁通将有部分磁链着上方绝缘避雷线或临近平行的另一回停电线路上。该类导线上将产生互感电动势，沿线累加起来的互感电动势可达数十至上百伏。当有电与无电导线的间距一定时，停电线路上的磁感应电压高低与线路输送的负荷电流以及平行长度成正比。

与地悬空且绝缘的导线上存在感应电压是客观的（无论静电感应还是电磁感应），它不单单只会使作业人员发生"麻电"感觉，甚至会致人于死地。即使此类停电线路挂上接地线后，感应电压趋向于零，但接地线上仍源源不断地流有感应电流。分析这类感应电损害事故发生的主要原因有：

（1）作业人员对感应电危害性认识不足，普遍认为只会发生较严重的"麻电"现象。

（2）作业人员在杆塔上工作没有安全带保护，以致人体误碰带有感应电压物体瞬间，感应电对人瞬时放电而使人失控造成高空坠落。

（3）处在输电线路电磁场内的停电线路导线上或上方绝缘避雷线上，始终产生感应电，即使在绝缘避雷线或停电线路导线上挂好接地线，这类接地回路上也始终源源不断地流有感应电流。所挂接地线一经拆开，感应电压即刻恢复。

（4）违反 DL 409—1991《电业安全工作规程（电力线路部分）》中挂、拆接地线的规定且未采取有效的防范措施。

为防止线路停电检修时作业员工免遭感应电的伤害，除应严格执行工作地段两端接地封网和较长线路应在中间合理加挂接地线的规定以外，还补充规定停电线路检修作业人员必须每人携带一副单相式自拆自挂的个人保安线，作业员工下导线前，必须在工作相导线上挂好个人保安线后才能下导线工作。挂、拆接地线应严格遵照先接接地端，后接导线端的顺序，拆时相反。人体不得碰触接地线。

2. 检修人员下 67TD 桥形耐张中相跳线作业时防止感应电损害的措施

作业员工站在输电线路直线塔横担头悬垂串处往导线上挂设个人保安线，因保安线的夹具卡口是与导线直径配合，挂设较方便，对在耐张塔上检修，跳线成悬链线状时个人保安线可轻松夹卡在跳线上。但早期的 67TD 桥形耐张塔中相跳线和干字型中相跳线，其跳线是固定卡钩在∠50×5角钢扁担上，此类塔型线路停电检修，检修员工要下中相跳线设备上检修和清扫绝缘子前，用个人保安线短接跳线角钢扁担时，保安线的导线夹具无法夹卡住∠50×5角钢扁担，检修作业员工往往将个人保安线搭在铁扁担上，爬下后用手打开卡具夹角钢，爬下或检修、清扫中铁扁担晃动会使保安线脱开，造成跳线串上检修员工工作中失去个人保安线的保护，为解决检修作业中感应电对人身伤害的隐患，制作了"L"形接地装置，即采用 60×6 铝排制作"L"形，钻好孔贴在跳线角钢扁担下方用螺栓连接固定，"L"形上部贴上两块 5cm 宽铝排铆钉固定后锉成半圆形，制成如 ϕ20mm 左右圆棒，如图 GYSD00805002-5 所示。

线路停电检修时，作业人员在塔顶先将个人保安线夹具夹在"L"上部三层铝排铆制成且锉成半圆形的铝板装置上，检修人员再沿中相跳线绝缘子串下到跳线扁担角钢上，彻底消除了桥形耐张塔中相跳线在停电检修中，作业人员爬下导线工作时易被感应电损害的重大安全隐患。

八、架空地线（钢绞线）紧线的防滑措施

1. 钢绞线紧线器跑线、镀锌层损伤的原因

架空线路避雷线一般采用镀锌钢绞线，因

图 GYSD00805002-5　桥形耐张跳线扁担装有"L"形连接装置

其材质硬度高，在架设架空地线紧线中，双桃形紧线器经常在弛度合格比印划线时，发生卡不住钢绞线而产生跑线现象，特别是在弛度合格空中开断钢绞线尾线备做耐张楔形线夹时，受力钢绞线在受开断振动中的影响，经常会发生钢绞线跑线或滑动现象，严重时开断的尾线在跑线张力下发生击打塔头施工人员的人身事故。

目前线路施工架设多采用外包施工，在紧架空避雷线时，甲方（运行单位驻工地代表）有时不在现场，由于双桃形架空地线紧线器的下部为直线状，当地线弛度符合时，钢绞线张力较大，有时过牵引或扣住在塔头开断钢绞线时，往往发生架空地线滑动（跑线），施工单位为方便施工和防止架空地线跑线、滑动等造成返工，往往错误地采用"狗头式"紧线器，狗头紧线器上桃下圆柱上开有钢痕，钢痕槽口非常锋利，紧线中卡口钢痕会深深地卡入钢股内，造成钢绞线镀锌层和钢股严重损伤，竣工验收中若不注意检查，今后运行中损伤的架空避雷线会加速生锈腐蚀。

狗头式紧线器是拉线杆塔在制作拉线时的紧线工具，紧线器卡口虽然锋利，但地面人工作业制作拉线时调整受力小，对钢绞线镀锌层损伤不大。

2. 防止架空钢绞线紧线时跑线、卡伤镀锌层的措施

为解决架设避雷线时紧线器跑线、滑动和杜绝镀锌钢绞线损伤现象，可取一只 NX 楔形线夹（楔形线夹靠芯子与槽将钢绞线紧密压紧，越拉越紧），在线夹本体的一侧用铣床铣成一长缺口，宽度比紧线规格的钢绞线宽一点，能高空作业放入钢绞线即可，在人为锯开楔形线夹的缺口面，上下两侧各焊接一只 M16 的螺帽，要求焊接的两只螺帽处于一条轴心线上。塔顶安装自制紧线器时，作业人员将所紧钢绞线从缺口处放入在楔形线夹的主线侧，副线侧放入一根 2m 长的钢绞线，将楔形线夹芯子插紧，在自制紧线器后端将线夹芯子大头方向的钢绞线副线头人为往下折歪点，增加摩擦力以防副线跑线，自制紧线器前端用两只元宝夹头紧固锁住，以保证在紧线中钢绞线副线不滑动，最后用一只 M16 的螺杆从焊接的螺帽旋入另一只螺帽连接，此螺栓的作用是防止楔形线夹紧线受力后，造成楔形线夹缺口变形涨开钢绞线跑线的隐患，如图 GYSD00805002-6 所示。

该自制紧线器方法简单，紧线中安全可靠，又不损伤钢绞线，是线路运行检修工人聪明智慧的结晶。

图 GYSD00805002-6　楔形线夹紧线器
（a）开口式楔形线夹紧线器；（b）安装好的楔形线夹紧线器

九、导线耐张跳线并沟线夹的加固处理

输电线路小牌号导线（LGJ-240 及以下）的耐张跳线连接，传统的采用并沟线夹连接，由于并沟线夹为铝合金材料制作，一只并沟线夹由三块铝夹板螺栓分别固定，经常会发生接触电阻大而过热引发导线熔断事故。

小牌号导线基本为 110kV 线路，主供 110kV 终端变压器，一旦发生并沟线夹处导线发热熔断，势必造成限电或变电站全停，社会影响较大，其次 110kV 线路停电困难，备用通道少，按 DL/T 741—2001《架空送电线路运行规程》要求每年检查紧固并沟线夹无法完成，为减少检查紧固并沟线夹停电工作量，运行单位可在小牌号导线线路的耐张跳线上，原两只并沟线夹中间加装一只楔形弹簧线夹，以增加跳线连接通流能力，如图 GYSD00805002-7 所示。

图 GYSD00805002-7　补装的楔形弹簧线夹和安装后的锁定销
（a）加装的楔形弹簧线夹；（b）楔形弹簧线夹的锁定销

经过在运行的老旧线路耐张跳线并沟线夹间加装楔形弹簧线夹后，此类线路的停电检查紧固工作量大幅度下降，耐张跳线至今未发生导线熔断事故。对新建线路应取消并沟线夹而全部采用楔形弹簧线夹。

【思考与练习】

1. 为什么小牌号导线的耐张跳线并沟线夹处经常会发生导线熔断事故？
2. 采用预绞式螺旋条修补损伤导线的优点有哪些？
3. 在横担头安装防鸟刺有什么优缺点？
4. 超高压线路采用玻璃、复合绝缘子组合串有哪些优点？
5. 为什么降低杆塔接地电阻值对预防绕击跳闸效果不大？
6. 在杆塔上加装塔顶、塔身防雷拉线有哪些效果？

附录A 《输电线路检修》培训模块教材各等级引用关系表

部分名称	章	模块名称 （模块编码）	模 块 描 述	等 级		
				Ⅰ	Ⅱ	Ⅲ
电力网的基本知识及简单计算	电力网基本知识、参数及等值电路	电力系统和电力网的基本知识 （GYSD00101001）	本模块包含电能基本生产过程、电力系统和电力网的组成，介绍电力网和电力系统等基本概念。通过要点介绍、概念解释，了解电能的基本生产过程，熟悉电力网额定电压，掌握对电力系统的基本要求及电力网电气计算的基本概念	√		
		电力网参数和等值电路 （GYSD00101002）	本模块介绍电力网参数和等值电路知识。通过对电力网参数和等值电路知识的分析介绍，掌握线路参数、变压器参数的计算，并能熟练作出等值电路图		√	
		电力网功率和电能损耗的计算 （GYSD00101003）	本模块涉及电力网功率和电能损耗的计算。通过定义讲解、定量分析和计算举例，了解降低线损的措施，熟悉电力负荷曲线，掌握线路的功率损耗与电能损耗计算、变压器的功率损耗与电能损耗计算		√	
		电力网功率分布与电压计算 （GYSD00101004）	本模块涉及电力网功率分布与电压计算。通过定义讲解、定量分析和计算举例，能够掌握电力网电压损耗计算、电力网功率分布的计算，熟悉电力网电压调整的方法		√	
		电力网导线截面的选择 （GYSD00101005）	本模块介绍电力网导线截面的选择方法。通过概念介绍、定性分析、计算举例，掌握导线截面选择的程序、方法		√	
	电力系统过电压及其预防	电力系统中性点接地方式 （GYSD00102001）	本模块介绍电力系统中性点几种接地方式及使用范围。通过对电力系统中性点几种接地方式的原理分析，了解电力系统中性点接地方式的基本概念，掌握系统在不同的接地方式下故障时电位的变化情况及各种接地方式的使用范围			√
		电力系统过电压的产生 （GYSD00102002）	本模块包含气体放电、大气过电压、内部过电压。通过概念描述、原理讲解、定性分析，掌握电力系统各种过电压产生的原因及过程			√
		过电压保护设备 （GYSD00102003）	本模块涉及线路几种常用的过电压保护设备。通过原理讲解、定量分析，掌握各种过电压保护设备的保护原理、保护范围确定以及接地装置的构成及要求			√
		输电线路过电压的保护措施 （GYSD00102004）	本模块介绍架空输电线路过电压保护与绝缘配合。通过原理讲解和定性分析，掌握避雷线在线路防雷保护中的作用、输电线路的耐雷水平和雷击跳闸的概念、绝缘配合确定的方法，熟悉架空输电线路过电压的保护的措施			√
输电线路导线受力分析与计算	输电线路的基本知识	电力线路的分类与构成 （GYSD00201001）	本模块涵盖电力线路的分类、架空输电线路的构成。通过要点介绍、概念描述，掌握电力线路的种类和架空输电线路的主要构成元件及其作用	√		
		导线和架空地线 （GYSD00201002）	本模块包含导线和架空地线两部分知识。通过概念描述和原理讲解，熟悉导线应具备的特性，掌握导线的常用材料、构成和架空地线的构成、架设的规定	√		
		导线的排列与换位 （GYSD00201003）	本模块介绍导线在杆塔上的各种排列、导线排列方式的选择和导线换位。通过概念描述和原理分析，能够了解导线各种排列方式、导线排列方式的选择依据，熟悉导线换位的原因、要求和有关导线换位的规定	√		
		杆塔 （GYSD00201004）	本模块涉及杆塔类型、特点。通过定义讲解、列表对比，掌握不同杆塔类型的特点、用途	√		
		线路绝缘子 （GYSD00201005）	本模块介绍线路绝缘子的种类、绝缘子的选择。通过概念陈述、图文讲解、计算举例，了解线路对绝缘子的要求，掌握线路绝缘子选择方法	√		
	导线（地线）弧垂应力计算	架空输电线路设计气象条件 （GYSD00202001）	本模块包含气象条件三要素对线路运行的影响、气象条件的组合和典型气象区。通过概念描述和原理讲解，熟悉气象条件三要素对线路运行的影响，正确进行气象条件组合	√		
		导线的机械物理特性及比载 （GYSD00202002）	本模块包含导线的机械物理特性及比载。通过概念讲解、定量分析、计算举例，掌握导线特性参数的计算和导线各种比载的计算		√	
		导线悬链线解析方程式 （GYSD00202003）	本模块包含导线悬链线解析方程式、导线长度和应力计算式。通过概念描述和原理推导，掌握导线长度和应力计算的基本方法		√	

续表

部分名称	章	模块名称 （模块编码）	模 块 描 述	等 级		
				I	II	III
输电线路导线受力分析与计算	导线（地线）弧垂应力计算	悬点等高弧垂、应力及线长计算（GYSD00202004）	本模块包含悬点等高弧垂、应力及线长计算。通过概念描述、定量分析、计算举例，熟悉线路的常用名词概念，掌握悬点等高时导线的弧垂、应力及线长计算方法		√	
		悬点不等高弧垂、应力及线长计算（GYSD00202005）	本模块包含悬点不等高弧垂、应力及线长计算。通过概念描述、定量分析，掌握悬点不等高时导线弧垂、应力及线长计算方法		√	
		导线的状态方程式（GYSD00202006）	本模块包含导线在孤立档距中的状态方程式、连续档的代表档距及状态方程式。通过知识讲解、概念描述、定量分析、计算举例，熟悉引起导线应力变化的根本原因、导线状态方程式的由来，掌握导线在孤立档距中的状态方程式计算及求解方法		√	
		临界档距（GYSD00202007）	本模块包含导线的应力与档距及气象条件之间的关系、临界档距的计算、有效临界档距的判别。通过概念描述、原理推导、计算举例，熟悉导线应力随气象条件变化的规律及有效临界档距的判别方法		√	
		导线机械特性曲线（GYSD00202008）	本模块介绍导线机械特性曲线。通过概念描述、定义讲解、计算举例，掌握导线机械特性曲线计算程序及制作方法		√	
		导线的安装曲线（GYSD00202009）	本模块包含导线的安装曲线、初伸长的处理。通过概念描述、知识讲解、计算举例，掌握导线的安装曲线制作及导线初伸长的处理方法		√	
		架空地线最大使用应力的选择（GYSD00202010）	本模块介绍地线最大使用应力的选择及确定方法。通过概念描述、定量分析、计算举例，了解最大使用应力的确定过程，掌握地线最大使用应力的选择的原则			√
	断线张力及架空地线支持力计算	导线断线张力的概念与计算（GYSD00203001）	本模块涉及断线张力的基本概念、断线张力的计算及邻档断线交叉跨越距离校验。通过概念描述、定义讲解、计算举例、列表对比，了解断线张力的基本概念，掌握断线张力计算及邻档断线交叉跨越距离校验过程与方法			√
		架空地线支持力的概念与计算（GYSD00203002）	本模块介绍地线支持力的概念与计算。通过概念描述、定量分析，了解地线支持力的基本概念，掌握地线支持力的计算方法			√
	导线振动与防振	振动概述（GYSD00204001）	本模块包含风振动、舞动及次档距振动。通过概念描述、定义讲解，了解有关风振动、舞动及次档距振动		√	
		风振动的特性与影响因素（GYSD00204002）	本模块包含风振动的特性与影响因素。通过原理讲解，掌握风振动的特性与影响因素		√	
		防振措施（GYSD00204003）	本模块介绍防振锤、阻尼线等防振措施。通过对架空线路防振措施的原理讲解和定量分析，能够了解架空线路目前所采用的防振措施的防振原理，掌握防振锤、阻尼线的计算方法		√	
输电线路杆塔的结构型式与受力分析	杆塔结构型式及外形尺寸确定	输电线路杆塔的结构型式（GYSD00301001）	本模块介绍输电线路杆塔的结构型式。通过概念描述，了解输电线路杆塔的结构型式及类型	√		
		输电线路杆塔几何尺寸的确定（GYSD00301002）	本模块涉及确定杆塔外形尺寸的基本要求、杆塔呼称高的确定、杆塔头部尺寸的确定。通过概念描述和知识讲解，掌握确定杆塔外形尺寸的基本要求，确定杆塔呼称高及杆塔头部尺寸		√	
	杆塔荷载的计算条件及其计算	杆塔荷载的计算条件（GYSD00302001）	本模块包含荷载的分类、荷载计算条件、地线不平衡张力和导线、地线断线张力、荷载系数及各种档距的确定。通过概念描述和知识讲解，了解杆塔荷载的种类及其计算条件，掌握地线不平衡张力和导线、地线断线张力、荷载系数及各种档距的确定方法			√
		杆塔荷载的计算（GYSD00302002）	本模块包含风压荷载的计算、垂直荷载的计算、安装的计算及角度合力计算。通过概念描述、定量分析、计算举例，掌握杆塔各类荷载的计算方法			√
	环截面普通钢筋混凝土构件的受力分析与计算	混凝土和钢筋混凝土（GYSD00303001）	本模块包含混凝土和钢筋混凝土。通过概念描述和要点讲解，熟悉混凝土和钢筋混凝土的构成及其特性			√
		轴心受压、受拉构件的计算（GYSD00303002）	本模块包含轴心受压、受拉构件的计算。通过概念描述和定量分析，能够掌握轴心受压、受拉构件的受力计算方法			√

部分名称	章	模块名称 （模块编码）	模 块 描 述	等 级		
				I	II	III
输电线路杆塔的结构型式与受力分析	环截面普通钢筋混凝土构件的受力分析与计算	受弯构件的计算 （GYSD00303003）	本模块包含受弯构件的极限设计弯矩、受弯构件最大剪应力。通过概念描述、定量分析、计算举例，掌握受弯构件的极限设计弯矩、受弯构件最大剪应力的计算方法			√
		受扭矩和弯扭共同作用的构件 （GYSD00303004）	本模块包含受扭矩和弯扭共同作用的构件计算。通过概念描述、定量分析、计算举例，掌握受扭矩、弯扭共同作用的构件计算方法			√
		偏心受压构件的计算 （GYSD00303005）	本模块涉及大偏心受压构件、小偏心受压构件的计算、构件长细比对计算的影响。通过概念描述、定量分析、计算举例，了解构件长细比对计算的影响，掌握大偏心受压构件、小偏心受压构件的计算方法			√
		压弯构件的计算 （GYSD00303006）	本模块涵盖压弯构件的弯矩计算、构件的强度计算、几种常见受力型式的压弯构件极限设计外弯矩的计算。通过概念描述、定量分析、计算举例，掌握压弯构件的弯矩计算、构件的强度计算过程及方法，熟悉几种常见受力型式的压弯构件极限设计外弯矩的计算方法			√
		构件的刚度、临界压力及裂缝计算 （GYSD00303007）	本模块涉及构件的刚度、临界压力及裂缝计算。通过概念描述、定量分析，了解构件的刚度、临界压力及裂缝的基本概念，掌握构件的刚度、临界压力及裂缝计算方法			√
	常见杆塔的受力分析与计算	无拉线拔梢直线单杆的受力分析 （GYSD00304001）	本模块涵盖正常情况计算、断线情况计算和电杆配筋及强度校验。通过概念描述、要点讲解、定量分析，掌握无拉线拔梢直线单杆的基本受力分析及简单计算方法			√
		拉线悬垂直线单杆的受力分析 （GYSD00304002）	本模块涉及拉线内力及截面选择、正常运行情况主杆受力计算、断线情况主杆受力计算。通过概念描述、要点讲解、定量分析，掌握拉线直线单杆的基本受力分析及简单计算的方法			√
		耐张电杆的受力分析 （GYSD00304003）	本模块涉及拉线计算、主杆计算。通过概念描述、要点讲解和定量分析，熟悉耐张电杆的基本受力分析及简单计算的方法			√
		转角电杆的受力分析 （GYSD00304004）	本模块包含拉线计算、主杆计算。通过概念描述、要点讲解和定量分析，掌握转角电杆的基本受力分析及简单计算的方法			√
	常见杆塔基础受力分析与计算	基础概述 （GYSD00305001）	本模块包含基础分类及一般要求、基础极限状态表达式、土的分类及其力学特性。通过概念描述和要点讲解，掌握基础分类及一般要求、基础极限状态表达式，了解土的力学特性			√
		电杆倾覆基础的受力分析 （GYSD00305002）	本模块涉及不带卡盘时的倾覆校验、带一个上卡盘时的倾覆校验、带一个下卡盘时的倾覆校验、带上下卡盘时的倾覆校验、卡盘强度计算。通过概念描述、要点讲解、定量分析和计算举例，掌握电杆倾覆基础的受力分析及计算的方法			√
		下压基础的受力分析 （GYSD00305003）	本模块包含铁塔下压基础的受力分析、电杆底盘的受力分析。通过概念描述、要点讲解、定量分析和计算举例，掌握下压基础的基本受力分析及计算的方法			√
		上拔基础的受力分析 （GYSD00305004）	本模块包含铁塔上拔稳定计算、拉线盘上拔稳定计算。通过概念描述、要点讲解、定量分析和计算举例，掌握铁塔上拔稳定计算、拉线盘上拔稳定计算的方法			√
	输电线路杆塔的定位和校验	输电线路的路径选择 （GYSD00306001）	本模块涉及路径选择的一般原则、路径选择的一般方法和步骤、路径选择的技术要求。通过要点讲解，熟悉路径选择的一般原则，掌握路径选择的一般方法和步骤、路径选择的技术要求			√
		输电线路的平断面图 （GYSD00306002）	本模块介绍定线测量、平断面测量。通过概念陈述、要点讲解和操作过程介绍，了解输电线路的平断面图测量的过程，掌握输电线路的平断面图测量的方法			√
		杆塔的定位和校验 （GYSD00306003）	本模块涵盖定位模板的制作、杆塔定位高度的确定、杆塔定位方法、导线的风偏校验、定位注意事项。通过概念描述、要点讲解、列表对比、操作过程介绍，了解杆塔定位注意事项，掌握杆塔的定位方法，熟悉导线的风偏校验的过程			√
输电线路的测量	测量的基本知识	绪论 （GYSD00601001）	本模块包含测量的一般概念、测量在输电线路工程建设中的任务及作用、名词概念、测量工作的三个基本观测量。通过概念描述、要点讲解，了解测量的一般概念、测量在输电线路工程建设中的任务及作用、测量的常见名词概念、测量工作的三个基本观测量		√	

续表

部分名称	章	模块名称 （模块编码）	模 块 描 述	等　级		
				I	II	III
输电线路 的测量	测量的基 本知识	水准测量 （GYSD00601002）	本模块包含水准测量原理、水准仪及其使用、水准测量的 实施。通过结构分析、功能介绍、操作流程及步骤讲解，掌 握水准测量原理、水准仪及其使用		✓	
		角度测量 （GYSD00601003）	本模块包含角度测量的概念、光学经纬仪的结构与使用、 水平角观测、竖直角观测、电子经纬仪简介。通过概念描 述、要点讲解、操作流程及步骤讲解，了解角度测量的概 念、电子经纬仪构成，熟悉光学经纬仪的结构。掌握水平角 观测、竖直角观测的方法		✓	
		距离测量及直线定向 （GYSD00601004）	本模块涵盖钢尺量距、视距测量、视差法测距、三角分析 法测距、电磁波测距、直线定向。通过概念描述、原理讲 解、流程介绍，掌握钢尺量距、视距测量视差法测距、三角 分析法测距、电磁波测距、直线定向			✓
	输电线路 的专业测量	架空输电线路设计测量简介 （GYSD00602001）	本模块包含线路路径方案的选择、定线量距、交叉跨越测 量、视距断面测量、杆塔定位。通过操作过程介绍，案例讲 解，了解线路路径方案的选择的程序和要求，掌握线路定线 量距、交叉跨越测量、视距断面测量、杆塔定位的方法		✓	
		输电线路复测和分坑 （GYSD00602002）	本模块包含线路杆塔桩复测、杆塔基础的分坑、拉线基础 分坑和拉线长度的计算、施工基准面的测定。通过概念描述 和操作过程讲解，掌握线路杆塔桩复测、杆塔基础的分坑、 拉线基础分坑和拉线长度的计算、施工基准面的测定方法			✓
		杆塔基础操平找 正和杆塔检查 （GYSD00602003）	本模块包含杆塔基础操平找正、钢筋混凝土电杆拨正及杆 塔检查。通过概念描述和操作过程介绍、图表对比、计算举 例，掌握杆塔基础操平找正、钢筋混凝土电杆拨正及杆塔检 查的要求及方法		✓	
		弧垂的观测及交叉 跨越垂距测量 （GYSD00602004）	本模块介绍弧垂的观测及交叉跨越垂距测量。通过概念描 述、操作过程详细介绍、计算举例，熟悉各种弧垂的观测方 法、过程、适用范围及注意事项，掌握交叉跨越垂距和导线 对地距离测量的方法			✓
	全站仪及全球 定位系统简介	全站仪的基本知识 （GYSD00603001）	本模块涉及全站仪的内部结构、全站仪的分类、光电测距 原理、电子测角系统和全站仪的使用。通过概念描述、要点 讲解、操作流程介绍，了解全站仪的内部结构、全站仪的类 型、光电测距原理、电子测角系统，熟悉全站仪基本使用的 方法			✓
		全球定位系统简介 （GYSD00603002）	本模块介绍 GPS 系统的组成、GPS 定位原理、作业模式 和误差源。通过概念描述、原理讲解，了解 GPS 系统的组 成、定位原理、定位作业模式，熟悉影响 GPS 定位精度的 因素			✓
电气设备及 电工测量	低压电器	常用低压电器 （GYSD00901001）	本模块主要介绍了低压开关电器的原理、结构等内容。 通过结构介绍、原理分析，能够了解低压开关电器的原 理、结构		✓	
	高压电器	高压隔离开关、断路器的作 用、结构与工作原理 （GYSD00902001）	本模块包含高压隔离开关、断路器的结构原理，灭弧的基 本原理。通过结构介绍、原理分析、功能介绍、图形举例， 了解高压隔离开关、断路器的结构原理，灭弧的基本原理			✓
		互感器的结构、工作原理及 其各种接线方式 （GYSD00902002）	本模块包含互感器的结构、工作原理及其各种接线的内 容。通过结构介绍、原理分析、图形举例，熟悉电流和电压 互感器结构、工作原理及其各种接线			✓
	电工测量	常用电工测量 （GYSD00903001）	本模块包含电工测量的基本原理及方法。通过知识讲解、 原理分析、操作流程介绍，熟悉测量原理，掌握测量方法		✓	
电气识、 审图	输电线路电气 施工、安装图 纸识读	工程图纸的识读 （TYBZ00503001）	本模块包含输电线路施工图、铁塔的结构及识图、地形图 的阅读和应用。通过概念介绍、图文结合，熟悉输电线路工 程图纸中的工程术语、名称概念，掌握输电线路工程图纸的 识图方法和地形图在输电线路工程中的应用		✓	
		图纸审查、会检和技术交底 （TYBZ00503002）	本模块包含图纸审查、会检和技术交底。通过知识讲解、 条文解释，掌握图纸审查、会检和技术交底的过程、方法和 要求			✓
新技术 的应用	地理信息 系统在线路 中的应用	地理信息系统应用简介 （GYSD00501001）	本模块涉及地理信息系统概述、组成、主要功能。通过概 念描述、功能介绍，了解地理信息系统组成、主要功能，熟 悉地理信息系统的应用情况		✓	

续表

部分名称	章	模块名称（模块编码）	模块描述	I	II	III
新技术的应用	雷电定位系统在线路中的应用	雷电定位系统在线路中的应用（GYSD00502001）	本模块涵盖雷电定位系统的概念、工作原理、电网雷电监测网的构成、设备维护与管理。通过要点讲解、功能介绍、图形举例，熟悉雷电定位系统		√	
输电线路生产管理及信息系统应用	设备中心	基础维护（GYSD01001001）	本模块包含线路交叉跨越标准距离维护、混合线路维护单位设置等内容。通过功能描述、图形提示、操作过程详细介绍，掌握线路基础维护的应用		√	
		输电设备台账维护（GYSD01001002）	本模块包含输电线路含跨区域线路合并、维护班组变更管理、线路台账维护等内容。通过功能描述、操作介绍和注意事项，掌握输电设备台账维护和管理		√	
		输电设备变更（GYSD01001003）	本模块包含输电线路杆塔类变更和线路类变更等内容。通过功能描述、图形提示、操作流程和步骤介绍、注意事项，掌握输电线路设备变更（异动）管理的应用			
		输电设备查询统计（GYSD01001004）	本模块包含线路查询统计、杆塔查询统计、绝缘子查询统计、输电设备异动查询统计等内容。通过功能描述、操作流程和步骤的介绍，掌握输电线路设备查询系统的功能及应用			
	运行、检修管理	周期性工作管理（GYSD01002001）	本模块包含输电架空线路巡视周期的制定、工作维护和输电架空线路的超周期工作提示、到期工作查询统计等内容。通过要点介绍、图文结合、操作流程及步骤讲解，掌握输电架空线路巡视周期性的管理方法		√	
		生产运行记录管理（GYSD01002002）	本模块包含输电架空线路故障记录的登记、查询统计和输电线路检测记录的登记、查询统计等内容。通过功能介绍、图文结合、操作说明及步骤讲解，掌握输电架空线路生产运行记录的管理方法			
		设备巡视管理（GYSD01002003）	本模块包含输电架空线路故障记录的登记、查询统计和输电线路检测记录的登记、查询统计等内容。通过功能介绍、图文结合、操作说明及步骤讲解，掌握输电架空线路设备巡视的管理方法			
		缺陷管理（GYSD01002004）	本模块包含输电架空线路缺陷处理流程、缺陷查询统计、缺陷两率统计和外部隐患记录登记、查询统计等内容。通过功能介绍、图文结合、操作说明及步骤讲解，掌握输电架空线路缺陷管理的方法		√	
		检修试验管理（GYSD01002005）	本模块包含输电架空线路检修记录登记、查询统计及带电作业查询统计等内容。通过功能介绍、图文结合、操作说明及步骤讲解，掌握输电架空线路检修试验管理的方法			
		工作票管理（GYSD01002006）	本模块包含线路工作票管理、工作票查询、工作票统计及工作票日志等内容。通过功能介绍、图文结合、操作说明及步骤讲解，掌握输电架空线路工作票管理的方法			
	参数维护统计报表	任务池（GYSD01003001）	本模块包含输电任务池管理和查询统计。通过功能描述、图形提示、操作过程详细介绍和注意事项，掌握输电任务池管理的应用		√	
		输电检修计划管理（GYSD01003002）	本模块包含输电年度计划管理、输电月计划管理、输电工作计划管理等内容。通过功能描述、图形提示、操作介绍，掌握输电线路检修计划的管理要求			√
		输电停电申请单登记（GYSD01003003）	本模块包含输电停电申请单登记、审批等内容。通过操作过程详细介绍，掌握输电停电申请单的应用			√
		工作任务单管理（GYSD01003004）	本模块包含输电工作任务单分配、班组受理、处理等内容。通过功能描述、操作和注意事项介绍，掌握输电线路工作任务单的管理方法			√
规程、规范及标准	架空送电线路相关规程、规范	DL/T 741—2001《架空送电线路运行规程》（GYSD00401001）	本模块包含线路运行的基本要求、线路运行的标准、线路巡视等内容。通过概念描述、条文解释，能够掌握线路运行的基本要求、线路运行的标准、线路巡视方法，掌握特殊区段的运行要求以及线路检测、维修的项目和周期		√	
		DL/T 5092—1999《110～500kV架空送电线路设计技术规程》（GYSD00401002）	本模块包含路径和气象条件、绝缘配合、防雷和接地、杆塔结构等内容。通过概念描述和条文解释，能够掌握输电线路设计对线路的技术要求和标准			√

续表

部分名称	章	模块名称 （模块编码）	模 块 描 述	等 级		
				Ⅰ	Ⅱ	Ⅲ
规程、规范 及标准	架空送电线 路相关 规程、规范	GB50233—2005 《110～500kV架空送电线 路施工及验收规范》 （GYSD00401003）	本模块包含原材料及器材的检验、测量、土石方工程等内 容。通过概念描述和条文解释，掌握架空电力线路施工及验 收的内容、方法和标准		√	
		《架空输电线路管理规范》 （GYSD00401004）	本模块包含运行管理、缺陷管理、检修管理、技术改造管 理、标准化作业、技术监督、技术管理等内容。通过要点介绍 和条文解释，熟悉架空输电线路管理的主要内容、要求和方法			√
线路竣工检 查与验收	检查与验收	杆塔工程的检查验收 （GYSD00701001）	本模块包含杆塔工程验收的一般规定、验收项目、标准、 方法等内容；通过知识介绍、图表对比，熟悉验收项目、标 准，掌握验收方法的要求		√	
		导地线及附件检查验收 （GYSD00701002）	本模块介绍架线工程质量等级评定标准及检查方法。通过 知识介绍、图表对比，掌握导地线及附件检查验收的标准和 方法，达到能够进行导地线及附件检查验收的要求		√	
		基础及接地工程检查验收 （GYSD00701003）	本模块涉及基础防沉层及防冲刷的要求、接地引下线及接 地网的要求、基础外形及尺寸要求、接地电阻要求等内容。 通过要点介绍，掌握基础及接地工程检查验收标准和方法		√	
		线路防护区检查验收 （GYSD00701004）	本模块介绍线路防护区检查验收的一般要求、交叉跨越的 距离要求。通过知识介绍、图表对比，掌握验收标准和方 法、能够进行线路防护区检查验收的要求		√	
	评级与 资料管理	工程验收评级方法 及图纸资料交接 （GYSD00702001）	本模块包含验收检查必须具备的条件、验收评级标准及评 级方法、竣工图及资料移交、输电线路竣工验收作业指导 书。通过要点介绍、图表对比，熟悉工程验收评级方法、工 程资料移交内容的要求			√
线路施工	基础施工	土的分类及性质 （ZY0200101001）	本模块包含土的工程分类、土的性质及岩石等。通过内容 介绍、图表对比、计算举例，了解土的工程分类、土的物理 性质，掌握土的现场鉴别方法，熟悉输电线路工程中岩石的 分类	√		
		开挖型基础施工 （ZY0200101002）	本模块包含基础材料、基础开挖、钢筋混凝土基础施工、 预制基础安装等。通过内容介绍、要点归纳、作业流程介 绍、图表对比，掌握基础开挖方法、钢筋混凝土基础施工方 法及预制基础安装方法	√		
		灌注桩基础施工 （ZY0200101003）	本模块包含灌注桩基础施工一般规定、施工准备、施工 等。通过内容介绍、流程图示例、要点归纳，能够掌握灌注 桩基础施工	√		
		桩基础施工质量 检测及施工记录 （ZY0200101004）	本模块包含桩基础施工质量检测、施工记录等。通过知识 讲解，掌握桩基础施工质量要求及检测方法、施工记录的填 写、评级及移交资料的准备		√	
		掏挖型基础开挖 （ZY0200101005）	本模块包含掏挖型基础施工的一般要求、施工基面的平 整、全掏挖基础的开挖、半掏挖基础的开挖等。通过内容介 绍、流程讲解，熟悉掏挖型基础施工的一般要求，掌握施工 基面的平整、全掏挖基础及半掏挖基础的开挖方法	√		
		掏挖型基础浇制 （ZY0200101006）	本模块包含掏挖型基础施工混凝土的浇制、安全预控措施 等。通过内容介绍，掌握掏挖型基础浇制施工方法		√	
		岩石基础施工 （ZY0200101007）	本模块包含岩石基础施工的一般规定、岩石基础的强度和 构造要求、施工基面的清理和分坑定位、岩石孔的开挖、砂 浆和混凝土的浇灌与养护等内容。通过内容介绍、流程讲 解，了解岩石基础的强度和构造要求，掌握岩石基础施工的 一般规定和施工工艺		√	
		岩石基础强度试验方法 （ZY0200101008）	本模块包含岩石基础强度试验一般方法、加荷试验、破坏 型式等。通过内容介绍，掌握岩石基础强度试验方法		√	
		岩石爆破法 （ZY0200101009）	本模块包含岩石爆破的基本规定、爆破材料、爆破药包的 计算、爆破方法。通过内容介绍、流程讲解，掌握岩石爆 破的工艺标准和质量要求		√	
		基础检验方法及标准 （ZY0200101010）	本模块包含混凝土的坍落度检查、混凝土的试块检查、回 弹仪现场检验及半破损检验方法等。通过内容介绍、图形示 例、原理讲解，掌握基础检验方法及标准			√

部分名称	章	模块名称（模块编码）	模块描述	等级 I	等级 II	等级 III
线路施工	杆塔组立	杆塔组立概述（ZY0200102001）	本模块涉及混凝土电杆组立和铁塔组立。通过概念讲解、工艺介绍、图形举例，了解杆塔塔型式及其组立方法	✓		
		钢筋混凝土电杆整体组立（ZY0200102002）	本模块涵盖混凝土电杆的排杆、焊接、地面组装、整体起吊的工艺设计及相关受力计算和安全措施。通过施工工序介绍、知识讲解、计算举例，掌握混凝土电杆组立操作过程及方法		✓	
		铁塔组立（ZY0200102003）	本模块涵盖铁塔组立的常用施工方法、质量要求、检查评级以及安全措施。通过知识讲解、典型方案介绍、工艺流程图解、图表对比，掌握铁塔组立施工工艺、质量要求、检查方法以及安全措施			✓
	架线施工	架线施工前准备工作（ZY0200103001）	本模块包含技术准备、施工机具的准备、施工现场的准备。通过内容介绍、原理分析、流程讲解、图表对比，掌握区段划分、场地选择、施工机具的配置，能够进行现场的各项准备工作			✓
		导地线展放（ZY0200103002）	本模块包含人力放线、张力放线。通过工序介绍、流程讲解，掌握放线施工的一般方法，能够进行放线施工		✓	
		导地线连接前的准备（ZY0200103003）	本模块包含器材检验和压接前准备工作。通过工艺流程介绍，熟悉导地线压接前器材检验的过程、方法和相关的准备工作	✓		
		导地线连接（ZY0200103004）	本模块涵盖钳压法、液压法、外爆压法连接，导地线损伤及处理。通过要点介绍工艺流程讲解、图形示例、图表对比，掌握导线压接工艺和损伤导地线的处理方法		✓	
		紧线（ZY0200103005）	本模块涉及直线塔紧线、耐张塔紧线、直线塔粗紧、耐张塔微调紧线。通过内容介绍、流程讲解，掌握紧线施工的操作程序，能够进行紧线施工		✓	
		弧垂调整及挂线（ZY0200103006）	本模块包含弧垂观测、调整和划印、耐张塔平衡挂线、牵张场导地线对接升空。通过内容介绍、流程讲解，掌握弧垂调整及挂线的方法			✓
		附件安装（ZY0200103007）	本模块包含直线杆塔附件安装，间隔棒、阻尼线、跳线安装。通过内容介绍、操作方法讲解，熟练进行线路附件安装	✓		
		光纤电缆的架设（ZY0200103008）	本模块包含复合光缆架空地线（OPGW）及缠绕光纤电缆（GWWOP）的架设。通过内容介绍、图形示例、操作流程介绍，能够进行光纤电缆架设		✓	
		施工要求及工程验收（ZY0200103009）	本模块包含施工及验收的基本规定、导地线架设质量等级评定标准及检查方法两部分内容。通过内容介绍、操作流程讲解、图表对比、图形示例，掌握架线施工及验收的基本规定、导地线架设质量等级评定标准及检查方法			
	接地工程施工	接地体埋置（ZY0200104001）	本模块包含接地体埋置形式、土壤电阻率及其杆接地电阻等内容。通过内容介绍、流程讲解，了解接地体的埋置形式，熟悉各类土壤的土壤电阻率及其与杆塔工频接地电阻之间的关系，掌握大跨越塔接地电阻的要求	✓		
		降阻剂应用（ZY0200104002）	本模块涵盖降阻剂类型、降阻剂的埋设等。通过内容介绍、流程讲解，熟悉各类降阻剂的降阻机理，掌握降阻剂的使用方法	✓		
		接地装置施工（ZY0200104003）	本模块包含接地装置的材料、敷设、连接、回填等。通过内容介绍、流程讲解，掌握接地装置施工方法及要求	✓		
		接地电阻及土壤电阻率测量（ZY0200104004）	本模块包含接地电阻及土壤电阻率测量等。通过内容介绍、图形示例、流程讲解，熟悉土壤电阻率的测量方法，掌握接地电阻的测量方法	✓		
	特殊施工方法及新工艺	带电跨越及大跨越导地线展放（ZY0200105001）	本模块涉及跨越带电线路、不封航直升机放线施工等。通过内容介绍、图形示例、流程讲解，了解跨越带电线路和不封航放线施工方法			✓
		倒装分解组塔施工工艺（ZY0200105002）	本模块包含倒装分解组塔的施工工艺流程、操作方法、施工机具的配置和使用、倒装组塔的受力分析计算等。通过内容介绍、工艺流程讲解、计算举例，掌握倒装组塔的特点、基本步骤和施工要求			✓

部分名称	章	模块名称 （模块编码）	模 块 描 述	等 级		
				I	II	III
线路施工	特殊施工方法及新工艺	直升机吊装组塔 （ZY0200105003）	本模块包含直升机吊装飞行特性、基本理论计算、吊挂机构与连接方式、吊装过程及吊装作业注意事项等。通过内容介绍、公式推导、图形示例、流程讲解，了解国内外直升机组塔方法			√
输电线路检修及抢修	输电线路检修	线路检修分类与检修周期 （ZY0200201001）	本模块包含线路检修的分类、检修及维护周期等。通过要点介绍、图表对比，熟悉线路检修分类和检修维护周期		√	
		导地线检修 （ZY0200201002）	本模块包含导地线检修的一般要求、典型案例和安全注意事项等。通过内容介绍、图表对比、流程讲解，掌握导地线的检修方法		√	
		杆塔检修 （ZY0200201003）	本模块包含几种典型杆塔检修案例的施工布置、操作方法要点和安全注意事项等。通过要点分析、案例讲解，掌握杆塔检修的方法		√	
		拉线、叉梁和横担检修 （ZY0200201004）	本模块介绍拉线、叉梁和横担检修更换方法和安全注意事项等。通过内容介绍、操作流程讲解，掌握拉线、叉梁和横担更换方法		√	
		绝缘子、金具更换 （ZY0200201005）	本模块包含绝缘子、金具更换的方法和安全注意事项等。通过内容介绍、操作流程讲解，掌握绝缘子、金具更换方法		√	
		接地装置检修 （ZY0200201006）	本模块包含接地装置常见的缺陷、检修方法及相关安全注意事项等。通过内容介绍、操作流程讲解，掌握接地装置检修方法		√	
		基础维护 （ZY0200201007）	本模块包含影响基础稳定的因素、基础维护方法及相关安全注意事项等。通过上述内容介绍、知识讲解，掌握基础检修维护方法		√	
	输电线路抢修	抢修组织措施 （ZY0200202001）	本模块包含抢修前的准备工作和施工组织措施。通过内容介绍、流程讲解，熟悉线路抢修组织工作			√
	检修作业指导书的编写	输电线路导线断股停电缠绕修补作业指导书 （ZY0200203001）	本模块包含输电线路导线断股停电缠绕修补作业指导书编制的工作程序及相关安全注意事项。通过工序介绍、要点解释、流程讲解，熟练编制输电线路导线断股停电缠绕修补作业指导书			√
		输电线路耐张杆塔停电综合检修作业指导书 （ZY0200203002）	本模块包含输电线路耐张杆塔停电综合检修作业指导书编制的工作程序及相关安全注意事项。通过内容介绍、流程讲解，熟练编制输电线路耐张杆塔停电综合检修作业指导书			√
		输电线路停电更换耐张整串绝缘子作业指导书 （ZY0200203003）	本模块包含输电线路停电更换耐张整串绝缘子作业指导书编制的工作程序及相关安全注意事项。通过内容介绍、流程讲解，熟练编制输电线路停电更换耐张整串绝缘子作业指导书			√
		输电线路停电更换直线单片绝缘子作业指导书 （ZY0200203004）	本模块包含停输电线路停电更换直线单片绝缘子作业指导书编制的工作程序及相关安全注意事项。通过内容介绍、流程讲解，熟练编制输电线路停电更换直线单片绝缘子作业指导书			√
架空线路状态巡视及检修	输电线路状态运行、检修的基本概念	架空输电线路运行检修概念 （GYSD00801001）	本模块包含架空输电线路运行检修基本概念、部分常用线路专业术语。通过概念描述、知识讲解，了解线路基本概念和部分常用线路专业术语	√		
		输电线路巡视、检测、维护、检修的现状分析 （GYSD00801002）	本模块涵盖线路巡视、检测、维护、检修的现状分析。通过概念描述、知识讲解、图表对比分析，熟悉输电线路巡视、检测、维护、检修的现状		√	
		开展状态运行、检修的基本要求 （GYSD00801003）	本模块涉及开展输电线路状态运行、检修的基本原则、输电线路的技术管理、线路设备状态检测和状态评价管理及状态巡视和检修的技术保证体系。通过概念描述、定义讲解、图形举例、定量分析，了解开展状态运行、检修基本原则和技术管理工作，熟悉线路设备状态检测和状态评价管理、状态巡视和检修的技术保证体系		√	
	状态巡视	线路巡视的一般项目及注意内容 （GYSD00802001）	本模块包含线路开展状态巡视应具备的条件、状态巡视项目、巡视周期及计划的编制。通过概念介绍、要点归纳，熟悉状态巡视项目、主要内容，掌握状态巡视的管理。			
		状态巡视及处理 （GYSD00802002）	本模块包含危险点及特殊区域、状态巡视的组织方式、按危险点预控开展状态巡视及处理。通过知识讲解、图形举例、定性分析，掌握线路的危险点及特殊区域、状态巡视的组织方式、按危险点预控开展状态巡视及处理方法			

部分名称	章	模块名称（模块编码）	模 块 描 述	等 级		
				I	II	III
架空线路状态巡视及检修	设备状态检测的项目、周期及绝缘子状态检测	设备状态检测的项目、周期（GYSD00803001）	本模块包含设备状态检测的项目、周期。通过知识介绍，了解和掌握设备状态检测的项目、周期	√		
		绝缘子状态检测（GYSD00803002）	本模块包含动态确定瓷质绝缘子测试周期、瓷质绝缘子零值检测实例、绝缘子钢脚腐蚀检查、动态确定复合绝缘子检查、测试周期。通过知识讲解、原理分析、图形举例，掌握动态确定瓷质绝缘子测试周期、瓷质绝缘子零值检测方法、绝缘子钢脚腐蚀检查、动态确定复合绝缘子检查和测试周期		√	
	污区等级的划分及附盐密测量	污区等级的划分及附盐密测量要求（GYSD00804001）	本模块包含污区等级划分的基本要求、附盐密值检测的基本工作要求、污液电导率换算成绝缘子串等值附盐密的计算方法。通过知识讲解、原理分析、列表对比，掌握污区等级划分的基本要求、附盐密值检测的基本工作要求、污液电导率换算成绝缘子串等值附盐密的计算方法		√	
		运行绝缘子附盐密值的测量（GYSD00804002）	本模块包含绝缘子附盐密值的测试情况、绝缘子累积（饱和）盐密的分析和判断、绝缘子表面泄漏电流监测。通过知识讲解、定性分析、图表对比、图形举例，掌握绝缘子附盐密值的测试情况、绝缘子累积（饱和）盐密的分析和判断、绝缘子表面泄漏电流监测方法		√	
	设备状态检修原则和方法	热红外成像测温及接地电阻测量（GYSD00805001）	本模块包含红外测温和红外诊断的基本原理及应用情况、以测温方式核查导线连接器的紧固情况、状态热红外测温管理、杆塔接地装置检测接地电阻。通过知识讲解、图形举例、定性分析，掌握红外测温和红外诊断的基本原理及应用情况、以测温方式核查导线连接器的紧固情况、状态热红外测温管理、杆塔接地装置检测接地电阻方法		√	
		设备状态检修原则及部分项目状态检修方法（GYSD00805002）	本模块包含设备状态检修原则，导、地线损伤修补，拉线装置的开挖检查，输电线路综合防雷措施，山区杆塔接地电阻不合格大修改造措施，线路防鸟综合措施，干字型耐张铁塔中相跳线风偏放电的防范措施，悬垂双联绝缘子串的反事故措施，改进角钢耐张跳线扁担和防感应电，架空地线（钢绞线）紧线的防滑措施。通过概念描述和工艺介绍，能够掌握设备状态检修原则及部分项目状态检修方法		√	

参 考 文 献

[1] 山西省电力工业局. 电测仪表. 北京：中国电力出版社，2000.

[2] 于长顺. 发电厂电气设备. 北京：中国电力出版社，2000.

[3] 殷乔民，等. 简明农电工实用手册. 北京：中国电力出版社，2000.

[4] 卢文鹏. 发电厂变电站电气设备. 北京：中国电力出版社，2002.

[5] 刘笃鹏. 电工测量技术. 北京：中国电力出版社，2002.

[6] 李庆林. 架空送电线路施工手册. 北京：中国电力出版社，2002.

[7] 陈昌言，阎善玺. 35~220kV 送电线路施工技术. 北京：中国电力出版社，2002.

[8] 张殿生. 电力工程高压送电线路设计手册. 北京：中国电力出版社，2003.

[9] 单中圻，王清葵. 送电线路施工. 北京：中国电力出版社，2003.

[10] 陶元忠，包建强. 输电线路绝缘子运行技术手册. 北京：中国电力出版社，2003.

[11] 周泽存，沈其工，方瑜，王大忠. 高电压技术. 北京：中国电力出版社，2004.

[12] 岑阿毛. 输配电线路施工技术大全. 云南：云南科学技术出版社，2004.

[13] 应伟国. 架空送电线路状态检修实用技术. 北京：中国电力出版社，2004.

[14] 唐云岩. 送电线路测量. 北京：中国电力出版社，2004.

[15] 郑州市电业局. 供电企业项目作业指导书输电线路运行及检修. 北京：中国电力出版社，2005.

[16] 曾昭桂. 输配电线路运行和检修. 北京：中国电力出版社，2007.

[17] 尚大伟. 高压架空输电线路施工. 北京：中国电力出版社，2007.

[18] 赵建国. 110kV~500kV 送变电工程质量检验及评定标准. 北京：中国电力出版社，2007.

[19] 崔吉峰. 架空输电线路作业（危险点、危险因素及预控措施手册）. 北京：中国电力出版社，2007.

[20] 庄绍君. 维修电工. 北京：化学工业出版社，2008.

[21] 陈家宏，张勤，冯万兴，方玉河. 中国电网雷电定位系统与雷电监测网. 高电压技术. 2008，（3）.

[22] 应伟国. 架空线路状态运行检修技术问答. 北京：中国电力出版社，2009.